位于山东莱阳市芦儿港村树龄达430
余年的古梨树

（品种为茌梨）

位于山东莱阳市西陶漳村树龄
达400余年的古梨树

（品种为茌梨）

位于安徽砀山县良梨乡树龄达180余
年的古梨树

（品种为砀山酥梨）

位于甘肃省皋兰县树龄达500余
年的古梨树

（品种为冬果梨）

图版提供：张绍铃、施泽彬、齐开杰

发芽期　　　　出蕾初期　　　　出蕾期　　　　展叶期

花蕾期　　　　　　　　　　开花期

**梨树开花过程**

a　　　　b　　　　c　　　　d

**梨树花芽与叶芽**

a. 花芽（混合芽）　b. 花芽纵切面　c. 叶芽　d. 叶芽纵切面

图版提供：张绍铃、朱立武、齐开杰

**梨雄性不育花药与正常花药发育情况对比**

1～3．丰水的花药　1．花药未开裂，呈深红色　2．花药裂开，上面布满花粉　3．示花药上布满花粉

4～6．新高的花药　4．花药未开裂，干瘪发白　5．花药裂开，颜色呈褐色　6．裂开的花药上有很少的花粉

7～9．花药横切面（石蜡切片）　7．丰水花药的横切面，示花药内有大量花粉　8．新高花药的横切面，
示花药内有微量花粉，且花粉粒小　9．新高花药的横切面，示花药内没有花粉

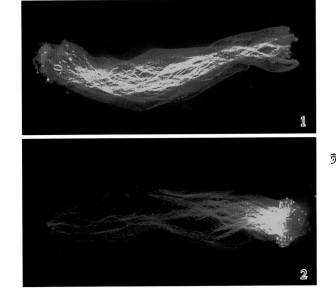

**梨授粉亲和与不亲和花粉管在花柱中生长的荧光染色图片**

1．亲和，花粉管生长通过花柱

2．不亲和，花粉管生长受到抑制，停止生长

图版提供：张绍铃、吴巨友

芽的形态
1. 离生　2. 斜生　3. 贴生

西洋梨 Pelaeagrifolia—Jurkey，
枝芽布满白色茸毛

不同品种枝条表皮颜
色、皮孔各不相同

不同枝龄对花芽发育的影响
1. 一年生枝　2. 二年生枝　3. 三年生枝　4. 四年生枝

图版提供：张绍铃、齐开杰、马春晖

**梨树结果枝类型**

**主花序与次花序幼果发育比较**
A.次花序与主花序　B.左为次花序幼果，右为主花序幼果
C.不同序位成熟果实大小比较

图版提供：张绍铃、马春晖

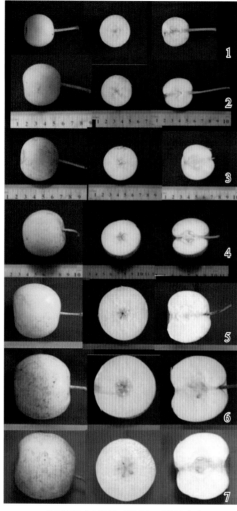

果实发育过程（翠冠，2012年）

1.6月1日　2.6月11日　3.6月20日　4.6月29日
5.7月8日　6.7月17日　7.7月28日

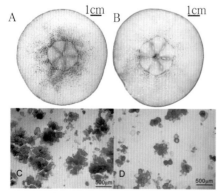

Wiesner试剂染色的手工和石蜡切片。染成
紫红色的木质素主要存在于石细胞中

A、C.砀山酥梨　B、D.幸水

图版提供：张绍铃、陶书田、齐开杰

茌梨人工剪萼果（上）与宿萼果（下）

库尔勒香梨宿萼果（左）、半宿萼果（中）与
脱萼果（右）

库尔勒香梨龟背果

# 部分野生梨资源

豆 梨　　　　　　　　　杜 梨

川梨（五心室）

川梨（三心室）　　　　　　　山 梨

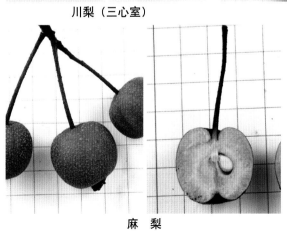

麻 梨

图版提供：张绍铃、吴俊、齐开杰

# 秋子梨部分品种

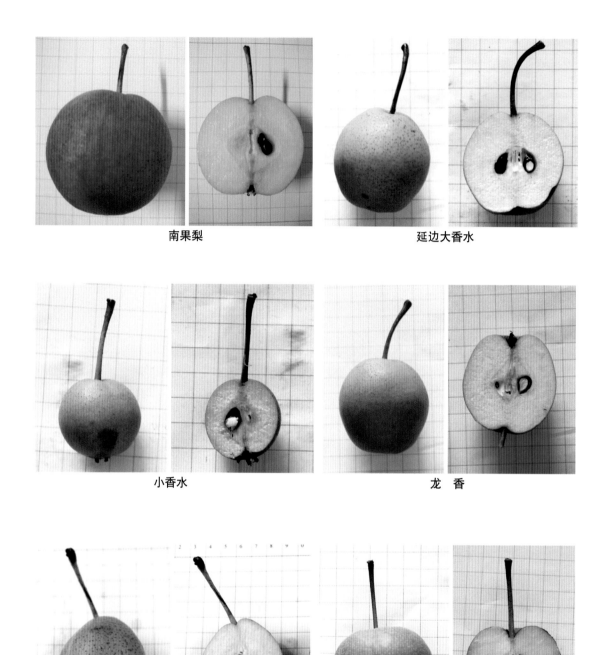

南果梨

延边大香水

小香水

龙 香

脆 香

冬 蜜

图版提供：张绍铃、吴俊、齐开杰

## 砂梨部分品种

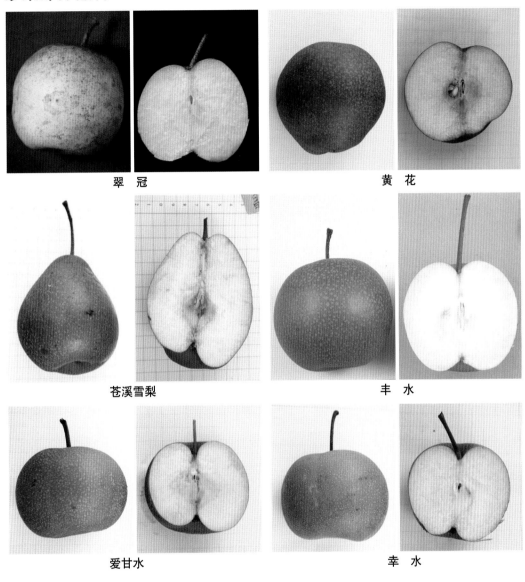

翠 冠　　　　　　　　　黄 花

苍溪雪梨　　　　　　　　丰 水

爱甘水　　　　　　　　　幸 水

## 白梨部分品种

砀山酥梨　　　　　　　　鸭 梨

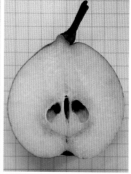

雪花梨                    茌 梨

# 西洋梨部分品种

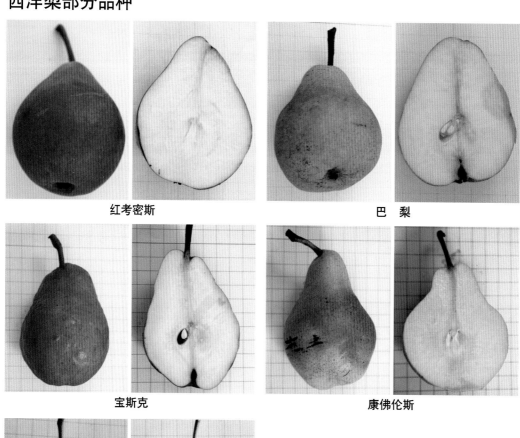

红考密斯                    巴 梨

宝斯克                    康佛伦斯

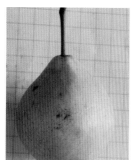

乔 玛

梨果实图版提供：张绍铃、吴俊、齐开杰

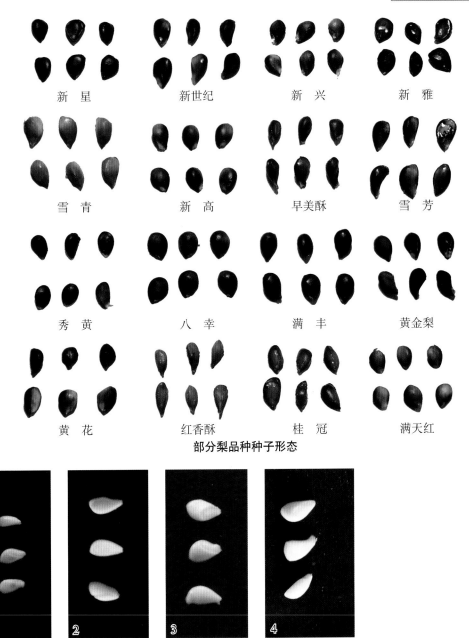

新星　　　　新世纪　　　　新兴　　　　新雅

雪青　　　　新高　　　　早美酥　　　　雪芳

秀黄　　　　八幸　　　　满丰　　　　黄金梨

黄花　　　　红香酥　　　　桂冠　　　　满天红

部分梨品种种子形态

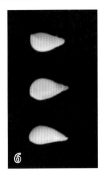

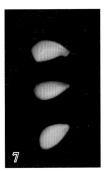

**梨种子发育过程（翠冠，2012年）**
1.6月1日　2.6月11日　3.6月20日
4.6月29日　5.7月8日　6.7月17日
7.7月28日

图版提供：齐开杰、张绍铃

# 国内外梨栽培模式

纺锤形

倒"个"形

篱壁式

疏散分层形

Y形

日本棚架梨

韩国Y形

意大利U形

图版提供：张绍铃、齐开杰、马春晖

一主枝形

树形培养

二主枝形

结果枝培养

三主枝形

限域栽培

双层形

设施栽培

图版提供：王然、马春晖、施泽彬

**果园生草**

可防止水土流失，抑制杂草生长，提高土壤有机质含量。

**地膜覆盖**

防止树盘杂草生长，减少人工投入。

**种养结合**

梨园养殖家禽，可培肥土壤，维持梨园生态平衡，并增加收益。

**枝条粉碎堆肥**

充分利用梨园修剪下的枝条，进行粉碎、发酵成为肥料后还田，解决了修剪枝条处理难的问题。

图版提供：张绍铃、徐阳春、朱立武、齐开杰

**蜜蜂授粉、液体授粉**
采用蜜蜂授粉、液体授粉，在保证授粉质量的同时，能够显著降低人工成本。

**疏果技术**
一般留第二至第四序位的果实，果实品质较好。

**施肥枪施肥**
利用高压管道将肥料输送到田间，用专用施肥枪直接将肥液施入地下根系周围，提高肥料利用率，同时也可以减少人工投入。

图版提供：张绍铃、齐开杰、邓家林

**果实套袋**
套袋能够改善果实外观品质，减少病虫为害，降低农药残留。

**病虫害综合防控**
采用喷药结合树干涂白、杀虫灯、性诱剂等综合防控技术，以减少农药的使用，保护环境，减少污染。

图版提供：张绍铃、王国平、齐开杰、徐义流

# 真菌病害

梨黑星病病叶

梨黑星病病果

梨褐斑病病叶

梨黑斑病病叶（正面）

梨黑斑病病叶（背面）

梨黑斑病病叶（重）

梨黑斑病病果

图版提供：王国平

梨轮纹病病干（砂梨）

梨轮纹病病干（白梨）

梨轮纹病病干（西洋梨）

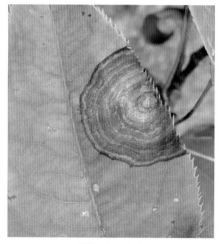

梨轮纹病病叶

梨轮纹病病果

梨腐烂病病树

图版提供：王国平

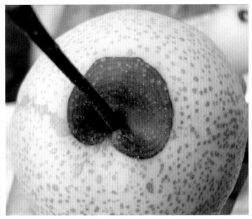

溃疡型腐烂病　　　　　　　　腐烂病孢子角　　　　　　　　梨炭疽病病果

梨锈病病叶　　　　　　　　　　　梨炭疽病病果切面

梨锈病病果　　　　　　　　　　　梨白粉病病叶

图版提供：王国平

# 易混淆的真菌病害对比

**枯枝型梨腐烂病**：病部边缘界限不明显。雨后或空气湿度大时形成黄色分生孢子角或灰白色分生孢子堆。

**梨干腐病**：病斑多呈梭形或长条形，后期病部失水凹陷，周围龟裂。雨后或空气湿度大时形成淡黄色分生孢子角。

**梨干枯病**：病斑多呈椭圆形或方形，稍凹陷，病健交界处形成裂缝。雨后或空气湿度大时形成白色丝状分生孢子角。

枯枝型梨腐烂病　　　　梨干腐病　　　　梨干枯病

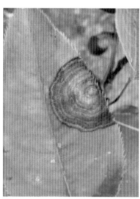

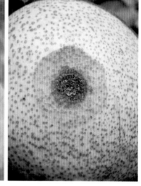

梨轮纹病　　　　　　梨炭疽病

**梨轮纹病**：病斑微凹陷。病斑表面形成颜色深浅相间的同心轮纹。病斑皮下果肉腐烂状不规则。

**梨炭疽病**：病斑凹陷。病斑表面颜色深浅相同，黑色小粒排成同心轮纹状。病斑皮下果肉腐烂呈圆锥状。

**梨黑斑病**：先产生黑色斑点，后病斑中间灰白色，周缘黑褐色。潮湿时病斑表面密生黑色霉层（病菌的分生孢子梗和分生孢子）。

**梨褐斑病**：先产生褐色斑点，后病斑中间灰白色，周围褐色，外围为黑色。病斑上密生小黑点（病菌的分生孢子器）。

梨黑斑病　　　　　梨褐斑病

图版提供：王国平

## 梨细菌病害

梨火疫病

梨锈水病

## 梨生理病害

梨黄叶病

梨树冻害

梨果冻害

梨花冻害

图版提供：王国平、朱立武

梨缩果病

梨小叶病

缺素症（缺磷）

缺素症（缺钾）

缺素症（缺钙）

缺素症（缺镁）

图版提供：王国平、朱立武

虎皮病（从左至右分别是：砀山酥梨、鸭梨、南果梨、安久）

果面褐斑病（从左至右分别是：黄冠、砀山酥梨、黄金梨、红香酥）

黑心病（从左至右分别是：鸭梨、黄金梨、五九香）

顶腐病［从左至右分别是：库尔勒香梨（左和中）、红茄梨］

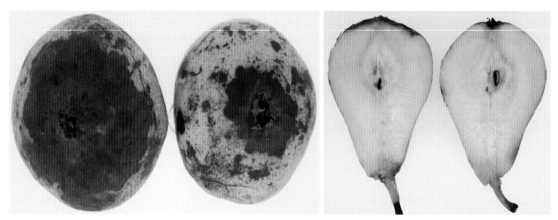
三季梨顶腐病及剖面

阿巴特顶腐病

三季梨青头

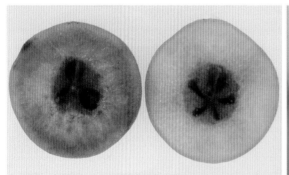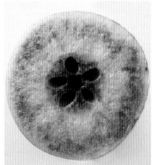
果实衰老表现（左：南果梨；中：丰水；右：鸭梨）

采后生理病害图版提供：王文辉、贾晓辉

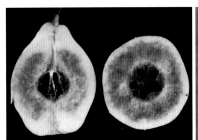

高二氧化碳伤害（左：鸭梨；右：黄金梨）

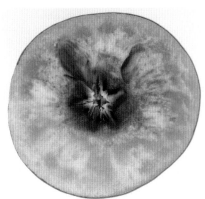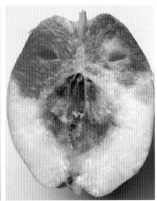

梨果冻害（左：丰水；中和右：库尔勒香梨）

高二氧化碳伤害（八月红）

图版提供：王文辉、贾晓辉

## 食心虫类

梨小食心虫幼虫

梨大食心虫幼虫

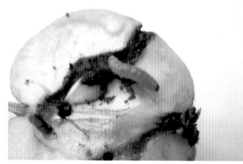

桃小食心虫幼虫

桃蛀螟幼虫

## 叶螨、木虱类

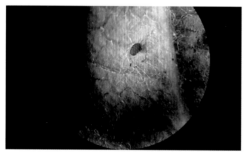

山楂叶螨成螨

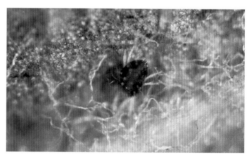

苹果全爪螨成螨

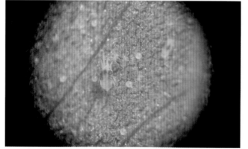

二斑叶螨成螨及卵

梨木虱若虫

## 食叶蛾类

桃剑纹夜蛾幼虫

美国白蛾幼虫

黄刺蛾幼虫

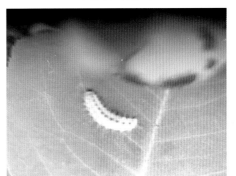
梨叶斑蛾幼虫

## 蚜、蚧类

梨二叉蚜

梨黄粉蚜

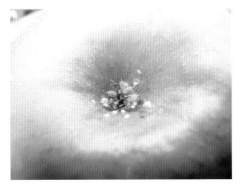
康氏粉蚧

梨圆蚧

# 蝽　类

茶翅蝽成虫

茶翅蝽若虫

黄斑蝽成虫

梨花网蝽若虫

# 枝干类及其他害虫

梨茎蜂产卵状

梨茎蜂幼虫

豹纹木蠹蛾成虫

豹纹木蠹蛾幼虫

梨实蜂成虫

梨实蜂产卵孔

梨瘿蚊幼虫

梨瘤蛾成虫及为害状

白星金龟子成虫

铜绿金龟子成虫

黑绒金龟子成虫

苹毛金龟子成虫

橘小实蝇成虫

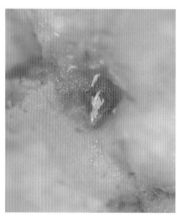

橘小实蝇卵

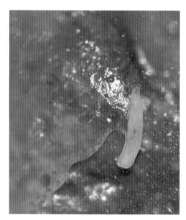

橘小实蝇幼虫

虫害图版提供：陈汉杰

分　级

包　装

梨加工产品

梨　汁　　　　　　　　　梨　酒

图版提供：张绍铃、陈义伦、齐开杰

梨 醋

梨罐头

梨 干

图版提供：陈义伦

图版编辑、说明：张绍铃、齐开杰

国家出版基金项目
NATIONAL PUBLICATION FOUNDATION

现代农业科技专著大系

# 梨学

张绍铃　主编

中国农业出版社

**图书在版编目（CIP）数据**

梨学/张绍铃主编 . —北京：中国农业出版社，
2013.12
　（现代农业科技专著大系）
　ISBN 978-7-109-18506-7

　Ⅰ.①梨…　Ⅱ.①张…　Ⅲ.①梨—果树园艺　Ⅳ.
①S661.2

中国版本图书馆 CIP 数据核字（2013）第 253532 号

中国农业出版社出版
（北京市朝阳区农展馆北路 2 号）
（邮政编码 100125）
责任编辑　张　利　黄　宇

北京通州皇家印刷厂印刷　新华书店北京发行所发行
2013 年 12 月第 1 版　2013 年 12 月北京第 1 次印刷

开本：787mm×1092mm 1/16　印张：55.25　插页：16
字数：1272 千字
定价：260.00 元
（凡本版图书出现印刷、装订错误，请向出版社发行部调换）

周应恒（南京农业大学）

施泽彬（浙江省农业科学院）

秦仲麒（湖北省农业科学院）

袁家明（南京农业大学）

徐义流（安徽省农业科学院）

徐阳春（南京农业大学）

陶书田（南京农业大学）

曹玉芬（中国农业科学院果树研究所）

常有宏（江苏省农业科学院）

滕元文（浙江大学）

　　由南京农业大学梨工程技术研究中心发起编写这部《梨学》专著，历经了3年多全体编写人员的辛勤劳动和努力付出，终于得以完成并面向广大读者了。这是果树界继《苹果学》《柑橘学》《葡萄学》《荔枝学》之后的又一以树种为主题，全面阐述从梨的栽培历史、起源与演化、资源评价、基因组学、育种、栽培，到产后贮藏加工、市场与流通整个产业链在内的学术专著。该书不仅吸取了前人的理论经验，也融入了现代学者的先进成果；既系统阐述了梨的基础理论研究成果，也总结了大量的生产实践经验，是集国内外梨学研究成果之大成，是一部系统性的科学著作。

　　梨是世界性重要果品之一，在世界各地均有栽培，深受广大消费者喜爱。中国作为梨的重要起源地，不仅具有悠久的栽培历史，拥有丰富的品种资源，也占据世界第一大梨生产国的国际重要地位。因此，对梨的科学研究与生产实践探索一直是我国广大科学工作者极为重视和孜孜以求的目标。我国曾出版过《中国果树志·梨》、日本著作《梨》的译本以及《梨树生物学》，这些书籍为早期梨的科研和生产实践指导做出了不可磨灭的贡献。20多年过去了，随着科学技术的飞速发展和进步，有关梨的科学研究也不断深入并取得了一些突破性进展和成就。例如，科学研究者利用分子生物学研究手段，扩大了对梨的种质资源评价范围，同时对梨的起源进化和分类提出了新的观点；利用新一代测序技术结合生物信息学手段初步摸清了梨的基因组组成；开展分子图谱和标记技术的开发应用，将分子辅助育种技术融入传统育种体系；针对一些栽培特征如自交不亲和性、果实品质形成等开展深入的分子生理机制研究；此外，还在贮藏保鲜技术等方面积累了一系列科研理论成果和生产实践经验，在某些研究领域甚至居于国际前沿，这些重要成果的系统整理不仅展现了梨学研究的长期积淀和快速发展，也为广大科学研究者提供了全面完整的学习资料，从而有利于激发更多的研究者追求真知的兴趣和创新灵感。

在这样一个力行科技兴农的年代和时期，编写《梨学》专著，正是符合形势发展的需求，也是广大梨学研究者义不容辞之举。

本书的编者都是从事梨科学研究的专家学者，既有30多年经验积累的老专家，也有一些年富力强的青年博士，这不仅有利于他们发挥各自特长，集思广益，形成合理的知识层次和结构，同时也进一步培养了青年学者和新生力量。此外，不同研究领域的专家分工协作，体现了精诚协作的团队精神。对于他们付出的辛勤劳动和取得的成果，致以崇高的敬意，特在此写序以表衷心的祝贺！

中国工程院院士
山东农业大学教授

2013 年 6 月于山东泰安

梨是国际性大宗水果。长期以来，我国梨面积和产量均居世界之首，在世界梨业中占有主导地位。我国梨资源丰富，栽培地域广泛。几十年来，我国梨鲜果出口一直保持较高水平。回顾近一个世纪的发展历程，我国梨产业经历了品种不断更新，特色品种不断呈现，栽培技术不断进步，从季节性供应到四季有鲜梨应市等变化，这些变化折射出广大科技人员的贡献和科研成就。

由现代农业（梨）产业技术体系首席专家张绍铃教授牵头组织我国30多名专家和学者编写的《梨学》，从品种资源到基因组学，从生物学特性到栽培管理，从栽培历史到文化，从果实生产到果品经济，比较全面而系统地进行了描述和总结，可以说该书是我国广大梨科技人员多年的成果汇集。参编人员具有多年从事梨研究的经历，既有深厚的理论功底，也有丰富的实践经验，因此，该书更是编写人员的研究心得和智慧结晶。

我相信，该书的出版对我国梨科学研究与生产实践均具有指导意义，对推动我国梨产业可持续发展具有重要作用，特此作序。

中国工程院院士
华中农业大学教授

2013 年 6 月于湖北武汉

梨作为世界性主要水果之一，其适应性强，对土壤及环境要求不高，无论山地、丘陵、沙荒地，还是红壤地，甚至盐碱地，只要加强管理，都能获得良好的产量和收益，因此其分布区域广泛，在全球约85个国家和地区得以种植，而其主产区则主要集中在亚洲、欧洲和美洲等地。据联合国粮农组织统计（FAO，2013），2011年全世界梨收获面积和产量分别达到了161.41万hm$^2$和2 389.66万t，其中总产量的98%以上来自于上述地区，尤其是亚洲的产量最高，约占世界总产量的74.8%。

梨在我国的栽培历史悠久，有文献记载的栽培历史就达到了2 500多年。长期以来我国一直是世界第一产梨大国，特别是改革开放以来，我国梨生产迅猛发展，栽培面积和产量稳居世界首位，2011年种植面积达113.18万hm$^2$，占世界总面积的72.7%，梨果产量约1 367.6万t，占世界总产量的65.1%。同时，我国也是世界梨出口第一大国，在国际梨产业和贸易中占有举足轻重的地位。另一方面，作为世界梨起源中心之一，我国梨的种类、品种资源也十分丰富。梨在我国的种植范围较广，除海南省、港澳地区外其余各省（自治区、直辖市）均有一定规模的种植，并且形成了具有地方特色和地域特征的梨优势栽培区域。我国的劳动人民也在悠久的梨树栽培历史中积累了丰富的生产经验，如我国早在周朝时期就已种植梨树，长沙马王堆出土的竹简上记载了2 100多年前的梨树种植情况，《魏书》中记载有"真定御梨，大如拳，甘如蜜，脆如菱"，而《史记》中则记载有"淮北荥南河济之间，千树梨，其人与千户侯等也"。此外，在《周礼》《礼记》《韩非子》《吕氏春秋》等众多古代书籍中均有关于梨的记述。新中国成立前，由于社会、经济等原因，梨产业发展极其缓慢，甚至因战乱而遭到极其严重的破坏，直至新中国成立后才得以恢复和发展。近年来，为适应我国不断深化的农业产业结构调整和梨果市场供求关系变化的新形势，我国从事梨科研和生产推广的工作者在种质资源收集与评价、新品种选育、病虫害防控、栽培技术、种植及经营管理模式、贮藏加工、市场营销等方面不断创新和改革，取得了一系列具有时代性的新成果，并在生产实践中得以广泛应用。梨的科研与生产技术水平提升成绩卓著，令人备受鼓舞。

2008 年，由农业部和财政部联合启动了包括梨在内的 50 个主要农产品的"现代农业产业技术体系"建设工作，将全国大部分优秀的梨科研工作者纳入了全国性的科研协作网络，形成了从产地到餐桌、从生产到消费、从研发到市场各个环节紧密衔接、环环相扣、服务于产业发展的"国家梨产业技术体系"。这不仅促进了国内外相关领域科研工作者的合作与交流，同时，也加强了科研人员、技术服务队伍以及生产一线果农的沟通和交流，使我们更加清楚地认识到我国梨产业发展的实际水平和存在的问题。相比较，我国梨产业整体水平与世界先进国家和地区尚有一定差距，主要表现在果品质量和经济效益低等方面，这说明我国梨产业技术水平还有待于进一步提升和发展。因此，总结和借鉴国内外有关梨的先进科研成果，是一件十分重要、也是必须要做的事情。

遗憾的是，我国有关梨的著作较少，主要是 20 世纪中期出版和译著的，以观察梨的生长发育规律和生物学特性为主旨的书籍，以及一些科普性的技术手册，还没有一部能全面反映当今国内外梨的最新研究进展和现代生产技术的梨学专著。广大读者也很难对梨的科研与生产有全面、系统的认知和了解。为此，2009 年 3 月，由南京农业大学梨工程技术研究中心牵头组织了多年从事梨科研与生产实践的颇有建树的专家组成编著团队，在广泛收集文献资料成果的基础上，全面总结梨科学研究与技术研发的最新成果，系统科学整理成书。《梨学》一书，力求系统性、全面性、科学性和实用性，并做到图文并茂，以适应科研与产业的快速发展趋势，满足梨的科研与生产者对梨的基础理论和产业技术系统性认知需求。希望通过我们全面的总结和整理，科学地呈现现代梨学研究和生产技术经验，从而为促进我国梨产业健康、可持续发展尽一份绵薄之力。

全书根据所涉及的研究领域和产业环节分为 4 篇，共 19 章。涵盖了梨的栽培历史、起源进化、产业现状、资源评价、遗传育种、栽培技术、贮藏保鲜与加工以及市场流通等内容。第一篇梨的起源、栽培历史与产业现状，包括3章，第一章梨的栽培和文化史，由袁家明、卢勇、张绍铃完成；第二章梨属植物的起源与演化，由滕元文完成；第三章世界及中国梨生产现状，由张绍铃、陶书田、吴俊完成。第二篇梨种质资源创新与分子基础，包括4章，第四章梨属植物分类与资源评价，由滕元文、曹玉芬完成；第五章梨主要栽培品种，由曹玉芬完成；第六章梨育种，由李秀根、方成泉、王然、吴俊完成；第七章梨基因组学研究，由吴俊、张绍铃完成。第三篇梨生长发育与现代栽培技术，包括9章，第八章梨植物学形态特征与结实生理，由张绍铃、朱立武、吴少华、吴俊、吴巨友完成；第九章梨苗木繁育，由张茂君、王国平完成；第十章梨生态区划与建园，由徐义流、王迎涛完成；第十一章梨树营养与土肥水管理，由朱立武、徐阳春完成；第十二章梨树整形修剪，由韦军、刘承宴、生利霞、张绍铃完成；第十三章梨病害及防控，由王国平、洪霓、王金友完成；第十四章梨虫害及防控，由陈汉杰完成；第十五章梨设施栽培，由施泽彬完成；第十六章梨优质安全生产，由秦仲麒、常有宏、伍涛完成。第四篇梨果采后质量控制、产品开发与市场流通，包括3章，第十七章梨果采后生理与贮运，由王文辉、关军锋完成；第十八章梨果加工，由陈义伦完成；第十九章梨的市场与流通，由周应恒、陶书田完成。图版编辑、说明由张绍铃、齐开杰完成。

　　该书的编写得到了国内同行和兄弟单位的大力支持和协助，包括来自中国农业科学院、江苏省农业科学院、浙江省农业科学院、河北省农林科学院、湖北省农业科学院、安徽省农业科学院、吉林省农业科学院、南京农业大学、华中农业大学、浙江大学、安徽农业大学、山东农业大学、福建农林大学、青岛农业大学、扬州大学等多家科研院所和大学的学者以及他们的研究团队。在此，一并对所有编著者在本书编写过程中付出的辛勤劳动表示衷心的感谢！

　　本书的顺利出版不仅是编著者通力合作的成果，在编写过程中还得到了中国农业出版社、中国园艺学会果树专业委员会等单位或学术组织的关心与帮助，特别是中国工程院院士束怀瑞教授对本书章节的总体部署和把握、撰写重点和特色等给予了许多富有建设性的意见和指导；中国农业出版社张利编辑也曾专门就《梨学》一书的编写出版亲自参加编委会会议，并就专著类图书编写中普遍存在的问题以及注意事项作了详尽的讲解，还与编著专家们一同讨论专著编写的定位、原则以及具体的编写目录和内容等。此外，本书的编写得到了国家出版基金、南京农业大学211果树重点学科建设的资助，谨此表示由衷的感谢。

由于本书的编写章节和内容较多，参加编写的人员也较多，因此在写作风格上难以统一，各章节更多地体现了笔者本人的思想认识和理解。虽然经过主编、编委和同行专家的反复讨论和相互审稿，编写专家的不断补充修订，以及主编和编辑部的统一规范性审校稿，存在疏漏和错误仍在所难免。同时，笔者深感自身水平和经验有限，加之涉及年代和研究领域范围跨度大，资料分散，书稿中仍可能存在一些缺点和错误，敬请专家和读者及时批评指正，深表为谢。

张绍铃

2013 年 6 月于南京农业大学

# [ 目 录 ]

序一

序二

前言

## 第一篇  梨的起源、栽培历史与产业现状

## 第二篇  梨种质资源创新与分子基础

# 第一篇

梨的起源、栽培历史与
产业现状

# 第一章　梨的栽培和文化史

梨属蔷薇科（Rosaceae），梨亚科（Pomaceae），梨属（*Pyrus*）植物，是落叶乔木或灌木。梨的果实营养丰富而全面，果肉脆嫩多汁，酸甜适口，风味极佳，又被称为宗果、快果、玉乳、蜜父等。鲜梨果实中富含蛋白质、脂肪、碳水化合物、钙、磷、铁、胡萝卜素、维生素 $B_1$、维生素 $B_2$、维生素 PP、维生素 C 等多种营养物质，因此素有"百果之宗"的美誉。

栽培梨的起源中心大致有 3 个，即中国中心，栽培砂梨、秋子梨的各个类型；中亚中心，包括印度西北部、阿富汗、塔吉克斯坦、乌兹别克斯坦以及天山西部地区，有欧洲梨的栽培；近东中心，包括高加索山脉和小亚细亚，也有欧洲梨的栽培。中国是世界上最大的起源中心，起源于我国的梨的品种最多，全世界的梨起源种有 30～35 种，原产我国的有 13～14 种（孙云蔚，1983）。

梨的栽培品种主要分属于西洋梨（*P. communis* L.）、秋子梨（*P. ussuriensis* Maxim）、白梨（*P. bretschneideri* Rehd.）、砂梨（*P. pyrifolia* Nakai）和新疆梨（*P. sinkiangensis* Yü）5 个大种内。世界上应用于生产实践中的梨主栽品种有 200 个左右，我国就有 100 多个（魏闻东，1992），因此我国又被誉为"梨果之乡"（佟屏亚，1983）。

梨在我国是栽培历史最为悠久的主栽果树之一，它对土壤的要求不高，不论山地、丘陵、沙荒地、盐碱地，还是红壤都能生长、开花和结果。我国各地，从南到北，无论寒带、温带、亚热带及热带地区，均有梨的种植和分布（蒲富慎，1963）。长期以来，我国历代劳动人民在辛勤培植梨树的过程中，选育出了许多优良品种，有的果形特大，有的味甘多汁，有的香气宜人，有的耐寒不枯……品种多样，各具特色，成为上至帝王将相，下至普通百姓最为喜爱的水果品种之一。

## 第一节　世界梨的栽培史

欧洲、亚洲是世界梨栽培历史最长、产量最多的区域，是世界梨的重要产地。欧洲梨的栽培历史悠久。大约在3 000年以前，古希腊诗人荷马（Homer）的诗和散文中就有关于梨的记载："梨是上帝的恩赐之物之一。"说明当时就有梨的栽培。到公元前 4 世纪，人们对梨的生产特性有了较为深入的认识，著名的古希腊哲学家席欧夫拉司土斯（Theophrastus）在其所著的《植物问考》（*Enquiry into Plants*）一书中载有：梨可用种子、根或插条进行繁殖，在种子繁殖的情况下容易失去其原有特性而产生退化现象。公元前 2 世纪，罗马人对梨的认识已达相当高的水平了，农业哲学家伽托（M. P. Cato）（公元前235—前150 年）在其所著的有关农业、果树的园艺论文中，对于梨的繁殖、嫁接、管理和贮藏均有详细论述，并且记载了 6 个梨品种。其所记载的栽培方法，与今天的栽培方法已经很相似了。公元 1 世纪，罗马的作家和自然科学家普里尼（Pliny）（公元 23—79 年）

在其所著的《自然界之史》（*Natural History*）一书中又描述 35 个梨品种，被记载的果实特性范围，与今天生产上栽培品种的果实特性范围也相似。这说明了当时梨树栽培不仅盛行，而且人们已注意了品种的培育和选择。

法国的梨栽培在欧洲梨栽培史上具有重要地位。9 世纪的富兰克斯帝国时代，由于沙里曼君主的重视，梨树栽培得到了很大的发展。到卡勒马格（Charlemagne）时期，法国的梨已具有栽培规模。到 16、17 世纪，法国已发展成为欧洲的主要产梨国家。1628 年，一个业余果树收集家，洛·洛克提（Le Lectier）就收集有 254 个以上的梨树品种，种在自己的园子里。到了 1800 年，法国栽培的梨品种多达 900 个，但是绝大多数是脆肉型品种。18 世纪，著名的梨育种家尼古拉斯·登旁特（Nicola Ls Hdenpoat）和万孟斯（J. B. Van Mops）分别培育出了许多有价值的品种。万孟斯播种了 8 万株自然授粉实生苗，选育出了 400 个品种。其中 40 个品种至今仍在生产上发挥作用。如西洋梨有名的品种宝斯克（Beurre Bosc）、日面红等，就是万孟斯所育成的（魏闻东，1992）。

英国的梨生产栽培大约从 1200 年开始。但据查梨树是在罗马帝国征服英国（公元 43 年）以前就已经引入。到 19 世纪梨的栽培种已相当丰富了。根据胡克（Hooker）的记载，巴梨（Bartlett）是 1796 年左右从一株实生苗选出来的。1816 年在英国得到了广泛的传播，现在已成为世界的重要栽培品种。在 1826 年英国皇家协会的目录中，就登记有 622 个栽培品种。德国梨栽培也有所起步，科达斯（Cordus）（1515—1544 年）所记载的德国梨品种，除优良质地以外，基本上具有现代栽培品种的全部果实性状。

比利时的梨树栽培相对较晚，但由于该国品种改良工作发达、品种改良技术较为成熟，对于世界梨栽培业的发展也有着很大的贡献。

欧洲梨树栽培改良历史上的一件重要事情，是 1800 年引进中国砂梨，此后从西洋梨与砂梨的杂交种中培育出了许多优良品种，如 1846 年培育的新品种被命名为康德（Le Conte）。后来又陆续培育出一系列新品种，如 1873 年推广的贵妃（Keiffer）品种，1880 年推广的嘉宝（Garber）品种，都是欧洲梨与东方梨杂交育出的第一批新品种，果实较现有西洋梨的栽培种品质稍差，但对梨火疫病具有较强的抗性。

总体而言，在中欧、东欧等地也有梨的栽培和育种，但是几乎没有培育出什么品种能赶得上法国和比利时的品种水平。

亚洲的梨的栽培起步也非常早。中国是亚洲梨栽培历史最悠久的国家，早在 3 000 多年前我国已经有了梨的栽培。日本是砂梨的原产地之一，大多数梨的品种均来源于砂梨。日本在持统天皇时代（686—897 年），就开始梨的栽种，但到 1868 年以前还没有出现规模性生产的梨园，如在江户时代（1603—1866 年）梨仍处于零星栽植；直到明治时期（1867—1911 年）才选育出了长十郎、二十世纪等品种，才得以较大面积的推广发展，明治末期日本梨园面积有 1 万 hm$^2$（魏闻东，1992）。印度的梨树栽培由我国传入。西汉时期，中国不但国内的梨树记载较多，还随着丝绸之路的开通，内外交流频繁，核桃、葡萄、石榴等传入内地，桃、梨等原产的果树也传到国外。玄奘著《大唐西域记》中记述了梨传入印度的情形。1 世纪左右，印度在贵霜帝国迦腻色伽一世统治时（全盛时边疆直抵我国西部，是当时的亚欧四大强国），我国甘肃一带的人经常去印度经商，他们带去我国各种原产蔬菜瓜果，其中就有盛产西北一带的梨果。印度人民给梨命名为"至那罗阇弗咀逻"，意思就是"汉王子"。这些名字至今还在印度的旁遮普省东部一带流传（佟屏亚，

1983)。说明印度的梨栽培至少在 1 世纪就开始了。

美洲的梨的栽培起步相对较晚。美国最早关于梨树的记载可能是 1630 年马萨诸塞 Salem 郊区栽植的 Endicott 梨树。它是由法国和英国殖民者带到美洲的（诺曼·弗兰克林·蔡尔德斯，1983）。北美梨树栽培改良的重要事情是 1879 年通过首次航运从俄国引进了抗寒的秋子梨品种。1867 年，由帕顿（Patten）在艾奥瓦（Iowa）州引进秋子梨是另一历史事件，用西洋梨和秋子梨杂交，证明后代是非常抗寒的。后来，瑞迈尔（Reimer，1925）又继续从欧洲和东方引进梨树品种。东方梨的某些引种材料具有对火疫病的高度抗性，由美国农业部和许多试验农场于 1900 年开始开展抗火疫病的育种和栽培工作。在美洲的西洋梨生产国家中，发展速度最快的是南半球的阿根廷和智利，前者十年间产量增加了 1.3 倍，后者 1986 年梨的栽培面积为 7 260hm²，至 1993 年面积扩大了 1.39 倍，达到 17 360hm²。美洲的其他国家都无大的发展（王宇霖，2001）。

此外，近代澳大利亚和新西兰梨的栽培也有发展。一个叫派克汉姆（Packham's Triumph）的品种是澳大利亚育成的，1900 年推广，在澳大利亚，它的重要性仅次于巴梨，在新西兰新栽培的梨树中居第二位。

## 第二节 梨在我国的种植历史与分布

中国的梨栽培历史悠久，现在生产上普遍栽培的白梨、砂梨、秋子梨和新疆梨等都原产于我国（赵宗方等，1988）。早在先秦时代，《诗经·秦风·晨风》就有这样的记载："山有苞棣，隰有树檖"。《尔雅》释木曰："檖罗，今杨檖也，实似梨而小，酢可食。"《诗经》的秦风章"晨风篇"作于公元前 1000 年左右。由此我们可以知道，梨至少在 3 000 多年前就在我国种植，而且就在那个时候已经开始向栽培种过渡。

此后的古书《山海经》《庄子》《韩非子》《尔雅》等都出现过"梨"字，可能是指梨栽培种中的大果型品种，包括秋子梨、白梨和砂梨（孙云蔚，1983）。《庄子·天运》（公元前 4 世纪中后期）就利用梨等果实作比喻："故譬三皇五帝之礼义法度，其犹柤梨橘柚邪！其味相反而皆可于口。"《韩非子》（约公元前 3 世纪）也有记载："夫树柤梨橘柚者食之则甘，嗅之则香；树枳棘者，成而刺人。故君子慎所树。"《尔雅》（约公元前 3 世纪）记载：梨，山樆（注：即今梨树）；（疏）其在山之名曰樆，人植之曰梨。可以看出，公元前 3 世纪，有选择地栽种梨等树种的意识和实践已经相当普及了。

秦汉以来，梨的栽培面积得到扩展，梨品种也得到丰富和发展。《西京杂记》记载了西汉时期皇家园圃中栽种的不少良种梨树，"初修上林苑，群臣远方各献名果异树，亦有制为美名，以标奇丽"。《齐民要术》载有"梨十：紫梨、青梨（实大）、芳梨（实小）、大谷梨、细叶梨、缥叶梨、金叶梨（出琅琊王野家，太守王唐所献）、瀚海梨（出瀚海北，耐寒不枯）、东王梨（出海中）、紫条梨"。瀚海，即今新疆塔里木盆地一带，这表明，最迟在西汉时期，新疆就有梨树的栽培。《三辅黄图》中记载了汉代苑圃中专有梨园，叙述其盛况："云阳（县）车箱坂下，有梨园一顷，梨数百株，青翠繁密，望之如车盖。"在汉代的上林苑，有种植果木菜蔬、栗、梨等的水果果园，甚至还有专门栽培棠梨的棠梨宫。新中国成立后，汉代梨的栽培和选育成就也得到了相关考古资料的证实，1972 年湖南长沙马王堆汉墓中，就发现有梨的遗物和关于梨的竹简记载（张翔鹰，2008）。如，发掘出距今2 100年前的保存完好的梨核、成笆的梨，以及马王堆134号竹简上关于梨的记载。这说明我国在西汉时代不仅有了大量栽培，而且有了很多栽培品种，甚至有防治虫害的方法了（蒲富慎，1963）。东汉时期，《汉书》卷91《货殖传》的记载也反映出当时梨的栽培已具备较大的规模："秦汉之制，列侯封君食租税，岁率户二百。千户之君则二十万……陆地牧马二百蹄……水居千石鱼陂，山居千章之萩，安邑千树枣，燕秦千树栗，蜀、汉、江陵千树橘，淮北荥南河、济之间千树萩……此其人皆与千户侯等。"此处的萩即为梨（唐初以前确是作"萩"，改"萩"为"梨"乃是后人所为）。把千树梨与当时的千户侯相提并论，可以窥见梨树种植规模之大和梨果产量之高。这一时期，还出现了梨树栽培上的相互传播，如："宋泰始既失彭城，江南始传种消梨，先时所无，百姓争欲种植。识者曰：'当有姓萧而来者'，十余年，齐受禅。"（《南齐书》卷十九，萧子显著，周国林等校，1998）。

魏晋之际，梨树的栽培、繁育有了长足的发展。"弘农、京兆、右扶风郡县诸谷中"，"河南洛阳北邙山"等地都盛行栽种梨树，且有不少品质优良的梨果，"率多御贡"。"昔人言梨，皆以常山真定、山阳钜野、梁国睢阳、齐国临淄、钜鹿、弘农、京兆、邺都、洛阳为称。盖好梨多产于北土，南方惟宣城者为胜。"（李时珍，《本草纲目》）。《魏文帝诏》有"真定（今河北省正定）御梨，大如拳，甘如蜜，脆如菱"（李时珍，《本草纲目》）。北魏贾思勰在其所著的综合性农书《齐民要术》中系统地总结了6世纪以前黄河中下游地区农牧业生产经验、果树栽培、食品的加工与贮藏等。它不仅记载中原地区的多种梨树品种，还总结了梨树的嫁接技术和贮藏技术。该书引《广志》云，"广都梨，又名巨鹿豪梨，重六斤，数人分食"，还记载有齐郡出产的朐山梨和另一别名为"麋雀梨"的张公大谷梨；一种从汉武帝时代即开始栽培的美梨——"含消梨"（可能是上述的张公大谷梨），在北魏时期仍栽种于洛阳城南的劝学里，据说这种梨"重十斤，（梨）从树着地，尽化为水"（《洛阳伽蓝记》，卷三，杨衒之撰，刘卫东选注），可见应该是一种十分松脆的好梨。更为重要的是，《齐民要术》还详细记载了梨树的栽培技术："种者，梨熟时，全埋之，经年，至春地释，分栽之，多著熟粪及水。至冬叶落，附地刈杀之，以炭火烧头，二年即结子。……每梨十许子，唯二子生梨，余皆生杜。""插者弥疾，插法用棠杜。棠，梨大而细理；杜次之；桑、梨大恶；枣、石榴上插得者，为上梨，虽治十，收得一二也。""凡插梨，园中者，用旁枝；庭前者，中心。……用根蒂小枝，树形可憎，五年方结子；鸠脚老枝，三年即结子，而树醜。"记载了种梨先用杜梨作砧木，嫁接时用皮接的嫁接方法，这是梨品种培育上的巨大进步。这一时期梨树繁殖已从培养实生苗转向无性繁殖，并对实生苗容易变异和嫁接的方法以及如何选择接穗等都有详细的记述。这些经验对今人仍有借鉴意义。由这些记载可知：在魏晋时代，北方地区各地均产梨，其中今河南洛阳、商丘、登封、灵宝，河北正定、平乡，山东巨野、临淄，以及山西东南部和陕西关中一带，乃为著名的梨产区（王利华，2009）。

唐宋时期，梨栽培兴盛并向境外传输。这一时期不仅栽培的区域广，品种多，赞美梨及梨花的诗词也是层出不穷，据统计有300多首，可见这一时期梨之兴盛和人们对梨的喜爱之情，并且这一时期作为我国原产的梨开始进一步向外传播。《新唐书·渤海传》中记载："果有九都之李，乐游之梨（乐游指辽宁西南部辽东湾地区）。"《甘肃通志》中记载："梨，种类不一，有黑梨者，冬月既冻，色如墨乃佳，可消煤毒，皋兰较多。"考古人员还在新疆的吐鲁番盆地边缘的阿斯塔那古墓里，发掘出大约是唐代墓葬中的梨干；古墓中的梨干为淡黄色，梗细曲，梗萼连心，果心小，石细胞较多，很像现在新疆梨品种中的"二转子"。墓中的纸屑上有"廿六食又廿文买梨"的记录，表明梨已在当地作为商品进行交换，是人们日常生活的不可或缺的部分。而《大唐西域记》也有相应的记述："阿耆尼国，引水为田，土宜糜、黍、宿麦、香枣、蒲萄、梨、柰诸果。"又说"屈支国东西千余里，南北六百余里……都城周十七八里，宜糜、麦，有粳稻，出蒲萄、石榴，多梨、柰、桃、杏，土产黄金、铜、铁……"阿耆尼国即今焉耆，屈支国即今库车。

元明清时期，梨树的栽培更为普遍，并且梨在水果中的地位逐渐上升，《农桑辑要》和《王祯农书》把梨列为首位，排在诸多水果之前。可见当时的人们对梨的喜爱和尊崇。《元一统志》载"惠州、兴州、中州、建州皆土产梨"。《热河志》称："蒙古谓梨为阿里玛图，建昌县境内有阿里玛图谷，亦以有梨处得名。"北镇为辽宁西部著名梨产区，除唐书有记载外，《大清一统志》（乾隆年间撰）记载"有广宁医巫闾山梨为贡品"。这说明东北在这一时期已成为梨的主要产地（王永多，1981）。清顺治十四年（1657年）编写的《西镇志》中记载"梨，河西皆有，唯肃州、西宁为佳"。清康熙二十五年（1686年）编的《兰州志》中还有"金瓶梨、香水梨、鸡腿梨、酥密梨、平梨、冬果"的记载。清雍正六年（1728年）编辑的《甘肃通志》中记载，"兰州出梨"，"梨花靖远最多"，"梨兰州者佳"。再一次说明了清朝初期，兰州、靖远、河西梨的分布情况，集中产区是靖远，肃州（今酒泉）已有名。据明代嘉靖十二年（1533年）《山东通志》记载："梨，六府皆有之。其种曰红消、曰秋白、曰香水、曰鹅梨、曰瓶梨，出东昌、临清、武城者为佳。"《浙江通志》：（万历常山县志）梨有数种，有青皮梨，榅梨，大而甘脆者雪梨。《王祯农书·农桑通诀》记载"身接、根接、皮接、枝接、靥接、搭接"六种嫁接的方法，对我国梨树的嫁接技术做了全面的总结，这仍然是我们今天主要的嫁接方法（倪根金，2002）。

鸦片战争至新中国成立前的100多年里，国弱民穷，战乱不断，我国整个的果树栽培业，根本谈不上发展，无数山林果园遭受破坏，果树栽培业几濒于绝境（蒲富慎，1963）。如当时我国最大的梨产区之一的辽宁省，在抗日战争前，该省有名的梨产区——北镇最高年产量曾达到50 000t，绥中最高输出量曾达1 400车厢；日寇入侵以后，为了统治和压榨中国人民，实行并村政策，山区人民均被逐出家园，果产区人口损失严重，果农与果园远离，果园因而荒芜。山东省著名的莱阳梨产区，抗日战争期间，梨区西面和北面沿河的防护林遭到敌人严重破坏，砍伐殆尽，已完全失去防风固堤作用。每逢4月花期，北方寒流过境，梨树几乎年年受冻；每届雨季，河水高涨，洪流四溢，梨树遭受涝害，树势变弱，产量因而锐减。

新中国成立以来，在党和政府的领导下，果树生产业迅速地从恢复到发展，取得了很大的成就。新中国成立初期，党和政府制定了一系列政策和措施，来保护和恢复果树生产。土地改革使得果农得到了果园，发放专业贷款，规定粮果比价，提高了果农的生产积极性，加强技术指导，开展病虫害防治，使各地梨产量和品质迅速提高。1953年，国民经济恢复时期结束后，开始了社会主义经济建设的"第一个五年计划"，果树生产进入了有计划发展的新阶段。"一五"期间，各地梨树栽培管理措施逐步加强，栽培面积迅速扩大，单位面积产量不断提高，1957年梨果的产量较1952年增长35%左右。1958年，"二五"开始，出现了工农业生产"大跃进"和农村人民公社化，加上贯彻了农业"八字宪法"，在果树生产战线上获得了巨大的胜利。全国梨的栽培面积至少在 22 万 hm² 以上，总产量已达 79 万 t，较 1957 年增长了 58.2%，占全国水果总产量的 18%。此后，我国的梨产量继续增加，到 1969 年，世界梨果总产量为 730 万 t（联合国粮农组织，1969），其中欧洲的产量最高（450 万 t），其次为亚洲（170 万 t）等；总产量最高的国家是意大利，为 136 万 t，其次是中国，达 89 万 t（甘霖，1989）。

到 20 世纪 80 年代，我国的梨产量开始跃居为世界第一位。1981 年，我国梨的总产量达为 166 万 t，已跃居世界第一位，第二位为意大利，产量为 116 万 t（丁振忠，1984）。到 1985 年，我国梨的总产量更增加到 213.7 万 t，而第二位意大利产量只有 98 万 t（甘霖，1989）。我国梨总产量优势继续得到提升，第一产梨大国地位得到进一步巩固。1994—2004 年，我国梨产量呈直线上升趋势（李秀根等，2007）。据联合国粮农组织 2013 年更新的统计资料显示，1999 年和 2001 年中国梨面积分别为 98.53 万 hm² 和 103.50 万 hm²，占世界梨栽培面积的 64.94% 和 66.51%。中国梨产量分别达 785.98 万 t 和 889.67 万 t（世界梨果产量 1999 年和 2001 年分别为 1 538.02 万 t 和 1 645.57 万 t）。占世界梨总产量的 51.10% 和 54.06%。梨的生产面积和产量均居世界各国之首。

# 第三节 梨 文 化

## 一、梨文化的概念及其渊源

梨文化即我国人民在长期的植梨、食梨、艺梨、颂梨的过程中所形成的物质的和精神的成果。梨文化是通过一定的物质形态、文化形式、文化心理表现出来的，大致包括梨的科学性、梨的实用性、梨花的审美性和象征性等几个方面。梨的科学性是关于梨的自然生物规律和栽培管理技术技能等；梨的实用性既包括梨果的食用、药用，也包括梨木所作的器具、梨树的观赏应用等；以梨为主要表现对象的文化形式主要包括梨的文学艺术，如史籍、古籍、诗歌、词赋、小说、戏剧、散文等表现形式的艺术性和对梨花的审美观赏、象征功能的描述；还有以梨为表现形式的民间风俗、逸闻趣事、象征意义等。

梨与中华民族的生存发展结下不解之缘，无论是济世救民，还是治病强身，无不有梨的功勋；亦不论是文学著作、诗词歌赋，还是民歌民俗，无不与梨有千丝万缕的联系。这种对梨的自然属性的认知到对梨及梨花精神的追崇，日益发展并形成了以梨的种植、梨的名称考析、梨的品种演变、梨的药用价值、梨意识形态等为内容的一种源远流长的现象——中国梨文化，在中国的传统文化中日趋完善并独具特色，逐渐成为中华文化的奇葩。

### （一）梨文化的萌芽时期：先秦到秦汉

先秦及秦汉时期，梨作为一种主要的果品，在《诗经》《山海经》《史记》《西京杂记》等典籍中均有记载，从这些史料，我们可了解梨由野生到人工栽培的过程，以及随着时间的推移，种梨的规模、种类、区域不断扩大。繁多的品种和广泛的分布不仅反映出梨在先秦及秦汉时期已有野生梨向栽培梨转化，而且它与民生息息相关，已成为当时农业物产的组成部分。

先秦时期，梨最普遍的作用是食用，这是它作为水果最普遍的价值。文化史研究表明，一种动植物能成为文化载体，它必定具有一定的实用性功能，否则，就不可能也不会赋予其文化意义。费尔巴哈在考察动物神的形成时说："动物是人不可缺少的、必要的东西，人之所以为人要靠动物，而人的生命和存在所依靠的东西，对于人来说就是神。""所以，人的崇拜对象，包括动物在内，所表现的价值，正是人加于自己生命的那个价值（加巴拉耶夫，1959）。"先秦时代，贵族阶级还把梨作为祭祀的供品。天子仲夏之月，"羞以含桃，先荐寝庙"（崔高维校点）。诚然，作为供品，贵族阶级对水果外形的洁净美观就格外重视，《礼记·内则》写到："枣曰新之，栗曰撰之，桃曰胆之，柤梨曰攒之。"是枣要新洁，挑拭的桃要使它色青滑如胆，并挑选无虫的栗和梨，可知当时祭祀时对水果（梨）的要求很高，也说明梨是珍贵水果。秦始皇统一中国后，在蓼水之南修上林苑植有梨，梨始进入园艺中。西汉武帝建元三年（公元前138年），帝修上林苑，广袤二百里，离宫七十余所，可容千乘万骑。西汉大文学家司马相如《上林赋》述，"独不闻天子之上林乎，左苍梧，右西极"（《文选》，梁·萧统编，唐·李善注），极赞当时上林苑之广大，仅梨树就有10种（《西京杂记》，东晋·葛洪撰，周天游校注）。《三辅黄图》还记汉代苑囿中的梨园盛况："梨数百株，青翠繁密，望之如车盖。"可见秦汉时期中原地区已将梨树作为观赏树木种植，并已选育出众多优良梨树品种。本时期还有不少关于吃梨的典故，如"融四岁能让梨"，说的是孔融在4岁的时候，便能友爱而谦让；"曾子蒸梨出妻"，是说曾参以妻子蒸梨不熟为借口休妻顺母的故事。

从梨的广泛种植、食用、祭祀及园艺价值等方面来看，这一时期的梨已由野生转为人工种植，并且还大规模栽种，从它们在社会生活中的多种功能观之，这一时期的梨在满足人们物质与精神需求方面，时时处处发挥着重要且独特的作用。这一时期其食用价值、使用价值都因人们实际生活的需要而得到了淋漓尽致的发挥，形成了多样的文化形态，这些文化形态几乎遍布了先秦、秦汉所有的典籍。梨的广泛分布、栽培及果实的利用是梨文化产生的基础。

### （二）梨文化的发展时期：魏晋到隋唐

钱钟书先生说："观物之时，瞥眼乍见，得其大体之风致，所谓'感觉情调'或第三种性质；注目熟视，遂得其细节之实象，如形模色泽，所谓'第一、二种性质'（钱钟书，1979）。"从上面的分析我们可以看出，先秦、秦汉典籍中对梨的记载起初是作为物候表征的也即是"感觉情调"，这是上古时期实用主义的体现。在文化发展过程中，文化载体的实用性更是文化认同与传承的前提，即随着人对其实用性功能的进一步关注，人们对它的理解也就更加全面、深入，甚至在其基础上提升或衍生出有关理论或象征功能，从而丰富了其实用性的内涵。魏晋时期，随着农业文明的进步，人们不仅仅关注梨的使用价值，还歌颂梨花的淡雅之色、清香之味、秀而不媚之姿；到唐朝时期，不仅歌颂梨花的表象，还赋予梨花内在精神。

魏晋南北朝时期，随着梨树的广泛种植，人们对梨的认知进一步提高，咏梨、梨花的诗文大量出现，主要有梁·沈约《应诏咏梨诗》："大谷来既重，岷山道又难；摧折非所吝，但令入玉盘。"梁·刘孝绰《于座应令咏梨花诗》："玉垒称津润，金谷咏芳菲；讵匹龙楼下，素叶映华扉杂雨疑霰落，因风似蝶飞；岂不怜飘坠，愿入九重围。"后梁宣帝

《大梨诗》："大谷常流称，南荒本足珍；绿叶已承露，紫实复含津"（唐·徐坚，《初学记》）。这一时期，咏梨、梨花主要是梨的表象，即梨的形状、味道，梨花的洁白、姿态等方面，说明人们对梨文化的认识逐渐开始向文化表征过渡。

唐、宋时期是我国农业经济的发展和农业文明的进步，也是封建社会经济文化大发展、繁荣时期，更是梨文化发展的一个新阶段。大凡唐宋诗词大家如李白、杜甫、白居易、王维、柳宗元、苏轼、陆游、黄庭坚等，几乎都写有与梨、梨花有关的诗词，随着记载梨及梨花的书籍不断涌现，梨逐渐由经济作物发展为文化表征，并一直影响着后来的梨文化。

唐朝徐坚等在唐玄宗时编纂的类书《初学记》，注重于梨的分布、食用、神话传说和梨的文艺杂句的积累。《初学记》用"礼"、"叙事"、"赋"、"诗"等，把人们日常生活和文化生活中的"梨情梨事"作了系统的编纂，是梨文化发展史上综合系统的经典著作。宋朝邵雍有《秋怀三十六首》："饱霜梨多红，久雨榴自罅。此果世称珍，厥味是可诧。"苏轼《梨》："霜降红梨熟，柔柯已不胜。未尝蠲夏渴，长见助春水"。都描述了对唐宋时期著名的红梨的喜爱和赞美。从邵雍和苏轼的诗里可知红梨甘甜可口，为梨中上品，但在后来文献中很少见到红梨，或此梨品种已消失，殊为可惜。唐宋时期，人们已赋予梨花纯洁、感伤离怀之情，比魏晋南北朝文士只赞赏梨花的洁白、花姿典雅更深一步。

由于梨果的形状和色彩、梨树妖娆的树型，具有很好的观赏价值。它的果形从圆形、扁圆形变异至短瓢形达 14 种之多；果皮颜色从黄、绿、褐、红，交错变异达 16 种之多；香味有浓烈、芳香、清香、微香等（左芬等，2007），梨叶的形状有卵圆形、椭圆形、长椭圆形等，极具观赏价值，特别是梨花开放之时，梨花之白在梨叶绿的映衬下，更加的夺目。因此，秦汉以后，梨树即常用于宫苑、庭院绿化，成为我国园艺的重要题材。唐宋时期的文人墨客不仅赋予梨花精神内涵，还在园艺栽培和嫁接技术精益求精，梨树新品种层出不穷。唐代长安皇家园林三苑中的花木栽植品种很多，见于记载的与花木有关的园林名称就有樱桃园、葡萄园、梨园、柿林园等，并在内苑设司苑、典苑、掌苑，东宫设掌园来主园囿种蔬菜（《大唐六典》，唐·李隆基撰，李林甫注）。因为梨花花色纯白和花粉酿蜜较好，不但在禁苑中多处栽种，一些寺观中也多植梨树。宋代《洛阳花木记》中就列举了当时洛阳种植的 27 个著名梨树品种。

### （三）梨文化的成熟时期：明清

明清时期梨树栽培技术经过魏晋南北朝和隋唐时期，到宋辽金元时期已经在全国各大新老农区都进行全面的推广，并且伴随着农业专业化经营而日趋精细，明清出现了梨树的区域优势化栽培。

明清时期梨更加广泛地应用于园林中。目前我国现存最大的皇家园林河北承德避暑山庄是把人文景观与自然景观巧妙结合的成功典范。此山庄主要有三条路线：西峪、梨树峪、松云峡。西峪之北最长的一条山谷即梨树峪，原有"梨花伴月"之胜。"梨花伴月"为山庄春季看花赏月的绝佳之地。每当春季，茂盛的梨花争相怒放，在溶溶的月光下，散发出阵阵的香气，使人心旷神怡，真有"梨花院落溶溶月，柳絮池塘淡淡风"之感。如雪的梨花仿佛北国隆冬的皑皑白雪，使人更加感到山庄的凉爽。这是古代梨与园囿文化结合的典范。

明天启年间王象晋沿宋朝陈景沂《全芳备祖》的体例，撰成巨著《群芳谱》。《群芳谱》为"略于种植而详于治疗之法与典故艺文"之作，从其结构看，每谱有"小序"，说明作谱意图；再有"首简"，概括本谱的要点，记述历史文献；再后是记述每种植物的形态特点。而对梨的描述则集梨的农事、梨的历史掌故等之大成。清朝康熙皇帝认为"比见近人所纂《群芳谱》，蒐集众长，义类可取。但惜尚多疏漏，因命儒臣秘府藏帙，捃撰荟萃，删其支冗，补其缺遗"（清康熙皇帝为《广群芳谱》所作序），后经过汪灏等人集体对原书加以更正，又删其冗文，并用"增"字标明系新增的内容，于康熙四十七年（1708年）出版了《广群芳谱》。《广群芳谱》与《群芳谱》都是记载栽培植物，不同在于其不涉及医用价值。该书有关梨的内容不但更偏重于农业生物方面，如梨的分布区域，梨的生物学特性，梨的栽培、贮藏、食用、药用等；而且更多地附有历代传记、序、题跋、杂著、诗词、散文等文艺作品，为梨文化集成，也是我国迄今最为系统的梨文化的著作。至于后来吴其濬编撰的《植物名实图考》和《植物名实图考长编》，虽然在梨的文艺方面不比《群芳谱》和《广群芳谱》充实，但其图文并茂，为中国传统梨文化又增添了崭新一页。

## 二、梨文化的内容与分类

自古以来，梨在我国人民的生活和生产中占据着重要地位。由于梨花的洁白无瑕、梨果的甘甜可口、梨树的浩然浑厚、梨木的经典高贵等特性，使梨具有很好的观赏、食用和美学价值。梨，其树、其花、其果，激发人类的思维，让人寄情，寓意，抒志。自古至今，留下许多骚人墨客、才子佳人的诗篇佳话。更给寻常百姓带来辛劳中的喜悦、快乐和期盼。

### （一）以梨花描写美景

梨花是人们十分喜爱的观赏花卉，千朵万朵，压枝欲低，素洁淡雅，风姿绰约，真有"占断天下白，压尽人间花"的气势。北国春天，桃杏落英缤纷之际恰是梨树白花满枝之时，皑皑花海银装素裹，朵朵梨蕊晶莹如玉，此等景象实属人间仙境一般。历代很多诗人为梨花题诗作赋，赞美人间美景，大诗人陆游的《梨花》一绝云："粉淡香清自一家，未容桃李占年华。常思南郑清明路，醉袖迎风雪一权。"意境如浮眼前，如在梦中，备受推崇。金代诗人段继昌也有一首《梨花》诗："一林轻素媚春光，透骨浓熏百和香。消得太真吹玉笛，小庭人散月如霜。"一片梨花素洁如玉，弥漫春园，妖媚极了，那透骨的浓香更是令人陶醉。元代著名道士邱处机，是元大都长春宫（今北京白云观）主持，他写过一篇《梨花辞》："春游浩荡，是年年寒食，梨花时节。白锦无纹香烂漫，玉树琼苞堆雪。静夜沉沉，浮光霭霭，冷浸溶溶月。人间天上，烂银霞照通彻。浑似姑射真人，天姿灵秀，意气殊高洁。万蕊参差谁信道，不与群芳同列。浩气清英，仙才卓荦，下土难分别。瑶台归去，洞天方看清绝。"将梨花美景表达的淋漓精致。杨基《菩萨蛮》："水晶帘外娟娟月，梨花枝上层层雪。花月两模糊，隔帘看欲无。月华今夜黑，全见梨花白。花也笑姮娥，让他春色多。"梨花是如此素雅，又如此风流，月光下的梨花如层层堆雪，而细雨中的梨花则越显清癯。2013 年春南京农业大学陆承平教授赴江浦梨资源圃观梨花时写下诗句："千株万树玉花开，拂雪蒸云出世来。未见时人尝快果，已将苗木十年栽。"（注：梨花又名玉雨花，梨子又名快果，此诗未正式发表）

此外，用梨花来描写美景的诗句还有："梨花白雪香"、"梨花千树雪"（李白），"尔来大谷梨，白花再成雪"（独孤及），"梨花雪压枝"（温庭筠），"匪冬而雪，匪夜而明"（陈藻），"随风千点雪"（周朴），"梨花飞白雪"（杨亿），"朝来三月半，初见一枝白。烂漫雪有香，珑松玉乃刻"（高士谈），"砌下梨花一堆雪"（孔方平），"半庭寒影在梨花"（吕中孚），"梨花乱舞白霓裳"（刘秉忠），"已开梨蕊雪为团"（王恽），"满阶香雪落梨花"（黄庚），"香浮夜月梨飘雪"（周权），等等。

梨花的美深入人心，在人们印象中"梨花"也逐渐演化成美的代名词。唐代的岑参《白雪歌送武判官归京》："忽如一夜春风来，千树万树梨花开。"以梨花喻雪，描写塞北下雪时的美景。晚唐著名诗人杜牧《鹭鸶》诗中写道："雪衣雪发青玉嘴，群捕鱼儿溪影中。惊飞远映碧山去，一树梨花落晚风。"以梨花喻洁白的鹭鸶。

### （二）以梨花比喻美人

梨花洁白无瑕，高贵典雅，自然成为历代文人骚客的诗词比喻题材，用梨花来形容美人是较为常见的一种。李白在《宫中行乐》其二中："柳色黄金嫩，梨花白雪香。"以梨花喻女子皮肤之白皙；白居易《长恨歌》中，用"玉容寂寞泪阑干，梨花一枝春带雨"来比喻杨贵妃流泪时楚楚动人的神态，他的另一首诗《江岸梨》中，"梨花有思缘和叶，一树江头恼杀君。最似婵娟少年妇，白妆素袖碧纱裙"，描写了一位美丽的怨妇。雷渊的《梨花》："雪作肌肤玉作容，不将妖艳嫁东风。梅魂何物三春在，桃脸真成一笑空。雨细无情添寂寞，月明有意助丰融。相如病渴妨文赋，想象甘寒结小红。"黄庭坚《次韵梨花》："桃花人面各相红，不及天然玉作容。总向风尘尘莫染，轻轻笼月倚墙东。"吕中孚《梨花》："等待清明得得芳，团枝晴雪暖生香。洗妆自有风流态，却笑红深映海棠。"元好问在《梨花》诗中把梨花比喻为幽静之处女，在月光下更见其淡雅的风度，云："梨花如静女，寂寞出春暮。春工惜天真，玉颊凝风露。素月淡相映，萧然见风度。恨无尘外人，为续雪香句。孤芳忌太洁，莫遣凡卉妒。"诗人们认为梨花特别适宜在月光下和细雨中观赏。赵福元《梨花》："玉作精神雪作肤，雨中娇韵越清癯。若人会得嫣然态，写作杨妃出浴图。"朱淑贞的《梨花》："朝来带雨一枝春，薄薄香罗蹙蕊匀。冷艳未饶梅共色，靓妆长与月为邻。许同蝶梦还如蝶，似替人愁却笑人。须到年年寒食夜，情怀为尔倍伤神。"

### （三）以梨花表达离愁别思

梨花微小、洁白而脆弱，它们的花期很短，花瓣很容易在晚春的风雨中飘落，中国古代诗人常用梨花来表达寓意丰富的忧伤意境，或承载着清明时节大家的欢乐与悲辛，或寄托离别的忧伤，或蕴含思乡与怀旧之情，或反映人们伤春、闺怨、自伤身世、感慨人生变幻的清冷心绪，这些情感内涵是前人用他们生动的生命体验积聚而成的，也是中国古典文学中厚重的文化积淀。

唐朝岑参的《送杨子》一诗："斗酒渭城边，垆头耐醉眠。梨花千树雪，杨柳万条烟。惜别添壶酒，临岐赠马鞭。看君颍上去，新月到家圆。"杨柳如烟，梨花似雪，春的到来使世间的一切都充满了盎然生机，但就在这满目的春色中诗人却要和友人离别，寓哀情于乐景，反而更加衬托出作者伤别的心绪。梨花的纷飞也使远在边塞的岑参沉浸在一片乡情的缠绵之中："渭北春已老，河西人未归。边城细草出，客馆梨花飞。别后乡梦数，昨来家信稀。凉州三月半，犹未脱寒衣。"在这些诗歌中，梨花简直成了一种催情剂，催发了千万游子对故乡的无限思念。明朝高启《送陈秀才还沙上省墓》："满衣血泪与尘埃，乱后还乡亦可哀，风雨梨花寒食过，几家坟上子孙来？"在另外一词人心中，梨花更是完全成为故乡的化身："旧山虽在不关身，且向长安过暮春。一树梨花一溪月，不知今夜属何人？"皎洁的月光，潺潺的溪水，那一树梨花幽雅闲静，在饱经世态炎凉者的眼中，这静谧的一切都是"旧山"的代表。但今夜故乡已无法亲近，取而代之的只是一份沉重、无奈的思乡浓情。

### （四）以梨树栽培观赏

梨除果味之佳与花容之淡以外，其特有的树型树姿美，也是宜于观赏、适作庭木的（程兆熊，1984）。王世懋在《学圃余疏》云："溶溶院落，何可无此君。"陈淏子《花镜》云："梨之韵，李之洁，宜闲庭旷圃，朝晖夕蔼。"也就是说梨树在庭院栽植，春天可以欣赏妖娆多姿的梨花，夏天可以蔽荫避雨，秋可以食果赏叶，冬天可以欣赏绰约多姿的树枝。

自秦汉以后，梨树即常用于宫苑、庭院绿化，成为我国园艺的重要题材，而用于观赏花卉、果实的树木在唐代园林中的种植具有相当的规模。唐代长安皇家园林三苑中的花木栽植更加丰富多彩，见于记载的与花木有关的园林名称就有芳林园、樱桃园、葡萄园、梨园、柿林园等。大明宫旁的梨园，更是因为唐玄宗设置培养艺人的学校，造就"梨园弟子"而传名至今。宋代《洛阳花木记》记载，宋徽宗为造"艮岳"，则"奇竹异花"、"佳果异木"，皆越海渡江，凿城毁郭而至。

梨作为果树盆景应用，也是我国梨文化的有机组成部分。标志着梨树由高大挺拔的室外栽植树木开始向室内欣赏转移。人们对果树盆景的欣赏，一在姿态，二在韵味。梨树盆景高不盈尺、枝干虬曲、树姿优美。人们还可以根据喜好剪植成自己喜爱的树姿，它融赏花、观果、品景于一体，具有极高的欣赏价值和艺术价值，在我国盆景八大流派（苏派、扬派、岭南派、川派、徽派、海派、浙派、通派）中几乎都有应用。

### （五）以梨果治病疗伤

梨肉脆多汁，甜酸可口，有浓烈的芳香，含有丰富的糖分、果酸、游离酸、蛋白质、脂肪、钙、铁、磷及各种维生素。中医学认为，梨性味甘凉，入肺胃经，生津、润燥、清热、化痰，擅长治疗热病津伤烦渴、痰热惊狂、热咳、消渴、便秘等症。尤平时喜吃膏粱厚味，嗜好烈酒的人，体内容易积热，火旺痰多，易患毒痈肿疮等症，若能经常吃梨，则可免生疾病，转危为安。

据明代大医药学家李时珍所著《本草纲目》记载，可作药用的梨有乳梨、鹅梨、桑梨、紫花梨等。梨具有清风热、润肺凉心、清痰降火、解毒的功效，主治热嗽、口渴、热邪犯内、中风不语、伤寒发热、惊邪、大小便不利、贼风犯体、心烦气喘、热狂、毒疮、醉酒、伤风失音、胸中痞塞热结、风痰、烫伤等。在《本草纲目》中还记载了一些用梨治疗各种疾病的方法。如，取香水梨（或鹅梨、江南雪梨）汁，加入蜜汤熬到一定程度，装入瓶中，随时以热水或冷水调服，直至病愈——治疗消渴饮水；取梨剜空，装满小黑豆，再用剜掉部分的梨盖住，捆绑牢固，置糠火中煨熟，捣成饼状，每天服用——治疗痰喘气急；取梨1个捣碎绞汁，再以绵包裹黄连片一钱浸入梨汁，取该汁点眼——治赤目弩肉；取鹅梨一个捣汁，再以绵包裹黄连末与腻粉浸入梨汁，取该汁每天点眼——治赤眼肿痛；取大雪梨1个，再取丁香巧粒刺入梨内，用湿纸包裹4层或5层，煨熟——治反胃转食。

现在，在山西太原等地就有"吃梨过惊蛰"的民俗，大多群众是买来梨果之后以生吃为主，这样通便排污，起到调节身体的作用。但也有一些郊区，如阳曲、晋源一带，他们惊蛰吃梨时，是将梨果削成片状，与枸杞子一同放在水中，煎煮10min左右，然后全部服下，据说这种吃法既可排废又可进补，对人的身体大有好处。

### （六）以梨花体现物候

梨花适逢清明时节开放，与人们的心情相呼应，用它来体现清明物候是再恰当不过了。宋代吴惟信《苏堤清明即事》："梨花风起正清明，游子寻春半出城，日暮笙歌收拾去，万株杨柳属流莺。"绘声绘色地描写了古人清明节游西湖的欢乐情景。晏殊《破阵子》词"燕子来时新社，梨花落后清明"，胡云翼《唐宋词一百首》注为"燕子从南方飞来的时候，正是春社节日的前后，如今梨花落掉，清明节又来到了"，沈祖棻《宋词赏析》亦解作"燕子飞翔，梨花飘落"，朱东润的《中国历代文学作品选》将此句解为"梨花在清明前后开放"。此外，周邦彦《兰陵王·柳》有"梨花榆火催寒食"诗句，文同《北园梨花》诗："寒食北园春已深，梨花满枝雪围遍。"在我国，寒食节在清明的前二日，寒食时梨花尚且满枝，清明时自然不可能已落。由此可见，古代人们多用梨花来指代"清明"这一物候的。

### （七）以梨园别称戏曲

梨园，原是唐代都城长安的一个地名，后为唐代训练乐工的机构。因唐玄宗李隆基在此地教演艺人，后来就与戏曲艺术联系在一起，后世遂将戏曲界戏称为"梨园界"或"梨园行"。据《唐书汉礼志》记载："明皇既知音律，又酷爱法曲，选坐部伎子弟三百，教于梨园，声有误者，帝必觉而正，号皇帝梨园弟子。"那时的梨园就在唐明皇的后苑。我国戏剧经过梨园倡导后，即自成一格，戏曲演员们也被称为"梨园子弟"，京剧界所供奉的神像，也正是梨园主人唐明皇。

## 三、梨文化的传承与发展

随着社会经济的发展，梨文化与经济和社会生活结合得越来越紧密，梨的生产和梨文化的旅游推广在许多地区已经成为一个独立的产业，对人们生产、生活的影响不断增大，也越来越被相关领域和研究者所关注。各地举办梨花文化节，宣传梨花文化，以进一步壮大梨产业。安徽砀山的"砀山酥梨梨花节"，河北魏县的"梨花节"，江苏丰县、山东冠县、河北赵县、四川苍溪、山东莱阳、湖北老河口、安徽砀山等，每年在梨花盛开的季节，举办以"梨花为媒、招商唱戏"为主的民俗节日活动，为梨产业的发展进行了有益的探索。通过举办形式多样的梨花节，从不同的侧面宣传、弘扬我国传统的梨文化，增强了人们对中国梨文化的认识，也为进一步开发利用梨文化资源探索了一些成功的模式，把目前流行的生态旅游、观光休闲旅游与观赏梨花联系起来，达到宣传梨文化，进一步发展梨产业的目的。其中以安徽砀山打造的"梨文化节"最为典型，他们立足"梨特色"，以梨文化为主题，从1989年至今已举办25届梨花旅游节。可以看出，梨花旅游节已经由一个单纯观赏梨花的集会逐渐演变为"政府搭台、经贸唱戏、企业主导"市场化运作模式的经济、文化盛会，对社会经济和人民生活的影响越来越深入。

此外，与单纯的文化研究不同的是，随着当今旅游业的发展，一些部门也开始着手在旅游业中注重开发利用梨文化资源，全国各大旅游区层出不穷地推出了以梨文化为主题的旅游产品，如梨膏、梨汁、梨膏糖、梨脯、梨酒，并用梨制醋、做保健饮品等，在全国较大的旅游景区随处可见。以游览梨园、观赏梨花、采摘梨果的农家乐正方兴未艾、风靡一时。各种以欣赏传统梨文化为主题的梨文化展、梨果及梨文化博物馆等也在全国重点梨产区逐渐兴起，变传统的梨文化资源为现实的旅游资源。2009年在上海成立以"品尝梨果佳品、纵观梨文化史"为主题的梨文化博物馆。人们在此可以了解到世界梨产业和国内梨产业的发展史，以及上海梨的历史和现状，还能通过示意图了解从古到今梨的种植生产过程，令人耳目一新。随着互联网技术的发展，人们利用现代技术在互联网上设立梨文化网站，丰富了梨文化资源，为我国梨文化研究与推广注入了现代气息，把梨文化推向了一个新的境界。

# 参 考 文 献

程兆熊.1984.论中国庭院花木［M］.台北：明文书局印行.

戴德，戴圣.2000.礼记·月令第六［M］.崔高维，校.沈阳：辽宁教育出版社.

丁振忠.1984.世界梨的生产［J］.世界农业（4）：31-32.

甘霖.1989.世界梨的产销动态及四川梨的生产展望［J］.四川果树科技，17（1）：46-48.

葛洪.2006.西京杂记［M］.周天游，校.西安：三秦出版社.

何清谷.2006.三辅黄图校注［M］.北京：中华书局.

河北农业大学.1980.果树栽培学各论：北方本［M］.北京：农业出版社.

加巴拉耶夫.1959.费尔巴哈的唯物主义［M］.北京：科学出版社.

李坚.1962.初学记［M］.北京：中华书局.

李隆基.1992.大唐六典·上林署［M］.李林甫注.北京：中华书局影印本.

李时珍.2000.本草纲目·果部第三十卷·果之二·梨［M］.北京：华夏出版社.

李秀根，张绍铃.2007.世界梨产业现状与发展趋势分析［J］.烟台果树（1）：1-3.

缪启愉.1998.齐民要术校释［M］.2版.北京：中国农业出版社.

倪根金.2002.梁家勉农史文集［M］.北京：中国农业出版社.

诺曼·弗兰克林·蔡尔德斯.1983.现代果树科学［M］.曲泽洲，杨文衡，周山涛，译.北京：农业出版社.

蒲富慎，王宇霖.1963.中国果树志·第三卷·梨［M］.上海：上海科学技术出版社.

钱钟书.1979.管锥篇［M］.北京：中华书局.

山东省果树研究所.1996.山东果树志［M］.济南：山东科学技术出版社.

邵雍著.2003.伊川击壤集·卷三［M］.陈明，校.上海：学林出版社.

孙云蔚.1983.中国果树史与果树资源［M］.上海：上海科学技术出版社.

佟屏亚.1983.果树史话［M］.北京：农业出版社.

王利华.2009.中国农业通史·魏晋南北朝卷［M］.北京：中国农业出版社.

王永多.1981.漫话果品［M］.沈阳：辽宁人民出版社.

王宇霖.2001.从世界苹果、梨生产及发展趋势与国际贸易看我国苹果、梨产业存在的问题［J］.果树学报，18（3）：127-132.

魏闻东.1992.世界梨树栽培历史、现状和发展［J］.国外农学：果树（4）：10-14.

萧统.1986.文选·卷八［M］.李善，注.上海：上海古籍出版社.

萧子显.1998.南齐书·卷十九［M］.周国林，校.长沙：岳麓书社.

杨衒之.1998.洛阳伽蓝记·卷三·城南，［M］.刘卫东，选注.北京：燕山出版社.

张翔鹰.2008.发现水果［M］.海口：南海出版公司.

赵宗方，陈云志.1988.果树生产问答［M］.上海：上海科学技术出版社.

左芬，赵思东.2007.梨在园林中的应用［J］.安徽农业科学（35）：8854-8855.

# 第二章　梨属植物的起源与演化

## 第一节　梨属植物的起源

梨属（*Pyrus* L.）在分类学上属于蔷薇科（Rosaceae），梨亚科（Pomoideae）或苹果亚科（Maloideae）。除了梨属植物外，梨亚科还包括了枇杷属（*Eriobotrya* Lindl.）、苹果属（*Malus* Mill.）、山楂属（*Crataegus* L.）、移依属（*Docynia* Decne.）、榅桲属（*Cydonia* Mill.）、木瓜属（*Chaenomeles* Lindl.）、唐棣属（*Amelanchier* Medik.）和花楸属（*Sorbus* L.）等20多个属1 100多种植物。最新的分子生物系统学研究将苹果亚科归为绣线菊亚科（Spiraeoideae）的一个族 Pyreae（梨族）（Potter 等，2007）。梨、苹果及榅桲之间的属间杂种的产生，以及榅桲作为西洋梨矮化砧的事实表明了这些属间具有较近的亲缘关系。与蔷薇科的其他亚科具有 7～9 个染色体基数相比，苹果亚科的染色体基数为 17。有人因此认为苹果亚科的原种或原始类型（n＝17）可能是桃亚科（Prunoideae）的原始型（n＝8）和绣线菊亚科（Spiraeoideae）的原始型（n＝9）结合产生的双二倍体（Challice，1974；Sax，1931）。最新的梨和苹果基因组研究，支持了苹果亚科起源于 9 条原始染色体的假设（Velasco 等，2010；Wu 等，2013）。梨的栽培品种中有多倍体存在，但一般认为梨属植物物种的自然分化过程中并没有发生染色体数目的变化（Zielinski 等，1967）。虽然在我国原产的杏叶梨（*P. armeniacaefolia* Yu）和木梨（*P. xerophila* Yu）中发现有三倍体存在（陈瑞阳等，1983；蒲富慎等，1985），但这种改变并没有引起种性的变化。

一般认为梨的原种（stock species）起源于第三纪（或者更早的时期）的中国西部或西南部的山区（Rubtsov，1944）。因为在这些地区集中分布着非常丰富的苹果亚科及李亚科的属和种。迄今为止，在奥地利、格鲁吉亚的高加索地区和日本鸟取县（Ozaki，1980）的第三纪地层中发现了梨叶片化石；在瑞士和意大利发现了梨果实的后冰期遗物；而在美洲大陆、澳大利亚、新西兰和非洲没有发现梨的化石遗物。这与梨的原生分布只限于欧亚大陆及北非的一些区域是吻合的。

## 第二节　梨属植物的传播和系统演化

### 一、梨属植物的传播与分化中心

梨的初生中心（发祥地）在中国（图 2-1）。从梨的发祥地北上向东移动，经过中国大陆延伸到朝鲜半岛和日本形成了东亚种群。向西移动中，一部分到达中亚和周边，另一部分经过高加索、小亚细亚，到达欧洲，形成了西方梨种群。在北上移动的过程中，梨属植物的种获得了抗旱性和抗寒性。日本的梶浦一郎（2000）根据 Rubtsov（1944）和的研究结果绘制了梨的传播图。但原图中梨发祥地（初生中心）的位置有误，滕元文等（2004）对此做了修改（图2-1）。另外，梶浦的原图中只绘了经由朝鲜半岛传播到日本的途径。但是根据 Teng 等（2002）的最新研究表明，梨属植物直接由中国传播到日本的路径可能更为重要。

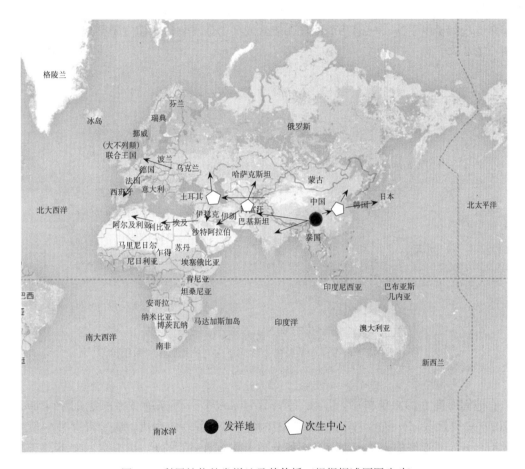

图 2-1　梨属植物的发祥地及其传播（根据梶浦原图改动）

在梨的传播过程中，形成了三个次生中心。一个是中国中心，分布有东方梨的代表种如砂梨、秋子梨、豆梨、杜梨等。第二个是中亚中心，包括印度西北部、阿富汗、塔吉克斯坦、乌兹别克斯坦以及天山西部地区，分布有西洋梨、变叶梨（*P. regelii* Rehd. 或 *P. heterophylla* Reg. & Schmalh. ），*P. biosseriana* Boiss. & Buhse，*P. korshinskyi* Litv. 。第三个是近东中心，包括小亚细亚，高加索地区，伊朗及土库曼斯坦的丘陵地带。第二和第三个次生中心分布的梨属植物相当于 Bailey（1917）所定义的西方梨（Occidental pears），而第一个中心里所包含的梨属种即东方梨（或亚洲梨）（Oriental pears or Asian pears）。根据 Rubtsov（1944）的研究，前者包括20多个种，主要分布于欧洲、北非、小亚西亚、伊朗、中亚和阿富汗。后者有12～15个种，其分布范围从天山和兴都库什（Hindu Kush）山脉向东延伸到日本。东方梨的大部分种原产于东亚，主要分布于中国、朝鲜半岛和日本。

## 二、梨属植物的系统演化

如图 2-2 所示，梨属植物分化为两大类，但它们之间的亲缘关系及系统分化关系至今还不是很清晰。Challice 和 Westwood（1973）将 29 个化学特征和 22 个形态特征相结合，应用多变量解析的手法，根据某个种是否能合成某类酚类物质，建立了梨属植物的系统演化树（图 2-2）。

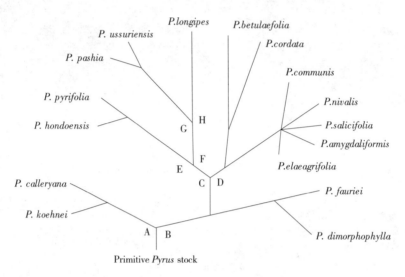

图 2-2 基于是否存在某类酚类物质所建立的梨属植物系统树
(Challice 和 Westwood，1973)

在他们所建立的系统树中，豆梨（*P. calleryana*）及其亲缘关系相近的 *P. koehnei*，*P. fauriei* 和 *P. dimorphophylla* 可能是梨原种（初始种）的后代，属于现存种中最原始的类型。分布于亚洲的 *P. betulaefolia* 和分布于欧洲西南部的 *P. cordata* 可能起源于同一原种。然而，在系统树中 *P. pyrifolia* 和 *P. hondoensis*，*P. pashia* 和 *P. ussuriensis* 分别显示了较近的亲缘关系，这显然与已知的事实不相符。近年来，DNA 标记及核和叶绿体基因或片段的测序分析等为梨属植物系统关系的研究提供了新的手段，这方面的研究进展将在第四章第一节进行阐述。

## 三、梨的栽培种及其演化

虽然已知的梨属植物种多达 30 种以上，但世界范围栽培的梨属种只有几种。东亚地区以外的栽培系统主要是起源于西洋梨的品种，欧洲一些地区也少量栽培雪梨（*P. nivalis* Jacq.）。关于西洋梨品种的起源，有人认为至少含有胡颓子梨、柳叶梨和叙利亚梨的血统（Challice 和 Westwood，1973）。东方梨中除了砂梨是中国、日本、朝鲜半岛的主要栽培种外，在中国作经济栽培的还有白梨、秋子梨和新疆梨。在日本的东北地区有少量的品种源自于 *P. aromatica* Kikuchi et Nakai，而在中国，也有少量的栽培品种来源于褐梨和川梨。在中国浙江省曾经广为分布的霉梨的起源至今不明。关于秋子梨和砂梨的起源基本上没有争议，因为它们都有相应的野生种。新疆梨被认为是西洋梨和中国白梨或砂梨的杂种（Teng 等，2001）。

白梨主要指分布在中国黄淮流域的脆肉大果型品种，是我国北方的主要栽培类型。其中以鸭梨和茌梨最为著名，已被引种到世界上许多国家，并经常被作为中国梨的代表广泛用做试验材料。在中国，长期以来将白梨归在 *P. bretschneideri* Rehd. 的学名下。根据 Rehder 的描述，本种果实近球形，萼片脱落，叶缘锐锯齿，带刺毛。早在 1933 年，南京金陵大学园艺系的胡昌炽先生在日本园艺学会杂志上撰文介绍莱阳慈梨时指出，中国的栽培梨由 4 个种演化而来。这 4 个种即秋子梨（*P. ussuriensis*）、白梨（*P. bretschneideri*）、砂梨（*P. serotina*）和川梨（*P. pashia*）。而对于茌梨（又名莱阳慈梨）的归属，他并没有给出明确的答案。只是推测，莱阳慈梨可能由 *P. ussuriensis* 或 *P. bretschneideri* 演化而来。但到了 1937 年，他明确地将鸭梨和莱阳慈梨等 43 个主要分布在华北地区的梨品种归在 *P. bretschneideri* 的名下。此后，在中国人执笔的有关梨树分类的论著中，大都用这一学名来表示白梨。唯一例外的是吴耕民先生所著《中国温带果树分类学》中，采用了日本园艺学家菊池秋雄所建议的学名，将白梨品种归在 *P. ussuriensis* var. *sinensis* (Lindley) Kikuchi 名下。

实际上，关于 *P. bretschneideri* 和所谓白梨品种的关系，即白梨的起源问题一直存在争议。菊池秋雄认为 *P. bretschneideri*（白梨或罐梨）主要分布于河北省昌黎县，是红梨、秋白梨和蜜梨等当地的主栽品种与杜梨的杂种，但不是鸭梨等所谓的白梨品种的祖先。该种果实长圆形，脱萼，果径 2.5～3cm，心室 3～4，果梗 4.0～4.5cm，叶片卵形或长卵形，针状锯齿，刺毛发育不完全。而据他考证鸭梨等分布于华北地区的大果品种是以秋子梨为基本种或者基本种之一演化而形成的。他将这些梨品种称之为中国梨或者华北梨，并命名为 *P. ussuriensis* var. *sinensis* (Lindley) Kikuchi. 他的这些观点不仅对日本的园艺学家，而且对欧美的园艺学家产生了很大的影响。

近来国内外利用各种 DNA 标记及 DNA 序列分析的研究证明白梨品种和砂梨品种亲缘关系很近，滕元文等（2004）和 Bao 等（2008）建议可以将白梨系统处理为砂梨的一个变种或生态型 *P. pyrifolia White Pear Group*。

# 参 考 文 献

陈瑞阳，李秀兰，佟德耀，等 .1983. 中国梨属植物染色体数目观察［J］. 园艺学报（10）：13-16.

蒲富慎，黄礼森，孙秉均，等 .1985. 我国野生梨和栽培品种染色体数目的观察［J］. 园艺学报（12）：155-158.

滕元文，柴明良，李秀根 .2004. 梨属植物分类的历史回顾及新进展［J］. 果树学报，21（3）：252-257.

梶浦一郎 .2000. ナシ栽培の歴史：原産と来歴［M］//果樹園芸大百科 4：ナシ. 東京：社団法人農山漁村文化協会：3-10.

Bailey L H. 1917. Standard cyclopedia of horticulture（Vol. 5）［M］. New York. USA：Macmillan，2865-2878.

Bao L，Chen K S，Zhang D，et al. 2008. An assessment of genetic variability and relationships within Asian pears based on AFLP（amplified fragment length polymorphism）markers［J］. Sci. Hortic.，116

（4）：374-380.

Challice J S. 1974. Rosaceae chemetaxonomy and the origin of the pomideae ［J］. Bot. J. Linn. Soc.，69：239-259.

Challice J S，Westwood M N. 1973. Numerical taxonomic studies of the genus *Pyrus* using both chemical and botanical characters ［J］. Bot. J. Linn. Soc.，67：121-148.

Ozaki K. 1980. On Urticales，Ranales and Rosales of the late Miocene Tatsumitoge flora ［J］. Bull Nat. Sci. Mus. Ser. C.（Geol），6：33-55.

Potter D，Eriksson T，Evans R C，et al. 2007. Phylogeny and classification of Rosaceae ［J］. Plant Syst. Evol.，266：5-43.

Rubtsov G A. 1944. Geographical distribution of the genus *Pyrus* and trends and factors in its evolution ［J］. Amer Naturalist，78：358-366.

Sax K. 1931. The origin and relationships of the Pomoideae ［J］. Journal of the Arnold Arboretum，12：3-22.

Teng Y W，Tanabe K，Tamura F，et al. 2001. Genetic relationships of pear cultivars in Xinjiang，China as measured by RAPD markers ［J］. J. Hort. Sci. Biotech.，76：771-779.

Teng Y W，Tanabe K，Tamura F，et al. 2002. Genetic relationships of *Pyrus* species and cultivars native to East Asia revealed by randomly amplified polymorphic DNA markers ［J］. J. Amer. Soc. Hort. Sci.，127：262-270.

Velasco R. Zharkikh A，Affourtit J，et al. 2010. The genome of the domesticated apple（*Malus* × *domestica* Borkh.）［J］. Nat. Genet.，42：833-839.

Wu J，Wang Z，Shi Z，et al. 2013. The genome of the pear（*Pyrus bretschneideri* Rehd.）.［J］Genome Res.，23：396-408.

Zielinski Q B，Thompson M M. 1967. Speciation in *Pyrus*：chromosome number and meiotic behaviour ［J］. Bot. Gaz.，128：109-112.

# 第三章 世界及中国梨生产现状

## 第一节 世界梨产业概况

### 一、生产和贸易概况

#### （一）梨生产概况

梨是世界范围内最受消费者喜爱的水果之一，在全球约 85 个国家和地区得以广泛种植，据联合国粮农组织统计（FAO，2013），2011 年全世界梨收获面积和产量分别达到 161.4 万 $hm^2$ 和 2 390 万 t，比 2001 年分别增长了 3.73% 和 45.29%（表 3-1）。其中中国一直是世界上最大的梨生产国，2011 年的收获面积和产量分别达到了 113.18 万 $hm^2$ 和 1 594.51 万 t，分别占世界的 70.12% 和 66.72%。与 2001 年相比，中国的收获面积增加了 9.35%。而其他主产国中，除了比利时收获面积有所增加外，其他国家都有不同程度的下降。因此，世界梨总收获面积的增长主要是依赖于中国梨收获面积的增长。

表 3-1　近 10 年间世界梨生产情况

| | 2001 | 2003 | 2005 | 2007 | 2009 | 2010 | 2011 |
|---|---|---|---|---|---|---|---|
| 收获面积（万 $hm^2$） | 155.6 | 156.9 | 163.2 | 157.9 | 157.0 | 152.7 | 161.4 |
| 总产量（万 t） | 1 645 | 1 758 | 1 937 | 2 090 | 2 248 | 2 264 | 2 390 |
| 单产（$t/hm^2$） | 10.58 | 11.21 | 11.87 | 13.24 | 14.32 | 14.52 | 14.81 |

从各大洲梨的收获面积来看，2011 年亚洲梨收获面积占全球总量的 79.83%，欧洲占 11.82%，美洲占 4.09%，非洲占 3.76%，大洋洲占 0.50%（图 3-1，A）；从产量来看，2011 年亚洲梨产量占全球总产量的 74.80%，欧洲占 14.05%，美洲占 7.61%，非洲占 2.89%，大洋洲占 0.65%（图 3-1，B）。

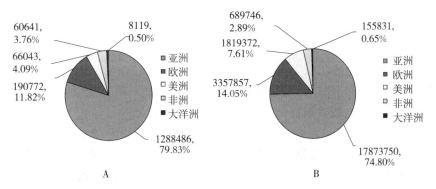

图 3-1　五大洲梨收获面积（$hm^2$）（A）和产量（t）（B）比例

细分到各个国家或地区，目前收获面积最大的 10 个国家依次为中国、意大利、印度、西班牙、阿根廷、阿尔及利亚、美国、土耳其、日本和韩国，占全球总收获面积的 84.26％。而从产量来看，近年来东方梨产量上升速度较快，而大部分欧洲、美洲国家以及亚洲的日本则基本保持稳定或有所下降，变化幅度较小。据统计，年产 20 万 t 以上梨果的国家有中国、意大利、美国、阿根廷、西班牙、土耳其、南非、荷兰、印度、日本、韩国、比利时和葡萄牙，其产量之和占了全球总产量的 94.48％。其中，前 10 位的产量大国分别为中国 1 594.5 万 t（66.7％）、意大利 92.7 万 t（3.9％）、美国 85.3 万 t（3.6％）、阿根廷 69.1 万 t（2.9％）、西班牙 50.2 万 t（2.1％）、土耳其 38.6 万 t（1.6％）、南非 35.1 万 t（1.5％）、荷兰 33.6 万 t（1.4％）、印度 33.5 万 t（1.4％）和日本 31.3 万 t（1.3％）。在产值方面，各国的产值排名与其产量排名保持一致，由于中国是收获面积和产量的绝对大国，2011 年梨的总产值也最高，达到 65.2 亿美元，是排名第二的意大利（3.8 亿美元）总产值的 17 倍多。

从单位面积的生产能力来看，自 2001—2011 年，全球平均单位面积产量一直呈稳定上升趋势，2011 年已经达到 14.81t/hm²，较 2001 年的 10.58t/hm² 上升了 39.98％（表 3-1），其中单产最高的国家奥地利达到了 402t/hm²，而其历史性最高单产则是 2003 年的 425.97t/hm²（FAOSTAT，2013）。

### （二）梨贸易概况

梨主要作为鲜食果品在全球市场流通和消费。据美国农业部统计，2011 年全球梨的流通市场中，作为鲜果的消费量约为 1 921 万 t，而用于加工用途的量只有 224 万 t。因此，梨果的国际贸易相当活跃，全球梨贸易持续稳定发展，无论是贸易总量还是贸易总金额，总体都呈上升趋势。据联合国粮农组织统计，2010 年全球梨果出口贸易量约为 256.9 万 t，进口贸易量约为 258.2 万 t，总贸易量为 515.1 万 t，占全年产量的 22.66％；而贸易总额则达到了 48.8 亿美元，贸易总量和贸易总额分别比 2000 年的 313.58 万 t 和 19.07 亿美元增加了 64.27％和 155.95％（图 3-2）。

从国际梨贸易市场的主要国别和地区来看，2010 年参与梨国际贸易的国家和地区共有 167 个，足可见梨国际贸易的活跃程度，其中 88 个国家和地区既出口又进口梨果，而 77 个国家为净进口国，如亚洲的越南和美洲的古巴等国家。突尼斯和乌兹别克斯坦则为净出口国，这两个国家 2010 年的出口量分别为 1.2 万 t 和 210t，分别占其总产量 18.2％和 0.3％。

再分别从进口和出口贸易来看。2010 年，排名前 10 位的梨进口大国分别为俄罗斯、法国、巴西、荷兰、德国、英国、意大利、印度尼西亚、越南和墨西哥，其中有 6 个为欧洲国家，2 个为亚洲国家，2 个为美洲国家，其进口量共 163.65 万 t，占全世界的进口总量（258.25 万 t）的 63.36％。其中进口贸易额最高的也是俄罗斯，进口额达 3.79 亿美元，占全球进口总额的（25.63 亿美元）14.78％。而进口单价最高的国家则为岛国马尔代夫，为 3 691 美元/t，俄罗斯仅为 947 美元/t。

2009 年中国梨的出口量首次超越阿根廷，跃居第一。2010 年中国仍然是第一出口大国，出口量达 43.79 万 t，紧跟着是阿根廷、荷兰、比利时、南非、美国、意大利、西班牙、智利、葡萄牙等。这前 10 位出口大国中，只有中国为亚洲国家，其他 3 个为美洲国家，5 个为欧洲国家，1 个为非洲国家。其出口总量达 231.71 万 t，出口额 20.49 亿美元，

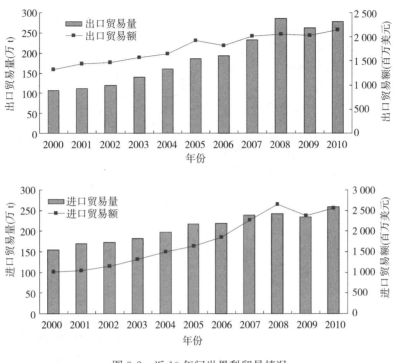

图 3-2 近 10 年间世界梨贸易情况

分别占全球总出口贸易量（256.89 万 t）和出口贸易额（23.18 亿美元）的 90.19% 和 88.39%。

值得注意的是，亚洲国家中除中国、日本、韩国之外，其他国家几乎不产梨。所以，其他亚洲国家，尤其是东南亚国家和我国的香港、澳门等地区主要进口中国、韩国和日本生产的东方梨，如马来西亚和我国的香港、澳门地区在 2010 年就分别进口了 4.5 万 t、2.3 万 t 和 0.16 万 t 梨果，越南则为净进口国，进口了 9.5 万 t 梨果。

从梨出口的效益来看，出口单价排名前 10 位的国家却与上述出口大国完全不同，分别为日本、特立尼达和多巴哥、冰岛、塞舌尔、韩国、约旦、厄瓜多尔、以色列、洪都拉斯和丹麦，其中日本梨的出口单价最高，达到 5 821 美元/t。可见，我国梨果的出口价格较低，没有体现生产大国的优势。

## 二、主产区的产业特点

### （一）东方梨主产区

东方梨通常包括砂梨（*Pyrus pyrifolia* Nakai）、白梨（*Pyrus bretschneideri* Rehd.）、秋子梨（*Pyrus ussuriensis* Maxim.）和新疆梨（*Pyrus sinkiangensis* Yü）等。其主要分布于亚洲地区，而在其他大洲极少栽培。在亚洲，绝大部分东方梨仅种植于中国、日本和韩国，而其他亚洲国家和地区几乎不种植梨树。上述三个国家 2011 年的总收获面积和总产量分别占了全球梨总收获面积和总产量的 72% 和 69%，其中中国无论是在收获面积还是在产量上，都远远超过日本和韩国的总和。

**1. 中国** 在我国，梨是发展最迅速的水果之一，在国内位居全国水果栽培总面积和总产量的第三位。与世界梨生产变化趋势一样，自 20 世纪 90 年代初以来，我国梨产业发展总体呈逐年稳步上升势态，但栽培面积在 2005 年达到顶峰 111.22 万 hm²，之后略有回落（图 3-3），这表明我国的梨生产已经开始出现调整，呈现出重视数量规模向品质效益方面发展的趋势。据我国农业部统计，2010 年我国梨栽培总面积和总产量分别为 106.31万 hm² 和 1 505.71万 t（与联合国粮农组织数据略有不同），分别是 1990 年面积和产量的 2.2 倍和 6.4 倍。由此可见，随着近年来不同园龄梨园进入盛果期，及新品种、新技术、新模式的逐渐推广应用，除总产量得到大幅提高之外，我国梨单位面积产量一直呈稳步上升的趋势（图 3-4），2010 年我国梨单位面积产量达到了 14.01t/hm²，接近于同期世界平均水平 14.52t/hm²（此为联合国粮农组织的数据）。但与世界先进国家相比，差距仍然很大，如同为东方梨生产国的日本和韩国，同期梨单位面积产量分别为 18.38t/hm² 和 18.96t/hm²，分别是我国单产的 1.3 倍。而单产最高的奥地利，其同期单产达到 303.27t/hm²，约为我国的 21 倍。可见，我国梨的产业技术水平还有待进一步提升，可发展的空间仍然很大。

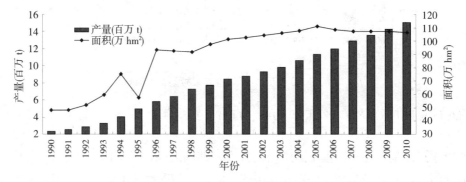

图 3-3 近 20 年我国梨面积、产量变化

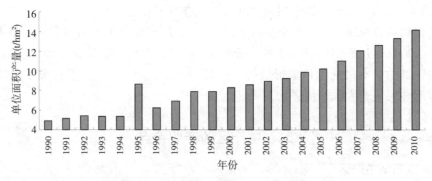

图 3-4 近 20 年我国梨单位面积产量变化

从种植区域来看，我国梨种植范围较广，除海南省、港澳地区外其余各省（自治区、直辖市）均有种植。但是，我国的梨产业具有品种和区域特色，有相应的生产优势区域。农业部颁布的全国梨重点区域发展规划（2009—2015 年），对传统的梨产区划分做了一些调整，将优势梨产区划分为"三区四点"（图 3-5）。所谓的"三区"是指华北白梨区、西北白梨区和长江中下游砂梨区；所谓的"四点"是指辽宁南部鞍山和辽阳的南果梨重点区

域、新疆库尔勒和阿克苏的香梨重点区域、云南泸西和安宁的红梨重点区域和胶东半岛西洋梨重点区域。如安徽的砀山酥梨，河北的鸭梨、雪花梨，新疆的库尔勒香梨，吉林的苹果梨等，这些都是我国原产的名优水果品种，具有区域特色的生产优势。此外，我国的渤海湾、华北平原、黄土高原、川西、滇东、南疆、陕甘宁等梨产区的土壤、气候等生态条件适宜于白梨品种的栽培；淮河以南、长江流域砂梨栽培广泛；燕山、辽西的秋子梨，云南的红皮梨和胶东一带的西洋梨品种也独具特色。这使得我国成为了世界上栽培梨种类和品种最多、种植范围最广、规模最大的生产大国。

再从行政省份来看，据农业部2012年初统计数据，2010年我国栽培面积最大的十个省份分别为河北、辽宁、四川、新疆、云南、陕西、河南、贵州、山东、安徽，除长江流域梨产区发展势头相对较猛外，北方白梨产区亦有强劲发展势头。而梨总产量位列全国前十位的省份分别是河北、辽宁、山东、新疆、安徽、河南、四川、陕西、江苏、湖北，这十个省份的梨果产量占到当年全国总产量的79％以上。

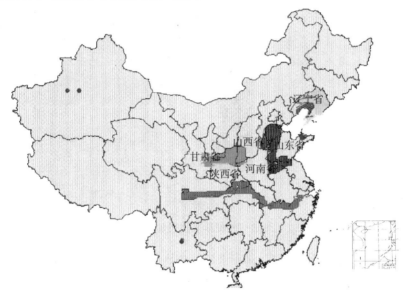

图 3-5　我国梨重点发展区域布局

(农业部种植业司，2009)

梨主要以鲜食为主，我国栽培的白梨、砂梨主栽品种适合于鲜食，秋子梨的许多品种具有鲜食和加工兼用的优点。据联合国粮农组织报告显示，2006—2009年，我国梨果用于鲜食的占88％以上，但比例呈缓慢下降态势（图3-6）。而在加工方面，变化趋势与鲜食相反，呈缓慢上升趋势（图3-7）。2006年，我国鲜梨的加工量为81万t，占总产量的6.8％，而2009年加工量约110万t，占总产量的8.0％，鲜果加工率提高了1.2％。说明我国梨果加工能力有所提高。但是，由于我国加工专用梨品种稀少，多数加工企业主要利用当地价格便宜的主栽品种或残次果进行加工。同时，我国梨加工技术水平较低，加工产品种类较少，梨浓缩汁和梨罐头依然是最重要的梨加工产品。

我国梨出口与世界贸易变化趋势一致，近年来也呈稳步增长的势态（图3-8）。据中国商务部统计（2009年12月），2009年我国梨出口46.27万t，比2000年增长了216.1％，年均增长24％；出口金额的增加也十分显著，2009年出口总金额达到2.2亿美

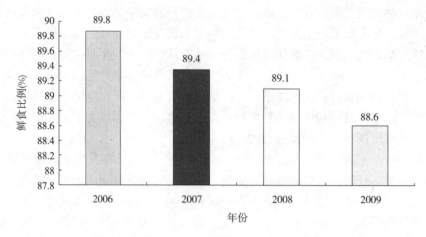

图 3-6 2006—2009 年我国梨鲜食消费变化趋势

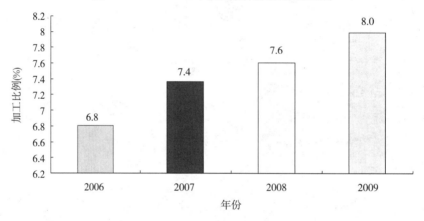

图 3-7 2006—2009 年我国梨加工比例变化

元,相对于 2000 年,年均增长 57.3%,平均单价达 476.4 美元/t。最新数据显示,2010 年 1~2 月我国出口梨数量为 6.78 万 t,同比下降 6.5%;出口金额为 3 445.8 万美元,同比增长 2.9%;出口平均单价为 508.0 美元/t,同比增长 10.1%。显然,出口价格增长速度高于出口数量的增长速度。如果忽略物价上涨的因素,表明我国梨果品质有所提高,出口价格逐步在提高,梨出口呈良性发展势态。但是不可忽视的是,我国的梨果出口单价仍然与世界先进国家相距甚远,仅为日本、韩国梨出口单价的 1/6 左右。此外,2009 年我国梨出口量超过阿根廷,跃居世界第一,但出口量仍然与我国是生产大国的地位很不相称。直到 2009 年,出口量仅 47 万 t,占总产量的 3.4%,远低于世界平均 10% 的水平。俄罗斯一直是中国梨果的主要出口市场,但据中国商务部统计,2009 年上半年,我国对俄罗斯梨出口量同比下降 27%;而美国从中国进口梨的比例有所增长,其中鸭梨和库尔勒香梨在美国市场逐渐受到青睐,有望持续增长。

我国出口的梨加工品主要为梨浓缩汁和梨罐头,其中梨罐头出口量和金额总体呈逐年上升的趋势(图 3-9)。据中国海关统计年鉴(2007)统计,2007 年我国出口梨罐头 6.1 万 t,出口金额为 4 495 万美元。

进口贸易与出口贸易的趋势相反,近年来我国进口贸易呈波动递减趋势。2000 年我

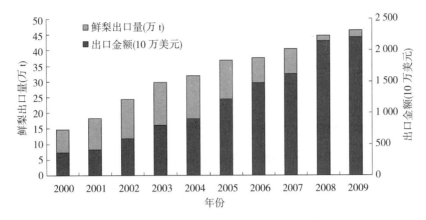

图 3-8　2000—2009 年我国梨贸易量年度变化趋势

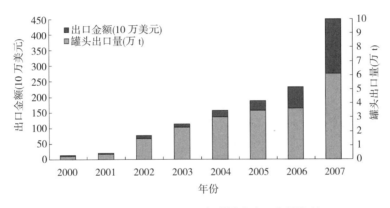

图 3-9　我国 2000—2007 年梨罐头出口贸易状况

国进口梨 633.5t，除 2002 年和 2003 年略有增长以外，其他年份均在下降，2006 年和 2007 年分别下降到 15.7t 和 13.8t，仅是 2000 年进口量的 2.5% 和 2.2%。而 2007 年进口金额仅为 1.6 万美元，2008 年进口量为 9t，2009 年进口量为零，梨果进口处在停滞状态。

**2. 日本**　日本作为亚洲地区梨生产的第二大国，在梨育种及栽培技术方面，较长时间处于领先地位，但近年来其梨产业的发展表现出一定的萎缩特点。自 2000 年以来，日本梨的收获面积呈明显的持续下降趋势，2011 年收获面积已降至 1.53 万 $hm^2$，产量降至 31.28 万 t，分别约为 2000 年的 83% 和 79%（图 3-10）。而从单位面积产量来看，日本梨单产比较稳定，波动不大，一直在 $20t/hm^2$ 左右（图 3-11），2011 年单位面积产量则为 $20.44t/hm^2$（FAOSTAT，2013）。

砂梨（*Pyrus pyrifolia* Nakai）为日本的主栽品种，其在日本有较为悠久的栽培历史。长期以来，日本学者及生产者通过选种及杂交育种等途径育成了许多优良栽培品种，已形成了具有一定特色的品种群，因而有很多国内外学者称之为日本梨（Japanese pear）。

日本的梨栽培主要分布在本州岛东部及九州岛中部地区，包括山形、福岛、鸟取、千叶、茨城和崎玉等。20 世纪 70 年代以前，二十世纪、长十郎以及新兴为日本的主栽梨品种，约占总产量的 85%（赵峰等，2002）。随着国民生活水平的提高，人们对梨果实的品质要求也逐步提高，要求肉质细、糖度高。因此，日本农林水产省果树试验场培育出的幸

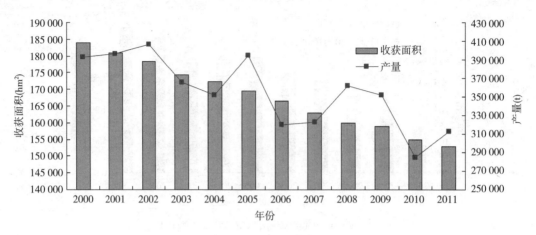

图 3-10　日本 2000—2011 年梨面积和产量变化

水和丰水慢慢取代了上述品种成为主栽品种，其他还包括新高、新水、二十世纪等优良品种（张绍铃等，2006），其中幸水成为日本第一大栽培品种。栽培规模的缩小，品种的更新，表明日本梨果生产也已从过去以追求数量为主，转移到现在以提高果品质量为主的目标上来。

　　日本是岛国，四面临海，被来自热带太平洋的暖流（黑潮）环绕（东北部海岸除外），气候受到海洋的调节，形成较为温和湿润的海洋性季风气候，降水较丰富，年平均降水量绝大部分地区为 1 000～2 000mm，东部沿海六七月阴雨连绵，也正因为受海洋气候的影响，多风、多雨、高湿是其显著特点。因此，为了免遭风害等不良气候因素对梨果业带来的损失，从 20 世纪 30 年代初开始，日本改变过去的直立式栽培为棚架式栽培。与传统的直立式栽培相比，棚架栽培体现出了如下突出优点：增强梨树体抗风能力，保证丰产丰收；分散顶端优势，缓和营养生长和生殖生长的矛盾；枝叶分布均匀，果实大小整齐；促进早期结实，提高果实品质；田间操作方便，提高工作效率等。

　　由于品种改良及先进栽培技术的配套应用，日本梨果实的品质得到显著提高，生产出的梨果实外表美观，形状整齐，多为圆、卵圆或椭圆形，肉质细嫩柔软，石细胞少，汁多，甘甜味浓，可溶性固形物含量高，品质上等，深受国际梨果市场和消费者欢迎，果实销售价格始终居高不下（屈海泳和张绍铃，2004）。

　　据联合国粮农组织对日本梨进出口贸易的统计，与产业规模一样，日本梨的出口量也在逐步降低，2010 年出口量为 702t，出口金额为 408.6 万美元，分别仅为 2009 年的 41.7% 和 56.2%（图 3-11）。而从出口效益来看，日本梨出口单价节节攀升，2010 年已经达到 5 821 美元/t，为世界最高梨出口单价（图 3-12）。

　　在进口方面，2000—2010 年，尤其是后 5 年，日本进口梨变化不大，每年在 100t 左右，2010 年进口了 88t，进口总价值为 16.4 万美元。

　　**3. 韩国**　韩国是梨的主产国之一，在亚洲仅次于中国和日本。梨在韩国的栽培历史约有 2 000 余年，且分布范围较广。除最南端的济州道以外均有栽培，其中忠清南道梨树栽培面积最大，其次为全罗南道，庆尚北道和京畿道，四省梨产量之和超过了韩国梨总产量的 70%（曹玉芬和奚伟鹏，2003）。但与日本类似，韩国梨的生产规模也呈现出逐步缩

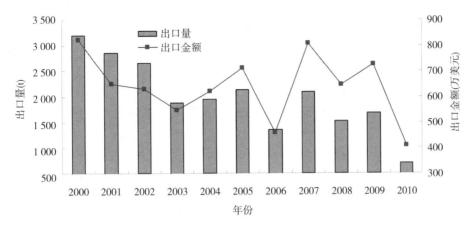

图 3-11　2000—2010 年日本梨出口贸易变化

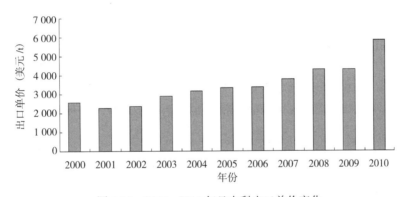

图 3-12　2000—2010 年日本梨出口单价变化

小的趋势，2011 年其收获面积降到了 1.51 万 hm²，产量降至 29.05 万 t，分别约为 2000 年的 57% 和 89%（图 3-13），目前与日本的生产规模相当。从单位面积产量来看，自 2000 年以来，韩国梨的单位面积产量有一个上升的过程，2005 年以后便稳定在 20t/hm² 左右，最高时为 2008 年的 25.76t/hm²，2011 年为 19.26t/hm²。

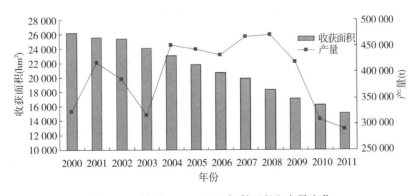

图 3-13　韩国 2000—2011 年梨面积和产量变化

与日本一样，在韩国栽培的梨品种也主要为砂梨（*Pyrus pyrifolia* Nakai）系统品种群。20世纪80年代前韩国主要栽培新高、长十郎、晚三吉、今村秋和早生赤等日本品种，1987年新高、长十郎和晚三吉3个品种的栽培面积占韩国梨树栽培总面积的86.8%。60年代末期，随着农村振兴厅国家园艺研究所和各州梨研究所大规模育种项目的开展，韩国在提高梨果实品质和梨黑斑病抗病育种方面取得了显著成就，育成包括黄金梨、甘川梨、秋黄梨、华山、圆黄等在内的多个抗黑斑病品种，并在生产上广泛推广应用，使得90年代以后日本砂梨品种栽培面积持续下降，只有新高梨栽培面积保持增长，且依然占据绝对主导地位，占了梨生产总规模的近80%（Lee Seung Koo，2004；曹玉芬和奚伟鹏，2003）。

在栽培方式方面，韩国梨树树形主要采用杯形和Y形整形修剪。老梨园一般采用杯形棚架栽培，行株距（6～7）m×（6～7）m；新梨园多采用Y形棚架栽培，行株距（6～7）m×（1～2）m。Y形棚架适于高密度栽植，单位面积产量高，投资回收早，疏花疏果、果实套袋和采摘等田间作业容易，省劳力，比较受果农欢迎。Y形对于新高、长十郎、黄金梨、秋黄梨和丰水等短枝较多的梨品种是理想的树形。韩国梨栽培的灌溉方式则主要是滴灌。

作为东方梨的主产国之一，韩国生产的梨也主要用于鲜食，只有少数用作加工梨汁、梨罐头、梨酒、梨饮料和梨果酱。同样由于品种的优良特性和较高的品质，韩国梨在国际市场上广受欢迎，出口量和出口总额总体呈上升趋势（图3-14）。但2010年比2009年的出口量要少，为2.31万t，而出口总额和出口单价则分别为5 418.3万美元和2 346美元/t（图3-15）。

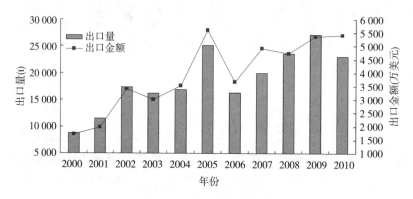

图3-14　2000—2010年韩国梨出口贸易变化

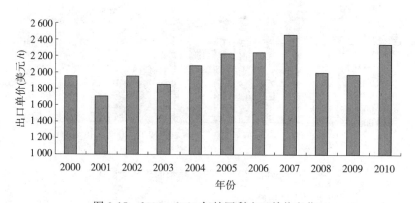

图3-15　2000—2010年韩国梨出口单价变化

韩国梨不仅出口量总体呈上升趋势，进口量也有一定的上升。2010 年梨进口总量和进口总额分别达 171t 和 31.5 万美元，分别为 2000 年水平的 14 倍和 11 倍。

## （二）西洋梨主产区

西洋梨又称秋洋梨、洋梨、阳梨、香蕉梨、葫芦梨，香港则俗称为啤梨。果实经过后熟，柔软多汁，具有香气，风味甚佳。其起源于中东欧和西南亚地区，在进行人工栽培前很久就有收集、记载。栽培种通常认为来源于 *P. communis* subsp. *pyraster*（*P. pyraster*）和 *P. communis* subsp. *caucasica*（*P. caucasica*）这两个野生梨亚种，有证据表明其人工栽培最早由希腊和罗马开始（Daniel Zohary 和 Maria Hopf，2000），而目前则主要栽植于欧洲、美洲及大洋洲等地区。

**1. 欧洲** 欧洲是西洋梨的起源中心和主要产区，其有 34 个国家具有或大或小的西洋梨生产规模，且近 10 多年来，整个欧洲梨的生产规模比较稳定。2011 年欧洲梨总收获面积为 19.08 万 hm²，相比较 2000 年略有下降，但就其产量来看，欧洲西洋梨产量一直保持较为稳定的水平，除 2010 年为 295 万 t 以外，其他年份的产量都稳定在 300 万 t 多一点的水平（图 3-16）。根据上述数据推测，欧洲的梨单位面积产量也一直保持稳定，且略有上升（图 3-17）。从其栽培品种来看，主要有康佛伦斯（Conference）、威廉姆斯（Williams）、阿巴特（Abate Fetel）、考密斯（Doyenne du Comice）等。

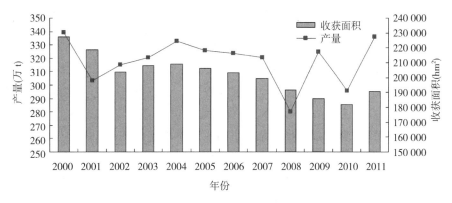

图 3-16 欧洲 2000—2011 年梨面积和产量变化

从收获面积来看，意大利、西班牙、塞尔维亚和乌克兰是欧洲梨生产规模最大的 4 个国家，其 2011 年的收获面积占欧洲总量的 49.8%。如从产量来看，意大利、西班牙、荷兰和比利时则是欧洲排名前四位的产梨大国，2011 年其产量总和占欧洲总产量的 61.1%。

以意大利为例，据联合国粮农组织统计，2011 年其梨的收获面积为 39 428hm²，产量为 92.65 万 t，分别占欧洲总收获面积和总产量的 20.67% 和 27.59%。因此，无论是从生产面积还是产量来看，意大利均居欧洲国家之首，即使从全球范围来看，其也是仅次于中国的第二大产梨大国，其主栽品种主要为阿巴特，其次是威廉姆斯和考密斯。在意大利国内，艾米利亚-罗马涅地区（Emilia Romagna region）由于邻海，温度范围在夏季的 30℃ 到冬季的 -1℃，相比较其他地区，其气候相对温和，因此，该地区的博洛尼亚（Bologna）、摩德纳（Modena）和费拉拉（Ferrara）是意大利最重要的梨生产区，这三个

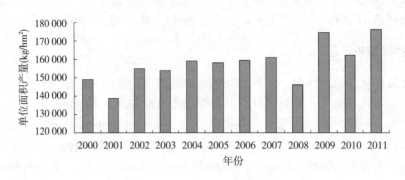

图 3-17　欧洲 2000—2011 年梨单位面积产量变化

地方的梨产量占到了意大利总产量的 70％左右（Pear Production Overview）。但博洛尼亚（Bologna）和费拉拉（Ferrara）地区年平均降水量达 700～900mm，且该地区的土壤 pH 在 7.5～8，含有 6％～7％的活性碳酸钙，由此引起的缺铁为梨的生产带来了一系列问题。

作为欧洲第一大产梨国，近年来意大利的梨产业虽然在生产规模上变化不大，但从进出口量来看，其在国际梨贸易方面活跃程度日趋降低。自 1961 年以来，意大利的梨出口量总体呈下降趋势，其出口量在全球出口总量中的比例也在逐步下降，1967 年其梨出口曾经占了全球总量的 57.71％，而到了 2010 年，其比例大幅降到了 5.22％，但同期其出口市场仍然达到 49 个，其中最大的出口市场是德国，出口数量为 53 444t，其次是法国，出口量为 25 816t，而中国则从意大利进口了 17t 西洋梨。

**2. 美洲**　美洲 51 个国家中有 13 个国家生产梨，2011 年总收获面积和总产量分别达到 6.6 万 hm² 和 181.9 万 t，主产区则集中在北美洲的美国和南美洲的阿根廷、智利，2011 年上述 3 个国家梨总收获面积和总产量占美洲生产总量的 39.4％和 46.9％。从品种来看，美洲栽培梨品种包括巴梨及其芽变、安久（D'Anjou）、红安久（Red D'Anjou）、宝斯克（Beurre Bosc）和考密斯等，其中巴梨及其芽变、安久及其红色芽变红安久是美国的主栽品种，占总产量的 50％以上，其次是宝斯克和考密斯。派克汉姆在智利的栽培面积达到了 36.5％，阿根廷的主栽品种则为威廉姆斯和派克汉姆。

从近年来的发展趋势来看，美洲国家梨生产总面积逐渐缩小。以美国为例，其 2011 年梨的收获面积仅为 2001 年的 83.6％，但产量为 2011 年水平的 91.6％。同期，在梨的贸易方面，美国梨的进出口量保持稳定，但出口总金额稳步上升，2008 年出口额达到 1.6 亿美元，约为 2001 年出口额的 1.53 倍。

作为梨主要发展中国家，阿根廷 2001—2011 年梨收获面积增长了 13.2％，同时产量增长了 18.1％，表明其单位面积产量也在逐步上升。阿根廷一直以来是全球梨出口贸易大国，2009 年以前其出口量均保持第一，自 2009 年开始被中国超越，但从以往的出口量变化来看，其出口贸易量总体呈上升趋势，特别是出口贸易额稳步上升，2011 年为 3.4 亿美元，约为 2001 年出口额的 2 倍。

**3. 非洲**　非洲也是世界上重要的梨产区之一，在非洲 60 个国家中有 10 个国家栽植了梨树。从收获面积来看，阿尔及利亚是最大的产梨国，2011 年其收获面积为 2.45 万

hm²，其次为突尼斯 1.39 万 hm² 和南非 1.27 万 hm²，这三国的总收获面积占了全非洲的 84.21%。如从产量来看，南非为非洲第一大产梨国，主栽品种为派克汉姆，其 2011 年梨果的产量达到了 35.05 万 t，约占非洲总产量的 50.82%。非洲梨出口市场呈多元化特点，数量达到 80 个，出口梨主要来源于南非，2011 年南非梨出口量为 18.66 万 t，占非洲总出口量的 93.88%，同时超出了自身产量的一半，且有 5.57 万 t 是出口至南非最大出口市场荷兰。

**4. 大洋洲** 在大洋洲的 26 个国家中，仅有澳大利亚和新西兰生产梨，其中澳大利亚的栽培品种主要包括派克汉姆、威廉姆斯、宝斯克等。新西兰重点发展的晚熟品种则为考密斯的芽变品种 Taylor Gold（艾呈祥等，2009）。2011 年澳大利亚和新西兰梨的收获面积为 8 169 hm²，总产量为 15.58 万 t，分别仅占全球总收获面积和总产量的 0.51% 和 0.65%，其中澳大利亚的面积和产量分别为 7 500 hm² 和 12.33 万 t，远超过新西兰的生产规模。但澳大利亚梨生产效率要低于新西兰，其单位面积的产量为 16.44 t/hm²，仅为新西兰 52.61 t/hm² 的 31%。

## 三、产业发展动态

### （一）生产和贸易中心逐渐向发展中国家转移

随着世界水果产业布局的调整，世界梨生产格局发生显著变化，梨的生产重心逐渐向发展中国家转移，主要体现在梨收获面积、产量、贸易量等。发达国家梨的生产无论产量还是面积总体上均呈下降趋势。以美国为例，其 2011 年梨收获面积为 22 015 hm²，产量为 853 407 t，分别仅为 2001 年水平的 83.6% 和 91.6%，一直呈下降趋势；而意大利在 2001—2011 年，其梨生产规模虽有反复，但总体呈下降趋势，2011 年的收获面积和产量分别为 2001 年水平的 91.2% 和 96.2%，同时美国和意大利在全球梨生产中的比重也在逐渐下降，目前两国收获面积和产量的总和分别占全球总量的 3.8% 和 7.4%（图 3-18）。相比之下，发展中国家梨产量占世界的比重上升幅度快，其产量占全球总产量的比重逐年增加。以产梨最大国中国为例，2011 年梨的收获面积占全球比重达到了 70.1%，产量则达到了 66.7%，而 2001 年的比重仅分别为 66.5% 和 54.1%。

在梨的进出口贸易方面，主要贸易国也逐渐由发达国家转向发展中国家。据联合国粮农组织统计，作为传统梨贸易活跃地区的欧洲，自 1961 年以来，其贸易活动总体呈下降趋势，1961 年其进口量和出口量分别占全球贸易总量的 82.8% 和 64.4%，而进入 1980 年后，其出口量占世界的比重下降到了 50% 以下，直至 2009 年探底到了 38.2%，同时进口量也下降并维持在 60% 左右。同期，作为典型发展中国家的中国，由于全球经济环境的变化，其梨的进出口贸易量虽有不小的波动，但总体呈迅猛上升的趋势，2010 年其进口量在全球总量的比重超过了 1961 年水平的 10 倍以上，而出口量更是 1961 年的 100 多倍。由此可见，无论是从生产规模还是从贸易活跃程度来看，世界梨的生产及贸易中心正由发达国家逐渐转移至发展中国家，而这格局的变化将会使市场竞争变得更加激烈。

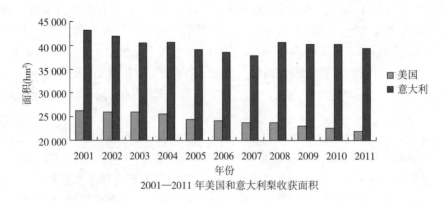

2001—2011 年美国和意大利梨收获面积

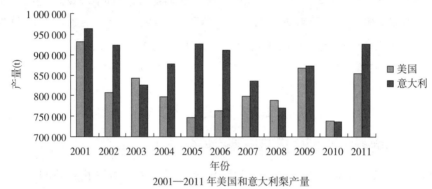

2001—2011 年美国和意大利梨产量

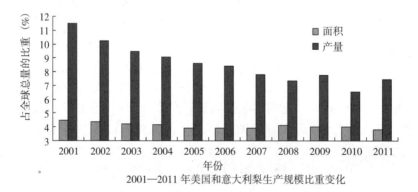

2001—2011 年美国和意大利梨生产规模比重变化

图 3-18 产梨主要发达国家收获面积和产量变化

## （二）鲜果品质向优质、特色化发展

梨的耐贮性不强，因此绝大部分梨果作为鲜食果品在市场上流通。随着社会发展和生活水平的提高，消费者越来越注重梨果实的内外品质，成为人们关注的主要焦点。外表光洁，色泽鲜艳，形状整齐，肉质细腻，石细胞少，汁液丰富，甘甜味浓的梨果越来越受国内外市场的欢迎。如韩国在 20 世纪 90 年代以后由于自育优质品种黄金梨、甘川、秋黄、华山、圆黄等的育成，使日本砂梨品种栽培面积持续下降，只有优质的新高梨栽培面积保持增长，且占据绝对主导地位（Lee Seung Koo，2004；曹玉芬和奚伟鹏，2003）。近年来，经过多年的努力和积累，我国梨育种家也育成了翠冠、黄冠、中梨 1 号、红香酥、玉露香等一批品质优良且各具特色的梨新品种，迅速被消费者所接受，而我国传统的晚熟品种如砀山酥梨、鸭梨等种植面积则慢慢缩小，我国梨的品种结构正在进一步优化。

### （三）食用安全性受生产者和消费者共同关注

食用安全性已成为梨国际贸易的制约因素。消费者不仅关心果品外观和内在的品质，而且越来越关注果品的食用安全性，果品安全生产成为各国生产者追求的目标。因此，综合应用栽培手段、物理、生物和化学方法将病虫害控制在经济可以承受的范围之内，从而有效减少化学农药用量，这种梨园综合管理技术是梨产业发展的必然选择。推广绿色无害梨果生产技术，禁止高毒、高残留农药的使用，获得符合有机、绿色无公害生产标准的安全梨果成为梨产业发展的趋势之一。

### （四）栽培管理向操作规范化、轻简化、低成本化发展

随着梨园管理人员老龄化及劳务费、生产资料价格的持续上升，在适地适栽、保证品质的前提下，简化栽培措施、降低管理成本，成为梨栽培技术发展的重要趋势。因此，选育和应用矮化砧木，栽培自花结实性品种或采用梨园蜜蜂授粉技术，配套相应的整形修剪、疏花疏果、施肥灌水、病虫害防控等技术，及合适的化学药剂或植物生长调节剂进行花果管理，并提高果园管理机械化水平等是实现栽培管理低成本化、技术简化和规范化的重要途径，成为目前梨产业技术研发和集成的热点之一。

# 第二节　中国梨产业现状与发展趋势

## 一、产业发展的现状和主要成就

### （一）我国梨生产概况

梨是我国近年来发展较迅速的水果之一，在国内位居全国水果栽培总面积和总产量的第三位。与世界梨生产变化趋势一样，我国梨产业发展总体呈稳步上升势态。据农业部统计，2010 年我国梨栽培总面积和总产量分别为 106.31 万 hm² 和 1 505.71万 t，占全国水果总面积和总产量的 9.20％和 11.71％（农业部农作物数据库，2013），占世界梨果总面积和总产量的 69.6％和 66.5％（根据联合国粮农组织数据），是世界梨第一生产大国。

纵观我国梨产业的发展历程，1978 年以来，我国梨产业发展大致经历了两个主要阶段。第一阶段从 1978 年到 1996 年（特别是从 1990 年开始），为种植面积快速扩张阶段，梨树种植面积从 1978 年的 28.03 万 hm² 增加到 1996 年的 93.27 万 hm²，梨果产量从 1978 年的 151.69 万 t 增加到 1996 年的 580.66 万 t，在此 20 年期间，我国梨的生产主要以扩大面积来提高总产量，属于粗放式外延性扩张。

第二阶段从 1996—2010 年，为种植面积稳定发展阶段。全国梨树种植面积从 1996 年的 93.27 万 hm² 增加到 2010 年的 106.31 万 hm²，梨果产量从 1996 年的 580.66 万 t 增加到 2010 年的 1 505.71万 t（农业部农作物数据库，2013）。这十多年来，梨树种植面积增

长速度减缓，尤其是 2006 年和 2007 年全国梨树面积略有下降，但梨果总产量依然保持较快增长（图 3-19），说明我国梨产业开始走向以稳定面积、提高单产为主的发展道路。

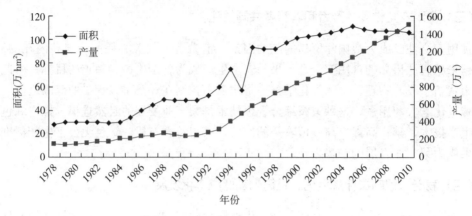

图 3-19　1978—2010 年我国梨种植面积与产量变动趋势图

其中从 2008 年开始，我国梨产业栽培面积基本稳定，单位面积产量和总产量处于不断增长阶段。据农业部统计，2010 年我国梨栽培总面积和总产量分别为 106.31 万 hm² 和 1 505.71 万 t（与联合国粮农组织数据略有不同）。面积与 2008 年相近，但总产量却比 2008 年增加了 151.9 万 t，其增加量相当于 1978 年的总产量。这主要是由于新建梨园进入盛果期，以及新品种、新技术和新模式的逐渐推广应用，我国梨单位面积产量得到了很大的提高。2008 年我国梨单位面积产量为 12.63t/hm²，到 2010 年我国梨单位面积产量提高到了 14.01t/hm²，比 2008 年增加了 1.11t/hm²，增长率为 8.8%，单位面积产量接近于同期世界平均水平 14.52t/hm²（此为联合国粮农组织的数据）。但与世界先进国家相比，差距仍然很大，如东方梨生产国的日本和韩国，2010 年日本和韩国梨单位面积产量分别为 18.38t/hm² 和 18.96t/hm²，分别约是我国单产的 1.3 倍。

另外，随着梨优良品种的培育和选育，以及标准化、集约化种植技术的推广应用，我国梨果的品质和安全质量有了很大的改善。目前的翠冠、黄冠、中梨 1 号、玉露香等品种不仅品质好，而且产量较高，深受广大梨生产者和消费者的喜好，是我国自有知识产权的栽培面积较大的品种。可见，继续加大品种更新和新技术、新栽培模式的推广应用力度，获得高产量、高品质、高安全的梨果，可以使我国梨产业获得更大的提升空间。

### （二）我国梨贸易概况

我国梨出口与产业规模的发展趋势一致，近年来也呈稳步增长的态势，特别是进入 21 世纪以后，我国梨出口量和出口金额迅猛上升（图 3-20），并于 2009 年超越阿根廷成为全球第一梨出口大国，2010 年的出口量已达 43.79 万 t，占全球总出口量的 17.05%，同时出口金额达 2.43 亿美元，占全球总出口额的 10.50%，但出口量只占本国总产量的 2.9%。由以上数据可以看出，我国梨的出口单价虽然在逐步上升，但据联合国粮农组织统计，2010 年我国梨出口单价为 555.8 美元/t，仍低于世界平均水平的 902.4 美元/t，而远低于邻国日本 5 820.5 美元/t 的水平，说明我国梨果在国际市场中的竞争力仍然较低，梨果质量和安全性仍有待于进一步提升（王宇霖，2001；王新卫等，2010）。

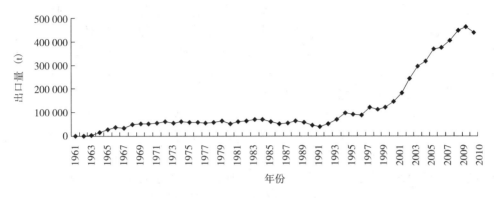

图 3-20 中国梨出口量变化

从出口市场来看，我国梨的出口市场逐渐向多元化方向发展，自 1986 年以来，由最初的加拿大、美国和英国 3 个出口市场，发展为 2010 年的 74 个国家和地区，其中印度尼西亚为我国梨的最大进口国，2010 年，其从中国进口梨果112 455t，贸易额达6 000万美元。这表明中国的梨出口对传统目标市场的依赖度减低，目标市场集中度呈现出明显的分散趋势。

### （三）我国梨科研取得的主要成就

随着我国梨树生产规模的迅速壮大及梨贸易活动的日趋活跃，有关梨的科学研究也不断有新的进展和突破。

首先在相关基础理论研究方面，从我国支持基础研究最大的主渠道——国家自然科学基金委员会资助的自然科学基金项目中可以看出，自 1999 年以来，50 多项与梨相关的研究项目得到国家基金委资助，资助总额接近2 000万元，其中仅 2012 年就资助了 16 项。这些项目中主要涉及梨的品质形成机理与调控、遗传育种与种质创新、生殖生物学、肥料营养学等领域。在相关项目的资助下，通过我国研究人员的不断努力，我国梨行业的相关基础理论研究取得了重要进展，有的已经居于世界研究前沿。例如，在梨的生殖生物学方面，我国科学家已系统研究了梨自交亲和与不亲和性的遗传特性和分子机制，提出了梨品种自交不亲和性的强弱取决于花柱内 $S$ 基因所表达的 S-RNase 量，阐明了自交亲和性变异的分子机制，发明了培育自交亲和性种质的原理与方法，并创新了梨的自交亲和性品种和多个自交亲和性品系。此外，还进一步探讨了梨花粉和雌蕊识别过程中的信号转导机制，证实了参与梨雌蕊与花粉识别的信号分子，明确了花柱 S-RNase 是通过 PLC-IP$_3$ 信号传导系统调节花粉管尖端钙通道，而改变花粉管内 $Ca^{2+}$ 信号梯度，引起花粉管生长的差别，并阐明了自花、异花花粉管生长过程中超微结构变化的差异。通过上述研究，我国科学家成功地找出抑制梨"近亲繁殖"的原因，这对最终了解自花授粉不结实的机制具有重大而深远的意义。关于梨自交亲和与不亲和机理的研究及应用于 2011 年获得了我国梨研究领域第一个国家科技进步二等奖，同时也获得了梨研究领域中的第一篇"全国百篇优秀博士论文"。

在开展的基础研究中，分子生物学研究方法已越来越多地被应用到生理现象内在机制的研究中，科研人员用遗传转化方法对梨进行遗传改良，用以弥补传统育种的不足。通过探索并及时应用生物技术等先进手段，已使一些梨的品质和抗逆性等性状得到了改善。梨的转基因研究已多见报道，我国科学家已通过茎尖培养、叶片培养及其他外植体的离体培养等手段转入了抗病、抗虫等基因，获得了转基因梨植株，如赵瑞华等（2004）将抗真菌γ硫堇蛋白 Rs-afp1 基因导入丰产梨，获得了转基因植株，汤绍虎等（2007）将抗虫的 Cry1Ac 基因导入雪青梨，也获得了转基因植株。

2012 年年底，我国科学家领衔完成了全球首个梨全基因组测序计划，首次应用新一代 lllumina 测序平台结合 BAC-by-BAC 策略，高质量地完成了高杂重复序列的二倍体果树基因组测序和组装，组装梨基因组长度达 512.0M，约占梨基因组全长的 97.1%，通过高密度遗传连锁图谱实现了与 17 条染色体的对应关系，注释梨的蛋白基因 4.2 万个。通过系统进化研究，进一步提出蔷薇科物种的祖先为 9 条染色体，梨的 17 条染色体进化经过了全基因组的复制以及染色体的重组和丢失。在与苹果基因组的比较研究中，明确了苹果与梨的分化发生在 5.4 兆～21.5 兆年前，两者在基因组大小上的差异主要是由重复序列引起的，而基因区十分相近。同时，结合基因表达谱的研究，明确了梨自交不亲和性、果实石细胞代谢、糖代谢、香气形成的重要分子机制。该项研究将为今后深入开展梨重要功能基因的挖掘和利用，基因组指导下的高产、优质、低投入梨新品种培育提供全新的科技支撑平台。

在梨种质资源调查、评价方面，我国科研工作人员在各重点产区开展梨资源调查的基础上，编写了全国的《梨树志》和《梨品种图谱》，对梨属植物进行了分类，同时建立了国家梨树种质圃。利用已有资源，进一步开展了梨的形态特征、生物学特性、细胞学和同工酶的研究：通过细胞学鉴定，明确杏叶梨为三倍体，而在白梨、秋子梨和砂梨中都有三倍体品种的存在，鸭梨、库尔勒香梨中有 2-4 型嵌合体芽变；此外，同工酶的研究显示了梨属植物具有共同的酶谱特征，但种间有差异，杂种的谱带出现分离说明谱带与性状有一定的关系。随着分子生物学技术的发展，AFLP、RAPD、SSR 等分子标记方法也越来越广泛地被应用到品种资源的鉴定上（滕元文等，2004），如沈玉英等（2006）应用 RAPD 标记技术对梨属植物，尤其是东亚原产种的系统关系进行了较为系统的研究，明确了原产东亚的日本豆梨、朝鲜豆梨和柯氏梨与豆梨的近缘关系，从 DNA 分子水平上证明褐梨和河北梨含有杜梨的血统；曹玉芬等（2007）利用 SSR 标记对梨 41 个栽培品种进行遗传多样性分析，12 对 SSR 引物扩增出 114 个等位基因，平均每个位点 9.5 个，位点杂合度在 0.151 7～0.707 9，遗传多样性指数为 0.463 0，用两对引物（BGT23b 和 CHO2D11）即可区分除芽变品种之外的全部供试品种。路娟等（2010）则利用来自苹果的 8 对 EST-SSR 标记对 48 份梨种质资源进行了遗传多样性研究，8 对 EST-SSR 引物在供试材料上均能扩增出与苹果大小相似的产物，所有引物共检测到 140 个基因位点，其中多态性位点 129 个，多态性比例为 92.14%，并且可成功区分不同品种。

在引进品种方面的工作成效也较显著，国外品种在中国的引种筛选已有百余年的历史，经过长期的试栽，已在我国一些地区初见成效，取得了明显的经济效益和社会效益。如 1890 年前后烟台地区首先引入西洋梨，品种主要有巴梨、茄梨（Clapp Favorite）、早红考密斯（Early Red Comice）、红安久等（孙启兰，2009）。近年来，由于部分地区梨的发展过快和品种结构失调，国内亚洲梨市场饱和，使得西洋梨在我国大中城市一直保持较高的售价，因此，以环渤海湾地区为中心的果农把种植西洋梨作为调整品种结构的首选。此外，日本及韩国的梨品种丰水、新高、二十世纪、幸水、圆黄、黄金梨、华山等品种在我国也得到大量发展。

在国内品种选育方面，人工杂交育种仍然是我国最为有效的梨育种技术，近年来，基于对梨相关性状遗传规律研究的基础，我国育种家通过杂交育种手段育成了翠冠、黄冠、中梨1号、红香酥、玉露香等多个新品种。特别是2010年后，早金香、早金酥、玉绿、翠玉、红月梨、玉酥梨、红香蜜、苏翠1号、苏翠2号等品种也通过审核。此外，通过芽变选种手段还从传统的优良品种中选育出了南红梨、徽香梨等新品种。在抗寒性方面，包括寒红梨在内的新品种因具有较强的抗寒力而扩大了梨的栽培范围，不断向北部寒冷地区推进。上述品种的推广和应用极大地丰富和改善了各地区的栽培品种组成，促进了良种化进展。

近年来，针对国内外市场对风味浓、石细胞少、果皮色泽鲜艳、果心小、耐贮藏的新品种需求量不断增加的现状，及市场多元化发展的趋势，我国梨育种目标也在不断进行调整，在加工、矮化密植、绿色抗病等新品种的培育方面开展了大量而深入的研究工作。此外，我国研究者一直在努力加强与基础生物科学研究部门的协作，借鉴国外成功的方法和经验，设法提高梨的食用和保健价值。

在新品种选育的基础上，近年来，我国梨行业的专家围绕与新品种配套的栽培、病虫害防控、采后贮藏保鲜等各方面都开展了有针对性的产业技术研发，并取得了一些实质性的突破，专家们结合多年来专业上的技术和知识积累，通过系统性研发很快集成或创新了一些有应用价值的技术产品，并且这些技术成果迅速在生产中得到试验示范，很大程度上解决了生产实际问题，给果农和整个梨产业带来很大的收益。例如，针对目前农村劳动力匮乏，劳动力成本不断提高，对梨园管理的省工省力化要求极为迫切的现状，在人工辅助授粉方面，科学家提出了有效的梨树液体授粉技术，这项技术比常规的人工点授效率约可提高4倍；同时，该技术还解决了常规果树液体授粉中花粉不能均匀溶于水、花粉容易黏附容器壁、花粉堵塞喷头以及喷粉不均造成授粉效果差，而无法真正实际应用的问题，2011—2012年，在库尔勒及兰州试验站等开展田间试验与示范，结果显示液体授粉技术大幅度节省了田间授粉用工量，授粉效果好，完全可达到生产要求，因此，该技术也获得了国家授权发明专利（专利号：ZL201110234023.5）。在果实管理方面，针对库尔勒香梨、茌梨、砀山酥梨等名特优品种果实宿萼（俗称"公梨"）问题而导致的内外品质下降，影响果品效益的问题，专家们又研发了脱萼剂（专利号ZL201010522173.1），可使梨脱萼的果实（俗称"母梨"）比例达98%以上，有效地解决了这些品种"公梨"的问题，同时通过与杀菌剂的结合使用，起到了一举两得，省工高效的生产目标。

省力化密植栽培模式相关技术也得到了一定创新，梨大冠稀植栽培模式得到变革，集成了包括育苗与建园、地下管理、整形修剪、花果管理、田间作业方式等多方面的"梨密植省力化栽培模式"综合管理技术，实现了苗木定植后2年结果，3年丰产，盛果期稳定在每667m² 5 000kg左右的高产水平，优质果率达93%，降低生产成本46%，节省劳动力41%。通过试验示范该栽培模式和技术，获得了良好的成效，这对于适应新的生产力转变，建立新型梨园建立具有重要的实践指导意义。

针对不同地区的栽培生态条件、树体发育特征以及光合利用效率等研究，形成了一些实用、简便的新树形和配套管理技术，如"倒个形"、"倒伞形"、"三线一面"新型棚架架式、"双臂顺行式"等两主枝棚架树形。这些树形分别克服了原来树体整形复杂、个体大难控制、花费时间长、技术难掌握等问题，可能成为未来我国梨树栽培的主要形式。

此外，在梨园配套机械研发上也有新的进展，例如对梨园枝条粉碎机的研制，通过对已有果园枝条粉碎机的改进设计，逐步完善结构功能，提升工作性能，在新疆、甘肃、江苏等地都有示范推广。同时配套开展了粉碎枝条的发酵堆肥技术及食用菌基质改良等技术研发，筛选出梨树修剪枝条高效分解菌，提出了利用枝条堆肥过程中 C/N 比、水分含量、接种分解菌几个技术要点，并研发出适合梨园施用的"促生、解磷、氨基酸"生物有机肥。

在梨主要病害防控方面，西北农林科技大学研究了亚洲梨对黑星病的抗性及其相关机制，并从梨抗黑星病抑制消减文库中筛选出病原菌诱导特异表达基因片段，通过 RACE 技术克隆获得其全序列（付镇芳等，2012）。同时，我国一些检验检疫局或植保站也进行了病害防治理论及技术的研发，如比较研究了日本梨黑星病菌与欧洲梨黑星病菌的多聚半乳糖醛酸酶分子量，研发出了一种有效防治梨黑星病的配方（70%甲硫·氟硅唑可湿性粉剂 2 000 倍液、2 500 倍液），在梨黑星病侵染期持续用药 5 次，末次施药后 10 天在叶片和果实上的防效在 81% 以上。而导致砀山酥梨果实腐烂和叶脱落的病原真菌被鉴定为胶孢炭疽菌（*Colletotrichum gloeosporioides*）或其有性型——围小丛壳菌（*Glomerella cingulata*），代森锰锌、Bilu2 号和福美双能有效控制该病害。砂梨上苹果褪绿叶斑病毒也得到分离和鉴定，为进一步了解 ACLSV 的分子变异以及血清学检测的应用奠定了基础。此外，保存于国家梨种质资源圃的 182 个梨品种果实对轮纹病的抗性得到评价，水杨酸提高梨轮纹病抗性的机理得到阐明，碳酸氢钠结合枯草芽孢杆菌处理也可以提高对梨果实贮藏期轮纹病的生防效果。

在梨主要虫害防控方面，西北农林科技大学研究了梨小食心虫滞育幼虫对低温的生理适应性，并提出暗黑赤眼蜂（*Trichogramma pintoi* Voegele）是一种潜在的防治梨小食心虫的寄生蜂。中国农业科学院郑州果树研究所研究并明确了性信息素缓释剂防治梨小食心虫的持效期及合理使用密度。甘肃临夏回族自治州森林病虫害防治检疫站首次发现了乌苏里梨喀木虱（*Cacopsylla burckhardti*），并研究了捕食性天敌泛希姬蝽成虫对其的防治作用。新疆巴音郭楞蒙古自治州农业科学研究所采用聚集度指标分析了山楂叶螨聚集强度的空间格局与时序变化，以指数模型进行拟合数量动态，运用最优分割法分析了山楂叶螨在香梨上的种群动态，指出塔六点蓟马和深点食螨瓢虫是山楂叶螨的主要天敌，越冬代和第二代是山楂叶螨的防治关键期。中国农业大学则从分子水平对中国 16 个地区梨木虱种群进行了遗传多样性分析，并对不同杀虫剂对梨木虱毒性大小进行了评价，筛选出了防治梨木虱的有效药剂。

在梨果的贮藏加工方面，我国已经开展了库尔勒香梨、砀山酥梨、雪花梨等十几个梨品种的贮藏保鲜技术研究，包括不同品种梨果货架期间的防褐变技术，物性测试仪检测梨果采后质地变化技术，电子鼻分析货架期间果实的香气技术，维持贮藏期间果实品质和减少腐烂等研究，获得相关专利 10 余项。梨汁加工技术则日趋完善，目前筛选了有关酿酒与酿醋的高效菌株，进行了加工品种筛选，研发了固定化发酵酿醋工艺技术参数，多功能产品和风味醋饮品相继问世。此外，利用微波、超声波提取的方法进行梨果中果胶、酚类物质、纤维素等有效成分的提取，将大大提高了梨的利用率和产值，减少环境污染和资源浪费，具有十分广阔的前景。

需要指出的是，梨的科研要想取得更大的成就，还有赖于加大对梨的科研和投入，有赖于优异梨基因资源的深入开发和利用，特别是加大对野生资源中高产、优质、抗病性强等基因的研究、开发和利用的力度。

## 二、产业发展的优势和存在问题

### （一）梨产业发展的优势

我国一直是世界第一产梨大国，1996 年至今，我国梨收获面积进入稳定发展阶段，虽然增长速度减缓，但梨果总产量依然保持较快增长，说明我国梨产业开始走向以稳定面积、提高单产为主的发展道路。目前全国梨产业健康、可持续发展的优势主要体现在以下几个方面：

**1. 世界梨的生产贸易重心逐渐向发展中国家转移** 随着世界水果产业布局的调整，世界梨生产格局发生显著变化，梨的生产和贸易重心逐渐向发展中国家转移，发展中国家梨产量占世界的比重上升幅度快，其产量占全球总产量的比重逐年增加，而发达国家梨产量在全球总产量的占比逐年降低，与此同时发展中国家梨出口量占世界比重也在逐步提高。我国是发展中国家之一，而且我国又是梨的原产地，是世界栽培梨的起源中心。多年来我国梨栽培总面积和总产量一直居世界首位，在世界梨生产和贸易中占有举足轻重的地位，我国发展梨产业已具备了相应的规模优势。同时，我国拥有丰富的劳动力资源，虽然近年来，我国劳动力成本也有上升的趋势，但比较于发达国家，劳动力成本仍然较低，梨每吨的生产成本为 500～1 000 元，约为日本及美国的 1/4～1/6。成本优势直接表现为价格优势。此外，在国外市场上，美国、加拿大、英国、澳大利亚等欧美国家的消费者，近年来对东方梨愈加喜爱，只要我们能够生产出高质量的、符合国际标准的梨果，其市场潜力是巨大的。而越南、香港等东南亚国家或地区因为没有梨栽培，梨消费主要以进口为主，如 2010 年，越南和印度尼西亚共从我国进口了 20.71 万 t 梨，而只从日本和韩国进口了363t 梨，因此尽管存在与日本、韩国的竞争，但我国仍有巨大的市场机会。

**2. 我国梨品种资源丰富** 我国是世界栽培梨的起源中心之一，梨的种类和品种资源十分丰富。目前，我国梨的栽培品种涵盖了白梨、砂梨、秋子梨和新疆梨 4 个种，还有少量的西洋梨。其中大量栽培的品种就达 100 多个，多样性丰富。例如我国传统的主栽品种砀山酥梨、鸭梨、南果梨、京白梨、库尔勒香梨、雪花梨、苍溪雪梨、茌梨等，新育成的翠冠、黄冠、中梨 1 号、红香酥、玉露香、满天红等，此外还有从日、韩引进的丰水、黄金梨、园黄、新高等。其中砀山酥梨、雪花梨、鸭梨等晚熟品种仍占主导地位，栽培面积占全国总量的近 40%；地方品种库尔勒香梨、南果梨也是举世闻名的特色梨果；近年从欧美引进的西洋梨如早红考密斯、康佛伦斯、红安久等品种在一些地区表现也较好。此外，20 世纪 90 年代以来，一批早中熟品种特别是长江流域早熟品种的推广应用，优化了梨的熟期结构，早熟梨栽培的比例逐步升高。近几年，发展较快的是长江以南的早熟梨区域，发展面积、产量和经济效益在全国居领先地位。

**3. 我国具有规模比较优势的梨产区和得天独厚的自然条件优势** 耿献辉和周应恒

（2010）对我国 1978—2008 年梨生产情况的调查分析显示，我国具有规模比较优势的梨生产区域，主要集中于环渤海和西北地区，其中最具有梨生产规模比较优势的是河北、辽宁和北京。近 10 年来，陕西和新疆两地的梨生产规模比较优势提高很快，又跨入显著规模比较优势区域行列，可与河北、辽宁和北京媲美。这是我国正在形成的新兴梨优势产区。从资源禀赋的角度来看，新疆、陕西、河北、辽宁等北方梨产区由于得天独厚的自然条件，其温度、降水与欧洲、美国、南美梨产区气候大体相当，特别是西北黄土高原雨热同期、光照充足、昼夜温差大，有利于梨品质提高，比较适宜梨的大规模生产和种植。忽略其他因素，具有良好自然条件的地区发展梨产业自然具有先天优势。其他地区想要获得同等的条件，就需要付出额外的成本，或者只能栽培适宜本地气候条件的品种。而伴随着世界梨产地由发达国家向发展中国家转移，在同等需求条件下，新疆、陕西等具有良好气候条件地区的梨生产规模自然进一步扩大，而同样气候条件优越的河北、辽宁等传统梨产区依然保持着规模优势。与此同时，这些主产区梨产业体系的上游和下游产业也蓬勃发展起来，例如育种业、仓储、加工、物流，梨产业相关从业人员数目也逐渐增多，并向优势产区聚集，产业集群的作用开始显现，形成了其他产地短时期无法复制的主产地竞争优势。

**4. 梨产业发展具有技术和交通的优势** 近年来，我国梨学方面的科研成果和技术发展较快，全国梨产业技术协作研发攻关网络逐步形成并完善，包括整形修剪、花果管理、平衡施肥、合理灌溉、地面覆盖、矮化砧木应用、病虫害生物防控、采后品质维持等技术在内的优质、高效、安全生产技术体系逐步建立，使我国梨的单产量得到了很大的提高。如 1978 年我国梨果产量为 151.69 万 t，2010 年梨产量达到 1 505.71万 t（农业部农作物数据库，2013），占全国水果总产量的 11.94%，占世界梨果总产量的 64.47%，是世界第一梨生产大国（与联合国粮农组织数据略有不同）。2010 年我国梨单位面积产量提高到了 14.01t/hm²，接近于同期世界平均水平 14.52t/hm²（此为联合国粮农组织的数据）。在这一产业发展的过程中科技的支撑作用功不可没。另外，随着我国国力的增强，我国高铁、高速公路建设发展很快。交通运输业的快速发展，也对梨产业的加快发展起到了推动作用。

## （二）梨产业发展中存在的问题

我国虽然是世界梨产业大国，但是梨果种植区域分散，跨区盲目引种问题仍很突出，相对于发达国家而言，生产管理水平落后、标准化生产程度低，直接影响了单产和品质的提高，梨果质量总体水平较低。

**1. 梨生产和需求存在结构性失衡** 我国梨生产总量虽然较大，但仍难以满足当前消费者对梨的全部需求，特别体现在部分消费者无法获得质量优等的梨产品。目前我国的梨生产在很多地区甚至是在主产区，都大量存在着品种结构老化、追求数量而忽视质量、后期加工处理落后、市场流通无品牌、无包装、无分级等问题（方成泉等，2003）。随着消费者可支配收入与生活水准的提高，消费者对梨需求将集中体现在对优质梨（口感好、质量优、品牌好）的需求上。目前跨区的盲目引种导致梨果的品质不优，大量产出的是大路货，并不能满足消费者对梨果的需求。

**2. 梨园标准化栽培程度较低** 目前我国缺乏完善的苗木繁育体系，梨苗质量参差不齐，不能完全满足建园及生产要求。此外多数梨主产区果园仍然沿用传统的栽培模式和技术，缺乏先进的管理经验和良种良法配套技术，生产标准化程度较低。普遍存在树形不规范、树体结构不合理、管理措施不到位等问题，导致果园郁闭，通风透光不良，严重影响梨果品质。梨园施用的肥料种类失衡，常因施肥不当影响树体生长和果实发育。简化实用技术匮乏，机械化程度低，新技术推广面积和程度有限，梨整体产量较低、品质较差。

**3. 梨生产的区域集中度较低，经营组织规模较小**　我国虽然是梨生产大国，种植面积大，总产量高。但是，我国梨果种植区域分散，区域集中度较低。南京农业大学经济管理学院周应恒和耿献辉利用产地集中度系数和生产规模优势指数测得 1978—2008 年我国梨生产的格局变动。结果显示，在 1978—2008 年的 30 年期间，我国梨的种植是由集中走向分散趋势。表明我国改革开放初期的梨生产还比较集中的，而后随着我国经济的发展和梨产地间竞争的加剧，更多的区域引入梨的种植，包括非适宜栽梨地区也大规模种植梨果，导致了区域梨生产种植面积的集中度呈现降低的趋势。

此外，我国梨种植仍以小规模农户为主，在新技术采用、梨园管理规范化和标准化等方面受到限制。未来梨的生产将逐步规模化、更多的梨园将集中在有实力、有管理能力的生产大户或企业手中。生产规模越大，越利于规范化管理和技术、资本的投入，规模越小，越不利于投入和管理。但随着梨园规模的扩大，其成本的投入也大量增长，规模报酬会递减，因此经营组织的规模不能盲目无限制地扩大，这也是需要引起重视的一个问题。

**4. 梨病虫害危害依然较为严重**　我国梨区常年发生的病害有 20 多种，但除对梨黑星病、梨轮纹病等少数几种主要病害发病规律与防治方法的研究有较大进展外，对多数梨树病虫害的研究甚少，一些病虫害在梨产区的流行发生规律和有效控制技术研究还没有取得根本性突破，由于果园生态条件变化又出现新的病虫害。多数梨产区还没有合理有效的梨树病虫害综合防治技术体系，"轻防重治"的现象仍然普遍，药效良好的新型化学农药及生物农药相对缺乏，生物防治、物理防治技术尚待进一步改善。

**5. 气候变化导致的自然灾害威胁梨生产**　由于气候和生态条件的变化，自然灾害的危害也愈加严重。暴雪、干旱、大雨、高温等极端天气出现的频率增加，造成梨树及果实生长发育受阻，一些病虫害大暴发，严重影响梨果生产，造成巨大经济损失。部分地区春季低温及雨量偏少等天气原因对梨产业的影响很大，花期冻害几乎造成梨树绝产。

**6. 劳动力和农资价格上涨明显，梨生产成本大幅上升**　随着我国工业化、城镇化的快速发展，大量农村青壮年劳动力流入城镇，农村富余劳动力逐渐减少，农业生产中的用工荒现象日趋明显，农村劳动力价格迅速上升，由于梨种植是劳动力密集型产业，人工成本迅速上升也就成为了梨生产不可回避的现实问题。

此外，受石油、煤炭等资源类、原料类产品价格上涨的影响，近年来，化肥、农药等农资价格总体呈上涨、难以下降态势，如磷酸二铵由 2008 年每吨 1 600 元上升到 2010 年的 3 200 元，翻了一番，又如农药在 2008 年价格的基础上，2010 年其平均涨幅达 30% 左右。其他农业生产资料如农用柴油等价格也都有所上涨。

农村劳动力的大量减少和成本上升，再加上农资成本的大幅度上升，使得梨果的生产与运销成本逐步提高。

**7. 采后商品化处理程度不高，梨果附加值难以提高**　我国梨果采后商品化处理、贮藏、加工的比例较小，产业的整体效益没有得到充分的发挥。主要表现为梨果分级技术不完善，商品化处理程度不高，贮藏保鲜技术不完善，贮藏质量难以保证，同时梨果总贮藏能力严重不足，不及总产量的 30％，且主要以土窑洞、半地下窖、冷凉库等土法贮藏为主。

与质量密切相关的品牌发展跟不上市场需求，名牌果品少，规模不大，市场知名度不高，早采、提前上市导致优果不能优价，梨果质量安全建设尚处于起步阶段。同时，我国加工专用梨品种偏少，多数加工企业主要利用当地价格便宜的主栽品种进行加工。此外，梨的加工技术水平也较低，加工产品种类较少。目前主要是简单的加工梨罐头、梨饮料、梨酒等。所有这些，都极大地制约了梨果附加值的提高。

## 三、产业发展策略

梨产业的健康、可持续发展需要从生产技术和贸易营销方面综合考虑，本节主要从品种及生产管理层面提出一些梨产业的发展策略以供参考，贸易流通层面的发展策略将在第十九章加以阐述。

### (一) 健全良种繁育体系，改善品种结构，以标准化栽培提高品质

提高梨果品质必须从选育推广优良品种和完善梨良种繁育体系，通过制订苗木生产技术规程，规范苗木生产过程，并加强梨种苗的生产和管理监督，提高种苗质量。提高梨苗木生产许可门槛，督促育苗户严格按照国家《梨苗木》标准生产和经营，加强苗木市场执法管理，保证苗木质量整齐，此外要逐步建立和完善无病毒良种苗木繁育体系，推广采用无病毒的健康良种苗木。

根据国内、国际梨果市场需求特点，正确评价现有品种的市场优势并调整品种结构，适当压缩一般品种种植面积的同时，调整新优品种及不同熟期品种的种植比例。此外，针对中国梨果加工品种少的问题，缩减鲜食品种的栽培面积，适当增加加工品种的栽培面积，加工品种发展以巴梨、红巴梨、锦香、五九香、南果梨等鲜食加工兼用的软肉品种，以及适于加工的脆肉品种为主。

推广标准化栽培模式，加强梨园土肥水管理，改善树体结构，合理控制负载量是提高果实品质的重要措施。增加地下投入和加强地下管理，实施"落叶归根"计划，增加土壤有机质，改善土壤理化性状，保持根系旺盛的生命力，平衡矿质营养吸收利用。根据梨树龄树势和土壤肥力条件，确定合理的留果标准，应用精准的花果管理技术，在稳产的基础上保证负荷合理，使果实发育良好，个大质优，并做到适时采收，以确保果实品质。

### (二) 明确有效生产规模

充分发挥我国得天独厚的自然条件优势和品种资源优势，优化区域布局，注意促进生产布局向中西部及北部等气候适宜地区转移，向劳动成本低的区域转移，向病虫害较轻的新兴产区转移，并使梨树生产逐步规模化，将更多的梨园集中在优势区域的有实力、有管理能力的生产大户或企业手中，但应基于规模报酬增长规律明确有效的生产规模。

### (三) 坚持"预防为主、综合防治"的病虫害防控原则

由于消费者越来越关注果品的食用安全性，食品安全已成为梨国际贸易的制约因素

（李秀根和张绍铃，2007）。因此，果品安全生产是各国生产者追求的目标，在梨果生产过程中，坚持"预防为主、综合防治"的原则，综合应用栽培手段、物理、生物和化学方法将病虫害控制在经济可以承受的范围之内，以减少化学农药用量，提高安全性的梨园综合管理技术，确保梨果质量安全，必将是梨产业发展的必然选择和发展趋势。

### （四）制定应对气候变化及自然灾害的应急预案

近年来由于气候变化等因素，自然灾害常常造成梨果市场的大幅波动，通过构建极端气候与自然灾害应对机制，引导并扶持果农改善梨园基础设施，增强梨园抵御自然灾害的能力，即提高梨果丰产稳产性能，促进生态梨园的建设，同时通过农业保险等将灾害损失降到最低。

### （五）推行轻简化栽培管理技术

劳动力的减少和劳动力成本的增加是梨生产面临的最大挑战，此种背景下如何在投入成本增加的同时提高产出，增强梨果的产业竞争力成为必须要面对和亟待解决的问题。可以引导梨园尝试适用型机械来适当减少或替代劳动力，并集成整形修剪、花果管理、平衡施肥、合理灌溉及地面覆盖等技术，构建并推广简易可行的、便于推广应用的优质高效安全生产配套技术体系，以应对劳动力缺乏、成本上升的压力，同时精耕细作来提高附加值，通过高投入高产出来提高梨种植效益。

### （六）发挥行业协会作用，设立安定基金

借鉴梨生产先进国家的经验，积极发挥行业协会的作用，对梨果等农产品采取价格管理制度。当由于自然灾害等原因造成产品市场价格低于一定的水平时，以行业协会或者产业组织积累的基金填补其差额的一部分，即为"安定基金"，其资金来源由国家、地方政府和行业协会或者产业组织共同提供，可以有效减缓梨果价格的大起大落。

注：来源于各数据库网站的同一年份数据可能会随时间的推移而动态更新。

# 参 考 文 献

艾呈祥，刘庆忠，李国田，等.2009.澳大利亚主要落叶果树的生产现状和栽培特点［J］.落叶果树
（2）：54-57.

曹玉芬，奚伟鹏.2003.韩国梨生产和育种简况［J］.中国果树（3）：57-58.

曹玉芬，刘凤之，高源，等.2007.梨栽培品种SSR鉴定及遗传多样性［J］.园艺学报，34（2）：305-310.

方成泉，林盛华，李连文，等.2003.我国梨生产现状及主要对策［J］.中国果树（1）：47-50.

付镇芳，姚春潮，张朝红，等.2012.早酥梨抗黑星病相关基因PbzsREMORIN的克隆及功能分析［J］.园艺学报，39（1）：13-22.

耿献辉，周应恒.2010.从集中走向分散：我国梨生产格局变动解析［J］.南京农业大学学报（社会科学版），10（3）：38-44.

李秀根，张绍铃.2007.世界梨产业现状与发展趋势分析［J］.烟台果树（1）：1-3.

路娟，吴俊，张绍铃，等.2010.基于苹果EST-SSR的梨种质资源遗传多样性分析［J］.西北植物学

报，30（4）：690-696.

屈海泳，张绍铃，聂赟．2004．日本梨在中国的生产现状与前景分析［J］．中国南方果树，33（5）：92-94.

沈玉英，滕元文，田边贤二．2006．部分中国砂梨和日本梨的 RAPD 分析［J］．园艺学报，33（3）：621-624.

孙启兰．2009．红色西洋梨新品种引进及利用研究［D］．泰安：山东农业大学．

汤绍虎，孙敏，廖志华，等．2007．根癌农杆菌介导 $CrylAc$ 基因转化雪青梨获得转基因植株［J］．园艺学报，34（1）：59-62.

滕元文，柴明良，李秀根．2004．梨属植物分类的历史回顾及新进展［J］．果树学报，21（3）：252-257.

王新卫，刘金义，孙兴民，等．2010．中国梨生产、贸易与国际竞争力分析［J］．中国农学通报，26（21）：202-206.

王宇霖．2001．从世界苹果、梨生产及发展趋势与国际贸易看我国苹果、梨产业存在的问题［J］．果树学报，18（3）：127-132.

张绍铃，黄绍西，吴俊．2006．日本梨优良品种资源在梨育种上的应用［J］．中国南方果树，35（5）：48-49.

赵峰，张毅，孙山．2002．日本梨的栽培与研究进展［J］．西北园艺（5）：54-55.

赵瑞华，刘庆忠，孙清荣，等．2004．抗真菌 $\gamma$ 硫堇蛋白 $Rs-afp1$ 基因导入丰产梨获得转基因植株［J］．农业生物技术学报，12（6）：729-730.

Daniel Zohary，Maria Hopf. 2000. Domestication of plants in the Old World（third edition）［M］. Oxford：Oxford University Press.

# 第二篇

梨种质资源创新与分子基础

# 第四章　梨属植物分类与资源评价

## 第一节　梨属植物分类及研究进展

### 一、梨属植物分类史及分类体系

梨属（*Pyrus* L.）于 1753 年由林奈命名，最初包含了梨、苹果和楹桲。由于梨和苹果不能相互嫁接繁殖，Miller 于 1768 年将苹果从梨属中分出，命名为苹果属（*Malus*）。

根据 Terpó 的介绍，Decaisne 首次基于系统关系对梨属植物进行分类。1858 年，Decaisne 将当时已知的种分成 6 个地理群（Proles）：① Proles *armoricana*（*P. cordata*，*P. biossieriana*，*P. longipes*）；② Proles *germanica*（*P. communis*）；③ Proles *hellenica*（*P. parviflora*，*P. borugaeana*，*P. syriaca*，*P. glabra*）；④ Proles *pontica*（*P. elaeagrifolia*，*P. kotschyana*，*P. nivalis*，*P. salicifolia*）；⑤ Proles *indica*（*P. pashia*，*P. balansae*，*P. jacquemontiana*，*P. betulaefolia*）；⑥ Proles *mongolica*（*P. sinensis*）。

此后，Koehne（1890）根据梨果实成熟时萼片的有无，将梨属植物分为两大区：即宿萼区 *Achras* 和脱萼区 *Pashia*。宿萼区 *Achras* 果实成熟时萼片宿存，花柱通常为 5，有时为 4。脱萼区 *Pashia* 果实成熟时萼片脱落，花柱为 2~5。受 Koehne 的影响，后来的很多分类学家如 Rehder 和俞德浚等将果实萼片的宿存作为一个非常重要的特征，并结合叶片、花器、果实等的特征，对梨属植物进行分类。

Bailey（1917）根据梨属植物的地理分布，将其分为西方梨（Occidental pears）和东方梨（Oriental pears）两大类群。他所列出的西方梨有 8 种，全部为绿色的宿萼果，叶缘为钝锯齿或全缘。10 个东方梨按其果实萼片的有无分为宿萼果和脱萼果。

1940 年，Rehder 根据果实成熟的萼片的有无作为重要特征，将梨属植物分为两大类，并且结合其他性状，描述了 15 个主要种和几个变种。萼片宿存的种大多为西方种：*P. amygdaliformis* Vill，*P. salicifolia* Pall.，*P. elaeagrifolia* Pall.，*P. nivalis* Jacq.，*P. communis*，*P. regelii* Rehd. 和 *P. ussuriensis* Maxim.。萼片脱落或者部分脱落者有以下 8 种：*P. bretschneideri* Rehd.，*P. serotina* Rehd.〔现在一般记为：*P. pyrifolia*（Burm. f.）Nakai〕，*P. serrulata* Rehd.，*P. phaeocarpa* Rehd.，*P. betulaefolia* Bge.，*P. longipes* Coss. & Dur. 和 *P. calleryana* Dcne.。

1948 年，日本园艺学家菊池秋雄（1948）在研究了梨属植物分类中常用的形态特征的遗传规律后，认为在梨属植物的分类中更应该重视果实的心室数，而非萼片是否宿存。据此将梨属植物分为三大区：即真正梨区（*Eupyrus* Kikuchi）、豆梨区（*Micropyrus* Kikuchi）和杂种性区（*Intermedia* Kikuchi）。真正梨区的共同特征是果实心室为 5，脱萼或宿萼。主要的栽培品种皆由本区的种演化或改良而成，包括了 6 个西方梨和 4 个东方梨。西方梨为：*P. communis*，*P. nivalis*，*P. amygdaliformis*，*P. elaeagrifolia*，*P. heterophylla* 和 *P. salicifolia*。东方梨为：*P. ussuriensis*，*P. aromatica*，*P. hondoensis* Nakai et Kikuchi 和 *P. serotina*。豆梨区果实小如豌豆，2～3 心室，脱萼，其原生分布仅限于亚洲东部，杜梨（*P. betulaefolia*）和豆梨（*P. calleryana*）属于本区。杂种性区为真正梨区和豆梨区的杂种，果实心室为 3～4，果实小，食用价值低。其分布区域与豆梨区相同，包括白梨（*P. bretschneideri*），褐梨（*P. phaeocarpa*），麻梨（*P. serrulata*），川梨（*P. pashia* D. Don）和 *P. uyematsuana* Makino。前 4 种分布在中国，后 1 种则分布在日本。虽然川梨果实心室数目多数为 3～4，但也有个别的心室数目为 5。另外，从分布区域和形态特征看，杂交的可能性很小，也没有明显的杂种特征。所以将川梨列入杂种区显然是由于菊池秋雄对川梨的不了解所导致的。

**表 4-1　梨的基本种、地理分布及特征**

［根据 Challice 和 Westwood（1973）的建议，参照 Aldasoro 等（1996）的结果进行了修正］

| 种群 | *Pyrus* 种 | 主要特征[3] | | | | | 分布区域 |
|---|---|---|---|---|---|---|---|
| | | 果皮 | 萼片 | 心皮数 | 叶长/叶宽 | 叶缘 | |
| 亚洲豆梨类 | *P. calleryana* Dcne.（中国豆梨）[1] | R | D | 2（3） | 1.50 | Cr | 中国中部及南部 |
| | *P. koehnei* Schneid.（柯汉梨或台湾野梨） | R | D | 4（3） | 1.47 | Cr | 中国东南部、台湾 |
| | *P. fauriei* Schneid.（朝鲜豆梨） | R | D | 2 | 1.38 | Cr | 朝鲜半岛 |
| | *P. dimorphophylla* Makino（日本豆梨） | R | D | 2 | 1.85 | Cr | 日本 |
| | *P. betulaefolia* Bunge.（杜梨） | R | D | 2（3） | 1.53 | CS | 中国华北、西北、东北地区南部、长江流域北缘地区 |
| | *P. pashia* D. Don.（川梨） | R | D | 3～5 | 1.55 | Cr | 印度、尼泊尔、巴基斯坦、中国西部 |
| 亚洲大中果型梨 | *P. pyrifolia* Nakai（砂梨） | R or S | D | 5 | 1.84 | FSS | 中国、朝鲜半岛、日本 |
| | *P. hondoensis* Nakai et Kikuchi（日本青梨） | S | P | 5 | 1.45 | FSS | 日本 |
| | *P. ussuriensis* Max.（秋子梨） | S | P | 5 | 1.61 | CSS | 中国北部、朝鲜、西伯利亚 |
| 环地中海地区的梨属种 西亚种 | *P. amygdaliformis* Vill（桃叶梨） | S | P | 5 | 2.88 | En（SCr） | 地中海地区、南欧 |
| | *P. elaeagrifolia* Pall.（胡颓子梨） | S | P | 5 | 2.24 | En（SCr） | 土耳其、克里米亚、欧洲东南部 |
| | *P. glabra* Boiss.[2] | S | P | 3～4? | — | En | 伊朗南部 |
| | *P. salicifolia* Pall.（柳叶梨） | S | P | 5 | 1.93 | En | 伊朗、俄罗斯 |
| | *P. syriaca* Boiss.（叙利亚梨） | S | P | 5 | — | Cr | 非洲东北部、黎巴嫩、以色列、伊朗 |
| | *P. regelii* Rehd.（变叶梨） | S | P | 5 | — | Cr | 阿富汗、俄罗斯 |

（续）

| 种群 | Pyrus 种 | 主要特征[3] | | | | | 分布区域 |
|---|---|---|---|---|---|---|---|
| | | 果皮 | 萼片 | 心皮数 | 叶长/叶宽 | 叶缘 | |
| 环地中海地区的梨属种 | 北非及欧洲种 P. bourgaeana Decne（= P. manorensis Trab.） | — | P（D） | — | 1.43 | Cr | 摩洛哥、阿尔及利亚 |
| | P. spinosa Forssk. | — | P（D） | — | 2.44 | En | 南欧、安纳托利亚 |
| | P. communis L.（西洋梨） | S（R） | P | 5 | 1.57 | Cr | 西欧、欧洲南部、土耳其 |
| | P. nivalis Jacq.（雪梨） | S | P | 5 | 1.79 | En | 西欧、中欧、南欧 |
| | P. cordata Desv.（心叶梨） | R | D（P） | 2～3? | 1.35 | Cr | 欧洲西南部（伊比利亚岛、法国西部、英国南部） |

[1] 括号里的中文名及学名为本文作者所加。

[2] 是否存在仍有疑问（Challice 和 Westwood，1973）。

[3] 果皮：R＝russet（黄褐色），S＝smooth（表面平滑，指黄绿果皮）；萼片：D＝deciduous（萼片脱落），P＝persistent（萼片宿存）；叶缘：Cr＝crenate（钝锯齿），En＝entire（全缘），CS＝coarse serrate，粗锯齿，FSS＝fine serrate-setose（刺芒状细锯齿），CSS＝coarse serrate-setose（刺芒状粗锯齿），SCr＝slightly crenate（轻微钝锯齿）

上述按照植物学形态特征的分类体系多少年来基本没有大的变化，直到 1973 年，Challice 和 Westwood（1973）结合 29 个化学指标和 22 个植物学特征对梨属植物的 22 个基本种进行分析，并将这些种按其起源进行归类。在这个分类系统中没有包括白梨（P. bretschneideri）、褐梨（P. phaeocarpa）和麻梨（P. serrulata）等被认为是杂种起源的非基本种。这一研究后来被世界各国的研究者广泛引用。在亚洲大中果型梨中，他们列出了一个叫 Kansu pear（甘肃梨）的种，根据其性状描述，滕元文等（2004）推断可能为新疆梨。因此，不宜作为基本种。对于原产于南欧与北非的种，Aldasoro 等（1996）的研究更正了 Challice 和 Westwood 所列出的种。他们认可的 5 个种分别是：P. bourgaeana Decne.，P. communis，P. cordata，P. spinosa Forssk 和 P. nivalis。而 P. gharbiana 和 P. longipes 被认为是 P. cordata 的同物异名；P. manorensis 等于 P. bourgaeanas。因此，也不宜作为基本种。这样，Pyrus 的基本种可能有 20 个，分属于 4 个种群（表 4-1）：亚洲产豆梨类、亚洲产大中果型梨、西亚种、北非及欧洲种。前两类即东方梨，后两类则为西方梨。川梨在 Challice 和 Westwood 的系统中被列在了亚洲产大中果型梨中，但根据我国分类学家俞德浚的描述和作者的实地调查，该种果实直径一般都在 1 cm 左右，所以改列在亚洲豆梨类中。

## 二、东亚原产的梨属种

中国集中了东亚原产的大部分梨种（表 4-2）。对东亚原产梨属植物进行现代科学意义上的分类始于 1825 年对川梨 P. pashia 的命名（http：//www.ipni.org）。此后，西方学者陆续发表了中国梨的种名。如 1826 年 Lindley 发表了名为中国梨的新种：P. sinensis Lindley。之后，又有人公布了一些新种：杜梨（P. betulaefolia）、秋子梨（P. ussuriensis）、豆梨（P. calleryana）、古鲁坝梨（P. kolupana）和柯氏梨

（*P. koehnei*）。然而，最早系统地对中国梨属植物进行描述和分类的无疑是美国学者 Rehder。通过对 Wilson 等从中国采集的标本和种植在阿诺德（Arnold）树木园的亚洲梨（主要是中国梨）进行研究，Rehder 于 1915 年发表论文 "Synopsis of the Chinese species of *Pyrus*"，描述了原产于中国的 12 个种：*P. ussuriensis*，*P. ovoidea* Rehd，*P. lindleyi* Rehd，*P. bretschneideri*，*P. serotina*，*P. serrulata*，*P. phaeocarpa*，*P. betulaefolia*，*P. calleryana*，*P. kolupana*，*P. koehnei* 和 *P. pashia* 及 4 个变种。据后来的研究，Rehder 列出的这 12 个种中，除了 *P. ovoidea*，*P. lindleyi* 和 *P. kolupana* 在中国没有找到对应种外，其余 9 个种被中国植物学家所接受。

陈嵘在 1937 年出版的《中国树木分类学》中首次将欧美学者对中国梨的分类成果用中文作全面介绍，其中描述了 9 个种 *P. lindleyi*，*P. pashia*，*P. betulaefolia*，*P. ussuriensis*，*P. calleryana*，*P. bretschneideri*，*P. serotina*，*P. serrulata* 和 *P. phaeocarpa*。新中国成立后，国内的植物分类学家对我国原产的植物种进行了广泛的调查，发现和命名了新的种。从 1958 年开始，俞德浚等（1958，1963，1974）先后发表了滇梨（*P. pseudopashid* Yu）、新疆梨（*P. sinkiangensis* Yu）、河北梨（*P. hopeiensis* Yu）、木梨（*P. xerophila* Yu）和杏叶梨（*P. armeniacaefolia* Yu）等 5 个新种。这样陈嵘描述的 8 个种（除 *P. lindleyi* 外）加上后来俞德浚命名的 5 个新种共 13 种被中国植物分类学家和园艺学家广泛认知。这些种既有表 4-2 中所列出的基本种，也包括了白梨（*P. × bretschneideri*）、褐梨（*P. × phaeocarpa*）、麻梨（*P. × serrulata*）、新疆梨（*P. × sinkiangensis*）、河北梨（*P. × hopeihensis*）等自然杂交而产生的非基本种。此外还有木梨（*P. xerophila*）、滇梨（*P. peusodopashia*）、杏叶梨（*P. armeniacae folia*）以及台湾原产台湾鸟梨（*P. × taiwanensis* Iketani et Ohashi）。

表 4-2 原产于东亚的梨属（*Pyrus*）种

| 种 | 分 布 | 2n |
|---|---|---|
| *P. betulaefolia* Bge. | 主要分布于中国北部 | 34 |
| *P. calleryana* Dcne. | 中国中部及南部，越南 | 34 |
| *P. dimorphophylla* Makino | 日本 | — |
| *P. fauriei* Schneid. | 朝鲜半岛 | — |
| *P. koehnei* Schneid. | 中国南部及台湾 | — |
| *P. xerophila* Yu | 甘肃、青海、西藏、山西 | 34，51 |
| *P. pashia* D. Don | 中国西南部 | 34 |
| *P. peusodopashia* Yu | 云南、贵州 | 34 |
| *P. armeniacaefolia* Yu | 新疆 | 51 |
| *P. × phaeocarpa* Rehd. | 中国北部 | 34 |
| *P. × hopeihensis* Yu | 河北、山西 | 34 |
| *P. × serrulata* Rehd. | 长江流域及以南地区 | 34 |
| *P. × taiwanensis* Iketani et Ohashi | 台湾 | — |
| *P. × sinkiangensis* Yu | 新疆、甘肃、青海 | 34，51 |
| *P. × bretschneideri* Rehd. | 河北昌黎 | 34，51，68 |
| *P. ussuriensis* Maxim. | 中国东北，朝鲜北部，俄罗斯远东地区 | 34，51 |
| *P. pyrifolia* Nakai（*P. serotina* Rehd.） | 中国，日本，朝鲜半岛南部 | 34，51 |
| *P. hondoensis* Nakai & Kikuchi | 日本 | — |
| *P. aromatica* Kikuchi & Nakai | 日本 | — |

根据俞德浚（1974）、菊池秋雄（1948）、蒲富慎等（1985）、陈瑞阳等（1983）的研究结果整理。

对于日本各地分布的梨属植物的详细研究始于 1910 年前后中井和小泉所做的调查，当时命名了多达 80 以上的种和变种，造成了日本梨属植物分类的混乱（梶浦一郎，2000）。然而真正以种群存在的野生梨只有日本豆梨（*P. dimorphophylla*）、日本青梨（*P. hondoensis*）和岩手山梨（*P. aromatica*）（表 4-2）。对于日本是否存在真正的野生砂梨（*P. pyrifolia*）一直有争议。因为迄今为止在日本还没有发现过野生的 *P. pyrifolia* 种群，也没有任何文献记载过。在日本一些地方发现的零星存在的所谓野生砂梨很可能是逸出种（escape species）。

朝鲜半岛原产的梨属植物种有砂梨、秋子梨和朝鲜豆梨等（表 4-2）。由于有关朝鲜半岛原产梨属植物分类的资料有限，详细情况并不清楚。日本学者曾在 20 世纪 20 年代发表了朝鲜半岛梨属植物分类的论文，描述了 9 个种和若干的变种。然而，这些所谓的种和变种大多为现代意义上的品种。

## 三、实验分类的研究进展

梨属种间不存在生殖隔离，为自交不亲和，种内和种间杂交比较普遍，使得种间缺乏差异特显的形态学区分特征。因此利用形态特征并不能对梨属植物进行准确的分类，基于形态学的梨属植物系统发育关系至今仍存在很多问题。近年来，研究者利用包括孢粉学、化学成分、同工酶、DNA 分子标记和 DNA 序列分析等不同实验手段研究梨属植物的系统发育，品种起源和演化，取得了较大的进展。特别是 DNA 标记技术应用和基于 DNA 序列分析的分子系统学的发展为梨属植物的系统发育和亲缘关系的研究提供了有效的手段。

### （一）孢粉学

孢粉学是研究植物孢子、花粉（简称孢粉）的形态、分类及其在各个领域中应用的一门科学。由于植物花粉结构由基因决定，性状保守且受环境影响较小，因此孢粉学是进行植物分类、起源、演化和亲缘关系研究的重要手段之一。传统上孢粉学只能对花粉形态进行粗略的描述，随着显微镜的问世以及电镜技术等试验手段的发展，植物花粉超微形态特征得以鉴定。果树花粉超微形态特征主要包括花粉的形状、长宽比、萌发孔的数量和大小、萌发沟间的距离、脊的类群、壁型、壁厚等。

Westwood 和 Challice（1978）是最早试图利用花粉和花药形态和超微结构来对梨属植物进行分类研究的。他们选择了梨属 18 个种，涵盖了主要的东西方梨种。测定了花粉和花药的 9 个特征指标，发现这些指标在梨属植物种之间变化很大，但这种变化与梨属种的地理分布没有相关性。尽管所测定的这些特征结合起来的话对某一个种是独特的，但单纯使用孢粉学的数据在分类学上的价值有限。邹乐敏等（1986）和黄礼森等（1993）利用扫描电镜观察了我国梨属植物种的花粉形态，得出了一些有意义的结果如东方梨和西洋梨花粉形态差异较大，新疆梨与西洋梨亲缘关系较近，豆梨可能为我国梨属植物的一个原始种等。

### （二）化学分类

在梨属植物的分类中，利用不同种化学物质的差异作为分类依据的研究并不多。

Challice and Westwood（1973）对梨属种的酚类物质的存在和缺失进行了检测，发现不同种之间的酚类物质的种类存在差异，特别是东方梨和西方梨种群的差异较大。他们发现，西方梨种群中普遍缺乏黄酮糖苷，而东方梨种群中杜梨是唯一不含有黄酮糖苷的种，所以推测杜梨可能是连接东方梨和西方梨的桥梁。他们还根据梨属种某类酚类物质的存否推测了梨属植物的系统演化树。

### （三）同工酶

同工酶是能催化相同的化学反应，但分子结构和生理功能有所不同的一类酶。其结构差异来源于基因的差异。不同的同工酶分子大小、构象和带电荷数不同，在电场中运动速度不同，从而形成不同数目和迁移率的谱带。同工酶分析法在梨属植物的起源演化以及分类的研究中得到了一定的应用。

林伯年和沈德绪（1983）利用过氧化物酶同工酶在国内率先进行了梨属植物的分类尝试，发现种间谱带差异较大，特别是西洋梨的谱带和东方梨明显不同。认为杜梨和褐梨的谱带相对简单，为较原始的类型；木梨和麻梨相似；白梨、砂梨、秋子梨与新疆梨的谱带为一类，而且秋子梨和新疆梨接近，白梨和砂梨品种间谱带交错，因此推测白梨和砂梨为一个种。虽然他们所检测的材料相对太少，但所得出的结果有一定的参考价值。Jang 等（1992）同样利用过氧化物同工酶分析表明部分日本梨品种与中国和朝鲜的梨品种亲缘关系较近。但是同工酶的表达存在时间和空间上的特异性及受环境因素影响等会使同工酶鉴定产生引起争论的结果。

### （四）DNA 标记

近年来，迅速发展的分子生物学技术特别是以 DNA 为基础的各种分子标记，为梨属植物种的分类和系统关系研究提供了有力的手段。Iketani 等（1998）以 106 个梨品种和种为材料（主要是东亚梨），进行叶绿体基因 RFLP 分析，检测到 4 种单倍型，即 AAA、BBB、BAA 和 BAB。东方梨包含了 4 种单倍型（Haplotype），而西方梨只有一种（AAA）。日本梨品种中大多为单倍型 BBB，而白梨和秋子梨品种包含 2 个和 3 个单倍型。支持了 Bailey（1917）关于梨属植物可以分为东方梨和西方梨的理论。后来的研究者利用不同的 DNA 标记也证明东方梨和西方梨可以被明显地区分成两大群。Iketani 等发现西方梨种之间同属一个单倍型类型，认为这可能是由于西方梨之间的基因渗入现象，也可能是此方法所采用的内切酶位点及区域有限，但并不意味着西方梨比东方梨更为原始。然而东方梨各种之间区别较大，杜梨（*P. betulaefolia*）、豆梨（*P. calleryana*）、秋子梨（*P. ussuriensis*）各有 3 个不同的单倍型，而白梨（*P. bretschneideri*）、川梨（*P. pashia*）、砂梨（*P. pyrifolia*）各有两个不同的单倍型。上述结果与传统上基于形态特征（果形、萼片等）的分类结果或地理分布不一致。对于同一个种内存在多个单倍型的现象无法得到很好的解释，可能的原因如网状进化、祖先基因渗透和种分化之前已存在的多型的延续。

滕元文（Teng）等（2001，2002）及其研究小组（Bao 等，2007，2008；Yao 等，2010）应用 RAPD、SSR、EST-SSR 和 AFLP 等多种 DNA 标记对梨属植物，尤其是东亚原产种的系统发育关系进行了系统的研究，明确了原产东亚的日本豆梨

（*P. dimorphophylla*）、朝鲜豆梨（*P. fauriei*）和柯氏梨（台湾豆梨）（*P. koehnei*）与豆梨（*P. calleryana*）的近缘关系；从 DNA 分子水平证明褐梨（*P.×phaeocarpa*）和河北梨（*P.×hopeihensis*）含有杜梨（*P. betulaefolia*）的血统；明确了库尔勒香梨的杂种起源，并提议将其归为新疆梨；杏叶梨属于西方梨种群。作者所提出的一个新的观点就是东亚主栽的白梨、中国砂梨和日本梨系统可能起源于共同的祖先——中国长江流域及其以南野生的 *P. pyrifolia*，并建议将白梨看成砂梨的一个变种：*P. pyrifolia* Nakai var. *sinensis*（Lindley）Y.（Teng et K. Tanabe，2002）或砂梨的一个生态类型：*P. pyrifolia* Nakai Chinese white pear group（Bao 等，2008）第一次将中国白梨、中国砂梨和日本梨统一在同一种下。其他研究者的研究结果也多支持白梨和砂梨亲缘关系很近的观点。根据这些研究结果，提出了基于亲缘关系的梨属植物的系统关系树（图 4-1）。在系统树中梨属植物明确地分为

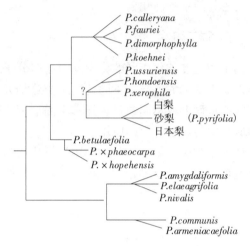

图 4-1　基于亲缘关系所建立的梨属植物系统树示意图

两大类：即东方梨和西方梨，该研究结果与梨属植物种的地理分布相吻合。

### （五）分子系统学

分子系统学（molecular phylogenetics 或 molecular systematics）是通过对生物大分子（核酸和蛋白质等）的结构、功能等的进化研究来阐明生物类群间的系谱发生关系。目前在植物分子系统学研究中使用的分子数据主要来自于叶绿体和核基因组 DNA 序列。随着 PCR 技术及测序技术的发展，分子系统学在 DNA 水平上取得了显著的成果。

梨属植物的分子系统学研究较少。梨属植物早期的分子系统学研究主要集中于少数梨属种的叶绿体序列信息。Kimura 等（2003）对叶绿体 DNA（cpDNA）6 个非编码区共 5.7kb 的区段进行测序，在 5 个种的 8 个品种中发现了 38 个突变点，包括 17 个碱基缺失（插入）和 21 个碱基替换，其中 *trn*L-F 间隔区的变异率最高。根据这些变异所建立的进化分支图上，东亚栽培梨中，鸭梨和日本梨属于同一类型，而秋子梨属于单独的一个类群，因为梨的叶绿体基因属母系遗传，所以从品种的母系发生来看，至少鸭梨和日本梨没有根本的区别，但他们的研究材料中缺少中国原产的砂梨品种，因此基于这些位点的变异建立的系统树只能区分几个大分类群。Katayama 等通过 *accD-psa*I 基因间区序列分析发现绝大多数日本梨品种和中国的鸭梨存在 219bp 的缺失，而这个缺失在西方梨和其他的亚洲梨如褐梨、豆梨和秋子梨中没有检测到。

近年来，核基因序列已经用于梨属植物亲缘关系的研究中，如 Kim 等（2005）利用 18S 基因研究西洋梨和砂梨的亲缘关系，由于其序列分化度最高仅为 3.2%，并不能提供足够的信息位点。

核糖体 DNA 内转录间隔区（ITS）被广泛应用于较低分类单元如属内种间的系统发

育学研究，在很多植物上得到了很好的系统发育重建结果。然而，Zheng 等在梨属大多数种的个体内发现了不同水平的 ITS 序列多态性，且个体内差异拷贝在系统树上并非单系，而是分散在各亚枝内，并不能解决梨属种间系统发育关系，暗示了梨属存在复杂进化史。作者还在梨属中发现了不同类型、起源较早的 ITS 假基因拷贝，这些 ITS 假基因在系统树上区别于所有功能拷贝而独立成枝，有望作为具有潜在的系统学价值的独立数据资源重建梨属系统关系，但在一些类群中无法扩增出预期的片段限制了其应用。Zheng 等采用低拷贝核基因乙醇脱氢酶基因（Adh）和 LEAFY 基因试图重建梨属植物系统发育关系，同样不能令人满意，但 LEAFY 第二内含子 LFY2int2-N 是目前为止能够解决梨属种间发育关系最好的核基因标记（图 4-2）。同时这些结果也暗示了梨属植物种分化过程中可能经历了辐射进化和网状进化。

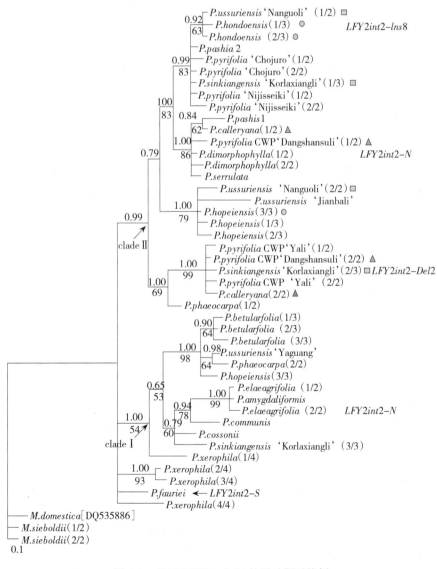

图 4-2  基于 LFY2int2-N 的贝叶斯系统树

（Zheng 等，2011）

# 第二节　梨属植物的种类及其特征与分布

迄今为止，已命名的梨属植物的种、变种和类型有 900 个以上（http：//www.ipni.org），但被大多数分类学家所认可的种有 30 个左右，其中有 20 个左右的基本种，其余则为这些种之间的杂种。根据形态学特征及基于 DNA 分子数据的系统发育关系分析，这些种可以分为两大种群，西方梨种群和东方梨种群。尽管各个种之间形态特征差异较大，但是西方梨与东方梨之间有一些明显的相互可以区别的特征（表 4-1）。除了个别的西方种的心室少于 5 以外，绝大部分西方梨的心室皆为 5 个，而东方梨的豆梨类的心室数小于 5，一般为 2～3 个。西方梨果实一般需要后熟，而东方梨果实除秋子梨和个别的新疆梨外一般不需要后熟。果实成熟时，绝大部分西方梨果实的萼片宿存，而东方梨果实的萼片大多脱落。西方梨的叶缘一般为全缘或者钝锯齿，而东方梨没有全缘的叶片，且叶缘变化较大。除了形态特征和结果习性方面的差异以外，东方梨和西方梨的杂种后代有时会发生不育。两种类型的梨之间的嫁接亲和力往往较低，大部分的西洋梨品种和榅桲之间有良好的嫁接亲和性，而东方梨和榅桲之间的嫁接往往很难成功。在抗病性方面，西洋梨对梨锈病具有免疫性，而东方梨一般对此病敏感；西方梨易感火疫病，而很多东方梨对火疫病有较强的抗性。在建立梨属植物的分类系统时，这些特征曾被不同的植物分类学家作为重要特征加以利用，如 Koehne（1890）根据梨果实成熟时萼片的有无，将梨属植物分为两大区：宿萼区 *Achras* 和脱萼区 *Pashia*。而日本园艺学家菊池秋雄（1948）认为梨属植物的分类更应该重视果实的心室数。菊池的真正梨区和豆梨区的种相当于 Challice 和 Westwood 的基本种，而杂种性区即非基本种。

## 一、东方梨种群

### (一) 豆梨类

包括中国豆梨（*P. calleryana*）、柯汉梨或台湾豆梨（*P. koehnei*）、朝鲜豆梨（*P. fauriei*）、日本豆梨（*P. dimorphophylla*）、杜梨（*P. betulaefolia*）和川梨（*P. pashia.*）。

**1. 豆梨**　乔木，高 5～8m，小枝粗壮，圆柱形，在幼嫩时有茸毛，不久脱落，二年生枝条灰褐色；冬芽三角卵形，先端短渐尖，微具茸毛。叶片宽卵形至卵形，稀长椭圆形，长 4～8cm，宽 3.5～6cm，先端渐尖，稀短尖，基部圆形至宽楔形，边缘有钝锯齿，两面无毛；叶柄长 2～4cm，无毛；托叶叶质，线状披针形，长 4～7mm，无毛。伞形总状花序，具花 6～12 朵，直径 4～6mm，总花梗和花梗均无毛，花梗长 1.5～3cm；苞片膜质，线状披针形，长 8～13mm，内面具茸毛；花直径 2～2.5cm；萼筒无毛；萼片披针形，先端渐尖，全缘，长约 5mm，外面无毛，内面具茸毛，边缘较密；花瓣卵形，长约 13mm，宽约 10mm，基部具短爪，白色；雄蕊 20，稍短于花瓣；花柱 2，稀 3，基部无毛。梨果球形，直径约 1cm，黑褐色，有斑点，萼片脱落，2（3）室，有细长果梗。花期 4 月，果期 9～10 月。主要分布于长江流域及以南地区，在山东、河南和甘肃也有分布。

根据俞德浚的记载，本种有全缘叶变种（*P. calleryana* Dcne. var. *integrifolia*

Yu），楔叶变种［*P. calleryana* Dcne. var. *koehnei*（Schneid.）Yu]，柳叶变种
（*P. calleryana* Dcne. var. *lanceolata*），绒毛变型（*P. calleryana* Dcne. f. *tomentella*）。

**2. 柯汉梨或台湾豆梨**（*P. koehnei*） 在俞德浚的分类系统中将其作为豆梨的楔叶变种，但根据 Chalice 和 Westwood 及其他人的研究，应该视为单独种。叶片多卵形或菱状卵形，基本宽楔形，果皮黄褐色，萼片脱落，3～4 心室，分布于中国东南部及台湾等地区。

**3. 朝鲜豆梨**（*P. fauriei*） 果皮黄褐色，萼片脱落，2 心室，叶缘钝锯齿，分布于朝鲜半岛。

**4. 日本豆梨**（*P. dimorphophylla*） 果皮黄褐色，萼片脱落，2 心室，叶缘钝锯齿，分布于日本。

**5. 川梨**（*P. pashia*） 乔木，常具枝刺；小枝圆柱形，幼嫩时有棉状毛，以后脱落，二年生枝条紫褐色或暗褐色；冬芽卵形，先端圆钝，鳞片边缘有短柔毛。叶片卵形至长卵形，稀椭圆形，长 4～7cm，宽 2～5cm，先端渐尖或急尖，基部圆形，稀宽楔形，边缘有钝锯齿，在幼苗或萌蘖上的叶片常具分裂并有尖锐锯齿，幼嫩时有茸毛，以后脱落；叶柄长 1.5～3cm；托叶膜质，线状披针形，不久即脱落；伞形总状花序，具花 7～13 朵，直径 4～5cm，总花梗和花梗均密被茸毛；萼片三角形，长 3～6mm，先端急尖，全缘，内外两面均被茸毛；花瓣倒卵形，长 8～10mm，宽 4～6mm，先端圆或啮齿状，基部具短爪，白色；雄蕊 25～30，稍短于瓣；花柱 3～5，无毛；果实近球形，直径 1～1.5cm，褐色，有斑点，萼片早落，果梗长 2～3cm；花期 3～4 月，果期 9～10 月。主要分布于四川、云南和贵州一带，印度和尼泊尔也有分布。川梨的变种主要有无毛变种、钝叶变种和大花变种。

**6. 杜梨**（*P. betulaefolia*） 乔木，高达 10m，树冠开展，枝常具刺；小枝嫩时密被灰白色茸毛，二年生枝条具稀疏绒毛或近于无毛，紫褐色；冬芽卵形，先端渐尖，外被灰白色茸毛；叶片菱状卵形至长圆卵形，长 4～8cm，宽 2.5～3.5cm，先端渐尖，基部宽楔形，稀近圆形，边缘有粗锐锯齿，幼叶上下两面均密被灰白色茸毛，成长后脱落，老叶上面无毛而有光泽，下面微被茸毛或近于无毛；叶柄长 2～3cm，被灰白色茸毛；托叶膜质，线状披针形，长约 2mm，两面均被茸毛，早落；伞形总状花序，有花 10～15 朵，总花梗和花梗均被灰白色茸毛，花梗长 2～2.5cm；苞片膜质，线性，长 5～8mm，宽 3～4mm，先端圆顿，基部具有短爪，白色；雄蕊 20，花药紫色，长约花瓣之半；花柱 2～3，基部微具毛。果实近球形，果实 5～10mm，2～3 室，褐色，有淡色斑点，萼片脱落，基部具带茸毛果梗。花期 4 月，果期 9～10 月。分布于辽宁、河北、河南、山西、甘肃、陕西、宁夏、湖北、安徽、江苏和江西等省、自治区。

### （二）大果型基本种

包括砂梨（*P. pyrifolia*）、日本青梨（*P. hondoensis*）、秋子梨（*P. ussuriensis*）和杏叶梨（*P. armeniacaefolia*）。

**1. 砂梨**（*P. pyrifolia*） 乔木，高达 7～15m；小枝嫩时具黄褐色长柔毛或茸毛，不久脱落，二年生枝紫褐色或暗褐色，具稀皮孔；冬芽长卵形，先端圆钝，鳞片边缘和先端稍具长茸毛；叶片卵状椭圆形或卵形，长 7～12cm，宽 4～6.5cm，先端长尖，基部圆

形或近心形，稀宽楔形，边缘有刺芒锯齿，微向内合拢，上下两面无毛或嫩时有褐色棉毛；叶柄长 3～4.5cm，嫩时被茸毛，不久脱落；托叶膜质，线状披针形，长 1～1.5cm，先端剑尖，全缘，边缘具有长柔毛，早落；伞形总状花序，具花 6～9 朵，直径 5～7cm；总花梗和花梗幼时微具柔毛，花梗长 3.5～5cm；苞片膜质，线性，边缘有腺齿，外面无毛，内面密被褐色茸毛；花瓣卵形，长 15～17mm，先端啮齿状，基部具短爪，白色；雄蕊 20，长约等于花瓣之半；花柱 5，稀 4，光滑无毛，约与雄蕊等长；果实近球形，浅褐色，有浅色斑点，先端微向下陷，萼片脱落；种子卵形，微扁，长 8～10mm，浅褐色；花期 4 月，果期 8 月。产于我国长江流域及其以南地区。

**2. 秋子梨**（*P. ussuriensis*）　乔木，高达 15m，树冠宽广；嫩枝无毛或微具毛，二年生枝条黄灰色至紫褐色，老枝转为黄灰色或黄褐色，具稀疏皮孔；冬芽肥大，卵形，先端钝，鳞片边缘微具毛或近于无毛；叶片卵形至宽卵形，长 5～10cm，宽 4～6cm，先端短渐尖，基部圆形至近心形，稀宽楔形，边缘具有带刺芒状尖锐锯齿，上下两面无毛或在幼嫩时被茸毛，不久脱落；叶柄长 2～5cm，嫩时有茸毛，不久脱落；托叶线状披针形，先端渐尖，边缘具有腺齿，长 8～13mm，早落；花序密集，有花 5～7 朵，花梗长 2～5cm，总花梗和花梗在幼嫩时被茸毛，不久脱落；苞片膜质，线状披针形，先端渐尖，全缘，长 12～18mm；花直径 3～3.5cm；萼筒外面无毛或微具茸毛；萼片三角披针形，先端渐尖，边缘有腺齿，长 5～8mm，外面无毛，内面密被茸毛；花瓣倒卵形或广卵形，先端圆钝，基部具短爪，长约 13mm，宽约 12mm，无毛，白色；雄蕊 20，短于花瓣，花药紫色；花柱 5，离生，近基部有稀疏柔毛。果实近球形，黄色，直径 2～6cm，萼片宿存，基部微下陷，具短果梗，长 1～2cm；花期 5 月，果期 8～10 月。

**3. 日本青梨**（*P. hondoensis*）　最早作为秋子梨的变种。果皮平滑，黄绿色，萼片宿存，5 心室，叶缘刺芒状细锯齿，分布于日本富士山周边。

### （三）杂种类

包括褐梨（*P. ×phaeocarpa*）、河北梨（*P. ×hopeihensis*）、麻梨（*P. ×serrulata*）、台湾鸟梨（*P. ×taiwanensis*）、新疆梨（*P. ×sinkiangensis*）和白罐梨或白梨（*P. ×bretschneideri*）。

**1. 褐梨**（*P. ×phaeocarpa*）　从形态上推测为杜梨和秋子梨的杂种。乔木，高达 5～8m；小枝幼时具白色茸毛，二年生枝条紫褐色，无毛；冬芽长卵形，先端圆钝，鳞片边缘具茸毛；叶片椭圆卵形至长卵形，长 6～10cm，宽 3.5～5cm，先端具长渐尖头，基部宽楔形，边缘有尖锐锯齿，齿尖向外，幼时有稀疏茸毛，不久全部脱落；叶柄长 2～6cm，微被柔毛或近于无毛；托叶膜质，线状披针形，边缘有稀疏腺齿，内面有稀疏柔毛，早落；伞形总状花序，有花 5～8 朵，总花梗和花梗嫩时具茸毛，逐渐脱落，花梗长 2～2.5cm；苞片膜质，线状披针形，很早脱落；花直径约 3cm；萼筒外面具白色茸毛；萼片三角披针形，长约 2～3mm，内面密被茸毛；花瓣卵形，长 1～1.5cm，宽 0.8～1.2cm，基部具有短爪，白色；雄蕊 20，长约花瓣之半；花柱 3～4，稀 2，基部无毛；果实球形或卵形，直径 2～2.5cm，褐色，有斑点，萼片脱落；果梗长 2～4cm；花期 4 月，果期 8～9 月。产于河北、山东、山西和甘肃。

**2. 河北梨**（*P. ×hopeihensis*）可能为秋子梨和褐梨的自然杂交种。乔木，高达 6～8

m；小枝圆柱形，微带棱条，无毛，暗紫色或紫褐色，具稀疏白色皮孔，先端常变为硬刺；冬芽长圆卵形或三角卵形，先端急尖，无毛，或在鳞片边缘及先端微具茸毛；叶片卵形、宽卵形至近圆形，长 4～7cm，宽 4～5cm，先端具有长或短渐尖头，基部圆形或近心形，边缘具细密尖锐锯齿，有短芒，上下两面无毛，侧脉 8～10 对；叶柄长 2～4.5cm，有稀疏柔毛或无毛；伞形总状花序，具花 6～8 朵，花梗长 12～15mm，总花梗和花梗有稀疏柔毛或近于无毛；萼片三角卵形，边缘有齿，外面有稀疏柔毛，内面密被柔毛；花瓣椭圆到卵形，基部有短爪，长 8mm，宽 6mm，白色；雄蕊 20，长不及花瓣之半；花柱 4，和雄蕊近等长；果实球形或卵形，直径 1.5～2.5cm，果褐色，顶端萼片宿存，外面具多数斑点，4 室，稀 5 室，果心大，果肉白色，石细胞多；果梗长 1.5～3cm；种子倒卵形，长 6mm，宽 4mm，暗褐色；花期 4 月，果期 8～9 月。产于河北和山东。

**3. 麻梨**（*P.* ×*serrulata*）推测为砂梨和豆梨的自然杂交种。乔木，高达 8～10m；小枝圆柱形，微带棱角，在幼嫩时具褐色茸毛，以后脱落无毛，二年生枝紫褐色，具稀疏白色皮孔；冬芽肥大，卵形，先端急尖，鳞片内面具有黄褐色茸毛；叶片卵形至长卵形，长 5～11cm，宽 3.5～7.5cm，先端渐尖，基部宽楔形或圆形，边缘有细锐锯齿，齿尖长向内合拢，下面在幼嫩时被褐色茸毛，以后脱落，侧脉 7～13 对，网脉显明；叶柄长 3.5～7.5cm，嫩时有褐色茸毛，不久脱落；托叶膜质，线状披针形，先端渐尖，内面有褐色茸毛，早落；伞形总状花序，有花 6～11 朵，花梗长 3～5cm，总花梗和花梗均被褐色棉毛，逐渐脱落，苞片膜质，线状披针形，长 5～10mm，先端渐尖，边缘有腺齿，内面具褐色棉毛；花直径 2～3cm；萼筒外面有稀疏茸毛；萼片三角卵形，长约 3mm，先端渐尖或急尖，边缘有锯齿，外面具有稀疏茸毛，内面密生茸毛；花瓣宽卵形，长 10～12cm，先端圆钝，基部具短爪，白色；雄蕊 20，约短于花瓣之半；花柱 3，稀 4，和雄蕊近等长，基部具稀疏柔毛；果实近球形或倒卵形，长 1.5～2.2cm，深褐色，有浅褐色果点，3～4 室，萼片宿存，或有时部分脱落，果梗长 3～4cm；花期 4 月，果期 6～8 月。产于湖北、湖南、浙江等地。

**4. 新疆梨**（*P.* ×*sinkiangensis*）为西洋梨和白梨或砂梨的杂交种。乔木，高达 6～9m，树冠半圆形，枝条密集开展；小枝圆柱形，微带棱角，无毛，紫褐色或灰褐色，果具白色皮孔；冬芽卵形，先端急尖，鳞片边缘具白色柔毛；叶片卵形、椭圆形至宽卵形，长 6～8cm，宽 3.5～5cm，先端短渐尖头，基部圆形，稀宽楔形，边缘上半部有细锐锯齿，下半部或基部锯齿浅或近于全缘，两面无毛，或在幼嫩时具白色茸毛；叶柄长 3～5cm，幼时具白色茸毛，不久脱落；托叶膜质，线状披针形，长 8～10mm，先端渐尖，边缘具有稀疏腺齿，被白色长茸毛，早期脱落；伞形总状花序，有花 4～7 朵，花梗长 1.5～4cm，总花梗和花梗均被茸毛，以后脱落无毛；苞片膜质，线状披针形，长 1～1.3cm，先端渐尖，约长于萼筒之半，边缘有腺齿，长 6～7mm，内面密被褐色茸毛；花瓣倒卵形，长 1.2～1.5cm，宽 0.8～1cm，先端啮蚀状，基部具爪；雄蕊 20，花丝长不及花瓣之半；花柱 5，比雄蕊短，基部被柔毛；果实卵形至倒卵形，直径 2.5～5cm，黄绿色，5 室，萼片宿存；果心大，石细胞多；果梗先端肥厚，长 4～5cm；花期 4 月，果期 9～10 月。

**5. 白罐梨或白梨**（*P.* ×*bretschneideri*）据菊池秋雄调查，该种分布于河北昌黎，是当地的大果形品种与杜梨的杂种，但不是鸭梨等所谓的白梨品种的祖先。该种的特性已在第二章第二节第三部分的梨的栽培种及其演化中有描述。国内出版的分类著作中有关对白梨的描述其实是对鸭梨等白梨类品种的描述，和本种的差别较大。

**6. 台湾鸟梨**（*P. ×taiwanensis* Iketani et Ohashi） 产于中国台湾，为台湾豆梨和当地的砂梨品种的杂种。树高 6～10m，新梢光滑无毛，紫褐色，细长有少量皮孔；老枝紫褐色或深褐色，有稀疏皮孔；叶片卵圆形，或阔卵圆形，4～10cm 长，3～6cm 宽，钝或急尖，基部钝或园，两面无毛，叶缘钝一细锯齿；花序有 3～8 朵花；花径 3cm；花梗 2～4cm，无毛；雄蕊约 20 个，5mm 长；雌蕊 3～5 个，无毛；6mm 长；果实圆形，多脱萼，果径 3cm，黄褐色或褐色，多皮孔；果肉乳黄色，石细胞多；种子扁平，倒卵形，8～9mm 长，5～6mm 宽。

### （四）其他类

**1. 杏叶梨**（*P. armeniacaefolia*） 为俞德浚所命名，原产新疆，乔木。小枝紫褐色，无毛，叶片宽卵圆形或近圆形，先端急尖或圆钝，基部圆形或截形，圆钝锯齿，表面深绿色，背面灰白色，无茸毛；叶的外观极似普通杏叶，故名。果实扁球形，直径 2.5～3cm，萼片宿存，果面少数果点，果梗长 2.5～3cm，无梗洼，果肉白，石细胞多，果心大，心室 5；种子倒卵圆形，栗褐色；果期 9 月下，成熟时果肉变软，味酸，微有香气，品质不佳。是否为基本种存有疑问，据作者分子生物学证据该种属西方梨种群，考虑到新疆地区梨的种类特点，推测可能为西洋梨的逃逸种。

**2. 木梨**（*P. xerophila*） 为俞德浚所命名，产自甘肃、山西和陕西等地。乔木，高达 8～10m。枝条幼时无毛或稀疏柔毛，二年生褐灰色；叶片卵圆形至长卵圆形，长 4～7cm，宽 2.5～4cm，先端渐尖，基部圆形，边缘有钝锯齿，稀先端有少数细锐锯齿，上下两面均无毛；花序有花 3～6 朵，花梗幼时均被稀疏柔毛，不久脱落，长 2～3cm；花直径 2～2.5cm；雄蕊 20，花柱 5，稀 4；果实卵球形或椭圆形，直径 1～1.5cm，褐色，有稀疏斑点；萼片宿存，4～5 心室。

**3. 滇梨**（*P. pseudopashia*） 野生于我国云南、贵州等省，形态与川梨很近似，惟叶片和果实较大。为乔木，嫩梢具稀疏黄茸毛，不久即脱落；果实为球形，直径 1.5～2.5cm，梗洼稍凹陷，几乎无萼洼，萼片宿存，果梗长 3～4.5cm，心室 3～4。

## 二、西方梨种群

### （一）欧洲种群及北非种群

包括欧洲种群的 *P. spinosa*、西洋梨（*P. communis*）、雪梨（*P. nivalis*）、*P. cordata*，北非种群的 *P. bourgaeana*（= *P. manorensis*）。

**1. 西洋梨**（*P. communis*） 乔木，树高达 15m 以上，树形直立，树冠广圆锥形；小枝有时具刺，无毛或嫩时微具短柔毛二年生枝灰褐色或深褐红色；冬芽卵形，先端钝，无毛或近于无毛；叶片卵形，近圆形至椭圆形，长 2～5（7）cm，宽 1.5～2.5cm，先端急尖或短渐尖，基部宽楔形至近圆形，边缘有圆钝锯齿，稀全缘，幼嫩时有蛛丝状柔毛，不久脱落或近下面沿中脉有柔毛；叶柄细，长 1.5～5cm，幼时微具柔毛，以后脱落；托叶膜质，线状披针形，长达 1cm，微具柔毛，早落；伞形总状花序，具花 6～9 朵，总花梗和花梗微具柔毛或无毛，花梗长 2～3.5cm；苞片膜质，线状披针形，长 1～1.5cm，被棕色柔毛，脱落早；花直径 2.5～3cm；萼筒外被柔毛，内面无毛或近无毛；萼片三角披针形，先端渐尖，内外两面均被短柔毛；花瓣倒卵形，长 1.3～1.5cm，宽 1～1.3cm，先端圆钝，基部具短爪，白色；雄蕊 20，长约花瓣之半；花柱 5，基部有柔毛；果实倒卵形或近球形，长 3～5cm，宽 1.5～2cm，绿色，黄色，稀带红晕，具斑点，萼片宿存；花期 4 月，果期 7～9 月。

**2. 雪梨**（*P. nivalis*） 乔木，枝条无针刺，叶为倒卵形或倒披针形，基部狭楔形，一般全缘惟先端具细钝锯齿，成叶背面有灰白色的密茸毛。果实较小，短洋梨形，因成熟晚，降雪后才可以食用，故名雪梨（snow pear）。多作为制梨酒（perry or pear cider）的原料之用。

其他种的主要特征及分布参见表 4-1。

### （二）西亚种群

包括桃叶梨（*P. amygdaliformis*）、胡颓子梨（*P. elaeagrifolia*）、*P. glabra*、柳叶梨（*P. salicifolia*）、叙利亚梨（*P. syriaca*）和变叶梨（*P. regelii*）。

**1. 桃叶梨**（*P. amygdaliformis*） 灌木或小乔木性，枝条有针刺，叶小，狭椭圆形或狭倒披针形，全缘或有细钝锯齿，成叶无茸毛；果小，绿色，为圆形。原生分布于南欧及小亚细亚。

**2. 胡颓子梨**（*P. elaeagrifolia*） 小乔木，枝条上针刺多，新梢被茸毛，叶为披针形或倒卵披针形，全缘，成叶有茸毛；果小，为圆形。原生分布于高加索、亚美尼亚、伊朗等地方。

**3. 柳叶梨**（*P. salicifolia*） 小乔木，枝条上针刺多；叶全缘，狭披针形，似柳叶，故有柳叶梨之名，成叶密生灰白毛茸；果小，为短洋梨形，果梗特短。原生于高加索、外高加索、亚美尼亚等地区。

**4. 变叶梨**（*P. regelii*） 为有针刺的小乔木，叶片的形状变异很大，自羽状或重羽状深裂叶至披针形有锐锯齿的全叶，期间变化不少；新梢、叶、花梗均无茸毛；果实小，为圆形。分布于俄罗斯和阿富汗。

其他种的主要特征的简要介绍参见表 4-1。

# 第三节　梨种质资源多样性与评价利用

## 一、种质资源的收集和保存

种质资源的收集和保存是评价和利用的基础，因此很多国家都非常重视。梨种质资源是指栽培梨及其近缘的所有梨属植物。自从 19 世纪初一些国家开始对梨属植物种质资源进行收集和保存。美国并不是梨属植物的原产地，但美国农业部研究机构（ARS）下设的 National Plant Germplasm System 位于俄勒冈州 Corvallis 的国家无性系种质资源圃却保存了世界上最完整的梨属种，这些资源来自全世界 20 多个国家，保存的份数多达 2 100 份以上，其中来自亚洲的 570 份以上。建立了面向公众的网站：http：//

www. ars. usda. gov/Main/docs. htm？docid＝11372，在网站上，可以方便地查到保存的种类、数量、种质的特性等。英国的肯特国家果树品种试验站，收集保存有600多个品种（《中国农业百科全书・果树卷》）。日本国家农业生物资源基因库保存了380多份梨资源，主要是日本原产的地方品种、野生类型和来自中国及韩国的品种和野生种。

中国是梨的原生地和东方梨的分化中心，蕴藏有非常丰富的梨属植物种质资源。从20世纪初开始，包括中国学者在内的众多研究者先后命名了中国大陆原产种13个（表4-2），并将中国起源的栽培品种主要分为白梨、砂梨、秋子梨和新疆梨等。为了收集和保存梨种质资源。我国于20世纪50年代和80年代先后两次开展了大规模的种质资源的调查收集工作，基本摸清了梨属主要种类的分布情况，收集保存了部分散落在民间的种质资源，一些省份还编写了地方品种志、图谱和名录等。据统计，我国梨品种至少有3 000个，其中的1 000多个品种在蒲富慎和王宇霖（1963）编著的《中国果树志・梨》中得到了描述，包括秋子梨类72个、白梨类459个、砂梨类452个、新疆梨类29个、川梨类10个，此外还描述了西洋梨品种22个、日本梨品种15个。截至目前中国已收集到2 000份以上的梨种质资源（含重复和国外品种），包括了野生资源、半栽培类型、地方品种、选育品种或品系、遗传材料和国外引进种质类型等。

我国梨属植物资源主要保存在位于中国农业科学院果树研究所的"国家果树种质兴城梨、苹果圃"和位于湖北省农业科学院果树茶叶研究所的"国家果树种质武昌砂梨圃"两个国家级的梨种质资源圃中。前者保存有主要的东方梨种和品种，以及国外引进品种，保存份数1 050份，后者主要保存了东亚原产的砂梨品种、国内选育品种，还有一些其他的梨属野生种等共870份。另外，在新疆农业科学院轮台"国家果树种质新疆名特果树及砧木圃"中保存有90多份原产新疆的地方品种，主要是新疆梨；云南农业科学院"国家果树种质云南特有果树及砧木圃"中保存有云南原产的川梨和滇梨等野生资源；吉林省农业科学院果树研究所"国家果树种质公主岭寒地果树圃"中保存有秋子梨品种。此外，有些单位为了育种和研究的需要也保存了一些梨的种质资源，如中国农业科学院郑州果树研究所、南京农业大学、河北省农林科学院石家庄果树研究所、山西省农业科学院果树研究所、辽宁省大连农业科学院等单位也各有侧重地建立了不同规模的梨种质资源圃。

从世界各国的几个种质资源圃的保存情况来看，除了美国保存了较多的野生种外，包括我国在内的其他种质圃中收集保存的野生种和类型较少。另外我国特有的一些地方资源如产于浙江的霉梨，云南、四川等地的川梨栽培类型等的收集和保存都很欠缺，今后需要加强。

## 二、种质资源的评价和利用

为了对所收集的梨资源进行评价和比较，资源工作者制定了相关的评价体系，规定了评价的内容和具体的指标。如美国发布的梨评价指标包含病虫害、形态学、生长对称性、生产性、物候学等几大类的51个描述符（descriptor）。中国的种质资源工作者也制定了《梨种质资源描述符和数据标准》，并于2006年由中国农业出版社出版，该评价标准中的描述符共有141个，包括基本情况数据、形态特征、生物学特性、品质特性、抗逆性和抗病虫害等，是迄今为止各个国家颁布的评价标准中最完整的。世界上主要梨生产国依照评价指标先后对所保存的梨资源进行了鉴定，其中以美国的评价最为系统全面。美国对所收集的2 100多份梨种质资源进行了归类和详细的植物学、生物学和农艺学性状和抗逆性评价，并公开在网站上，方便检索和利用。Bell（1991）将美国学者对梨属植物资源的抗逆性评价结果进行了总结（表4-3至表4-5），这些结果对砧木的筛选和抗性育种都具有重要的意义。

表 4-3　梨属种的抗病性[1]

| 梨属种 | 细菌病害[2] | | | | 真菌病害 | | | | 类支原体[3] |
|---|---|---|---|---|---|---|---|---|---|
| | 火疫病 | 梨花（芽）枯病 | 冠瘿病 | 颈腐病 | 梨叶疫病 | 梨褐斑病 | 黑星病 | 白粉病 | 梨衰退病 |
| 欧洲种 | | | | | | | | | |
| P. caucasia | S[4] | MS | S | MS | MS | — | MS | MS | MS |
| P. communis | VR-R | S-MR | S-MS | MS | MS-MR | S-R | S-R | MS | MR |
| P. cordata | VS | — | — | — | MS | — | MR | MR | MW |
| P. nivalis | S | MS | — | — | — | — | MS-MR | MR | MR |
| 环地中海种 | | | | | | | | | |
| P. amygdaliform | S-MS | MR | — | — | MR | — | MR | MR | MR |
| P. elaeagrifolia | S-MS | MR | — | MR | MR | — | MR | MR | MR |
| P. gbarbiana | — | — | — | — | — | — | MR | — | |
| P. longipes | VS | MR | — | — | — | MR | — | MS | |
| P. mamorensis | VS | — | — | — | — | — | MR | | |
| P. syriaca | S | MR | — | MS | MR | — | — | — | MS |
| 中亚种 | | | | | | | | | |
| P. regelii | S | S | — | — | — | MR | — | — | |
| P. salicifolia | S | S | — | — | — | MR | — | — | |
| 东亚种 | | | | | | | | | |
| P. pashia | S | MR | — | MS | VS | — | MR | MS | MR |
| P. betulifolia | VS-MS | MR | — | MR | MR | — | MR | MR | MR |
| P. calleryana | R | MS | MR | MR | R | — | — | MR | MS-MR |
| P. dimorpbopbylla | MS | MS | MR | — | MR | — | MR | R | MR |
| P. fauriei | MR-R | MS | MR | MS | — | — | MR | MR | MS |
| P. hondoensis | MR-R | — | — | — | — | — | MR | — | |
| P. koehnei | S | MS | — | — | — | — | MR | — | MS |
| P. pseudopashia | MR | — | — | — | — | MR | — | — | |
| P. pyrifolia | MS-MR | MS | VS | — | S | — | S-R | MS | S |
| P. ussuriensis | R | MS | — | — | S-R | — | S-R | MR | S |

[1] 本表引自 Bell（1991）的文献资料整理。

[2] 病原菌：火疫病：*Erwinia amylovora*（Burr.）Winsl.；梨花（芽）枯病：*Pseudomonas syringae* pv. *syringae* Vall Hall；冠瘿病：Agrobacterium tumefaciens（E. F. SM. et Towns）Conn；颈腐病：*Phytophthora Cactorum*（Leb. et Cohn）Schroet.；梨叶疫病：*Fabraea maculate* Atk；梨褐斑病：*Mycosphaerella sentina*（Fekl）Schroet；梨黑星病：*Venturia nashicola* Tan. et Yan（主要侵染东方梨）或 *V. pirina* Aderh.（主要侵染西方梨）；白粉病：*Podosphaera leucotricba*。

[3] MOL＝类支原体生物。

[4] 抗病性程度：VS，高感；S，感病；MS，中感；MR，中抗；R，抗病。

表 4-4　梨属种抗虫性[1]

| 种 | 梨木虱[2] | 苹果蠹蛾 | 梨叶肿瘿螨 |
|---|---|---|---|
| 欧洲种 | | | |
| *P. caucasia* | MS[3] | S | MS |
| *P. communis* | S-R | S | MS |
| *P. cordata* | MS | S-R | MR |
| *P. nivalis* | MS-R | MS | — |
| 环地中海种 | | | |
| *P. amygdaliformis* | MS | S-R | MR |
| *P. elaeagrifolia* | MS-MR | S-R | MR |
| *P. gbarbiana* | S | — | MR |
| *P. longipes* | MS | MR | MR |
| *P. mamorensis* | — | | — |
| *P. syriaca* | MS-MR | | MR |
| 中亚种 | | | |
| *P. regelii* | R | — | MR |
| *P. salicifolia* | MS | MR | MR |
| 东亚种 | | | |
| *P. pashia* | MS-MR | MR | MR |
| *P. betulifolia* | R | R | MR |
| *P. calleryana* | R | R | MR |
| *P. dimorpbopbylla* | R | R | MR |
| *P. fauriei* | R | R | MR |
| *P. bondoensis* | MR | MS | MR |
| *P. pseudopasbia* | MR | S-R | MR |
| *P. koehnei* | MR | R | MR |
| *P. pyrifolia* | MS | MS | MR |
| *P. ussuriensis* | MS-R | MS | MR |

[1] 本表引自 Bell（1991）的文献资料整理。

[2] 苹果蠹蛾：*Laspeyresia pomonella* L.；梨瘿螨：*Eriophyes pyri* Pagenstecher；梨木虱：*Cacopsylla* spp.。

[3] 抗虫性程度：VS，高感；S，感虫；MS，中感；MR，中抗；R，抗虫。

表 4-5　梨属种对非生物因子的适应性[1]

| 种 | 气候因子 | | | 土壤因子 | | | | | |
|---|---|---|---|---|---|---|---|---|---|
| | 暖冬适应性 | 抗寒性 | 茎死亡温度（℃） | 低 pH[3] | 高 pH[4] | 湿土 | 干土 | 沙土 | 黏土 |
| 欧洲种 | | | | | | | | | |
| *P. caucasia* | L[2] | H | −33 | H | H | H | H | H | H |
| *P. communis* | M-H | M-H | −29 | M | M | M-H | M | H | (L)，H |
| *P. cordata* | H | L | −25 | L | H | L | H | H | L |
| *P. nivalis* | L | H | −29 | — | — | — | — | M-H | M-H |
| 环地中海种 | | | | | | | | | |
| *P. amygdaliformis* | VH | L | −27 | L | VH | L | H | H | M |
| *P. elaeagrifolia* | L | H | −28 | M | VH | M | H | H | H |
| *P. gbarbiana* | M | L | — | — | M | — | H | H | — |
| *P. longipes* | M | H | −28 | M | — | H | H | — | — |
| *P. mamorensis* | M | L | — | H | — | — | H | H | — |
| *P. syriaca* | M | L | −22 | L | M | — | H | M | — |

（续）

| 种 | 气候因子 | | | 土壤因子 | | | | | |
|---|---|---|---|---|---|---|---|---|---|
| | 暖冬适应性 | 抗寒性 | 茎死亡温度（℃） | 低 pH[3] | 高 pH[4] | 湿土 | 干土 | 沙土 | 黏土 |
| **中亚种** | | | | | | | | | |
| *P. regelii* | — | M | −28 | — | M | — | — | M | — |
| *P. salicifolia* | — | M | — | — | M | — | M-H | M | — |
| **东亚种** | | | | | | | | | |
| *P. pashia* | VH | S | −16 | VH | S | — | — | M-H | H |
| *P. betulifolia* | H | M-H | −29 | H | L | H-VH | VH | H | V-H |
| *P. calleryana* | VH | L | −25 | H | L | H-VH | H | (M) VH | H-VH |
| *P. dimorphophylla* | L | M | −32 | H | L | H | L | — | — |
| *P. fauriei* | H | H | −27 | H | S-L | H-VH | L | M | H-VH |
| *P. bondoensis* | S | M | −32 | M | M | — | — | M | M |
| *P. koehnei* | VH | S | −18 | M | — | M | — | M | M |
| *P. pseudopashia* | L | H | — | M | — | — | — | — | — |
| *P. pyrifolia* | S | M | −28 | M | L | L | — | H | L |
| *P. ussuriensis* | L | VH | −28 | M | L | L | M | M | M |

[1] 本表引自 Bell（1991）的文献资料整理。
[2] 耐性程度：S，敏感；L，低；M，中；H，高；VH，极高。
[3] 根据根和新梢在 pH＝4 时的生长速率所分级（Lomard 和 Westwood，1987）。
[4] 根据根和新梢在 pH＝7.5～8.5 时的生长速率所分级（Lomard 和 Westwood，1987）。

我国学者在 1950 年后，在特定性状的调查研究方面做了一些工作。从 20 世纪 80 年代开始比较系统地开展了梨资源的评价工作。这些工作除了在本章第一节中讲到的利用孢粉学、同工酶和分子标记和 DNA 序列分析等手段对梨属植物进行的品种亲缘关系和梨属植物系统分类研究外，还对所收集的种质资源的表型多样性、抗性等进行了评价。中国农业科学院果树研究所主编的《果树种质资源目录》第一集和第二集（中国农业科学院果树研究所，1993，1998）中收录了 652 份梨种质资源的农艺形状和果实性状等表性特征，包括生育期、早果性、果实外观、可溶性固形物、可滴定酸、维生素 C、特异性状及用途等。

通过对表型性状的鉴定和抗性评价，筛选出了部分优异或特异种质资源，也使我们对梨品种在生物学和农艺性状、对生物逆境和非生物逆境的适应性等方面显示的丰富的遗传变异有了初步的认识。例如，曹玉芬等（2000）通过对我国 715 个品种（系）的成熟期进行了鉴定评价，筛选出了 10 个极早熟品种（系）、51 个早熟品种（系）、198 个中熟品种（系）、456 个晚熟品种（系）；通过对 707 个品种（系）可溶性糖进行评价，鉴定出来 10 个高糖（＞11％）类型。此外，通过资源评价筛选出的一些特殊种质资源，如抗性、多倍体、矮化、自交亲和、雄性不育、红色梨和观赏类种质，为梨新品种选育、砧木筛选和生产上的直接利用奠定了良好的物质基础。例如，宋宏伟（2000）等对 80 份秋子梨品种进行了抗寒性鉴定评价，发现了 8 份极抗寒的资源；蔺经等（2006）通过对 85 份砂梨（*P. pyrifalia* Nakai）种质资源进行抗梨黑斑病田间和人工接种鉴定，筛选出抗性较高的 5 份早熟梨、5 份中熟梨和 4 份晚熟梨品种。董星光等采用人工接种黑星病菌的方法，对国家果树种质兴城梨资源圃保存的 197 份梨种质资源进行了抗病性鉴定，并且在白梨、砂梨、秋子梨等分别筛选出黄鸡腿、甩梨、酸梨、锦香等一批抗病资源。发掘梨的三倍体品种，如白梨的大水核子、海棠酥；砂梨的大叶雪梨和黄盖梨；秋子梨的安梨、软儿梨，新疆梨的猪头梨等。四倍体的梨品种有大鸭梨、新长十郎等。

梨的矮化栽培是国际上梨栽培模式的发展趋势，欧洲由于广泛使用榅桲砧木，实现了矮化栽培。而东方梨由于与榅桲不亲和，至今没有合适的矮化砧木。要实现东方梨的矮化栽培最可行的途径就是从梨属植物中寻找矮砧资源。研究发现朝鲜豆梨、日本豆梨等有矮化趋势（《中国农业百科全书·果树卷》）。20 世纪 70 年代初我国开始对矮化砧木的研究，从豆梨中选出的 OPR211、OPR249 和 OPR157 具有良好的矮化效果，但矮化的梨属砧木较难进行繁殖，至今未被广泛应用。

梨果实成熟时，果皮色泽一般为绿黄色（或绿色、黄色）、红色或褐色，其中绿黄色最为常见。而红色果皮的梨品种相对较少，如中国国家种质资源武汉砂梨圃早期收集到的国内外砂梨品种资源共 304 份，红梨资源仅有 8 份。《果树种质资源目录》（第一集和第二集）中共记载 652 个梨品种，其中红梨（包括淡红）品种为 89 个，仅占 13.6%。红色果皮的梨品种在西洋梨中较多，而且得到了广泛的栽培，如红安久、红茄梨、红巴梨和秋红（Autumn Red）。东方梨中的秋子梨、白梨、新疆梨和砂梨都有红色梨品种。中国的红梨资源主要分布于云南及四川南部地区，以砂梨为主。张东等（2011）参考《果树种质资源目录》《中国果树志·梨》《云南作物种质资源》《中国温带果树分类学》及部分省（自治区、直辖市）的果树志等资料，依据红梨资源的来源或所属种的不同对具有明显着色的品种或类型进行了归纳。砂梨中的红梨品种主要分布在云南及四川西南部。云南省的红色砂梨地方品种和类型的数量居全国首位，其中以火把梨最为著名。白梨的红梨品种则主要分布于华北和西北，其中尤以甘肃最多，在《甘肃果树志》中记载的白梨品种有 62 个，其中着色（包括红晕）就有 33 个，占总数的 53.2%。秋子梨的红梨品种分布在西北、东北和华北。新疆梨中的红梨品种分布于新疆和甘肃，数量相对较少。利用这些资源我国育成了一些非常有价值的红色梨品种如八月红、寒红、红香酥、满天红、美人酥和红酥脆等。

一些梨属植物具有较高的观赏价值，但是有关梨属植物观赏价值的研究较少。我国南方广泛使用的砧木资源豆梨在美国作为观赏树种广泛栽培，并且培育出了适于做行道树和绿化的新品种；中国农业科学院果树研究所选育的紧凑型资源兴矮 3 号和兴矮 4 号是适于盆栽的良好品种；垂枝型鸭梨兼具食用和观赏绿化价值，具有广阔的利用前景。

在对我国梨种质资源鉴定和评价的基础上，很多果实性状优良的品种资源被直接应用于生产，如砀山酥梨、鸭梨、鹅梨、雪花梨、库尔勒香梨、南果梨、金花梨、苍溪雪梨、鸡腿梨、茌梨、长把梨、苹果梨、大香水、天生伏梨、大黄梨等。上述品种已成为我国梨产业最主要的栽培良种，其面积和产量均占梨栽培总面积和总产量的 60% 左右。一些果实品质较差但其他性状优良的种质被用作杂交亲本或研究材料，如原产云南的火把梨，虽果实品质较差，但具有红皮鲜艳的外观和丰产抗病的特点，因而被用作培育红皮梨的亲本。

# 参 考 文 献

曹玉芬，李树玲，黄礼霖，等 .2000. 我国梨种质资源研究概况及优良种质的综合评价［J］. 中国果树

（4）：42-44.

陈嵘.1937.中国树木分类学［M］.

陈瑞阳，李秀兰，佟德耀，等.1983.中国梨属植物染色体数目观察［J］.园艺学报，（10）：13-16.

黄礼森，李树铃，傅仓生，等.1993.中国梨属植物花粉形态的比较观察［J］.园艺学报，20（1）：17-22.

林伯年，沈德绪.1983.利用过氧化物酶同工酶分析梨属种质特性及亲缘关［J］.浙江农业大学学报，9（3）：235-242.

蔺经，杨青松，李小刚，等.2006.砂梨品种对黑斑病的抗性鉴定和评价［J］.金陵科技学院学报，2（22）：80-85.

蒲富慎，黄礼森，孙秉均，等.1985.我国野生梨和栽培品种染色体数目的观察［J］.园艺学报（12）：155-158.

蒲富慎，王宇霖.1963.中国果树志·梨［M］.上海：上海科学技术出版社.

宋宏伟，林凤起.2000.梨种质资源抗寒性鉴定评价［J］.河北果树（4）：10-13.

滕元文，柴明良，李秀根.2004.梨属植物分类的历史回顾及新进展［J］.果树学报，21（3）：252-257.

梶浦一郎.2000.ナシ栽培の歴史：原産と来歴［J］.果樹園芸大百科4：ナシ.東京：社団法人農山漁村文化協会.3-10.

俞德浚，关克俭.1963.中国蔷薇科植物分类之研究（一）［J］.植物分类学报，6（3）：202-234.

俞德浚，陆玲娣，谷粹芝，等.1974.中国植物志·36卷［M］.北京：科学出版社.

俞德浚，沈隽，张鹏.1958.华北的梨［M］.北京：科学出版社.

张东，滕元文.2011.红梨资源及其果实着色机理研究进展［J］.果树学报（28）：485-492.

中国农业科学院果树研究所.1993.果树种质资源目录：第一集［M］.北京：农业出版社.

中国农业科学院果树研究所.1998.果树种质资源目录：第二集［M］.北京：中国农业出版社.

邹乐敏，张西民，张志德，等.1986.根据花粉形态探讨梨属植物的亲缘关系［J］.园艺学报（13）：119-223.

菊池秋雄.1948.果樹園芸学上巻：果樹種類各論［M］.東京：養賢堂.

Aldasoro J，Aedo C，Garmendia F M.1996.The genus T L.（Rosaceae）in South-west Europe and North Africa［J］.Bot. J. Linn. Soc.，121：143-158.

Bailey L H.1917.Standard cyclopedia of horticulture（Vol. 5）［M］.New York. USA：Macmillan，2865-2878.

Bao L，Chen K S，Zhang D，et al.2007.Genetic diversity and similarity of pear cultivars native to East Asia revealed by SSR（Simple Sequence Repeat）markers［J］.Genet Resour Crop Evol，54：959-971.

Bao L，Chen K S，Zhang D，et al.2008.An Assessment of Genetic Variability and Relationships within Asian Pears Based on AFLP（Amplified Fragment Length Polymorphism）Markers［J］.Sci. Hortic.，116（4）：374-380.

Bell R L.1991.Genetic Resources of Temperate Fruit and Nut Crops Ⅱ［J］.Acta Hortic.，290：657-697.

Challice J S，Westwood M N.1973.Numerical taxonomic studies of the genus *Pyrus* using both chemical and botanical characters［J］.Bot. J. Linn. Soc.，67：121-148.

Iketani H，Manabe T，Matsuta N，et al.1998.Incongruence between RFLPs of chloroplast DNA and morphological classification in east Asian pear（*Pyrus* spp.）［J］.Genet Resour Crop Evol，45（6）：533-539.

Jang J T，Tanabe K，Tamura F，et al.1992.Identification of *Pyrus* species by leaf peroxidase isozyme phenotypes［J］.J. Jpn Soc. Hort. Sci.，61：273-286.

Kim C S，Lee C H，Park K W，et al. 2005. Phylogenetic relationships among *Pyrus pyrifolia* and *P. communis detected by randomly amplified polymorphic DNA（RAPD）and conserved rDNA sequences* ［J］. Sci. Hort.，106：491-501.

Kimura T，Iketani H，Kotobuki K，et al. 2003. Genetic characterization of pear varieties revealed by chloroplast DNA sequences ［J］. J. Hort. Sci. Biotech，78：241-247.

Teng Y W，Tanabe K，Tamura F，et al. 2001. Genetic relationships of pear cultivars in Xinjiang，China as measured by RAPD markers ［J］. J. Hort. Sci. Biotech.，76：771-779.

Teng Y W，Tanabe K，Tamura F，et al. 2002. Genetic relationships of *Pyrus* species and cultivars native to East Asia revealed by randomly amplified polymorphic DNA markers ［J］. J. Amer. Soc. Hort. Sci.，127：262-270.

Westwood M N，Challice J S. 1978. Morphology and surface topography of pollen and anthers of *Pyrus* species ［J］. J. Amer. Soc. Hort. Sci.，103：28-37.

Yao L H，Zheng X Y，Cai D Y，et al. 2010. Exploitation of *Malus* EST-SSRs and the utility in evaluation of genetic diversity in *Malus* and *Pyrus* ［J］. Genet Resour Crop Evol，57：841-851.

Koehne E. 1890. Die gattungen der pomaeeen ［M］. Berlin.

Rehder A. 1915. Synopsis of the Chinese species of *pyrus* ［J］. Proc Amer Acad Art and Sci. 50：225-241.

Rehder A. 1940. Manual of cultivated trees and shrubs ［M］. 2nd. New York：Macmillan.

Lombard，P. B.，Westwood，M N. 1987. Pear rootstocks ［M］//Rom R C，Carlson，R F. Rootstooks for fruit crops. New York：Inter science.

# 第五章　梨主要栽培品种

## 第一节　白梨品种

### 一、地方品种

#### （一）茌梨（Chili）

**1. 茌梨（2n＝34）**　　又名莱阳慈梨，俗称莱阳梨，是山东普遍栽培的白梨中的优良品种。原产地在山东茌平、牟平和莱阳一带，目前山东莱阳、栖霞栽培最多，在华北、江苏、辽西、陕西咸阳、新疆南部等地都有分布。

叶片大而厚，长 12.3cm，宽 7.1cm，广椭圆形，先端突尖。初生叶橘红色，2～3 年生枝黑褐色，皮孔大，排列较密，一年生枝橙褐色，皮孔较小；芽大，稍尖，离生。花白色，花冠直径 4.1cm，平均每花序花朵数 4.2 个。

果实大，单果重 233g，纵径 8.5cm，横径 7.4cm，卵圆形或纺锤形。果皮黄绿色，果点大而明显，深褐色。果梗粗、中长，多斜生，基部略肥大，梗洼窄、浅。果心中大，果肉浅黄白色，肉质细，脆而多汁，味浓甜，石细胞小而少。含可溶性固形物 14.15%、可溶性糖 7.71%、可滴定酸 0.19%，品质上。

树势强，幼树萌芽力、成枝力均强，剪口下抽生长枝 4～9 条。成年树成枝力中等。早果性中晚，定植后 4～6 年结果。以短果枝结果为主，中长果枝及腋花芽也能结果。花序坐果率 90% 以上，每花序平均坐果 1.6 个。在莱阳地区，3 月下旬芽萌动，4 月中旬开花，10 月上旬果实成熟，10 月下旬开始落叶。

在沙壤土栽培，成熟早、肉质松脆；在黏土栽培，肉质致密，成熟迟而品质也差。授粉品种有鸭梨、冬果梨、兴隆麻梨、栖霞大香水梨、莱阳香水梨和苹果梨等。落花后掐萼可提高果实商品价值。以沙壤土或纯细沙土较为适宜。幼果期喷施农药刺激会形成严重果锈，不仅梨果膨大受到限制，而且直接影响质量，套袋可减轻或避免这种影响。

**2. 育种利用**

香茌梨：莱阳农业学校（现青岛农业大学）以茌梨为母本、栖霞大香水为父本育成。1955 杂交。

雅茌梨：莱阳农业学校以鸭梨为母本、茌梨为父本育成。1955 年杂交。

中香梨：莱阳农业学校以栖霞大香水为母本、茌梨为父本育成。1959 年杂交。

锦丰：苹果梨×茌梨，见品种介绍。

秦丰：陕西省果树研究所以茌梨为母本、象牙梨为父本育成。1957 年杂交，1988 年通过审定。

大慈梨：吉林省农业科学院果树研究所以大梨为母本、茌梨为父本育成。1977 年杂交，1995 年通过审定。

玉绿：湖北省农业科学院果树茶叶研究所以往梨为母本、太白为父本育成。1963 年杂交，2009 年通过湖北省农作物品种审定委员会审定。

### （二）崇化大梨（Chonghuadali）

**1. 崇化大梨（2n＝34）**　别名水冬瓜、大泡梨，系金川雪梨自然实生，原产四川省金川县安宁乡，为当地优良品种之一。

叶片宽大，长 13.6cm，宽 10.0cm，广卵圆形至圆形，尖端突尖，基部圆形，叶片薄，叶脉明显，平展；叶缘有针状锐锯齿。树姿半开张，2～3 年生枝暗褐色，一年生枝暗灰褐色。花芽大，圆锥形，顶端有灰色茸毛。花白色，直径 4.3cm，每花序花朵数 7.1 个，雄蕊 20～21 枚。

果实大或特大，葫芦形或纺锤形，单果重 253～470g，纵径 9.3～11.0cm，横径 7.4～8.8cm。果实淡绿黄色，果点中大，褐色，突出。果梗长 2.8～3.9cm，梗洼狭浅，有棱沟。萼片脱落，萼洼深广中等，有皱褶。果心中大。果肉黄白色，肉质中粗，松脆，汁液多，味淡甜。含可溶性固形物 11.23%、可溶性糖 8.11%、可滴定酸 0.11%，品质中上或上等。果实较耐贮藏。

树势强。40 年生树高 14m，冠径 9～9.5m，干周 151cm。萌芽力和发枝力较强。结果年龄较早，成年树以短果枝和短果枝群结果为主，丰产、稳产。在辽宁兴城，4 月上旬花芽萌动，5 月上旬盛花，9 月下旬果实成熟，11 月上旬落叶，果实发育期 140d，营养生长期 210d 左右。适应性强，易遭虫害。

**2. 育种利用**

龙泉酥梨：成都市龙泉区农业局以翠伏梨为母本、崇化大梨为父本育成。1981 年杂交，1996 年育成。

### （三）砀山酥梨（Dangshansuli）

**1. 砀山酥梨（2n＝34）**　原产安徽省砀山县，是古老的地方优良品种。在辽宁、山西、山东、陕西、河南、四川、云南、新疆等省（自治区）均有栽培。在陕西渭北、山西南部及新疆栽培品质及外观均优于原产地。品系较多，有白皮酥、青皮酥、金盖酥、伏酥等。白皮酥品质最好。

叶片长 10.3cm，宽 8.9cm，卵圆形，先端多渐细尖，刺毛状齿缘，叶片两侧微向上卷。树姿半开张，树干表面粗糙，一年生枝黄褐色，皮孔明显，上部曲折性较显著。叶芽斜生。花白色，花冠直径 4.76cm，平均每花序花朵数 5.3 个，雄蕊 20～22 枚。

果实大，单果重 239g，纵径 7.6cm，横径 7.7cm，圆柱形，顶部平截稍宽，果皮绿黄色，贮后黄色，果点小而密。果梗长 4.6cm，粗 3.2mm，梗洼浅、中广，果肩部或有小锈块；萼片多脱落，萼洼深、广。果心小，果肉白色，中粗，酥脆，汁液多，味甜。含可溶性固形物 12.45%、可溶性糖 7.35%、可滴定酸 0.10%。果实耐贮藏，可贮至翌年 4～5 月。

植株生长势较强，40～50 年生树高 7～9m，冠径 7.5～9.0m，干周 110cm 以上。新梢年生长量 30cm 以上。定植 3～4 年开始结果。以短果枝结果为主，腋花芽结果能力强。短果枝占 65%，腋花芽 20%，中果枝 7%，长果枝 8%。花序坐果率 95%，丰产。在辽宁兴城，4月上中旬萌芽，盛花期在4月下旬至5月上旬，果实9月中下旬成熟，11月上旬落叶，果实发育期126d，营养生长期207d。

适应性最广，对土壤气候条件要求不严，耐瘠薄，抗寒、抗病虫能力中等，对黑星病抵抗能力较弱但较鸭梨稍强。授粉品种有花盖、鸭梨、雪花梨、黄县长把梨、砀山马蹄黄和紫酥梨等。注意防治黑星病、臭木椿象、果锈等。

**2. 育种利用**

秦酥：砀山酥梨×黄县长把梨，见品种介绍。

晋蜜梨：砀山酥梨×猪嘴梨，见品种介绍。

新梨1号：新疆生产建设兵团农二师农业科学研究所以库尔勒香梨为母本，砀山酥梨为父本育成。1974年杂交，1993年新疆农作物品种审定委员会审定命名。

硕丰：山西省农业科学院果树研究所以苹果梨为母本，砀山酥梨为父本育成。1972年杂交，1995年2月通过内蒙古农作物品种审定委员会认定，1995年12月通过由农业部及山西省科委组织的技术鉴定。

秋水晶：陕西省果树研究所以砀山酥梨为母本、栖霞大香水为父本育成。1977年杂交，1999年通过陕西省农作物品种审定委员会审定。

玉酥梨：山西省农业科学院果树研究所以砀山酥梨为母本，猪嘴梨为父本育成。1972年杂交，2009年通过山西省农作物品种审定委员会审定。

早伏酥：安徽农业大学以砀山酥梨为母本，伏茄梨为父本杂交育成。1981—1982年杂交，2009年通过安徽省科技厅成果鉴定。

砀山新酥：安徽省农业科学院园艺研究所和安徽省砀山县园艺研究场1997年从砀山县砀山酥梨优良芽变中选育，2011年通过安徽省园艺学会园艺作物品种认定委员会认定。

### （四）冬果梨（Dongguoli）

**1. 冬果梨（2n＝34）**　当地俗称大果子，原产于黄河流域的兰州、皋兰、靖远、榆中、永登、永清、临夏一带均有栽培，敦煌、礼县、武都等地也有少量分布。

叶片卵圆形，长12.5cm，宽6.8cm，先端急尖，基部圆形，锯齿大，刺毛长；幼叶淡红色。植株高大，枝条开张，树冠呈自然半圆形。主干灰褐色，2～3年生枝褐色，一年生枝黄褐色，皮孔大，长圆形，稍稀疏。花白色，花冠直径5.28cm，每花序花朵数5.5个，雄蕊20～30枚。

果实中等大，单果重186g，纵径6.6cm，横径7.1cm，果实呈倒卵形。果皮绿黄色，贮藏后黄色，果点中大而密，蜡质中等。果梗长5.2cm，梗洼浅、中广。萼片脱落或残存，萼洼深广中等。果心中等大，果肉白色，肉质稍粗，石细胞较多，肉质松脆，汁液多，味酸甜。含可溶性固形物13.55%、可溶性糖7.06%、可滴定酸0.43%，品质中或中上等。果实耐贮藏，一般可以贮藏至翌年5月。

植株生长势强，17年生树高3.3m，冠径2.9m×3.1m。幼树萌芽力强，成枝力中等。4～5年开始结果，以短果枝和短果枝群结果为主，占81%，花序坐果率为90%，平均每个花序坐果1.0个。丰产，但管理不善易产生隔年结果现象。在兰州地区，花芽3月中旬萌动，4月中旬盛花，10月上、中旬果实成熟，11月上旬落叶，果实发育期140d左右，营养生长期210～237d。

耐旱性较强，耐盐性强；抗寒、抗风力弱；易受椿象、食心虫、梨茎蜂等为害。适应性较广，但要求较高的肥水管理，否则坐果率低。喜沙质壤土。授粉品种有兰州酥木梨、兰州长把、兰州蜜梨等。

### （五）金梨（Jinli）

**1. 金梨（2n＝34）**　产于山西隰县、蒲县、解虞等地，尤以万荣栽培最多，晋南地区各县均有少量栽培。金梨在万荣栽培历史悠久，距今已有 400～500 年栽培历史。

叶片大，卵圆形，长 10.6cm，宽 6.7cm。叶脉较深，叶缘锯齿长而细尖。树冠呈圆头形，植株高大，枝条半开张。2～3 年生枝条黑褐色，一年生枝黄褐色，皮孔特别明显。花白色，有红晕，花冠直径 4.39cm，每花序花朵数 5.5 个，雄蕊 25～30 枚。

果实特大，单果重 390g，纵径 9.6cm，横径 8.6cm，圆锥形。果皮绿黄色，果点大。果梗长 6.25cm，粗 3.3mm。梗洼中深、狭，萼片多脱落，少数宿存，萼洼中广、中深。果肉白色，肉质粗、脆，石细胞较多，汁液多，味酸甜。含可溶性固形物 11.33%、可溶性糖 6.73%、可滴定酸 0.20%，品质中上。果实可贮藏至翌年 6 月。

定植 3～5 年开始结果，以短果枝结果为主，丰产稳产，每花序坐果 1～4 个。25～40 年为结果盛期，200～300 年生的树仍能结果。萌芽率 78.4%，成枝力较弱，剪口下抽生长枝 2～3 个。山西万荣地区，3 月下至 4 月上旬花芽萌动，4 月下旬盛花，9 月下旬果实成熟，11 月中下旬落叶。果实发育期 145d，营养生长期 213d 左右。

不抗黑星病。后期雨水多裂果严重，耐旱性较强，春季易受晚霜危害。在多风地区，后期易落果。对土壤、地势、肥料要求较严格，一般应选择阳坡栽培。授粉品种有茌梨、鸭梨、冬果梨和库尔勒香梨等。花序坐果率较高，有必要疏花疏果控制产量。注意春季防霜冻，后期防裂果、落果。

**2. 育种利用**

晋酥梨：山西省农业科学院果树研究所以鸭梨为母本、金梨为父本育成。1957 年杂交，1972 年经山西省果树会议评比鉴定并命名。

### （六）黄县长把（Huangxianchangba）

**1. 黄县长把（2n＝34）**　原产山东黄县，又名大把梨、天生梨。为优良实生单株繁殖而来，栽培历史 100 多年。

叶片卵圆形或长卵圆形，长 7.5～16.0cm，宽 4.5～10.0cm，先端渐尖，基部圆形，边缘具有较长的刺毛状锯齿，基部锯齿较稀。嫩叶浅紫红色。主干灰褐色。一年生枝紫褐色或淡黄棕色，皮孔圆形或椭圆形，分布较密。2～3 年生枝棕褐色，微呈弯曲状。

果实中大或大，单果重 165～210g，纵径 7.0～7.8cm，横径 5.7～7.2cm。果实阔倒卵形，果皮绿黄色，贮藏后黄色。梗洼深、狭。萼片脱落，萼洼深、广。果皮薄，果点小。果梗长 5.3～6.6cm，梗洼周围间或有不规则隆起。果肉白色，质脆稍粗，汁液多，刚采收时较酸，贮藏后甜酸。含可溶性固形物 13.40%、可溶性糖 7.81%、可滴定酸 0.35%。果实极耐贮藏，普通窖藏可贮存至翌年 5～6 月。

植株生长势强，枝条开张。28 年生树高 5.2m，冠径 6.9m×8.4m。萌芽力和成枝力中等。定植 3～4 年结果，以短果枝结果为主。盛果期短果枝群结果比例 50% 以上，丰产稳产。在山东黄县，3月下至4月上旬花芽萌动，4月中、下旬盛花，10月上旬果实成熟，果实发育期140d，营养生长期220d。

耐旱性强，适宜山地栽培，在河滩及平地栽培表现树势健壮、丰产性好。抗寒力、抗风力均强。易感黑星病，果实易生果锈。虫害较轻，但果实簇生时，易遭食心虫为害。树势易衰弱，对肥水条件要求较高。授粉品种有鸭梨、雪花梨和砀山酥梨等。花序坐果率高，应疏花疏果防止过度负荷。

**2. 育种利用**

秦酥：砀山酥梨×黄县长把梨，见品种介绍。

### （七）金川雪梨（Jinchuanxueli）

**1. 金川雪梨（2n＝34）**　别名大金鸡腿梨，原产四川省金川县，栽培历史悠久。沿大金川两岸分布较多，为大金川、小金川、丹巴等地的主栽品种，成都、简阳、绵阳、金堂等地有成片栽培，苍溪已引种成功，江西红壤地区引种表现良好。

叶片大，广卵圆形，长11.4～13.5cm，宽8.2～10.0cm，先端急尖，基部圆形或亚心脏形，叶缘具尖锐锯齿，齿芒较短，微向前紧贴。

果实大，单果重220～350g，纵径9.6～10.9cm，横径7.2～7.6cm，葫芦形。果皮绿黄色，果点小，果面光滑，果梗长5.9cm，粗3.9mm，梗洼浅、狭，萼片残存，萼洼浅、中广，有褶皱和褐色锈斑。果心中大，果肉白色，质地细松脆，石细胞少，汁液多，味淡甜或甜。含可溶性固形物11.27%、可溶性糖6.34%、可滴定酸0.13%，品质中上或上。果实较耐贮藏，一般可贮藏至翌年3～4月。

树势强，30年生树高10m，冠径7.8～9.1m。萌芽率82.8%，剪口下抽生长枝2～3个。定植4年左右开始结果，短果枝结果比率63%，腋花芽27%。每花序平均坐果1.6个，丰产稳产。在辽宁兴城地区，4月上旬花芽萌动，盛花期在4月下旬至5月上旬，果实9月下旬成熟，11月上旬落叶。果实发育期136d，营养生长期210d。耐旱性强，抗病能力也强，在辽宁兴城未见明显冻害，表现较抗寒。授粉品种有茌梨、鸭梨和苍溪雪梨等。

**2. 育种利用**

金花梨：金川雪梨实生，见品种介绍。

### （八）蜜梨（Mili）

**蜜梨（2n＝34）**　产于河北昌黎、青龙、兴隆、迁安，天津蓟县等地。昌黎地区栽培较多，为当地著名品种之一。

叶片大小中等，呈阔椭圆形或椭圆形，两侧略向上反卷。2～3年生枝暗红褐色，皮孔稀疏中等；新梢粗，先端稍曲，成熟部分红褐色、较淡，皮孔小，圆形，密生；树冠呈圆头形。花白色，直径3.93cm，每花序花朵数5.7个，雄蕊20～22枚，花粉较多。

果实小，单果重93g，纵径5.3cm，横径5.5cm，长圆形或圆锥形。果皮绿黄色，少数果实阳面微有红晕，果点小而密，梗洼深广中等，有沟纹。萼片脱落，萼洼中深、中广，有皱褶。果心中大，4～5心室。果肉白色，肉质细松脆，石细胞少，汁多，味甜。含可溶性固形物11.93%、可溶性糖8.51%、可滴定酸0.18%，品质中上。果实极耐贮藏,可贮至翌年5～6月。

树势强,26年生树高4.9m,冠径6.0m×5.7m。萌芽率95.7%,剪口下发2～3个长枝。开始结果年龄较晚,以短果枝结果为主,各类结果枝比率为短果枝78%、中果枝12%、长果枝9%、腋花芽1%,每花序平均坐果1.79个。较丰产,管理不善易发生隔年结果现象。在辽宁兴城,4月上旬萌芽,4月下旬至5月上旬盛花,果实9月下旬成熟,11月上旬落叶,果实发育期135d,营养生产期215d。抗寒力较强,抗旱和抗黑星病能力强,但易受虫害。坐果率高,注意疏花疏果。

### (九) 苹果梨 (Pingguoli)

**1. 苹果梨 (2n＝34)** 产于吉林省延边朝鲜族自治州,据传其原种来自朝鲜京儿道光陵白羊山。主要集中在龙井、和龙、延吉三市,图们、珲春、汪清也有较多分布,在辽西、沈阳、甘肃河西、定西及内蒙古和新疆等地栽培较多。

叶片大,多呈长卵圆形,先端渐尖,深绿色,有光泽,边缘反曲如波浪形。嫩叶及叶柄阳面均有红色晕。主干灰棕色,一年生枝棕褐色,皮孔圆形,密生。新梢刚抽生时,其上密生黄白色茸毛,先端带有橙红色晕。芽小,离生。花白色,花冠直径4.77cm,平均每花序花朵数8.5个,雄蕊20～22枚,花粉多。

果实大,单果重212g,纵径6.4cm,横径7.7cm。果实呈不规整扁圆形,形态似苹果。果梗长3.6cm,粗2.9mm。梗洼中深、中广,有沟纹,具条锈;萼片宿存,萼洼广、中深,有褶皱和隆起。果皮绿黄色,阳面有红晕。果点较小。果心极小,果肉白色,肉质细脆,石细胞少,味酸甜,汁液多。含可溶性固形物12.8%、可溶性糖7.05%、可滴定酸0.26%,品质上等。果实极耐贮藏,可贮至翌年5月。

树势中庸,枝条开张,多呈水平下垂状。九年生树高5.0m,冠径3.5m。萌芽率72.0%,剪口下一般多抽生长枝2～3个。定植后4～5年结果。成年树以短果枝结果为主,3～5年生枝上的短果枝结果占71.0%。花序坐果率96%,每序平均坐果1.72个,丰产性强。在辽宁兴城,4月上旬萌芽,盛花期在4月下至5月上旬,果实10月上旬成熟,10月下旬至11月上旬落叶。果实发育期140d左右,营养生长期206d左右。抗寒性强,能耐-30℃低温,抗旱、抗涝能力强,抗风、抗药力差。抗黑星病较强,但易染腐烂病。对栽培管理条件要求较高,在沙滩地栽培,果肉易出现褐色小块木栓化组织,影响果实品质。授粉品种有锦丰、朝鲜洋梨、秋白梨、冬果梨、早酥、茌梨、鸭梨、南果梨和延边谢花甜等。喷药时注意避免药害。

**2. 育种利用**

锦丰:苹果梨×茌梨,见品种介绍。

早酥:苹果梨×身不知,见品种介绍。

大梨:吉林省农业科学院果树研究所1956年采集苹果梨种子实生播种选育,1989年获吉林省农作物品种审定委员会颁发的梨优良新品种合格证书。

苹香梨:苹果梨实生播种选育,见品种介绍。

呼苹梨:内蒙古自治区呼伦贝尔盟农业科学研究所以麻香水为母本、苹果梨为父本育成。1971年杂交,1989年通过自治区农作物品种审定委员会审定。

红秀2号:新疆生产建设兵团农七师果树研究所以大香水为母本、苹果梨为父本育成。1975 年杂交，1989 年通过兵团科委鉴定。

新梨 4 号（红秀 1 号）：新疆生产建设兵团农七师果树研究所以大香水梨为母本、苹果梨为父本育成。1975 年杂交，1994 年通过新疆维吾尔自治区农作物品种审定委员会审定。

苹博香：吉林延边华龙集团果树研究所以苹果梨为母本、博多青为父本杂交育成。1978 年杂交，1995 年通过吉林省农作物品种审定委员会审定。

硕丰：苹果梨×砀山酥梨，见砀山酥梨育种利用。

寒玉：山西省忻州市果业工作站以苹果梨为母本、南果梨为父本育成。1975 年杂交，1995 年通过鉴定。

新梨 6 号：新疆生产建设兵团农二师农业科学研究所以库尔勒香梨为母本、苹果梨为父本育成。1981 年杂交，1997 年通过新疆维吾尔自治区农作物品种审定委员会审定。

金香水：黑龙江省农业科学院牡丹江农业科学研究所以苹果梨为母本、牡育 73-48-64（香水梨×苹果梨）为父本育成。1982 年杂交，1997 年通过黑龙江省农作物品种审定委员会审定。

红金秋：黑龙江省农业科学院牡丹江农业科学研究所以大香水为母本、苹果梨为父本育成。1971 年杂交，1998 年通过黑龙江省农作物品种审定委员会审定。

蔗梨：苹果梨×杭青，见品种介绍。

东宁 5 号：黑龙江省农业科学院牡丹江农业科学研究所以苹果梨为母本、青梅实生为父本育成。1968 年杂交，2001 年通过黑龙江省农作物品种审定委员会审定。

红月梨：辽宁省果树科学研究所以红茄梨为母本、苹果梨为父本育成。1993 年杂交，2010 年通过辽宁省非主要农作物品种备案办公室备案。

## （十）秋白梨（Qiubaili）

**1. 秋白梨（2n＝34）** 产于辽宁省绥中县及河北省东北部。为我国北方最古老的优良品种之一。河北燕山山脉和辽宁西部地区有大面积栽培，鞍山地区有较多栽培。

叶片长 10.1cm，宽 6.5cm，椭圆形或卵圆形，两边多向上反卷，具刺毛状齿缘，初生叶淡桔黄色或紫红色。2～3 年生枝灰褐色，表面较粗糙，一年生枝赤褐色，皮孔显著，大小、密度中等；新梢较细，屈折性及屈曲生长习性较显著。芽中等大，多离生。花白色，直径 3.58cm，花粉较多。

果实中等大，单果重 150g，纵径 6.5cm，横径 6.5cm，果实近圆形或长卵圆形。果皮绿黄色，贮后为黄色，果点中大、中多，突起而呈褐色。果梗长 3.9cm，粗 2.3mm，梗洼浅而狭，呈小沟纹状，多具有小块锈斑。萼片脱落，萼洼较小，深广中等。果心小，果肉白色，肉质细而脆，汁液较多，味甜。含可溶性固形物 13.50%、可溶性糖 7.93%、可滴定酸 0.21%，品质上等。果实耐贮藏，一般可以贮至翌年 4～5 月。

植株生长势中等，树冠较小，平地上生长的 18 年生树高 4.5m，冠径 3～4m。枝条较密，直立性强，树冠紧凑近似圆球形。成枝力中等，新梢年生长量 35～70cm。萌芽力强，一般一年生枝除基部 1～2 个芽外，其余均可萌发为各种类型的结果枝。通常临近侧生新梢处的芽多发育为中长果枝。定植 5～6 年结果。成年树以多年生枝上的短果枝群结果为主，占 82%，短果枝寿命约 8 年。花序坐果率 96%，每花序平均坐果 1.37 个，产量中等，管理不当易隔年结果，采前落果较轻。在辽宁兴城，4 月上旬萌芽，盛花期在 4 月下旬至 5 月上旬，果实 9 月下旬至 10 月上旬成熟，11 月上旬落叶，果实发育期 145d 左右，营养生长期 212d 左右。较抗寒，抗风力弱，落叶较早。授粉品种有南果梨、鸭梨、锦丰、花盖等。

**2. 育种利用**

桔蜜：中国农业科学院果树研究所以京白梨为母本、秋白梨为父本育成。1951 年杂交。

## （十一）栖霞大香水（Qixiadaxiangshui）

**1. 栖霞大香水（2n＝34）**　原产山东省栖霞市，又名南宫茌。为茌梨较好的授粉品种。在陕西渭北地区也有发展。

叶片较大，长 10.6～14.1cm，宽 6.3～9.8cm，卵圆形或长卵圆形，先端突尖或渐尖，基部圆形，叶缘锯齿稀而浅、尖锐、有芒。2～3 年生枝暗灰色，皮孔密而大，圆形或椭圆形，灰色；一年生枝黄绿褐色，皮孔较小，呈纺锤形，突起，黄褐色。芽小而扁，呈长三角形，先端尖，多贴附着生。

果实中等大或大，单果重 147～202g，纵径 5.1～8.0cm，横径 5.4～6.9cm，果实卵圆形，梗洼中深、较广，洼内有锈，周围有显著棱沟。萼片脱落，萼洼深广。果实采收时绿色，贮后转黄绿色或黄色，果皮薄，果点较密、较大。果肉白色，肉质松脆但稍粗，汁多，果心中大，初采时酸味较重，贮藏后酸甜。含可溶性固形物 11.05%、可溶性糖 7.61%、可滴定酸 0.25%，品质中上或上等。果实耐贮藏。

幼树生长健壮，发枝力较强，枝量增长快，易形成中、短枝结果，腋花芽较多，以短果枝和中长果枝混合结果。定植 4 年结果，萌芽力和发枝力均强。对修剪反应不敏感。成年树以短果枝和短果枝群结果为主，短果枝寿命较长。果台枝抽生能力及连续结果能力强。枝条稀疏时，易连续成花结果。在山东栖霞，3 月下旬至 4 月上旬萌芽，盛花期在 4 月中旬，果实 9 月中旬成熟，11 月中旬落叶，果实发育期 140d 左右，营养生长期 220d 左右。适应性强，对土壤要求不严。耐涝、较耐瘠薄，抗霜冻能力比茌梨和黄县长把梨强，抗食心虫和黑星病，稍易感染轮纹病。在山地和粗沙地栽植树势弱，易发生缩果病。花序坐果率高，常有簇生果，应注意疏花疏果。

**2. 育种利用**

香茌梨：茌梨×栖霞大香水，见茌梨育种利用。

中香梨：栖霞大香水×茌梨，见茌梨育种利用。

八月酥：中国农业科学院郑州果树研究所以栖霞大香水梨作母本，郑州鹅梨作父本杂交育成。1979 年杂交，1996 年和 1997 年分别通过河南和安徽省农作物品种审定委员会审定。

秋水晶：砀山酥梨×栖霞大香水，见砀山酥梨育种利用。

金星梨：中国农业科学院郑州果树研究所以栖霞大香水为母本，兴隆麻梨为父本育成。1979 年杂交，2002 年通过河南省林木良种审定委员会审定。

中华玉梨：鸭梨×栖霞大香水，见品种介绍。

## （十二）雪花梨（Xuehuali）

**1. 雪花梨（2n＝34）**　产于河北定县一带，为当地最优良的主栽品种。山西代县、忻县、太原、榆次和陕西渭北各县均有栽培。

叶片卵圆形，长11.4cm，宽7.7cm，先端急尖，基部广圆形，少数楔形，边缘具短刺毛状锯齿，基部锯齿极稀而短。幼叶淡黄绿色，微红。一年生枝条绿褐色，皮孔稍稀，卵圆形或长椭圆形，黄灰色；2～3年生枝灰褐色，皮孔卵圆形或圆形。花芽长圆锥形，顶端尖，鳞片深紫褐色，边缘有毛。花白色，花冠直径4.42cm，雄蕊20～28枚。

果实中大或大，单果重173～226g，纵径6.5～7.8cm，横径6.5～7.4cm。果实呈长卵圆形，果皮绿黄色，贮后变黄色，有蜡质光泽，外形较美观。果点褐色，较小而密，分布均匀。果梗长6.5cm，粗2.7mm，连接果肉部稍膨大，梗洼浅、中广。萼片脱落，萼洼狭而深，洼内有黄褐色圈纹。果心小，果肉白色，肉质细脆，汁液多，味淡甜。含可溶性固形物11.60%、可溶性糖7.60%、可滴定酸0.11%，品质中上或上等。果实较耐贮藏，一般可贮至翌年2月。

树势中庸，枝条半开张，枝条粗硬。新梢年生长量60cm左右。定植3～4年结果。萌芽力强，发枝力中等，以短果枝结果为主，腋花芽结果约占6%～9%，较丰产，管理不善有隔年结果现象。在辽宁兴城，4月上、中旬萌芽，盛花期在5月上旬，果实9月下旬成熟，11月上旬落叶，果实发育期132d左右，营养生长期210d。适应性强。抗寒力中等，抗黑星病和轮纹病的能力较强，但抗风力弱。喜肥沃土壤条件。鸭梨、茌梨、香水梨、锦丰均可作授粉树。采前落果较重，尤其采前遇风落果重。

**2. 育种利用**

黄冠：雪花梨×新世纪，见品种介绍。

翼蜜：河北省农林科学院石家庄果树研究所以雪花梨为母本、黄花梨为父本育成。1977年杂交，1997年通过河北省林木审定委员会审定。

雪青：浙江农业大学以雪花梨为母本、新世纪梨为父本育成。1977年杂交，1990年选出，2001年通过重庆审定。

早魁：河北省农林科学院石家庄果树研究所以雪花梨为母本、黄花梨为父本育成。1977年杂交，2002年通过河北省林木良种审定委员会审定。

玉露香：库尔勒香梨×雪花梨，见品种介绍。

## （十三）鸭梨（Yali）

**1. 鸭梨（2n＝34）**　原产于河北省，我国古老的白梨优良品种。河北、山东、山西、陕西、河南栽培最多，辽宁、甘肃、新疆均有栽培。

叶片卵圆形，长13.4cm，宽8.1cm，先端多向后钩卷，边缘屈反如波浪形，具尖锐锯齿，初生幼叶为淡橘红色。幼树主干红褐色，2～3年生枝褐黄色，皮孔稀疏，多呈圆形，表皮光滑；一年生枝条粗而屈软，黄褐色，新梢幼嫩部分阳面呈淡紫红色，被有红黄色茸毛。花白色，花冠直径4.4cm，平均每花序花朵数7.6个，雄蕊20～22枚，花粉较多。

果实中等大，单果重159g，纵径7.1cm，横径6.5cm。果实倒卵形，果梗一侧常有突起，并具有锈块。采收时果皮绿黄色，贮后变黄色，果面光滑，果点小。果梗长5.5cm，粗3.0mm，先端常向一方弯曲，淡褐色，基部肉质，近无梗洼。萼片脱落，萼洼中广、中深，周围具有沟纹。果心小，果肉白色，质细而脆，汁液极多，味淡甜。含可溶性固形物 11.98%、可溶性糖 7.09%、可滴定酸 0.18%，品质上等。果实较耐贮藏，一般可贮藏至翌年 2～3 月。

在肥沃土壤中生长树势强，树冠大；在瘠薄土壤栽培，树势较弱。成枝力弱，多先端 1～2 个芽萌发为新梢；萌芽率 85.0%。定植后 4～5 年开始结果。成年树以 3～5 年生母枝上的短果枝结果为主，也有部分腋花芽结果。结果当年由果台处抽生很短的新梢形成短果枝群。短果枝寿命可维持 5～6 年。较丰产，管理不善有隔年结果的现象。在辽宁兴城，4 月上旬萌芽，盛花期在 4 月下旬，果实 9 月下旬成熟，11 月上旬落叶，果实发育期 137d，营养生长期 216d。

适应性广，除渤海湾地区适宜栽培外，陕西渭北、新疆南部和四川西昌地区，鸭梨的生长和结果状况良好。抗旱能力较强。果实品质与土壤条件有密切关系。生长于排水良好的沙质壤土上的植株，所结果实甜而味美；生长于排水不良的黏重土上者，果实水分过多，味较淡薄。适宜授粉品种有早酥、锦丰、砀山酥梨、雪花梨、秋白梨、茌梨、香水梨等。鸭梨易出现大小年结果现象，果实小，品质变差，所以成龄丰产园要加强土肥水管理，控制产量，保持健壮树势。抗寒力中等，华北平原偶尔有少量花芽冻害，花期有时遭受晚霜危害。黑星病、食心虫均重，贮藏期黑心病重。

**2. 育种利用**

五九香：鸭梨×巴梨，见品种介绍。

雅茌梨：鸭梨×茌梨，见茌梨育种利用。

晋酥梨：鸭梨×金梨，见金梨育种利用。

雅青：浙江农业大学以杭青为母本，鸭梨为父本育成。1977 年杂交，1996 年通过鉴定。

金玉梨：河北省衡水市林业局从鸭梨实生中选育。1980 年发现，1997 年通过河北省林木良种审定委员会审定。

甘梨 1 号：甘肃省农业科学院果树研究所以锦丰梨为母本，鸭梨为父本育成。1982 年杂交，1998 年育成。

早冠：河北省农林科学院石家庄果树研究所以鸭梨作母本，青云梨为父本育成。1977 年杂交，2005 年通过河北省林木品种审定委员会审定。

中华玉梨：鸭梨×栖霞大香水，见品种介绍。

## (十四) 夏梨 (Xiali)

**夏梨 (2n=34)**　产于山西省原平、五台、榆次等县，为当地主栽品种之一。

叶片卵圆形，长 11.2cm，宽 6.9cm，先端长尾尖或渐尖，基部截形至圆形，极少为亚心脏形，边缘具短刺毛状尖锐锯齿，叶片较厚，浓绿色。一年生枝紫褐色，具有长椭圆形白色皮孔，2～3 年生枝灰褐色，皮孔多近似圆形。花白色，花冠直径 4.75cm，平均每花序花朵数 7.2 个，雄蕊 20～24 枚，花粉多。

果实中等大，单果重 146g，纵径 6.3cm，横径 6.4cm，倒卵圆形。果皮绿黄色，阳面有少量红晕，果面平滑有光泽，具棱起和小片锈。果皮厚，果点小、中多。梗洼浅、狭，有波状突起和条锈。萼片脱落，萼洼深广中等，有沟纹。果心中大，果肉白色，肉质中粗、松脆，汁液中多，味甜。含可溶性固形物 14.23%、可溶性糖 8.90%、可滴定酸

0.27％，品质中上等。果实较耐贮藏。

植株生长势强，萌芽力强，成枝力中等。结果年龄中晚，一般5～6年开始结果。以短果枝结果为主，占92％，花序坐果率为85％，每序平均坐果1.4个，较丰产。在辽宁兴城，4月上旬萌芽，盛花期在4月下旬至5月上旬，果实9月中、下旬成熟，11月下旬落叶，果实发育期132d，营养生长期217d。不耐瘠薄。抗寒力较强，抗风力亦强。对黑星病抵抗能力差，耐旱性较弱。授粉品种有雪花梨等。

### （十五）早梨（Zaoli）

**早梨（2n＝34）** 产于江西上饶，是当地栽培最多、品质最好的品种。

叶片卵圆形，长12.2cm，宽9.1cm，先端长尾尖，锯齿排列整齐，齿尖常向前合拢。枝条稀疏开张，树冠呈自然圆头形，主干粗壮，暗灰褐色，一年生枝暗褐色，枝条有倒披习性，是该品种的主要特征之一。

果实中大，单果重153g，果实倒卵圆形。果皮较薄，淡黄绿色，果点小，不明显，较光滑。果梗下部肉质膨大，梗洼浅，常有突起。萼片多脱落，间有宿存者，萼片宿存时开张，萼洼中深而广。果肉白色，肉质细、松脆，汁较多，石细胞少，果心中大，味甜。含可溶性固形物11.53％、可溶性糖8.22％、可滴定酸0.15％，品质中上或上等。果实不耐贮运。

树势强，定植后7～8年开始结果，15年后进入盛果期，80年后开始衰老，树龄约120～130年。短果枝多，落花落果严重，产量中等。在江西上饶，3月上旬花芽萌动，盛花期在3月下旬至4月上旬，果实7月中、下旬成熟，10月下旬开始落叶。抗寒性不强，常因开花早遭遇晚霜危害，耐旱性较强，即使生长在土层浅薄土质低劣的山地上，亦生长健旺。对病害抵抗力较弱，尤其易感染黑星病和黑斑病，梨花网蝽为害较为普遍。

## 二、选育品种

### （一）锦丰（Jinfeng）

**1. 锦丰（2n＝34）** 中国农业科学院果树研究所选育的优良晚熟耐贮梨新品种。母本为苹果梨，父本茌梨，1956年杂交，1969年定名。已在锦州、沈阳、北京郊区、陕西、甘肃和河南等省的部分地区栽培。

叶片卵圆形，长14.5cm，宽7.8cm，叶缘细锯齿，叶尖突尖，叶基圆形。嫩叶绿中带紫红色。树冠阔圆锥形，树姿较直立，主干及多年生枝灰褐色，一年生枝暗褐色。花冠白色带粉红色，花冠直径4.29cm，平均每个花序花朵数5.1个，雄蕊20～23枚，花粉量多。

果实大，单果重280g，纵径7.6cm，横径8.0cm。果实近圆形，果皮绿黄色，贮后黄色，具小锈斑，果点大而明显。梗洼浅、中广、沟状。萼片多宿存，小而直立，呈闭合状，萼洼深、中广，有皱褶，具锈。果心小，果肉白色，肉质细松脆，石细胞少，汁液特多，味酸甜。含可溶性固形物13.53％、可溶性糖7.78％、可滴定酸0.22％，品质上或极上。果实耐贮藏，一般可贮至翌年5月，贮后风味更佳。

植株生长势强，10年生树高4.2m，干周45cm，冠径2.9m×3.0m。萌芽率为73.7％，剪口下一般抽生3条以上长枝。定植5～6年结果。幼树各类枝结果比例：短果枝占 33%、腋花芽占 32%、长果枝占 25%、中果枝占 10%。成年树以短果枝结果为主，占总数的 91%，花序坐果率 82%，平均每序坐果 1.62 个。丰产，但管理不善隔年结果明显，结果多时，果实大小不整齐。在辽宁兴城，4 月上旬萌芽，盛花期在 5 月上旬，果实 10 月上旬成熟，11 月上旬落叶。果实发育期 145d 左右，营养生长期 210d 左右。

对土壤条件要求较严，喜肥水。抗寒力强，要求气候冷凉干燥。无论是果实发育期还是贮藏期，在湿度过大环境中，果面易出现锈斑。较抗黑星病。在有些地区，果实容易出现木栓化症状。果实易受椿象为害。在乔砧栽培条件下，适宜的栽植密度为株行距 4m×5m；在矮砧密植条件下，株行距（2.5～3）m×4m。乔砧树适宜采用疏散分层形整形，矮砧树可采用小冠疏层形或纺锤形。授粉品种有鸭梨、苹果梨、早酥、雪花梨和砀山酥梨等。

**2. 育种利用**

甘梨 1 号：锦丰×鸭梨，见鸭梨育种利用。

## （二）金花梨（Jinhuali）

**金花梨（2n＝34）** 四川省农业科学院果树研究所和金川县园艺场于 1959 年从金川雪梨的实生后代中选出，产于四川金川县沙耳乡孟家河坝孟化昭家。品系较多，以金花 4 号为优。为四川省的主栽品种之一。

叶片大，卵圆形，较厚，长 15.2cm，宽 8.7cm，先端渐尖，基部宽楔形或圆形，边缘锯齿尖锐，较细而密，刺芒多内合。幼叶深红色。幼树直立性强，结果后开张，枝条粗壮。主干灰褐色，表面粗糙，纵裂。2～3 年生枝棕色。一年生枝黄褐色，皮孔大而突出，圆或长圆形，白色。花白色，每花序 5～8 朵，花粉量较多。

果实大，单果重 250g，纵径 8.7cm，横径 7.5cm，纺锤形。果面光滑，果皮绿黄色，贮后金黄有光泽，果皮细薄，果点小、中多，外观美丽。梗洼狭小，周围有少量褐锈，萼片脱落或宿存，萼洼中广、深，具棱沟。果心小，果肉白色，石细胞少，肉质细脆，汁多，味甜。含可溶性固形物 12.78%、可溶性糖 7.60%、可滴定酸 0.14%，品质上。果实耐贮藏，可贮存至翌年 3～4 月，贮藏期间病害少。

树势强，半开张，萌芽力强，成枝力中等。定植 2～3 年结果。以短果枝结果为主，花序坐果率高，丰产。对气候和土壤条件适应性强，较冷凉干燥的北方和温暖多湿的南方均可栽培，对沙壤土和黏壤土都能适应，但在冷凉半干燥气候和中性偏碱的土壤条件下产量、品质最好。在辽宁兴城，4 月上中旬萌芽，盛花期在 5 月上旬，果实 9 月下旬至 10 月上旬成熟，11 月上旬落叶，果实发育期 135d 左右，营养生长期 210d 左右。

较抗寒，耐湿、耐旱，抗病虫能力较强，果实易受金龟子为害，注意轮纹病、锈病的防治。适应范围比金川雪梨广。授粉品种有苍溪雪梨、锦丰、五九香等。果台连续结果能力强，花序坐果率高，每花序留单果。

## （三）晋蜜梨（Jinmili）

**晋蜜梨（2n＝34）** 山西省农业科学院果树研究所以砀山酥梨为母本、猪嘴梨为父本育成。1972 年杂交，1985 年通过山西省科委组织的鉴定并命名。

叶片卵圆形至阔卵形，长 8～12cm，宽 7～9cm，先端渐尖或尾尖，基部近圆形至心形。叶片边缘锯齿较密，细锐，刺毛较长。嫩梢及幼叶暗红色。花蕾及初开花的花瓣边缘红色，每序 5～8 朵花，花冠直径 4.5～5.0cm。树姿较直立，2～3 年生枝红褐色至灰褐色，皮孔近圆至扁圆形，中大、中多。一年生枝绿褐至紫褐色。叶芽较小，花芽短圆锥形，较小。

果较大，单果重 230g，纵径 7.1cm，横径 7.8cm。果实卵圆形，果皮绿黄，贮后黄色，果点中大、较密，肩部果点较大较稀。果梗长 3～4cm，梗洼中大、中深。有的肩部一侧有小突起。萼片脱落或宿存，脱萼者萼洼较深广，宿萼者萼洼中大，较浅。果心小，果肉白色，细脆，石细胞少，汁液多，味甜，品质上。含可溶性固形物 11.48%、可溶性糖 7.58%、可滴定酸 0.30%。果实耐贮运，贮后风味有所增加，在土窑洞内可贮至翌年 5 月。最适食用期为 10 月至翌年 4 月。

幼树较直立，生长势强，大量结果后树势中庸。七年生树高 5m，冠径 5.5m，干周 35cm，新梢长 50～90cm。萌芽率 70.7%，幼树成枝力中等，延长枝剪口下可抽生 1～3 个长枝和 1～2 个中枝。大量结果后成枝力减弱，剪口下抽生 1～2 个长枝。定植 4～5 年结果，经甩放拉枝处理的树 3 年即可结果。以短果枝结果为主，结果初期，部分中、长果枝也结果。八年生树短果枝占 72.4%，中果枝占 10.4%，长果枝占 12.2%，腋花芽占 5%。果台常抽生 1～2 个短枝或中长枝。果台连续结果能力弱，多为隔年结果，但不同的枝组间可交替结果。花序坐果率高，丰产稳产。无采前落果。在晋中地区，花芽 4 月上旬萌动，4 月下旬盛花，花期 7～10d。其花期较鸭梨迟 3～4d，与砀山酥梨花期相近。果实 9 月底至 10 月上中旬成熟。11 月上中旬落叶，营养生长期 220d 左右。

抗寒性较砀山酥梨强，较耐旱、抗风。有的年份有白粉病发生，发病程度比苹果梨、早酥梨、苤梨等轻。较抗梨黑星病，比砀山酥梨抗腐烂病。有的年份易受黄粉蚜为害。树冠大，可中密度栽植。授粉品种有砀山酥梨、雪花梨、鸭梨、猪嘴梨和晋酥梨等。坐果率高，注意疏花疏果。果点较明显，套袋后能显著改善外观。

## （四）秦酥（Qinsu）

**秦酥（2n＝34）** 陕西省果树研究所选育的优良晚熟耐贮梨新品种。母本为砀山酥梨，父本为黄县长把梨。1957 年杂交，1978 年正式定名。陕西省列为推广品种。在甘肃、辽宁、北京、山西等省（直辖市）均有栽培。

叶片圆形，叶缘具锐锯齿。树姿半开张，圆锥形。主干灰褐色，光滑。一年生枝暗褐色。每花序 5～6 朵花，花冠白色，花冠直径 4.0cm。

果实大，单果重 231g，纵径 7.6cm，横径 7.4cm。果实近圆柱形，绿黄色，果面平滑，果点密，中等大。果梗长，先端木质，梗洼深、中广，梗洼有锈，似金盖。萼片脱落，弯洼深。果心小，果肉白色，质地细而松脆，石细胞少，汁多味甜，外观好，品质上等。含可溶性固形物 10.30%、可溶性糖 6.41%、可滴定酸 0.15%。果实最佳食用期极长，极耐贮藏，可贮至翌年 5 月，抗贮藏病害。

树势强，八年生树高 3.9m，冠径 3.1m×3.3m，干周 32.6cm，一年生枝长 54.3cm，粗 0.62cm。萌芽率 71%，一般剪口下抽生 3 条长枝。定植 5～6 年结果，幼树以中长果枝及腋花芽结果为主，成年树以短果枝结果为主，腋花芽结果能力强，约占 28%。果台副梢连续结果能力弱，花序和花朵坐果率均高。采前落果轻，丰产，但管理不善易出现大小年现象。在陕西杨陵地区，3 月中旬花芽萌动，4 月上旬开始开花，4 月中旬落花，花期

9d，果实 10 月初成熟，果实发育期 170d，11 月下旬落叶，营养生长期 220d。

对肥水条件要求较高。抗轮纹病和腐烂病，不抗黑星病。耐旱性强，耐高湿能力弱，抗寒力中等。在乔化砧栽培条件下，整形方式采用小冠疏层形；在矮化栽培条件下，采用细长纺锤形整形方式或倒人字形整形方式。授粉品种有砀山酥梨、雪花梨、早酥等。

### （五）中华玉梨（Zhonghuayuli）

**中华玉梨（2n=34）**  又名中梨 3 号，中国农业科学院郑州果树研究所培育的优质、晚熟、耐贮梨新品种。母本为鸭梨，父本为栖霞大香水，1980 年杂交，2004 年通过陕西省农作物品种审定委员会审定，2005 年通过河南省林木良种审定。

叶片长卵圆形，长 11.3cm、宽 7.4cm，叶缘钝锯齿，刺芒较长。树形直立，树干光滑，灰褐色。一年生枝黄褐色，顶端较细弱，易下垂，皮孔灰白色；多年生枝棕褐色。叶芽中等大小、卵圆形，花芽肥大、心脏形。每花序有花 5~8 朵，雌蕊 4~5 枚，花药浅红色。种子圆锥形、黄褐色、饱满。

果实大，单果重 300g，纵径 9.5cm，横径 8.5cm。粗颈葫芦形或卵圆形，整齐。果面光滑，果皮黄绿色，果点小而稀。果梗长 4.8cm，粗 2.5mm，梗洼浅、平；萼片脱落，萼洼中深。果肉乳白色，肉质细，酥脆，果心小，汁液多，味甜。含可溶性固形物 12.0%~13.5%、可溶性糖 9.77%、可滴定酸 0.19%，品质上等。极耐贮藏，常温下可贮藏到翌年 3~4 月，土窖可贮藏到翌年 6~7 月。

树势中庸，九年生树高 3.9m，枝条柔软。萌芽率高，成枝力较弱。栽后 2 年结果，中、短果枝占总果枝的 98.3%，每果台抽生 1~2 个短副梢，果台枝连续结果能力中等，采前落果不明显。在郑州地区，花芽萌动期 3 月上旬，盛花期 3 月下旬，果实 9 月底至 10 月上旬成熟，果实发育期 190d 左右。落叶期 11 月上旬。

耐干旱瘠薄。在华北、西北、黄河故道、渤海湾地区的各种土壤皆可种植。在有机质含量高的沙壤土、河滩冲积土栽培品质最佳。抗病性较强，较对照品种砀山酥梨和鸭梨抗黑星病，对斑点落叶病有一定的抗性，易受梨木虱和蚜虫的为害。坐果率高，必须进行疏花疏果。

# 第二节  砂梨品种

## 一、地方品种

### （一）半男女梨（Bannannüli）

**半男女梨（2n=34）**  又名六月雪，产于福建屏南的墩头、忠洋、岭下、梨洋，为福建最优良的品种之一。

叶片卵圆形，长 9.06cm，宽 5.96cm，先端渐尖，基部楔形或圆形，叶缘粗锯齿，有刺芒。树冠圆锥形，枝条半开张，幼树直立。花白色，花冠直径 3.8cm，雄蕊 28~31 枚，每花序花朵数 6.5 个。

果实中大，单果重 138g，歪纺锤形，果皮黄绿色，贮藏后黄白色，半面有红晕。果梗长 3.14cm，粗 3.0mm。梗洼浅而狭，萼片宿存或脱落，萼洼中深、中广。果肉白色，果心中大，肉质中粗、松脆，汁液多，味酸甜。含可溶性固形物 12.47%、可溶性糖 5.73%、可滴定酸 0.12%，品质中或中上。

树势中庸，成枝力和萌芽力中等。定植 3～5 年结果，10 年以后进入盛果期，较丰产。采前易落果。在辽宁兴城，4 月上旬花芽萌动，4 月下旬至 5 月上旬盛花，9 月中旬果实成熟，11 月上旬落叶。果实发育期 122d，营养生长期 223d。

### （二）宝珠梨（Baozhuli）

**宝珠梨（2n＝34）**　　产于云南呈贡、晋宁，因老树种于宝珠寺内，因而得名。呈贡、晋宁一带栽培多，四川会理、西昌等地也有栽培。

叶片广卵圆形，长 9.4cm，宽 6.7cm，先端钝尖，叶缘锐锯齿，有刺芒。树冠呈圆头形，枝条开张。一年生枝黄褐色，叶芽肥大、圆锥形、钝。花白色，花冠直径 4.6cm，花柱 5～7 枚，雄蕊 26～34 枚，每花序花朵数 5.9 个。

果实中大，单果重 198g，纵径 6.9cm，横径 7.2cm。果实近圆形或扁圆形，果皮黄绿色，果面粗糙，果点小而密。果梗长 4.5cm，粗 4.4mm，果梗基部稍带肉质。梗洼浅、广。萼片宿存，萼洼浅、广。果心中大，5 心室。果肉白色，肉质松脆，略粗，汁液多，味甜。含可溶性固形物 12.9%、可溶性糖 8.63%、可滴定酸 0.20%，品质中上。

树势强。萌芽力和成枝力均强。定植 6～7 年结果，植株寿命长，丰产。以短果枝结果为主，占 70%。花序坐果率 90% 以上，每个花序多坐果 1～2 个果。有隔年结果现象。在辽宁兴城，4 月上旬花芽萌动，4 月下旬至 5 月上旬盛花，9 月下旬果实成熟，11 月上旬落叶。果实发育期 147d，营养生长期 204～210d。在气候冷凉、土层深厚、肥沃、排水良好地方栽植表现良好，如在高温多雨地区栽培，易染黑星病，品质亦差。成熟期雨水过多，湿度大，温度高，易落果。

### （三）苍溪梨（Cangxili）

**苍溪梨（2n＝34）**　　又名施家梨，苍溪雪梨，原产四川苍溪。四川各地栽培较多，陕西、湖北、云南、浙江等省有少量栽培。

叶片长椭圆形，长 11.2cm，宽 6.9cm，先端长尾尖，基部楔形，叶缘具稀疏浅锯齿，刺芒不明显。树姿半开张，2～3 年生枝黄褐色，一年生枝较细，暗褐色。花白色，花冠直径 4.8cm，雄蕊 20～23 枚，每花序花朵数 7.8 个。

果实特大，单果重 321g，纵径 9.3cm，横径 8.1cm。倒卵圆形，果皮黄褐色，果点大而多、明显，果面粗糙。萼片脱落，萼洼浅、狭。果心中大。果肉白色，石细胞少，汁液多，味甜。含可溶性固形物 11.43%、可溶性糖 5.86%、可滴定酸 0.09%，品质中上等。

树势中庸。萌芽力和成枝力中等。定植 4～5 年结果，以短果枝结果为主，较丰产。在辽宁兴城，4 月上旬花芽萌动，4 月下旬至 5 月上旬盛花，9 月中、下旬果实成熟，11 月上旬落叶。果实发育期 137d，营养生长期 218d。不抗风，采前落果重。耐旱力较强。授粉品种有二宫白、鸭梨、苤梨、金川雪梨等。

### （四）灌阳雪梨（Guanyangxueli）

**灌阳雪梨（2n＝34）**　　原产广西灌阳，为广西优良品种。有小把子雪梨、大把子雪梨和假雪梨 3 个品系。以小把子雪梨品质最好。灌阳及其周围地区栽培较多。

叶片宽卵圆形，长 11.9cm，宽 7.6cm，叶缘具粗锯齿，有刺芒。树姿较直立，树冠倒圆锥形，主干灰褐色，一年生枝暗褐色。花白色，花冠直径 4.1cm，每花序花朵数 7.2枚。

果实中等大，单果重 168g，纵径 7.1cm，横径 6.6cm。长圆形或倒卵圆形，果皮黄褐色，果梗长 3.9cm，粗 2.9mm，梗洼浅、中广，萼片脱落，萼洼中深、中广。果肉白色，肉质中粗，脆，汁液多，味酸甜。含可溶性固形物 14.77%、可溶性糖 7.23%、可滴定酸 0.21%，品质中上。

树势中庸。萌芽率 61%，成枝力弱。在辽宁兴城，4 月上旬花芽萌动，5 月上旬盛花，9 月中、下旬果实成熟，11 月中旬落叶。果实发育期 126d，营养生长期 219d。丰产。较耐旱、耐涝，但抗病虫能力较弱。

### （五）横县蜜梨（Hengxianmili）

**横县蜜梨（2n＝34）**　产于广西横县马山乡南面村和百合乡马平屯。南乡、火沙、民生等地也有少量的栽培。此品种由广东灵山引进，已有 60 多年栽培历史，在当地表现丰产、质优，为广西最优良品种之一。

叶片椭圆形，长 12.8cm，宽 5.9cm，先端渐尖，叶基宽楔形，叶缘粗锯齿，有刺芒。树姿开张，一年生枝灰绿色，皮孔较大，显著。花白色，花冠直径 3.8cm，柱头 5 枚，雄蕊 20～22 枚，每花序花朵数 4.2 个。

果实小，单果重 80g，纵径 4.6cm，横径 5.1cm。果实扁圆形，果皮浅黄褐色，果点圆形，分布较密，多不明显。果梗长 4.2cm，粗 2.5mm。梗洼中深、中广；萼片脱落或宿存，萼洼中广、中深。果肉黄白色，肉质中粗，紧密，汁液少，味甜。含可溶性固形物 12.86%、可溶性糖 7.09%、可滴定酸 0.61%，品质中等。

在辽宁兴城，4 月上、中旬花芽萌动，5 月上旬盛花，9 月下旬至 10 月上旬果实成熟，11 月中旬落叶。果实发育期 143d，营养生长期 220d。定植 4 年结果。丰产，抗旱、抗风。

### （六）徽州雪梨（Huizhouxueli）

产于安徽歙县，有 30 多个品系，以金花早、细皮、回溪、木瓜为名品。其中，金花早味最甜，果肩密布金色斑点，称为金花盖顶；回溪梨药用价值很高，有利于缓解呼吸道疾病。徽州雪梨以果形美观、皮薄汁多、香甜清脆、优质著称。

叶片卵圆形，长 10.0cm，宽 5.7cm，叶尖长尾尖，叶基圆形，叶缘细锯齿。树冠圆锥形，树姿开张。一年生枝黄褐色。花白色，直径 3.6cm，花柱 5 枚，雄蕊 20～25 枚，每花序花朵数 5.5 个。

果实中大，单果重 199g，纵径 7.7cm，横径 7.0cm。倒卵圆形，果皮绿色或绿黄色，果面平滑，有片锈，果点中多、突出。果梗长 4.5cm，粗 2.9mm，梗洼浅、狭，有片锈。萼片宿存，萼洼中深、中广。5 个心室，果心中大，果肉白色，肉质中粗、紧密，8～9d后变沙面，汁液中多，味淡甜。含可溶性固形物 8.87%、可溶性糖 7.94%、可滴定酸 0.11%，品质中上。

树势强，萌芽率 63.2％，成枝力中等。以短果枝结果为主，占 97％。在辽宁兴城，4
月中旬花芽萌动，5 月上旬盛花，9 月下旬果实成熟，11 月上旬落叶。果实发育期 131d，
营养生长期 205d。

### （七）火把梨（Huobali）

**1. 火把梨（2n＝34）**　　原产于云南晋宁、呈贡一带，在云南分布最广。

叶片卵圆形，长 11.5cm，宽 6.2cm，叶尖长尾尖，叶基圆形，叶缘粗锐锯齿，有刺
芒。树姿较开张，一年生枝绿色。花白色，花冠直径 3.6cm，花柱 5 枚，雄蕊 19～20 枚。

果实中大，单果重 108g，纵径 5.4cm，横径 5.8cm。倒卵圆形或长圆形，果皮黄绿
色或黄色，大部分着鲜红色，美观，皮薄，表面光滑。果梗长 4.8cm，粗 3.2mm。梗洼
浅、狭；萼片脱落，萼洼中深、中广。果心中大，5～6 个心室。果肉绿白色，肉质细脆，
汁液多，石细胞少，味甜酸，稍涩。含可溶性固形物 11.85％、可溶性糖 6.49％、可滴定
酸 0.45％，品质中上等。

在辽宁兴城，4 月上、中旬花芽萌动，5 月上中旬盛花，9 月下旬果实成熟，11 月上
旬落叶。果实发育期 135d，营养生长期 210d。

**2. 育种利用**

红酥脆：中国农业科学院郑州果树研究所与新西兰皇家园艺与食品研究所共同培育而
成，母本为幸水，父本为火把梨。1989 年杂交，2008 年通过河南省林木品种审定委员会
审定。

美人酥：来源同红酥脆。

满天红：来源同红酥脆。

### （八）麻壳梨（Makeli）

产于江西上饶。为该地区栽培最普遍的品种之一，以植株寿命长、丰产、果实品质好
著称，有三个品系：①魁星麻壳（2n＝34），又称细花、金钱麻壳，果大，味浓甜，品质
佳；②大麻壳，果面上果点粗大，故又名粗麻壳，果梗粗长，味酸涩，品质欠佳；③酸麻
壳，酸味重，品质不良。除果形及品质有差异外，其余大致相同。

叶片广卵圆形或心脏形，长 10.8cm，宽 7.2cm，叶缘细锯齿，有芒，叶尖突尖，叶
基心形。植株高大，枝干多直立向上，侧枝密生且紧凑，树冠多呈圆锥形。2～3 年生枝
暗褐色，一年生枝暗红褐色。叶芽肥大，圆锥形，钝尖；花芽大，圆锥形。花白色，花柱
5 枚，雄蕊 18～20 枚，每花序花朵数 7.7 个。

果实中大，单果重 141g，纵径 6.8cm，横径 7.2cm。扁圆形，果皮绿黄色，果点较
密，分布均匀。果梗长 3.3cm，粗 2.5mm。梗洼中深、狭；萼片脱落，萼洼浅、中广。
果心中大，5 心室，果肉黄白色，肉质细，疏松，汁液多，味淡甜。含可溶性固形物
10.00％、可溶性糖 6.29％、可滴定酸 0.11％，品质中上等。

植株生长势强。萌芽率 87.9％，成枝力弱。开始结果年龄晚，18～20 年进入盛果期，
90 年后开始衰老，树龄 140～150 年，是当地品种中寿命最长的品种。丰产、稳产，采前
不落果。在辽宁兴城，4 月上旬花芽萌动，4 月下旬至 5 月上旬盛花，9 月下旬果实成熟，
11 月中旬落叶。果实发育期 138d，营养生长期 218d。抗寒性比早梨强，花期不易遭霜

害。耐瘠抗旱。易感黑斑病、黑星病。

### （九）威宁大黄梨（Weiningdahuangli）

**威宁大黄梨（2n＝34）** 产于贵州威宁，在威宁及昭通（云南）地区栽培多。

叶片卵圆形，长 12.7cm，宽 7.3cm，叶尖长尾尖。树姿半开张，一年生枝暗褐色。花白色，花冠直径 4.7cm，花药淡紫红色，花柱 5 枚，雄蕊 20～24 枚。

果实中大或大，单果重 165～207g，纵径 6.2～7.1cm，横径 6.1～7.3cm。果实圆形或倒卵圆形，果皮浅黄褐色，表面粗糙。果点中大、多。梗洼浅、狭；萼片脱落，萼洼深、中广。果肉白色微黄，肉质中粗，松脆，汁液中多，味酸甜，稍涩。含可溶性固形物 12.70％、可溶性糖 7.15％、可滴定酸 0.31％，品质中上。

树势强，萌芽率 7.03％，成枝力弱。在辽宁兴城，3 月中下旬花芽萌动，5 月上、中旬盛花，9 月下旬至 10 月上旬果实成熟，11 月中、下旬落叶。果实发育期 138d，营养生长期 214d。较耐贮藏，贮后味更浓。在气候温和、日照充足、昼夜温差大、土层深厚肥沃的条件下栽培，能表现出丰产优质的性状。抗旱、抗寒、耐涝。抗盐和抗病虫能力较差，象鼻虫为害严重，多雨时易得黑星病，采前落果重。

### （十）早三花（Zaosanhua）

**1. 早三花（2n＝34）** 又名三花梨。产于浙江义乌，为当地栽培最广的地方优良品种。

叶片心脏形或卵形，长 10.3cm，宽 7.1cm，先端渐尖，基部心脏形或圆形，叶缘刺毛状锯齿。幼树树冠呈圆锥形，盛果期为圆头形，枝条短而密，树姿开张。2～3 年生枝棕色，一年生枝红褐色。花白色，花冠直径 4.5cm。花柱 5 枚，雄蕊 20～25 枚。

果实大，单果重 207g，纵径 7.0cm，横径 7.2cm。倒卵圆形，果皮薄，绿黄色，中下部橙黄色，成熟后为红褐色。果点大、密。果梗长 5.1cm，粗 3.2mm。梗洼浅，周围有棱状突起；萼片残存，萼洼浅、广。果心中大，5 心室，果肉白色，肉质中粗，疏松，汁液多，味甜。含可溶性固形物 13.47％、可溶性糖 7.49％、可滴定酸 0.11％，品质中上等。

树势中庸。定植 3～4 年结果，20 年左右进入盛果期，管理良好可维持盛果期 30～60 年，植株寿命可达 150 年。主要以短果枝群结果。盛果期单株产量可达 250～300kg。在辽宁兴城，4 月上旬花芽萌动，4 月下旬至 5 月上旬盛花，9 月中、下旬果实成熟，11 月中旬落叶。果实发育期 126d，营养生长期 220d。果实贮藏期可达 1 个月以上，贮藏后风味尤佳。果实抗风能力弱，抗病虫能力弱。

**2. 育种利用**

黄花：黄蜜×早三花，见品种介绍。

清香：浙江省农业科学院园艺研究所育成，母本为新世纪，父本为早三花，1978 年杂交，2003 年通过品种鉴定，2005 年通过认定。

### （十一）棕包梨（Zongbaoli）

棕包梨（2n＝34），福建地方品种，又名曾公梨（闽北）、通瓜梨（漳浦）、雪梨

（平和）。

叶片宽卵圆形，长 12.0cm，宽 6.6cm，叶尖长尾尖，叶基圆形，叶缘细锐锯齿，有刺芒。树冠圆锥形，树姿半开张，一年生枝灰褐色。花白色，每花序 6.8 朵花。

果实中大，单果重 186g，纵径 6.2cm，横径 7.2cm。果实扁圆形，黄绿色，果皮粗糙，果点中大、多。果梗长 3.7cm，粗 3.3mm。梗洼中深、中广。萼片脱落，萼洼深、中广。果心中大，5 心室。果肉黄白色，肉质中粗，紧密，汁液多，味甜，微酸。含可溶性固形物 11.17％、可溶性糖 5.81％、可滴定酸 0.19％，品质中上等。

树势强。定植 4 年结果。萌芽率 82.3％，成枝力弱。各类果枝结果比例为：短果枝 59.5％、中果枝 28.1％、长果枝 12.4％。在辽宁兴城，4 月上旬花芽萌动，5 月上旬盛花，9 月下旬果实成熟，11 月中旬落叶。果实发育期 133d，营养生长期 219d。耐寒，耐旱，但产量不高，抗病虫性差。

## 二、选育品种

### （一）翠冠（Cuiguan）

**1. 翠冠**　浙江省农业科学院园艺研究所培育。母本为幸水，父本为杭青×新世纪。早熟、高产、优质，且生长势旺，适应性强。1999 年通过浙江省农作物品种审定委员会认定。目前已在浙江、重庆、四川、江西等地大面积栽培，果品受市场欢迎。

果实圆或长圆形，果皮黄绿色，平滑，有少量锈斑。单果重 230g，最大单果重 500g。果肉白色，果心较小，石细胞少，肉质细，酥脆，汁多，味甜。含可溶性固形物 11.5％～13.5％，品质上等。在杭州地区果实成熟期 7 月底。

树势强，树姿较直立，花芽较易形成，丰产性好。定植 3 年结果。抗性强，山地、平原、海涂都宜种植。抗病、抗高温能力明显优于日本梨。株行距（2.5～3）m×4m 为宜。采用疏散分层形整形修剪，定植苗 60cm 定干；采用开心形，定植苗 45cm 定干。前期要注意拉枝，开张主枝角度，提早结果。进入盛果期后应进行疏花、疏果。通过套袋，可改善果面状况，大大提高商品性，好果率能提高到 95％以上。授粉品种有清香、黄花等。

**2. 育种利用**

初夏绿：浙江省农业科学院园艺研究所育成。母本为西子绿，父本为翠冠。1995 年杂交，2008 年通过浙江省农作物品种审定委员会认定。

翠玉：浙江省农业科学院园艺研究所育成。母本为西子绿，父本为翠冠。1995 年杂交，2011 年通过浙江省农作物品种审定委员会审定。

苏翠 1 号：江苏省农业科学院园艺研究所育成。母本为华酥，父本为翠冠。2003 年杂交，2011 年通过江苏省农作物品种审定委员会审定。

苏翠 2 号：江苏省农业科学院园艺研究所育成。母本为西子绿，父本为翠冠。2003 年杂交，2011 年通过江苏省农作物品种审定委员会审定。

### （二）华梨 1 号（Huali No.1）

华中农业大学育成。以日本梨湘南为母本、江岛为父本，杂交育成的晚熟、丰产、优质梨新品种。1997 年通过湖北省农作物品种审定委员会审定。现已在湖北、湖南、四川、江西、安徽、浙江、上海等省（直辖市）引种试栽。

果实广卵圆形，浅褐色，单果重 310g，最大单果重 700g 以上。果肉白色，肉质细，酥松，石细胞少，汁液多，味甜。含可溶性固形物 12.0%～13.5%、可滴定酸 0.09%～0.11%，品质上等。室温下可贮放 20d 左右。

树势强，树姿开张，层性明显。萌芽率高，成枝力较弱。一年生枝粗壮，节间较长。初结果幼树以中、长果枝结果为主，盛果期树以短果枝结果为主。连续结果能力强。进入结果期较早，丰产、稳产。在湖北省武汉，3 月上旬花芽萌动，3 月中、下旬初花，4 月下旬落花，9 月上旬果实成熟。对黑斑病、粗皮病抗性较强。

不宜高度密植，须以宽行密株，中度密植，可采用行株距（4～5）m×（2～3）m。树形可采用疏散分层形。

### （三）黄花（Huanghua）

**1. 黄花**  浙江农业大学选育。母本为黄蜜，父本为三花梨。1962 年杂交，1974 年育成。福建、湖北、浙江、江苏、江西、湖南、重庆等省（直辖市）均有栽培。

树势强，树姿开张。萌芽率较高，成枝力中等，易形成腋花芽和短果枝。定植 2 年部分树结果。果台副梢具有连续结果能力，易形成短果枝群。平均每果台坐果 2～3 个。在武汉地区，3 月初花芽萌动，3 月下旬盛花，花期长。果实 8 月中旬成熟。

单果重 230g，果实阔圆锥形，果皮底色黄绿，果面有黄褐色锈，果点中等大。果梗长 3.3cm，粗 3.0mm。梗洼中深，中广，萼片宿存，萼洼中深、中广。果心中大或小，果肉白色，肉质细，松脆，汁液多，味甜。含可溶性固形物 11.8%～14.5%，品质上等。较耐贮运。

树冠中大，株行距（2.5～3）m×4m 为宜。修剪时前期注意拉枝，提高早期产量。进入盛果期后，则注意短剪与长放相结合。合理促、控，使树体有比较合理的负载量，保证年年丰产。抗逆性强，耐高温多湿，对黑星病、黑斑病和轮纹病抗性较强。在浙江省沿海地区易受台风危害。授粉品种可选用杭青、新世纪、翠冠、雪青等。

**2. 育种利用**

冀蜜：雪花梨×黄花，见雪花梨育种利用。

早魁：雪花梨×黄花，见雪花梨育种利用。

玉冠：浙江省农业科学院园艺研究所育成。母本为筑水，父本为黄花。1993 年杂交，2008 年通过浙江省农作物品种审定委员会认定。

### （四）金水 1 号（Jinshui No.1）

湖北省农业科学院果树茶叶研究所选育的品种。母本为长十郎，父本为江岛。1959 年杂交，1972 年育成。

单果重 294g，纵径 7.5cm，横径 8.2cm。果实阔倒卵形或近圆形。果皮绿色，果面较平滑，部分有锈盖。果点中大、多。果梗长 3.4cm，粗 2.4mm。梗洼中深、中广。萼片脱落，萼洼中深、中广。果心中大，果肉白色，肉质较细，酥脆，石细胞少，汁液多，味酸甜。含可溶性固形物 10.97%、可滴定酸 0.235%，品质中上。

生长势强，萌发率高，延长枝剪口下抽生长枝 2.65 个。新梢长 68.5cm，粗 0.89cm，节间长 3.0cm。定植 3 年结果。短果枝占 76.9%。果台抽生 1~2 个果台副梢，连续结果能力中等。花序坐果率 29.0%，平均每果台坐果 1.3 个。前期雨水过多，后期干旱，树势衰弱则采前落果较重。丰产、稳产。在湖北武汉，花芽萌动期 3 月初，盛花期 3 月中、下旬，新梢停止生长期 5 月下旬至 6 月上旬，果实成熟期 8 月下旬，落叶期 11 月中旬。定植密度 3m×（4~5）m 为宜。可采用疏散分层形。前期应注意开张主枝角度。花粉较少，作主栽品种时应配 2 个以上授粉品种。花期如遇阴雨，应进行人工授粉，以提高坐果率。授粉品种有安农 1 号、雅青、新高等。注意增施农家肥及地面覆盖保墒，以减少采前落果。

### （五）金水 2 号（Jinshui No.2）

**1. 金水 2 号**　湖北省农业科学院果树茶叶研究所选育，母本为长十郎，父本为江岛。1959 年杂交，1973 年育成。江西、浙江、陕西、四川、湖南、河南、辽宁等省均有栽培。

果实近圆形，单果重 195g，最大可达 310g，果皮在近成熟时为翠绿色，采收后为黄色。果肉浅黄白色，肉质细，疏松，汁液多，味甜。含可溶性固形物 12%，品质上等。在武汉地区 7 月下旬成熟。

树势强，较开张，枝梢粗短，节间密，树冠中大。结果早、丰产。萌芽力强，成枝力中等。短果枝结果为主，腋花芽结果较多。定植密度以 3m×（4~4.5）m 为宜。前期要注意开张主枝角度、摘心和长放，以轻剪为主。注重疏花疏果。果实成熟期应分批采收，大果先采，一般 3~4 次采完，采后要及时分级、装箱、销售。在瘠薄地栽培易裂果，抗旱能力较弱，较抗黑星病和黑斑病，抗轮纹病中等，易发生采前落果。

**2. 育种利用**
龙泉酥：成都市龙泉区农业局育成。母本为金水 2 号，父本为崇化大梨。

### （六）清香（Qingxiang）

浙江省农业科学院园艺研究所育成，原代号 7-6，母本为新世纪，父本为三花梨，1978 年杂交，2005 年通过品种认定。

单果重 300g，大的可达 550g。果实长圆形，果皮褐色，果点中大，较均匀。果肉白色，肉质细，松脆，汁液多，味甜。含可溶性固形物 11%~13%，品质上等。果实 8 月 10 日左右成熟。

树势较弱，树姿较开张。萌芽率和发枝力中等，以短果枝结果为主。腋花芽易形成。授粉品种有黄花、翠冠等。

### （七）早生新水（Zaoshengxinshui）

上海市农业科学院作物林果研究所选育，是新水的实生后代。2004 年通过上海市农作物品种审定委员会审定。

果实扁圆形，整齐，果皮浅黄褐色，单果重 140~217g。肉质脆，石细胞极少，汁液极多，味甜。含可溶性固形物 12%~14%，品质上等。果实 7 月中下旬成熟。

树势强，萌芽率中等，成枝力弱。丰产，定植 3 年产量可以达到 6 000kg/hm²。短果枝、新梢上部可以形成腋花芽，果台枝连续结果能力较差。对肥水条件要求较高。果实采收早，应加强采收后的管理，特别注意雨季叶面病害防治和保叶工作。较抗黑斑病，对轮纹病的抗性较新世纪差，有些年份出现黑星病。管理不良的果园在雨季易发生叶面病害。授粉品种有翠冠、长寿、金二十世纪、幸水、菊水等。

## 三、日本砂梨品种

### （一）丰水（Housui）

日本农林省园艺试验场 1972 年命名的优质大果褐皮砂梨品种。母本为幸水，父本为石井早生×二十世纪后代。

单果重 253g，最大 530g。果实圆形或近圆形。果皮黄褐色，大型果有纵沟，果点大、多；梗洼中深而狭，萼洼中深、中广，萼片脱落。果肉雪白，肉质细，酥脆，汁液多，味甜。含可溶性固形物 13.60％，品质上等。

树势中庸，树姿半开张。萌芽力强，发枝力弱。定植 3 年结果，以短果枝结果为主。幼年树中、长果枝及腋花芽较多，花芽容易形成。果台副梢抽生能力强，连续结果能力较强。武汉地区果实 8 月中、下旬成熟。注意疏果，以提高单果重。进入盛果期后要加强肥水管理，防早衰。防早期落叶。授粉品种有湘南、黄花等。

### （二）幸水（Kousui）

**1. 幸水**　日本农林省园艺试验场育成，母本为菊水，父本为早生幸藏，1941 年杂交，1959 年命名，曾用名梨农林 3 号。

树势较强，树姿半开张。萌芽力中等，成枝力弱。以短果枝结果为主，果台副梢抽枝力中等。在郑州地区盛花期 4 月上旬，果实成熟期 8 月上中旬。

果实扁圆形，单果重 250～300g，果皮黄褐色，有时底色绿色。果肉白色，肉质细，稍软，汁液多，味甜。含可溶性固形物 11％～14％，品质上等。较丰产、稳产。北京地区 8 月上旬成熟。较抗黑星病与黑斑病，果实有心腐病，易受鸟害。对肥水条件要求较高。

选择土壤疏松透气，有机质含量高的土地建园。控制骨干枝延长枝上花量。盛花期人工授粉能增大单果重与提高品质。常温下不耐贮藏。

**2. 育种利用**

翠冠：幸水×（杭青×新世纪），见品种介绍。

七月酥：幸水×早酥，见品种介绍。

### （三）南水（Nansui）

日本长野县南信农业试验场育成，母本为越后，父本为新水。

单果重 360g，最大可超过 500g。果实扁圆形，端正。果皮褐色，套袋果黄褐色，果面洁净光滑。果肉白色，肉质细，疏松，汁液多，味甜。含可溶性固形物 14.6％，品质上等。在河北深州，3 月中旬萌芽，4 月上旬盛花，果实成熟期 9 月下旬，11 月中旬落叶。常温下贮藏半个月，冷藏 2 个月，气调库（CA）贮藏至翌年 5 月。

树势稍强，树姿直立。以短果枝结果为主，坐果率高，高接第二年大量结果，连续结果能力强。早果性好。授粉品种有圆黄、幸水、秀黄、丰水等。极易成花，幼树期修剪应注意多短截。喜光，注意开张骨干枝角度。严格疏花疏果，保持树势健壮。抗黑星病能力强，对黑斑病抗性稍弱。

### (四) 新高 (Niitaka)

日本神奈川农业试验场菊池秋雄 1915 年育成，母本为天之川，父本为今村秋，1927 年命名。

果实近圆形，果实大，单果重 410g。果皮黄褐色，果面光滑，果点中密，果肉细、松脆，石细胞中等，汁液多，味甜。可溶性固形物含量 13%～14.5%，品质上等。

树势较强，树姿半开张，萌芽率高，成枝力稍弱。以短果枝和腋花芽结果为主，坐果率高、易丰产。在河北石家庄，4 月上旬盛花，9 月中旬果实成熟。花粉少。对黑斑病和轮纹病抗性强，较抗黑星病。花期早，需注意防止晚霜危害，不适于在晚霜频发和易滞留低温气流的地形栽培。

### (五) 二十世纪 (Nijisseiki)

**1. 二十世纪** 日本千叶县松户市大桥发现的自然实生，1888 年发现，1898 年命名。在我国辽宁、河北、浙江、江苏和湖北等省有少量栽植。

果实近圆形，整齐。单果重 136g，纵径 6.0cm，横径 6.5cm。果皮绿色，经贮放变绿黄色。果梗长 3.2cm，粗 2.6mm。萼片脱落，间或宿存，萼洼中深广；梗洼中深广。果肉白色，果心中大，5 心室，肉质细，疏松，汁液多，味甜。含可溶性固形物 11.1%～14.6%，品质上等，果实不耐贮藏。

树势中庸，枝条稀疏，半直立，成枝力弱。定植 3～5 年结果，以短果枝结果为主，产量中等。植株寿命短，有隔年结果现象。在辽宁兴城，9 月上旬果实成熟。抗寒、抗风力弱，易感染黑斑病、轮纹病。

**2. 育种利用**

早香 1 号：中国农业科学院果树研究所育成。母本为小香水，父本为二十世纪。1957 年杂交。

早香 2 号：来源同早香 1 号。

早白梨：中国农业科学院果树研究所育成。二十世纪实生。1957 年杂交。

### (六) 新世纪 (Shinseiki)

**1. 新世纪** 日本冈山县农业试验场石川侦治育成，1945 年命名。母本为二十世纪，父本为长十郎。在浙江、上海、湖南、湖北、河南等地栽培。

果实中大，单果重 200g，最大 350g 以上。果实圆形，果皮绿黄或淡黄色，表面光滑。萼片脱落。果肉黄白色，肉质松脆，石细胞少，果心小，汁液中多，味甜。含可溶性固形物 12.5%～13.5%，品质上等。在河南郑州，3 月上旬花芽萌动，3 月下旬盛花，果实 8 月上旬成熟。

树势中等，树姿半开张。以短果枝群结果为主，果台枝抽生枝条的能力较强。定植 2～3 年结果。坐果率高，丰产、稳产，大、小年结果现象不明显，连续结果能力强。雨水多的地区裂果较严重，采收期过晚易落果。抗旱、耐涝、抗寒性优于幸水，在高温、多雨地区栽植对多种病害有较强的抗性。

**2. 育种利用**

新杭：浙江农业大学育成。母本为新世纪，父本为杭青。1976 年杂交，1990 年选出。

黄冠梨：雪花梨×新世纪，见品种介绍。

西子绿：浙江大学育成。母本为新世纪，父本为八云×杭青。1976 年杂交，2001 年通过重庆市农作物品种审定委员会审定。

雪青：雪花梨×新世纪，见雪花梨育种利用。

早美酥：中国农业科学院郑州果树研究所育成。母本为新世纪，父本为早酥梨。1982 年杂交，1998 年通过河南省农作物品种审定委员会审定。2002 年通过全国农作物品种审定委员会审定。

中梨 1 号：新世纪×早酥，见品种介绍。

清香：新世纪×三花梨，见品种介绍。

脆绿：浙江省农业科学院园艺研究所育成。母本为杭青，父本为新世纪。2007 年通过浙江省农作物品种审定委员会认定。

### (七) 若光 (Wakahikari)

日本千叶县农业试验场育成，母本为新水，父本为丰水梨，1992 年登录。

果实近圆形，单果重 300～350g，果皮黄褐色，果面光洁，果点小而稀、分布均匀，无果锈，外观极佳。果心小，石细胞少，味甜，汁液多。含可溶性固形物 11.6%～13.0%，品质上等。在江苏南京，3 月上旬萌芽，4 月初盛花，花期 10～14d，花期比黄冠早 2～3d。果实成熟期在 7 月中旬，果实发育期 100～105d，采前落果不明显。

树势较强，树姿较开张。成枝力弱，幼树生长势强，萌芽率高，成枝力弱，成花容易。短果枝及腋花芽结果性状均良好。连续结果能力强，结果枝易衰弱，注意更新复壮。授粉树可选用黄冠、鸭梨、砀山酥梨、冀玉等。梨黑星病、黑斑病等发生程度略轻，很少落果。对肥水条件要求较高，否则易造成树势衰弱。

## 四、韩国砂梨品种

### (一) 秋黄梨 (Chuwhangbae)

韩国农村振兴厅园艺研究所选育，母本为今村秋，父本为二十世纪，1985 年育成。

果实圆锥形，果皮深黄褐色，单果重 395g，最大果重 800g。果肉白色，石细胞较少，汁液多，味甜。含可溶性固形物 14.1%～16.0%，品质上等。果实 10 月中旬成熟。采后常温下可贮藏 90～100d，低温下可贮 150d 以上。

树势强，树姿半开张。萌芽率高，成枝力低，易形成短果枝和腋花芽。花粉量多，多作为授粉树。选择土壤疏松透气，有机质充足的土地建园。抗黑斑病，较抗梨黑星病。

### (二) 甘川梨 (Gamcheonbae)

韩国农村振兴厅园艺研究所选育，母本为晚三吉，父本为甘梨，1990 年育成。

果实扁圆形，果皮褐色，单果重 590g。果肉白色，果心小，肉质细，酥脆。含可溶性固形物 13.3%，品质上等。果实 10 月上、中旬成熟。耐贮藏。

树势较强，树姿开张。对梨黑斑病和黑星病抗性强。花粉量多。

### (三) 黄金梨 (Whangkeumbae)

韩国农村振兴厅园艺研究所选育，母本为新高，父本为二十世纪，1984 年育成。

果实圆形，果皮黄绿色，单果重 430g，果肉白色，肉质细，汁液多，味甜。含可溶性固形物 14.9%，品质上等。果实 9 月中、下旬成熟。

树势强，树姿半开张。成枝力较弱，易形成短果枝和腋花芽，果台较大，不易抽生果台副梢，连续结果能力差。对肥水条件要求较高。花粉败育，不能作授粉树，但与大多数品种亲和，坐果率高。抗黑斑病。可适度密植，修剪以拉枝为主。结果后注意更新修剪。

### (四) 华山 (Whasan)

韩国农村振兴厅园艺研究所选育，母本为丰水，父本为晚三吉，1992 年育成。

果实圆形，果皮黄褐色，单果重 543g，外观美。肉质细，松脆，汁液多，味甜。含可溶性固形物 12.9%，品质上等。果实 9 月下旬至 10 月上旬成熟。个别年份有轻微裂果。

树势旺，树姿开张。萌芽率高，成枝力中等，腋花芽结果能力强。高抗黑斑病、黑星病。既可作为主栽品种，也可作授粉树。注意防旱、排涝和疏花疏果。

### (五) 圆黄 (Wonhwang)

韩国农村振兴厅园艺研究所选育，母本为早生赤，父本为晚三吉，1994 年育成。

果实扁圆形，单果重 560g。果皮薄，淡黄褐色，果点小而稀，果面光滑，无果锈。果肉白色，肉质细，疏松，汁液多，石细胞少，味甜。可溶性固形物含量 12.5%～14.8%，品质上等。果实 9 月上旬成熟。常温下可贮 15d 左右，冷藏可贮 5～6 个月。

树势强，枝条半开张，萌芽力高，成枝力中等；枝条长放易形成短果枝。幼树以腋花芽结果为主，盛果期以短果枝结果为主。早果性好，抗黑星病能力强，抗黑斑病能力中等、抗旱、抗寒、较耐盐碱，栽培管理容易，花芽易形成，花粉量大，既是优良的主栽品种又是很好的授粉品种。自然授粉坐果率较高，丰产。肥水不当，易引起早期落叶。

# 第三节　秋子梨品种

## 一、地方品种

### (一) 安梨 (Anli)

安梨 (2n＝3x＝51)　别名酸梨、酸梨锅，产于东北的中南部地区和河北省燕山山区。辽宁西部、北镇、鞍山，河北兴隆、青龙等地栽培较多，吉林延边地区也有栽培。

叶片大，长 12.0cm，宽 9.6cm，多呈近圆形，先端渐尖，边缘反屈如波浪形，具长刺毛状贴附齿缘。初生叶淡黄绿色。枝条稠密，主枝开张，树冠大，扁圆形。2～3 年生枝深褐色，皮孔圆形、极稀、显著；一年生枝深褐色，带有紫红色，皮孔稀疏，屈折性显著；嫩梢淡黄绿色。芽较肥大，顶端尖，斜生，顶芽形成早。花白色，花冠直径 5.81cm，平均每个花序 5.9 朵花，花柱 5 枚，基部有茸毛。

果实中等大，在秋子梨中属大果型，单果重 127g，纵径 5.2cm，横径 6.2cm，果实扁圆形，果皮黄绿色，贮后变黄色。果面较粗糙，皮厚、脆。果点中大而密。梗洼浅小，具多条小沟纹，有锈斑。萼片宿存或残存，基部分离；萼洼广、浅，周围微具皱褶。果心中大，果肉黄白色，采收时肉质粗、紧密，石细胞多，汁液中多，味酸。经后熟肉质变软，甜酸可口。含可溶性固形物 14.23%、可溶性糖 8.74%、可滴定酸 0.41%，品质中上等。果实极耐贮藏，可贮藏至翌年 5～6 月。亦可作冻梨食用。

植株生长健壮，20 年生树高 6.4m，冠径 8m，新梢年生长量 44cm 以上。萌芽力强，一般除最基部的芽不萌发外，其余均可萌发。成枝力强，枝条上部 2/3 以上的芽常发育为长势较强的新梢，多呈直角着生，整个树冠枝条交叉生长。5～7 年开始结果，产量高，植株寿命长。短果枝结果占 52.4%，中长果枝结果 29.1%，腋花芽结果 18.5%，平均每花序坐果 1.5 个。一年生枝腋花芽大量结果，结果当年果台处抽生 40cm 左右的副梢，当年形成花芽，翌年再结果。在辽宁兴城，3 月下旬至 4 月上旬萌芽，盛花期在 4 月下旬至 5 月上旬，果实 9 月下旬至 10 月上旬成熟，10 月下旬落叶，果实发育期 145d 左右，营养生长期 215d 左右。抗寒、抗病虫、适应性均强，管理容易。注意疏花疏果，合理负载。

### （二）大香水（Daxiangshui）

**1. 大香水（2n＝34）** 又名大头黄，产于辽宁，鞍山地区栽培较多，吉林延边地区亦有栽培，甘肃、新疆有少量栽培。

叶片椭圆形或近圆形，长 10.0cm，宽 7.9cm，先端锐尖，刺毛状齿缘。嫩叶黄绿色。树冠呈圆头形。主干灰褐色，一年生枝淡赤褐色，屈折性显著，皮孔特稀。芽肥大，斜生。花白色，花冠直径 4.0cm，平均每个花序花朵数 6.4 个。花粉极少。

果实中等大小，单果重 101g，纵径 5.3cm，横径 5.7cm，长圆形，整齐。果皮黄色，较光滑，果点小而多，少数阳面有淡红色晕，果皮稍粗糙，皮厚、韧、无锈。果梗长 3.9cm，粗 3.2mm，与果实连接处膨大，近于无梗洼。萼片宿存，闭合，萼洼浅、中广，皱褶明显。果心大，果肉黄白色，肉质粗、紧密、韧。采后 8d 左右后熟，果肉变软，石细胞多，汁液中等，味甜酸稍涩，香气浓。含可溶性固形物 12.10%、可溶性糖 8.28%、可滴定酸 0.48%。品质中或中上。果实不耐贮藏，可存放 20d 左右。

树势强，26 年生树高 4.8m，冠径 5.9m×5.3m。幼树树冠呈纺锤形，新梢年生长量在 1m 左右。萌芽率为 86%，潜伏芽萌发力较强。发枝力弱，平均抽发长枝 1.64 个。定植 7 年结果。成年树以短果枝结果为主，花序坐果率 99%，每花序平均坐果 2.1 个，丰产稳产。在辽宁兴城，3 月下旬至 4 月上旬萌芽，盛花期在 4 月中下旬，果实 8 月中、下旬成熟，11 月上旬落叶，果实发育期 110～120d，营养生长期 207d 左右。抗寒力强，可耐−36.4℃低温。对东北中北部自然条件有较强的适应能力，抗病虫能力较强，但是褐斑病较重。授粉品种有南果梨、茌梨、鸭梨等。

**2. 育种利用**

红秀 2 号：大香水×苹果梨，见苹果梨育种利用。

新梨 4 号：大香水×苹果梨，见苹果梨育种利用。

红金秋：大香水×苹果梨，见苹果梨育种利用。

寒香：大香水×苹香梨，见品种介绍。

### （三）花盖（Huagai）

**1. 花盖（2n=34）**　　为东北古老的地方品种，主要在辽宁、吉林延边地区和河北燕山山区栽培。

叶片中等大小，长 8.8cm，宽 6.8cm，卵圆形，先端突尖或渐尖，叶缘弯曲，刺芒状锯齿，成熟叶色泽较深，嫩叶淡黄绿色，微有橙红色晕。树冠呈圆头形，半开张。2～3 年生枝暗赤褐色，一年生枝绿褐色，皮孔稀疏，突出，嫩梢部分呈淡黄绿色，杂有淡红色斑，密被白色茸毛。芽饱满，离生。花白色，花冠直径 4.03cm，平均每个花序花朵数 5.4 个，花粉量多。

果实小，单果重 78g，纵径 4.5cm，横径 5.4cm，扁圆形，整齐。果皮黄绿色，果面较平滑；果点中小，褐色。果梗长 3.8cm，梗洼浅、狭，周围具沟纹；以梗基为中心，周围有放射状片锈，是其明显特征，故称花盖。萼片宿存，开张或半开张，基部有小瘤状突起，萼洼广、浅，微有沟纹。果心中大，扁圆形。果肉黄白色，质粗、紧密，石细胞多，经后熟果肉变软，汁液多，味酸甜，有香气。含可溶性固形物 15.40%、可溶性糖 7.87%、可滴定酸 0.51%，品质中上等。耐贮藏，可贮至翌年 3～4 月。

树势中等，26 年生树高 5.1m，冠径 4.5m×4.4m。萌芽率 84.5%，成枝力弱，平均发长枝 2.3 个。定植 5～6 年结果，产量中等，主要以 3～6 年生枝上的短果枝结果为主，占 64%。花序坐果率 99%，平均每花序坐果 2.2 个，腋花芽也能结果。在辽宁兴城，3 月下旬至 4 月上旬萌芽，盛花期在 4 月下旬至 5 月上旬，果实 9 月下旬成熟，11 月上旬落叶，果实发育期 140d 左右，营养生长期 218d 左右。

对东北中南部和河北省东北部地区的自然条件适应能力强，抗寒、抗病虫能力强。自然坐果率很高。易感黑星病，特别是接近成熟时发病较重，加强防治。

**2. 育种利用**

花盖王：花盖四倍体芽变，见品种介绍。

### （四）尖把梨（Jianbali）

尖把梨（2n=34）　　为东北地区古老地方品种，在辽宁开原和吉林延边地区栽培较多。

叶片长 12.0cm，宽 6.6cm，阔椭圆形，先端细尖。树冠半圆形，枝条水平开张或下垂。主干灰褐色，表面粗糙，一年生枝黄褐色，有绿色晕，皮孔稀疏，节间较长，新梢顶部被有茸毛。芽肥大，离生或半离生。

果实小，单果重 87g，纵径 5.3cm，横径 5.5cm，短葫芦形或倒阔圆锥形，比较整齐。采收时果面浅绿色，经过后熟变为黄色。果面平滑有光泽，肩部有片锈，果点小而多。果梗长 2.8cm，梗洼部多突起，具小棱。萼片宿存，开张，萼洼浅。果心中大，呈扁圆形。果肉白色，肉质细，石细胞中多，紧密、韧，采时不宜食用，经后熟果肉变软，汁液多，酸甜，香味浓郁。含可溶性固形物 16.30%、可溶性糖 7.54%、可滴定酸 0.59%，品质上等。果实耐贮藏，极宜冻藏。

树势强，26 年生树高 5.2m，冠径 6.4m×6.0m。萌芽率 76.6%，基部 2～3 个芽通常不萌发。成枝力弱，平均抽长枝 1.8 个。定植 4～5 年结果，以 3～6 年生枝上的短果枝结果为主，占 76%，花序坐果率 96%，平均每花序坐果 2.4 个，丰产，有大小年现象。

在辽宁兴城，3月下旬至4月上旬萌芽，盛花期在4月下旬至5月上旬，9月中至下旬果实成熟，10月下旬落叶。果实发育期130d，营养生长期207d。对东北中南部地区的自然条件有高度的适应能力，抗寒力强，在新疆伊犁（—36.4℃）无冻害。不抗黑星病。授粉品种有安梨、平梨、花盖等。

### (五) 京白梨 (Jingbaili)

**1. 京白梨 (2n＝34)**　　原产于北京近郊，为秋子梨栽培种中品质最优良的品种之一，东北南部、山西、西北各省均有栽培。

叶片中等大小，长8.7cm，宽6.8cm，圆形、卵圆形或椭圆形，具刺毛状齿缘。幼叶黄绿色。树冠呈扁圆形，半开张，枝条较密。一年生枝黄褐色，初生新梢淡黄色，微被茸毛。芽饱满，离生。花白色，花冠直径3.97cm，平均每个花序8.5朵花，花粉量中多。

果实中等大，单果重121g，纵径5.2cm，横径6.3cm。果实扁圆形，整齐。果皮黄绿色，贮后变黄白色，果面平滑，果点小，褐色，较稀少，不明显。果梗长5.1cm，粗2.2mm，梗洼浅小，具小沟纹。萼片宿存、开张，萼洼浅小，多具皱褶。果心中大，扁圆形。果肉黄白色，肉质中粗而脆，石细胞少，经10d左右后熟，肉质变细软，易溶于口，汁液多，味甜，具微香。含可溶性固形物14.83%、可溶性糖8.94%、可滴定酸0.18%，品质上等，不耐贮藏。

树势中庸，26生树高4.5m，冠径4.5m×4.1m。萌芽率83.5%，成枝力较弱，平均抽2.2个长枝。新梢生长量45cm左右。定植7年结果，短果枝结果占70%，腋花芽结果8%。花序坐果为95%，平均每序着果2.4个。结果当年由果台处可抽生短梢或中长果枝。较丰产稳产。在辽宁兴城，4月上旬萌芽，盛花期在4月下旬至5月上旬，9月上、中旬果实成熟，11月下旬落叶。果实发育期125d，营养生长期217d。

适合冷凉地区栽培，在黄河故道等温湿地区栽培，果实品质差。喜肥沃沙质土壤，不耐瘠薄。在辽宁抚顺、沈阳，陕西延安地区花期有轻微冻害。抗风力强。黑星病和梨圆蚧较重。

**2. 育种利用**

柠檬黄：中国农业科学院果树研究所以京白梨为母本，西洋梨（品种未知）为父本育成。1952年杂交，1959年定名。

桔蜜：京白梨×秋白梨，见秋白梨育种利用。

向阳红：中国农业科学院果树研究所以京白梨为母本，西洋梨（品种未知）为父本育成。1952年杂交，1969年定名。

### (六) 南果梨 (Nanguoli)

**1. 南果梨 (2n＝34)**　　自然实生，母株在辽宁鞍山大孤山镇对庄石村十亩沟西坡上。辽宁鞍山、辽阳栽培较多，吉林、内蒙古、山西及西北一些省（自治区）亦有少量栽培。

叶片中等大，长9.6cm，宽5.9cm，椭圆形，边缘微向上反卷，呈波浪形，具刺毛状齿缘。树冠自然开张，枝条稀疏，柔软下垂。多年生枝淡黄赤褐色，新梢较粗，屈折性特别显著，着生角度大，皮孔稀疏。芽瘦长，锐尖，中等大，离生。花白色，花冠直径4.37cm，平均每个花序5.6朵花，花粉量多。

果实小，平均单果重 58g，纵径 4.2cm，横径 4.8cm，圆形或扁圆形。果皮绿黄色，阳面有鲜红晕，果面平滑，有光泽，果点小，有浅色晕圈。果梗粗短，长 1.9cm，粗 2.0mm。梗洼小、浅，周围常有沟纹。萼片脱落或宿存。果心大，扁圆形，果肉黄白色，石细胞少，质细，采收时即可食用，脆甜多汁，经 15d 左右后熟，果肉变油脂状，易溶于口，味浓香而甜。含可溶性固形物 14.40%、可溶性糖 11.01%、可滴定酸 0.41%，品质上等。室温一般可贮 25d 左右。

树势中庸，26 年树高 4.2m，冠径 4.2m×3.7m，新梢生长量 20～30cm。萌芽力强，几乎全部可发育为 2～3cm 长的果枝。发枝力中等，一般多抽生 3～4 个长枝。定植 5 年结果。短果枝结果占 74%，腋花芽结果 17%。花序坐果率 95%，平均每花序坐果 2.1 个。在辽宁兴城，4 月上旬萌芽，盛花期在 4 月下旬至 5 月上旬，9 月上旬果实成熟，10 月下旬至 11 月上旬落叶。果实发育期 115d 左右，营养生长期 203d。抗寒性强，高接树在 −37℃无冻害。抗黑星病。授粉树品种有鸭梨、雪花梨、晚香梨、伏香梨、苹果梨、茌梨、巴梨等。

**2. 育种利用**

锦香：南果梨×巴梨，见品种介绍。

大南果：南果梨大果型芽变，见品种介绍。

寒玉：苹果梨×南果梨，见苹果梨育种利用。

寒红：南果梨×晋酥梨，见品种介绍。

## （七）软儿梨（Ruan'erli）

软儿梨（2n＝34）　青海、甘肃、宁夏黄河沿岸地区的地方品种，主要分布在宁夏、青海及陇中的一些城镇附近。

叶片卵圆形，长 8.7cm，宽 6.3cm，先端急尖，基部截形，叶面平展，绿色，锯齿短小。树姿开张，枝条稠密，树冠层性明显。主干灰黑色，2～3 年生枝灰褐色，一年生枝暗褐色，新梢细，皮孔小而圆，稀疏。花白色，花冠直径 4.30cm。平均每个花序花朵数 6.3 枚。

果实中等大，单果重 127g，纵径 5.5cm，横径 6.4cm。果实扁圆形，果面微显不平，果皮黄绿色，贮后转黄色，有蜡质光泽。果皮厚、韧，果点中大、稀少，圆形。果梗长 4.4～5.3cm。梗洼中深、中广，萼片宿存或残存，萼洼中深、中广。果心中大，果肉水白色，肉质较粗、紧密、韧。果实采收时汁液少，石细胞多，贮藏 1 个月左右后熟，果肉变软，甜酸，香味浓，汁液多。含可溶性固形物 13.43%、可溶性糖 8.91%、可滴定酸 0.61%，品质中等。

树势强。萌芽力、发枝力均强。定植 4～5 年结果，以短果枝结果为主，果枝群寿命较短，丰产稳产。在辽宁兴城，4 月上旬萌芽，盛花期在 4 月下旬至 5 月上旬，9 月下旬果实成熟，11 月上旬落叶。果实发育期 140d，营养生长期 210d。耐瘠薄，在红黏土上生长结果正常，沙壤土栽培表现较好。耐旱性强，抗风力及花期抗霜能力中强。主要病害有梨树腐烂病等。授粉品种有京白梨、冬果梨、红霄梨等。

## （八）小香水（Xiaoxiangshui）

产于东北各地，分布甚广，以辽宁省北镇栽培最多。

叶片长 10.6cm，宽 6.1cm，卵圆形，具刺毛状齿缘。树冠呈平顶扁圆形，枝条开张，一年生枝赤褐色，较淡，2～3 年生枝褐色，皮孔稀疏、圆形而大、突出。新梢较细，淡绿褐色，皮孔较稀，屈折性不显著，初生嫩梢橘红色，无毛。芽肥大，先端尖、离生。

果实小，单果重 42.8g，纵径 4.3cm，横径 4.2cm，果实圆或长圆形，绿黄色，果面平滑，有光泽，无锈。果梗长 2.8cm，粗 3.0mm，梗洼不明显，周围有不明显的沟纹。萼片宿存，直立或半开展，基部有瘤状突起。果心中大，果肉黄白色，肉质中粗，松脆多汁。采后 9d 左右后熟，果肉变软，甜酸可口，具浓香。含可溶性固形物 14.60%、可溶性糖 9.49%、可滴定酸 0.47%，品质中上等。果实不耐贮藏。

树势较强，26 年生树高 4.2m，冠径 3.6m×3.8m。萌芽率 86.1%，成枝力弱，平均抽生长枝 1.6 个。定植 6 年结果，以短果枝结果为主，占 94%，花序坐果率 100%，每花序平均着果 4.7 个。丰产，有隔年结果现象。在辽宁兴城，4 月上旬萌芽，4 月下旬至 5 月上旬为盛花期，果实 8 月下旬或 9 月上旬成熟，10 月上旬至 11 月下旬落叶，果实发育期 110～120d。寿命长，抗寒性强。授粉品种有南果梨、延边谢花甜、大香水等。

### （九）鸭广梨（Yaguangli）

鸭广梨（2n=34）  河北省东北部及北京市近郊的古老地方品种，武清、河间、深县、兴隆和安次等县栽培较多。

叶片长卵圆形或椭圆形，长 10.4cm，宽 5.9cm，先端渐尖，基部圆形、广楔形或截形，叶缘具刺芒状尖锐锯齿，基部锯齿不明显。树冠半圆形，树姿半开张。一年生枝灰绿褐色，皮孔椭圆形，白黄色。花白色，花冠直径 4.7cm，平均每个花序花朵数 8.0 个。

果实小，单果重 87g，纵径 5.2cm，横径 5.4cm，近圆形。果皮黄绿色，果点细小，阳面显著。果梗长 3.2cm，粗 2.3mm，梗洼浅、中广，周围有沟纹。萼片宿存或残存，萼洼浅、广。果心大，果肉黄白色，采收时肉质硬，汁液中多，石细胞较多，经 8～9d 后熟，肉质变软，汁液增多，味甜酸，有香气。含可溶性固形物 14.10%、可溶性糖 10.30%、可滴定酸 0.20%，品质中上，果实不耐贮藏。

树势强，萌芽力和成枝力均较强。定植 3～5 年结果，以短果枝结果为主，占 75.1%，中长果枝结果占 19.3%。在北京地区，4 月上旬萌芽，盛花期在 4 月中下旬，9 月中旬果实成熟，11 月上、中旬落叶。果实发育期 140d 左右。喜土层深厚、肥沃、排水良好的沙质土，低洼地或黏重土不适宜。果实易受椿象为害。

## 二、选育品种

### （一）大南果（Dananguo）

大南果（2n=34）为鞍山市农林牧业局、辽宁省果树科学研究所、沈阳农业大学合作选育，1978 年在鞍钢副业总场梨园 22 年生南果梨树上发现的南果梨芽变，1989 年通过成果鉴定。辽宁省内已推广并有较大栽培面积，吉林、内蒙古、甘肃等省（自治区）有引种试栽。

叶片卵圆形，长 11.1cm，宽 6.9cm，叶缘锯齿细锐。一年生枝灰褐色，节间较短，长 2.9cm。花蕾粉红色，开放后变白色。花药紫红色，花粉较少。每个花序 5～8 朵花。

果实中等大，单果重 125g，大者可达 214g。果实扁圆形，果面有 3～4 条棱（有的明显，有的不大明显），果皮绿黄色，贮后转为黄色，阳面有淡红或鲜红晕。果面平滑，有蜡质光泽，果点小而多。果梗长 3.4cm，粗 2.6mm，梗洼浅、中广。萼片脱落或残存，萼洼中等深广，有皱褶。果心中大，果肉黄白色，肉质细，采收即可食，经 7~10d 后熟，果肉变软，呈油脂状，柔软易溶于口，味酸甜并具芳香。含可溶性固形物 15.5%，品质上等。在辽宁兴城，花芽 3 月中旬至 4 月中旬萌动，4 月下旬至 5 月上旬初花并盛花，果实 9 月上、中旬成熟，果实发育期 130d，营养生长期 214d。果实常温条件下可贮放 25d 左右，冷藏条件下可贮至翌年 3 月末。

树势强，萌芽力强，成枝力强，定植 3 年结果。以短果枝结果为主，占果枝总量的 80%~85%，中果枝占 10%，长果枝和腋花芽较少。花序坐果率 95%，每序坐果 2~3 个。产量中等，管理不善有隔年结果现象，采前落果轻。抗寒力强，可耐 -30℃ 低温。较抗旱、抗黑星病，对波尔多液耐性较差，喷药时要慎重。幼树修剪不宜过重，适当多留辅养枝，有利提早结果。可选花盖等品种作授粉树。

### （二）花盖王（Huagaiwang）

花盖王（2n=4x=68） 沈阳农业大学 1994 年在辽宁省北宁市果园中发现并选育的一个优良梨新品种，2002 年通过辽宁技术经济评估中心组织的科技成果评估。

叶片长 9.5cm，宽 7.1cm，卵圆形，先端突尖或渐尖，具稀疏刺芒状齿缘，幼叶淡黄绿色，微有橙红色晕。2~3 年生枝暗赤褐色，一年生枝暗褐色，节间短，嫩梢呈淡黄绿色，密被白色茸毛。芽饱满、离生。

果实中大，单果重 149g，扁圆形，果皮黄绿色。果梗长 3.2cm，梗洼附近有明显锈斑。采收时果肉质地紧密、硬，果肉淡黄白色，后熟后果肉变软，汁多，甜酸，香味浓。含可溶性固形物 12.7%~13.7%、可溶性糖 10.3%~11.4%、可滴定酸 0.23%~0.46%，品质上等。果实耐贮运，既可鲜食、冻食，又可加工。

树势强，树姿较直立，枝条粗壮，萌芽率 63.1%，成枝力中等。以短、中果枝结果为主，各类果枝比例为长果枝 4.3%、中果枝 18.5%、短果枝 77.2%。花序坐果率 58%，花朵坐果率 14.3%，平均每果台坐果 0.89 个。定植 3 年结果，第 4 年株产可达 10kg。在辽宁兴城，3 月下旬至 4 月上旬萌芽，盛花期在 4 月下旬至 5 月上旬，果实 9 月下旬成熟，11 月上旬落叶，果实发育期 140d 左右，营养生长期 218d 左右。抗寒性强，树体可耐 -35℃ 或更低的温度，抗腐烂病能力极强。授粉品种有南果梨、安梨、秋子、香水梨等。果实抗褐变能力强。

# 第四节 新疆梨品种

### （一）库尔勒香梨（Kuerlexiangli）

**1. 库尔勒香梨（2n=34）** 新疆南部古老地方品种，以库尔勒地区栽培最多、最为有名，我国北方各省有少量栽培。

叶片卵圆形，长 10.0cm，宽 7.5cm，先端尖，基部楔形或圆形，叶面两侧微向上卷，幼叶初展时呈黄色，渐渐变绿色。主干灰褐色，纵裂。幼枝无茸毛，皮孔多而显著。

果实中等大，单果重 110g 左右，纵径 5.9~7.3cm，横径 4.7~6.2cm。果实倒卵圆形或纺锤形。果面光滑或有纵沟，果皮青黄色、阳面微带红晕，果点极小，果皮薄。萼洼凹或凸，萼片脱落或宿存。果梗长 3.7～4.2cm，梗洼狭、浅，5 棱突起。果心大，5 心室。果肉白色，肉质细，酥脆，汁液多，近果心微酸。含可溶性固形物 13.30%、可溶性糖 9.62%、可滴定酸 0.10%，品质上等。果实耐贮藏，可贮至翌年 4～5 月。

树势强，树冠呈披散形或自然半圆形，枝条开张。60 年生树高 5.9m，冠径 6.2m×5.9m。萌芽力中等，发枝力强。植株寿命长。定植 4 年左右结果，一般 20～50 年为结果盛期。以短果枝结果为主，约占 73%，腋花芽和中长果枝结果能力亦强，花序坐果率 99%，平均每序坐果 1.6 个。管理得当的条件下，可实现连年丰产。在辽宁兴城，4 月上旬萌芽，盛花期在 5 月上旬，9 月下旬至 10 月上旬果实成熟，11 月上旬落叶。果实发育期 135d 左右，营养生长期 210d。抗寒能力中等，抗病虫能力较强，抗风能力较差。授粉品种有鸭梨、砀山酥梨等。

**2. 育种利用**

沙 01：新疆巴州沙依东园艺场发现的库尔勒香梨四倍体芽变，1969 年发现。

新梨 1 号：库尔勒香梨×砀山酥梨，见砀山酥梨育种利用。

新梨 6 号：库尔勒香梨×苹果梨，见苹果梨育种利用。

红香酥：库尔勒香梨×郑州鹅梨，见品种介绍。

新梨 7 号：库尔勒香梨×早酥，见品种介绍。

玉露香：库尔勒香梨×雪花梨，见品种介绍。

## （二）兰州长把（Lanzhouchangba）

主要分布在甘肃兰州、张掖一带。在皋兰、榆中、靖远和青海省的民和、乐都均有少量栽培。临夏长把亦属本品种，品系甚多。

叶片卵圆形，长 7.2cm，宽 4.8cm，先端渐尖，基部圆形，叶面光滑，浓绿色，锯齿尖小而密。树冠呈圆头形，树姿开张。2～3 年生枝灰褐色，新梢细长，暗褐色，茸毛密，皮孔中等大，长圆形，枝条较脆，弯曲。花白色，平均每个花序 7.4 朵花，花粉量多。

果实小，单果重 80g，纵径 6.0cm，横径 5.1cm。果皮绿黄色，较厚而韧，果点极少。果梗长 5.5cm，粗 2.9mm，梗洼浅或无。萼片宿存，半开张，萼洼浅、广，萼基部有肉瘤状隆起。果心中大，果肉黄白色，肉质粗，疏松而脆，石细胞中多，汁液中多，味甜酸，稍涩，贮后涩味消失。含可溶性固形物 13.52%、可溶性糖 8.15%、可滴定酸 0.31%，品质中上等。不耐贮藏。

树势较弱。定植 3～5 年结果，主要以短果枝结果，短果枝群可持续结果 7 年左右，30～40 年开始衰老。在辽宁兴城，4 月上旬萌芽，5 月上旬为盛花期，果实 8 月下旬成熟，10 月下旬至 11 月上旬落叶，果实发育期 115d。花期抗霜性稍弱，较抗盐碱，不耐瘠薄。授粉品种有兰州酥木梨、兰州冬果梨和兰州蜜梨等。

# 第五节 西洋梨品种

## （一）阿巴特（Abate Fetel）

法国品种。1866 年法国的 Abate Fetel 神父发现，偶然实生，为目前欧洲主栽品种之一。20世纪末期引入中国。

叶片长卵圆形，叶尖急尖，幼叶黄绿色，光滑无毛。树冠呈圆锥形，枝条直立生长，多年生枝黄褐色，角度较为开张，一年生枝黄绿色，无茸毛。花芽顶部略尖，近圆形，花瓣白色，花粉多。

果实长颈葫芦形，单果重257g。果皮绿色，经后熟转为黄色。果面平滑，果肉乳白色，果心小，肉质细，石细胞少，采后即可食用，经10～12d后熟，芳香味更浓。含可溶性固形物12.9%～14.1%，品质上等。

幼树生长势较旺，干性强，进入结果期后，骨干枝自然开张，树势中庸。以叶丛枝、短果枝结果为主。萌芽率82.9%，成枝力中等偏弱。长、中、短果枝及腋花芽均可结果，连续结果能力较强。花朵坐果率46%，花序坐果率81%。在山东烟台，3月下旬萌芽，4月上中旬开花，果实9月上旬成熟，11月中下旬落叶。果实发育期130～140d。耐旱，抗寒性较强。抗黑星病、黑斑病能力强，抗梨锈病，不抗枝干粗皮病，梨木虱为害较轻。授粉品种有巴梨、伏茄梨等。

### （二）巴梨（Bartlett）

**1. 巴梨** 英国品种。1770年英国的Stair先生在英国伯克郡奥尔德马斯顿（Aldermaston）地区发现。自然实生。后被英国的Williams先生获得，命名为"Williams Bon Chretien"。1797年或1799年传入美国。1817年，美国的Enoch Bartlett获得该品种，由于不知道该品种的确切名称，即用自己的名字命名。此后，该品种在美国以及许多国家被称为"Bartlett"。巴梨是世界上栽培最广泛的西洋梨品种。1871年自美国引入山东烟台，在我国大连、烟台、青岛、郑州和黄河故道等地栽培较多，昆明和贵阳也有少量栽培。

叶片卵圆形或椭圆形，长6.6cm，宽4.2cm，叶尖突尖，叶基圆形，叶缘锯齿钝，无刺芒。枝干较软，结果负荷可使主枝开张直至下垂。主干及多年生枝灰褐色，一年生枝淡黄色，阳面红褐色，较鲜亮，皮孔扁形。芽中等大或大，先端尖，离生。花白色，花冠直径3.25cm，平均每个花序花朵数5.2个，雄蕊20～26枚，花柱5枚，花粉较多。

果实大，单果重217g，纵径9.8cm，横径6.9cm。粗颈葫芦形。采收时果皮黄绿色，贮后黄色，部分果实阳面有红晕，果面有些凸凹不平，但有光泽，果点小而多，不明显。果梗长3.1cm，粗3.3mm，梗洼浅、狭，具沟状，有条锈，常在一侧有突起。萼片宿存或残存、萼片中等大、交叉闭合，萼洼浅、狭，有皱褶。果心较小，5心室。果肉乳白色，肉质细，易溶于口，石细胞极少。采后一周左右后熟，汁液特多，味甜浓香。含可溶性固形物13.85%、可溶性糖9.87%、可滴定酸0.28%，品质极上。果实不耐贮藏。适宜制作罐头，是鲜食、制罐的优良品种。

幼树生长旺盛，枝条直立，呈扫帚状或圆锥状，盛果期以后树势易衰老。11年生树高5m，冠径3m。萌芽率79%，成枝力较强。定植3～4年始果，有腋花芽结果习性。以短果枝群结果为主，占85%，丰产稳产。易受冻害并易感腐烂病，使植株寿命缩短，丰产年限远不如白梨品种。在辽宁兴城，4月上、中旬花芽开始萌动，盛花期在5月中旬，果实8月下旬至9月上旬成熟，11月上旬落叶。果实发育期115d，营养生长期210d。喜温暖气候和沙壤土，在山地、黏重的黄土地上也能适应，结果正常。抗黑星病和锈病能力较强，抗寒力弱（－25℃严重受冻），负载量大、生长衰弱时，枝干较易染腐烂病。易受食心虫和蚜虫为害。授粉树有红考密斯、三季梨、伏茄梨、长把梨等。

**2. 育种利用**

五九香：鸭梨×巴梨，见品种介绍。

锦香：南果梨×巴梨，见品种介绍。

武巴梨：甘肃武威地区农科所选育，为巴梨实生。

中矮2号：中国农业科学院果树研究所育成，从（香水梨×巴梨）杂交后代的实生中选育的梨矮化中间砧木。1979年杂交，2006年通过辽宁省品种审定委员会登记备案。

### （三）康佛伦斯（Conference）

英国品种。Leon Leclerc de Laval 实生。1894 由英国 Thomas Rivers 和 Sons 选育。原产地为英国赫特福德郡索布里奇沃思（Sawbridgeworth）。英国主栽品种，德国、法国和保加利亚等国的主栽品种之一。在 1975—1979 年，先后从波兰、南斯拉夫、比利时和荷兰等国引入中国。

叶片椭圆形，叶尖渐尖，叶基圆形或宽楔形，全缘。树姿半开张，枝条直立粗壮，一年生枝浅紫色，新梢紫红色。叶芽尖而饱满，花芽顶部略尖，近圆形。花白色，每花序5～6 朵花。花粉量多。

果实大，单果重 255g，纵径 8.9cm，横径 6.2cm。果实呈细颈葫芦形，肩部常向一方歪斜。果皮绿黄色，阳面有部分淡红晕，果面平滑，有光泽，外形美观。果梗长 3.4cm，粗 3.8mm，与果肉连接处肥大。无梗洼，有唇形突起，果梗有些侧生状态。萼片宿存，半开张；萼洼浅、中广，有皱褶。果心小，近萼端，果肉白色，肉质细，紧密，经后熟变软，汁液多，味甜，有香气。含可溶性固形物 13.5%、可溶性糖 9.90%、可滴定酸 0.13%，品质极上。果实不耐贮藏。

树势中庸，幼树生长健壮，萌芽率 78.2%，成枝力中等。定植 3 年结果，以短果枝结果为主，果台枝连续结果能力强，丰产。在辽宁兴城，4 月上、中旬萌芽，5 月上、中旬盛花，9 月中旬果实成熟，11 月中旬落叶。果实发育期 120d，营养生长期 220d。在肥沃的沙壤土上生长结果好。抗寒力中等，抗病力较强，对腐烂病的抵抗能力比巴梨强。授粉品种有茄梨、巴梨等。春夏多雨潮湿季节，要注意干腐病的防治。

### （四）三季梨（Docteur Jules Guyot）

**1. 三季梨** 法国品种。属于偶然实生。1870 年在法国特鲁瓦（Troyes）的 Baltet Brothers 苗圃发现。之后在法国、英国开始广泛栽培。我国辽宁大连和山东烟台有栽培。

叶片长 6.3cm，宽 4.4cm，卵圆形或椭圆形，钝锯齿，无刺芒。树姿半开张，多年生枝灰褐色，一年生枝黄褐色，较粗，皮孔长形，稀疏。芽中等大，先端尖，离生。花白色，花冠直径 3.54cm，花粉多。

果实大，单果重 244g，纵径 10.5cm，横径 7.1cm，果实呈粗颈葫芦形。果皮绿黄色，后熟淡黄色，部分果实阳面有暗红晕，果面有些凸凹不平，果点中等大。果梗较短，长 2.6cm，粗 4.0mm，常向一侧弯曲，梗洼唇状突起；萼片宿存，半开张，萼洼浅、广，有皱褶。果心较小，近萼端，果肉白色，肉质细，经后熟变软，多汁，有香气，味酸甜。含可溶性固形物 14.55％、可溶性糖 7.21％、可滴定酸 0.38％，品质上等，果实不耐贮藏。

树势中庸。幼树直立性强，萌芽率71.2％，成枝力中等。定植3~4年结果，幼树以腋花芽结果为主，占63.8％，短果枝结果占34.7％。成年树以短果枝结果为主，占83％。花序坐果率近于100％，平均每花序坐果1.5个。自花结实，但果实发育不正常。丰产、稳产。在辽宁兴城，4月上、中旬萌芽，盛花期在5月上旬，果实8月下旬成熟，11月上旬落叶。果实发育期120d，营养生长期215d。抗旱能力较强，抗寒能力中等偏弱，易感腐烂病，采前易落果，其他病虫害较少。

**2. 育种利用**

早金香：中国农业科学院果树研究所以矮香梨为母本、三季梨为父本杂交育成。1986年杂交，2009年通过辽宁省非主要农作物品种备案办公室备案。

### （五）派克汉姆（Packham's Triumph）

澳大利亚品种。1897年澳大利亚的 Sam Packham 以 Uvedale St. Germain 为母本、Bartlett 为父本杂交育成。1977年从南斯拉夫引入中国。

果实中大，单果重184g，纵径8.9cm，横径7.0cm，呈粗颈葫芦形。果皮绿黄色，阳面有红晕，果面凹凸不平，有棱突和小锈片，果点小而多，蜡质中多。果梗长4.3cm，粗3.7mm，无梗洼或浅狭，常一侧突起。萼片宿存，萼洼浅、广，有皱褶。果心中小，5心室。果肉白色，质细而紧密，韧，石细胞少，经后熟肉质变软，汁液多，味酸甜，香气浓郁。含可溶性固形物12.0％~13.7％、可溶性糖9.60％、可滴定酸0.29％，品质上等。果实不耐贮藏，可贮放1个月左右。

树势中庸，树姿开张，萌芽力和成枝力中等。短果枝结果占57.32％，腋花芽结果占31.7％，连年结果能力强。表现丰产、稳产。易感黑星病和火疫病。

### （六）红巴梨（Bartlett-Max Red）

1938年，Arthur Moritz 在美国华盛顿州一株1913定植的巴梨树上发现的红色芽变。果实大小、性状、风味与巴梨一致，果皮深红色。用 Bartlett-Max Red 做亲本，其红色能遗传给后代，相当比例后代的果实、叶片、枝条呈现红色，为红色梨育种的良好亲本。先后由南斯拉夫、美国等引入我国。

叶片长6.8cm，宽4.3cm，长卵圆形，嫩叶红色。主干浅褐色，表面光滑，一年生枝红色，长76.8cm，粗0.84cm，节间长3.1cm。每花序6朵花，花冠白色，花冠直径3.1cm。种子中大，圆锥形。

果实粗颈葫芦形，单果重225g，梗洼浅、广，萼片残存，萼洼浅，果点小、少。幼果期果实整个表面紫红色，迅速膨大期果实阴面红色逐渐退去，开始变绿，阳面仍为紫红色，片红。套袋和后熟后的果实阳面变为鲜红色，底色变黄，外观极美。果肉白色，采收时果肉脆，后熟果肉变软，易溶于口，肉质细，汁液多，石细胞极少，果心小，5个心室。含可溶性固形物13.8％、可溶性糖10.8％、可滴定酸0.20％，味甜，香气浓，品质极上。常温下可贮藏10~15d，0~3℃条件下贮至翌年3月。

树势中庸。定植3年结果，以短果枝结果为主，长枝占28.5％，中枝19.9％，短枝51.8％。采前落果轻，较丰产稳产。在辽宁熊岳，4月上旬萌芽，5月初盛花，9月上、中旬成熟（比巴梨晚 10d），11 月初落叶。花后 20～25d 套袋，成熟前 20d 左右摘袋，8月中旬进行摘叶、转果和铺反光膜，能有效提高果实阴面着色程度。主枝较细，结果后开张角度大，随果实迅速膨大主枝下垂，需在 7 月进行吊枝，以防压伤主枝。幼树有二次生长特点，后期应严格控制肥水，以提高其抗寒和抗抽条的能力。

### （七）红茄梨（Red Clapp Favorite）

**1. 红茄梨** 美国品种，茄梨红色芽变，20 世纪 50 年代早期在美国密苏里州（Missouri）发现，1956 年由 Stark Brothers Nursery 申请专利，并将商品名命名为 Starkrimson。1977 年由南斯拉夫引入我国。

叶片长 9.1cm，宽 4.1cm，长卵圆形，先端渐尖，叶缘钝锯齿，无刺芒。树姿直立，主干灰褐色，一年生枝暗红褐色，皮孔少而小。花白色，花冠直径 3.2cm。

果个中大，平均单果重 132g，葫芦形，纵径 8.5cm，横径 6.2cm。果面全紫红色，平滑具蜡质光泽，外观相当漂亮，果点小而不明显。果梗长 3.9cm，粗 4.2mm，连接果实处膨大为肉质并有轮状皱纹。无梗洼。萼片宿存，小而直立，萼洼浅、中广、有皱褶。果心中大，5 心室。果肉乳白色，肉质细脆而稍韧，经过 5～7d 后熟，肉质变软易溶于口，汁液多，石细胞少，味酸甜并具微香，品质上等。含可溶性固形物 12.3%、可溶性糖 8.93%、可滴定酸 0.24%。果实不耐贮藏，常温下可贮放 15d 左右。

树势中庸，五年生树高 2.6m，干周 17cm，冠径 0.87～0.92m，新梢平均长 62cm，粗 0.67cm，节间长 2.5cm。萌芽率 63.9%，发枝力弱。定植 4 年结果。以短果枝结果为主，占 76.1%，中果枝占 11.2%，长果枝占 12.7%，平均每序坐果 1～2 个，较丰产稳产，采前落果轻。在辽宁兴城，4 月中旬花芽萌动，5 月中旬盛花，果实 8 月中旬成熟，11 月上旬落叶，果实发育期 97d，营养生长期 204d。抗腐烂病能力不及茄梨。授粉品种有巴梨、伏茄梨等。

**2. 育种利用**

红月梨：红茄梨×苹果梨，见苹果梨育种利用。

## 第六节　梨种间杂交选育的新品种

### （一）八月红（Bayuehong）

陕西省果树研究所和中国农业科学院果树研究所合作育成，母本为早巴梨，父本为早酥，1973 年杂交，1995 年通过陕西省农作物品种审定委员会审定。

叶片长 8.7cm，宽 5.2cm，椭圆形，叶缘锯齿钝，叶尖渐尖，叶基阔楔形。嫩叶绿黄色。树姿较开张，主干暗褐色，光滑，一年生枝多直立，粗壮，红褐色。每个花序 6～8朵花，花冠小，花蕾红色，花白色，花药淡紫红色。种子较大、饱满。

果实大，单果重 262g，纵径 8.1cm，横径 7.2cm。卵圆形，果面平滑。果实底色黄色，阳面鲜红色，着色部分占 1/2 左右，色泽光艳。果梗长 2.4cm，先端木质。梗洼浅、狭。萼片宿存，萼洼中深广。果点小而密。果心小，果肉乳白色，细脆，石细胞少，汁多，味甜，香气浓。含可溶性固形物 11.9%～15.3%，品质上等。最佳食用期 20d。耐贮性弱，但抗贮藏病害。

树势强，五年生树高 4.3m，冠径 3.5m×2.5m，干周 24.7cm。萌芽率 87.3%，成枝力中等。结果早，定植 3 年结果。各类果枝及腋花芽结果能力均强。果台副梢连续结果能力强。平均每果台坐果 3.8 个。采前落果轻，丰产稳产。在陕西杨陵，3 月中旬花芽萌动，4 月上、中旬盛花，花期 11d，果实 8 月中旬成熟，12 月上旬落叶，果实发育期 125d，营生生长期 270d。高抗黑星病、轮纹病、腐烂病。较抗锈病和黑斑病。抗旱，耐寒，耐瘠薄。

## (二) 冬蜜 (Dongmi)

黑龙江省农业科学院园艺分院以龙香梨为母本，园月、库尔勒香梨、冬果三个品种混合花粉为父本杂交育成。1972 年杂交，1999 年通过黑龙江省农作物品种审定委员会审定。

叶片长圆形，叶尖渐尖，叶缘钝锯齿。树姿半开张，主干及多年生枝黄褐色，光滑，一年生枝红褐色，皮孔小，灰色。每花序 5～9 朵花，花蕾淡粉色，花冠中大，花白色，花药紫色，大而饱满，花粉较多。

果实圆形，单果重 140g，纵径 7.0cm，横径 6.2cm，整齐。果皮棕黄色，较薄，果点中大，中多。果梗长 4.1cm，粗 3.0mm。梗洼狭、深，萼片宿存，萼洼广、浅。果肉乳白色，肉质细软，石细胞少，汁液中多，味酸甜，风味浓，品质上。含可溶性固形物 14.2%、可溶性糖 10.28%、可滴定酸 0.31%。贮藏期 3～4 个月，耐贮运。适于冻藏，冻藏后表皮黑褐色，果肉细软多汁。

树势中庸。六年生树高 2.7m，干周 24.3cm，冠径 2.6m，新梢长 54.2cm。萌芽率高，成枝力中等。以短果枝结果为主，果台连续结果能力强，每花序坐果 2～3 个，无采前落果现象。定植 4 年结果，第五年开花株率 100%。在哈尔滨地区，4 月下旬花芽萌动，5 月中旬盛花，7 月上、中旬新梢停止生长，9 月末果实成熟，10 月中旬落叶，果实发育期 135～140d，营养生长期 175d。抗寒力、抗腐烂病和抗黑星病能力强于对照品种晚香梨。授粉品种以晚香梨、脆香梨等品种为宜。

## (三) 鄂梨 1 号 (Eli No.1)

湖北省农业科学院果树茶叶研究所选育的早熟梨新品种。母本为伏梨，父本为金水酥。2002 年通过湖北省农作物品种审定委员会审定。在湖北、河南、安徽等省栽培较多。

叶片长 10.6cm，宽 6.1cm，卵圆形，叶缘锐锯齿，略皱。树姿开张，树冠阔圆锥形，主干灰褐色，较光滑，一年生枝绿褐色，节间长 3.7cm。每花序花朵数 8.5 个，花蕾白色，略呈淡红，花冠白色，花直径 3.2cm，花瓣 5 枚。

果实近圆形，单果重 230g，整齐。果皮绿色，皮薄，果点小，果面平滑光洁，外观美，果肉白色，果实心室数 5，肉质细，松脆，汁液多，石细胞少，味甘甜。含可溶性固形物 10.5%～12.1%、可溶性糖 7.88%、可滴定酸 0.16%，品质上等。

树势中庸，萌芽率 71%，成枝力弱，一年生枝短截后发长枝 2.1 个。平均每果台坐果 2.2 个。幼树以腋花芽结果为主。四年生树腋花芽比例 55.7%，盛果期以短果枝结果为主。早果性好，丰产。栽后第三年开花株率为 94.8%，平均株产 5.1kg，第四年平均株产 15.7kg，盛果期每 667m² 产量 2 500kg 左右。无采前落果现象。在武汉地区，3 月上旬花芽萌动，3 月底盛花，7 月初果实成熟。高抗黑星病，抗黑斑病，对桃小、梨茎蜂等害虫亦具有较强的抗性。授粉品种有早酥、湘南等。

### (四) 鄂梨 2 号 (Eli No.2)

湖北省农业科学院果树茶叶研究所选育，母本为中香梨，父本为 43-4-11（伏梨×启发）。1982 年杂交，2002 年通过湖北省农作物品种审定委员会审定。

叶片狭椭圆形，长 11.5cm，宽 6.6cm。嫩叶橙红色。树姿半开张，树冠圆锥形，主干灰褐色，一年生枝绿褐色，节间长 3.5cm。每花序 5.5 朵花，花蕾粉红色，花冠直径 3.6cm。

果实倒卵形，单果重 200g，整齐。果皮黄绿色，皮薄，果点中大、中多。果肉洁白，心室数 5，果心小，肉质细，酥脆，汁液多，石细胞少。含可溶性固形物 12.0%～14.72%、可滴定酸 0.14%，品质上等。果实耐贮性中等。

树势中庸偏旺，萌芽率 79.5%，平均抽生 3.1 个长枝。平均每果台坐果 1.8 个，果台连续结果能力为 12.8%。早果性好，丰产，栽培第三年开花株率为 97.4%。幼树腋花芽结果为主，盛果期以短果枝和腋花芽结果为主。在湖北武汉地区，2 月底至 3 月初花芽萌动，盛花期在 3 月下旬，终花期 3 月底 4 月初，果实 7 月中旬成熟，11 月上旬落叶。果实发育期 106d，营养生长期 260d。较抗黑星病，对黑斑病抗性强于金水 2 号，对轮纹病、锈病抗性同金水 2 号。授粉品种可选金水 2 号等。

### (五) 寒红 (Hanhong)

吉林省农业科学院果树研究所以南果梨为母本，晋酥梨为父本杂交育成。2003 年通过吉林省农作物品种审定委员会审定。

叶片卵圆形，长 10.5cm，宽 6.3cm，叶尖渐尖，叶基圆形，叶缘锐锯齿，刺芒中长。嫩叶绿色，茸毛少。树冠呈圆锥形，半开张。多年生枝暗褐色，一年生枝黄褐色。叶芽中等大小，斜生。花芽圆形。花白色，雄蕊 20～31 枚，花药紫红，花粉量大，雌蕊与花药等高，每花序 7～8 朵花。

果实圆形，单果重 170～200g，整齐。果实成熟时阳面覆红色，鲜艳美丽。果肉白色，细酥脆，多汁，石细胞少，果心中小，酸甜味浓，具香气。含可溶性固形物 14.0%～16.0%、可溶性糖 7.86%，品质上等。

树势强，干性强。萌芽率较高，成枝力中等。定植 4～5 年开始结果。幼树长果枝结果比例较高，短果枝次之，成年树以短果枝结果为主，腋花芽也有结果。在公主岭地区，5 月初开花，9 月下旬果实成熟，果实发育期 135～140d，10 月中旬落叶。抗寒力强，一般年份基本无冻害发生，在 2000 年特殊寒冷的冬季（公主岭地区绝对低温达−38.8℃），只有轻微（1～2 级）冻害。抗黑星病能力均较强。授粉品种有苹香梨、金香水等，配置比例为 3∶1 或 5∶1。注意防治桃小食心虫。

### (六) 寒香 (Hanxiang)

吉林省农业科学院果树研究所选育，母本为大香水，父本为苹香梨。1972 年杂交，

2002年通过吉林省农作物品种审定委员会审定。

叶片长12.7cm，宽6.9cm，长椭圆形，反卷，叶尖渐尖，叶基阔楔形，叶缘锯齿较深，刺芒长。幼叶褐绿色。树冠阔圆锥形，幼树枝条较开张，干性弱。主干灰褐色，多年生枝暗褐色，一年生枝暗红褐色，粗壮，枝条顶端有少许白色茸毛。花芽中大。叶芽中大，贴生。每花序有6~7朵花，花冠中大，花瓣5枚。

果实圆形，单果重150~170g，整齐。果皮黄绿色，贮后变鲜黄色，光照条件好的果面有红晕，果皮薄，果点小，果梗中长。梗洼浅，萼片宿存，萼洼浅、广。果肉白色，果心中小，采收时肉质硬，10d后果肉变软，肉质细，汁液多，石细胞少，味酸甜，有香气。含可溶性固形物15.0%~17.0%，品质上等。

树势强，七年生树高3.2m，冠径2.5m×2.6m，新梢长86.5cm，节间长4.0cm。萌芽率较高，成枝力强。定植4年结果。进入盛果期后，平均株产30kg以上。自花结实率低，仅有2.5%。在吉林省中部地区，4月中、下旬花芽萌动，盛花期在5月中旬，7月中、下旬新梢停止生长，9月下旬果实成熟，10月中旬落叶。果实发育期150d，营养生长期180d。抗寒性强，抗寒水平接近于大香水。抗黑星病能力强，一般年份不染黑星病，个别年份有轻微褐斑病发生。可在年平均气温>4.5℃，无霜期>130d，有效积温>2 800℃的地区栽植。适宜密度500株/hm²，株行距4m×5m。授粉品种有早梨18号、苹香梨、苹果梨等。

### (七) 红香酥 (Hongxiangsu)

中国农业科学院郑州果树研究所以库尔勒香梨为母本、郑州鹅梨为父本育成。1980年杂交，1997年和1998年分别通过河南省与山西省农作物品种审定。2002年通过全国农作物品种审定委员会审定。

叶片卵圆形，长11.0cm，宽7.4cm，叶缘细锯齿且整齐，叶尖渐尖，叶基圆形。树冠圆锥形，树姿较开张。主干及多年生枝棕褐色，较光滑，一年生枝红褐色。每花序平均6~8朵花，花瓣白色，倒卵形，花粉粉红色。种子红褐色，饱满。

果实纺锤形，单果重200g，纵径7.8cm，横径5.6cm。果面洁净、光滑、果点大。果皮底色绿黄、阳面着鲜红色。果梗长5.7cm，粗2.5mm，梗洼浅、中广。萼片残存。果实萼端微突起，萼洼浅而广。果肉白色，肉质细松脆，石细胞少，汁多、味甘甜。含可溶性固形物13.0%~14.0%、可溶性糖9.87%、可滴定酸0.025%，品质上等。较耐贮藏，常温下可贮2个月。冷藏条件下可贮至翌年3~4月。

树势强，七年生树高3.6m，干周40cm，冠径3.6m×3.9m。枝条硬脆，新梢生长量约77cm，节间长4.5cm，萌芽率90%，成枝力强，延长枝剪口下可抽生3~4个长枝。早果性好，三年生开花株率可达30%~40%。以短果枝结果为主，短果枝占75%，中果枝占16%，长果枝占6%，腋花芽占3%。果台枝抽生能力中等，果台连续结果能力强，连续2年结果果台比例为49%，每果台平均坐果1.8个，花序坐果率89%。采前落果不明显，丰产稳产。在郑州地区，3月上旬花芽萌动，盛花期4月上旬，果实9月中、下旬成熟，果实发育期140d。落叶期11月上旬，营养生长期235d。高抗梨黑星病。粗放管理的梨园有腐烂病发生。易遭受梨木虱和食心虫类为害。授粉品种有砀山酥梨、早美酥、金星、中梨1号等。

## (八) 华酥 (Huasu)

中国农业科学院果树研究所育成的早熟梨新品种。1977 年杂交，母本为早酥，父本为八云。1999 年通过辽宁省农作物品种审定委员会审定，2002 年通过全国农作物品种审定委员会审定，2003 年获植物新品种权。

叶片长 12.4cm，宽 7.4cm，卵圆形，叶缘细锐锯齿，具刺芒，叶尖渐尖，叶基圆形。嫩叶淡绿色。树冠圆锥形，树姿直立。主干表面有片状剥落。主干灰褐色，多年生枝灰褐色，一年生枝黄褐色。花冠直径 4.1cm，白色。花瓣圆形，平均每个花序着生 7.9 朵花。

果实圆形，单果重 200~250g，梗洼中至中广。果皮黄绿色、平滑、有光泽，略有纵沟。果肉淡黄白色，肉质细松脆，石细胞少，汁液多，味酸甜。含可溶性固形物10.0%~11.0%、可溶性糖8.42%、可滴定酸0.22%，品质上等。

树势中庸偏强，四年生树高 2.8m，干周 16.0cm，冠径 1.2m×0.9m，新梢长 82.3cm，粗 0.71cm，节间长 3.1cm。定植 3 年结果。萌芽率81.8%，成枝力中等。以短果枝结果为主，长中果枝及腋花芽均可结果，短果枝占 54%，长果枝 17%，中果枝 5%，腋花芽 24%。果台连续结果能力中等。花序坐果率 68.9%。平均每个果台坐果数 1.4 个。采前易落果，丰产，稳产。在辽宁兴城，芽萌动期 4 月上旬，盛花期 5 月上旬，花期 10d 左右；新梢停止生长期 6 月上旬，果实成熟期 8 月上旬，比早酥提早 10~15d，果实发育期 85~90d。落叶期为 11 月上旬，营养生长期 205d。在室温下鲜果可贮 20~30d。抗寒、抗风力较强，抗黑星病、腐烂病能力强，抗轮纹病能力一般，对食心虫有一定抗性。授粉品种有早酥、锦丰、鸭梨等。

## (九) 黄冠 (Huangguan)

河北省农林科学院石家庄果树研究所以雪花梨为母本、新世纪为父本育成。1977 年杂交，1996 年通过农业部鉴定，1997 年通过河北省林木良种审定委员会审定。

叶片长 12.9cm，宽 7.6cm，椭圆形，叶尖渐尖，叶基心脏形，叶缘具刺毛状锯齿。嫩叶绛红色。树冠圆锥形，树姿直立。主干及多年生枝黑褐色，一年生枝暗褐色，皮孔圆形、中等密度。芽斜生、较尖。花白色，花冠直径 4.6cm，花药浅紫色，平均每花序 8 朵花。

果实椭圆形，单果重 235g，纵径 7.5cm，横径 6.9cm。果皮黄色，果面光洁，果点小、中密。梗洼窄、中广。萼片脱落，萼洼中深、中广。外观极好。果心小，果肉白色，肉质细松脆，石细胞少，汁液多，味酸甜。含可溶性固形物 11.4%、可溶性糖9.38%、可滴定酸0.20%，品质上等。自然条件下可贮藏 20d，冷藏条件下可贮至翌年 3~4 月。

树势强，八年生树高 4.4m，干周 37.2cm，冠径 3.5m×3.1m，新梢长 86cm，粗 0.62cm，节间长 4.3cm。萌芽率高，成枝力中等。定植 2~3 年结果。以短果枝结果为主，短果枝占 68.9%，中果枝 10.8%，长果枝 16.8%，腋花芽 3.5%。每果台可抽生 2 个副梢，连续结果能力强。平均每果台坐果 3.5 个。采前落果轻，极丰产稳产。在河北石家庄，花芽萌动期 3 月中下旬，初花期 4 月上、中旬，终花期 4 月中旬，花期 7d；新梢 6 月下旬停长，幼旺树可二次生长；果实 8 月中旬成熟，落叶期 10 月下旬或 11 月上旬。果实发育期 120d，营养生长期 220~230d。黑星病感病率均明显低于鸭梨和雪花，感病叶仅表现隐约黄斑，而不出现黑霉，鸭梨和雪花的感病叶多出现明显黑斑。授粉品种有冀蜜、雪花梨、早酥等。

### （十）锦香（Jinxiang）

**1. 锦香**　中国农业科学院果树研究所育成，母本为南果梨，父本为巴梨。1956年杂交，1989年通过专家鉴定，2003年获植物新品种权。

叶片卵圆形，长8.0cm，宽5.2cm，叶缘细锐锯齿，具刺芒，叶尖渐尖，叶基圆形。嫩叶淡绿色。树冠阔圆锥形，树姿半开张，主干灰褐色，多年生枝黄褐色，光滑，一年生枝红褐色。花冠白色，直径3.3cm，花瓣圆形，花药粉红色。平均每花序5.9朵花。

果实纺锤形，单果重130g，纵径6.3～7.0cm，横径5.7～6.2cm。果皮底色黄绿，后熟绿黄色或黄色，向阳面有红晕，果点小而中多。果梗长1.8cm，粗2.5mm。梗洼浅而广。萼片宿存，萼洼浅而狭。果心大或中大。果肉白色或淡黄白色，易溶于口。含可溶性固形物13.80%、可溶性糖9.48%、可滴定酸0.45%，每100g果肉含维生素C 6.3mg，酸甜适口，浓香，品质上等。冷库可贮至春节，货架期7～10d。

树势中庸，成年树高3.9m，干周41.2cm，冠径3.8m×3.4m。新梢长44.3cm，粗0.52cm，节间长2.1cm。萌芽率83.3%，成枝力中等。定植3年结果，长果枝占9%，中果枝10%，短果枝78%，腋花芽3%。果台连续结果能力40%，花序坐果率82%，平均每果台坐果1.5个。采前落果轻。丰产性一般，稳产性好。在辽宁兴城，花芽萌动期3月下旬至4月上旬，盛花期4月下旬，花期10d左右，新梢停止生长期6月上旬，果实成熟期9月上、中旬，11月中旬落叶，果实发育期140d，营养生长期225d。抗风性强，抗寒性较强，抗黑星病，抗腐烂病，轮纹病中抗，食心虫中抗。树体较矮化。授粉品种有鸭梨、锦丰、早酥等。

**2. 育种利用**

中矮1号：锦香实生，见品种介绍。

### （十一）金香水（Jinxiangshui）

黑龙江省农业科学院牡丹江农业科学研究所以苹果梨为母本，牡育48-64为父本育成。1982年杂交，1997年通过黑龙江省农作物品种审定委员会审定。

叶片长卵圆形，长10.2cm，宽5.5cm，叶尖渐尖，叶基圆形，锐锯齿，有刺芒。树冠半圆形，树姿开张，树干光滑，呈暗灰色，一年生枝深灰色，皮孔小，白色，长圆形。芽离生，中等大小，三角形，芽鳞黑色或黑褐色。每花序8～10朵花，花白色，花蕾粉色，花药紫红色，花粉多。种子小，正卵圆形，呈深褐色。

果实扁圆形，单果重100g，纵径4.5cm，横径5.7cm。果皮黄色，阳面有红晕，果面较光滑，果点小，圆形、褐色，中等密度。梗洼浅、广，覆有褐色片状锈。萼洼浅、广，萼片宿存。果肉乳白，果心小，肉质细脆，贮放20～30d后开始软化，有香气，汁极多，酸甜，石细胞少。含可溶性固形物16.5%、可溶性糖10.29%、可滴定酸0.74%，每100g果肉含维生素C 6.16mg。果实可贮藏3个月左右，冻贮可贮到春节以后。出汁率高达80%～85%，原汁呈半透明，浅褐色，酸甜适口，清香。

树势强，14年生树高4.3m，干周51cm，冠径4.3m×3.5m。新梢长36.9cm，粗

0.52cm，节间长 2.9cm。芽萌发力强，成枝力中等。定植 3 年结果，长、中、短果枝及腋花芽均能结果。果台连续结果能力 14.5%。花序坐果率高，每序坐果 4～6 个。采前不落果，丰产稳产。在黑龙江省牡丹江市，4 月底花芽萌动，5 月中旬盛花，7 月初新梢停止生长，9 月中、下旬果实成熟，10 月上、中旬落叶。果实发育期 123d，营养生长期 169d。抗寒力与秋香梨相似，冻害年份仅髓部有轻微受冻变色。对黑星病和褐斑病有很强抗病能力，在多雨山区未见发病。授粉品种有牡育 11、牡育 19、晚香和脆香等。

### （十二）龙园洋红（Longyuanyanghong）

黑龙江省农业科学院园艺分院育成。三倍体品种。母本为 56-5-20（中国农业科学院果树研究所培育的梨新品系），父本为乔玛，1981 年杂交，2005 年通过黑龙江省农作物品种审定委员会审定。

叶片长 12.1cm，宽 7.1cm，卵圆形。树冠圆头形，树姿开张，主干灰褐色，多年生枝深灰色，一年生枝黑灰色。花冠直径 3.8cm，花蕾粉红色，花粉极少。

果实为不规则短葫芦形，单果重 186g，果皮浅黄色，阳面有红晕，果点中小、中多。梗洼深、中广，萼片宿存，萼洼浅、广。果心较小、中位，种子较少且小，平均每个果实有 2.5 粒种子，多畸形。石细胞中多、小，果肉乳白色，肉质细，后熟变软，汁液多，风味甜，有香气。可溶性固形物含量 16.05%，品质上等。

树势强，萌芽力、成枝力强，新梢生长量 53.1cm。以短果枝结果为主，约占 85%。在哈尔滨地区，5 月中旬开花，9 月中旬果实成熟，果实发育期 120d。抗寒性强，可抗 -38℃低温，在黑龙江中部以南地区均可栽培。抗病、抗红蜘蛛能力强。寒冷地区栽培应以山梨为砧木。自花结实率极低，授粉品种有晚香、冬蜜等。

### （十三）龙园洋梨（Longyuanyangli）

黑龙江省农业科学院园艺分院以龙香梨为母本，大连农科所品系（63-1-76＋63-2-5）混合花粉为父本育成。2000 年通过黑龙江省农作物品种审定委员会审定。在黑龙江省南部及东部的温暖山区，吉林、内蒙古大部分地区均可栽培。

叶片长椭圆形，长 8.7cm，宽 5.7cm，叶尖钝尖，锐锯齿，叶基圆形，叶缘微卷。树冠圆锥形，树姿半开张，主干深褐色，表皮光滑，一年生枝浅棕黄色，皮孔长圆形，茸毛较轻，节间长 2.6cm。花蕾浅粉红色，花瓣白色，花药粉红色，花粉量少。

果实葫芦形，单果重 120g，果皮浅黄色，阳面有红晕，果形整齐。果皮中厚，果点小而少。梗洼浅，无锈；萼片宿存，萼洼广、平。果心中大、中下位，种子大而饱满，长圆形，褐色。果肉乳白色，肉质细，后熟变软，石细胞小而少，汁液中多，味甜酸，有香气。含可溶性固形物 13.4%、可溶性糖 10.55%、可滴定酸 0.536%，品质中上。

树势中庸，萌芽力强，成枝力中等。骨干枝分枝角度约 70°，新梢年平均生长量 44.8cm。幼树结果早，3 年开花结果。以短果枝结果为主，约占 85%，中长果枝占 15%，个别枝条有腋花芽。自然授粉条件下，每花序坐果 1～3 个，连续结果能力强。采前有轻微落果现象。在哈尔滨地区，4 月中、下旬花芽萌动，5 月上旬初花期，5 月中、下旬展叶，7 月初新梢停止生长，9 月中旬果实成熟，10 月中旬落叶，果实发育期 115d，营养生长期 175～180d。果实耐运输，普通窖可贮藏 35d。抗寒能力强，抗病能力中等，较丰产、稳产。授粉品种有晚香梨、脆香梨、冬蜜梨等。寒冷地区栽植，必须用山梨作砧木。

### （十四）苹香梨（Pingxiangli）

**1. 苹香梨**　吉林省农业科学院果树研究所育成，1956 年采集苹果梨种子实生播种选育。已在吉林、辽宁北部、内蒙古、河北坝上等地推广，新疆、贵州、江苏、甘肃等省（自治区）有一定面积的引种试栽。

果实近圆形或扁圆形，单果重 120g，纵径 5.0～6.2cm，横径 5.6～5.7cm。果皮绿黄色，放置一段时间转为黄色，有的有红色点状晕，外观较美。果面平滑，有蜡质光泽，果点小而多，不明显。果梗长 2.5cm，粗 3.3mm；梗洼浅而狭，有沟纹。萼片宿存、直立；萼洼浅、狭，有皱褶。果心中大，4～5 个心室。果肉白色，肉质细、紧密而脆，后熟肉质变软，石细胞少，汁液多，味甜酸，具浓香。含可溶性固形物 13.33%、可溶性糖 7.03%、可滴定酸 0.54%，品质上等。常温下可放置 30d 左右。

树势强，树冠较开张。10 年生树高 3.8m，干周 32.3cm，冠径 3.4m×3.5m。萌芽率 82.0%，成枝力中等，剪口下抽生 2～3 条长枝。定植 4～5 年结果，以短果枝结果为主，短果枝占 87%，长果枝 4%，中果枝 5%，腋花芽 4%。花序坐果率 84.9%，每序坐果 3～4 个果。果台枝多隔年结果。管理不善有大小年结果现象。在辽宁兴城，4 月中旬花芽萌动，5 月上旬初花并盛花，果实 8 月下旬或 9 月上旬成熟，10 月下旬或 11 月上旬落叶。果实发育期 110d，营养生长期 204d。抗寒力强，对黑星病和褐斑病的抵抗力较强，抗风。授粉品种有南果梨、苹果梨等。

**2. 育种利用**

寒香：大香水×苹香梨，见品种介绍。

### （十五）秋香（Qiuxiang）

黑龙江省农业科学院园艺研究所育成，母本为 59-89-1，父本为 56-11-155（身不知×混合花粉），1971 年杂交，1980 年选为优良品系，并在鸡西、鸡东、勃利、佳木斯、哈尔滨等十多个地区进行试验、示范。1989 年通过黑龙江省农作物品种审定委员会审定。

叶片长 9.8cm，宽 7.6cm，长圆形，叶缘锐锯齿，叶尖渐尖，叶基阔圆形。幼叶黄绿色。树冠圆头形，树姿开张，主干及多年生枝灰棕色，光滑，一年生枝红褐色，长 51.8cm，粗 0.45cm，节间长 3.8cm。花冠中大，花蕾淡粉色，花瓣白色。平均每花序 8～12 朵花，花药淡紫色，无花粉。

果实圆形，单果重 64.5g，纵径 4.3cm，横径 4.7cm。采收时果实底色浅绿，完熟后黄色，蜡质厚，有光泽，无果锈，果点小而少。果梗长 2.8cm，粗 2.8mm，梗洼狭、深。萼片宿存，萼洼广、浅。果心较大，果肉乳白色，果肉细软，石细胞少而小，汁液多。含可溶性固形物 11.5%、可滴定酸 0.84%，风味甜酸，微有香气，品质上等。适于加工果汁。

树势强，六年生树高 2.7m，干周 24.6cm，冠径 2.6m。萌芽力强，成枝力较强。低接幼树第三年开始结果，短果枝占 67%，中果枝 26%。果台枝抽生能力强，连续两年结果果台所占比例 38%。每花序坐果 3～6 个。采前落果轻，丰产稳产。在哈尔滨地区，4 月上、中旬花芽萌动，5 月中旬盛花，7 月上、中旬新梢停止生长，9 月中旬果实成熟，

10月上、中旬落叶期。果实发育期110d，营养生长期180d。果实可贮藏60d左右。最佳食用期为9月下旬至10月中旬。抗寒性超过大香水。抗黑星病和腐烂病能力均较强。授粉品种有脆香梨、晚香梨、冬蜜梨等。

### （十六）七月酥（Qiyuesu）

中国农业科学院郑州果树研究所育成，母本为幸水，父本为早酥。1980年杂交，1999年通过安徽省农作物品种审定委员会审定，2002年通过河南省林木良种审定委员会审定，2004年通过国家林业局林木品种审定委员会审定。

叶片狭椭圆形，长12.7cm，宽5.3cm，叶缘细锯齿，叶尖渐尖，叶基圆形。幼叶绿黄色。树冠圆头形，树姿半开张，主干及多年生枝棕褐色，较光滑，一年生枝红褐色。花冠中等大小，白色，花瓣5~6片，平均每花序7朵花。种子小，圆锥形，黄褐色。

果实卵圆形或近圆形，单果重220g，纵径7.6cm，横径7.8cm，果皮绿色，果面洁净，较光滑，果点较小而密。果梗长3.5cm，粗3.1mm，梗洼浅、中广；萼片多数脱落，少数残存，萼洼中深、中广。果形整齐，外观好。果实5~6心室，果心小，果肉白色，肉质细松脆，石细胞极少，汁液多。含可溶性固形物12.5%~14.5%、可溶性糖9.80%、可滴定酸0.11%，风味甘甜，品质上等。

树势较强，六年生树高3.1m，干周20cm，冠径3.2m×2.8m，新梢长80cm，粗1.1cm，萌芽率68%，延长枝剪口抽生1~2个长枝。定植3年结果。以短果枝结果为主，各类结果枝占总果枝的百分率为：短果枝74%，中果枝20%，长果枝6%。果台枝抽生能力弱，连续2年结果果台所占比例为35%。花序坐果率86%，每果台坐果1.6个。自花结实。采前落果不明显。在郑州地区，3月中旬花芽萌动，4月中旬盛花，花期7d，果实7月初成熟，10月中旬落叶。果实发育期90d，营养生长期200d。果实货架期20d，在冷藏条件下可贮藏1~2个月，最佳食用期10d。抗逆性中等，较抗旱，耐涝，耐盐碱。在pH8.3的盐碱地上，生长结果正常。较抗寒，能耐−28℃的低温，但抗风能力较弱。抗病性较差，粗放管理的果园，特别是年降水量大于1 000mm的地区，叶片易感染褐斑病，造成早期落叶，枝干易感染轮纹病而导致树势衰弱，但较抗蚜虫和梨木虱。一般不受食心虫为害。该品种虽能自花结果，但为使其丰产稳产，定植时仍需配备授粉树，授粉品种有早美酥、中梨1号等。

### （十七）五九香（Wujiuxiang）

中国农业科学院果树研究所育成，母本为鸭梨，父本为巴梨。1952年杂交，1959年定名。适合在我国东北南部、华北、西北等地发展。

叶片卵圆形，长8.5cm，宽5.6cm。叶尖长尾尖，叶基圆形。树冠圆头形，树姿较紧凑，主干灰褐色，表面粗糙。一年生枝暗褐色。花白色，花冠直径4.1cm，花粉量较多。

果实大，单果重271g，粗颈葫芦形，果面平滑，有棱状突起，果皮绿黄色，部分果实阳面着淡红晕，肩部有片状锈斑，果点小而多，不明显。果梗长3.6cm，粗3.0mm，无梗洼或梗洼浅而窄。萼片宿存，少数脱落，萼洼浅而广，有皱褶。果心中大，果肉淡黄白色，肉质中粗而脆。果实采收后即可食用，经后熟肉质变软，汁液多，味酸甜，具微香。含可溶性固形物12.20%、可溶性糖8.05%、可滴定酸0.38%，品质中上至上等。

树势较强，36 年生树高 4.5m，干周 67.0cm，冠径 4.4m×4.8m。萌芽率 87.4%，剪口下多抽生 2~3 条长枝。定植 3~4 年结果，以短果枝结果为主，各类果枝比例为：长果枝 23%、中果枝 23%、短果枝 53%、腋花芽 1%。较丰产稳产。在辽宁兴城，4 月上旬花芽萌动，4 月下旬至 5 月上旬开花，9 月上中旬果实成熟，11 月上中旬落叶，果实发育期 130d，营养生长期 215d。抗寒性较强，抗腐烂病能力较西洋梨强，果实易受食心虫为害。树冠紧凑，适合中度密植，可采用自由纺锤形或小冠疏层形整形。自然情况下，每花序一般只坐果 1~2 个，具有自疏习性。授粉品种有早酥、金花 4 号等。

### （十八）新梨 7 号（Xinli No.7）

塔里木大学和青岛农业大学以库尔勒香梨为母本、早酥为父本育成。1983—1984 年杂交，2000 年通过新疆维吾尔自治区农作物品种审定委员会审定。

叶片椭圆形，长 10.3cm、宽 6.5cm，叶尖急尖，叶基圆形，叶缘细锯齿、具刺芒。树姿半开张，一年生枝绿色，初生新梢被茸毛，略带红色。节间长 3.3cm，花芽肥大、圆锥形。每花序 5~12 朵花。花药红色，无花粉。

果实椭圆形，单果重 165.6g，纵径 7.7cm，横径 6.8cm。底色黄绿色，阳面有红晕。果皮薄，果点中大。萼洼浅，萼片宿存。果肉白色，汁液多，肉质细，酥脆，石细胞较少，果心小，味甜，有清香。含可溶性固形物 12.33%，品质上等。

树势中庸，萌芽率高，成枝力强。在新疆阿拉尔地区，3 月底至 4 月上旬花芽萌动，4 月中旬盛花，8 月上旬果实成熟，果实发育期 80~95d。耐盐碱，耐旱，耐瘠薄，较抗晚霜。较母本库尔勒香梨抗寒能力强。易受鸟害。授粉品种有鸭梨、锦丰、雪花梨、砀山酥梨、巴梨等。

### （十九）玉露香（Yuluxiang）

山西省农业科学院果树研究所以库尔勒香梨为母本、雪花梨为父本育成。1974 年杂交，2002 年通过山西省品种审定。

叶片卵圆形至椭圆形，长 9.5~12cm，宽 6~10cm，较厚，叶基近圆形或宽楔形，叶缘细锐锯齿。叶芽较大，三角形，先端向内弯曲。树冠中大，树姿较直立，多年生枝灰褐色，一年生枝绿褐色，皮孔圆形或近圆形。花芽长卵形、中大。每花序有 7~10 朵花，花冠直径 4.5~5.0cm，花 5 瓣，花药暗红色，花粉量少。

果实近圆形或卵圆形，单果重 250g。采收时果皮黄绿色，阳面局部或全部具红晕及暗红色纵向条纹，贮后底色呈黄色，色泽更鲜艳。果点细小、不明显，果面光洁具蜡质，果皮薄，果心小，肉质细松脆，汁液多，石细胞少，味甜，具清香。含可溶性固形物 12.0%~15.1%、可溶性糖 8.62%~9.93%、可滴定酸 0.08%~0.17%，品质上等。果实耐贮藏，土窑洞可贮 4~6 个月，冷库可贮藏 8 个月以上。

树势中庸，10 年生树高 4.5m，冠径 3.2m×3.3m。萌芽率 65.4%，延长枝剪口下可抽生 1~2 个长枝和 1~2 个中枝。定植 3~4 年结果。幼树以中、长果枝结果为主。成龄树以短果枝结果为主，长果枝、中果枝、短果枝、腋花芽结果比率分别为 6.7%、24.2%、67.5%、1.6%，每花序坐果 2~4 个，壮果枝可连续结果，其他果枝多隔年结果。丰产稳产。在山西晋中地区，4 月上旬萌芽，4 月中旬开花，花期 7~9d，8 月下旬果实成熟，果实发育期 130d 左右。11 月上旬落叶，营养生长期 210d 左右。抗腐烂病能力强于砀山酥梨、鸭梨和库尔勒香梨，次于雪花梨和茌梨；抗褐斑病能力与砀山酥梨、雪花梨相同，强于鸭梨、金花梨，次于库尔勒香梨；抗白粉病能力强于砀山酥梨、雪花梨；抗黑心病能力中等。主要虫害有梨木虱、黄粉虫、食心虫。土窑洞贮藏时，尽量降低初入窖温度，以延长贮藏期。花粉量少，不宜作授粉树。授粉品种有砀山酥梨、雪花梨、鸭梨、库尔勒香梨、晋蜜梨等。

## （二十）早酥（Zaosu）

**1. 早酥** 中国农业科学院果树研究所以苹果梨为母本、身不知为父本育成。1956 年杂交，1969 年命名。除极寒冷地区外，全国各梨产区均可发展。梨育种重要核心亲本之一。

叶片长 10.6cm，宽 6.3cm，卵圆形，叶尖长尾尖，叶基圆形。树姿半开张，主干棕褐色，表面粗糙，2～3 年生枝暗棕色，一年生枝红褐色。花蕾粉红色，花瓣白色，边缘微红，花冠直径 3.7cm，平均每序 8.6 朵花，花粉量多。

果实圆锥形，单果重 234g，纵径 8.4cm，横径 7.5cm。果顶突出，表面有明显棱沟。果皮黄绿色，果面平滑，具蜡质光泽，西北地区栽培阳面有红晕，美观。果皮薄而脆，果点小，不明显。果梗长 4.0cm，粗 3.7mm；梗洼浅而狭，有棱沟。萼片宿存，中等大，直立，半开张；萼洼中深、中广，有肋状突起。果心中小，5 心室。果肉白色，肉质细，酥脆，石细胞极少，汁液特多，味淡甜。含可溶性固形物 11.00%、可溶性糖 7.23%、可滴定酸 0.28%，品质上等。果实室温下可贮放 1 个月左右。

幼树生长势强，结果后中庸。10 年生树高 4.5m，干周 17.2cm，冠径 3.8～3.9m。新梢长 43.5cm，粗 0.6cm，节间长 3.4cm。萌芽率 84.8%，剪口下平均抽生 2 条长枝。定植 2～3 年结果，极易形成短枝，中果枝及腋花芽均可结果。各类结果枝的比例为：短果枝 91%、中果枝 6%、腋花芽 3%。花序坐果率 85%，平均每序坐果 1.9 个。连续结果能力强，丰产稳产。采前落果轻，大小年不明显。在辽宁兴城，4 月上旬花芽萌动，5 月上旬盛花，8 月中旬果实成熟，10 月下旬至 11 月上旬落叶，果实发育期 94d，营养生长期 209d。对土壤条件要求不严，抗寒力和抗旱能力均强，食心虫为害轻；自花结实力弱，需配置授粉树，授粉品种有锦丰、雪花梨、砀山酥梨、苹果梨、鸭梨等。结果过量，树势易衰弱。

**2. 育种利用**

北丰：内蒙古自治区呼伦贝尔盟农业科学研究所育成。母本为乔玛，父本为早酥。1971 年杂交，1989 年通过鉴定并命名。

早黄梨：内蒙古自治区呼伦贝尔盟农业科学研究所育成。母本为乔玛，父本为早酥。1971 年杂交，1989 年通过鉴定并命名。

新梨 3 号：新疆奎屯果树所育成。母本为古高，父本为早酥。1978 年杂交，1994 年通过新疆维吾尔自治区农作物品种审定委员会审定。

八月红：早巴梨×早酥，见品种介绍。

早美酥：新世纪×早酥，见新世纪梨育种利用。

新梨 7 号：库尔勒香梨×早酥，见品种介绍。

早酥蜜：陕西省果树研究所以早酥和早白为亲本杂交育成。1974年杂交，2001年经过有关专家鉴定并定名。

早香脆：来源同早酥蜜。

华酥：早酥×八云，见品种介绍。

七月酥：幸水×早酥，见品种介绍。

中梨1号（绿宝石）：新世纪×早酥，见品种介绍。

甘梨早6：甘肃省农业科学院林果花卉研究育成。母本为四百目，父本为早酥。1981年杂交，2008年通过甘肃省农作物品种审定委员会审定。

甘梨早8：来源同甘梨早6。

华金：中国农业科学院果树研究所育成。母本为早酥，父本为早白，2003年获植物新品种权，2009年通过辽宁省农作物品种审定委员会审定。

早金酥：辽宁省果树科学研究所育成，母本为早酥，父本为金水酥。1994年杂交，2009年通过辽宁省非主要农作物品种备案办公室备案。

### （二十一）蔗梨（Zheli）

吉林省农业科学院果树研究所以苹果梨为母本、杭青为父本培育的抗寒优质梨新品种。1977年杂交，2000年通过吉林省农作物品种审定委员会审定。

叶片阔卵圆形，长13.6cm，宽9.13cm，叶尖渐尖，叶基心脏形，叶缘单锯齿，刺芒中长。嫩梢及幼叶褐绿色，全部密被灰色茸毛。树冠呈圆锥形，树姿较开张，树干灰褐色，表面较粗糙。多年生枝暗褐色，一年生枝褐绿色，粗壮，皮孔圆形、中大、分布较密，节间长4.4cm。花冠中大，每花序7～8朵花。

果实圆形或圆锥形，单果重190～230g，纵径6.8～7.8cm，横径7.3～8.6cm。果皮底色始熟时黄绿色，贮藏后变鲜黄色，果皮薄、光滑，果点中大，浅褐色，分布较密，果皮耐摩擦。果梗长、弯曲，梗洼中深，萼片宿存，萼洼浅、广、有锈斑。果心小，果肉白色，肉质细，石细胞少，松脆，汁液多，味甜。含可溶性固形物13.0%～14.0%，品质上等。

树势强，四年生树高3.0m，冠径1.8m×1.9m，干周14.6cm。新梢年生长量66.5～91.8cm，萌芽率72.8%。定植3年结果。成年树以短果枝和腋花芽结果为主，占76.15%，花序坐果率92%，花朵坐果率69.2%，连续结果能力强。在吉林公主岭地区，4月中旬花芽萌动，5月上、中旬开花，6月上旬生理落果，7月中旬新梢停止生长，9月下旬果实成熟，10月中旬落叶。果实发育期130～140d，营养生长期170～180d。抗寒性强，结果幼树在一般年份无冻害发生，在较寒冷年份只有轻微冻害，冻害指数2.8%，而同期苹果梨冻害指数16.4%。抗黑星病和轮纹病。授粉品种有苹香梨和早梨18等。注意防治腐烂病、梨大食心虫、桃小食心虫以及梨茎蜂等。

### （二十二）中矮1号（Zhongai No.1）

中国农业科学院果树研究所育成，1980年从锦香（南果梨×巴梨）的实生后代选出。半矮化砧木。1999年通过辽宁省农作物品种审定委员会审定。

叶片小，长8.5cm，宽4.5cm，叶尖长尾形，叶基楔形，叶缘细锯齿，无刺芒。树冠圆头形，树姿矮壮紧凑。树干灰褐色，表面光滑，2～3 年生枝赤褐色，一年生枝暗褐色，皮孔小而稀，圆形。枝硬，叶芽肥大，长圆锥形，先端钝，离生。花芽大，长圆锥形。花冠小，花粉少。

成枝力强，剪口下抽生长枝 3～4 个，接穗繁殖系数高，与基砧山梨、杜梨及栽培品种亲和性良好，无大小脚现象。嫁接树早果性强，在密植条件下，定植两年开花株率达 47.8%，最高达 84.6%；第三年大量结果，在高度密植条件下，每 667m² 产量 1 097kg，较乔砧树提早 2～4 年丰产；第四年每 667m² 产量 1 558kg，较乔砧树增产 21%，其产量效率为乔砧对照的 1.5 倍。中矮 1 号作中间砧嫁接品种果实品质与乔砧树无差异。以山梨为基砧、15cm 中矮Ⅰ号为中间砧段，砀山酥梨矮化程度为乔砧对照的 76%，早酥梨矮化程度为 74.8%。抗病性和抗寒性强，高抗黑星病，抗枝干腐烂病，高抗枝干轮纹病。属半矮化砧木，作中间砧适宜行株距（3～3.5）m×（1～1.5）m，每 667m² 定植 127～222 株。

## （二十三）中梨 1 号（Zhongli No.1）

中国农业科学院郑州果树研究所育成。母本为新世纪，父本为早酥。1982 年杂交，2003 年获植物新品种权，2003 年通过河南省林木良种审定委员会审定，2005 年通过国家林木新品种审定。

叶片长卵圆形，长 12.5cm，宽 6.4cm，叶缘锐锯齿。新梢及幼叶黄色。树姿较开张，冠型圆头形，主干灰褐色，表面光滑，一年生枝黄褐色，皮孔小，节间长 5.3cm。叶芽中等大小，长卵圆形，花芽心脏形。每花序花朵数 6～8 个。花冠白色。种子中等大小，狭圆锥形，棕褐色。

果实近圆形或扁圆形，单果重 250g，果面较光滑，果点中大，绿色。果梗长 3.8cm，粗 3.0mm；梗洼、萼洼中等深广；萼片脱落。果心中大，5～7 心室，果肉乳白色，肉质细，脆，石细胞少，汁液多，味甘甜。含可溶性固形物 12.0%～13.5%、可溶性糖 9.67%、可滴定酸 0.085%，品质上等。

树势较强，八年生树高 3.3m，冠径 3.5m×3.2m，干周 38cm。萌芽率 68%，成枝力中等。定植 3 年结果。以短果枝结果为主，腋花芽也能结果。果台可抽生枝条 1～2 个，连续结果能力强，花序坐果率 75%。自花结实率 35%～53%。平均每果台坐果 1.5 个。采前落果不明显，极丰产，无大小年。在郑州地区，花芽萌动期为 3 月上、中旬，盛花期 4 月上旬，果实成熟期 7 月中旬，落叶期 11 月下旬。果实发育期 95～100d，营养生长期 215d。货架期 20d，冷藏条件下可贮藏 2～3 个月。喜深厚肥沃的沙质壤土、红黄壤、棕黏壤及碱性土壤也能正常生长结果，抗旱、耐涝、耐瘠薄。在四川省高温多湿气候条件下，表现出生长旺盛、早果、丰产、品质优良等特性。在前期干旱少雨、果实膨大期多雨的年份，有裂果现象，在四川、重庆等地区易感黑斑病。授粉品种有早美酥、金水 2 号、新世纪等。

# 第六章 梨 育 种

随着整个社会和经济的发展，人类对梨果的需求越来越高，不仅要求外观美好，而且能适合不同消费群体的口味，所以选育优良而丰富多样的梨新品种，已成为世界主要产梨国育种家的共识。我国梨育种工作者在此方面开展了长期的工作，并取得了卓著的成绩，一些优良品种在世界上非常著名，如鸭梨、砀山酥梨、库尔勒香梨等。

与我国一样，国外梨育种工作也如火如荼。日本梨的育种工作主要由农林水产省果树试验场承担，业已育成了许多优良品种，如幸水和丰水。日本梨主产区的地方农业试验站和大学也育成了一些优良品种，如高抗黑斑病的梨农林 15 号（金二十世纪）和秋荣。长野县南信农业试验场还选育了高含糖量品种南水，爱知县选育了爱甘水，千叶县选育了若光和夏光。

韩国梨树育种始于 20 世纪 20 年代末期，大规模常规育种项目从 1967 年开始，主要育种单位为韩国农村振兴厅国家园艺研究所和罐州梨研究所（1922 年以前为罐州梨试验站）。韩国采用常规育种方法，在提高梨果实品质和梨黑斑病抗病育种方面成就显著，至今已选育出 18 个梨新品种，这些新育成的梨品种全部抗梨黑斑病，其中黄金梨、甘川梨、秋黄梨、华山和圆黄等新品种在生产中发挥了重要作用。

欧洲、美洲国家是西洋梨的主产国，也是西洋梨主要育种国家。先后选育出了诸如巴梨、茄梨、阿巴特、宝斯克、康佛伦斯、凯斯凯德（Cascade）等优良品种。

世界梨的育种主要目标包括：①大果型、高品质、长货架期品种的选育；②有香气、脆肉或软肉质、风味浓品种的选育；③极早熟、大果型品种的选育；④抗火疫病、黑斑病、黑星病、红蜘蛛等抗病虫品种的选育；⑤易管理、省劳力品种的选育，包括自花授粉、自疏果、无需套袋、短枝型和矮化类型品种的选育；⑥红皮、无核、高维生素 C 品种的选育等。

## 第一节 梨育种概述

### 一、育种的历史与意义

#### （一）梨育种的历史

**1. 无意识选择时期** 人类从公元前的远古社会至公元前 4 世纪就会选择好吃的野果充饥，在那个时期，人类没有选择目标，没有理论指导，完全靠本能进行选择，使部分野生植物得到驯化，成为半栽培植物。

**2. 育种技术萌芽时期** 从公元前 5 世纪至公元 5 世纪，人类从劳动中逐步积累经验，开始有意识地进行野生种和半栽培种的选择，并初步明白一些简单的选种方法，发现了一些变异现象。如早在 2 500 年前我国即有梨的遗传变异纪录。查《十三经注疏》和《诗·

唐风》有两篇歌咏杕（音 di）杜的诗。在《杕杜》中记载：有杕之杜，其叶湑湑，独行踽踽，岂无它人，不如我同父……有杕之杜，其叶菁菁，独行踽踽。岂无他人，不如我同姓……再如《诗·小雅》中有一篇《杕杜》中说：有杕之杜，有睆其实，……有杕之杜，其叶萋萋，……从遗传学观点看，无论是"其叶湑湑"，还是"其叶菁菁、萋萋"都是在描述杕叶的变异性状。同样，"有睆其实"是在描述杕果的变异性状。而"独行踽踽"是在说：杕从杜的后代群体中分离出来的变异行为。"同父、同姓"是杜同血统的种。即同一亲本杜的后代却分离成杕和杜两个群体。即一群具有杜的固有特征；而杕的一群，叶和果实的外观性状特征，却另是一样的。此时期，有一定的选种意识，有预定的选择目标，选种效果较好。

**3. 育种理论的奠定时期**  从 6—18 世纪。人类通过长期观察，不断地有意识地进行选择，初步总结出一些简单变异规律。如我国古代杰出农学家贾思勰所著《齐民要术》的《插梨》篇中，对梨的种植和选择有了明确的记载："若稽生及种而不栽者，则著子迟。每梨有十许子，唯二子生梨，余皆生杜"。"稽生"是田野自然实生苗。"十许"即十株左右，"生梨"即结梨，"生杜"即结杜梨子。第一句，"稽生……著子迟"，是说生长发育规律。后一句是说遗传变异分离规律，可用算术公式表示，即 2 梨＋8 杜＝10（许）。所以得出杜：梨＝4：1 的近似值。我国早在 1 400 多年前通过观察统计梨后代遗传规律是 4：1，这不能不说是一个奇迹，这一结论奠定了梨的遗传育种理论。

**4. 育种理论与技术的发展时期**  从 19—20 世纪初，此期，大量育种理论涌现，有明确的育种目标，育种效果很好，选育出了很多优良新品种。如 1859 年达尔文的《物种起源》，1869 孟德尔的《植物杂交试验》，1901 年杜弗里的《突变论》，1903 年约翰生《纯系学说》，1908 年尼尔逊·埃尔《小麦粒色遗传》，1914 年沙尔《玉米杂种优势理论》等，不仅使植物育种理论得到大发展，而且极大地推动了育种技术的进步。

**5. 育种理论与技术的革新时期**  从 20 世纪 20 年代至今，随着工业革命的不断发展，人们生产出了可在室内操作的仪器设备。在此基础上，育种家不断完善和革新育种理论和技术。如 1928 年摩尔根的《染色体遗传学》（基因论），1953 年瓦力特·克里克的《DNA 结构》，1961—1963 年 Mond-Jacb 的《操纵子学说》，1972 的科恩·博叶的《DNA 体外重组技术》等出现，使植物育种从个体水平到细胞和分子水平，创造了细胞育种和分子育种技术，使人们可以定向的创造新物种。

### （二）梨育种的意义

1942 年，毛泽东曾经说过："有了优良品种，即使不增加劳动力和肥料，也可获得较多的收成"。由此可见，一个优良品种对农业生产的重要性。而作为多年生的果树，受多种因素影响，往往栽植后 3 年才开始结果，5 年才能丰产。所以，果树生产，品种至关重要，产量的高低，品质的好坏，抗逆性及市场竞争能力的强弱，在很大程度上取决于品种本身。一个优良的品种，不仅能够生产出高产、优质的果品，而且能发挥它的抗病虫害能力以减少农药污染、很强的适应性和抗逆性以节约能源、很好的耐贮性以延长产品的供应和食用时期，并能发挥适应集约化管理、节约劳力成本等多方面的作用。而现代果树育种，通过研究果树遗传变异的规律，并采用系统选择、有性杂交、人工诱变、细胞及基因工程等方法，不断地创造新种质，培育新品种，以满足市场对果树品种的需要。同时，通过培育新品种，对于增加农民收入、改进人们的生活质量以及美化、优化人类生存环境、丰富植物材料等方面都具有重要意义。

## 二、育种取得的主要成就

虽然我国梨育种历史悠久，但真正有意识地、系统科学地开展品种选育工作还是近代的事。尤其是新中国成立以来，我国梨品种选育工作进展很快。1951 年兴城园艺试验站（现中国农业科学院果树研究所）首开先河，随后，浙江农业大学（现浙江大学）于 1955 年也开始有计划地进行了杂交育种。1956 年，我国制定第一个发展科学技术 12 年规划之后，许多科研院所、大专院校都相继开展梨育种工作。在广大科技工作者共同努力下，经过 60 多年的努力，取得了可喜的成就。

### （一）引种

引种是果树品种选育的最简便快捷的手段。我国有文字记载的梨引种是 1871 年美国传教士 J. L. Nevius 引入巴梨（Bartlett）等 18 个西洋梨品种至烟台；1902 年德国人又引进 7~8 个西洋梨品种至青岛；20 世纪 30 年代我国著名果树学家吴耕民教授从日本引进 10 多个品种至杭州。如二十世纪（Nijisseiki）、长十郎（Chojuro）、八云（Yakumo）、菊水（Kikusui）、晚三吉（Okusankichi）等。新中国成立以后，尤其是改革开放之后，我国加快了从世界各国引种的步伐，先后从意大利、英国、美国、德国、新西兰、日本、韩国等引进了大量的种质资源。据不完全统计，迄今为止，我国从国外引进梨资源材料 200 多份。这些材料经过短时间的栽培试验，一些已用于生产，产生了较大经济效益，部分优良品种见表 6-1。另一些用作育种亲本或研究材料。

表 6-1　引进的部分国外梨品种

| 品种名称 | 来源 | 品种名称 | 来源 | 品种名称 | 来源 |
|---|---|---|---|---|---|
| 红巴梨（Bartlett-Max Red） | 澳大利亚 | 粉酪（Butirra Rosada Morettini） | 意大利 | 康佛伦斯（Conference） | 英国 |
| 红考密斯（Red du Comice） | 美国 | 玛丽亚（Maria） | 意大利 | 早红考密斯（Early Red Comice） | 英国 |
| 红茄梨（Red Clapp Favorite） | 美国 | 萝沙达（Rosada） | 意大利 | 考西亚（Coscia） | 英国 |
| 红安久（Red D'Anjou） | 美国 | 赛斯森（Sensation Red Bartlett） | 意大利 | 阿巴特（Abate Fetel） | 法国 |
| 凯斯凯德（Cascade） | 美国 | 安格里斯（Angelys） | 法国 | | |
| 新高（Niitaka） | 日本 | 丰水（Hosui） | 日本 | 晚秀（Wansoo） | 韩国 |
| 南水（Nansui） | 日本 | 幸水（Kosui） | 日本 | 早黄金（Josengh wangkeum） | 韩国 |
| 新水（Shinsui） | 日本 | 爱甘水（Aikansui） | 日本 | 华山（Whasam） | 韩国 |
| 新星（Shinsei） | 日本 | 若光（Wakahikari） | 日本 | 天皇（Yewang） | 韩国 |
| 秋月（Akizuki） | 日本 | 秋水（shusui） | 日本 | 圆黄（Wonhwang） | 韩国 |
| 秋荣（Akibae） | 日本 | 长寿（choju） | 日本 | 甘泉（Kamcheobae） | 韩国 |
| 新世纪（Shinseiki） | 日本 | 二十世纪（Nijisseiki） | 日本 | | |
| 黄金梨（Wangkambae） | 韩国 | 秋黄（Soowhangbae） | 韩国 | | |

## （二）选种

**1. 芽变选种** 由于多种原因的诱导，使梨树芽的分生组织细胞发生突变，当芽萌发长成枝条，在性状上表现出与原类型不同，即为芽变。经过选择、鉴定，最终筛选出优良变异类型。我国梨大规模的芽变选种始于 20 世纪 70 年代后期，相继选出了多个不同类型的芽变品系，如鸭梨大果芽变巨鸭梨、魏县大鸭梨、晋县大鸭梨、巨鹿大鸭梨、天海大鸭梨；鸭梨自交亲和芽变金坠梨和阎庄鸭梨；还有甜鸭梨、光鸭梨、垂枝鸭梨等。再如砀山酥梨芽变 6901（良梨早酥）和大果白酥梨；库尔勒香梨芽变沙 01；金花芽变金花 4 号；南果梨芽变红南果和大南果；早酥梨芽变六月酥和早酥红；新高芽变金秋梨和华高等。上述芽变系有些栽培性状优良，已应用于生产，一些用作研究材料。

**2. 实生选种** 人们有目标地播种自然授粉的种子，在后代中选择符合人们需要的优良单株，这种方法为实生选种。传统的地方品种大多是从自然实生中选育出来的，具有很强的区域性。如浙江大学（原浙江农业大学）已故果树育种家沈德绪教授从茌梨的实生后代中选育出高产优质的杭青；中国农业科学院果树研究所从车头梨的实生后代中选育出树体矮小、丰产稳产、适合制汁的矮香梨，现已成为我国罐藏加工的主要品种得以利用；上海市农业科学院园艺研究所从新水的实生后代中选育了成熟早、品质优的品种早生新水；河北衡水林业局从鸭梨实生后代中选出对黑星病免疫的品种金玉梨等。据不完全统计，我国利用实生选种共选出梨新品种 10 多个，在梨生产中发挥了一定作用。

## （三）杂交育种

新中国成立 60 多年来，我国有 40 多个科研院所和大专院校研究人员从事梨杂交育种工作，现已选育出 100 多个各具特色的新品种。它们有的丰产优质，有的抗病适应性强，有的果实外观艳丽极具吸引力，有的极早熟，有的晚熟耐贮运。其中一些品种已被大面积推广应用，给栽培者带来可观的收益，为消费者提供了各具特色的品种。据不完全统计，新品种的贡献率约占我国梨产业的 40％。

## （四）诱变育种

辐射诱变育种是作物品种改良的重要手段之一。目前果树上主要采用物理诱变方法，即利用$^{60}$Co γ 射线对休眠枝条、种子或花粉进行照射处理，从变异类型中选择新的优系。如日本学者用 γ 射线辐照先后选育出了高抗黑斑病梨品种金二十世纪（Gold Nijisseiki）和寿新水。此外，荷兰、英国等也先后得到了关于梨的早熟、矮化突变系。内蒙古园艺研究所李志英等利用 $^{60}$Co γ 射线照射苹果梨、朝鲜洋梨、早酥和锦丰的休眠枝和生长枝，经嫁接筛选，从朝鲜洋梨的辐照材料中选出了朝辐 1 号等优良新品系，已经通过了省级鉴定。山西省农业生物技术研究中心与山西省长治市科技局采用 γ 射线照射发芽过程中的巴梨种子并选育新品种晋巴梨，其果面绿黄色，阳面有红晕；果肉白色，肉质柔软细腻，入口易溶，石细胞极少，汁多味甜，芳香浓郁，可溶性固形物含量 14.5％，品质上等。河北省农林科学院昌黎果树研究所蒋洪业等在 1980 年辐照梨休眠枝得到的抗寒辐向阳红梨；同时，河北省农林科学院昌黎果树研究所和河北滦南县国有林场采用$^{60}$Co γ 射线处理粉酪、红安久、早红考密斯等品种，初选出 1 个无籽变异单系和 3 个红色变异单系。

### （五）砧木育种

梨的砧木育种较品质育种困难，且用时很长。我国科技工作者从 20 世纪 70 年代末期开始进行梨矮化砧木的选育研究，取得了一定的成绩。如中国农业科学院果树研究所 1980 年从锦香的自然实生苗中选出的紧凑型矮化砧木中矮 1 号和中矮 2 号，通过嫁接鉴定、比较试验和生产试栽，证明上述矮化砧作中间砧能使栽培品种树体矮化、早结果。矮砧本身具有抗枝干腐烂病、轮纹病、抗寒等特性，与栽培品种嫁接亲和性良好。山西果树研究所 1980 年开始利用梨属品种（系）间有性杂交的方法，选育出矮化、早果、丰产、嫁接亲和性好、易繁殖、抗逆性强的梨 K 系矮化砧木，现正在进行栽培试验中。

# 第二节　梨育种目标

我国领土幅员辽阔，气候和土壤等生态条件差异很大，针对各地区不同的生态条件和存在的问题，应分别确定各自的育种目标。

## 一、不同熟期优良品种的选育

### （一）优良早熟品种的选育

根据近 20 年的国内国际市场梨果价格调查表明，7 月底以前上市的优质早熟梨的价格往往是晚熟品种的 2 倍左右，可见选育优良早熟梨品种是当前育种的重要目标之一。目前我国优良早熟品种较少，现有栽培的早熟梨品种如早酥、翠冠和中梨 1 号等虽各具特色，在市场竞争中起到过一定的作用，但它们仍存在一些缺点有待克服。如早酥的肉质、外观虽好，但风味淡，口感差；而翠冠的内在品质虽好，但果锈严重，外观不美；中梨 1 号品质和外观虽好，但多雨地区时常发生裂果现象。

早熟新品种的选育目标是果型中大（200～300g）、外观美（果形圆或近圆，无果锈）、内质好（松脆、石细胞少、酸甜适口）、抗性强、货架期 10d 以上。

### （二）优良中熟品种的选育

目前我国中熟优良品种较多，面积也很大，但问题也比较突出。例如黄金梨，从外观到内质都是一个很好的品种，但其栽培管理困难，对环境条件要求很高，喜欢大水大肥，但适宜栽培范围狭窄，优质果率较低；而河北石家庄果树研究所培育的黄冠，外观和内质虽好，但果面鸡爪斑点病严重，影响其商品品质；中国农业科学院郑州果树研究所选育的八月酥梨，其外观和丰产性虽好，但口感欠佳。因此，选育大果型、高品质、具有较强适应性、便于管理的中熟品种应该是重要的育种目标。

中熟新品种的选育目标是中大型果（250～350g）、外观美（果形圆或近圆，无果锈）、内质好（松脆、石细胞少、酸甜适口）、抗性强、货架期 15d 以上。

### （三）优质晚熟品种的选育

我国栽培的晚熟品种存在的问题是，外观好的内质较差，或内质好的外观较差。我国著名的晚熟品种如鸭梨、雪花梨、金花梨等，外观虽好，但风味淡、口感差，而砀山酥梨、茌梨、锦丰品质虽好，但外观不美，传统的市场优势逐步被优质晚熟的日、韩梨品种所取代，如新高、华山和晚秀等。因此，培育具有我国自主知识产权的、综合性状好的晚熟梨新品种一直是广大育种工作者的目标之一。

晚熟新品种的选育目标是大型果（300～500g）、外观美（果形圆或近圆、无果锈）、内质好（松脆、石细胞少、酸甜适口）、抗性强、货架期20d以上、耐贮运等。

## 二、优质抗病品种的选育

抗性育种是目前世界各国的育种重点。利用抗病品种减少病害发生是最经济有效和安全的措施。在现代农业科学中，随着对遗传学研究的深入以及农业生物技术的开发，抗病育种具有广阔的发展前景。就我国现状而言，主要是选育抗黑星病、腐烂病、轮纹病和黑斑病的梨品种，同时兼具品质优良、高产、耐贮、适应性广的特性。

## 三、优质抗寒品种的选育

秋子梨是我国梨资源中最抗寒的种类，但最大缺点是果个小，单果重多在100g以下，同时还存在贮藏性较差、石细胞多等问题。所以迫切需要选育既抗寒、大果型、石细胞少，又耐贮运的优质新品种。

抗寒品种的选育，包括抗冬季低温和抗晚霜或可避开晚霜危害的品种。同时，要求单果重大于100g，肉质细、石细胞少，风味浓；抗腐烂病能力强。

## 四、矮生品种（短枝型品种）的选育

矮生品种是实现梨树矮化密植、早果丰产、省力高效的主要栽培措施，也是果园现代化的重要标志。对于苹果生产，由于有了不同系列的矮化砧系和短枝型品种，使苹果的矮化密植在全球大力发展。相比之下，梨的矮化栽培差距很大，特别在矮生型品种选育方面的报道不多。选育矮生型品种是实现省力化栽培模式变革的重要前提，也是今后发展的方向和趋势。为适应这一新的要求，应当考虑其矮化性、与其相适应的早实性、丰产稳产性、自交亲和性和对病虫的抗性。

## 五、矮化砧木的选育

目前，实现果树矮化栽培的主要措施有两种，一是利用矮化砧木；二是利用矮生型品种。如上所述，目前由于可利用的梨矮生型品种尚不多，仅局限于日本的二十世纪等少数几个品种。因此，利用矮化砧木是实现梨矮化密植栽培的主要途径。欧美虽然早就利用榅桲作为梨矮化砧，但与中国梨一直存在着亲和性差、抗性弱等问题。所以，加强梨矮化砧木的选育已成为我国梨产业中的主要育种目标之一。

## 六、其 他

红皮梨因其外观艳丽而深受消费者青睐。在国际水果市场上，同样品质的梨果，红皮梨的价格往往是其他色泽梨果价格的一倍以上。目前世界上红皮梨品种仍以西洋梨为主，然而西洋梨在我国发展还存在诸多局限性。包括：我国还没有和西洋梨亲和性良好的砧木，而用东方野生梨作砧木往往结果晚、丰产性差；且西洋梨既不耐热又不抗寒，性喜冷凉干燥的气候。这种对气候的独特要求只能在我国很小范围的地区栽培。而我国现有选育的一些红皮梨品种普遍着色不良，除极少数品种品质较好外，大部分品种的品质还达不到我国消费者的要求，更不符合西方消费者的口味。因此，选育优质红皮梨品种也是近年来育种关注的焦点之一。

# 第三节 梨主要性状的遗传

梨大多自交不亲和，亲本为高度杂合体，很难从表现型判断其基因型的杂合性；其经济性状绝大多数是多基因控制的数量性状，或属于多基因的互作效应，很少是典型的由一对基因控制的质量性状；而且梨的童期长，从播种至开花一般要 4～5 年，甚至 10 年以上，即便结果后，其果实经济性状在 3～5 年内多不稳定，有彷徨变异现象。因此，研究梨的遗传规律相当困难。但科学工作者通过克服困难，多年连续研究，探讨了部分梨的性状遗传现象和规律。

## 一、童期性状的遗传

童期可以解释为果树实生苗具有形成花芽能力前的一段时间，童期阶段结束时，就具备了开花的能力。Bell 认为梨杂种后代童期的遗传为数量性状，西洋梨杂种实生苗的童期为 5 年。蒲富慎（1979）研究认为，在辽西地区秋子梨与白梨、西洋梨的品种杂交后代开始结果年龄多为 7～10 年。李秀根等（1992）在郑州地区的研究表明砂梨与白梨的种间杂交后代童期为 4～5 年，白梨为 5～6 年。浙江农业大学园艺系（1978）也指出砂梨杂种后代的童期较短，白梨的童期较长。杨宗骏（1982）选用砂梨、白梨及含有中国梨、西洋梨血统的后代作材料，指出杂种后代童期为 3～9 年，杂种后代平均结果年龄与亲本营养期亲中值相关性显著，$r=0.8471^*$。Visse 指出，杂种童期的长短与亲本营养期有显著的正相关性。李秀根等（1992）的结论也是如此。为了尽快选出童期短的实生苗，有育种工作者根据实生苗的干径大小进行预选，但还要把握住杂种平均童期的长短主要受遗传因素控制这个大前提（沈德绪等，1982）。也有学者指出以亲本童期或一般配合力为依据进行亲本选择，可导致平均童期的显著缩短。

关于童期的遗传有以下几点倾向：①童期与亲本营养期的长短有高度相关性；②童期呈连续变异，为多基因控制的数量性状遗传；③砂梨、白梨童期较短，秋子梨和西洋梨童期较长；④童期的长短与其生长量存在一定的相关性，但并不密切；⑤短枝型或矮化品种后代的童期往往较短。

## 二、果实外观性状的遗传

### (一) 果实形状的遗传

梨果实形状的遗传较为复杂，而且果实发育受环境条件的影响很大。在不同果形亲本杂交下杂种后代表现出多样性现象，其中有较多单株的果形相似于亲本，还有许多新类型，它们大多在亲本类型基础上表现出不同程度的变异。梨的果形主要有圆、扁圆、长圆、卵圆、圆锥、纺锤和葫芦形 7 种，另外还有许多过渡类型。

不同果形的亲本杂交时，杂种后代表现多样性，有较多的单系果形与亲本相似，其余在亲本的基础上出现不同程度的变异。以苹果梨为亲本的后代，果实形状呈较广泛的分离，以圆形果居多，占杂交后代总数的 26.1%，其次为圆锥形，纺锤形等其他类型比例较小，具有较明显的趋中变异趋势，表现多基因控制的数量性状遗传特征。王宇霖 (1991) 等研究报道认为，圆或扁圆对圆锥和卵圆形似乎为显性，但差异不大；果形的遗传有由长向圆变异的趋势。除此以外，国外的研究结果还表明，圆和卵圆对瓢形和圆锥形表现为显性。

沈德绪等通过对 11 个杂交组合后代果实性状的研究表明，果实形状呈质量性状和数量性状的两重遗传效应，有复杂的遗传关系。王宇霖等 (1991) 指出，果形呈多基因控制的数量性状遗传。梨形与陀螺形这两种果形对后代的遗传传递力小，而卵圆形与圆形在多数组合的后代都占有一定的比重。总体来看，杂种后代大多比亲本的果形短，具有向圆形变异的倾向。除此以外，国外的研究结果还表明，圆和卵圆对葫芦形和圆锥形表现为显性。果形指数的遗传传递力平均为 98.1%，遗传力为 0.446。

### (二) 果实大小的遗传

蒲富慎 (1979) 和沈德绪等研究认为，果实大小属于数量性状遗传，受多因子的控制，杂交后代往往广泛分离。不同亲本组合果实大小的遗传传递力不同，后代分离程度也不同。杨宗骏 (1982) 研究的 18 个组合中，分离程度最小的变异系数为 16.6%，最大的为 48.8%；其中 15 个组合的平均单果重低于亲中值，平均遗传传递力为 90.7%。方成泉等 (1990) 研究的 9 个组合中有 8 个组合的杂种平均值低于亲中值 41.129%，为亲中值的 73.34%。宫象晖等研究的 4 个组合后代的平均值普遍低于亲中值，遗传传递力为 65.1%~74.23%。丁立华以苹果梨为母本的 10 个组合后代单果重平均值都小于亲中值，表现了连续的分离趋势，不同的组合呈现中庸回归或向小果回归的趋势；闫忠业的研究也有相似的结论。王宇霖等 (1991) 利用中国梨品种间杂交群体研究发现，梨杂种后代果实重量一般较亲中值小 27%；但也有不少例外，在其观察研究的 15 个杂交组合后代中，有 4 个组合后代果实平均单果重超过亲中值，平均超亲中值为 19.2%，最高为 24%。山东农学院用西洋梨品种巴梨与金坠梨、茌梨和鸭梨杂交的后代也表现出很高的超亲现象。孙志红等研究了库尔勒香梨正反交后代亲本性状的遗传，指出香梨杂交后代除苹果梨×库尔勒香梨组合外，其余 5 个组合杂交后代平均果重均超过亲中值，平均超亲率 17.6%，最高达 22.7%。苹果梨是选育大果型的良好亲本，鸭梨遗传大果型的能力比较强，而库尔勒香梨遗传小果的能力较强。

### （三）果实皮色的遗传

果皮色泽的遗传非常复杂，前人对此研究的也较多。王宇霖等（1991）指出黄色对绿色呈显性，其在杂交后代中的比重为 60%～70%。沈德绪等研究认为褐色对绿色表现显性，且呈质量性状遗传，控制皮色的基因在 2 对以上。杨宗骏（1982）分析不同杂交组合后代果皮色泽的遗传，结果发现产生绿色杂种的组合有绿×绿、绿×绿褐、绿×变色性褐色，以及变色性褐色品种相互杂交的部分组合，各组合中绿色的比例随着亲本颜色由绿→中间色→褐色的变化而渐次减少。但李志英等的研究却指出，梨果皮锈褐色遗传力呈显性。在国外和国内的研究中都看到两个无锈褐色品种杂交，后代中也可出现具有锈褐色的植株。西洋梨中某些果皮带红色的品种与不带红色的品种杂交，后代中有部分个体带红色（沈德绪，1992）。邹乐敏等在用库尔勒香梨与金梨、猪嘴梨、雪花梨、鸭梨杂交时，发现其后代有 29.6% 的单系果面有红晕及纵向条纹，保留了库尔勒香梨的色彩特征。王宇霖对 5 个红色梨杂交组合 637 株实生苗的性状遗传倾向分析研究表明，梨果皮褐色、黄色、黄绿色均对红色为显性。在以火把梨（红色）为亲本的 4 个组合中，均出现不同程度的具红晕的杂交后代，出现红晕比例最低的为 9.2%，红晕比例最高的可达 33.3%；在与鸭梨杂交的后代中果色艳丽者较多，有的可全面着以火把梨的鲜艳红色，说明火把梨是选育红皮梨的优良亲本。苹果梨杂交选育出的后代品种 60% 具有红晕，若另一亲本也有红晕，则后代品种有红晕的概率更大。杨宗骏（1982）论述了梨果面具红晕是质量性状的遗传。冯月秀等用无晕的早酥梨与有红晕的早巴梨杂交，其 $F_1$ 有 62%～84% 的植株不同程度具红晕，并且有 10%～40% 的植株表现出超亲现象，果面有 2/3 或 4/5 着色，而且十分艳丽，这说明红晕性状很容易遗传给后代。

## 三、果实内在品质性状的遗传

### （一）果实肉质的遗传

梨果实肉质是食用品质的重要构成因子。梨果肉基本上可分为脆肉与软肉两大类，一般来说，秋子梨类、西洋梨类为软肉类型，而砂梨、白梨则为脆肉类型（蒲富慎，1979）。孙志红等根据库尔勒香梨正反交试验得出，杂交后代果实肉质遗传大多倾向于亲本，倾亲率为 85.2%。王宇霖等（1991）认为梨杂种后代肉质的遗传表现为细脆、紧脆和粗脆对细嫩为显性。蒲富慎（1979）认为果肉的脆软特性不是数量遗传，而表现为独立的显性遗传。软肉×软肉杂交组合的后代全是软肉；脆肉×脆肉后代全是脆肉；软肉×脆肉后代脆软比为 1∶1；脆肉×软肉后代脆软比为 2∶1。沙广利等根据 3 种类型梨杂交组合后代的遗传表现，提出梨果实肉质的脆软肉遗传为质量性状遗传，由 A、B 两对基因控制。软肉对脆肉为显性，只有两对基因同时隐性纯合时才表现为脆肉。脆肉基因型为 aabb，软肉基因型为 A_B_，该模式可部分解释蒲富慎先生的试验结果。但对脆肉×软肉，后代脆软比为 2∶1，这种现象难于用上述机制解释，因为父本品种既为软肉，基因型中至少应有一个显性基因，为 Aabb 或 aaBb 型，这样后代的脆软比最大只能为 1∶1，说明梨果实的脆软肉性状除受上述两对基因控制外，可能存在其他修饰基因复合体，不仅可以改变相同的基因型显性度和外显率，甚至可以改变等位基因的显隐关系。李俊才等（2002）的研究与蒲富慎（1979）的结论相近，认为梨果实肉质主要受一对基因控制，脆肉对软肉为显性。

### （二）果实风味的遗传

果实风味由糖、酸、单宁和芳香物质等组成，控制这些性状的遗传基础非常复杂。李俊才等（2002）认为构成风味的物质中，糖酸含量的绝对值起主要作用，同时取决于糖酸比。由于糖变化范围较小，而酸的变化幅度较大，梨果实糖酸比，实际上主要是由酸决定的。梨含糖量可能是多基因控制的数量性状遗传，受亲本的影响较大，遗传效应中加性效应占较大比例，但依然存在一定程度的非加性效应。梨的含酸量为多基因控制的数量性状，分布较广，遗传传递力较低，在 67.0%～71.4%。何天明等（1999）提出库尔勒香梨杂种后代可溶性固形物含量表现超亲遗传，这与贾立邦（1984）的研究结果相一致，并认为杂种可溶性固形物含量高与杂种果实较小有关。李俊才（2002）指出，许多果实较小的品种具有较高的可溶性固形物含量的趋向，这是由于细胞较小、紧密以及密度较大的缘故。李俊才等同时认为，梨果实可溶性固形物的遗传主要由基因间的加性效应控制，非加性效应的影响较小，12 个组合中有 5 个可溶性固形物含量的遗传传递力超过 100%，后代果实可溶性固形物平均含量高于亲中值，具有一定的杂种优势。王宇霖等（1991）在红皮梨育种研究中报道，在幸水×火把梨和鸭梨×火把梨的组合中，甜对酸为明显显性，而二十世纪×火把梨的后代中酸则占优势。此外，还有一些果实带有青草味、涩味和怪味。李俊才等（2002）研究发现，果实香味浓郁程度与果实的挥发性物质含量总量无明显相关。山东农学院的报道则发现西洋梨中的巴梨原有的特殊芳香传给后代的能力不强，但是，有相当多的植株受到它的影响，改换成异味，异味的遗传可能是一种复杂的互作效应。

### （三）果实石细胞的遗传

李俊才等（2002）研究指出，梨果实石细胞含量表现为多基因控制的数量性状遗传，杂交后代果实石细胞含量与亲本相比呈现明显增多的趋势，组合间遗传传递力在120%～200%，平均为156%。这与杨宗骏（1982）的试验结果十分相近。梨野生种间杂交，无石细胞为显性。西洋梨品种间杂交，有石细胞为显性。也有人认为西洋梨的石细胞至少是由 4 个位点控制的累加效应，西洋梨与秋子梨杂交，后代大多也有石细胞。

### （四）果心大小的遗传

李俊才等（2002）研究指出：梨果心大小表现为多基因控制的数量性状，杂交后代果心大小呈变大的趋势，组合遗传传递力在 65%～190%，平均为 124.4%。这与魏闻东等（1993）用早酥作亲本时正反交试验的结果相同。不同果心大小的亲本杂交，杂种后代一般果心有偏大的趋向，表现出野生梨大果心的返祖遗传现象。选用双亲果心小的品种杂交，杂种才会出现较高比率的果心小的植株。贾立邦等（1984）以 17 个杂交组合为试材，指出亲本果心的大小对后代果心的遗传影响显著相关。果心大者后代果心也大，果心小者后代果心也小。何天明等（1999）对库尔勒香梨正反交获得的 11 个组合、64 个杂种实生树的果实进行了调查，认为果心大小趋中遗传，并且受亲本影响大。这与魏闻东等用早酥梨作亲本时正反交实验的结果不同。孙志红等在库尔勒香梨的正反交试验中指出，杂交后代果心较亲本的减小，亲本果心比为0.46，后代为0.39。库尔勒香梨作母本杂交后代，果心遗传传递力较父本强。砀山酥梨的小果心遗传传递力强。

### （五）果实成熟期的遗传

梨果实成熟期属于数量性状遗传，受多基因影响，其遗传倾向表现为：①杂种后代表现广泛的分离（方成泉等，1990）。但分离的变幅范围在组合间差异明显，多数组合在30~50d（杨宗俊，1982），分离范围的大小与两亲本成熟期差异大小的相关不显著，说明杂种后代分离范围不受亲本成熟期的差异值影响。蒲富慎（1979）、杨宗骏（1982）的研究结果表明，早、中熟品种杂交后代大多数倾向早熟，晚熟种的杂交后代多倾向晚熟。②杂种后代群体平均成熟期表现趋中回归的遗传特点。杨宗骏（1982）对36个组合1 024株后代调查结果显示，杂种后代成熟期与亲中值呈显著正相关，$r=0.9751$（$df=17$），两者回归系数bop=0.7071；在早×中、早×晚、中×中、中×晚4个类型中，杂种以中熟者居多（＞50%）。③具有超亲遗传现象。超亲程度大多在10d左右，超亲频率16%以下。超亲程度取决于双亲成熟期的差异值，双亲成熟期差距越大，杂种超亲个体的频率和程度则越小，因此认为要培育比现有品种更早熟的品种最好选两个早熟品种杂交。同时超亲程度也取决于杂种分离范围的大小，杂种分离范围越广泛，超亲程度和超亲频率也越大。

### （六）果实耐贮性的遗传

宫象晖等对梨的耐贮性研究指出，梨后代果实的耐贮性呈明显的偏小分布，集中分布于30d以内，但亦有耐贮株系出现，耐贮品种与不耐贮品种杂交时，不同组合之间差异较大，双亲皆为不耐贮品种时，后代不耐贮株系出现的概率较大，但亦有耐贮株系出现。吴忠华等的研究显示，库尔勒香梨与耐贮藏及较耐贮藏的梨杂交，后代90%以上较耐贮，而与不耐贮藏的三季梨、巴梨等西洋梨杂交，后代100%不耐贮藏，说明西洋梨不耐贮性遗传力强。

## 四、树体性状的遗传

### （一）叶片性状的遗传

叶片是进行光合作用的主要器官，主要为植株的生长和果实的发育提供营养。胡位荣等研究认为，梨叶片大小是多基因控制的数量性状，叶面积、叶纵径、叶横径都具偏小遗传趋势。在叶片大小遗传上，西洋梨与白梨、砂梨有明显差异，西洋梨传递小叶能力强，而白梨、砂梨的大叶遗传能力强。张绪萍等认为，梨杂种后代叶片与果实性状具有相关性；叶面积与果实纵径、果型指数之间存在显著相关；叶柄长度与单果重、果实纵径、横径、果型指数之间具有极显著的正相关性。这样就可以根据幼苗期的叶片表现来推测果实的情况，为育种的早期鉴定提供了依据。

### （二）株型和株高的遗传

矮化株型可分为紧凑型、短枝型和矮生型。有关梨这方面的遗传报道较少。Decouri-tye等研究认为梨杂种后代矮化性状的遗传取决于显性基因。贾敬贤等的研究也表明，梨株型的遗传方式属于质量性状遗传。关于株高的遗传，贾敬贤等认为属于数量性状遗传。

### （三）物候期的遗传

梨的物候期包括萌芽期、开花期、成熟期和落叶期等，掌握物候期对生产以及研究都有很大帮助。沈德绪等以梨的 10 个杂交亲本及 11 个杂交组合的 514 株杂种实生苗为试材，研究了各个物候期，并比较了它们之间的相关性和相关遗传现象，结果表明萌芽期与开花期之间有显著的正相关性；萌芽期与成熟期、开花期与成熟期之间也都表现显著的负相关；落叶期与其他各物候期之间则相关性不显著或不存在相关性。孙志红等也有类似的结论，并且认为亲本与杂种在萌芽期与开花期、萌芽期与成熟期、开花期与成熟期之间均表现有相关遗传现象，因此，可根据亲本某一物候期预测杂种实生苗的另一相关物候期。

## 五、抗病虫害和抗逆性状的遗传

### （一）抗寒性的遗传

中国北部约占国土面积的 1/3 的地带称作寒地，此地带划分以年平均气温 7.8℃的等温线为界，在此线以北为寒地。由于冬季气候寒冷，这里的果树都具有抗寒性，称其为寒地果树。由此中国寒地果树分布范围大体包括黑龙江省、吉林省、辽宁省北部、河北省张家口坝上地区、内蒙古自治区和宁夏回族自治区的北部、甘肃省的西北部及新疆维吾尔自治区的北疆（蒲富慎等，1963；滕元文等，2004）。对梨树抗寒力的分级标准为：①抗寒力强，表现为大枝无日灼，无抽条；②抗寒力较强，表现为大枝有轻微日灼；③抗寒力中等，表现为全株树有个别大枝抽条严重或全枝抽条；④抗寒力较弱，表现为全树受冻枝条和冻伤面积在 1/3~1/2；⑤抗寒力弱，表现为全树主要枝条在 1/2 以上或全树死亡，花芽伤亡率在 75% 以上。梨的抗寒性是由多基因控制的数量性状，表现为累加效应，同时具有母性遗传倾向。沙广利等利用电导法测定梨杂种后代的抗寒性认为是多基因控制的数量性状。陈长兰等对梨属植物抗寒性鉴定结果表明，野生的山梨、胡颓子梨、叙利亚梨、高加索梨、杜梨、砂梨、褐梨、杏叶梨 8 个种抗寒性依次减弱，栽培种中的秋子梨表现较强的抗寒力，秋子梨和西洋梨种间杂交种也有相当高的抗寒性。蒲富慎（1979）的研究得出了同样的结论。吉林省农业科学院果树研究所顾模等（1980）在以小香水、秋子梨、苹果梨等为亲本的 25 个组合2 612株杂交后代中总结认为，为了获得抗寒力强的杂种后代，亲本必须有抗寒的秋子梨血缘。秋子梨血缘在组合中占有的比例，与后代抗寒力的强弱呈正相关，表现为基因的累加效应。同时杂种后代抗寒力变异的大小取决于双亲中秋子梨血缘的多少，与其呈正相关。李志英等认为南果梨抗寒力的传递力强，是一个非常好的抗寒母本；苹果梨、早酥和库尔勒香梨也是不可多得的抗寒性育种材料，而且它们的后代综合性状大多优于秋子梨的后代。

### （二）抗黑星病的遗传

梨黑星病（Pear Scab）又称疮痂病、雾病，是梨树重要病害之一。梨杂交组合的 $F_1$ 代群体对黑星病的抗性表现为质量性状的遗传，抗病对感病为显性（汤浩茹、冷怀琼，

1993)。国外对梨黑星病抗性遗传的研究认为，在某种情况下，控制梨对黑星病抗性的是一个主效基因。蒲富慎（1979）也指出：梨对黑星病的抗性由一对主效基因控制，梨杂交后代对黑星病的抗性受亲本品种的影响，而且认为以西洋梨做杂交亲本时，后代中绝大多数不感染黑星病。Crane 则认为黑星病的抗性是受多基因控制，Stant 观察到梨品种间杂交后代对黑星病的抗感分离比有多种情况，但没有推测出抗性基因的数目。汤浩茹等通过分析鸭梨、早酥等 8 个品种 15 个杂交组合 $F_1$ 抗病性，指出 $F_1$ 群体对黑星病的抗性表现为质量性状的遗传，80％以上组合 $F_1$ 对黑星病的抗感分离比可用 4 对基因控制的抗病性解释。Abe 等通过分析日本梨和中国梨 $F_1$ 代抗病性，指出早酥、圆把梨、香梨等后代接种后出现的坏死反应是由多基因控制的，这些基因的遗传力也有差异，父母本对后代抗性分离有重要的影响。

杂交后代对黑星病的抗性受亲本品种影响。汤浩茹等指出，亲本品种的抗性对后代抗病植株的数量影响较大，双亲或双亲之一是抗病品种，后代中能产生较多的抗病植株，双亲都不是抗病品种，后代中抗病植株的数量很小；凡用西洋梨作杂交亲本后代中抗病植株的百分率都较高，这说明西洋梨或西洋梨杂种在抗黑星病育种中做一亲或双亲是有利的。育种实践证明，白梨与砂梨的杂交后代也会出现抗黑星病的品种，如黄冠、早梨 18 号、华酥等，秋子梨与白梨杂交后代中也选出了优良的抗黑星病品种如红金秋。从蜜梨品种及其杂种后代的遗传行为来看，蜜梨对中国梨黑星病的抗性受显性单基因所控制，是较好的抗黑星病育种材料（蒲富慎，1979）。

### （三）抗锈病性状的遗传

锈病也是梨树上的一种常见病，根据全树上出现病斑叶片的多少，杨宗骏（1982）将抗锈病性分为 5 级。0 级和 1 级列为抗病型，2 级为轻感型，3 级为中感型，4 级为重感型。抗锈病属于质量性状遗传，西洋梨品种为抗性基因纯合体，西洋梨杂种则为杂合体，抗病为显性基因所控制，但控制该性状的基因不只一对，因为在其研究中感病×感病的 3 个砂梨品种相互杂交，后代分离出几种类型，有少量抗病个体，因此推测控制该性状的基因不只一对，这些基因起着加性的作用。

# 第四节　梨芽变选种

梨树是遗传学高度杂合的多年生木本植物，在其生长过程中，常常会因外界不良环境条件的变化，如太阳强辐射、气候骤变等各种不确定物理因素的变更，引起芽的分生组织细胞发生遗传物质的突变而发生芽变。芽变的分生组织刚发生突变时，因其变异性状尚未显现出来，故不易被人们所察觉。当变异的芽萌发成枝，或甚至开花、结果凸现出突变性状后，才会被人们所发现。故芽变总是以枝变的形式出现，或变异的枝芽被繁殖成新的植株（即株变）的形式出现，其变异性状可以采用无性繁殖加以固定、保存、繁殖和利用。

芽变选种以其简便、实用性一直是果树品种选育的重要途径。我国梨芽变选育工作在育种家和生产者的长期重视下，经多年积累已取得了显著成绩。据不完全统计获悉的梨芽变品种/品系中，我国选育的多达 55 份。这些芽变品种/品系或在生产中直接推广应用，或作为育种中间材料用于品种改良，在我国梨生产发展中发挥了重要作用。

# 一、芽变选种的特点和意义

## （一）芽变选种的特点

芽变没有发生遗传物质的重组，仅是原类型遗传物质的突变，是植物细胞内染色体数量改变或染色体结构重排而产生的变异。其表现带有普遍性，而且多种多样，极其复杂。因此，要开展芽变选种，提高芽变选种工作的水平，首先必须熟悉芽变选种的特点。

**1. 芽变表现的普遍性和多样性**　芽变一般只局限于少数性状发生变异，但其表现有广泛的多样性，既有形态特征的变异，也有生物学特性的变异。

（1）形态特征，包括叶、果实、枝条和植株形态等。

①叶的形态变异：鸭梨的多倍体（四倍体）芽变如大鸭梨，其叶片大小、叶形指数都与鸭梨明显不同。

②果实的形态变异：果实的变异是最引人注意的重要经济性状之一。无论是果实大小、形状、果皮厚薄、光滑程度、着色程度等各方面，都有多种多样的变异。

大果型芽变：如秋子梨的代表品种南果梨芽变品种大南果，单果重有 170～180g，整整比其原先品种增大 100g 左右，而且总糖、维生素 C 和可溶性固形物都高于原品种；还有新疆梨的库尔勒香梨芽变品种沙 01，单果重比其原先品种增大 100g 左右；从巴梨中选出的芽变品种平度大巴梨，平均单果重 281g，比巴梨增加 60%，而且结果早，丰产性佳，产量增产 30%；从砀山酥梨中选出的芽变新品种大果白酥，平均单果重也大大重于原品种；从黄花中选出的芽变新品种大果黄花，节间短、叶色深、花大、平均单果重 364g，肉质酥脆，汁液多；选出的另一芽变新品种大香西黄，平均单果重 412g，此两品种平均单果重均重于原品种；在鸭梨中也选出数个大果形芽变品种。

果实色泽的变异是近代世界各国梨芽变选种中一个重要目标。最典型的例子是西洋梨的芽变选种，先后选出红茄梨、红巴梨、早红考密斯、红考密斯、红安久等，所有这些都是果皮色泽上出现红色芽变的优良西洋梨品种。我国也从南果梨中选出果皮红色、抗寒、抗黑星病的红南果；从早酥中选出的早酥红等。此外，还有果皮锈褐色的变异。

③枝条和植株（树形）的形态变异，如垂枝型芽变是一种特别突出的变异。它不仅树体高度及冠径与一般树不同，而且枝条下垂，像垂柳一般，垂枝鸭梨就是明显一例。

（2）生物学特性　包括生长与结果习性、物候期、果实品质、抗性和育性。

①生长与结果习性的变异　包括结果枝类型、分枝角度、果枝形成的习性以及连续结果的能力等。

②物候期的变异　包括萌芽期、开花期及果实成熟期。果实成熟期的变异就较多，如日本梨长十郎的早熟芽变早长十郎；我国著名晚熟品种砀山酥梨极早熟芽变良梨早酥；早熟梨品种早酥的极早熟芽变六月酥等，其成熟期都比原品种提早成熟 15d 以上。

③果实品质的变异，如甜鸭梨是鸭梨的芽变，它的风味品质比鸭梨甜。

④抗性的变异，在梨中经常发现有不同程度抗寒的变异类型。

⑤育性的变异，如花粉的可育变异成花粉的败育，或自交不育（不亲和）变成自交可育（亲和）。自交亲和的金坠和大果黄花就是明显的例证，其来自于自交不亲和鸭梨和黄

花的芽变。

**2. 芽变的重演性** 同一品种相同类型的芽变，可以在不同时期、不同地点、不同单株上重复发生，这就是芽变的重演性。它的实质是基因突变的重演性。如梨果实果皮的红色芽变，从它们发生的时间来看，历史上有过，现在也有，将来还会有；从它们发生的地点来看，中国有，外国也有。因此，不能把调查中发现的芽变一律当成新的类型，应该经过分析、比较、鉴定，才能确定其是否为新的芽变类型。

**3. 芽变的稳定性** 有些芽变，如大部分形成周缘嵌合体的芽变是很稳定的，性状一经发生改变，在其生命周期内可通过无性繁殖长期保持，并且无论采用何种繁殖方法，都能把变异的性状遗传下去；而有些芽变，只能在无性繁殖下保持稳定性，当采用有性繁殖时，或发生分离，或全部后代都又恢复成原有的类型；还有些芽变，只有极少数的芽变，虽不经繁殖，但在其继续生长发育过程中，也可能会失去已变异的性状，恢复成原有的类型，即所谓的回归突变。如梨果皮的锈褐色，从有锈变成无锈，还可以从无锈变成有锈。芽变的稳定性和不稳定性的实质，一个是基因突变的可逆性，另一个是与芽变的嵌合结构有关。

**4. 芽变性状的局限性** 芽变与有性后代的变异不同。芽变一般是少数性状发生变异，而有性后代则是多数性状的变异。芽变之所以只有少数性状发生变异，是因为没有发生遗传物质的重组，仅仅是原类型遗传物质的突变，包括基因突变与染色体变异，而这些突变所能引起的变异性状当然是有局限性的。例如梨果皮的许多红色芽变，主要是皮色浓淡或深浅的差异；至于多倍性的芽变，虽然有许多性状发生变异，但大都来源于细胞的巨大性，因而许多器官的变异也都局限于一个共同的"巨型"性。

芽变选种的局限性还表现在，有的芽变品种出现"复原现象"，致使繁育的后代一部分保持了芽变性状，一部分复原到变异前的性状。

### （二）芽变选种的意义

芽变是植物产生新变异无限丰富的源泉。芽变选种不仅在历史上起到品种改良的作用，而且特别在近代，国内外均颇受重视，是选育新品种简易而有效的方法。芽变选种作为果树等多年生作物的一种特殊育种途径，与其他育种方式（如实生选种、杂交育种、辐射诱变育种、原生质体融合育种、转基因育种等）相比，有着独特的优势。芽变选种方法简便，一般在田间通过对栽培品种进行观测，变异性状很容易被发现，可以避开童期等因素的困扰，将芽变枝条通过嫁接等方式进行繁殖、保存，待芽变枝条结果后实施初、复、决选观察评价而培育出新品种；芽变选种是在对主栽品种某一或某些不良性状修缮的基础上进行的，在基本保持原有品种综合优良性状的同时，只针对个别缺点进行改良，系优中选优，因而易达到选育成优良品种（系）的目的。芽变选种能大大简化育种程序，速度较快，时间较短，经初选至复、决选鉴评，有4～5年时间就可以选出新品种，因其周期短，能显著缩短育种年限，提高育种效率；芽变选种多为部分甚至个别性状变异的选择，因此工作量小，可省大量人力、物力、地力与财力，成本较低廉，收效颇佳；芽变选种技术比较简单，易为从事果树生产的群众很快所掌握，并可较快地推广应用；同时芽变选种供其选择基数、余地亦较大。因此，尽管今天分子育种等新手段不断涌现，但芽变育种仍将以其简便、实用的特点在未来的种质资源创新、品种改良中继续占据相当重要的地位，选育的新品种不仅为梨产业发展直接服务，而且还可不断丰富梨种质资源，为杂交育种提供新的亲本。如今芽变选种在果树，特别梨育种中已被广泛应用。

## 二、芽变的细胞学和遗传学基础

### （一）芽变的细胞学基础

植物的芽变最初发生于个别细胞，以后才形成变异的组织和器官。在研究与利用芽变时，必须了解植物生长点分生细胞层的结构特点。

**1. 嵌合体与芽变的发生** 被子植物顶端分生组织都有 3 个可以相互区分的细胞层，称为组织发生层或组织原层，用 $L_I$、$L_{II}$、$L_{III}$ 表示。植物的组织即由这 3 层细胞按不同的方式进行细胞分裂，并分化衍生而成。在正常的情况下，这 3 层细胞具有相同的遗传物质基础，称为同质实体。如果其中某一细胞原层的个别细胞发生了遗传物质的变异，以后随着细胞分裂又扩大了变异部分，使层间或层内不同部分之间具有不同遗传组成的细胞，形成嵌合的组织结构，这种情况就称为嵌合体（图 6-1）。芽变通常都是以嵌合体的状态出现的。由于变异的部位不同，嵌合体可以分为几种类型，如层间出现不同的叫周缘嵌合体，其中又分为内周、中周、外周和外中周、外内周、中内周六种不同类型；层内出现不相同的叫扇形嵌合体（图 6-1）。其中又分为外扇、中扇、内扇、外中扇、中内扇、外中内扇六种。

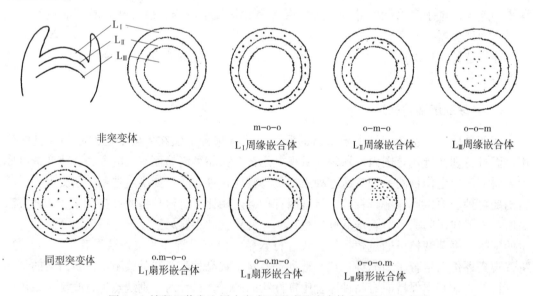

图 6-1 梢段组装发生层由突变而形成的嵌合体主要类型示意图

由于这些嵌合现象的不同，其芽变性状的表现也就有所不同。如果突变发生在 $L_I$ 表皮细胞，则可以引起与表皮组织有关的变异，如茸毛和针刺的有无，以及表皮细胞中色彩的变化。如果 $L_{II}$ 皮层原细胞产生突变，可以引起皮层外层及孢原组织的变异；如皮层外层变异可以产生与叶绿素多少有关的叶片色彩突变；孢原组织的突变可以产生胚珠和花粉的变异，并可以通过受精而将变异遗传给后代。如果 $L_{III}$ 中柱原细胞产生突变，则可以引起皮层的内层、中柱和输导组织的变异，因此，由中柱所长出的不定芽和由深层组织长出的不定根，都可以表现出变异的特征。

一般情况下，只有 $L_I$ 或 $L_{II}$ 或 $L_{III}$ 个别层中的个别细胞发生突变，而三层同时发生同一突变的可能性很小，几乎是不存在的。开始发生时，总是以嵌合体形式出现。而且生长点分生组织细胞发生变异的时间越早，它的变异部位随着生长发育表现的越宽大，往往能成为周缘嵌合体；如果发生的时间越晚，则变异的部位较窄，从而形成扇形嵌合体。因此，嵌合体变异范围的大小，决定于突变发生时间的早晚，决定于层间嵌合体还是层内局部的嵌合。而芽变嵌合类型的不同也关系到芽变的稳定程度及遗传状况。所以在进行芽变选种时，首先需要了解嵌合体的这些特点。

**2. 芽变的转化** 芽变嵌合体有时因为产生结构的变换而表现不稳定性，其主要原因是由于扇形嵌合体的芽位变换和周缘嵌合体的层间取代。

扇形嵌合体的芽位变换是指着生于嵌合体上不同部位的芽，在长成侧枝时，各表现出不同的特征。若芽位于扇形嵌合体的变异部位，那么由此长出的枝条就成为比较稳定的同质芽变体或周缘嵌合体；如芽位于正常部位，则长成的枝条仍然是正常类型；如果芽恰好位于扇形嵌合体的边缘，这样芽就处于正常和变异的交接处，由此芽长成的枝条仍然为扇形嵌合体，而且扇形的宽窄会有不同程度的变化。当嵌合体受到某种自然伤害或人工短截时，就有可能表现出以上三种情况。

层间取代是指周缘嵌合体不同变异的细胞层之间发生取代变换的现象。以多倍体的芽变为例，本来是一个 2-2-4 型的内周嵌合体，有可能失去变异的特征，又回复 2-2-2 型的原来状况；一个 4-4-2 型的外中周嵌合体也可能变成 4-4-4 的同质突变体。这种改变并不是发生了第二次突变，而常常是由于突变部分与正常部分的细胞数目多少或细胞分裂快慢的差别而发生生长上的竞争，使一方排挤了另一方，从而导致了某一层代替了另一层，由此改变了突变体的嵌合结构形式。有时外界刺激也能促使这种转化情况发生，如树体遭受冻害或其他伤害后，可能从组织深层发出不定芽，如果该树原来是中周或内周嵌合体，就可能使不定芽表现为同质突变体，从而产生与原有树木不同的结构变异。通常三个组织发生层中，一般是 $L_I$ 比较稳定，$L_{II}$ 直和 $L_{III}$ 比较活跃，因此 $L_{II}$ 与 $L_{III}$ 变化的可能性比较大。

### （二）芽变的遗传学基础

芽变是由于遗传物质发生了改变的结果，因此，根据遗传物质的来源不同，芽变主要有以下几个方面：

**1. 基因突变** 基因突变是指染色体上个别基因位点的改变。这种改变影响到由它控制的生化过程和所引起的性状变异。确定基因突变的标志主要是没有细胞学的异常，杂合子正常分离，突变能够回复。

**2. 染色体数目变异** 染色体数目的改变，包括多倍体，单倍体和非整倍体。主要是多倍体的突变，其特征是因细胞巨大性而出现的各种器官的巨大性。

**3. 染色体的结构变异** 包括染色体的易位、倒位、重复及缺失。这种变异可以造成基因线性顺序的变化，从而使有关性状发生变异。这一类变异在有性繁殖中，常由于减数分裂而被消除掉，只有在无性繁殖中，才可以被保存下来。

**4. 细胞质突变** 是指细胞质中的细胞器，如线粒体、叶绿体等具有遗传功能物质的突变。已经知道细胞质可控制的性状有雄性不育、性分化、叶绿素的形成等。

以上遗传物质的改变而引起的芽变属于遗传的变异，由此可以引起相应的遗传效应，并在繁殖时能够保持这种变异的特点。

## 三、芽变选种的方法和程序

### （一）芽变选种的目标

芽变选种主要是从原有优良品种中进一步选择更优良的变异，要求在保持原品种优良性状的基础上，针对其存在的主要缺点，通过选择而得到改善。例如对秋子梨品种，就要着重选大果和耐贮性强些；而西洋梨品种，则着重选果皮浓红型和耐贮性强的；就白梨品种而言，就得注重选风味品质佳，如具香气更佳；而砂梨品种，就得选果皮无锈色。

### （二）芽变选种的时期

芽变选种工作，原则上应该在整个生长发育过程的各个时期进行细致的观察和选择。所以要经常在果园里进行观察。但是，为提高芽变选种的工作效率，除经常性的观察和选择外，还必须根据选种目标抓住最易发现芽变的有利时机，在关键时期重点去发掘，集中进行选择。

**1. 花期**　观察花形的变化、花粉量的变化。从花粉败育的芽变中可选出无籽或少籽的芽变。

**2. 果实采收前 1～2 周至果实采收期**　此时最易发现果实主要经济性状的变异，可根据自己的选种目标去发掘，特别是外观的变异，如果实的着色时期、着色状况、成熟期、果形、品质以及结果习性、丰产性等。芽变选种的具体最佳时间，最好在果实采收前 2～3 周开始，直至果实采收期，以便发现早熟、提早着色的变异。当发现晚熟变异的果实时，要把表现晚熟变异的果实，有计划地留在树上延期采收。

**3. 自然灾害发生后的一段时期**　在剧烈的自然灾害（包括霜冻、倒春寒、特大严寒、大风、旱涝灾）和病虫害等灾害发生之后，是选择抗性突变的最佳时期，要抓住这个机不可失的时机，选择抗御自然灾害能力特别强的变异类型。还有一些芽变是在自然灾害发生之后，由于原有正常枝芽受到损害，而使组织深层的潜伏变异表现出来，故要注意从不定芽和萌蘗长成的枝条上进行选择，以便发现抗性芽变。

### （三）芽变选种的程序

芽变选种分两级进行。第一级是从生产园内选择初选优系，包括枝变、单株变异；第二级是对初选优系的无性繁殖后代比较筛选，包括复选和决选两个阶段，最终进行品种审定。整个选种程序如图 6-2 所示。

**1. 初选**

（1）发掘优良变异　此期主要在生产中进行。为发掘优良变异，就要深入生产，动员果农广泛发掘、筛选生产中出现的各种变异，要把经常性的专业芽变选种工作与群众性芽变选种活动相互有机结合起来，向群众广泛宣传芽变选种的意义，建立必要的芽变选种组织，普及芽变选种知识与技术，明确芽变选种目标，组织发动广大果农进行经常性的芽变

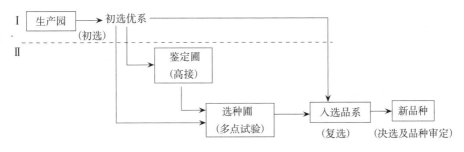

图 6-2 芽变选种程序

选种工作，开展多种形式的芽变选种活动，包括座谈访问、群众选报、专业普查等。对初选的变异单系编号并作好明显标志，进行详细的性状调查，填写记载表格，果实应单采单放，并选好与其生态环境与生长条件相同的对照树，进行对比分析。

（2）分析变异 分析变异是确定变异是否为芽变的关键，其目的是为了确定发掘的变异是由遗传物质突变而产生的变异，还是由环境因素和栽培条件因素引起的变化。由遗传物质突变而产生的变异是我们所需要的芽变，而由环境因素和栽培条件因素引起的变化称为饰变或彷徨变异，其没有产生实质性的变异，它会随着环境因素和栽培条件的改变而改变，我们首先要筛除因环境因素影响而产生的彷徨变异，筛除有充分证据可肯定是一般生态环境影响的饰变，不再进入第二级选种程序。

①鉴别方法

A. 依据变异性状的性质 梨树有些性状，如花粉的育性、成熟期的早晚、果皮的盖色有无、片红与全红、果锈有无、香味、抗性和自交亲和性等质量性状是由遗传物质决定的，环境条件一般不会引起这些性状的变异，上述性状一旦发生变异，则可断定为芽变；而另一些性状，如果实大小、着色程度、果锈程度、风味品质等数量性状，则可能由遗传物质所引起，也有可能由环境条件和栽培条件所影响。对于这些性状的变异，就要将其与对照移植或嫁接到相同的条件下进行观察，以排除环境因素和栽培条件对其的影响，使其突变的本质显示出来。

B. 依据变异体的范围 变异一般表现为枝变、株变和多株变。如是枝变，则需观察它是否为嵌合体，若变异枝上不同方位的性状表现不同，则可判断、证明其为嵌合体，可断定其变异性状即为芽变；如为株变，一般就较难判断其为芽变或是饰变；如系多株均有相同变异，而立地条件又异，也可排除环境影响而确定为芽变。

C. 依据变异的方向 饰变与环境条件变化息息相关，而芽变则与环境条件无明显相关。如果实的着色程度，会随光照、温度条件的变化而变化。通常树冠外围果实着色程度一般较内膛果实深。因此，在同一植株上，如发现树冠内膛果实着色比树冠外围深的变异，则十有八九可能为芽变；而光照充足处发现这种变异，则是饰变的可能。

D. 依据变异性状的稳定性 饰变是一般环境因素和栽培条件影响所引起的变异，其变异性状稳定性脆弱，当环境因素和栽培条件改变时，这种变异有可能消失。故了解变异性状的历年表现，并分析环境因素和栽培条件的变化，就能判别。若变异性状在连续多年环境因素和栽培条件的变化下仍表现稳定，则可能为芽变；若连续几年变异性状表现不稳定，或偶尔年份出现，则不一定为芽变。

除上述形态学观察鉴别外，利用组织解剖学和细胞学观察组织结构和染色体（数目、结构及核型分析）变化也是鉴别芽变的有效方法。20 世纪 80 年代至 20 世纪末，同工酶分析、孢粉学研究和生理生化鉴定也在鉴别芽变中发挥一定作用。近 20 年来，随着分子生物学的兴起与分子标记技术的发展，人们开始把分子标记技术应用于梨的品种资源和芽变鉴定。目前，应用较为有效的分子标记有 RAPD、AFLP、SSR 和 SRAP 等标记。

②具体分析处理方法

A. 变异不明显或不稳定，都要继续进行观察，如果枝变范围太小，不足以进行分析鉴定，可通过修剪或嫁接在高接鉴定圃内等措施，待变异部分迅速扩大以后，再进行分析鉴定。

变异性状十分优良，但不能证明是否为芽变，可先进入高接鉴定圃，再根据表现决定下一步的实施方案。

B. 有充分证据可肯定为芽变，而且性状十分优良，但是还有些性状尚不十分了解、明确，可不经高接鉴定直接入选种圃。当然，为提早得到一定量的果实和接穗，亦可同时进高接鉴定圃和选种圃。

C. 有充分证据说明变异是十分优良的芽变，并且没有相关的劣变，可不经高接鉴定圃及选种圃，直接参加复选。

（3）变异体的分离纯化 通过变异分析而确定为芽变的变异，有相当部分是以嵌合体的形式存在的，如周缘嵌合体或扇形嵌合体。周缘嵌合体较为稳定，而扇形嵌合体则不稳定。为使后者变异达到纯化和稳定，须对其突变的芽实施连续嫁接，或采用修剪、组织培养等方法。以促使其转化为稳定的周缘嵌合体或同质突变体。

**2. 复选** 包括高接鉴定圃及选种圃。

（1）高接鉴定圃 初选中无充分证据可肯定是芽变优系一般需进行高接鉴定。通过高接鉴定表现稳定的变异进入选种圃进行复选，同时也可为扩大繁殖准备接穗材料。在高接鉴定中，如果是用生产品种作中间砧，则既要考虑基砧相同，还要使中间砧保证一致，为消除砧木的影响，必须把对照与变异材料高接在同一高接砧上。为提早获取鉴定结果，可采用矮化砧。高接的数量应根据砧木树冠大小而定，一般最好能在结果初期提供不少于5kg 的果实。

（2）选种圃 选种圃的主要作用，是全面而又精确地对芽变优系进行综合鉴定，对芽变单株进行复选。在选种圃内，要求每个变异单系不少于 10 株。而且应设置与之砧木相同的对照，应连续 3 年对其果实和其他重要的经济性状进行系统、全面的鉴定，同时与其母树和对照树进行对比。因为在选种初期往往只注意特别突出的优变性状，而对一些数量性状的微小劣变，则常常不易被发现或容易被忽略。还有像株型这样的巨大突变，其表现有时与原类型有很大差异，对环境条件和栽培技术都可能有不同的反应和要求，因而在投入生产之前，最好能有一个全面的鉴定，为繁殖推广提供可靠的依据。

**3. 决选** 对通过复选和区域试验的优系，在选种单位提出复选报告之后，应由主管部门组织有关同行专家进行现场调查，对入选品系进行综合鉴评，提出考察或鉴定评价意见，最终对入选品系进行评价决选。

参加决选的品系，应由选种单位提供下列完整资料和实物：

（1）该品系的选种培育历史、评价和发展前途的综合研究报告。

（2）该品系在选种圃内连续 3 年以上的果树学与农业生物学完整的鉴定数据。

（3）由品质检测权威部门提供的该品系和对照所做的品质检测报告。

（4）该品系在不同生态区内的生产试验结果和有关鉴定意见。

（5）该品系与对照品种的主要性状对比照片、生产现场与新鲜果实（数量不少于 25kg）。

上述资料、数据和实物，经审查鉴定后，各方面确认其在生产上有前途，可由选种单位予以暂时命名，并作为新品系向生产上推荐试种。

**4. 品种审定** 在决选的前提下，被确定的决选优系最终应通过省级品种审定，才能在生产上应用并推广。需审定的新品系，选种单位应事先向省品种审定委员会提出品种审定申请，并提交品种选育技术报告（含选种目标、选种培育历史、主要经济性状评价、配套栽培技术要点、适宜栽培区域和发展前途）和品种选育工作报告。省品种审定委员会收到选种单位提交的品种审定申请、品种选育技术报告和品种选育工作报告后，即组织同行专家对提交的新品系进行审定。经新品系选育单位的选育技术报告、现场考察和答辩后，同行专家就新品系进行品种审定。

# 第五节　梨实生选种

## 一、实生选种的特点

梨树的选种方式多样，与其他选育种方法相比，实生选种具有以下明显的特点：

**1. 变异普遍** 通常在梨树实生后代中，几乎找不到两个遗传型完全相同的个体；而在无性系后代中，除个别枝芽或植株发生遗传型变异外，大多数个体遗传型相同。

**2. 变异性状多，且变异幅度大** 实生后代几乎所有性状都发生不同程度的变异，而无性系后代的变异常局限于个别、少数几个性状。对数量性状的变异幅度来说，实生变异也常常显著超越无性系变异。因此在选育新品种方面，实生选种则利用实生后代变异性状多且变异幅度大而潜力无限。

**3. 变异性状适应性强** 变异及其类型是在当地自然生态环境条件下发生、形成的，其经受了当地各种不良、恶劣自然生态环境的长期考验。一般而言，其适应当地大气、风、气温、湿度和雨量等气候条件、水和土壤等自然生态环境条件。

**4. 投资少，收效快** 与杂交育种相比，实生选种则有效地利用现存的变异，节省人工创造变异过程中人力、财力、物力和地力的投入。鉴于其变异适应性佳，故实生选种选出的新类型，可在较短的时间内，在原产地区繁殖、推广直至形成一定或较大的生产规模。因此其具投资少，收效快之特点。

## 二、实生选种的意义

梨在实生（种子播种）繁殖情况下，常常会产生复杂而多种多样的变异，其对商品性果树生产来说，是一个不利因素，但对梨育种而言，却是一个选拔优良变异极其丰富的源泉。

实生选种系历史最为悠久，应用最为广泛的一种选育种途径。早在约 18 世纪，我们的祖先就掌握这一技术，并通过此途径把野生种类演变成了栽培种类。在漫长的岁月中，几乎所有梨都只进行实生繁殖。那时，从实生群体中选拔出的优株，一般遗传上杂合程度较高，优劣个体间借助风、虫媒自由传粉难以排除，由此导致优良性状不易在实生后代中保持，故对优良类型进行迅速而有效的增殖很不容易，同时对次劣类型进行严格淘汰也举步维艰。因此，就改进群体的遗传组成来讲，进展缓慢。然而，经过无数世代实生选种的反复积聚与增进累加，成效惊人。

随着人类文明的进步，选种由无意识选择发展为有目地选择。目前，梨树产业中具有举足轻重、产区栽培广泛的一些优异（良）品种，或在当地梨生产和产业中发挥良好作用的地方品种，或具相当生产规模或有一定栽培面积的农家品种，大多来自实生选种的结果。如我国著名的鸭梨、砀山酥梨、库尔勒香梨、雪花梨、南果梨、金花梨、青龙甜、崇化大梨、杭青、德胜香、矮香、新苹梨等；砂梨中的日本品种市原早生、幸藏、长十郎、晚三吉等；以及西洋梨中的巴梨、伏茄、宝斯克、考密斯、安古列姆（Duchess de'Angouleme）、冬香梨（Winter Nelis）等。

## 三、实生繁殖下的遗传与变异

梨树属于异花授粉植物，在遗传上杂合程度较高，因此在实生繁殖情况下，常产生复杂而多种多样的变异。

梨树实生群体内个体的变异，主要由基因重组、突变和饰变三种因素所产生。

**1. 基因重组**　基因重组是果树实生个体间遗传型变异的主要来源。由于绝大多数梨树杂合程度较高，而且又都是异花授粉的类型，因此每一次有性繁殖都发生基因重组。假定一种梨树在 100 个位点上各有两个相对的等位基因，通过自然授粉后由基因重组可产生的基因型将有 $3^{100}$。因此，基因重组是实生后代遗传变异无穷的来源。

实生选种中选拔出表现优异的基因型，可能包括基因重组产生的两类不同效应：①基因的加性效应。由来自不同亲本控制同一经济性状的有利基因累加，从而产生加性效应优于亲本的遗传型。②基因的互作效应。由基因间显性、上位性等互作效应而产生的超亲新特性，也就是由新的、有利的非加性效应所产生。具有这双重效应的优良单株，在无性繁殖下都可以保持和利用，但在实生繁殖下，则只能遗传其加性效应，而不能保持其非加性效应。

**2. 突变**　突变是产生新的遗传变异的唯一来源。没有突变造成的基因多样性，就不会有由基因重组而产生的多样性类型。然而在正常情况下，突变频率是很低的。广义的突变还包括染色体的数量和结构的变异。

**3. 饰变**　饰变是由环境条件改变而引起的表现型变异，属于非遗传的变异，有时会造成个体间显著差异，从而干扰对基因型优劣的正确选择。如梨树实生群体中有些高产单株，在很大程度上是由于它们所处的环境条件优越所造就，而它们的后代，在一般营养条件下，都不能保持母株的高产水平。通常环境因素对质量性状的饰变作用，显著小于数量性状。如梨果面果点多少与大小、果肉颜色等质量性状，受环境饰变的影响远远小于果实大小、风味和产量等数量性状。

综上所述，基因重组是实生梨树前后代以及同代个体间遗传变异的主要来源。然而，基因重组并不是群体变异的主要来源。因为根据群体遗传平衡规律，在随机交配的大群体里，在没有选择、迁移等因素干扰的情况下，基因型频率和基因频率均保持不变。梨树实生群体遗传的变异，主要在于对重组类型的逐代选择，使群体内基因型频率和基因频率向着选择方向变化。

## 四、实生选种的方法

实生选种包括单果选法和株选法两种。

**1. 单果选法** 较为传统的一种选法，即果实采收后，从一大堆或一大垛果实里面挑选果实较大、果形端正、色泽好的作种果。这种单果选法逐代进行，也会使实生群体中果实大小、形状、色泽等性状逐渐有所改善。而且由于果实大，发育饱满，其内的种子也发育正常、良好。种子的优劣与由其发育长出的植株的强弱以及植株所结果实的大小、品质、产量等呈一定的正相关。因此，单果选法也能在一定程度上提高群体的整体水平。

虽然单果选法有上述优点，但也应看到它的严重缺点：①选择性状的局限性。只能选择表现于果实的各种性状，而不能选择其他重要经济性状，如与丰产性有关的果枝、果台连续结果能力、对病、虫害及其他不良生态环境条件的抗性等。品质优劣虽然在单果上也能表现出来，但由于品尝分析和繁殖间存在矛盾而无法进行鉴定。②单果不能代表全株。如单果大而果形好、色泽佳的，并不一定同株其他果实也都是个儿大而外观优良的，更不能反映株内果实在形状、大小、色泽等方面的整齐度。③不能区分性状差异的原因，而株选法则可以分析株间环境差异，从而作出遗传差异的大体判断。④无法排除劣株花粉传粉对实生后代的影响。

**2. 株选法** 株选法是近年来各地大规模群众性实生选种均采用的方法。广大果农和技术干部逐渐明确了过去总结群众性选种经验时所谓"三选"（选母株、选种子、选幼苗）中，关键在于对母株的选择。

（1）选种目标 选种目标依不同地区、不同梨树种类及需着重解决的问题不同而异。就所在地区而言，新疆、甘肃、青海、宁夏、内蒙古、黑龙江、吉林等省（自治区）和辽宁北部地区，因气候寒冷，植株露地越冬是关键之所在，故除产量、品质方面的基本要求外，应侧重于抗寒性。在同一省份，不同地区选种需着重解决的问题也有所差异。如在辽宁省，辽南、辽西地区气候比辽北地区较温暖，故除稍微考虑抗寒性之外，应以高产、稳产为主，适当关注果实大小、品质等。

对梨树种类来讲，秋子梨耐贮性欠缺，所以在注重其品质、产量的基础上，耐贮性要特别予以关注；西洋梨品种抗寒性不强，耐贮性欠佳，故在考虑其外观、品质的前提下，应特别注重其抗寒性和耐贮性；白梨、砂梨品种果肉一般无香气，风味品质偏淡。所以，其选种应在风味品质上下功夫，当然，如具香气，更是锦上添花。总之，在拟定选种目标时，应抓住主要矛盾，考虑主要需求，项目不宜过多，否则会降低主要选择目标，影响选择效果。同时，拟定目标时应力求切合实际，且便于调查。

（2）选种标准 选种标准应力求简明扼要。如丰产性方面应提出初结果树、盛果期树的平均株产；而抗寒性并非近期的抗寒性，而要提出冻害周期的抗寒性。但对专业人员开展初选、复选时，则应提出比较具体的选种标准。如在单项选种时，应以单株产量或单位面积产量作为选择的主要依据，其他项目如品质等作为参考指标。

## 五、实生选种的程序

当前，群众性实生选种的主要原则是筛选优树，以建立其无性系品种，采用嫁接繁殖，结合推广可以较快地实现良种化。根据各地实生选种的经验和生产上迫切要求，提出了"优种就地利用和边利用、边鉴定，在利用中求提高"的选种原则，同时根据这一原则亦制定了选种程序。

**1. 群众报种与现场调查观察记载相结合** 为尽快筛选出优良单株，必须充分发动群众，依靠广大群众的力量，采取群众报种和专业科技人员评选相结合的办法来实施。在发动群众的基础上，首先应组织群众认真、仔细讨论，使其进一步明确选种的目的、要求、入选单株的具体标准及应注意事项。待一切向群众交代清晰，其明白、掌握后，再组织群众报种。群众报种后，专业科技人员要根据群众报种情况，及时到现场进行调查核实，剔除那些明显不符合选种要求的单株后，对剩余单株造册登记，记录具体地址、方位、行株号和单株所有人等信息，并进行标记编号，以作为预选树（即初选的候选树）。同时，根据早已拟定好的观测记载表，对其进行初步调查观察记载。

**2. 初选** 筛选出预选树后，除专业科技人员根据早已拟定好的主要观测记载项目，对其进行必要的果实外观与口感内质质量、产量和抗逆性等观察记载外，还需从其树上采集果实样品带回实验室进行内质详细分析测试鉴定，并对所记载的资料信息进行整理和分析对比。经连续 2～3 年对预选树的果实外观和内质质量、产量和抗逆性等项目的复核鉴定、观察评价后，依据选种标准，将性状表现优异且稳定的预选树确定为初选优良单株。同时对初选优良单株要及时高接与嫁接扩繁育苗 30～50 株以上，以作为选种圃和多点生产鉴定的实验树。在观察母株的同时，还要调查无性系后代的表现。此举除可消除环境误差，提高鉴定效果外，还可就地解决接穗来源，及早嫁接繁殖推广。在不影响母株生长结果的前提下，还可剪取一些接穗，以附近淘汰的低产劣树作砧进行高接换种，这样既可提前结果，又可起到高接鉴定的作用。

**3. 复选** 选种圃里的嫁接树，结果后经 2～3 年的后代果实主要经济性状（外观、内质质量与耐贮性）、产量、抗逆性的比较鉴定，连同母株、高接树和多点生产鉴定实验树上述性状系统调查，经群众和专业科技人员的合作鉴评，对初选优株作进一步的评价。优中选优，将各地初选优株中相关性状更为突出、优异的单株确定为复选优株，并迅速建立能提供大量接穗的接穗母树园。

**4. 决选** 在上述复选的基础上，应对复选优株进一步嫁接扩繁育苗，并扩大苗木试栽范围。在梨适宜栽培省份建立试栽基点，进行复选优株的适应性试验与区域试验，同时必要时亦可以原品种为对照进行品种对比试验。在此阶段，扩繁苗木未结果前，应开展复选优株植物学特征、生物学特性、物候期、适应性与抗逆性等主要经济性状观察研究评价；扩繁苗木结果后，应对其与结果有关的如结果习性等生物学特性、果实物候期、果实主要经济性状（外观、内质质量与耐贮性）、产量、结果后的适应性与抗逆性等主要经济性状实施观察研究评价；同时以原品种为对照进行品种对比试验，详细记录原品种与复选优株历年产量以资比对。经2～3年观察研究评价，在复选优株中优中选优，将性状表现尤为突出、优异且稳定的品系确定为决选优系。

**5. 品种审定** 在决选的前提下，被确定的决选优系最终应通过省级品种审定，才能在生产上应用推广。需审定的优系，选种单位应事先向省品种审定委员会提出品种审定申请，并提供完整资料和实物（同芽变品种审定要求）。

# 第六节 梨杂交育种

## 一、杂交亲本的选择和选配

杂交亲本的严格、正确、科学、合理选择与选配是育种工作成就大小或成败的关键。

### （一）杂交亲本的选择

根据育种目标，从育种资源中挑选最适合的材料作为杂交亲本。选择的范围不应局限于生产中推广的少数几个优良品种，而应包括那些经过广泛搜集、保存和深入研究、评价的育种资源和人工创造的杂种资源。通常在选择亲本时，总是针对育种目标，选择优点最多、缺点最少的品种（系）或类型作为亲本。具体选择时，还应当考虑以下几点：

**1. 以重要经济性状为主** 果肉细脆比果肉汁液更重要；丰产、稳产性比早果性更重要。因此，权衡果肉细脆、汁液稍少材料比果肉欠细脆而汁液稍多作亲本价值较大；丰产稳产但结果期较晚，比结果早但产量不高或不稳定的类型更适于作杂交亲本。

**2. 以多基因控制的综合主要经济性状为主** 由一对基因控制的质量性状的亲本杂交，只需经过一代，最多两代就完全可以消除不良性状的影响，获得我们所需要的类型。但对多基因控制的数量性状，特别是对品质这样的综合性状，要消除亲本的恶劣影响，则至少要花几个世代或几十年的时间。如用早酥与杜梨杂交，要想在后代中消除杜梨亲本的小果、劣质，则至少要进行4～5次或更多世代的重复杂交。因此，在选择亲本时，必须优先考虑遗传复杂的综合性状、数量性状。尽可能避免把数量性状的低劣类型作为亲本。

**3. 要优先考虑亲本基因型** 果树品种的基因型，目前虽知道一些，但还了解不多。所以，一般在选择亲本时，主要还是选择优良的表现型。根据表现型选择亲本，在一定程度上虽然也能反映出基因型的优劣；但是，有时两者是不一致的。因此，对于1～2对基因控制的质量性状，首要应了解、研究该育种资源是否具有我们所需的基因，其是同质结合还是异质结合。对于数量性状，除要求表型值不在中等水平以下外，还需要研究不同育种资源通过育种值或配合力，特别要注意尽可能避免直接利用数量性状同质结合程度很大的野生种作为亲本。

对于无性繁殖的梨树来说，在亲本选择上，还要注意到嫁接或突变嵌合体表现型和基因型的不一致现象。如有些芽变，仅仅是$L_I$层细胞发生突变，而产生配子的$L_{II}$层细胞并未发生突变。因此，其不能遗传传递突变的相关性状。因此，在选择嫁接嵌合体或芽变类型作为亲本时，应该特别注意与配子遗传有关的原体层细胞的基因型。

**4. 应选择育种值较大的性状** 同样都是多基因控制的数量性状，但性状间遗传力有很大的差异。即使在没有对遗传力进行系统研究的情况下，从杂种的表现也可以看出，梨的成熟期较易遗传给后代，而大果和优质等则不易传递给后代。故在选择亲本时，应着重考虑将这些性状的育种值较大的品种作为杂交亲本。

**5. 优先考虑一些少见的有利性状和可贵的类型** 从单一性状来看，有些有利性状出现较为普遍，如梨果型较大，在 200g 以上的不在少数，能贮藏 4～5 个月的，也比较普遍。但能单基因控制遗传的紧凑型矮化类型，到目前为止，也只有中矮 1 号与中矮 2 号等少数几个。对梨黑星病、轮纹病等病害接近免疫的品种类型也寥寥无几。所以，选择亲本时，应优先考虑选择这些可贵的品种类型。另外，从组合性状（综合性状）方面来看，抗寒性较弱而大果的梨品种（如鸭梨、雪花梨、砀山酥梨等）比比皆是，但抗性较强而大果的类型（如苹果梨、大慈梨等）比较少见；晚熟而较耐贮藏的品种（如锦丰、金花梨和秋白梨等）很多，早熟而较耐贮藏的品种类型（如华酥、早魁等）较少；不抗寒丰产的很多，如鸭梨、雪花梨、砀山酥梨、黄花、金花梨等，但较抗寒丰产的较少，如锦丰、苹果梨等。在育种亲本资源中，具有组合性状（综合性状）优良的梨品种，如大果而抗寒的苹果梨和早熟、丰产的早酥等梨品种都是抗寒、早熟杂交育种中的珍品与珍贵的亲本。

## （二）杂交亲本的选配

从大量的品种资源中，筛选出适于作亲本的品种类型，并不是随意地把它们两两搭配或交配，就能得到符合育种目标的杂种类型，这里有一个合理搭配即杂交亲本的选配问题。亲本选配的原则大体有以下几点。

**1. 应尽可能使两亲本间优缺点互补** 在选择亲本时，应该选择优点较多而缺点较少的品种类型作为亲本。但是任何一个亲本都不可避免地存在一些缺点、缺陷和相对不足之处。在亲本选配时，必须注意一个亲本的每一缺点，都能尽可能地从另一个亲本上得到弥补。如中国农业科学院果树研究所在梨杂交育种中，用苹果梨作母本与身不知杂交，身不知果实耐贮性差、抗寒性弱的主要缺点，能从母本苹果梨上得到弥补；同样苹果梨的主要缺点果皮摩擦、碰擦易变黑、果肉内石细胞稍多等，也能从身不知方面得到弥补。由该杂交组合中选育出的新品种早酥，具有早熟、大果、品质佳、早果丰产、稳产、抗病性与抗寒性较强，耐贮性尚可等特点，是早熟品种中的优良品种，现已成为早熟品种的代表品种、全国主栽品种和优良的杂交亲本。以其作亲本，先后选育出如八月红、华酥、华金、中梨 1 号等一系列梨新品种。根据这一原则，亲本双方最好有共同的优点，而且越多越好，但不应有共同的或相互助长的缺点。对于一些综合性状来说，还要考虑双亲间在组成性状缺点上的相互弥补。如品质方面的肉质脆韧、汁液多寡、香气的浓淡和有无等；产量方面的果枝形成能力、花序、花朵着果率和果重等组成性状。

**2. 应考虑主要经济性状的遗传规律** 对于质量性状，在选择和选配亲本时，都要优先考虑基因型和性状遗传规律。在数量性状方面，也应注重相关主要经济性状的遗传规律。吉林省农业科学院果树研究所用鸭梨等高产、优质品种当地原产的野生秋子梨杂交，从表现型上看，该杂交组合是符合双亲优缺点互补的选配原则的。但是仔细分析就会发现，野生秋子梨的劣质特性系同质结合，其程度大，传递力特别强，不仅在杂种一代，而且即便与优良品种重复杂交 2～3 代，也难以获得符合品质方面要求的类型。因此，必须根据具体性状的遗传规律进行具体分析。

**3. 应选配种类不同或在生态地理起源上相距远的双亲**  杂交育种的亲本选配，一方面要求亲本在重要经济性状上育种值高，也就是说具有较高的加性效应；另一方面要求亲本亲缘关系较远，最好是双亲分属两个不同的种，即种间杂交，至少应该用生态地理起源上距离较远的不同品种类型进行杂交，以便在杂种中获得较大的非加性效应。

同时，应该重视从前人曾经从事的亲本组合中总结经验教训，对入选率高、重要性状上组合育种值大、特殊配合力强的杂交组合，可以重复进行，且可扩大杂种实生苗的数量，从而提高育种效率。

**4. 应考虑母本和父本在性状遗传上的差异**  在关于正、反交对性状遗传传递力的差异方面，米丘林和他的学生曾一再强调，母本比父本在性状传递方面优势显著，而布尔班克等则否定父、母本在性状遗传上的差异。现在看来，不同性状应该做具体研究分析。对中国农业科学院果树研究所的梨杂种正、反交表现进行研究，结果表明：果实成熟期存在明显的母本遗传优势，其可能和胞质基因的作用有关。因此，在亲本选配中，为了加强与胞质基因有关的性状传递，应该把该性状表现优异的品种作为母本，或者有意识地安排正、反交对比试验，以便进一步研究不同性状在正、反交情况下与胞质基因的关系。

**5. 应考虑品种繁殖器官的能育性和交配亲和性**  雌性繁殖器官不健全，不能正常受精或不能形成正常杂交种子的品种类型，不能作为母本，如无籽梨。梨树中雄性器官退化而不能形成健全花粉的现象则更为普遍，如新高、京白梨、黄金梨、八月酥、锦香等梨品种花药萎缩，或花药发育不正常，不能产生正常花粉，都不能作为父本。

有时父、母本性器官均发育健全，但由于雌、雄配子间互相不适应而不能结籽，叫做杂交的不亲和性。梨是异花授粉果树，同品种单株间杂交，通常均表现不亲和性，必须品种间杂交授粉，才能表现亲和性，才能正常受精结实。但在品种间杂交授粉，有时也会出现近交不亲和现象，或出现亲和性不高等情况，其主要发生在杂种与杂种或品种间的杂交授粉上，例如杂种与亲本回交，或是姊妹系间杂交授粉，通常会表现不亲和现象。如菊水与二十世纪、祇园间存在杂交不亲和现象，因为菊水（二十世纪×太白）和祇园（二十世纪×长十郎）都是二十世纪的直系后代。另据南京农业大学张绍铃教授近年来对梨自交亲和性研究表明，每个梨品种都有一对 $S$ 基因，不管两亲本在分类上属何栽培种，而当父本与母本的一对 $S$ 基因完全不相同，或其中一个 $S$ 基因相同，而另一个 $S$ 基因不相同，杂交都能亲和，受精都能正常进行；而当父本与母本的一对 $S$ 基因完全相同时，杂交往往不亲和，虽花粉落到柱头上，也能正常发芽，并能长出花粉管沿柱头往下生长，但当花粉管长到柱头中央时，花粉管就停止生长而不能到达子房来完成受精。可见，在杂交尚未开始前，就要首先研究或了解两亲本的 $S$ 基因型信息，以便收到事半功倍的效果。以上是正、反交均不亲和。还有一种是正交亲和，但反交不亲和。故在亲本选配时，一般不能把不亲和的品种搭配成杂交组合。

异花授粉果树，近亲交配不仅常表现于不亲和性，而且也常表现出近亲繁殖的衰退，如果近亲的程度越大，则这种不利现象也更为明显。由于自交或近亲繁殖会造成生理损害，因此在制订杂交方案及选配杂交亲本时，应了解其谱系。有限的近亲繁殖，可用以加强某一优良性状，但为了防止因多次与同一品种回交而可能造成的衰退现象，可用具有近似特性的品种作为轮回杂交亲本，这样既能防止杂交不亲和，又能达到回交的目的。

此外，还应考虑一些杂交效率上的因素。由于品种间坐果能力、每果平均健全种子数差异悬殊。因此，在不影响性状遗传的前提下，常用坐果率高而种子发育正常的品种作为母本。另从杂交技术的角度考虑，以晚花类型或生长在物候期较晚的北方地域的品种作为母本，一般给杂交带来方便等，都是在亲本选配中常应考虑的附加因素。

## 二、杂交技术

### （一）杂交前的准备

**1. 制订杂交育种计划**  为使杂交工作能顺利、有序地进行，并取得良好的杂交效果，杂交前应该制订科学、严格、详细的杂交育种计划。杂交育种计划包括育种目标、杂交亲本的选择及其选配、杂交任务（包括组合数与杂交花朵数）、杂交进程（根据天气的状况，花粉具体的采集日期和杂交日期）、杂种后代的估计、操作规程（杂交用结果枝与花朵的选择标准，去雄要求，花粉采集和处理的具体要求细节，授粉技术要求等）以及记载表格。

每杂交组合究竟需做多大规模（多少花序，多少花朵数），具体要根据本单位的育种选择圃现有及将来可能的面积、科研的需要以及所选配亲本果实大小、以往杂交的花序、花朵着果率等来确定。主要考虑为培育一个具有预定育种目标（性状）的杂种，根据以往的经验与选优率，再预计杂交具体规模。

**2. 熟悉花器构造和开花习性**  了解亲本的花器构造和开花授粉习性，对于确定花粉最适合采集时期、适宜的授粉时期以及杂交技术是十分必要的。

梨树花器构造类型系雌雄同花的两性花，故应了解其花器类型（即雄蕊高雌蕊低，还是两者等长，还是雄蕊低雌蕊高）、雄蕊数目、花药中花粉量，柱头数。

开花习性因种、品种不同而异，开花早晚和花期长短也受生态环境条件所影响。梨同一花内，或同花序花间，或同株花间，雌、雄蕊有异熟现象。梨开花类型属向心开型，即其边花先开，逐渐向心开，所以一般来讲，梨边花坐果率高。所以，杂交前了解开花习性，就易于掌握杂交技术和时机。

**3. 准备杂交用具与用品**  杂交准备的用具、用品包括干燥器，杂交背袋、去雄用的镊子或特用的去雄剪，贮花粉瓶、授粉器，塑料牌，记载板或笔记本、铅笔、隔离袋，杂交纸袋、缚扎材料等。

### （二）杂交方法

**1. 花粉的采集与贮藏**  通常在授粉前，在梨花大蕾（第二天即将开放），从品种正确、生长健壮、开花结实正常的父本植株上采集含苞待放、发育好的花蕾，拿到室内，用医用镊子（或用手将两花蕾相对刷蹭）将花药剥落在培养皿内或硫酸纸内，完毕后用医用镊子剔除花丝、花萼片和花瓣等杂物，并在培养皿或硫酸纸上写上品种名，然后将其放在试验台上。一般在室温条件下，经一定时间，花药即风干开裂散放出花粉；如有条件，可将盛满花药的培养皿或硫酸纸放入温度≤25℃的培养箱或烘箱内烘，待花药烘干即开裂散放出花粉后，将干燥花粉收集于小瓶中，贴上标签，注明品种，并立即置于盛有氯化钙的干燥器内贮藏备用。

为保证杂交的功效，经长期贮藏或从外地寄来的花粉，在杂交前，应先检查其生活力。

**2. 母本树和花朵的选择** 为使杂交取得良好的结果，母本树必须选择品种正确、生长健壮、开花结实正常的优良单株。杂交用花应尽量选择向阳面、结果母枝粗壮，结果枝生长良好，侧枝生长健壮，坐果率高而可靠，花芽充实饱满的边花。

**3. 去雄和隔离** 梨自交不亲和，所以杂交时一般都不去雄；但为慎重起见，为防止其自交，在梨花大蕾期，花药成熟开裂之前去雄，但保留花冠。对于母本树已到大蕾期，可以进行杂交授粉，但花粉尚未达杂交要求时，可以将母本树上花蕾去雄，去雄后通常立即套袋隔离，以防止自然杂交。

**4. 授粉和标记** 去雄后，当柱头出现黏液时，表示雌蕊业已成熟，此时授粉结实率最高；如在大蕾期，即去雄后立即授粉，也能获得高的结实率。授粉时，用授粉器〔带橡皮头的铅笔；或小号小楷毛笔；或取 20 号铅丝 10～15cm，用钢丝（老虎）钳将其一段 1cm 头部往下弯折与直铅丝合并，并在其上套上 1cm 长的自行车气门芯做成〕蘸上少许花粉，在柱头上仔细、轻轻一涂抹，将花粉授于柱头之上。授粉时，如果花粉用量多，则结实率高而且种子多。

授粉后，立即套上羊皮纸袋或硫酸纸袋隔离，并拴上色泽鲜艳的布条以示杂交标记。

**5. 解袋** 授粉后，雌蕊枯萎时，但最好是授粉后 15d，应将杂交时套上作为隔离的羊皮纸袋或硫酸纸袋及时解掉，以使幼果生长发育良好，坐果的花序继续保留杂交时拴上的色泽鲜艳的布条，无果的花序解掉布条，并调查花序坐果率和花朵坐果率；生理落果后进行第二次调查，即有效花序坐果率和花朵坐果率调查。

## 三、杂交果实采收和种子处理

为防止采前落果，在果实成熟期前，给每个杂交果套上纱布袋；或用特种铅笔在杂交果表面做个记号，以便与落地的非杂交果区别。

为使种子能充分成熟，杂交果实应充分成熟并适当迟采，特别是对早熟品种尤为重要。因早熟品种，往往当果实已达商品成熟，但种子尚未生理成熟，故应该延迟采收，或在采收后延长果实贮藏期，这样有利于种子的充实和后熟。果实采收后，应将杂交果置于阴冷凉、室温较低的地方（如朝北的房间或贮藏库）充分后熟，这样可提高种子的生活力。

后熟时间的长短，因种类、品种不同而异。梨的脆肉品种，一般以后熟一个月左右为好，也可在低温下贮藏更长时间。至于软肉的西洋梨、秋子梨品种，最好在低温库内贮藏更长时间。而对某些极早熟或早熟梨品种，则需在果实成熟延迟采收后，取出种胚即行组织培养。

杂交果实采收后，应按杂交记载表内所列项目进行记载。取杂交种子时，应保证种子完整无伤。用刀取果实最大横径处横切分开，但切刀以不触及果心为佳，然后从果心处取出种子。待 1 个组合杂交种子全部取完，用清水将刚取出的杂交种子冲洗干净，然后记载种子数量，并将其装入塑料网袋，袋内放入写明杂交组合名称、种子数的标签，挂在通风处晾干，以备低温层积处理。

　　层积时，应将晾干的杂交种子放入容器内用清水浸泡 12h 以上，再将种子取出控干。与此同时，用水将中等粗细河沙拌湿至用手抓时呈一团、松开手时能散开为止。然后将种子与湿沙以 1∶4～5 比例拌匀，装入容器或编织袋内，其内放入写有组合名称、种子数和层积时间的标牌。为防止积水与保持湿度，装入容器前，应在容器底部垫上 10cm 厚的湿河沙，并在容器最上面铺上一层 10cm 厚的湿河沙。为防止鼠害，容器上应盖上铅丝网罩，其上放上砖块或石头等重物。在北方地区，因冬天室外气温低，容器可直接放置在露天的果园和庭院内；编织袋可放置在预先在上述地点挖好的坑内，其上盖上一层 10cm 厚的土层。南方地区，冬天室外气温相对较高，若将容器或编织袋放置在室外，可能难以通过休眠，所以容器或编织袋应放置在 2～4℃ 的地方。

　　经 2～3 个月的低温层积处理，种子就能通过休眠阶段，满足发芽前的生理要求。在层积过程中，要经常注意沙的湿度，以免其干燥而影响种子层积低温处理质量，并随时检查种子状况。如发现种子发霉，应立即将种子筛出，采用 600～800 倍高锰酸钾凉水稀释溶液浸泡种子 1～2h，捞出晾干后再进行贮藏。

## 四、杂种实生苗的培育

　　杂种实生苗的培育（栽培管理）条件对杂种性状的表现有着密切的影响。因此对杂种实生苗应该采取合理的培育方法，才能使其快速生长，迅速通过童期，正确地选出遗传上优良的单株。

### （一）培育杂种的基本原则

　　**1. 提高杂种实生苗的成苗率**　通过人工杂交所得到的杂交种子数量非常有限，早熟品种间杂交，杂种实生苗出苗率极低，而且杂种实生苗一般在培育过程中，还要不断遭受各种不良栽培管理条件、病虫害为害而遭夭折，所以获得大量杂种后代实在不易。要获得几个主要育种指标都表现优良的单株，只有在杂种群体较大时才有可能。因此，提高杂交种子系数，提高种子出苗率、成苗率是培育杂种的一个重要前提。

　　**2. 培育条件均匀一致**　培育条件均匀一致，可以减少因环境条件不同对杂种的影响而产生的差异，以便能正确选择。必须加强对实生苗的培育管理，使杂种实生苗的器官和组织均能得到充分的发育和表现，杂种实生苗能够苗壮生长，植株健壮，增强对不良环境条件的抵抗力，从而能正确地反映出表型特征以作为选择的客观依据。

　　**3. 根据杂种性状发育的规律进行培育**　杂种的某些性状在不同的年龄时期和环境条件影响下，有着不同的表现和反应。培育条件应该适于其特点。如在抗寒育种中，杂种的抗寒力一般幼年时期比较弱，但随着树龄的增加而得到加强。因此在幼年期，要给予适宜的栽培环境、肥水条件，再结合保护和锻炼，才能在筛选出的抗寒杂种中，再进一步根据其他性状进行筛选。

　　**4. 有利于实生苗提早结果**　为了加快育种速度，提高育种效率，必须促使实生苗缩短童期，提早结果。因此，培育条件应该与缩短童期、促进实生苗提早结果相适应。优良的农业栽培管理措施对加速实生苗的苗壮生长非常有利，在这个基础上，结合其他方面的技术措施，可收到更好的效果。

## （二）培育杂种的方法

在整个培育过程中，育种者都应该为杂种提供良好的培育管理条件，这不仅可使杂种很好地生长发育，性状特性得以充分表现，而且有利于提早结果。

**1. 播种育苗** 为了使杂种提早结果，可以提早播种。在播种前把层积过的杂种种子先行催芽。一般是在25℃左右的温度下进行。当种子基本都发芽时，就可以将其播种于营养钵中开始育苗。营养钵培养土用腐熟农家堆肥、焦泥灰、园土与沙等量混合，经筛细、拌匀；先用以马口铁皮制成的边长为6cm，长为13～14cm的长方体营养钵模具盛土，然后四周用旧报纸紧紧包裹，再将土分装于纸钵内；或将土直接分装于市售特制的塑料钵中，然后把土轻轻压实至离钵口1～2cm。待全部营养钵制作完毕，将其放入温床内，并在其上方架设一个薄膜小拱棚。有条件的地方可将营养钵放入温室内。播种前1～2d，将全部营养钵浇透水待播。播种时，用木或塑料小棍在营养钵中间扎一个小洞，每钵播入一粒种子，将种子发出的主根插入预先扎好的洞内。待该组合发芽的种子播种完毕，用湿沙覆盖，厚度以盖住种子为宜。然后，插牌标记组合名称或组合号，并记录日期及播种钵数。没发芽的种子，视具体情况，或继续发芽以后再播，或与发芽的一起播种。播种后视气温情况及时检查拱棚内的温度情况，当温度高于30℃时，应及时放风降温。同时检查营养钵内的湿度，当钵面土壤干燥时，应及时浇水，一般应每隔3～5d浇一次透水。

当种子出土时，要经常检查，避免其生长受到阻碍。为使幼苗能够生长迅速而健壮，要注意通风透光，防止徒长，同时要注意强化锻炼以减少病害。当幼苗长至具2片真叶时，应及时除草，并施少量的稀薄速效肥料；当长有5～6片真叶，苗高达15cm时，即可进行苗木移栽。

**2. 幼苗移栽** 在塑料大棚或保护地培育的幼苗，应注意加强栽培管理。视条件，亦可培育到二年生时再定植到选种圃内；也可到无晚霜为害时，将其移栽、定植于露地。苗圃地要求具有良好的排水、保水条件，土质疏松、肥沃，团粒结构好，富有腐殖质。为减少移植后的缓苗时间，必须尽可能减少根系的损伤，保证移植后能迅速恢复生长，但在移栽时也应适量切断主根。

苗圃地应先深翻，然后平整土地并开沟筑畦。行距约30～35cm，沟深15cm左右，以容下营养钵为宜。沟内施入腐熟堆肥、焦泥灰，复合三要素化肥，然后与土拌匀混合。根据定植前培育的年份不同来确定株距，北方一般约15cm，南方因生长量大应适当增加。栽入带苗的营养钵，钵内土面应比地面略高些。在保护地继续培育的苗木，考虑到南、北方降水量的不同，其栽种方式也有所差异。北方因降水量少，为保持水分一般将其栽在沟内；南方因降水量多，为排水一般将其栽在畦上。

在栽植前，应准备好插牌。每当栽植完一个组合，就在其最后一株后插上一个插牌，以避免与其他组合混淆，并写上组合号、名称与株数。待全部组合苗木栽植完毕，应绘制栽植图，写上组合号、名称和株数，并进行最后核对检查。

## （三）苗木栽培管理

除给予实生苗充足的肥水条件外，还应特别注意病虫害防治，以保证幼苗健壮生长。

经常除草、松土。在加大生长量的同时，尽可能促发二次枝，可适当用作一级主枝，以利于形成高级枝序，同时也使茎干加粗，加强生长。

在我国北方杂种幼苗有可能发生冻害的地区，应在年生长后期控制氮肥和水分，使苗木早些停止生长，以利枝条老熟，增强抗寒能力。在冬季，要采取防寒措施，适当保护越冬，并防止抽干，以提高成苗率。

### （四）实生苗定植

为有利于实生苗的快速生长，应该尽早将树苗定植到选（育）种圃内。对抗寒育种而言，需要在露地进行自然鉴定淘汰的，就不能过早地定植。对抗性育种来讲，为了严格筛选高度抗性的单株，通常要在苗圃阶段栽种较大量的杂种实生苗，而后选择高标准的苗木定植。通常需根据选择要求来确定在苗圃阶段培育的年数，但在保证有效选择的前提下，还是应该尽早定植，以免因延迟移栽而抑制生长。

定植时，定植穴要尽量大，一般需 70～80cm 见方；但也可挖宽 80cm，深 60～80cm 的栽植沟栽种。穴或栽植沟应施入足量基肥，苗木须带土移栽，尽量减少根系损伤。在选（育）种圃内，定植行株距应该根据南、北方不同地域、育种单位土地资源具体情况、杂种正常生长结果和方便田间栽培管理操作所需的最低需求来确定，可单行栽植，也可双行栽植。单行栽植，行株距应分别是 2.5～4.0m 与 0.5～1.0m；如系双行栽植，则其间距应为：大行 3.0～4.0m，小行 2.0m，株间 0.5～1.0m。不同组合杂种还可根据亲本生长势强弱给予适当调整。

定植后杂种的栽培管理与培育，强调一个原则，即采取一切能促使杂种提早结果的有效农业栽培管理技术措施。

### （五）缩短杂种童期

所谓童期（juvenile period），就是指从种子萌发到杂种实生苗具有正常开花潜能的这段时间。童期长短主要取决于品种所具有的性状与该性状的遗传特性。梨树的童期较长，一般 3～5 年到 8～10 年不等，最长可达十多年。童期的长短影响始果期的早晚，因此，研究缩短童期和提早结果就成为缩短梨树育种周期、提高育种效率的一个重要措施。

缩短童期，提早结果，就主因而言，首先要选择早实性强的品种为杂交亲本，其为杂种缩短童期、提早结果奠定了实质性的遗传基础。而良好的生长环境条件与栽培管理技术措施，也为杂种实生苗缩短童期、提早结果提供了必要的条件（图 6-3）。李秀根等（1991）研究表明：在梨同一组合杂种群体内，凡生长势强的实生苗，其童期较短；反之则长。创造良好的生长环境，是缩短童期最基本有效的手段。

**1. 选择良好的自然环境条件** 培育杂种的自然环境条件主要包括温度、湿度、光照、地势和土壤等。以上所有这些因素，都不同程度左右实生苗的生长发育，因而自然也影响到其童期的长短与开花结果期来临的迟早。其中温度似乎是最重要的因素。在适于梨树生长的地域内，一般南方比北方热量高，无霜期长，生长量大，枝条分枝多和节数多，有利于加大生长量，形成高级枝序提早结果。因此，提倡"北种南育"，即在北方进行杂交授粉，获取杂交种子后，将杂交种子拿到南方培育，其不仅有利于杂种提早结果，而且能有效抵御北方严寒冰冻所造成的危害。

在肥水条件充足的土地上培育实生苗，照样能够加速其生长发育，提早结果。故选择、利用良好的自然环境条件来培育杂种，是促使杂种提早结果的基本要求。

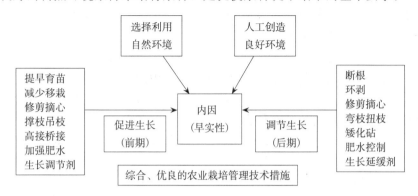

图 6-3　促使杂种实生苗缩短童期，提早结果途径

此外，利用温室、塑料大棚或人工气候室来培育杂种，同样能缩短杂种童期，促使实生苗提早结果。多年来，我国很多育种单位，坚持采用智能温室与塑料大棚相结合方式培育杂种实生苗，收到了良好的预期效果。在智能温室内，采用塑料营养钵育苗，营养土是腐熟的农家堆肥、焦泥灰、园土与沙等量混合，经过筛、拌匀，再进行杂交种子的播种；待实生苗具 5~6 片真叶，苗高达 15cm 时，南方可直接将其移栽到大田苗圃，经过春、夏、秋季的培育，于当年初冬即可移栽到杂种育（选）圃中；北方可将其移栽至塑料大棚内继续培养；至第三年春（即苗木二年生时）将实生苗定植到育（选）种圃内，继续进行优良的栽培管理。

**2. 采用各种科学、合理的栽培管理技术措施**　采用科学、合理的栽培管理技术，也是缩短杂种童期，促使实生苗提早结果不可缺少的措施。

（1）适当的栽植距离　实生苗栽植距离的大小，将直接影响到树体的光照状况和营养条件，因而也影响开花结果期的早晚。T. Visser 对梨实生苗的行株距与始果期迟早的相关性进行了研究，结果表明：株行距 2m×4m 与 0.75m×2m 的八年生树相比较，前者干径较粗，为（6.54±0.12）cm，开花植株达 50%；而后者干径相对较细，仅为（5.68±0.06）cm，开花植株仅 10%。由此证明栽植距离大，光照、通风条件良好，能明显、有效提高杂种的结果比率。

（2）提早播种育苗　提早播种育苗的目的，在于缩短从种子采后到正常播种期到来之前的时间，利用人为控制的方法，促使种子后熟并通过休眠期或打破休眠，以争取提前播种。梨在夏、秋季果实成熟采种后，经过近两个月的低温处理，种子即可立即播种于温室或塑料大棚内，对其加强光照处理，在温室内越冬，到春季定植。如此操作，就可比通常春播的苗木增加半年之多的生长，有利于提早开花结果。

（3）减少移栽次数　实生苗通常要有一定的生长量和以节数表示的茎干高度，才可能形成花芽。增加移栽次数，必然要增加根系的损伤与缓苗时间，消减苗木的生长量。因此，要尽量减少移栽次数，避免损伤根系，使其加速生长，从而提高杂种早期开花植株的百分率。

（4）栽培方式和营养条件　栽培方式（如清耕、生草；单行、双行等）能左右树体的生长和营养状况，因而也关系到童期的长短。同理，营养条件的优劣也同样影响树体的生长与发育。故为了促进花芽分化，应根据杂种实生苗的生长、发育规律，以及不同时期对营养条件的需求，有的放矢地加强营养，除氮、磷、钾三大主要营养元素外，也应注意供给其他微量元素，以刺激杂种实生苗早日成花。

（5）修剪和枝条处理　我们从梨育（选）种园直接可以看到，实生树长到一定的节数和高度后，首先从树冠的顶端或外围开始开花结果。由此可见，欲使杂种实生苗提早开花结果，不应对主枝和中央领导干进行短截修剪等，以免减弱主干的生长、发育，推迟杂种实生苗达到开花结果所必需的高度和节数（即我们通常所说的专业术语：童程）。尽量减少修剪，只能对低级枝序上长出的过密萌蘖、过于纤细枝条作适当的删疏，以利于通风透光。为控制和调节枝条的生长和树势，只能对枝条采取拉、撑和弯曲等措施，以利杂种实生苗积累花芽分化所需的营养物质，从而使其结果期提早来临。

（6）高接　众所周知，高接不仅可以促进生长，易形成高位枝序，又有利于营养供给与积累，因此能有效地促进花芽分化和提早结果，而且可以降低'枝节数'高度，便于对果实经济性状的评价等。中国农业科学院果树研究所和郑州果树研究所以淘汰的杂种实生苗作砧，剪取一年生杂种实生苗的新梢，将其高接在其上，能有效提早杂种实生苗开花结果，一般在第3～4年，高接的枝条就会开花结果，而栽植的杂种实生树则要在第4～6年才能开花结果。

国外为了缩短"童期"和"童程"，常先把一定粗度的砧木定植在杂种选育圃中，再取一年生实生苗的新梢或顶芽嫁接在砧木上，这样不仅有效促进杂种的生长和提早结果，而且大大提高育种效率。

（7）应用生长调节剂　生长调节剂促进实生苗提早开花结果的效能，近些年已被许多研究者所证实，并广泛应用。此领域很有潜力，应用前景广泛，值得进一步研究。

陈欣业、米文广、方成泉等研究表明：在 $B_9$、乙烯利（Ethrel）、矮壮素（CCC）和吲哚乙酸（即生长素，IAA）等几种生长调节剂及混用组合中，以 CCC 1 500mg/kg 对梨实生苗提早结果和增加花芽数量效果最佳，其不但明显促进梨实生苗提早结果和增加花芽量，而且对树冠没有明显的抑制作用，此特点对缩短梨实生苗童期、提早结果非常有利。实践证明，在梨实生苗童期阶段，只有在加强其生长的基础上，采取成花措施才能发挥有效作用。而过度抑制树冠增长，只会延迟实生苗开花结果。R. H. Zimmerman 指出，实生苗只有在其转变期采用促进开花的方法才能有效。从连续 3 年采用生长调节剂处理的结果来看，以处理第一年（即梨实生苗四年生时）提早成花效果最为显著，以后逐年重复处理，效果均不明显。因此，应用生长调节剂缩短梨实生苗童期，提早开花结果，在辽宁省兴城地区处理时间以四年生梨实生苗最宜。平田尚美试验表明，对梨实生苗喷施 $B_9$ 能减弱枝梢顶端生长，促进短果枝形成；矮壮素（CCC）也有类似的效果。$B_9$ 与乙烯利或 $B_9$ 与吲哚乙酸（IAA）混用，对促进日本梨花芽的形成亦有极好的效果。

（8）综合、优良的农业栽培管理技术措施　欲使杂种实生苗通过童期、童程所需的植株高度、粗度和节数，早日形成花芽，提早开花结果，首要条件就是要求实生苗生长健壮，植物形态上表现为树高、干粗、节数多、叶面积大、叶片厚、色泽深；生理上表现为代谢速率快、代谢程度高、合成能力强、营养物质积累多。由此可见，除遗传因素（早实性）内因外，外因条件至关重要。

具体来讲，就是要采用综合、优良的农业栽培管理技术措施，提高栽培管理水平。综合、优良的农业栽培管理技术措施，主要针对杂种实生苗通过童期、童程所需的植株高度、粗度和节数等来考虑，从理论与实际两个层面来看，一切促进杂种实生苗生长发育，以及通过童期阶段发育变化和积累开花所需的营养物质的科学、合理、可行的农业栽培管理技术措施都是可行的，这不外乎从立地条件（即土壤）改良、栽培方式和肥水条件等方面着手，使杂种实生苗健壮、苗壮生长，尽快达到开花结果所需的临界高度与粗度，并形成大量有效叶系。

## 五、优良杂种的选择

杂交育种，杂种后代的规模、数量因育种单位、育种历史、立地条件、人员、财力等不同而异，少则几千，多则数万。梨树系基因杂合型，受基因重组及环境条件的共同影响，其表现型在杂种后代所出现的类型繁多，千差万别。因此必须进行认真、科学、正确、严格的筛选，把为数不多与遗传上真正优良的表现型个体选拔出来，尽早淘汰不良的单株。对个别具有特异优良性状（如矮化、紧凑型、高抗不良自然条件、对病虫害免疫、高抗或多抗等）的杂种单株，也应保留作进一步的研究、利用。杂种的选择，时间长、面广而复杂，从杂交种子开始，一直到杂种实生苗、杂种幼树、杂种结果树、优良单株与优良品系 6 个阶段的选择。

### （一）杂种选择的基本原则

**1. 选择应贯穿于杂种培育的全过程**  农业"八字宪法"是保证农业生产顺利进行的要素，排在最前面的 4 个字是：土、肥、水、种，而前 3 者是农业基础条件，离开它们将一事无成。由此可见，在保证农业基础条件的前提下，种子是第一要素。故对杂种的选择，严格地来讲，应从杂交种子开始。历经种子发芽，杂种实生苗生长、发育，杂种幼树、杂种开花结果，直到确定优良的单株，并成为优良品系所经历的各个阶段，都需根据育种目标进行认真、科学、正确与严格的选择。贯穿以上全过程的选择，对于从发展角度和综合的方面来评价一个优良单株是必不可少与至关重要的。

**2. 侧重综合性状，兼顾重点性状**  杂种必须在综合性状上表现优良，才有可能成为生产上有价值、有潜力、发展前景广阔或主栽的新品种，但对于有些杂种单株，虽然在某些综合性状上与育种目标稍有距离，但其具有个别特异、可贵的性状。如其产量不是很高，或外观欠漂亮，或内质风味品质并非上等，但其既抗黑星病，又抗轮纹病，像这样的单株就应该予以保留，作为抗性育种的材料。

**3. 直接选择与间接选择相结合**  杂种实生苗在生长发育中，其早期所表现出来的某些栽培性状、抗性，往往与结果期的某些果实性状、产量性状、抗性存在相关性或连锁性。所以，在早期对相关的性状进行鉴定、分析，就是在结果期前进行的间接选择。如早期所表现出来的叶片大、厚，叶色深厚与产量高呈正相关；叶片大与果大呈正相关等。

**4. 经常观察鉴定与特定鉴定相结合**  杂种在生长发育过程中，不同时期有着特定的性状表现。因此，必须经常观察鉴定，尤其对所需观察、记载并以此来进行筛选的主要经济性状更是如此。然而，在苗木期、定植期和遭遇持续高温多湿、周期性大冻害、严重干旱、洪涝灾害与病虫害严重为害等特殊时期，根据具体育种目标或相关要求进行集中鉴定，便能更有效地提高选择效率。

### （二）杂种选择方法

杂种选择方法，应根据育种目标、性状特性表现的规律、早期鉴定和预先选择的可靠性，以及杂种实生苗的数量多少等诸多方面来综合考虑。杂种选择主要为营养期（即未结果期）和生殖期（即结果期）两大时期。营养期选择，主要根据一些性状表现型与某些性状相关性（或结合连锁性状）来进行早期鉴定与预先选择，以此减少杂种实生苗的数量，节约土地、人力、物力和财力，提高育种效率。而生殖期的选择，具有决定性的意义，根据果实的外观、内质和耐贮性、植株产量、抗逆性等进行最为直观的选择。

营养期与生殖期选择时间因组合、杂种培育环境条件和栽培管理技术措施的不同而异，一般是前者短而后者长，或前后两者基本相等，或前者长而后者短。营养期选择内容不少，阶段繁多，从杂交种子开始一直到未结果的杂种实生苗。

**1. 杂交种子的选择**　梨不同种类种子的形态不一。一般应选择充分成熟、充实饱满、色泽佳、生活力高的种子。种子的特征与以后的杂种幼苗和未结果的杂种实生苗、未来的果实主要经济性状、产量和抗逆性有一定的相关性，其预示着杂种幼苗和未结果杂种实生苗的健壮和抗逆性程度、果实主要经济性状和产量的充分表现及抗逆性的程度等。所以，选择时要注意到与杂种幼苗、未结果杂种实生苗、结果后果实主要经济性状、产量和抗逆性等经济性状的相关性，要求所筛选出的种子，能预示将来其能发育成生长苗壮、栽培性状优良和抗逆性强的植株，结果后果实主要经济性状、产量和抗逆性得到充分表现与发挥。

**2. 杂种幼苗的选择**　杂交种子催芽后，应仔细观察杂种种子个体间在发芽率和发芽势上的差异，此差异可能系生理或遗传上的不同所致。发芽率欠高，或发芽势不强，或发育不良，或发芽延迟的种子，一般就可淘汰；但对具有遗传型萌芽迟特性的幼苗则应予以保留，因其与晚花类型的特性常呈正相关。种子萌芽迟者，一般其杂种幼苗、杂种实生苗萌芽也迟，开花也随之推晚，其具有常可避免晚霜危害的良好特性，因此不要轻易淘汰。

在幼苗阶段，对于那些生长衰弱、发育差、表现畸形及易感病害的幼苗应早些予以淘汰。移植到苗圃地时，应根据幼苗的形态特征和生长情况进行选择。原则上应选择子叶大而肥厚、下胚轴粗而短、生长健壮的幼苗，并分别按等级依次移栽。而对于特殊优异的小苗，应做相应的记号予以分别栽植。在幼苗阶段，一般不强调严格的淘汰。

**3. 杂种实生苗的早期选择**　培养苗圃是从播种苗床到选种圃之间的过渡阶段，因此，杂种实生苗的选择，主要是在其定植前的苗圃内进行。杂种实生苗在苗圃内停留时间的长短，一般要依据杂种实生苗数量、生长速度以及苗期性状差别等方面来决定。一般梨树杂种实生苗系数较高，少则几千，多则数万，其始果较晚，个体间性状差异较大，需要在定植前淘汰较多数量。

在杂种苗圃内的选择，应分别在生长期和休眠期进行。主要根据植株、枝、叶和芽等器官的形态特征和某些生长特性进行选择，此阶段应特别注意抗病性和抗寒性的选择。

对在杂种苗圃内杂种实生苗的首次选择，应在一年生苗秋末初冬落叶前的一个月实施，主要观察其苗木的形态特征和生长习性。观察记载的项目主要系：生长势、茎干粗度、节间长短，针状枝，叶片等特征，分别以5分制（优、良、中、次、劣）记分标准进行选择。按编号次序对每一苗木逐株记载鉴定，对个别单株的一些值得注意的特点应予以重点记载。

在杂种实生苗生理落叶前，还应根据叶片的保存程度，再按5分制记载，以此可显示出其对病虫害综合抗性程度。如在其生长过程中，突遭遇严寒、病虫害或旱涝等灾害，须及时进行以上灾害的抗性鉴定，淘汰抗性弱者。

第二次选择，应在落叶后的休眠期。此时主要根据枝、芽的表现特征进行选择。重点选择植株生长健壮，主干顶端较粗，干粗、节间短，芽紧密排列、大而圆。休眠期选择，须有具体的量化指标记录资料，也可用5分制记分标准记录。

杂种实生苗的栽培化程度，有时亦可作为实生苗综合选择的依据。在梨的同一杂交组合的杂种实生苗中，其性状的形成有以下几种类型：①树冠的上下层都表现为野生性状；②最初杂种实生苗野生性状表现明显，而后在其树冠上层则出现明显的栽培性状；③杂种实生苗由野生性状逐渐过渡到较明显的栽培性状；④在最初发育阶段，整个杂种实生苗栽培性状明显，而无野生性状，或野生性状不明显。在上述4种类型中，第①种类型野生倾向明显，将来亦难以产出经济价值很高的果实，经一段时间观察后，其野生性状依然顽固，可以考虑予以早期淘汰；而第②、③种类型当属半栽培型；最有价值的杂种实生苗，则是第④种类型，即在幼龄期，其栽培性状就表现明显。

播种当年冬季，一年生苗如遭到冻害，此刻是抗寒性鉴定的最佳时机，应抓住此刻进行抗寒性评价。

**4. 杂种实生苗早期鉴定和预先选择** 为了提高选育工作效率，在杂种实生苗的幼树期，除依据苗期性状特性进行选择外，还须根据幼树期与结果期某些性状的相关性来进行早期鉴定和预先选择。

苗期筛选，可为早期鉴定和预先选择提供有希望的类型而淘汰不良的类型提供依据，以减少杂种数量，有利于加强保留下的杂种实生苗的栽培管理和深层研究。有的放矢，将主要人力、物力、财力用在刀刃上，以提高育种效率。

（1）早期鉴定和预先选择的理论基础 梨树性状和特性也与任何生物一样，均受基因控制。杂交时，由于来自父、母本基因重组，形成新的基因组成，并在生态环境条件的共同作用下，通过生长发育而表现出来。从这一出发点来讲，作物遗传学和发育生理学就是杂种实生苗的早期鉴定与预先选择的理论基础或理论依据。

①早期鉴定和预先选择的遗传学基础 在果树性状的遗传中，常常发现某一性状与另一性状表现高度的相关关系，如叶片大、花大就预示其果实大；嫩叶表现红色，或者确切地说嫩叶花青甙含量较高，果肉一般脆肉，而嫩叶表现绿色，或者确切地说嫩叶花青甙含量较低，果肉一般软肉等，这些相对性状彼此就称为相关性状。根据性状的相关性，可以由一种性状预测另一种性状。引起不同性状间的相关，究其原因，主要有基因的连锁作用、基因的系统性相关、基因的一因多效性、未明基因的某些相关性。

②早期鉴定和预先选择的发育生理学基础　其主要根据器官组织形态特征和组织结构，以及某些生理特性来进行早期鉴定和预先选择。

种子种胚、胚芽的大小与植株大小；叶片大小与果实大小，叶形与果形之间均表现出正相关；叶片栅栏组织厚，导致光合作用强盛，预示其今后高产。

染色体的多倍化，通过显微镜观察发现，往往会使得细胞容积增大，气孔增大，气孔数减少，细胞间隙缩小和导管数减少等，继而会影响物质的代谢，进而影响到树体的生理机能和形态特征，呈现扩大生长，从而表现出叶面积大、花冠大到果实大的连续大型化。

我们在实践中也往往发现，苗期子叶大而厚、下胚轴粗壮、芽大、叶大都是扩大生长的典型特征。

（2）一些性状特性的早期鉴定与预先选择

①栽培性状和丰产性的早期鉴定与预先选择　栽培性状系指符合经济栽培需求的一些性状的总称，即植株生长强健、抵抗性强、产量高、品质好、结果早等。故此，应依据下列性状及其所表现的特征进行早期鉴定与预先选择。

种子：大、充实饱满、干物质含量高、生活力强、发芽率高、发芽势强。

幼苗：子叶大而厚、胚轴健壮粗短、叶大而色深、生长苗壮、抗性强。

苗期：芽圆而肥大饱满、叶片大又宽而厚、叶色深绿、叶丛密、托叶大、叶柄短而粗。

树体：健壮、茎干粗壮、树冠紧凑而开张。

芽：大而圆、着生密、贴生、芽座发育良好。

枝：粗壮、充实、成熟度高、节间短；分枝少而均衡、分枝角小；针状枝粗短有芽，并变短枝快。

Visser曾指出，梨实生苗干径与其平均产量呈显著的正相关，即实生苗干径越粗，其平均产量也越高，因此，干径可作为丰产性早期鉴定与预先选择的指标。

叶片是光合作用的主要组织，叶内叶肉细胞与空隙的接触面对叶表面比值、叶片栅状组织厚度分别与光合作用强度呈正相关，两者与丰产性息息相关。因此，叶结构特征亦可作为丰产性等早期鉴定与预先选择的依据。

②生长势　种子发芽率与发芽势、苗期新梢长度与粗度、树高和茎干粗度等均体现生长势，叶大和叶丛密是生长势强的形态标志。研究表明，叶中营养元素含量和光呼吸作用可作为生长势早期鉴定与预先选择的指标。同时，同工酶电泳分析亦可从遗传上进行生长势早期鉴定与预先选择。

③早实性　早实性是实生苗早结实的特性，通常以童期长短来表示。与成年期相比，童期一般表现为叶片较小而狭，枝条较细，芽眼小，枝条开展度大，常表现有刺。凡童期短的实生苗，向成年性状变化的速度也较快。

树势强弱与早实性有关，同一杂交组合内的杂种，通常干径越粗，童期越短，开花结果越早，开花实生苗的累加百分率也越高。实生苗叶形增大、增宽快，而且定形早者，也是能早结实的形态标志。

④果实成熟期　沈德绪等报道，梨杂种实生苗萌芽期与开花期呈正相关，而萌芽期或开花期与成熟期却呈负相关，即萌芽开花早者其果实成熟期较晚。依此就可利用萌芽期来

早期鉴定与预先选择所需的开花期，同理，根据萌芽期或开花期实施早期鉴定与预先选择，淘汰育种目标不符合的成熟期。

⑤果实大小和形状 早前的研究表明，叶片众多性状与果实众多性状相关，如叶片大小与果实大小，叶片宽度与果实形状，叶形指数与果形指数，叶柄短与大果形之间等；又据报道，梨杂种实生苗一年生新梢叶面积与未来果重呈正相关。但上述叶、果间的相关性程度则随种类不同而异。西洋梨种类相对大些，而砂梨种类则相对较小。由此可见，对杂种实生苗进行早期鉴定与预先选择，还应该分析其亲本及其亲缘谱系的原有特性。也有研究指出，梨芽直径与果实直径间也存在某些正相关。

⑥果实色泽 由杂种实生苗对未来果皮色泽进行早期鉴定与预先选择，大都根据某些器官和组织的花青素、胡萝卜素含量所表现的颜色相关来实施。

⑦果实内质 主要是依据实生苗某些器官、组织内的生化成分来进行早期鉴定与预先选择。如梨叶汁与果汁间，叶片糖酸比高与果实甜味间相关性等。加工制汁用品种，一般要求果汁酸度大，即果汁可滴定酸含量较高。如梨叶汁与果汁间呈相关，那就可根据实生苗叶片汁液的高低，来淘汰未来果实无酸或少酸的杂种实生苗。

⑧抗逆性 抗病性早期鉴定与预先选择的有效性，主要基于病原菌对不同年龄时期组织的侵害和反应无显著差异，依赖于幼年期与成年期抗某种病害一致无异。还需强调的是，杂种实生苗的组织结构特点还与其抗病性密切相关，一些能阻碍寄生物侵入到植物组织内部，一些能抑制侵染源在体内扩展。一般来讲，角质层和叶面蜡质层厚、气孔小、表皮细胞较小和木栓化程度高等特性，都系机械抗病性强的形态特征。与此同时，植物组织内含糖量、硅、酸、氰酸、单宁物质、花青甙和对苯二酚含量以及一些生理特性，如酶类活性、原生质渗透压和细胞液酸度都与抗病性有关联。

抗寒性早期鉴定与预先选择主要依据其形态特征、组织结构和生理生化特性。杂种实生苗叶色深、叶肉厚、茎枝粗壮充实、节间较短、秋季停长早而枝条老熟是抗寒性强的形态标志。植物体内含糖量、植物干物质与绿色质体含量和枝条成熟度均是耐寒性强度的标志。人工鉴定抗寒性就是将梨实生苗枝条人工冷冻，而后利用电解法来测定受害组织的多少来鉴别抗寒性的差异。

（3）分子辅助预先选择 近年来，科学技术的不断更新与迅猛发展，特别是分子生物学技术的日新月异，为性状的早期鉴定与预先选择注入了新的活力。"十一五"期间，为缩短我国在园艺作物分子生物学技术领域与国外的差距，提升我国园艺作物育种总体技术水平，国家科技部在高技术研究发展计划（863 计划）中为果树分子标记开发与应用设立了研究课题。结合基因组测序、遗传学和生物信息学手段，开发果树重要农艺性状分子标记，重点对决定和影响果树高产、优质、抗病、耐逆、雄性不育等性状开展标记筛选，完善分子辅助育种技术体系。就梨树而言，主要采用 RAPD、RFLP、AFLP、SRAP 和 SSR 等标记技术筛选连锁标记，并且已获得与果形圆扁、果皮红色、果实硬度、酸含量、抗黑星病、抗黑斑病、棉蚜抗性、矮化以及自交亲和/不亲和性连锁的分子标记（具体参考本章第九节分子标记辅助育种部分阐述）。利用获得的分子标记，可以在苗期以叶片为测试材料，并依据分子标记的鉴定结果，判断杂种后代目标性状的表型，预先筛选符合育种目标的后代保存，以提高育种效率，节省人力、物力、财力和土地资源。此外，通过 DNA 分子标记的辅助选择，结合常规杂交育种技术，有利于实现优良性状的聚合育种。

**5. 杂种幼树的鉴定与选择** 经育种苗圃培育与筛选出的杂种实生苗，到一至二年生时就要将其定植到选种圃内，之后，就要开始对杂种幼树进行一系列的选择。为田间鉴定选择便利，应在定植后立即绘制栽植图，标上杂种组合号及代号，以便以后的相关记载。育种圃是杂种最后培育的圃地，其一经定植后，一般不实施严格的选择与淘汰，只对那些病虫害为害或冻害十分严重，而实在无必要保留的单株才予以淘汰。为获杂种童期的发育和某些性状的系统研究资料，才有必要对其进行鉴定与记载，对杂种幼树观察鉴定研究的内容，主要包括生长势、对各种逆境迫胁与病虫害的抵抗性，同时还应调查物候期和其他特性。

随着杂种幼树树龄的不断增大，实生苗童期阶段的形态特征也随之不断变化，实生苗童期阶段的许多野生性状逐步向栽培性状过渡。据我们观察，杂种幼树针状枝逐渐减少，其逐渐转化为短枝；叶片在逐渐加大，并在宽度上有所增加；同时叶缘锯齿也随之发生变化等。所有上述性状变化的快慢，均预示着其将来进入结果期的迟早与栽培化程度的高低，为今后筛选优良杂种单株提供了部分参考依据。因此，其值得育种者认真、仔细研究。对于具有特殊性状的某些单株，应作为重点的观察研究对象，加强其观察与记录。

至于观察、记录项目，到底应有哪些，都应根据研究需要而定。总的要求应少而精，针对性强。同时，观察、记录资料应考虑今后能适于统计分析。为节省人力、物力和财力，最好不要涉及某些价值不大、并难以分析的性状。每年应根据观察、记录资料，对各杂种幼树进行相关的综合评价。根据其多年的综合评价表现情况，给以不同重视程度的观察研究。

**6. 杂种实生树结果期的评价与选择** 杂种实生树结果期前的选择，只是实施一些自然淘汰，同时根据一些相关性和分子标记技术进行早期鉴定与预先选择。杂种实生树进入开花结果期后，除继续进行植物学特征、生物学特性、物候期、适应性、抗逆性观察鉴定外，就可根据果实主要经济性状，对杂种实生单株进行直接的鉴定筛选。由此可见，此阶段的鉴定筛选具有决定性的意义。

结果初期观察鉴定评价与选择，杂种实生单株结果初期，观察鉴定评价主要是果实主要经济性状，此外还有物候期、生长结果习性、产量以及果实病害抗性。

物候期的观察鉴定评价，主要是花（叶）芽萌芽期、开花期、成熟期和落叶期。除物候期的观察鉴定评价外，还有生长势、生长结果习性、产量以及包括抗病性在内的抗逆性等的观察鉴定评价。萌芽期、落叶期、生长势和除果实病害之外的抗病性，可以在杂种结果期以前观察鉴定评价，但是开花期、生长结果习性、果实成熟期、产量和果实病害抗性的观察鉴定评价，则只能在杂种实生单株进入结果期后才能实施。

杂种实生单株首次开花的早春，首先要观察记载杂种实生单株开花期［含初花期、盛花期、花期持续天数与末（终）花期］，如拟研究童程，还得测量一下自地表至开花部位的空间高度。

物候期除表现为多基因控制的数量遗传特点外，它与环境条件也有着密切的相关。物候期记载采用目测鉴定评价法，可根据杂种当日发生百分率按三级（初期、盛期和末期）来划分，如采用一级表示，则可以盛期作为该物候期表示。如萌芽期，可以芽萌动总数≤

5%、≥50%、≥95%分别表示芽萌动初期、盛期和末期；开花期可以花开放总数≤5%、≥75%及凋落≥75%表示开花初期、盛期与末期；三级亦可以1、2、3简要表示之。如在同一日内记载各单株物候期具体数据，则此就可用以比较单株间物候期的迟早。至于落叶期，亦可采用同样方法进行评价。一般都以50%进入某一物候期作为该杂种的某一物候期的来临。通常均以萌芽期到落叶期所经历的天数来表示该杂种的生长期，同样以落叶期到萌芽期经历的天数作为休眠期。

果实是果树育种的主要对象，故作为商品果来讲，不论从外观还是内质上进行正确的鉴定评价是杂交育种中的关键所在。为方便果实主要经济性状观察记载，在果实未成熟前，应预先设计一张包括果实主要经济性状观察鉴定的评价表进行观察记载。观察记载的内容可依据《梨种质资源描述规范和数据标准》而设定。该期间，应以上述观察鉴定评价记载表，逐株逐项对杂种实生苗果实进行筛选评价。同时，育种目标中提出的一些特定性状，亦应在该期间内对其进行鉴定与选择。

果实成熟期呈数量性状遗传，杂种后代有着广泛的分离，而且杂种单株初次结果株数又不多，因此，在杂种单株果实采收前，要经常观察果实的发育动态和成熟过程，以便能掌握适宜的采收期，或根据成熟度分期分批采收。同单株果实由于受各方面因素影响，成熟期常有先后，通常均以盛采期表示该单株的成熟采收期。果实成熟时所遇气候条件不一，成熟期延续时间也有异。每次采收时，要根据记载表内所列的杂交组合名、单株号、采收期、采果数、采果重、商品果率等项进行记载。通过连续3～5年记录资料的汇总与整理，可获知每年各单株间成熟期与产量差异、产量逐年增长或隔年结果等情况。应注意选择始果早而产量高并递增快的单株，通常这些单株结果枝形成较佳，成花率和着果率较高，繁殖后均表现早果早高产特性；而不应选择始花始果虽早，但产量递增缓慢或始果期很晚的单株。

适宜的采收成熟度或最佳的食用期是鉴定、品评果品内质的最佳时刻。对脆肉梨来讲，适宜的采收成熟度即达最佳的食用期；而就软肉梨而言，适宜的采收成熟度并非最佳的食用期。因此，不同类型的果实，其内质鉴评应在采收适期或最佳食用期进行，单株间果实内质鉴评也是如此。

果实主要经济性状虽是重要的育种性状，但我们不能只重视它，而对其他性状置之不理。在我们育种实践中常常发现，十全十美（果实内质佳，其他重要经济性状又不错）的单株往往是寥寥无几。经常遇到果实外观漂亮的单株，但其内质不佳；果实外观、内质佳的单株，往往又不抗病；虽果实外观尚可，内质稍欠佳，但其成熟期早。这些单株虽存某些不足，但也具有一定的生产或利用价值，故应予以保留或暂当选。因此，单株的优劣并非以单一性状来定论，而要以综合性状来鉴定评价。

经连续3～5年的全面观察鉴定评价，对外观表现为上等或中上等与内质表现为上等或中上等两级的单株，应给以特别关注；而被评为中等的单株应予以保留，并作继续观察鉴定评价；至于被评为中下等、下等两级的单株，则予以淘汰。在上述基础上，结合获取的物候期信息，依据特早、早、中、晚、特晚5个不同成熟期，将杂种单株依次整理汇总，反复比对，从中挑选出最为优良的单株（外观表现为上等或中上等与内质表现为上等或中上等两级），并与同期成熟的栽培品种相比较，再结合所获其生长势、产量、抗病性等重要经济性状的初步观察鉴定评价信息，从中筛选出综合性状优良的单株作为初选优株，并在不同生态环境栽培区，以实生杜梨或淘汰的实生杂种树为砧实施高接扩繁，以作进一步观察鉴定评价。

**7. 初选优株高接扩繁后的鉴定与选择** 初选优株高接扩繁后就进入复选与决选阶段。

（1）初选优株高接扩繁后的鉴定与复选 初选优株高接扩繁结果后，以果实主要经济性状观察鉴定评价记载表为依据，进一步对初选优株高接扩繁后结果单株的果实主要经济性状进行严格、详细的观察鉴定评价，并增加果实采后耐贮性的初步观察评价。与此同时，开展结果习性［平均每花序花朵数、长果枝（果枝长度≥15cm）、中果枝（果枝长度≥5cm～＜15cm）、短果枝（果枝长度＜5cm）和腋花芽（一年生枝具花芽）各占总果枝的百分率（%）、果台枝连续结果能力、在自然开放授粉条件下花序和花朵坐果率（%）、平均每花序坐果数］、产量和抗逆性（主要系抗黑星病、轮纹病和枝干腐烂病；抗寒、高温多湿与干旱）等重要经济性状的初步观察鉴定评价。经连续2～3年不同生态环境栽培区的全面观察鉴定评价，外观与内质仍表现为上等或中上等，产量、抗逆性等重要综合经济性状依然较为优良者可被复选为优株。

（2）复选优株的鉴定与决选 在不同生态环境栽培区初步观察鉴定评价的基础上，复选优株需进行初步的植物学特征和除上述之外的其他生物学特性［萌芽率、发（成）枝力］观察测试，继续进行2～3年果实主要经济性状、果实采后耐贮性、物候期、采前落果与产量、抗逆性等重要综合经济性状的观察鉴定评价，如其果实外观与内质性状稳定，仍表现为上等或中上等，果实采后耐贮性良好，产量、抗逆性等重要综合经济性状表现较佳，该复选优株就可筛选成为决选优株，再经批量高接扩繁就成为优系。在此基础上，可以杜梨为砧木扩繁苗木，在不同生态环境栽培区进行区域性试验与适应性试验，同时开展品种对比试验，为下一步品种审定、示范推广做准备。

# 六、品种审定

在决选的前提下，被确定的决选优系最终应通过省级品种审定，才能在生产上应用并推广。需审定的优系，选种单位应事先向省品种审定委员会提出品种审定申请，并提供完整资料和实物（同之前叙述的品种审定需要提交的材料）。

省品种审定委员会收到选种单位提交的品种审定申请和上述资料后，即组织同行专家对提交品种审定的新优系进行品种审定。经听取新优系选育单位的选育技术报告、现场考察和答辩后，同行专家就新优系进行品种审定。通过品种审定后，即可对其进行命名，并作为新品种向生产上发布、推荐与推广，同时可在适宜栽培范围内推广、利用。在发表新品种时，应提供该品种的详细说明书。

# 第七节 梨诱变育种

## 一、诱变育种的特点、意义和种类

### （一）诱变育种的概念和特点

人为地利用物理的和化学因素，诱发植物体产生遗传物质的变异，从变异体及其后代中经选择鉴定，培育出新品种的方法称为诱变育种。诱变育种与其他育种方法一样是创造新种质、培育新品种的重要途径，其方法简单、速度快，对无性繁殖的梨具有重要的意义。其特点主要体现在以下几点：

**1. 提高突变率，扩大突变谱** 在自然条件下，由于外界环境的变化和遗传结构的不稳定性，植物本身会发生自发突变，即使不同的基因和植物种类会有所差异，但是这类突变发生的频率极低。一般来说，单个植株发生突变的频率介于 $10^{-3} \sim 10^{-4}$，单个基因则介于 $10^{-5} \sim 10^{-6}$，因此物种表现为相对的稳定和一致，而自然界中大量存在的遗传差异是物种内变异长期积累的结果。从 20 世纪以来，人类逐渐掌握了各种创造植物突变的手段，利用物理的、化学的和生物因素诱导植物发生突变，以此来提高变异频率，扩大变异范围，增加选择范围，丰富了育种的遗传物质基础，与自然突变相比较更能创造新类型。

**2. 适于进行个别性状的改良** 即使是优良品种往往也存在个别不良性状，如果通过杂交育种进行改良，常会因基因的重组，导致优良性状的基因组合解体，或者由于基因的紧密连锁，常规的育种方法难以打破这种连锁关系。利用诱变育种产生的"点突变"就可在改变个别不良性状的基础上保持原品种的总体优良性状。因此，诱变育种能比较有效地改良品种的某些个别性状，例如提高品种的抗病、抗逆性、成熟期等以及诱变品种成为短枝型、多倍体等。

**3. 诱发的变异比较容易稳定，可缩短育种年限** 对于无性繁殖的梨，常采用枝条诱变，然后将枝条嫁接到成龄树上待芽萌发后进行诱变效应的观察，从而省去了杂交、播种、实生苗培养等过程，且避开了实生苗童期长、结果晚的问题。当诱发的变异性状表现优良，即可通过高接鉴定使变异体早结果、早鉴定，把优良的突变通过无性繁殖快速固定下来，简化了育种程序，缩短了育种时间。

**4. 变异的方向和性质难以掌握** 虽然人工诱发能产生大量的变异，但变异的方向和性质目前尚难以控制，往往有效的变异少，无效的变异多。

此外，近期研究还表明，诱变处理在改变植物育性，克服杂交的不亲和性，实现外源基因转移等方面有其特殊的作用和效果。如果能与其他的育种方法相结合，如植物组织培养、染色体工程、杂交育种、分子辅助育种等，无疑会产生更大的作用。

### （二）诱变育种的意义

从 20 世纪 30 年代开始至今，经过 80 多年的发展，果树诱变的方法、诱变剂的选择、变异体的分离筛选和鉴定技术不断发展和完善。近年来，除了常规的电离辐射和化学诱变外，激光诱变、低能离子诱变和太空诱变以及复合诱变也成为诱变育种研究的热点，我国在果树诱变育种方面也开展了大量的工作，取得了一些进展。据 FAO/IAEA 官方网站统计，截至 2008 年，利用诱变的方法全世界共育成新品种 2 543 个，含果树新品种 62 个（我国育成 11 个），其中苹果最多为 11 个、欧洲甜樱桃 9 个、梨 8 个、柑橘 5 个。与其他方法结合也是近年来诱变育种发展的方向，李晓刚等（2010）用 $^{60}Co$ γ 射线照射离体培养的豆梨叶片和愈伤组织，发现低剂量（10Gy）促进叶片愈伤组织的形成；王妍炜等（2010）利用 RAPD 分子标记分析了处理剂量对基因组 DNA 变异的影响，结果表明随辐射剂量的增加，萌芽率、新梢生长量随之降低，分子检测变异程度随之增大。所以，诱变育种与其他的现代育种方法相结合，将对梨育种起到更大的推动作用。

## 二、诱变剂的种类和作用机理

### （一）诱变剂的种类

诱变育种按所使用的诱变剂的不同而分为辐射诱变育种和化学诱变育种。

**1. 辐射诱变**  辐射诱变是利用 X 射线、γ 射线、紫外线（UV）、β 粒子和中子等作为诱变剂对植物材料进行辐照处理。X 射线是由 X 光机产生的；γ 射线是由放射性同位素核衰变产生的，目前应用最普通的 γ 射线源是 $^{60}Co$ 和 $^{137}Cs$；中子则来自核反应堆。其中，紫外线的能量不足以使被照射材料的原子电离，只能产生激发作用，故称为非电离辐射。除紫外线外的其他各种辐射在通过有机体时都能使原子产生直接或间接的电离现象，故称为电离辐射。

近年来，激光、离子束、微波等新的诱变剂也开始应用到植物育种中。激光诱变除光效应外还伴随着热效应、压力效应、电磁场效应以及多光子吸收的非线性效应，所以它是多效应并存的一种诱变手段。离子束注入诱变技术，由于在具体的操作过程中，荷能离子束的注入射程具有可控性、集束性和方向性，在损伤程度较轻的情况下可以获得比较高的突变率和比较宽的突变谱，因此也具有很大的应用前景。另外，近几年发展的太空诱变又开辟了一条诱变育种新途径。太空诱变是利用太空技术，通过高空气球、返回式卫星、飞船等航天器将诱变材料搭载到 $200 \sim 400 km$ 高的宇宙空间，利用强辐射、高真空、低重力、弱磁场等宇宙空间特有环境因子的诱变作用，诱导遗传物质发生变异，回到地面后再通过选择鉴定，培育新品种。

**2. 化学诱变**  化学诱变是以化学药剂作为诱变剂进行植物材料的诱变处理。化学诱变剂的种类很多，常用的有烷化剂、碱基类似物、抗生素、叠氮化物、亚硝酸、羟胺、吖啶和秋水仙素等。按其诱变机制可分为 4 类：①碱基类似物诱变剂，如 5-溴尿嘧啶（5-BU），2-氨基嘌呤（AP）；②直接诱变 DNA 结构的诱变剂，如烷化剂、亚硝酸；③诱发移码突变的诱变剂，如吖啶类、抗生素。④诱导染色体加倍的诱变剂，如秋水仙素、奈嵌戊烷、富民农等。而在园艺植物育种中应用较广泛的是甲基磺酸乙酯（EMS）、叠氮化钠（$NaN_3$）、平阳霉素（PYM）、秋水仙素，其中尤以秋水仙素处理效果最好，这 4 种诱变剂的特性见表 6-2。

**表 6-2  常用化学诱变剂的诱变机制及其特点**

（引自徐小万等，2009）

| 化学试剂 | 试剂类型 | 诱变机制 | 作用位点 | 诱变特性 | 特点 |
|---|---|---|---|---|---|
| 甲基磺酸乙酯（EMS） | 烷化剂 | 直接诱变 DNA 结构 | DNA 的鸟嘌呤 N-7 的位置 | 效率高、频率高和范围广 | 突变频率高，且多为显性突变，易于突变体的筛选 |
| 叠氮化钠（$NaN_3$） | 点突变剂 | 以碱基替换方式影响 DNA 正常合成 | 作用于复制中的 DNA | 在酸性环境中对形态突变很有效 | 高效、无毒、便宜及使用安全 |
| 平阳霉素（PYM） | 抗生素 | 诱发移码突变 | 作用于维持生命有重要意义的结构的特殊部位 | 高度选择性、能抑制细胞的生长 | 安全、高效、诱变频率高、范围大 |

（续）

| 化学试剂 | 试剂类型 | 诱变机制 | 作用位点 | 诱变特性 | 特　点 |
|---|---|---|---|---|---|
| 秋水仙素 | 生物碱 | 以碱基替换方式影响DNA正常合成 | 破坏纺锤丝，使细胞停顿在分裂中期 | 阻碍了复制的染色体向两级移动 | 淡黄色结晶，剧毒，易溶冷水和酒精 |

### （二）诱变作用机理

**1. 电离辐射的效应**　电离辐射的遗传效应从分子水平来说是引起遗传分子结构的改变，即基因突变，包括真正的位点突变和移码突变。从细胞水平来说主要是引起染色体畸变和染色体数量的变化。染色体畸变，包括断裂、缺失、倒位、易位、重复和双着丝点等。染色体数量的变化包括染色体整倍的增减产生的多倍体和单倍体，以及染色体零星增减产生的非整倍体。

辐射对生物体的效应包括直接效应和间接效应。直接效应指射线直接击中生物大分子，使其发生电离或激发所引起的原发反应。间接效应是射线作用于水，引起水的解离，并进一步反应产生自由基、过氧化基、过氧基等，再作用于生物大分子，从而导致突变的发生。实际上，各种诱变剂（源）对生物体的作用方式也不相同。但不论何种方式，最终都是通过对染色体和DNA的作用实现诱变功能。

生物体本身对辐射诱变造成的DNA损伤具有自我修复能力，使其或多或少的恢复原有的结构。通常DNA结构损伤后，并不可能立即引发突变，而是引起一系列修复过程。只有当修复无效或出现修复误差时，才表现为突变或死亡。可见生物体的突变效应是由损伤和修复共同作用的结果。

**2. 化学诱变机理**

（1）烷化剂类诱变剂　这类诱变剂具有一个或多个活性烷基，如甲基磺酸乙酯、乙烯亚胺等，这些烷基能够通过置换DNA分子内的氢原子，使DNA在复制时错误地将G-C碱基对转换为A-T碱基对，或者将A-T碱基对转换为G-C碱基对；或者这些被烷基化的碱基自动降解，在DNA链上出现空位，使DNA链断裂、易位甚至使细胞死亡。在鸟嘌呤上置换最容易发生于$N_7$位上，而腺嘌呤则容易发生在$N_3$位上。两个功能基的烷化剂的毒性要比单功能烷化剂强。与辐射诱变相比，化学诱变产生的点突变频率高，且多为显性突变，而染色体畸变相对较少。但化学诱变剂的效应比较迟缓，诱发的断裂保持一个较长的潜伏期。也有人认为烷化剂诱变不如电离射线有效，特别是应用到植物的营养体部分作用不明显。其原因可能是药剂处理不是在分生细胞发育的最适合的时期，因此达不到预期的结果。

（2）多倍体诱变剂　秋水仙素是常用的诱导植物细胞加倍的化学诱变剂之一。是由百合科植物秋水仙中提取出来的一种植物碱，其毒性极强，易溶于冷水和酒精中。当秋水仙素与正在分裂状态的细胞接触后，它抑制和破坏细胞分裂时纺锤体的形成，致使已经分裂的染色体停留在赤道板上，不向两极移动，细胞中间也不形成核膜，使核分裂的中期延长或停止。因而使分裂了的染色体留在一个细胞核中，致使染色体加倍。如果处理适当，秋水仙素对植物染色体的结构很少有影响，对细胞的毒害作用不大。细胞经过秋水仙素处理后，在一定时期内即可恢复正常，重新进行分裂，在遗传上很少发生其他不利变异。有时在处理后生长的初期，植株会出现茎、叶的变态，但在以后除表现与多倍性相应的性状变化外，变态会逐渐消失。

# 三、诱变的方法

## （一）辐射诱变

**1. 诱变方法**　辐射诱变处理的方式有三种。

（1）外照射　放射性元素不进入植物体内，而是利用其射线（X 射线、γ 射线、中子）由外部照射植物各个器官。根据照射时间的长短又可分为急照射（即采用较高的剂量率进行短时间处理）和慢照射（即低剂量率的长时间照射）。

（2）内照射　将配成一定比例强度的放射性同位素$^{32}$P、$^{35}$S 经浸种法、注射法、涂抹法或施肥法等引入植物体内，由它放出的射线在体内进行照射。

（3）间接照射　用射线照射纯水培养液或培养基，然后将萌发的种子或其他植物材料放入其中处理，或先照射种子或其他植物组织，在低温下提取其浸出液，再以此提取液浸渍未经照射的种子或其他植物材料而引起细胞遗传性变异。

在梨上，主要是采用外照射的方式，照射的材料一般为种子、花粉、枝条、苗木和离体培养的细胞、组织和试管苗等。方法有以下几种：①种子照射。干种子、湿种子和萌动的种子均可作为辐照的材料。用于照射的种子要求纯度较高，不含杂质。照射后及时播种，以免产生贮藏效应。照射萌动种子要注意避免种子过度失水影响生活力。种子照射操作简单，体积小，处理数量多，并易于贮存和运输。但从播种到开花结果时间长，植株占地面积大。②花粉照射。有两种方法，一是先将花粉收集于容器内，经照射后立即授粉；二是采集待开放的花枝，水插照射。但时间不宜过长，以免花药开裂散粉影响花粉收集。照射完成后，尽快收集花粉授粉。③营养器官照射。对枝条、实生苗、嫁接苗等材料进行照射处理，是梨辐射诱变最常用的方法。与照射花粉和种子相比，开花结果早、鉴定快、更能缩短育种时间。用于照射的材料一定要组织充实，生长健壮、芽眼饱满，以利于照射后嫁接成活。④离体培养的细胞、组织和试管苗照射。这是近年来结合植物离体培养开展的一种诱变方法，离体条件下的诱变更利于变异的表现和分离。

**2. 辐射量的单位**

（1）照射量和照射剂量率　照射量只适用于 X 射线和 γ 射线。它是指 X 射线和 γ 射线在空气中任意一点处产生电离大小的一个物理量。

照射量的国际单位是 C/kg（库伦/千克），照射剂量率是指单位时间内的照射量，其单位是 C/（kg·s）。

（2）吸收剂量和吸收剂量率　辐射对任何物质的作用过程，实质上是能量转移和传递过程。例如，射线作用于种子其能量就被种子吸收。单位质量被照射物质所吸收的辐射能量值称作吸收剂量（D）。它适用于 γ、β、中子等任何电离辐射。

吸收剂量的国际单位是 Gy（戈瑞），其定义为 1kg 任何物质吸收电离辐射的能量为

1J（焦耳）时称为1Gy。即1Gy＝1J/kg。原专用吸收剂量单位rad（拉德）与Gy的换算关系是1Gy＝100rad。

吸收剂量率是指单位时间内的吸收剂量，其单位有Gy/h、Gy/min、Gy/s。

（3）放射性强度　它是一个表征放射源的物理量，是表示一个放射源在单位时间内有多少原子衰变，即放射性物质在单位时间内发生的核衰变数目越多，其放射强度就越大。放射强度国际单位为贝克雷尔（Becquerel，缩写Bq）。1Bq表示放射性元素在1s发生1次核衰变。

### 3. 辐射敏感性及适宜剂量和剂量率的选择

（1）辐射敏感性　辐射敏感性是指植物的组织、细胞或生物大分子等，在一定剂量射线的作用下其结构、机能和形态上发生相应变化的大小。辐射敏感性在梨属植物不同的种之间、同一个种的不同品种之间以及同一植株的不同组织、器官之间和不同生长发育阶段均存在明显差异。一般栽培种较野生种敏感；染色体倍性低的比倍性高的敏感，单倍体最敏感；杂交选育的品种比传统的地方品种敏感；幼龄植株比老龄植株敏感，生长中的绿枝比休眠枝敏感。不同组织、器官之间，一般认为根比茎敏感，茎比种子敏感；生殖器官较营养器官敏感，分生组织比成熟组织和较老的组织敏感；性细胞比体细胞敏感，小孢子母细胞比小孢子敏感，卵母细胞比花粉敏感。在细胞内，不同细胞器之间也存在辐射敏感性差异，以细胞核最为敏感。总之，生理代谢活动处于比较活跃状态的组织和细胞，由于作为辐照作用的靶分子的DNA常处于复制等代谢过程，受射线辐照后易于产生各种辐射损伤，所以要比处于不活跃的、休眠的组织和细胞的辐射敏感性高。同时，植物组织或细胞的辐射敏感性与器官、组织和细胞分化程度密切相关，一般认为，分化程度越低，对辐射越敏感。

细胞核体积、染色体体积、DNA含量和内生保护剂等的不同是引起植物种间辐射敏感性差异的主要原因，而品种间的辐射敏感性差异是与DNA损伤的自身修复能力和一些生物分子的化学基团（如蛋白质分子的巯基—SH等）有关。水分、氧气、温度以及辐射保护剂和敏化剂是影响植物辐射敏感性的几个重要的外界因素。

（2）适宜剂量和剂量率的选择　适宜的辐射剂量常因品种、照射器官、植物生长期和所处的生理状态以及其他许多内外因素的不同而不同。辐射诱变的随机性很大，因此对一定的靶标，一般随着辐射剂量的增加，引起的变异率增加，同时电离辐射对植物的损伤和抑制作用也增大，死亡率增加。在照射剂量相同，而剂量率不同的情况下，效果也是不一样的，照射时要同时兼顾。可根据"活、变、优"三原则灵活掌握。活是指后代有一定的成活率；变是指在成活个体中有较大的变异效应；优是指产生的变异中有较多的有利突变。实践中多以临界剂量，即被照射材料的成活率为40％的剂量，或半致死剂量，即被照射材料的成活率为50％的剂量作为选择适宜剂量的标准。在具体操作时，可参考已有的研究、材料的敏感性等结合预备试验来选择适宜的剂量范围。如杨振等（2012）用60Co γ射线辐射库尔勒香梨的休眠枝和萌芽枝，根据两种枝条的诱变效果认为在剂量率为1Gy/min时60Gy以下的剂量是库尔勒香梨枝条的有效辐照范围；李晓刚等（2010）用剂量率为1Gy/min的60Co γ射线对豆梨的叶片和叶片诱导的愈伤组织进行辐射处理，发现低剂量（10Gy）促进叶片愈伤组织的形成，而高剂量则起抑制作用，随着辐照剂量的增加，叶片和愈伤组织的褐化程度均加重，而分化能力减弱，再生苗继代培养成活率降低，因此认为适宜豆梨叶片和愈伤组织辐射诱变的辐照剂量为20～30Gy；Predieri 等用350rad 的 γ 射线对 4 个梨品种的离体茎尖进行辐射处理，得到了突变体；韩继成等（2005）用4 000rad 剂量的 γ 射线对红安久休眠枝条进行辐射处理后再嫁接，发现叶形和叶序等发生畸变。

### （二）化学诱变

**1. 染色体结构诱变剂处理方法**　目前较常用的处理方法是采用种子或枝芽浸泡，使诱变剂吸收到组织内产生诱变作用。

（1）浸泡预处理　在诱变处理前预先用水进行浸泡，可以提高细胞膜透性，加速诱变剂的吸收；同时使细胞代谢活跃，促进 DNA 的合成，即细胞的水合作用，从而提高细胞对诱变的敏感性。

浸泡的时间依处理的材料和浸泡的温度的不同而异，主要依据不同材料到达组织的水合阶段所需要的时间。细胞的发育在水合阶段对烷化剂的处理最为敏感，其染色体的畸变率最高。具体浸泡时间的确定，可以在同一诱变剂量下通过设置不同的预处理时间观察其诱变效应来确定。

（2）药剂处理　当材料经过预处理进入水合阶段后便可进行药剂处理，处理药液的温度和 pH 会影响处理效果。温度对化学诱变剂的水解速度有很大的影响，而诱变剂的扩散速度却很少受影响。由于在低温下水解速度减慢，所以诱变剂能较长时间地保持其稳定性，从而保证了它同靶的亲核中心的反应能力，这尤其对半衰期短的诱变剂更为重要。因此处理液要现用现配，在处理时间长的情况下要每隔一定时间更换新的处理液。

由于烷基磺酸酯及烷基硫酸酯在配制的溶液中及细胞内部水解后会产生强酸，这些强酸产物会显著促进生理损伤，从而降低诱变材料的成活率。这种水解副产物的生理损伤可以通过应用缓冲液而大大减轻。有研究表明，乙烯亚胺、氮芥以及亚硝基化合物必须溶于pH＜7 的缓冲液中，叠氮化钠（$NaN_3$）要溶在 pH＝3 的缓冲液中才能诱发较高的突变频率。但缓冲液本身对植物体也有影响，因此使用时要注意选择适当种类和浓度的缓冲液，一般认为磷酸缓冲液为好。

（3）处理后的漂洗　药剂处理后的材料必须用清水进行漂洗使诱变剂残留量降低到最低。如果是种子，要立即进行播种，如果是枝条要尽快嫁接为宜，以免因贮藏而增加生理损伤。在特殊情况下，不能立即播种或嫁接需短期贮存时，应放在低温（0～4℃）下，降低细胞代谢，避免损伤的增加。

（4）处理浓度　化学诱变剂的使用浓度与处理的时间、处理时的温度密切相关。同时溶液的 pH、处理材料的遗传特性、组织结构和生理生化特性以及浸泡预处理的程度和处理后冲洗时间等均明显地影响诱变效果。梨上未见相关的研究报道，在苹果上有用亚硝基甲基脲（NMH）和二甲基磺酸盐处理接穗，其使用浓度为 0.05％，处理时间为 24h。

**2. 秋水仙素处理方法**

（1）原始材料的选择　选择主要经济性状都优良且染色体组数少的品种类型，要尽量选取多个品种来进行处理。

（2）处理的部位　细胞分裂活跃的组织，所以常用萌动或萌发的种子，幼苗或生产旺盛的茎尖以及离体培养的细胞、组织和试管苗。

（3）处理的方法 常用的浓度为 0.01％～1％，以 0.2％最为常用。药剂处理的方法主要有水溶液处理法包括种子浸渍法，倒置生长点浸渍法、腋芽浸渍法、滴液法、注射法等和羊毛软膏涂抹法等。实际采用的浓度和方法决定于处理材料的特性，一般采用临界范围内的高浓度和短时间处理法。

多倍体是植物物种进化的一种表现，生产上常因多倍体的特点如器官巨大性（花大、果大、叶大）、抗逆性强，育性低（无籽）以及特殊物质含量的变化而备受人们的关注。但不是倍性越高其优势越明显，每个种、品种都有其最适的倍性。梨中也有多倍化的现象，自然存在的多倍体主要是 3X。所以要注意秋水仙素处理时间，一般以一个秋水仙素分裂周期为宜。

## 四、突变体的鉴定、培育和选择

经过人工诱变得到的突变体，需要经过选择鉴定和培育才能成为新品种、新类型，其方法和程序与选择育种相似。

### （一）诱变材料的鉴定

**1. 植物损伤的鉴定**

（1）萌芽力与存活率调查 不管是种子还是枝条，诱变处理对其生活力的影响是显而易见的。一般在播种或嫁接后 4～6 周，调查田间发芽株数。也可以将诱变处理的枝条插于营养液中，置于 20℃的温室中，3～4 周后调查萌芽数。在苗木种植后经过一定的缓苗期，进入正常生长后，统计存活株数。

（2）幼苗高度和新梢生长量的测定 这能在一定程度上反映诱变因素处理的效应，且简单、迅速。一般是在嫁接苗或新梢第一次停止生长时统计其平均值。对于嫁接繁殖的梨来说，很多因素如气候条件、砧木种类和生长状况、嫁接技术等都能影响诱变的存活数和幼苗高度或新梢生长量的测定。因此，在试验中尽可能在人工控制的环境条件下进行，每处理要有一定数量的嫁接株数，以未处理作对照进行比较才能得出正确的结论。

**2. 细胞学效应的鉴定** 诱变处理引起一系列的生物学效应的基础是细胞，而细胞学效应是多方面的，包括了染色体变异及由此而引起的细胞形态学变异。可以借助细胞学和组织学的方法以及现代仪器分析手段如流式细胞仪等对细胞的形态、染色体数目、遗传物质含量、细胞减数分裂时染色体行为等进行直接的观察和鉴定。例如利用多倍体与二倍体在细胞组织结构上的差异进行细胞倍性方面变异的鉴定。多倍体一般表现为气孔增大，气孔密度下降；叶片的栅栏组织和海绵组织均明显比二倍体发达，且多倍体栅栏组织细胞超微结构中的细胞叶绿体基粒小，片层肿胀，细胞膜和核膜有轻微断裂，线粒体损伤面大；多倍体植株的花粉粒大，萌发孔多，并且多倍体花粉粒大小不均匀，畸形花粉粒较多。当然也可以直接进行染色体数目的鉴定，常用的方法有去壁低渗-火焰干燥法、压片法等。另外，通过检测梢端分生组织 $L_I$、$L_{II}$、$L_{III}$ 三层的细胞、细胞核及核仁的大小，可以鉴定芽变材料倍性嵌合体的类型。对于染色体结构变异可以通过观察减数分裂时有无倒位、易位等染色体行为来判断。

**3. 分子标记的鉴定**　分子标记是以核酸的多态性为基础的遗传标记，目前较广泛应用的分子标记有 RFLP、RAPD、AFLP、SSR、SNP、ISSR、STS、SCAR、SRAP 等，可以利用这些分子标记的方法对诱变材料发生的变异进行鉴定。如韩继成等（2005）用 RAPD 分析了 $\gamma$ 射线辐射处理红安久的诱变效应；王妍炜等（2010）用 RAPD 分析了 $\gamma$ 射线辐射处理砀山酥梨的诱变效应。

**4. 突变体性状的鉴定**　通过无性繁殖将诱变处理后代产生的各种遗传性变易固定下来，并进一步鉴定其产量、品质、成熟期、株型、抗性等方面的经济价值，鉴定方法同常规育种。

### （二）突变体的培育和选择

**1. 突变体的分离培育**　对梨树营养体的诱变，突变多以扇形嵌合体的形式存在。如果不及时进行分离和选择，这些突变的组织很容易被正常的组织所遮盖，从而失去选择的机会，降低了突变频率。因此进行突变体的早期分离和选择是获得变异、提高育种效率的重要因素。

（1）分离繁殖法　果树不同部位的突变频率是不同的。一般认为在大田条件下，突变细胞多集中在诱变枝条的基部或双叉枝附近。对诱变枝条进行嫁接或扦插时，应选用初生枝基部的 5～10 芽重复分离繁殖，促进突变芽萌发。这样可以使扇形突变体不断扩大，获得稳定的周缘嵌合体或同质突变体。

（2）修剪法　在分离繁殖的同时结合进行短截修剪，特别是对顶端生长优势强的植物，修剪可以促进基部隐芽萌发或产生不定芽，有利于内部变异体组织暴露出来。

（3）组织培养法　采用组织培养技术对诱变处理的材料进行培养，可能更利于暴露内部的变异体组织。

**2. 突变体的选择**　梨品种诱变多是采用枝条，诱变后其营养世代的划分与种子繁殖植物有明显不同。由于它产生的体细胞突变是以营养世代传递的，因此它的营养代每繁殖一次作为一个世代。其营养世代分别用 $VM_1$、$VM_2$、$VM_3$……来表示。通常辐照接穗或插条当代为 $VM_0$ 代，由 $VM_0$ 长出的一级枝为 $VM_1$，由 $VM_1$ 长出的枝则为 $VM_2$，以此类推。如果采用连续摘心的方法就可形成多个营养世代。

由于在处理当年 $VM_1$ 代往往难以区分是诱变处理引起的生理损伤，还是遗传的变异，所以一般不进行选择，如果可能应通过摘心、短截、转接等方式加速营养世代的进程。但有研究认为对梨的紧凑型和果实性状变异在 $VM_1$ 开始选择，可以提高选择效率。随着繁殖和营养世代的增加，生理损伤导致的非遗传变异逐渐消失，遗传变异则被固定下来，一般从处理的第二年或从 $VM_2$ 之后开始进行育种目标相关性状的选择。如内蒙古园艺研究所朝辐 1 号等优系的选育程序：第一年，用$^{60}$Co-$\gamma$ 射线辐射处理朝鲜洋梨品种的接穗，辐照后嫁接在五年生山梨砧木上，对长出的初生枝进行重短截和连续摘心；第二年，取 $VM_1$ 枝及分叉枝上的芽进行转接获得 $VM_2$ 枝；第 3～4 年，进行矮化及果实性状等选择，并对选出的优良变异进行转接和扩大繁殖；第 5～6 年，继续筛选与鉴定优良突变系的稳定性，并通过省组织的成果鉴定。

# 第八节 梨砧木育种

## 一、砧木的类型及其特点

### （一）砧木利用的历史

果树生长的基础是根系强有力的吸收水分和无机营养的能力，根与地上部相互作用，协同影响着果树的生长发育和结实的全过程。目前生产上栽培的梨树都是采用砧木（图 6-4）和接穗嫁接形成的复合体，在这种情况下作为根系的砧木重要性就更为明显。

自然界有一些天然的嫁接复合体，古代诗人白居易（772—846）的《长恨歌》"在天愿作比翼鸟，在地愿为连理枝"诗句，以诗人的手法描述了两个植物体枝的自然嫁接愈合（natural grafting），即'连理'。实际上，在根部的这种'连理'更为常见。对自然现象的观察使人们学会了园艺嫁接，我国最早的嫁接出现在公元前 1000 年左右，到了 6 世纪贾思勰著名的《齐民要术》中对果树嫁接就有了极其详尽的叙述。他在梨的嫁接技术中谈到了砧木的选择、接穗的选取、嫁接的

图 6-4 砧木在梨树栽培中的利用
（甘肃天水冬果梨，马春晖提供）

时期以及如何保证嫁接成活等各个方面。西方嫁接技术可能始于公元前 4 世纪，在亚里士多德（Aristoletle，公元前 384—前 322 年）的著作中有关于嫁接技术的记载。

历史上常用实生苗作为砧木，嫁接主要为了无性繁殖或保持接穗品种的优良特性，除了可能用于控制树体生长势外，极少关注砧木的特性和嫁接亲和性。在 15 世纪末欧洲就已经很普遍地利用砧木使苹果、梨矮化，但应用基本限于庭院生产。18 世纪中叶以后，人们开始更加关注果品生产过程中树体大小的控制及砧穗互作关系的研究。直到 20 世纪中叶美国才意识到矮化果树的经济效益潜力。我国嫁接技术起源虽早，但是有关果树嫁接和砧木方面的科学研究起步较晚，真正开展这方面的工作应该是在 20 世纪 50 年代之后。

### （二）砧木的作用

嫁接使不同基因型的接穗和砧木形成了一个复合体，也称为砧穗组合（stion），在营养生理学上属共生（symbiosis）关系，砧木根系供给地上部接穗生长所需的养分和水分，接穗部叶片制造的光合产物转运到砧木根部，二者相互调节和适应达到了一个新的平衡，形成了该组合所特有的代谢特性。因此，可利用砧木来影响接穗的生长势以及对矿质营养吸收、提高树体对逆境的适应能力和抗病虫能力，从而实现对树势和树形的调节，促使树体早结果，提高果实品质和产量，所以适宜的砧木有利于梨产业的发展。

### （三）砧木的类型和特点

虽然不同国家所用的梨砧木有所不同，但是多数为实生砧木，少量有无性系砧木。就砧木与接穗品种的亲缘关系看，有梨属同种或近缘种植物砧木和梨的异属植物砧木两类。

**1. 实生砧木**　实生砧木一般根系比较发达，固地性好，与接穗品种亲和，但多数情况下，树势旺，不适合高度密植栽培，结果晚。同时由于梨是异花授粉的植物，其实生繁殖后代变异性很大，苗木不能整齐一致。实生砧木一是用同种的野生类型或商业品种的种子实生苗，如加拿大、美国、新西兰、南非、智利主要是用威廉姆斯、冬香梨等品种的实生苗。日本用的是不同品种的砂梨（*P. pyrifolia*）实生砧。在土耳其、希腊、叙利亚，有时直接把品种嫁接到野生的梨树上。二是用梨属其他种的植物：如秋子梨 *P. ussuriensis*（应用国家和地区：中国）、豆梨 *P. calleryana*（中国、美国、澳大利亚）、杜梨 *P. betulifolia*（中国、美国、以色列）、扁桃形梨 *P. amygdaliformis*（原南斯拉夫）、胡颓子梨 *P. elaeagrifolia*（土耳其）和川梨 *P. pashia*（中国、印度）等，为便于区分和生产利用，对现有梨属植物依据原产地和果实特性划分为亚洲小果种群、亚洲大果种群、亚洲中间种群、西亚种群、北非种群、欧洲种群 6 个种群，详见主要砧木用梨属植物种分类表（表 6-3）。三是用梨的异属植物砧木，人们曾经尝试从梨属之外其他属的植物中寻找梨的砧木，包括苹果亚科的楂梓属、木瓜属、花楸属、枸子属、石楠属、唐棣属、苹果属和山楂属等（表 6-4）。但除楂梓（*Cydonia cblonga*）外，其他均未推广开。山楂由于嫁接后易折断，很少利用。我国研究稀少，仅有牛筋条和水荀子的研究报道。

**表 6-3　主要砧木用梨属（*Pyrus* Linn.）植物种**

| 种群 | 种名 | 学名 | 分布 |
|---|---|---|---|
| 亚洲小果种群<br>（2 心室） | 中国豆梨 | *P. calleryana* Decne. | 中国的西北、华东至华南 |
| | 楔叶豆梨 | *P. koehnei* Schneid. | 中国南部和台湾 |
| | 日本豆梨 | *P. dimorphophylla* Makino | 日本 |
| | 朝鲜豆梨 | *P. fauriei* Schneid. | 朝鲜半岛 |
| | 杜梨 | *P. betulaefolia* Bunge | 中国华北、西北 |
| 亚洲大果种群<br>（5 心室） | 砂梨 | *P. pyrifolia* Nakai | 中国中部、日本、朝鲜 |
| | 秋子梨 | *P. ussuriensisi* Maxim. | 中国东北部，朝鲜、西伯利亚 |
| | 木梨 | *P. xerophila* Yü | 中国西北 |
| | 日本青梨 | *P. hondoensis* Nakai | 日本 |
| 亚洲中间果种群<br>（3～4 心室） | 川梨 | *P. pashiia* D. Don. | 中国的南部，印度、尼泊尔、巴基斯坦 |
| | 河北梨 | *P. hopeiensis* Yü | 中国的河北、山东 |
| | 褐梨 | *P. phaeocarpa* Rehd | 中国的华北、西北、东北南部 |
| | 滇梨 | *P. pseudopashia* Yü | 中国的云南、贵州 |
| | 新疆梨 | *P. sinkiangensis* Yü | 中国的新疆、青海、甘肃 |
| | 杏叶梨 | *P. axmeniacaefolia* Yü | 中国的新疆 |
| | 麻梨 | *P. serrulata* Rehder | 中国长江流域及珠江流域 |
| | *（日本合梨） | *P. uyematsuana* Makino | 日本 |
| 西亚种群 | 扁桃形梨 | *P. amygdaliformis* Vill. | 地中海、欧洲 |
| | 胡颓子梨 | *P. elaeagrifolia* Pall. | 土耳其、俄罗斯、东南欧 |
| | 柳叶梨 | *P. salicifolia* Pall. | 伊朗、俄罗斯 |
| | 叙利亚梨 | *P. syriaca* Boiss. | 黎巴嫩、以色列、伊朗 |
| | 雷格梨 | *P. regelii* Rehd. | 阿富汗、俄罗斯 |

（续）

| 种群 | 种名 | 学名 | 分　布 |
|---|---|---|---|
| 北非种群 | * | *P. glabra* Boiss | 伊朗 |
|  | 朗吉普梨 | *P. longipes* Coss. et Dur | 阿尔及利亚 |
|  | 哈比纳梨 | *P. gharbiana* Trab. | 摩洛哥 |
|  | 马摩仑梨 | *P. mamorensis* Trab. | 摩洛哥 |
| 欧洲种群 | 西洋梨 | *P. communis* Linn. | 欧洲、土耳其 |
|  | 雪梨 | *P. nivalis* Jacq. | 中欧、西欧、南欧 |
|  | 心形梨 | *P. cordata* Desv. | 南欧 |
|  | 高加索梨 | *P. caucasica* Fed. | 高加索地区 |

\* 无中文名。

表 6-4　主要用作梨砧木的近缘属植物

| 近缘属植物 | 属名 | 常用种名 | 学名 | 备　注 |
|---|---|---|---|---|
| 榅桲属植物 | *Cydonia* Mill. | 普通榅桲 | *C. oblonga* Linn. | 部分品种后期不亲和 |
| 木瓜属植物 | *Chaenomeles* Linn. | 木瓜海棠 | *C. Sinensis* Koehne |  |
|  |  | 贴梗海棠 | *C. lagenaria* Koidzumi | 不良 |
| 山楂属植物 | *Crataegus* Linn. | 地中海欧楂 | *C. azarolus* Linn. |  |
|  |  | 黄果山楂 | *C. dahungarica*. Zabel | 成活率高 |
|  |  | 黑果山楂 | *C. melanocarp* Rieb | 成活良好 |
|  |  |  | *C. mexicana* DC | 建议 |
|  |  | 独子山楂 | *C. monogyna* Jacq | 耐寒，品质变劣 |
|  |  | 欧洲花山楂 | *C. oxyacantha* L. | 某些品种不能成活 |
| 唐棣属植物 | *Amelanchier* Medic. | 普通唐棣 | *A. rotundifolia* D. C. |  |
|  |  | 加拿大唐棣 | *A. canadensis* Med. |  |
| 石楠属植物 | *Photinia* Lindl. | 毛叶石楠 | *P. vilosa* D. C. |  |
| 花楸属植物 | *Sorbus* Linn. | 普通花楸 | *S. ancupdria* Linn. | 部分亲和 |
|  |  | 黑果花楸 | *S. melanacarpa* Wild. | 成活率高，但生长中大量折断 |
| 枸子属植物 | *Cotoneaster* Medik. | 贝加尔枸子 | *C. lucida* Schlecht. | 矮化 |
|  |  | 黑果枸子 | *C. melancarpa* Lodd | 矮化 |
|  |  | 水枸子 | *C. multiflorus* Bge. |  |
|  |  | 毛叶水枸子 | *C. submultiflorus* Popov | 矮化 |

注：参考张宇和《果树砧木的研究》。

## 2. 无性系砧木

（1）梨的异属植物　梨的无性系砧木始于 1920 年，初期主要局限于梨的异属植物榅桲。当时在西欧、东欧温暖地区、美国、南非和以色列等最为广泛应用的榅桲砧木应该是由法国农业研究院（INRA）昂热试验站选育的，并于 1966 年释放的普罗旺斯类型（Provence type），如 BA29。BA29 容易繁殖，比较耐受 pH 较高的土壤，但不耐黏土和肥力瘠薄，易感病毒。在英国和荷兰更多应用的是由英国东茂林试验站（East Malling）选出的榅桲 A（QA 或 MA）和榅桲 C（QC 或 MC）。QA 比 BA29 矮化 10%，可根蘖繁殖，易受冷害。QC 比 QA 还矮化 10%～20%，易繁殖，适合高密度栽植的果园。但根系浅，需要精细的土壤管理。随后，法国 INRA 又选出 Sydo（1975），其对接穗生长势的影响与 QA 相似，但是对接穗品种考密斯的亲和性比 QA 好。另一个比较受欢迎的榅桲砧木是由比利时选出的 Adams 332（1970），嫁接在 Adams 332 上的接穗品种的生长势介于 QA 和 QC 之间。其他几个 Adams 优系还在试验中。美国和加拿大一直致力于通过选择抗寒西洋梨与榅桲杂交来解决榅桲越冬性差的问题。在波兰也选出一些抗寒的榅桲品种，还在田间评价中。其中嫁接在无性系 S3 上的树与 QC 相似或稍小，但是有些接穗的叶子有失绿现象，并且徒长枝比 QC 作砧木的更多些。意大利选出耐碱性增加的 Ct. s. 212 和 Ct. s. 214 两个砧木，但尚未推广开。

在英国，对新的榅桲砧木要求要么增加矮化程度以适应高度密植的栽培模式，要么能改善果实的大小和品质。EM 选出的 C132 比 QC 对品种的矮化性更强，但尚未确定这种矮化效应是否是由于病毒所致。EM 最新选出的一个无性系 MH（QR193-16），嫁接其上的康佛伦斯与嫁接在 QC 上的相似，但其果更大些，生产效率更好些，且硬枝容易繁殖，但结果比嫁接在 QC 上稍晚。

(2) 梨属植物

①OHF 系列　用得最多的无性系梨属砧木是由美国俄勒冈州立大学在 20 世纪 60～70 年代选出的 OHF 系列，OHF 是从 20 世纪 40 年代之前栽培的两个抗火疫病品种 Old Home 和 Farmingdale 杂交后代实生苗中选出来的。耐旱、耐碱性土壤，嫁接亲和性好，有些如 OHF333 可以用插条繁殖。但最初推出的 OHF51 和 OHF333 树势过旺以及早期丰产性、果实大小等都不尽如人意。后来被 OHF97、87 以及 40 所替代，尽管嫁接在其上的树势依旧很旺，但更丰产。在法国可用的 OHF 系列有 OHF40、OHF69、OHF87 和 OHF282。其中 OHF87 嫁接后的树势不是很旺，提早结实和丰产性都比较好，但是不易繁殖。

②Brossier 和 Retuziere 系列　法国从西洋梨栽培品种 Perry 实生苗后代中选出的。Brossier 无性系中 RV. 139 和 G. 54-11，属极矮化砧木类型，嫁接其上的树大小分别为对照的 46% 和 63%。其他类型大约是 QA 的 80%～100%，但比梨实生砧木矮化了许多。丰产性和果实大小也表现良好。限制其应用的关键是没有有效的繁殖方法。Retuziere 是来自栽培品种哈代（BH），Old Home（OH）和 Kirstensaller（K）的实生苗。在法国用 William's bon Chretien 的试验表明，树势稍大于或类似于最旺的榅桲砧，但产量更高些。从这点看，类似 OHF87。

③Pyrodarf　德国盖森海姆（Geisenheim）试验站 20 世纪 80 年代从 Old Home 和 Bonne Louise d'Avranches 杂交后代中选出了 Pyrodarf，嫁接其上的树介于 QA 和 QC 之间。可以插条繁殖和微繁，适合高密度栽培。

④Bp1　这是南非从西洋梨中选出的一个半矮化的砧木，矮化效应类似 BA29，树体生产能力强，但是繁殖困难。

⑤Fox 系列　意大利博洛尼亚大学 20 世纪 80 年代从烹调用梨品种 Volpina 开放授粉的后代中选出 Fox11 和 Fox16，其只能通过微繁进行繁殖。嫁接在这两个砧木上品种生长势比实生砧弱，在石灰性和瘠薄的土壤上可替代榅桲。用威廉姆斯试验结果表明，Fox 11 优于 Fox 16，引起早果，并对果实形状和产量有利。2008 年释放的 Fox 9，树势中等（稍大于 BA29），但是 Fox 系列中产量最高的。

**3. 我国砧木利用现状**　我国梨属砧木资源丰富，但由于地理和气候条件的不同，各地在砧木选择上差异较大（图 6-5）。东北和华北部分寒冷地区梨的栽培品种多属于秋子梨或白梨，常选用野生的秋子梨（P. ussuriensis）类型，俗称山梨作砧木，其特点为抗寒力强，寿命长，较抗病虫害。华北、西北及华东的部分地区，梨的栽培品种多属于白梨，少数为秋子梨和砂梨，砧木多采用杜梨（*P. betulaefolia*），其特点为砧木根系分布深，生长健壮，有较强的抗旱耐涝能力。另有部分采用褐梨（*P. phaeocarpa*）。在新疆地区，栽培品种多为白梨或新疆梨，常用砧木为木梨（*P. xerophlia*），部分地区为杏叶梨（*P. armeniaeaefolia*）或新疆梨（*P. sinkiangensis*）或杜梨（*P. betulaefolia*）。在华东和华南地区，栽培品种多属于砂梨或西洋

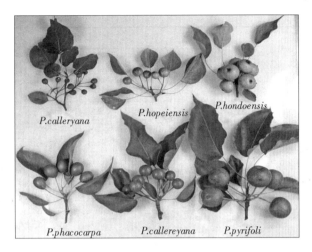

图 6-5　亚洲主要梨砧木资源果实照
（马春晖提供）

梨，常用的砧木多为豆梨（*P. calleryana*），本种适应暖冬气候，对潮湿、沙土、黏土、酸性土壤和干旱耐力较强。另有少数用麻梨（*P. serrulata*）作砧木。西南地区梨的栽培品种多属于砂梨或白梨，常用砧木为川梨（*P. pashia*）或滇梨（*P. psettdopashia*），其特点为适应暖冬的气候，耐酸性土能力强，不耐寒和盐碱。杜梨和豆梨由于其与接穗良好的亲和性、强的生长势、耐病性等，逐渐被世界各国所关注和开发利用。我国常见的砧木资源及特性见表 6-5。

目前所有使用的砧木均为乔化砧木类型，缺乏可利用的矮化砧木。尽管一些科研单位已选育出了一些矮化类型，但生产上还没有得到大面积推广。与国外相比，在矮化砧木利用上还有较大的差距。新中国成立后至今，通过几代人的努力，在砧木资源的调查和收集方面，做了大量的调查和研究工作，基本弄清我国梨砧木资源的类型和分布地域。并对一些砧木资源进行了抗寒抗旱、耐盐碱、耐缺铁性黄化病等较为详细的试验研究。在矮化砧木选育方面，山西省果树研究所利用实生选种，选育出 K 系砧木；中国农业科学院果树研究所从锦香梨实生后代中选育出中矮 1 号和中矮 3 号，由香水梨×巴梨杂交实生后代中选出中矮 2 号。但因繁殖的问题仅限于中间砧应用。三个砧木均表现了抗病性好和不同程度对接穗品种的矮化、早结果、易丰产的优良特性。

表 6-5　我国常用梨砧木的种类及其特性

| 砧木种类 | 来源 | 植物学特性 | | | | 砧木的特性 | | | 其他 |
| --- | --- | --- | --- | --- | --- | --- | --- | --- | --- |
| | | 树高·树形 | 枝条·叶片 | 果实·种子 | 发芽·实生 | 成活·生育 | 接口部·根 | 适应性·病虫害耐性 | |
| 杜梨 *P. betulaefolia* | 华北，西北 | 树高10m，乔木，树形半开张 | 新梢灰白色，密布茸毛，叶片长卵形 | 球形果，果皮暗褐色，直径0.5~1cm，2心室，种子黑褐色 | 新梢生长势强，易发生针刺和副梢 | 嫁接成活和生长发育良好 | 深根性，细根多 | 耐旱、耐旱性强 | 为我国普遍使用的砧木 |

（续）

| 砧木种类 | 来源 | 植物学特性 | | | | 砧木的特性 | | | |
|---|---|---|---|---|---|---|---|---|---|
| | | 树高·树形 | 枝条·叶片 | 果实·种子 | 发芽·实生 | 成活·生育 | 接口部·根 | 适应性·病虫害耐性 | 其他 |
| 豆梨 *P. calleryana* | 华中、华南 | 树高8～10m，乔木 | 新梢褐色无毛，叶片卵圆或阔卵圆形 | 果实球形，果皮褐色，直径0.8～1.5cm，果柄较长，2心室，种子黑褐色 | 新梢生长势强，易发生针刺和副梢 | 嫁接成活和生长良好 | 深根性、细根多 | 耐高温、耐湿性强，抗火疫病 | 欧洲用作西洋梨砧木 |
| 秋子梨 *P. ussurien-sisi* | 东北、西北、华北 | 树高15m，乔木 | 枝条黄褐色，叶片阔卵圆形 | 果实近球形，果皮黄褐色，直径2～6cm，5心室，种子黑褐色 | 生长强旺，针刺和副梢发生少 | 嫁接成活和生长良好 | 根系发达，细根量多 | 耐寒性特别强，耐旱性强 | 我国北方广泛使用的抗寒砧木 |
| 木梨 *P. xerophila* | 西北·华东 | 树高8～10m，乔木 | 枝条浅红色，叶片卵圆形，叶色深、厚 | 果实近球形，果皮黄褐色，直径2～6cm，5心室，种子黑褐色 | 生长强旺，易产生针刺 | 嫁接成活和生长良好 | 深根性， | 耐旱、耐盐碱性强，抗梨锈病 | 我国北方广泛使用的梨砧木 |
| 砂梨 *P. pyrifolia* | 华中，长江流域 | 树高15m，乔木 | 枝条紫褐色或暗褐色，叶片长倒卵形，先端尖 | 果实球形，果皮锈褐色，果柄长，5心室，种子大、黑褐色 | 生长强旺，针刺和副梢发生少 | 嫁接成活性和生长良好 | 根系略浅，细根较少 | 耐湿性强，耐旱性弱 | 嫁接砂梨品种易发生柚子肌、铁头病等 |
| 川梨 *P. pashiia* | 我国西南、印度 | 树高12m，乔木 | 新梢青褐色，叶片长卵圆形 | 果实球形，果皮褐色，直径1～2cm。种子暗黑色 | 新梢生长强旺，易发生针刺 | 嫁接成活和生长良好 | 深根性 | 抗寒性差，北方不能安全越冬 | 在云南、四川多用作梨砧木 |
| 榅桲 *C. oblonga* | 欧洲、中亚 | 树高3～5m，小乔木 | 新梢有茸毛，叶卵形 | 果实倒卵形，果皮黄色， | 新梢生长强旺，易发生副梢 | 与亚洲梨嫁接成活性差，生长不良 | 易扦插、压条、分株繁殖 | 不抗火疫病 | 可作为梨的矮化砧木 |

　　虽然我国从国外引进了一批矮化砧木资源，如榅桲系、OHF系等，但因与亚洲梨品种亲和性差，根系越冬性、固地性和生长势等方面不够理想等原因，尚未能在生产上利用，有些还在试验中。

## 二、砧木选育的要求

### （一）对优良砧木的要求

　　现在砧木不仅用于控制树势，还用于解决一些特需的栽培要求，如对气候和土壤条件的适应性。虽然在我国及日本、韩国等亚洲梨生产区仍然是种子繁殖的实生砧木为主，但在欧美等西方国家无性系砧木也已经占了多数。按照现代果树栽培学的观点，理想的砧木要易于繁殖，有助于解决果园生产中存在的问题，砧穗要亲和。具体在砧木育种中主要有以下几方面要求：

**1. 对接穗品种结实有良好影响** 嫁接后能促进接穗品种树体发育，控制树势，缩短营养期，提早开花结果，并利于提高果品质量，结果期稳产高产。

**2. 对地区气候、土壤条件具有高度适应性** 抗旱、耐涝、抗盐碱、耐瘠薄以及耐受过低或过高温度的能力强。

**3. 具有良好的抗性** 对主要苗圃和土壤病虫害和有较强的抗性，如颈腐病、白粉病、火疫病、棉蚜等。

**4. 与主要接穗品种的嫁接亲和性好** 嫁接口部输导组织能够充分地衔接和愈合，具一定的韧性，在外力作用下不易折断，是基本要求，依据接口大小可以分为不同类型（图6-6）。生产中有一些砧穗组合出现大小脚现象，但不影响生产的情况。

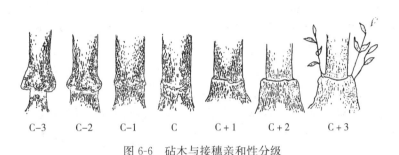

C-3　　C-2　　C-1　　C　　C+1　　C+2　　C+3

图 6-6　砧木与接穗亲和性分级

**5. 对接穗品种无不良的生理影响** 有些砧木嫁接品种后导致接穗品种出现早衰、果实变小、品质下降、树体徒长，甚至出现生理性病害如果肉硬化症、蒂腐病、缩果症、柚子肌等。

**6. 良好的根系** 在浅层中吸收养分能力强，在满足地上部接穗品种生长发育对养分的需要的同时，又不易诱发不必要的徒长；有较强的固地性。

**7. 繁殖容易** 繁殖能力是评价新选育出的梨砧木能否用于生产的关键。如果种子繁殖，种子发芽率要高；如果无性繁殖，其生根能力要强，可采用扦插、压条和组织培养等无性繁殖的方法来进行。要不易感染苗期病害。一般良好的无性系砧木要求容易压条生根，且繁殖率高。

砧木育种现在都是围绕上述所列要求来进行的。实际上，影响某一地区果园生产的关键胁迫因子一般是一种或几种，选育的砧木能够适应或耐受这些关键胁迫因子，就达到了要求。

### （二）现代梨砧木育种目标

**1. 榲桲类砧木** 改善与接穗品种嫁接亲和性，提高耐受冬季低温伤害的能力，适应高 pH 的碱性土壤，增强对树体的矮化作用。

**2. 梨属植物砧木** 改善无性繁殖能力，对接穗品种有良好的矮化作用，有助于树体提早结果，利于提高果实大小和品质。

## 三、砧木育种的途径

梨树砧木育种与普通的果树育种一样是对植物资源的利用和创新，培育出符合生产要求的新品种。一些常规的育种方法也应用于砧木育种中，如杂交育种、选择育种、诱变育种等，但由于注重的选育目标不同，常规果树育种主要以选择丰产性好、果实品质优、树体抗逆性、抗病虫能力强等为主要选育目标，而砧木育种主要选育根系发育良好、与接穗的亲和性好、对地上部接穗生长发育有良好的影响，对土壤适应能力强、抗土壤病虫害能力强等作为主要选育目标。因此，在选育方法上又有其特殊性。

### （一）砧木资源调查收集和评价利用

砧木资源的调查收集和评价利用既是砧木育种的基础，也是育种的主要途径，世界各国极为重视。我国梨属植物资源丰富，在全国各地都分布着被当地用着砧木的一些野生和半野生类型（图6-7）。由于这些资源长期处于自然状态，种内和种间的自然杂交也是难免的，所以使得野生类型更加丰富。但由于这些野生资源主要分布在一些偏僻的山林、人烟罕至的地带，并受地理阻隔以及对资源研究的不足，限制了人们对野生资源的认识和了解。如我国的秦岭山脉、神农架、大巴山区，特别在一些高差大，气候多变的区域，产生变异的可能性增大，也是资源最为丰富的区域，应该引起人们的注意。通过对不同地域野生及半野生梨砧木资源的调查和收集，有望获得不同类型的优良种质材料，经田间试验研究和性状评价，有些类型可直接用作砧木用于生产，或者具有某些特殊性状可用作砧木育种的原始材料。另外，由于受农业栽培地域的扩大，环境变化以及人类活动的影响，一些资源处于濒临灭绝的边缘，应引起重视，及时加以保护。

图 6-7　山西中条山部分野生梨资源
（马春晖提供，2012）

### （二）引种

引种是丰富本地资源、满足生产需要的一个重要途径，包括引入砧木品种类型和砧木育种的原始材料。引入的砧木材料通过砧木的比较试验和区域适应性试验，符合生产要求的可以直接在生产上推广，不符合要求的可以通过杂交育种等途径加以改良。

我国是梨属植物重要起源中心之一，资源较为丰富，不同的资源在抗逆性、抗病及对品种的影响等方面都表现了良好的作用，但缺乏能对接穗品种具有致矮作用的砧木资源。欧美很多国家和地区一直在用榅桲砧木来实现这一要求，并在继续改良榅桲砧木的抗寒性、耐盐碱性和与接穗亲和性等。如前所述，美国、法国、意大利、德国等已从欧洲梨种群和环地中海种群的后代中选出了具有矮化效应的梨属植物砧木。我们可以在引入这些资源进行引种试验的同时，可以将引进资源致矮特性融于对我们本土有良好适应性的本地资源中，创造出符合我国不同地区生态条件的矮化砧木。

### （三）实生选种

与果树品种选育一样，实生选种可以直接从自然实生后代中选择优良类型，经过亲和性、生长势、抗逆性和繁殖性能等试验后，选择符合要求的作为无性系砧木推广。由于是在自然开放的授粉条件下收集的种子，然后进行播种育苗和选择。优点是不需要人工杂交授粉，得到的杂种苗木量大。缺点是杂种后代占地面积大，选种观察工作繁重。世界上一些优良的梨砧木是通过这一方法选出，如 BP 系、K 系、中矮 1 号和中矮 3 号等。

### （四）杂交育种

杂交育种也是砧木育种的重要途径，方法与品种选育相同，但是目标不同。根据育种目标，正确选择选配杂交亲本是杂交育种成功的关键。由于对砧木育种资源研究及性状遗传规律了解的还很少，所以砧木育种亲本选择选配，某种程度上比品种选育的难度更大，砧木育种不仅选用一般品种做亲本，还常常选用抗逆性、抗病性等比较强的野生类型，部分砧木对病原危害敏感性见表 6-6。在杂交方式上，除种内杂交外，种间和属间的远缘杂交更为普遍。欧洲主要以西洋梨和榅桲为主，亚洲主要以杜梨、豆梨、秋子梨、川梨等为主。多数育种项目是基于不同的品种、野生类型和梨属用作砧木的不同种之间的杂交来实现的。如美国的 OHF 系和德国的 Pyrodarf 都是西洋梨品种杂交选出的。除此，西洋梨×野生种、榅桲×榅桲、杜梨×西洋梨、豆梨×西洋梨、秋子梨×西洋梨、秋子梨×秋子梨等也是育种家们常用的杂交组合。美国和加拿大也曾尝试通过榅桲与抗寒的西洋梨杂交来改善榅桲砧木的抗寒性。英国东茂林试验站用南非已经选出的砧木 BP1 再与 Old Home 杂交，选出了一些优系。其中一个优系使接穗生长势比 QA 稍大，尽管果实稍小，但早果性和丰产性好，可以硬枝扦插繁殖，但根蘖繁殖困难。德国从 6 000 个杂种实生苗中选出了 7 个无性系梨砧木。其中用西洋梨品种茄梨与北非种群的朗吉普梨（P. longipe）杂交，选出树势中等强的 Pi-BU1 和中等矮化的 Pi-BU2，二者都容易繁殖。用 P. sinaica 与砂梨（P. pyrufolia）杂交选出了非常矮化，并且容易繁殖的 Pi-BU5。用白梨（P. bretschneideri）与 P. sinaica 杂交，选出了树势中强、繁殖难度中等的 Pi-BU6。这些砧木抗寒性比榅桲好，生长量介于榅桲和实生砧之间，可通过绿枝弥雾扦插和离体培养繁殖。我国选出的中矮 2 号是栽培品种香水梨与巴梨杂交选育出来的。有文献报道日本信州大学从开放授粉的杜梨实生后代中选出了 4 个、从豆梨的实生后代中选出了 6 个梨砧木，表现了较好的绿枝扦插生根能力和对接穗品种的致矮作用。这说明亚洲梨作亲本也有望选出符合育种目标的砧木。

表 6-6 梨砧木对各类危害的相对敏感程度

| 砧木类型 | 伤 害 因 素 | | | | |
|---|---|---|---|---|---|
| | 梨衰退病 | 火疫病 | 抗寒性 | 根癌病 | 缺铁黄化 |
| OHF（OH×Farmingdale） | 0 | 1 | 0 | 1 | 1 |
| 榲桲 | 0 | 3 | 4 | 0 | 3 |
| 巴梨实生苗 | 2 | 4 | 0 | 4 | 1 |
| 冬香（Winter Nellis） | 1 | 4 | 0 | 4 | 1 |
| 故原 OH（Old Home） | 0 | 0 | 0 | 4 | 1 |
| 豆梨 | 2 | 0 | 4 | 0 | 3 |
| 杜梨 | 0 | 0 | 4 | 0 | 1 |

注：0＝不敏感；4＝高敏感。（引自 Stebbins，1995）。

### （五）诱变育种

人为地利用物理的或化学的方法处理植物的细胞、组织、器官、种子或植株，使其产生遗传物质变异，从而提高突变率，扩大突变谱，创造新类型，奠定砧木选育基础。诱变在提高材料的抗逆性、改变树性等方面报道，但是通过该途径获得有价值的砧木的尚未见报道。

### （六）分子标记辅助和基因工程育种

利用分子生物学技术，通过砧木目标性状紧密连锁的 DNA 分子标记来选择后代似乎是最为看好的选择方法，尽管要实现这一点无疑还需要一些时间。但是，如果能够成功地开发出那些有用性状的标记，如矮化、利于接穗丰产、抗病虫、嫁接亲和性等，应用早期选择的技术就能降低砧木育种的时间和花费。当然，选择最后阶段的田间评价还是需要的。另外基因工程育种有助于创新更多的抗性砧木和具有新农艺学性状的砧木类型，如在抗除草剂、抗病毒、抗药性等方面。因此，具有诱人的应用前景，有待进一步加强。

## 四、杂种培育和选择

为了使育成的砧木新品种多方面适应现代梨树生产的需要，必须提高选择强度，加大杂种群体数量。据德国莱布尼茨植物遗传和作物研究所（IPK）报道，从6 000个实生苗中选出了7个无性系砧木，英国东茂林试验站的选育结果也表明，育成一个优良砧木品种的选择率约为0.1%。为此每年必须大量培育优良组合的杂种，显然这是一个相当繁重的任务。为此，除了在性状要求上分清主次和轻重缓急、科学合理选配亲本外，更为有效的办法就是对大量培育的杂种进行有效的选择，特别是要加大嫁接试验前的早期选择。就砧木育种的杂种培育本身而言，与一般品种选育的杂种培育没有什么不同。但由于育种目标和使用的目的不同，杂种培育过程的选择侧重点和方法就有所不同。以矮化砧育种为例，矮化砧不仅要对接穗品种生长势有良好的控制作用和对品质、产量等有良好的影响，还要有良好的固地性和抗病虫、耐盐碱、抗寒、耐涝等能力，而这些能力是可以在早期通过直接的诱发鉴定和相关性测定进行早期选择和淘汰。无性繁殖砧木选择有以下几个方面：

### （一）实生苗选择

主要进行形态学、物候学、生根情况和抗性情况的选择。例如在幼苗期，可通过接种试验观察抗轮纹病、白纹羽、根瘤蚜、棉蚜等病害的抵抗能力，也可结合水培、沙培及给予不同胁迫处理的方法，观察耐缺铁、耐盐碱、耐寒、耐旱等特性。一般在前两年内根据抗性，能淘汰实生苗80％～90％。其余进行矮化性鉴定，淘汰40％左右。矮化性能的早期选择常以根皮率法为主配合电阻法、叶片栅栏组织细胞统计法、叶片气孔密度测定法等。鉴于各种方法均有不同程度的误差，在测定时必须注意取样的代表性和条件的一致性。最好用两种以上的方法相互对比使选择效果更为准确。应同时测定标准营养系砧木相关指标作为制定早期选择标准时参考，如根皮率、气孔密度、枝条电阻等。

### （二）繁殖特性评价

早期选择入选的少量杂种按0.5m的株距移栽到沟距2m左右、深30cm的沟内，按一般无性系砧木压条繁殖法进行繁殖性能的鉴定。包括繁殖能力、抗性和形态学特性观察与评价。同时进行不同繁殖方法的研究，如离体培养、绿枝扦插、硬枝扦插、种子繁殖等。

### （三）嫁接亲和性试验及田间试验

每系繁殖20～50株，将繁殖性能较好的株系作嫁接试验。以当地主栽品种作为共同的接穗品种观察嫁接树的嫁接亲和性、对不良条件的适应性、固地性以及在早实性、产量、品质等经济性状的表现。这些性状的评价与品种选育中主要农业生物学性状和经济性状的评价是相同的。矮化效应除了直接测量植株高度及树冠体积或投影面积外（图6-8），树干横切面积是一个比较好的矮化性能指标。在矮砧育种中，产量与树干横切面积的相对比值是反映单位面积产量高低的常用指标。

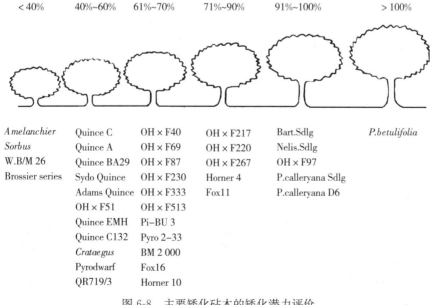

| <40% | 40%~60% | 61%~70% | 71%~90% | 91%~100% | >100% |
|---|---|---|---|---|---|
| *Amelanchier* | Quince C | OH×F40 | OH×F217 | Bart.Sdlg | *P.betulifolia* |
| *Sorbus* | Quince A | OH×F69 | OH×F220 | Nelis.Sdlg | |
| W.B/M 26 | Quince BA29 | OH×F87 | OH×F267 | OH×F97 | |
| Brossier series | Sydo Quince | OH×F230 | Horner 4 | P.calleryana Sdlg | |
| | Adams Quince | OH×F333 | Fox11 | P.calleryana D6 | |
| | OH×F51 | OH×F513 | | | |
| | Quince EMH | Pi–BU 3 | | | |
| | Quince C132 | Pyro 2-33 | | | |
| | *Crataegus* | BM 2 000 | | | |
| | Pyrodwarf | Fox16 | | | |
| | QR719/3 | Horner 10 | | | |

图 6-8　主要矮化砧木的矮化潜力评价

(Elkins，2011)

　　将砧木培育过程中各阶段的选择工作概括如图 6-9。

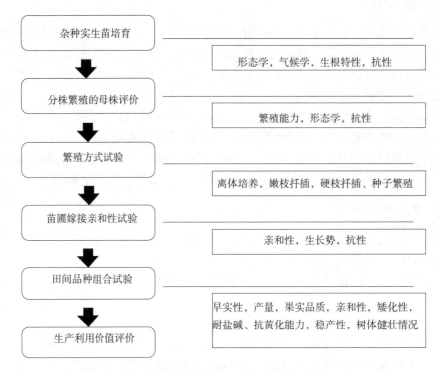

图 6-9　砧木培育过程中各阶段的选择

　　由于砧木选择难度大，资源仍有局限性，世界各国都在积极寻求开展国际合作，我国也面临相似的情况，在矮化和抗病砧木选育上与世界各国存在相同的问题，通过资源交换、技术交流、合作研究等方式，来共同应对产业发展的难题，走国际合作化之路，也是我国砧木研究的未来发展趋势。目前，世界各国开展砧木研究的机构较多（表 6-7），不同国家选择的重点不同，但在资源利用和选种技术上有着共同之处，今后应引进一些国外优异砧木资源，通过与亚洲梨砧木杂交，将优良性状转移到亚洲梨砧木上，培育出适合我国气候条件和栽培特点的砧木类型，以满足产业发展的需要。

表 6-7　世界主要梨砧木育种机构

| 国家 | 单位 | 属·种 | 主要特性 | 砧木 |
| --- | --- | --- | --- | --- |
| 澳大利亚 | 布里斯班 | 西洋梨 | 产量收益 | BM2000 |
| 白俄罗斯 | 白俄罗斯果树研究所 | 西洋梨 | 产量收益 | 实生砧木 |
| 德国 | 德累斯顿果树基因库 | 西洋梨 | 产量收益 | Pi-Bu 系列 |
| 德国 | 盖森海姆研究所 | 西洋梨 | 矮化 | Pyrodwarf, Pyroplus |
| 意大利 | 费拉拉苗木协会 | 西洋梨 | 产量收益 | |
| 意大利 | 博洛尼亚大学 | 西洋梨 | 耐碱性 | Fox 系列 |
| 波兰 | 果树花卉研究所 | 西洋梨 | | Elia，Belia，Doria |
| 波兰 | 华沙农业大学 | 西洋梨 | | GK 系列 |
| 美国 | 俄勒冈州立大学 | 西洋梨 | 产量收益 | Horner 系列 |
| 英国 | 东茂林研究所 | 西洋梨、榅桲 | 产量收益 | 708 系列，C132 |
| 叙利亚 | 大马士革大学 | 叙利亚梨 | | 实生砧木评价 |

（续）

| 国家 | 单位 | 属·种 | 主要特性 | 砧木 |
|---|---|---|---|---|
| 法国 | 法国昂热国家农业研究院 | 梨属种、榅桲 | 耐石灰性土壤 | Pyriam，BA29 |
| 西班牙 | 加泰罗尼亚农业与食品科技研究所 | 梨属种 | 耐石灰性土壤 | 种间杂种 |
| 美国 | 美国农业部 | 梨属种 | 产量收益 | OHF×US 后代选择 |
| 美国 | 华盛顿州立大学 | 梨属种 | 产量收益 | 种质收集 |
| 日本 | 岐阜大学，信州大学 | 豆梨、杜梨 | 矮化 | SPRB、SPRC 系列 |
| 希腊 | 希腊国家农业研究中心果树研究所 | 榅桲 | | |
| 意大利 | 比萨大学 | 榅桲 | 产量收益 | |
| 立陶宛 | 立陶宛园艺研究所（Babtai） | 榅桲 | 低温伤害 | K 系列 |
| 荷兰 | Flueren | 榅桲 | 产量 | Eline |
| 波兰 | 果树花卉研究所 | 榅桲 | 低温伤害 | S-1 |
| 罗马尼亚 | 雅西 | 榅桲 | 产量收益 | |
| 土耳其 | 安卡拉大学 | 榅桲 | | S. O. 系列 |
| 南非 | 爱森堡 | 西洋梨 | 矮化 | BP 系列 |
| 乌克兰 | 乌克兰农业科学院 | 榅桲 | 抗旱，土壤高 pH | K 和 R 系列 |

# 第九节　梨生物技术与分子标记辅助育种

生物技术以生命科学为基础，利用生物体系和工程原理进行生物制品生产和新物种创制的综合性科学技术。梨是以无性繁殖为主的多年生木本植物，生命周期长，遗传上杂合程度高，育种费时、费力、投入高。随着科学技术的快速发展，以植物组织培养、植物细胞工程、植物基因工程和分子标记辅助育种技术为主体的现代植物生物技术在梨上的应用，极大地推动了梨的新种质创制与新品种选育进程，加大了相关科学理论研究的深度。

## 一、茎尖组织培养

### （一）概念和意义

茎尖是茎的先端含有生长点分生组织的部分，是植物体地上部连续扩大的所有细胞的来源。切取这部分组织进行离体培养，使其发育成完整植株的过程，称为茎尖组织培养。包括了生长点分生组织（可少到0.01～0.1mm）培养和带 1 个或几个叶原基的培养。David于 1979 年首次报道了梨茎尖培养并获得了完整植株。随后，分别在西洋梨、白梨、砂梨、秋子梨以及梨的野生梨资源培养上获得成功。

由于茎尖具有较强的分裂和增殖能力，已经基本完成形态建成，遗传稳定性好，只需稍加诱导即可完成植株的再生过程。所以茎尖培养具有取材容易，方法简便，生长速度快，繁殖率高，且不容易产生变异的特点。已经成为梨植物组织培养中最常用的材料之一，主要用于：

**1. 苗木的快速繁殖**　为了保证苗木及将来树体的一致性，采用无性系砧木是梨产业发展的方向。但是梨与苹果不同，除了异属榅桲可以压条繁殖外，梨属植物砧木一般都难以采用这种方式。通过茎尖培养，进行苗木离体快速繁殖是有效方式之一。

**2. 培育无病毒苗木**  世界上已报道的梨病毒有 20 多种，其中苹果褪绿叶斑病毒（*Apple chlorotic leaf spot virus*，ACLSV），苹果茎沟病毒（*Apple stem grooving virus*，ASGV）以及苹果茎豆病毒（*Apple stem pitting virus*，ASPV）是发生较为普遍的。通常情况下，这些病毒混合感染，可引起生长迟缓，产量降低，品质变劣，严重时树势急剧衰弱，以致枯死。梨树病毒主要通过嫁接传染，对于感染病毒病的树体目前尚无有效的治疗方法。防治梨病毒病的根本途径就是栽培无病毒苗木。所以通过茎尖培养以及结合热处理等方法可以有效地脱除植物体内病毒，这对无病毒苗木（无病毒砧木和无病毒品种）培育具有十分重要的意义。

**3. 种质资源保存和交换**  梨是多年生木本植物，种植方式的资源保存需要大量的土地、人力和物力。利用茎尖组织培养，可以进行试管保存，这样在有限的空间内可保存大量的材料，并且也方便交流。结合梨茎尖的超低温保存，开辟了资源保存的一种新方法。

**4. 促进育种工作的开展**  梨茎尖组织培养过程中一般突变率很低，但是可以与辐射诱变和化学诱变育种相结合，利用离体培养利于突变体筛选的优势，提高育种效率。

**5. 基础研究**  离体培养的条件易于控制，所以为梨的一些生长发育理论的研究提供了良好的研究体系。

## （二）茎尖组织培养的方法

**1. 无菌培养体系建立**  主要是为获得无菌外植体，控制达到无菌条件，以利于植物材料生长，获得愈伤组织或器官，这是整个培养中至关重要的一步。

（1）材料的选择  理论上在新梢生长的整个时期均可取材，但常以春季取材培养容易成功。一般在早春从健康植株上选取芽发育良好无病虫害的一年生枝，用自来水冲洗掉污物，室内水培，待芽苞萌动后剥取顶芽或腋芽，去掉外面的大叶，再进行取材和消毒灭菌，这样可以降低材料的带菌率。

（2）消毒处理  在超净工作台上先用 75% 的酒精浸渍 0.5～1min→0.1% 升汞或 10% 次氯酸钠＋0.1% 吐温 20 消毒 3～10min→无菌水漂洗数次，待用。

（3）茎尖剥离与接种  在解剖镜下，将材料置于无菌培养皿内，剥去幼叶，露出锥形体，切出 0.3～0.5mm 的茎尖，带 1～2 个叶原基，接种至已灭菌的培养基上。

如果是用于快速繁殖，可以适当增加茎尖的大小，直接将梢端外面较大的幼叶去掉，留 2～3 个包被很紧的小幼叶在基部切下，消毒后不再剥离，直接接种。

一般来说，带有叶原基的茎尖比较容易进行培养，且成苗速度较快，但是如果进行脱毒培养的话，则茎尖越小脱毒效果越好，如 0.1mm 以下的生长点。但茎尖太小不易成活，且成苗所需要的时间长，所以在实际应用中则根据培养的目的确定茎尖取材的大小。

梨的茎尖组织在切割后也容易发生氧化褐变而影响到随后的培养效率，为此，也可配制一定浓度（10～20mg/L）的维生素 C 溶液，将切下的茎尖材料立即浸入保存（10～15min）或采用在培养基中加入一定量的抗氧化剂和多酚氧化酶抑制剂，如偏二亚硫酸钠、L-半胱氨酸、维生素C、柠檬酸、二硫苏糖醇等抗氧化剂都可以与氧化产物醌发生作用，使其重新还原为酚。或加入吸附剂活性炭和聚乙烯吡咯烷酮（PVP）。活性炭是一种吸附性较强的没有选择性的无机吸附剂，能吸附培养基中的有害物质。PVP是酚类物质的专一性吸附剂，在生化制备中常用作酚类物质和细胞器的保护剂，可用于防止褐变。

（4）培养条件　梨的茎尖培养常用的培养基与通常组织培养所用的培养基相仿，如MS，White等。并根据不同种类或品种的特性添加附加物，包括不同种类和浓度的植物生长调节剂。一般每天光照12h，温度（25±2）℃的培养室进行培养。经过2～3周培养，便可建立起无菌培养材料体系，供进一步试验用。

**2. 增殖培养**　目的是使初代培养获得材料，在适宜的基本培养基与生长调节剂种类、浓度的配合下，短时间内迅速增殖，多次反复继代培养，以达到大量繁殖的目的。

**3. 壮苗培养**　在梨增殖的继代培养过程中，较高浓度的细胞分裂素利于芽的增殖。但伴随着增殖系数的提高，增殖的芽往往出现生长势减弱，不定芽短小、细弱，无法进行生根培养的现象；即使能够生根，移栽成活率也不高，必须经过壮苗培养。壮苗培养时，可将生长较好的芽分成单株培养，而将一些尚未成型的芽分成几个芽丛培养。对于壮苗培养要适当降低细胞分裂素浓度，提高生长素比例，以利于形成壮苗。一般将有效增殖系数控制在3.0～5.0，以实现增殖和壮苗的双重目的。

**4. 生根培养**　将成丛的试管苗分离成单苗，转接到生根培养基上，诱导生根。生根以不定根比较粗壮，且有较多的毛细根为好，移栽成活高。一般生根培养要适当降低培养基中无机盐和蔗糖浓度（常采用1/2MS或改良White基本培养基）、添加适当浓度的生长素（IBA或NAA0.1～0.5mg/L）和吸附剂（活性炭、间苯三酚等）、减少琼脂用量、增强光照等，以利于减少试管苗对异养条件的依赖。

对生长良好的无根试管苗，也可以用一定浓度生长素或生根粉直接浸蘸处理后栽入疏松透气的基质中使其生根。

# 二、叶片组织培养

## （一）叶片组织培养概念和意义

梨叶片组织培养是以叶片为外植体进行离体培养并获得再生植株的过程。梨叶片组织培养起步较晚，始于1988年Laimer等用西洋梨康佛伦斯试管苗叶片培养获得的初步成功，随后相继在很多品种、砧木上有了叶片诱导不定芽成功的报道。叶片培养植株再生有三种途径：一是直接形成胚状体；二是诱导形成不定芽或不定根；三是先脱分化形成愈伤组织，经愈伤组织再分化形成不定芽或不定根。

梨叶片组织培养具有材料来源广泛，数量大，容易培养，生成的愈伤组织完整，数量多，较迅速等特点。在形态建成等理论问题研究、体细胞诱变育种、变异体筛选、嵌合体分离以及基因的遗传转化等方面得到广泛应用。在梨育种中主要用途有两点：

**1. 体细胞诱变育种**　对离体培养的叶片进行辐照或化学药剂诱变处理，通过对产生的不定芽的进一步筛选，获得优异突变体。李晓刚等以豆梨为试材，认为适宜叶片辐射诱变的辐照剂量为20～30Gy。孙清荣等将西洋梨品种丰产、绿安久试管苗的幼叶，切伤后在0.4%的秋水仙碱溶液中浸泡18～48h，得到了三倍体、四倍体和混倍体。

**2. 叶片再生体系在基因工程育种中的应用**  根癌农杆菌介导遗传转化已成为梨基因工程育种基因转移的一个有效的途径,其中叶圆盘法由于能避免对原生质体的繁琐操作而成为目前转基因技术中最常用的方法,目前已经在多种梨上获得成功,如西洋梨中的宝斯克、康佛伦斯,白梨中的砀山酥梨、鸭梨,砂梨中的丰水、黄金、翠冠、雪青、西子绿以及秋子梨(山梨)、豆梨和杜梨等均已获得转基因植株。

### (二)叶片组织培养的方法

**1. 材料选择及灭菌**  选择健壮洁净的植株,取其幼嫩叶片,冲洗干净。灭菌方法参考茎尖组织培养。一般多采用无菌试管苗的叶片,这样更利于培养成功。试验表明以增殖培养 30d 左右试管苗中上部展开的幼嫩叶片诱导再生率高。

**2. 接种培养**  将叶片(带叶柄或不带)垂直叶片中脉横切伤 2~3 刀,叶背面向下接种到培养基上。接种后先暗培养 2~3 周后再移至光下培养利于再生。培养材料的基因型、培养基、植物生长调节剂、碳源和氮源等影响叶片不定芽的形成。常用的基本培养基有 MS、1/2MS、NN69、WPM、CL、B5 等,其中以 NN69 效果较好。常用的细胞分裂素类生长调节剂除 BA、iPA 等外,在有些品种上 TDZ(噻重氮苯基脲)更适于诱导不定芽。常用的生长素西洋梨以 NAA 为多,东方梨则以 IBA、IAA 为主。一般常用的碳源为 3%~5%蔗糖,有研究表明山梨醇替代蔗糖效果更好。另外,在培养基中添加适当浓度 $AgNO_3$(一般用 0.1%~2%),能明显促进不定芽的分化。

### (三)叶片组织培养在梨育种中的应用

由于叶片再生体系的稳定性好、再生效率高、重复性好,对农杆菌敏感,易受感染等特点,目前叶片组织培养主要用作遗传转化研究。同时,利用叶片组织培养进行相关的基础理论研究,也具有重要意义。

## 三、花粉花药培养

### (一)概念和意义

花药培养是以成熟或未成熟的花药为外植体,通过离体培养,使其进一步生长发育成单倍体细胞或植株的技术。花粉培养是把花粉从花药中分离出来,以单个花粉粒作为外植体进行离体培养的技术。花粉培养可以避免花药壁产生的体细胞愈伤组织的干扰,直接观察小孢子的发育过程。但是,实践表明,小孢子的启动发育对药壁组织有相当大的依赖关系。目前对小孢子启动和进一步发育的机理和条件了解不多,花粉培养难度较大,更多地采用花药培养。

花粉、花药培养的主要目的是诱导花粉发育形成单倍体细胞组织或者单倍体植株,理论上可以快速地获得纯系,缩短育种周期。同时获得的单倍体植株只有成对染色体中的一套,不存在显隐关系,有利于隐性突变体筛选,提高选择效率。另外花粉原生质体为良好的遗传受体,使目的基因易于表达,又不会有嵌合体的干扰;花粉原生质体与二倍体细胞融合,成为体-配杂种。此外,利用花培技术进行相关的基础理论研究,也具有重要意义。

　　早在 20 世纪 60 年代人们就尝试花粉培养，但仅获得愈伤组织。直到 1974 年 Nitsch 等首次报道培养曼陀罗和烟草游离花粉粒获得再生植株。目前花粉花药培养已成为植物单倍体诱导的主要技术。但对于梨花粉植株诱导成功的案例仍然不多。薛光荣（1996）、刘淑芳等（2010）通过诱导胚状体发生途径获分别获得锦丰、七月酥的花粉植株。Kadota 等（2002）曾报道，由砂梨 Shinko 的花药培养获得花粉胚状体再生的不定梢，但未见到进一步的生长。在其后的研究中获得了三倍体植株而不是单倍体。

### （二）花药培养的方法

　　**1. 取材**　花药培养材料的选择，关键在于选取花粉处于合适发育期的花药，离体培养后才能启动花粉发育。实践表明，从减数分裂期至双核期的花药，均有可能诱导离体孤雄发育。对于梨，一般认为成功率最高的时期为单核期，或单核中晚期。

　　**2. 材料预处理**　通常选取花粉发育期合适的花蕾，进行低温（3～5℃，处理 3～10d）、变温、辅照、黑暗、高温、生长素等处理，常对花粉培养有促进作用，可以提高花粉的诱导率。

　　**3. 材料表面灭菌**　经过预处理的花蕾，可参照茎尖培养的方法进行外植体灭菌，因有花瓣、萼片的包被，可适当延长灭菌时间。对于大的花蕾可将萼片剥掉后在灭菌。

　　**4. 接种培养**　取消毒后的花蕾，在无菌条件下，用镊子剥去花瓣，取花药均匀接种（平放）于培养基上或悬浮于液体培养基上，并剔除花丝、瘪粒花药和镊子夹伤的花药等，每个试管可接种 20～30 枚花药。

　　花药培养一般先诱导形成愈伤组织，愈伤组织经过再分化形成不定芽或胚状体，然后发育成植株。

　　花药培养方式有固体培养和液体培养两种。常用的培养基有 MS、N6 和马铃薯培养基等。蔗糖浓度比一般培养基略有提高，浓度为5%～10%，并附加不同种类和一定浓度的植物生长调节剂。固体培养基的琼脂用量0.6%～0.8%。液体漂浮培养有时加入水溶性聚蔗糖（Ficoll）效果可能更好。

　　基因型、花粉的发育时期、花药的生理状态、低温等不同因素预处理、培养基组成及生长调节剂的种类、浓度、配比等都能影响花粉植株的诱导。

## 四、原生质体培养与融合

### （一）概念和意义

　　植物的原生质体是去掉细胞壁的由质膜包裹着的具有生活力的裸细胞，它是一种优越的单细胞体系。通过原生质培养可以实现体细胞杂交，获得体细胞杂种。同时原生质体可作为理想的转基因受体系进行各种遗传操作的研究。除此，可用于诸如植物细胞骨架、细胞壁的形成与功能、细胞膜的结构与功能、细胞核与细胞质相互关系以及细胞器的结构与功能、细胞分化与脱分化、植物生长物质的作用、植物代谢等理论问题的研究。

　　Ochatt 及其团队在 20 世纪 90 年代前后在梨原生质体培养方面做了大量的工作。1986 年 Ochatt 和 Caso 年首先在野生西洋梨（*P. communis* var. Pyraster）获得原生质体再生植株，之后（1988），由西洋梨品种康佛伦斯胚性愈伤分离得到大量原生质体，进一步培养形成愈伤组织并生根，由威廉姆斯无菌苗获得原生质体，进一步培养获得植株。1989 年获得野生西洋梨（*P. communis* var. Pyraster）与李属樱桃砧木 Colt（*Prunus avium × pseudocerasus*）的体细胞杂交杂种，首次实现了蔷薇亚科和李亚科两个不同亚科之间的原生质体融合，并将杂种植株移植于田间。1992 年又从两个西洋梨品种 Passe Crassane 和 Old Home 叶肉细胞原生质体培养获得再生植株，其田间表现与母株性状一致。

### （二）原生质体的分离与培养

**1. 原生质体的分离** 获得大量高质量的原生质体是原生质体培养的前提，原生质体分离的方法很多，但应用最多的是酶解法。

（1）外植体的选择与预处理 虽然理论上几乎所有的活的器官和组织均用于原生质体的分离，如叶片、愈伤组织、茎尖、下胚轴、根、花粉、悬浮细胞等，但以叶片的效果最好，可以从中一次分离出大量均匀一致的细胞。一般在取叶前要对母体做干旱处理，使叶片发生轻度质壁分离，这样效果更好。除此，黑暗处理、低温处理等也是常用的预处理的方法。

（2）取材 叶片可以取自田间生长的植株，也可以取自试管苗，以后者为好，因省去了外植体灭菌的过程。取材试管苗叶片一般要求充分展开时较好。

（3）酶液的选择与酶解 植物细胞壁主要由纤维素（25%～50%）、半纤维素（53%）和果胶质（5%）等组成，纤维素和半纤维素主要组成细胞壁的初生结构和次生结构，果胶质为连接细胞中胶层的主要成分。所以根据细胞壁和中胶层的组成，用于细胞原生质体分离的酶有纤维素酶（cellulase）、半纤维素酶（hemicellulase）和果胶酶（pectase）。

纤维素酶用于降解植物细胞壁中的纤维素，Cellulase Onozuke R-10 是一种常用的纤维素酶。除此，还有 Cellulase Onozuke RS，其活性为 Cellulase Onozuke R-10 活性的 10 倍左右，对原生质体毒性较大。

果胶酶主要用于降解植物细胞之间的果胶质。常用的有离析软化酶（Pectolyase Y-23）和离析酶（macerozyme）。Pectolyase Y-23 的活性较高，常用浓度为 0.1%～0.5%；macerozyme 的活性稍低，常用浓度为 1%～5%。

半纤维素酶用于降解植物细胞壁中的半纤维素，常用的有 Rhozyme HP-150。

另外还有崩溃酶（Driselase），该酶是一种粗制酶，主要含有纤维素酶和果胶酶，同时还混有蛋白酶和核酸酶。蜗牛酶，是从蜗牛中提取的一种混合酶，含纤维素酶、果胶酶、淀粉酶、蛋白酶等 20 多种酶。在使用这些酶时要特别注意使用浓度和处理时间。

用叶片分离原生质体现在多采用"一步法"，即同时加入果胶酶和纤维素酶等，使原生质体游离出来。这样有可能获得大量质量较一致的原生质体。所以上述几种酶的合理搭配是酶混合液配制的关键。

为了提高酶解的效率或增加原生质体的活力，在配制酶液时通常加入一些化学物质如：$CaCl_2 \cdot 2H_2O$、$KH_2PO_4$ 或葡聚糖硫酸钾有利于提高细胞膜的稳定性和原生质体的活力。加入牛血清蛋白（BSA）能够减少酶解过程中细胞器的损伤。同时，还要加入一定浓度的渗透压稳定剂，如甘露醇、山梨醇、葡萄糖等，主要作用是保护原生质体，防止裸露的原生质体在内外渗透压不同的情况下破裂。糖醇不易被原生质体吸收，当后来细胞壁重新形成、细胞分裂形成小细胞团时，必须降低糖醇浓度，以免妨碍细胞增殖和生长。

调节酶液 pH 在 5.6～5.8，过高或过低均不适于原生质体分离。酶液配好后，不可高温灭菌，要采用微孔过滤器灭菌。一般先用 0.45μm 的滤膜过滤一遍，再用 0.22μm 的滤膜再过滤一次，保证能够将细菌全部滤去。

酶解一般在 25℃ 左右的温度下进行。酶解过程尽量避光，尤其是强光照。酶解的时间要尽可能的短，一般不超过 24h，如果原生质体在酶液中的时间过长，会对其活力和以后的形态发生不利。

（4）原生质体的收集与纯化　经酶解后，得到的混合物除原生质体外，还包括未酶解的组织、酶解不彻底的多细胞团以及细胞碎片等，这些不需要的材料需及时去除，才能进行后续培养。可以分三步进行：首先让混合液直接通过双层不锈钢网过滤，孔径分别是 400 目和 200 目去除较大杂质，收集滤液；然后洗涤，即将收集的滤液低速离心，去掉上清液，再加入无酶培养基（常用 CPW 盐溶液）悬起原生质体，再离心，再去掉上清液，重复几次即可；第三步采用上浮法或下沉法进行纯化，其原理是利用原生质体和其他组分的比重不同进行分离纯化。上浮法是将酶解的原生质体与蔗糖溶液（23%～25%）混合，然后 100xg 下离心 5～10min。下沉法是将原生质体与 13% 甘露醇混合，然后加到蔗糖溶液（23%～25%）顶部，100xg 下离心 5～10min。两种方法都会在蔗糖溶液顶部形成一条原生质体带，用吸管吸出，用培养基悬浮后，稀释到 $10^4$～$10^5$/ml 后，用于培养。

（5）原生质体的活力测定　原生质体培养前通常要进行活力检查，以便了解其状态是否正常，测定原生质体活力的方法主要有：

①形态学观察法。在显微镜下观察原生质体的形态和胞质环流。

②荧光素双醋酸酯（FDA）法。FDA 本身没用极性，无荧光，可以穿过细胞膜自由进入细胞，在细胞中不能积累。在活细胞中，FDA 经酯酶分解为荧光素，不能自由进出细胞膜，从而在细胞中积累，在紫外线照射下，发出绿色荧光，而死细胞，则不会发出绿色荧光。

③伊凡蓝法。伊凡蓝不能穿过质膜，只有质膜受到严重损伤时，细胞才能被染色，因而可以通过细胞被染色与否确定活性。凡染蓝色的细胞是不具有活力的细胞。

**2. 原生质体的培养与再生**

（1）原生质体的培养方法　常用原生质体的培养方法有液体浅层培养、固体培养和固液双层培养（表 6-8）。固体培养常用琼脂糖作凝固剂，一般选择纯低熔点琼脂糖，把原生质体直接包埋在琼脂糖中。液体浅层培养是在原生质体纯化后，悬浮于液体培养基中，再取少许在培养皿底部形成很薄的一层，封口进行培养。固液双层培养是结合液体浅层培养和固体培养的优点，在培养皿底部先铺一层固体培养基，待凝固后再在其上进行液体浅层培养。在原生质体培养的时候还要注意植板效率，防止植板效率过低或过高抑制再生。原生质体培养常用的培养基有 MS 培养基、NT 培养基和 B5 培养基等。

表 6-8 常用原生质体培养方法比较

| 培养方法 | 操作要点 | 优 点 | 缺 点 |
|---|---|---|---|
| 固体培养 | 将原生质体包埋在低熔点琼脂糖中进行培养 | 可以定点观察；减少了原生质体自身代谢的毒害；低熔点琼脂糖对原生质体分裂和再生具有促进作用 | 操作复杂，原生质体不易混合均匀 |
| 液体浅层培养 | 将含有原生质体的液体培养基在培养皿底部铺一薄层进行培养 | 操作简单，可添加新鲜培养液 | 原生质体易粘连；难以定点观察；原生质体自身释放有毒物质影响其再生 |
| 固液双层培养 | 下层为固体培养基，上层为液体浅层培养 | 减少了原生质体自身代谢的毒害 | 难以定点观察 |

（2）原生质体的再生 原生质体再生包括细胞壁的再生、细胞分裂、多细胞团和愈伤组织的形成。愈伤组织形成后即可通过胚胎发生途径或器官发生途径形成完整植株。在整个再生过程中，细胞壁形成是整个再生的关键。一般当原生质体分化成为肉眼可见的细胞团后，需要进行降压培养，便于其进一步的分裂。等到愈伤组织足够多时，则需要转移至不含渗透调节剂的培养基上或直接诱导植株再生，愈伤组织形成后期的培养可以参考普通愈伤组织的再生培养。

### （三）原生质体融合

原生质体融合（protoplast fusion）也称细胞融合、体细胞杂交、体细胞融合等，是指不同种类的原生质体不经过有性阶段，在一定条件下直接诱导融合成为杂种细胞的过程。通常用"a+b"表示，a 和 b 代表亲本，"＋"表示体细胞杂交。

**1. 原生质体融合方法**

原生质体融合分自发融合和诱导融合两类，由于原生质体质膜表面带有负电荷，所以它们彼此之间通常相互排斥，保持一定的距离，自然融合频率极低。因而，必须采用一定的方法加以诱导，以促进原生质体的融合。虽然诱导融合的方法有多种，目前广泛使用的方法是 PEG 法和电融合方法。

（1）PEG 法 PEG（polyethylene glycol）即聚乙二醇，是一种水溶性的高分子多聚体。PEG 诱导的融合属于化学融合法，Kao 等认为，由于 PEG 分子具有轻微的负极性，故可以与具有正极性基团的水、蛋白质和碳水化合物等形成 H 键，从而在原生质体之间形成分子桥，其结果是使原生质体发生粘连进而促使原生质体凝聚；在洗脱过程中，PEG 将被洗掉，导致质膜表面电荷重排。粘连的质膜大面积紧密相连，电荷的重排导致一个原生质体的负性电荷部位与另一原生质体的正性电荷部位相连而导致融合。另外，PEG 能增加类脂膜的流动性，也使原生质体的核、细胞器发生融合成为可能。

采用 PEG 处理原生质体，能使融合频率得到很大的提高，由于 PEG 法不受融合细胞类型的限制，融合子产生的异核率较高；操作较为简单，成本低，无须特殊设备，在一般实验室即可开展，而且效果较为稳定，因此是诱导原生质体融合最为常用的方法之一。但缺点是融合过程繁琐以及 PEG 可能对细胞有毒害作用。

（2）电融合 Senda 在 1979 年首先利用此方法实现原生质体融合。电融合仪中有一个融合室，小室两端装有电极，一定密度的原生质体悬浮液置于其中。在不均匀交变电场的作用下，使原生质体极化而产生偶极子，彼此靠近、接触，排成一条链，再给予一个点脉冲，使原生质膜发生可逆性电击穿，从而导致融合。

电融合技术操作简便，融合效率高，也不存在化学物质对细胞的毒害作用，但需要电融合仪。

**2. 原生质融合方式**

（1）对称融合　也称为标准化融合，是亲本原生质体在融合前未进行任何处理就进行融合，即两个完整的细胞原生质体融合。目前，开展的融合试验中绝大部分是对称融合，且该融合方式在获得农艺性状互补的体细胞杂种方面具有一定的优势。

（2）非对称融合　利用物理或化学方法使某亲本的核或细胞质失活后再进行融合。例如用 X 射线、γ 射线等辐照某一细胞原生质体使核失活，或选用使细胞核失活化学试剂碘乙酰胺（IOA）、碘乙酸（Iodoacetate）等或使细胞质失活的有罗丹明处理。然后再和另一个未处理的原生质体（受体）进行融合，从而实现有限基因的转移，在保留亲本（受体）全部优良性状的同时来改良其某个不良性状。

（3）配子-体细胞融合　即用花粉原生质体与二倍体体细胞融合，可以直接获得三倍体杂种细胞。

（4）亚原生质体-原生质体融合　亚原生质体主要包括

①小原生质体　具备完整细胞核但只含有部分细胞质；

②胞质体　无细胞核，只有细胞质；

③微小原生质体　只有一条或几条染色体的原生质体。

目前，用得最多的是胞质体和微小原生质体。

**3. 体细胞杂种的筛选与鉴定**

（1）融合体的筛选　所有的融合方法都是以群体融合为主，主要包括异源融合子、同源融合子、亲本细胞等，由于融合频率较低，发生融合的异质体数量有限，因此必须进行体细胞杂种的筛选和鉴定。

①互补选择法　即两次不同培养条件的培养，第一次培养条件只适合于甲亲本而不适合乙亲本，一段时间后，生存下来的只有未经融合的甲亲本、甲甲融合的产物和甲乙融合产物。第二次培养条件，只适合乙亲本原生质体生长，这样两次培养之后，能存活下来的只有具甲乙亲本基因并得到互补的杂种细胞。常用的一种是遗传互补筛选法，利用每一亲本贡献一个功能正常等位基因，纠正另一亲本的缺陷，令杂种细胞表现正常。如叶绿体缺陷型、光致死型等。另一种是抗性互补筛选法，利用亲本细胞原生质体对抗生素、除草剂及其他有毒物质抗性差异选择杂种细胞。

②荧光染料法　即两个亲本原生质体在融合前用不同颜色荧光的荧光染料进行染色或用荧光基因标记。这样细胞分类器辨别和收集发两种荧光的异核体，确定融合子。如用异硫氰酸荧光素（FITC）和异硫氰酸罗丹明（RITC）分别发出绿色和红色进行标记。

（2）杂种植株的鉴定

①形态学鉴定　体细胞杂种的形态特征主要有两种表现，一种是居于双亲之间；另一种是与亲本之一相同，这在细胞质杂种或非对称杂种中较为常见。此外，对称融合的体细胞杂种一般是多倍体，具有多倍体的某些特征，如叶片大、厚，颜色较深，气孔大而稀等。

②细胞学鉴定　主要是通过染色体数目、形态观察来分析。在对称融合中体细胞杂种

的染色体数目一般是双亲之和。可通过常规的压片法和去壁低渗火焰干燥法，进行制片观察。现在更为方便的是利用细胞流式仪快速进行细胞倍性分析，该法快速、简便，试材来源广。

③遗传标记检测　主要是利用同工酶检测和分子标记技术进行检测。常用的分子标记主要有 RAPD、RFLP、AFLP、SSR、CAPS、ISSR 等。标记杂种带型主要包括：相加性带型，即再生植株为双亲电泳谱带之和；单亲本带型，即再生植株在某些酶（引物、探针）的带型图上具有一个亲本的特异带，而在其他酶（引物、探针）的带型图上具有另一个亲本的特异带，结合起来才能看出杂种特性；在一个酶（引物、探针）的带型图上能看到融合双亲的特异带，但还出现了新的带或发生了带的丢失。

④原位杂交法（in situ hybridization，ISH）　利用标记探针与组织、细胞或染色体的 DNA 进行杂交，对细胞中的待测核酸进行定性、定位或相对定量分析。当进行原位杂交时，双链 DNA 分子经过高温变性处理后解链成两条单链，当温度下降后又会复性，即单链会按照碱基互补配对的原则，重新形成氢键，恢复到原来的结构。如果两条单链的来源不同，只要它们之间的碱基序列是同源互补或部分同源互补的，就可以全部或部分复性，产生分子杂交。常用的有基因组原位杂交技术（genomic in situ hybridization，GISH）和荧光原位杂交技术（fluorecence in situ hybridization，FISH）。

## 五、分子标记辅助育种

### （一）分子标记种类及特点

分子标记以直接检测 DNA 碱基序列的差异为基础的遗传标记，又叫 DNA 分子标记。是借助于目标基因紧密连锁的遗传标记进行基因型分析，鉴定分离群体中含有目标基因的个体，以提高选择的效率，即采用标记辅助选择手段，减少育种过程中的盲目性，从而加速育种的进程。与以往在遗传育种中常用的形态学、细胞学和生化标记相比，分子标记具有以下的特点：①直接以 DNA 的形式表现，在植物的各个组织、各发育时期均可检测到，不受季节、环境的影响，不存在是否表达的问题；②数量极多，遍及整个基因组，检测座位几乎无限；③多态性高，自然存在着许多等位变异，不需专门创造特殊的遗传材料；④表现为中性，不影响目标性状的表达；⑤许多标记为共显性，能够鉴别出纯合基因型与杂合基因型，提供完整的遗传信息等。

虽然 DNA 分子标记是在 20 世纪 80 年代后兴起的，由于分子标记所具有的上述优异特征奠定了它具有广泛应用的基础，所以 DNA 分子标记从它诞生之日起，就引起了生物学家的极大兴趣，在短暂的十几年间，经历了迅猛的发展。目前，DNA 标记已广泛地应用于种质研究、遗传图谱构建、目的基因定位和分子辅助选择等各个方面。DNA 分子标记的种类繁多，但依其使用的分子生物学技术，大致可分为四大类：①基于分子杂交的分子标记，这类标记利用限制性内切酶酶切及凝胶电泳，分离不同生物体的 DNA 分子，然后用特异探针进行杂交，通过放射性自显影或非同位素显色技术揭示 DNA 的多态性，如限制性片段长度多态性（restriction fragment length polymorphism，RFLP）、小卫星 DNA（Minisatellite DNA）技术等。②基于 PCR 技术的分子标记，如随机扩增多态性 DNA（random amplified polymorphic DNA，RAPD）、简单重复序列（simple sequence repeat，SSR)、序列特异性扩增区（sequence characterized amplified region，SCAR）、序列标志位点（sequence tagged sites，STS）等标记。③基于限制性酶切和 PCR 技术的 DNA 标记，如扩增片段长度多态性（amplified fragment length polymorphism，AFLP）、酶切扩增多态性序列（cleaved amplified polymorphism sequences，CAPS）标记等。④基于 DNA 芯片技术的分子标记技术，如核苷酸多态性（single nucleotide polymorphism，SNP）标记等。

在众多的分子标记中，目前在梨上应用较多的主要是 RAPD、SSR、EST-SSR、AFLP、SRAP 等，随着梨基因组测序工作的完成、测序技术的快速发展和成本降低，基于测序技术的 SNP 标记开发和应用将是未来的一个重要发展方向。在实际分子标记应用中，往往单独的一种或一个标记并不能很好揭示个体的 DNA 遗传组成，常常需要综合运用各种标记技术，表 6-9 给出了常用的分子标记及其特点，以便应用时参考。

表 6-9 常见分子标记技术特点

| 分子标记 | RFLP | RAPD | SSR | ISSR | AFLP | EST | SNP |
|---|---|---|---|---|---|---|---|
| 遗传特点 | 共显性 | 显性 | 共显性 | 共显性/显性 | 共显性/显性 | 共显性 | 共显性 |
| 标记分布 | 低/低拷贝去 | 整个基因组 | 整个基因组 | 整个基因组 | 整个基因组 | 功能基因区 | 整个基因组 |
| 检测座位数 | 1～3 | 1～10 | 多数为 1 | 1～10 | 20～200 | 2 | 2 |
| 多态性 | 中等 | 较高 | 高 | 较高 | 较高 | 高 | 高 |
| 技术难度 | 高 | 低 | 低 | 低 | 中等 | 高 | 高 |
| 检测技术 | 杂交 | PCR | PCR/杂交 | PCR | PCR | PCR/芯片 | PCR/芯片 |
| 同位素 | 常用 | 不用 | 可不用 | 不用 | 可不用 | 不用 | 不用 |
| DNA 质量 | 高 | 低 | 中等 | 低 | 高 | 高 | 高 |
| DNA 用量 | 5～10μg | 1～100ng | 50～120ng | 25～50ng | 1～200ng | 1～100ng | ≥50ng |
| 引物/探针 | 低拷贝特异探针 | 9～10mer 随机引物 | 14～16mer 随机引物 | 16～18mer 随机引物 | 16～20mer 随机引物 | 24mer 寡聚核苷酸引物 | AS-PCR 引物 |
| 可靠性 | 高 | 低 | 高 | 高 | 高 | 高 | 高 |
| 耗时 | 多 | 少 | 少 | 少 | 中等 | 多 | 多 |
| 成本 | 高 | 低 | 中等 | 低 | 较高 | 高 | 高 |

注：引自周延清（2005）《DNA 分子标记技术在植物研究中的应用》。

## （二）分子标记在梨育种中的应用

**1. 遗传连锁图谱的构建**　遗传图谱又称为遗传连锁图谱（genetic linkage map），是指通过遗传重组所得到的基因在染色体上的线性排列图（刘树兵等，1999）。由于梨具有结果周期长，大多数自交不亲和，杂合性高，经济性状多数为多基因控制的数量性状等特点，为梨的育种增加了难度，农艺性状分子标记的研究和应用是有望成为解决这些问题的有效途径，而高密度分子遗传图谱的构建又是开展分子标记研究的基础。梨分子遗传连锁图谱的构建始于 21 世纪初，目前国内外研究者已完成了多个图谱的构建工作。

（1）遗传图谱的作图策略　梨树遗传高度杂合，且大多数自交不亲和，因此，很难获得纯系，也难以获得高世代群体构建遗传图谱。梨分子遗传连锁图谱的构建得益于 Weeden 和 Hemmat 等（1994）提出的"双假侧交"理论。由于梨树经过长期人工选择进化并多采用无性繁殖方式，育种的杂交亲本均保持了高度的杂合性，其某些基因型在 F₁代出现 1：1 的分离比例，即一些位点在一亲本中为杂合，而在另一亲本中为纯合，将这些位点利用回交群体模型进行图谱构建,从而得到双亲的两张图谱。这与侧交效果相一致,但因亲本之一并非纯合隐性,且与侧交有着本质不同,因而定名为"假侧交","双"的意思是双亲均为杂合体,这样的双亲相互杂交,后代的遗传表现与侧交试验表现相似。然而,该理论的遗憾是只能利用 $F_1$ 群体的 1:1 分离位点分别构建双亲连锁图,对于大量的 3:1 分离标记,由于不能直接确定分离个体的基因型而无法进行遗传连锁分析,这在一定程度上为充分利用 $F_1$ 群体构建图谱造成了困难。Stam 等(1995)根据"双假侧交"理论在软件 Joinmap version 2.0 中增加了 CP(cross pollinators)作图模型。CP 是由两个杂合基因型或一个杂合基因型与一个纯合基因型二倍体亲本杂交产生的一类群体,是一种适合用于异交果树及林木的 $F_1$ 群体构建高密度图谱的作图模型,CP 模型的提出是这一问题得以解决。目前基于"双假侧交"理论及 CP 模型的作图软件被广泛地应用于包括梨在内的果树遗传图谱的构建。

(2)国内外图谱构建的研究进展 梨分子遗传图谱的研究在果树中相对较晚。Iketani 等(2001)以日本梨品种巾着(Kinchaku)和幸水的 $F_1$ 代杂交群体共 82 株为作图群体,应用 RAPD 标记构建了第一张梨分子遗传图谱,构建的巾着图谱有 120 个 RAPD 标记,包括 18 个连锁群,遗传距离为 768cM;而幸水图谱有 78 个 RAPD 标记,包括 22 个连锁群,遗传距离为 508cM,两张图谱的标记平均间距为 4.2cM。Yamamoto 等(2002)利用 63 株 $F_1$ 代实生苗构建了梨品种巴梨和丰水的遗传图谱,该图谱是第一张应用共显性 SSR 标记的梨分子遗传图谱,并引用了来自同属蔷薇科的苹果、桃和樱桃的 SSR 标记。其中巴梨图谱最后成功锚定的有新开发的 32 个梨 SSR 标记、12 个苹果 SSR 标记、3 个桃 SSR 标记、2 个樱桃 SSR 标记;丰水图谱定位有 29 个梨 SSR 标记、7 个苹果 SSR 标记、4 个桃的 SSR 记、2 个樱桃 SSR 标记。这也说明,蔷薇科植物 SSR 标记在种属间具有较好的通用性,同时也为梨与其他蔷薇科植物进行比较基因组作图奠定了基础。另外,该图谱定位的标记数目和饱和度都大大高于第一张图谱,丰水图谱的连锁群数也与梨染色体数目相符。此后,梨分子遗传图谱的构建和加密整合工作陆续展开。至今,国外已发表了来自 5 个不同杂交群体的共 8 张图谱(3 张为巴梨和丰水的遗传图谱的加密整合图谱)(表 6-10),其中,Yamamoto 等(2007)加密整合了巴梨和拉法兰西(La France)两张图谱,图距分别为 1 000cM 和 1 156cM,分别定位有 447 和 414 个标记(SSR 为 118 和 134 个),标记平均间距为 2.3cM 和 2.8cM,这也是目前标记密度最大、数量最多且 SSR 标记数目最多的两张梨分子遗传图谱。同时,这两张图谱中定位的 SSR 标记中还分别包括了 60 和 68 个苹果的 SSR 标记,并利用这些标记将巴梨,拉法兰西和苹果的 Discovery 谱图(Maliepaard 等,1998)进行了简单的比较作图,为后来的梨和苹果的比较基因组作图奠定了良好基础。

近几年,随着国家对农业产业技术体系的投入加大,果树分子育种工作也有了较快发展,梨分子遗传图谱的研究工作与国外的差距正不断缩小甚至已经赶超国外,至今已发表了来自 7 个不同杂交群体的 11 张分子遗传图谱(表 6-10)。张丽等(2006)以早美酥和红香酥的杂交 $F_1$ 代共 129 株为作图群体,构建了国内第一张梨分子遗传图谱。双亲图谱包括 20 个连锁群,定位了 67 个 AFLP 标记,遗传距离为 785cM,标记间平均间距为 11.7cM。韩明丽等(2009)利用砀山酥梨和八月红的 91 株 $F_1$ 代杂交群体构建一张包括了 61 个苹果 EST-SSR 标记、68 个苹果 SSR 标记、49 个梨 SSR 标记、1 个 RAPD 标记和

3个质量性状标记，共182个标记，分属于19个连锁群的遗传图谱。图谱总长度为982 cM，标记间平均图距5.4cM。2012年，同样利用该群体的97株杂交后代，Zhang等（2013）分别构建了DS和BYH两张遗传图谱，前者通过122个标记（83 AFLPs，37 SRAPs，1 SSR，S）覆盖了17个连锁群，全长1 044.3cM，而后者共包含214个标记（143AFLPs，64 SRAPs，6 SSRs，S），同样覆盖了17个连锁群，全长1 352.7cM。2013年，梨基因组完成了测序组装并发表，其用于基因组组装的SNP整合SSR高密度遗传图谱也即将发表，该双亲高密遗传连锁图同样利用了砀山酥梨和八月红的杂交群体，共102株，图谱共由2 013个标记（包括2 005 SNP和98 SSR标记）构成，全长2 161.6cM，平均间距达到1.03cM，覆盖了17条连锁群。

表6-10　已构建的梨遗传连锁图谱

| 参考文献 | 作图群体 | | | 图谱 | | | |
| | 亲本 | 群体大小 | 标记种类 | 标记数目 | 遗传距离（cM） | 连锁群数 | 标记平均间距（cM） |
| --- | --- | --- | --- | --- | --- | --- | --- |
| Iketani 等（2001） | Kinchaku×Kosui | 82 | RAPD | 120，78 | 768，508 | 18，22 | 4.2 |
| Yamamoto 等（2002） | Bartlett×Hosui | 63 | AFLP，SSR，同工酶（isoenzyme） | 226，154 | 949，926 | 18，17 | 4.9 |
| Banno 等（2002） | Osa Nijsseiki×Oharabeni | 90 | RAPD | 22，57 | 191.1，470.7 | 7，13 | 8.36 |
| Yamamoto 等（2004） | Bartlett×Hosui | 63 | AFLP，SSR，同工酶（isoenzyme） | 256，180 | 1020，995 | 19，20 | 4.6 |
| Dondini 等（2004） | Passe Crassane×Harrow Sweet | 99 | SSR，MFLP，AFLP，RGA，AFLP-RGA | 155，156 | 912，930 | 18，19 | 5.9 |
| Yamamoto 等（2007） | Bartlett×Hosui | 63 | SSR，AFLP | 447 | 1000 | 17 | 2.3 |
| Yamamoto 等（2007） | Shinsei×282-12 | 55 | SSR，AFLP | 414 | 1156 | 17 | 2.8 |
| Terakami 等（2009） | Hosui×Bartlett | 63 | SSR，AFLP | 335 | 1174 | 17 | 3.5 |
| 张丽等（2006） | 早美酥×红香酥 | 92 | AFLP | 67 | 785 | 20 | 11.7 |
| 高佳（2008） | 身不知×金花 | 73 | RAPD | 13，9 | 301.9，226.7 | 6，3 | 24 |
| 巩艳明等（2009） | S2×朝鲜洋梨 | 66 | RAPD | 39 | 394 | 15 | 10.1 |
| 孙文英等（2009） | 鸭梨×京白梨 | 145 | AFLP，SSR | 402 | 1395.9 | 18 | 3.8 |
| 孙文英等（2009） | 早美酥×八月红 | 92 | AFLP | 145 | 208 | 20 | 6.58 |
| 韩明丽等（2010） | 砀山酥梨×八月红 | 91 | SSR，EST-SSR，RAPD | 182 | 982 | 19 | 5.4 |
| 王龙等（2011） | 崇化大梨×新世纪 | 94 | SSR，SRAP | 335 | 1300 | 18 | 3.9 |
| 张瑞萍等（2011） | 砀山酥梨×八月红 | 97 | AFLP，SRAP | 209 | 1506.3 | 17 | 7.21 |
| Zhang 等（2012） | 八月红×砀山酥梨 | 97 | AFLP，SRAP，SSR | 214，122 | 1352.7，1044.3 | 17，17 | 7.13 |

**2. 重要农艺性状分子标记筛选与图谱定位**

（1）质量性状基因定位　梨的农艺性状分为数量性状和质量性状，质量性状是由单个或少数基因控制，一般具有显隐性。目前进行质量性状基因定位的方法有近等基因系性法（NIL，near-isogenic lines）（Muehlbauer 等，1988）和混合群体分离分析法，BSA，bulked segregation analysis 法（Michelmore 等，1991）。近等基因系在果树上很难获得，所以果树上主要用 BSA 法。目前，梨上利用分子遗传图谱进行农艺性状基因定位的研究主要集中在矮化、抗病虫及部分果实品质性状上（表 6-11）。矮化是与果树栽培模式密切相关的重要农艺性状，1839 年在法国发现了梨的一个实生变异，它具有极为显著的矮化特性。已有研究表明，该矮化性状是一个受显性单基因（$PcDw$）控制的质量性状（Rivalta 等，2002）。梨矮化性状基因定位工作在国内开展较早，研究也比较系统深入，贾彦利等（2007）通过对 412 个随机引物的筛选，获得了一个与 $PcDw$ 基因连锁距离为 8.3cM 的 RAPD 标记 $S_{1172-940}$，并将其转换成了 SCAR 标记，即 $SCAR_{-940}$。田义轲等（2008）用 BSA 法，通过对 40 对 SSR 引物的筛选，获得了一个与 $PcDw$ 基因连锁距离为 9.3cM 的 SSR 标记 $KA14_{210}$，由此将该基因定位到了梨品种 Barlett 遗传图谱的第 16 连锁群上。Wang 等（2011）又从第 16 连锁群上的 51 对 SSR 引物中筛选到一个与 $PcDw$ 基因连锁距离仅 0.9cM 的 SSR 标记 TsuENH022，这也是到目前为止与梨所有农艺性状基因遗传距离最近的标记，已完全可以用来进行梨矮化性状的标记辅助选择育种。在梨抗病虫基因定位研究方面，目前研究成果主要集中在黑斑病，黑星病和棉蚜的抗性基因定位。Terakami 等（2007）将两个黑斑病感病基因 $Ani$ 和 $Ano$ 首次定位到第 11 连锁群上的两个 SSR 标记 CH04h02 和 CH03d02 之间。Bouvier 等（2011）从西洋梨抗黑星病品种 Navara 新发现了一个抗性基因 $Rvp1$，并将其定位在第二连锁群上的两个 SSR 标记 CH02b10 和 CH05e03 之间。Evans 等（2011）在梨第 17 连锁群上发现了两个与梨棉蚜抗性基因紧密连锁的 SSR 标记 NH006b 和 NH014a。果实品质方面，Costa 等（2008）在苹果上发现了一个与果实硬度相关的功能基因并命名为 $Md-Exp7$，利用其 $5'$ 端非编码区的 CT 重复序列设计了一个 SSR 引物 Md-Exp7ssr，该基因分别定为到了的苹果和梨的第一连锁群上。Donidi 等（2008）通过对七个群体的调查发现，梨果实红色性状是由单基因 $Red$ 控制的，最终将其定位在 Max Red Bartlett 图谱的第四连锁群上。Pierantoni 等（2010）将梨果实中花青苷合成通路中的一个转录因子 $R_1$ 定位到了第九连锁群末端。宋伟等（2010）对黄金×砀山酥杂交群体分析发现，梨褐皮性状受控于两对等位基因，并利用 BSA 法将其中一个基因 $R_1$ 定位在梨遗传图谱的第八连锁群上的 SSR 标记 CH01c06 和 Hi20b03 之间。宋伟等（2010）利用 BSA 法对矮化梨×（茌梨＋新高）梨群体的圆形/非圆形性状进行 SSR 标记筛选，最后获得了两个与果实形状相关的 SSR 标记 CH02b10 和 CH02f06，并定位到梨遗传图谱的第 2 连锁群上。刘金义等（2011）将控制梨酸/低酸性状的主效基因定位于砀山酥×八月红图谱的第二连锁群。2006 年至今，已经发表了包括梨矮化、黑星病、黑斑病和果实硬度等 10 个梨农艺性状的共 12 个基因在不同梨遗传图谱上的定位情况，而这 5 年时间正是梨分子遗传图谱构建发展较快的一段时间，这也大大促进了控制梨主要农艺性状基因的定位。

表 6-11　已定位的梨农艺性状基因

| 亲本 | 群体大小 | 农艺性状基因 | 基因亲本 | 标记 | 标记类型 | 遗传距离(cM) | 连锁群(LG) | 参考文献 |
|---|---|---|---|---|---|---|---|---|
| 矮化梨×茌梨 | 111 | 矮化基因 Dwarf Gene (PcDw) | 矮化梨 Aihuali | KA14 | SSR | 9.3 | 16 | 田义珂等 (2008) |
| 矮化梨×茌梨 | 111 | 矮化基因 Dwarf Gene (PcDw) | Aihuali | TsuENH022 | SSR | 0.9 | 16 | Wang 等 (2011) |
| Kinchaku×Hosui×Shuurei×Chikusui | 112/160 | 黑星病抗病基因 Scab resistance Gene (VnK) | Kinchaku | STS-OPW2 / Hi02c07 | AFLP / SSR | 7 / 6.1 | 1 | Terakami 等 (2006) |
| Angélys×Navara | 134 | 黑星病抗病基因 Scab resistance Gene (Rvp1) | Navara | CH02b10 / CH05e03 | SSR | 2.5 / 7.4 | 2 | Bouvier 等 (2012) |
| Osa Nijisseiki×Okusankiti | 110 | 黑斑病感病基因 Black Spot resis tance Gene (Ani) | Osa Nijisseiki | CH04h02 / CH03d02 | SSR | 3.4 / 8.7 | 11 | Terakami 等(2007) |
| Oushuu×Nansui | 40 | 黑斑病感病基因 Black Spot resis tance Gene (Ana) | Nansui | CH04h02 / CH03d02 | SSR | 2.5 / 7.6 | 11 | Terakami 等 (2007) |
| Doyenne du Comice×P. nivalis EM | 93 | 棉蚜抗性基因 Aphis gossypii resistance Gene(Dp-1) | P. nivalis EM | NH006b / NH014a | SSR | 2.3 / 3.6 | 17 | Evans 等 (2008) |
| 阿巴特×红巴梨 | 95 | 果皮红色基因 Red Peel Gene (Red) | 红巴梨 | CH01d03 / E31M56-7 | SSR / AFLP | 19.4 / 13.5 | 4 | Dondini 等 (2008) |
| 阿巴梨×红巴梨 | 95 | 果实色泽转录因子 Fruit color transcription factor (PcMYB10) | | CH05a03 | SSR | 23.8 | 9 | Pierantoni 等 (2010) |
| 黄金×砀山酥梨 | 121 | 褐皮基因 Brown Peel Gene (R₁) | 黄金 | CH01c06 / Hi20b03 | SSR | 4.8 / 12 | 8 | 宋伟等 (2010) |
| 矮化梨×（茌梨＋新高）(Niitaka) | 60 | 果实圆形/非圆形 round/nonround | 新高 | CH02b10 / CH02f06 | SSR | 91.67% / 96.67% | 2 | 宋伟等 (2010) |
| Passe Crassane×Harrow Sweet | 152 | 果实硬度基因 fruit firmness Gene (Md-Exp7) | Mondial Gala | Md-Exp7ssr | SSR | 0 | 1 | Costa 等 (2008) |
| 砀山酥梨×八月红 | 91 | 果皮红色基因 Red Peel Gene (RFS) | 八月红 | S519 / MES₉₃-264p | RAPD / SSR | 10 / 9 | 3 | 韩明丽 等 (2010) |
| | | 果锈基因 fruit rust (FR) | 砀山酥梨 | CH01h01-107p | SSR | 5 | 16 | |
| | | 宿萼基因 persistent calyx Gene (AS) | 砀山酥梨 | CH02f06-195m | SSR | 4 | 12 | |
| 砀山酥梨×八月红 | 118 | 果实酸/低酸 Acid/low-acid trait | | KU10 | SSR | 12.15 | 2 | 刘金义等 (2011) |

（2）基于图谱的重要性状 QTL 定位 QTL（数量性状位点，quantitative trait loci）定位即数量性状的基因定位，QTL 分析方法主要包括区间作图法、多元回归法、精细作图法、标记回归法和完整连锁图作图法等（阮成江等，2002）。梨等果树作物个体高度杂合，大多重要农艺性状为数量性状，群体数量较小，因此对这些数量性状的研究难度较大。梨农艺性状 QTL 定位在抗病性状、叶片性状及果实品质等性状上研究较多（表 6-12），且多采用区间作图法。Dondini 等（2004）采用多种分子标记技术对西洋梨品种 Passe Crassane 和 Harrow Sweet 的 $F_1$ 杂交群体进行了梨火疫病 QTL 分析和定位，最终在 Harrow Sweet 图谱上的第二、第四和第九连锁群上发现了多个梨火疫病抗性主效 QTLs 位点，最高贡献率为 16.6%。Pierantoni 等（2007）利用区间作图法和 AFLP 标记对 Abbè Fétel 和 Max Red Bartlett 群体进行了梨黑星病抗性 QTL 分析和定位，结果共发现 3 个主效位点，并定位在抗病品种阿巴特的第三和第七连锁群上，最高贡献率高达 87.1%；Sun 等（2009）利用 FALP 标记对叶片的 4 个性状进行 QTL 定位与分析，共检测到 8 个 QTLs 位点，贡献率为 7.9%～48.5%；韩明丽等（2010）采用以 SSR 标记为主，利用砀山酥梨和八月红的 $F_1$ 代群体对梨果实的基本性状进行了 QTL 分析和定位，结果发现了分别与可溶性固形物含量、单果重、果实纵径、果实横径 4 个果实性状相关的共 21 个 QTLs 位点，贡献率为 8.3%～33.1%；张瑞萍等（2011）利用相同的杂交群体采用 AFLP、SRAP 技术和区间作图法对 $F_1$ 代群体的梨果实基本性状进行了 QTL 分析和定位，结果发现了分别与可溶性固形物含量、单果重、果实纵径、果实横径和纵径比等 5 个性状相关的共 9 个 QTLs 位点，贡献率为 11.4%～36.4%。Zhang 等利用相同的群体再次对包括果实长度，果形指数，果实直径，果实成熟日期，果实重量及可溶性固形物含量 6 个果实基本性状进行了 QTL 定位分析，19 个 QTL 位点贡献率为 7.1%～22.0%，通过两年的数据比较分析发现，果实长度，果形指数及果实成熟日期 3 个性状位于相同的连锁群区域，稳定度较高，同时也表明这 6 个性状受多基因控制且遗传机制较复杂。最近，Wu 等利用 RADseq 方法构建了砀山酥梨和八月红的高密度 SNP 整合 SSR 遗传连锁图谱，对果实基本性状进行了 QTL 定位分析，共发现了包括石细胞含量、横径、纵径及果柄长度 4 个性状的 12 个 QTL 位点，分布于 LG3、LG4、LG5、LG7、LG11、LG15、LG16、LG17 连锁群上，贡献率为 7.66%～25.68%。上述三位研究人员利用同一个杂交群体对果实基本性状进行了 4 次 QTL 定位研究，比较各性状的 QTL 定位结果，发现有较大差异，比如韩明丽等发现可溶性固形物含量的相关的 QTL 定位在第一连锁群上。而张瑞萍等则定位在第 11 连锁群上。另外，纵径相关 QTL 定位差别也较大，4 次分析都没有共同定位的连锁群。推测这可能与采用不同的分子标记技术构图定位及群体数目偏小有关，因此具体结论还有待进一步验证。

表 6-12　已定位的梨农艺性状 QTL

| 亲本 | 群体大小 | 性状 | 基因亲本 | 最近标记 | 标记类型 | QTL位点（cM） | 贡献率（%） | 连锁群（LG） | 参考文献 |
|---|---|---|---|---|---|---|---|---|---|
| Passe Crassane × Harrow Sweet | 99 | 抗火疫病 | Harrow Sweet | CH02f06 | SSR | 12 | | 2 | Dondini 等（2004） |
| | | | | M59P38-3 | AFLP | 9 | 16.6 | 2 | |

（续）

| 亲本 | 群体大小 | 性状 | 基因亲本 | 最近标记 | 标记类型 | QTL位点(cM) | 贡献率(%) | 连锁群(LG) | 参考文献 |
|---|---|---|---|---|---|---|---|---|---|
| Passe Crassane × Harrow Sweet | | | Harrow Sweet | B3M55-5CH03d10 | AFLP-RGA SSR | 7.8 | 9.9 | 2 | |
| | | | Harrow Sweet | T2-E32-1 CH02c02 | AFLP-RGA SSR | 9.8 | 8.7 | 4 | |
| | | | Harrow Sweet | CH05a03 | SSR | 21.9 | 8.4 | 9 | |
| 阿巴特×红巴梨 | 95 | 抗黑星病 | Abbè Fétel | E32M50-3 | AFLP | 26.7 | 87.1 | 3 | Pierantoni 等(2007) |
| | | | Abbè Fétel | E34M48-9 | AFLP | 54.5 | 86.3 | 7 | |
| | | | | E39M53-5 | AFLP | 60.8 | 86.6 | 7 | |
| 鸭梨×京白梨 | 145 | 叶片长度 | | McaaEaag147m | AFLP | 40.3 | 10.7 | 8 | Sun 等(2009) |
| | | | | MctaEagg145m | AFLP | 67.4 | 10.6 | 15 | |
| | | | | M9a-146p | AFLP | 5.0 | 10.1 | 16 | |
| | | 叶片宽度 | | McttEaat200m | AFLP | 56.8 | 48.5 | 10 | |
| | | | | MctaEtc360p | AFLP | 44.6 | 47.8 | 15 | |
| | | 叶片长宽比 | | McaaEaaa443f | AFLP | 14.5 | 7.9 | 5 | |
| | | | | McaaEaag113m | AFLP | 48.9 | 9.8 | 5 | |
| | | 叶柄长度 | | MctaEact350f | AFLP | 8.2 | 39.2 | 4 | |
| | | | | McaaEtc160m | AFLP | 55.9 | 40.6 | 15 | |
| | | | | McacEaaa123p | AFLP | 61.2 | 39.4 | 15 | |
| 砀山酥梨×八月红 | 97 | 可溶性固形物含量 | | EAAAMCTT-1600p | AFLP | 38.93 | 19.1 | 1 | 张瑞萍 等(2011) |
| | | 单果质量 | | EACTMCTA-740m | AFLP | 94.37 | 28.6 | 7 | |
| | | | | EACAMCAC-2000m | AFLP | 0 | 17.2 | 6 | |
| | | | | EATCMCTT-460p | AFLP | 44.78 | 14.3 | 11 | |
| | | 横径 | | EAGGMCAG-620m | AFLP | 70.14 | 36.4 | 7 | |
| | | 纵径 | | EACTMCAG-1 650m | AFLP | 59.45 | 27.5 | 7 | |
| | | | | EACAMCAC-2 000m | AFLP | 0 | 15.3 | 6 | |
| | | 果型指数 | | EAACMCTA-570m | AFLP | 35.91 | 17.6 | 8 | |
| | | | | EAAGMCAA-1 600p | AFLP | 39.15 | 11.4 | 1 | |
| 砀山酥梨×八月红 | 91 | 可溶性固形物 | | NH015a-132p | SSR | 51.8 | 13.3 | 11 | 韩明丽 等(2010) |

（续）

| 亲本 | 群体大小 | 性状 | 基因亲本 | 最近标记 | 标记类型 | QTL位点(cM) | 贡献率(%) | 连锁群(LG) | 参考文献 |
|---|---|---|---|---|---|---|---|---|---|
| 砀山酥梨×八月红 | | 单果质量 | | MES₄₆-115f | SSR | 34.7 | 33.1 | 7 | |
| | | | | CH04c06-112p | SSR | 75.4 | 30.6 | 11 | |
| | | | | MES₈₁-108f | SSR | 10.0 | 26.6 | 14 | |
| | | | | HGA8b-151p | SSR | 30.0 | 20.1 | 16 | |
| | | | | CH02b10 | SSR | 20.9 | 26.2 | 2 | |
| | | 横径 | | MES₄₆-115f | SSR | 40.1 | 24.0 | 7 | |
| | | | | NH015a-132p | SSR | 51.8 | 21.3 | 11 | |
| | | | | MES₈₈-94f | SSR | 49.1 | 21.7 | 16 | |
| | | 纵径 | | CH04c07-150m | SSR | 32.1 | 22.7 | 10 | |
| | | | | CH02b10-110f | SSR | 20.4 | 12.8 | 2 | |
| | | | | MES2-182p | SSR | 5.0 | 10.7 | 5 | |
| 砀山酥梨×八月红 | 97 | 果实长度 | 八月红 | EACAMCAC-2000 | AFLP | 66.548 | 15.3 | 7 | Zhang 等(2012) |
| | | | | EAATMCAA-745 | AFLP | 48.990 | 11.7 | 8 | |
| | | | | EACAMCTC-1200 | AFLP | 34.016 | 14.1 | 7 | |
| | | 果形指数 | 八月红 | EAACMCTA-900 | AFLP | 65.520 | 9.5 | 2 | |
| | | | | ga3sa17-330 | | 36.564 | 7.1 | 1 | |
| | | | | ga41sa20-170 | | 32.787 | 9.3 | 2 | |
| | | | | me6em9-90 | | 40.175 | 14.3 | 7 | |
| | | | | EAATMCAA-745 | AFLP | 38.990 | 18.7 | 8 | |
| | | 果实成熟日期 | 八月红 | EAGGMCAG-410 | AFLP | 0.000 | 22.0 | 8 | |
| | | | | EAGGMCAG-410 | AFLP | 0.000 | 13 | 8 | |
| | | 果实直径 | 砀山酥 | EACAMCTT-3100 | AFLP | 15.595 | 9.0 | 15 | |
| | | | 八月红 | EAAAM CTA-398 | AFLP | 0.000 | 8.8 | 10 | |
| | | 果实重量 | 砀山酥 | NH8b | SSR | 1.000 | 16.1 | 2 | |
| | | | 八月红 | EACAMCAC-2000 | AFLP | 66.567 | 17.2 | 7 | |
| | | | | EAATMCAA-745 | AFLP | 39.990 | 19.3 | 8 | |
| | | | | EAAAMCTA-398 | AFLP | 0.000 | 9.4 | 10 | |
| | | 可溶性固形物含量 | 砀山酥 | Pm36em5-330 | | 17.942 | 12.6 | 2 | |

**3. 比较图谱研究** 基因组比较作图的分子基础是物种间 DNA 序列尤其是编码序列的保守性。可利用保守性高的遗传标记（主要是分子标记、基因 cDNA 克隆及基因克隆）对相关物种进行遗传或物理作图，比较这些标记在不同物种基因组中的染色体来源及其排列顺序，从而获得染色体重排信息，揭示物种间染色体或染色体片段上同线性（syteny）、共线性（collinearity）和微共线性（microsynteny），由此从相关物种中获得有用的遗传信息（Lundin 等，1993；沈立爽等，1995）。

蔷薇科植物中苹果和桃的分子遗传图谱构建工作开展的较早（Hemmat 等，1994；Chaparro 等，1994），2004 年就已有二者的基因组比较作图研究报道（Dirlewanger 等，2004），而梨的分子遗传图谱构建工作开始较晚，因此比较作图方面相对落后。苹果属和梨属染色体数目相同，遗传关系最近，而苹果的分子遗传图谱构建工作开始较早且图谱的密度和质量较好，一些农艺性状的基因和 QTL 定位、基因图位克隆和标记辅助育种等图谱应用研究也比较广泛和深入，通过基因组比较作图可以有效地加速梨分子遗传图谱的构建和应用研究，比如苹果和梨上共有的一些控制病虫害性状、树形性状和果实质量性状的基因和 QTL 等可以借助比较图谱进行定位和挖掘。目前已有一些二者间基于 SSR 标记水平的比较作图的研究报道。Celton 等（2009）利用苹果和梨上已发表的 SSR 标记〔包括最新发表的 73 个梨 EST-SSR 标记（Nishitani 等，2009）〕分别构建了苹果的 Malling 9 和 Robusta 5 图谱及梨的 Bartlett 和 La France 图谱，并通过双方共有的 102 个 SSR 标记构建了比较图谱，结果显示苹果和梨的 17 条连锁群都可以通过至少 1 个 SSR 标记比对上，其中，第 8 和第 15 连锁群可以分别通过 5 个和 6 个 SSR 标记完全覆盖，其他连锁群可以部分覆盖，而第 3、第 6 连锁群的顶端，第 12、第 14 连锁群的底部都没有共线性的标记覆盖；Lu 等（2010）利用 101 个苹果上已定位的 SSR 标记对苹果、西洋梨和中国梨进行了比较基因组图谱研究，发现苹果和梨在第 9、第 11 和第 14 连锁群上保守片段的同线性较高，苹果 SSR 标记在西洋梨上的保守性和通用性要高于中国梨，但西洋梨和中国梨的第 10 和第 12 连锁群没有同线性，表明西洋梨和苹果的亲缘关系更近些。基因组区域比较作图研究方面，苹果和梨的黑星病抗性基因研究工作比较突出，目前苹果上已发现了 $Vf$、$Vg$、$Vb$、$Vbj$、$Vh_2$、$Vh_4$、$V_m$、$Vr_1$、$Vr_2$、$Vd_3$、$Vh_8$、$HcrVf2$ 等（Gianfranceschi 等，1996；Calenge 等，2004；Erdin 等，2006）十多个黑星病抗性基因还有一些抗性QTL（Gygax 等，2004；Bus 等，2005；Patocchi 等，2005）分布于不同的连锁群上，而梨上只发现了两个抗性基因 $VnK$（2006）和 $Rvp1$（2011）及两个主效 QTL（2007），Bouvier 等（2012）经区域比较作图发现，梨的抗性基因 $Rvp1$ 所在的第 2 连锁群和苹果第 2 连锁群共有 4 个 SSR 标记具有共线性，且与苹果抗性基因 $Rvi2$、$Rvi8$ 和 $VT51$（未报道）同位于 SSR 标记 CH02b10 和 CH05e03 之间，因此，推测这几个抗性基因间也具有同线性，或许来源于同一基因家族，但仍需进一步研究。以上研究均表明苹果和梨基因组之间具有保守的同线性关系。

**4. 分子辅助育种** 目前，在梨上获得的部分分子标记，如自交亲和与不亲和性标记等，已在梨杂种后代的早期选择中进行了应用。但是，与农作物相比，在育种实践中可应用的有效标记数量还相对较少。一方面是由于梨的多数性状为数量性状特征，很容易受环境因子的影响，必须要获得贡献值大的标记筛选杂种后代，效率才能提高；另外，分子标记与控制目标性状基因的连锁距离是影响辅助选择效率的重要因子，而目前应用的标记类型很难获得与目标性状紧密连锁的标记。基于梨基因组测序以及重测序，开发新型 SNP 标记以及更多高效的分子标记，对于今后梨的分子辅助育种技术应用有着更重要意义。

## 六、基因工程技术在梨育种中的应用

### (一) 基因工程的主要步骤和方法

植物基因工程是指按照人们的愿望进行严密的设计，将人工分离和修饰过的基因导入目标生物体基因组，并使之整合、表达和遗传，达到修饰原有植物遗传物质、改造不良性状、创造出新种质的目的。主要包括三个部分：基因克隆、载体构建和遗传转化。

**1. 基因克隆** 目的基因的分离和克隆是基因工程的首要任务。例如要进行梨的抗寒育种，必须先分离克隆到与梨抗寒性状高度相关的目的基因，然后才能利用基因工程手段进行目标品种或砧木的抗寒性改良。基因分离的方法很多，常用的有：

（1）基因芯片法 基因芯片因其上核酸类物质的不同又可分为 DNA 芯片（DNA chip）和微列阵（microarry）两种。前者由高密度的寡核苷酸（oligodeoxynucleotides，ODN）或多肽核酸（peptide nucleic acid，PNA）阵列组成，所含的信息量很大，主要用于基因转录情况的分析、DNA 测序、基因多态性及基因突变分析等；后者通常由低密度的基因组或 cDNA 片段阵列组成，也可以由寡核苷酸（ODN）或多肽核酸（PNA）阵列组成，其中 cDNA 微点阵在研究基因表达情况中具有重要的作用。

利用 DNA 芯片分离目的基因。①根据基因序列中特异的片段设计探针，进一步制备成代表该生物所有基因的 ODN 或 PNA 阵列，即 DNA 芯片；②将目标性状发生前后该品种或类型所有标记的 mRNA 与 DNA 芯片杂交，通过对杂交位点及杂交信号的强弱分析便可获得在特定条件下该品种或类型各基因的表达信息；③根据不同条件下基因表达谱的对比分析，就可以找出在特定条件下哪些基因表达开启或增强，哪些基因表达关闭或减弱，进而分析这些基因的生理功能并分离克隆到与该生理功能相关的特定基因。

利用 cDNA 微点阵分离克隆目的基因 ①将特定组织的全部 mRNA 反转录为 cDNA 并与载体连接后构建成 cDNA 文库，然后，对文库进行 PCR 扩增，将扩增产物转移固定到固相支持物上得到 cDNA 微阵列；②提取待分析样品的 础 mRNA 并通过反转求制备用荧光标记的 cDNA 探针；③将制备的探针和 cDNA 微阵列进行杂交，因为探针要比经过扩增的点阵 cDNA 的量相对少得多，所以杂文时不会出现饱和现象，这样每一点阵位点的荧光强度就代表着相应基因的转录强度。

如果将梨某一品种或类型在不同条件下的 mRNA 制备成用不同荧光标记物标记的探针，然后将两种探针等量混合后与 cDNA 微点阵杂交，就可以通过检测两种不同荧光的强度来分析该品种或类型在不同条件下的基因表达差异。根据上述差异表达的结果就可以找到对应基因的 cDNA 克隆，进而分离克隆到特定的目的基因。

（2）基因文库筛选法 基因文库（gene bank）是指汇集了某一生物全部基因序列的重组体群（或转化子群）。具体来说，构建基因文库时，首先将代表某一生物类型的全部 DNA 片段分别插入到特定载体中，然后将重组载体导入宿主细胞并获得大量的含有重组载体的克隆。这样每个克隆中都含有一段该生物基因的 DNA 片段，全部克隆的集合就构成了该生物的基因文库。基因文库可分为基因组文库和 cDNA 文库两种。可以通过核酸杂交法、免疫学检测法和 PCR 筛选法等从基因文库中筛选目的基因。

（3）蛋白质组学技术分离目的基因　蛋白质组（proteome）是指在一种细胞内存在的全部蛋白质，即基因组表达产生的总蛋白质统称蛋白质组。功能蛋白质组是指那些可能涉及特定生理生化功能的蛋白质群体。蛋白质组学（proteomics）可被广泛定义为对生物样本中全部蛋白质系统分析的科学。蛋白质组学的基本技术主要包括蛋白质双向电泳技术和质谱技术等。

通过对双向电泳系统分离的不同组织（器官）、不同发育时期及不同环境条件下不同蛋白质组图谱的对比分析，可以找到在不同时空差异表达的目标蛋白。然后，以目标蛋白的一级结构（氨基酸序列）为依据合成 PCR 引物（或寡核苷酸探针），通过对基因文库的筛选进一步分离克隆编码目标蛋白的基因。也可以利用纯化的目标蛋白制备抗体探针、进一步从表达型基因文库中筛选分离到相应的植物目的基因。

（4）基因差异表达分析　mRNA 差异显示技术根据大多数真核细胞 mRNA 的 3′ 端都具有 Poly（A）结构，据此特点，设计出 3′ 端的锚定引物 Oligo（dT）$_{12}$MN［其中，M=G/C/A，N=G/C/T/A，这样 Oligo（dT）$_{12}$MN 共计有 12 种引物］，将总 mRNA 反转录为 cDNA。然后用 3′ 端的锚定引物 Oligo（dT）$_{12}$MN 和 5′ 端随机引物（该随机引物可以和新合成 cDNA 链 3′ 端的不同位置进行配对）组成引物对，以 mRNA-cDNA 为模板进行 PCR 扩增，扩增产物通过变性聚丙烯酰胺凝胶电泳分离，cDNA 片段的差异显示出来。回收差异表达的条带，可通过将其作为探针进行 Northern 杂交分析或筛选 cDNA 文库等方法，获得差异表达的基因全长，即目的基因。

抑制性消减杂交技术　是运用杂交动力学原理，即丰度高的单链 cDNA 在退火时产生同源杂交速度快于丰度低的单链 cDNA，并同时利用链内退火的特性，从而选择性地抑制了非目的片段的扩增。

（5）图位克隆法　图位克隆又称作定位克隆，首先利用与目的基因紧密连锁的分子标记，通过遗传图谱或物理图谱对其进行定位，然后采用染色体步移和染色体定位方法分离获得目的基因。梨分子育种研究中通过图位克隆方法获得目的基因的研究相对较少，目前，只有一个基因通过该方法从构建的 BAC 文库中获得，即与 *S-RNase* 基因紧密连锁的 *F-box brother* 基因（SFBB）。

（6）插入失活技术　是指通过特定的方式将某一 DNA 序列随机插入到植物基因组中，当插入序列位于某一基因的对应位点时就会导致该基因的正常功能受阻（失活），在个体水平上表现出突变性状。这样，就可以利用插入片段的序列信息，通过 RT-PCR 等技术进一步分离克隆到与该突变性状相关的目的基因。比较常用的主要有 T-DNA 标签和转座子标签法。

T-DNA 标签法　农杆菌介导法是植物遗传转化的主要方法之一，基本原理是根癌农杆菌的 Ti 质粒上有一段 T-DNA 可以随机稳定整合到受体植物的基因组中，并稳定遗传表达。如果将外源的报告基因插入到 T-DNA 中，之后对植物细胞进行遗传转化，就可以筛选获得大量的转基因群体，并从转基因群体中筛选获得由于 T-DNA 插入而引起目标性状改变的突变体。因为插入序列是已知的，所以很容易就可以从突变体的基因组中分离克隆到目的基因。

转座子标签法　转座子（transponson，简称 Tn）又称易位子，是指存在于染色体 DNA 上可以自主复制和移位的一段 DNA 序列。也称为跳跃基因（jumping gene）。当转座子插入到某个功能基因内部或邻近位点时，就会使插入位置的基因失活并诱导产生突变型；而当转座子切离时，又使目的基因恢复活性。转座子标签法是指以利用转座子的转移创造植物的突变体，再通过转座子特异探针对突变体基因文库进行杂交筛选进而分离克隆到植物目的基因的方法。

除此之外，还有同源序列法和基于生物信息学的基因克隆电子克隆等方法。

**2. 载体构建**　完成目的基因克隆后还必须通过"载体"和"受体细胞"实现外源 DNA 片段的扩增和表达。所谓载体（vector）是一类能够携带外源 DNA 片段进入受体细胞内，并实现外源 DNA 片段复制或表达的 DNA 分子。所以作为载体必须：①能够在宿主细胞中复制并稳定地保存；②具有多个限制酶切点，以便与外源基因连接；③具有某些标记基因，便于进行筛选。（如抗菌素的抗性基因、产物具有颜色反应的基因等）；④对受体细胞无害。按照载体功能的不同. 可分为克隆载体和表达载体两大类。前者主要用于外源 DNA 片段在受体细胞中扩增，后者则用于外源 DNA 片段在受体细胞中表达。按照载体组成的不同，又分为质粒载体、噬菌体载体、黏粒载体和人工染色体载体等。各种来源的载体在结构、特性、用途方面差异很大。在梨植物基因工程中，以质粒载体应用较多，包括克隆载体、植物表达载体。

现在梨植物基因工程中大部分的转化均采用来自根癌农杆菌 Ti 质粒的双元载体系统。Ti 质粒包括四个区域：T-DNA 区、Vir 区、Con 区和 Ori 区。双元载体系统（binary vector system）由两个分别含有 T-DNA 区与 Vir 区的相容性突变 Ti 质粒构成，其 T-DNA 区与 Vir 区分布在两个独立的质粒上，通过反式激活转移 T-DNA，故又称 trans-vector。该载体包括 mini-Ti 质粒（T-DNA 边界，缺失 Vir 区）和 helper Ti 质粒（含有 Vir 区缺失 T-DNA 边界）两部分，由于 mini-Ti 质粒较小，易于构建和导入农杆菌中。

**3. 遗传转化**　梨属植物遗传转化方法主要是根癌农杆菌介导法（图 6-10），其他方法如基因枪、电击法、PEG 法等则未见报道。

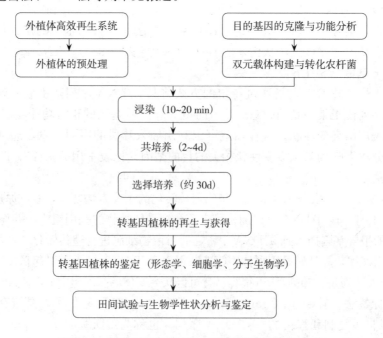

图 6-10　根癌农杆菌 Ti 质粒介导的梨遗传转化流程

根癌农杆菌介导的遗传转化是目前研究最多、机理最清楚、技术最成熟的遗传转化方法。和其他转化方法相比起具有以下优点：成功率高，效果好；转移的外源基因常为单拷贝整合，很少会发生甲基化和转基因沉默，遗传稳定，而且多数符合孟德尔遗传规律；费用低，方法简单易操作；寄主范围广，几乎所有的植物或外植体类型均可采用此法。但在转化中农杆菌脱菌难和需要长期使用抗生素等问题需要我们进一步研究。

### （二）基因工程技术在梨育种上的应用

**1. 基因克隆与研究**　基因克隆是利用遗传转化技术改良品种的前提。直接从梨基因组中克隆基因并对其表达特点进行分析，对进一步明确基因的功能，探讨其作用机制具有重要意义。

（1）抗性相关基因　非表达子 1 基因（NPR1）对植物系统获得抗性和诱导系统抗性起着核心调节作用。张范等以早酥梨叶片为材料，通过 RT-PCR 克隆了梨 NPR1 并获得其全长序列 1771bp，开放阅读框为 1761bp，编码 586 个氨基酸。Xi 等在砂梨上进行了 4 个铁蛋白基因（PpFer1、PpFer2、PpFer3 和 PpFer4）对非生物胁迫和激素效应的差异表达模式分析，发现这些基因在叶中的表达水平要高于其他组织。

植物通过合成络合素来螯合细胞内游离态的重金属，并对该复合物进行区域化隔离，这是植物体内普遍存在的一种应对重金属毒害的稳态机制。最近，有学者分别从豆梨和杜梨中克隆了植物络合素合酶基因（PCS）的 cDNA 序列，并研究了不同重金属处理后该基因的表达情况。

（2）生长发育相关基因　梨自交不亲和基因也是目前研究较多的与生长发育相关的基因。梨属于基于 S-RNase 的配子体型自交不亲和果树，其自交不亲和基因分为决定花粉自交不亲和的基因和决定花柱的自交不亲和基因。通过确定梨品种 S 基因型可寻找简便快速克服自交不亲和性的方法。Paolo 等从西洋梨品种 Abbé Fét 和 Max Red Bartlett 中克隆了决定花粉自交不亲和性的 2 个 F-box 基因成员。研究发现决定花柱自交不亲和性的来自砂梨品种的 $S_8$-RNase 与来自新疆梨品种的 $S_{28}$-RNase 的推导氨基酸序列具有 100％的相似性，与来自苹果属植物海棠的 $S_3$-RNase 的推导氨基酸序列的相似性为 96.9％，且这三种 S-RNase 具有相同的识别特性（Wei 等）。金珠果梨是从野生砂梨中选育出来的新种质，研究表明金珠果梨 S 基因型为 $S_3S_{19}$（袁德义等，2010）。Franceschi 等对梨亚科的两个种（日本梨和苹果）S 基因位点区域的分析表明有多个不同的 F-box 基因（称作 SF-BBs）为决定花粉自交不亲和性的候选基因，至少不低于 6 个 SFBB 成员，而且在苹果和梨之间结构上有高度的保守性。分析显示，SFBB 基因的序列多样性低于与其相关的 S-RNase。

贝壳杉烯氧化酶是赤霉素合成代谢的关键酶之一。李节法等应用同源克隆和 RACE 方法从黄金梨茎尖中克隆到内根-贝壳杉烯氧化酶（KO）基因 cDNA 的全长序列，命名为 PpKO。氨基酸同源性分析表明，PpKO 与已报道的其他植物的 KO 基因氨基酸序列具有 59.4％～95.9％相似性；生物信息学分析表明：PpKO 含有细胞色素 P450 核心功能域 FXXGXRXCXG 和氨基端的跨膜结构域。

类黄酮 3-O-葡萄糖基转移酶（UFGT）是花青苷合成的关键酶。李俊才等以巴梨红色芽变品种红巴梨果皮为材料，采用同源克隆技术和 RACE 结合的方法，克隆了 UFGT 蛋白的部分 cDNA，命名为 *PcUFGT*。荧光实时定量 PCR 分析表明，该基因在红巴梨幼果期表达强度约为巴梨的 2 倍，而果实成熟期表达强度略低于巴梨；该基因在红巴梨果肉中不表达。

NAC 转录因子在植物生长发育、激素调节和抵抗逆境等方面发挥着重要的作用。对鸭梨/杜梨砧穗嫁接组合研究发现，在接穗鸭梨茎尖、叶片、茎段韧皮部中都有砧木杜梨 *DE-NACP* 基因的 mRNA 表达，同时砧木杜梨韧皮部中也有接穗鸭梨 *YL-NACP* 基因的 mRNA 表达，而木质部中则没有发现该基因表达。认为 *NACP* 基因只定位于韧皮部，梨内源性的 *NACP* 基因 mRNA 可以通过韧皮部进行传递。该结果为进一步研究果树砧木与接穗的互作机制奠定了基础。

（3）果实品质、贮藏特性相关基因　主要集中在细胞壁、乙烯等成熟衰老代谢相关的基因克隆与分析上，如已有报道的与细胞壁代谢相关的多聚半乳糖醛酸酶（PG）、内切-β-1，4-葡聚糖酶（EG），木葡聚糖内糖基转移酶（XTH）以及与木质素合成有关的肉桂酸 CoA 还原酶（CCR）等。与乙烯合成有关的 ACC 氧化酶（ACO），与脂肪酸氧化有关的脂氧合酶（LOX），以及与梨贮藏期间黑皮病的发生有关的 α-法尼烯合成酶（PFS）等

**2. 遗传转化育种**　1996 年遗传转化技术在梨树上的研究相对落后，目前尚无转基因商品梨问世的报道。Mourgues（1996）等利用根癌农杆菌介导的遗传转化方法，首次进行了梨属植物遗传转化研究，对再生植株进行 GUS 染色和分子生物学鉴定，证明了转化的成功。随后遗传转化逐渐深入开展，但以西洋梨为多，如康佛伦斯、考密斯、宝斯克、威廉姆斯等品种已获得转基因植株。在西方很多转基因的工作是围绕抗火疫病进行的，例如，将源于禾谷类作物、昆虫以及微生物的一些溶菌肽（cecropin）基因、SB-37、shi-val、attacin 或源于 T4 抗菌素的溶解酵素（lysozyme）基因以及解聚酶（depolymerase）基因、乳铁传递蛋白（lactoferrin）基因和合成的抗菌肽基因 D5C1 转入西洋梨中，以期提高西洋梨对火疫病的抗性。经接种试验表明含 attacin E、D5C1 等基因的转基因植株可在一定程度上提高西洋梨对火疫病的抗性。除此，梨转基因还在控制乙烯生物合成、提高品质、使植株矮化、生根以及植物防卫等方面开展工作。Gao 等将 ACC 合成酶和氧化酶基因的反义序列转化西洋梨以抑制或减少乙烯的产生；为了抑制果实的褐变进程，Li 等用反义转基因技术降低了鸭梨多酚氧化酶（PPO）基因的表达水平。Bell 等将 *rolB* 和 *rolC* 基因转入西洋梨以期获得矮化梨新品种；Zhu 等将 *rolB* 基因转入梨矮化砧后，提高了转基因植株的生根能力。Lebedev 将 *bar* 基因转化 GP217 砧木品种期待获得抗除草剂新类型。

果树的童期是长期困扰果树育种的一个主要问题。Spadona 是以色列主要的西洋梨栽培品种之一，它的童期非常长，可达 14 年之久。Freiman 等，通过 RNAi 沉默技术，获得了 Spadona 的一个转基因株系（EF-Spa）。该株系中 PcTFL1-1 和 PcTFL1-2 完全沉默，从而使 EF-Spa 呈现早花性状，可在组培瓶内或温室定植后 1～8 个月开花。EF-Spa 可在顶芽和侧芽上形成完全花，授粉后可产生正常果实，并正常结籽。温室中，转基因株系的 $F_1$ 代在种子萌发后 1～33 个月可开花。

病毒诱导的基因沉默（VIGS）是分析植物基因功能的有效技术，尽管在植物上已经有许多关于 VIGS 的病毒载体，但在蔷薇科的果树上未见报道。直到最近，Sasaki 等在苹

果和梨上用苹果潜伏球形病毒载体建立高效 VIGS 体系。

　　总之，可能由于梨为多年生的木本植物，相对而言，梨属植物遗传转化研究较少，且转入基因的类型几乎以来自其他物种为多。但随着从梨基因组中分离重要功能基因的日益增多，来自梨属植物本身的"同源转化"将会在梨转基因品种的培育上发挥重要作用。

# 参 考 文 献

方成泉，陈欣业，米文广，等 . 1990. 梨果实若干性状遗传研究 [J]. 北方果树 (4)：1-6.

高佳 . 2008. 利用 RAPD 标记构建身不知×金花 F₁ 群体分子遗传图谱 [D]. 雅安：四川农业大学 .

巩艳明，庄得凤，曹后男，等 . 2009. 应用 RAPD 标记初步构建 S2×朝鲜洋梨遗传连锁图谱 [J]. 延边大学农学学报，31 (4)：229-237.

韩二牛，刘玉光，王洪义，等 . 2002. 梨枝芽辐射变异规律的初步研究 [J]. 内蒙古林业科技 (4)：17-18.

韩继成，乐文全，王广鹏，等 . 2005. γ-⁶⁰Co 辐射处理红安久梨诱变效应的 RAPD 分析 [J]. 河北农业科学，9 (3)：22-24.

韩明丽，刘永立，郑小艳，等 . 2010. 梨遗传连锁图谱的构建及部分果实性状 QTL 的定位 [J]. 果树学报 . 27 (4)：496-503.

何天明，李疆 . 1999. 香梨杂种后代果实若干性状的遗传学调查 [J]. 新疆农业大学学报，22 (2)：112-118.

贾立帮，冯美琦，丁立华 . 1984. 梨种间杂交抗寒育种的若干果实性状遗传的初步分析 [J]. 延边大学农学学报 (2)：004.

贾彦利，王彩虹，田义轲，等 . 2007. 梨矮化基因 PCDW 的一个 SCAR 标记 [J]. 园艺学报，34 (6)：1531-1534.

李俊才，伊凯，刘成，等 . 2002 梨果实部分性状遗传倾向研究 [J]. 果树学报，19 (2)：87-93.

李晓刚，王宏伟，杨青松，等 . 2010. 豆梨辐照效应研究 [J]. 江苏农业科学 (5)：220- 221.

李秀根，魏闻东 . 1992. 梨杂种后代亲本童期的遗传分析 [J]. 果树学报 (3)：9.

刘金义，崔海荣，王龙，等 . 2011. 梨果实酸/低酸性状的 SSR 分析 [J]. 果树学报，28 (3)：389-393.

刘淑芳，贺永明 . 2010. 七月酥梨花粉植株的诱导研究 [J]. 江苏农业科学 (1)：180-181.

刘树兵，王洪刚，孔令让，等 . 1999. 高等植物的遗传作图 [J]. 山东农业大学学报，30 (1)：73-78.

蒲富慎，王宇霖 . 1963. 中国果树志·梨 [M]. 上海：上海科学技术出版社 .

蒲富慎，1979. 梨的一些性状的遗传 [J]. 遗传 (1)：25-28.

阮成江，何祯祥，钦佩 . 2002. 中国植物遗传连锁图谱构建研究进展 [J]. 西北植物学报，22 (6)：1526-1536.

沈立爽，朱立煌 . 1995. 植物的比较基因组研究和大遗传系统 [J]. 生物工程进展，15 (2)：23-28.

宋伟，王彩虹，田义轲，等 . 2010. 梨果实褐皮性状的 SSR 标记 [J]. 园艺学报，37 (8)：1325-1328.

宋伟，王彩虹，田义轲，等 . 2010. 梨果实形状的 SSR 分子标记 [J]. 青岛农业大学学报：自然科学版，27 (3)：213-215.

孙文英，张玉星，李秀根，等 . 2009. 梨 AFLP 分子连锁图谱的构建与分析 [J]. 华北农学报，24 (3)：179-183.

孙文英，张玉星，张新忠，等 . 2009. 梨分子遗传图谱构建及生长性状的 QTL 分析 [J]. 植物遗传资源学报，10 (2)：182-189.

滕元文，柴明良，李秀根．2004. 梨属植物分类的历史回顾及新进展［J］．果树学报，21（3）：252-257.

田义轲，王彩虹，贾彦利，等．2008. 梨矮化基因 *PCDW* 的 SSR 标记定位［J］．果树学报，25（3）：404-407.

王龙，杨健，王苏珂，等．2011. 崇化大梨×新世纪梨 $F_1$ 代分子遗传图谱的构建及两个果实性状的 QTL 分析［J］．分子植物育种，9（4）：462-467.

王妍炜，叶振风，衡伟，等．2010. 砀山酥梨 $^{60}$ Coγ 射线辐射诱变效应及其 RAPD 标记检测［J］．安徽农业大学学报，37（3）：552-557.

王宇霖，魏闻东，李秀根．1991. 梨杂种后代亲本性状遗传倾向的研究［J］．果树学报（2）：75-82.

薛光荣，杨振英，史永忠，等．1996. 锦丰梨花粉植株的诱导［J］．园艺学报，23（2）：123-127.

杨振，李疆，梅闯，等．2012. $^{60}$ Co-γ 辐照对库尔勒香梨枝条当代诱变效应初报［J］．新疆农业科学，49（5）：848-855.

杨宗骏，1982. 梨若干性状的遗传研究［J］．华中农学院学报，1（3）：32-45.

张丽．2006. 早美酥×红香酥 $F_1$ 代群体分子遗传图谱的构建［D］．保定：河北农业大学．

张瑞萍，吴俊，李秀根，等．2011. 梨 AFLP 标记遗传图谱构建及果实相关性状的 QTL 定位［J］．园艺学报，38（10）：1991-1998.

Banno K，Saito S，Robbani M，et al. 2002. Introduction of new characteristics and genetic mapping using the hybrids between Japanese pear cv.'Osa Nijisseiki'and European pear $F_1$ cv.'Oharabeni'［J］. ISH Acta Hort.，587：225-231.

Bouvier L，Bourcy M，Boulay M，et al. 2012. A new pear scab resistance gene Rvp1 from the European pear cultivar 'Navara' maps in a genomic region syntenic to an apple scab resistance gene cluster on linkage group 2［J］. Tree Genetics & Genomes，8（1）：53-60.

Bus V G M，Rikkerink E H A，Van de Weg W E，et al. 2005. The *Vh*2 and *Vh*4 scab resistance genes in two differential hosts derived from Russian apple R12740-7A map to the same linkage group of apple［J］. Molecular Breeding，15（1）：103-116.

Calenge F，Faure A，Goerre M，et al. 2004. Quantitative trait loci（QTL）analysis reveals both broad-spectrum and isolate-specific QTL for scab resistance in an apple progeny challenged with eight isolates of *Venturia inaequalis*［J］. Phytopathology，94（4）：370-379.

Celton J M，Chagné D，Tustin S D，et al. 2009. Update on comparative genome mapping between *Malus* and *Pyrus*［J］. BMC Research Notes，2（1）：182.

Chaparro J X，Werner D J，O'Malley D，et al. 1994. Targeted mapping and linkage analysis of morphological isozyme，and RAPD markers in peach［J］. Theoretical and Applied Genetics，87（7）：805-815.

Costa F，Van de Weg W E，Stella S，et al. 2008. Map position and functional allelic diversity of Md-Exp7, a new putative expansin gene associated with fruit softening in apple（*Malus×domestica* Borkh.）and pear（*Pyrus communis*）［J］. Tree Genetics & Genomes，4（3）：575-586.

Dirlewanger E，Graziano E，Joobeur T，et al. 2004. Comparative mapping and marker-assisted selection in Rosaceae fruit crops［J］. Proceedings of the National Academy of Sciences of the United States of America，101（26）：9891-9896.

Dondini L，Pierantoni L，Ancarani V，et al. 2008. The inheritance of the red colour character in European pear（*Pyrus communis*）and its map position in the mutated cultivar 'Max Red Bartlett'［J］. Plant Breeding，127（5）：524-526.

Dondini L，Pierantoni L，Gaiotti F，et al. 2005. Identifying QTLs for fire-blight resistance via a European pear（*Pyrus communis* L.）genetic linkage map［J］. Molecular Breeding，14（4）：407-418.

Erdin N，Tartarini S，Broggini G A L，et al. 2006. Mapping of the apple scab-resistance gene Vb［J］. Genome，49（10）：1238-1245.

Evans K M，Govan C L，Fernández-Fernández F. 2008. A new gene for resistance to *Dysaphis pyri* in pear and identification of flanking microsatellite markers ［J］. Genome，51（12）：1026-1031.

Gianfranceschi L，Koller B，Seglias N，et al. 1996. Molecular selection in apple for resistance to scab caused by *Venturia inaequalis* ［J］. Theoretical and Applied Genetics，93（1-2）：199-204.

Gygax M，Gianfranceschi L，Liebhard R，et al. 2004. Molecular markers linked to the apple scab resistance gene *Vbj* derived from *Malus baccata* Jackii ［J］. Theoretical and Applied Genetics，109（8）：1702-1709.

Hemmat M，Weedon N F，Manganaris A G，et al. 1994. Molecular marker linkage map for apple ［J］. Journal of Heredity，85（1）：4-11.

Iketani H，Abe K，Yamamoto T，et al. 2001. Mapping of disease-related genes in Japanese pear using a molecular linkage map with RAPD markers ［J］. Breeding Science，51（3）：179-184.

Kadota1 M，Han DS，Niimi Y. 2002. Plant Regeneration from anther-derived embryos of apple and pear ［J］. Hort. Science，37（6）：962-965.

Lu M，Tang H，Chen X，et al. 2010. Comparative genome mapping between apple and pear by apple mapped SSR markers ［J］. American-Eurasian Journal of Agricultural & Environmental Science，9（3）：303-309.

Lundin L G. 1993. Evolution of the vertebrate genome as reflected in paralogous chromosomal regions in man and the house mouse ［J］. Genomics，16（1）：1-19.

Maliepaard C，Alston F H，Van Arkel G，et al. 1998. Aligning male and female linkage maps of apple （*Malus pumila* Mill.）using multi-allelic markers ［J］. Theoretical and Applied Genetics，97（1-2）：60-73.

Michelmore R W，Paran I，Kesseli R V. 1991. Identification of markers linked to disease-resistance genes by bulked segregant analysis：a rapid method to detect markers in specific genomic regions by using segregating populations ［J］. Proceedings of the National Academy of Sciences，88（21）：9828-9832.

Muehlbauer G J，Specht J E，Thomas-Compton M A，et al. 1988. Near-isogenic lines——a potential resource in the integration of conventional and molecular marker linkage maps ［J］. Crop Science，28（5）：729-735.

Nishitani C，Terakami S，Sawamura Y，et al. 2009. Development of novel EST-SSR markers derived from Japanese pear （*Pyrus pyrifolia*）［J］. Breeding science，59（4）：391-400.

Patocchi A，Walser M，Tartarini S，et al. 2005. Identification by genome scanning approach （GSA）of a microsatellite tightly associated with the apple scab resistance gene *Vm* ［J］. Genome，48（4）：630-636.

Pierantoni L，Dondini L，Cho K H，et al. 2007. Pear scab resistance QTLs via a European pear （*Pyrus communis*）linkage map ［J］. Tree Genetics & Genomes，3（4）：311-317.

Pierantoni L，Dondini L，De Franceschi P，et al. 2010. Mapping of an anthocyanin-regulating *MYB* transcription factor and its expression in red and green pear '*Pyrus communis*' ［J］. Plant Physiology and Biochemistry，48（12）：1020-1026.

Rivalta L，Dradi M，Rosati C. 2000. Thirty years of pear breeding activity at ISF Forlì，Italy ［C］//Ⅷ International Symposium on Pear 596. 233-238.

Stam P，Van O J W. 1995. JoinMap version 2. 0：software for the calculation of genetic linkage maps ［P］. CPRO-DLO，Wageningen，the Netherlands.

Sun W，Zhang Y，Le W. 2009. Construction of a genetic linkage map and QTL analysis for some leaf traits in pear (*Pyrus* L.) [J]. Frontiers of Agriculture in China, 3 (1): 67-74.

Terakami S, Adachi Y, Iketani H, et al. 2007. Genetic mapping of genes for susceptibility to black spot disease in Japanese pears [J]. Genome, 50 (8): 735-741.

Terakami S, Kimura T, Nishitani C, et al. 2009. Genetic linkage map of the Japanese pear 'Housui' identifying three homozygous genomic regions [J]. Journal of the Japanese Society for Horticultural Science, 78 (4): 417-424.

Terakami S, Shoda M, Adachi Y, et al. 2006. Genetic mapping of the pear scab resistance gene *Vnk* of Japanese pear cultivar Kinchaku [J]. Theoretical and Applied Genetics, 113 (4): 743-752.

Wang C, Tian Y, Buck E J, et al. 2011. Genetic mapping of *PcDw* determining pear dwarf trait [J]. Journal of the American Society for Horticultural Science, 136 (1): 48-53.

Weeden N F, Hemmatt M, Lawson D M, et al. 1994. Development and application of molecular marker linkage maps in woody fruit crops [J]. Euphytica, 77 (1-2): 71-75.

Yamamoto T, Kimura T, Saito T, et al. 2004. Genetic linkage maps of Japanese and European pears aligned to the apple consensus map [J]. Acta Hortic., 663: 51-56.

Yamamoto T, Kimura T, Shoda M, et al. 2002. Genetic linkage maps constructed by using an interspecific cross between Japanese and European pears [J]. Theoretical and Applied Genetics, 106 (1): 9-18.

Yamamoto T, Kimura T, Terakami S, et al. 2007. Integrated reference genetic linkage maps of pear based on SSR and AFLP markers [J]. Breeding Science, 57 (4): 321-329.

Zhang R, Wu J, Li X, et al. 2013. An AFLP, SRAP, and SSR Genetic Linkage Map and Identification of QTLs for Fruit Traits in Pear (*Pyrus* L.) [J]. Plant Molecular Biology Reporte, 31 (3): 678-687.

# 第七章　梨基因组学研究

## 第一节　梨基因组测序和组装

梨是仅次于葡萄、苹果的第三大温带果树，其在世界的分布和栽培十分广泛，但是对于其基因组学的研究工作相对落后，因此在利用生物技术开展定向育种、解析重要的生物学性状分子基础等研究方面一直缺乏良好的平台，成为限制梨科学研究和实际应用的重要瓶颈。2007 年葡萄的基因组测序工作完成率先打开了果树基因组学研究的大门，在随后的两三年内，番木瓜、苹果、草莓等果树的基因组学研究也相继获得成功，这些果树的遗传密码解析为探究物种的基因组结构特征、进化历程、功能基因的挖掘，以及开展基因组指导下的分子育种等奠定了良好的科技平台。这些研究为我们开展梨的遗传密码探索提供了十分有价值的参考，并展现了良好的前景。同时，伴随着新一代测序技术和分析软件的开发，测序成本的降低以及组装策略的完善，开展梨的基因组学研究有了充分的贮备和保障。正是在这样一个研究背景下，2010 年 4 月，首个梨的国际基因组计划开始启动，由南京农业大学梨工程技术研究中心牵头，深圳华大基因科技有限公司、浙江省农业科学院、河北省农林科学院石家庄果树研究所、美国伊利诺伊大学、美国佐治亚大学、美国夏威夷大学，以及日本东北大学共同参与了此研究计划。经过两年时间的共同努力，于 2012 年 5 月全面完成梨的精细基因组图谱绘制工作，并首次通过专业网站 http：//peargenome. njau. edu. cn对外发布梨的基因组数据，这是国际上完成的第一个梨全基因组精细图谱。随着梨遗传密码的破译，梨的科学研究将迈入新的里程和开端。

### 一、基因组测序品种和组装策略的确定

梨的栽培品种多数为二倍体（2n＝34），基因组大小在 500M 左右。由于其表现典型的自交不亲和性，物种的杂合度较高。通过对来自不同栽培种的梨品种进行初步的分子评价，预测梨的杂合度为 1%～2%，同时由于具有高等植物的多重复序列特征，因此梨属于复杂基因组类型。结合不同品种的杂合度分析，最终确定以砀山酥梨为基因组测序的材料。砀山酥梨属于白梨，其具有东方梨的脆肉、多汁、即食和耐贮等优良特性，是我国也是世界上第一大栽培品种，年产量约 400 多万 t，在中国大约有 500 多年的栽培历史。

通过全基因组鸟枪法（WGS）策略的初步分析（Kmer 分布图 7-1），预测梨的基因组大小为 527Mb（预测基因组大小＝Kmer 的数量/峰值深度），也进一步证实了梨基因组的高度杂合性。因此，仅利用目前常用的 WGS 测序组装策略是难以获得预期的基因组组装效果的。由于在梨上尚无单倍体材料可用，因此解决高杂合、高重复问题的最佳方案就是

BAC-by-BAC策略，即通过单个BAC的测序和组装来避免短序列组装过程中杂合位点和重复序列的干扰，从而保证整个基因组的组装效果和准确性。在梨的基因组研究中采用的BAC-by-BAC与新一代Illumina测序方法相结合的方案，是首次应用于短序列组装以完成具有高度杂合且高重复DNA序列的植物基因组图谱。

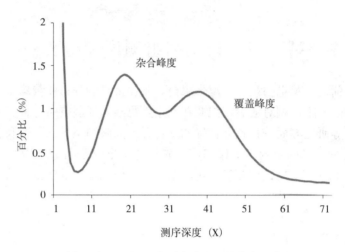

图7-1　Kmer-17在测序片段上的分布频率

## 二、基因组测序和组装

从已构建的砀山酥梨BAC文库中总共选取了38 304个BAC用于测序，每个BAC分别构建了250bp和500bp片段插入的双末端（paired-end）文库，测序覆盖深度约86×。同时，构建了2kb、5kb、10kb、20kb和40kb的WGS双末端（mate-pair）大片段文库，测序覆盖深度24×；此外，还构建了180bp、500bp及800bp的WGS双末端（paired-end）小片段文库，测序深度83×。整个测序使用的是Illumina HiSeq2000技术平台。获得测序序列后，首先对每一个BAC单独进行组装，所有的BAC序列结果用重叠-排列-归并（overlap-layout-consensus，OLC）方式组装，合并相同序列，滤除重叠部分冗余碱基，形成第一级组装的contigs（没有未知空位的连续序列）；再通过大片段插入文库（2～40kb）的序列将contigs组装成scaffolds（通过大片段的成对关系在contigs基础上连接得到的序列）；最后用小片段插入文库（180～800bp）填补序列间的空位从而得到完整的组装结果。

统计最终组装的梨基因组有2 103个scaffolds，N50（把scaffold从大到小排序，并对其长度进行累加，当累加长度达到基因组序列长度一半时，最后一个scaffold的长度）为540.8kb，总长度为512.0Mb，覆盖度194×，接近于估测的梨基因组大小（527Mb）。梨的基因组组装数据统计如表7-1。

同时，以八月红×砀山酥梨杂交F$_1$群体，构建了高密度SNP（单核苷酸多态性）遗传连锁图谱。利用图谱上的2 005个SNP标记，将796个scaffolds定位到相应的17条连锁群上，定位序列长度为386.7Mb，占组装基因组的75.5%。

表 7-1　梨的基因组组装和注释结果

| 组装单位 | 比例/单元类型 | 数量 | 大小 | 组装的比例（%） | N50 长度 N50（kb） | 最长片段大小（Mb） |
| --- | --- | --- | --- | --- | --- | --- |
| Contigs | All | 25 312 | 501.3Mb | 97.9 | 35.7 | 0.3 |
| Scaffolds | All | 2 103 | 512.0Mb | 100 | 540.8 | 4.1 |
| | Anchored | 796 | 386.7Mb | 75.5 | 698.0 | 4.1 |
| Genes | Total | 42 812 | 118.8Mb | 23.2 | | |
| | Exon | 202 169 | 50.2Mb | 9.8 | | |
| | Intron | 159 357 | 61.2Mb | 11.9 | | |
| ncRNA | miRNA | 297 | 37 168bp | 0.01 | | |
| | tRNA | 1 148 | 86 791bp | 0.02 | | |
| | rRNA | 697 | 228 388bp | 0.04 | | |
| | snRNA | 395 | 45 301bp | 0.01 | | |
| Repetitive sequences | | | 271.9Mb | 53.1 | | |

## 三、基因组的杂合特征

在砀山酥梨上共鉴定出 3 402 159 个可靠的 SNP 位点，同时使用相同的过滤标准在全基因组上鉴定出 333 443 735 个可靠的碱基，因此推测其杂合率约为 1.02%，这与之前预测的梨杂合基因组特性是相符合的。与其他已测序的基因组相比，梨的杂合度高于番木瓜（0.06%，Ming 等，2008）、木豆（0.067%，Varshney 等，2012）、杨树（0.26%，Tuskan 等，2006）和沙椰枣（0.46%，Al-Dous 等，2011）等物种，但是仍低于葡萄的杂合度（7%，Jaillon 等，2007）。

梨的 SNPs 分布图谱（图 7-2）显示 87.1% 的 SNP 间距在 50bp 范围以内，而近 50% 的 SNP 与其相邻的 SNP 在 10bp 以内。相对于 SNP 在全基因组中出现的高频率，基因区间则表现较低的 SNP 频率（图 7-3），仅为 0.84%，而 CDS（编码蛋白的序列）区间的频率只有 0.70%，Introns（内含子）为 0.95%，UTRs（非翻译区）为 0.90%。推测 CDS 区的 SNP 发生频率较低与蛋白编码区的保守性较高有关。在梨的全基因组范

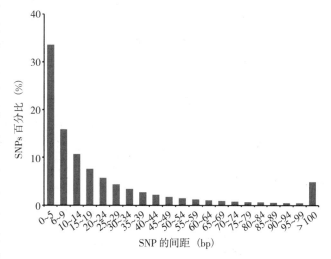

图 7-2　梨全基因组的 SNP 分布频率

围内共发现 26 249 个基因具有 SNP 位点。其中，13 794 个基因中的 SNP 位点比例低于 1%，4 346 个基因包含的 SNP 比例大于 2%，这些基因编码蛋白的主要功能包括蛋白激酶、抗病蛋白、细胞分裂蛋白、铁转运蛋白和转录因子；而含有较高 SNP 比例（>20%）

的基因，编码的蛋白主要涉及细胞膜、细胞壁、细胞分裂和甲基化等功能。由于 SNP 位点的出现，使得梨的 1 300 个基因从编码氨基酸转变成终止密码子，即发生无义突变；而使 500 个基因的终止密码子转变为编码氨基酸，这些基因主要富集在包括细胞分裂、蛋白激酶和 WD40 蛋白等生物功能方面。

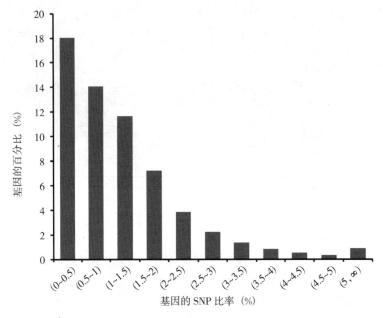

图 7-3　梨的基因中 SNP 分布频率

## 四、基因组的重复序列和结构特征

基于重复序列的结构分析和同源比对，从梨的基因组中一共注释了 271.9Mb 的重复序列，占组装基因组大小的 53.1％（表 7-2）。其中数量最多的两个转座子家族是 *Gypsy* 和 *Copia*，分别占全基因组大小的 25.5％ 和 16.9％。长末端重复序列反转录转座子（LTR-RT）表现出家族特异性和染色体分布的不一致性，其中 *Copia-like* 反转录转座子分布于包含常染色质区（基因富集区）在内的整个染色体；而 *Gypsy-like* 反转录转座子大多分布于基因较少的异染色质区。数量较多的 DNA 转座子家族是 PIF/*Harbinger* 和 hAT-Ac，分别占基因组大小的 2.7％ 和 2.1％。尽管转座子序列在染色体上的分布范围很广，大部分还是存在于着丝粒区域的。

表 7-2　梨的重复序列统计

| | RepBase 数据库转座元件 | | 转座蛋白 | | 重头组装 | | 总的转座元件 | |
| | 长度（bp） | 占基因组比例（%） | 长度（bp） | 占基因组比例（%） | 长度（bp） | 占基因组比例（%） | 长度（bp） | 占基因组比例（%） |
|---|---|---|---|---|---|---|---|---|
| DNA | 39 773 928 | 7.77 | 5 062 498 | 0.99 | 36 144 170 | 7.06 | 62 047 493 | 12.12 |
| LINE | 7 046 284 | 1.38 | 5 116 554 | 1.00 | 8 491 177 | 1.66 | 14 995 897 | 2.93 |
| LTR | 145 689 828 | 28.45 | 52 537 852 | 10.26 | 208 790 537 | 40.77 | 220 102 125 | 42.98 |

（续）

| | RepBase 数据库转座元件 | | 转座蛋白 | | 重头组装 | | 总的转座元件 | |
|---|---|---|---|---|---|---|---|---|
| | 长度（bp） | 占基因组比例（%） | 长度（bp） | 占基因组比例（%） | 长度（bp） | 占基因组比例（%） | 长度（bp） | 占基因组比例（%） |
| SINE | 137 735 | 0.03 | 0 | 0.00 | 183 888 | 0.04 | 301 828 | 0.06 |
| Other | 1 703 | 0.00 | 0 | 0.00 | 0 | 0.00 | 1 703 | 0.00 |
| Unknown | 0 | 0.00 | 12 795 | 0.00 | 4 283 753 | 0.84 | 4 296 548 | 0.84 |
| Total | 190 708 350 | 37.24 | 62 720 884 | 12.25 | 249 240 782 | 48.67 | 271 937 641 | 53.10 |

　　基于结构分析，在梨的基因组中鉴定了 645 条完整的转座子和 19 个单长末端重复序列（Solo-LTRs）。这些完整的转座子占组装基因组大小的 34%，占所有重复序列的 70% 左右。在 299 个完整的 LTR 反转座子中，144 个属于 *Copia* 家族，31 个属于 *Gypsy* 家族。虽然鉴定到的 *Gypsy* 家族的完整序列相对较少，但并不意味着其总量少，因为在梨的基因组中检测到了大量的 *Gypsy* 转座子的结构域。搜索 DDE 转座子和反转座区域的侧翼序列，发现了 10 个完整的 hAT、8 个 PIF/*Harbinger*、2 个 CACTA、3 个 LINE 和 288 个 MITE 元件。分析在梨上鉴定到相对较少的完整转座元件的原因，可能是单个 BAC 的测序不完整，因此导致基因组组装时存在缝隙（gaps）（尤其是末端重复序列），这时候使用任何基于结构的搜索算法都无法判断为完整的元件。但是，同样的预测方法，在相似基因组大小的谷子上鉴定到 3 000 个完整转座元件（Bennetzen 等，2012）。因此，目前分析的梨基因组中鉴定到的完整转座元件较少的原因，也可能是由于大量的转座元件在结构上发生了重组，或者是由于单个 BAC 中存在同一家族的多拷贝元件而造成的。

　　利用梨上具有完整结构的 LTR，根据 5′ 和 3′ solo-LTRs 的分化距离估计插入时间，分析结果表明梨上有很高的 LTR 扩张率，与已测序的植物基因组如拟南芥、番木瓜和草莓等相比，近期曾发生了 LRT 数量的加倍（图 7-4），这意味着梨的基因组大小还在持续扩张。但这一结果也有可能受到组装方法的影响。

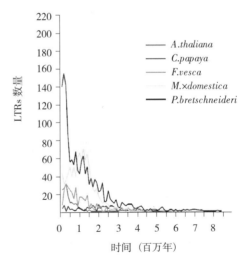

图 7-4　不同物种 LTR 插入时间的分布

# 第二节　梨基因注释

## 一、基因注释

　　结合基因的重头预测和蛋白比对，共注释到梨的 42 767 个蛋白编码基因。比较梨不同组织（根、茎、叶、花、果）和不同发育阶段（幼苗期、成年期、开花期和结果期）的转录组序列也进一步支持了所预测的基因集可靠性，其中23 843个（大约55.7%）预测基因被25 365个（占具有完整开放阅读框的27 008个转录子的93.9%）转录序列支持。通过整合并加入新的转录数据预测基因，最终注释梨的42 812个基因，其中12 217（28.5%）个基因编码存在多重剪切。预测梨的基因平均转录长度是2 276bp，编码长度1 172bp，平均每个基因4.7个外显子。同时，大约有89.5%的注释基因在至少一个公共蛋白数据库中找到序列相似的匹配序列。因此，对梨基因组覆盖度的完整性也得到进一步证实。此外，通过基因组序列还预测了梨的 297 个 micro-RNAs（miRNAs）、1 148个 transfer RNAs（tRNAs）、697 个 ribosomal RNAs（rRNAs）、和 395 个 small nuclear RNAs（snRNA）序列（表 7-1）。

　　梨的平均基因密度为12kb，同时基因在亚端粒区富集，这和其他植物基因组中观测到的相一致。同其他测序植物，如苹果（Velasco 等，2010）、草莓（Shulaev 等，2010）、拟南芥（Arabidopsis，2000）、葡萄（Jaillon 等，2007）以及杨树（Tuskan 等，2006）等相比，梨的基因元件，包括 miRNA 长度、CDS 分布以及内含子和外显子等都分布正常（图 7-5）。梨较多数量的基因主要集中在'分子功能'类别中的运输及催化功能基因；'生物过程'类别中的细胞进程、蛋白代谢及生物学调控等功能基因；以及'细胞组分'类别中的细胞、胞内及膜功能基因（图 7-6）。

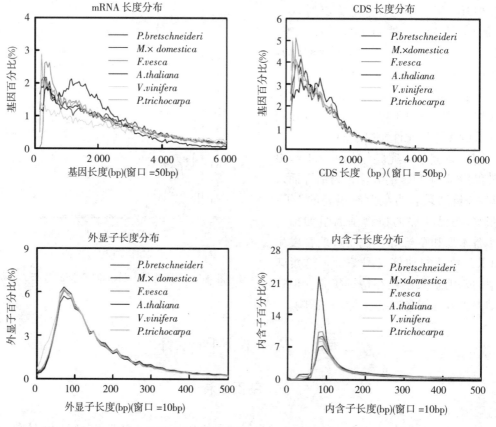

图 7-5　不同物种基因组的组成分布

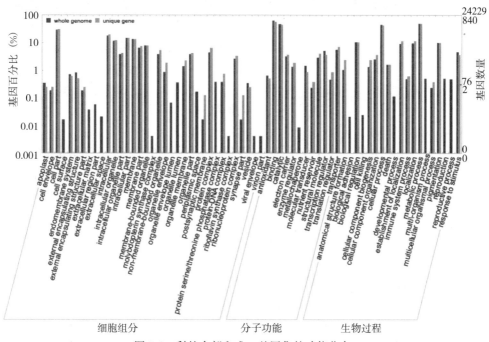

图 7-6  梨的全部和唯一基因集的功能分布

## 二、抗病相关基因

在梨上共鉴定出 396 个包含核酸结合位点［nucleotide-binding site（NBS）-containing］的抗病基因，这与大豆（392 个）和白杨（402 个）的研究结果相似，大约占苹果（992 个）和水稻（535 个）抗病基因的 39.9% 和 74.0%；但是比可可（253 个）和拟南芥（178 个）中鉴定到的抗病基因数量多。结构分析表明，梨的 CC-NBS-LRR 抗病基因的数目远远超过了 TIR-NBS-LRRs，这与葡萄和杨树的报道相似，但与苹果、大豆和拟南芥的报道相反。除了 NBS 基因外，梨的基因组中还包括 403 个 LRR-Kinase 基因和另外 11 个 CC-LRR-Kinase 基因，这比在苹果和杨树中报道的数目都多。

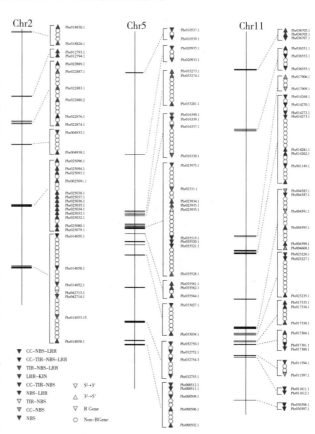

图 7-7  抗病基因在梨的第 2、5 和 11 号染色体上成簇分布特征

将抗病基因定位到梨的推测染色体上，发现他们在 17 条染色体上并不是随机分布的，超过 30% 的抗病基因聚集成组，并且在染色体 2、5 和 11 中成簇特征更显著（图 7-7）。这些基因组区域富集抗病基因，表明抗病基因的演化可能涉及串联复制以及关联基因家族的分化。

## 三、转录因子

通过结构域比对分析，在梨上共鉴定到分属 84 个家族的 3 221 个转录因子（图 7-8），占所鉴定的 42 812 个预测编码蛋白的 7.5%。这与在苹果基因组上鉴定到的 3 627 个转录因子，占全部预测编码蛋白的 8% 相类似。梨和苹果上转录因子类型的差异并不显著，但是相同家族的转录因子数量差异是存在的。总体来说，梨和苹果的转录因子数量都比较高，与葡萄、草莓、番木瓜和拟南芥相比，大约有 40 个转录因子家族数量至少高两倍，这可能反映了不同物种在生物功能方面的差异性。例如，梨的 NAC、AP2-ERBP 和 bHLH 转录因子家族有超过 170 个转录因子。这些转录因子家族的功能与调节植物的生长，抵制生物和非生物胁迫，激素应答以及信号转导有关。梨上共鉴定到 326 个 MYB 家族或 MYB 相关家族的转录因子，而苹果和草莓分别有 385 和 202 个 MYB 或与 MYB 家族有关的转录因子。MYB 转录因子已经被预测参与调节植物多种生理反应，包括调节生长、调节应对激素、生物与非生物胁迫以及光和昼夜节律的主要或次生代谢反应等。此外，在梨上还鉴定到 99 个 MADS-box 基因，MADS-box 是一类重要的转录因子家族，其参与调控所有主要的发育过程，包括雄性和雌性配子体、胚胎、种子、花、果实和根的发育。在不同植物物种上有两种类型（TypeⅠ和 TypeⅡ）的 MADS 蛋白，梨上存在 43 个类型Ⅰ和 56 个类型Ⅱ的 MADS 蛋白，这与草莓的 40 个类型Ⅰ和 47 个类型Ⅱ水平很接近，但比苹果的 49 个类型Ⅰ和 82 个类型Ⅱ要少。

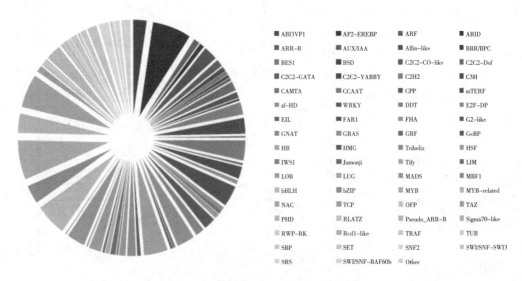

图 7-8　梨的转录因子家族组成和分布

## 四、同源和特异基因的鉴别

比较分析来自8个不同物种（梨、苹果、草莓、葡萄、番木瓜、杨树、水稻、拟南芥）的273 401个非冗余蛋白序列并聚类到27 413个基因家族中（表7-3）。梨的42 812编码蛋白基因，其中34 083个基因被聚类到16 960个基因家族中，其中有1 207个基因家族是唯一的，但是有8 729个特异基因不能聚类到任何家族中。在梨的1 207唯一的基因家族中包括了2 978个基因，其中1 214个基因包含 InterPro 蛋白域，并且有相应的 GO 功能分类；其余的1 764个基因是以前没有被预测的未知功能基因。选择其中的4个物种，包括梨、苹果、草莓和番木瓜做进一步的基因家族聚类（图7-9），发现4个物种中都具有的核心基因家族有9 118个，反映了相对近的共同起源；而1 376个基因家族（包括3 693个基因）是梨上所特有的；有16 955个基因家族在至少另外一个物种中存在，有可能反映了果树的特异特征。

表 7-3 8个物种中直系同源基因的分布和统计

| 物种 | 基因数量 | 聚类的基因数量 | 没有聚类的基因数量 | 基因家族数量 | 唯一家族数量 | 每个家族的平均基因数 |
|---|---|---|---|---|---|---|
| 梨 | 42 812 | 34 083 | 8 729 | 16 960 | 1 207 | 2.01 |
| 苹果 | 61 334（45 293） | 42 078（31 572） | 19 256（13 721） | 19 358（16 654） | 2 922（1 599） | 2.17（1.9） |
| 草莓 | 34 301 | 26 311 | 7 990 | 15 366 | 1 426 | 1.71 |
| 葡萄 | 25 329 | 18 805 | 6 524 | 13 219 | 657 | 1.42 |
| 番木瓜 | 25 599 | 18 272 | 7 327 | 13 391 | 521 | 1.36 |
| 杨树 | 40 303 | 32 246 | 8 057 | 15 301 | 1 013 | 2.11 |
| 水稻 | 33 127 | 22 138 | 10 989 | 12 551 | 1 663 | 1.76 |
| 拟南芥 | 26 637 | 22 834 | 3 803 | 13 299 | 749 | 1.72 |

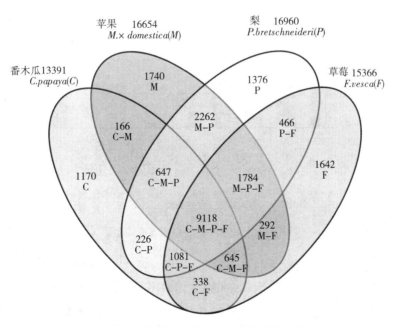

图 7-9 梨、苹果、草莓、番木瓜的基因家族分布

梨的唯一基因中有 840 个具有 GO 功能注释结果，其功能分布与梨的整体基因注释特征基本相似，比较特殊的是在代谢和细胞过程类别的基因数量水平较高，其次是转录因子类别，以及与果实发育、成熟和糖代谢过程有关的激酶和酶类别。

# 第三节　梨基因组进化

## 一、梨与苹果的基因组大小差异

梨和苹果都属于蔷薇科梨亚属植物，其具有相同的染色体数量，但是其基因组大小有明显差异。2010 年苹果基因组完成测序组装（Velasco 等，2010），其组装的基因组大小为 603.9Mb，估计含有 362.3Mb 的重复序列，而非重复序列大约是 241.6Mb；而在梨组装的 512Mb 序列中，重复序列是 271.9Mb，非重复序列是 240.2Mb。通过以上数据我们可以得出，梨和苹果的非重复序列大小几乎相等。计算已组装的苹果和梨的基因组重复序列差异大约是 90Mb，这与两者间基因组组装大小的差异 91.9Mb 十分接近。进一步分析梨苹果不同类型重复序列，发现两者的差异主要来自两种转座子组成（图 7-10），即 *Gypsy* 和 LINE。

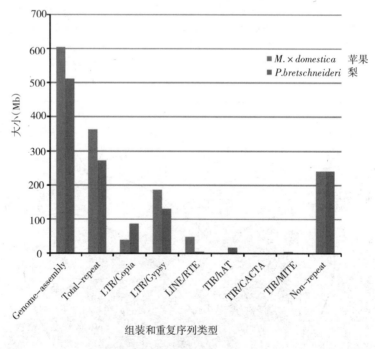

图 7-10　梨和苹果重复序列组成的比较

根据报道，在苹果上未组装的 138.4Mb 序列中 98% 被认定为重复序列（Velasco 等，2010）。对于高度杂合的物种使用 WGS 和第二代测序技术进行从头测序，其中的一个主要局限就是高度重复序列的组装（Birney，2010），尤其是对于经历了近期扩张的转座家族尤为困难。而采用 BAC-by-BAC 方法可以相对准确地对梨基因组中的转座子进行组装，主要是因为在进行单个BAC组装时很少受其他BAC中转座序列的影响。当然也不排除由于转座子中包含末端重复序列（如：LTR-RT）或者一个BAC克隆中含有不止一个转座元件的原因而导致组装出来的完整元件相对较少的情况。基于以上分析，可以确定梨和苹果的基因组大小差异主要是由大量转座元件占主导的重复序列差异造成的，而两个物种间的基因区大小基本相似。

## 二、梨全基因组复制事件（WGD）和分化

以匹配到基因组 870 个区域的13 372对梨旁系同源基因，计算四重简并位点（four-fold degenerate site transversion，4dTv），从 4dTv 的分布来看，梨上具有两组重要的区域群（图 7-11），揭示了梨的基因组发生了 2 次全基因组复制事件，其中 1 次是在近期发生（4dTv 值～0.08），而另外一次是相对古老的事件（4dTv 值～0.5）。而且这两次复制事件是梨和苹果所共有的，但是草莓上没有最近发生的这次基因组复制事件（图 7-11）。通过 4dTv 值的分布也说明了梨和苹果的分化是发生在近期的这次全基因组复制事件之后的。

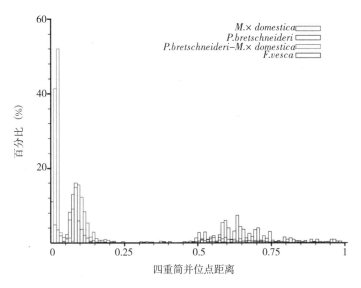

图 7-11 梨、苹果和草莓的旁系同源基因四重简并位点分布

为了估测这两次重复事件发生的时间，选取了5 593个基因家族中同义替换率（substitutions per synonymous site，Ks）低于 2 的共16 335个旁系同源基因对进行分析。发现梨的 Ks 的主峰范围是 0.15～0.3，而次峰的范围是 1.5 到 1.8，这与苹果的分布规律十分相似（图 7-12）。因此，梨的最近一次全基因组复制应该和苹果的复制事件推算的时间一致，即在 30 兆～45 兆年前，而另外一次古老的全基因组复制事件应该是公认的六倍化发生的时间，即大约 140 兆年前（Fawcett 等，2009）。通过对不同物种（包括梨，苹果，草莓，番木瓜，葡萄，白杨，拟南芥和水稻）分化时间的多基因树构建，估算梨和苹果的分化时间是在 5.4 兆～21.5 兆年前（图 7-13）。

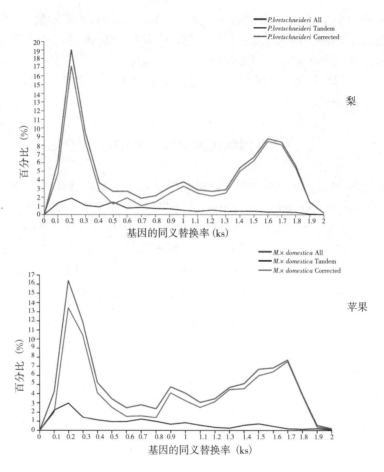

图 7-12 以同义替换率估算苹果和梨基因组复制事件及其发生的时间

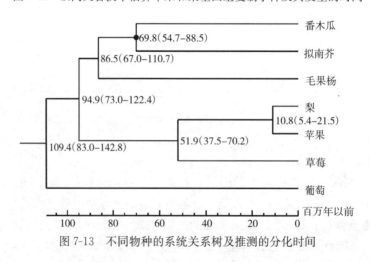

图 7-13 不同物种的系统关系树及推测的分化时间

## 三、梨基因家族进化研究

选择不同物种包括梨、苹果、草莓、葡萄、番木瓜、杨树、拟南芥中共有的7 221个基因家族研究进化（图 7-14）。结果显示，具有近期全基因组复制和快速进化的物种具有更多的基因家族扩张。例如梨上有 2 339 个基因家族扩张，351 个基因家族收缩；苹果有 1 558 个基因家族扩张，519 个基因家族收缩；杨树有 3 358 个基因家族扩张，163 个基因家族收缩；而拟南芥只有 1 168 个基因家族扩张，673 个基因家族收缩。基因家族的扩张可能会导致相应基因功能的增强，也可能反映了不同物种对某些特殊的生物学通路有更多的需求。

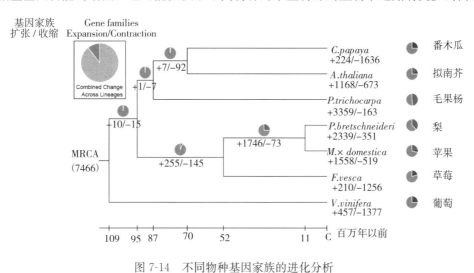

图 7-14　不同物种基因家族的进化分析

## 四、蔷薇科物种的基因组共线性及染色体进化

对梨和另外两个已测序的蔷薇科物种苹果和草莓进行共线性分析，研究结果揭示了梨和苹果有十分相似的染色体结构和组成特征。梨的全部 17 条染色体表现出与苹果对应染色体的很高同源性（图 7-15）。通过对梨自身共线性的分析，可以很容易找到具有很好同源性的染色体对（图 7-16），例如 LG3 和 LG11，LG5 和 LG10，LG9 和 LG17，LG13 和 LG16；同时也发现了类似于苹果基因组中鉴定到的染色体重组现象（Velasco 等，2010）。对梨和草莓基因组的共线性分析，则发现草莓中的一条染色体往往可以在梨上找到相对应的两条染色体（图 7-17），如草莓的 LG1 对应于梨中的 LG2 和 LG15，LG2 对应于梨的 LG5 和 LG10，LG3 对应于梨的 LG3 和 LG11 等。染色体的共线性分析也说明了草莓的 LG2、LG3、LG5 和 LG6 是由原始染色体的片段化和重组进化形成的。

很久以来蔷薇科不同物种染色体数量存在较大差异的现象就受到科学研究者的广泛关注。例如梨和苹果的基本染色体数目是 17，草莓是 7，桃是 8，绣线菊属是 9，我们不禁要提出疑问，其共同的祖先是多少条染色体？它们又经历了怎样的进化历程？梨和苹果的 17 条染色体到底是 8 和 9 条染色体的重组，还是 8 条染色体加倍或是 9 条染色体的加倍而形成的？虽然有研究者提出一些设想，但由于缺乏更多的试验证据，而无法获得接近真实的解析。基于全基因组序列的数据分析，为我们解开这一谜团奠定了科学基础。利用已经发布的苹果、草莓和梨基因组序列，进行染色体进化的推导。通过模拟染色体的进化历程，揭示了蔷薇科植物共同的祖先是 9 条染色体；而梨和苹果的 17 条基本染色体是经过

9条祖先染色体的加倍，以及少数染色体的重组和丢失进化形成的（图7-18）。

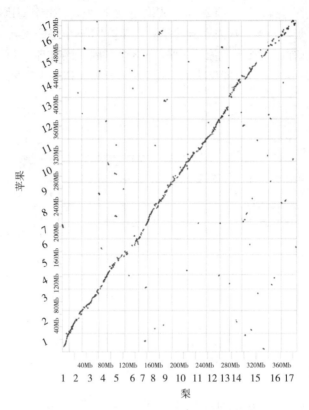

图 7-15　梨和苹果的共线性分析

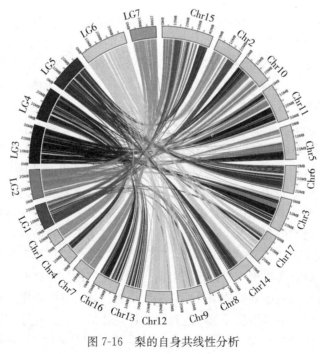

图 7-16　梨的自身共线性分析

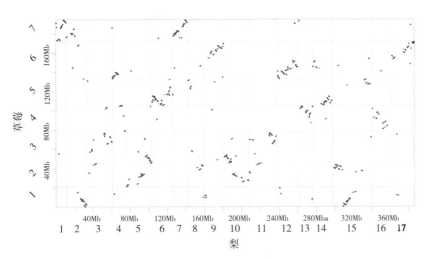

图 7-17　梨和草莓的共线性分析

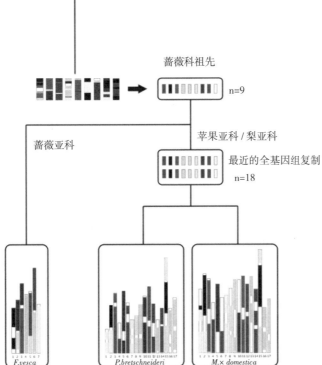

图 7-18　蔷薇科染色体的进化模型

# 参 考 文 献

Al-Dous E K, George B, Al-Mahmoud M E, et al. 2011. De novo genome sequencing and comparative genomics of date palm (*Phoenix dactylifera*) [J] . Nature Biotech. , 29: 521-527.

Arabidopsis Genome Initiative. 2000. Analysis of the genome sequence of the flowering plant *Arabidopsis thaliana* [J] . Nature, 408: 796-815.

Bennetzen J L, Schmutz J, Wang H, et al. 2012. Full genome sequence analysis of the model plant Setaria [J] . Nature Biotech. , 30: 555-561.

Birney E. 2010. Assemblies: the good, the bad, the ugly [J] . Nat Methods. , 8: 59-60.

Fawcett J A, Maere S, Van de Peer Y. 2009. Plants with double genomes might have had a better chance to survive the Cretaceous-Tertiary extinction event [J] . Proc. Natl. Acad. Sci. USA, 106: 5737-5742.

Jaillon O, Aury J M, Noel B, et al. 2007. The grapevine genome sequence suggests ancestral hexaploidization in major angiosperm phyla [J] . Nature, 449: 463-467.

Ming R, Hou S, Feng Y, et al. 2008. The draft genome of the transgenic tropical fruit tree papaya (*Carica papaya* Linnaeus) [J] . Nature, 452: 991-996.

Shulaev V, Sargent D J, Crowhurst R N, et al. 2010. The genome of woodland strawberry (*Fragaria vesca*) [J] . Nat Genet. , 43: 109-116.

Tuskan G A, Difazio S, Jansson S, et al. 2006. The genome of black cottonwood, *Populus trichocarpa* [J] . Science, 313: 1596-1604.

Varshney R K, Chen W, Li Y, et al. 2012. Draft genome sequence of pigeonpea (*Cajanus cajan*), an orphan legume crop of resource-poor farmers [J] . Nature Biotech. , 30: 83-89.

Velasco R, Zharkikh A, Affourtit J, et al. 2010. The genome of the domesticated apple (*Malus* × *domestica* Borkh. ) [J] . Nat Genet. , 42: 833-839.

# 第三篇

## 梨生长发育与现代栽培技术

# 第八章　梨植物学形态特征与结实生理

## 第一节　梨植物学形态特征与生长周期

### 一、根

根是植物在长期适应陆地生活过程中发展起来的器官，构成其地下部分。因此，梨树的稳产高产必须有一个发育良好的根系为基础。根除了从土壤中吸收和贮藏溶解于水中的营养元素供植物生长发育所利用外，另一个主要功能是固定植株，并且还为许多生物合成提供了场所。

#### （一）根的种类

**1. 主根和侧根**　梨主根是由种子胚根发育而来向垂直方向分布的粗大根。当主根生长到一定长度时，就会从内部侧向生出许多支根，称为侧根（图8-1）。主根和侧根之间往往形成一定的角度，有利于吸收、支持和固着作用。当侧根生长到一定长度时，又能生出新的次一级的侧根，多次反复形成梨树复杂、庞大的根系（图8-2）。

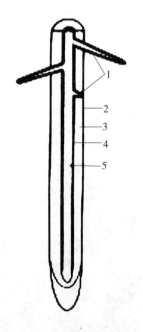

图 8-1　侧根发生图解
1. 侧根　2. 表层　3. 皮层　4. 中柱鞘　5. 中柱

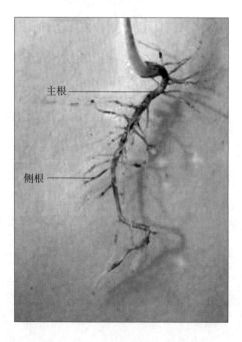

图 8-2　砀山酥梨实生苗的根系

**2. 吸收根与输导根**　吸收根又称营养根（图8-3）。着生在须根尖端、为白色初生结构组织。在梨根系生长最旺盛时，数量占总根数的 90% 以上，其主要功能是从土壤中吸收水分和营养物质，并转化为有机化合物，具有高度的生理活性。但寿命较短，一般 15～25d 后便死亡。

输导根是次生构造的根（图 8-3）。由过渡根转变为浅褐色或深褐色的根，初生皮层已经脱落死亡，产生了周皮和次生维管组织，为次生结构组织。输导根主要有输导水分和营养物质，并固定梨树于土壤的功能。

**3. 延长根与过渡根**　延长根是初生构造的根，白色，有强大的分生组织，延长根较粗，生长较快，根长可达 10～25mm。其主要功能是使根系进入新的土层，并分生侧根。随着延长根的向前延伸，其后部逐渐分化为次生结构。

过渡根也是次生结构的根，淡黄色，其颜色变化幅度很大，可以从微黄到浅褐色。常与延长根或活跃根连接在一起，颜色上缺乏明显的界限。过渡根过一定时间就自疏死亡；但也有的经过一段时间变为输导根。过渡根的存在是判断根生长的良好标志，有过渡根存在，即表明根系至少在 1～3 周前已经进行生长。

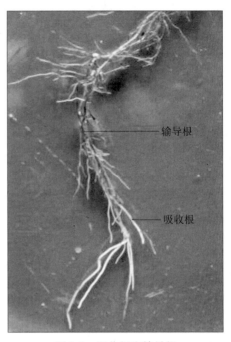

图 8-3　吸收根和输导根

### （二）根的形态结构

**1. 根尖**　从根的顶端到着生根毛的部位，这一段叫作根尖，依次分为根冠、分生区、伸长区和根毛区（图 8-4）。各区细胞的形态结构都有不同的特点，其生理功能也各不相同。除根冠外，其他各区的细胞特点逐渐过渡，并无严格的界线。李正理（1991）利用石蜡切片法研究了杜梨的根，认为杜梨根的前端结构只能大致分成中柱分生组织、皮层细胞和根冠。

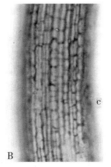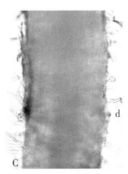

图 8-4　砀山酥梨根尖结构（×200）
A. 根冠和分生区　B. 伸长区　C. 根毛区
a. 根冠　b. 分生区　c. 伸长区　d. 根毛

梨根冠位于根尖的顶端，是由许多薄壁细胞组成的冠状结构（图 8-5）。根冠的外层细胞排列比较疏松、规则，多成纵向行列，外壁有黏液，原生质体内也含有淀粉和胶黏性物质。由于黏液的覆盖，可使根尖易于在土壤颗粒间推进，并保护幼嫩的生长点不受擦伤。同时，形成一种吸收表面，对于促进离子的交换与物质的溶解有一定的作用。梨根冠中央细胞体积大、排列整齐，呈纵向列。根冠细胞的细胞质内含有淀粉体，多集中分布于细胞的下侧，认为根冠是感觉重力的地方，似能控制分生组织中有关向地性的生长调节物质的产生或移动。

分生区也称为生长点，是由顶端分生组织构成，长约 1～2mm，大部分被根冠包围着。分生区是产生新细胞的主要位置，并且始终具有分裂能力。分生区的顶端分生组织，其细胞形状为多面体，排列紧凑，胞间隙不明显，细胞壁很薄，细胞核很大，约占整个细胞体积的 2/3，细胞质浓密，液泡很小、外观不透明。

伸长区细胞分裂活动逐渐减弱，细胞的分化程度逐渐加强。伸长区的细胞伸长迅速，细胞质成一薄层位于细胞的边缘部位，液泡明显，并逐渐分化出一些形态不同的组织。原生韧皮部的筛管和原生木质部的导管相继出现，其中原生韧皮部分化和成熟均较原生木质部略早。在延长最剧烈的区域，韧皮部陆续开始成熟。伸长区外观较为透明，可与生长点相区别。由于伸长区中细胞迅速伸长，是构成根向地生长的主要动力之一。

根毛区又称为成熟区，位于伸长区之上。根毛区密被根毛，有效地增大了根的吸收面积。根毛中的细胞核常位于先端，细胞壁薄软而胶粘，有可塑性，能沿着土壤空隙曲折生长，与土粒紧密接触（图 8-5），不仅使根有利于吸收水分和矿质元素，还加强了根的固着力。根毛的寿命很短，一般为数天或十几天。根毛区上部的根毛逐渐死亡，由下部形成新的根毛不断更新。随着根尖的生长，根毛区则向土层深处推移，从而保持根系强大的吸收能力。

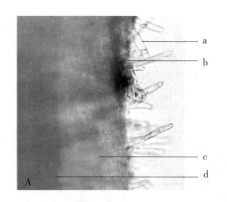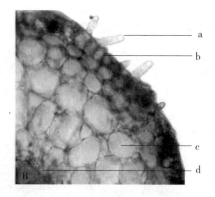

图 8-5　根毛的发生与结构

A. 根毛区外观　B. 根毛区横切

a. 根毛　b. 表皮细胞　c. 薄壁细胞　d. 中柱

**2. 根的初生结构**　梨根的初期生长是由根尖的顶端分生组织经过分裂、生长、分化三个阶段发展而来的。在初生生长过程中所产生的各种组织，都属于初生组织，它们组成根的初生结构。在横切面上，幼根从外至内可划分为表皮、皮层、中柱三个明显的部分（图 8-6）。

（1）表皮　表皮是位于成熟区最外的一层排列紧密的细胞。每个细胞的形状略呈长方形，其长轴与根的纵轴平行，在横切面上它们近似于方形。细胞壁由纤维素和果胶质构成，水与溶质可以自由通过。许多表皮细胞向外突出成根毛，扩大了根的吸收面积。所以幼根根毛区的表皮吸收作用显然较其保护作用更为重要。

（2）皮层　皮层位于表皮之内，由基本分生组织发育而成，占幼根横切面的很大比例，由外皮层、薄壁细胞和内皮层构成，是水分和溶质从根毛到中柱的横输导途径，也是幼根贮藏营养物质的场所，并有一定的通气作用。由于中间皮层原始细胞的不断向周围增生出皮层分生组织，进一步地细胞分裂，形成了较多的轴向皮层细胞。这种皮层分生组织的细胞分裂，在一定时期内非常活跃，从而促使了根端的增粗。

外皮层一般由2～3层薄壁细胞构成，细胞排列紧密而整齐，具有横向输导功能。细胞壁由纤维素组成，水分和溶质仍

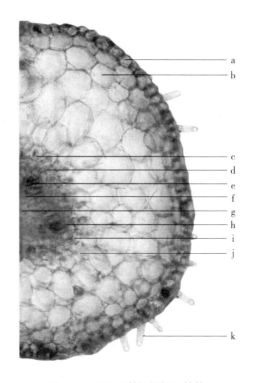

图 8-6　砀山酥梨根的初生结构

a. 表皮　b. 皮层薄壁细胞　c. 凯氏点（带）
d. 初生韧皮部　e. 形成层　f. 初生木质部　g. 髓
h. 维管束　i. 中柱　j. 内皮层　k. 根毛

可通过。当表皮上的根毛枯死后，外皮层细胞的细胞壁栓化，起着临时的保护作用（图8-7）。中皮层薄壁细胞的层数最多，细胞体积最大，细胞中含有淀粉粒并有丰富的细胞间隙。

内皮层是指皮层的最内一层细胞排列紧密，没有细胞间隙。在幼根的吸收部位，内皮层的细胞壁在纵壁和横壁上均有一条木栓质的点状或带状增厚，称为凯氏点或凯氏带（图8-7）。凯氏带与细胞质牢固结合的特殊结构对于根内水分和溶质的输导密切相关。土壤溶质由皮层进入中柱都要通过内皮层有选择透性的细胞质膜，这样可以减少溶质的散失，使水分与溶质持续进入导管内。

（3）维管柱　维管柱为内皮层以内的中轴部分，是由原形成层发育而来，其细胞一般较小而密集，易与皮层区别。中柱的结构比较复杂，由中柱鞘、初生木质部、初生韧皮部、薄壁组织四部分组成。

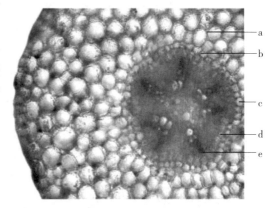

图 8-7　幼根内皮层凯氏点

a. 外皮层　b. 凯氏点　c. 内皮层　d. 中柱鞘　e. 维管束

中柱鞘  中柱鞘位于中柱外围,与内皮层相毗连,由一层或几层薄壁细胞所组成。根端中柱的原始细胞在中柱最前端形成一层细胞。这些原始细胞经过多次的平周分裂,形成了中柱前面部分的分生组织。

初生木质部  初生木质部位于根的中央,由原形成层细胞分化成熟而来,其主要功能为输导水分。表皮细胞及其突起物——根毛,从土壤中吸收水分和溶质,经过皮层而进入中柱。然后,在木质部的导管和管胞中输送到地上部分的各个器官。初生木质部具有辐射角(木质部束),辐射角的尖端为原生木质部。原生木质部的束数是相对稳定的,梨主根有五束原生木质部,称为五原型。

初生韧皮部  初生韧皮部位于中柱内,形成若干束分布于初生木质部辐射角之间,它们与原生木质部束相间排列,这是幼根维管束系统的最为突出的特征。初生韧皮部的主要功能是输导同化产物。叶所制造的有机营养物质,通过韧皮部输送到根、茎、花、果等部分供利用。

薄壁细胞  在初生韧皮部与初生木质部之间,常有几列薄壁细胞。在次生生长开始时,其中一层由原形成层保留的细胞,形成维管形成层的一部分。

**3. 根的次生结构**  梨主根和较大的侧根在完成了初生生长之后,由于形成层的发生和活动,不断地产生次生维管组织和周皮,使根的直径增粗,这种生长过程称为次生生长(图8-8)。

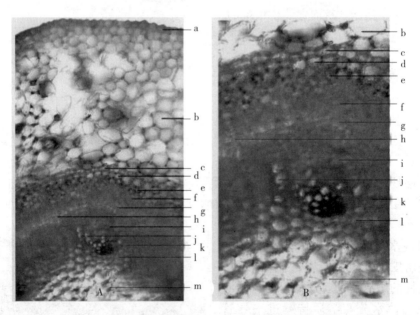

图8-8  砀山酥梨根的次生生长(B为A的局部放大)
a. 表皮  b. 皮层  c. 内皮层  d. 中柱鞘  e. 初生韧皮部  f. 次生韧皮部  g. 形成层
h. 次生射线  i. 次生木质部  j. 髓射线  k. 初生射线  l. 初生木质部  m. 髓

(1)维管形成层的发生及其活动  在梨根毛区内,当次生生长开始时,位于韧皮部内侧的保持未分化状态的薄壁细胞分裂,成为维管形成层的主要成分。初期维管形成层仅片段存在,随着形成层片段不断的左右扩展,最终与中柱鞘相接。此时,正对原生木质部外面的中柱鞘细胞也进行分裂,变为形成层的一部分。至此,维管形成层连成了整个的环。

向内分裂产生的细胞形成新的木质部，位于初生木质部的外方称为次生木质部。次生木质部由导管、管胞、木纤维、木薄壁细胞组成。向外分裂所产生的细胞形成新的次生韧皮部，位于初生韧皮部内方并将初生韧皮部推向外方。次生韧皮部由筛管、伴胞、韧皮纤维、韧皮薄壁细胞组成，初期维管形成层环上各处分裂的速度并非均匀一致，所分生出的次生木质部和次生韧皮部在数量比例上也不相同。通常，分生出数个次生木质部细胞后才分生出一个次生韧皮部细胞。所分生出的次生木质部细胞又以靠近初生韧皮部内侧的地方增长较快，两端生长较慢。所以，初生韧皮部以及次生韧皮部被推向外围，波浪状的维管形成层也逐渐变成了圆形的环。维管形成层变成圆环后仍然不断地向内外分裂，分别形成次生木质部和次生韧皮部，使根的直径渐渐加粗，维管形成层的位置也渐向外移。与此同时，维管形成层进行径向分裂，扩大周径，以适应次生木质部增粗的变化。

维管形成层一经发生之后，主要进行切向分裂，增加细胞层数。向内分裂产生的细胞形成新的木质部，位于初生木质部的外方称为次生木质部。次生木质部由导管、管胞、木纤维、木薄壁细胞组成。向外分裂所产生的细胞形成新的次生韧皮部，位于初生韧皮部内方并将初生韧皮部推向外方。次生韧皮部由筛管、伴胞、韧皮纤维、韧皮薄壁细胞组成。发育的初期，维管形成层环上各处分裂的速度并非均匀一致的，所分出的次生木质部和次生韧皮部在数量比例上也不相同。通常分生出数个次生木质部细胞之后，才分生出一个次生韧皮部细胞。所分生出的次生木质部细胞，又以靠近初生韧皮部内侧的地方增加较快，两端的增加较慢。所以，初生韧皮部及次生韧皮部被推向外围，波浪状的维管形成环也逐渐变成了圆形的环。

维管形成层变为圆环后仍不断地向内外分裂，分别形成次生木质部和次生韧皮部，使根的直径渐渐加粗，维管形成层的位置也渐向外移。与此同时，维管形成层细胞并进行径向分裂，扩大其周径，以适应次生木质部增粗的变化。

维管形成层除了产生次生韧皮部和次生木质部外，在正对初生木质部辐射角处，由中柱鞘发生的形成层段也分裂出呈径向排列的薄壁细胞——射线。在较粗的老根内，其次生木质部和次生韧皮部中，也有射线形成。根据射线所存在的部位，分别称为木射线和韧皮射线。射线有横向运输水分和养料的功能，有时，其中也蓄藏着丰富的养料。

（2）木栓形成层的发生及其活动　在梨根中，维管形成层活动的结果，使次生维管组织不断增加，中柱不断扩大。到了一定的程度，必然引起中柱鞘以外的皮层、表皮等组织破裂。在这些外层组织破坏前，中柱鞘细胞也恢复分生能力，进行切向分裂和径向分裂形成木栓形成层。木栓形成层形成后进行切向分裂，形成几层新细胞。外层细胞发育成木栓形成层，内层细胞形成栓内层，加上木栓形成层本身，三者合称为周皮。周皮的形成使得表皮和皮层得不到水分和营养物质的供应而终于脱落。黄褐色的木栓组织加上已死的周皮的积累部分，就成为老根外表的保护组织。这种次生保护组织增强了防止水分散失和抵抗病虫害侵袭的作用。

### （三）根颈与菌根

**1. 根颈**　根颈位于梨植株地上部分和地下部分之间。实生苗典型根颈是由种子胚的下胚轴发育而成。插枝、压条、根繁而获得的植株，根和茎之间的部分也称根颈。根颈是树体生理活动比较活跃的部分，比地上部分进入休眠期较迟，解除休眠又较早。同时位于地面附近，温度变化剧烈，所以在晚秋、严冬和早春季节，易受冻害。寒地栽培梨树需根颈培土保护越冬。

**2. 菌根**　梨根部可以与土壤一些真菌之间存在共生关系，二者形成一种特殊的共生结构，称为菌根。根据菌丝在根中生长分布的不同情况，通常可将菌根分为外生菌根（图8-9）和内生菌根（图8-10）两种类型。

图8-9　外生菌根

图8-10　内生菌根

典型的外生菌根，其特征是真菌菌丝在幼小的吸收根表面生长，形成结构致密的菌丝套，又称菌套菌根。菌套的外层菌丝穿织较松，先端向外延伸，使表面呈毡状或绒毛状；内层菌丝交织较紧，部分并侵入到根外部皮层细胞的间隙中，蔓延形成一种网状菌丝体。梨树的吸收根一旦为这种外生菌根的真菌所侵染，就不再延伸和发生根毛，其细胞增大形成短棒状、二分叉状或珊瑚状等独特的形态结构。包围在根外的菌丝即代替根毛而行使其吸收功能。

内生菌根是自然界分布最广泛、作用最重要的一类菌根。与外生菌根不同，内生菌根通常在形态上与正常的吸收根之间没有显著差异。有时在同一条幼根上，根毛与菌丝体或泡囊可以同时并存。菌根也有菌丝伸出根外，散布于根四周的土壤中，根外菌丝一般伸长1cm左右，形成一个松散的菌丝网系统，有时在菌丝顶部还产生吸盘式或瘤状的结构。但菌根真菌不在根表形成菌鞘，因此根系可以保留有根毛。

菌根上的菌丝向四周扩展，扩大了根系与土壤的接触面积，扩大吸收面积，从而增强吸收能力。同时菌根加强了果树对土壤中矿质养分的吸收，从而增高了果树光合作用的结果。李涛等（2010）以翠冠（川梨砧）初结果树为试材，在梨园分别间作百喜草、白三叶草和"早熟梨—榨菜—黄豆"三种生态种植模式。在干旱季节，所有生草处理区都显著改善了根际土壤水分和温度状况，处理区土壤丛枝菌根真菌孢子数和梨根系菌根侵染率显著高于清耕区。试验还表明在干旱季节，生草区与生态种植模式促进了果园土壤丛枝菌根真菌的生长和梨根系菌根的形成，从而促进了梨根系对水分和磷素营养的吸收利用。

### （四）根的生长与分布

**1. 直根系**　梨树每年发生的新根，根据其主要功能的不同，可分为延伸根和吸收根。延伸根较粗，吸收根较细，根据对衼梨实生苗及杜梨砧嫁接苗根系的观察，新生的延伸根直径在0.6mm以上，吸收根一般在0.3mm以下。梨树随年龄的增加，根系在不断的扩大。根系的扩大主要靠延伸根。幼树梨树的单一延伸根年生长量有时可达 80cm 以上，一般均在 30cm 以上。幼树梨树所发生的延伸根分别向与地面垂直方向、水平方向以及水平和垂直方向之间的方向伸展。水平方向生长的根，称为水平根；垂直方向生长的根，称为垂直根。延伸根除先端的根毛区具有吸收水分和养分的功能外，其主要功能为扩大根系范围，输导水分和养分，固定树体和由延长根上发出的新吸收根。梨树幼龄时期发生的延伸根，长大以后形成根系的骨干根。在延伸根伸长的过程中，其上发生多数侧根。侧根除少数的也能发展称为延伸根外，大多数的侧根成为发生吸收根的基根，由其上发生大量的吸收根。这种侧根延伸长度较小，但分枝性较延伸根强。延伸根上的侧根每年有一部分死亡；如果不死亡，再由其上发生多数细而分枝很强的吸收根并构成吸收根群。吸收根或吸收根群每年的加粗生长量比延长根小得多。

吸收根的主要功能为吸收水分和养分。吸收根的数量比延伸根多。吸收根每年发生的数量虽然比延伸根多，但死亡率亦大。根据对三年生茌梨嫁接树根（杜梨砧）的观察，吸收根寿命能超过一个生长季的低于 50%，但是延伸根的寿命能超过一个生长季的却能超过 96%。

**2. 梨根系的生长**

（1）梨根系生长规律　苹果梨根系于 4 月下旬土温上升达 6℃ 左右时仅在表层土（20cm）内的开始发生吸收根。在不同深度土层内的新根开始生长的时期是不同的。苹果梨离地面 50cm 以内土层的根系，在一年中 6 月上旬只出现一次生长高峰期，而 50cm 以下土层内的根系则出现二次生长高峰期，第一次为 6 月中旬，第二次为 9 月中旬至 10 月下旬。二十世纪的新根 2 月下旬开始伸展，4 月下旬起伸长显著，5 月末至 6 月初伸长最盛，8 月伸长完全停止，9 月秋根开始伸展，自 10～11 月是秋根伸长的高峰。因此认为根的伸长周期有 5～6 月的最高峰与 10～11 月秋根高峰等两个时期。

（2）根伸长与水、肥的关系　新根的伸长和生长与水、肥料养分具有极密切的关系。梨根系在持续水分胁迫的条件下，易造成根系的老化，致使根系活力、吸收功能下降，根系活力仅为对照的 41%，从而影响梨地上部分的正常生长。水分亏缺处理植株发生的生长根、吸收根量显著增加，根径显著增粗，须根发达，新生生长根、吸收根在盆底部沿着盆壁呈网状分布，形成较大的根垫，最长达 30cm 左右，根系的吸收能力显著增强。这表明干燥区域的根系存在补偿生长现象。

对于梨栽培多用局部施肥，以发挥肥效。如果仅在特定的局部施肥，则该部分的根显著伸长，但不施肥部分的根不伸长，成为老化状态。赵建荣和樊卫国（2005）以水培川梨幼苗为试材，对不同氮素形态对根系活力的影响进行了研究（表 8-1）。结果表明，$NO_3^- $-N 与 $NH_4^+ $-N 比值为 7∶3 时，川梨根系活力最高、生长最好；仅以 $NH_4^+ $-N 为唯一氮源时，根活力最低，根系的吸收功能受到极大抑制，且表现为 $NH_4^+ $-N 毒害症状；并且 $NO_3^- $-N 含量与土壤中含水量呈极显著负相关。苹果梨树盘内 20～40cm 土层和 40～60cm 土层土壤的有机质含量季节性变化幅度较大，呈现出高—低—高—低—高的规律性变化；全磷和速效磷与有机质含量均呈极显著的正相关关系。苹果梨根系对碱解氮的吸收高峰是在夏季（7 月中旬），对钾的吸收高峰是在果实迅速膨大期（8 月中旬）。苹果梨树盘内不同土层土壤温度在 4 月中旬至 8 月中旬均呈上升趋势，8 月中旬土壤温度达到最高值，随后呈现缓慢下降趋势。苹果梨树盘内 0～20cm 土层的土壤含水量远远高于下两层土壤，各土层土壤水分季节性变化明显。二十世纪 3 月施肥，初期的新根由于肥料发酵，伸长受到阻碍，但与不施肥或 12 月施肥的不同，自晚春至夏、秋，根继续伸展，没有夏季的休止期。说明肥料养分与新根的伸长关系密切。

表 8-1 氮素形态对根系生长的影响

| 处理 | 1 | 2 | 3 | 4 | 5 | 6 |
|---|---|---|---|---|---|---|
| 根鲜重 | 3.87c | 3.51c | 4.72a | 4.49a | 4.39b | 3.57c |
| 根干重 | 0.79b | 0.75bc | 0.89a | 0.85a | 0.81b | 0.72c |
| 根冠比 | 0.576bc | 0.678a | 0.594b | 0.573b | 0.563c | 0.519d |

注：小写字母表示差异显著水平（$P=0.05$）。1.100%尿素；2.100%$NO_3^--N$；3.70%$NO_3^--N+30\%NH_4^+-N$；4.50%$NO_3^--N+50\%NH_4^+-N$；5.30%$NO_3^--N+70\%NH_4^+-N$；6.100%$NH_4^+-N$。

　　根与树体内贮藏养分有关。贮藏养分少的树，在早春至 6 月根的活动伸长期间，即使多施肥料，新根的发生量也不多，导致所施肥料能用于当年果实生产的比率少。由此可见梨树贮藏养分一方面是开花结果、枝叶的发生和碳水化合物生产的起点，同时也是根伸长发生的起点，并且与肥料有关。

　　（3）根伸长与温度的关系　新根伸长最显著的 4～6 月及 9～11 月的温度为 15～20℃。这是根系生长的最适温度。梨种子的发芽在 7～10℃即能进行，根的伸长开始期 2 月下旬。从调查结果来看，根在温度 6℃的时候就开始伸长。因此，冬季地下深层土温偏高，根的伸长能顺利进行。利用根箱对 40 年生的二十世纪梨在地下 90cm 处根群活动进行观察，发现新根发生期更早，这样深处即使在 1～2 月的严寒期，根亦稍微继续伸展。因为地下 1m 深处冬季的最低温度为 7℃左右。

　　将梨的砧木，如日本山梨和杜梨，放入定温箱调查温度与根伸长的关系。发现在10℃时不见新根发生，可能在这样低温环境中新根发生需有更长的时间。温度 15℃以上随温度上升新根的发生显著增加，在 25℃附近，新根伸长最为显著。在另一个实验中，则 30℃时根系伸长最盛，所以 25～30℃当为根伸长最盛的温度。这是在短期间对伸长量的观察结果，而长时间根的伸长情况则与实际栽培条件有关。

　　（4）根的活动伸长与空气的关系　新根发生后，水分、空气是根系伸长和充分发挥吸收机能所必需的。如果只依靠水中少量的氧，短时间内即呈窒息状态，不仅造成根的伸长不良，其生存也成问题。将梨水耕栽培 1 天中分 2～8h 不同时段分别观察通气与根群的关系，结果表明，①通气最差时，新根完全不发生，根群渐次枯死；②通气稍好，则仅自细根发生少数细的新根，但不久即枯死，其后新根再出又枯死，这样状态反复进行；③通气改善，则新根的发生依然限于细根，但数多而长，到枯死的期间也延长；④通气进一步改善，则不仅细根，自粗根也发生粗的新根；⑤通气充分，发生多数粗根和细根，这些根不枯死而木质化，也发生新根，根也能肥大，形成良好的根群。

　　（5）根系生长与修剪量的关系　地上部分不同的修剪程度会对地下根系造成不同的影响。如开心形丰水幼树通过轻剪、重剪和不修剪处理对其根系分布度进行比较分析。结果表明，不同修剪量梨树根系垂直方向主要集中分布在 0～60cm，水平方向在 150～300cm土体中。其中吸收根垂直分布集中在 20～50cm，水平方向在 150～200cm 土层内，轻剪处理水平根系分布深而广，不修剪梨树垂直根系深，水平分布不广，重剪处理根系分布居中。在丘陵地区开心形树型应以轻剪长放为主，加强夏季管理和拉枝是修剪不可缺少的配套措施。

（6）根系生长与土质的关系　鸭梨根系水平分布优于向下分布，在较浅土层中就有很粗的根系，根据土壤的特性，沙壤土中果树的根系应该是水平伸长较强，但是河流故道区沙壤中有特殊黏土层，加上长期的人为水肥供给的影响，根系伸展与在沙壤土中深层下扎深，水平伸展小的规律相反。鸭梨垂直根系主要分布在50～100cm土层，水平方向达冠幅的1/3处在100～150cm土体。

### 3. 根系的分布

（1）梨根的水平分布　一般梨根较其他果树根的水平分布范围大，而且比树冠的扩展范围宽广。在树冠与邻树接触前，根系已经相互交叉。这一点在土壤深、排水良好时并不一定如此，但土壤浅时，这一倾向更加明显。

根据对栽培在沙滩地上茌梨根的挖掘，在主干附近水平根的分布较浅，分布的厚度也小；越远离主干处水平根距地面较深，而且分布的厚度也较大。距主干1m左右处，根主要分布在距地面10～30cm的土层内。距主干3m左右处，根主要分布在距地面20～50cm的土层内。距主干越近处，根的密度越大。就根在不同深度的土层中的深度分布来看，自地下面10～50cm深度的土层内，以细根占的比例最多；50cm以下的土层中，细根减少，主要是骨干根。鸭广梨根系的水平分布大于树冠，91.0%的根集中分布在树冠以内的土壤中，越近主干的土壤根越密，树冠外根系很少。

（2）梨根的垂直分布　土壤深度、下层土性质、排水系统或地下水的高度等条件与梨根的深度密切相关。条件良好，根深分布可达2m。到达土壤深层的根几乎都是根际所出而向地性强的，横向扩展的根不能直达土壤深层。在黏质土地下水位在1.8m以下而排水良好时，在地下60cm以下的深度还有50%以上细根。但土壤浅，下层土紧密，通气不良时，地下深度60cm以下的细根不过10%～20%。又在水田地带，地下水高60cm左右时，细根大部分被限制在30cm的深度（表8-2）。

表 8-2　梨细根分布的比例（%）

（林真二著，吴耕民译，1981）

| 土壤深度（cm） | 27年生长十郎 | | 16年生二十世纪 | | 25年生长十郎 | |
|---|---|---|---|---|---|---|
| | A | B | A | B | A | B |
| 0～30 | 18 | 23 | 57 | 58 | 72 | 100 |
| 30～60 | 10 | 22 | 31 | 20 | 28 | 0 |
| 60～90 | 7 | 20 | 10 | 13 | 0 | |
| 90～120 | 16 | 14 | 0 | 4 | | |
| 120～150 | 29 | 16 | | 0 | | |
| 150～180 | 20 | 5 | | | | |
| 土性 | 黏性土 | | 黏质壤土 | | 黏质壤土 | |
| 地下水位 | 约180cm | | 表土20cm，底土坚硬 | | 约60cm | |

张琦（1997）对以杜梨为砧木的二年生密植砀山酥梨的根系垂直分布进行观察。乔砧密植梨树根系垂直分布相对较集中，分布在60cm以上土层中，吸收根数量且大分布深度相对较浅。0～60cm土层中吸收根数占剖面总根量的91.1%。输导根的分布在20～80cm土层中，集中分布在20～60cm土层中，较吸收根分布相对要深，对固定树体，吸收深层土壤中的水分和养分有重要作用。为了研究不同培育方法对杜梨根系的影响，刘润进等

（1998）采用盆栽和育苗器培育杜梨实生幼苗，观察不同根系形态、分布和生长状况。结果表明，杜梨主根上的侧根上下分布较均匀，多数侧根单根着生，间隔 0.2~0.5cm，侧根较短。最长侧根与主根比值小于 50%。而砂梨侧根多集中分布在主根上部，多呈簇生长，其最长侧根与主根比值大于 50%。李锦等（2007）通过对鸭广梨根系分布的观察，结果表明：40 年生鸭广梨根系构成，以 0~2mm 粗的须根为主（占 87.3%）。根系的垂直分布小于树高，69.1% 的根集中分布在 0~30cm 土层内（即耕作层），88.3% 的根集中分布在 0~50cm 深的土层中（表 8-3）。李金凤等（2010）对六年生梨树爱甘水、幸水和丰水 3 个不同砂梨品种不同土层内根系的总长、重量、平均直径，不同直径范围内的根长、表面积、总体积、根尖数、根叉数和根尖点等进行了研究。结果表明，不同土层内 3 个砂梨品种间根系生长状况存在明显差异。0~2mm 直径的根系爱甘水、丰水多集中于 20~30cm 土层，而幸水则集中在 40~50cm 土层；3 个品种大于 5mm 根系的重量所占比例均为最高；在 0~10cm 土层内爱甘水的根叉数、根尖条数和根尖点数均高于幸水和丰水，在 0~20cm 土层内。爱甘水的根系表面积和体积也明显高于幸水和丰水。

表 8-3　40 年生鸭广梨树根系构成

（李锦 等，2007）

| 土层深度 (cm) | 不同直径根数量及比例 | | | | | | | | | | 各层根数及比例 | |
| | 0~2mm | | 2~5mm | | 5~10mm | | >10mm | | 死根 | | | |
| | 个 | % | 个 | % | 个 | % | 个 | % | 个 | % | 个 | % |
|---|---|---|---|---|---|---|---|---|---|---|---|---|
| 0~10 | 576 | 93.4 | 31 | 5.0 | 0 | 0 | 0 | 0 | 10 | 1.6 | 617 | 26.0 |
| 10~20 | 452 | 88.6 | 34 | 6.7 | 0 | 0 | 6 | 1.2 | 18 | 3.5 | 510 | 21.5 |
| 20~30 | 448 | 87.5 | 34 | 6.6 | 6 | 1.2 | 10 | 2.0 | 14 | 2.1 | 512 | 21.6 |
| 30~40 | 263 | 80.2 | 48 | 14.7 | 3 | 0.9 | 7 | 2.1 | 7 | 2.1 | 328 | 13.8 |
| 40~50 | 104 | 80.0 | 18 | 13.8 | 1 | 0.8 | 1 | 0.8 | 6 | 4.6 | 130 | 5.4 |
| 50~60 | 37 | 88.1 | 4 | 9.5 | 1 | 2.4 | 0 | 0 | 0 | 0 | 42 | 1.8 |
| 60~70 | 42 | 87.5 | 3 | 6.3 | 0 | 0 | 3 | 6.3 | 0 | 0 | 48 | 2.0 |
| 70~80 | 47 | 87.0 | 3 | 5.6 | 2 | 3.7 | 2 | 3.7 | 0 | 0 | 54 | 2.3 |
| 80~90 | 47 | 79.6 | 8 | 13.6 | 2 | 3.4 | 1 | 1.7 | 1 | 1.7 | 59 | 2.5 |
| 90~100 | 57 | 77.0 | 11 | 14.9 | 1 | 1.4 | 3 | 4.0 | 2 | 2.7 | 74 | 3.1 |

## 二、茎

梨树的茎是梨地上部分的主轴，支持着叶、芽、花、果，并使它们在空间形成合理的布局，适应光合作用的进行。茎又是梨树体内物质运输的主要通道。根部吸收的水、矿物质以及在根中合成或贮藏的有机物质，通过梨茎输送至地上各部分；叶的光合产物，也要通过茎输送到植株各部分备用或贮藏。梨茎上着生枝条，枝条上有叶和芽（在生殖生长时期还有花和果），梨树的芽是梨树枝条或花序的原始体。

### （一）芽的特性

梨树的芽是一种临时性器官，是枝、叶等营养器官和花、果实等生殖器官形成的基础。梨树的生长和结果、更新和复壮等重要生命活动都是通过芽来实现的。梨树栽培中许多农业技术的实施，是依据芽的生物学特性进行的。因此，了解芽的特性以及芽与栽培技术的关系，是非常重要的。

**1. 芽的种类**　梨树每年都要形成大量的芽。通过芽的发育实现从营养生长向生殖生长的转化；以芽的形式度过冬季不良的环境，第二年再开始生长。梨树的芽根据芽内是否含有花器官，可以分为叶芽和花芽。

叶芽根据它着生于枝条上的位置又可以分为顶芽和侧芽（腋芽）。不同种类、品种的梨树，芽的大小形态不同，是识别种类和品种的重要特征。在不同栽培种之间，一般砂梨叶芽较大，白梨次之，西洋梨较小。就同一个品种而言，不同部位叶芽的形态和大小也不相同。一般情况是，顶芽较大较圆，侧芽较小较尖。梨的侧芽和顶芽在形成的第二年，大多数都能萌发为枝条，不萌发的芽很少。第二年不萌发的芽称为隐芽。侧芽萌发以后，常在枝条的基部形成一对形态很小的芽。这种芽是原来的芽（母芽）最外两片鳞片腋间发生的，称为副芽。副芽在形成的当年和第二年很少有萌发的，成为隐芽的状态存在。当副芽所从属的枝条死亡或受到修建刺激时，副芽即可萌发。因此，副芽是梨树隐芽的主要来源。隐芽对梨树枝条或树冠的更新有重要的作用（图 8-11）。

芽的外部覆有革质化的鳞片。鳞片的多少因品种和芽的发育程度而异。白梨栽培种的芽鳞片大多在 14～19 个。冬季对叶芽的解剖可以看到，芽外部覆有十余片鳞片，内部有3～6 个叶原基着生在芽轴上（图 8-12）。所谓叶原基就是叶发育的最初阶段。凡器官发育的最初阶段都叫作原基，如芽原基，花原基等。这些叶原基在芽萌发后发育成为新梢基部的叶。芽内这段着生叶原基的芽轴，称为雏梢。雏梢的顶端为雏梢生长点。由雏梢生长点可以继续分化新的雏梢或者形成顶芽。

图 8-11　梨树芽的种类
a. 顶芽（顶花芽）　　b. 副芽　c. 侧芽（腋花芽）
d. 侧芽（叶芽）　　e. 隐芽

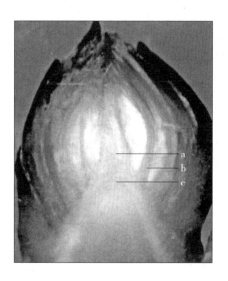

图 8-12　砀山酥梨叶芽的纵剖面
a. 叶原基　b. 鳞片　c. 生长点

梨树的花芽属混合芽，即在芽内包含花（花序）和叶的原始体（图 8-13），发芽后能发育成带有数片叶的花序。梨树花芽可分为着生于枝条顶端的顶花芽和着生于叶腋间的腋花芽。顶花芽是梨树结果的主要花芽，腋花芽的结果性能因品种而异。腋花芽发育迟、开花晚，利用腋花芽开花可避开晚霜对花的危害。一般顶花芽质量好，坐果率高。梨树花芽比较容易识别，通常花芽较肥圆，叶芽较小而瘦。识别花芽对冬季修剪调节花芽量，节流营养，促进开花坐果，防止大小年结果有实际意义。梨树分化完善的混合芽，除外部覆有鳞片外，内部还具有一段雏梢。在雏梢顶部着生数朵至十余朵花。混合花芽在萌发后，由雏梢发育成结果新梢或果台。结果新梢上具有叶或由叶退化成的苞片。如果成为苞片，苞片在发芽后不久就自行脱落。结果新梢顶部具有数朵或十余朵花的伞房花序。结果新梢的叶腋间或苞片腋间发生果台副梢。梨有不少的品种在花芽萌发后，只在果台副梢上长叶，结果新梢上不具叶子而只有苞片。也有的在结果新梢上连果台副梢也没有，因此，开花结果之后，结果新梢容

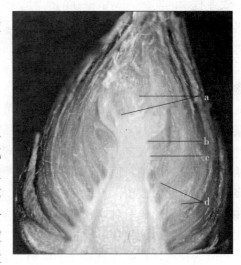

图8-13　砀山酥梨混合芽纵切面
a. 花原基　b. 腋芽原基　c. 叶原基　d. 芽鳞片

易枯死。这种不能抽生果台副梢的混合芽，可以称为不完全混合芽。

　　梨的花芽多数由顶芽发育而成，有时也能由侧芽发育而成。为了区别这两种不同位置的花芽，前者称为顶花芽，后者称为腋花芽。梨除少数品种外，大多数品种都能发生不同数量的腋花芽。有的品种，如茌梨，腋花芽的数量还相当多。

　　**2. 芽的特性**　梨树芽的特性与苹果相近，但也有差异。和苹果相比，梨树的芽有较高的萌发能力。一年生枝上的芽，越冬后，几乎全部可以萌发。这种特性可以从梨芽鳞片较多和芽分化较完善方面得到解释。梨芽鳞片数一般较苹果多，为7～18个。鳞片越多，则芽轴越长；鳞片多和芽轴长，表示芽的分化程度高。发育程度高的侧芽，表明该芽已从依附于母枝的状态而成为一个独立的短枝的顶芽，因而此侧芽也就具有短枝顶芽的特性。把发育程度高的芽，视作一个短枝的顶芽是有事实根据的。通过对梨树旺枝的观察，侧芽形成时常有由鳞片的分化转变成叶片的分化、最后成为与侧芽有明显区别的二次枝。二次枝有长有短，短的只有一个具有1～2个叶片的叶丛枝。有的芽即使不能形成二次枝，但由于芽鳞片多、芽长，已使芽从依附于母枝的状态，成为具有较大独立性的短枝顶芽的状态。如众所知，落叶果树度过冬季休眠期的顶芽，很少有不萌发的。由于梨芽发育程度高，侧芽具有短枝顶芽的特性，所以萌芽率高（图8-14）。在梨的种类和品种间比较芽的构造和萌芽力的关系时发现，凡芽鳞片较多，芽轴较长，冬前雏梢节数较多的芽，越冬以后较容

图8-14　梨发育程度高的侧芽
a. 顶花芽　b. 具有短枝顶芽特性的侧芽

易萌发，但是在芽形成的当年却较不易萌发。

**3. 芽的形成**　梨枝的类型、枝的好坏、枝上叶数的多少、叶的大小与质量等，与叶芽分化和生长发育密切相关；梨花序的花朵数、花的发育好坏，受精坐果能力等，又与花芽分化和花器官发育密切相关。因此，生产上应认真研究梨芽的形成规律。

梨树的花芽为混合花芽，即芽内除花器官外，还有枝叶器官，萌发后先抽枝长叶、再开花结果。花芽较叶芽肥大、饱满，呈圆锥形。芽萌发后只能抽生枝叶的芽称为叶芽。叶芽较细瘦，先端尖，一般顶端叶芽较圆而大；着生在叶腋间的侧生叶芽较小而尖（图 8-15）。

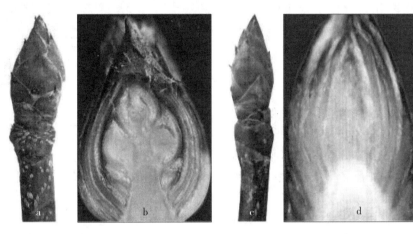

图 8-15　梨树花芽与叶芽
a. 花芽（混合芽）　b. 花芽纵切面　c. 叶芽　d. 叶芽纵切面

**4. 芽的休眠与需冷量**　梨树的芽休眠是梨树生长发育过程中的一个暂停现象，是一种有益的生物学特性，是梨树经过长期演化而获得的一种对环境条件及季节性变化的生物学适应性。梨树的芽休眠包括夏季休眠和冬季休眠。夏季高温季节，芽生长点处于休眠状态，称为夏季休眠期。有些长梢上部的芽，由于形成时间晚，则此时期不明显。夏季休眠期一般延续到 9 月。梨树在落叶以后，芽停止雏梢分化，进入冬季休眠期。到第二年 2 月中旬以后，芽的休眠终止。梨树的需冷量，一般为<7.2℃的时数 1 400h，但树种品种间差异很大，鸭梨需 469h，库尔勒香梨需 1 371h，秋子梨品种小香水需 1 635h，砂梨最短，有的甚至无明显的休眠期。

## （二）茎的结构

梨的茎尖一般为圆锥形或半球形，为一团具有分裂能力的细胞构成，称为分生区或生长锥。在茎尖分生细胞不断分裂的过程中，首先在生长锥的基部形成一些突起，称叶原基，以后发育成幼叶。在叶原基的腋内，通常是第三层细胞同时平周和垂周分裂形成腋芽原基。茎的生长锥产生的细胞，继续长大分化，沿茎的纵轴方向显著伸长，构成一个伸长区，在外形上表现出茎的迅速伸长。伸长区的细胞一面伸长，一面进一步分化，于是在伸长区之后，依次形成各种成熟组织，构成茎的初生结构。茎尖分生区的活动，在枝条停止生长时，在顶端形成叶芽。生长锥周围有许多叶原基、腋芽原基、幼叶，中央是芽轴，外

面被芽鳞包被着。当植株由营养生长
转为生殖生长时，茎尖又转向花序的
形成，产生花原基，形成一个混合
芽。

　　梨茎尖分生组织的最先端部分，
包括原始细胞和它紧接着所形成的衍
生细胞，它们是原分生组织。在原分
生组织下面，随着不同分化程度的细
胞出现，逐渐开始分化出未来的表
皮、皮层和维管柱的分生组织，即原
表皮、基本分生组织和原形成层，总
称为初生分生组织（图8-16）。

　　**1. 茎的初生结构**　梨的初生结构
包括表皮、皮层、维管系统、髓和髓
射线几部分。表皮位于茎的最外层，
是茎的初生保护组织。由茎尖的原表

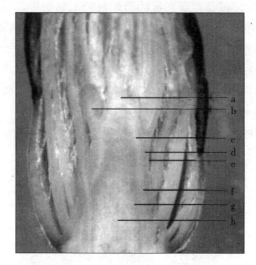

图 8-16　梨茎尖纵剖面结构
a. 生长锥　b. 叶原基　c. 原形成层　d. 皮层　e. 表皮
f. 原生韧皮部　g. 原生木质部　h. 髓

皮层发育而来。细胞多呈长方体状、排列紧密，没有细胞间隙，但有少数气孔器形成的内
外气体交换的通道。表皮细胞外壁常加厚并角质化，在外壁之外还常堆积一层连续的角质
膜，具有保护作用。皮层在茎的表皮层之内，来源于茎尖的基本分生组织，由多层细胞构
成，除主要的薄壁组织外，还有厚角组织和厚壁组织。维管系统位于整个茎的中轴部分，
由茎尖的原形成层发育而来，包括内皮层以内的全部初生结构，它占有较大的面积，可分
为维管束、髓射线和髓三部分。初生维管束呈束状，彼此分开，维管束与维管束之间为薄
壁组织，称髓射线，梨茎的维管束数目多，排列紧密，呈筒状，髓射线较窄。每个初生维

管束由初生韧皮部、束中形成层和
初生木质部三部分组成。梨茎的初
生韧皮部位于维管束的外方，而初
生木质部在维管束内方，由原形成
束保留下来的束中形成层夹在二者
之间。初生韧皮部中先成熟的部分
叫原生韧皮部，位于外方；后熟的
部分叫后生韧皮部，在内方，其发
育顺序是外始式。初生木质部分化
成熟的发育顺序为内始式。髓射线
位于皮层和髓之间，在横切面上，
呈放射状，有横向运输和贮藏营养
物质的作用。髓是茎的中心部分，
多为薄壁组织，有贮藏作用（图8-
17）。

　　**2. 茎的次生结构**　梨树茎的次

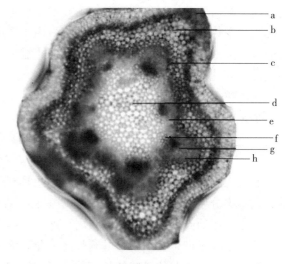

图 8-17　砀山酥梨茎的初生结构横剖面（×200）
a. 表皮　b. 皮层　c. 维管束　d. 髓　e. 髓射线　f. 初生木质部
g. 束中形成层　h. 初生韧皮部

生结构由茎的次生分生组织——维管形成层和木栓形成层细胞分裂、分化的结果，所形成的次生木质部、次生韧皮部、木栓和栓内层等结构。梨茎由于维管形成层和木栓形成层每年都可以产生新的维管组织和周皮，使茎不断地增粗，次生结构十分发达。维管形成层纵贯于茎中，具有持续的细胞分裂特性的分生组织，可以向内、外两个方向增生新细胞，使茎增粗。包括两部分：一是当原形成层细胞发育为初生结构时，在初生韧皮部和初生木质部之间保留下来的束中形成层；二是在髓射线中，与束中形成层位置相当的部位的薄壁细胞，恢复分裂能力，转变成的次生的束间形成层。维管形成层的原始细胞有两种，一是长梭形的纺锤状原始细胞，另一种是近于等径的射线原始细胞。纺锤状原始细胞是维管形成层的主要成员，主要

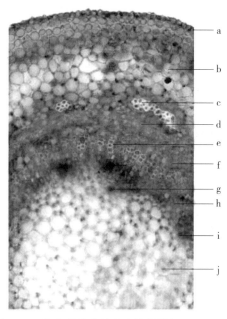

图 8-18　砀山酥梨茎的次生结构横切面（×200）
a. 表皮　b. 皮层　c. 初生韧皮纤维　d. 次生韧皮部
e. 次生木质部　f. 形成层　g. 初生木质部　h. 髓射线
i. 环髓带　j. 髓

进行切向分裂（平周分裂），产生的新细胞不断地分化为次生韧皮部和次生木质部的轴向系统。射线原始细胞也进行切向分裂，产生维管射线，构成横向系统。次生维管组织包括由维管形成层分裂产生的次生木质部和次生韧皮部（图 8-18）。

　　由于通常总是向内分裂产生的次生木质部的细胞比向外产生的次生韧皮部的细胞多，所以梨茎的大部分是由次生木质部（木材）构成的。在其横切面上，每一年内形成的次生木质部，包括早材和晚材共同组成一轮明显的生长轮，或称年轮。多年的年轮线则在横切面上形成了数轮同心环纹。次生木质部中含有导管、管胞、木纤维和木薄壁细胞。次生韧皮部是由维管形成层向外分裂，分化产生的次生维管组织，其细胞组成与初生韧皮部基本相同，以筛管、伴胞和韧皮薄壁细胞为主要成分。周皮是由木栓形成层、木栓和栓内层组成的次生保护组织。当茎增粗后，表皮被撑破，可由周皮代替表皮行使保护功能。木栓形成层是由已经成熟的薄壁细胞恢复分裂机能而转化来的次生分生组织，其发生的位置逐层内移，直至次生韧皮部中，可多次重复产生新的周皮。分布在周皮上的通气结构，叫皮孔，它代替气孔进行气体交换。

### （三）枝的组成与特性

　　梨树枝条的组成是以茎为主轴，其上生有多种侧生器官或结构，包括叶、枝、花或果。梨树枝条的种类和名称较多。根据年龄分为新梢、一年生枝、二年生枝、多年生枝（三年生以上）；根据枝的性质分为营养枝和结果枝等（图 8-19）。识别枝的种类和掌握枝的特性，对栽培有重要意义。

　　**1. 新梢**　由叶芽发出的新枝，在当年落叶以前称为新梢。新梢上具有芽和叶。芽着

生于新梢顶端及叶腋间。上年枝条不同部位的芽，春季萌发后所形成的新梢，顶端的较长，下部的较短。根据观察，这种现象与雏梢分化有密切关系。萌芽后，除枝条顶端少数芽萌发的新梢成为长梢而且叶数多于芽内时期的叶数外，下部大部分的芽所萌发的新梢将成为中、短梢。这类新梢其叶数不超过芽内时期所形成的数目。母枝上的多数侧芽萌芽后，只是芽内雏梢的伸长和顶端生长点开始下一代的芽的鳞片分化，而不再分化叶片。处于母枝顶端的顶芽或剪口芽，如能抽生长梢，此长梢除具有芽内时期所形成的一段雏梢外，还具有萌芽后在芽外时期所形成的一段雏梢。

梨树新梢上着生叶的部位称为节，节与节之间的茎称为节间。梨树的节不是很明显，只是在叶柄着生处略有突起。根据节间的长短，梨树上有长枝（节间长）和短枝（节间短）之分，在梨树上短枝通常是果枝。另外，节间的长短还随梨树的不同品种、同一品种的不同部位、生长阶段或生长条件而异。在梨树的节间上还能看到许多稍稍隆起的痕疤状结构，遍布于茎表，是茎的通气结构皮孔（图8-20）。

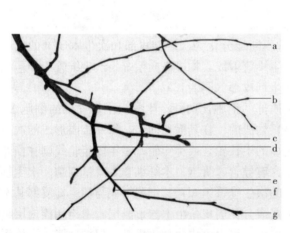

图8-19　砀山酥梨枝的组成
a. 营养枝（发育枝）　b. 果台副梢　c. 长果枝　d. 三年生枝
e. 二年生枝　f. 短果枝　g. 一年生枝

图8-20　砀山酥梨新梢的构成
a. 叶片　b. 顶芽　c. 皮孔　d. 节
e. 节间　f. 腋芽

**2. 一年生枝**　新梢在落叶以后至第二年萌芽以前称为一年生枝。具有花芽的一年生枝称为结果枝，简称果枝；无花芽的一年生枝称为营养枝或发育枝。营养枝根据发育特点和长短分为短枝、中枝和长枝。长度在5cm以下的为短枝；长度在5～30cm的为中枝；长度在30cm以上的为长枝。长枝中部以上侧芽较贴伏的部分称为夏梢，下部的一段枝条称为春梢（图8-21）。梨树枝条很少有秋梢部分。中枝和短枝只有春梢部分而无夏梢部分。

果枝上的花芽萌发以后，先长一段1～2cm的新梢。此新梢称为结果新梢。在结果新

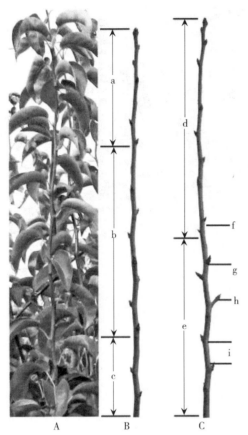

图 8-21　梨树新梢与一年生枝

A. 新梢　B. 一次生长枝　C. 二次生长枝

a. 顶端叶长芽较小　b. 中部叶大芽饱满

c. 基部叶小芽瘦弱　d. 夏梢　e. 春梢

f. 春夏梢交界处芽瘦弱　g. 节　h. 二次枝　i. 节间

图 8-22　结果枝与果台副梢

A. 结果状　B. 结果后

a. 结果枝　b. 果台副梢（短果枝）

c. 果台　d. 副芽短枝

e. 果台副梢（中果枝）　f. 果实

梢顶端着生花序，侧面发生1～3个不等的分枝。结果以后，结果新梢膨大，所以称为果台。侧生分枝称为果台副梢或果台枝。果台副梢发生的长短、数目多少，除了与品种特性有关外，还与果枝生长强弱和修剪有密切关系（图 8-22）。

　　短果枝开花结果以后，由果台上分生的很短的果台副梢再形成花芽结果，结果后又分生果台副梢。如此连续分生2～3年以后，往往成为多个短果枝聚生的枝群。这种枝群称为短果枝群。多数砂梨品种主要靠短果枝群结果（图 8-23）。

　　**3. 多年生枝**　一年生枝在萌芽以后至下一年萌芽以前称为二年生枝；二年生枝在萌芽以后称为三年生枝，依此类推。二年生以上的枝，统称为多年生枝。只有新梢能够加长生长，一年生以上的枝条只有加粗生长而无加长生长。一年生以上的枝，只有通过再发新梢，才能向长的方向生长。多年生枝的加粗生长较快的时间为6～8月，8月以后，各部分只有缓慢的加粗生长，至10月下旬停止加粗。

图 8-23 圆黄短果枝群（五年生）

a. 短果枝（ 年生） b. 上年结果枝（二年生） c. 当年果台

d. 二年生果台 e. 三年生短果枝 f. 四年生短果枝

# 三、叶

## （一）叶的形态与结构特征

**1. 叶的形态** 一枚完整的梨叶是由叶片、叶柄和托叶三部分所组成。叶片是叶的最重要部分，光合作用和蒸腾作用主要由叶片来完成。分布在叶片内的叶脉有支持叶片平展和疏导养分的功能；梨叶片的叶脉是羽状网状脉。叶片形状主要有圆形、卵圆形、椭圆形和披针形四个形状特征（图 8-24）。叶片近叶柄的一端称为叶基，先端称为叶尖，两缘称为叶缘。多数品种的叶缘为锯齿状，齿尖上有针芒状的刺芒；少数品种叶缘钝锯齿，无刺芒。托叶多为线状披针形，但在叶生长的早期自行脱落，所以通常见到的梨叶，只有叶片和叶柄两部分（图 8-25）。

图 8-24 叶片形状

a. 披针形 b. 卵圆形 c. 圆形 d. 椭圆形

图 8-25　梨树叶基形状
a. 狭楔形　b. 楔形　c. 圆形　d. 宽楔形　e. 截形　f. 心形

梨树的叶片大小不一，在野生类型中川梨、杏叶梨、木梨的叶片特小，在栽培种中以秋子梨和新疆梨、西洋梨叶片为小，其他栽培种多数叶片较大。叶片的形状，栽培种白梨多为卵圆形、长圆形，砂梨呈广卵圆形或长卵圆形，秋子梨的叶片多为长卵形，少数卵圆形。西洋梨类叶小且多呈长卵形和长椭圆形。叶尖多为急尖、渐尖，少数为钝尖或锐尖（图 8-26）。叶缘锯齿特征，随种类和品种不同变化也较大。豆梨、西洋梨叶片近全缘或波状钝锯齿，其他栽培种都具有锐锯齿。锯齿大小及其上的刺毛长短是这些种、品种间的重要区别（图 8-27）。不同种类梨嫩叶颜色不同，白梨类和砂梨类嫩叶均具绛红色，而秋子梨则始终呈绿色。有的种或品种幼叶具茸毛，叶片长大后茸毛多消失。

图 8-26　叶尖形状
a. 钝尖　b. 突尖　c. 渐尖　d. 急尖　e. 锐尖

叶柄位于叶片基部，并与茎相连，叶柄具有支持叶片，并安排叶片在一定空间，接受较多的阳光。叶柄内部有发达的机械组织和输导组织，起着联系叶片与茎间的输导功能。

托叶位于叶柄和茎相连接处的两侧，通常细小，与叶柄基部连生在一起。梨叶互生，

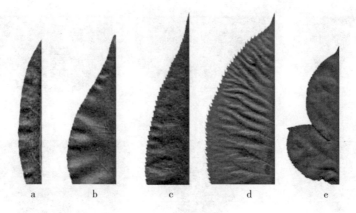

图 8-27 叶缘形状

a. 全圆　b. 钝锯齿　c. 锯齿　d. 锐锯齿　e. 裂片状

叶子呈螺旋状排列在茎上，每隔 2/5 周（144°）长出一叶（图 8-28）。

**2. 叶片解剖结构**　梨叶片的构造由表皮、叶肉、叶脉三部分所组成。

（1）叶柄的结构　叶的组织系统与茎相同，即包括表皮组织、基本组织和维管组织。故双子叶植物叶柄的内部结构很像幼茎，也可分为表皮、皮层和中柱三部分，但有不同的特点。叶柄表层的外围有较多的厚角组织。

（2）表皮　表皮来源于原表皮，叶片腹面为上表皮，背面为下表皮。梨叶片表皮由一层细胞构成。表皮除基本组成的表皮细胞外，还有气孔器、表皮毛、腺毛、异细胞、排水器等（图 8-29）。

图 8-28 叶片的组成

a. 叶身　b. 顶芽　c. 叶柄　d. 托叶

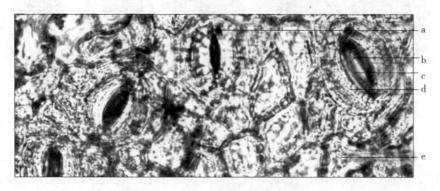

图 8-29 砀山酥梨叶片的气孔

a. 气孔器　b. 气孔　c. 保卫细胞　d. 副卫细胞　e. 表皮细胞

表皮细胞一般为形状不规则的扁平体，垂周壁凹凸不齐，细胞之间紧密嵌合。外壁有角质膜，有的品种在角质膜外还有蜡被。角质和蜡质有节制蒸腾和防御病菌侵入的作用，还有折光性，防止强光引起的灼伤。角质膜的发达与否与植物的生长环境和年龄有关，幼叶常不及成熟叶的角质膜发达。梨叶片表皮无叶绿体，表皮细胞还有花青素，使叶片呈现红色。

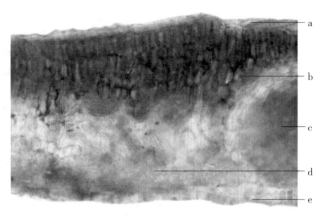

图 8-30　砀山酥梨叶片叶肉组织
a. 上表皮　b. 栅栏组织　c. 叶脉维管束　d. 海绵组织　e. 下表皮

（3）叶肉　叶肉是叶片进行光合作用的主要部分，其细胞含有大量的叶绿体，形成疏松的绿色组织。背腹型叶其近轴的一面成为腹面（上面），远轴的一面为背面（下面）。由于背腹两面向光的情况不同，叶肉组织的上部分化为栅栏组织，下部分化为海绵组织（图 8-30）。

栅栏组织是一列或几列长柱形的薄壁细胞，其长轴与上表皮垂直相交，作栅栏状排列。海绵组织是位于栅栏组织与下表皮之间的薄壁组织。其细胞形状、大小常不规则。有时可形成短臂状突出而互相连接，故叶片背面的颜色一般较浅。海绵组织也能进行光合作用，并能适应气体交换。

孟娟等（2012）通过对比试验，研究了 25 年生同株砀山酥梨树冠外围和内膛叶片的结构，结果发现，外围叶片的栅栏组织所占叶片的厚度比例要大于内膛叶片，且外围叶片的海绵组织较内膛要发达。

田妹华等（2011）以翠冠的叶片为对象，研究大棚栽培对其形态结构的影响。结果表明：在花后 30～110d，翠冠的叶片处于生长状态。与露地栽培相比，大棚栽培翠冠梨叶片变薄，其角质层、上表皮、栅栏组织及海绵组织厚度均变薄，下表皮变厚，维管组织欠发达；果实成熟期（花后 110d）大棚内梨叶片的栅栏组织仅有两层细胞、而露地梨叶片栅栏组织细胞多为三层，大棚内叶片下表皮厚度比露地大 25.1%（图 8-31）。

（4）叶脉　叶脉由贯穿在叶肉内的维管束或维管束及其外围的机械组织组成。为叶的输导组织与支持结构。叶脉不仅为叶提供水分和无机盐、输出光合产物，还支撑着叶片，使其伸展开来，保证叶的生理功能正常进行。叶脉通过叶柄与茎内的维管组织相连，呈有规律地分布（图 8-32）。

因叶脉的粗细、大小不同，其结构也有所差异。主脉和大的侧脉由维管束和机械组织组成；维管束和茎中的一样，也有木质部和韧皮部。随着叶脉越来越细，其结构也越来越简单，形成层消失，机械组织逐渐减少，甚至消失。

**3. 不同部位叶的结构差异**　梨叶片具有大的受光面和与空气接触的面积，因此，也是受环境影响最大的器官。即便是同一植株，树冠各部位叶片的总厚度与栅栏组织的比率均有显著差异。以大树冠为例，外围叶片厚度明显大于内膛叶片，栅栏组织占叶片总厚度的比率也大于内部叶。外围叶片栅栏组织的细胞通常是 3 层，而内膛叶片是 2 层，外围叶

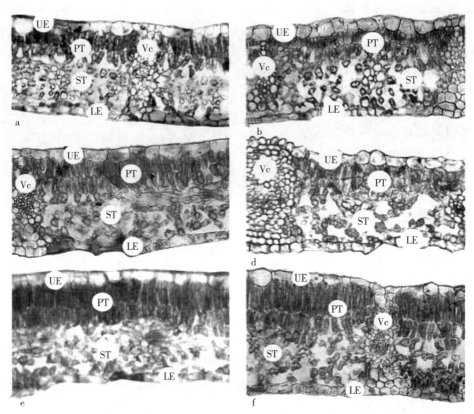

图 8-31 大棚与露地栽培翠冠叶片解剖结构对比（引自田妹华等，2011）
a. 4 月 26 日大棚叶的解剖结构（×200） b. 4 月 26 日露地叶的解剖结构（×200）
c. 5 月 16 日大棚叶的解剖结构（×200） d. 5 月 16 日露地叶的解剖结构（×200）
e. 6 月 5 日大棚叶的解剖结构（×200） f. 6 月 5 日露地叶的解剖结构（×200）
Vc. 维管束 UE. 上表皮 LE. 下表皮 PT. 栅栏组织 ST. 海绵组织

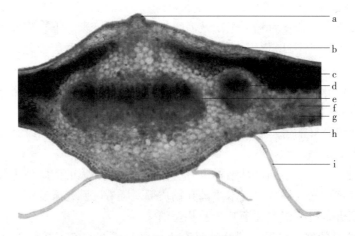

图 8-32 砀山酥梨叶片主脉处横切（×200）
a. 叶片主脉 b. 上表皮 c. 栅栏组织 d. 叶网脉维管束 e. 主脉维管束
f. 薄壁组织 g. 海绵组织 h. 下表皮 i. 表皮毛

片栅栏组织细胞的长度比内膛叶片约长1/3；同时，外围叶片的机械组织和输导组织也较发达。

光对叶肉细胞中的叶绿体的影响也是十分明显的。外围叶片叶肉细胞中的叶绿体、淀粉粒，基粒及片层等的数量都较内膛叶片多。内膛叶片叶肉细胞中的叶绿体小，叶绿体片层结构不明显，呈肿胀紊乱状态。

### (二) 叶片的生长与脱落

**1. 叶片的周年生长** 梨树叶片生长，随新梢的生长而生长。一般基部第一片叶最小，自下而上逐渐增大。在有芽外分化的长梢上，一般自基部第一片叶开始，自下而上逐渐增大，当出现最大一片叶后，会接着出现以下1～3片叶明显变小，以后又渐次增大，后又渐次变小的现象。对第一次自基部由小到大的叶片，属芽内分化叶，称第一轮叶，在此以上叶即第二轮叶，属芽外分化。据研究，第一轮叶在11片以上，且最大叶片出现在第九片以上，是梨树丰产稳产的形态指标。梨树叶片数量和叶面积与果实生长发育关系密切。如砂梨品种，一般每生产1个果实需要25～35张叶片，否则，当年的优质丰产就没有保证。梨树作为坐果率高的树种，生产上应按照不同品种的结果习性，积极抓好疏花疏果工作，以确保优质、高效。

**2. 叶柄离层产生与落叶** 木本落叶植物在落叶之前，靠近叶柄基部分裂出数层较为扁小的薄壁细胞，它们横隔于叶柄基部，称为离区；离层是在离区形成后，在其范围内，一部分薄壁细胞的胞间层发生黏液化而分解或初生壁解体，形成离层；离层形成后，叶受重力或外力作用时，叶便从离层处脱落，在离层的下方发育出木栓细胞，逐渐覆盖整个断痕，并与茎部的木栓层相连。这个由木栓细胞所形成的覆盖层称为保护层。

近几年来，由于气候与环境变化、栽培管理措施不当，梨树早期大量落叶的现象表现尤为突出，尤其一些砂梨（圆黄、华山、黄金梨）等品种发生最为严重，树体落叶达1/2～2/3。梨树早期落叶不仅造成树体贮藏营养严重不足，树体的抗寒能力降低，而且影响花芽的后期分化和翌年的开花结果，使得畸形果和落果大量发生，严重影响了果品的产量和质量；后期落叶将出现不同程度的二次开花现象，树体抵抗力下降，造成翌年果实产量和品质的降低。因此加强梨树综合管理，减少非正常落叶给果农造成的经济损失。

## 四、花

### (一) 花类型与花器官组成

**1. 花的类型** 梨树的花序多为伞房花序，大多数品种每个花序有5～10朵花，边花先开，之后向中心花渐次开放。梨花为两性花，杯状花托，下位子房。萼片五片，呈三角形，基部合生筒状。花冠轮状辐射对称，花瓣五枚，白色离生，多为单瓣覆瓦状排列，个别品种偶有重瓣、带粉色。正常花雄蕊显著高于雌蕊，雌蕊高度高于雄蕊的为不育类型（图8-33）。

**2. 花器官组成** 梨的花器官由花梗、花托、花被（花瓣、花萼）、雄蕊（花药、花丝）和雌蕊（柱头、花柱、子房）组成（图8-34）。

梨花具雌蕊3～5枚，离生，在品种间和品种内都较稳定。雄蕊15～30枚，分离轮

图 8-33 花的形态

生, 花药多为紫红色, 也有浅粉、粉红、红、紫等色泽。雄蕊数量在品种间和品种内都存在明显差异, 主要与位于花盘内缘的少数雄蕊花丝短、个别花药败育甚至雄蕊完全退化有关。

### (二) 花药发育与花粉粒形成

花药的发育可以分为两个阶段: 第一个阶段是花药的形态建成, 细胞与组织发生分化, 小孢子母细胞进行减数分裂。第二个阶段是细胞的衰退与凋亡阶段, 花药膨大并被花丝托到合适的位置, 组织发生衰退开裂, 花

图 8-34 梨花器官结构

粉囊破裂, 花粉粒释放。具体包括以下几个发育过程和时期。

**1. 花药壁的发育** 在梨树越冬前, 花芽里幼小花药的横切面上即可观察到雄蕊原基形成的花药原始体, 其结构十分简单, 外面是一层表皮细胞, 表皮之内是一群形状相似、分裂活动十分旺盛的细胞。接着花药原始体的四个角隅分别分化出一个或者几个孢原细胞 (arehesporial cell), 这些细胞的细胞核大于周围其他细胞, 细胞质也较浓 (许方, 1992)。何天明和张琦 (2002) 在对新梨 7 号小孢子败育解剖学观察中发现, 雄蕊原基已于上年生长季形成, 由于在上年生长季花药四个角隅的细胞分裂较快, 使其具有四棱的外形, 此时

所有的花药细胞均呈近方形，排列紧密。同时，花药中部的药隔组织也表现出分化的迹象，是休眠前花药细胞旺盛分裂分化的结果。

随后，孢原细胞进一步进行平周分裂，形成内、外两个细胞，外面的一层细胞成为初生壁细胞（primary parietal layer），里面的成为初生造孢细胞。初生壁细胞继续进行平周分裂和垂周分裂，形成药室内壁（endothecium）、中层（middle layer）和花药绒毡层（tapetum），这三层细胞和表皮一起共同组成花药壁（图 8-35）。花药中部的细胞也同时分裂分化，形成了维管束和薄壁细胞。薄壁细胞体积较大，呈球形，排列在维管束四周。越冬以后，随着温度的上升，梨的花芽逐渐发育，花药壁也逐渐完成分化。

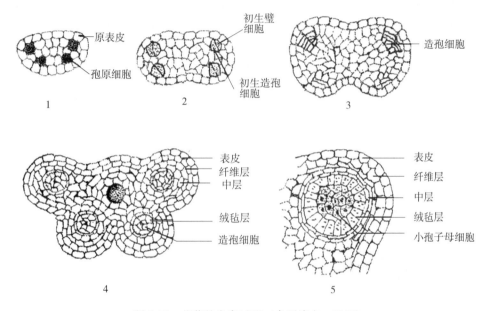

图 8-35　花药的发育过程（参照许方，1992）
1. 孢原细胞　2. 初生壁细胞和初生造孢细胞　3、4. 造孢组织　5. 花药壁和小孢子母细胞

花药壁从外向内共分四层，即表皮、药室内壁、中层和绒毡层（图 8-35）。

表皮　表皮是包围在花药表面的一层细胞，它在花药发育过程中，细胞进行垂周分裂，增加细胞的数目，以适应花药内部组织的增大。随着花药的发育，表皮细胞逐渐成为扁平形，其外壁表面具角质层，行使保护功能。

药室内壁　药室内壁是由一层细胞组成，又称纤维层。在花药成熟时，该层细胞壁从内切向壁向外和向上发生带状纤维质加厚，这种加厚有助于花粉囊的开裂。

中层　中层通常由 2～3 层细胞组成，在小孢子母细胞减数分裂时，中层细胞已开始变化，贮藏物质减少，细胞变为扁平状，然后逐步解体被吸收。

绒毡层　花药壁的最内层是绒毡层，它由一层较大的细胞组成。初期，细胞径向伸长，呈长方形，排列整齐，具单核。在以后的发育过程中形成二核或多核。梨树的绒毡层属于腺质绒毡层。当小孢子母细胞减数分裂开始后，绒毡层细胞出现退化迹象，细胞排列松散，形状变得不规则，有斜方形、扁长形、多角形等。在小孢子四分体至单核小孢子时期，绒毡层细胞显著退化，至二细胞花粉时期，绒毡层细胞完全解体消失。绒毡层的生理功能是，在小孢子发育过程中起输送营养和提供某些构成物质和贮藏物质的作用（许方，1992）。

**2. 小孢子母细胞和小孢子发生**　由孢原细胞分裂出来的初生造孢细胞，继续进行有丝分裂，便形成了造孢细胞，之后发育为小孢子母细胞。小孢子母细胞与花药壁细胞有着明显的不同，它们排列紧密，细胞略呈多角形，细胞体积大，有明显的细胞核，细胞质浓，无明显的液泡。在进行减数分裂之前，小孢子母细胞排列较疏松，并具有胼胝质的壁。在小孢子囊壁发育的同时，小孢子囊内层的初生造孢细胞经过几次分裂后，形成小孢子母细胞。

小孢子母细胞形成以后，当花芽鳞片微张，花药由透明逐渐变暗时，开始减数分裂（图 8-36）。造孢细胞的有丝分裂同时伴随着部分小孢子母细胞的第一次减数分裂。其后，小孢子母细胞开始其旺盛的减数分裂。经过前期各阶段，染色体缩短变粗，核仁消失，使细胞核与细胞质的界限愈加分明。随后进入中期Ⅰ，短缩的染色体排列在赤道板上，从极面可见整齐的一排。继而从中期Ⅰ到后期Ⅰ，联会后的染色体呈两排分别到达两极。末期Ⅰ和前期Ⅱ不易区分，在两个子核之间并不形成赤道板，两个子核随后又分成两组染色体移向细胞的两极，此时细胞中可见四组染色体。4 组末期Ⅱ染色体分别形成核仁、核膜，

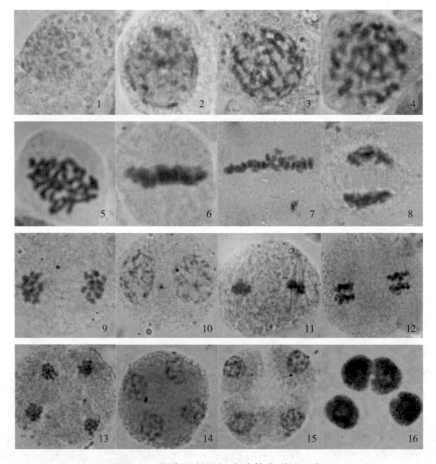

图 8-36　新高花粉母细胞减数分裂的观察

1. 花粉母细胞：细胞体积和细胞核有了显著地增大，核的染色逐步加深　2. 细线期　3. 偶线期
4. 粗线期　5. 终变期　6. 中期Ⅰ，小孢子母细胞里所有二价体均整齐而集中地排列在赤道板上
7. 中期Ⅰ，有个别染色体散落在赤道板之外　8. 后期Ⅰ，小孢子母细胞染色体同步分离　9. 末期Ⅰ
10. 前期Ⅱ　11. 中期Ⅱ　12. 中后期Ⅱ　13. 后期Ⅱ　14. 末期Ⅱ　15. 四分体　16. 刚刚分离的小孢子

呈四核状；细胞板也开始形成。稍后，即形成四个小孢子，被共同的胼胝质壁包围，而且在各个小孢子之间也都有胼胝质分隔，称为四分体。

梨树小孢子母细胞减数分裂过程中，胞质分裂属同时型，也就是在减数分裂第一次分裂后不形成细胞壁，只形成一个双核细胞，在第二次分裂中，两个核同时进行分裂，当分裂完成时，在四个核之间产生细胞壁，同时分隔成四个细胞（图 8-37）。祍梨同一花中，

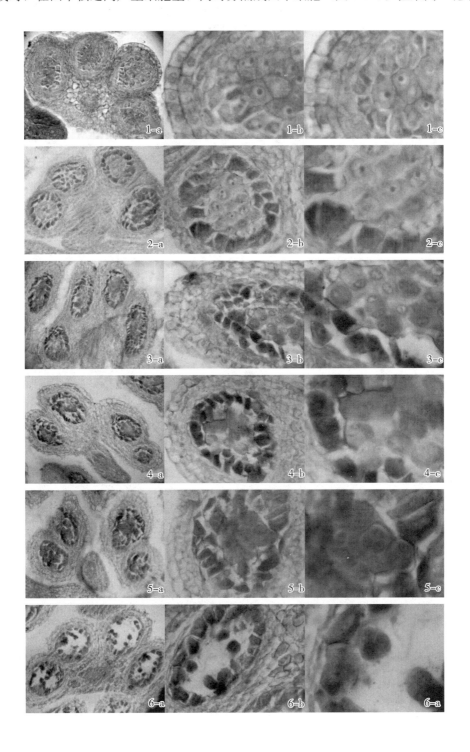

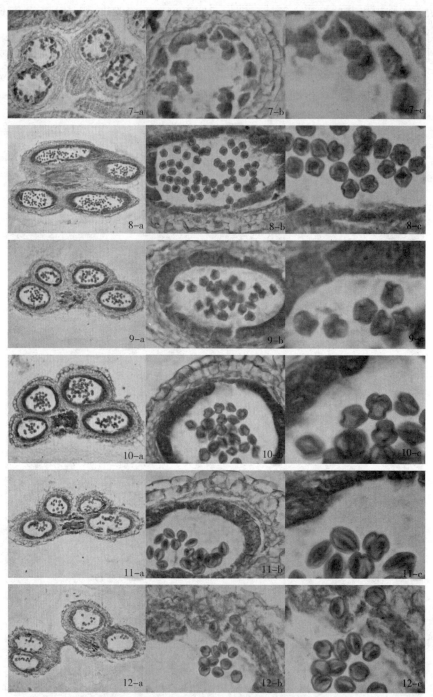

图 8-37　丰水的花药、花粉囊横切面，显示花药、花粉囊的基本结构和发育过程，及其小孢子产生及发育的细胞学观察

a. 完整的花药　b. 花药的一个药室　c. 一个药室的部分

1. 形成初生造孢细胞及 3 层壁细胞，绒毡层开始出现　2. 小孢子母细胞及完整的 4 层壁细胞，依次为：绒毡层、中层、药室内壁和表皮　3. 减数分裂期末期Ⅰ，绒毡层细胞收缩　4. 减数分裂期末期Ⅱ　5. 四分体时期，小孢子可见核，小孢子被厚厚的胼胝质包围　6. 四分体时期，小孢子周围的胼胝质变薄，药室扩大　7. 刚从四分体中散出的小孢子　8. 小孢子早期，小孢子外壁正在形成，绒毡层降解　9. 小孢子中期，外壁和萌发孔出现，绒毡层呈带状
10. 单核晚期，小孢子液泡化　11. 绒毡层降解，药室内壁增厚，花粉逐渐成熟　12. 药室裂开，花粉散出

小孢子母细胞减数分裂的时间基本一致。但在同一花序的不同花中，减数分裂的进程常略有先后，在不同植株或同一植株的不同部位，花中小孢子母细胞减数分裂的时间不完全一致，先后持续约 3～6d。

四分体内小孢子呈四面体状，所以在一个面上大多只能看到其中的 3 个。此时的花药切片显示，小孢子囊壁充分分化，其中绒毡层变化最为明显，其细胞质变浓，呈一圈包围在小孢子囊组织四周。药隔组织的维管束已部分分化，韧皮部显示出较多的内含物，表明此时组织代谢较为旺盛。放大的药囊切片显示，此时单核花粉粒正在形成，其细胞呈球形，排列紧密，每个细胞都有一个染色较深的核仁。

由于小孢子囊壁绒毡层细胞不断向花药室释放营养物质，绒毡层细胞径向内缩，胞间开始出现裂缝。同时，由于胼胝质酶的作用，四分体径向壁首先溶解，四分体从药室组织中游离出来（图 8-37）。随后，四分体内壁也溶解，单核花粉从四分体游离出来，释放到小孢子囊中。刚游离出来的单核花粉粒细胞壁较薄，细胞质稀少，内含物不足，核仁已消失。此时，绒毡层细胞已解体殆尽（图 8-37）。

### （三）花粉的发育

雄配子体的发育是从小孢子开始的（图 8-38），所以，小孢子是雄配子体的第一个细胞。梨树的小孢子刚形成时，细胞被胼胝质包围，细胞质浓，核位于中央，液泡不明显；稍后，在胼胝质与细胞质膜之间，开始形成很薄的壁。当小孢子从四分体中被释放出来以后，壁进一步增厚，经过一个较短时期的生长，体积迅速增大，细胞液泡化程度增加，逐渐形成一个中央大液泡，并把细胞质挤压到与萌发孔相对的一个小区域内。接着小孢子进入第一次不对称有丝分裂，形成两个大小不均等的细胞，其中只含有少量胞质的发育成生殖细胞，另一个含有丰富细胞质的则发育成营养细胞。小孢子从生殖细胞开始即被称之为雄配子体。

生殖细胞最初是贴着花粉壁的，后来，逐渐从花粉的内壁向中央推移，最后，脱离花粉壁，游离在营养细胞的细胞质中。这时的生殖细胞壁物质消失，细胞由质膜所包围（图 8-38）。在发育过程中，生殖细胞的形状最终变为纺锤形或椭圆形。生殖细胞在花粉中再次进行有丝分裂，最终形成两个精子。梨树的成熟花粉内充满了丰富的贮藏物。往梨的花粉约在开花前 10d 左右成熟。

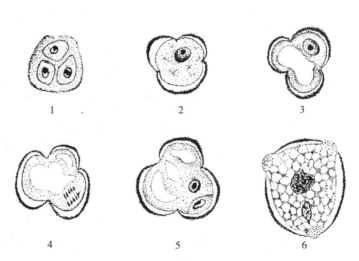

图 8-38 梨树雄配子体发育的几个重要时期（参照许方，1992）

1. 四分体 2. 单核小孢子前期 3. 单核小孢子后期

4. 小孢子核进行有丝分裂 5. 两细胞花粉前期 6. 两细胞花粉

成熟的花粉壁有两层结构，外壁和内壁。花粉壁的形成从外壁开始，在四分体的小孢子表面先是合成纤维素骨架，胼胝质壁则很快降解，绒毡层分泌大量的孢粉素前体，在外壁上聚合沉积，形成蚀刻和厚壁。所以外壁主要是一种由酚类和长链脂肪酸衍生物的混合多聚物所组成孢粉质，而且对于不同的植物花粉，外壁的表面结构差异很大，包括棘状、网状等，对于降解作用有很强的抵御能力。内壁主要以果胶和纤维素构成。花粉内壁的形成先从花粉萌发孔处开始，逐渐扩展并包围整个小孢子，而外壁在这一位置上几乎不沉积。在花粉发育的后期，一边不断沉积外壁物质，一边积累营养物质，最后细胞内部脱水，形成成熟花粉（胡适宜，1982）。

### （四）花粉的形态

我国梨属植物的花粉形态，风干后赤道面观为长椭圆形或椭圆形，极面观为钝三角形或三裂圆形，具三孔沟。极轴平均长度为 $41.21\mu m$，最大值为 $47.61\mu m$，最小值为 $38.30\mu m$。赤道轴平均长度为 $20.65\mu m$，最大值为 $25.88\mu m$，最小值为 $18.35\mu m$。极轴与赤道轴之比（P/E）平均值为 2.00，最大值为 2.15，最小值为 1.72。不同种、类型或品种花粉粒的形状、大小有不同程度的差异（许方，1992）。

梨树花粉粒表面具明显的条纹状纹饰和穿孔。条脊的方向有纵向平行、交叉分枝和弧状等类型。穿孔有圆形、椭圆形和不规则等形状。穿孔在沟间区两侧边缘和极区等部位较密。条脊平均宽度为 $0.20\mu m$，最大值为 $0.29\mu m$，最小值为 $0.12\mu m$，条脊距平均值为 $0.24\mu m$，最大值为 $0.41\mu m$，最小值为 $0.14\mu m$。不同种、类型或品种花粉粒表面纹饰、穿孔有不同程度的差异（许方，1992）。

孙毅（2008）等人在对秋子梨花朵和花粉特性的研究中通过显微观察法检测了参试品种的花粉形态。结果显示，秋子梨花粉粒为椭圆形，花粉粒大小在品种间呈连续变异，相互间无明显差异。花粉纵径和横径在品种间有所不同。长把子梨的花粉纵径最长，为 $9.8\mu m$；五香梨的纵径最短，为 $8.3\mu m$。花粉横径桑皮梨最宽，为 $5.1\mu m$；五香梨最小，

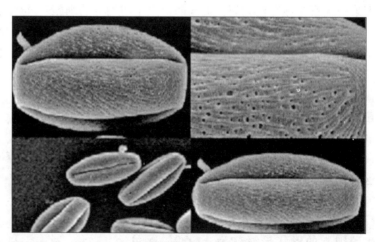

图 8-39 金二十世纪花粉粒的形态
（汪玲、张绍铃提供）
1. 赤道面观 2. 花粉粒表面的纹饰

为 $4.0\mu m$。汪玲（2006）研究了金二十世纪和奥嗄二十世纪两个品种的花粉在电镜下观察，两品种花粉的萌发沟均为三拟孔沟，沟在极面不汇合，将花粉分为三个明显的沟间区和沟界极区。花粉粒表面具有明显的条纹状饰纹和穿孔，以萌发沟为基准，条脊的走向斜向平行交叉，穿孔有圆形、椭圆形和不规则形等（图 8-39）。

### （五）胚珠发育与胚囊的形成

**1. 胚珠的发育**　梨树胚珠发育发生在子房内，着生在子房内壁中轴部分的胎座上。胚珠的发育过程，先在子房内中轴部分表皮下的细胞进行平周分裂，向子房内发生珠心原基的突起。珠心原基进一步发育，前端形成珠心，基部形成珠柄。随后，珠心原基发生一个环状突起，为内珠被。不久，在内珠被的基部又发生一环突起，为外珠被。珠被向上生长，将珠心包围，在顶端留下一孔，称为珠孔。珠被基部与珠心合并的区域，称为合点。梨树的胚珠在发育过程中，整个胚珠倒转，珠孔和珠柄在一条直线上，非常接近，称之为倒生胚珠。在胚珠发育的同时，珠心中发生胚囊。

梨树的子房由 5 个心皮组成 5 室，每室中，一般发育着 2 个胚珠。每个胚珠由珠心、珠被、珠孔、承珠盘和胚珠维管束等部分组成（图 8-40）。

珠心　梨树的珠心为厚珠心，也就是大孢子母细胞与珠心表皮之间有数层细胞隔开，即存在周缘珠心组织。周缘珠心细胞的来源，是由表皮下的孢原细胞分裂时，形成一个外面的周缘细胞和里面的造孢细胞，外面的周缘细胞进行平周和垂周分裂，形成了周缘珠心组织。

珠心早期为一团薄壁细胞，外围为一层表皮细胞。珠心组织随着胚囊、胚和胚乳的发育逐渐被消耗掉。

珠被　梨树的珠被有两层，包被在珠心的外面。内珠被发生早于外珠被，但外珠被生长较快，当大孢子母细胞进行减数分裂形成四分体时，它已与内珠被等长。之后，外珠被最先到达珠心的顶端。

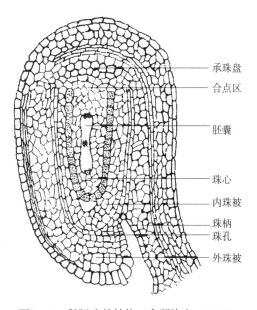

图 8-40　梨胚珠的结构（参照许方，1992）

承珠盘
合点区
胚囊
珠心
内珠被
珠柄
珠孔
外珠被

珠孔　珠孔是胚珠顶端、珠被不愈合所形成的孔道。由外珠被形成的孔道称为外珠孔，由内珠被形成的孔道称为内珠孔。梨树的外珠孔和内珠孔常有曲折，不在一条直线上。

承珠盘　在胚囊下方和珠柄进入的维管束之上的一群细胞，称为承珠盘。这群细胞的细胞质少，细胞壁厚，而且木质化或栓质化。它的作用尚不清楚。

胚珠的维管束　常位于合点处，是珠柄进入胚珠的维管束，它是向胚珠运输水分和营养的一个重要通道。

**2. 胚囊的形成**　当梨树的子房中形成珠心后，在珠心顶端表皮细胞下分化出一个孢原细胞，经过 1 次平周分裂，外面的为周缘细胞，里面的是造孢细胞。造孢细胞的体积大，并发育为大孢子母细胞。该过程完成需要较长的时间，一旦完成，即进入减数分裂，形成 4 个大孢子。直列形的 4 个大孢子形成后，其中合点端的一个吸收周围营养逐渐长大，而另外 3 个逐渐退化消失。长大的大孢子也可称单核胚囊，含有大的液泡，最后长大到占有珠心的大部分体积。

当大孢子长大到相当程度的时候，这一单相核分裂三次，第一次分裂生成的 2 个新核，依相反方向向胚囊两端移动，以后每个核又相继进行二次分裂，各形成 4 个核，这三次分裂都属有丝分裂，但每次分裂之后，并不伴随着细胞质的分裂和新壁的产生，所以出现一个游离核时期。以后每一端的 4 核中，各有 1 核向中央部分移动，这 2 个核称为极核，同时在胚囊两端的其余 3 核，也各发生变化。靠近珠孔端的 3 个核，每个核的外面由一团细胞质和一层薄的细胞壁包住，成为 3 个细胞，其中 1 个较大，离珠孔较远，称为卵细胞，另 2 个较小，称为助细胞，这 3 个细胞组成卵器。另 3 个位于远珠孔端的细胞核，同样分别组成 3 个细胞，聚合一起，成为 3 个反足细胞。中央的 2 个极核组成 1 个大型的中央细胞。至此，一个成熟的胚囊出现了 7 个细胞，即 1 个卵细胞，2 个助细胞，3 个反足细胞和 1 个中央细胞。卵细胞有高度的极性，细胞中含有一个大液泡，位于细胞近珠孔的一边；核大型，在细胞中的位置处于液泡的相反一边（图8-41）。

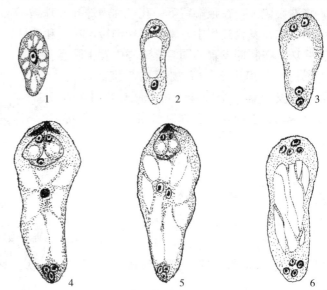

图 8-41 胚囊的形成过程（参照许方，1992）
1. 单核胚囊 2. 二核胚囊 3. 四核胚囊 4. 八核胚囊
5. 成熟胚囊 6. 受精前的胚囊

胚囊细胞中结构最为复杂，并在受精过程中起到极其重要作用的是 2 个助细胞。助细胞紧靠卵细胞，与卵细胞成三角形排列，它们也有高度的极性，外有不完全的壁包围，壁的厚度同样是不均匀的，近珠孔一边较厚，相反的一端只有质膜包住。细胞内的大液泡位于靠合点的一边，而核在近珠孔端，与卵细胞的情况正相反。助细胞最突出的一点，是在近珠孔端的细胞壁上出现有丝状器结构。丝状器是一些伸向细胞中间的不规则片状或指状突起，这些突起是通过细胞壁的内向生长而形成的，它们的作用使助细胞犹如传递细胞。助细胞在受精过程中能分泌某些物质诱导花粉管进入胚囊，同时还可能分泌某些酶物质，使进入胚囊的花粉管末端溶解，促进精子和其他内含物质注入胚囊。助细胞的寿命通常较短，一般在受精作用完成后就被破坏。

胚囊中反足细胞的数目和形状，以及细胞内核的数目都有很大变化。反足细胞的数目，可以从无到 10 余个。反足细胞的寿命通常短暂，往往胚囊成熟时，即消失或仅留残迹。反足细胞的功能是将母体的营养物质运转到胚囊。

除卵器和反足细胞外，在胚囊里还有 1 个大的中央细胞，它含有 2 个极核的内容。正常类型胚囊的极核是 2 个，但也有 1 个、4 个或 8 个的。融合的极核也称次生核。绝大部分的中央细胞为 1 个大液泡所占据，次生核常近卵器，它的周围有细胞质围绕。

### （六）雄性不育

被子植物雄蕊原基分化形成之后，到有功能的成熟花粉粒形成之前这一段时期，要经历一系列生理生化和形态等方面的变化，任何干扰这些过程的内、外因素都有可能导致植物的花粉发育异常，最终导致不能形成有生活力花粉。植物表现雄性不育有多种类型，主要包括：雄蕊退化或变形、花药异常、孢子囊退化、小孢子退化和花粉功能缺陷。造成雄性不育的原因也有多种，如花粉母细胞互相粘连在一起，成为细胞质块，有的出现多极纺锤体或多核仁相连，不能正常进行减数分裂，也有产生的四个孢子大小不等，因而不能形成正常发育的花粉；有的是减数分裂后花粉停留在单核或双核阶段，不能产生精子细胞；也有因营养不良，以致花粉不能健全发育；绒毡层发育不正常，失去应起的营养供给作用时，也能造成花粉败育，如在花粉形成过程中，绒毡层细胞不仅没有解体，反而继续分裂，增大体积等。众多研究表明，不同植物雄性不育系花粉的败育方式和时期是多种多样的。花药败育高峰一般在四分体到单核期；双子叶植物多在造孢细胞至四分体形成时期，而单子叶植物则多在单核小孢子至双核小孢子阶段。发育过程中任何阶段如造孢细胞的分化、减数分裂、小孢子有丝分裂、花粉分化等的异常都会造成雄性不育。

在梨的品种资源中存在一些优良品种表现雄性不育的现象，如黄金梨、新高、爱宕、大慈梨、新梨7号等表现严重的花粉败育（郭艳玲等，2007b）。另外一些多倍体品种如安梨、大水核子、大鸭梨等，由于染色体数量和结构变异，造成花粉母细胞减数分裂异常，导致雄性不育（李六林，2007）。另外，据报道，秋子梨花粉败育表现为花药不开裂，其中大部分品种花药内无花粉，属生理性不育；少数品种未开裂的花药内有少量育性较低的小粒花粉，属功能性不育类型（何天明等，2002）。由于梨本身为典型的自交不亲和性品种，如果选择雄性不育品种栽培，必须配置3个以上的品种，果园生产管理更加复杂化。因此，开展梨雄性不育机理方面的研究具有重要的生产和实践意义。目前，研究者对部分梨品种的雄性不育现象进行了系统的解剖学、细胞学和生理生化水平的观察和研究。

对新梨7号小孢子败育解剖学观察中发现，花药切片显示药室组织中的单核花粉粒全部解体消失，药壁内层的绒毡层残迹犹存，纤维层细胞也停止分化，条纹状增厚不明显；而对照样品香梨，从四分体中游离出来的花粉粒细胞质浓厚，由于不断从绒毡层分泌物中吸取营养物质及水分，体积增大而液泡化，细胞逐渐呈圆球形。纤维层细胞的径向壁长于弦向壁，并产生不均匀的径向壁纵向条纹状次生增厚。表皮层显得凹凸不平，中层则完全消失。郭艳玲等（2007b）在对新高及爱宕梨雄性不育特性及其败育的细胞学研究过程中认为新高、爱宕小孢子败育可能与绒毡层提前解体有关。胡静静等（2010）对黄金梨的细胞学研究发现，其花粉败育主要发生在小孢子阶段单核晚期；花粉败育的主要原因是在四分体分离后形成单核花粉细胞时期，绒毡层提前解体，花药维管束细胞木栓化，二者共同导致营养供应困难，致使花粉败育。

李六林等（2006）以丰水为对照，系统比较了雄性不育品种新高的雄配子体发育过程和败育特征。观察发现新高大花蕾期的花药发白，表面皱而干瘪。虽花药能够正常开裂，但花药表面可看到的花粉量非常少（图8-42），而且花粉形态各异，大小不均一，花粉量远不及丰水的1/10。虽然有的花粉可以萌发，但花粉管生长极其缓慢，在时间相同的条件下，其生长量仅为丰水的1/30，所以其生活力也极差。常规压片法对花粉母细胞减数分裂行为的观察，未发现小孢子母细胞染色体出现分离落后染色体的现象和染色体分离不同步的特点，表明不育系小孢子发育在减数分裂期是正常的。随着新高小孢子的发育，出现了一系列不同于可育品种小孢子发育的异常特征，表现为小孢子壁发育迟缓且壁薄，单核小孢子的核退化、解体，细胞质稀薄、收缩、解体，最后细胞壁也破损解体，很少看到有二核小孢子（图8-43）。说明花粉败育主要发生在单核小孢子出现液泡到单核晚期。

图 8-42 丰水与新高的花药

1～3. 丰水的花药　1. 花药未开裂，呈深红色　2. 花药裂开，上面布满花粉　3. 花药上布满花粉
4～6. 新高的花药　4. 花药未开裂，干瘪发白　5. 花药裂开，颜色呈褐色　6. 裂开的花药上有很少的花粉　7～9. 花药横切面（石蜡切片）　7. 丰水花药的横切面，示花药内有大量花粉
8. 新高花药的横切面，示花药内有微量花粉，且花粉粒小　9. 新高花药的横切面，示花药内没有花粉

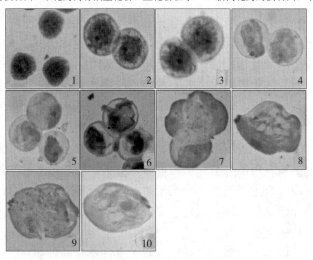

图 8-43 新高小孢子发育和雄配子体发育形态观察

1. 单核小孢子早期：少数有两个核仁　2. 单核小孢子中期　3. 单核小孢子中期：有两个核仁　4. 单核小孢子晚期：壁薄　5. 单核小孢子晚期：胞质收缩　6. 小孢子聚集，出现膜状团聚体　7. 小孢子粘连成复合花粉
8. 畸形、细胞质解体的小孢子　9. 细胞核、细胞质解体、壁破裂的单核小孢子
10. 细胞核、细胞质解体的单核小孢子

利用石蜡切片法，观察新高和丰水花药和小孢子的行为。结果表明，在花粉母细胞减数分裂前，新高花粉母细胞和花药壁的发育与丰水的没差异。新高四分体小孢子染色很浅，不同四分体的胼胝质相互堆积。胼胝质解体后，新高小孢子较丰水细胞质浅染，外粉壁发育不良而显得较薄。单核中期部分小孢子收缩变形，且大小不等，细胞质解体，大部分不见细胞核。随后，小孢子壁破损，内含物外流，小孢子彼此粘连，逐渐解体成为空壳或仅留下小孢子壁降解的残余物。在游离小孢子形成时，新高绒毡层出现了不均匀的染色，并且差异很大，可能有的细胞的细胞质分泌殆尽，过量的分泌导致了绒毡层细胞质重组时间延长，直接影响对小孢子发育所需物质的供给（图8-44）。

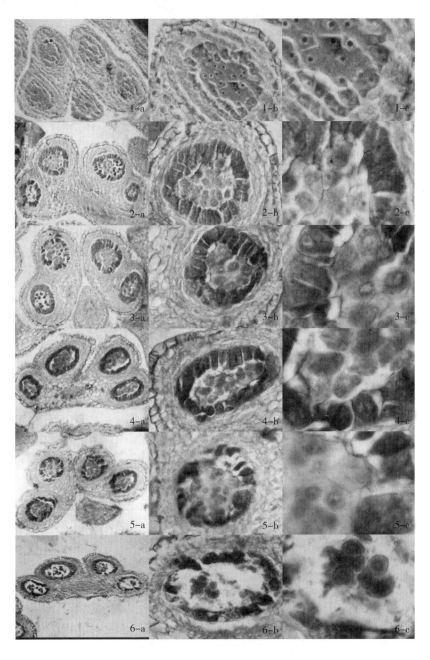

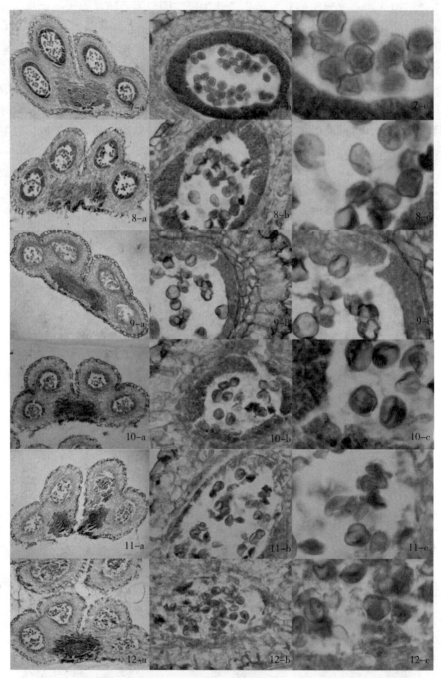

图 8-44    新高的花药面、花粉囊横切，显示花药、花粉囊的基本结构和
发育过程，及其小孢子产生及败育的细胞学观察
a. 完整的花药    b. 花药的一个药室    c. 一个药室的部分

1. 形成初生造孢细胞及3层壁细胞，绒毡层开始出现    2. 小孢子母细胞及完整的4层壁细胞，依次
为：绒毡层、中层、药室内壁和表皮    3. 减数分裂期，绒毡层细胞收缩    4. 减数分裂期末期Ⅰ
5. 四分体时期，小孢子被厚厚的胼胝质包围    6. 药室明显变大，四分体释放出单个小孢子    7. 单
核小孢子早期，外壁没有形成，绒毡层逐渐地变成带状    8～10. 随着小孢子液泡化,小孢子变形解体
11～12. 绒毡层解体，小孢子也大面积解体

　　进一步对新高和丰水小孢子发生和发育过程中的超微结构观察发现：可育品种丰水小孢子发生和发育过程中，线粒体结构清晰，液泡膜完整，且含有丰富的内质网、核糖体和高尔基体等细胞器，此外在四分体小孢子膜内分散着大量的小泡，这些小泡可能与原外壁的形成有关；而新高在小孢子母细胞时期就出现包裹小孢子母细胞的胼胝质厚薄不均匀，部分不完整，胞内线粒体等细胞器的结构模糊，内质网分布的少，而且有断裂等异常现象；在四分体小孢子内小泡分布少、线粒体的膜呈透明状，之后小孢子液泡膜破损，细胞质开始解体，线粒体、质体、内质网等细胞器相继解体或退化，核仁解体，最后出现了同心环状的膜状体，小孢子内仅留下细胞质及细胞核降解的残骸（图 8-45）。

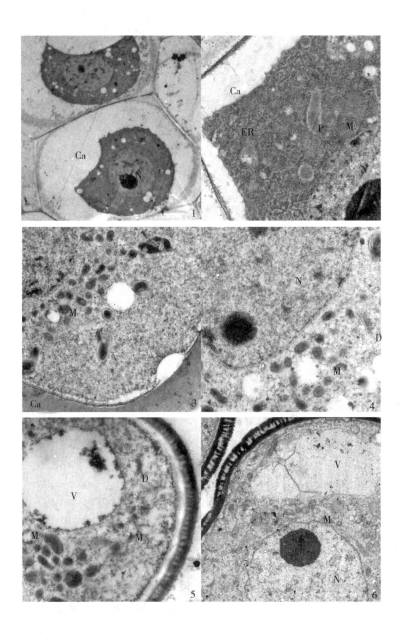

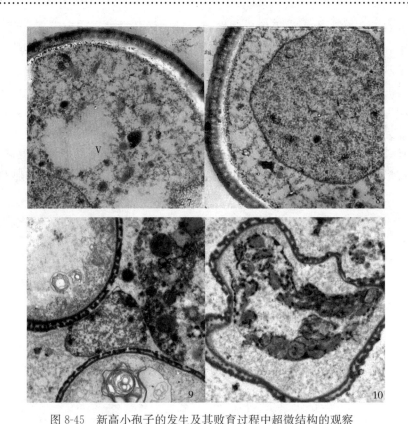

图 8-45 新高小孢子的发生及其败育过程中超微结构的观察

Ca. 胼胝质 D. 高尔基体 ER. 内质网 GN. 生殖细胞 M. 线粒体 N. 核

P. 质体 V. 液泡 Ve. 小泡 VN. 营养核

1. 小孢子母细胞，原生质变形×700 2. 小孢子母细胞，示线粒体的嵴模糊，内质网
断裂，细胞器不发达×3 000 3. 四分体细胞，线粒体小而集中且结构模糊×2 500
4. 四分体小孢子，线粒体的内部结构和膜模糊×4 000 5. 单核小孢子，部分线粒
体解体，液泡膜破损，细胞器少×3 000 6. 液泡膜破坏，除有少量的线粒体外，
不见其他细胞器×2 000 7. 核糖体聚集，其他细胞器解体×2 500 8. 不见核内的
核仁×3 000 9. 胞内出现同心环状的膜状体×1 800 10. 膜内的物质降解，
小孢子壁变形×2 000

在透射电子显微镜下，观察新高和丰水小孢子壁的形成和发育过程。结果发现：丰水
在四分小孢子时期形成了良好的原外壁，在雄配子体发育过程中，其外壁迅速发育，成熟
花粉的花粉壁由薄的内壁及由基足层、基柱棒、覆盖层共同组成的外壁结构；而雄性不育
的新高在四分小孢子时期形成原外壁，表现出只有局部形成原外壁，或质膜和原外壁分离
等不良现象，同时在胞内有很少的小泡（图 8-46）。

在透射电子显微镜下，新高和丰水小孢子母细胞时期的绒毡层细胞都含有大量的线粒
体、内质网等细胞器；随着减数分裂的进行，两个品种细胞质收缩，细胞间和内切相面形
成了许多空腔，细胞内高尔基体和分泌小泡增多，内质网膨胀形成槽库结构；四分体时
期，丰水绒毡层内分泌小泡和槽库结构的内质网进一步增多，并向药室分泌大量的乌氏
体，而新高绒毡层细胞内的部分细胞器消失，内质网垛叠，线粒体等细胞器边缘呈透明
状，并在内部产生了大量的小液泡；在小孢子发育的过程中，新高并没有像丰水一样出现
结构清晰的内质网、线粒体等细胞器，而且表现出形态各异、结构模糊的一些细胞器；在

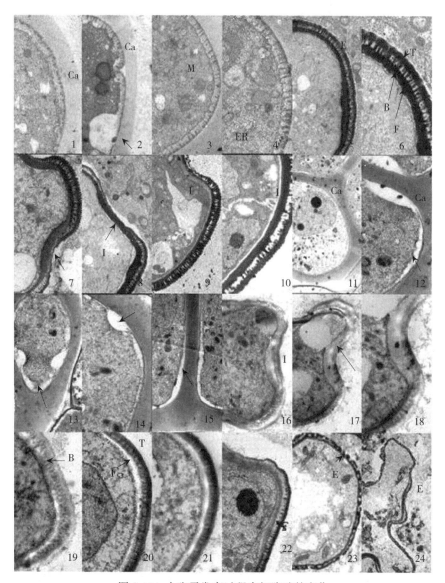

图 8-46　小孢子发育过程中细胞壁的变化

Ca. 胼胝质　B. 基柱　E. 外壁　ER. 内质网　F. 基足层　I. 内壁　M. 线粒体　T. 覆盖层

1～10. 丰水小孢子发育过程中的细胞壁　1. 四分体小孢子，原外壁刚刚发生，在质膜的内部分布着小囊泡　2～3. 基柱增多，膜内的细胞器发育良好　4. 原外壁的表面积累电子致密物，发达的内质网和细胞器　5. 单核早期的小孢子壁，示外壁由覆盖层、基柱层和基足层组成　6. 单核中期的小孢子壁，示外壁继续加厚　7. 单核晚期的小孢子壁，示萌发孔沉积了较少的孢粉素　8. 单核晚期的小孢子壁，示花粉内壁从萌发孔处形成　9. 二核小孢子壁，示内壁基本形成　10. 成熟花粉壁　11～24. 新高小孢子败育过程中的细胞壁　11. 四分体时期的小孢子，原外壁没有出现　12. 形成的原外壁不完整，且和质膜分离　13～14. 局部没有原外壁的形成　15. 小孢子质膜和胼胝质分离，大部分区域没有原外壁的形成　16～17. 单核小孢子外壁呈透明状，表面有絮状物　18. 图 17 的放大　19. 很少部分小孢子外壁有基柱，但无基足层和覆盖层　20～21. 细胞器已解体的小孢子外壁，示没有基足层　22. 发育较好的单核晚期小孢子，示部分区域没有基足层　23. 极少部分小孢子外壁发育较完善，但整个外壁比较薄　24. 内部结构已降解的小孢子外壁绒毡层细胞解体时，丰水绒毡层细胞内仅有油体等结构，并呈极性分布。而新高细胞内还含有槽库结构的内质网，并和其他结构一起呈无序分布（图 8-47）。

张红梅等（2008）在研究新高梨雄性不育与矿质元素含量变化的关系时认为，新高中锰离子含量突然升高与其小孢子的败育有关。新高梨在花粉发育过程中，镁离子浓度迅速降低，并显著地低于雄性可育的丰水，可能影响核酸和蛋白质的合成而抑制花粉发育。钙离子（$Ca^{2+}$）能维持细胞壁、细胞膜及膜结合蛋白的稳定性，可能调节胞内信使和生长发育等过程。在四分体之后，新高 $Ca^{2+}$ 浓度较丰水低，可能不利于小孢子形成细胞壁以及花粉壁，而导致小孢子解体。在花粉发育进程中，两个品种钾离子含量和变化无显著差异，表明钾与新高雄性败育没有关系。李六林（2007）运用焦锑酸钾沉淀法，研究了雄性不育的新高和雄性可育的丰水花药发育过程中 $Ca^{2+}$ 的分布。在小孢子母细胞时期，两个品种小孢子母细胞膜表面均积累了 $Ca^{2+}$ 沉淀颗粒。在四分体时期，丰水小孢子表面积累了大量的 $Ca^{2+}$ 沉淀颗粒，而在新高中基本没有 $Ca^{2+}$ 沉淀颗粒。随着胼胝质的解体，在丰水小孢子的液泡、外壁以及细胞膜等部位均积累了 $Ca^{2+}$ 沉淀颗粒，新高小孢子中的 $Ca^{2+}$ 沉淀颗粒则更多地分布在细胞质以及一些细胞器上，说明 $Ca^{2+}$ 的异常分布与其花粉败育有关。从小孢子母细胞开始，丰水花药绒毡层的径切向面和内切向面均分布着大小不等的 $Ca^{2+}$ 沉淀颗粒，并可看到这种颗粒不断地向细胞间隙和药室分泌。随着小孢子的产生和发育，$Ca^{2+}$ 沉淀颗粒分布的量逐渐增多。在单核晚期，$Ca^{2+}$ 沉淀颗粒又减少。但新高在四分体时期绒毡层中 $Ca^{2+}$ 沉淀颗粒明显比丰水要少，单核小孢子晚期绒毡层较丰水完整，而且 $Ca^{2+}$ 分布也多。这可能正是由于新高在四分体时期绒毡层分泌 $Ca^{2+}$ 少，在一定程度上影响了四分小孢子表面 $Ca^{2+}$ 的积累，进而对小孢子的发育产生影响。进一步观察 $Ca^{2+}$-

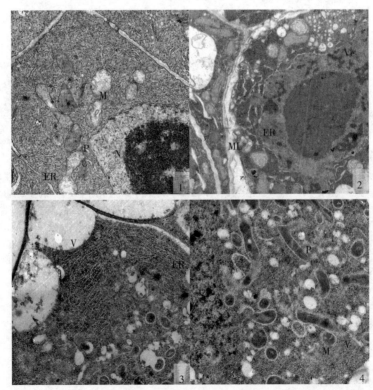

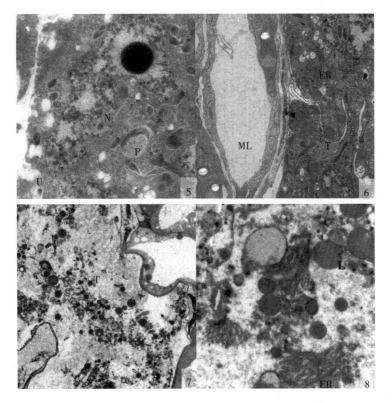

图 8-47　新高花药绒毡层超微结构

Ca. 胼胝质　D. 高尔基体　ER. 内质网　L. 油体　M. 线粒体

ML. 中层　Ms. 小孢子　N. 核　T. 绒毡层　U. 乌氏体　V. 液泡　Ve. 小泡

1. 小孢子母细胞时期的绒毡层细胞，细胞器结构清晰×3 000　2. 小孢子母细胞减数分裂时期的绒毡层细胞，细胞质浓缩，内质网呈槽库结构×4 000　3. 四分体时期的绒毡层细胞，细胞器结构模糊，垛叠的内质网×2 500　4. 细胞内出现了大量的小液泡，细胞器边缘成透明状×3 000　5. 单核小孢子早期的绒毡层细胞，细胞内的结构模糊×2 000　6. 单核小孢子中后期的绒毡层细胞×1 500　7. 绒毡层解体×700　8. 图7的放大，有槽库结构的内质网和一些油体等结构×2 500

ATPase 的分布发现，丰水游离小孢子产生前，$Ca^{2+}$-ATPase 在质膜上的分布逐渐增多，胞内质体和液泡膜上也有少量分布；小孢子发育过程中 $Ca^{2+}$-ATPase 主要分布在花粉内壁、质膜以及液泡膜等部位。自四分小孢子开始，新高和丰水花药 $Ca^{2+}$-ATPase 就有差别，新高四分小孢子细胞膜几乎没有 $Ca^{2+}$-ATPase 的分布，随小孢子的发育质膜上 $Ca^{2+}$-ATPase 虽逐渐增多，但比丰水明显少；其内壁发育不完善，无或少有 $Ca^{2+}$-ATPase 的分布；新高绒毡层外膜以及乌氏体有明显 $Ca^{2+}$-ATPase 分布，除小孢子母细胞时期外，与丰水的差异不明显。$Ca^{2+}$-ATPase 又被称为 $Ca^{2+}$ 泵，可主动泵出胞外或泵入作为钙库的细胞器中，是控制胞质内游离 $Ca^{2+}$ 涨落的主要调节者。由于细胞壁是最大的钙库，一些学者研究 $Ca^{2+}$-ATPase 在细胞内的分布时认为：质膜上存在 $Ca^{2+}$-ATPase，将胞质内的 $Ca^{2+}$ 泵出细胞质，在维持胞内低浓度 $Ca^{2+}$ 中起主要作用。Poovaiah 和 Reddy（1993）总结前人的研究结果时认为：液泡膜上存在大量的 $Ca^{2+}$-ATPase，能将胞质内高浓度的 $Ca^{2+}$ 泵回到液泡内。新高在四分体时期开始发现绒毡层表面分布着大量的 $Ca^{2+}$-ATPase，意味着绒毡层分泌大量的 $Ca^{2+}$ 运向药室，而此期四分孢子膜表面则基本没有 $Ca^{2+}$-ATPase 的分布，当细胞受到低温等不良环境条件或在体内遗传基因调控的作用下，会导致游离小孢子内 $Ca^{2+}$ 升高，使细胞代谢紊乱。

袁德义等（2007）在对新高雄性不育的生化分析研究中发现，花器官发育过程中，花器官内的氨基酸代谢及酶活性高低对花粉育性有重要影响。可育品种与不育品种相比，在从四分体到单核花粉的小孢子期（小蕾期），是氨基酸变化差异最明显的时期；在小孢子期，可育品种脯氨酸和赖氨酸含量显著高于不育品种，过氧化氢酶和超氧化物歧化酶活性也是可育品种高于不育品种；在花器发育整个过程中，超氧化物歧化酶活性也是可育品种较不育品种高。郭艳玲等（2007a）研究新高雄性不育细胞学特征及膜脂过氧化的研究中发现，在花蕾发育过程中，由于其保护酶活性失衡，导致活性氧代谢失调、膜脂过氧化加重，是造成新高梨雄性不育的重要原因。李六林等（2006）通过比较 IAA 和 ABA 含量及其相关酶的研究，发现丰水花蕾中 IAA 含量从四分体后极显著地高于新高，大约是新高的 3.70～4.47 倍，新高 ABA 含量从四分体到二核花粉期却显著地高于丰水。因此推断，新高 IAA 含量的亏缺可能是导致新高败育的原因之一。通过研究新高花粉败育与内源多胺含量变化的关系发现，新高花蕾发育过程中游离态的腐胺和亚精胺变化幅度不大，丰水则在单核花粉到二核花粉时期出现高峰，且含量在各个时期均高于新高，尤其在新高花粉的败育期（单核花粉期到单核花粉晚期），其含量是新高的 3～5 倍；新高中游离态的精胺也显著地低于丰水。丰水中高氯酸可溶共价结合态腐胺、亚精胺和精胺含量逐渐增加，新高在花粉败育期或败育前期出现不同于丰水的高峰，此种形态多胺含量的增加可能影响到游离态多胺含量的增加，而影响到花粉的发育。

# 五、果　　实

受精后，胚珠发育成种子，子房发育成果实。一般认为，果实是由子房发育而来的，但受精后的果实发育有时不仅限于子房，还可以包括心皮以外的花部。通常将仅由子房发育成的果实称为真果，而将由心皮与其他附属器官一起发育成的果实称为假果。梨的果实主要是由下位子房的复雌蕊形成，花托强烈增大和肉质化并与果皮愈合，属于假果。

## （一）果实形态结构

**1. 果形特征**  梨的果形特征包括果实的形状、大小、表面的颜色、光泽和光滑度等，每个种和品种都有它固有的形态和大小。

梨果实形状各异，有圆形、扁圆形、卵圆形、倒卵圆形、圆锥形、圆柱形、纺锤形、葫芦形等各种果形。砂梨品种果实多为球形或扁圆形；白梨品种果实多为圆形、卵圆形和长圆形；秋子梨的果实大多为圆形或扁圆形；新疆梨果实多为葫芦形或卵圆形；而西洋梨果实多为葫芦形。

梨的果皮颜色多样，总体可划分为绿色（包括绿色、黄色、绿黄色、黄绿色等）、褐色（包括绿褐色、黄褐色、红褐色、褐色等）和红色（包括紫红、鲜红、粉红）。在梨的主要栽培种中，秋子梨和白梨主要为绿皮梨类型，少数为红皮型类型，稀有褐皮梨类型；砂梨主要为绿皮砂梨和褐皮砂梨两大类群，红皮梨类型较少；西洋梨主要为红皮梨和绿皮梨，新疆梨主要为绿皮梨。

梨果实的大小因品种不同而差异较大，秋子梨果实一般小到中等大，果重在 35～210g，平均果重 84.3g，最大 240g。白梨平均单果重 151.5g，金花梨、雪花梨单果重最大可达 750g。砂梨平均单果重 161.3g，冬大梨和洞冠梨单果重最大分别可达 2 000g 和 3 000g。西洋梨果实一般小到大型，果重 36～287g，平均单果重 152.2g。新疆梨平均单果重 108.7g。果实最小的是野生种杜梨，果实直径只有 0.5～1.0cm。

**2. 果实解剖结构**　成熟的梨果包括果壁和种子两部分。通常果壁是指果皮或果皮与其连生部分。果皮在严格意义上应指成熟的子房壁，但一般也用来指假果的果壁。子房壁主要由薄壁组织构成，其中分布有维管组织。当发育为果实时，子房壁发生很大的组织学改变，同时结合雌蕊发育形态的变化，形成各种果实。果皮通常可分为三层，从外向里依次为外果皮、中果皮和内果皮，有时只能区分出外果皮和内果皮。从果实的横切及纵切图（图 8-48），我们可以观察到梨果实的外果皮、中果皮肉质化而无明显界线，内果皮革质。多数品种子房 2～5 室，每室 2 个胚珠。西洋梨、砂梨和秋子梨的栽培品种多数为 5 个心皮，而豆梨果实小如豌豆，只有 2～3 心室；一些杂种类型的果实为 3～4心室。

图 8-48　梨果实的横向和纵向解剖结构图

通常沿果心线将梨果实分为果肉部分和果心部分，果心由花托的髓，外、中、内果皮和种子发育而来。梨果实的组织结构包括：表皮层、果肉、石细胞、维管组织和果心。

（1）表皮层　表皮层为梨果最外面的细胞层，因其直接接触外界环境，受环境因素影响较大，从而在结构上常有变化。表皮层通常为一层比较均匀的细胞，并可分化为各种功能结构不同的细胞，如表皮毛、气孔、含精细胞以及皮孔等。表皮细胞的细胞壁多成弯曲状，一般很少或没有细胞间隙。除气孔的保卫细胞外，表皮层细胞一般没有发育完全的叶绿体。

①角质膜　梨果表皮层细胞外壁上有较显著的角质膜，像一层保护膜一样包裹在果实的表面，起到保护果实的作用，角质膜会随果实的增大而逐渐增厚。角质膜与植物的许多生理活动和抗病性都有密切关系。

角质膜由角质层与角化层两部分组成。角质层为厚 0.01mm 左右的一层不透水的脂肪性物质层，沉积在表皮细胞的细胞壁表面。梨果的角质层含有角质和蜡质，使梨果的表面比较光滑，它影响到梨果的外观品质和贮藏性。辛华等（1997）对黄县长把梨的果实解剖结构研究发现，表皮上的角质膜逐渐增厚，在开花后一个月开始穿入到表皮细胞的径向壁之间，此时皮孔在气孔的位置发生，开花后3周，表皮下出现4～5层含单宁类物质的细胞。

角质膜的厚度及形态会因梨品种的不同而有差异，其中厚度还与梨树生长的环境条件有关系。角质膜的沉积直接与光照强度呈正相关，而与相对湿度的大小呈负相关。角质膜还与梨果表面的锈有直接关系（林真二，1981），角质层的龟裂以及潮湿环境条件下角质膜的缺失，是形成果锈的直接原因。

角质膜的生理作用表现在许多方面，如抑制蒸腾作用、进行气体交换以及吸收外界水分和外施肥料、药液等。角质膜还有很强的抗风害、抗霜冻的能力，也能防止阳光中紫外线对果肉细胞的危害，另外对控制果内温度有辅助作用。除此之外，角质膜也是梨果抵御病虫害的天然屏障。

②气孔器　发育早期阶段的梨果表皮层上分布着许多气孔器。气孔器由两个保卫细胞组成。保卫细胞内含有叶绿体，数量较叶肉细胞中的少，结构也较为简单，且片层结构发育不良，但仍能进行光合作用合成糖类物质。

气孔是由原表皮细胞分裂并分化而成的。原表皮细胞经过几次分裂以后，其中的一个细胞成为气孔母细胞，也就是保卫细胞的前身。气孔母细胞再经过一次分裂形成两个保卫细胞，这两个保卫细胞长大后成为肾形。两个细胞之间的空隙、也即气孔的形成，可能是由于胞间物质的膨胀和溶解所致。

③表皮毛　梨幼果基部的表面具有单细胞的表皮毛，随着梨果的逐渐成熟表皮毛脱落。

④皮孔　随着梨幼果的生长，气孔会逐渐被皮孔取代，在这一时期气孔张开部分产生木栓层。

皮孔在气孔的位置上发生，并最终转化为果点，其过程为：在气孔形成之后，孔底细胞大量扩增，使气孔开裂，形成半圆形凹陷的空腔结构，称为气室。大约在开花后3周，气孔保卫细胞被破坏，扫描电镜下可清楚地看到保卫细胞被破坏后留下的空洞。原来气室内的细胞不断分裂，逐渐填充了气室及保卫细胞破裂后留下的空隙。大约开花后1个月，这些薄壁细胞逐渐分化成为木栓形成层。随着木栓形成层的活动产生大量的木栓细胞，使得木栓组织逐渐突出于果实表面，形成了所谓的果点。

⑤果点　果点是一团凸出果面的木栓化细胞，是在气孔保卫细胞破裂后形成的空洞内产生的次生保护组织。外果皮表面果点组织发生及其形态特征是影响外观品质的重要因素，传统梨果点组织形成经历三个阶段，气孔皮孔期、果点形成期和增大期。库尔勒香梨果实在坐果初期，果皮为单层细胞组成的单表皮，上有许多气孔器。在5月中旬后，单表皮逐渐分化为由双层细胞组成的复表皮，气孔器木栓化为皮孔，皮孔进一步发育为果点。

果点形成后会逐渐增大，并可用肉眼观察到。在荧光显微镜下观察到的图像显示，其中心是一个微微隆起的木栓化组织，在其边缘也有不连续的木栓化组织，纵切细胞结构也能看到木栓化的果点层。李芳芳和张绍铃等通过对226个梨品种果实果点大小和密度的观察，发现不同梨品种之间的果点大小和密度均存在显著差异。果点大小变化范围为0.29～0.83mm，单位面积内果点密度为7～37.75个/cm²。果点大小和密度呈负相关关系。以果点大小和密度进行聚类分析，226 梨品种可分为 7 个类群，其中，果点小密度也小的品种最多，占品种总数的 21.68%。在所鉴定的所有品种中，六月黄棕梨的果点最大，达1.66mm，而中翠的果点最小，为 0.29mm；早美酥的果点密度最大，达 37.75 个/cm$^2$，惠水金盖的密度最小，为 7 个/cm$^2$。此外，褐皮梨的果点多数大于绿皮梨。

⑥果锈 梨的果锈主要有水锈、药锈等。一般来讲，锈斑是花托表皮细胞以内的外层细胞在花后细胞壁加厚、栓化，其后随着表皮细胞及角质层破裂而形成。这种栓化细胞在幼果期普遍产生于果实表皮细胞内的各个部位。这种细胞组织加强了对果实的保护作用。是否形成锈斑关键取决于表皮细胞的破裂与否，由于这种细胞普遍存在，所以无论何处位置，只要表皮细胞破裂，锈斑就会发生。

果锈不是病害，而是一层为抗御逆境保护自身而产生的次生保护组织——木栓层。幼果表皮细胞向外分泌角质，使细胞角质化形成角质层，对幼果有良好保护作用。但是幼果角质层的结构和排列方式因品种而异。凡结构严密，排列致密者，其抗逆的能力就强，不易产生次生保护组织，即不易形成果锈。而梨果实的角质层结构松散，发育很不健全，所以对幼果的保护能力有限；再加上幼果细胞的膨大与角质层的发育往往不协调，彼此不相适应而留下细微缝隙，若再遇到物理、化学刺激，易于诱发产生次生保护组织—果锈，进一步加强对果实的保护作用。

（2）果肉 果肉是指表皮层以内可食用的部分，结构上是托杯的皮层部分。果肉的结构和质地是判断梨果实品质的主要指标。果肉主要是由薄壁组织构成，其间分布着维管组织、石细胞和其他异型细胞，如单宁细胞和含晶细胞等（许方，1992）。

①薄壁组织 薄壁组织是指在果实生长初期，由形态上大体一致、处于活跃分裂状态的一群薄壁细胞。最初薄壁细胞排列紧密，没有细胞间隙，且细胞多为多边形。果实的大小主要取决于果肉细胞的多少及细胞的体积。在细胞分裂初期，果肉细胞反复分裂以增加细胞的数量。分裂停止后果实的增大主要靠分裂完毕细胞体积的增大来完成。随着细胞体积的增大，细胞中出现液泡，并产生细胞间隙，细胞形状逐渐变圆。至果实完全成熟时，细胞增大了很多倍，多为圆形或卵圆形，且细胞间隙非常发达。

围绕在梨果石细胞团周围的薄壁细胞似菊花花瓣状，一般多呈放射状长椭圆或长条形分布，这种薄壁细胞叫作"团围薄壁细胞"，在团围细胞之间与多呈多边形的薄壁细胞，叫作"团间薄壁细胞"。根据调查，团间细胞大且多，团围细胞短且胞壁薄，胞间原果胶层很薄，这类品种的果肉脆而细，果汁多；而团围细胞长，团间细胞少且小，团围与团间细胞的胞间有较厚的原果胶，其质地显示粗而多渣，是需要后熟的软肉品种。从梨果内细胞的形态结构上，不仅可以看出其所属的种系，也可以区分出果肉脆、软的属性与质地的粗细。因此，除石细胞团的大小外，团围薄壁细胞与团间薄壁细胞在决定果肉结构与质地上更为重要。

②亚表皮层 在表皮层内侧有两层排列紧密的薄壁细胞，这两层细胞不会随薄壁细胞的增大而产生细胞间隙，因其形似表皮层细胞，故称"亚表皮层"。这两层细胞在果实发育的过程中会随位置的变化而不同，在气孔处的细胞分裂后形成气室下组织，进而形成皮孔。其他部位的细胞积累了许多单宁物质。

③异型细胞 在梨幼果薄壁组织中可看到许多与薄壁细胞形态不一致的细胞，称为异型细胞，包括含晶细胞、巨型细胞等。含晶细胞大多出现在近表皮及内部的薄壁细胞及维

管束周围。含晶细胞大都单个存在，在开花一周后偶可见成对的细胞，有些含晶细胞有较大的细胞间隙。巨型细胞体积较周围的薄壁细胞大很多，细胞壁常加厚，且细胞质较浓。

　　（3）石细胞　石细胞是梨果实组织中一类常见的厚壁组织细胞，是由大量木质素和纤维素组成，因其具有硬化的壁，所以称为石细胞。石细胞是梨果实中所特有的，也是影响果实品质的重要因素之一（Tao 等，2009）。梨的石细胞在分类上属于短石细胞，由大量的木质素和纤维素组成。陶书田（2009）对梨果实石细胞的主要成分进行了定量分析，发现梨果实石细胞木质素为愈创木基-紫丁香基木质素（G/S 型木质素）。梨的石细胞形态多种多样，经低温冷冻分离的梨石细胞在光学显微镜下观察，大小、形状均不规则，有似圆形的、长形的、棱形的和多棱不规则的。梨的石细胞具有较大的吸胀性，刚分离出的石细胞在水中呈淡黄色，比果肉细胞组织颜色深，经风干失水后，细胞呈淡白色，体积干缩变小。干燥后的石细胞，再放入水中，又会吸水恢复体积，呈淡黄的颜色，但不能恢复到干燥前的体积。

　　一般认为，梨果实石细胞在果肉中单个或成群存在，梨果实中通常所谓的石细胞实际上是由多数石细胞组成的石细胞团（乔勇进等，2005）。石细胞在梨果实内的分布有显著特点。从纵切面来看，石细胞在果肉中的分布以果实顶部最多，中部次之，果柄部最少。而从横切面来看，梨果实近果心处石细胞团直径最大，近果皮处直径次之，中层果肉中石细胞团直径最小；石细胞团密度以近果皮处最大，近果心处密度次之，中层果肉中最低（陶书田，2009）（图 8-49）。石细胞在梨果实中这种不均匀的分布可能与果实中激素的分布情况有关（Hellgren 等，2004）。

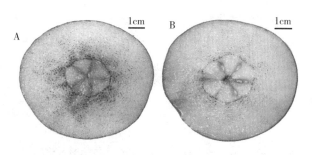

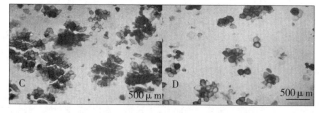

图 8-49　Wiesner 试剂染色的手工和石蜡切片（染成紫红色的木质素主要存在于石细胞中）
A、C. 砀山酥梨　B、D. 幸水

　　不同栽培种及品种的梨果实石细胞团大小差异显著，一般认为，发育期较长的果实含有较多的石细胞，而且梨果实石细胞团的大小与其栽培进化程度关系密切，石细胞团越大，其栽培越接近原始型。顾模等（1989）对 72 个梨品种的研究表明，梨果石细胞团大小多在 $151\sim200\mu m$，$100\sim150\mu m$ 和 $201\sim250\mu m$ 次之，$251\sim300\mu m$ 较少，$301\sim500\mu m$ 极少。不同栽培种中，以秋子梨系列品种石细胞团直径最大，密度最高，西洋梨系列品种石细胞团直径最小，密度最低。

　　在梨果实发育过程中，盛花期的花托全为薄壁细胞，在开花后两周左右，在薄壁细胞中有一些较大的果肉细胞壁明显增厚，内含物逐渐被吸收消失，成为厚壁中空细胞，也就是石细胞团的原基细胞，然后以石细胞原基细胞为中心，周围的薄壁细胞胞壁继续增厚，形成厚壁细胞的聚簇现象，继而成团的厚壁细胞木质化，原生质消失，形成石细胞团（陶书田等，2004）。石细胞是在果肉的深部区域先发生，然后逐渐向外，其细胞分裂呈轮纹层状地围绕着先形成的石细胞周围进行；随着果实的发育，近果皮处也逐渐形成石细胞团。陶书田（2009）在扫描电子显微镜照片中可以很清楚地看到梨果实石细胞主要以聚合体方式存在，并被薄壁细胞所包围（图 8-50，A 和 B）。石细胞的细胞壁呈现出片层状的结构（图 8-50，C 和 D），但同时在木质化的细胞壁中还明显地存在有纹孔结构（图 8-50，C）。这些纹孔可能是为了保证细胞间水分和营养物质的交流，但同时这些区域容易被酶水解造成疏松的结构。石细胞聚合体表面都有纤维物与周围相连，纤维物的明显作用之一就是固定石细胞，控制其位置，因为石细胞的比重比周围果肉的细胞大。纤维状物的另一个作用可能与石细胞的形成和增长有关，因为大多数石细胞为次生壁加厚，需要一定的物质供应，纤维状物是否在运输上起作用目前尚不清楚。

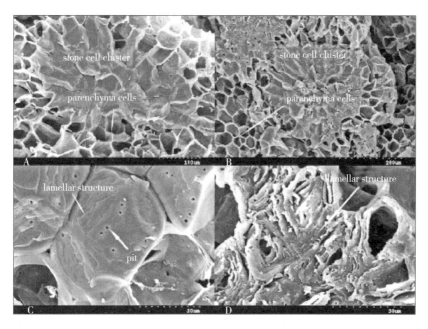

图 8-50　扫描电子显微镜照片显示石细胞的超微结构
A. 砀山酥梨　B. 幸水　C. 高倍率显示细胞壁中的纹孔　D. 高倍率显示细胞壁的片层结构

梨果实石细胞的本质是木质素的沉积。一般认为细胞的木质化过程由细胞的最外层开始，在细胞死后通过细胞膜向细胞中心发展。陶书田（2009）利用透射电子显微镜对石细胞的细胞壁进行观察发现木质素在细胞壁上分层沉积的方式，石细胞的细胞壁明显地分为木质化程度不同的四层，分别为复中层、次生壁 1、次生壁 2 及高度木质化的具有典型应压木特征的外层次生壁 2（图 8-51）。其中外层次生壁 2 染色最深，木质化程度最高，甚至超过了复中层。虽然次生壁 2 木质化程度不是最高，但是次生壁 2 厚度最厚，占据了细胞壁的绝大部分，因此，石细胞细胞壁中的木质素主要集中在次生壁 2 层。同时自发荧光照片显示，不仅是石细胞，其周围的薄壁细胞壁也具有强烈的蓝色荧光，说明其细胞壁中也有一定量的木质素，而石细胞团就是以石细胞原基为中心周围薄壁细胞逐渐加入而形成的，这阐明了细胞木质化是由细胞最外层开始发生，然后透过细胞膜向细胞质发展而最终形成石细胞的过程。这类似于松木中表现的应压木结构特性（Singh 和 Donaldson，1999）。

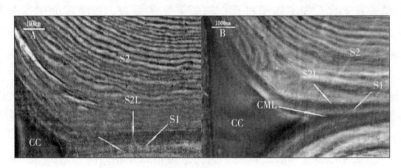

图 8-51　石细胞超薄切片的透射电子显微照片
A. 砀山酥梨　B. 幸水
CC. 细胞角隅　CML. 复中层　S1. 次生壁 1
S2. 次生壁 2　S2L. 外层次生壁 2

石细胞的大小、数目、密度等与梨果实品质密切相关（陶书田，2009）。通常认为，梨果肉质地的粗细是石细胞团大小与密度综合因素作用的结果。果实中石细胞团较大、密度较高的品种，通常肉质较粗，口感多渣；反之则果肉较细，口感少渣或无渣。此外，梨果实的糖、酸、维生素 C、果汁含量、耐贮性等品质指标也与果实中的石细胞密切相关（Tao 等，2009）。同一品种一般在果实发育早期单位面积果肉石细胞团的数量较多，在花后 1 个月左右达到最高峰，以后数目逐渐减少，至果实成熟前 2 个月数目基本恒定。有研究者认为这主要是由于果实发育初期石细胞团正处在成熟阶段，数目较少，因而密度较低，中期时由于石细胞团的大量形成，果肉生长较慢，密度较高；后期随着果实的成熟，果实中纤维素酶的活性增高，分解了部分石细胞，因此适当晚采是减少石细胞团数量，使其直径变小，提高梨果实内在品质的途径之一。但也有研究认为，后期石细胞数目的减少并不是由于纤维素酶的分解作用，而是因为石细胞团形成速度慢于果实膨大速度而被"稀释"造成的（Lee 等，2006）。

利用基因组学方法注释梨的木质素合成通路相关基因，发现其具有的木质素代谢基因数量与苹果、杨树基本在同一水平，这可能与他们共同的木本植物特性相关。通过系统发育分析发现，梨的 66 个木质素合成相关基因家族表现出扩张，体现出梨对木质素合成的更多需求。同时，在预测的梨转录因子中也发现，与木质素合成相关的转录因子 *NAC* 和 *LIM* 家族的数量比草莓、葡萄和番木瓜多，这两类转录因子可能参与了梨果实木质素的形成（图 8-52）。

为进一步探究梨果实木质素形成的基因组学机制，通过对 3 个不同发育期（发育早期，发育中期和成熟前期）的果实数字表达谱测定，发现参与木质素合成的基因在前两个时期高量表达，且比接近成熟时的表达量高出 10 倍。编码羟基肉桂酰基转移酶（HCT）的基因在果实发育早期表达水平高，而 *HCT* 基因是已知的促进木质素合成的基因，同时伴随着高表达的编码 p-coumaroyl-shikimate/quinate3′-羟化酶（C3′H）基因和咖啡酰辅酶 A O-甲基转移酶（*CCOMT*）基因，促进了对-香豆酰基-辅酶 A（PCC）转化为咖啡酰

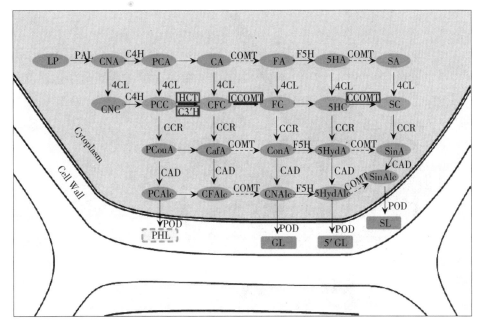

图 8-52　梨果实石细胞形成的通路和关键基因

辅酶 A（CFC）和阿魏酰辅酶 A（FC），并最终导致了 G 型-木质素和 S 型-木质素，而不是 P 型-木质素，在梨果实中的积累。同时，在 3 个表达谱数据中都没有发现咖啡酸 3-O-甲基转移酶（COMT）基因的表达，表明梨果实中木质素合成的限速步骤是从 CFC 转换为 FC 的环节。

（4）维管组织　梨果实中有发达的维管组织（图 8-53），维管组织主要用于果实各部分养分的运输，对梨果实的发育起着至关重要的作用。梨的主要维管组织包括 5 个花瓣束、5 个萼片束、5 个中央心皮束和 10 个侧生心皮束。除侧生心皮束外，其他维管组织均分布于薄壁组织内，这些维管束的分支遍及整个果肉，并交互成网状结构，源源不断地为果实的生长发育提供必需的物质。果实成熟后花轴明显变粗，有的成熟果实这部分维管束格外发达。植物激素，特别是生长素对维管束、尤其是木质部的分化，起着重要的作用。通过红墨水标记发现，梨果实在开花后 10d 维管束基本发育成型，形成较为完整的输导组织（张虎平，2011）。

（5）果心　梨果的中心有三类组织：薄壁组织、骨质组织（由石细胞组成）和心皮维管束。这些组织是由子房壁发育而来的，故被认为是果皮。外果皮和中果皮由薄壁组织组成，内果皮则只有骨质组织，衬在腔室里面。每一腔室内一般有两粒种子，有时有多个。

**3. 萼片**　萼片（sepals）是指花的最外一轮，构成花萼（calyx）的各片，一般呈叶状、绿色，在花期有保护花蕾的作用。萼片的叶肉由叶绿体薄壁细胞构成，其间没有栅栏组织和海绵组织的变化，其叶肉之内通常含有三根维管束。萼片通常在花朵开放后即脱落，但也有些植物的萼片直至果实成熟依然存在，如梨、柿、番茄的花萼，这种称为宿存萼。宿存的萼片可以起到保护幼果的作用。萼片的形态多样，有宿存、残存、脱落、直立、反卷等情况。曹玉芬等（2006）对梨果实萼片性状做了详细描述，萼片状态分为脱萼、残萼和宿萼，萼片姿态分为聚合、直立和开张，萼洼广度分为广、中和狭，萼洼深度

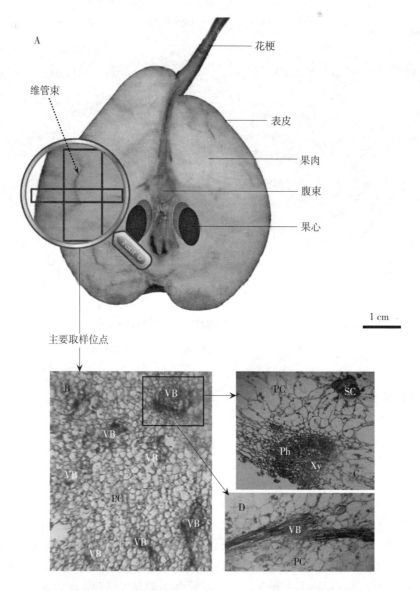

图 8-53　梨果实维管束红墨水标记及显微观察

A. 红墨水标记维管束　B. 维管束分布　C. 维管束横切局部分布　D. 维管束纵切
VB. 维管束　PC. 薄壁细胞　Ph. 韧皮部　Xy. 木质部　SC. 石细胞团

分为平、浅、中和深，萼洼状态分为平滑、皱状、肋状和隆起。

　　萼片的形态被作为一项重要指标广泛用于新物种、野生种的鉴定等工作中。早在 1890 年，Koehne 等首先根据梨果实成熟时有无萼片将梨属植物分为脱萼组（Pashia）和宿萼组（Achras），我国学者俞德浚等（1974）也曾以此作为梨的一种分类的依据。宿萼组的果实上有宿存的萼片，心室 4～5，包括秋子梨、河北梨、新疆梨、麻梨、西洋梨、杏叶梨、蓁梨、木梨等；脱萼组的果实上萼片多数脱落，心室 2～5，包括白梨、砂梨、杜梨、褐梨、豆梨、川梨等。

　　梨的萼片包括萼筒和萼片两部分，何子顺等（2007）对库尔勒香梨花的观察发现，萼筒上着生花瓣和雄蕊，开花时期萼筒呈盘状。萼筒前端裂片为萼片，萼片数量多为 5 片，个别为 4 片。脱萼果实的萼片从萼筒下部连同萼片一起脱落，宿萼果实的萼筒随着果实的生长发育成为果顶的一部分。鸭梨和砀山酥梨的萼片脱落是从萼筒下部萼筒和萼片一起脱落，而库尔勒香梨的花萼脱落大致分三种情况：①萼筒连同萼片一起脱落；②仅有萼片脱落，萼筒留在幼果上成为果顶的一部分；③仅有部分萼片脱落（极少数）。

## （二）不同生长发育时期果实解剖构造

何天明等（2001）研究了库尔勒香梨的早期生长发育情况，结果表明，花前幼果中维管束密布。随着果实的发育，果皮由单层分化为双层的复果皮，并且角质化明显加剧。果肉薄壁细胞在发育初期排列致密，呈多角形，6 月后明显变得疏松，细胞也呈近圆形。6 月上旬后，果肉细胞基本停止了分裂，果实的增长主要表现为体积增大。而在此之前，果实的膨大主要表现为细胞数目的增多。

陶世蓉等（1999）从梨的果实横切面上可看到，梨果实最外面为表皮层，表皮层早期为 1 层比较均匀、排列紧密的细胞，开花后 14d 可分化出气孔器，表皮细胞的外壁上有明显的角质膜，角质膜随果实的增大而逐渐增厚。表皮层内侧为可食用的果肉部分，结构是花托的皮层部分，该部分主要由薄壁组织构成，其间分布着维管组织、石细胞和其他异形细胞，如单宁细胞。

## （三）离层的产生与组织脱落

脱落是指植物细胞组织或器官自然离开母体的过程，梨树在生长的过程中某些细胞组织或器官会发生脱落，如一般有一次落花、两次落果现象，另外树皮和茎、叶、枝等都会发生脱落。离层的形成一方面可以避免损伤其原来的着生组织，另一方面又可以对新暴露的组织起保护作用。器官脱落是植物适应环境，保护自己和保证后代繁殖的一种生物学现象。一般情况下，把器官与组织脱落的组织区域及其邻近部分称为离区（abscission zone），而把此区域内仅发生组织与细胞分离的数层细胞叫离层（abscission layer）。Tabuchi（2000）研究表明，尚未发育成熟的离区不能响应脱落诱导，可能分化程度是一种重要的脱落前提。曾经有人认为离层就是原本脆弱的连接点，后来经过测定诱导初期脱落器官或组织的折断强度变化，发现事实并非如此。有些植物的脱落部分在接受诱导前无法辨认离层细胞与其他细胞的差异，但也有人利用组织化学和其他技术辨认出离层细胞特点。

对多种园艺植物花器离区的解剖显示，不同植物花器离层细胞大小有 3 种类型：①离层细胞比邻近细胞小，大多等径；②离层细胞比邻近细胞小，大多长方形；③离层细胞大小与相邻细胞近似。细胞大小在脱落过程中发生变化，到底有何作用目前尚不清楚。很多研究者发现，在脱落过程中，离区细胞的渗透势下降，离区细胞膨大，细胞间出现空腔，这可能有利于维管束的断裂。此外，分别在不同的植物花器离区细胞中观察到淀粉沉淀，造粉体数量变化，侵填体形成，出现大量的粗糙内质网，沿完整细胞壁的细胞质膜内陷，有些植物离层外的细胞发生再次分裂，但是还不能肯定以上现象就是脱落的必备步骤。

**1. 萼片脱落离层的产生**　邵月霞等（2007）研究发现库尔勒香梨萼片脱落之前，在萼片与幼果的交界处分化出离区。姜彦辰（2011）以库尔勒香梨为试材，采用透射电镜观察脱萼果和宿萼果萼片离区细胞显微结构差异（图 8-54），发现在盛花后第八天，脱萼果离区细胞的细胞壁降解，原生质膜内陷，细胞质变浓稠并且其中有淀粉粒沉淀，细胞核增

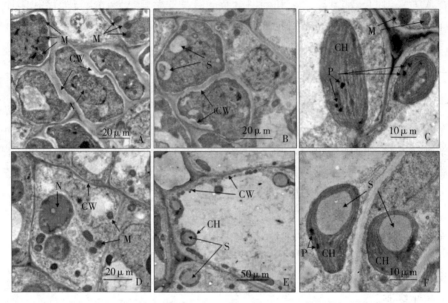

图 8-54 库尔勒香梨脱萼果与宿萼果离区细胞超微结构的差异

A、B. 脱落萼片离区细胞 C. 脱落萼片离区细胞内叶绿体 D、E. 宿存萼片离区细胞 F. 宿存萼片离区相应部位细胞内叶绿体（CW. 细胞壁 CH. 叶绿体 S. 淀粉粒 P. 质体小球 M. 线粒体 N. 细胞核）

大，在细胞壁附近聚集大量线粒体，细胞机能降低。在即将脱落的萼片的离区细胞内能够观察到细胞壁膨胀溶解，而宿存萼片的相应部位的细胞壁则清晰、坚厚，这主要是脱落的萼片离区中细胞壁水解酶活性高，促进细胞壁降解的结果。在即将脱落的萼片细胞壁周围出现较多线粒体，细胞内有淀粉沉淀，这可能是为离层的形成和保护层的发生提供能量和底物来源。在宿萼萼片离区相应部位细胞内可以观察到含有大量淀粉粒沉淀的叶绿体，可能是因为宿萼果离区叶绿体光合能力强，尚未及时转运出去的光合产物转化为淀粉粒储存在叶绿体中的缘故，而在脱萼果离区细胞叶绿体中未能观察到有淀粉粒，但存在较多数量的质体小球，而质体小球的数目与细胞衰老程度正相关。这说明即将脱落的萼片离区细胞机能明显弱于宿存的萼片细胞。

**2. 果柄离层的产生** 梨果实成熟后会自然脱落，在脱落之前先在果柄部分产生离层。离层是在脱落区经细胞分裂形成的几层细胞（图 8-55），其体积小，排列紧密，细胞壁薄，有浓稠的原生质和较多的淀粉粒，核大而突出。离层组织缺少与导管相连的纤维，薄壁细胞的木质化及木栓化均较差。果实在脱落时，离层细胞开始发生变化：首先核仁变的

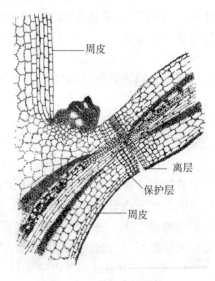

图 8-55 果柄离层结构

非常明显且数量增加，RNA 的含量及线粒体数量也增加；然后是粗面内质网、高尔基体和小泡数量都增多，细胞大量合成纤维素酶和果胶酶，最后使得细胞壁疏松，中层中的果胶质分解，细胞彼此离开，果柄只靠维管束与枝条相连，在重力或风力等的作用下，维管束被折断，果实脱落。离层细胞的分离发生在两层细胞明显的分界处，即易衰老的远端细胞和不易衰老的近端细胞间。远端细胞的扩大生长受生长素的影响，近端细胞则是在乙烯的作用下扩大生长。

# 六、种 子

## （一）种子的形态与结构

### 1. 种子形态

（1）颜色和形状　梨的种子多为卵形或卵圆形，稍扁，先端急尖、渐尖或钝尖，基部圆形或斜圆形，先端呈尖嘴状或歪嘴状。种子的颜色多为褐色、黑褐色、栗褐色、灰色、棕灰色（许方，1992）。

几种常见的砧木与品种的种子外观存在明显的差异（图 8-56）。成熟的豆梨种子，种皮浅灰色或褐色；形状为纺锤形；表面不光滑；种孔端没有明显的喙状突起，种子较小而饱满。杜梨种子的形状是平凸面、逗号形；颜色为深褐色、褐灰色、浅灰色等；表面无光；种孔端有喙状突起，易于鉴别；种子较小而瘪。常作为西洋梨矮化砧木的榅桲种子形状基本都是披针形；种孔端钝，基部平截，中部隆起；种子局部有光泽；颜色有深褐色、褐灰色、土灰色；种子较小且不饱满。相比较，栽培品种的种子具有的普遍特征就是种子较大且饱满，种皮局部或全面有光泽，颜色为红褐色居多，种孔端较钝，基部平截；差别较大的主要是种子的形状，如鸭梨种子的形状为平凸面、披针形，丰水种子的形状呈披针形，砀山酥梨种子的形状为平凸面、三棱形，且种孔端钝（包建平，2010）（表 8-4）。

表 8-4　梨种子的外部形态特征比较

| 果树种类 | 采集地 | 种皮颜色 | 光泽度 | 种子形状 | 喙状突起 |
| --- | --- | --- | --- | --- | --- |
| 豆梨 | 河南 | 土灰色、褐色 | 无 | 纺锤形、披针形 | 无 |
| 杜梨 | 山西 | 深褐色、褐灰色、土灰色 | 无 | 平凸面、披针形、逗号形 | 有 |
| 榅桲 | 新疆 | 褐色、红褐色 | 局部有 | 披针形 | 无 |
| 鸭梨 | 河北 | 红褐色、黄褐色 | 有，或局部有 | 平凸面、披针形 | 无 |
| 丰水 | 江苏 | 红褐色 | 有，或局部有 | 披针形 | 无 |
| 砀山酥梨 | 安徽 | 红褐色、褐色、褚色、褚红色 | 有，或局部有 | 平凸面、三棱形 | 无 |

（2）种子的大小及千粒重　梨种子的大小可分为大、中、小三种。属大粒种子的有昌黎白挂梨、新疆黑酸梨、西山沙果梨、昌黎歪把子梨，其千粒重为 43.6～98.5g。中等的有红杜梨、西山青杜梨、塔城野梨，其千粒重为 33.0～38.3g。小粒种子有兰州木梨、西山杜梨、昆嵛明杜梨，其千粒重为 15.6～27.0g。按照以上标准，砀山酥梨、鸭梨和丰水种子应该属于个体较大型，而杜梨、豆梨和榅桲则属于小型类别（表 8-5）。

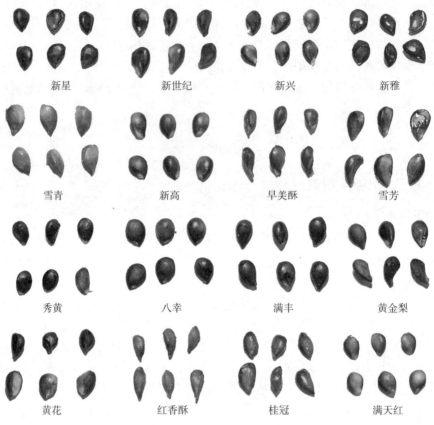

新星　　　新世纪　　　新兴　　　新雅

雪青　　　新高　　　早美酥　　　雪芳

秀黄　　　八幸　　　满丰　　　黄金梨

黄花　　　红香酥　　　桂冠　　　满天红

图 8-56　不同梨品种种子外部形态

表 8-5　几个梨种质的种子千粒重

| 品种 | 千粒重（g） |
| --- | --- |
| 豆梨 | 15.06 |
| 杜梨 | 13.12 |
| 榅桲 | 29.46 |
| 鸭梨 | 59.56 |
| 丰水 | 42.18 |
| 砀山酥梨 | 75.37 |

　　梨种子个体之间在长度、宽度、厚度等方面也存在显著差异。对砀山酥梨、鸭梨、丰水、杜梨、豆梨和榅桲种子的比较发现（表 8-6），6 份资源的种长为 4.64～10.00mm，个体比较长度大小依此为：鸭梨＞砀山酥梨＞丰水＞榅桲＞豆梨＞杜梨；最长的是鸭梨种子可达 10.92mm，而最小的是杜梨种子，为 3.62mm。种子宽度为以鸭梨的最宽，其次为砀山酥梨，豆梨的最窄。种子厚度的变幅为 1.71～3.00mm，其中砀山酥梨种子最厚，为 3.0mm，杜梨种子的厚度最小，约 1.71mm。

表 8-6 不同梨种质种子的长、宽、厚

| 品种 | 种长（mm） | 种宽（mm） | 种厚（mm） |
|---|---|---|---|
| 豆梨 | 4.89 | 2.83 | 2.14 |
| 杜梨 | 4.64 | 3.00 | 1.71 |
| 榅桲 | 7.34 | 3.97 | 2.21 |
| 鸭梨 | 10.00 | 5.20 | 2.50 |
| 丰水 | 8.63 | 4.71 | 2.28 |
| 砀山酥梨 | 8.60 | 5.18 | 3.00 |

**2. 种子的结构** 梨属种子由种皮和胚两部分组成，胚乳在发育过程中消耗，在成熟的种子中没有胚乳，属于无胚乳种子。

（1）种皮 种皮是种子外面的保护层，是由珠被发育而成，分为外种皮和内种皮两层，外珠被发育成外种皮，内珠被发育成内种皮，内种皮薄而柔，外种皮厚而坚硬，常具有光泽。电镜下种皮的结构可分为表皮、外种皮、内种皮、珠心以及胚乳残留层（许方，1992）。初庆刚等（1992）通过对我国梨属13个种的成熟种子种皮进行解剖学研究，发现种皮厚度和各层的厚度具有一定的稳定性。

成熟的种子，种皮上具有种脐和种孔。种脐是种子附着在胎座上的部分，是种子发育过程中营养物质从母体流入子体的通道。在种子成熟后从珠柄上脱落时留下的痕迹，称作种脐。种脐的一端有一细孔，称为种孔，为珠孔的遗迹，种子萌发时，胚根多从这里伸出（图 8-57）。

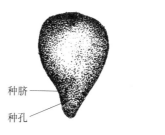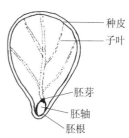

图 8-57 种子的形态结构（参照许方，1992）

（2）胚 胚是梨种子最主要的部分，由受精卵发育而成。一般分为胚芽、胚轴、胚根和子叶四部分。胚芽又称为幼芽，它是叶、芽原始体，位于胚轴的上端，它的顶部就是芽的生长点。在种子萌发前，有一定的分化程度。胚芽将来发育成地上的主茎和叶。胚轴又称胚茎，是连接胚芽和胚根的过渡部分，胚轴将来发育成为茎的一部分。胚根又称幼根，在胚轴下面，为植物发育的初生根，将来发育成主根。子叶即种胚的幼叶，具有两片，着生在胚轴上。子叶的主要功能是贮藏养分，供给幼苗生长，萌发后展开变绿能暂时进行光合作用，为幼苗初期生长制造有机物（许方，1992）。

### （二）种子的发育

**1. 种子发育过程** 种子是梨有性生殖过程的最终产物，也是新生命的开始。种子是胚珠发育形成的。通常分为胚乳（endosperm）、胚（embroy）和种皮（testa）三部分，分别由受精极核、受精卵和珠被发育而来。

胚乳的发育始于初生胚乳，即受精极核。胚乳的发育过程较早于胚的发育，为幼胚的生长发育及时提供必需的营养物质。当初生胚乳核形成后不久即开始分裂，分裂后的核不立即形成细胞壁，而是呈游离核状态分布在胚囊中央细胞的细胞质中。当合子进行第一次分裂时，胚囊中已经形成大量的游离核，随着游离核的增加和液泡的扩大，游离核常挤向周缘，中央为大液泡所占据。从球形原胚末期开始，游离核之间逐渐产生细胞壁，形成胚乳细胞。梨胚乳细胞发育后期，随着淀粉的大量积累和淀粉粒的成熟度提高，胚乳细胞中的包基质、质体以外的细胞器和细胞核等开始程序化细胞死亡：核内物质凝缩；线粒体内膜解体、空泡化；高尔基体消失。营养物质逐渐被胚吸收、利用，并在子叶中形成新的储藏物质，最后胚乳细胞消失。因此，在成熟梨种子中没有胚乳（许方，1992）。

胚的发育是从合子开始，即受精卵。合子形成后通常形成纤维素的细胞壁，并度过一段时间的"休眠"才开始分裂。合子在休眠期间，其内部仍在继续进行代谢活动，细胞质、细胞器重新分布，并且核糖体聚合形成多糖体，高尔基体、线粒体数量增加并且高度发育分化，质体内聚集脂类物质，液泡缩小而分布于珠孔端；细胞的极性化逐渐加强，细胞质、细胞核和多种细胞器聚集于合点端。细胞内的这些活动和变化为合子的进一步发育和合子的第一次不均等分裂奠定了基础。合子完成休眠后，经过一次不均等分裂，形成一个小的顶细胞和一个大的基细胞。近珠孔端的细胞大，高度液泡化，称为基细胞；近合点端的细胞较小，细胞质浓缩，称为顶细胞。顶细胞和基细胞含的细胞质部分是不同的，它们的大小、形状差异很大。细胞质的控制因子在不均等分裂后的两个细胞中也不同，通过连续的细胞核和细胞质的相互作用、转录水平的调节，引起基因的选择性表达。特定的基因组在特定的发育阶段被激活，并在特定的细胞里被翻译，合成各种相应的蛋白质和酶，这样不同部位的细胞便表现出不同的形态、结构和代谢特点，从而引起细胞的分化和胚的发育。基细胞经过分裂形成胚柄细胞。顶端细胞也同时进行分裂，经过球形胚，心形胚，鱼雷胚阶段，发育成幼胚。随着胚的发育，胚柄不断伸长，将胚体不断推向胚囊深处。顶端细胞经2次纵裂（球形胚），上面4个发育成胚芽、子叶，下面4个发育成胚轴，胚根，8个细胞分裂成球形胚体，经细胞分裂分化，两边分裂较快，形成子叶原基，中央凹陷处为胚芽，此时形成了心形胚。合子通常为球形或者卵形。合子具有不同的极性，上端具有萌发功能，下端仅仅具有植物性和营养功能。

梨胚的发育可以分为原胚期、幼胚期和胚成熟期三个时期。

原胚期是指从顶细胞开始，直到器官分化前的胚发育阶段。在原胚早期发育阶段，基细胞很快发育形成胚柄；顶细胞则先横裂或纵裂，经过几次分裂后，细胞变小，细胞质变浓，液泡化程度降低，细胞器的分布较为均匀，核蛋白体的数量增加，核与质之间的比例也相对地发生变化。顶细胞经过若干次的分裂形成球形胚，然后进入胚各器官的发育和分化。

幼胚期是从球形胚到胚的各组成器官分化形成的阶段。在幼胚期初，球形原胚与合点端相对的一端的亚顶端两侧分别发育产生子叶，子叶的内侧、原胚的顶端发育成胚芽，原胚的基部和与之交界处的一个珠柄细胞参与胚根的发育，原胚的中部发育成胚轴。至此，幼胚的形态建成基本完成（许方，1992）。

胚的成熟期或称为成熟胚期，是指胚各部分器官形成后到胚的形态、结构和生理上成熟的整个时期。在胚发育成熟初期，幼胚仍可继续通过珠柄向胚乳细胞、珠心细胞吸取养分，以营养自身、发育自身。随着胚体的不断发育完善，胚柄细胞萎缩凋亡，胚的子叶，尤其是在两片子叶不断发育增大，并可直接从胚乳中吸收、转化养分，使胚得到更充分的发育。此后胚的子叶弯曲、折叠生长，形成成熟胚特有的结构。与此同时，子叶节、或子叶节与胚轴（尤其是下胚轴）甚至子叶基部分别发育产生维管束组织。子叶等细胞开始储存淀粉，形成淀粉粒；储存脂类物质，形成脂滴；储存蛋白质，形成糊粉粒。胚成熟后期，主要表现为胚的生理代谢方面进一步走向成熟，包括合成代谢趋于完成，抑制胚生长的化学物质的降解直至消失，以及获得抵御脱水干燥的能力等，对具有休眠特性的梨种子而言，该过程被称为种子的后熟期（许方，1992）。

成熟胚的结构，梨种子成熟胚包括胚芽、胚轴、胚根和子叶 4 个部分。胚芽包括生长锥以及数枚幼叶和叶原基。胚根顶端为生长点和覆盖其外的幼期根冠。胚轴是连接胚芽和胚根的端轴，子叶着生其上。

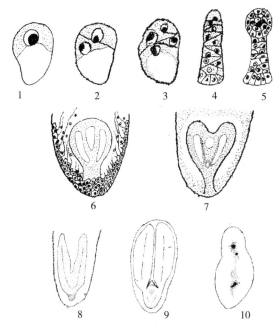

图 8-58 胚发育过程（参照许方，1992）
1. 受精的卵细胞 2. 合子分裂位两细胞原胚 3. 四细胞原胚
4. 棒状原胚 5. 球形原胚（前期） 6. 球形原胚（末期）
7. 心形胚 8. 鱼雷形胚 9. 形态上成熟的胚
10. 初生胚乳核第一次分裂为两个游离胚乳核

子叶为暂时的叶性器官，其数目在梨种子内为两片。子叶细胞中含有一些营养物质，子叶内部已有 1～2 层栅栏组织细胞和几层海绵组织细胞的初步分化和早期叶绿体的形成，海绵组织内还可看到小的分泌腔，其解剖结构与叶片颇为相似。这与子叶出土后能很快开始光合作用是相适应的（许方，1992）。

**2. 种子发育对果实性状的影响**　种子发育过程中伴随着各种内源激素的分泌，其调控果实的发育，进而影响果实的品质。廖明安等（2009）等通过高效液相色谱（HPLC）技术对黄金梨和早蜜种子和果肉中的内源生长素、赤霉素、脱落酸和玉米素，以及内源腐胺、亚精胺含量的变化进行了测定，结果表明梨种子在发育过程中有这些相关的内源激素存在。吴少华等（1986）对新世纪、八云的研究发现，在梨受精以后一段时期，当幼果发育主要表现在细胞的分裂和细胞层数的增加时，这一时期的细胞分裂素含量较高，随细胞分裂素含量的下降，细胞分裂趋于停止，细胞层数也不再增加，这意味着细胞分裂素在这一时期起着主要的调节作用。而在授粉后 70d 左右，赤霉素物质含量达到高峰，随后果实迅速膨大。这说明赤霉素刺激果实的生长，提高幼果吸收养分的竞争力。陆智明等（2004）对黄花的研究发现，经过激素处理后，梨平均单果重显著增加，增长率达到 32.4%～37.3%。在新高、金二十世纪的研究也证实了这一观点，而且激素处理过的总糖量增加，可溶性固形物含量提高，果实中维生素 C、脂肪、蛋白质等含量则显著提高，分别增长 3.7%～9.7%、11.4%～54.5%、68.2%～98.0%。说明种子发育能促进果实的生长、调动营养、增加梨的库力、提高果实的品质。

　　多数梨品种的果实有 5 心室，每心室含 2 粒种子，约有 10 粒种子。种子发育的各阶段：授粉——侵入柱头（2~3h）——受精（3~5d）——胚发育、胚乳及种皮发育（在 7 月中旬外部发育，8 月中旬内部发育完毕）这些过程与包围种子外部的果肉细胞的分裂和增大活动相配合。在梨的生产中很容易发现，没有种子的果实易落果，且比有种子的果形小；在同一果实内有种子的一侧果肉发育良好，而没有种子的部分果肉发育较差。无种子部分的果肉细胞比有种子部分的果肉细胞明显的小，且细胞数亦少。可见，种子的存在即受精、胚珠发育、种子形成的过程，对果肉的细胞分裂与细胞肥大均有影响。

### （三）种子的萌发

#### 1. 种子萌发的条件

　　（1）种子的休眠特性　梨种子具有休眠的特性，即具有活力的梨种子处于适宜的萌发条件也不能萌发，必须解除其休眠，才能萌发。Bao 和 Zhang（2010）的研究发现梨种子的休眠主要由种皮和种胚造成的，种胚是休眠的主要原因，与胚未完成生理后熟和胚中存在萌发抑制剂有关。用化学药剂（$H_2O_2$、$H_3BO_3$、$KNO_3$ 和 PEG）和激素（GA、6-BA 和 IAA）处理带种皮的杜梨和豆梨种子，其发芽率仍然较低（表 8-7）。$8\%H_2O_2$ 浸种 6h 提高了有种皮的梨种子发芽率，其种子发芽率均低于 $10\%$，无种皮的种子因受 $H_2O_2$ 损伤而不能萌发；杜梨和豆梨的无外种皮的种子经 $H_3BO_3$、$KNO_3$、PEG-6000处理后，能显著地提高种子发芽率，分别以 $0.8\%H_3BO_3$、$0.6\%KNO_3$、$20\%$ PEG-6000处理的种子发芽率最高。无外种皮的杜梨和豆梨种子分别以 150mg/L IAA 和 6-BA、250mg/L 6-BA 处理为佳（Bao 和 Zhang，2010）。

表 8-7　种皮对梨种子发芽率的影响

| 材　料 | 处理 | 发芽率（%） | 胚根长（cm） | 胚轴长（cm） |
|---|---|---|---|---|
| 杜梨 | 带种皮 | 0.00 | 0.00 | 0.00 |
| | 去外种皮 | 27.25 | 1.05 | 1.48 |
| 豆梨 | 带种皮 | 0.00 | 0.00 | 0.00 |
| | 去外种皮 | 29.75 | 1.08 | 1.53 |
| 榅梓 | 带种皮 | 0.00 | 0.00 | 0.00 |
| | 去外种皮 | 34.25 | 1.00 | 0.63 |
| 砀山酥梨 | 带种皮 | 0.00 | 0.00 | 0.00 |
| | 去外种皮 | 38.00 | 1.10 | 0.75 |

　　（2）低温层积解除种子萌发　低温层积处理是目前解除果树种子休眠，提高种子发芽率最常用、最有效的方法，适宜于被迫休眠和生理休眠的种子，也包括梨的种子。低温层积催芽的条件有：①低温，一般 0~5℃（<10℃）。②通气，确保 $O_2$ 和 $CO_2$ 交换。③湿润，间层物（沙子、蛭石、沙等）湿度 $60\%$ 左右。基质是影响层积的重要因子之一，它的保水性和透气性均会影响种子解除休眠。生产中，梨种子低温层积的基质以沙子为主，较为经济实用。但在沙子中层积的种子发芽率均低于珍珠岩、蛭石、山土，这与沙子的通气条件有关（表 8-8）（包建平，2010）。

　　低温层积的作用主要有以下几个方面：①解除种子休眠。湿润的环境具有软化种皮的作用，增强了种子的透水（气）性。低温增加了氧的溶解度，进而促进了呼吸代谢。大量事实证明，在低温层积期间胚乳的贮藏物质向胚转移，胚的体积及干重明显增加，即层积催芽促进了贮藏物质的转移。在层积过程中，一个重要的生理变化是促进生长的物质增加，抑制剂减少，有人认为赤霉素解除了对特定 mRNA 的合成阻遏，是解除休眠进入发芽的原因之一。低温层积期间，豆梨、杜梨种子中的 GA 增加，ABA 减少。②层积催芽促进胚完成后熟作用。豆梨、杜梨种子在 4℃下分别层积 50 和 40d 时完成后熟。③层积催芽使种子内部代谢方向与发芽需求保持一致。在层积过程中种子可以顺利完成发芽的三个阶段即吸胀—萌动—发芽。研究表明，种子内脂肪及蛋白质降解，氨基酸和过氧化氢酶活性提高。层积期间由于胞间连丝的恢复，增强膜的透性，氧化酶和水解酶活性增加，呼吸作用加强，产生了大量 ATP 并为种子萌发提供了原动力。豆梨、杜梨种子在层积过程中，可溶性蛋白质含量逐渐减少，而可溶性糖、氨基酸含量及 POD 和 CAT 酶活性呈增加的趋势，但在休眠结束时，其可溶性糖、游离氨基酸含量和 CAT 酶活性呈先上升后下降趋势（Bao 和 Zhang，2011）。④层积催芽类似春化作用。⑤层积催芽的一个最重要作用是促进种子发芽整齐度和苗木早期的生长发育，扩大种子萌发的温度范围，降低种子发芽时对光的需求，减少种子因处理、加工损伤或发芽环境不良等所造成发芽上的差异。

表 8-8　不同层积基质对发芽率的影响

| 种子材料 | 基质 | 层积时间（d） | | | | | |
|---|---|---|---|---|---|---|---|
| | | 0 | 20 | 30 | 40 | 50 | 60 |
| 杜梨 | 沙子 | 0.00 | 25.53 | 50.60 | 81.77 | 81.83 | 77.77 |
| | 珍珠岩 | 0.00 | 26.11 | 51.45 | 82.57 | 86.33 | 87.24 |
| | 蛭石 | 0.00 | 26.03 | 55.78 | 80.19 | 84.67 | 84.46 |
| | 山土 | 0.00 | 27.73 | 57.65 | 85.91 | 88.31 | 86.27 |
| 豆梨 | 沙子 | 0.00 | 21.37 | 37.57 | 50.67 | 80.83 | 82.83 |
| | 珍珠岩 | 0.00 | 22.42 | 38.24 | 56.65 | 81.76 | 84.64 |
| | 蛭石 | 0.00 | 21.54 | 41.87 | 51.34 | 84.16 | 85.64 |
| | 山土 | 0.00 | 22.56 | 39.34 | 54.15 | 83.36 | 85.65 |
| 榅桲 | 沙子 | 0.00 | 0.00 | 13.93 | 30.07 | 42.50 | 58.63 |
| | 珍珠岩 | 0.00 | 0.00 | 14.89 | 34.57 | 46.64 | 62.26 |
| | 蛭石 | 0.00 | 0.00 | 14.65 | 36.88 | 49.10 | 65.97 |
| | 山土 | 0.00 | 0.00 | 15.71 | 36.67 | 49.28 | 63.94 |
| 砀山酥梨 | 沙子 | 0.00 | 0.00 | 18.13 | 33.7 | 54.03 | 68.20 |
| | 珍珠岩 | 0.00 | 0.00 | 19.41 | 35.88 | 55.18 | 71.98 |
| | 蛭石 | 0.00 | 0.00 | 19.65 | 37.26 | 56.83 | 71.67 |
| | 山土 | 0.00 | 0.00 | 21.17 | 39.97 | 57.81 | 73.28 |

（3）种子萌发的外界条件　种子的萌发，除了种子本身要具有健全的萌发力外（必须已渡过休眠期），外界条件也是不可缺少的。主要条件有三个方面：足够的水分、适宜的温度和充足的氧气。此外，光照在一定程度上也影响梨种子的萌发。

①水分　水分是种子萌发的最重要因素，干燥的种子自由水含量低，原生质处于凝胶状态，代谢水平极低，种子不能萌发。种子吸收足够水分以后，一可使原生质从凝胶状态转变为溶胶状态，使细胞器结构恢复，代谢水平提高，在一系列酶的作用下，使子叶中的贮藏物质逐渐转化为可溶性物质，供幼小器官生长之用；二可使种皮膨胀软化，氧气容易

透过种皮，增强胚的呼吸作用，同时有利于胚根、胚芽突破种皮而继续生长；三可促使可溶性物质运输到正在生长的组织和器官，供代谢的需要或形成新细胞的结构物质。因此，充足的水分是种子萌发的必要条件（许方，1992）。

②温度　由于梨种子萌发过程中伴随着许多酶促反应，而酶活性受到温度的影响。在低温时，酶活性随温度的提高而增加，种子萌发速度也随之增加，但是由于酶的本质是蛋白质，当温度高于临界值时，蛋白质失活，种子就失去萌发的能力。因此，播种时平均地温对种子的萌发起决定性作用。温度过低，萌发速度慢，而种子大量的吸水，种子容易沤坏；温度过高，酶活性丧失，种子失去萌发的能力（许方，1992）。

包建平（2010）曾对不同类型梨种子的适宜温度进行了研究，发现杜梨、豆梨、榅桲和砀山酥梨等种子在 20～35℃ 范围内均能萌发，具有较宽的发芽温度范围（表 8-9）。当温度为 20℃ 时，杜梨、豆梨、榅桲和砀山酥梨等种子可以萌发，但发芽率低，胚根、胚轴生长缓慢。在 25～35℃ 条件下，随着温度的增加，种子发芽率呈先上升后下降趋势，而胚根、胚轴生长逐渐加快。杜梨种子在 25℃ 时发芽率达到最大值，为 27.25%，而胚根、胚轴的长度分别为 1.33cm、0.98cm；35℃ 时，种子发芽率下降，为 20.00%，此时胚根、胚轴最长，分别为 1.60cm、0.88cm。20～35℃ 对豆梨胚根和胚轴生长均有显著的促进作用，其中以 35℃ 处理对胚根和胚轴生长影响最大，长度分别为 1.68cm 和 1.20cm，比 20℃ 时的胚根和胚轴分别长了 0.83cm 和 0.55cm。豆梨、砀山酥梨和榅桲种子在 25℃ 时发芽率均达到峰值，分别为 27.20%、38.00%、32.75%。说明梨种子发芽温度宜控制在 25℃。在研究的 4 类梨种子中，砀山酥梨种子发芽率均高于其他 3 种，其幼苗长势均强于其他 3 个品种，这与种子本身的特性有关。

表 8-9　不同温度对梨种子萌发的影响

| 材料 | 温度（℃） | 发芽率（%） | 胚根长（cm） | 胚轴长（cm） |
| --- | --- | --- | --- | --- |
| 杜梨 | 20 | 8.50 | 0.97 | 0.53 |
|  | 25 | 27.25 | 1.33 | 0.98 |
|  | 30 | 23.25 | 1.60 | 0.88 |
|  | 35 | 20.00 | 1.78 | 0.98 |
| 豆梨 | 20 | 9.75 | 0.85 | 0.65 |
|  | 25 | 27.20 | 1.00 | 0.68 |
|  | 30 | 24.00 | 1.18 | 0.80 |
|  | 35 | 19.25 | 1.68 | 1.20 |
| 榅桲 | 20 | 16.25 | 0.68 | 0.40 |
|  | 25 | 32.75 | 1.03 | 0.79 |
|  | 30 | 31.25 | 1.30 | 0.98 |
|  | 35 | 29.75 | 1.58 | 1.15 |
| 砀山酥梨 | 20 | 10.25 | 0.93 | 0.48 |
|  | 25 | 38.00 | 1.28 | 0.88 |
|  | 30 | 34.75 | 1.45 | 0.93 |
|  | 35 | 30.25 | 1.88 | 1.23 |

③氧气　氧气是种子萌发的必要条件。氧气存在于空气中，因此种子萌发必须保持透

气。氧气在种子萌发中的作用，主要是满足呼吸作用的需要，因为当种子萌发时，一切生理活动都需要能量的供应，而能量的来源主要是依靠于呼吸作用。种子在呼吸过程中要吸入氧气，分解有机物质，释放能量，供给各种生理活动的需要。种子开始萌发时，呼吸作用的强度显著增加，因而，需要大量氧气的供给。如果氧气不足，正常的呼吸作用就会受到影响，胚就不会生长。一般的种子需要空气含氧量在 10% 以上才能正常发芽，特别是在萌发初期，种子的呼吸作用十分明显，需氧量更高（许方，1992）。

④光照　光对一般植物种子的萌发没有什么影响，这类种子叫光种子；但有些植物种子需要在光下才能萌发，叫作需光种子；另外一些植物的种子萌发，受光抑制，这类种子叫需暗种子。梨种子在有无光照条件下均能萌发（表 8-10），但黑暗可以提高梨种子的发芽率（包建平，2010）。例如，杜梨、豆梨、砀山酥梨和榅桲等种子在光照条件下的发芽率比黑暗条件分别提高了 7%、6.4%、11%、8.75%。在黑暗条件下，杜梨、豆梨、砀山酥梨和榅桲的胚根和胚轴的长度均长于光照条件下的，这说明光照抑制梨了胚根、胚轴的生长（许方，1992；包建平，2010）。

表 8-10　光照对梨种子发芽率的影响

| 材料 | 温度（℃） | 发芽率（%） | 胚根长（cm） | 胚轴长（cm） |
|---|---|---|---|---|
| 杜梨 | 黑暗 | 27.25 | 1.10 | 1.03 |
| | 光照 | 20.25 | 1.53 | 1.13 |
| 豆梨 | 黑暗 | 27.25 | 1.43 | 0.80 |
| | 光照 | 20.75 | 1.53 | 0.88 |
| 榅桲 | 黑暗 | 32.75 | 1.00 | 0.50 |
| | 光照 | 24.00 | 1.00 | 0.85 |
| 砀山酥梨 | 黑暗 | 38.00 | 1.33 | 1.08 |
| | 光照 | 27.00 | 1.95 | 1.70 |

### （四）种子萌发过程的形态结构

种子萌发过程中，首先是种子吸水后膨胀，由子叶供应充分的养料，又有适当的温度和氧气，就迅速生长，生长过程中胚根先突破种皮而露于种子之外，随着下胚轴的生长，子叶逐渐露出种壳，直至完全脱落种壳，最后胚根上分生出侧根（图 8-59）（包建平，2010）。

图 8-59　杜梨种子萌发的过程

## 七、梨树生长周期

### (一) 年生长周期

**1. 物候期**　关于梨物候期的研究，多着重于与气温的关系及各物候期间的相关性。小岛发现梨的开花早晚受 3 月份气温高低的支配，中川行夫 (1972) 研究果树开花前气温与开花早晚的相关表明，日本梨在盛花前 30d 或 40d 气温与开花期有高度相关，沈德绪 (1980) 报道，萌芽期与开花期之间有显著的正相关。

物候期不仅受遗传物质的制约，也受环境条件的影响。梨树因分布范围广，因而物候期差别很大。就开花期而言，四川会理梨树一般于 2 月上中旬开花，吉林延边 5 月中旬开花；鸭梨在湖南长沙于 3 月上旬开花，在辽宁北镇 5 月上旬开花，各地花期相差近两个月。李树玲等 (1990) 认为梨花芽萌动早，叶芽萌动晚，间隔时间的长短，因年份和品种而异。同一地区栽培的梨树，因种类、品种不同，物候期也有差异，从芽萌动到开花、果实成熟到落叶，秋子梨品种最早，白梨品种稍晚，砂梨品种晚于白梨，而以西洋梨品种为最晚，变动范围为 10～15d。

梨树喜温，生育期需要较高温度，休眠期则需一定低温。当土温达 0.5℃ 以上时，根系开始活动，6～7℃ 时长出新根；超过 30℃ 或低于 0℃ 时即停止生长。当气温达 5℃ 以上，梨芽开始萌动，气温达 10℃ 以上即能开花，14℃ 以上开花加速。

秋子梨适宜的年平均温度为 4～12℃，原产中国东北部的秋子梨极耐寒，野生种可耐 -52℃ 低温，栽培种耐 -30～-35℃。白梨抗寒力不及秋子梨，但比砂梨和西洋梨强。适宜的年平均温度约为 7～15℃，可耐 -23～-25℃ 低温。砂梨适宜的年平均温度约为 13～21℃，可耐 -20℃ 左右低温。适于在温暖多雨地区栽培，种质资源丰富，栽培历史悠久，成熟期多样，结果早，丰产性强，具有耐热、抗旱等优异性状。西洋梨与白梨一样，适宜的年平均温度约为 7～15℃，可耐 -20℃ 左右低温。西洋梨在我国的胶东、辽南、燕山暖温半湿区及晋中、秦岭北麓半湿冷凉区为适宜栽培区，次适宜区为华北平原、黄河故道暖温区，黄土高原冷凉半湿区，豫西、鄂西北暖温半湿区，西南高原冷凉湿润区，南疆暖温干燥区。

**2. 物候期时期**　梨树从春季萌芽开始，经历开花、坐果、抽枝、展叶、果实发育、落叶等一系列变化至翌春萌芽前止完成一个年周期，这种在一个年周期中经历的一系列生命活动与气候变化相适应的现象称物候期。梨树的物候期分为生长期和休眠期两大阶段。从萌芽到落叶止为生长期，从落完叶到翌春萌芽前为休眠期。

(1) 梨根系生长　梨根系一般每年内有 2 个生长高峰：第一次是在新梢停长以后 (约在 6 月中下旬)；第二次是在果实采收前 (9 月中下旬至 10 月下旬)。梨根系在 6～7℃ 时活动明显；21～23℃ 生长最快；27～30℃ 或以上时生长相对停止。

(2) 萌芽开花期 (3 月中旬至 4 月中旬)

①花芽萌发与开花：当春季平均气温上升到 5℃ 以上时，梨树的芽开始迅速膨大，芽鳞错开，进入萌芽物候期。梨树的花芽比叶芽萌发稍早，花芽萌发分为 5 个时期，即花芽膨大、花芽开绽、露蕾、花蕾分离、鳞片脱落等，之后进入初花期、盛花期和终花期。

②叶芽萌发：叶芽萌发可分为叶芽膨大、叶芽开绽、外层鳞片脱落、雏梢明显伸长 4

个阶段，之后进入展叶期。

（3）新梢生长和幼果生长期（4月中旬至6月中旬）

①新梢生长　叶芽萌发后，新梢开始生长，短新梢在萌芽后5～7d便停止生长，中长新梢在落花后2个月内陆续停长。

②幼果生长　花朵经授粉和受精，形成幼果。幼果开始生长时，先是果心增大，此后果肉加速生长。在新梢生长期，梨果实生长相对较慢。

（4）花芽分化和果实膨大期（6月中旬至8月底）

①花芽分化　在北方，梨的花芽形态分化多在6月中下旬至7月上旬开始。通常短梢开始最早，新梢越长开始分化越晚。

②果实膨大　6月中旬后果实生长迅速，在7月至成熟前，为果实生长较快的时期，称为果实迅速膨大期。

（5）果实成熟期　果实经4～5个月的生长发育，果实大小、形状及其色香味逐渐达到该品种固有的特点，此后果实进一步发育达到生理上充分成熟。

（6）贮藏养分蓄积期（9月中下旬至11月上旬）　果实采收后，梨树根系生长达到高峰，叶片仍进行光合作用，制造碳水化合物，此时通过根系吸收和叶片制造的养分主要作为贮藏营养积累在枝叶中，在落叶前，叶片中的一部分养分回流到枝干中去，为树体安全越冬和翌春生长发育提供物质基础。

### （二）年龄时期

**1. 幼树期**　梨幼树期是指从梨苗木定植到开花结果这段时期。此时期的主要特征是树体迅速扩大，开始形成骨架。枝条生长势强并呈直立状态，因而树冠多呈圆锥形或塔形。新梢生长量大，节间较长，叶片较大，一年中具有二次或多次生长，组织不够充实并因此而影响越冬能力。在此期间，无论是地上或是地下部离心生长均旺盛，根系生长快于地上部。一般先形成垂直根和水平骨干根，继而发生侧根、支根，到定植3～5年才大量发生须根。随着根系和树冠的迅速扩大，吸收面积和叶片光合面积增大，矿质营养和同化物质累积逐渐增多，为进入开花结果阶段奠定基础。

梨幼树期的长短因品种和砧木不同而异，一般为3～4年，其中，具腋花芽结果习性的梨一般较早结果。树姿开张、萌芽力强的品种也常表现早果性。使用矮化砧或作曲枝、环剥处理，也可提早结果。

梨幼树期的长短还与栽培技术有密切的关系。尽快扩大营养面积，增进营养物质的积累是提早结果、缩短梨幼树期的中心措施。常用的调控措施有：深翻扩穴，增施肥水，培养强大根系；轻修剪多留枝，使早期形成预定树形；适当使用生长抑制剂等。

**2. 结果期**　梨树的结果期可根据结果状况分为三个阶段：

（1）结果初期　指从开始结果到大量结果前这段时期。这一时期树体生长旺盛，离心生长强，分枝大量增加并继续形成骨架，根系继续扩展，须根大量发生。结果部位以枝梢上部分、中果枝为主。这一时期所结果实单果重大，水分含量高，皮较厚、肉较粗、味偏酸。随着树龄的增大，骨干枝的离心生长减缓，中、短果枝逐渐增多，产量不断提高。

此时期梨树体结构已经建成，营养生长从占绝对优势向与生殖生长平衡过渡。此期仍以扩大树冠、培养骨架、壮大根系为主。通过轻剪、重肥、深翻改土等栽培管理措施，着重培养结果枝组，防止树冠旺长，在保证树体健壮生长的基础上，迅速提高产量，尽早进入盛果期。

(2) 结果盛期 指梨树进入大量结果的时期。此时期将经历这样一个过程："大量结果—高产稳产—出现大小年—产量开始下降"。在这个时期，树冠和根系均已扩大到最大限度，骨干枝离心生长逐渐减缓，枝叶生长量逐渐减小。发育枝减少，结果枝大量增加，由长、中果枝结果为主逐渐转到以短果枝结果为主，大量形成花芽，产量达到高峰且果实的大小、形状、品质完全显示出该品种特性。同时，树冠外围上层郁闭，骨干枝下部光照不良的部位开始出现枯枝现象，导致结果部位逐渐外移，树冠内部空虚部位发生少量生长旺盛的徒长更新枝条，向心生长开始。根系中的须根部分死亡，发生明显的局部交替现象。

梨树盛果期持续的时间长短不仅因品种和砧木不同而有很大的差异，而且自然条件及栽培技术也会产生重要的影响。在盛果期期间，应调节好营养生长和生殖生长之间的关系，保持新梢生长、根系生长结果和花芽分化之间的平衡。主要的调控措施有：加强肥水供应，实行细致的更新修剪，均衡配备营养枝、结果枝和结果预备枝（育花枝）。尽量维持较大的叶面积，控制适宜的结果量，防止大小年结果现象过早出现。

(3) 结果后期 这个时期从高产稳产到开始出现大小年直至产量明显下降。其特点是：新梢生长量小，出现中间枝或大量短果枝群。主枝先端开始衰枯，骨干根生长逐步衰弱并相继死亡，根系分布范围逐渐缩小。结果量逐渐减少，果实逐渐变小，含水量少而含糖较多。虽然萌发徒长枝，但很少形成更新枝。

生产上常用如下措施延缓衰老期的到来。大年要注意疏花疏果，配合深翻改土、增施肥水、更新根系，适当重剪回缩和利用更新枝条；小年促进新梢增长和控制花芽形成量，以平衡树势。

**3. 衰老期** 为梨树体生命活动进一步衰退时期。从产量明显降低到几乎无经济收益，甚至部分植株不能结果以致死亡。其特点是：部分骨干枝、骨干根衰亡。结果枝越来越少，结果少而品质差。由于骨干枝，特别是主干过于衰老，更新复壮的可能性很小。

以上所述梨树各个年龄时期虽在形态特征上有明显的区别，但其变化是连续的，逐步过渡的，并无明显的划分界限。而各时期的长短和变化速度，主要取决于栽培管理技术。正确认识梨树各个时期的特点及其变化规律，有针对性地制订科学合理的管理措施，以利于早结果，高产稳产，延长盛果期，从而提高梨园的经济效益。

# 第二节 梨成花与授粉受精

## 一、花芽分化与开花

### (一) 花芽分化

梨花芽可由顶芽发育成顶花芽，也可由侧芽发育成腋花芽，腋花芽数量大的品种，坐果较可靠、丰产性好。

**1. 花芽分化的过程与时期**

(1) 花芽生理分化 梨开始花芽分化较苹果早，其生理分化的时期在 5～6 月。一般在新梢生长停止后不久或在迅速生长之后，芽的生长点处于生理活跃时期，若营养得当，条件适宜，内源激素平衡，便开始分化。通常梨树花芽分化的迟早与枝梢种类及其生长状态有关，枝梢停止生长早的则分化早。短果枝花芽分化较早，中、长果枝较迟。但若新梢停止生长过早，叶片小而少，营养不良，或停止生长过迟，季节已晚，气候不良，都不能形成花芽。

（2）花芽形态分化　梨花芽在生理分化后接着进行形态分化，通常是分两个阶段跨年度进行。其主要过程可分为花芽分化始期、花原基及花萼出现期、花冠出现期、雄蕊出现期、雌蕊出现期、心室分化期、花器形成期及胚珠发育期等时期（图8-60）。

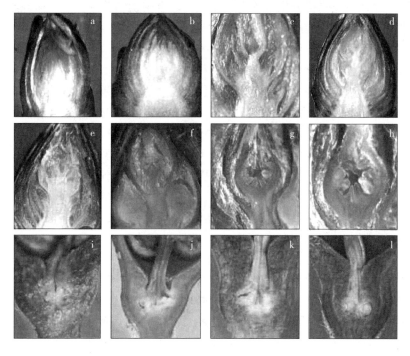

图 8-60　砀山酥梨花芽形态分化过程（×200）

a. 叶芽　b. 花芽未分化期　c. 花芽分化始期　d. 花原基及花萼原基出现期
e. 花冠出现期　f. 雄蕊出现期　g. 雌蕊出现期　h. 雌蕊心皮合拢期　i. 心室出现期
j. 胚珠原基出现期　k. 胚珠发育（白蕾期）　l. 胚珠发育（大蕾期）

梨花芽形态分化的前期，即从花芽分化始期至心室分化期（分化出心皮、子房）是在夏秋季（6～10月）进行，入冬后花芽形态发育缓慢或停止，而花器形成及胚珠发育期则在翌年开春后气温回升再继续分化，直到开花前雌蕊内的胚珠发育完成。北方梨花芽形态分化开始和结束的时期都比南方略早些，且同一地区不同品种间在时间上也有差异。新疆库尔勒地区新梨2号为5月下旬至9月下旬、内蒙古苹果梨为6月下旬至10月下旬、安徽砀山酥梨为6月底至10月底。

据中国果树研究所的研究，河北定县40年生的鸭梨，6月中旬开始花芽分化，7月下旬至8月中旬为大量分化阶段，15～20年生的鸭梨因生长较旺，则要迟10d以上。绝大多数日本梨的早熟品种花芽开始分化在6月中旬，中熟品种在6月下旬，晚熟品种在6月下旬至7月中旬。我国长江流域的气温比日本梨的主产区高，故日本梨花芽分化较在日本略早，长十郎在 5 月中、明月在 6 月中旬开始分化。鸭梨花芽分化的时期与温度升高有关，通常在平均气温≥20℃之后形态分化开始。

今村秋和茌梨从开始花芽分化至雌蕊出现的各个时期的时间长短不相同。花芽分化始期至花原基出现需 15～25d。花原基出现至花冠原基出现需 25～45d，花冠原基出现至雄蕊原基出现的时间较短，只要 7～10d，雄蕊原基出现 1 周左右即出现雌蕊原基。一般至 10 月花器已基本形成，此后气温降低，树体逐步进入休眠，花芽暂停分化。

**2. 花芽分化机理与调控** 花芽是开花和结果的基础，花芽的分化和形成是决定果实产量高低、丰产稳产的重要环节之一，掌握花芽分化的规律，可以为制订合理的农业技术提供科学的依据。梨的花芽分化与梨高产和优质具有密切相关的关系，研究梨花芽分化的机理与调控机制对于梨学的研究有重要意义。花芽分化的规律与内源激素、碳水化合物、矿质营养、环境条件、栽培技术等有密切的关系。

(1) 内源激素 花芽分化是梨开花结果和产量形成的基础，植物内源激素水平及其比例对梨的花芽分化有着重要的生理影响。目前已在苹果梨花芽分化期检测到激素 Z（玉米素）、ZR（玉米素核苷）、IAA（吲哚乙酸）、ABA、$GA_3$ 等内源激素含量发生变化。生理分化期，$GA_3$、ABA 含量降低，Z、ZR、IAA 增加；形态分化期，IAA 降低，$GA_3$、Z、ZR 增加，ABA 初期降低，后期增加。在分化期间，$Z/GA_3$、$ZR/GA_3$、$Z/ABA$、$ZR/ABA$、$IAA/ABA$ 比值均增加（李秉真和孙庆林，2000）。细胞分裂素（CTK）是根部合成的促花激素，可以显著促进花芽分化。在苹果梨生理分化期、花蕾分化期、花萼分化期，需要大量的细胞分裂素，CTK 浓度增加会促进花芽分化，促进花原基的形成和发育，使花原基突起、膨大（何东明等，2009）。早期的研究认为内源 GA 抑制果树的花芽分化，GA 的最大抑花效应是在花芽发育的初期，在分化后的作用逐渐减弱。通过比较苹果梨短果枝叶和营养枝叶的 GA 含量，发现 $GA_3$ 在营养枝和结果枝的分布没有一致性，进一步比较了 $CTK/GA_3$ 的比值，发现花芽、短果枝叶均高于营养枝、叶芽，认为在梨花芽分化期，起决定作用的是细胞分裂素和赤霉素二者的比值，而不是二者的绝对含量。但两者的比值大小是否有利于成花还需探讨。生长素类物质在花芽分化中的作用，与营养的输入有关。苹果梨在短枝停止生长后，低水平的 IAA 有助于进入花芽生理分化期，高水平 IAA 有利于进入形态分化期，在形态分化期间低水平 IAA 有助于形态分化各时期的完成。在苹果梨生理分化期间，低水平的 ABA 含量有利于花芽分化，高水平的 ABA 含量有助于形态分化（李秉真等，2000）。研究发现，弯枝处理可以大大提高 ABA 的含量，从而促进梨的花芽分化（Ito 等，1999a）。乙烯是一种促花物质，能够促进梨的花芽分化。曲枝、拉枝、环剥、夏剪等栽培措施都能够促进果树花芽的孕育，进一步研究发现，这与芽内乙烯含量的显著提高有关（Ito 等，1999a）。外源生长调节剂马来酰肼（MH）处理使内源细胞分裂素水平提高，进而促进梨花芽形成（Ito 等，2001）。

多数学者认为，内源激素对花芽分化的作用，不仅仅取决于单一的激素，而是依赖于内源激素的动态平衡或顺序性变化，高浓度的 ZRs 分别与低浓度的 IAA、GAs 协同作用能够促进花芽分化，内源激素的平衡对梨的花芽分化具有重要影响。花芽分化期需要有高水平的 ZR，低水平的 IAA 和高水平的 $Z/GA_3$、$ZR/GA_3$、$Z/IAA$、$ZR/IAA$、$Z/ABA$ 比值。因而在了解内源激素对花芽分化的作用的基础上，适时对树体进行植物生长调节剂处理，满足花芽分化所需，有助于形成高质量的花芽。

（2）碳水化合物　一百多年前，人们就已指出碳水化合物对花芽形成的重要性，它既是植物体内各种化学物质的碳架提供者，又是物质所需能量的携带者，所以在花芽分化前首先看到碳水化合物的积累。Ichimura 等（2000）发现，花芽发育过程中，糖类化合物含量增加。对日本梨的研究表明，在梨花芽形成时期糖代谢活动旺盛，山梨醇脱氢酶（NAD-SDH）基因的表达增加，可分离出五种 NAD-SDH 基因，同时 NAD-SDH 和酸性转化酶（AI）的酶活性在花芽形成时期有着显著提高（Ito 等，2002；Ito 等，2005）。但高含量的碳水化合物未必导致成花。成花难的日本梨品种糖和淀粉含量比成花容易的品种高。因此高含量的碳水化合物不是成花的唯一决定因子。

花芽中高含量的淀粉、可溶性总糖和低水平的总氮，是花芽生理分化的重要营养基础，碳/氮比值高对梨花芽的生理分化有重要的促进作用。在花芽生理分化期，花芽中的淀粉会水解、含量下降，而可溶性总糖含量增加，从而提高细胞液浓度，促进花芽分化，同期叶芽中的淀粉和水溶性总糖含量变化与花芽有相同的趋势，但其含量比花芽低。但芽中糖含量大小及其作用仍没有得到确定（Ito 等，2002）。

山梨醇是梨叶片光合作用的主要产物，同时也是光合产物的主要转运形式，花芽可通过糖酵解途径高效地利用葡萄糖。更高活性的糖代谢酶可以增强芽吸收同化物的能力，从而加快芽生长，并提高芽原基的数量。砂梨盛花期，叶片中编码山梨醇-6-磷酸脱氢酶（S6PDH）的基因 PyS6PDH 表达水平逐步增加，在花后 30d 达到最高水平，而编码 NAD-依赖型山梨糖醇脱氢酶（NAD-SDH）的基因 PyNAD-SDH 则相反，老叶的表达水平高于新叶（Kim 等，2007）。在花芽的发育期，芽生长率与 NAD-SDH 和酸性转化酶（AI）的活性正相关（Ito 等，2002）。

（3）矿质营养　在植物生长发育所必需的各种元素中，多数对植物花芽分化有影响，其中，氮素是花和花序发育所必需，在一定范围内氮素能增加花量；磷，尤其是有机磷对花芽的孕育有重要影响，这些研究表明矿质元素对果树花芽分化有着重要作用。比如就钙元素来说梨在成花前芽体组织需要有一个钙的积累过程，而在成花中被消耗，细胞中 $Ca^{2+}$ 浓度在形态分化初期成倍增加出现峰值，并选择性地出现在细胞核内。短枝芽钙调素（CaM）含量变化很大，其特点是在花芽分化前后出现一个具有高幅度起伏而狭窄的单峰，而且这个峰恰好在形态分化初期即生长点正在膨大隆起时期。将短枝芽 CaM 出现的峰值与矿质营养定位标记的 $Ca^{2+}$ 相比较，发现有着相同的特点：即峰值都只出现在形态分化初期，而不是在整个分化过程中。这表明 $Ca^{2+}$-CaM 系统可能参与了花芽分化的启动过程。从 $Ca^{2+}$ 和 CaM 峰值出现的时间上看，CaM 含量的上升与活化依赖于 $Ca^{2+}$，而 $Ca^{2+}$ 所起的作用是通过 CaM 来完成的。进一步用醋酸钙（CaAc）处理来加强 $Ca^{2+}$ 的作用，结果可使 CaM 峰值出现的时间提前，而用 CaM 的抑制剂三氟拉嗪（TFP）处理则使 CaM 含量的峰值降低和延后。然而，梨叶片的 CaM 变化似乎与芽成花过程没有显著关系，虽然短枝叶 CaM 含量比新梢叶略高，并在成花期有所回升，但与短枝芽 CaM 动态相比，则没有明显变化。

（4）碳和氮化合物　Kreb Hans 提出开花的碳氮比理论，认为植物体内含氮化合物与同化糖类含量的比例是决定花芽分化的主要关键因子。当碳占优势时，开花结实受到促进，氮占优势时，营养生长受到促进。果树上常常应用移植或修剪树根的办法阻止氮素营养吸收或采用环割树干等办法使 C/N 增加，从而达到促进开花结实的目的。但 C/N 学说还未触及到成花的实质。

（5）其他 花芽分化和开花是复杂的形态建成过程，是梨体内各种因素共同作用、相互协调的结果，并受外界环境的影响，各种因子组成一个复杂的网络系统对成花进行调控。成年果树的核酸代谢是成花基因的表达和茎端分生组织从营养状态转化为生殖状态的重要途径。按照细胞全能性理论，花芽分化的所有步骤均已在分生细胞中预先编入了程序。分化的开始，实际上是成花基因解除阻遏的过程。花诱导过程是受遗传控制的生理过程，核酸是遗传信息的物质基础。在苹果梨花芽分化进程中，短果枝叶中需要有高含量的 DNA、RNA 及高的 RNA/DNA 比值，且生长调节物质控制了核酸的代谢，彭抒昂等认为钙可能参与了成花基因的活化和去阻遏过程，在解除基因阻遏和启动 RNA 合成方面同样起到了作用（彭抒昂等，1998c）。

### （二）开花

**1. 花芽的萌发** 梨树的开花物候期主要分为 5 个时期，分别是：①花芽萌动期：花芽露白至花序长出 1cm；②花序伸长期：花序伸长 1cm 至全株第一朵小花开放；这个时期又叫做花朵初开；③初花期：全株第一朵小花开放至全株 25％的小花开放；④盛花期：全株小花开放 25％～75％；⑤末花期：也可称为终花期，75％以上小花开放至全株最后一朵小花开放完毕（图 8-61）。

图 8-61　砀山酥梨开花进程
A. 膨大期　B. 花序伸长期　C. 花序分离期　D. 白蕾期　E. 大蕾期　F. 初花期
G. 盛花期　H. 末花期　I. 谢花期

　　王彦敏等（1993）进行了鸭梨和雪花梨开花生物学初步观察后认为：花的初开即同一花序上的花朵，由基部第一序位开始依次向上开放，但一般不能在同一天内全部开完，有些花朵需隔夜到次日开放，并且大部分花朵的初开是在清晨和上午，下午初开的较少。

　　**2. 开花习性**　梨花期的早晚与长短因品种、气候、土壤管理不同而不同。在南方，秋子梨和白梨的花期较早，西洋梨的花期偏晚，砂梨居中。同一品种不同年份花期迟早亦不同。按花期可将梨分为极早、早、中、晚 4 个类型，以作为选配授粉树的参考依据。李树玲等（1990）对梨物候期进行了观察，其研究认为梨花期（从初花到终花）一般为 5～17d，其长短因品种、年份而不同，直接受当时气温和湿度影响，具体研究结果见表 8-11。邓彦涛等（2004）从 2002 年开始，连续两年对不同品种梨的开花物候期，花器构造及成花坐果进行了详细观察，经过两年的调查发现，当春季气温达到 10℃时，进入萌芽期，达 20℃以上时进入初花期，达 23℃以上时进入盛花期。

表 8-11　梨品种不同开花期

（李树玲等，1990）

| 花期 | 品　种　名　称 |
| --- | --- |
| 极早 | 面酸、白八里香 |
| 早 | 山梨　黄金梨　付麻　五节香　大青水　花盖　热秋子　白花罐　青糖　满园青　八里香　甜秋子　面梨　辉山白　小香水　红八里香　扫帚苗　青山　木梨　热梨　伏五香　尖把　黄山官红宵　小五香　歪把子　假直把　小核白　兴城谢花甜　早蜜　平梨　南果梨　捧白　大核头白宵　红油　独里红　鹅梨　绥中马蹄黄　凤县鸡腿　大凹凹　水罐　金锤　海城在　糖浩　兴隆酥　市原早生　右高　乔玛 |
| 中 | 秋子　京白梨　山梨 24　六月鲜　大青皮　兴隆麻梨　鸭梨　六棱　大核白　软把　肉把白粉红宵　洋红宵　白枝母秧　夏梨　金柱子　青龙甜　鸡蛋罐　水白　鹅头　大面青　水红宵磙子　红枝母秧　库尔勒香梨　无籽黄　苹果梨　槎子　园香　冬果　半顶青　半斤酥　早三花水葫芦　红糖　黄盖　大麻梨　金酥糖　满顶雪　红苕棒　葫芦把　海冬　新高　明月　幸藏独逸　博多青　今村秋　土佐巾　晚三吉　十月　茌梨　砀山酥梨 |
| 晚 | 红麻梨　鸭老　蜜香　国长　久松　吾妻巾　早生赤　赤穗 |

　　**3. 梨二次花现象及原因**　我国南方正常栽培情况下梨树应在 11 月份后落叶，于翌年 3 月中旬萌芽开花。但是在外界不良环境条件的刺激下，梨常会出现二次开花的现象。梨二次开花也称为"返花"，即当年分化的花芽在秋季开放的现象；开花的同时还会发出很多新叶，称为"返青"。梨二次开花及返青的现象在南方梨区尤其常见。二次花也能授粉受精而结果，但因季节已晚、温度不够等生长环境条件不利果实的生长发育，常因果实不能正常成熟或果实过小、品质差而无商品价值。通常梨一年只进行一次花芽分化，所以，二次开花会造成第二年结果花芽的损失和贮藏养分的大量浪费，从而削弱树势；对于第二年的开花结果及产量和品质都会产生一定的影响。因此，梨出现二次花对于生产是不利的。

　　（1）造成梨二次花的原因

　　①早期落叶　梨二次开花的主要前期症状是叶片的早期脱落，这也是梨二次花的主要原因。南方早熟梨一般在 11 月上中旬气温低于 15℃，日照时间减少，叶片内部要进行一

系列生理生化作用，光合作用和呼吸作用减弱，叶片内部的营养成分转入枝条中，最后在叶柄形成离层而脱落。开始正常落叶并进入自然休眠期。如果梨树的叶片在8～10月遇到不良条件产生提早落叶，则树体被迫进入休眠状态，此时若再遇上南方"小阳春"天气，使已完成质变的花芽加快发育过程，出现秋季萌芽，梨树就会二次开花。落叶越早、越重，二次花就越严重。

病虫为害和肥水管理不当（干旱）也是引起梨早期落叶的重要原因。南方早熟品种的梨，夏季采收后，往往管理粗放，没有及时清理落果、枯枝、病虫枝等，这就给病虫提供了极佳的生长场所，往往会造成病虫的大量繁殖蔓延。造成梨早期落叶的病害主要有梨叶炭疽病、梨黑星病、梨锈病、梨黑斑病、梨白粉病、梨褐斑病等；虫害有梨木虱、梨蛾、梨网蝽、梨茎蜂等，若对其防治不力会引起梨早期落叶，从而导致梨的二次花。夏秋季遇到干旱，肥水供应不足，会造成叶片褪绿黄化而提早落叶。缺乏某些微量元素也会造成梨早期落叶，如镁、铁等。

②环境条件因素　气候条件对梨的二次开花影响很大。夏秋高温干旱，使梨树养分输送受阻，树体生长不良造成提早落叶，导致二次花。秋天夜间气温低，昼夜温差较大，营养积累促使已分化的花芽秋季开放。台湾地区低海拔地域，夏季长、气温高、温差小、多雨，易对温带东方梨叶片造成逆境影响，致使叶片提早脱落，也会引起二次花。不同的立地条件，梨的二次开花情况也不同。水田种植的梨园中，梨树返花返青情况比在坡岭地、旱地种植的梨树情况严重。地势越高，二次花穗也越多，即二次开花情况越严重。向阳坡的果园二次开花相对较重；北坡和东坡果园二次开花相对较轻，这可能与不同坡向的日照强度和持续时间有关。此外，立地条件也会通过影响土壤水分而影响梨的二次开花。

③其他原因　不同品种的梨树二次开花的情况也不同，树势强壮、枝条粗壮、抗病性强、落叶期较晚的品种二次开花相对较少。一般早熟品种比晚熟品种的梨更易二次开花，原产我国南方沿海的地方品种梨返青返花情况相对较轻；云、贵、川三省高海拔的地方品种叶片早落较严重；而日本砂梨叶片早落最为严重。通常情况下丰水、幸水、西子绿等是容易二次开花的品种，而黄花、筑水、爱甘水、云和雪梨等是较不容易二次开花的梨品种。

此外，留果采果不当也会引起梨的二次花。留果过多，消耗过量的营养，引起生殖生长和营养生长的不协调，影响枝叶的正常生长，也会造成梨早期落叶。而采果过迟也会消耗过多的营养，削弱树势，引起早期落叶。果实一次性全部采摘也会造成早期落叶，果实在生理上相当于"库"，可促进根部水分不断往上输送，一旦一次全部采摘，果树失去果实这个"库"的拉力，根部输送的水分锐减，就会造成叶片萎蔫，加速离层形成，提早落叶，引起二次开花。此外，修剪不当、药物过量和激素滥用，也会造成梨树早期落叶，继而引起二次花。

（2）二次花的调控　梨二次花的预防措施主要有：①深翻改土，增施有机肥和生物肥料；②做好梨园春夏季排水和秋冬季防旱保叶；③加强病虫害防治；④推广栽培抗逆性强的品种；⑤合理留果、分批采收，也可防止梨的二次花。适量留果可使梨保持健壮的树势，分批采收可避免叶片萎蔫而过早脱落，两者都可预防梨二次开花；⑥花芽嫁接，可将未开二次花的健壮梨冬季疏剪的花芽经冷藏，在翌年开春前对已经开二次花的梨树进行全树多芽高接，在当年就可收获果实。这种措施操作较复杂繁琐，但效果很好，可以保证梨的产量。嫁接时要注意进行的时间、采集花芽的部位，以顶花为好，还应注意嫁接的部位和方法。

梨树一旦出现二次花，应在子房膨大期停花，在 3～4 片真叶时摘心，这样有利于新叶成熟制造光合产物积累养分，切不可大量剪除，以免引发再抽梢。冬季修剪时应多保留花芽，花芽少的枝可适当重剪，花芽多的枝条尽量轻剪。

## 二、授粉受精

成熟的花粉通过媒介落到柱头上完成了授粉。亲和的花粉将在柱头上黏着、水合并萌发出花粉管，此后花粉管在花柱中生长，并被引导进入子房，释放精子，完成受精。不同物种完成该过程的时间存在差异，有的只需要几个小时，而有些则需要几天时间，梨花粉管到达子房的时间一般为 3～5d。授粉受精的适宜温度在 24℃ 左右，花粉萌发要求 10℃ 以上，18～25℃ 最为适宜，24℃ 时花粉管伸长最快。梨有效授粉期和最佳授粉期根据品种的不同有所差异，丰水有效授粉期一般为 6d，最佳授粉期是花后第二天和第三天，每天的 8:00～16:00 均是丰水适宜的授粉时间。

花粉萌发和花粉管生长受多种信号分子调控，钙在其中发挥着重要作用。在多种植物中已观察到花粉管细胞质尖端较高的钙浓度梯度，钙浓度梯度的消失会导致花粉管生长停止。花粉管细胞内自由钙浓度的动态变化受质膜和胞内钙库（如液泡、内质网等）上钙转运体的调控。胞内自由钙协同微丝骨架、ROP 蛋白等信号分子调控花粉管的生长发育。在梨花粉管质膜上已鉴定到一种控制钙离子内流的超极化激活的钙通道（Qu 等，2007）。梨花粉与花粉管中均有这种超极化激活的钙通道表达。通道动力学和药理学分析表明，花粉和花粉管中的超极化激活的钙通道是同一种通道。花粉管中超极化激活的钙通道的电流密度显著高于花粉，但是通道的开放率和电导率均没有差异，表明该通道蛋白在花粉管中的表达量高于花粉（Wu 等，2012）。此外，该通道蛋白的表达与花龄以及花粉管的长度相关。梨花粉管超极化激活钙通道受 cAMP、亚精胺等几种信号分子的调控（Wu 等，2010；Wu 等，2011b）。cAMP 可以直接增强梨花粉管质膜超极化激活钙通道的开放频率，增大穿过细胞膜的钙电流。它对离子通道的作用位点是在细胞内而不是细胞外。此外，cAMP 对钙通道的激活还需要胞内 ATP 参与。亚精胺对梨花粉管生长的调控作用表现为低浓度促进梨花粉管生长，高浓度抑制梨花粉管生长。电生理实验表明亚精胺间接激活花粉质膜超极化激活的钙通道，它对钙通道的调控作用受亚精胺代谢产生的过氧化氢介导。

被子植物花粉管中的一个精子与卵细胞融合，另一个精子与中央细胞的极核融合叫做双受精。精核在花粉管中的移动主要依靠微丝和微管细胞骨架，是一种被动式移动。当梨花粉管延伸到子房时，花粉管需破裂释放出精子完成受精。研究表明，梨花粉管质膜一个外向钾通道可能参与了花粉管破裂释放精子的反应。该外向钾通道的活性被血红素抑制，但可被血红素代谢产物一氧化碳激活。在受精过程中，由于胚中的氧气浓度比较低，血红素不能有效地转化成一氧化碳，因此，花粉内积累的血红素将抑制花粉管质膜外向钾通道的开放，造成胞内钾离子的滞留，增大细胞膨压，促使花粉管破裂，释放出精子完成授精（Wu等，2011a）。

生产中，授粉受精的效果和很多因素有关，包括花粉的质量、雌蕊的发育情况、营养状况、天气及品种间亲和性等。为了促进授粉受精，提高花粉雌蕊发育，一般要当年5、6月施肥一次，并在翌年2月上中旬再施一次肥。并在温度15℃，天气晴朗的条件下进行人工授粉。此外，摘心、环剥等栽培措施均能提高花发育质量，促进受精。在花期喷硼酸加2,4-D也能促进梨花受精。目前生产上应用的辅助授粉方法主要有人工授粉、蜜蜂授粉和液体授粉等。人工授粉时首先需要制取优质花粉。应该采集发育健壮的亲和品种梨树大蕾期的梨花，此时花出粉率高、花粉活性强。采摘过早，花粉量少而不成熟；采摘过迟，花粉已经散出。采下的鲜花应摊放在阴凉无风处，防止发热和失水。采摘下的梨鲜花应尽快脱花药，避免花粉囊褐变和花粉萌发率降低。花药应在室内晾干，晾晒厚度不宜过大，可用加热设备适当提高室温，室温在25℃左右为宜，在该温度下，晾晒时间减少的同时，又不降低花粉萌发率。将晾干的花粉收集后用小硫酸纸袋分装，置于有干燥剂（硅胶）的盒中−20℃密封保存，梨花粉活力能保持一年以上；如果没有条件，在室温条件下，干燥密封保存，一个月后花粉也能保持较高萌发率。

## 第三节　梨自交亲和与不亲和性

### 一、自交不亲和性的表现

梨绝大多数品种表现为自交不亲和性（self-incompatibility，SI）。早在1935年，日本学者就在不同地区进行人工自花授粉实验，结果表明晚三吉的自花授粉结实率为15.2%、二十世纪为8.3%、独逸为4.6%、青龙为4.0%、明月为3.7%、巴梨（Bartlett）为3.4%、幸水为0.8%等。近年，我国学者也开展了许多田间自花授粉实验，获得了类似的结果。

梨自交不亲和反应的形态学特征观察表明，自花授粉时花粉虽能在柱头上萌发并穿过柱头，但在沿花柱向子房生长过程中受到抑制而停止生长，不能完成受精结实，表现出典型的配子体型自交不亲和。花柱内花粉管生长的特性不仅自花与异花授粉之间有差异，而且自花花粉管在花柱内生长的程度及停长的位置也因品种不同表现出不同的特性，同时还与花蕾的发育阶段有关。半离体培养授粉花柱的试验结果表明，成熟花柱中异花花粉管的生长速率显著高于自花花粉管，而在幼蕾花柱中没有这种差异。进一步在授粉后的不同时间内，观察到自花花粉管在授粉后的1.5～2d内停止生长，并表现出花粉管先端膨大，形态异常。将自花授粉后的花柱按整个花柱（子房以上）、全长的1/3、1/2进行离体培养，发现不同品种花柱内花粉管停止生长的位置各不相同，有在花柱上部、中部，也有在花柱下部停止伸长。花粉管从花柱基部（切口）穿出的花柱的比率不等。新雪、山梨和自交亲和性突变品种奥嗄二十世纪花粉管生长良好；晚三吉、菊水、二十世纪及喜水居中；而新水、丰水及幸水的花粉管生长最差。Zhang等（2000）将花柱切成全长的1/3、1/2时，有花粉管穿出的花柱的比率得到提高，因品种表现出以下不同的特征：①花柱切短后花粉管生长相应变好；②虽然花柱切短后花粉管生长变好，但1/3与1/2花柱之间没有区别；③切短后花粉管生长没有变化。这些结果表明，在不同的品种中花粉管生长受到的抑制发生在花柱的不同部位。这种梨自花花粉管生长在花柱内停止位置的差异可能是自交不亲和基因时空表达的差异所造成的。

梨自交不亲和性是受单基因位点（称为 $S$ 位点）上的复等位基因（$S_1$、$S_2$、$S_3$……$S_x$）所控制。该位点至少包括编码 1 个花柱组分和 1 个花粉组分的 $S$ 基因，表现为自花授粉或相同 $S$ 基因型品种间异花授粉时，花粉虽能在柱头上萌发，但在沿花柱向子房伸长途中被抑制而停止生长，无法完成受精，造成自花授粉或相同 $S$ 基因型品种间异花授粉不结实。

具体有三种情况（图 8-62）：①两个梨品种具有两个完全相同的 $S$ 基因型相互授粉时表现为不亲和。如两个梨品种基因型均为 $S_1S_2$，不能正常授粉结实，表现为不亲和（图 8-62A）。②两个梨品种之间具有一个相同 $S$ 基因时相互授粉表现为半亲和。如一个品种基因型为 $S_1S_2$，另一个品种基因型为 $S_2S_3$，表现为半亲和，后代植株 $S$ 基因表现型为 $S_1S_2$ 和 $S_2S_3$（图 8-62B）。③两个完全不同 $S$ 基因型梨品种授粉时，表现为亲和。如一个品种基因型为 $S_1S_2$，另一个品种基因型为 $S_3S_4$，表现为亲和，后代植株 $S$ 基因表现型为 $S_1S_3$、$S_1S_4$、$S_2S_3$ 和 $S_3S_4$（图 8-62C）。

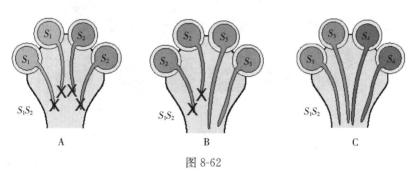

图 8-62

A. 两个梨品种 $S$ 基因完全相同时，自交不亲和　B. 两个梨品种之间具有一个相同 $S$ 基因时，杂交半亲和　C. 两个完全不同 $S$ 基因型梨品种授粉时，杂交完全亲和

## 二、自交不亲和性的生理机制

Sassa 等（1992）通过比较日本梨二十世纪和其变异的自交亲和变异品种奥嗄二十世纪花柱中的表达蛋白，发现一种与 $S\text{-}RNase$ 表达水平相关的差异 $S$ 糖蛋白，从而说明花柱 $S\text{-}RNase$ 与日本梨的自交不亲和性相关；经双向电泳分离出的该 $S$ 糖蛋白与 S-RNase 蛋白也完全一致，它能够显著在花柱中表达，但在叶片、花粉和萌发的花粉粒中都不表达（Sassa 等，1993）。Hiralsuka 等（1999）对梨不同发育阶段的花柱内 S 糖蛋白表达差异研究表明，花柱中 S 糖蛋白是随花蕾（花柱）发育逐步表达的，在自交不亲和品种二十世纪的花柱中 $S_4$ 糖蛋白在花前 8d 被检出，并持续合成到花后 2d，在这前后 10d 中含量增加了 4.7 倍；而在其自交亲和的突变品种奥嗄二十世纪中，花前 6d 花柱内没有发现 $S_4$ 糖蛋白，其后随花的发育才有 $S_4$ 糖蛋白的合成并逐步增加，花后 2d 的 $S_4$ 糖蛋白水平相当于二十世纪花前 4d 的水平（图 8-63）。Zhang 等（2000）分析不同发育阶段的花柱 S 糖蛋白含量时发现，随着花柱发育成熟，花柱内总 S 糖蛋白浓度逐渐增加（图 8-64），但增加

的速度随品种而异，开花后几天的 S-RNase 含量下降。在自交不亲和强度强的品种幸水中增加的速度明显比自交不亲和强度中等的品种菊水快，而自交不亲和强度弱（或称为自交亲和）的品种奥嘎二十世纪增加最慢。

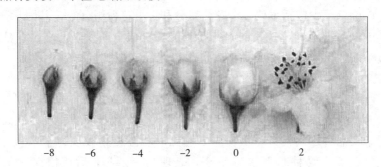

图 8-63　梨不同花龄的花朵（-8、-6、-4、-2、0、2d）

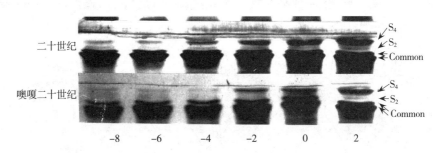

图 8-64　不同花龄的花柱内 S-RNase 表达量的差异

　　S-RNase 对不亲和性花粉的抑制程度取决于花粉及花粉管周围的 S-RNase 浓度。活体和离体试验均表明，一定浓度范围的 S-RNase 与花粉管长度呈负相关。活体试验表明，砂梨不亲和性花粉管生长受抑制前，有弯曲、先端膨大变形等现象，而异花授粉的花粉管没有此现象（Hiratsuka 等，1985）。这些研究均表明不亲和性 S-RNase 导致花粉管内部结构发生了一系列的变化。通过透射电镜技术观测，发现在梨花粉生长初期，亲和及不亲和花粉管超微结构类似；但培养 24h 后，亲和花粉管中充满细胞质和细胞器，而不亲和花粉管中只有前端有少量细胞质，花粉管内细胞器受到破坏，细胞壁增厚，细胞壁与细胞质之间有一层胼胝质和电子透明区间隔。

　　通过对外源和内源 RNase 对梨花粉内胞质游离钙的比较研究发现，梨雌蕊 S-RNase 对亲和及不亲和花粉管内游离钙作用有明显差异。在亲和花粉萌发前，萌发孔附近有明显的游离钙浓度梯度，而在不亲和性花粉中则不存在，这些研究均证实游离钙参与了梨自交不亲和性反应。同时，对钙离子受体——钙调素（CaM）的研究进一步证实这一结论。虽然对于异花和自花授粉后，花粉管内游离钙变化的原因尚不明确，但是，研究发现质膜钙通道在梨花粉管内钙浓度梯度形成过程中可能起重要的作用（Qu 等，2007）。在罂粟自交不亲和反应中，不亲和花粉管中钙介导了下游的事件，例如微丝解聚、程序性细胞死亡（programmed cell death，PCD）等现象，并且发现花粉管质膜钙通道在罂粟自交不亲和反应中发挥着极其重要的作用（Wu 等，2011）。研究表明，梨雌蕊 S-RNase 也导致不亲和性花粉管微丝骨架解聚（Liu 等，2007）。同时，也已明确蔷薇科梨雌蕊 S-RNase 导致不亲和花粉管发生 PCD 现象（Wang 等，2009）。这说明在植物自交不亲和反应中都发生一系列类似的生理生化反应，但是梨自交不亲和性反应中的信号转导途径不同于罂粟及其他植物（图 8-65）。最近研究表明，梨雌蕊 *S-RNase* 破坏了不亲和性花粉管尖端活性氧（ROS）浓度梯度，从而导致质膜钙通道关闭及微丝解聚，并最终诱导细胞核降解。花粉管胞内 ROS 类似于钙，在正常花粉管内也存在尖端浓度梯度。同时，这一研究明确了 ROS 位于钙的上游，并协同介导梨自交不亲和反应下游反应（Wang 等，2010）。

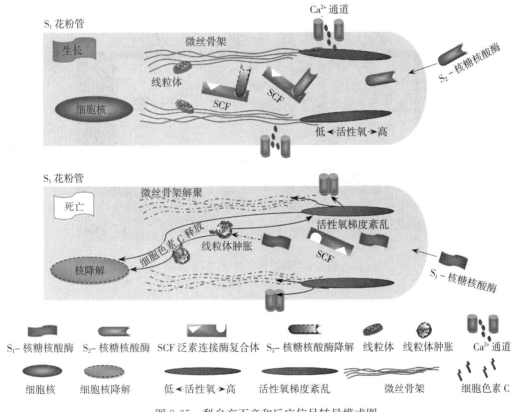

图 8-65 梨自交不亲和反应信号转导模式图

## 三、自交不亲和性的分子机制

### （一）花柱特异性决定因子

**1. *S-RNase* 基因的鉴定** 日本学者首先在日本梨中鉴定出 $S_1 \sim S_7$-*RNase* 等 7 个 *S-RNase* 基因（Takasaki 等，2004）。在西洋梨中，利用特异引物和基因克隆的方法已经鉴定出以字母顺序排列的 $S_a \sim S_t$（$S_a$，$S_b$，$S_c$，$S_d$，$S_e/S_j$，$S_h$，$S_i$，$S_k$，$S_l$，$S_m$，$S_n$，$S_o$，$S_p$，$S_q$，$S_r$，$S_s$，$S_t$）18 个 *S-RNase* 基因。为了与亚洲梨命名方式一致，一些学者对在西洋梨中出现的 *S* 基因以数字排列顺序重新命名。目前，在西洋梨出已鉴定出 24 个 *S* 基因（Sanzol，2009a，2009b）。目前梨 *S* 基因型鉴定的主要方法有：

（1）田间授粉试验 应用田间授粉试验来鉴定梨品种的 *S* 基因型是依据配子体型自

交不亲和性梨树具有相同 $S$ 基因型品种间交配不亲和性和偏父不亲和性的原理而总结出的，也就是说，对于各品种的 $S$ 基因型可依据田间品种间杂交及回交授粉结实率来确定，具体有三种情况：①任意两个品种间相互授粉不亲和时，两品种具有 2 个相同的 $S$ 基因型；②任意两个品种相互授粉亲和，但其后代有半数群体与父本回交不亲和（偏父不亲和性）时，两品种间必然有一个 $S$ 基因型相同；③任意两个品种间杂交，$F_1$ 代与父本回交均能亲和时，两品种间没有共同的 $S$ 基因型。

（2）授粉花柱离体培养法　依据梨树授粉后，自花或相同 $S$ 基因型异花花粉是在花柱中被抑制而停止生长的特性，通过观测花柱内花粉管生长情况及花粉管是否能达到花柱基部的方法，可以确定品种的 $S$ 基因型（图 8-66）。

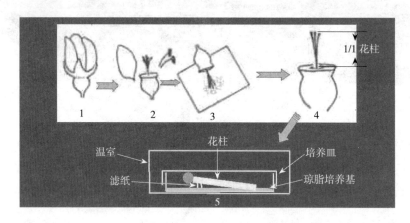

图 8-66　半离体培养授粉梨花柱示意图
1. 以开花前的梨花朵为试材　2. 去掉梨花瓣、雄蕊和萼片　3. 授粉
4. 授粉后从萼片底部取下完整花柱　5. 把花柱放置在琼脂培养基上暗培养 48h

（3）花粉管原位萌发荧光检测技术　授粉后 96h 切取部分花朵的花柱，在 FAA 固定液（95％酒精 15ml，冰醋酸 5ml，福尔马林 5ml）中固定 24h 转移到 100％酒精中。固定液中取出柱头及花柱，用清水冲洗干净后，用 NaOH 溶液软化处理，然后用苯胺蓝染色液染色。经染色处理后的花柱做成压片，用荧光显微镜，观察花粉管在柱头上萌发和在花柱中的生长情况，并进行显微拍照和测数，判断两品种的亲和性（图 8-67）。

图 8-67　库尔勒香梨（$S_8S_{28}$）×明月（$S_1S_8$）花柱中花粉管生长

（4）花柱 $S$ 糖蛋白电泳分析法　梨树属于配子体型自交不亲和，其自交不亲和性基因是在雌蕊花柱中特异性表达，产物具有核糖核酸酶活性的糖蛋白，通常称为 $S$ 糖蛋白，因此，通过鉴定各品种 $S$ 基因产物 $S$ 糖蛋白，就有可能鉴定出 $S$ 基因型。首先提取梨品种大蕾期花柱中的可溶性蛋白质，然后进行等电聚焦电泳（IEF-PAGE）分离

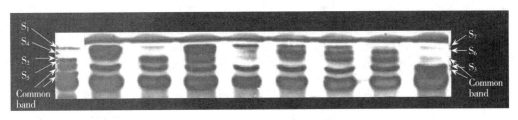

图 8-68　不同 S 基因产物 S 糖蛋白

后，用银染色图中各蛋白质的显色带来确定是否有 S 基因所表达的特异性蛋白。通过鉴定各品种花柱 S 基因所对应的 S 糖蛋白就能够确定该品种的 S 基因型（图 8-68）。

（5）PCR 特异扩增　随着分子生物学的迅速发展，人们开发出了应用分子生物学技术来鉴定 S 基因型的方法。结合不同 S-RNase 基因中存在不同长度多态性的内含子，人们根据蔷薇科果树鉴定的 S-RNase 基因设计保守引物在梨中已鉴定出许多 S 等位基因（图 8-69）。

我国学者利用 PCR-RFLP 检测技术和核苷酸序列分析等分别鉴定出 200 多个梨品种 S 基因型及新的 S-RNase 基因，大大丰富了我国梨的 S-RNase 基因信息（表 8-12）。

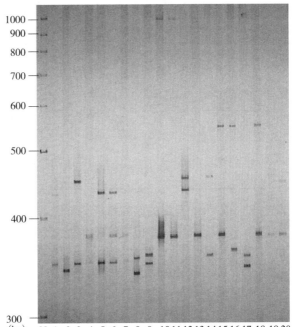

图 8-69　S-RNase 基因特异性扩增产物的聚丙烯酰胺凝胶电泳图谱

表 8-12　我国部分梨种质资源的 S 基因型

| 品种（种） | S 基因型 | 品种（种） | S 基因型 | 品种（种） | S 基因型 | 品种（种） | S 基因型 |
|---|---|---|---|---|---|---|---|
| 鸭梨 | $S_{21}S_{34}$ | 龙泉酥 | $S_5S_{22}$ | 翠冠 | $S_3S_5$ | 伏茄梨 | $S_eS_i$ |
| 八月酥 | $S_3S_{16}$ | 湘南 | $S_1S_3$ | 苹果梨 | $S_{19}S_{34}$ | 拉法兰西 | $S_aS_e$ |
| 库尔勒香梨 | $S_{22}S_{28}$ | 新杭 | $S_1S_3$ | 黄金梨 | $S_3S_4$ | 兰州长把 | $S_4S_{19}$ |
| 谢花甜 | $S_{29}S_{34}$ | 火把梨 | $S_{26}S_{36}$ | 金水酥 | $S_4S_{21}$ | 花长把 | $S_{19}S_{22}$ |
| 贵德长把 | $S_{19}S_h$ | 山红雪梨 | $S_{31}S_{36}$ | 金水 1 号 | $S_3S_{29}$ | 红太阳 | $S_8S_d$ |
| 雪花梨 | $S_4S_{16}$ | 二宫白 | $S_2S_4$ | 若光 | $S_3S_4$ | 脆绿 | $S_3S_4$ |
| 青皮酥 | $S_{34}S_n$ | 玉水 | $S_3S_4$ | 青皮脆 | $S_{19}S_{31}$ | 美人酥 | $S_4S_{36}$ |

（续）

| 品种（种） | S 基因型 | 品种（种） | S 基因型 | 品种（种） | S 基因型 | 品种（种） | S 基因型 |
|---|---|---|---|---|---|---|---|
| 黄花 | $S_1S_2$ | 黄冠 | $S_3S_{16}$ | 早冠 | $S_4S_{34}$ | 新梨 7 号 | $S_{28}S_d$ |
| 沙 01 | $S_{22}S_{28}$ | 新高 | $S_3S_9$ | 大慈梨 | $S_{17}S_{19}$ | 红酥脆 | $S_4S_{36}$ |
| 白皮酥 | $S_7S_{34}$ | 安农 2 号 | $S_8S_{17}$ | 身不知 | $S_5S_d$ | 雪芳 | $S_4S_{16}$ |
| 满天红 | $S_4S_{36}$ | 重阳红 | $S_{17}S_{22}$ | 华酥 | $S_5S_d$ | 雪青 | $S_3S_{16}$ |
| 金坠梨 | $S_{21}S_{34}$ | 秋水 | $S_1S_5$ | 鸭广梨 | $S_{19}S_{30}$ | 八里香 | $S_2S_{19}$ |
| 砀山酥梨 | $S_7S_{34}$ | 华梨 1 号 | $S_3S_4$ | 金水 3 号 | $S_3S_{29}$ | 葫芦梨 | $S_aS_b$ |
| 苤梨 | $S_1S_{19}$ | 丽江白梨 | $S_{22}S_{42}$ | 辽阳大香水 | $S_{16}S_{36}$ | 华山 | $S_5S_7$ |
| 酸大梨 | $S_3S_{29}$ | 冬蜜 | $S_1S_{42}$ | 崇化大梨 | $S_{11}S_h$ | 绿云 | $S_3S_{29}$ |
| 京白梨 | $S_{16}S_{30}$ | 红霄 | $S_{16}S_{19}$ | 红茄梨 | $S_2S_{28}$ | 锦香 | $S_{34}S_e$ |
| 南果梨 | $S_1S_{34}$ | 黄香 | $S_4S_{27}$ | 尖把梨 | $S_{30}S_{36}$ | 台湾蜜梨 | $S_1S_{22}$ |
| 花盖 | $S_{34}S_d$ | 宝珠 | $S_4S_{42}$ | 金川雪梨 | $S_{13}S_{36}$ | | |

**2. 花柱 S-RNase 基因的结构特征**　梨属 S-RNase 基因推导氨基酸序列与其他蔷薇科植物 S-RNase 基因一样有着相同的五个保守区域（C1、C2、C3、RC4 和 C5）和高度变化区域（HV）（图 8-70）。并且包含对 S-RNase 结果和功能起重要作用的半胱氨酸（C）和组氨酸（H）。在梨 S-RNase 基因中仅含有一个位于 C2 和 C3 保守区域之间的高变区（RHV），而不同于茄科和车前科物种 S-RNase 基因中的两个高变区（HVa 和 HVb），但它们的功能类似，都为正向选择区域，是碱基序列的插入、删除以及核苷酸序列的替换等

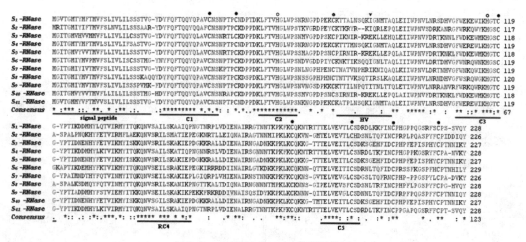

图 8-70　梨属 S-RNase 基因结构图

注：下划线部分为梨属的信号肽（signal peptide）、保守区域（C1、C2、C3、RC4 和 C5）和高变区域（RHV）；实心圆为半胱氨酸（C）；空心圆为组氨酸（H）；星号表示保守氨基酸残基；冒号表示保守性替换；点表示半保守性替换；短线表示间隙。

经常发生的区域。此外，梨 *S-RNase* 基因中还存在其他的变区，如在 C1 和 C2 保守区之间的区域以及 C5 保守区上游的一段区域，它们也有可能与 *S-RNase* 等位基因特异性相关。与 RNase T2 和 RNase Rh 相类似，C2 和 C3 保守区之间的区域具有很小的序列相似性，其含有的组氨酸结构具有催化作用。而 C1、RC4 和 C5 保守区含有众多的疏水氨基酸，是用以稳定 S-RNase 的结构。

**3. 花柱 *S-RNase* 基因的内含子**　梨属植物在 *S-RNase* 基因高变区中存在一个内含子，并具有很强的长度和序列多态性，其长度在 $99\sim1\,709$bp。因此，可依据内含子的长度多态性从琼脂糖胶或聚丙烯酰胺胶上识别不同的 S 基因。这些内含子的存在有利于储存变异碱基的积累，同时不影响 *S-RNase* 基因的特异性。

### （二）花粉特异性决定因子

随着花柱 *S-RNase* 基因研究的深入，花粉 S 基因的研究也逐渐展开。一些研究者围绕着 S 位点已知基因的序列开展了基因组序列的测序工作。Sassa 等（1997）对日本梨二十世纪（$S_2S_4$）和它的自交亲和变种奥嘎二十世纪（$S_2S_4^{sm}$）进行基因组序列和蛋白进行分析，发现 $S_4$-RNase 基因序列完全缺失于变种奥嘎二十世纪中，但是该变种的花粉依旧与二十世纪不亲和，因此认为 *S-RNase* 基因并不是梨花粉自交不亲和决定因子。Okada 等（2008）围绕着花柱 $S_4$-RNase 和 $S_4^{sm}$-RNase 基因展开基因组序列的测序，发现花柱 $S_4$-RNase 基因周围存在 89 个 ORFs，其中有 34 个 ORFs 是位于 $S_4^{sm}$-RNase 基因周围，从而排除了作为花粉 S 基因的可能，即还有 55 个 ORFs 为花粉 S 基因的候选基因；此外，他们还发现日本梨花柱 $S_2$-RNase 基因周围存在 56 个 ORFs。因此，ORFs 的探索仅仅是寻找到了花粉 S 基因的候选基因，但究竟哪一个或哪几个用来控制着花粉的自交不亲和特性还不清楚。

Sassa 等（2007）在 $S_3$-RNase 基因周围分离出了可能为花粉 S 基因的两个 *F-box* 基因（$SFBB_{3-\alpha}$ 和 $SFBB_{3-\beta}$），在 $S_4$-RNase 和 $S_5$-RNase 基因周围都分别分离出了 3 个不同的 *F-box* 基因（$SFBB_{4-\alpha}$、$SFBB_{4-\beta}$、$SFBB_{4-\gamma}$、$SFBB_{5-\alpha}$、$SFBB_{5-\beta}$ 和 $SFBB_{5-\gamma}$）。而对多个梨品种 S 单元型中的 $SFBB_{-\gamma}$ 基因进行序列比较时，发现它们具有极高的序列相似性，基本排除了其作为花粉 S 决定基因的可能性。Okada 等（2008）通过对 $S_4^{sm}$-RNase 基因周围序列的测序，将 $S_4$-RNase 周围的 33 个 ORFs 排除了花粉 S 基因的可能，但是又发现了 6 个在花粉中特异表达的 SFBB 基因（$SFBB_{4-u1\sim u4}$、$SFBB_{4-d1}$ 和 $SFBB_{4-d2}$），此外，他们在 $S_2$-RNase 基因周围也发现了 10 个同样在花粉中特异表达的 SFBB 基因（$SFBB_{2-u1\sim u5}$ 和 $SFBB_{2-d1\sim d5}$）。对 SFBB 基因的系统树分析显示出，这些 SFBB 基因分成两大组，组 I 中 SFBB 基因序列的同源性在 $76.3\%\sim94.9\%$，而组 II 中 SFBB 基因的同源性超过了 $92\%$，依据分类结果，研究者认为梨花粉 S 决定基因应当位于组 I 内。Franceschi 等（2011）在两个重要西洋梨品种阿巴特（$S_{104-2}/S_{105}$）和 Max Red Bartlett（$S_{101}/S_{102}$）中筛选出 5 个与日本梨中鉴定出的花粉 S 基因（*S-locus F-Box Brothers*，SFB）同源物（图 8-71）。这 5 个基因均与单一 S 单元型相连锁，但其中两个与 *S-RNase* 基因不完全连锁，推测这两个花粉 S 基因很可能临近 S 位点但并不属于该位点。

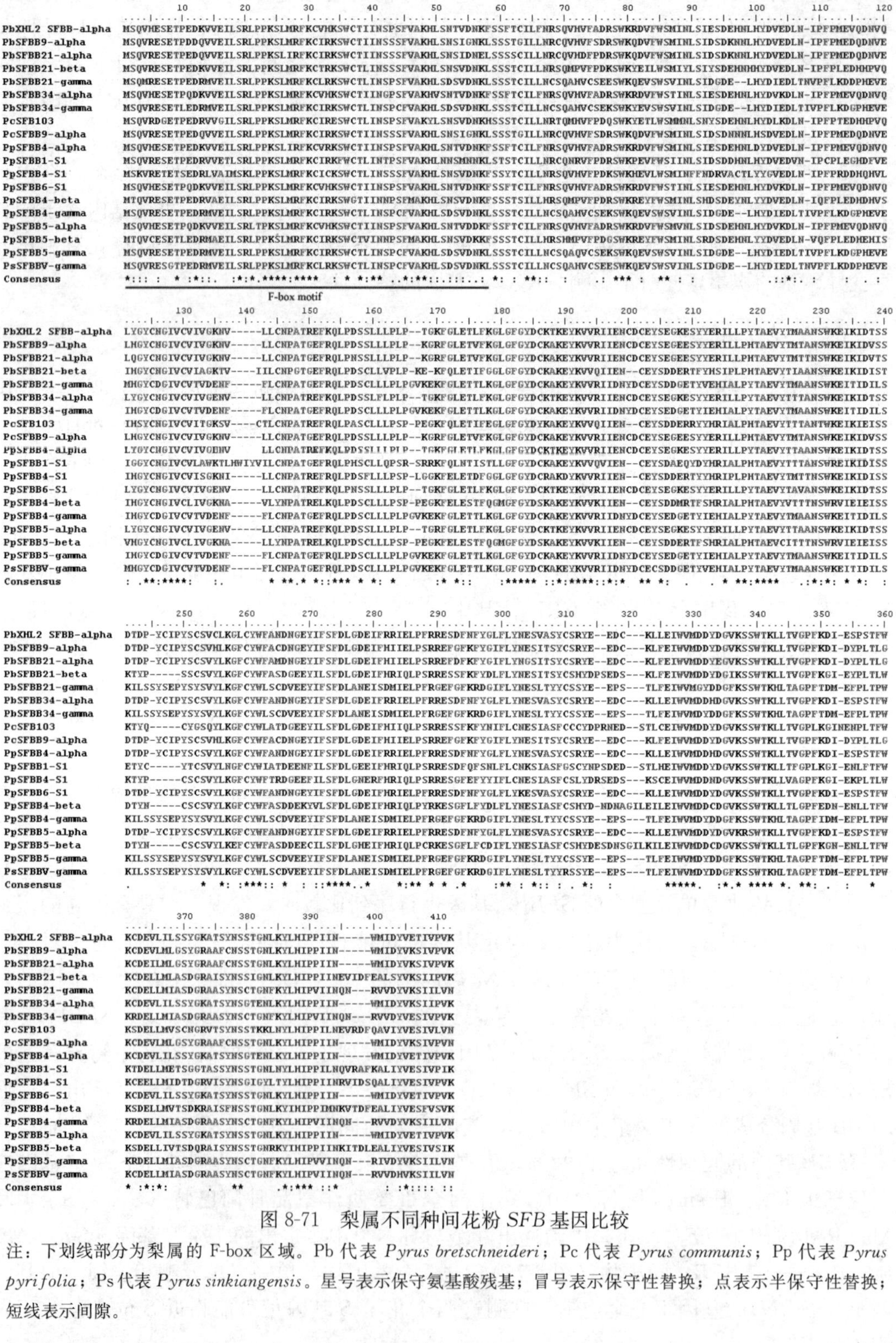

```
                 10        20        30        40        50        60        70        80        90       100       110       120
                 ....|....|....|....|....|....|....|....|....|....|....|....|....|....|....|....|....|....|....|....|....|....|....|....|
PbXHL2 SFBB-alpha MSQVHESETPEDKVVEILSRLPPKSLMRFKCVHKSWCTIINSPSFVAKHLSHTVDHKFSSFTCILFHRSQVHVFADRSWKRDVFWSMINLSIESDEHNLHYDVEDLN-IPFPMEVQDHVQ
PbSFBB9-alpha     LMHGYCNGIVCIVGKHV-----LLCNPATGEFRQLPHSSLLLPLP--TGKFGLETLFKGLGFGYDCKTKEYKVVRIIEHCDCEYSEGEESYYERILLPHTAEVYTHTANSWKEIKIDTSS
PbSFBB21-alpha    MSQVRESETPEDDQVVEILSRLPPKSLMRFKCIRKSWCTIINSSSFVAKHLSNSIGNKLSSSTCILLHRCQVHDFPDRSWKQDVFWSMINLSIDSDKHNLHYDVEDLN-IPFPMEDQDHVE
PbSFBB21-beta     MSQVRESETPEDQVVEILSRLPPKSLMRFKCIRKSWCTLINSSSFVAKHLSNSVDHKLSSSTCILLHRSQVHDFPDRSWKQDVFWSMINLSISYSDEHHKVDVEDLN-IPFPLEDHHPVQ
PbSFBB21-gamma    MSQMRESETPEDRMVEILSRLPPKSLMRFKCTRKSWCTLINSSSFVAKHLSDSVDHKLSSSTCILLHCSQAHVCSEESWKQEVSWSVINLSIDGDE--LHYDIEDLTHVPFLKDDPHEVE
PbSFBB34-alpha    MSQVHESETPQDKVVEILSRLPPKSLMRFKCVHKSWCTIINGPSFVAKHVSNTVDHKFSFTCILHRSQVHVFADRSWKRDVFWSTINLSIESDEHNLHYDVKDLN-IPFPMEVQDNVQ
PbSFBB34-gamma    MSQVRESETLEDRMVEILSRLPPKSLMRFKCTRKSWCTLINSPCFVAKHLSDSVDHKLSSSTCILLHCSQAHVCSEESWKQEVSWSVINLSIDGDE--LHYDIEDLTIVPFLKDGPHEVE
PcSFB103          MSQVRDGETPEDRVVEILSRLPPKSLMRFKCIRESWCTLINSSFVAKYLSNSVDHKHSSSTCILLRTQHHVFPDQSWKYETLWSMMNLSHYSDEHNVDLKDLN-IPFPTEDHHPVQ
PcSFBB9-alpha     MSQVRESETPEDDQVVEILSRLPPKSLMRFKCIRKSWCTIINSSSFVAKHLSNSIGNKLSSSTCILLHRCQVHDFSDRSWKQDVFWSMINLSIDSDNNHLHSDVEDLN-IPFPMEVQDHVQ
PpSFBB4-alpha     MSQVHESETPEDRVVEILSRLPPKSLIRFKCVRKSWCTIINSSSFVAKHLSHTVDHKLSSFTGILFHRSQVHVFPDRSWKRDVFWSMINLSIDSDEHNLDYDVEDLN-IPFPMEVQDNVQ
PpSFBB1-S1        MSKVRETETSEDRLVAIMSKLPPKSLMRFKCICKSWCTLINSSSFVAKHLSSSTCILLHRSQVHVFPDRSWKHEVLWSMINFFNDRVACTLYYGVEDLN-IPFPRDDHQHVL
PpSFBB4-S1        MSQVRESETPEDRVAEILSRLPPKSLMRFKCVRKSWCTIINPSPSFMAKHLSVDHKLSSSTCILLHRSQMPVFPDKSWKYEILWSMIYLSIYSDEHHHKVDVEDLN-IPFPLEDHHPVQ
PpSFBB6-S1        LYGYCNGIVCIVGKHV-----LLCNPATGEFRQLPHSSLLLPLP--TGKFGLETVFKGLGFGYDCKAKEYKVVRIIENCDCEYSEGEESYYERILLPHTAEVYTMTTNSWKEIKIDVTS
PpSFBB4-beta      MTQVRESETPEDRVAEILSRLPPKSLMRFKCIRKSWGTIINPSFMAKHLSVDHKLSSSTILLHRSQMPVFPDRSWKREYFWSMINLSHDSDEYHLYYDVEDLN-IQFPLEDHDHVS
PpSFBB5-alpha     MSQVHESETPQDKVVEILSRLTPKSLMRFKCVHKSWCTIINSPSFVAKHLSNTVDDKFSSFTCILHRSQVHVFADRSWKRDVSWVNLSIDGDE--LHYDVKDLN-IPFPMEVQDNVQ
PpSFBB5-beta      MTQVCESETLEDRMAEILSRLPPKSLMRFKCIRKSWCTVIINNPSFMAKHLSSSTCILLRSHMPVFPDGSWKREYFWSMINLSRDSDEHNLDYDVEDLN-VQFPLEDHEMIS
PpSFBB5-gamma     MSQVRESETLEDRMVEILSRLPPKSLMRFKCLRKSWCTLINSPCFVAKHLSDSVDHKLSSSTCILLHCSQAQVCSEESWKQEVSWSVINLSIDGDE--LHYDIEDLTIVPFLKDGPHEVE
PsSFBBV-gamma     MSQVRESGTPEDRMVEILSRLPPKSLMRFKCLRKSWCTLINSPCFVAKHLSDSVDHKLSSSTCILLHCSQAHVCSEESWKQEVSWSVINLSIDGDE--LHYDIEDLTHVPFLKDDPHEVE
Consensus         *::: : * :*::   :*:*.****:****         *: :**   . .: *** :* **         :  :*.*:.
```

_F-box motif_

```
                130       140       150       160       170       180       190       200       210       220       230       240
                ....|....|....|....|....|....|....|....|....|....|....|....|....|....|....|....|....|....|....|....|....|....|....|....|
PbXHL2 SFBB-alpha LYGYCNGIVCIVGKHV-----LLCNPATREFRQLPDSSLLLPLP--TGKFGLETLFKGLGFGYDCKTKEYKVVRIIEHCDCEYSEGEESYYERILLPYTAEVYTMAANSWKEIKIDTSS
PbSFBB9-alpha     LMHGYCNGIVCIVGKHV-----LLCNPATGEFRQLPHSSLLLPLP--KGRFGLETVFKGLGFGYDCKAKEYKVVRIIENCDCEYSEGEESYYERILLPHTAEVYTHTANSWKEIKIDVTS
PbSFBB21-alpha    LQGYCNGIVCIVGKHV-----LLCNPATGEFRQLPHSSLLLPLP--KGRFGLETVFKGLGFGYDCKAKEYKVVRIIENCDCEYSEGEESYYERILLPHTAEVYTMTTNSWKEIKIDVTS
PbSFBB21-beta     IHGYCNGIVCIVAGKTV-----IILCNPGTGEFRQLPDSCLLVPLP-KE-KFQLETIFGGLGFGYDCKAKEYKVVQIIEN--CEYSDDERTFYHSIPLPHTAEVYTMAANSWKEIKIDIST
PbSFBB21-gamma    MHGYCDGIVCIVTVDENF-----FLCNPATGEFRQLPDSLLPLPLGVKEKFGLETLTLKGLGFGYDCKTKEYKVVRIIDNYDCEYSDDGETYVEMIALPYTAEVYTMAANSWKEITIDILS
PbSFBB34-alpha    LYGYCNGIVCIVGEHV-----FLCNPATGEFRQLPDSSLFLPLP--TGKFGLETLFKGLGFGYDCKTKEYKVVRIIEHCDCEYSEGEESYYERILLPYTAEVYTMAANSWKEIKIDTSS
PbSFBB34-gamma    IHGYCDGIVCIVGENF-----FLCNPATGEFRQLPDSLLPLPLPGVKEKFGLETLTLKGLGFGYDCKTKEYKVVRIIDNYDCEYSEDGETYIEHIALPYTAEVYTMAANSWKEITIDILS
PcSFB103          IHSYCNGIVCVITGKSV----CTLCNPATREFRQLPASCLLLLPSP-PEGKFQLETIFEGLGFGYDCKAKEYKVVQIIEN--CEYSDDERRYYHRIALPHTAEVYTTTANTWKEIKIEISS
PcSFBB9-alpha     LHGYCNGIVCIVGKHV-----LLCNPATGEFRQLPDSSLLLLPP--KGRFGLETVFKGLGFGYDCKAKEYKVVQIIEN--CEYSDDERTFYYRIPLPHTAEVYTTTANSWKEIKIDVSS
PpSFBB4-alpha     LYGYCNGIVCIVGEHV-----FLCNPATGEFRQLPDSSLFLPLP--TGKFGLETLFKGLGFGYDCKTKEYKVVRIIEHCDCEYSEGEESYYERILLPYTAEVYTMAANSWKEIKIDTSS
PpSFBB1-S1        IGGYCNGIVCLVAWKTLHWIYVILCNPATGEFRQLPHSCLLQPSR-SRRKFQLNTISTLLGFGYDCKAKEYKVVQVIEN--CEYSDAEQYDYHRIALPHTAEVYTTTANSWKEIKIDISS
PpSFBB4-S1        IHGYCNGIVCVISGKHI-----LLCNPATGEFRQLPDSFLLLPSP-LGGKFELETDFGGLGFGYDCKAKEYKVVRIIEN--CEYSDDERTYYHRIPLPHTAEVYTTTNSWKEIKIDTSS
PpSFBB6-S1        LYGYCNGIVCIVGEHV-----LLCNPATREFRQLPDSLLLPLP--TGKFGLETLFKGLGFGYDCKTKEYKVVRIIENCDCEYSDDGETYIEHIALPYTAVANSWKEIKIDTSS
PpSFBB4-beta      IHGYCNGIVCLIVGKNA-----VLYHPATRELKQLPDSLLPSP--PEGKFELESTFQGMGFGYDSKAKEYKVVKIEN--CEYSDDMRTFSHRIALPHTAEVYTTTNSWRVIEIEISS
PpSFBB5-alpha     IHGYCDGIVCIVTVDENF-----FLCNPATGEFRQLPDSCLLLPLPGVKEKFGLETTLKGLGFGYDCKTKEYKVVRIIDNYDCEYSEDGETYIEHIALPYTAEVYTMAANSWKEITIDILS
PpSFBB5-beta      VHGYCNGIVCLIVGKNA-----LLYHPATRELKQLPDSLLPSP--PEGKFGLETLTLKGLGFGYDCKAKEYKVVKIEN--CEYSDDERTFSHRIALPHTAEVCITTTNSWRVIEIEISS
PpSFBB5-gamma     IHGYCDGIVCIVTVDENF-----FLCNPATGEFRQLPDSCLLLPLPGVKEKFGLETLTLKGLGFGYDCKTKEYKVVRIIDNYDCEYSEDGETYVEMIALPYTAEVYTMAANSWKEITIDILS
PsSFBBV-gamma     MHGYCDGIVCIVTVDENF-----FLCNPATGEFRQLPDSLLLLPLPGVKEKFGLETLTLKGLGFGYDCKTKEYKVVRIIDNYDCEYSDDGETYVEHIALPYTAEVYTMAANSWKEITIDILS
Consensus         : .**:****:    :.       * **.*.:*** * *: *)       :* *::   :*****:::*:****:::*:* **  :   . **:****  :.:*:* *:*) *
```

```
                250       260       270       280       290       300       310       320       330       340       350       360
                ....|....|....|....|....|....|....|....|....|....|....|....|....|....|....|....|....|....|....|....|....|....|....|....|
PbXHL2 SFBB-alpha DTDP-YCIPYSCSVCLKGLCYWFANDNGEYIFSFDLGDEIFRRIELPFRRESDSNFYGLFLYNESVASYCSRYE--EDC--KLLEIWVMDDYDGVKSSWTKLLTVGPFKDI-ESPSTFW
PbSFBB9-alpha     DTDP-YCIPYSCSVHLKGFCYWFACDNGEYIFSFDLGDEIFHIIELPSRREFGFKFYGIFLYNGSITSYCSRYE--EDC--KLFEIWVMDDYDGVKSSWTKLLTVGPFKDI-DYPLTLG
PbSFBB21-alpha    DTDP-YCIPYSCSVHLKGFCYWFANDNGEYIFSFDLGDEIFHIIELPSRREFDFKFYGIFLYNGSITSYCSRYE--EDC--KLFEIWVMDDYDGIKSSWTKLLTVGPFKGI-EYPLTLW
PbSFBB21-beta     KTYP-----SSCSVYLKGFCYWFASDGEEYILSFDLGDEIFHRIQLPSRRESSFKFYDLFLYNESSHYDPSEDS--KLFEIWVMDDYDGIKSSWTKLLTVGPFKGI-EYPLTLW
PbSFBB21-gamma    KILSSYSEPYSYSVYLKGFCYWLSCDVEEYIFSFDLANEISDMIELPFRGEFGFKRDGIFLYNESLTYYCSSYE--EPS--TLFEIWVMGYDDGFKSSWTKHLTAGPFTDM-EFPLTPW
PbSFBB34-alpha    DTDP-YCIPYSCSVHLKGFCYWFANDNGEYIFSFDLGDEIFRRIELPFRRESDSNFYGLFLYNESVASYCSRYE--EDC--KLLEIWVMDDHDGVKSSWTKLLTVGPFKDI-ESPSTFW
PbSFBB34-gamma    KILSSYSEPYSYSVYLKGFCYWLSCDVEEYIFSFDLANEISDMIELPFRGEFGFKRDGIFLYNESLTYYCSSYE--EPS--TLFEIWVMDDHDGFKSSWTKHLTAGPFTDM-EFPLTPW
PcSFB103          KTYQ-----CYGSQYLKGFCYWLATDGEEYILSFDLGDEIFHIIQLPSRRESSKFYNIFLCNESIASFCCCYDPRNED--STLCEIWVMDDYDGVKSSWTKLLTVGPLKGINENPLTFW
PcSFBB9-alpha     DTDP-YCIPYSCSVHLKGFCYWFANDNGEYIFSFDLGDEIFHIIELPSRREFGFKFYGIFLYNESVASYCSRYE--EDC--KLLEIWVMDDHDGVKSSWTKLLTVGPFKDI-ESPSTFW
PpSFBB4-alpha     ETYC-----YTCSVYLNGFCYWIATDEENFILSFDLGDEIFHRIQLPSRRESDFQFSHLFLCNKSIASFGSCYNPSDED--STLHEIWVMDDYDGVKSSWTKLLTFGPLKGI-ENLFTFW
PpSFBB1-S1        KTYP-----CSCSVYLKGFCYWFTRDGGEEILSFDLGHERFHRIQLPSRRESGEFYYIFLCHESIASFCSLYDRSEDS--KSCEIWVMDDNDGVKSSWTKLLVAGPFKGI-EKPLTLW
PpSFBB4-S1        DTDP-YCIPYSCSVHLKGFCYWFANDNGEYIFSFDLGDEIFHRIELPFRRESDFNFYGLFLYNESVASYCSRYE--EDC--KLLEIWVMDDYDGVKSSWTKLLTVGPFKDI-ESPSTFW
PpSFBB6-S1        DTYN-----CSCSVYLKGFCYWFASDDEKYVLSFDLGDEIFHRIQLPFRGEFGFLFYDLFLYNESIASFCSHYD-MDNAGILEITLEIWVMDDCDGVKSSWTKLLTLAGPFDEN-ENLLTFW
PpSFBB4-beta      KILSSYSEPYSYSVYLKGFCYWLSCDVEEYIFSFDLANEISDMIELPFRGEFGFKRDGIFLYNESLTYYCSSYE--EPS--TLFEIWVMDDCDGVKSSWTKHLTAGPFTDM-EFPLTPW
PpSFBB5-alpha     DTDP-YCIPYSCSVHLKGFCYWFANDNGEYIFSFDLGDEIFRRIELPFRRESDSNFYGLFLYNESVASYCSRYE--EDC--KLLEIWVMDDVDGVKRSWTKLLTVGPFKDI-ESPSTFW
PpSFBB5-beta      DTYN-----CSCSVYLKEFCYWFASDDEECILSFDLGHEIFHRIQLPCRKEGSGFLFCDIFLYNESIASFCSHYDESDHSGILKILEIWVMDDCDGVKSSWTKLLTLGPFKGN-ENLLTFW
PpSFBB5-gamma     KILSSYSEPYSYSVYLKGFCYWLSCDVEEYIFSFDLANEISDMIELPFRGEFGFKRDGIFLYNESLTYYCSSYE--EPS--TLFEIWVMDYDDGFKSSWTKHLTAGPFTDM-EFPLTPW
PsSFBBV-gamma     KILSSYSEPYSYSVYLKGFCYWLSCDVEEYIFSFDLANEISDMIELPFRGEFGFKRDGIFLYNESLTYYCSSYE--EPS--TLFEIWVMDYDDGFKSSWTKHLTAGPFTDM-EFPLTPW
Consensus         .         * *: :**::: *  ::****..*    *:** * *  :**  *:::*: *:    *****  :*.*.**** .**. :   *
```

```
                370       380       390       400       410
                ....|....|....|....|....|....|....|....|....|....|....
PbXHL2 SFBB-alpha KCDEVLILSSYGKATSYNSSTGNLKYLHIPPIIN-----WMIDYVETIVPVK
PbSFBB9-alpha     KCDEVLMLGSYGRAAFCNSSTGNLKYLHIPPIIN-----WMIDYVKSIVPVK
PbSFBB21-alpha    KCDEILMLGSYGRAAFCNSSTGNLKYLHIPPIIN-----WMIDYVKSIVPVK
PbSFBB21-beta     KCDELLMLASDGRAISYNSSIGNLKYLHIPPIINEVIDFEALSYVKSIVPVK
PbSFBB21-gamma    KCDELLMIASDGRAASYNSCTGNFKYLHPVIINQN---RVVDYVKSIILVH
PbSFBB34-alpha    KCDEVLILSSYGKATSYNSSTGNLKYLHIPPIIN-----WMIDYVKSIVPVK
PbSFBB34-gamma    KRDELLMIASDGRAASYNSCTGNFKYLHIPVIINQN---RVVDYVKSIVPVK
PcSFB103          KSDELLMVSCNGRVTSYNSSTKKLNYLHIPPILNEVRDFQAVIYVESIVLVK
PcSFBB9-alpha     KCDEVLILSSYGKATSYNSSTGNLKYLHIPPIIN-----WMIDYVETIVPVK
PpSFBB4-alpha     KCDEVLILSSYGKATSYNSSTGNLKYLHIPPIIN-----WMIDYVETIVPVK
PpSFBB1-S1        KTDELLMETSGGTASYNSSTGNLKYLHIPPILNQVRAFKALIYVESIVPIK
PpSFBB4-S1        KCEELLMIDTDGRVISYNSGIGYLTYLHIPPIINRVVIDSQALIYVESIVPVK
PpSFBB6-S1        KCDEVLILSSYGKATSYNSSTGNLKYLHIPPIIN-----WMIDYVETIVPVK
PpSFBB4-beta      KSDELLMVTSDKRAISYNSCTGNLKYIHIPPIDNKKVTDFEALIVESFVSVK
PpSFBB5-alpha     KRDELLMIASDGRAASYNSCTGNFKYLHIPVIINQN---RVVDYVKSIILVN
PpSFBB5-beta      KCDEVLILSSYGKATSYNSSTGNLKYLHIPPIIN-----WMIDYVETIVPVK
PpSFBB5-gamma     KRDELLMIASDGRAASYNSCTGNFKYLHIPVVINQN---RIVDYVKSIILVH
PsSFBBV-gamma     KCDELLMIASDGRAASYNSCTGNFKYLHIPVIINQN---RVVDHVKSIILVH
Consensus         * :*:*:   .  ** .*.  .***** ::*    :::*::: ::
```

图 8-71  梨属不同种间花粉 SFB 基因比较

注：下划线部分为梨属的 F-box 区域。Pb 代表 *Pyrus bretschneideri*；Pc 代表 *Pyrus communis*；Pp 代表 *Pyrus pyrifolia*；Ps 代表 *Pyrus sinkiangensis*。星号表示保守氨基酸残基；冒号表示保守性替换；点表示半保守性替换；短线表示间隙。

### （三）基于基因组测序的 S 基因分析

根据梨基因组组装信息，S 位点被锚定在第 17 连锁群的末端 3.7～4.6Mb，这与通过分子标记定位在遗传连锁图上的位置是比较吻合的。分析 S 位点区域的序列发现有 6 个候选 SFB 基因，并且表现出较高的氨基酸序列多态性，范围在 61.7％～76.1％。由于包含花柱 S-RNase 的 Scaffold 没有能够锚定在相应染色体位置，因此还无法判断花柱 S-RNase 与 6 个候选 SFB 基因之间的准确物理距离。

对已完成基因组测序的梨、草莓、苹果和马铃薯 S 位点区域进行比较，发现不同物种间存在中等水平的共线性，除了 S-RNase 和 SFB 基因外，很少有共同的基因，说明基因变化和重排在这个区域比较活跃。这些发现表明，在蔷薇科物种分化之后 S 位点区域发生了进化。与苹果和草莓不同的是，梨的 6 个 SFB 基因以串联重复形式存在，这种独特的组成形式可能与基因复制有关，同时也暗示着梨可能存在不同的花粉自交不亲和性作用机制（图 8-72）。此外，在表现自交不亲和性的梨、苹果、马铃薯的 S 位点区域都存在高度重复序列，但是在草莓上存在相对少的重复序列，而草莓是自交亲和性的物种。是否可以推测 S 位点区域的重复序列可能有抑制 S 位点发生重组的作用相关？当然这一功能还需要进一步的试验证据支持。另外，重复序列的差异也有可能在 S 位点的进化中起到一定作用。

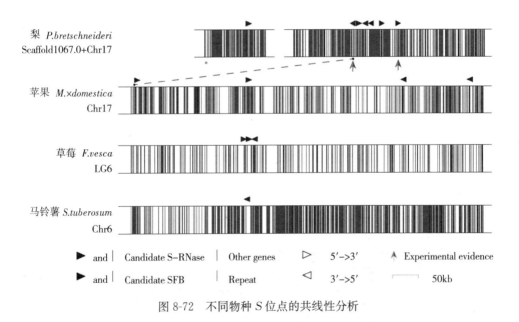

图 8-72 不同物种 S 位点的共线性分析

## 四、自交亲和性突变

目前关于梨自交亲和性研究的机制大致可分为三种类型：一是花柱自交不亲和性功能发生变异，如奥嘎二十世纪、闫庄梨；二是花粉自交不亲和性功能发生变异，如金坠梨；三是品种倍性发生的加倍，如四倍体梨品种大果黄花、沙 01 等。

### （一）花柱功能变异梨品种自交亲和性的机制

**1. 奥嘎二十世纪自交亲和机理**　在梨诸多品种中，最早发现的自交亲和品种是日本梨奥嘎二十世纪。早在 20 世纪七八十年代的研究表明，二十世纪表现自交不亲和性，其 S 基因型为 $S_2S_4$，而源自二十世纪的芽变品种奥嘎二十世纪表现出自交亲和性（self-compatibility，SC）。二十世纪×奥嘎二十世纪杂交表现不亲和，而反交亲和，并且奥嘎二十世纪自交后代中 $S_4^m S_4^m$ 纯合体与 $S_2S_4^m$ 杂合体的比例为 1∶1，而没能获得 $S_2S_2$ 的纯合体，以此推断奥嘎二十世纪的 $S_2$-$RNase$ 基因正常，仅花柱 $S_4$-$RNase$ 基因发生突变，其 S 基因型定为 $S_2S_4^m$，花柱突变体。迄今，奥嘎二十世纪已被广泛作为梨自交不亲和性机理的重要研究材料。

早在 1996 年，Norioka 等试图从奥嘎二十世纪花柱 cDNA 文库中筛选出 $S_4$-$RNase$ 的 cDNA 序列，但最终并未成功，因而认为花柱内 $S_4$-$RNase$ 基因的转录失败是导致奥嘎二十世纪表现出自交亲和性的原因。Sassa 等（1993）先后通过 IEF/SDS-PAGE 电泳从奥嘎二十世纪花柱中检测到少量的 $S_4$-$RNase$，再以奥嘎二十世纪的基因组 DNA 为模板进行 PCR 扩增，发现可以检测到信号极弱的 $S_4$-$RNase$ 基因片段，但 Southern 和 Northern 杂交均未能检测到 $S_4$-$RNase$ 基因，进而推断奥嘎二十世纪是二十世纪 $S_4$-$RNase$ 芽变的嵌合体，$S_4$-$RNase$ 基因在顶端分生组织 $L_I$、$L_{II}$ 层缺失（Sassa 等，1997）。而 Hiratsuka 等（1999）用奥嘎二十世纪花柱 mRNA 进行了体外翻译，其结果进一步证明 $S_4$-$RNase$ 基因可以进行正常转录过程。此后，张绍铃等在成功研出梨花柱 S-RNase 蛋白提取方法的基础上，发现奥嘎二十世纪及其后代个体的花柱内均含有 $S_4$-$RNase$，并且具有与其原始品种二十世纪 $S_4$-$RNase$ 相同的核酸酶活性。在离体条件下，奥嘎二十世纪花柱 $S_4$-$RNase$ 均能特异性地抑制 $S_4$ 及 $S_4^m$ 花粉管生长，即 $S_4^m$-$RNase$ 与 $S_4$-$RNase$ 基因表达的 S-RNase 具有相同的生理功能，进而认为奥嘎二十世纪的 $S_4^m$-$RNase$ 基因不仅存在而且还可遗传给后代且在后代正常表达。进一步的花柱分离测试发现，$S_4^m$-$RNase$ 基因仅在柱头表达且表达量逐代减少，而在花柱的中下部则完全不表达。而吴华清等

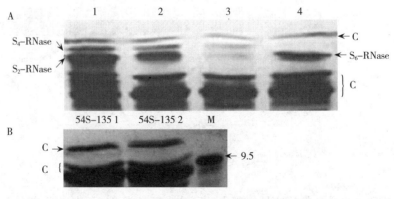

图 8-73　花柱可溶性蛋白的 IEF-PAGE 银染检测

A. 上样量 200μg　B. 300μg　1. 二十世纪　2. 奥嘎二十世纪　3. 54S-135
4. 秋荣　C. 共同带　54S-1351 和 2. 54S-135 的两个重复　M. pI Marker

（2008）通过对奥嘎二十世纪、二十世纪及其后代的基因组、mRNA 转录和蛋白质水平的比较分析，也发现奥嘎二十世纪 $S_4$-RNase 基因信号比其原始品种二十世纪的弱，且在花柱中表达量低（包括转录和翻译水平）（图 8-73），但在其自交亲和后代中检测不到 $S_4$-RNase 基因，从而说明尽管奥嘎二十世纪基因组中存在花柱 $S_4$-RNase 基因，但其不能遗传给后代个体。在 Okada 等（2008）构建的二十世纪和奥嘎二十世纪的 BAC 文库中，分析比较了 $S_4$ 单元型和 $S_4^{sm}$ 单元型的基因组序列，发现 $S_4^{sm}$ 单元型是 $S_4$ 单元型中缺失一段大小为 236kb 片段（图 8-74），而在该缺失区域，包含有 $S_4$-RNase 基因。该基因的缺失导致奥嘎二十世纪花柱不能识别 $S_4$ 花粉，从而失去物种原有的自交不亲和性。

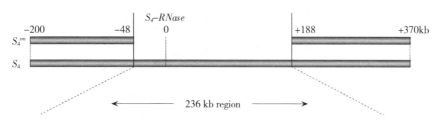

图 8-74　$S_4$ 单元型结构域与 $S_4^{sm}$ 单元型结构域的比对

**2. 闫庄梨自交亲和机理**　闫庄梨是鸭梨的芽变品种，对鸭梨（$S_{21}S_{34}$）和闫庄梨自花授粉及相互杂交授粉的坐果率进行统计，发现鸭梨自花授粉结实率仅为 9.09%，表现为自交不亲和性，闫庄梨自花授粉表现为自交亲和性，其自花结实率为 56.86%，当以鸭梨为母本，闫庄梨为父本时，授粉结实率也仅为 2%，表现出杂交不亲和性；而以闫庄梨为母本，鸭梨为父本，授粉结实率为 39.29%，表现出典型的杂交亲和性。因此，闫庄梨所表现出的自交亲和性是由花柱突变所致。利用 $S_{21}$ 和 $S_{34}$ 特异性引物对闫庄梨自交后代 DNA 进行了鉴定，发现 $S_{21}$ 在所有后代都表达，表明闫庄梨的花柱变异基因是 $S_{21}$-RNase。进一步的印迹杂交分析发现闫庄梨花柱 S-RNase 仅存在一种带型，该条带的蛋白含量比鸭梨低，说明闫庄梨的自交亲和性可能是由于花柱 S-RNase 的部分缺失和表达量低所致。

**3. 西洋梨品种 Abugo 和 Ceremeno 自交亲和机理**　Abugo 和 Ceremeno 为两个西洋梨品种，自花授粉的坐果率分别为 74.1% 和 65.4%。Sanzol（2009）在 Abugo 和 Ceremeno 中均发现了自交亲和基因 $S_{21}$-RNase，该基因较正常的 $S_{21}$-RNase 在内含子、第二外显子和 3′ 端有 7 个碱基的突变，同时在内含子区域还有个 561bp 片段的插入。这种 S-RNase 基因核苷酸序列的变化导致两个品种花柱的自交不亲和性功能丧失，然而花粉的特异性识别功能依然正常。

### （二）花粉功能变异导致梨自交亲和

金坠梨也是鸭梨的芽变品种，自花授粉结实率高达 76%。鸭梨花柱能够接受金坠梨花粉并受精结实，而金坠梨花柱却与鸭梨花粉杂交不亲和。在鉴定出鸭梨和金坠梨的 S 基因型同为 $S_{21}S_{34}$ 的基础上，克隆并比较分析了两品种花柱 S-RNase 基因 cDNA 全长序列，发现雌蕊 S-RNase 基因的核苷酸序列完全相同，表达量也无明显差异。因此，证实金坠梨和鸭梨的花柱功能相同，可能是花粉 S 基因发生突变，导致了金坠梨自交不亲和性功能的丧失，从而表现出自花授粉能够结实。

### （三）倍性变异导致梨自交亲和

#### 1. 大果黄花自交亲和机理

大果黄花是黄花的芽变品种。吴华清等（2007）通过对大果黄花和黄花的花朵、花梗、子房和花药大小的比较，发现大果黄花具有典型的多倍体性状（图 8-75）。染色体数目观察结果显示出大果黄花有 68 条染色体，而它的原始品种黄花（$S_1S_2$）含有正常的 34 条染色体（图 8-75），从而证实了大果黄花为黄花的四倍体芽变，其 S 基因型为 $S_1S_1S_2S_2$。进一步鉴定大果黄花自交后代的 S 基因型，发现每个后代均能扩增出不止一条的带型，未发现纯和的 S 基因带型存在。根据统计分析，后代中只存在 3 种基因型结果，$S_1S_1S_1S_2$、$S_1S_1S_2S_2$ 和 $S_1S_2S_2S_2$ 分离比例为 7：18：3≈1：4：1，这一结果说明只有异性二倍体花粉 $S_1S_2$ 才能克服自交不亲和性，而纯合二倍体花粉仍然表现正常的自交不亲和性。

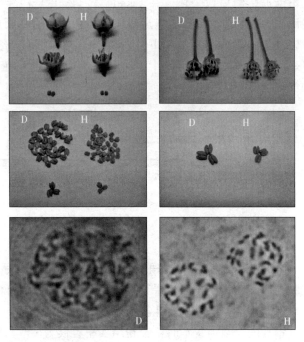

图 8-75　黄花梨（H）和大果黄花梨（D）花朵花药子房大小，以及染色体数目比较

#### 2. 沙 01 自交亲和机理
梨品种沙 01 由库尔勒香梨芽变而来。齐永杰等（2011）田间授粉试验表明，库尔勒香梨自花授粉结实率仅为 4.0%，为自交不亲和性品种；而沙 01 自花授粉的结实率高达 84.0%，表现出自交亲和性；相互授粉试验发现，库尔勒香梨×沙 01 组合的坐果率高达 76.0%，表现出杂交亲和性，但反交时坐果率仅为 7.0%，表现为杂交不亲和性。这些结果表明，沙 01 雌蕊功能正常，其表现出的自交亲和性归结于异常的花粉功能。进一步鉴定库尔勒香梨和沙 01 是基于 S-RNase 基因的 S-基因型，发现两者均由 $S_{22}$-RNase 和 $S_{28}$-RNase 基因组成；而且两品种的雌蕊 S-RNase 基因均特异性地在花柱中表达，表达量无明显差异，表明沙 01 和库尔勒香梨的雌蕊 S-RNase 基因具有相同的功能。PCR 检测沙 01 的 52 株自交后代 S 基因型（图 8-76），发现扩增产物具有 3 种不同的带型，统计得出 $S_{22}S_{22}S_{28}S_{28}$：$S_{22}S_{22}S_{22}S_{28}$：$S_{22}S_{28}S_{28}S_{28}$ ＝ 29：10：13≈4：1：1，符合四倍体自交后代的基因分离规律。这种结果也说明只有杂合（异源）二倍体花粉才能克服自交不亲和性完成受精。

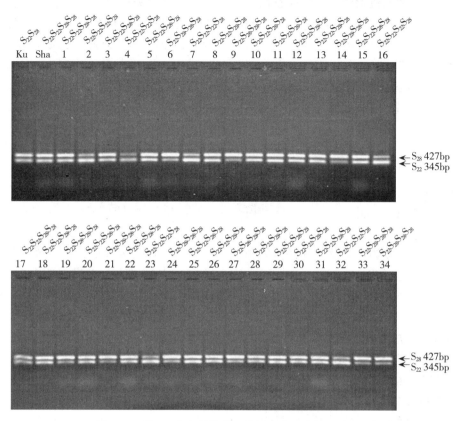

图 8-76　沙 01 自交后代的 S 基因产物琼脂糖电泳图

## 五、克服自交不亲和性的方法

**1. 蕾期或延迟授粉**　蕾期授粉一般在开花前 2～7d 进行，这个时期未成熟的花柱尚未合成能够抑制自花花粉萌发的物质，此时 S 基因产物在花柱中的表达极少或不表达，因而不具备开放花朵的自我识别能力，故不亲和花粉管能顺利生长和有效受精。乌云塔娜等（2006）对 5 个梨品种新星、新高、新世纪、长寿和翠冠进行蕾期自花授粉试验，不同品种的蕾期授粉坐果率在 18.2%～82.1%，均提高了供试品种的自花结实率。陈迪新等（2007）在不同花龄，对丰水和菊水 2 个梨品种进行自花授粉，发现蕾期授粉和延迟授粉都能显著提高它们自花授粉的坐果率。丰水和菊水的自花授粉坐果率开花当天分别为 6.1% 和 13.7%，花前 4d 分别为 25.2% 和 30.4%，而花后 4d 分别为 9.9% 和 18.9%。同时还观察了授粉后花粉管的生长状况，发现花前 4d 的蕾期授粉以及开花后 4d 的延迟授粉，花粉管长度显著较开花当天的长。由此可见，蕾期授粉能够在一定程度上克服自交不亲和，对一些特定品种效果显著。但蕾期过早授粉由于花柱发育不健全，也不能完成自花结实。同样，过晚授粉由于花柱 S 基因的蛋白表达趋于正常，能识别出自身花粉，故也不利于完成受精。所以在蕾期授粉时选择最佳的授粉时期是成功完成受精的关键。

**2. 蒙导和子房授粉法**　蒙导花粉法是一种十分有效地克服自交不亲和的方法，即用被杀死的亲和花粉与不亲和花粉的混合物授粉。蒙导花粉可以为不亲和花粉提供特定的识别物质，这种识别物质被认为是花粉壁蛋白，由此而克服自交不亲和。杀死亲和花粉的方法有很多种，如辐射、木醇处理、反复冷冻和解冻等。要注意的是杀死亲和花粉时，不能影响花粉壁中所容纳的蛋白质。

由于 S 基因产物通常仅分布在梨的花柱中，子房对花粉没有识别作用，因此可通过直接授粉克服自交不亲和。将花粉或萌发花粉做成悬浮液直接注入子房使之受精，这样就绕过了自交不亲和的障碍区。此外，离体传粉受精，即试管受精；即将花粉与未受精的胚珠放在特定的培养基上，使花粉萌发，完成受精。这种方法液排除了柱头和花柱对自交不亲和的阻碍作用。

**3. 化学方法**　李慧民等（2008）利用 6 种不同化学药剂对库尔勒香梨柱头进行处理。结果表明，化学药剂对克服库尔勒香梨自交不亲和性有一定效果。不同的化学药剂其效果差异为，氯化钠＋硼酸、鸭梨和砀山酥梨花粉浸提液处理效果较好，比对照（蒸馏水处理）差异极显著；而 GA、IBA、NAA 与对照（蒸馏水）处理相比差异不显著。不同化学药剂浓度的处理效果亦不同，以氯化钠 5％＋硼酸 0.3％、鸭梨和砀山酥梨花粉 1：10 处理效果最好。

**4. 转基因方法创造自交亲和性植株**　转基因方法创制自交亲和性品种具有可行性，通过转入额外的 S 基因培育果树的自交亲和品种，也可通过基因沉默的方式调节 S-RNase 的表达量而产生自交亲和现象。

**5. 常规杂交育种选育自交亲和品种**　通过已有的自交亲和突变梨品种开展杂交育种，筛选自交亲和的后代，如奥嘎二十世纪现已广泛应用于自花结实性品种的种质创新，日本已成功培育出自花结实性品种秋荣（$S_4^m S_5$）。齐永杰等（2011）通过梨 $S_4$ 和 $S_4^m$ 单元型结构域的差异，设计出 $S_4^m$-RNase 基因特异正反向引物，分别对自花结实性品种奥嘎二十世纪的杂交授粉后代基因组 DNA 的进行扩增，凡是能扩增得到 666 bp 特异条带的梨植株，表明该植株中含有 $S_4^m$-RNase 基因，就是自花结实性株系。目前共从奥嘎二十世纪苗期 108 株杂交后代中标记鉴定出 54 株自花结实的株系。

# 第四节　梨果实发育与成熟

## 一、坐果与落果

### (一) 坐果

梨树的花序为伞形花序，每个花序有 5~10 朵花；花序外围的花先开，中心花后开，先开的花坐果较好。梨花受精后，幼胚经 60~70d（鸭梨）或 80~90d（茌梨）发育为成熟胚，而受精的极核要经过 40~50d 的游离胚乳核时期才发育成胚乳细胞，其后胚乳逐渐被胚的发育所吸收而消失。胚和胚乳的发育是坐果的基础，如果其中途停止发育，则会造成落果。胚和胚乳的发育需要充足的碳水化合物、氮素、磷素、水分等，如果这些物质供应不足，则会引起胚、胚乳停止发育、中途死亡，继而影响坐果。梨花序坐果率一般为70％~80％，花朵坐果率为 20％~30％，每花序坐果 1~3 个。按 1 个花序坐果 3 个以上者为强、2 个为中、1 个为弱的标准，坐果率高的品种有华梨 2 号、丰水、二十世纪、菊水、今村秋、鸭梨、二宫白等，坐果率中等的品种有湘南、砀山酥梨、长十郎等，坐果率低的品种如苍溪梨、伏茄梨等。坐果率高的品种常出现大小年结果或隔年结果现象。坐果率低的品种，往往达不到丰产的要求。影响梨坐果的因素很多，除了与品种、授粉花粉量及授粉方式有关外，环境因子、激素、树体营养等因素也会影响梨的坐果。

**1. 坐果与环境因子的关系** 梨坐果与多种环境因子相关，如温度、水分、光照、风等都会影响其坐果率。

（1）坐果与温度的关系 梨的不同器官耐寒力不同，以花器官及幼果最不耐寒。梨不同种（或品种）耐寒力也有所不同，一般秋子梨的耐寒力较强，白梨、砂梨的耐寒力相对较弱。鸭梨花期受冻临界值分别是现蕾期 $-4.5℃$、花序分离期 $-3℃$、开花前 $1\sim2d$ 为 $-1.1\sim-1.6℃$、开花当天为 $-1.1℃$；开花后经 $1d$ 以上，其抗低温能力有所提高，为 $-1.5\sim-2℃$。西洋梨受冻的临界温度是：花蕾期为 $-2.2℃$，开花期为 $-1.9℃$，幼果期 $-1.7℃$。牠梨受冻的临界温度为：现蕾期 $-5℃$，花序分离期 $-3.5℃$，开花前 $1\sim2d$ 为 $1.5\sim2℃$，开花的当天为 $-1.5℃$。当温度低于受冻临界温度时，花器官受到寒、冻害，花瓣皱缩下垂，颜色变黄锈色，花柱干枯，子房心室变黑，花托变软，影响受精坐果。从整个花的各部分器官看，雌蕊最不耐寒。一般当温度低于 $10℃$ 时，开花就会迟缓，花粉管伸长也变迟缓，而花粉在 $4\sim5℃$ 时易受到伤害。因此，云贵山地栽培梨树，常受晚霜危害，江浙一带常因早春天气回暖之后骤然降温，而发生冻花芽现象。霜冻严重时，会因雌蕊、雄蕊和花托全部枯死脱落而严重影响坐果，造成绝收。此外，梨靠虫媒传粉，蜜蜂 $8℃$ 开始活动，其他昆虫则要 $15℃$ 以上；温度过低会影响这些虫媒的传粉活动，从而影响授粉、坐果。

另一方面，温度过高也会影响梨的坐果，当温度高于 $30℃$，就会妨碍受精。高温还会缩短花粉寿命，降低其活性，柱头易干燥，甚至干枯不利花粉附着和发芽生长；花粉在柱头上分化受到影响，使受精作用受到抑制，影响梨的坐果。此外，梨休眠期温度过高，会打破其休眠规律，影响花芽质量并提早开花时间，也会影响坐果。

（2）坐果与水分的关系 梨是需水较多的果树，特别是在开花坐果期，对水的反应特别敏感。梨进入花芽分化期时，需水量相对减少，如果此时水分过多，则引起新梢旺长，推迟花芽分化，导致花芽质量不好，影响开花数量与质量，继而影响坐果。长期阴雨天气，若同时伴有低温，不仅使花期推迟，不利花粉传播，花粉发芽率低，影响花粉管伸长；而且不利于昆虫授粉活动，影响受精坐果。同时，空气湿度高，适宜病虫生长，容易引起病虫为害，影响坐果。相反，水分供应不足，树体生长也会受阻，导致养分积累过少，影响花芽分化和果实发育，继而影响坐果。特别是在落花后，此时正值幼果形成、膨大期与新梢迅速伸长期，新梢、叶片、幼果等生长点多，是需水量最大的时期；也是对水分和养分要求最迫切、最敏感的时期。这个时期一旦水分供应不足导致水分胁迫，即会出现枝梢生长势减退、幼果发育迟缓及落果等现象，严重影响坐果。同时，空气相对湿度低，空气过于干燥也不利于授粉，影响受精坐果。因此，梨树坐果期应根据实际情况，适当进行排水或灌水，以保证授粉受精良好，提高坐果率。

（3）坐果与风的关系 微风、和风有利于梨的正常生长发育，开花期间一定速度的风对梨的自然传粉授粉有一定的影响，特别是在盛花期，均匀的较低风速对授粉有积极的作用。但是，风速过大，就会对梨坐果不利。风力过大会损伤花器官，甚至使花器官脱落，造成授粉困难，严重影响坐果。同时，风所带来的尘土，也会造成花柱受损或蒙蔽，影响梨花正常授粉受精的进行。因环境日益恶劣所引起的沙尘暴，会严重影响梨的坐果。梨树是抗风能力不强的树种，因此在成熟期极易因大风或台风而导致大量落果。

（4）坐果与光照的关系　光照充足时，梨树生长健壮，叶的光合能力强，同化产物积累得多，为花芽分化提供了物质基础，花芽发育好，坐果率高。反之，光照不足时，枝叶生长细弱，同化产物积累不足，花芽发育不良，花的生活力弱，授粉受精不良，坐果率低。梨是喜光果树，若光照不足，往往生长过旺，表现徒长，影响花芽分化和果实发育；若光照严重不足，生长会逐渐衰弱，甚至死亡，严重影响坐果。但光照过强，伴随高温，蒸腾过度，造成叶片、花瓣萎蔫，也不利于梨树生长，同样也会不利于坐果。同时，光照过强，会使柱头分泌的黏液加速干燥，不利于花粉的附着和萌发，不利受精坐果。

（5）坐果与其他环境因素的关系　梨对土壤的要求条件不高，但因梨的生理耐旱性较弱，故以土层深厚，土质疏松肥沃，透水和保水性能较好的砂质壤土最适宜其生长，也有利于其坐果。土壤理化性质恶劣，如土壤长期浸水造成缺氧、矿质营养的缺乏或过多等，也会导致花、果脱落，也不利梨的坐果。不同的地势，如山地、丘陵、平原、河滩等，会因形成的小气候的不同而影响梨的生长、花芽分化、开花、授粉受精等，从而影响坐果。大气污染带来的有害气体如乙烯、二氧化硫、氨、氯气、硫化氢、光气等，也会对果树起到毒害作用，造成器官的脱落。此外，植物病虫害也会直接或间接影响果实的脱落，有些真菌病害会导致乙烯大量产生，还有许多病原和昆虫能分泌出一些脱落物质，导致落果。

**2. 坐果与激素**　不同的植物激素对坐果的作用不同，生长素类、赤霉素类、细胞分裂素类都具有促进坐果的作用。细胞分裂素对坐果的作用是间接的，具有强烈延缓组织衰老的效应，当直接作用于离区时可延迟离层的形成，有助防止落果促坐果。脱落酸和乙烯会加速衰老进程，引起果实脱落，从而降低坐果率。

在影响坐果的几个重要时期，如花芽分化、开花、授粉受精等，植物体内激素的种类和水平对坐果影响深远。在花期使用适当浓度的 TDZ（N-苯基-N′-1,2,3-噻二唑）、乙烯利（ETH）、PBO、$PP_{333}$（多效唑）、N-（2-氯-4-吡啶基）-N′-苯基脲（CPPU）、萘乙酸钠等植物生长调节剂，能提高梨的坐果率。不同浓度的精胺对幸水、新雪坐果影响不大；而适宜浓度的精胺可促进长二十世纪坐果。植物生长调节剂的使用，还能推迟花期，对于避开不良天气，增加授粉受精概率，提高坐果有积极作用。

**3. 坐果与树体营养的关系**　落叶果树从萌芽开花到坐果，主要依赖于树体贮藏营养，待叶片完全形成，光合效能达到一定程度时，才能利用当年叶片的光合产物。因此，树体贮藏养分对翌年的生长和开花坐果的作用极为重要。树体的营养状态能充分满足果实、新梢对有机营养的供求，特别是贮藏营养和当年的同化养分及时供应，是提高坐果率的首要前提。树体贮藏营养水平高，贮藏养分多，枝叶能及时停止生长，转换期发生迟，转换快，有利于坐果。若树体贮藏营养水平低，就会出现营养供应的青黄不接，在新梢上形成一个小叶区，幼果脱落就多，对坐果不利。树体储藏养分不足使花粉发育不良、储藏性差，枝梢抽生迟、生长慢、量小，幼果发育受影响，落花落果严重，降低坐果率。

梨树成熟期较迟，树体恢复时间短，叶片的数量和功能决定着树体储藏养分的状况。光合面积大，叶幕形成早，光合效能高的叶幕，是提高贮藏营养水平的基础。

据研究，无机氮被根系吸收后很快在体内与有机物相结合，转化为氨态氮，此时如树体内碳水化合物含量高，则转化为氨基酸与蛋白质就多，对坐果有利；如果碳水化合物积累水平低，蛋白质合成受影响，氮素多呈酰胺状态，简单的有机氮流动性大，水分充足时就会造成枝叶徒长，影响坐果，并降低有机营养的积累水平。因此，维持中庸健壮的树势，提高树体有机营养的积累和贮藏水平，是梨坐果的营养基础。

树体营养状况，与上年贮藏营养相关，也与不同器官间的养分分配有关。梨枝条生长会间接影响梨的坐果，枝条生长与花芽分化之间密切相关，而花芽分化的情况直接关系到翌年的坐果情况。随着枝条的生长则叶片增加，叶面积加大，为花芽分化提供了制造营养物质的基础，因而有利于花芽分化。但枝条生长过旺或停止生长过晚，由于消耗营养物质过多，又会抑制花芽分化。树体枝条生长对花芽分化的促进或抑制作用，会间接影响梨的坐果。

梨树开花坐果期是消耗营养最多的时期，旺树营养物质主要供应树体生长，弱树本身营养不足，因而树体生长过旺或过弱都会造成营养不良而引起落果。因此，增加树体营养贮备，满足梨树萌芽、新梢生长、开花、授粉受精和坐果的养分需求，是保证梨树坐果的基础。

**4. 促进坐果的措施**

（1）加强栽培管理　提高坐果率要注意加强果园土、肥、水以及整形修剪和病虫害防治的综合管理，维持强壮稳定的树体生长势，提高树体营养水平，是保证花芽质量好，发育完善，完成授粉受精和幼胚、果实发育良好的基本条件和提高坐果率的根本措施。果实采收后注意追肥灌水和防治病虫害，使根系有较强的吸收能力，叶片有较强的光和效能，防止叶片早衰或早期脱落。加强树体管理，强旺树要降低树高，拉开层次，扩大角度，缓和树势，培育叶丛枝，回缩过长果枝，培养丰满结果枝组；衰弱树要加强水肥管理，增强树势，注重短截营养枝，培养结果枝组。后期注意控肥控水，防止过旺生长。调节春季营养的分配，均衡树势，防止枝叶旺长，必要时采用控梢措施，改善树体光照条件。

（2）加强花期管理　花期是梨树生产的关键时刻，为提高坐果率，应采用人工授粉、果园放蜂等辅助授粉，喷施0.1%～0.3%硼砂或适当浓度的植物生长调节剂等综合措施。梨为自交不亲和果树，因此果园应配置授粉树，授粉品种宜采集亲和性较强的品种。此外，加强花期的病虫害防治和土、肥、水管理，以保证授粉受精，提高坐果率。

（3）加强措施，抵抗不良环境　梨树花期、坐果期常遭受霜冻、大风和沙尘危害，严重影响坐果率，为提高坐果率，应采取措施以应对不良天气的危害。应对霜冻危害的措施主要有：一是加强管理，增强树势，提高树体本身的抵抗能力；二是进行春季浇水、涂白、喷施植物生长调节剂等延迟花期，避开霜冻期；三是进行人为预防，如进行果园熏烟。而对大风和沙尘的应对措施主要是建立防护林或进行适当的宽行密植并靠接。

（4）进行适当的疏花疏果　对花量大、结果多的年份，进行适度的疏花疏果，合理负载，可以减少树体营养消耗，提高来年的开花、坐果率。

## （二）落果

**1. 生理落果的表现**　梨经开花、授粉受精后坐果，但坐果数并不等于成熟的果实数，因为从坐果到果实成熟采收前还要经历几次生理坐果。果树从开花到果实成熟的发育过程中，由于非机械外力和病虫为害而造成的大量落果称为生理落果。梨树落花落果是一种正常的自疏现象，梨树一般有一次落花两次落果。第一个落果高峰发生在花后2周左右，子房稍见膨大后脱落，一般称为早期落果；第二个落果高峰发生在第一次落果后3～4周，幼果已经有手指肚大小时脱落，称为后期落果，此时已进入6月，所以又叫六月落果（张绍铃，2002）。幼果脱落的症状表现是：初始果面及果柄变色，逐渐加深为黄色，失去光泽、萎蔫，最后脱落。早期落果的果实往往种子都存在不同程度的发育不良，这主要是由于授粉受精不良引起的。某些梨品种如满天红、砀山酥梨、长十郎、明月、苍溪梨等，在果实成熟前还有一次落果，称为采前落果。生理落果是植物体生理上的原因使花柄形成离层而引起果实脱落，离层形成的位置：早期落果的离层是在花柄的基部形成，后期落果的离层是在花柄的顶端或者花托上形成的。采前落果是果实成熟前的一种衰老表现，随着果实的成熟，在果梗基部与结果枝之间形成离层。在离层形成过程中，表现出对乙烯的敏感性增加，呼吸增强，生长素供应缺乏，随之发生果实脱落。梨生理落果的程度因品种不同而有所差异，如果生理落果严重，会显著影响梨的产量。从梨树本身而言，生理落果是为了维持一定的树势，保证一定的产量，维持一定的生理机能，是一种自我调节的表现。

**2. 落果的原因** 造成梨树落果的原因是多方面的，主要包括自身和外界两大方面。

（1）自身原因 造成梨树落果的自身原因主要与授粉受精及种子发育状况、树体营养状况和内源激素作用等有关。

①授粉受精与种子发育不良 梨的第一、第二次落果主要是由于授粉受精不良造成的，而授粉受精情况又会影响种子的发育状况。梨幼果脱落，大多与种子发育不良有关，特别是与种子中胚的发育不良有关。种子数少或种子败育的果实比种子多而正常的果实易脱落，种子的发育状况如何对果实脱落影响深刻。梨花瓣变形、花粉少质量差、花柱弯曲、雌器官发育不良等，会造成授粉受精不良，从而影响种子的发育，最终导致落果。

②树体营养状况 树体贮藏养分不足，容易引起落果。梨树的贮藏营养是开花、长叶、坐果和新梢前期生长的基础。树体贮藏养分不足，影响花芽分化，导致当年花器官发育不良或花粉及胚囊败育，即使有授粉树，也会因授粉受精不良而落花落果。而且到梨幼果期，贮藏养分大部分已消耗，以后主要靠新叶制造的同化养分。在养分转换期中，贮藏营养丰富，则转换快，生长顺利，落果少；如果贮藏养分不足，会使养分转换期拖长，导致胚发育终止，造成生理落果。可见，树体贮藏养分不足会引起落果。对同化养分的竞争，也会引起落果。落果的多少通常还取决于果实彼此之间以及营养器官与果实之间对有限养分供应的竞争，其实质就是器官间库力强弱的较量。从库源关系看，坐果潜势取决于源的大小，库与库之间的竞争分配和器官间库力强弱的差异。树体营养生长过旺，新梢生长旺盛且数量多或枝梢停止生长晚，特别是果台副梢生长过旺，常加剧梢果争夺养分的矛盾，会导致严重落果。另一方面，若树体营养生长弱，枝叶生长不良，特别是叶片少、质量差，光合效能低，则制造的同化物少，营养生长与果实生长之间竞争的底物不足，果实会因营养供给不足而脱落。可见，梨树营养生长过旺或过弱，都会导致落果。

③内源激素 种子中内源激素的产生和消长，与生理落果密切相关。各种激素间相互

作用，共同调控果实的脱落。受精后，不能及时产生内源激素的果实容易脱落。生长素可以抑制果实脱落，梨花粉中含有生长素，正常受精后子房内的生长素含量急剧增加。若授粉受精不良，则生长素不能产生或产生量不足，抑制落果的效果降低，则容易落果。赤霉素也具有延缓脱落的效果，缺乏赤霉素同样也容易引起落果。细胞分裂素对果实脱落的作用是间接的，它能促进蛋白质合成和养分的调运，防止器官衰老，间接减少脱落。乙烯能促进果实脱落，它能加速果实的衰老和成熟，促进采前落果。乙烯对脱落的作用有主动和被动两种。主动作用是指在乙烯生成和供应增大时，乙烯的直接作用即引起老化或脱落。被动作用是指随着组织老化，衰老的要素增加，此时如果有一定量的乙烯存在，则其影响就会增加，从而促进脱落。脱落酸也能促进落果，它不仅可以刺激乙烯的合成，还能增加组织对乙烯的敏感性。脱落酸与乙烯均能促进水解酶、纤维素酶、果胶酶的合成与活化，加速离区细胞的解体，从而促进果实脱落。值得注意的是，各种激素的作用不是彼此孤立的，它们间的协调和平衡是左右落果的主导因素。

（2）外界因素　影响梨落果的外界因素主要是光照、温度、水分等环境因素和人为的管理等，这些因素通过影响梨树内部生理变化，从而调控落果。

①光照　光照直接影响光合作用和碳水化合物的合成，光照不足是造成生理落果的原因之一。南方梨挂果期会遇上梅雨季节，连续阴雨，影响光合作用，会造成落果。密植密度过大或树冠内通风透光不良，内膛光照不足，也会造成生理落果。

②温度　温度除影响离区代谢外，一般不发生直接作用，而是通过某些中间因子，如损伤、限制养分运输、影响光合和呼吸作用而对脱落发生作用。温度对梨落果的影响与其对生理过程的影响相同，当超出要求范围时会加速脱落。北方梨花期、幼果期会经历低温，温度过低会影响授粉受精或直接作用于幼果而导致落果。南方梨成熟过程可能进入夏季，高温也会引起异常落果。

③水分　梨从坐果至成熟的过程中，对水分的要求比较多，特别是果实膨大期。若期间不能满足其对水分的要求，果实生长不良，不仅会影响品质，有时甚至会导致落果，干旱会引起梨的采前落果。水分还会影响激素代谢，当植株受水分胁迫时，游离 IAA 含量和 CTK 活性下降，乙烯释放，ABA 积累，会促进落果。土壤水分过多而温度较高时，常使肥效发挥过猛，引起植株徒长造成落果。而果园积水、土壤通气不良、氧气不足，可使根部的呼吸和吸收作用受阻而引起落果。空气湿度过大，容易滋生病菌，会导致病虫为害严重而落果。所以，水分供应不当，是造成梨落果的重要原因之一。

④土壤　土壤理化性质不佳，会影响根系功能、营养吸收困难而导致落果。土壤中矿质元素缺乏或过多，均能导致落果。

⑤不良气象因子　霜冻、台风、暴雨、冰雹、沙尘暴等不良的气象因子，往往会导致梨大量异常落果。

⑥病虫为害　造成叶片残缺影响光合作用、影响树体正常生理生化或直接作用于果实等，也会引起梨的落果。

⑦栽培管理不当　土、水、肥管理或上一年度花果管理不当，消耗大量营养，使树体削弱、贮藏营养不够；果园清理和病虫害防治工作不到位，造成病虫害严重；管理不当造成早期落叶引起"二次开花"等一系列栽培管理上的不当，都会导致落果。

**3. 防止落果的措施**　梨的大量落花落果，不仅造成营养的大量浪费，还会严重影响梨的产量，因此生产上要采取措施防止过多落果。

（1）改善树体营养 改善树体营养是减少梨过多落果的物质基础，这应从两方面着手，即加强土、肥、水管理和树体管理及保护。加强土肥水管理，改土施肥、多施有机肥，生理落果前进行合理追肥；合理灌排水，养根保叶；种植绿肥改良土壤理化性质，提高土壤肥力；及时有效地进行病虫害防治，健壮树体，增加树体的贮备营养。树体营养得到改善后，则可以提高花芽质量，促进花器官发育完全，有利授粉受精减少落果。特别是由于营养不足而引起的六月落果，如能分期追肥、合理灌水，则可明显地减少落果。

树体加强管理及保护方面则应合理修剪，以调整果树生长和结实的关系，保持适当的枝果比，改善树冠的通风透光条件，并适当控制营养生长，以节省和增加营养物质用于结果。生长期进行修剪，采用疏枝、扭枝和别枝等方法改善树体通风透光条件，控制枝条旺长，使同化养分能集中供应花芽分化和果实生长。冬季修剪调节营养枝和结果枝比例，花果较多的年份，花期进行疏花，每花序保留 2～3 朵花；坐果后及时疏果，每果台留 1～2 个果，控制负载量，避免浪费养分，减少落果。

（2）创造授粉的良好条件 梨树的前期落果，授粉受精不良是主要原因之一。因此，创造良好的授粉条件，是提高梨坐果率，减少落果的有效措施之一。首先应当配置适当的授粉树，其次是果园放蜂和人工辅助授粉。授粉品种应注意选择花粉量大、与主栽品种亲和力良好，并与主栽品种花期相遇，以提前 1～2d 为宜。在授粉树不足或缺乏适当的授粉树时，可高接花枝；若授粉树当年开花太少，可在开花前采剪授粉品种的花枝插在罐中挂在树上，或震动花枝散粉，以帮助授粉。盛花期遇阴雨、低温、干热、风沙、霜冻等不良天气，或花期受到伤害，都会明显影响授粉，因此可以进行果园放蜂和人工辅助授粉。人工辅助授粉有人工点授、鸡毛掸子滚授、喷粉或喷液授粉等几种方法，可以根据需要和实际情况选择合适的方法。

（3）激素、生长调节剂和矿质元素的利用 梨的落果与激素密切相关，因此可以从激素的角度进行调控。梨果采收前一个月对树冠喷施 10～30mg/L 的 2,4-D、50～200mg/L 的 $GA_3$ 和 10～40mg/L 的 NAA 溶液，可显著减少梨的采前落果；另外，喷施磷酸二氢钾也可减少采前落果。花期喷 0.2% 的硼砂或醋精 1 000 倍液，既可以防止落花，又可以减轻花后幼果脱落。

（4）其他措施 梨果套袋可减轻采前落果，适时采果、营造防护林等增强对不良气象的预防能力，也可减少梨的落果。

## 二、果实发育动态

### （一）果实的生长发育模型

果实的生长发育模型可用果实生长曲线来描绘，它以果实体积，或纵、横直径或鲜重的增大为纵坐标，以时间为横坐标绘制的曲线来表示。果实的生长曲线有两种类型，一种是单 S 型，另一种是双 S 型（图 8-77）。

梨果实的生长发育模型属于单 S 曲线型，它生长的全过程可分为 3 个时期：

（1）果实迅速膨大期 此期从子房开始膨大至出现胚为止。胚乳细胞大量增殖，占据

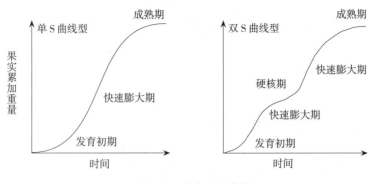

图 8-77　果实生长曲线

种皮内绝大部分空间。花托及果心细胞迅速分裂，果实迅速增大。纵径比横径增大快，故幼果多呈椭圆形。

（2）果实缓慢增大期　此期自胚出现至胚发育充实止。胚迅速发育增大，并吸收胚乳而逐渐占据种皮内全部胚乳的空间。花托及果心增大较慢。果肉中的石细胞团开始发生，并达到固有的数量和大小。

（3）果实迅速增大期　此期自胚发育充实至果实成熟止。由于果肉细胞体积和细胞间隙容积的增大，果实的体积和重量迅速增加，这时种子的体积增大很少，甚至不再增大，只是种皮由白色变为褐色，进入种子成熟期。

## （二）果实细胞分裂和膨大

梨果实的生长分为两个主要时期：细胞分裂期和细胞膨大期。这两个时期都伴随着果实内细胞间隙空间的增大，共同决定着果实的生长速度。在生长开始时，细胞分裂占主导地位；从花后 50d 开始，细胞膨大在整个果实的增大中占最重要的位置。

细胞数量的多少是果实增大的基础，而细胞数量的多少及细胞分裂时期的长短与分裂速度有关。果实细胞分裂期开始于花原体形成后，到开花时暂时停止，花后持续 1 个月左右，但分裂较为缓慢。在花芽分化发育期，应供足养分，以促进细胞分裂，增加果实的细胞数目，为增大果个奠定基础。

随着果实细胞的旺盛分裂，细胞体积也开始膨大，从细胞开始分裂到果实成熟时，细胞体积可增大几十倍、数百倍甚至上万倍。细胞的数目和体积是决定果实大小和重量的两大重要因素。当细胞数目一定时，果实大小主要取决于细胞体积的增大，而细胞体积的增大主要是碳水化合物绝对含量的增长及细胞内水分的增多。在果实的发育期间，充足的碳水化合物积累和水分供应将有利于果实膨大。

此外，梨果实生长发育还表现出昼缩夜胀的起伏变化。在黎明的时候，梨果开始缩小，至 12 时降至最低值，然后恢复增长，15～16 时完全恢复。如果土壤干旱，则延长至 18 时才能恢复。果实就是靠每昼夜的净胀值实现累加生长量的。

## （三）影响果实发育的主要因子

影响果实发育的因素很多，凡是影响果实细胞生命活动的内外因素，都会促进或抑制果实生长。

**1. 种子的数量和分布**　梨果实的生长发育对种子的依赖性很强，在不授粉受精或授粉受精不正常的情况下，由于不能形成种子或部分种子败育而导致果实发育异常，引起落果或果实畸形。这是因为种子合成的激素类物质能促进果实生长发育，如在梨幼果发育过程中，种子内赤霉素和生长素含量随种子发育而增加，至种子成熟后赤霉素和生长素含量下降。因此，种子的多少和分布将会影响到果实的正常生长发育。在生产上，外用植物生长调节物质处理能起到与种子相似的作用。

**2. 贮藏养分和叶果比**　梨果实的坐果、幼果生长前期需要的营养物质主要依赖于树体内上年贮存的养分。养分不足时，子房和幼果的细胞分裂速率及持续时间都会受影响。因而限制果实的进一步发育。果实发育的中后期是体积增大和重量形成的重要时期，这时的叶果比起着重要作用。据研究，当叶果比值较小时，为每个果实提供营养的叶片少，果实营养供应不足，果实难以增大，果实品质也较差。

**3. 温度**　梨因种类品种、原产地不同，对温度的要求差异很大，其分布范围也有所不同（表8-13）。

表 8-13　梨主产区的气温

| | 种类 | 年平均气温（℃） | 1月平均气温（℃） | 7月平均气温（℃） | 生长季节（4～10月）（℃） | 休眠期（11月至翌年3月）（℃） | 无霜期（d） | 临界温度（℃） |
|---|---|---|---|---|---|---|---|---|
| 中国 | 秋子梨 | 4～12 | −5～−15 | 22～26 | 14.7～18.9 | −4.9～−13.3 | 150以上 | −30 |
| | 白梨及西洋梨 | 10～15 | −8～0 | 23～30 | 18.1～22.2 | −2.0～−3.5 | 200以上 | −23～−25及−20 |
| | 砂梨 | 15～21.8 | 0.8 | 26～30 | 15.8～26.3 | 5～17 | 250～300以上 | −23以上 |
| 日本 | 砂梨 | 12～15 | — | — | 19～20 | — | | −20 |
| | 西洋梨 | 10.3～10.7 | 1.5～1.6 | 22.2～23.0 | 16.8～17.3 | 0.9～1.6 | | |

梨果实发育期间，不适宜的温度将影响梨的产量。梨受冻的临界温度因品种不同而有所变化，各器官的耐寒力也不同，花器官及幼果最不耐寒。初春时期乍暖还寒，易发生冻花芽、落花落果现象，如云贵、江浙等地。花期天气晴朗，气温较高，梨花的授粉、受精较好；相反，一旦气温过高，超过适宜温度，树体失水，传粉媒介活动较少，授粉受精不良，从而影响产量。在坐果期温度的升高也会降低花朵坐果率。气温变化幅度较大，也会造成梨的落花落果。

温度对梨的品质也有影响，原产冷凉干燥地区的鸭梨引入高温多湿地区栽培，果形变小，风味变淡。此外，在昼夜温差较大的地区，如北京、新疆、山西、甘肃等所产砀山酥梨，果实品质优良、耐贮运能力强、果肉爽脆甘甜、石细胞少，品质较原产地好。此外，在坐果期，温度的升高还会影响到果实脱萼率，造成果实品质显著下降。

**4. 雨量及湿度**　梨的生长发育需要充足的水分，但水分过大亦影响生长，因为梨根系生长需要一定的氧气。土壤空气含氧量低于5%时，根系生长不良；降至2%以下时，则抑制根系生长；土壤空隙充满水时，根系进行无氧呼吸，会引起植株死亡。梨对雨量的要求和耐湿程度，因种类、品种而异。秋子梨耐湿性差，多分布在年降水量400～500mm

以内的地区；白梨分布区年降水量在400～860mm；砂梨耐湿性强，多分布于年降水量1 000mm以上地区。西洋梨也不耐湿，在南方高温多湿地区栽培生长不良，病害严重或趋于徒长，不易结果。

雨量及湿度对果实皮色影响较大，在多雨高湿气候下形成的果实，果皮气孔的角质层往往破裂，果点较大，果面粗糙，缺乏该品种固有的光洁色泽，以绿色品种如二十世纪、菊水、祇园、太白等表现明显。4～6月新梢生长和幼果发育期间，若雨水过多，湿度过高，病害必然严重。

**5. 日照和风** 梨是喜光果树，光强在30 000～50 000lx时，梨光合作用强度较大；梨光合作用强度较大；若光照不足往往生长旺而不实，表现徒长，影响花芽分化和果实发育；若光照严重不足，生长会衰弱，甚至死亡。但光照过强亦不相宜，超过100 000lx时，光合作用趋向减弱。

风能增加蒸腾作用，使叶内水分减少，从而影响光合作用的正常进行。无风时叶的水分含量最高，同化量最大。但若果园长期处于无风状态，空气不能对流，二氧化碳必然过高，恶化环境，同化量也会下降。强风会影响昆虫传粉，使梨的枝叶发生机械损伤，甚至倒伏。因此，适于梨树生长发育的以微风（0.5～1m/s）为好。

**6. 无机营养和水分** 矿物元素在果实中的含量不到1%，但对果实生长发育及营养品质形成有重要影响。磷有促进细胞分裂和增大的作用；钾对果实的增大和果肉干重的增加有促进作用；氮对钾的效应有促进作用；钙与果实细胞结构的稳定性和降低生理代谢有关，缺钙会引起果实生理病害，一般果实生长后期易出现缺钙生理病害。果实中80%～90%是水分，水分又是一切生理活动的基础，因此缺水干旱将严重影响果实的膨大。但果实发育后期，为了提高品质，水分不可过多。

## 三、果实成熟

### (一) 果实成熟期的确定

果实成熟期的确定主要依据品种特性、果实成熟度和用途以及气候条件，并适当照顾市场供应及劳力调配而定。秋子梨及西洋梨的果实，需经后熟方可食用，需于成熟前数日，即果实大小趋于固定、果面已经转色、果梗易自果台脱离即可提前采收。采收后，宜选冷凉、半暗、干湿适中、温度变化不大的场所进行后熟，手触之有柔软感，且有芳香气味，即为完熟象征。如不及时采收，让其在树上成熟，则果肉松软或发绵，失去固有风味，甚至引起果心腐败，影响品质，且更不耐贮藏。白梨和砂梨的果实，采后即可食用，一般果面变色呈现该品种固有色泽，果肉由硬变脆，果梗易与果台脱离，种皮变为褐色，即可采收。国内近年新选育的部分品种，既有早熟性状，又有自然采收期长的特点，可降低果农的种植风险，如华梨1号、华梨2号、翠冠、新梨7号等，对于这些品种则可根据市场需要适时安排采收。

供鲜食用的果实可在接近充分成熟时采收。用作贮藏的，应成熟适度时采收。用作加工的，需考虑加工品的特殊要求，如制梨干和梨酒、梨膏的需充分成熟时采收，而制罐用的可在接近充分成熟时采收，以保证果实的硬度，不同品种果实有不同的硬度（表8-14）。

表 8-14 果实硬度与糖酸含量

| 品种 | 果实硬度 (kg/cm²) | 可溶性固形物含量（%） | 总酸量（%） | 品种 | 果实硬度 (kg/cm²) | 可溶性固形物含量（%） | 总酸量（%） |
|---|---|---|---|---|---|---|---|
| 鸭梨 | 5.5 | ≥10.0 | ≥0.16 | 长把梨 | 9.0 | ≥10.5 | ≥0.35 |
| 酥梨 | 5.5 | ≥11.0 | ≥0.16 | 秋白梨 | 12.0 | ≥11.2 | ≥0.20 |
| 茌梨 | 9.0 | ≥11.0 | ≥0.10 | 早酥 | 7.8 | ≥11.0 | ≥0.24 |
| 雪花梨 | 9.0 | ≥11.0 | ≥0.12 | 新世纪 | 7 | ≥11.5 | ≥0.16 |
| 香水梨 | 7.5 | ≥12.0 | ≥0.25 | 库尔勒香梨 | 7.5 | ≥11.5 | ≥0.10 |

梨果采收期均在夏、秋时节，南方此时常遇高温干旱。在高温、干燥、强日照条件下采收的果实，梨果本身温度高，呼吸旺，极不耐贮运。故南方果区采收以在清晨较为冷凉时或阴天采收为宜，采后应尽快分级，分级标准见表 8-15。然后包装冷藏，南方梨贮运适温为 1～7℃，生产上大都采用 3～5℃。

表 8-15 果实大小（果实横切面最大直径）的分级（单位：mm）

| 分类 | 优等品 | 一等品 | 二等品 |
|---|---|---|---|
| 特大果 | ≥75 | ≥70 | ≥65 |
| 大果 | ≥70 | ≥65 | ≥60 |
| 中果 | ≥65 | ≥60 | ≥55 |

### （二）果实成熟的调节

梨果实成熟的调节常见的是使用梨果灵促进其提早成熟。梨果灵主要由赤霉素组成，对梨果实生长发育可产生明显作用，尤以促进果实增大、提早成熟的效果显著。但是，在南方多湿地区应用生长调节剂有果柄畸形现象发生，生产上应谨慎使用。

# 第五节 梨果实品质形成的生理及分子基础

## 一、糖

### （一）糖类物质的种类与积累特点

糖是果实其他品质特征成分和风味物质如有机酸、花色素和芳香物质等合成的前体，是联系植物初级代谢和次级代谢的关键物质；同时，糖也具有多种多样的生物学功能，如为果实的细胞膨大提供渗透推动力，以及作为信号分子与激素等信号连成网络，通过复杂的信号转导机制调节果实生长发育与基因表达等。蔷薇科植物果实中积累的糖分主要为蔗糖、果糖、葡萄糖和山梨醇 4 种糖。梨果实中含有种类丰富的糖类物质，高海燕等（2004）研究得出白梨品种果汁中含有木糖、果糖、葡萄糖、蔗糖、棉子糖及水苏糖，其中，果糖和葡萄糖为主要的可溶性糖，约占总糖含量的 97.5%，其次是蔗糖，木糖、棉子糖和水苏糖含量很低。

不同栽培种和品种梨果实中积累的糖分种类存在差异。亚洲梨果实中总糖的含量高于欧洲梨。Chen 等（2007）研究了 8 个不同栽培品种梨果实的化学成分得出，果糖是主要糖类物质，其次是葡萄糖和蔗糖。早生新水和翠冠成熟果实以果糖和蔗糖为主，葡萄糖含量最低。姚改芳等（2010）对分属不同栽培种的 98 个梨品种果实的可溶性糖组分及含量进行分析得出，98 个品种梨果实中总糖含量差别很大；新疆梨和西洋梨总糖含量最高，其次是秋子梨，白梨和砂梨含量最低；不同栽培种梨果实的糖分组成中，果糖含量均最高，其他 3 种可溶性糖含量在不同栽培种中存在较大的差异；白梨和新疆梨中葡萄糖、山梨醇含量接近，蔗糖含量最低，西洋梨和秋子梨葡萄糖和蔗糖含量接近，但西洋梨中山梨醇含量较高，而秋子梨山梨醇含量较低，砂梨中蔗糖和山梨醇含量接近，葡萄糖含量最低（表 8-16）。

采用主成分分析将白梨划分为高葡萄糖和高山梨醇区域，砂梨分布在高蔗糖和高山梨醇区域，西洋梨分布在高果糖和高山梨醇区域，秋子梨分布在高葡萄糖和高蔗糖区域，新疆梨分布在高果糖和高葡萄糖区域（图 8-78）。

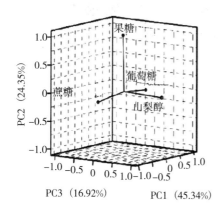 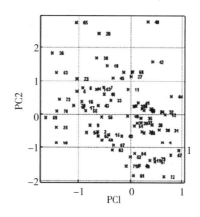

图 8-78　糖组分的主成分分析和 98 个梨品种糖组分主成分值散点图（姚改芳等，2010）
1～28. 白梨品种　29～48. 西洋梨品种　49～53. 新疆梨品种
54～73. 秋子梨品种　74～98. 砂梨品种

早在 20 世纪 70 年代，Yamaki 等就已开展了梨果实糖分积累的相关研究（Yamaki 等，1979），丰水在果实发育的细胞分裂期和果实膨大前期，山梨醇为主要积累糖类，占总糖的 80％以上，而蔗糖、果糖和葡萄糖含量很少；随着果实的不断膨大，到 8 月初葡萄糖和果糖的含量达到总糖的 15％和 40％；山梨醇含量在果实发育的果实膨大期快速下降，在果实快速膨大后期与成熟及过熟期果实中的山梨醇含量保持平稳，成熟果实中山梨醇含量为总糖的 20％左右。蔗糖从果实快速膨大后期开始积累，到成熟期开始占总糖含量的 30％。

表 8-16　不同栽培种梨果实可溶性糖组分及含量

| 栽培种 | 果糖<br>(mg/g, FW) | 葡萄糖<br>(mg/g, FW) | 山梨醇<br>(mg/g, FW) | 蔗糖<br>(mg/g, FW) | 总糖<br>(mg/g, FW) | 甜度值 |
|---|---|---|---|---|---|---|
| 新疆梨 | 69.56±8.45a | 20.62±7.80a | 18.47±7.04ab | 14.49±12.24ab | 123.14±9.53a | 158.04±7.13a |
| 西洋梨 | 63.39±7.87a | 15.18±5.63b | 23.92±8.28a | 14.52±9.21ab | 117.01±18.36a | 145.64±18.24b |
| 秋子梨 | 51.33±14.87b | 21.28±9.00a | 15.71±9.00b | 22.49±16.58a | 110.80±20.28ab | 133.49±25.55b |
| 白梨 | 50.54±11.40b | 22.56±7.29a | 21.73±8.40a | 11.18±10.53b | 103.88±14.60b | 121.90±19.30c |
| 砂梨 | 37.50±6.36c | 12.25±4.05b | 20.88±6.35a | 20.18±15.26a | 90.79±12.17c | 102.72±10.79d |

相关显著水平：小写字母表示 $P<0.05$　Significant at $P<0.05$。

苹果梨果实糖分的积累特点表现为果实发育前期以山梨糖醇积累为主，8月中下旬迅速积累达到最高峰，然后下降，采收时含量较少；果糖自7月中旬开始迅速增加，采收时含量最高；葡萄糖和蔗糖在整个生长期间含量较微；9月初之前果实中主要以山梨糖醇为主，之后果实中主要以果糖为主。翠冠、丰水、金水1号、金水2号4个砂梨品种果实中果糖和葡萄糖的变化动态基本相同，果实发育中期开始升高，早熟品种成熟前有一较平缓的时期，而中熟品种成熟前则有一个下降过程，但成熟期的含量比较接近；蔗糖含量在成熟前才开始大幅上升，翠冠和玉冠在果实成熟期和采收期主要以积累果糖为主，其次是葡萄糖和山梨醇，蔗糖含量最低，但蔗糖含量都呈上升变化规律。鸭梨与爱甘水在果实发育早期，几乎没有蔗糖的积累，果糖和葡萄糖含量也相对较低，山梨醇含量相对较高；随着果实的发育，己糖（葡萄糖＋果糖）增加显著，尤其鸭梨一直持续到果实成熟，成为主要的可溶性糖。进入果实快速膨大期，是蔗糖积累的主要时期，此阶段爱甘水蔗糖的积累量显著增加，鸭梨果实中蔗糖的增加幅度不大（图8-79）。南果梨幼果期果实中的糖以山梨醇为主；成熟果实中的糖以果糖为主；果实发育前期及中期不含蔗糖，仅在成熟前期出现蔗糖，并且含量一直呈上升趋势，在采收时达到最高峰。早熟品种葫芦梨和七月酥、中熟品种鸭梨在果实生长发育早期和中期几乎没有蔗糖，只是在成熟前的短期内才完成积累；在整个果实发育过程中主要以还原糖积累为主。黄金梨在果实成熟期，果实内可溶性总糖、蔗糖、葡萄糖和果糖含量呈上升趋势，不断积累。

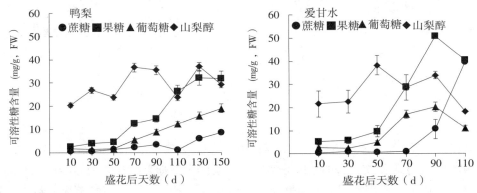

图8-79 鸭梨、爱甘水果实发育过程中不同可溶性糖含量的动态变化特点

## （二）糖在果实中的卸载和转运

植物叶片产生的光合运转糖需经短距离运输到韧皮部并装载入韧皮部，经筛管长距离运输后从韧皮部卸出；最后运输进入果实代谢和贮藏。库细胞中韧皮部运输效率，糖代谢酶的种类与活力和糖的跨膜运输能力等因素决定了果实糖分的积累。梨叶片的光合产物是以山梨醇为主要形态，并通过韧皮部运输进入果实代谢与积累（图8-80）。果实中光合运转糖的卸载途径有共质体途径、质外体途径以及两者皆有。不同果实光合运转糖的卸载途径存在差异，如柑橘、番茄果实生长发育前期蔗糖的卸载为共质体途径，果实生长后期则转为质外体途径；苹果果实为质外体途径；胡桃果实种皮中蔗糖的卸载通过共质体途径，而果皮的蔗糖卸载依靠质外体途径；葡萄果实开始成熟时果实内蔗糖的卸载途径由共质体转变为质外体途径。张虎平和张绍铃（未发表）采用CFDA荧光示踪技术研究显示梨果

实发育过程中同化物卸载区韧皮部筛分子-伴胞复合体与周围薄壁细胞之间存在共质体隔离，筛分子与薄壁细胞之间的胞间连丝密度低，且存在断裂现象（图 8-81）。CFDA 引入梨果实 72h 后，通过荧光显微镜观察到 CFDA 被限制在维管束韧皮部，而没有卸出到周围薄壁组织中。揭示了梨果实中光合同化物卸载的主要途径为质外体途径。

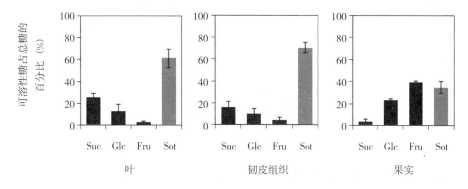

图 8-80　梨不同部位组织中可溶性糖占总糖的百分比（％）
Suc. 蔗糖　Glc. 葡萄糖　Fru. 果糖　Sot. 山梨醇

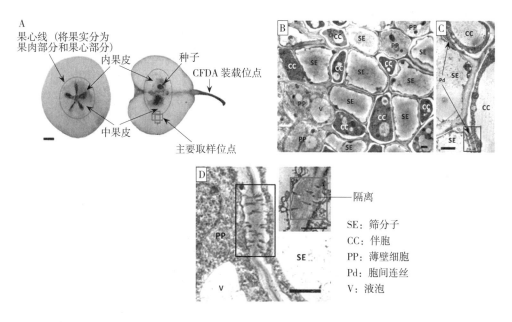

图 8-81　梨果实维管束韧皮部 SE-CC 复合体与周围薄壁细胞存在共质体隔离
A. 示 CFDA 标记和取样点　B、C、D. 示胞间连丝发生情况

　　经卸载进入果实细胞的光合运转糖可能以蔗糖的形式直接进入液泡，进入液泡后或是被液泡酸性转化酶分解为果糖和葡萄糖或仍以蔗糖形式贮存；经细胞壁转化酶分解所产生的果糖和葡萄糖可能再合成或不合成蔗糖直接跨液泡膜在液泡中积累。光合运转糖卸载后的跨膜转运依赖于蔗糖转运蛋白、己糖转运蛋白和山梨醇转运蛋白等。蔗糖转运蛋白（sucrose transporters，SUTs），又称蔗糖-H⁺共转运蛋白（sucrose/H⁺ co-transporters，SUCs），是一类具有蔗糖转运活性的蔗糖载体，广泛存在于高等植物的组织和细胞中介导蔗

糖的跨膜运输。张虎平和张绍铃利用 RT-PCR 和 RACE 技术克隆得到 1 个梨果实蔗糖转运蛋白基因（$PySUT1$），$PySUT1$ 的相对表达水平在爱甘水中普遍高于鸭梨，而在果实发育的中后期存在表达差异，与二者蔗糖积累模式的差异性相一致。梨叶片中的光合运转糖经质外体途径从韧皮部中卸载到果实中，再进行分配与代谢积累。伍涛和张绍铃采用 $^{14}CO_2$ 示踪技术研究表明，梨叶片中的光合产物运出进入果实后先分配到种子和果心，随后在果实胴部、果实顶部和果实基部果肉中积累，且丰水的光合产物运转比鸭梨迅速（图 8-82）。

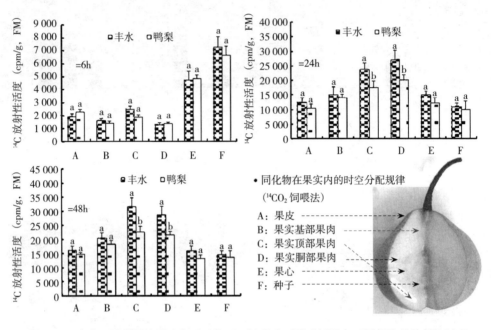

图 8-82 丰水、鸭梨果实膨大期叶片 $^{14}CO_2$ 饲喂后不同时间果实不同部位的放射性活度

## （三）糖与梨果实品质的关系

果实中糖的组成是衡量果实风味品质的重要指标，也是维生素、色素及芳香物质等合成的基础原料；糖的组分和含量存在差异，在很大程度上影响不同果品风味的形成。果实中各种糖的甜度不同，如以蔗糖为标准值 100，则果糖为 130，葡萄糖为 70，而山梨醇为 60。梨果实的不同糖组分中，甜度值与葡萄糖、果糖呈极显著相关性。山梨醇虽与总糖呈极显著正相关，但与甜度值的相关性很弱，反应山梨醇在总糖中所占的比例大，但在甜度值中的贡献率小（姚改芳等，2010）。不同糖酸组分具有不同的味感阈值，决定了其对果实甜味或酸味影响程度的大小不同，味感值（taste value，TV）＝糖或酸组分含量/糖或酸组分的味感阈值（Róth 等，2007），TV＞1 的成分能够对果实甜味或酸味产生影响。果实进入成熟期可溶性糖组分的味感值与该可溶性糖占总糖的比例存在对应关系。不论高蔗糖类型或低蔗糖类型品种，果糖的味感值最大，是决定果实最终甜度的主要糖分；而蔗糖因在不同类型的果实间其味感值变化较大，是影响果实风味的主要糖分。鸭梨和爱甘水果实甜味的主要味感物质均为果糖，其中，爱甘水在盛花后 90d 之后，随着蔗糖的快速积累，蔗糖的味感值明显增大，达到 5.79，对果实甜味的影响仅次于果糖，而葡萄糖和山梨醇因味感值小对果实风味影响较小；相反，在鸭梨中蔗糖的味感值最小，山梨醇的味感

值仅次于果糖。相比较，爱甘水在盛花后100d时味感值最大＞16，而鸭梨随着采收期的推迟其为味感值增加，在盛花后160d时味感值最大＞14。而且，爱甘水在盛花后90d时的味感值和鸭梨盛花后160d时味感值接近，爱甘水盛花后90d之后蔗糖的快速积累是导致其与鸭梨风味差异的一个重要原因（表8-17）。

表8-17　不同类型糖的味感值

| 味感成分 | | 味感阈值（mg/g） | 味感值（TV）[a] | | | | | |
|---|---|---|---|---|---|---|---|---|
| | | | 爱甘水 | | | 鸭梨 | | |
| | | | 90DAFB[b] | 100DAFB | 110DAFB | 140DAFB | 150DAFB | 160DAFB |
| 蔗糖 | Sucrose | 6.840 | 1.56±0.09 | 4.29±0.89 | 5.79±0.60 | 1.27±0.01 | 1.23±0.31 | 1.62±0.12 |
| 葡萄糖 | Glucose | 11.030 | 1.85±0.07 | 1.26±0.03 | 1.01±0.11 | 1.10±0.01 | 1.71±0.11 | 2.10±0.14 |
| 果糖 | Fructose | 5.700 | 8.89±0.24 | 9.23±0.45 | 7.09±0.08 | 5.18±0.07 | 5.59±0.86 | 7.98±0.14 |
| 山梨醇 | Sorbitol | 13.680 | 2.48±0.40 | 1.71±0.23 | 1.33±0.11 | 2.30±0.22 | 2.13±0.36 | 3.04±0.22 |

[a] 味感值（TV）＝糖或酸组分含量/糖或酸组分的味感阈值（Róth E 等，2007）。
[b] DAFB=盛花后天数。

果实大小不仅关系到果实的外观品质，还与果实的内质密切相关。伍涛和张绍铃等研究梨果实大小与糖分积累的关系得出，丰水和鸭梨果实大小与可溶性固形物之间呈极显著正相关；150g以下的丰水果实中蔗糖、果糖、葡萄糖和山梨醇含量明显低于150g以上的果实；251～350g的果实随果实大小的增加，蔗糖含量增加，果糖和葡萄糖含量下降，山梨醇含量变化不大（图8-83）；通过相关性分析表明丰水果实单果重与蔗糖、葡萄糖、果糖、山梨醇和可溶性总糖之间都存在极显著正相关。

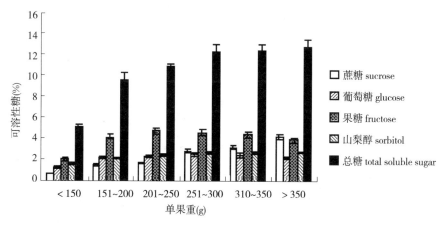

图8-83　丰水的不同单果重果实的 HPLC 糖组分分析

Wang 等（2005）研究黄花果实硬度与糖含量的关系，结果显示在成熟果实和未成熟果实之间硬度和糖含量存在显著差异，果顶或近顶端、果柄末端的果肉硬度和糖含量最高，而萼部果肉为最低。

### （四）糖的代谢与调控

**1. 糖代谢相关酶活性与糖分的积累**　果实中糖的积累与其相关代谢酶的活性变化相关。梨果实中与蔗糖代谢相关的酶有蔗糖合成酶（SS）、转化酶（Ivr）、蔗糖磷酸合酶

（SPS）等；与山梨醇代谢相关的酶有山梨醇脱氢酶（SDH）、山梨醇-6-磷酸脱氢酶（S6PDH）、山梨醇氧化酶（SOX）等。

蔗糖合酶（SS）存在于细胞质中，既可以催化蔗糖合成又可以催化蔗糖分解。SS 具有不同的同工型，Suzuki 等（1996）在研究梨中发现了 SS 的两种同工型 SSⅠ 和 SSⅡ，其分子量相同，但催化性质显著不同；成熟果实中的 SSⅡ 可能催化蔗糖的合成，未成熟梨果实中的 SSⅠ 分解蔗糖。Tanase 和 Yamaki（2000）研究得出，丰水果实中 SS 活性在幼果期很高，在果实膨大期下降，之后在果实成熟期又上升，SSⅠ 活性在幼果期较高，随着果实发育而下降，起着分解蔗糖的作用；SSⅡ 在果实发育阶段合成蔗糖（图 8-84）。

蔗糖磷酸合酶（SPS）广泛分布在细胞质中，SPS 催化的蔗糖合成是不可逆的，在蔗糖积累型库组织中具有重要作用。丰水果实中的蔗糖积累变化规律与 SPS 的活性相同（Tanase 和 Yamaki，2000）。亚洲梨品种新高和黄金梨果实中 SPS 的活性与可溶性糖的变化正相关。长十郎成熟过程中 SPS 活性与蔗糖的积累相一致，而鸭梨成熟过程中 SPS 活性没有升高。

蔗糖转化酶包括酸性转化酶（AI）和中性转化酶（NI），其中不溶性酸性转化酶定位于细胞壁中，可

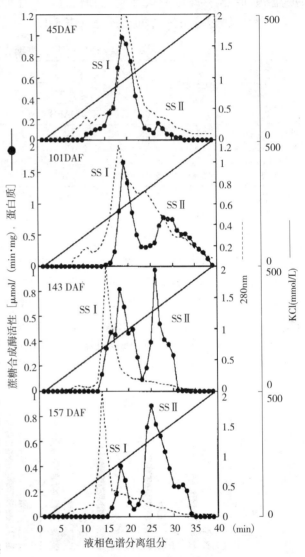

图 8-84 SSⅠ 和 SSⅡ 活性分配

溶性酸性转化酶定位于液泡中，中性转化酶定位于细胞质中。丰水果实中的可溶性酸性转化酶和细胞壁结合的酸性转化酶活性在幼果期较高，而在果实成熟时下降。Hashizume 等（2003）从日本梨果实中分离纯化 2 个可溶性酸性转化的同工酶 AVIⅠ 和 AVIⅡ，其 Km 值分别为 3.33 和 4.58，最适 pH 均为 4.5。

鸭梨和爱甘水果实在细胞分裂期至果实快速膨大开始之前，果实内蔗糖分解酶类的活性较高，合成酶活性较低，分解占主导地位；果实进入快速膨大期后，爱甘水中 SS 和 SPS 的活性开始同步逐渐上升，到果实接近成熟时急剧升高至最大值；相反，鸭梨果实进入快速膨大后 SS 的活性均表现为先升高后降低，而 SPS 的活性则逐渐上升至果实成熟时

最高，分解酶 VIN、NIN、SD 和 CIN 的活性在果实接近成熟时急剧下降（图 8-85 和图 8-86）。蔗糖的积累在鸭梨和爱甘水中具有不同的特点。通过相关性分析得出鸭梨果实发育过程中，蔗糖的积累主要受蔗糖磷酸合酶（SPS）的调控（$r=0.930^{**}$），而与蔗糖合酶（SS）的相关性极低；爱甘水果实发育过程中，蔗糖的积累与 SPS 和 SS 均具有极显著的相关性。纵观果实整个发育周期，果实蔗糖的显著增加主要与 SS 活性有关，果糖和葡萄糖的积累依赖于定位于细胞质外空间、细胞质和液泡等不同空间的蔗糖分解酶的参与，尤其蔗糖在细胞质中的分解可能是一个主要的过程（张虎平和张绍铃等，未发表）。

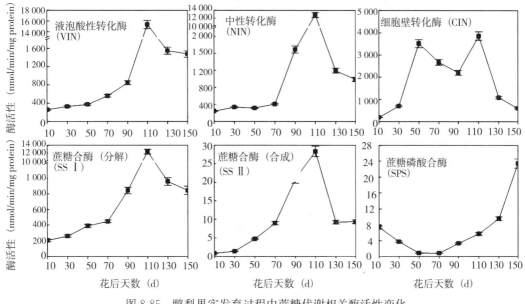

图 8-85 鸭梨果实发育过程中蔗糖代谢相关酶活性变化

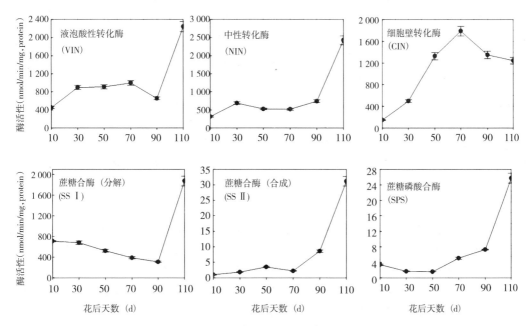

图 8-86 爱甘水果实发育过程中蔗糖代谢相关酶活性变化

目前从梨克隆获得的蔗糖代谢
酶相关基因有 *Pc-SS*、*Pc-SPS*、
*PsS-AIV1* 和 *PsS-AIV2*。拉法兰西
果实发育过程中糖相关代谢酶的活
性和表达量保持一致性；SS 和 S-
AIV 对果实膨大期己糖的积累是至
关重要的。Yamada 等（2007）通过
RT-PCT 和 RACE（rapid amplifica-
tion of cDNA ends）技术从丰水果
实中克隆获得 *PsS-AIV1* 和 *PsS-
AIV2* 全长基因，*PsS-AIV1* 基因序

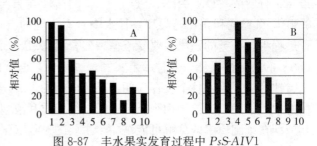

图 8-87 丰水果实发育过程中 *PsS-AIV1*
和 *PsS-AIV2* 转录水平变化
A. *PsS-AIV1* B. *PsS-AIV2* 1、2、3、4、5、6、7、8、9
和 10 分别代表盛花后 34、50、66、79、93、107、121、131、
139 和 147d

列全长为2 046bp，*PsS-AIV2* 基因全长为2 274bp，编码 682 氨基酸。*PsS-AIV1* 基因在丰
水果实在盛花后 34d 表达量最高，然后随果实生长和膨大而下降，在盛花后 131d 其表达
量达到最低；*PsS-AIV2* 基因的表达量从盛花后 34d 到 79d 不断增加，并达到最高，直到
盛花后 107d 都保持较高的表达水平，而后开始快速下降，果实成熟期其相对表达量保持
稳定（图 8-87）。

梨果实中含有大量的山梨醇，参与山梨醇代谢的酶主要有 S6PDH、NAD-SDH、
NADP-SDH 和 SOX。砂梨果实中果糖的含量从盛花后 66d 至 90d 逐渐增加，果糖的积累
主要与 NAD-SDH 的活性关系较大。Culta Rehder 果实发育过程中 NAD-SDH 的活性最
高，其活性都高于其他 3 个与山梨醇代谢相关的酶的活性，在未成熟果实中与果糖的积累
相关；SOX 的活性变化趋势与 NAD-SDH 类似，但活性很低；而酸性转化酶的活性明显
高于山梨醇代谢相关酶的活性（Yamaki 等，1979）。亚洲梨品种新高和黄金梨在果实发育
过程中 NAD-SDH 活性明显上升，与总糖的积累具有相关性（JinHo 等，2009）。关于山
梨醇代谢酶基因，Ito 等（2005）克隆获得了 5 个 *SDH* 基因片段（*PpySDH1 - PpyS-
DH5*）。Kim 等（2007）从新高梨叶片中克隆获得了 *PyS6PDH* 基因和全长，分别编码
311 氨基酸新高和 371 个氨基酸。拉法兰西果实发育过程中 *NAD-SDH* 基因在幼果期的
表达量较高，随果实膨大持续下降，盛花后 106d 达到最低，而后升高达到较高水平；*Pc-
S6PDH* 基因在梨果实发育的盛花后 150d 其相对表达量达到最高水平，而整个果实发育
过程中无明显的变化趋势（Yamada 等，2006）。伍涛等通过荧光定量 PCR 分析了丰水和
鸭梨果实发育过程中 $NAD^+$-SDH 基因和 S6PDH 基因的表达差异，丰水 $NAD^+$-SDH
基因的相对表达量在果实发育早期为鸭梨的 5.6 倍，而在成熟期丰水比鸭梨低，仅为鸭梨
表达量的 1/10；丰水果实中 S6PDH 基因表达量在果实发育前期为鸭梨的 2.5 倍，后期
两者差异不显著。

利用基因组测序的方法比较多个物种的山梨醇代谢相关基因，结果显示梨的山梨糖醇
运输（SOT），山梨糖醇脱氢酶（SDH），以及山梨糖醇-6-磷酸脱氢酶（S6PDH）这 3 个
家族的基因数量与苹果和草莓类似，但显著高于非蔷薇科物种，这表明整个山梨醇代谢通
路可能发生了复制，从而促进了物种的适应性。S6PDH、SDH 和 SOT 基因家族在梨和
苹果的基因组中都有扩张，且这 3 个基因家族都属于苹果亚科特定的分支。尽管苹果和梨
之间存在比较近的关系，但是仍然发现两者的 S6PDH 基因数量存在显著差异，梨的

$S6PDH$ 家族中有 4 个成员（图 8-88），而苹果则有 11 名成员。此外，4 个 $S6PDH$ 成员在梨上是聚为 2 个簇而分布在染色体 5 和染色体 2 上的；在苹果上只形成单一簇分布于 10 号染色体上，而其他成员则分散在不同的染色体和组装片段上。这些研究结果表明，$S6PDH$ 基因家族在苹果和梨上的扩张或者再扩展，是发生在他们从共同的祖先分化之后的。此外，数字表达谱分析数据表明，所有 4 个 $S6PDH$ 基因成员在梨果实中都有表达，这表明山梨糖醇也可从单糖重新被合成，特别是在果实发育的后期。在梨中总共鉴定到 15 个 $SDH$ 基因被转录，并且这些基因以同一方向聚集到两个同源染色体 LG1 和 LG7 上，且这些基因在系统发生树上是交叉配对的，这表明 $SDH$ 基因主要是通过整个基因组的复制而扩张的（图 8-89）。然而，苹果上的 15 个 $SDH$ 基因分布更加分散，且定位在不同的方向，表明存在潜在的转座事件可能性。另外，在系统发生树中梨和苹果特异 $SOT$ 基因的存在（图 8-90），表明 $SOT$ 基因从共同的蔷薇科祖先分化出来之后一直在持续扩张。

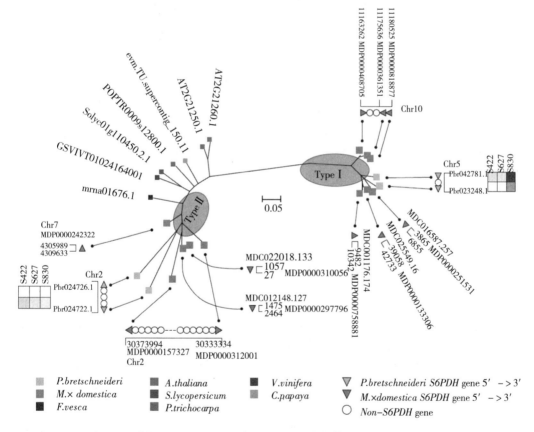

图 8-88　梨的 $S6PDH$ 基因系统发生关系、染色体分布及转录表达特征

**2. 糖积累的调控技术**　果实中糖分的积累主要受遗传因子所决定，但环境因子和栽培措施对果实糖含量的高低和成分构成也有重要的影响。

（1）环境因子调控　水分对果实发育及品质的调节具有双重性：一方面，土壤水分不足常降低果实的产量，但在果树生长的特定时期，适当控水常常可以提高果实的品质。水分胁迫影响威廉姆斯梨果实糖分的积累，果实发育后期水分胁迫影响可溶性固形含量；早期水分胁迫导致果实中葡萄糖、蔗糖和山梨醇含量下降。Ito 等（1999b）研

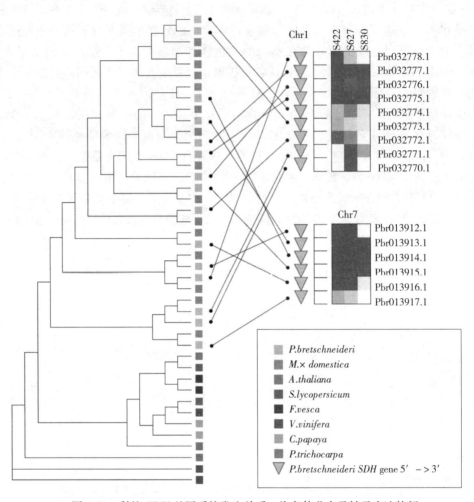

图 8-89　梨的 SDH 基因系统发生关系、染色体分布及转录表达特征

究不同浓度的 $CO_2$ 对温室内丰水果实品质的影响，结果得出长时间供应充足的 $CO_2$ 可增加果实的大小和重量，但对果实的品质无显著的影响；但短时间的供应充足的 $CO_2$ 虽然不能明显改变果实的大小，但果实的糖含量增加；即充足的 $CO_2$ 供应对果实的生长的影响主要依赖于果实的生长阶段，在果实膨大期充足的 $CO_2$ 增加果实的大小，在果实成熟期果实膨大减缓，此时增加果实糖分的含量。Hudina 和 Štampar（2004）研究三个不同栽培地区的威廉姆斯和康佛伦斯两个梨品种果实的糖含量，结果表明 Bistrica ob Sotli. 地区的威廉姆斯果实中葡萄糖、果糖、山梨醇和可溶性糖的含量最高，而 Krško 地区的威廉姆斯果实中蔗糖含量最高，Kamnik 地区的威廉姆斯果实中蔗糖、果糖和葡萄糖含量都最低；Krško 地区生产的康佛伦斯梨果实中的葡萄糖、果糖和蔗糖含量最高，三种糖含量最低的为 Kamnik 地区生长的梨果实康佛伦斯。由此可以看出，不同的气候环境影响梨果实中糖分的含量和成分组成。

光照是果树正常生长发育和结果的主要生态因子，充足的光照可有效改善梨树树体营养状况，增强树体生理活力，提高果实产量和质量。砀山酥梨成熟时果实可溶性糖含量与光强呈显著正相关。伍涛等（2008）研究了丰水棚架形与疏散分层形两种树形的冠层结构

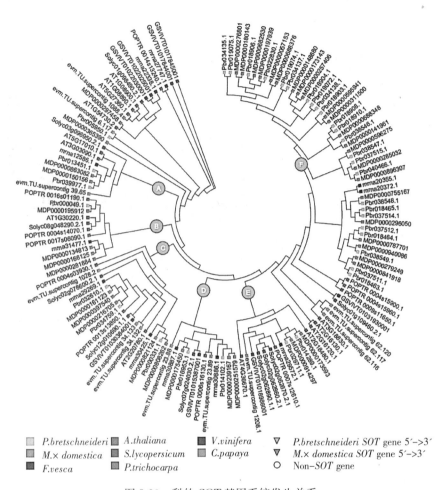

图 8-90　梨的 *SOT* 基因系统发生关系

特点、产量、品质差异及其相关性，结果表明，棚架形平均叶倾角，冠层开度，冠下直射、散射及总光合光量子通量密度显著或极显著高于疏散分层形，而叶面积系数极显著低于疏散分层形。棚架形果实可溶性固形物、可溶性糖、糖酸比显著高于疏散分层形。棚架形树冠不同部位果实品质一致性优于疏散分层形。冠层开度大，冠层总光量子通量密度高，结果枝条粗壮是棚架果实品质优的主要原因。

（2）栽培措施调控　栽培措施对果实糖分的积累也具有重要的影响。栽培措施调控梨果实糖分的积累研究较多，主要集中在套袋、疏果、施肥、植物生长调节剂等的应用研究领域。

应用植物生长调节剂来增大果型、提高果实品质是生产上的常用措施。GA 处理可以增大库强，使果实变大。GA 可通过影响光合作用和库的形成从而调节库-源之间的代谢，GA 可促进果糖 1,6-二磷酸酶和蔗糖磷酸合酶的活性，也是韧皮部卸载途径中胞外转化酶活性的关键调节因子等。Kano（2003）用 GA 和 CPPU 处理丰水果实，结果表明 GA 促进果实的生长，使细胞增大，果实中蔗糖的含量也较高；用 CPPU 处理的果实细胞小于 GA 处理果实的细胞大小，但积累的葡萄糖和果糖含量较高。因此认为，在丰水果实中蔗糖优先积累在被 GA 诱导的大细胞中，葡萄糖和果糖则优先积累在经 CPPU 处理的较小细胞中。在丰水盛花后 42d 采用 $GA_3$＋$GA_{4+7}$ 和 $PP_{333}$ 处理果实，结果表明 $GA_3$＋$GA_{4+7}$ 处理的果实可溶性总糖达到大果对照水平，与小果对照相比显著提高，且主要是蔗糖含量高；$PP_{333}$ 处理的果实可溶性糖含量比大果对照低，与小果对照水平相当，也主要是蔗糖含量低（图 8-91）。盛花后 40d 采用 GA 处理秋荣和丰水

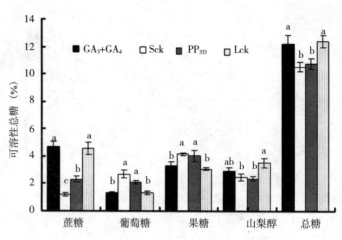

图 8-91　丰水不同激素处理的可溶性糖差异
Sck. 小果对照　　Lck. 大果对照

果实，结果表明果实成熟期蔗糖积累达到高峰，且秋荣的蔗糖含量为丰水果实的 2 倍（Jongpil 等，2003）。Zhang 等（2007）用 $GA_{3+4}$ 处理后的丰水果实库强的增加与果心细胞壁转化酶、果肉中的中性转化酶以及 NAD-SDH 的活性上升紧密相关，处理果实中山梨醇和蔗糖含量下降，葡萄糖含量增加（表 8-18）。初花期对库尔勒香梨喷施 PBO、萘乙酸（NAA）均能提高其可溶性固形物含量，而花期多效唑处理使库尔勒香梨果实的可溶性糖含量降低。

表 8-18　$GA_{3+4}$ 处理丰水果实品质和糖分水平的影响

| 处理 | 鲜重（g） | 可溶性固形物（%） | pH | 果糖（mg/g, FW） | 山梨醇（mg/g, FW） | 葡萄糖（mg/g, FW） | 蔗糖（mg/g, FW） |
|---|---|---|---|---|---|---|---|
| GA | 398.4 | 11.01 | 5.38 | 79.42 | 52.58 | 14.88 | 84.48 |
| 对照 | 287.2 | 11.69 | 5.39 | 77.77 | 74.83 | 3.1 | 95.28 |
| 显著性 | ** | ns | ns | ns | ** | ** | * |

$* P<0.05$；$** P<0.01$；（$n=10$）。

修剪也可调控梨果实糖分的积累。Colaric 等（2006）对威廉姆斯的枝条进行弯枝处理，研究果实中糖、有机酸和酚类物质的变化情况，夏季弯枝的枝条上果实的各糖分含量最低，而春季弯枝的枝条上的果实中果糖、山梨醇、蔗糖、总糖含量为最高，对照（未处理枝条）果实中葡萄糖含量为最高。Colaric 等（2007）连续两年在康佛伦斯梨树上也作了春季弯枝处理和夏季弯枝处理，结果发现第一年各处理枝条上果实的碳水化合物含量无显著差异；第二年对照果实中葡萄糖和果糖含量最高，而蔗糖含量最低；山梨醇含量则无明显的变化趋势；这说明康佛伦斯果实内在物质的变化并不是由弯枝单独导致的，弯枝可间接影响果树的生理反应。由此可见，不同品种梨对弯枝的效果存在差异。夏季修剪对秋荣果实的发育、成熟度、硬度等无影响，但会一定程度延迟蔗糖的积累（Tamura 等，2003）。

套袋改变果实生长发育的微环境，影响果实糖的积累和代谢。有关套袋对梨果实品质

影响的研究报道较多，套袋对梨果实糖分的积累因品种、套袋的时间以及果袋的类型不同而存在差异。张绍铃等（2006）以幸水为试材分不同时期进行套袋处理，结果表明不同时期套袋后，幸水的可溶性固形物、可溶性总糖含量均有不同程度的降低。黄金梨套袋后果实的糖含量、淀粉含量以及糖代谢相关酶活性的变化趋势与对照果实基本一致。与对照相比，套袋果实可溶性糖和淀粉的含量都有所降低，转化酶、淀粉酶活性均有一定的升高，而蔗糖合酶、蔗糖磷酸合酶活性下降。Huang 等（2009）认为套袋处理不会影响美人酥果实中可溶性总糖的含量，但有机酸含量下降；幼果期套袋美人酥和云红梨 1 号并在采前 15d 去袋，则果实中蔗糖含量不断增加。鸭梨套袋后果实中可溶性固形物和总糖的含量降低。套袋使多数红皮梨品种果实质量和可溶性固形物含量有所下降。盛宝龙等（2010）以翠冠为试材，采用不同的果袋进行套袋，结果表明套袋果实总糖含量降低，但山梨醇含量都高于对照；套袋果实中的糖以蔗糖和山梨醇为主，对照果实中则以蔗糖和果糖为主。何天明等（2010）用 7 种膜袋和纸袋对库尔勒香梨进行套袋，套袋后果肉的可溶性固形物含量普遍升高，5 月套袋处理的果肉可溶性固形物含量为 13.0%～16.1%，平均为 14.6%，比对照果实高 1.2%，差异不显著。柯凡君等（2011）对翠冠和黄金梨进行套袋处理，研究糖分积累与相关代谢酶活性变化，结果得出两梨品种套袋果实在发育过程中蔗糖、葡萄糖、果糖、山梨醇和糖代谢相关酶活性变化趋势与对照基本一致，套袋果实糖含量均低于对照但差异不显著，而各相关酶活性在两类果实间差异表现各异；两个品种套袋果实和对照果实 AI 活性与葡萄糖含量均呈显著或极显著正相关，SS 合成方向活性与蔗糖含量均为极显著正相关，且翠冠对照果蔗糖磷酸合成酶（SPS）活性与蔗糖含量呈极显著正相关。可见，套袋通过提高果实发育早期转化酶（Inv）活性，降低果实后期 SPS、蔗糖合成酶（SS）的活性来影响糖分积累，从而影响梨果品质（表 8-19）。

**表 8-19　梨果实中糖组分积累与酶活性的相关性**

| 品种 | 处理 | 糖分含量 | 中性转化酶 NI | 酸性转化酶 AI | 蔗糖合成酶-合成方向 SS-s | 蔗糖合成酶-分解方向 SS-c | 蔗糖磷酸合成酶 SPS |
|---|---|---|---|---|---|---|---|
| 翠冠 | 对照 | 蔗糖 | 0.968 | 0.922 | 0.993** | 0.285 | 0.971* |
| | | 葡萄糖 | 0.937 | 0.989** | 0.345 | 0.217 | −0.012 |
| | | 果糖 | 0.232 | 0.142 | 0.312 | 0.211 | 0.303 |
| | | 山梨醇 | −0.117 | −0.297 | −0.155 | −0.099 | −0.093 |
| | 套袋 | 蔗糖 | 0.906 | 0.911 | 0.982** | 0.610 | 0.743 |
| | | 葡萄糖 | 0.622 | 0.965* | 0.717 | 0.341 | 0.360 |
| | | 果糖 | 0.465 | 0.329 | 0.288 | 0.172 | −0.076 |
| | | 山梨醇 | 0.232 | −0.011 | 0.344 | −0.016 | 0.242 |
| 黄金梨 | 对照 | 蔗糖 | 0.917 | 0.933 | 0.990** | 0.241 | 0.922 |
| | | 葡萄糖 | 0.915 | 0.973* | 0.603 | 0.419 | 0.103 |
| | | 果糖 | 0.338 | 0.205 | 0.377 | 0.166 | −0.291 |
| | | 山梨醇 | −0.104 | 0.261 | −0.233 | −0.082 | −0.097 |
| | 套袋 | 蔗糖 | 0.869 | 0.974* | 0.987** | 0.533 | 0.854 |
| | | 葡萄糖 | 0.723 | 0.963* | 0.707 | 0.396 | 0.299 |
| | | 果糖 | 0.551 | 0.322 | 0.146 | 0.568 | 0.236 |
| | | 山梨醇 | 0.297 | 0.212 | 0.035 | −0.077 | −0.054 |

注：* 和** 分别表示相关性达到 0.05 和 0.01 显著水平。

　　果实是果树的主要"库"器官。疏果可以调节果实和叶片之间的"库-源"关系，改变光合产物的运输和分配，从而影响果实产量和品质。梨树坐果率高，坐果后若不进行疏果会导致果形变小，果实糖积累水平下降。伍涛和张绍铃对丰水进行不同疏果程度和疏果时期处理，结果表明：随着疏果程度增加，果实单果质量、可溶性总糖含量均显著提高，重度疏果、中度疏果与不疏果（对照）相比，单果质量分别增加172.5%和95.9%，可溶性总糖含量分别增加31.8%和20.7%。疏果对可溶性总糖组分的影响主要是增加蔗糖和山梨醇含量；重度疏果、中度疏果与不疏果（对照）相比，蔗糖含量分别增加134.8%和91.5%，山梨醇含量增加53.2%和26.7%，葡萄糖含量减少45.0%和22.7%。不同时期疏果与不同疏果程度相似，表现为疏果早的果形大，蔗糖和山梨醇含量高，花后90d重度疏果仍能提高果实糖积累水平（图8-92）。梨为伞房花序，每个花序有5～7朵花，花序的不同花朵发育程度和开花时期不同，花序的不同序位所坐的果实存在品质差异。王鑫和张绍铃等（2010）研究黄花、砀山酥梨和丰水不同序位坐果对果实品质的影响，其结果表明黄花、砀山酥梨、丰水的可溶性糖含量最高分别为2～4、1～3、3～5序位的果实。

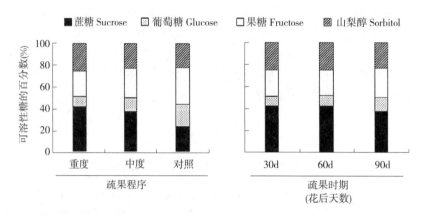

图 8-92　不同疏果程度和疏果时期对不同糖组分比例的影响

　　同时期采收影响梨果实中糖分的含量。过早或过迟采收都会降低库尔勒香梨果实的可溶性固形物含量。不同采收时期对南果梨果实糖的组成成分及含量存在影响：花后137d采收的果实蔗糖和果糖含量显著高于花后131d前采收的果实，花后131d前采收的果实蔗糖和果糖含量差异不显著；花后131d采收的果实葡萄糖含量最高，显著高于花后121d采收的果实，与花后137d采收的果实相比，葡萄糖含量差异不显著；不同时期采收的果实山梨醇含量差异不显著；总糖含量方面，花后137d采收的果实总糖含量显著高于花后126d前采收的果实，但与花后131d采收的果实相比，总糖含量差异不显著。

　　生产上常采用喷施不同的肥料来调控梨果实糖分的积累，从而提高果实品质。黄冠施用腐殖酸钾后，果实中总糖、葡萄糖和果糖含量增加，但蔗糖含量下降。有机叶面肥目前生产上得到了广泛的应用。满天红梨喷施氨基酸液肥后果实的可溶性固形物显著高于对照果实。叶面喷施腐殖酸钾的黄冠果可溶性糖含量明显增加，可滴定酸含量也高于对照，糖酸比提高。菌糠黄腐酸对苹果梨果实内在品质影响较大，不同浓度的菌糠黄腐酸均显著提高苹果梨可溶性固形物含量，使苹果梨果实的风味浓郁，优质率高。氮是植物生长发育最重要营养元素之一，对器官构建、生理代谢过程具有不可替代的作用。果树上氮的施用量不仅影响产量，而且还会显著影响果实品质。陈磊等（2010）研究不同施氮肥量对丰水果实品质的影响，其结果表明适量施氮能提高果实可溶性总糖的含量，而过量施氮降低果糖和葡萄糖含量，从而降低可溶性糖总糖含量。

有关栽培措施对梨果实糖分积累的影响研究较多，但要阐明其机理还需要进一步从基因、蛋白质水平进行深入研究。

# 二、有　机　酸

果实中酸组分及含量是决定风味品质的最重要指标，一般地说，含酸量极高的果实，常常风味不佳，品质低下，但果实有机酸能够增强人的食欲，帮助消化，可以使食物中水溶性 B 族维生素和维生素 C 的化学性质稳定，不易因受热或强光照射而被破坏，能够提高人体吸收钾的能力，促进食物中铜、锌和钙的溶解代谢，以利于身体的吸收和利用，增强抗病能力。

## （一）梨果实中的有机酸类物质

有机酸是果实的重要组成成分，梨果实中有机酸组分有数十种，有机酸组分的差异使不同品种果实各具独特的风味。多数品种果实通常以一种或两种有机酸为主，其他只少量存在。按照果实中所积累的主要有机酸含量，可将果实分为苹果酸型、柠檬酸型和酒石酸型三大类型。通常梨果实以苹果酸为主，其次是柠檬酸。然而也有些梨品种果实中柠檬酸含量大于苹果酸。Sha 等（2011）测定了 40 个梨品种果实的有机酸，发现有 11 个品种柠檬酸含量高于苹果酸，认为梨果实存在苹果酸型和柠檬酸型。

除了苹果酸和柠檬酸外，梨果实中还含有奎尼酸、莽草酸、乳酸、酒石酸、富马酸和琥珀酸等。

各种有机酸在不同品种果实中的含量差异较大。张晋芬等（2008）发现，砀山酥梨草酸含量 0.23mg/g。水晶梨草酸含量 0.51mg/g，苹果酸 1.65mg/g，柠檬酸 1.03mg/g。苹果梨中苹果酸含量 1.81mg/g，柠檬酸 1.11mg/g，二者含量高，草酸含量略高，为 0.39mg/g。Hudina 和 Stampar（2000）研究发现，巴梨果实中苹果酸含量 1.1mg/g，柠檬酸 1.7mg/g，富马酸 1.8mg/g，茄梨果实中苹果酸含量 3.2mg/g，柠檬酸 2.7mg/g，富马酸 2.5mg/g。姚改芳等（2010）通过对不同栽培种的梨果实有机酸组成与含量特征的研究发现，秋子梨栽培种梨果实苹果酸含量平均值显著高于其他栽培种，西洋梨栽培种梨果实柠檬酸和莽草酸含量平均值显著低于于其他栽培种，秋子梨栽培种和西洋梨栽培种总酸含量显著高于其他栽培种（表 8-20）。沙守峰等（2012）测定了秋子梨 10 个品种果实有机酸组分和含量（图 8-93），红南果果实检测到 10 种有机酸，早熟尖把等 7 个品种果实检测到 9 种，京白梨果实检测到 8 种，南果果实检测到 5 种。在 10 个品种果实中，苹果酸含量范围 1.512～4.784mg/g，柠檬酸含量在 0.766～5.511mg/g，果实中的次要有机酸为奎尼酸和草酸，含量分别为 0.354～0.949mg/g 和 0.002～0.177mg/g，乙酸、莽草酸、琥珀酸、富马酸、酒石酸和乳酸含量较低。

表 8-20 不同栽培种梨果实中有机酸组分及含量

| 栽培种 | 苹果酸<br>(mg/g, FW) | 柠檬酸<br>(mg/g, FW) | 莽草酸<br>(mg/g, FW) | 奎尼酸<br>(mg/g, FW) | 柠檬酸/苹果酸<br>(mg/g, FW) | 总酸<br>(mg/g, FW) |
|---|---|---|---|---|---|---|
| 白梨 | 3.422b | 2.187b | 0.096a | 0.548a | 0.639b | 6.283b |
| 砂梨 | 2.723b | 1.847b | 0.069a | 0.460ab | 0.615b | 5.127b |
| 秋子梨 | 7.500a | 1.962b | 0.087a | 0.335bc | 0.262b | 9.913a |
| 西洋梨 | 4.497b | 6.182a | 0.036b | 0.279c | 1.375a | 11.027a |
| 新疆梨 | 2.889b | 1.438b | 0.094a | 0.425abc | 0.498b | 4.877b |

注：a、b、c 表示 $P < 0.05$。

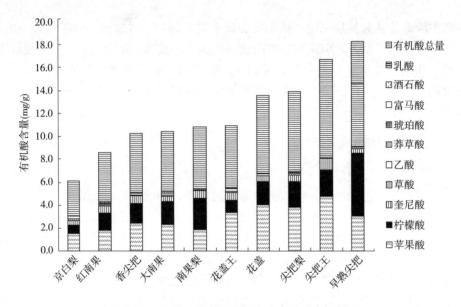

图 8-93 10 个秋子梨品种果实有机酸组成与含量

## （二）果实中有机酸含量的动态变化

梨果实中的有机酸一般是在生长的早期形成，在果实发育成熟过程中逐步减少。李金昶（1995）等测定了苹果梨果实不同发育时期的有机酸含量，结果表明，刚坐果的幼果，果实内抗坏血酸、酒石酸和柠檬酸含量较高，琥珀酸和苹果酸含量较低；随着果实的发育膨大，这些酸的含量均逐渐降低，但抗坏血酸、苹果酸和酒石酸虽略有下降，但变化幅度不大，至采收时果实中的有机酸主要以苹果酸和柠檬酸为主。但是，果实发育过程中不同有机酸的变化情况不同，砂梨果实发育过程中，总有机酸含量随果实增长呈下降趋势，主要是奎宁酸下降的幅度很大，且品种间的动态差异不大；苹果酸的积累呈先上升后下降的抛物线变化趋势，且变化幅度较大，但早期与成熟期含量差异较小，品种间差异主要在花后 8～16 周；柠檬酸初期含量很少，花后 8 周开始迅速积累，成熟前 4 周有少量下降，品种间差异表现在成熟期。李雪梅（2008）测定 6 个典型砂梨品种在生长过程中的苹果酸、柠檬酸含量，结果表明，果实苹果酸和柠檬酸含量变化呈现先上升后下降的抛物线变化趋势。品种间的差异主要在于上升和下降的快慢，高苹果酸型的品种，如二宫白和梗头青等果实有机酸的含量在达到最大值后的下降过程都比较缓和，而低酸品种真渝和雁荡雪梨下降相对较快。低柠檬酸含量的湘菊升高和降低都较快。高柠檬酸的雁荡雪梨从第八周开始升高，升速很大，到花后第十八周时升高了13倍，低柠檬酸的梗头青同比仅升高了1.8倍。沙守峰等（2011）测定了新苹梨果实发育期有机酸含量变化（图8-94）表明，苹果酸和柠檬酸在果实生长的早期不断增加，在成熟过程中逐步减少。

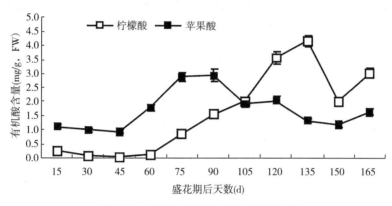

图 8-94　新苹梨果实发育期有机酸含量

### （三）有机酸类物质对果实品质的影响

有机酸含量是果实风味品质的重要组成因素。果实的风味是由糖、酸、单宁和芳香物等多种物质综合决定的，其中糖、酸含量的绝对值起主要作用，一般含糖量高、含酸量低或中等的品种风味好。通常有机酸在果实的生成过程中积累，在成熟、衰老过程中作为糖酵解、三羧酸循环等呼吸基质以及糖原异生作用基质而被消耗，因此有机酸代谢与果实中芳香物质、油性物质的形成有关，是果实品质的重要指标。含酸量极高的梨品种，通常风味不佳，鲜食品质较差。

有机酸组成和含量的差异，使人们对不同果实感知不同。同时，有机酸对果实的外观品质和果汁褐变等也有影响。人口腔对柠檬酸的感知先于苹果酸，柠檬酸的酸度比苹果酸高，但苹果酸的酸味柔和、爽快，与柠檬酸相比刺激性缓慢、保留时间长。酒石酸和苹果酸的酸度存在差异（pKa：3.04与3.40），在相同浓度下，酒石酸的酸度比苹果酸强。这两种酸在口感上也存在差异。适量的苹果酸具有清爽的感觉，浓度过高则显尖酸的感觉和青生味。酒石酸给人以尖酸生硬的感觉，带有粗糙感，引起不舒适感，回味时间较短。因此，不仅仅是酸的含量，包括酸的构成比例对果实品质均会产生重要影响。有研究者发现，大量的奎宁酸存在于幼果中，奎宁酸和其相关的脂肪酸、莽草酸可能直接影响了果实的苦味。另外，奎宁酸和莽草酸是芳香物质合成途径的中间产物，从而间接影响果实的品质。库尔勒香梨随着果皮花青的含量增加，有机酸含量呈下降趋势。早生新水果皮叶绿素含量变化与有机酸的正相关性。露地早生新水果皮类胡萝卜素含量与有机酸的为显著正相关。

有机酸能抑制病菌侵害果肉，有利于果实保鲜。苹果酸处理对苹果梨采后青霉病病菌的生长有明显的抑制作用；体内试验表明，苹果酸浸泡可明显抑制损伤接种果实病斑直径的扩展。苹果酸处理可使损伤接种果实体内的过氧化物酶（POD）、苯丙氨酸解氨酶（PAL）、几丁质酶（CHT）、β-1,3-葡聚糖酶（GLU）、超氧化物歧化酶（SOD）、谷胱甘肽还原酶（GR）活性明显升高；过氧化氢酶（CAT）、抗坏血酸过氧化物酶（APX）活性显著降低，过氧化氢（$H_2O_2$）的含量和超氧化物阴离子产生速率显著增高。据此认为，苹果酸诱导了梨果实的抗性反应。受轮纹病菌侵染的腐烂果肉中苹果酸、柠檬酸含量均高于病健交界处，而奎宁酸和酒石酸含量却低于后者，并在腐烂果肉及腐烂果肉边缘检测到新的乳酸，腐烂果肉边缘亦检测到微量琥珀酸；同时发现每100g果肉中含有50mg以上苹果酸、150mg以上柠檬酸、80mg以上的乳酸、10mg以上的琥珀酸均能够抑制轮纹病病原菌生长，5mg以上奎宁酸和20mg以上的富马酸能够促进病原菌生长。

### （四）梨果实有机酸的积累、代谢与运转机制

**1. 果实有机酸积累的机制**　果实中的有机酸主要贮存于果肉细胞的液泡内，果皮中含量较少，且多以盐的形式存在。有人认为有机酸是从根、叶和果皮合成并输送到汁胞的，但同位素示踪研究和嫁接试验表明，果实可以固定 $CO_2$，在汁胞中合成有机酸。

果实中存在三羧酸循环（TCA），能生成各种有机酸，同时有机酸又可充当呼吸底物，通过氧化产生能量。柠檬酸和苹果酸作为 TCA 循环的中间产物，在正常情况下不会有大量积累，但是，如果 TCA 循环在有机酸氧化的下游受阻，并在上游有合成有机酸底物的回补反应（即产生柠檬酸的中间产物，如草酰乙酸），则可能造成有机酸的积累（罗安才等，2001）。

**2. 有机酸代谢酶活性与表达**　果实中有机酸是在酶的作用下通过羧化反应合成的，磷酸烯醇式丙酮酸羧化酶（PEPC）是关键酶。在细胞质中，PEPC 催化 PEP β-羧化产生草酰乙酸（OAA）和无机磷酸盐，OAA 在 NAD-苹果酸脱氢酶（NAD-MDH）作用下形成苹果酸。苹果酸和 OAA 进入三羧酸循环（TCA）生成柠檬酸盐和其他一些代谢产物。柠檬酸合成途径中，在 PEPC 催化下，固定 $CO_2$ 生成 OAA，OAA 在柠檬酸合成酶（CS）催化下，与乙酰辅酶 A（AcCoA）结合形成柠檬盐。

NAD-苹果酸脱氢酶（NAD-MDH）和 NADP-苹果酸酶（NADP-ME）在果实发育中对苹果酸的产生与降解有重要作用。一些报道表明，细胞质中对苹果酸降解起主要作用的是 NADP-ME。果实呼吸商的提高、苹果酸的脱羧及果实衰老时苹果酸的降低与 ME 活性变化相同，梨成熟时，果实呼吸熵提高，苹果酸降解加速。细胞质和过氧化物体中 NAD-MDH 参与了苹果酸-天冬氨酸的穿羧作用。在 TCA 环中，线粒体 NAD-MDH 催化 OAA 与苹果酸的可逆反应。果实中对苹果酸降解起主要作用的是细胞质中 NADP-ME，其活性与苹果酸含量呈负相关。

果实细胞线粒体中 CS 催化 OAA 与 AcCoA 结合生成柠檬酸。砷酸钠或砷酸铅对 CS 活性抑制作用导致柠檬酸在果实中积累显著降低。研究发现，CS 的活性与柠檬酸含量呈正相关。

乌头酸酶（ACO）活性变化影响有机酸代谢。ACO 参与了线粒体中柠檬酸的积累。线粒体 ACO 活性的降低与有机酸的合成、积累有关。Sadka 等（2000）研究果实发育过程中 ACO 活性和表达的变化，发现了两种同工酶，一种在果实发育的早期降低，此同工酶的减少与线粒体 ACO 活性降低一致；另一种同工酶在果实成熟时出现，与胞质 ACO

活性增加一致。由此认为，早期线粒体 ACO 活性的降低对果实发育前期有机酸积累起作用，成熟期胞质 ACO 活性的增加降低成熟期果实有机酸水平。

IDH 在果实中普遍存在 NAD-IDH 和 NADP-IDH 两种形式。细胞线粒体只存在 NAD-IDH，参与 TCA 环，而在细胞的胞质溶胶、叶绿体、过氧化物酶体和线粒体中都发现有 NADP-IDH。NADP-IDH 在线粒体中催化酮戊二酸固定 $CO_2$ 形成异柠檬酸。

**3. 果实有机酸的跨膜运输**　有机酸的合成是在果实细胞的线粒体中进行的，但是果实成熟时液泡内有机酸浓度往往要高于液泡外，因此有机酸需要跨膜运输。柠檬酸的运输是以 $Citrate^{3-}$ 通过依赖 ATP 的转运载体或一个离子通道主动扩散完成的。迄今，除柠檬果实液泡膜缺少 $H^+$-焦磷酸化酶（V-PPase），所有植物种类的液泡膜均存在有 $H^+$-ATPase 和 V-PPase 两种类型的质子泵。通过利用柠檬酸通道抗体来研究柠檬酸与苹果酸的转运，发现苹果酸能强烈的抑制柠檬酸离子通道运输，但对依赖 ATP 的柠檬酸转运影响很少，并认为在柑橘果汁细胞中柠檬酸及苹果酸是通过一个共同的通道进入液泡，无论哪种方式转运柠檬酸都不同程度的与苹果酸相联系。柠檬酸从线粒体中转运至细胞质中，再转运至液泡中，后者的转运伴随的是一个巨大的质子流的流动，这是靠液泡膜上的 $H^+$-ATP 酶（V-ATPase）来调节的。这个质子流降低了液泡的 pH，也为柠檬酸的转运提供了一个驱动力。

### （五）影响有机酸含量的环境和栽培因素

果实有机酸的含量受环境条件和栽培措施的调控。适度的水分胁迫可减少果实酸度，喷施稀土或硼钙营养、灌溉、环割等措施均可降酸。温度较高地区，果实含酸量一般较低。低光照条件下果实苹果酸增加。土壤和营养元素也会影响果实酸度。缺磷、多钾、多氮都会使果实酸度增加，微量元素 Fe、Cu 的缺少也会增加果实酸度，砂梨套袋也可降低果实总酸含量。加入纳米硅基氧化物涂膜贮藏，水晶梨果实有机酸较高。疏除一部分叶面积可以增加 Williams 梨果实酸度。此外，树体喷钾肥、果实套袋、树干环剥和增加树龄等，均可提高新苹梨果实总酸含量；树体喷氮肥和增加光照，均可降低新苹梨果实总酸含量；栽培环境不同，对新苹梨果实总酸含量也有显著的影响。

## 三、维　生　素

### （一）果实维生素类物质含量及其变化动态

维生素在植物体内广泛存在，其不作为能量物质，也不作为机体的结构成分，极微量即可满足植物体的正常生理需要，但绝对不可缺少。果实中所含的维生素目前已知的有 10 多种，依据维生素的溶解性，可以分成脂溶性维生素和水溶性维生素两类，脂溶性维生素包括维生素 A、维生素 D、维生素 E 和维生素 K，水溶性维生素有维生素 C、维生素 P 和 B 族维生素。大部分的维生素在人体内均不能合成需要从食物中摄取，众所周知，维生素 C 的补充以食用新鲜水果蔬菜为最佳途径。与其他常见的水果相比，梨果实维生素含量并不高（表 8-21），猕猴桃、草莓、柑橘、葡萄、刺梨、蓝莓等水果含有较多的维生素，尤其是维生素 C，但梨中维生素种类较全面，主要含有维生素 C、维生素 $B_1$、维生素 $B_2$、维生素 $B_6$、维生素 $B_{12}$、维生素 E、维生素 K、维生素 P 及胡萝卜素、叶酸、烟酸、泛酸等。

　　维生素 C 又叫抗坏血酸（L-ascorbic acid，AsA），是植物和大多数动物体内合成的一类己糖内酯化合物，维生素 C 为水溶性维生素，是人体需要量最大的水溶性维生素。由于人类缺乏其合成关键酶而只能从食物中获取 AsA，因此 AsA 含量已成为衡量农产品品质的重要指标。果实是食物维生素 C 的主要来源（占 90％以上）。

　　维生素 C 参与氧化还原反应，能可逆地脱氢和加氢，既可作受氢体又可作供氢体，因而在物质代谢中构成了重要的氧化还原体系，如维生素 C 能使氧化型谷胱甘肽转化为还原型谷胱甘肽，而还原型谷胱甘肽可与重金属离子结合排出体外，故维生素 C 常用于重金属的解毒。维生素 C 能保护细胞膜的不饱和脂肪酸，使之不被氧化为过氧化物，故有抗衰老作用。维生素 C 是羟化酶的辅酶，当维生素 C 缺乏时，羟化酶活性降低，导致胶原蛋白合成不足，细胞间隙增大，微血管的通透性和脆性增加，易破裂出血，这种维生素 C 缺乏症称为坏血病。人工合成的维生素 C 为白色或略带淡黄色的结晶性粉末，无臭、味酸，久置色渐变微黄，易溶于水，水溶液呈酸性反应，在乙醇中略溶，在氯仿或乙醚中不溶，性质不稳定，在碱性溶液或金属容器内加热易破坏，具有强还原性，极易被氧化剂所破坏，在空气中也易氧化失效。

表 8-21　果实中的维生素含量（mg/100g 可食用部分的含量）

| 水果 | 维生素 C | 维生素 E | 维生素 B$_1$ | 维生素 B$_6$ | 维生素 B$_2$（$\mu$g） | 烟酸 | 叶酸 |
| --- | --- | --- | --- | --- | --- | --- | --- |
| 苹果 | 2～30 | 0.18 | 0.017 | 0.041 | 30～50 | 0.05～0.5 | 3 |
| 梨 | 3～7 | 0.12 | 0.012～0.09 | 0.028 | 10～100 | 0.12～0.2 | 1.8～16 |
| 樱桃 | 1～25 | — | 0.05～0.07 | — | 16～65 | 0.2～0.5 | 6～30 |
| 李子 | 0～10 | — | 0.05～0.2 | | 40～90 | 0.2～0.5 | — |
| 草莓 | 60～100 | — | 0.02～0.05 | | 20～80 | 0.3～0.7 | 6～60 |
| 红醋栗 | 150～180 | — | 0.02～0.08 | 0.15～0.19 | 20 | 0.1～0.4 | — |
| 柑橘 | 53.2 | 0.18 | 0.087 | 0.060 | 0.040 | 0.282 | 30 |
| 葡萄 | 108 | 0.19 | 0.069 | 0.086 | 0.070 | 0.188 | 2 |
| 桃 | 6.6 | 0.73 | 0.024 | 0.025 | 0.031 | 0.806 | 4 |
| 猕猴桃 | 75 | | 0.020 | | 0.050 | 0.500 | |

　　注：引自 Sanchez-Moreno 等，2005。

　　果实中维生素 C 的动态变化可以划分为：①随果实的生长发育，含量逐渐增加；②果实整个生长发育过程中，维生素 C 含量较稳定，不随果实的生长发育发生明显的变化；③果实幼果期含量较高，随生长发育维生素 C 含量逐渐降低三种类型。黄文江、张绍铃（待发表）等研究结果表明，爱甘水、鸭梨果实中维生素 C 的含量变化大体上属于第三种类型，即随果实生长发育，果实中维生素 C 的总量逐步减少，到成熟时大体稳定。但有研究也认为在梨果实发育过程中，维生素 C 含量呈"升—降—升"的动态变化。花后 10～40d 幼果期维生素 C 含量处于较高水平，此后开始下降至最低值，从花后 70d 开始维生素 C 含量迅速增加，在花后 120d 达最高值，此后又略呈下降趋势。出现这种现象的原因之一可能是梨果实生长曲线属于单 S 型，开始生长缓慢，以后逐渐加快以至急剧生长，最后生长逐渐趋于停止，果体的增大造成了维生素 C 相对含量降低。维生素 C 含量急剧下降的时间正是果体急剧生长的时间。果实的采收期对果实内维生素 C 含量也有明显的影响，苹果梨在 9 月末以后维生素 C 含量基本稳定，其含量与成熟的果实没有明显的区别。金秋梨花后 152d 维生素 C 含量接近最大值。可见适时采收对于保证果实品质，提高维生素 C 含量有重要影响。

　　梨果实中维生素 C 含量，常因为种、品种的不同而存在明显的差异。对秋子梨、白梨、砂梨和西洋梨 4 个梨栽培种进行分析，发现秋子梨和西洋梨栽培种内多数品种果实维生素 C 含量较高，属于白梨和砂梨的品种果实维生素 C 含量偏低（表 8-22），在同一栽培种内的不同品种果实中维生素 C 含量也有显著差异，差值可以达到 10 倍以上。在同一果实中，果皮内的含量较高，果肉和果心处则含量甚微。

**表 8-22　梨品种果实维生素 C 含量**（100g 可食用部分的含量，mg）

| 种和品种 | 维生素 C | 种和品种 | 维生素 C |
|---|---|---|---|
| 秋子梨 *P. ussuriensis* Maxim | | 白梨 *P. bretschneideri* Rehd | |
| 满园香 | 9.24 | 海城慈 | 5.81 |
| 龙香 | 8.90 | 鸡蛋罐 | 5.61 |
| 鸭广梨 | 6.90 | 济南小黄 | 5.22 |
| 兴城谢花甜 | 6.54 | 蜜梨 | 5.20 |
| 五节香 | 5.95 | 白枝母秧 | 4.70 |
| 安梨 | 5.50 | 大鸭梨 | 4.62 |
| 辉山白 | 4.93 | 苹果梨 | 4.40 |
| 白花罐 | 4.79 | 绥中谢花甜 | 4.25 |
| 尖把梨 | 4.74 | 歪尾巴糙 | 4.24 |
| 京白 | 4.55 | 库尔勒香梨 | 4.10 |
| 花盖 | 4.05 | 金川雪梨 | 3.75 |
| 八里香 | 3.96 | 青龙甜 | 3.75 |
| 苹香梨 | 3.57 | 早酥 | 3.70 |
| 大香水 | 3.35 | 海棠酥 | 3.59 |
| 歪把 | 2.92 | 黄县长把 | 3.50 |
| 南果梨 | 2.39 | 崇化大梨 | 3.43 |
| 延边谢花甜 | 2.26 | 红麻梨 | 3.40 |
| 早香 2 号 | 1.99 | 汉源大白 | 3.28 |
| 小香水 | 1.88 | 秋白梨 | 3.17 |
| 麦梨 | 1.85 | 水红宵 | 2.90 |
| 皮胎果 | 1.83 | 博山池 | 2.85 |
| 六月鲜 | 1.79 | 早茌 | 2.75 |
| 软儿梨 | 1.75 | 金花 4 号 | 2.70 |
| 甜秋子 | 1.72 | 冰糖梨 | 2.65 |
| 秋子 | 1.13 | 青皮蜂蜜 | 2.63 |
| 砂梨 *P. pyrifolia* Nakai | | 茌梨 | 2.60 |
| 延边明月 | 5.28 | 无籽黄 | 2.32 |
| 婺源糖梨 | 5.07 | 大紫酥 | 1.49 |
| 真阳冬梨 | 4.81 | 黄盖 | 1.46 |
| 汕头油梨 | 4.58 | 细花雪 | 1.30 |
| 花皮 | 4.56 | 荷花 | 1.20 |
| 惠阳青梨 | 4.23 | 硬雪 | 1.17 |
| 磨盘 | 3.91 | 苏梨 | 1.09 |
| 青皮钟 | 3.90 | 鹅酥 | 0.88 |

（续）

| 种和品种 | 维生素 C | 种和品种 | 维生素 C |
|---|---|---|---|
| 金酥糖 | 3.60 | 水晶 | 5.29 |
| 真香 | 3.40 | 幸水 | 4.35 |
| 水扁 | 3.26 | 王冠 | 4.26 |
| 惠阳红梨 | 3.21 | 黄蜜 | 4.20 |
| 地都青皮 | 3.11 | 江岛 | 4.11 |
| 芝麻 | 3.04 | 丰水 | 3.85 |
| 香麻 | 3.00 | 朝日 | 3.65 |
| 嵊县秋白 | 2.93 | 二宫白 | 3.58 |
| 苍梧大砂 | 2.90 | 菊水 | 3.46 |
| 广西梨 | 2.90 | 吾妻锦 | 3.12 |
| 安徽雪梨 | 2.88 | 晚三吉 | 2.95 |
| 灌阳雪梨 | 2.85 | 驹泽 | 2.88 |
| 婺源白梨 | 2.79 | 土佐锦 | 2.83 |
| 兴义海子 | 2.28 | 清玉 | 2.82 |
| 黄皮 | 2.00 | 八幸 | 2.75 |
| 长把酥 | 1.95 | 独逸 | 2.70 |
| 德昌蜂蜜 | 1.92 | 明月 | 2.65 |
| 平顶青 | 1.85 | 新水 | 2.46 |
| 六月花 | 1.71 | 长十郎 | 2.44 |
| 黄花 | 1.58 | 多摩 | 2.33 |
| 早玉 | 1.73 | 赤穗 | 2.10 |
| 博多青 | 1.59 | 二十世纪 | 2.07 |
| 国长 | 1.53 | 早生赤 | 1.98 |
| 新高 | 1.30 | 今村秋 | 1.95 |
| 市原早生 | 1.20 | 幸藏 | 1.88 |
| 湘南 | 0.64 | 上饶早 | 2.28 |
| 松岛 | 0.49 | 汉源白梨 | 2.28 |
| 西洋梨 *P. communis* L. | | 懋功 | 2.24 |
| 伏茄 | 7.80 | 砀山酥梨 | 2.21 |
| 巴梨 | 6.73 | 象牙 | 2.22 |
| 安古列母 | 6.63 | 蒲梨宵 | 2.14 |
| 圣马丽尼 | 6.43 | 金梨 | 2.10 |
| 锦香 | 6.30 | 大冬果 | 2.08 |
| 武巴 | 6.30 | 小花 | 2.07 |
| 日面红 | 6.26 | 大凹凹 | 2.05 |
| 康佛伦斯 | 6.16 | 紫酥 | 1.85 |
| 贵妃 | 5.85 | 雪花梨 | 1.80 |
| 小伏洋梨 | 4.86 | 冬果梨 | 1.65 |
| 魁甜 | 4.56 | 黄麻槎 | 1.54 |
| 兴城 1 号 | 4.15 | 金川早 | 1.44 |
| 康德 | 3.90 | 兴隆麻 | 1.43 |
| 茄梨 | 3.84 | 贡川 | 1.34 |
| 马尔高提卡 | 3.64 | 馨香 | 1.23 |
| 身不知 | 3.58 | 砀山马蹄黄 | 1.04 |
| 五九香 | 3.43 | 德胜香 | 1.02 |

（续）

| 种和品种 | 维生素 C | 种和品种 | 维生素 C |
|---|---|---|---|
| 三季梨 | 3.42 | 芝麻酥 | 1.01 |
| 红茄梨 | 3.10 | 香早 | 1.00 |
| 车头 | 3.06 | 龙灯早 | 0.98 |
| 矮香 | 3.04 | 天生伏梨 | 0.88 |
| 柠檬黄 | 2.74 | 大水核 | 0.75 |
| 都朗顿 | 2.10 | | |

注：引自李树玲，1994，中国农业科学院果树研究所。

### （二）维生素类物质与果实品质的关系

维生素含量的多少，是评价水果营养价值高低的重要标准之一。维生素 C 不仅在植物生命活动起重要作用，而且对人体健康尤为重要。维生素 C 含量是果实品质的一个重要参数，应该保持一个恰当的水平。

梨果实的维生素 C 含量常常随着贮藏期延长而降低。以西洋梨康佛伦斯和罗查（Rocha）为材料，R. H. Veltman 等（2000）研究了气调贮藏过程中气体成分对果实维生素 C 含量和果实内部褐变的影响，在可控的诱导果心褐变的气体条件下，即降低 $O_2$、增加二氧化碳浓度时，两个品种维生素 C 含量均随贮藏时间的延长而降低。果心的褐变开始于果实维生素 C 含量降低到某一阈值，阈值大小取决于品种、采摘日期和产地。外源维生素 C 处理果实，随着维生素 C 浓度的增大，防褐变效果越好。维生素 C 在预防果实褐变过程主要起还原剂的作用，这也是维生素 C 的主要生理功能。维生素 C 可有效地清除代谢过程产生的活性氧，减少活性氧对细胞的破坏，维持细胞正常的物质与能量代谢，降低体内酚类物质的氧化褐变，因此维生素 C 有很好的防褐变效果，一旦维生素 C 被耗尽，就会失去保护作用。

维生素 C 在植物体内除作为还原剂调节细胞的氧化还原状态外，还具有调节基因的转录和翻译，调节相关酶的活性和作为酶的辅基参与细胞壁的形成、伸长和交联、调节细胞的分化和伸长。因此维生素 C 参与了果实品质形成的糖、酸及次生代谢物的代谢调控。桃果实糖含量与酸含量之间存在显著负相关，而与维生素 C 含量存在极显著正相关。这表明糖与维生素 C 间有一定的连带关系。在桃等果树上发现果酸的含量越多，维生素 C 含量就越高的现象势，但有报道表明梨果实酸与维生素 C 间关系不显著。因此，这些性状之间的关系还有待于深入研究。

果实维生素 C 含量与其他维生素含量也有密切的关系，郭红丽（2009）分析了常见的水果中各种维生素含量之间的相互关系，发现维生素 A 与胡萝卜素、维生素 $B_2$、维生素 C，胡萝卜素与维生素 A、维生素 $B_2$、维生素 C，硫胺素与尼克酸，核黄素与维生素 A、胡萝卜素、维生素 C，尼克酸与硫胺素，维生素 C 与维生素 A、胡萝卜素、核黄素，均有显著的正相关性；虽然尼克酸与维生素 A、胡萝卜素，维生素 E 与维生素 A、胡萝卜素、维生素 $B_1$、维生素 $B_2$、尼克酸、维生素 C 表现出一定的负相关性，但未达到统计学上的显著水平（表 8-23）。

表 8-23 我国 30 种常见水果维生素间的相关系数

| | 维生素 A | 胡萝卜素 | 维生素 $B_1$ | 维生素 $B_2$ | 尼克酸 | 维生素 C | 维生素 E |
|---|---|---|---|---|---|---|---|
| 维生素 A | 1 | | | | | | |
| 胡萝卜素 | 1** | 1 | | | | | |
| 维生素 $B_1$ | 0.106 | 0.106 | 1 | | | | |
| 维生素 $B_2$ | 0.774** | 0.774** | 0.229 | 1 | | | |
| 尼克酸 | −0.129 | −0.129 | 0.385* | 0.202 | 1 | | |
| 维生素 C | 0.481** | 0.481** | 0.293 | 0.749** | 0.317 | 1 | |
| 维生素 E | −0.245 | −0.246 | −0.130 | −0.211 | −0.007 | −0.023 | 1 |

注：引自郭红丽（2009），微量元素与健康研究。

总之，维生素含量的多少是鉴定梨果品营养价值的主要标志之一，维生素含量越高其品质和营养价值也就越好，保健作用也越强。维生素 C 的含量与梨果实糖酸含量之间的相关性不明显，但维生素 C 含量高的品种果实风味比较浓，富香气。

# 四、酚 类

## （一）多酚的定义及在梨果中的分布

多酚（polyphenols）是一大类广泛存在于植物体内的复杂多元酚类化合物。通常存在于植物性食物中，在一些植物中能起到呈现颜色的作用，具有很强的抗氧化活性和许多其他生理功能，当前被称为"第七类营养素"。狭义地看，可以认为植物多酚指的是单宁或鞣质，其分子量在 500～3 000；广义地看，它还包括了小分子酚类化合物，如花青素、儿茶素、栎精、没食子酸、鞣花酸、熊果苷等天然酚类。

许多水果如葡萄、苹果、柑橘、樱桃、桃、李、杏、醋栗等都含有一定量的多酚物质。这些多酚物质大体上可分为简单酚类、酚酸类、羟基肉桂酸类和黄酮类化合物等。酚酸类物质如对羟基苯甲酸等在水果中广泛分布。羟基肉桂酸类物质在各种水果中也广泛存在，并且是含量最多的酚类物质之一，主要包括阿魏酸、芥子酸、香豆酸和咖啡酸等，但它们通常与奎尼酸、葡萄糖或酒石酸相结合，以酯的形式存在。如水果中最重要的肉桂酸类衍生物——绿原酸，即是由咖啡酸与奎尼酸缩合形成的酯，其他重要的酯类衍生物还包括香豆酚酒石酸、咖啡酰基酒石酸等。黄酮类化合物是水果中分布最为广泛的多酚类物质，主要包括黄酮类、黄酮醇类、黄烷酮醇类、黄烷酮类、黄烷醇类、花色苷类、查耳酮类及其衍生物等（Robards 等，1999）。其中，分布最广、含量较多的主要有黄烷醇类、黄酮醇类和花色苷类等。

水果中多酚物质的组成十分复杂,各种多酚物质在不同种类水果中的分布与含量存在着很大差异(Robards 等,1999)（表 8-24），每种水果在多酚的组成与含量上都具有各自的特征。

表 8-24 不同种类多酚物质及其代表性化合物在常见水果中的分布

（引自 Robards，1999）

| 基本结构 | 种类 | 水果来源 | 举 例 |
|---|---|---|---|
| $C_6$ | 简单酚类 | | 儿茶酚、间苯二酚 |
| | 苯醌类 | | 羟基醌 |

（续）

| 基本结构 | 种类 | 水果来源 | 举例 |
|---|---|---|---|
| $C_6-C_1$ | 酚酸类 | 广泛分布 | 对-羟基苯甲酸、水杨酸 |
| $C_6-C_2$ | 苯乙酸类 | | 对-羟基苯乙酸 |
| $C_6-C_3$ | 肉桂酸类 | 广泛分布 | 咖啡酸、阿魏酸 |
| | 苯丙烯类 | | 丁子香酚、豆蔻素 |
| | 香豆素类 | 柑橘类水果 | 7-羟基香豆素、莨菪苷 |
| | 色酮类 | | 丁子香宁 |
| $C_6-C_4$ | 萘醌类 | 胡桃 | 胡桃醌 |
| $C_6-C_1-C_6$ | 吨酮类 | 芒果 | 倒捻子素、芒果苷 |
| $C_6-C_2-C_6$ | 均二苯乙烯类 | 葡萄 | 白藜芦醇 |
| | 蒽醌类 | | 大黄素 |
| $C_6-C_3-C_6$ | 黄酮类化合物 | | |
| | 黄酮类 | 柑橘类水果 | 橘皮晶、圣草苷、芹菜苷、毛地黄黄酮-7-芸香糖苷 |
| | 黄酮醇类 | 苹果、梨 | 槲皮素、山柰素 |
| | 黄酮醇糖苷类 | 广泛分布 | 芦丁 |
| | 黄烷酮醇类 | 葡萄 | 二羟槲皮素糖苷、二羟山柰素糖苷 |
| | 黄烷酮类 | 柑橘类水果 | 橙皮素、柚皮素 |
| | 黄烷酮糖苷类 | 柑橘类 | 橙皮苷、新橙皮苷、柚苷 |
| | 花色苷类 | 苹果、梨、桃、李、甜樱桃 | 花青素糖苷 |
| | | 甜橙 | 天竺葵素糖苷 |
| | | 葡萄 | 花青素糖苷、二甲花翠素糖苷 |
| | | 樱桃 | 花青素-3-葡萄糖苷、3-芸香苷 |
| | 黄烷醇类 | 苹果、梨、桃 | (+)-儿茶素 (-)-表儿茶素 |
| | | 葡萄 | (+)-儿茶素 (-)-表儿茶素、格儿茶素、表格儿茶素 |
| | 查耳酮类 | 苹果 | 根皮苷 |
| | | 梨 | 熊果苷 |

　　梨是一种多酚类化合物含量丰富的水果（Chen 等，2007），利用高效液相色谱分析梨果实多酚类化合物，检测到梨果实中存在熊果苷、没食子酸、咖啡酸、绿原酸、柚皮苷、儿茶素、表儿茶素、芦丁和槲皮素 9 种酚类生物活性物质含量（图 8-76）。该检测体系分离效果好、精密度高，对 9 种生物活性物质标准品的检测限（S/N＝3）均低于 $0.05\mu g/$ g。他们利用该体系分析检测了梨 4 个栽培种 35 个梨品种果实中 9 种酚类生物活性物质组分的含量（表 8-25）。

**表 8-25　不同梨果实中酚类活性物质组分的含量**（$\mu g/g$，FW）

| 品种 | 熊果苷 | 没食子酸 | 儿茶素 | 表儿茶素 | 咖啡酸 | 柚皮苷 | 绿原酸 | 芦丁 | 槲皮素 |
|---|---|---|---|---|---|---|---|---|---|
| 喜水 | 160.18 | 9.07 | 35.13 | 10.52 | 5.01 | nd | 34.01 | 4.43 | 40.28 |
| 幸水 | 110.44 | 8.93 | 26.56 | 18.87 | 6.67 | 32.38 | 37.81 | 2.45 | 17.69 |
| 黄花 | 150.29 | nd | 31.94 | 0.04 | 2.72 | 8.24 | 28.84 | 5.317 | 24.41 |
| 翠冠 | 161.19 | nd | 14.68 | 0.11 | 20.13 | 1.96 | 27.82 | nd | 24.24 |
| 金水 | 128.84 | 8.75 | 28.92 | 91.54 | 11.48 | 25.84 | 30.64 | 21.58 | 21.82 |
| 明月 | 95.86 | 9.29 | 17.37 | 16.16 | 7.99 | 13.70 | 28.48 | 32.46 | 16.97 |
| 爱宕 | 93.33 | nd | 14.69 | nd | 3.04 | 13.89 | 25.81 | 1.33 | 19.16 |
| 丰水 | 112.74 | nd | 20.28 | 5.42 | 4.18 | 4.66 | 29.21 | 3.35 | 23.17 |
| 今村秋 | 100.58 | 10.09 | 60.79 | 11.05 | 7.74 | 5.07 | 34.16 | 5.72 | 27.29 |

（续）

| 品种 | 熊果苷 | 没食子酸 | 儿茶素 | 表儿茶素 | 咖啡酸 | 柚皮苷 | 绿原酸 | 芦丁 | 槲皮素 |
|---|---|---|---|---|---|---|---|---|---|
| 二宫白 | 153.6 | 9.71 | 27.61 | 6.78 | 9.98 | 50.02 | 36.04 | 21.56 | 22.24 |
| 花盖 | 409.50 | 19.70 | 173.74 | 29.74 | 35.03 | 153.86 | 88.07 | 47.87 | 45.71 |
| 京白 | 318.34 | 17.64 | 104.69 | nd | 17.22 | 14.68 | 42.28 | 15.24 | 18.28 |
| 青面 | 208.23 | 10.45 | 129.65 | 84.96 | 63.54 | 45.52 | 61.41 | 87.99 | 17.0 |
| 尖把 | 373.19 | 12.52 | 179.2 | 121.68 | 6.49 | 51.41 | 43.67 | 84.85 | 21.16 |
| 五香 | 79.40 | 9.12 | 15.68 | 22.75 | 6.56 | 29.01 | 26.83 | 47.86 | 16.1 |
| 大香水 | 338.48 | 10.94 | 130.71 | 81.35 | 12.13 | 49.60 | 52.02 | nd | 34.11 |
| 秋子梨 | 64.09 | 11.13 | 26.57 | 13.34 | 2.77 | 13.4 | 25.11 | 4.90 | 28.41 |
| 甜秋子 | 149.98 | 9.52 | 112.52 | 39.79 | 3.39 | 6.05 | 28.27 | 33.78 | 23.44 |
| 八里香 | 61.68 | nd | 34.11 | 33.79 | 2.47 | 7.03 | 32.65 | 23.93 | 24.91 |
| 红宵 | 365.15 | 10.99 | 123.52 | 15.13 | 13.10 | 136.41 | 63.79 | 35.64 | 41.99 |
| 库尔勒香梨 | 111.24 | 9.56 | 58.89 | 42.17 | 11.55 | 12.48 | 34.35 | 9.34 | 23.82 |
| 绿句句 | 188.88 | nd | 104.57 | 162.42 | 31.76 | 28.13 | 39.41 | 127.21 | 22.5 |
| 早熟句句 | 147.68 | 8.67 | 79.13 | 35.86 | 21.74 | 42.08 | 48.76 | 76.37 | 24.93 |
| 魁可句句 | 142.98 | nd | nd | 1.42 | 2.41 | 1.52 | 28.26 | 3.92 | 22.59 |
| 色尔克莆 | 148.59 | nd | 18.03 | 4.49 | 2.36 | 4.39 | 26.19 | 6.33 | 17.79 |
| 胎黄 | 465.86 | 11.17 | 154.62 | 264.10 | 22.81 | 129.78 | 52.19 | 120.95 | 73.14 |
| 软把 | 378.33 | 11.78 | 121.21 | 284.43 | 14.23 | 74.84 | 39.99 | 10.51 | 56.44 |
| 秋白 | 32.36 | nd | 28.33 | nd | 1.41 | 5.25 | 25.64 | 5.89 | 19.66 |
| 蜜酥 | 489.33 | 11.06 | 136.38 | 47.59 | 72.97 | 66.41 | 57.33 | 90.80 | 25.19 |
| 早梨 | 328.11 | 11.63 | 132.25 | 185.73 | 46.92 | 222.56 | 81.51 | 272.43 | 25.69 |
| 鹅黄 | 110.70 | nd | 29.78 | 17.11 | 11.41 | 0.45 | 31.17 | nd | 21.07 |
| 青梨 | 98.72 | nd | 84.50 | nd | 11.08 | 1.96 | 28.45 | 10.99 | 18.98 |
| 茌梨 | 183.73 | 9.28 | 56.41 | 24.85 | 30.88 | 11.56 | 36.78 | 102.91 | 17.47 |
| 白瓢 | 449.13 | nd | 69.05 | 99.59 | 26.31 | 242.80 | 85.04 | 39.13 | 39.46 |
| 苹果梨 | 98.91 | nd | 19.62 | 3.99 | 3.74 | 5.85 | 25.08 | 2.63 | 16.14 |

不同种及品种梨果实生物活性物质组分的分析结果表明（表 8-25，图 8-95），白梨果实中酚类活性物质的含量普遍较高，其次为秋子梨、新疆梨和砂梨。检测到的 9 种酚类活性物质中熊果苷含量最高，其次为儿茶素和表儿茶素、柚皮苷、绿原酸、芦丁、槲皮素、咖啡酸、没食子酸。不同种的梨果实酚类活性物质含量差异明显，其中熊果苷、儿茶素含量差异极显著；秋子梨和新疆梨中的表儿茶素、咖啡酸、芦丁含量差异不显著；砂梨和新疆梨中的柚皮苷、槲皮素含量差异不显著；白梨和秋子梨中绿原酸含量差异不显著；4 个品系中的没食子含量较低，差异不显著。

马良（2004）对东方梨（白梨、砂梨、秋子梨和新疆梨）以及西洋梨 5 个种的 22 个品种进行分析，结果表明东方梨果实中熊果苷的含量（17 个品种平均 $164\mu g/g$）高于西洋梨（5 个品种平均 $83\mu g/g$），其中主栽品种鸭梨含量最高，达到 $400\mu g/g$。西洋梨中的绿原酸含量更为突出，平均 $309\mu g/g$，高于东方梨的含量（平均 $158\mu g/g$）。这些成分在果实中的分布差别很大，熊果苷在果皮中含量最高，分别为果心和果肉的 3～5 倍和 10～40 倍。东方梨中绿原酸的分布果心含量高于果皮，而西洋梨则相反。

酚酸是酚类物质中重要的组成成分，关于梨中的酚酸，前人的研究认为绿原酸是主要的存在形式，但是有学者（Colaric 等，2006）认为，西洋梨中含量最高的酚酸其实不是绿原酸，而是它的异构体——异绿原酸，其理化性质与绿原酸十分相似，即使用 HPLC

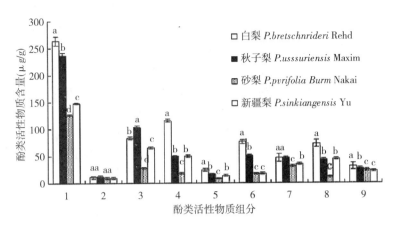

1.熊果苷　2.没食子酸　3.儿茶素　4.表儿茶素　5.咖啡酸
6.柚皮苷　7.绿原酸　8.芦丁　9.槲皮素

图 8-95　不同栽培种梨果实酚类物质组成

法仍然辨不清两者的差异。而在东方梨果实中，则普遍认为是绿原酸（Cui 等，2005）。由于绿原酸和异绿原酸这两种成分十分相似的色谱行为，且异绿原酸的标准品不易获得，所以有时文献报道的这些结果存在一定的误差。东方梨中的酚酸类成分中，到底是以绿原酸形式存在还是以异绿原酸形式存在，要在实验中进一步研究分析。

酚类物质的组成、含量不仅在不同的种、品种之间存在差异，在同一品种的不同组织之间也有明显的差异，马良（2004）利用建立的高效液相色谱法对鸭梨花期和果实生长发育期酚类物质含量进行了动态分析，结果表明花期的不同器官中熊果苷和绿原酸两种成分含量处于较高的水平，尤其熊果苷，在花芽和叶芽中含量高达1.3%左右，绿原酸为3 000$\mu$g/g 左右。在果实生长过程中，幼果期两种酚类成分含量最高，分别为 1.0%和 0.38%，随果实发育含量快速下降，果实成熟时这些酚类成分含量降低到 400$\mu$g/g 以下。鞠志国等（1993）的研究表明在成熟的茌梨中，水溶性酚类物质和木质素表现出不同的分布趋势。前者在果皮、果肉中部和果心处有 3 个峰，其中果心含量最高。而后者则在邻近果皮的果肉、果核和果心处有 3 个峰，峰值以果核处为最大。就种子而言，简单酚类物质和木质素主要集中在种皮内，胚中不含木质素，水溶性酚类物质含量也很低。

梨果实种、品种间生物活性物质含量的不同，为梨果实的鲜食和深加工利用提供了理论依据，以不同品种梨果实为原料进行生物活性物质的开发与利用是梨深加工产业的重要方向之一。研究梨果实中不同生物活性组分的提取纯化工艺，开展不同组分单体在生物活性相关的研究，进一步阐明梨果实活性成分的具体药理活性与功能，是将来梨果实生物活性物质研究与综合开发利用的主要方向。

### （二）酚类化合物的代谢调控

酚类化合物的合成均以葡萄糖为底物和能量来源，前期在利用葡萄糖合成磷酸烯醇式丙酮酸和赤藓糖-4-磷酸后进入莽草酸途径，进而合成苯丙氨酸进入黄酮及酚类化合物的主合成途径。在整个合成路线中，从分支酸到香豆酰-CoA 的途径是所有酚类及黄酮类物质合成代谢的必经途径，合成的 1 分子香豆酰-CoA 与 3 分子丙二酸单酰-CoA 在查尔酮合成酶的作用下生成黄酮及酚类物质的第一个具有 C15 骨架的黄酮类化合物——查尔酮，进而在各种异构酶的作用下生成其他各种物质。在植物体长期的自然选择过程中，某些植物已经固定合成、含有某些特异的次生代谢产物，如异黄酮的合成大部分存在于豆科植物或某些裸子植物中。所以，不同的植物类群其遗传特性、生存环境存在差异，根据这些差异及植物本身的需要而合成某些特异的化合物，在合成过程中，虽然合成总路线基本一致，但是因为各种差异的存在导致合成的终产物却不尽相同。

植物的不同部位均有合成酚类化合物的功能。酚类代谢产物在植物体内的合成路线基本固定，但是受到环境、植物自身等因素的调控。不同环境条件下的不同物种，其次生代谢能力存在差别，所以含有的酚类化合物的种类及含量也存在差异。此外，酚类类化合物的合成代谢还受到多种酶的催化作用，如查尔酮合成酶（CHS），查尔酮异构酶（CHI），黄烷酮 3-羟化酶（F3H），二氢黄酮醇还原酶（DFR）和类黄酮糖基转移酶（UFGT），编码这些酶的基因表达也同样受到环境条件的调节，特别是光照和温度等环境因素的影响。

光照、温度、水分和矿质营养等都对植物的生长和代谢产生重要影响。如鞠志国（1993）在对茌梨的研究中发现苯丙氨酸解氨酶（PAL）具有光诱导酶的特性，遮光处理能显著抑制 PAL 活性，从而抑制了果实中水溶性酚类物质和木质素的含量，降低了果点的大小和数量，改善了果实的外观和食用品质。

### （三）酚类物质对果实品质的影响

酚类物质代谢与梨果实品质密切相关。果点是衡量果实外观品质的一个重要指标。从生理角度看，果点是木栓质，木栓质的形成是以酚类物质作为前体的。所以，酚类代谢会影响果点的形成。梨果实套袋从调节光照入手，降低了果实中 PAL 和多酚氧化酶（PPO）活性，从而显著降低了酚类物质的合成，改善了梨果品质，其效应表现在三个方面：第一，抑制了木栓的合成，因而减少了果点的数量和大小，果实外观品质上升；第二，抑制了木质素的合成和石细胞的形成，进一步改善了果实的食用品质；同时降低了果实中水溶性酚类物质含量，提高了果实的贮运品质（鞠志国等，1993）。

低温贮藏或低温气调贮藏的条件下，梨果实最容易发生的生理病害之一是果心或果肉的组织褐变。大量资料表明这与组织中所含的酚类物质有关，在 PPO 的催化下酚类物质被氧化为醌，醌可以通过聚合作用产生有色物质从而引起组织褐变。在正常发育着的果实中酚类物质与 PPO 是呈区域化分布的，前者在液泡内，后者在细胞质或细胞膜上，因此不会发生酚的酶促氧化。对茌梨、香水梨、兔头梨、鸭梨和雪花梨的分析结果表明，组织的褐变程度与其酚类物质含量呈显著的正相关。果心中酚类物质含量最高，因而组织褐变出现最早，褐变程度也最严重。上述结果似乎意味着选育酚类物质含量低的品系或采取栽培措施降低果实中简单酚类物质含量将是改善梨果实贮藏品质的有效途径之一。

## 五、酯类和芳香性物质

### （一）果实挥发性芳香物质的生物合成

植物通过初生代谢和次生代谢形成数以千计的生物学特性和功能不同的挥发性物质。果实中挥发性物质的生物合成主要有以下途径：

（1）碳水化合物代谢途径　碳水化合物代谢形成的挥发性芳香物质主要有呋喃酮、吡喃酮以及各种萜烯类化合物。果实中各种萜烯类物质都来源于基本的构成单位异戊烯焦磷酸（IDP）和其异构体二甲基烯丙基二磷酸（DMAPP）。果实中通过碳水化合物代谢途径形成的挥发性芳香物质较少，梨果实中主要是 $\alpha$-法呢烯。

（2）脂肪酸代谢途径　不管是从质还是量上说，果实中主要的挥发性物质基本上是来源于饱和与不饱和脂肪酸代谢。直链醇、醛、酮、酸、酯和内酯主要是通过脂肪酸的酯氧合酶、$\alpha$-氧化和 $\beta$-氧化等途径形成。脂肪酸的脂氧合酶途径中至少有 4 种酶参与，即脂氧合酶（LOX）、氢过氧化物裂解酶（HPL）、乙醇脱氢酶（ADH）和乙酰基转移酶（AAT）。LOX 是脂氧合酶途径中重要的成分，是一种无亚铁血红素、含铁的加双氧酶，可以催化部分或对应选择性地氧化含 1Z,4Z-异二烯分子的不饱和脂肪酸（亚油酸和亚麻酸），将脂肪酸转化成氢过氧化物，最终形成 3Z-己烯醇、2E-己烯醇、2E,6Z-壬二烯醛等香气物质。目前已鉴定出大量的植物 LOX，根据脂肪酸氧化的位置特性可分为 9-LOX 和 13-LOX 两种不同的类型，分别在碳水化合物的 9 位碳或 13 位碳上氧化分别形成 9S 和 13S-氢过氧化物衍生物。HPL 裂解 LOX 产物，形成 $\omega$-含氧酸和 $C_6$、$C_9$ 醛等挥发性物质。与 LOX 相似，HPL 根据底物特异性可分为三种类型，即 9 位裂解酶、13 位裂解酶和无特异位置裂解酶，HPL 的底物特异性直接决定了植物挥发性物质的组成。$C_6$ 和 $C_9$ 醛可在 ADH 的催化下进一步代谢成对应的醇。AAT 催化 3Z-己烯醇和酰基辅酶 A 形成 3Z-己烯酯，2-烯烃还原酶使 2E-己烯醛还原成己醛。通过比较不同物种基因组中与 3 个可能代谢通路相关的所有基因，结果发现梨和苹果中与 $\alpha$-亚油酸代谢途径相关的脂氧合酶（LOX）和乙醇脱氢酶（ADH）基因数量较高。进一步的转录数据分析表明，在果实发育过程中有 1/3 的 LOX 同源基因高度表达，在果实发育中期表达量达到峰值。同时，ADH 的表达水平伴随着果实发育过程中乙醇的形成而增加。因此，$\alpha$-亚油酸代谢对于梨果实香气的形成可能是非常重要的。植物中脂肪酸的 $\alpha$-氧化机制是自由脂肪酸（$C_{12}$～$C_{18}$）经过酶解，通过一到两个中间产物形成 $C(n-1)$ 的长链脂肪醛和二氧化碳。双功能的 $\alpha$-双氧化酶/过氧化物酶和 $NAD^+$ 氧化还原酶催化植物中脂肪酸的 $\alpha$-氧化。$\beta$ 氧化是使脂肪酸连续地去掉 $C_2$ 单元。常见 $\beta$ 氧化的具体途径是将脂肪酸氧化形成脂酰辅酶 A 和乙酰辅酶 A，从而进一步形成中短链的醇、醛、酸或 $\gamma$-内酯、$\delta$-内酯等物质，或者在醇酰基转移酶的作用下将酰基辅酶 A 与醇类物质进一步作用形成酯类。

（3）氨基酸代谢途径　氨基酸代谢可以产生脂肪族、支链或芳香族的醇、醛、酸和酯类化合物。果实中常见的作为前体物质的氨基酸有丙氨酸、缬氨酸、亮氨酸、异亮氨酸、天冬氨酸、苯丙氨酸、酪氨酸等。氨基酸代谢途径中共同存在的两步酶反应是：转氨基作用和脱羧基作用，两种反应的关键酶分别为转氨酶和丙酮酸脱氢酶。氨基酸通过转氨作用形成支链酮酸，经脱羧或脱氢，形成支链醇和酰基-CoA，进而形成支链酯类物质。特定果实中挥发性芳香物质的形成通常以某条代谢途径为主，各种代谢途径共存。果实中挥发性芳香物质的组成和含量受品种的遗传特性、果实成熟度、栽培条件、外界生长环境以及贮藏条件等因素的综合影响。不同种类的果实挥发性芳香物质组成存在着较大差异，同一种类不同种甚至品种间果实挥发性芳香物质也存在一定差异，同一品种不同发育阶段的果实其挥发性芳香物质的组成也有所不同。

## （二）梨果实挥发性芳香物质的组成及变化

**1. 梨果实挥发性芳香物质的组成**　芳香物质是果实风味的重要组成成分，是果实商品品质的重要指标之一。梨果实的芳香物质有上百种，根据化学结构的不同可分为酯类、醇类、醛类、烯烃类以及含硫化合物等。其中，酯类是梨果实的重要芳香物质之一。根据感官评价，芳香物质又可分为果香型、青香型和醛香型等。梨果实的挥发性芳香物质中，果香型的化合物主要有乙酸乙酯、丁酸乙酯、己酸乙酯、乙酸己酯、癸酸乙酯等；青香型化合物主要是 $C_6$ 醛和 $C_6$ 醇，如己醛、1-己醇，2-己烯醛，1-己烯醇等；醛香型化合物主要是指各种挥发性的醛，主要包括 $C_6$ 醛和 $C_9$ 醛。

果实香气不仅与挥发性芳香物质的种类有关，还与挥发性芳香物质的含量有关。挥发性芳香物质的含量有绝对含量和相对含量。绝对含量通常用单位鲜重质量果实中挥发性芳香物质含量的多少来表示，如 $\mu g/g$ 或 $g/kg$。梨果实中的挥发性芳香物质含量较低，多数在果实鲜重的百万分之一左右。对 11 个亚洲栽培梨的挥发性芳香物质分析发现，西洋梨巴梨（Bartlett）的挥发性芳香物质含量最高，达 6 085.0 $\mu g/kg$；秋子梨其次，含量从每千克几百到几千微克不等；白梨和砂梨的含量较低，每千克只有几十微克（Li 等，2012）。对 33 个秋子梨品种的芳香物质研究发现，品种间挥发性物质的含量从 889.91 $\mu g/kg$ 到 5 264.04 $\mu g/kg$ 不等（表 8-26）。砂糖梨、热梨、红八里香、伏五香和龙香的挥发性物质含量较高，而六月鲜、小白小、小香水、小核白以及龙香 2 号等早熟品种和黄山、油岩茬、白花盖等果实的芳香物质含量较低，仅为砂糖梨等品种的 1/4～1/3。

**表 8-26　33 个秋子梨果实的挥发性芳香物质含量**

| 编号 | 品种 | 含量 | 编号 | 品种 | 含量 | 编号 | 品种 | 含量 |
|---|---|---|---|---|---|---|---|---|
| 1 | 羊奶早 | 3 085.48 | 12 | 小核白 | 1 445.53 | 23 | 龙香 | 4 262.32 |
| 2 | 六月鲜 | 1 460.77 | 13 | 早香 2 号 | 912.52 | 24 | 软儿 | 2 194.72 |
| 3 | 大头黄 | 3 518.46 | 14 | 八里香 | 3 257.41 | 25 | 延边谢花甜 | 1 804.81 |
| 4 | 砂糖梨 | 4 194.17 | 15 | 热秋子 | 2 795.79 | 26 | 官红宵 | 1 981.45 |
| 5 | 小白小 | 1 697.54 | 16 | 假直把子 | 3 227.66 | 27 | 黄山 | 889.91 |
| 6 | 满园香 | 3 208.35 | 17 | 面梨 | 2 260.50 | 28 | 油岩茬 | 1 098.61 |
| 7 | 小香水 | 1 304.21 | 18 | 兴城谢花甜 | 1 725.94 | 29 | 白花盖 | 1 509.68 |
| 8 | 大香水 | 2 221.19 | 19 | 红八里香 | 4 050.04 | 30 | 南果梨 | 3 296.43 |
| 9 | 热梨 | 5 264.04 | 20 | 白八里香 | 3 578.31 | 31 | 山梨 24 | 3 100.48 |
| 10 | 秋香 | 3 729.92 | 21 | 伏五香 | 4 061.68 | 32 | 五香梨 | 3 671.51 |
| 11 | 锦香 | 3 021.15 | 22 | 福安尖把 | 2 611.53 | 33 | 京白梨 | 2 062.85 |

果实挥发性芳香物质的相对含量是指各种（类）挥发性芳香物质含量占挥发性芳香物质总量的百分比。果实的香味特征很大程度上取决于其相对含量。砀山酥梨果实中己醛的相对含量为 41.22%，1-己醇 2.54%，(E)-2-己烯醛 2.04%，大量的醛醇类化合物赋予其明显的青香特征。南果梨中己酸乙酯的相对含量为 30.91%，乙酸乙酯 14.12%，乙酸己酯 10.44%，己醛 3.36%，己酸甲酯 2.55%，2-甲基丁酸乙酯 1.98%，3-羟基己酸乙酯 1.80%，2-己烯酸乙酯 1.56% 和 3-（甲硫基）丙酸乙酯 1.10%，该品种是典型的果香型

梨品种。五九香梨中乙酸己酯的相对含量为 49.35%，乙酸丁酯 19.56%，己酸乙酯 5.16%，丁酸乙酯 4.92%，乙酸乙酯 1.08%，（E,Z）-2,4-癸二烯酸乙酯 0.84%，也是果香型梨品种。品种间芳香物质组分和含量的差别赋予了不同品种独特的香气特征。对 33 个秋子梨品种果实芳香物质的分析结果表明，热梨、锦香、红八里香、白八里香和五香梨果实中酯类物质的含量较高，具有较浓的果香特征，而砂糖梨和满园香等品种中醛类物质的含量较高，具有较浓的醛香特征（图 8-96）。

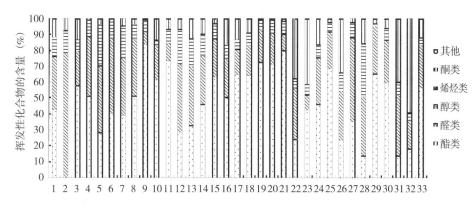

图 8-96　33 个秋子梨品种果实中各类挥发性化合物的相对含量
（注：横坐标中的数字分别与表 8-26 中的品种编号对应）

　　果实内挥发性芳香物质的形成是一个动态过程，芳香物质的种类和浓度随果实生长发育而变化，大部分芳香物质出现在果实生长发育的后期。生长发育后期的果实以分解代谢为主，果实内的脂类、蛋白质、碳水化合物经过一系列分解反应形成各种挥发性芳香物质。对砀山酥梨和南果梨生长发育过程中芳香物质的研究发现，果实发育初期仅有少量的醛类和烯烃类化合物形成；随果实的生长发育，逐渐有醇类和酯类化合物的出现，芳香物质的总量也逐渐增加，成熟果实中反映品种香气特征的芳香物质才逐渐形成（图 8-97），成熟的砀山酥梨果实中主要的挥发性芳香物质是醛醇类化合物，其次是酯类化合物。与砀山酥梨不同的是，南果梨发育中期就有一定的酯类化合物，随着果实生长发育进程的推进，酯的种类增多，尤其是果实发育后期（盛花后 125d）酯类物质的形成迅速增加，并成为南果梨成熟果实中主要的挥发性芳香物质。西洋梨也有类似的表现，在果实后熟过程中酯类化合物迅速合成，使完熟果实表现出较浓的果香特征。对爱甘水、翠冠和中梨 1 号三种早熟梨果实成熟期挥发性芳香物质变化规律的研究发现，随果实成熟度的增加，挥发性芳香物质的总量增加。品种间表现出不同的变化特点，果实成熟早期，爱甘水中挥发性芳香物质的含量最高，达 381.69ng/g（FW）；翠冠最少，为 242.95ng/g（FW）；果实成熟后期，翠冠中的芳香物质的含量达 1 398.57ng/g（FW），而另外两个品种中挥发性芳香物质的含量约为翠冠的一半。从各类挥发性芳香物质的相对含量变化看，在果实成熟过程中醛类化合物的相对含量均有增加，除翠冠外，醇类化合物的相当含量均有减少（图 8-98）。可见，在相同的生长环境以及栽培措施下，品种间挥发性芳香物质代谢特点的差异，使挥发性芳香物质的组成和含量表现出不同的变化特点。

　　果实采后贮藏过程中芳香物质也在发生变化，且不同品种间存在差异。白梨品种鸭梨

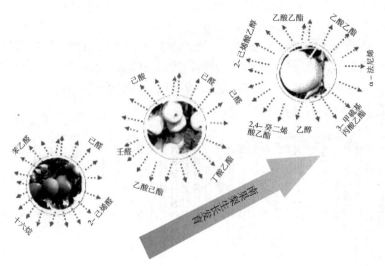

图 8-97 南果梨果实生长发育过程中挥发
性芳香物质组成的变化

果实在贮藏的前 4 个月，乙酸乙酯、丁酸乙酯、己酸乙酯、乙酸己酯以及乙醇等物质逐渐增加，第五个月开始含量逐渐下降；在整个贮藏过程中，己醛和 α-法尼烯的含量一直下降，而 2，4-癸二烯酸乙酯的变化却较小。库尔勒香梨果实贮藏过程中有的酯类化合物含量在增加，有的却在下降。巴梨果实成熟过程中，酯类化合物尤其是乙酯类化合物的含

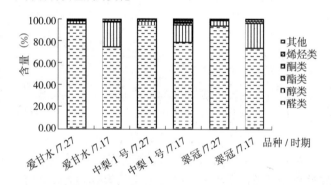

图 8-98 三种早熟梨果实成熟期各类芳香物质的百分含量

量显著增加。这些挥发性芳香物质的变化说明梨果实在贮藏过程中芳香物质有着活跃的代谢，尤其是酯类化合物，使贮后的梨果实表现出其独特的风味特征。

**2. 挥发性芳香物质的释放** 挥发性物质的释放是感知气味和风味的另一重要方面。β-葡萄糖苷酶（β-glucosidase）的作用是促进催化葡萄糖苷释放香气挥发性化合物，该同源基因的数量在梨（101 个）和苹果（158 个）中都是很高的。但是在梨上鉴定的 101 个 β-葡萄糖苷酶基因除了和已知的 β-葡萄糖苷酶基因聚类外，还有一些其他基因聚在一起，因此推测梨上可能存在新的影响香气形成的基因，但尚未被检测出来。此外，转录测序数据还表明，仅有 20% 的 β-葡萄糖苷酶同源基因在梨果实中表达，并且这些基因的表达量是随着果实的发育而下降的。这一现象表明，梨果实在感官评价中表现较淡的香气可能是由于更多的挥发性物质处于束缚状态，而没有被释放出来所导致的。

**3. 挥发性芳香物质与果实风味的关系** 果实中大量存在的可溶性糖、有机酸、多酚类物质以及挥发性芳香物质等共同构成了果实的风味品质，这些风味物质相互作用、相互影响，最终赋予不同果实不同的风味特征。香味作为果实风味特征的重要组成之一，它是

果实中按一定含量和比例存在的大量挥发性芳香物质形成的综合感官效应。目前，已从梨果实中鉴定出的醛类、酮类、醇类、酯类、烯烃类芳香成分有上百种，这些芳香物质有的气味浓郁，有的气味清淡，有的甚至无味，只有把它们作为一个整体时，才能反映出不同品种梨果实的芳香特征。果实中并非所有芳香成分都能决定其特征风味，而是某些或某种化合物决定其特征风味，这类化合物称为特征效应化合物（character impact compounds）。西洋梨品种拉法兰西果实的特征效应化合物主要有癸酸乙酯和癸酸甲酯，秋子梨品种南果梨果实的特征效应化合物有乙酸乙酯、乙酸己酯、己酸乙酯、丁酸乙酯、己醛、2-己烯醛、癸醛等。

果实风味特征也不是简单地由芳香物质浓度高低来决定，还要考虑该物质的阈值浓度，即该物质能够被嗅觉感知的最低浓度，因此果实的香气大小通常用香气值来表示。香气值（Uo）=某香气成分的含量/香气阈值。果实中只有香气值大于等于 1 的芳香物质才能对果实香味产生贡献，而小于 1 的物质却不能被人感知。表 8-27 是梨果实中常见芳香物质的香气阈值。另外，果实中的芳香成分并非浓度越高越好，有的物质在低浓度时表现为怡人的香气，而在高浓度时表现相反的作用。

表 8-27　梨果实中常见挥发性芳香物质的香气阈值及香气描述

| 芳香化合物 | 香气阈值（mg/kg） | 香气描述 |
|---|---|---|
| 乙酸乙酯 | 13.5 | 果香型 |
| 乙酸丁酯 | 0.066 | 苹果味、果香型 |
| 乙酸戊酯 | 0.043 | 果香型 |
| 丁酸丁酯 | 0.1 | 果香、奶香味、果香型 |
| 乙酸己酯 | 0.002 | 香蕉味、苹果味、梨味、果香型 |
| 丁酸乙酯 | 0.001 | 果香、甜香、奶香味、果香型 |
| 丁酸己酯 | 0.25 | 果香型 |
| 2-甲基丁酸乙酯 | 0.0001 | 果香型 |
| 2-甲基丁酸丁酯 | 0.017 | 果香型 |
| 己酸甲酯 | 0.087 | 果香型 |
| 己酸乙酯 | 0.001 | 果香型 |
| 1-己醇 | 0.5 | 青草味 |
| （E）2-己烯-1-醇 | 6.7 | 青香型、果香型 |
| 己醛 | 0.0105 | 青草味、青香型 |
| 2-己烯醛 | 0.017 | 青草味、青香型 |

芳香物质作为果实风味品质的重要组成成分，具有明显的种及品种特性。多数西洋梨和秋子梨成熟果实中主要的挥发性芳香物质是酯类化合物，有着明显的果香特征，如红安久、五九香、南果梨和福安尖把都是果香味浓郁的果香型品种。白梨果实中主要的挥发性芳香物质是醛类化合物，其次是醇类，此外，还有一定量的酯类化合物；砂梨果实中主要的挥发性芳香物质是醛类和醇类化合物，以及少量的酯类化合物。多数白梨和砂梨果实中芳香物质的种类较少、含量较低，以青香型风味为主，如丰水、爱甘水、中梨 1 号、翠冠和砀山酥梨均为香味较淡的青香型品种；鸭梨果实的风味较淡，但也属于果香型品种，说明果实风味在种间既有共性，也有个性。

芳香物质作为果实风味品质的重要组成成分，也是评价果实成熟度的重要指标之一。完全成熟的果实中，反应品种香味特征的芳香物质才完全形成。对没有呼吸跃变的白梨和砂梨果实来说，果实采收期体现品种香气特征的挥发性芳香物质就已经形成，对于有呼吸跃变的秋子梨和西洋梨果实来说，后熟后体现品种香味特征的芳香物质才大量形成，且只有在自然成熟后的果实中才能散发出怡人的香气，而未成熟或人工催熟的果实风味较淡或没有该品种的特征香味。因此，生产中适时采收也是提高梨果实风味品质的重要措施之一。

**4. 挥发性芳香物质代谢的调控** 在对果实挥发性芳香物质形成机理的研究基础上和长期的生产实践中，探索出多种调控果实挥发性芳香物质形成的技术和措施，主要有以下几个方面。

(1) 改善环境条件和栽培措施 这是最直接最明显的调控方式。梨果实芳香物质的形成主要是在果实发育的后期，在果实发育后期各种代谢以分解为主，这时的光照、温度等环境因子以及肥水条件对芳香物质的组成和含量都有重要影响。果实成熟期间，晴朗天气更有利于芳香物质的形成，向阳的、植株外围的香味品质优于内膛果，说明果实中芳香物质的形成与光照有着重要的关系。果实成熟前增施有机肥和减少灌溉也可在一定程度上促进果实中脂肪酸、氨基酸等物质的转化，促进芳香物质的形成，从而改善果实风味。此外，合理的氮肥施用量也有利于芳香物质的形成和保持果实的风味品质，施氮过多则易引起植株旺长，造成植株的营养生长与生殖生长失调，果实风味品质下降；过少或不施氮则影响到前体物向芳香成分的转化，导致芳香物质含量低。

套袋对果实挥发性芳香物质形成的调控试验发现，套袋对鸭梨果实中挥发性芳香物质的种类和含量均有一定影响。未套袋的鸭梨果实中共检出挥发性成分23种，其中酯类12种〔丙酸乙酯、丁酸乙酯、2-甲基丁酸乙酯、戊酸-3-甲酯、氟基戊酸甲酯、己酸乙酯、3-羟基己酸乙酯、辛酸乙酯、癸酸乙酯、2,4,6-三甲基十二酸甲酯、十六酸乙酯、3-庚炔-2,6-二酮-5-甲基-5 (1-甲酯)〕；烷类3种[正十五烷、正十七烷、三丁基-甲硼烷)；酮类 (3,4-环氧-3-乙基-2-丁酮)、醇类 (1-己醇) 和膦类 (二乙基膦) 各1种，未知待定成分5种。这些挥发性成分中，以酯类化合物的含量最高，相对含量达68.79%，绝对含量每100g含14.9μl。在酯类中，以丁酸乙酯、己酸乙酯为主，二者相对含量之和为39.9%，绝对含量之和每100g为8.65μl。套袋后果实中挥发性成分及含量均发生了明显的变化 (表8-28)。套袋鸭梨果实中共检测到挥发性物质24种，其中酯类8种，酮类、醇类和膦类各1种，烷类2种，未知待定成分11种。酯类相对含量为45.65%，绝对含量每100g为8.97μl。与未套袋果实相比，套袋果实中辛酸乙酯、癸酸乙酯、十六酸乙酯、丙酸乙酯、丁酸乙酯等酯类物质的含量降低，己酸乙酯和戊酸-3-甲酯消失，但增加了巯基乙酸乙酯、己酸-3-甲酯两种成分。套袋果中醇类化合物的含量大量增加，1-己醇由未套袋的5.49%增加到了13.54% (徐继忠等，1998)。

表8-28 鸭梨套袋后果实中挥发性物质的成分及含量

| 组分 | 相对含量（%） | | 绝对含量（每100g含量，μl） | |
| --- | --- | --- | --- | --- |
| | 无袋 | 套袋 | 无袋 | 套袋 |
| 酯类 | 68.79 | 45.65 | 14.91 | 8.97 |
| 酮类 | 2.14 | 1.56 | 0.46 | 0.31 |
| 醇类 | 5.49 | 13.54 | 1.19 | 2.6 |
| 膦类 | 0.81 | 0.76 | 0.18 | 0.15 |
| 烷类 | 4.04 | 12.8 | 0.87 | 2.52 |
| 未知待定成分 | 18.73 | 25.69 | 3.19 | 4.42 |

负载量与鸭梨果实芳香物质形成的相关性研究表明,负载量在36 795~65 940kg/hm² 范围内,芳香物质的种类与负载量的大小无关,不同负载量的果实中均有 22 种挥发性芳香物质检出;但芳香物质的含量对负载量的依赖性较大,酯类物质的绝对含量随着负载量的增加呈增长趋势,但负载量过高时酯类物质含量又下降。烷类、醇类、烯类、酚类物质含量及挥发物质总量的变化趋势与酯类物质基本相同,均表现为随负载量增加而呈上升趋势,但负载量过大时则又下降。酯类、烷类、醇类、烯类物质及挥发物质总量均以负载量 57 152kg/hm² 时为最高,酚类物质以负载量为50 235kg/hm² 时最高(表 8-29)。从各类挥发性物质的相对含量还可以看出,不同负载量的鸭梨果实中挥发性芳香物质的相对含量均以酯类物质比例最高,占总挥发物质含量的 35.79%~49.33%,其他类物质由高到低的顺序为烷类 17.5%~38.94%,烯类 5.77%~33.84%,醇类 4.32%~14.30%,酚类 0~1.15%。各类挥发性物质相对含量与负载量之间无明显对应关系(陈海江等,2004)。

表 8-29 不同负载量鸭梨果实中挥发性物质的含量

| 负载量 (kg/hm²) | 绝对含量(每100g 含量,µl) | | | | | | 相对含量(%) | | | | | |
|---|---|---|---|---|---|---|---|---|---|---|---|---|
| | 酯类 | 烷类 | 醇类 | 烯类 | 酚类 | 总含量 | 酯类 | 烷类 | 醇类 | 烯类 | 酚类 | 总含量 |
| 36 795 | 142.7 | 98.6 | 29.36 | 17.5 | 0.6 | 289.0 | 49.23 | 34.01 | 10.22 | 6.04 | 0.22 | 99.72 |
| 45 885 | 187.4 | 135.95 | 44.8 | 165.8 | 0.6 | 534.55 | 38.23 | 17.5 | 9.15 | 33.84 | 0.13 | 98.85 |
| 50 235 | 321.6 | 236.8 | 117.1 | 133.0 | 9.5 | 818.0 | 39.23 | 28.80 | 14.30 | 16.25 | 1.15 | 99.73 |
| 57 152 | 611.9 | 443.2 | 151.3 | 388.4 | 0.9 | 1 595.7 | 35.79 | 25.92 | 8.85 | 22.71 | 0.051 | 93.32 |
| 65 940 | 419.6 | 354.3 | 39.3 | 52.5 | 0 | 865.7 | 46.11 | 38.94 | 4.32 | 5.77 | 0 | 95.14 |

采前喷钙调控果实挥发性芳香物质形成的研究中发现,钙处理可促进南果梨果实中酯类物质,尤其是乙酯类化合物,如乙酸乙酯、丁酸乙酯、己酸乙酯、辛酸乙酯以及(E,Z)2,4-癸二烯酸乙酯的形成,而对醛、醇和烯烃类物质形成的影响却不大,南果梨中果香味的酯类物质相对含量的增加,使其果香味变得更浓。钙处理对梨果实挥发性芳香物质形成的调控作用,品种间有明显的差异,钙处理对砀山酥梨果实中的各类挥发性芳香物质的影响都不大。

(2)采收成熟度的选择 适时采收的果实方可获得该品种应有的最佳风味。以南果梨为例,不同成熟度的果实,采收后经过后熟的完熟果实中挥发性芳香物质的组成和含量均有较大差别。提前采收的果实中共检出 64 种芳香物质,占挥发性物质总量的 91.09%,其中酯类 46 种(62.60%)、醇类 6 种(1.48%)、醛类 3 种(3.68%)、酮类 3 种(0.24%)、烯烃类 5 种(20.86%)、其他 1 种(2.22%)。含量超过 1%的香气物质有乙酸乙酯、丁酸乙酯、2-甲基-丁酸乙酯、己酸甲酯、己酸乙酯、乙酸己酯、2-(甲硫基)丙酸乙酯、乙酸-2-苯乙酯、(E,Z)-2,4-癸二烯酸甲酯、(E,Z)-2,4-癸二烯酸乙酯、己醛、α-法呢烯、苯甲腈等。正常采收的果实中共检出芳香物质 65 种,占挥发性物质总量的 95.62%,其中酯类 44 种(52.07%)、醇类 5 种(0.91%)、醛类 4 种(4.71%)、酮类 1 种(0.06%)、烯烃类 10 种(37.85%)、其他 1 种(0.02%)。含量超过 1%的香气物质有乙酸乙酯、丁酸乙酯、乙酸丁酯、2-甲基-丁酸乙酯、己酸甲酯、己酸乙酯、乙酸己酯、3-(甲硫基)丙酸乙酯、辛酸乙酯、(E,Z)-2,4-癸二烯酸乙酯、2-己烯醛、(Z,E)-3,7,11-三甲基-1,3,6,10-四烯基十二烷、α-法呢烯等。提前采收的果实中,挥发性芳香性物质的总量明显低于正常采收果实。此外，不同采收期果实的特征香气组成和含量也不同，提前采收果实的特征香气有果香味的丁酸乙酯、2-甲基-丁酸乙酯、己酸乙酯、乙酸己酯，青草味的己醛和花香味的癸醛等，而正常采收果实中除这些特征香气外，还有果香味的乙酸丁酯和青苹果味的2-己烯醛。与提前采收果实比，正常采收果实中丁酸乙酯、2-甲基-丁酸乙酯、乙酸己酯的香气值增加，果香味更浓。因此，为了获得果实最佳风味，建议生产中适时采收。西洋梨安久在商品成熟期采收和延后1个月采收对制成的果实萨拉的风味也有较大影响。延后采收的果实再贮藏2～5个月，酯类、醇类和醛类物质的含量均比正常采收果实高，其中丙醇、乙酸丙酯和乙酸己酯的含量均与对照达到差异显著。

（3）改变采后贮藏条件与贮藏方式　果实贮藏过程中，品质尤其是风味品质会发生一定的变化，不同贮藏条件与贮藏方式对果实挥发性芳香物质的影响较大。西洋梨派克汉姆冷藏两个月后果实芳香物质的含量及香气值均高于气调贮藏和1-MCP处理的果实；经过更长时间的贮藏后，1-MCP处理的果实恢复香气产出的能力高于气调贮藏，因此，为保持较好的贮藏品质和果实香气，建议采后先用1-MCP处理然后再进行冷藏。考密斯低氧贮藏后恢复到20℃存放7d，果实中芳香物质的含量明显减少。派克汉姆低氧贮藏后也有类似的现象发生，低氧贮藏两个月后，整果和果酱的特征香气物质癸酸甲酯和癸酸乙酯的含量均显著减少，丁酸乙酯、己酸乙酯、庚酸乙酯以及苯乙醇、苯乙醛等芳香物质的含量也明显下降，在果酱中下降的更加明显。

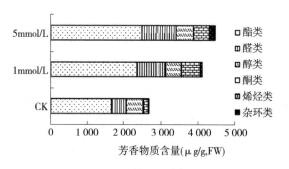

图 8-99　茉莉酸甲酯处理对南果梨果实芳香物质含量的影响

基于梨果实贮藏过程中香气物质含量的下降，采取一定的措施来改善贮后果实香气具有非常重要的意义。张绍铃等发现，茉莉酸甲酯处理过的南果梨果实，贮后酯类物质比对照增加了41.5%～49.5%，醛类物质增加了91.2%～128.6%，烯烃类化合物的含量比对照提高了2～3倍，香气物质的总量增加了60%左右（图8-99），果实风味得到了明显改善，商品价值显著提高。同时，还发现用芳香物质的脂肪酸代谢底物饲喂货架期的梨果实，也可明显改善其果实风味。以砀山酥梨为例，1mmol/L的亚油酸（LA）溶液浸泡贮藏后的果实，挥发性酯类物质比对照增加了76.1%，酮类物质增加了64.9%，醇类物质提高了10倍以上，香气物质的总量增加了53.3%（图8-100），香味品质也得到了明显的改善。

（4）分子水平调控　找到调控梨果实中挥发性芳香物质代谢的关键酶基

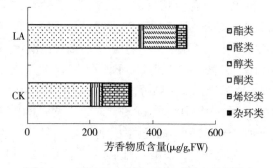

图 8-100　亚油酸（LA）处理对砀山酥梨果实芳香物质含量的影响

因，并进一步了解其生物功能，可通过遗传转化技术改良果实的芳香物质组成，但由于梨果实芳香物质代谢的研究起步较晚，目前尚未有相关报道。

## 六、色素类物质

### （一）色素类物质

叶绿素、类胡萝卜素和酚类色素（主要有花色素、黄酮和黄酮醇等）是决定植物颜色的三大类植物色素。果实着色是由于果实细胞中叶绿素降解，同时形成和显现类胡萝卜素（黄色或橙色）或合成花色素苷（紫色或红色）的结果。不同物质决定不同颜色，研究表明，黄色由类胡萝卜素含量决定，粉红色、红紫色和紫色由花色素的含量多少决定，而橙色则决定于花色素和类胡萝卜素的不同比例。

花色素是决定果色的主要色素，类胡萝卜素、叶绿素在着色中起辅助作用。花色素是水溶性色素，存在于液泡中，在果实中以糖苷的形式存在（赵玉辉等，2006）。存在最为普遍的花色素是矢车菊色素，其次分别为天竺葵色素、芍药色素和飞燕草色素，之后为矮牵牛色素和锦葵色素。自然条件下游离状态的花色素极少见，常通过糖苷键形成花色素苷（anthocyanin）。

花色素苷类物质在果皮表层细胞的合成与积累是梨红色果皮形成的主要原因。Dussi等（1995）以西洋梨为试材，测定红色果皮中主要含矢车菊-3-半乳糖苷，次要成分为芍药素-3-半乳糖苷。黄春辉等报道（2008），西洋梨中的主要花色素苷为矢车菊素-3-半乳糖苷，占总花色素苷的63%，其次是芍药素-3-半乳糖苷，占总花色素苷的18%。肖长城等（2012b）采用高效液相色谱法对分属不同栽培种的37个着红色梨品种成熟期果皮中花色素苷组分及含量进行分析，研究结果表明矢车菊-3-半乳糖苷是梨的主要花素色苷成分，而矢车菊-3-葡萄糖苷、矢车菊阿拉伯糖苷、芍药素-3-半乳糖苷以及芍药素-3-葡萄糖苷是次要的组分。其中，西洋梨、白梨、秋子梨以及新疆梨以矢车菊素-3-半乳糖苷和芍药素-3-半乳糖苷为主，分别占总量的68.80%、13.70%；而砂梨主要以矢车菊素-3-半乳糖苷和矢车菊素-3-葡萄糖苷为主，分别占总量的60.08%、23.67%。

### （二）色素物质的含量变化动态

果实色泽包含果面的底色和表色。色泽变化是从果实的生长到果实的充分成熟期间最易从外表观察到的变化，它是相对独立的过程，在时间程序上与其他成熟期的变化无关。

红色砂梨奥冠和满天红花色素苷在着色早期大量合成，成熟时剧烈下降。美人酥和云红梨1号花色素苷着色时花色素苷积累增加，直到成熟，花色素苷合成速率上升幅度变小，但采收时其含量没有减少。红皮砂梨发育前期，果皮中主要积累叶绿素、类胡萝卜素、类黄酮和总酚等色素，而几乎不积累花色素苷，果实表现为绿色；果实发育后期，叶绿素含量达到一个峰值后急剧下降，类胡萝卜素、类黄酮和总酚的积累变缓，而花色素苷迅速合成且不断积聚达到最高值，最终使得果面逐渐由绿色转变为红色。肖长城（2012b）发现，红色砂梨品种八月红在幼果期花色素苷开始积累，果面呈红色，随着果实的发现，花色素苷含量下降，果面红色变浅，到果实成熟，花色素苷积累增加，果面红色变深。而红香酥在幼果期基本无花色素苷积累，果面呈绿黄色，随着果实的发育，花色素苷含量增加，果面红色逐渐加深，直到果实成熟。

西洋梨花色素苷合成的高峰期出现在果实生长发育中期，而临近果实成熟时花色素苷含量下降。西洋红梨花色素苷含量高峰出现在果实着色中期，在成熟时含量下降，出现褪色现象（Steyn 等，2005）。赵广等在对早红考密斯及其绿色芽变品种的研究中发现，早红考密斯果皮中的花色素苷含量在花后 40d 达到最大值，随后呈下降趋势，但在果实成熟期含量又有所增加，但增加量不大；但在成熟期花色素苷含量增加显著并达到最大值。

### （三）花色素苷代谢的分子机制

植物花色素苷的时空合成机制已有深入的研究。已有的研究表明，不同植物中的花色素苷生物合成受两类基因的共同控制：一类是结构基因，编码生物合成途径中所需的酶；另一类是调节基因，编码调控结构基因时空表达的转录因子。

**1. 花色素苷合成的结构基因**　早在 20 世纪 80 年代，植物花色素苷的代谢途径就已研究清楚。花色素苷合成的最初物质是苯丙氨酸，苯丙氨酸经过苯内烷类途径生成活化的 4-香豆酰 CoA，再经类黄酮途径形成无色（隐色）花色素，然后经酶的催化作用最终形成花色素苷，如图 8-101。

随着模式植物以及苹果、葡萄等果树作物花色素苷合成代谢机制研究的不断深入，对梨的花色素苷合成途径结构基因和调控因子的克隆与作用机制探索也有了较大程度的推进。吴少华（2002）等最早利用同源扩增及 RACE 技术从红巴梨果皮中克隆了花色素合成通路基因 *F3'H*。Fischer 等（2007）通过同源扩增的方法获得了梨花色素苷生物合成相关的 12 个基因，包括 *PAL*、*CHS*、*CHI*、*FHT*、*FLS*、*DFR*、*LAR1*、*LAR2*、*ANS*、*ANR*、*F3GT*、*F7GT*。李俊才等（2010）从红巴梨中克隆了 *UFGT* 基因，进一步表达分析发现该基因在幼果期表达强度约为非红色原始品种巴梨的 2 倍，而果实成熟期表达强度却低于巴梨。Yang 等（2013）克隆了梨花色素苷合成途径中 7 个关键酶结构基因（*PAL*、*CHS*、*CHI*、*DFR*、*F3H*、*ANS*、*UFGT*），并研究了早红考密斯及其绿色变异系中结构基因的序列及表达差异，发现结构基因的整体上调表达与果皮着色关系密切。

**2. 花色素苷生物合成的转录调控因子**　目前已分离、鉴定了 3 类花色素苷合成的转录因子：①R2R3-MYB 蛋白，具有调节植物次生代谢、控制细胞分化、应答激素刺激和外界环境胁迫等生物学功能；②MYC 家族的 bHLH 蛋白，参与调控多种生理途径，如花器官发育、光形态建成、表皮细胞命运（毛状体发生、根毛形成）、气孔开关、激素应答、金属离子体内平衡等，其中调节类黄酮和花色素苷合成是植物 bHLH 转录因子最重要功能之一；③WD40 蛋白，在花色素苷合成、分生组织形成、幼苗发育、花发育、光信号传递和感知等方面具有重要的作用。花色素苷调控因子调控花色素苷合成的模型普遍认为是三者形成蛋白复合体共同行使功能，蛋白复合体一般认为 bHLH 蛋白是复合体的中心，MYB 和 WD40 处于复合体的两边，三者紧密结合。复合体与调控的目标基因启动子序列结合，通过结合和脱离启动子序列来调控目标基因的转录，进而起到调控目标基因表达，决定植物性状的作用。

在梨的花色素苷生物合成调控研究中，从红皮梨奥冠果皮中克隆了 *PyMYB10*，并通过转基因实验结果证明 *PyMYB10* 具有调控红梨果皮花色素苷合成的功能。层次聚类法分

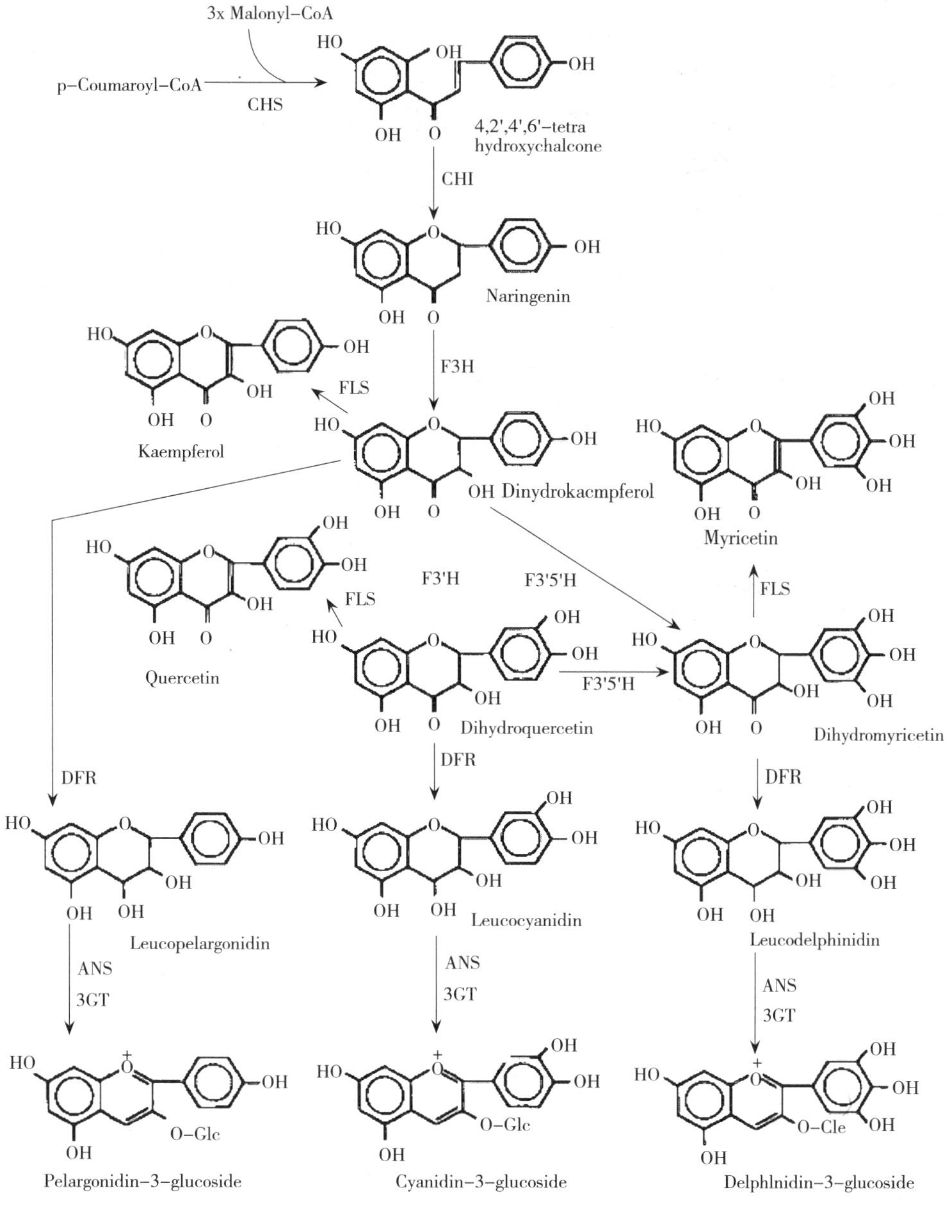

图 8-101 花色素苷生物合成途径
(Holton 和 Cornish，1995)

析表明 *PcMYB*10 与大部分花色素苷生物合成基因呈正相关。Yu 等也证实砂梨品种美人酥、云红梨 1 号的花色素苷积累与 *PyMYB*10 及大部分生物合成基因的协作表达相关。但是 *PyMYB*10 与引起果皮色泽变异的突变位点定位在不同的染色体上，即存在其他调控因子对梨果皮花色素苷的合成调控。Yang 等（2013）通过对早红考密斯及其绿色变异系的研究发现，在果实发育过程中 *PcMYB*10 的表达水平与果皮花色素苷的积累以及 7 个结构基因的上调表达并不一致，因此推测 *PcMYB*10 并不是调控早红考密斯果皮色泽变异的关键基因。

除了上述三类转录因子外，还有很多其他类型的转录因子能够调控花色素苷的代谢。例如 Wu 等（2012）利用 cDNA-AFLP 技术检测获得 *PyMADS*18 基因，其表达水平与果皮中花青素含量变化动态相符合，表明其参与了花青素的合成，影响花青素的积累。

**3. 花色素苷生物合成代谢的调控**  光照是花色素苷合成的前提，套袋措施可以有效地调控果实外观色泽。套袋对花色素苷合成的影响可分为两个阶段，套袋期显著抑制花色素苷的合成，解袋后花色素苷迅速合成。云红梨 1 号和美人酥去袋后花色素含量急速上升，10d 后趋势变缓。通过对早白蜜和云红梨 1 号的套袋研究发现，*DFR* 和 *ANS* 为影响少着色的早白蜜果皮着色的关键因子，*PyMYB*10 在少着色的早白蜜和着色的云红梨 1 号中均呈上调表达，而其他花色素苷合成相关基因则由 MYB-bHLH-WD40 共同体共同调控。另外，砂梨品种美人酥、云红梨 1 号中证实去袋后的光照将诱导 *PyMYB*10 及花色素苷生物合成基因的表达从而增加花色素苷的积累。红皮砂梨与西洋梨的色素积累模式有着很大的差异。套袋处理和采后照射与西洋梨凯斯凯德的色素积累无关，而与红皮砂梨满天红的色素积累密切相关；且 *PpCHS*3，*PpCHI*3，*PpUFGT*1 和 *PyMYB*10 的表达量与满天红的色素积累有着很强的相关性，可能是花色素苷合成的关键。

温度是影响花色素苷合成的另一重要环境因子。Li 等（2012）通过低温诱导与室温相比较对五九香梨的花色素苷生物合成进行了研究，结果表明，低温诱导能提高梨果皮花色素苷的含量，而无论是低温环境还是常温环境，花色素苷生物合成的相关基因 *F3H*、*DFR*、*ANS*、*UFGT* 和 *PcMYB*10 都与花色素苷的积累密切相关。

植物激素往往通过影响植物体内的代谢过程和植物基因的表达，来影响果实成熟和着色。肖长城等（2012a）对红皮砂梨品种云红梨 2 号使用了 5-氨基乙酰丙酸（5-aminolevulinic acid，ALA）处理，结果表明，ALA 处理能提高红皮梨果皮中花色素苷的含量，促进果实着色。根据 ALA 处理能提高果皮中 UFGT 酶活性而果实花色素苷含量与 UFGT 酶活性相关性极显著推测，ALA 促进果实着色可能与其提高 UFGT 酶活性有关。另外，ALA 为光敏色素的合成前体，光敏色素能提高果实对光的敏感度。但是其作用机理目前尚不清楚，仍需要开展深入的研究。

# 参 考 文 献

包建平 . 2010. 梨砧木种子萌发的生理机制及其调控研究［D］. 南京：南京农业大学 .

曹玉芬，刘凤之，胡红菊，等 . 2006. 梨种质资源描述规范和数据标准［M］. 北京：中国农业出版社 .

陈迪新，张绍铃 . 2007. 梨不同花龄自花与异花授粉的花柱内花粉管生长及坐果率的比较［J］. 果树学报，24（5）：575-579.

陈海江，徐继忠，王颉，等 . 2004. 负载量对鸭梨果实内挥发性物质和氨基酸含量的影响［J］. 河北农业大学学报，27（6）：38-40.

陈磊，伍涛，张绍铃，等 . 2010. 丰水梨不同施氮量对果实品质形成及叶片生理特性的影响［J］. 果树学报，27（6）：871-876.

初庆刚，张长胜，江先甫 . 1992. 中国梨属植物种皮的比较解剖研究［J］. 莱阳农学院学报，9（3）：176-180.

邓彦涛，谢艳，赵玲，等 . 2004. 梨新品种的花粉量、花器特性、花芽率及开花物候期调查［J］. 山西果树，98（2）：31-33.

高海燕，王善广，廖小军，等．2004. 不同品种梨汁中糖和有机酸含量测定及相关性分析［J］．华北农学报，19（2）：104-107.

顾模，林凤起，张冰冰．1989. 梨果肉结构的解剖研究［J］．中国果树（4）：32-34.

郭红丽．2009. 我国30种水果维生素及矿质元素的综合评价［J］．微量元素与健康研究，26（4）：35-36.

郭艳玲，张绍铃，李六林等．2007a. 新高梨雄性不育细胞学特征及膜脂过氧化研究［J］．江苏农业学报，23（1）：54-57.

郭艳玲，刘招龙，张绍铃．2007b. 新高及爱宕梨雄性不育特性及其败育的细胞学研究［J］．果树学报，24（4）：433-437.

何东明，阎国荣，李树玲．2009. 梨花芽分化研究进展［J］．中国果树（6）：55-57.

何天明，张琦，邹以强．2001. 香梨果实早期发育的解剖研究［J］．新疆农业科学，38（5）：247-248.

何天明，黎秀丽，吴玉霞，等．2010. 套袋对库尔勒香梨果实发育的影响［J］．新疆农业大学学报，33（3）：202-205.

何天明，张琦．2002. 新梨7号小孢子败育的解剖学观察［J］．果树学报，19（2）：94-97.

何子顺，牛建新，吴忠华，等．2007. 库尔勒香梨花萼发育规律研究［J］．新疆农业科学，44（3）：377-381.

胡静静，赵静，沈向．2010. 黄金梨雄性不育的细胞学研究［J］．中国农学通报，26（2）：185-188.

胡适宜．1982. 被子植物胚胎学［M］．北京：人民教育出版社．

黄春辉．2008. 中国红色砂梨着色过程及其生理变化的研究［D］．杭州：浙江大学．

姜彦辰．2011. 梨萼片脱落与宿存果实内源激素及品质的差异研究［D］．南京：南京农业大学．

鞠志国，刘连成，原永兵，等．1993. 莱阳茌梨酚类物质合成的调节及其对果实品质的影响［J］．中国农业科学，26（4）：44-48.

柯凡君，张虎平，陶书田，等．2011. 套袋对梨果实发育过程中糖组分及其相关酶活性的影响［J］．西北植物学报，31（7）：1422-1427.

李秉真，孙庆林．2000. 苹果梨花芽分化期内源激素含量的变化［J］．植物生理学通讯，36（1）：27-29.

李慧民，牛建新，党小燕．2008. 化学药剂处理克服香梨自交不亲和性效果研究［J］．新疆农业科学，45（6）：1076-1079.

李金昶，石晶，苏忠民，等．1995. 苹果梨成熟和贮藏过程中有机酸含量的变化［J］．植物生理学通讯（2）：118.

李金凤，霍恒志，万春燕，等．2010. 不同砂梨品种根系形态的研究［J］，江西农业学报，22（10）：33-35.

李锦，宋秀红，孙爱芹，等．2007. 鸭广梨根须观察［J］．河北果树（4）：10-11.

李俊才，李天忠，王志刚，等．2010. '红巴梨'果皮UFGT基因的克隆及表达分析［J］．西北植物学报（1）：30-34.

李六林，吴巨友，张绍铃．2006. 新高梨雄性不育与IAA和ABA含量变化的关系［J］．园艺学报，33（6）：1291-1294.

李六林．2007. '新高'梨花粉败育的细胞学和生理特性研究［D］．南京：南京农业大学．

李树玲，黄礼森，孙秉钧，等．1990. 梨物候期观察［J］．北方果树（2）：20-24.

李树玲，黄礼森，丛佩华，等．1994. 不同种内梨品种果实维生素C含量［J］．园艺学报，21（1）：17-20.

李涛，曾明，汤静，等．2010. 梨园生态种植模式对根系菌根形成和果实品质的影响研究［J］．南方农业（5）：71-73.

李雪梅．2008. 砂梨果实有机酸含量及代谢相关酶活性动态变化研究［D］．武汉：华中农业大学．

李正理．1991. 杜梨根端结构及其初生组织分化［J］．莱阳农学院学报，8（1）：1-5.

廖明安，刘旭，邓国涛，等．2009. 梨2个品种果实发育期间内源激素含量的变化［J］．果树学报，26

（1）：25-31.

林真二著.1981.梨［M］.吴耕民，译.北京：农业出版社.

刘润进，袁玉清，祝军，等.1998.杜梨幼苗根系生长状况观察［J］.莱阳农学院学报，15（3）：180-183.

陆智明，曾明，袁艳春，等.2004.植物激素对黄金梨产量和品质的影响［J］.西南农业大学学报：自然科学版，26（2）：108-110.

马良.2004.东方梨生理活性成分的HPLC分析研究［D］.保定：河北农业大学.

孟娟，贾兵，衡伟，等.2012.砀山酥梨花芽分化及开花物候期观察研究［J］.安徽林业科技，38（1）：15-19.

彭抒昂，罗充，李国怀.1998.钙在梨成花中的动态及作用研究［J］.华中农业大学学报，17（3）：267.

彭抒昂，罗充，章文才.1998.钙调素与核酸在梨花芽分化中的动态研究［J］.华中农业大学学报，17（6）：570-573.

齐永杰.2011.梨自交亲和性突变机制及自花结实性种质的创制［D］.南京：南京农业大学.

乔勇进，张绍铃，陶书田，等.2005.梨果实石细胞发育机理的研究进展［J］.果树学报，22（4）：367-371.

沙守峰.2012.梨有机酸组分、含量变化与调控研究［D］.南京：南京农业大学.

沙守峰，李俊才，张绍铃，等.2011'新苹梨'果实和叶片发育期有机酸含量的变化及其相关性研究［J］.南京农业大学学报，34（6）：41-46.

邵月霞，牛建新，何子顺.2007.影响库尔勒香梨果实脱萼宿萼因素研究［J］.西北园艺（4）：39-40.

沈德绪，李载龙，郑淑群.1980.梨物候期间的相关性和相关遗传［J］.园艺学报，7（4）：25-29.

盛宝龙，蔺经，程进，等.2010.套袋对翠冠梨果实外观色泽及糖、酸含量的影响［J］.江西农业大学学报，32（4）：0705-0709.

孙毅，李宝江，张茂君.2008.秋子梨花朵和花粉特性的研究［J］.北方果树（3）：7-10.

陶世蓉，辛华.1999.窝梨果实结构及发育的研究［J］.西北植物学报，19（1）：123-126.

陶书田，张绍铃，乔勇进，等.2004.梨果实发育过程中石细胞团及几种相关酶活性变化的研究［J］.果树学报，21（6）：516-520.

陶书田.2009.梨果实石细胞的结构成分分析及相关酶基因的克隆［D］.南京：南京农业大学.

田妹华，王涛，陈模舜，等.2011.大棚栽培对翠冠梨叶片形态结构的影响［J］.江苏农业科学，39（6）：239-240.

汪玲.2006.梨品种奥嗄二十世纪与金二十世纪形态及生化的比较［D］.南京：南京农业大学.

王鑫，伍涛，陶书田，等.2010.梨花序不同序位坐果对果实发育及品质的影响［J］.西北植物学报，30（9）：1865-1870.

王彦敏，杨爱春，台社珍，等.1993.梨树开花生物学初步观察［J］.邯郸农业高等专科学校学报（3）：5-8.

乌云塔娜，谭晓风，李秀根.2006.砂梨不同 S 基因型异花授粉和蕾期自花授粉试验［J］.中国南方果树，35（6）：47-51.

吴华清，衡伟，李晓，等.2007.大果黄花梨自交亲和性变异机制研究［J］.南京农业大学学报，30（2）：29-33.

吴华清，齐永杰，张绍铃.2008.奥嗄二十世纪梨自交亲和性分子机制及遗传特性研究［J］.园艺学报，35（8）：1109-1116.

吴少华，沈德绪，林伯年，等.1986.梨果实发育和直感同内源激素的关系［J］.浙江农业大学学报，12（1）：57-61.

伍涛，陶书田，张虎平，等.2011 疏果对梨果实糖积累及叶片光合特性的影响 [J].园艺学报，38（11）：2041-2048.

伍涛，张绍铃，吴俊，等.2008.丰水梨棚架与疏散分层冠层结构特点及产量品质的比较 [J].园艺学报，35（10）：1411-1414.

肖长城，张绍铃，胡红菊，等.2012a.套袋和外源5-氨基乙酰丙酸处理对云红梨2号果皮着色的影响 [J].南京农业大学学报，35（6）：25-29.

肖长城.2012b.红皮梨果皮花色素苷组成特征及着色生理基础研究 [D].南京，南京农业大学硕士论文.

辛华，陶世蓉，张秀芬.1997.黄县长把梨果实发育的解剖研 [J].莱阳农学院学报，14（2）：138-141.

徐继忠，刘新忠.1998.套袋对鸭梨果实内挥发性物质的影响 [J].园艺学报，25（4）：393-396.

许方.1992.梨树生物学 [M].北京：科学出版社.

姚改芳，张绍铃，曹玉芬，等.2010.不同栽培种梨果实中可溶性糖组分及含量特征 [J].中国农业科学，43（20）：4229-4237.

俞德浚.1974.中国植物志 [M].北京：科学出版社.

袁德义，谭晓风，张琳，等.2007.新高系梨雄性不育的鉴定 [J].园艺学报，34（2）：289-294.

张红梅，张绍铃，李六林.2008.新高梨雄性不育与矿质元素含量变化的关系 [J].山西农业大学学报：自然科学版，28（4）：400-404.

张虎平.2011.梨果实内糖的转运及积累特性研究 [D].南京：南京农业大学.

张晋芬，袁冰，徐华龙，等.2008.高效测定水果中有机酸的反相液相色谱法 [J].复旦学报：自然科学版，47（4）：473-477.

张琦.1997.梨树根系垂直分布的初步观察 [J].塔里木农垦大学学报，9（1）：54-56.

张绍铃，曹生民，吴华清.2003.果树自交不亲和性基因型及其鉴定方法 [J].果树学报，20（5）：358-363.

张绍铃，张振铭，乔勇进，等.2006.不同时期套袋对幸水梨果实品质、石细胞发育及其相关酶活性变化的影响 [J].西北植物学报，26（7）：1369-1377.

赵广.2011.红皮梨色泽变异系的分子标记鉴定及遗传差异分析 [D].南京：南京农业大学.

赵建荣，樊卫国.2005.氮素形态对川梨培养介质pH及根系生长发育的影响 [J].山地农业生物学报，24（2）：128-130.

赵玉辉，郭印山，李作轩.2006.果实花青素研究进展 [J].北方园艺（3）：46-47.

中川行夫.1972.果樹の開花成熟期の予想 [J].園学要旨.昭（47）：130-131.

Bao J P，Zhang S L.2010.Effects of seed coat，chemicals and hormones on breaking dormancy in pear rootstock seeds（*Pyrus betulaefolia* Bge. and *Pyrus* calleryana Dcne. ）[J].Seed Science and Technology，38（2）：348-357.

Chen J，Wang Z，Wu J，et al. 2007. Chemical compositional characterization of eight pear cultivars grown in China [J]. Food chemistry，104（1）：268-275.

Colaric M，Stampar F，Hudina M. 2007. Content levels of various fruit metabolites in the 'Conference' pear response to branch bending [J]. Scientia Horticulturae，113：261-266.

Colaric M，Stampar F，Solar A，et al. 2006. Influence of branch bending on sugar，organic acid and phenolic content in fruits of 'Williams' pears（*Pyrus communis* L. ）[J]. Journal of the Science of Food and Agriculture，86（14）：2463-2467.

Cui T，Nakamura K，Ma L，et al. 2005. Analyses of arbutin and chlorogenic acid，the major phenolic constituents in oriental pear [J]. Journal of agricultural and food chemistry，53（10）：3882-3887.

De Franceschi P，Pierantoni L，Dondini L，et al. 2011. Cloning and mapping multiple *S-locus F-box* genes in European pear (*Pyrus communis L.*) [J] . Tree Genetics & Genomes，7（2）：231-240.

Dussi M C，Sugar D，Wrolstad R E. 1995. Characterizing and quantifying anthocyanins in red pears and the effect of light quality on fruit color [J] . Journal of the American Society for Horticultural Science，120 （5）：785-789.

Hashizume H，Tanase K，Shiratake K，et al. 2003. Purification and characterization of two soluble acid invertase isozymes from Japanese pear fruit [J] . Phytochemistry，63（2）：125-129.

Hellgren J M，Olofsson K，Sundberg B. 2004. Patterns of auxin distribution during gravitational induction of reaction wood in poplar and pine [J] . Plant Physiology，135：212-220.

Hiratsuka S，Hiroia M，Takahashi E，et al. 1985. Seasonal changes in the self-incompatibility and pollen tube growth in Japanese pears (*Pyrus serotina Rehd.*) [J] . Journal of the Japanese Society for Horticultural Science，53：377-382.

Hiratsuka S，Nakashima M，Kamasaki K，et al. 1999. Comparison of an S-protein expression between self-compatible and self-incompatible Japanese pear cultivars [J] . Sexual plant reproduction，12：88-93.

Holton，T. A. and E. C. Cornish. 1995. Genetics and biochemistry of anthocyanin biosynthesis [J] . Plant Cell，7（7）：1071-1083.

Huang C，Yu B，Teng Y，et al. 2009. Effects of fruit bagging on coloring and related physiology，and qualities of red Chinese sand pears during fruit maturation [J] . Scientia Horticulturae，121（2）：149-158.

Hudina M，Stampar F . 2004. Effect of climatic and soil conditions on sugars and organic acids content of pear fruits (*Pyrus communis* L.) cvs. 'Williams' and 'Conference' [J] . Acta Horticulturae，636：527-531.

Hudina M，Stampar F. 2000. Sugars and organic acids contents of European (*Pyrus communis* L.) and Asian (*Pyrus serotina* Rehd.) pear cultivars [J] . Acta Alimentaria，29（3）：217-230.

Ichimura K，Kohata K，and Yamaguchi. 2000. Identification of L-inositol and soyllitol and their distribution in various organs in chrysanthemum [J]，Bioscience，Biotechnology and Biochemistry，64（4）：865-868.

Ito A，Hayama H，Kashimura Y，et al. 2002. Sugar metabolism in buds during flower bud formation：a comparison of two Japanese pear [*Pyrus pyrifolia* (Burm.) Nak.] cultivars possessing different flowering habits [J] . Scientia Horticulturae，96（1-4）：163-175.

Ito A，Hayama H，Kashimura Y，et al. 2001. Effect of maleic hydrazide on endogenous cytokinin contents in lateral buds，and its possible role in flower bud formation on the Japanese pear shoot [J] . Scientia Horticulturae，87（3）：199-205.

Ito A，Hayama H，Kashimura Y，et al. 2005. Partial cloning and expression analysis of genes encoding $NAD^+$-dependent sorbitol dehydrogenase in pear bud during flower bud formation [J] . Scientia Horticulturae，103（4）：413-420.

Ito A，Yaegaki H，Hayama H，et al. 1999a. Bending shoots stimulates flowering and influences hormone levels in lateral buds of Japanese pear [J] . HortScience，34（7）：1224-1228.

Ito J，Hasegawa S，Fujita K，et al. 1999b. Effect of $CO_2$ enrichment on fruit growth and quality in Japanese pear (*Pyrus serotina reheder cv.* Kosui) [J] . Soil science and plant nutrition，459（2）：385-393.

JinHo C，JangJeon C，DongWoog C，et al. 2009. Changes of sugar composition and related enzyme activities during fruit development of Asian pear cultivars 'Niitaka' and 'Whangkeumbae' [J] . Horticulture，Environment and Biotechnology，50（6）：582-587.

JongPil C，Tamura F，Tanabe K，et al. 2003. Physiological and chemical changes associated with water-core development induced by GA in Japanese pear 'Akibae' and 'Housui' ［J］. Journal of Japanese Society Horticultural Science，72 (5)：378-384.

Kano，Y. 2003. Effects of GA and CPPU treatments on cell size and types of sugars accumulated in Japanese pear fruit ［J］. Journal of Horticultural Science & Biotechnology，78 (3)：331-334.

Kim H Y，Ahn J C，Choi J H，et al. 2007. Expression and cloning of the full-length cDNA for sorbitol-6-phosphate dehydrogenase and NAD-dependent sorbitol dehydrogenase from pear (*Pyrus pyrifolia* N.) ［J］. Scientia Horticulturae，112 (4)：406-412.

Lee S H，Choi J H，Kim W S，et al. 2006. Effect of soil water stress on the development of stone cells in pear (*Pyrus pyrifolia cv.* 'Niitaka') flesh ［J］. Scientia Horticulturae，110：247-253.

Li Y Y，Mao K，Zhao C，et al. 2012. MdCOP1 ubiquitin E3 ligases interact with MdMYB1 to regulate light-induced anthocyanin biosynthesis and red fruit coloration in apple ［J］. Plant Physiology，160 (2)：1011-1022.

Liu Z，Xu G，Zhang S. 2007. *Pyrus* pyrifolia stylar S-RNase induces alterations in the actin cytoskeleton in self-pollen and tubes in vitro ［J］. Protoplasma，232 (1-2)：61-67.

Okada K，Tonaka N，Moriya Y，et al. 2008. Deletion of a 236 kb region around $S_4$-*RNase* in a stylar-part mutant $S_4^{sm}$-haplotype of Japanese pear ［J］. Plant Molecular Biology，66：389-400.

Poovaiah B W，Reddy A S N. 1993. Calcium and signal transduction in plants ［J］. Critical reviews in plant sciences，12：185-211.

Qu H Y，Shang Z L，Zhang S L，et al. 2007. Identification of hyperpolarization-activated calcium channels in apical pollen tubes of *Pyrus pyrifolia* ［J］. New Phytologist，174：524-536.

Robards K，Prenzler P D，Tucker G，et al. 1999. Phenolic compounds and their role in oxidative processes in fruits ［J］，Food Chemistry，66 (4)：401-436.

Róth E，Berna A，Beullens K，et al. 2007. Postharvest quality of integrated and organically produced apple fruit ［J］. Postharvest Biology and Technology，45：11-19.

Sadka A，Dahan E，Cohen L，et al. 2000. Aconitase activity and expression during the development of lemon fruit ［J］. Physiologia plantarum，108：255-262.

Sanzol J. 2009. Pistil-function breakdown in a new *S-allele* of European pear，confers self-compatibility ［J］. Plant cell reports，28 (3)：457-467.

Sassa H，Hirano H，Ikehashi H. 1993. Identification and Characterization of Stylar glycoproteins associated with self-incompatibility genes of Japanese Pear，*Pyrus Serotina* Rehd ［J］. Molecular General and Genetics，241：17-25.

Sassa H，Hirano H，Nishio T，et al. 1997. Style-specific self-compatible mutation caused by deletion of the S-RNase gene in Japanese pear (*Prunus serotina*) ［J］. Plant Journal，12：223-227.

Sassa H，Kakui H，Miyamoto M，et al. 2007. S Locus F-Box Brothers：Multiple and pollen-specific F-box genes with S haplotype-specific polymorphisms in apple and Japanese pear ［J］. Genetics，175：1869-1881.

Sassa H，Hirano H，Ikehashi H. 1992. Self-incompatibility-related RNases in styles of Japanese pear (*Pyrus serotina* Rehd.) ［J］. Plant Cell Physiology，33：811.

Sha S F，Li J C，Wu J，et al. 2011. Characteristics of organic acids in the fruit of different pear species ［J］. African Journal of Agricultural Research，6 (10)：2403-2410.

Singh A P，Donaldson L A. 1999. Ultrastructure of tracheid cell walls in radiata pine (*Pinus radiata*) mild compression wood ［J］. Canadian Journal of Botany，77：32-40.

Steyn WJ, Holcroft DM, Wand SJE, et al. 2005. Red colour development and loss in pears. Acta Hortic, 671: 79-85

Suzuki A, Kanayama Y, Yamaki S. 1996. Occurrence of two sucrose synthase isozymes during maturation of Japanese pear fruit [J]. Journal of the American Society for Horticultural Science, 121 (5): 943-947.

Tabuchi T, Ito S, Arai N. 2000. Development of the abscission zones in j-2$^{in}$ pedicels of Galapagos wild tomatoes. J. Japan. Soc [J]. Horticultural Science, 69: 443-445.

Takasaki T, Okada K, Castillo C, et al. 2004. Sequence of the $S_9$-$RNase$ cDNA and PCR-RFLP system for discriminating $S_1$- to $S_9$-allele in Japanese pear [J]. Euphytica, 2004, 135: 157-167.

Tamura F, Chun J P, Tanabe K, et al. 2003. Effect of summer-pruning and gibberellin on the watercore development in Japanese pear 'Akibae' fruit [J]. Journal of the Japanese Society for Horticultural Science, 72 (5): 372-377.

Tanase K, Yamaki S. 2000. Sucrose synthase isozymes related to sucrose accumulation during fruit development of Japanese Pear (Pyrus pyrifolia Nakai) [J]. Journal of Japanese Society Horticultural Science, 69: 671-676.

Tao S, Khanizadeh S, Zhang H, et al. 2009. Anatomy, ultrastructure and lignin distribution of stone cells in two Pyrus species [J]. Plant Science, 176: 413-419.

Veltman R H, Kho R M, Van Schaik A C R, et al. 2000. Ascorbic acid and tissue browning in pears (Pyrus communis L. cvs Rocha and Conference) under controlled atmosphere conditions [J]. Postharvest Biology and Technology, 19 (2): 129-137.

Wang C L, Wu J, Xu G H, et al. 2010. S-RNase disrupts tip-localized reactive oxygen species and induces nuclear DNA degradation in incompatible pollen tubes of Pyrus pyrifolia [J]. Journal of Cell Science, 123 (24): 4301-4309.

Wang C L, Xu G H, Jiang X T, et al. 2009. S-RNase triggers mitochondrial alteration and DNA degradation in the incompatible pollen tube of Pyrus pyrifolia in vitro [J]. The Plant Journal, 57 (2): 220-229.

Wang J, Sheng K. 2005. Variations in firmness and sugar content in 'Huanghua' pear (Pyrus pyrifolia 'Nakai') [J]. Journal of Horticultural Science & Biotechnology, 80 (3): 307-312.

Wu J Y, Shang Z L, Wu J, et al. 2010. Spermidine oxidase-derived $H_2O_2$ regulates pollen plasma membrane hyperpolarization-activated $Ca^{2+}$-permeable channels and pollen tube growth [J]. The Plant Journal, 63 (6): 1042-1053.

Wu J Y, Qu H Y, Shang Z L, et al. 2011a. Reciprocal regulation of $Ca^{2+}$-activated outward $K^+$ channels of Pyrus pyrifolia pollen by heme and carbon monoxide [J]. New Phytologist, 189: 1060-1068.

Wu J, Qu H, Jin C, et al. 2011b. cAMP activates hyperpolarization-activated $Ca^{2+}$ channels in the pollen of Pyrus pyrifolia [J]. Plant Cell Reports, 30 (7): 1193-1200.

Wu J Y, Jin C, Qu H Y, et al. 2012. The activity of plasma membrane hyperpolarization-activated $Ca^{2+}$ channels during pollen development of Pyrus pyrifolia [J]. Acta Physiologiae Plantarum, 34 (3): 969-975.

Wu J, Zhao G, Yang Y N, et al. 2012. Identification of differentially expressed genes related to coloration in red/green mutant pear (Pyrus communis L. ) [J]. Tree Genetics & Genomes, 9 (1): 75-83.

Yamada K, Kojima T, Bantog N, et al. 2007. Cloning of two isoforms of soluble acid invertase of Japanese pear and their expression during fruit development [J]. Journal of Plant Physiology, 164: 746-755.

Yamada K, Suzue Y, Hatano S, et al. 2006. Changes in the activity and gene expression of sorbitol-and sucrose-related enzymes associated with development of 'La France' pear fruit [J] . Journal of Japanese Society Horticultural Science，75：38-44.

Yamaki S，Kajiura I，Kakiuchi N. 1979. Changes in sugars and their related enzymes during development and ripening of pear fruit (Pyrus serotina Rehder var. culta Rehder) [J] . Bulletin of the Fruit Tree Research Station. Series A. ，6：15-26.

Yang Y，Zhao G，Yue W，et al. 2013. Molecular cloning and gene expression differences of the anthocyanin biosynthesis-related genes in the red/green skin color mutant of pear (Pyrus communis L. ) [J] . Tree Genetics & Genomes，9：1351-1360.

Zhang C，Tanabe K，Tamura F，et al. 2007. Roles of gibberellins in increasing sink demand in Japanese pear fruit during rapid fruit growth [J] . Plant Growth Regulation，52 (2)：161-172.

Zhang S L，Hiralsuka S. 2000. Cultivar and developmental differences in S-protein cincenlralion and self-incompatibility in the Japanese pear [J] . Hortscience，35：917-920.

# 第九章　梨苗木繁育

优质梨苗木，是保障梨树正常生长发育，实现梨园优质、丰产、高效的重要前提，因此梨苗木繁育，是梨产业发展非常关键的基础阶段。为向生产者提供优质果树苗木，国外设立专门管理机构，负责果树苗木生产经营权审批、繁殖材料和繁殖过程质量检验及控制，以确保出圃苗木品种纯正、砧木适宜、质量达标、无病毒和检疫病虫害。我国也先后建立几个部级果品及苗木质量监督检验测试中心，负责苗木质量安全技术咨询和服务，承担苗木质量安全认证检验，并颁布相应梨（无病毒）苗木繁育技术规程，规范梨苗木生产。

按繁殖方式，通常将梨苗木分为实生苗、自根苗和嫁接苗。实生繁殖和自根繁殖主要用于乔化和矮化砧木苗生产，嫁接繁殖用于品种苗生产。按砧木特性和矮砧利用方式，又将梨品种苗木划成乔化苗、矮化自根苗和矮化中间砧苗。矮化苗木因具有使树体矮小、便于管理、早果、丰产、果品质量好等显著优点，是梨生产实现密植栽培、获得优质高效的重要途径。

伴随着现代生物技术的发展、病毒对梨树生长发育影响的认识和梨矮化砧木的应用，无病毒苗木和矮化梨砧木苗需求增加，梨苗木繁殖技术也有所变化。传统的实生及扦插、压条、分株等砧木苗繁殖方式，将逐渐被现代生物技术手段替代。组织培养作为一种快繁实用技术，正在被用于梨无病毒和矮化无性系砧木苗繁育，并随着组培快繁技术日益完善，将成为梨砧木苗规模化繁育的主要方法。

梨的栽培种类和砧木类型较多，长期的人工选育和自然选择，形成了各自的适宜栽培和生长区域。不同的砧木类型与不同的栽培梨种类及品种嫁接亲和性也有差异。因此，繁育梨苗木，必须根据栽培区域的自然生态条件和梨苗木市场需求，选择适宜的名特优新品种和砧木类型。

## 第一节　梨苗圃建立

### 一、苗圃地选择

苗圃地的立地条件及前期利用情况对梨苗木根系发育和地上部生长影响很大，选择时主要考虑的因素包括：地点、地势、土壤状况、灌溉条件、病虫害发生情况。

#### （一）地点和地势

苗圃宜选在交通便利，空气、土壤和水质未污染，周边没梨检疫病虫害发生及重要病虫害的中间寄主树木和作物存在，无根部癌肿病和地下害虫，且雹、旱等自然灾害较少的地方。

苗圃宜在地势平坦、背风向阳、排灌方便、地下水位较低（常年在 1.0m 以下）的地块。

## （二）土壤和水源

总的来说，果树育苗与栽培生产对土壤要求是不同的。栽培要求土层深厚，有利于形成分布广而深的根系；育苗则要求主根较短，侧根和须根发达，以利栽植后缓苗和成活。

为了获得根系发达、生长健壮的梨苗，苗圃地的土壤应以质地疏松的沙壤土、壤土和轻黏壤土为宜，并要求有机质含量高、土质肥沃。避免选择黏重、盐碱、重茬地块育苗。

某些梨砧木种类，有一定耐盐碱能力，如杜梨可以在土壤含盐量小于 0.4%，pH 为8.5 的盐碱地上正常生长。但梨苗圃地还是以中性至微酸（pH5.8~7）为宜。土壤含盐量在 0.3%以上时，大部分梨砧木种类实生苗根系生长受害，地上部会发生缺铁失绿而影响生长，严重可致枯衰死亡，嫁接后还常导致品种苗顶端幼叶变黄、生长迟缓。

苗木生长发育，以及嫁接伤口愈合和接芽萌发等整个育苗过程都离不开水，必须保证能适时、足量供应。土壤中长期水分过多或雨后积水不能顺畅排出，不利根系生长发育。因此，苗圃应建在水源充足和排水良好的地方。

## 二、苗圃地规划

苗圃场区规划可分为生产区和非生产区及圃地排灌系统设计。其中：生产区包括母本园、繁殖区、轮作区、大棚温室等；非生产区包括防护林、道路、办公区、水站、库房等，生产用地不低于总面积的 75%。具体规划设计应根据苗圃地规模和需要，进行统筹安排。

### （一）母本园

母本园主要作用是提供梨苗繁育所需的繁殖材料，包括实生繁殖用的砧木种子、自根繁殖用的插条及嫁接繁殖的品种接穗，通常由砧木母本园（实生砧木、矮化砧木）和品种母本园组成。目前我国梨苗繁育比较混乱，设置母本园专用梨苗生产的不多，应进行规范，为梨产业实现标准化生产奠定基础。

**1. 砧木母本园** 提供砧木种子、扦插和压条用插条及组培用茎尖等材料。为保证连年有充足的砧木种子，用于采集实生种子的母本树，应选择生长健壮、高产、无隔年结果习性、相互间授粉结实率高的群体。同时还要考虑砧木的区域性，不同梨产区苗圃，建立相应的砧木种类母本园。

**2. 品种母本园** 提供适于生产发展的自育或引进的优良品种接穗。用于采集接穗的母本树，应加强肥水和花果管理，以保持树体中庸健壮、枝条充实发育良好。为保证培育出的梨苗品种纯正，应对母本树进行定期观察，发现变异枝条或砧木长出枝条应及时除掉。

### （二）繁殖区

繁殖区是苗木生产的主要场所，根据生产梨苗种类及用途，划分成 4 个区：

**1. 实生苗繁育区** 采用播种梨砧木种子的方法进行实生苗繁育，生产梨乔化砧木苗。

通常作基砧，用于梨品种的乔化苗生产。

**2. 自根苗繁育区**　采用扦插、压条、分株等方法进行自根苗繁育，生产梨矮化砧木苗。通常作基砧，用于梨品种的矮化苗生产。

**3. 嫁接苗繁育区**　采用嫁接技术繁育梨的品种苗，包括梨的乔化、矮化和矮化中间砧品种苗。用于梨园建立。

**4. 组培苗繁育区**　通过茎尖组织培养和微嫁接技术生产梨的无病毒苗，包括梨的矮化砧木、乔化砧木和品种组培苗。

## （三）轮作区

梨育苗地不能连年重茬生产梨苗，必须设立轮作区，实行轮作。未经轮作或土壤消毒的土地，两年内不得再作为梨育苗地使用，否则重茬病会严重影响苗木生长。

为恢复地力，消除土壤中有害微生物、土传病虫害等连作危害，轮作区内可种植豆科牧草和花生、草莓等经济作物，也可利用其繁育一茬核果类、浆果类果树苗木。

# 第二节　梨实生苗繁育

实生繁育，是以种子为繁殖材料的一种繁育方式。在梨树生产上，主要用于乔化砧木苗繁育。在梨树品种选育方面，主要用于杂交育种和实生选种获得杂种繁育。实生繁育的梨砧木苗，通常具有抗逆性强、适应性广、根系发达、长势旺盛等优点。由于种子不带病毒，在隔离条件下可繁育无毒苗。但因来自高度杂合种子，砧苗个体间在长势、抗逆性等方面有较大差异，嫁接后对接穗品种的树体生长发育、早果性、丰产性及果实品质等方面也会产生不同影响。近年来，国内外果树科研人员在积极探索利用组培等无性繁殖方式繁育梨砧木苗，以期替代实生繁育获得表现一致的砧木群体，已取得一定进展。

世界常用的梨实生砧木种类有杜梨、豆梨、褐梨、秋子梨、砂梨。由于梨属植物扦插、压条等无性繁殖不易发根，目前梨砧木苗生产仍以实生繁育为主。

## 一、砧木选择与区域化

经过漫长的自然淘汰和人工选择，梨属植物进化过程中逐步形成了不同种群和栽培种，且有各自适宜生长区域和独特种性。其中：野生种群由于以单向自然选择为主，表现出较强的生态环境适应性，尤其在抗逆性、耐瘠薄等方面；栽培类型则历经自然和人工双向选择，表现出栽培性状突出，但在生态环境适应能力上明显不如野生种群。长期生产实践活动，人们发现利用野生种群作砧木，可相对提高栽培品种抗环境胁迫能力，扩大栽植区域。

由于用作砧木的野生类群原生环境差异，不同砧木对土壤、气候适应性及与白梨、砂梨、秋子梨等栽培种品种嫁接亲和力也有差异，在利用上必须加以选择。古代中国人民对此早有认识，《齐民要术》中记载：接梨用棠杜梨。棠，梨大而细理，杜次之。

近20年来，梨矮化砧木选育有了很大进展，在原有的梨异属矮化砧木榅桲的基础上，开展梨属矮化无性系砧木培育，目前已选育出一批具有矮化趋势的优良砧木（罗娅和汤浩茹，2004）。表 9-1 列举国内外梨生产上常用的乔化、矮化砧木及其特性和适应区域。

**表 9-1　国内外梨生产上常用砧木类型、名称、特性和适应区域**

| 砧木类型 | 砧木名称 | 种源或来源 | 适应区域 | 特　点 |
|---|---|---|---|---|
| 乔化 | 杜梨 | *P. betulaefolia* | 中国华北、西北、东北南部 | 耐寒、耐旱、耐涝、耐盐碱、耐瘠薄，与中国梨、洋梨亲和性都好 |
| | 豆梨 | *P. calleryana* | 中国南方，日本、朝鲜 | 耐湿热、耐涝、耐旱、抗腐烂病，抗寒性差，与砂梨、洋梨亲和性好 |
| | 秋子梨 | *P. ussuriensis* | 中国东北地区 | 抗寒性极强、抗腐烂病，耐旱、耐瘠薄，不耐盐碱，与秋子梨、白梨、砂梨亲和性好 |
| | 褐梨 | *P. phaeocarpa* | 中国华北地区 | 耐旱、抗寒性中等，与白梨亲和性好 |
| | 砂梨 | *P. pyrifolia* | 中国长江流域 | 耐湿热，抗寒性差，苗干发育好，与砂梨亲和性好 |
| | BP-2 | *P. communis* | 非洲，中国南方地区 | 难生根、耐潮湿、无黑心病，与洋梨亲和性好 |
| | BP-3 | *P. communis* | 非洲，中国南方地区 | 难生根、耐潮湿、无黑心病，与洋梨亲和性好 |
| 半乔化 | OH×F9，217，220，267 | *P. communis* | 欧美国家，中国北方地区 | 抗寒力强、抗火疫病和衰退病，与洋梨亲和性好，固地性好 |
| 半矮化 | 榅桲 QB | *Cydonia oblonga* | 欧美国家，中国北方地区 | 树体矮小、产量高、品质好，但不耐盐碱，固地性差 |
| | OH×F69，230，333，87 | *P. communis* | 欧美国家，中国北方地区 | 抗寒力强、抗火疫病和衰退病，与梨属植物亲和性好，固地性好 |
| | BP-1 | *P. communis* | 非洲，中国南方地区 | 难生根、耐潮湿、无黑心病 |
| 矮化 | 榅桲 QC | *C. oblonga* | 欧美国家，中国北方地区 | 树体矮小、产量高、品质好，但不耐盐碱，固地性差 |
| | Adams332 | *C. oblonga* | 欧美国家，中国北方地区 | 矮化效应介于 QA 与 QC 之间 |
| | QR193-16 | *C. oblonga* | 欧美国家，中国北方地区 | 矮化效应、早果性、丰产性与 QC 相似 |
| | Sydo | *C. oblonga* | 欧美国家，中国北方地区 | 矮化效应大于 QA |
| | C132 | *C. oblonga* | 欧美国家，中国北方地区 | 矮化效应大于 QC，适于高密度栽植 |
| | S-1 | *C. oblonga* | 欧美国家，中国北方地区 | 比 QA 更抗寒 |
| | Ct. S. 212 | *C. oblonga* | 欧美国家，中国北方地区 | 耐石灰性土壤 |
| | Ct. S. 214 | *C. oblonga* | 欧美国家，中国北方地区 | 耐石灰性土壤 |
| | OH×F51 | *C. oblonga* | 欧美国家，中国北方地区 | 矮化效应与 QA 相同，抗寒力中等、抗火疫病和衰退病，与梨属植物亲和性好，固地性好。北方地区栽培易患腐烂病 |
| | 中矮 1 号 | 锦香梨实生 | 中国东北南部、华北地区 | 紧凑矮化、抗寒力中等、抗腐烂病和轮纹病，作中间砧好 |

（续）

| 砧木种类 | 砧木名称 | 种源或来源 | 适应区域 | 特　点 |
|---|---|---|---|---|
| 极矮化 | 榲桲 QA | *C. oblonga* | 欧美国家，中国北方地区 | 树体矮小、产量高、品质好，但不耐盐碱，固地性差 |
| | RV. 139 | *P. communis* | 欧美国家，中国北方地区 | 矮化效应大于 QA，产量高、品质好 |
| | G. 54-11 | *P. communis* | 欧美国家，中国北方地区 | 矮化效应大于 QA，产量高、品质好 |
| | Pyrodwarf | *P. communis* | 欧美国家，中国北方地区 | 矮化效应大于 QA，早熟、果大、易繁殖 |
| | 中矮 2 号 | 香水梨×巴梨 | 中国东北南部、华北地区 | 生长弱、枝较细，抗寒、抗腐烂病和轮纹病，作中间砧较好 |

除以上砧木种类外，麻梨在西北地区，川梨在云南、四川也有一定范围应用。

## 二、实生砧苗繁育

实生砧苗繁育过程包括砧木种子采集、层积处理、播种和实生苗管理，其中任何一步出现问题都将影响砧苗质量。

**1. 种子采集**　为了保证砧苗的纯度和质量，砧木种子宜从砧木母本园中采集。未建立砧木母本园的苗圃，也可从相应砧木种类的野生群体中采集。有些砧木种类野生分布区域较广泛，不同群体间抗逆性表现可能有一定差异，应在鉴定基础上确定砧木种子区域采集范围。

为了获得充分成熟的砧木种子，应选采母本树上成熟的果实，也可收集无病虫为害、正常成熟落地的果实。不能早采，以免种胚发育不良，影响发芽率和砧木苗长势。凡果个较大、果形周正的果实，含有种子数量相对较多且种子发育饱满。否则，不仅种子数量少而且发育不良。因此，应注意从生长健壮、果实发育良好的母本树上采种。果实采收后，可放入容器内，或在背阴处堆放，促使果实后熟、果肉软化腐烂，堆放厚度不宜超过 30cm。后熟过程中，温度应控制在 30℃ 以下，为此需经常翻动果实，以免发酵温度过高影响种子活力。果实软化后，将果肉揉碎，取出种子，用清水淘洗干净，放在室内或背阴通风处摊开阴干，切不可置于阳光下暴晒。阴干后，除去瘪、劣种子和杂质，选出饱满种子待贮藏或层积处理。

**2. 种子生活力的测定**　种子质量包括净度、纯度、整齐度和生活力等。其中，种子生活力是指种子发芽的潜在能力，或胚所具有的生命力，是反应种子质量高低的重要指标。就同一种类砧木而言，优良种子应具备：外观形态饱满、大小均匀，种皮完整并有光泽，无异味，千粒重较高；剥去种皮后，种胚新鲜，胚、子叶呈乳白色，不透明，富有弹性，手指按压时不易破碎。种子贮藏或层积处理前，应测定种子生活力。

种子生活力测定方法较多，应用最多的是化学速测——染色法。常用的染料是红、蓝墨水，靛蓝，曙红。其染色原理是：活细胞原生质具有选择透性，染料分子不能渗入活细胞，无法使细胞质染色；死细胞则易渗入，并使之染色。因而凡种胚或子叶着色的，表明种子部分或全部失去生活力。种胚或子叶没有着色的，表示种子具有生活力。具体做法是：常温下，将种子在清水中浸泡 10～24h，或 35℃左右温水浸泡 6～10h；待外种皮吸胀变软后，剥去外、内种皮，将其放入 5% 的红、蓝墨水，或 0.1% 靛蓝、0.1% 曙红溶液中，染色 2h 左右；取出种子，在清水中清洗后观察种子染色情况。

测定结果如存在一定数量失活的种子，应随机取样再重复测定一次，根据结果统计有活力种子所占比例，作为确定播种数量的依据。如发现种子已完全失活，应重新准备种子，以免影响来年砧苗繁育任务。

**3. 种子贮藏**　种子含水量和贮藏温度是种子贮藏期间保持生活力的关键因素。阴干后的砧木种子，在当年层积处理前，可放在温度较低、通风干燥的室内临时贮藏。如需较长时间放置，可放在温度为 0～8℃，相对湿度 50%～80% 的贮藏室内保存，注意防鼠害。作为资源在基因库中长期保存，国际植物遗传研究所推荐 5%～6% 含水量和 −18～−20℃ 温度为理想条件。

贮藏期间，多数果树种子含水量与其阴干时的含水量近似，杜梨等种子含水量为 13%～16%。据研究，贮藏环境湿度不宜过大，否则易造成干燥种子含水量增加，种子内酶活性增强，呼吸作用提高，产生大量的热、水气和二氧化碳，进而引起种子腐烂。贮藏温度也不宜过高，否则呼吸作用提高，将消耗大量贮藏于种胚中的营养物质，降低种子生活力。另外，高湿低温条件也不利种子贮藏，如贮藏温度在 0℃ 以下，种子会因周围的水受冻结冰而损伤，影响生活力。种子贮藏含水量下限国内外一般规定为 5%～7%，依不同种类而异。因此，梨砧木种子长期保存，理想含水量应控制在 10% 以下。

大量贮藏砧木种子时，还应注意贮藏环境通风状况。通气不良，会使种子产生无氧呼吸而积累大量二氧化碳等有害物质，导致种子失活。

**4. 种子后熟作用**　为了提高对生存环境适应性，延续后代，多年生植物在进化过程中，形成自然休眠特性。种子休眠是植物生长发育过程中正常生理现象，是植物对环境条件及季节性变化的生物学适应。据研究，引起种子休眠的主要原因有种皮障碍、种胚休眠和种胚后熟。秋季，伴随着果实成熟，种子在外部形态上已经成熟，种皮颜色变深，但因天气很快转冷，种子内部尚未完成生理成熟。此时，即使给予发芽条件，种子也不能正常萌发，必须经过一段休眠时期，在一定低温、湿润和空气条件下，达到具有发芽能力，这个过程称为后熟。后熟过程中，种子吸水能力加强，细胞间联系恢复，内部发生一系列生理转化，原生质渗透性和各种酶活性增加，生长促进物质形成、生长抑制物质消失以及贮藏物质转变成为胚发育可利用状态，最终达到未成熟胚的完熟和发芽准备的完成。所以，砧木种子后熟过程，也是砧木解除休眠过程。春播的种子必须在播种前进行沙藏处理，以保证种子正常通过后熟。

种子后熟，须在一定低温下进行，通常需要 2～7℃ 低温。温度低于 0℃，对种子后熟不利，因种子周围结冰，空气和水分不能进入其内，种子内部生理转化过程不能进行。同时需要一定时间的低温积累，不同种类梨种子后熟需要的低温时数是不同的。在 3℃ 的低温条件下，贵州省野生砧木种类川梨（*P. pashia*）、豆梨（*P. calleryana*）、滇梨（*P. pseudopashia*）和砂梨（*P. pyrifolia*）沙藏种子后熟所需的时数分别为 720h、960h、1 080h、1 320h，并且不同地区野生的川梨种子后熟需要的低温时数也有一定差异。生产上处理种子，应考虑这一特性。

种子后熟，需要湿润环境，以保证种子逐渐吸收水分，软化种皮、改变透性、活化种子内酶系统，进而激发各种生理活动、加速复杂的有机物水解，为后续生长发育提供养分。但水分过多，易造成通气不良，种子呼吸受到抑制，长时期无氧呼吸导致腐烂。水分过低，难以保证水分供应，也不利种子成熟。

除此之外，种子后熟还需有足够的空气。不适宜的温、湿度条件，能影响种子周围水中含氧量，导致种子内外环境中氧含量较低，从而抑制其进一步发育，造成正在进行后熟的种子二次休眠。

**5. 种子的层积**　层积是促使种子解除休眠、通过后熟阶段的有效方法，春播的砧木种子需要层积。层积方法较多，常用沙藏层积。

具体做法：用洁净的河沙作层积基质，筛去石子。沙子不能过细，过细易水多而影响通风，造成烂种；也不能太粗，否则水分低而影响正常后熟过程。河沙用量为种子的 3～5 倍。先将种子倒入盆或桶内，用 50～60℃ 温水浸泡，不断搅拌，自然降温后放置 6～12h，用笊篱捞出下沉的种子倒入湿润河沙内，与河沙搅匀。河沙的湿度为 40%～50%，即以手握沙能成团，看不见水，手指松开慢慢散开为度。将拌好的种子装入容器内，在湿沙上面覆盖一层干沙后，放到地窖内；也可直接堆放到地窖内进行层积处理，种子层积高度以 30cm 左右为宜，最高不超过 50cm，表层覆 1cm 干沙。整个层积过程温度应保持在 2～7℃。

种子数量较大时，也可选择在室外进行层积处理。在冬季不太寒冷、土壤冻层不厚的地区，可采取地面层积方式。即选取背阴、高燥、排水良好的地方，上冻前先平整土地，铺一层湿沙后，将与湿沙混合均匀的种子堆在其上，再覆盖一层约 8cm 左右的干沙。层积厚度不宜超过 50cm，太厚会影响堆内温、湿度的一致性。最后在堆的四周，按地势情况挖两条浅排水沟，防备积水烂种。在冬季较冷、土壤冻土层较厚的地区，可采用地下层积方式。即选取背阴、高燥、排水良好的地方，挖深度为 60～100cm 的沟，长宽依种子数量而定。将与湿沙混合均匀的种子下到沟里，覆上一层干沙后，再覆 50cm 土，略高于地面成丘状，以利排水。

窖内沙藏层积时间，取决于砧木种类通过后熟过程时间长短，一般在播种前 30～60d 进行。不同砧木种类层积时间长短的差异，与种子体积大小和砧木种类原产地的自然条件有关。据报道，秋子梨种子较大，在 2～7℃ 层积温度下，层积时间 40～60d，杜梨 30～50d，豆梨 20～35d。层积时间对砧木种子出苗率影响较大。据研究，在同样条件下，层积处理 30d，棠梨（*P. betulaefolia*）种子出苗率最高；少于 30d 的种子出苗率随时间减少而降低，其中低于 25d 的种子出苗率下降幅度更大；超过 30d 种子出苗率也较 30d 低（何开平和田水松，2002）。因此，为保证出苗率和出苗整齐，砧木种子必须达到适宜的层积时间。

层积期间，要定期检查温、湿度，每 10d 左右上下搅拌一次种子，使上下温度保持均匀一致，防止霉变。搅拌过程中，发现温度不在 2～7℃ 范围内或沙子过干、过湿，应及时调整。发现霉变种子及时剔除，以免影响其他种子。霉烂严重时，须连沙一起清洗消毒后再层积（杨健等，2000）。

当 80% 以上种子尖端露白时，即可播种。如果发芽过早而未到播种期，可把盛种子的容器移到阴凉处降温，延缓萌动。如果临近播种种子未萌动，可将其移到温度较高的地方，用湿麻袋或湿草帘覆盖等遮阴条件下催芽。

采用秋播的砧木种子，后熟阶段可在田间自然条件下完成，不需进行层积处理，只需用清水浸泡使种子吸足水即可。

**6. 播种**

（1）露地直播　播种时期，因地区间气候差异有所不同，可分春播和秋播。即使是春播，从东北到新疆，播种时间也不尽相同。秋冬干旱，冬季时间较长又寒冷的地区，宜行春播。春播宜在土壤解冻后进行，中国的长江流域及华南地区通常在2月下旬至3月上旬，华北和西北地区在3月中旬至4月上旬，东北地区在4月上旬至5月上旬。对于冬季时间较短，且不十分寒冷的地区，可采用秋播。一般中国的长江流域及华南地区在11月上旬至12月下旬，华北和西北地区在10月中旬至11月中旬秋播。

无论是春播和秋播，圃地在播种前均应深翻30～40cm，每667m² 施优质基肥2 500～5 000kg，复合肥40～50kg。施肥后充分灌水，水渗下后播种。

播种方法，分垄播和畦播。为提高出苗率和便于嫁接，多采用宽窄行双行条播。宽行行距60～70cm，窄行行距30～40cm。播种时，先开2～3cm浅沟，将层积后的砧木种子，连同湿沙一起播入沟内，覆1.5～2cm潮湿细土并踏实。如用条播机播种，应及时用石磙镇压。地下水位高或雨水多的地区，可采用高畦播种，以利排水。地下水位低或干旱地区，可采用低畦播种，以利灌溉。

播种深度，一般为种子直径的2倍左右。播种过浅，易遭干旱，新萌胚芽易抽干。播种过深，新萌胚芽破土困难，出苗相对晚，幼苗长势弱。具体深度根据苗圃地土质和所在地区的气候情况而定。黏质土壤可稍浅些，沙质土壤可稍深些；温暖潮湿地区应稍浅，寒冷干旱地区应稍深，否则将影响出苗率。

播种量，主要依据单位面积计划出苗数、每千克种子粒数、种子质量和苗期预估损失来确定。生产上实际播种量，通常要略高于计划留苗数，保证667m² 产苗8 000～10 000株。不同砧木种类，播种量有一定差异。一般杜梨种子2.8万～7万粒/kg，每667m² 播种量1～2.5kg；豆梨种8万～9万粒/kg，每667m² 播种量0.5～1.5kg；秋子梨种子1.6万～2.8万粒/kg，播种量2～3kg。

秋子梨实生苗自然生长情况下，主根发达，侧根少，如不断根或移苗，很难获得发达侧根。生产上也有采用长芽播种，使主根生长点破坏而促发侧根的育苗方法。由于采用点播、覆膜技术，不用移苗，就能形成一定侧根，具有省工、省种子等优点，当年可嫁接、2年可出圃，效果很好。

（2）营养钵播种　营养钵育苗，是将处理好的种子播到带有生长基质的营养钵里，置于温室或塑料大棚等保护地内进行实生砧木苗生产的一种繁育方式。播种时期一般比正常露地直播提前1个月左右，有利于延长苗木生长期，对提高北方梨实生砧木育苗效率具有重要作用。育苗温室应距圃地较近，宜于苗木移栽。

营养钵宜采用直径10cm塑料育苗钵，如果选用的育苗钵太小，不利破土幼苗早期生长，新生苗表现较纤细。钵内营养基质配制：取表土，打碎土块后过筛，将筛出的细土与腐熟有机肥和磷肥按85∶10∶5比例，将其充分拌匀即可。

播种前，将配制好的营养基质添加到营养钵中，置于温室或塑料大棚内，钵与钵紧排，便于播种和管理。然后用喷壶浇一次透水，待水渗下表土风干，即可进行扎眼播种。同时将催芽后的沙藏种子，过筛除去部分河沙，选留饱满、芽势好的种子用于播种，一般每个钵中播 1～2 粒种子。

播种后，为了保证出苗和幼苗生长，可以在温室或大棚内搭建小拱棚，以保持温度在 25～30℃。当室外气温超过 15℃，拱棚内温度可达 30～35℃以上，此时应注意放风降温。发现钵中营养基质变干，立即用喷壶浇水，以保证土壤和棚内空气有一定湿度。在此条件下，一般播种后 7d 左右开始出苗，10d 左右可以出全苗。

北方地区，5 月上旬，当幼苗长至 10cm 以上时，可进行露地移栽。移栽时，在田间直接去掉塑料育苗钵带土移栽。栽苗前，先在繁殖区开沟，沟深同钵高，宽度略大于钵直径。在沟内将钵紧排，或按计划株距摆放钵苗，周围填上筛好的细土。然后灌足水，待水渗下覆以细土。

**7. 苗期管理** 加强苗期管理，可保证出苗率、保苗率，促进砧苗营养生长、尽快达到嫁接粗度。出苗期间，应注意保持土壤湿润，以利种子萌芽出土。幼苗长出 4～5 片真叶时，须及时进行间苗和移栽补苗，保持株距 8～10cm。在苗木旺盛生长期，根据土壤水分情况，每隔 1～2 周灌一次水。结合灌水追施尿素 2～3 次，追肥间隔 10d，促使苗木加粗，每 667m² 追肥量 7～10kg。及时中耕除草，避免杂草与苗木争夺土壤中的养分和水分。

为了促进砧苗加粗生长，保证播种当年可以嫁接，当砧苗长到 30cm 左右时，留 7～8 片大叶进行摘心；同时抹除嫁接部位以下萌发的新梢，以节省养分和便于芽接作业。

幼苗出土后，如遇上低温天气，极易感染立枯病，导致成片死亡。可对幼苗根颈部位喷施 50%立枯净粉剂，或对根部浇灌 0.2%～0.3%硫酸亚铁液。发现蚜虫时，可喷施 2 000～4 000 倍液有机磷农药防治。

# 三、无性系砧木繁育

无性系砧木繁育，又称自根繁育，是以枝条等营养器官为繁殖材料的一种繁殖方式。梨树生产上，主要用于自根矮化砧苗繁育。由于繁殖过程中不存在有性过程，因而来自同一无性系的砧苗，个体间遗传基础相同，理论上对嫁接品种生长发育影响一致。自根苗的特点：变异小，能保持母株的优良特性；苗木个体生长发育过程无童期。缺点是：根系浅，适应性差，繁殖系数低。

传统的无性系砧木繁育方法包括扦插、压条和分株，主要在田间进行。随着细胞全能性的发现和组培技术的发展，组织培养离体快繁已成为一些国家繁育无性系砧木的重要手段，从而使砧苗繁育由田间走进室内，实现了工厂化大规模育苗。美国和意大利率先使用离体快繁技术，进行梨及其砧木商业化生产。

## （一）无性系繁育体系的建立

梨矮化砧能采用枝条等营养器官进行自根繁殖，主要是利用营养器官能再生新根或新芽能力，这种能力与树种在系统发育过程中形成的遗传特性有关。因此，能否进行自根繁殖，关键在于枝条是否易发不定根，根部是否易发不定芽。

**1. 不定根发生** 不定根由茎、叶、芽器官发生，因其位置不固定，故称不定根。生产上利用枝条发根再生植株进行无性系砧苗繁育。目前，国内外育成和在生产上广泛使用的梨异属或同属矮化砧品种，大部分具有较强的再生能力，枝条能产生不定根。通过扦插和压条可以产生新的根系，并发育形成新的植株。扦插和压条是梨矮化砧无性系砧苗露地繁殖的主要方法，西洋梨矮砧自根繁育仍然采用扦插和压条进行繁育。

多年生木本植物的不定根通常发生在枝条的次生木质部。苹果和梨等果树，大都发生在节上、叶腋两侧或叶腋下等部位，由枝条内部形成层与髓射线交界处的外侧束间形成层产生。束间形成层薄壁组织细胞具有分生能力，向外产生分生组织，逐步分化，出现生长点，产生根冠，形成根原始体；继续分化，产生延长区，形成根原基。根原基进一步分化、延长，通过韧皮部和韧皮纤维到皮层薄壁组织，最后突破枝条表皮，伸出后继续生长形成不定根。同时，束间形成层薄壁组织细胞向内分裂，形成管胞薄壁组织，分化产生枝条木质部与根原基连接输导系统。

梨砧木及栽培品种扦插生根能力差异很大。扦插后，大部分品种能形成愈伤组织，但不发根。Necas 和 Kosina（2008）对部分梨砧品种扦插繁殖生根能力的研究结果表明，参试的 10 个梨同属和异属砧木品种，在愈伤组织形成和发根方面存在明显差异，其中 Pryodwarf 枝条硬枝扦插根系形成最好。沈阳农学院 1960 年利用苹果梨和朝鲜洋梨作试材，枝条扦插只形成发达愈伤组织，但不生根。组织解剖观察，枝条内射线发达，射线薄壁细胞较多，韧皮部与皮层之间韧皮纤维较少的品种类型，较易形成不定根。杜梨、豆梨、野生秋子梨等乔化砧木，即使用激素处理，硬枝扦插也不易形成不定根，因此这类砧木不能采用露地硬枝扦插方法繁育苗木。

**2. 不定芽发生** 不定芽可由根、茎、叶等器官分化产生，同样因其位置不固定，故称不定芽。利用梨根部发生不定芽特性可进行无性系砧苗繁育，但生产上很少采用此法进行大量砧苗繁育。

自然条件下，不定芽大多数在根上发生。形成的部位受根龄和外界刺激影响，可由根的皮层薄壁组织产生，或由接近形成层的韧皮部薄壁组织发生，也可在木栓形成层或射线增生的类似愈合组织里产生，根系伤口处愈伤组织也能形成不定芽。

不定芽形成前，相应部位的薄壁组织先开始活跃，产生分生组织；分生组织细胞进行分裂形成紧密的小型细胞团，而后聚集成堆并向周边扩大，逐渐分化形成有生长锥和输导系统的芽原基；继续生长突破表皮，发育成芽。

国内外学者采用组培离体快繁技术，利用梨组培苗叶片为外植体，接种在 MS＋BA 5.0mg/L ＋ NAA 0.4mg/L 培养基上，诱导产生不定芽，许多梨品种、砧木组培离体快繁技术研究，适宜的增殖、生根培养基筛选，为砧苗无性快繁提供有效途径。

**3. 极性** 器官的生长发育均有一定的极性，表现在枝条扦插时，形态发育的顶端发芽抽生新梢，下端发根，不受枝条长短影响。即使倒插，也不例外。同样，根段扦插时，新梢也总是在近茎干一端发生，新根在远离茎干一端形成。因此，育苗时千万注意不要插倒了。

## （二）无性系砧木的培育

**1. 扦插** 梨矮砧扦插，根据插穗发育状态及繁殖材料的不同，有硬枝扦插、绿枝扦插和根插 3 种类型。

（1）硬枝扦插 采用充实健壮的一年生成熟枝条进行。插穗于秋冬季从矮砧母本园中采集，剪留长度 15～20cm。将上口剪平、下口剪成斜面后，按一定数量成捆，经热处理促发愈伤组织后，直立深埋在潮湿的珍珠岩或湿沙、锯末中，置于5℃室内贮藏留待翌年扦插。

春季扦插前，对圃地进行施肥、平整和灌水。取出冬贮插穗，选留未生根的，用生长激素0.5‰吲哚丁酸或1‰萘乙酸浸泡插穗基部10s，然后扦插。扦插时，按50～60cm行距开沟，深度20～25cm，将插穗基部向下依次斜放在沟壁，株距5～7cm为宜，然后覆土填平（图9-1）。扦插后，注意保持土壤湿润。据研究，现有的梨砧中，Pyrodwarf、Pyroplus、Pyriam、榅桲S1、QA、QC及CQ系列127、129、130等，宜于硬枝扦插繁殖。

图9-1 梨砧木苗硬枝扦插

（2）绿枝扦插 采用发育良好的当年生半木质化新梢，在具有人工弥雾条件下的温室或大棚内进行。插穗于生长季从矮砧母本园采集，长度10cm左右，带2～3个芽。保留上部叶片，下端剪成斜面。为防止枝条失水，最好在清晨剪穗，现采现用。按行距5～10cm，株距3cm，立插于苗床内。扦插深度2～3cm为好，便于通气（图9-2）。

苗床基质可用潮湿的细沙、蛭石。扦插后，立即进行人工弥雾。先适当遮阴，后逐渐加光，经30～40d生根后，再移至繁殖区。整个过程要求空气湿度保持在80%～95%，温度控制在18～28℃，同时给予适当光照。硬枝扦插不易生根的品种，可采用绿枝扦插。

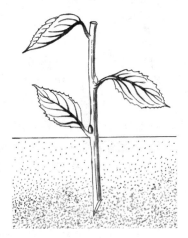

图9-2 梨砧木苗嫩枝扦插

（3）根段扦插 通常利用起苗后，残留在圃地内粗度为0.3～1.5cm的矮砧根段进行。根段长10cm左右，将上口剪平，远离茎干的下口剪成斜面，按一定数量成捆，埋在湿沙内，置于3～4℃室内贮藏留待翌年扦插。翌春将贮藏的根段取出，选择未腐的根段扦插于苗圃内。为了促发根系和不定芽，覆土后应再覆地膜。杜梨、秋子梨以及榅桲等无性系砧木可以采用根插繁育砧苗（图9-3）。

**2. 压条** 压条是将枝条在不与母株分离的状态下，包埋于生根介质中，待不定根产生后与母株分离而成为独立新植株的一种无性繁殖方法。常用有水平压条和直立压条两种方法。

（1）水平压条 春季萌芽前，将母株一年生枝弯倒呈水平状，固定于地面上。萌芽后，抹去部位不适当的幼梢，待新梢长至15～20cm时灌水，并将新梢基部近地面10cm内叶片摘除，用潮湿细土进行第一次培土，培土厚度8～10cm，宽度20cm。20～

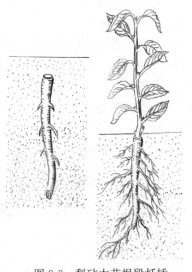

图9-3 梨砧木苗根段扦插

30d 后，待新梢基部长出不定根，进行第二次培土，总厚度为 30cm 左右，总宽度 40cm。秋季即可与母株断开成为新植株。生产上，水平压条通常用于枝条柔软细长的矮砧类型（图 9-4）。

图 9-4　梨矮化砧木水平压条

（2）直立压条　春季萌芽前，将母株从近地面 5cm 处短截，刺激基部隐芽萌发形成较多新梢。当新梢长至 15～20cm 时灌水，并将新梢基部近地面 10cm 内的叶片摘除，用潮湿细土进行第一次培土，厚度 8～10cm。30d 后，待新梢基部长出不定根，进行第二次培土，厚度 20cm 左右。秋季即可与母株断开成为新植株。生产上，直立压条通常用于枝条粗壮直立、硬而脆的矮砧类型（图 9-5）。

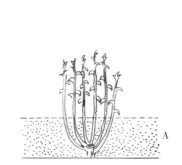
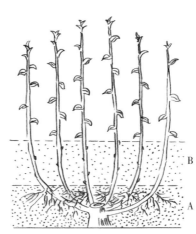

图 9-5　梨矮化砧木垂直压条
A. 第一次培土　B. 第二次培土

**3. 组培离体繁殖**　扦插和压条自根繁殖方式，生根率极低，繁殖速度较慢。育苗过程中需要大量繁殖材料，不利于大规模商业化生产。

20 世纪 70 年代以后，人们开始探索梨及砧木组培离体快繁技术。1975 年前苏联利用洋梨幼胚成功培育完整植株，1988 年日本学者对杜梨、砂梨、中国豆梨、日本豆梨和日本雪梨等砧木类型离体快繁进行了研究，利用茎间和腋芽为外植体，获得完整植株，同时发现不同砧木类型对培养基要求有一定差异。1989 年 Predieri 等以西洋梨品种康佛伦斯组培苗叶片为外植体分化植株，在附加 BA（5mg/L）和 NAA（1mg/L）的 MS 培养基中植株再生率达 40%，所获得的再生苗易于繁殖和生根，移栽后未发现变异。意大利是最早使用离体快繁技术对梨及其砧木进行商业性生产的国家，1988 年生产梨组培苗 35 万株。

中国也相继开展了梨组培快繁对增殖、诱导产生不定芽等培养基以及试管苗生长状态影响因子等方面研究，为该技术在生产上应用奠定了基础。1978 年首次发表了梨胚乳培养诱导出完整植株的报道；1979 年又用梨实生苗茎尖培养出再生植株，并建立了我国第一个组织培养苗梨园；1982 年用组织培养方法培养锦丰梨的幼胚胚乳，获得锦丰梨三倍体植株并对其倍性进行了研究。梨矮化砧木 PDR54 和 PDR4 的组培快繁方法，在仅含 IAA 的生根培养基上，生根率达 80％左右。1994 年孟庆田等对紧凑型矮化梨 $S_2 \sim S_5$ 进行了组织培养试验，开展了试管苗增殖过程中生长素的用量及提高增殖系数研究，在附加 IBA 的 ASH 培养基中，生根率达 69％。王乔春（1995）对梨砧木 BP10030 进行了试管培养及生根试验，采用 IBA（2mg/L）试管生根法和 IBA（2～8mg/L）浸枝处理，取得了较理想的生根效果。薛光荣等（1996）获得锦丰梨花培植株，并将花粉植株试管苗成功地嫁接于大树新梢上进行保存和性状观察。

# 第三节　梨嫁接苗繁育

嫁接是将植物的枝段或芽等器官，按照某种方式接到其他植株的枝、干、根等部位，利用植物组织的再生能力愈合在一起，形成一个新植株的一种无性繁殖方法，由此产生的苗木称嫁接苗。通过嫁接培育果树优良品种生产用苗是砧木苗繁育的主要目的。根据砧木特性和矮砧利用方式，将嫁接苗分为乔砧苗、自根矮砧苗和矮化中间砧苗。

嫁接繁育作为无性繁殖的一种方法，对果树生产获得的优质、高产、高效具有重要意义。因为，品种嫁接苗充分利用砧木和接穗品种的优点，既可保持接穗品种优良性状，还能利用砧木特性和砧穗组合效应，增强接穗品种抗性和适应性，改变栽培方式，促使其早果、优质、丰产。

## 一、嫁接繁育的生物学基础

### （一）嫁接愈合过程

嫁接方式主要有芽接和枝接两种。果树嫁接能够成活，在于砧木和接穗削面形成层产生的愈伤组织，能够相互接合并进一步分化产生新的输导组织将两者连接成有机整体。因此，整个嫁接愈合过程，实质上包含砧穗间愈伤组织产生、愈合和输导组织形成、连接两个阶段。

**1. 愈伤组织产生与愈合**　枝接时，首先由切口接合面死细胞内含物及残壁的氧化和木栓化，形成一层褐色隔膜（隔离层），将砧穗双方伤口内部的组织、细胞保护起来，避免失水和进一步氧化坏死。然后，受伤细胞产生创伤激素，使未受伤的维管束鞘、次生皮层和髓射线薄壁细胞进行分裂，产生分化程度较低的愈伤组织。伤口附近的形成层也以类似方式产生愈伤组织。随后，双方形成的愈伤组织相互接合，填充切口接合面所有空隙，并冲破各自隔离层。同时，愈伤组织的薄壁细胞壁，逐渐形成壁孔，作为胞壁连丝的孔道。最后，通过胞间连丝，将愈伤组织的薄壁细胞间相互连接成为一体。

芽接时，砧穗切接面间的愈合过程，与枝接近似。首先由切口处死细胞壁木栓化形成隔膜；然后从砧木的木质射线和芽片相关组织开始，产生愈伤组织薄壁细胞，并突破各自隔膜；愈伤组织的薄壁细胞继续分裂，将接芽包围、固定，直至将切口内部空隙填满为止。由于接芽部分较小，带有的组织和营养物质较少，因而芽接砧穗结合部的愈伤组织大部分由砧木组织产生。

**2. 输导组织形成与连接**　枝接切接面的愈伤组织相互连接成为一体后，其中的薄壁细胞进一步分化，形成过渡导管和筛管，将砧穗的临时输导系统相连；外部细胞木栓化，形成木栓层，与砧穗的栓皮层连接。砧穗切口处的形成层继续进行细胞分裂，在产生新的木质部和韧皮部的同时，形成新的输导系统，并与砧穗新形成的输导系统连接。至此，接穗枝段与砧木从形态到内部组织完全成为一体，砧木与接穗真正愈合成活。

芽接接合面由木质部导管原基细胞伸长、分裂，穿过其他组织形成连接砧木和接穗的中间导管；韧皮部筛管原基细胞伸长、分裂，绕过切口形成连接砧木和接穗的中间筛管，新的输导系统形成，芽接愈合成活。

### （二）影响嫁接成活的因素

影响嫁接成活的因素中，最主要的是砧木类型与接穗品种间嫁接亲和力，其次是砧、穗质量，嫁接时环境条件和嫁接技术优劣以及病毒等。由于梨树的病毒研究不如苹果，有关病毒对梨嫁接亲和性影响研究报道较少。

**1. 砧木类型与接穗品种嫁接亲和力**　嫁接亲和力是指砧穗嫁接后能否愈合成活和正常生长结果的能力。包括砧穗之间内部组织构造、生长速率、生理代谢以及遗传特性等方面差异，彼此相同或相近的组合表现亲和。

砧穗内部组织结构，包括双方韧皮部和木质部大小、比例，形成层薄壁细胞的大小、结构，输导系统大小和密度的相似程度。

生理代谢，包括砧穗分生组织细胞的分裂、生长速率，细胞渗透压，细胞原生质pH、等电点、蛋白质和生理活性物质等，以及合成物质利用等的相似程度。

遗传特性方面影响，包括去氧核糖核酸（DNA）、核糖核酸（RNA）和信使核糖核酸（mRNA）的相似程度。

嫁接亲和力大小，与砧穗组合间亲缘关系远近有关，一般亲缘关系较近的砧穗组合嫁接亲和力强。梨砧木类型，榅桲非梨属植物，虽作为西洋梨矮砧，但嫁接亲和力不如梨属砧木好。即使同为梨属植物，由于种间亲缘关系或生态类型差异，嫁接亲和力也有所不同。

**2. 砧穗质量**　高质量砧穗，对嫁接成活和接后生长有良好作用，是提高嫁接成活率的重要保证。凡砧木生长健壮、粗度达标，接穗枝条充实、芽饱满、组织器官无异常表现，即为质量好的砧穗。春季嫁接，宜选用成熟度好、无冻害的一年生枝条作接穗。夏季苗木嫁接，应选用已停止生长、木质化程度高的新梢，并且要随剪随用，不能失水。

**3. 环境条件**　环境条件对嫁接成活影响主要是气温和土壤湿度。砧穗形成层活动和愈伤组织形成需要一定温度。0℃以下时，形成层活动较弱，细胞分裂活动受抑制。随着气温升高，活动逐渐加强。气温达30℃左右时，活动最旺盛，分生能力最强。愈伤组织产生也是如此。气温在5℃以下时，愈伤组织发育缓慢而微弱。在20~30℃，细胞分裂活动最旺盛，愈伤组织形成最快。超过32℃，形成层活动和愈伤组织形成又开始变慢，并引起细胞死亡。砧穗形成层活动和愈伤组织形成必须在一定水分作用下进行，嫁接期间如果土壤干旱，嫁接不易成活。但若雨水过多，接口受雨水冲淋温度降低，不利愈伤组织大量形成，也会影响嫁接成活。

根据生产实践，木质部和韧皮部容易分离时期（俗称离皮），即每年从晚春、初夏至夏秋季节，嫁接成活率最高，此时形成层细胞分裂活动正处于最旺盛时期。

**4. 嫁接技术** 嫁接过程中，需要对砧木和接穗进行相应切削，其中操作的熟练性，接穗切面的平滑、长短或芽片大小与砧木处理的相似程度，以及两者紧密接合，都会影响嫁接成活率。嫁接操作熟练、速度快、切口平滑、大小一致，绑缚严紧，可保证砧穗或芽片严实接合，减少接口水分蒸腾，防止砧穗切面单宁过多氧化形成较厚隔离层，使新生愈伤组织不易突破而影响愈合。相反，可能造成接口愈合不良，接穗品种发芽迟，长势弱，甚至从接口处脱落。

**5. 接口湿度** 切面愈伤组织产生和薄壁细胞分裂，需要 $95\%\sim100\%$ 空气湿度。以便在愈伤组织表面形成一层水膜，保护新生的薄壁细胞免受高温干旱伤害，促进愈伤组织大量形成和分化。为保证接口部位有高温、高湿微环境，砧木和接穗或芽片间能紧密接合，世界各国通常采用塑料薄膜带包扎，将砧穗紧紧固定在一起，提高嫁接成活率效果显著。

### （三）砧穗不亲和反应

一般认为，嫁接后砧木与接穗完全愈合而成为共生体，并能长期正常生长结果的砧穗组合是亲和的，否则是不亲和的。实际上，亲和与不亲和之间没有明显的界限，不亲和强弱程度差异，导致砧穗组合间不亲和在嫁接后不同阶段表达。有些组合，早期表现亲和，而后期则表现不亲和，说明两者从本质上是不亲和的。不亲和反应是多样性的，从形态、组织结构到生理生化，从生长速度到代谢产物，从表皮细胞局部坏死、断续到形成层内陷、木质部不连续。

**1. 形态学和解剖学反应** 组织结构差异导致不亲和比较容易观察到，表现在嫁接口处愈合异常。嫁接后解剖观察发现：

有的砧穗组合，形成的愈伤组织连接不牢固，随着组织老化，接合部易脱离。遇风和机械碰撞等外力作用，出现从接口部位折裂。如西洋梨与榅桲的不同砧穗组合，存在结合部细胞的胞壁里不含木质素，而且互不连接或仅有不交错纹理现象。

有的砧穗组合，嫁接部位导管扭曲，木质部输导系统不连续，接穗或芽片得不到水分、无机养分和激素等生长物质供应；或砧穗形成层只有部分连接，嫁接愈合缓慢。

有的砧穗组合间形成层活动时间速率不一致，导致其加粗生长出现差异，出现大小脚现象。

有的砧穗组合，接穗品种树性明显发生改变，表现出新梢生长量降低，短枝率增加，花芽大量形成，早期落叶等不亲和现象。

**2. 生理生化反应** 生理生化方面的不亲和主要表现在：

有的砧穗组合，接穗合成的碳水化合物和脂肪等，不能进入砧木根系。

有的砧穗组合，一方的代谢产物，不能满足另一方的需要；或者因其有毒而被拒绝利用或阻碍愈合。如榅桲砧产生的樱桃苷，进入梨接穗的韧皮组织后，分解氢氰酸，能阻碍形成层活动，造成结合部附近组织、细胞发育反常，最终导致嫁接口以上部分死亡。

有的砧穗组合，一方不能产生对方生存所需的酶，或产生抑制、毒害对方某种酶活性物质，或双方酶活性不一致，都会阻碍甚至中断生理活动正常进行。接口愈伤组织中，如过氧化物酶和过氧化氢酶的活性低，过氧化物积累，致使接口部分细胞死亡，形成死细胞层，妨碍砧穗愈合。

## 二、砧木和接穗的相互作用

砧穗之间的相互影响从嫁接愈合成为一体开始，直至个体生长发育的一生，实质是水、矿质营养、贮藏养分、光合产物及生长调节物质等，在生长发育的不同时空阶段相互交流，产生的树体地上部分器官与地下部分根系既互相促进又互相抑制的作用和调控。

### （一）砧木对接穗的影响

不同砧木类型对接穗品种生长结果影响存在明显差异。同一砧木对不同接穗品种生长发育影响也不一致。

**1. 对生长影响** 乔化砧木如杜梨、豆梨、秋子梨等，嫁接的梨树势强旺，树体高大，枝多直立，新梢生长量大，长枝比例多，寿命相对长。矮化砧木如榅桲、OH×F系列、BP1（*Pyrus communis*）、Davis A×B（*P. betulifolia*）、中矮1号、K系列等，树势偏弱，树体矮小，枝多开张，新梢生长量较小，短枝比例多，叶片较厚，寿命较短。Frank Maas（2006）在评价梨砧 BP10030 和榅桲类 MC、C.132、Eline 对康佛伦斯和考密斯生长结果影响时指出，砧木类型间对接穗品种生产效率影响明显不同（表9-2、表9-3）。

表9-2 梨矮化砧木对接穗品种康佛伦斯、考密斯生长影响

| 砧木类型 | 康佛伦斯 | | 考密斯 | |
| --- | --- | --- | --- | --- |
| | 生长指数 | 干周（cm） | 生长指数 | 干周（cm） |
| MC | 4.7 | 12.6 | 5.9 | 14.7 |
| BP10030 | 2.4 | 7.9 | 4.2 | 12.0 |
| C.132 | 5.0 | 13.6 | 6.2 | 15.9 |
| Eline | 5.4 | 13.7 | 6.0 | 16.4 |

表9-3 梨矮化砧木对接穗品种康佛伦斯、考密斯产量影响*

| 砧木类型 | 康佛伦斯 | | | | 考密斯 | | | |
| --- | --- | --- | --- | --- | --- | --- | --- | --- |
| | 产量（kg/株） | 结果数（个/株） | 单果重（g） | 生产率 | 产量（kg/株） | 结果数（个/株） | 单果重（g） | 生产率 |
| MC | 87 | 503 | 193 | 19 | 34.2 | 133 | 287 | 4.4 |
| BP10030 | 39.7 | 266 | 176 | 17.4 | 31.6 | 128 | 299 | 5.5 |
| C.132 | 81.4 | 433 | 212 | 15.5 | 31.2 | 112 | 304 | 3.4 |
| Eline | 92.3 | 563 | 186 | 20.5 | 31.6 | 129 | 268 | 4.3 |

\* 表中数值2002—2005年累计；生产率单位为果数/cm² 干截面积。

**2. 对结果影响** 尽管梨品种之间早果性存在差异，但嫁接在乔化砧上的梨接穗，总的表现结果较晚，通常嫁接苗在定植3～5年后才开始见果；嫁接在矮化砧上的梨接穗，结果较早，嫁接苗在定植2年后即可见果。同一品种嫁接在乔砧上，其果实大小、果实外观和内在品质及单位面积产量均不如嫁接在矮砧上。J. Kosina（2003）对梨无性系砧木 OH×F69、OH×F87、OH×F230、OH×F333 和榅桲 BA-29 进行了评价，嫁接红巴梨、康佛伦斯和鲁克斯（Alexander Lucas）在果园早期产量、单果重和生产率均有上好表现。

**3. 对营养水平影响** 不同砧木类型对接穗品种的营养水平，也有明显影响。嫁接在

8

BP10030、MC、C.132、Eline 砧木上五年生的康佛伦斯和考密斯，叶片中矿质养分含量存在一定差异，总的表现为康佛伦斯比考密斯氮和铁含量高，镁和锌含量低；磷和硼含量相近；其余养分随着砧穗组合改变而显现不同水平，互有高低（表9-4）。矮砧还能提高接穗品种总蛋白含量（表9-5）。

表9-4　不同梨矮化砧对接穗品种康佛伦斯、考密斯叶片矿质养分影响

| 砧木类型 | 康佛伦斯 | | | | | | | | | |
| --- | --- | --- | --- | --- | --- | --- | --- | --- | --- | --- |
| | 氮(%) | 磷(%) | 钾(%) | 镁(%) | 钙(%) | 铁(mg/kg) | 锰(mg/kg) | 锌(mg/kg) | 硼(mg/kg) | 铜(mg/kg) |
| MC | 2.12 | 0.19 | 1.21 | 0.24 | 1.76 | 75.8 | 75.0 | 69.0 | 22.2 | 6.5 |
| C.132 | 2.14 | 0.23 | 1.55 | 0.18 | 1.74 | 77.2 | 56.8 | 62.8 | 24.8 | 7.0 |
| BP10030 | 2.10 | 0.18 | 0.99 | 0.14 | 1.22 | 68.0 | 85.5 | 57.5 | 24.5 | 6.0 |
| Eline | 2.05 | 0.18 | 1.28 | 0.22 | 1.72 | 68.8 | 73.6 | 64.5 | 22.8 | 4.4 |

| 砧木类型 | 考密斯 | | | | | | | | | |
| --- | --- | --- | --- | --- | --- | --- | --- | --- | --- | --- |
| | 氮(%) | 磷(%) | 钾(%) | 镁(%) | 钙(%) | 铁(mg/kg) | 锰(mg/kg) | 锌(mg/kg) | 硼(mg/kg) | 铜(mg/kg) |
| MC | 1.83 | 0.17 | 1.36 | 0.30 | 1.81 | 64.0 | 80.2 | 69.0 | 22.5 | 5.8 |
| C.132 | 1.89 | 0.17 | 1.46 | 0.22 | 1.59 | 72.2 | 65.8 | 62.8 | 24.5 | 4.7 |
| BP10030 | 1.77 | 0.17 | 1.32 | 0.14 | 1.14 | 62.2 | 72.8 | 57.5 | 25.0 | 4.9 |
| Eline | 1.87 | 0.18 | 1.42 | 0.26 | 1.76 | 70.5 | 69.5 | 64.5 | 22.5 | 5.8 |

注：表中数值为2002年8月26采样测定结果。

表9-5　嫁接在榅桲A（QA）和实生砧梨品种新梢皮中总蛋白含量（mg/g）

| 砧木类型 | Passa Crassane | Bartlett | Beurre Bosc | Beurre Hardy |
| --- | --- | --- | --- | --- |
| 榅桲（QA） | 2.22 | 2.32 | 2.14 | 3.72 |
| 实生砧 | 1.62 | 1.54 | 1.58 | 1.67 |

**4. 对抗性影响**　梨砧木中，杜梨耐旱、耐涝、耐盐碱、抗病，能够提高接穗品种抗旱、抗盐碱和抗火疫病、抗根蚜能力。豆梨耐湿、耐涝、耐热，能提高接穗品种抗湿热能力。秋子梨抗寒性强，能够提高接穗品种抗寒水平。榅桲能提高接穗品种抗衰退病和抗根蚜能力，但不耐盐碱，嫁接品种易出现叶片黄化现象。OH×FW无性系砧木能提高接穗品种抗火疫病和衰退病能力。

### （二）接穗对砧木的影响

**1. 对生长影响**　接穗对砧木的影响，从嫁接愈合后接穗品种萌芽、生长开始。长势强旺，年生长量大的接穗品种，能够为根系提供丰富的光合产物，促进砧木根系生长和强大。接穗品种间遗传组成差异，以及接穗品种与砧木亲和性大小，将对砧木根系生长产生不同作用，或使砧木根系发达、分根紧密、须根数量增加、分布加深、再生能力提高，或使分根稀疏、须根数量减少、分布变浅、再生能力减弱。

成熟期不同的接穗品种，对砧木根系年生长发育有不同影响。晚熟品种通常有3次生长高峰，早熟品种只有2次生长高峰。

**2. 对抗性影响**　接穗品种抗寒，嫁接后对砧木抗寒能力提高有一定促进作用。相反，

接穗品种不抗寒，则会降低砧木抗寒性。接穗品种通过对砧木根系分布深浅的影响，改变了砧木的固地性，从而提高或降低根系抗风能力。

此外，不同接穗品种对砧木组织解剖构造，如射线数量、薄壁细胞数目、导管和筛管大小等，以及碳水化合物、总氮、氨基酸的含量，激素水平、酶活性等都有不同影响。

### （三）中间砧对砧木和接穗的影响

矮化中间砧，如同矮化自根砧，对接穗品种生长发育的影响也是十分显著的。造成树体矮小、生长势减弱，新梢生长量降低、短果枝比例增加，早果，丰产。但对砧木的影响，通常仅限于左右根系生长量，对根的形态特征没有影响。中间砧影响效果一般与砧段长度呈正相关，用作矮化中间砧时，砧段长度在 25cm 左右较好。

## 三、中间砧苗繁育

### （一）中间砧苗的优点

中间砧梨苗由基砧、中间砧和接穗品种三部分组成。通常基砧采用乔化砧木，中间砧使用矮化无性系砧木，其上嫁接优良品种。中间砧利用方式，不仅可以解决梨矮化无性系砧木自根繁育困难，不利于大规模生产利用的问题，还能克服基砧与接穗品种嫁接不亲和障碍。由于中间砧苗保持了矮化砧木原有的效应，同时兼具乔化砧木抗逆性强、适应性广、易于大量繁殖等特点，因而在国内外梨矮化苗木生产中得到广泛应用。

### （二）中间砧苗的繁育方法

中间砧梨苗繁育过程包括乔化基砧繁育，中间砧嫁接、生长，接穗品种嫁接、生长，成苗培育一般需要 2～3 年。根据嫁接繁育方式不同，分为双芽靠接、分次芽接、分段嫁接、双重枝接、双重芽接、枝芽接、双重绿枝接。

**1. 双芽靠接**　早春在乔砧苗距地 10cm 处，先芽接梨品种的种芽。在其对侧砧木上方 2cm 左右位置，芽接梨矮砧种芽。成活后剪去接芽上方的乔砧，促使两个接芽萌发抽生新梢。待矮砧新梢长到 20cm 以上时，在 20cm 处与品种新梢靠接。愈合后，剪断接口以上的矮砧砧梢及接口以下品种新梢，即可获得矮化中间砧梨苗（图 9-6）。

**2. 分次芽接**　早春先在乔砧上芽接梨矮砧种芽（或早秋进行芽接，不剪砧，种芽留待翌年春季萌发），待其萌发后剪除接口以上乔砧部分。当矮砧抽梢长至 20cm 以上时，在新梢 20cm 处，芽接品种种芽。翌年春季剪除品种接芽以上的矮砧部分，促使品种接芽萌发，培养成矮化中间砧梨苗（图 9-7）。

**3. 分段芽接**　是芽接与枝接相结合，快速培育矮化中间砧梨苗的一种方法。早春，先在乔砧上芽接矮砧种芽，

图 9-6　双芽靠接
1. 基砧　2. 中间砧　3. 梨品种

剪去以上乔砧部分，促使矮砧接芽萌发抽梢。早秋，在矮砧新梢上，按中间砧长度（25cm左右）分段芽接品种的种芽。秋末分段剪下，置于窖内湿沙中贮藏过冬。翌年早春枝接到乔砧上，成活后品种接芽即可萌发，形成矮化中间砧梨苗（图9-8）。

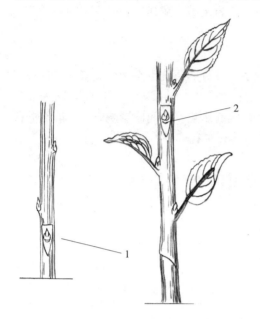

图9-7 分次芽接
1. 嫁接矮砧 2. 嫁接品种

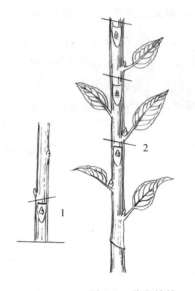

图9-8 分段嫁接
1. 芽接矮砧 2. 分段芽接品种
3. 分段枝接带品种芽接砧木

**4. 双重枝接** 是室内与室外枝接相结合，快速培育矮化中间砧梨苗的一种方法。春接季节，利用冬贮的矮砧接穗和品种接穗，剪取所需矮化中间砧的长度（25cm左右），在其上枝接品种接穗，然后再把接好的两段枝条作为接穗嫁接到乔砧上。成活后，即可培育成矮化中间砧梨苗（图9-9）。

**5. 双重芽接** 春接季节，利用冬贮的矮砧接穗，先按芽接削取接芽的方法，削取梨矮化中间砧的无芽垫片。将垫片表面皮层削取，插入乔砧的T形切口内，然后削取品种芽片插入砧木切口内的矮化中间砧垫片之上，紧密绑缚，同时剪去接口以上乔砧部分。待接口愈合成活后，即可培育矮化中间砧梨苗（图9-10）。

**6. 枝芽接** 春接季节，利用冬贮的矮砧接穗，先在乔砧上枝接矮化梨砧接穗，待矮砧萌芽长至20cm以上时，按要求的中间砧长度，芽接品种的种芽。剪去接口以上矮砧新梢，促使品种接芽萌发抽梢，即可培育矮化中间砧梨苗（图9-11）。

**7. 双重绿枝接** 在圃内快速培育矮化中间砧梨苗的一种方法。生长季中，先在乔砧上嫁接带叶的矮砧新梢。待其生长到一定高度，在矮化中间砧要求高度处，绿枝嫁接

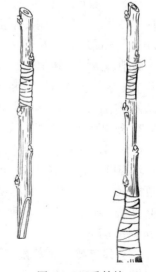

图9-9 双重枝接

品种接穗。成活后,即可培育矮化中间砧梨苗(图9-12)。

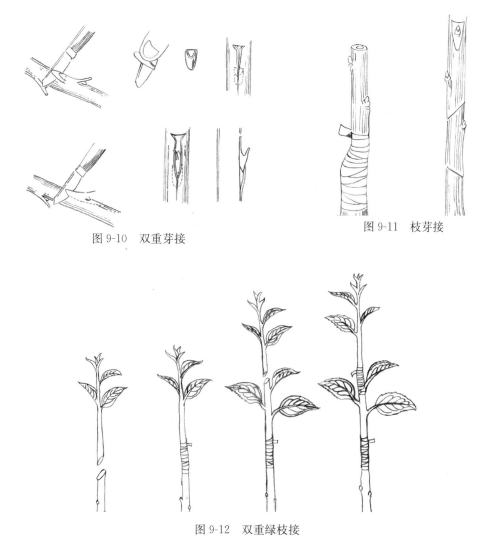

图9-10 双重芽接

图9-11 枝芽接

图9-12 双重绿枝接

## 四、嫁接技术

果树常见嫁接方法有芽接、枝接和根接。在此基础上,人们在长期生产实践中总结出许多种实用嫁接技术,用于苗木生产和老树更新。

### (一)乔砧梨苗嫁接

**1. 接穗准备** 根据梨苗供求计划,接穗宜从品种母本园中母树上剪取。没有母本园的苗圃,也可从品种纯正、树势中庸健壮、无检疫和非迁移病虫害的生产园中剪取。嫁接方式不同,对接穗质量要求有所不同。硬枝嫁接,需要枝条成熟度好、组织充实、芽发育饱满的一年生枝。芽接,春接对接穗的要求与硬枝嫁接相同;秋接应剪取发育良好、生长健壮、非徒长新梢。绿枝接,要求剪取半木质化新梢。

供春季进行硬枝嫁接和芽接用的接穗,每年可结合冬剪采集。按品种和一定数量打扎成捆，挂上注明品种名称的标签，放在地窖内湿沙中贮藏。寒冷地区，为防止枝条越冬产生冻害影响嫁接质量，可于秋季上冻前剪取，打捆挂签后，置窖内沙藏冬贮，留待翌年春季使用。冬贮期间要注意保湿、防冻，春季天气转暖时，要注意控制窖温、防止接穗发芽。

由外地采集的接穗，打捆挂签后，可以装在麻袋、编织袋等通气良好的包装材料内运输。包装不宜过大，以免发热和装卸伤害接穗。包内放入充分湿润的锯末、谷壳等保水力强、又不发热的保湿材料。运输中，要避免高温和暴晒。为保证接穗质量，最好在晚秋或初冬季节采集和运输接穗。

春季硬枝嫁接时，可将接穗下端浸在12℃左右的温水中，以促进形成层活动，提高嫁接成活率。绿枝嫁接时，新梢采集后应将其上的叶片连同叶柄立即除去，下端插入清水中，置阴凉处，随用随取，以保证成活率。

**2. 嫁接方法**

（1）芽接 是指在砧木上嫁接单个芽片的方法。具有操作简便、快速、伤口小、愈合容易、嫁接期长、可以大量繁殖，以及经济利用接穗、成活率高等优点。最常见的芽接方法是T形芽接，还有嵌芽接。

芽接时期一般可在春、夏、秋三季进行。只要形成层细胞处于分裂旺盛时期，皮层容易剥离，砧木粗度达到芽接要求，生长季内都可进行芽接。区域间由于生长期长短不同，嫁接时期有一定差异。生长期长的地区，主要芽接时期为夏、秋季节，夏季芽接，当年苗木就能达到标准的高度和粗度。而生长期短的地区，主要芽接时期为春、秋季节，夏季芽接苗木达不到要求的标准。秋季芽接，接芽后不刺激萌发，第二年春天剪砧促萌生长成苗。

T形芽接，俗称丁字形芽接（图9-13），在皮层能够剥离（离皮）后进行。嫁接时，先从品种接穗上取芽，芽片大小视品种叶芽大小而定，一般长1.5～2.5cm，宽度0.5cm左右，芽上方留长1.0cm左右，呈上宽下窄盾形；然后在砧木苗干上距离地面3～5cm光滑部位，切开T形切口，长度稍短于芽片。用芽接刀尾部从砧木切口处撬开皮层，将芽片插入切口内，使芽片上端与砧木横切口对齐密接，用塑料薄膜将切口封实绑紧。注意绑缚时要将芽柄露于切口外。

图9-13 T形芽接

嵌芽接，俗称带木质部芽接（图9-14），在整个生长季，尤其接穗或砧木皮层不能剥离（护皮）时应用。嫁接时，先从品种接穗接芽上方0.8～1.0cm处，向下斜切一刀，长约1.5cm，厚度不超过髓部为宜；随后在接芽下方0.5～0.8cm部位，呈30°角向下斜切到上一刀的底部，取下芽片（带部分木质部）。然后在砧木距离地面3～5cm处向下斜切，形成一个与接穗芽片大小相近的切口，放入芽片，使芽片周缘于砧木切口对齐密接，用塑料薄膜将切口封实绑紧。

（2）枝接 是指在砧木上嫁接接穗枝段

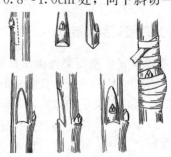

图9-14 嵌芽接

（含1个或1个以上芽眼）的方法。主要用于中间砧苗繁育。果树生产上，常用于劣质品种改造或老树更新。通常在春季树液流动至发芽前后、接穗尚未发芽时进行。主要有劈接、切接和皮下接几种，此外还有腹接、舌接和桥接。根据接穗木质化程度不同，将枝接分为硬枝嫁接和绿枝嫁接。

劈接，硬枝接和绿枝接均可采用。硬枝嫁接时，先将砧木在靠近地面5cm左右短截，削平断面后，用劈接刀在砧木断面中央垂直下劈，深度视接穗粗度而定，一般为接穗直径的3～4倍。将带有2个饱满芽的接穗下端，两侧对称各削一刀成长楔形，削面长度为接穗直径的3～4倍。将削好的接穗插入砧木切口内，使砧穗形成层对齐密接，用塑料薄膜将切口封实绑紧（图9-15）。

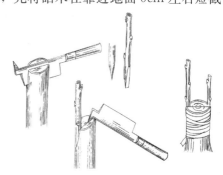

图9-15 劈 接

切接，用于硬枝接。嫁接时，在砧木靠近地面的平整光滑部位短截，削平断面后，用劈接刀在砧木断面一侧向下直切，深度约3cm。把接穗剪成5～10cm枝段，带有2个饱满芽，将接穗下端一侧削成3cm长削面，尽量与砧木切口大小一致。在接穗长削面对侧，削成短削面后，将削好的接穗插入砧木切口内，使砧穗形成层对齐密接。如砧木较粗，可将砧穗一侧形成层对正。最后用塑料薄膜将切口封实绑紧（图9-16）。

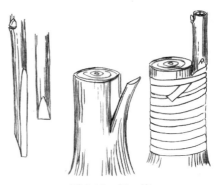

图9-16 切 接

皮下接，俗称插皮接，常在砧木比较粗大，皮层厚但易于剥离时应用。嫁接时，先剪断砧木，在断面一侧纵切一刀，拨开切口两侧的皮层。从接穗下端一侧斜削至对侧成较薄的舌状削面，削面长度3cm左右。将削好的接穗插入砧木切口内，用塑料薄膜将切口封实绑紧（图9-17）。

单芽枝接，用于绿枝接，多在夏季进行。剪取未木质化新梢作接穗，将叶片连同叶柄一同除去。在接芽下端用单面刀片削成1.5cm长的楔形，接芽上方保留一部分枝段。在砧木嫁接部位，选择与接穗粗度相近处进行短截，基部保留2～3片成熟叶。在砧木断面中央纵切一刀，深度与接穗楔形削面相近。将削好的接穗插入砧木切口内，使砧穗形成层对齐密接，用塑料薄膜将切口封实绑紧。包扎时，只露接芽，接芽上下方均须包严，以防失水影响成活（图9-18）。

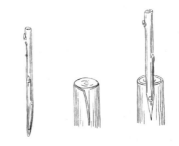

图9-17 皮下接

绿枝接用于嫩枝接，多在夏季进行。剪取半木质化新梢作接穗，下端斜切成单削面。在砧木

图9-18 单芽枝接

嫁接部位，选择与接穗粗度相近处进行短截，断面处同样斜切成大小相近的单削面。将砧穗削面对合，用塑料薄膜将接口封严绑紧。如果砧木较粗，可用劈接法进行嫁接（图9-19）。

（3）根接 利用起苗后残留在圃内的根段作砧木，在整个休眠季都可进行。将收集的根段置于窖内的湿沙里贮藏，在冬季11～12月取出。嫁接时，先将冬贮的接穗剪成5～10cm枝段，然后按照劈接或皮下接切削要求，对接穗和根段进行相应处理，进行嫁接。接后再放在湿沙中贮藏。翌年春季栽植到苗圃中，为促进根段早发新根和提高成活率、成苗率，通常栽后覆盖塑料薄膜保温、保湿（图9-20）。

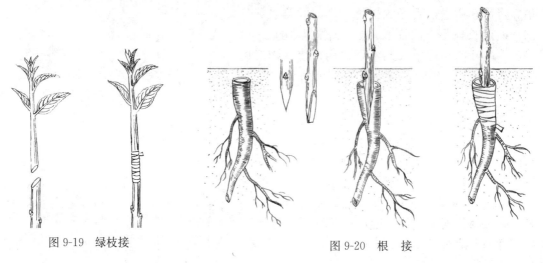

图 9-19　绿枝接　　　　　　　　　　图 9-20　根　接

## （二）矮化自根砧苗嫁接

由于梨无性系矮化砧可采用无性繁殖方式培育砧苗，决定了品种的矮化砧苗繁育与乔化品种苗不同的培育过程。但嫁接方法与乔砧苗繁育没有差别，也是以嵌芽接或T形芽接为主。

移栽到繁殖区内的自根砧苗，包括扦插、压条等方法繁殖矮化自根砧木，可采用上述的芽接或枝接的方法，按照相应操作要求培育品种自根矮化砧苗。

采用压条繁殖的自根矮化砧木，也可在第一次培土后，于新梢基部进行芽接，或采用绿枝接和单芽枝接。芽接成活后，及时剪砧，促使接芽萌发。当年秋季可与母株分离，形成梨品种自根矮化砧苗。

还可采用分段芽接方法，秋季先在矮砧母本树成熟枝条上，按扦插砧段长度分段芽接品种接芽，秋末分段剪下，在湿沙中贮藏过冬。翌年春季，按硬枝扦插处理方式，进行扦插，即可形成梨品种自根矮化砧苗。

还可先在乔砧上嫁接矮砧，待矮砧长至20cm高时，第一次培土。一个月后第二次培土，同时芽接梨品种的种芽。当矮砧生根后，剪除寄根乔砧，以此繁育梨品种自根矮化砧苗。

## 五、嫁接苗管理

嫁接苗管理，包括剪砧、除萌、解绑、施肥、灌水和虫害防治等，关系到嫁接成活率、成苗率和苗木质量，是苗圃田间管理工作非常重要的部分，不能忽视和松懈。嫁接后

7～10d，可以通过接芽或接穗的外观表现确定是否愈合成活。对于芽接，此时接芽比较新鲜、其上的叶柄一触即掉，表示已嫁接成活；对于枝接，接穗表皮光滑、未现抽干，也表明嫁接成活。发现未接活的砧苗，应立即进行补接。

### （一）芽接苗管理

**1. 剪砧** 为了促进接芽萌发生长，春季或夏季（生长期较长的地区）嫁接后应及时剪砧。春季风大危害严重的地区，为防止剪口抽干危及接芽，宜进行两次剪砧，第一次在接芽上方 3cm 短截，待春季风害过后再进行第二次剪砧。容易在幼嫩嫁接苗基部断裂的砧苗，也宜进行两次剪砧，第一次在接芽上方保留 15cm 的活桩，作为接芽生长的嫩梢绑缚之用，待新梢生长较充实后，再第二次剪砧。

**2. 灌水** 愈伤组织形成、薄壁细胞分裂、嫁接口愈合，以及接芽萌发、生长都离不开水，所以嫁接期间及随后苗木生长发育，必须有充足的水分供应。由于苗木中水分主要通过根系从土壤中吸收，适时保证土壤含水量，成为提高嫁接成活率的关键。春季嫁接后，应立即灌水，尤其北方春旱地区。

**3. 除萌** 剪砧后，接口以下的隐芽受刺激极易萌发形成萌蘖，这些萌蘖生长快，如不及时除掉，将影响接芽萌发、生长和成苗，应及时抹芽、除萌。通常嫁接后除萌 2～3 次即可控制萌蘖。二次剪砧的砧苗，第一次剪砧后接芽上部新梢或萌蘖也应及时除去。

**4. 解绑** 春季芽接的苗木，接芽成活萌发生长一段时间后，即可解开绑缚材料。秋季芽接的苗木，第二年春季剪砧后，解开绑缚材料。如不解开绑缚材料，随着接芽生长繁育，极易在绑缚处形成缢痕，影响砧苗质量，严重时可造成折断。

**5. 防治虫害** 梨嫁接苗常见虫害有蚜虫、黄刺蛾、大青叶蝉等，应经常查看。尤其梨茎蜂比较严重的地区，以防新梢遭受虫害，影响苗木质量。如发现虫害发生，应立即采用化学药剂防治。对检疫的病虫害适时监测，发现检疫对象，及时防治，或挖出苗木集中烧毁。

**6. 施肥** 嫁接苗生长旺盛，需肥量大，生产上应视砧苗生长情况，在生长前期适量追施 1 次氮肥。为有利肥效发挥，施肥后立即灌水。为防止苗木徒长，苗木生长后期不能再施化肥。

**7. 培土** 秋季芽接的苗木，上冻前应培土堆，以保证接芽能安全越冬，尤其北方地区苗圃。

### （二）枝接苗管理

枝接苗的管理与芽接苗大致相同。为保证伤口尽快愈合和接穗生长，枝接后及时灌水、及早除萌蘖。嫁接成活后，随着接穗展叶、抽梢和加粗生长，绑缚材料将影响嫁接部位进一步生长发育，要及时除去。春季风害严重的地区，应立支柱进行绑护，以免新梢风折。枝接后接穗萌发形成几个新梢，应选留一个方位好、生长健壮的新梢，其余剪除。

## 第四节 梨无病毒苗木繁育

无病毒果苗是指经过脱毒处理和病毒检测，证明不带指定病毒的苗木，是果树实施无病毒栽培的前提。欧美各国早在 20 世纪 70 年代末就建立了西洋梨的无病毒苗木繁育体系，目前美、法、日等国家已基本上实现主要果树的无病毒化栽培，而我国果树无病毒苗木繁育体系还不健全，全国果树无病毒苗木栽培面积仅占果树总栽培面积的 2% 左右，梨树脱病毒苗木繁育技术的研发和推广则刚起步（金青和蔡永萍，2002）。

迄今世界各地已报道的梨病毒及类病毒约有 20 多种，但其中一些病原病毒性质尚未明确，有的已证明是同物异名，发生普遍和危害严重的是 3 种潜隐病毒，即苹果褪绿叶斑病毒（ACLSV）、苹果茎痘病毒（ASPV）和苹果茎沟病毒（ASGV）。我国生产上主栽的梨品种普遍带有这 3 种病毒，平均带毒率 86.3%。同其他果树病毒一样，梨病毒危害轻者能削弱树势，导致梨树产量和果实品质下降，严重则引起树势急剧衰退，造成树体提早枯死而绝收。

由于病毒为害不同于细菌和真菌引起的果树病害，还不能采用化学药剂方法进行有效的控制和预防，只能通过建立无病毒苗木繁育体系，健全无病毒检疫检验制度，培育无病毒原种和苗木，达到防止果苗带毒和人为传播目的。目前热处理和茎尖组织培养仍是果树繁殖材料脱病毒采用的主要方法。

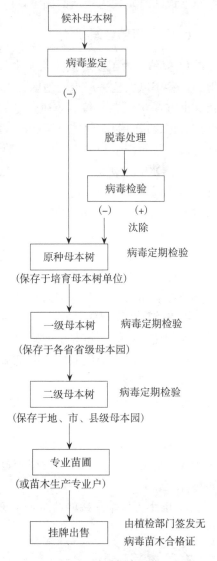

图 9-21　梨无病毒苗木繁育体系模式

## 一、无病毒苗木繁育体系

无病毒苗木繁育体系包括无病毒原种培育、引进、保存和病毒检测；无病毒品种采穗圃；无病毒砧木种子园；无病毒无性系砧木母本园和无病毒苗木繁殖圃等部分。经过国家或省（自治区、直辖市）及主管部门审查核准，责成有关单位承担不同层次、不同环节繁殖任务，确保苗木繁育过程无病毒，共同完成无病毒苗木繁殖（图 9-21）。

### （一）无病毒原种来源

无病毒原种产生有两条途径。第一，从国内外引进的梨品种繁殖材料（砧木或品种接穗）或从生产中选择梨品种母株，经过检测确认不带病毒后，可作为无病毒原种妥善保存和繁殖利用。第二，带有病毒的梨品种繁殖材料，在进行脱毒处理和严格病毒检测后，将确认不带病毒的单系作为该品种无病毒原种，供繁殖利用。

### （二）无病毒原种的培育和保存

**1. 脱毒**　将带有病毒的梨品种繁殖材料，经过处理清除某些指定病毒后，进行繁殖培养成无病毒健康植株。

（1）热处理脱毒　能使相应病毒钝化，延缓病毒在繁殖材料体内扩散速度并抑制病毒增殖，由此环境下长出的新植株、组织和器官可能不含病毒，将不含病毒的组织取下，培养成无病毒个体。梨上普遍带有的 3 种潜隐病毒（ACLSV、ASPV、ASGV）可用此法脱除。由于热处理脱毒法要求的设备条件比较简单，脱毒操作比较容易，因此应用最早，也最广泛，但该技术的脱毒效率较低。

（2）茎尖组培脱毒　植物感染病毒后，病毒浓度常因器官或部位不同而有很大差异，茎尖生长点通常不带病毒或病毒浓度很低。为了达到较好的脱病毒效果，通常选取初夏生长旺盛期新梢茎尖，切取 0.1～1.0mm 茎尖分生组织培养。试验结果显示，单纯的茎尖培养梨的苹果茎沟病毒脱毒率仅能达到 78.1%。

（3）热处理与组织培养相结合脱毒　单纯的热处理或茎尖培养均不能完全脱除病毒，且茎尖培养的条件要求较高，操作困难。从热处理后的材料上（包括盆栽苗、试管苗及茎段）再切取茎尖培养，则可获得理想的脱毒和分化效果。据薛光荣报道，该方法梨的苹果茎沟病毒脱毒率可达 100%。

**2. 病毒检测**　经过上述脱毒处理产生的脱毒苗或引进的无毒苗均应进行潜隐性病毒检测。各级母本圃（采穗园）也应定期检测，从源头上保证品种繁殖材料无病毒。检测潜隐性病毒可利用对特定病毒反应敏感的木本指示植物，实行田间检测或温室检测（表 9-6）。也可采用 ELISA 和 RT-PCR 方法进行病毒快速检测。

表 9-6　3 种梨潜隐病毒在木本指示植物上的主要症状及显症时期

| 病毒种类 | 木本指示植物 | 显症时期 | 主要症状 |
| --- | --- | --- | --- |
| 苹果褪绿叶斑病毒 | A20 | 5 月上旬或 6 月上旬 | 黄色环纹及斑驳 |
| | 榅桲 C7/1 | 5 月中下旬 | 矮化，叶片褪绿斑，舟形叶 |
| 苹果茎痘病毒 | 杂种榅桲 | 5 月上中旬 | 植株矮化，叶片反卷，有褪绿斑，苗干基部有坏死斑，木质部上产生茎痘斑 |
| | 寇密斯 | 6 月中下旬 | 叶脉变黄，沿叶脉产生褪绿斑 |
| 苹果茎沟病毒 | 弗吉尼亚小苹果 | 8 月下旬至 9 月上旬 | 木质部有条沟，嫁接口肿大，褐纹 |

**3. 无病毒原种保存**　经检测确认不带病毒的梨繁殖材料或经脱毒与病毒检测的品种和砧木，可作为无病毒原种保存在原培育单位。保存形式有田间原种圃和组培两种。

### （三）无病毒母本园建立

无病毒母本园建立是无病毒苗木繁育的重要环节。中国梨生产区域广，栽培资源丰富、品种数量多，布局上可根据优势产区和品种育成单位所在分别建立采种、采条和采穗用的无病毒母本园，以此满足生产无病毒苗木的需求。

**1. 无病毒原种保存圃**　无病毒原种树要栽种在未曾栽植过果树的地块，与普通梨树或苗木相距至少 50m。无病毒原种树由培育原种的单位保存，每 5 年进行 1 次病毒检测，发现问题及时淘汰。

**2. 实生砧木种子园**　作为采集实生种子的无病毒母本园，其中的母本树必须是从无病毒母株上经过自采种子、按无病毒苗木繁育要求自育而来，母本树上不能嫁接任何品种。

**3. 无性系砧木压条圃** 作为培育无性系砧木的无病毒母本园，其中的母本树必须由来源于原种保存圃并经检测确认不带有指定病毒的自根苗长成。

**4. 无病毒品种采穗圃** 作为培育品种苗木的无病毒品种母本园，要建在未种植过梨的地方，并与普通梨树或苗木相距 50m 以上。其中的母本树由无病毒原种保存圃提供的无病毒品种苗木长成。同时建立品种、株系、砧木、树龄、原母株系、引进单位和时间、脱毒和检测的单位及时间等资料档案，并绘制分布图。

梨无病毒母本园选址要与其他的梨园和苹果园保持一定距离，防止苹果与梨共感染的病毒种类危害。由于无病毒母树长势健壮，建园时母本树定植株行距不能低于 3m×5m。母本园要建立母本树档案，记载其历年树体生长发育、病虫害发生和采穗（条）或种子情况，并按当地正常栽培管理进行。母本树要定期检测和不定期抽检潜隐性病毒，一旦发现带有病毒应立即淘汰，不得再作为母本树。

## 二、无病毒苗繁殖圃地选择

无病毒苗繁殖圃负责培育无病毒实生和无性系砧木及无病毒的品种苗木，满足生产单位对无病毒梨苗木需求。

繁育无病毒苗木圃地，要求地势平坦、土壤疏松肥沃、有机质含量丰富、酸碱适中、有灌溉条件、交通便利，在此基础上选择距一般果园或一般生产性苗圃 50m 以上，且 5 年内未种植果树或育苗的地块。为了确保苗木无病毒和苗木质量，生产无病毒苗木使用的接穗必须采自无病毒母本树或采穗树，无病毒苗木使用的砧木，必须是从未嫁接过的实生砧木或无病毒的营养系砧木。苗木出圃前，须经产地指定部门检测，签发无病毒苗木合格证后，才可出售。

## 三、无病毒砧木繁育

繁育梨的无病毒根砧时，要将无病毒营养系矮砧苗，按 1m 行距、30cm 株距，以 30°的倾斜角斜插于栽植沟中。临近萌芽前，用木钩将砧木贴地面拉平；也可用塑料薄膜带将相邻两株砧木，首尾相接绑缚于地面上。5 月底至 6 月上旬，苗高 20cm 左右时，进行第一次培土，培土厚度 15cm。7 月上中旬，苗高达到 40cm 左右时，进行第二次培土，培土厚度同样为 15cm。两次培土厚度 30cm 左右。培土，一要适时，二要培足。培土过晚、过薄，根系发育不良，影响无病毒根砧发育和成活。

施肥，一年中进行 3 次。第一次在 5 月中旬，苗木春梢旺长期。第二次在第一次培土之后，每次每 667m² 各追施尿素 10kg。第三次在第二次培土之后，每 667m² 各追施复合肥 10kg。

灌水，视降雨情况和土壤湿度进行，以满足苗木生长需要，又不使其徒长为度。病虫害防治，按常规方法进行。

繁育无病毒中间砧苗的基砧多为实生砧木。为了促使中间砧苗早发、早长，以培育健壮苗木，春季要覆盖塑料薄膜建成小拱棚。

## 四、无病毒苗木嫁接

多采用芽接法，适宜时间在7月下旬至9月上旬。由于无病毒梨接穗的枝芽生长粗壮，为了提高接芽的利用率和成活率，最宜选用既健壮又相对较细的枝条作接穗。芽接成活的矮化自根砧苗，于翌年3～4月进行移栽。移栽畦宽1.2m，行距40cm，株距20cm，每畦4行。经过一年培育后，即可出圃根系发达、生长整齐、茎干粗壮的优质无病毒苗木。

在春季用塑料薄膜小拱棚的情况下，无病毒中间砧苗的芽接时间，一般为6月底至7月初。芽接成活后，要及时剪砧。试验表明，接后适时剪砧，株高比晚剪砧1个月的要高。经过一年培育，同样可以得到优质健壮的无病毒苗木。

## 五、脱毒苗组培快繁技术

梨苗繁育多采用嫁接的方法，效率低、速度慢，难以满足生产上对优新品种脱毒苗木的需要。组培快繁方法，具有繁殖系数高、速度快，不受季节、地区、气候、病虫等因素影响的特点。培育出的苗木保持品种原有的优良性状，还具有根系多、长势强等优点。现已成为美国、意大利等一些发达国家梨脱毒苗木和砧木繁育的主要手段之一。

### （一）培养基制备

**1. 常用溶液配制**　MS母液成分及用量见表9-7。

表9-7　MS培养基不同母液配制

| Ⅰ号母液 | | Ⅲ号母液 | | Ⅳ号母液 | | Ⅴ号母液 | |
|---|---|---|---|---|---|---|---|
| 成分 | 重量 | 成分 | 重量 | 成分 | 重量 | 成分 | 重量 |
| $NH_4NO_3$ | 82.5g | $CaCl_2 \cdot 2H_2O$ | 22.0g | $MgSO_4 \cdot 7H_2O$ | 18.5g | $Na_2$-EDTA | 1.865g |
| $KNO_3$ | 95g | | | | | $FeSO_4 \cdot 7H_2O$ | 1.39g |
| $KH_2PO_4$ | 8.5g | | | | | | |
| 溶解定容至1000ml | | 溶解定容至500ml | | 溶解定容至500ml | | 溶解定容至500ml | |

| Ⅱ号母液 | | Ⅵ号母液 | |
|---|---|---|---|
| 成分 | 重量 | 成分 | 重量 |
| $H_3BO_3$ | 310.0mg | 肌醇 | 5.0g |
| $MnSO_4 \cdot H_2O$ | 845mg | $B_6$ | 25.0mg |
| $ZnSO_4 \cdot 7H_2O$ | 430.0mg | 烟酸 | 25.0mg |
| KI | 41.5mg | $B_1$ | 5.0mg |
| $Na_2MoO_4 \cdot 2H_2O$ | 12.5mg | 甘氨酸 | 100.0mg |
| $CuSO_4 \cdot 5H_2O$ (62.5mg/250ml) | 5ml | | |
| $CoCl_2 \cdot 6H_2O$ (62.5mg/250ml) | 5ml | | |
| 溶解定容至500ml | | 溶解定容至500ml | |

| 生长调节剂 | | 调pH用的酸碱液 | |
|---|---|---|---|
| IAA　GA₃　IBA　NAA | BA | 1.0mol/L 盐酸 | 1.0mol/L NaOH |
| 先用少量乙醇溶解，配成10ml 0.1mg/ml溶液 | 先用少量1mol/L盐酸溶解，配成10ml0.1mg/ml溶液 | 取8.4ml浓HCl，定容至100ml | 称4g NaOH溶解，定容至100ml |

配好后置 4℃冰箱保存。配培养基用的母液和植物生长调节剂溶液应尽快使用，最好保存期不要超过 4 个月，如发现沉淀，则应丢弃。

生长调节剂及 1.0mol/L 盐酸和 NaOH 配制见表 9-7。

**2. 培养基制备**

（1）分化增殖培养基 MS（每 1L 取 I 号母液 20ml，II、III、IV、V、VI 号母液各 10ml）或 1/2MS（各母液用量取 MS 的 1/2），附加 $GA_3$ 0.1～0.5mg/L、IBA 0.1～0.5mg/L、BA 0.5～1.0mg/L、蔗糖 30g/L、琼脂 5g/L。

生根培养基：1/2MS（各母液用量取 MS 的 1/2）附加 IBA 0.1～0.3mg/L 或 NAA 0.05～0.2 mg/L 或 IAA 1.0～1.5 mg/L、蔗糖 15g/L、琼脂 5g/L。

（2）培养基制备程序

①根据所需制备培养基的量依次吸取 I～VI 号母液，I 号吸取 20ml/L，II～VI 号各吸取 10ml/L。例如配 MS 培养基 2L，则加入 I 号母液 40ml，II～VI 号母液各 20ml/L。

②加入生长调节剂。例如，BA 使用的浓度为 1.0mg/L，则配 1 升培养基应加入 10.0 ml 0.1mg/ml 的 BA 溶液。

③加蒸馏水定容后，充分混匀，用 1.0mol/L 盐酸或 1.0mol/L NaOH 调 pH 至 5.6～5.8。

④稍加热，即放入琼脂，待其溶化后，加入蔗糖，充分搅拌溶解。

⑤分装培养基。150ml 的三角瓶，每瓶可装 40～50ml，1L 培养基可灌 20～25 瓶。使用其他培养容器时，也应保持培养基的厚度为 1.0～1.5cm，以确保试管苗有足够的生长空间，且 1～2 个月内培养基不干裂。

⑥将三角瓶封口包扎后，放入高压灭菌锅内，121℃、1.1kg/cm² 消毒 15～20min。消毒完毕，慢速放尽消毒锅中的热空气，趁热取出平放，冷却后备用。

培养基制好后，应尽快用完（保存期最好不要超过 15d），如一时用不完可置于冰箱冷藏室中黑暗保存，以减缓营养物质的分解。梨组培快繁时，培养基中激素的浓度和种类应根据品种和试管苗生长情况进行适度调整，以获得最佳效果。

## （二）分离培养

从无病毒母本树上采生长旺盛的嫩梢，去掉大叶，剪取 2～3cm 长顶梢。自来水冲洗干净后，在超净工作台上进行消毒处理：先将嫩梢放入 75% 酒精中浸泡 0.5min，后用 0.1% 升汞（消毒 5～8min）、或 5% 次氯酸钠（消毒 10～15min）、或 10% 次氯酸钙（消毒 5～10min）等溶液消毒。消毒后置灭菌水中浸洗 3～4 次，切掉接触药剂的剪口，剥取 1～3mm 长的茎尖，接种到分化增殖培养基上（顶芽要露出培养基，以利生长发育）。将培养瓶置于 20～25℃、光强 1 500～2 000lx、每天光照 10～12h 的条件下诱导分化。接种后每 30d 转接一次，60～90d 后，待其伸长形成丛生苗，即可进行继代繁殖。

分离培养是建立无菌繁殖体的第一步，十分关键。为了获得较高的成活率，在培养前应针对需要培养的品种，确定比较适合的培养基及激素浓度。取材时要选择生长旺盛、无病虫为害的植株。取材时间最好在春季，这时顶芽和腋芽均有较大生长潜势，且新生嫩梢带菌少，培养成活率比其他时期高。为了灭菌彻底，先用 75% 的酒精将接种材料湿润 0.5min，使灭菌剂能顺利地渗入材料，再用 0.1% 升汞消毒，用无菌水充分清洗，获得了很好的灭菌效果。

### (三）增殖培养

已获得丛生苗的脱毒试管苗，可进行增殖培养。一般每隔30～40d转接一次，为了加快繁殖速度，也可根据试管苗生长状况，缩短转接周期。转接时，先将丛生苗基部愈伤组织切除，再切割成带2～3个腋芽的茎段，接种在增殖培养基上，每瓶接4～5株。10d后，在芽的基部形成丛生芽，20～30d后丛生芽长大，再将丛生苗切割，进行转接，即可得到大量小苗。梨试管苗适宜的增殖培养条件为：培养温度22～26℃、光照时间10～12h/d，光照强度1 000～2 000lx。一般梨品种的繁殖系数为4～6倍，能够满足快繁的需要，但S系梨矮化砧木繁殖系数较低，仅为2左右，还应通过研究进一步提高其繁殖系数。

在梨增殖培养过程中，常会遇到玻璃苗和污染问题。玻璃化试管苗呈水晶透明或半透明、水渍状；植株卷曲，脆弱易碎；不能用于生根和快繁。有时玻璃苗比例达到50%以上，造成人、财、物的极大浪费。出现这种情况时，可采用适当增加琼脂和蔗糖浓度、适当降低培养基中分裂素和赤霉素的浓度、适当降低培养温度、增加自然光照等方法减少玻璃苗发生。为了减少污染，转接两周后和再次转接前均要仔细检查试管苗基部，发现污染苗应立即丢弃，以防交叉感染。宝贵材料污染后，可取与培养基未接触的顶梢培养，也可用升汞消毒或在培养基中加入氯霉素、青霉素等抗生素，但效果均不很理想。

### (四）生根培养

将高2cm以上、带有4～6片叶的小苗切下，接种在生根培养基中。15～20d后可得到生根良好的小植株。

董雅风等（1998）研究表明，诱导生根培养基采用1/2MS附加IBA（0.1～0.3mg/L）或IAA（1.0～1.5mg/L），PDR54、X4、锦丰、矮香、早酥、锦香等品种的生根率达54%～80%，多数品种根量在5条以上。为进一步提高生根效果，采用两步生根法进行了试验，先加入较高浓度的生长素（IBA 1.5mg/L、NAA 0.5mg/L）以诱导根原基形成；7～14d后再将试管苗移到不含任何激素的1/2MS培养基中继续培养，以解除高浓度生长素对根生长发育的抑制作用。结果表明，该方法对一些较难生根的品种具有促进作用，而且苗基切口处产生愈伤组织少，有利于移栽成活。

在梨组培苗繁育过程中，随着继代培养次数的增加，生根率和生根质量都有提高的趋势；叶片发育正常、茎段粗壮幼嫩的材料容易生根。

### (五）试管苗移栽

生根试管苗移栽前，先将培养瓶从培养室中取出置于自然光照条件下（温室或大棚中）闭瓶炼苗7～14d。经自然光照锻炼的试管苗，叶片转为深绿色，幼茎出现紫红色，有利于移栽成活。

移栽前1～2d打开瓶盖进行开瓶锻炼（瓶中加少量水使培养基软化）。移栽时，从瓶中取出幼苗，将苗基部及根部附着的培养基洗干净（注意不要伤根和折断叶片），栽入装有蛭石、河沙、泥炭、腐殖土等基质的苗床、营养钵或穴盘中。先用小棍在基质中挖小穴或划小的条沟，将苗的根顺好，再用手指轻压根颈部的介质，使苗固定。栽好后，用喷雾方法浇透水，避免水流太大将苗冲倒。浇水完毕，小苗如有倒伏，应及时扶正、固定。小苗移栽的前期，要保持80％以上的空气湿度和20～28℃的温度，并加盖薄膜和遮阳网保湿、遮阴。10d左右，小苗挺立后，逐渐通风透光。移栽成活后，可结合浇水每7d喷施叶面肥1次。

成活的试管苗从温室或大棚移入苗圃时，需先放到室外炼苗7～14d。圃地开沟打垄，施入基肥，试管苗带土移栽，浇透水。移栽到苗圃的试管苗，与普通苗一样管理。

由于长期生长在高湿度、低照度、恒温条件下，试管苗很幼嫩，移栽时，突然改变环境条件，容易造成大量死亡。影响移栽成活率因素除苗子本身外，还与环境温度和湿度关系密切。为有效提高移栽成活率，试管苗移栽时，应选择不定根直接生自茎基、根多而粗壮、有3片以上叶片、叶大且厚、叶色深绿的生根苗，同时采用移栽前炼苗，搭塑料小拱棚保湿，棚上架遮阴网等措施，保证所需温、湿度。春季是生根试管苗的移栽适期，成活率可达80％以上，可实现当年成苗。

### （六）试管苗嫩枝嫁接技术

为了尽早对脱毒结果进行病毒田间鉴定、加速成苗和克服生根困难等问题，中国农业科学院果树研究所采用梨试管苗嫩枝嫁接技术，获得了部分脱毒品种。

早春将头年种植在花盆中已经过休眠的杜梨苗移到温室中，剪留10～15cm长，待其侧芽萌发生长至5～10cm后即可用于嫁接。组培20～30d的梨试管苗于温室中闭瓶炼苗10～20d后，选择株高≥2cm、茎粗≥2mm、叶片充分展开的健壮试管苗作接穗，劈接接在杜梨新梢上，用Parafilm膜条绑缚接口，并套一小塑料袋保湿。注意遮阴，成活后去掉塑料袋。每株杜梨可嫁接3～5个同一芽系的试管苗，以保证成活。此方法嫁接成活率在60％以上，当年即可成苗或用于田间检测，而且炼苗时间越长，生长越充实的试管苗，成活率越高。

# 第五节　梨苗木出圃

为保证苗木质量和栽后成活，梨苗木通常在秋季落叶后起苗出圃。为在土壤上冻前，高效完成起苗、分级、检疫、消毒、包装、假植等工作，减少不必要损失，以及确保用苗单位能如期进行秋栽或假植，必须做好苗木出圃前准备工作。

首先，对出圃的苗木进行调查，核对梨苗木的砧木、品种和数量。并按照国家颁布的梨苗标准，确定各级苗木的比例和数量。

其次，根据签订的苗木供销合同或调拨任务，制定详细出圃计划。包括用苗单位、用苗数量和苗木提供日期及方法等。

再次，制定苗木出圃操作规程，包括起苗的技术要求、分级标准、苗木检疫、消毒要求和包装质量等。

最后，安排劳力，做好分工，准备标签及起苗、包装和运送工具，确定室外苗木贮藏场地，完成临时假植和越冬假植沟挖掘。

# 一、起苗与分级

## (一) 起苗

一般在秋季苗木开始落叶至土壤上冻前,或春季土壤化冻后至萌芽前两个时期进行。对于冬季较寒冷或长时间积雪的地区,易造成露地越冬的苗木(尤其是品种成苗)发生冻害或日烧。因此,北方寒冷地区苗圃,品种成苗宜在秋季上冻前全部起出。其他地区苗圃,露地越冬苗木虽不存在冻害或日烧问题,但因春季适宜起苗时间较短,且受伤根系愈合对定植后缓苗产生不利影响,苗木也以秋起为好。一些地区秋起秋栽,有利于苗木根系伤口愈合及劳动力调配。

秋季起苗时,如果苗木叶片未全部落尽,可人工捋去叶片。去叶时,注意不能伤及芽。如遇秋旱土壤干燥,须在起苗前先灌水,以利起苗和减少根系损伤。

起苗应按品种、砧木,利用起苗机械逐行进行。起苗后,立即进行分拣,剔除受伤、未达标等不合格苗木及嫁接未成活的砧木。

## (二) 分级

虽然苗木等级标准随品种、砧木不同有一定变化,但总的要求是一致的。即种性优良纯正,苗干健壮充实,苗高和粗度达标,芽饱满;根系发达,骨干根多、断根少;无病虫害和机械损伤;嫁接口愈合良好。

梨的实生砧苗和营养系矮化中间砧苗质量标准,见表9-8、表9-9。

**表9-8 梨实生砧苗的质量标准**

| 项 目 | | 级 别 | | |
|---|---|---|---|---|
| | | 一级 | 二级 | 三级 |
| 品种与砧木 | | 纯度≥95% | | |
| 根 | 主根长度 (cm) | ≥25.0 | | |
| | 主根粗度 (cm) | ≥1.2 | ≥1.0 | ≥0.8 |
| | 侧根长度 (cm) | ≥15.0 | | |
| | 侧根粗度 (cm) | ≥0.4 | ≥0.3 | ≥0.2 |
| | 侧根数量 (条) | ≥5 | ≥4 | ≥3 |
| | 侧根分布 | 均匀,舒展而不卷曲 | | |
| 基砧段长度 | | ≤8.0 | | |
| 苗木高度 (cm) | | ≥120 | ≥100 | ≥80 |
| 苗木粗度 (cm) | | ≥1.2 | ≥1.0 | ≥0.8 |
| 倾斜度 | | ≤15.0 | | |
| 根皮与茎皮 | | 无干缩皱皮,无新损伤处,旧损伤总面积不超过 1cm² | | |
| 饱满芽数 (个) | | ≥8 | ≥6 | ≥6 |
| 接口愈合程度 | | 愈合良好 | | |
| 砧桩处理与愈合程度 | | 砧桩剪除,剪口环状愈合或完全愈合 | | |

注:该表引自中华人民共和国农业行业标准 NY 475—2002《梨苗木》。

表 9-9　梨营养系矮化中间砧苗的质量标准

| 项　目 | | 级　别 | | |
| --- | --- | --- | --- | --- |
| | | 一级 | 二级 | 三级 |
| 品种与砧木 | | 纯度≥95% | | |
| 根 | 主根长度（cm） | ≥25.0 | | |
| | 主根粗度（cm） | ≥1.2 | ≥1.0 | ≥0.8 |
| | 侧根长度（cm） | ≥15.0 | | |
| | 侧根粗度（cm） | ≥0.4 | ≥0.3 | ≥0.2 |
| | 侧根数量（条） | ≥5 | ≥4 | ≥3 |
| | 侧根分布 | 均匀，舒展而不卷曲 | | |
| 基砧段长度（cm） | | ≤8.0 | | |
| 中间砧段长度（cm） | | 20.0～30.0 | | |
| 苗木高度（cm） | | ≥120 | ≥100 | ≥80 |
| 倾斜度 | | ≤15 | | |
| 根皮与茎皮 | | 无干缩皱皮，无新损伤处，旧损伤总面积不超过 1cm$^2$ | | |
| 饱满芽数（个） | | ≥8 | ≥6 | ≥6 |
| 接口愈合程度 | | 愈合良好 | | |
| 砧桩处理与愈合程度 | | 砧桩剪除，剪口环状愈合或完全愈合 | | |

注：该表引自中华人民共和国农业行业标准 NY 475—2002《梨苗木》。

实生砧：指用种子繁殖的砧木。

营养系矮化中间砧：位于根砧（又称基砧）与嫁接品种之间能使树体矮化的营养系砧段。

根皮与茎皮损伤：包括自然、人畜、机械、病虫损伤。无愈合组织的为新损伤处，有环状愈合组织的为老损伤处。

主根长度：实生砧主根基部至先端距离。

主根粗度：地面下主根 2cm 处直径。

侧根数量：实生砧指从主根上发生的侧根数；组培苗和营养系矮化砧指从地下茎段直接发生的分根数。

侧根粗度：第一侧根基部 2cm 处的直径。

侧根长度：侧根基部至先端距离。

基砧段长度：各种砧木由地表至基部嫁接口的距离。

中间砧段长度：基砧接口到品种接口之间的距离。

苗木高度：根颈至苗木顶端的距离。

苗木粗度：品种嫁接口以上 5cm 处的直径。

倾斜度：接穗品种茎段与垂直线的夹角。

整形带：苗木定干剪口下 20～30cm 的范围。

饱满芽：整形带内发育良好的健康芽（如果该芽已发出副梢，一个木质化副梢，计一个饱满芽；未木质化副梢不计）。

结合部愈合程度：嫁接口愈合情况。

砧桩处理与愈合程度：指各嫁接口上部的砧桩是否剪除及剪口愈合情况。

# 二、检疫与消毒

## （一）苗木检疫

苗木运输、异地种植是梨树病虫害传播和蔓延的主要途径，检疫是防止病虫害传播的有效措施，因此苗木出圃前必须进行严格检疫，尤其对发往新区种植的梨苗木。根据中国检疫部门相关文件，目前国内已不存在全国性植物检疫对象。从国外引种的梨繁殖材料必须进行检疫，以防止梨火疫病、欧洲锈果病、梨干枯病等检疫对象进入国内。

地区间存在检疫对象时，苗木出圃前则须经检疫机关检查，并结合发展地区病虫害发生的实际情况，确认没有检疫对象的，发给检疫合格证书，准予出圃。如发现检疫对象，要按照相关程序严格封锁和处理。在检疫对象未消灭以前，苗木不得外运。

### （二）苗木消毒

除严格控制梨检疫对象外，其他苗木病虫害也应防治，以防止传播和在新建梨区蔓延。因此，出圃苗木必须进行消毒处理。常用方法有如下几种：

**1. 杀菌处理** 以下几种消毒处理方法可任选其一。

石硫合剂消毒，用 3～5 波美石硫合剂，喷洒整个苗木或浸泡苗木根系 10～20min，然后用清水洗净。

波尔多液消毒，用等量式波尔多液 100 倍液，浸泡苗木根系 10～20min，然后用清水洗净。

升汞液消毒，苗木数量少时，可用 0.1% 升汞液浸泡苗木根系 20min，然后用清水洗净。

**2. 杀虫处理** 采用药剂熏蒸方法杀虫。在密闭苗木消毒室内，将 450ml 硫酸倒入 900ml 水中，再加氯酸钾 300g，熏蒸 60min 后，开启门窗，待毒气散尽，入室取出苗木。

## 三、包装与运输

### （一）苗木包装

梨苗木经过检疫消毒后，即可包装外运。需要较长时间运输的，应妥善包装，以免运输途中苗木相互摩擦或失水，造成损失或影响栽植成活率。包装材料，可用草袋、塑料编织袋、蒲包、草袋等，主要包裹苗木根系部分。根部用湿润碎草、谷壳、锯末或苔藓等保湿材料填充，必要时在根部以上部分用塑料布包绿，以便能长时间保湿，包好后用草绳或麻绳捆紧。为便于装卸，包装不宜太大，每包 50～100 株为宜。在包外挂上标签，注明品种、砧木、数量和等级，以备查验。如果运输时间较短，苗木根部可不用保湿材料填充，采用箱式运输车即可。

### （二）苗木运输

包装好的苗木即可起运。采用托运的苗木，每包要标明收苗单位、地址和发苗单位、地址，最好办理快件，尽量减少苗木运输时间。采用汽车运输，必须用苫布覆盖整车苗木，防止太阳直射和风吹造成苗木失水抽干。晴朗、高温天气，中途需适当洒水加湿降温。

## 四、苗木假植

秋起苗木如不能及时外运或栽植，必须进行假植贮藏。

短期假植，可在圃地就近挖浅沟，将苗木根部埋在地面以下防止抽干即可。需越冬的假植要在土壤上冻前完成。假植地点应选避风、高燥不积水、平坦的地块。南北开沟，沟深0.5m，沟宽1m，沟长依假植苗木数量而定。苗木上部向南倾斜摆入沟内，放一层苗木向根系部分填充一层湿土或湿沙，保证根系部位与土严密接实，以防漏风，直至全部苗木全部摆放完毕。然后埋土，厚度应达苗高的2/3，露出梢部。如土壤干燥，沟内应灌水。假植沟内及周边应适当撒些防鼠药，以防鼠害。有条件的苗圃，当苗木数量较少时，也可放在窖内用湿沙培根进行假植。

梨苗木应按品种或砧木分区或分沟假植，并加以标记，以防混杂。

# 参 考 文 献

董雅凤，于济民，洪霓，等.1998.梨树苹果茎沟病毒的脱毒技术研究 [J].中国果树 (4)：8-10.

何开平，田水松.2002.层积处理时间对棠梨种子出苗率的影响 [J].湖北农学院学报 (4)：129-130.

河北农业大学.1993.果树栽培学各论 [M].2版.北京：农业出版社.

及华，张海新，葛会波.2005.梨矮砧组培苗微嫁接技术研究 [J].河北农业科学 (2)：37-40.

金青，蔡永萍.2002.梨树病毒病及其脱病毒研究进展 [J].安徽农业科学 (6)：869-871，876.

刘洪章，谭雪辉，郑涛.2008.山梨叶片再生体系研究 [J].吉林农业大学学报 (4)：472-476.

罗娅，汤浩茹.2004.梨矮化砧木选育与离体繁殖研究进展 [J].中国南方果树 (4)：46-51.

孟庆田，赵惠祥，顾乃良，等.1994.紧凑型矮化梨组织培养获得完整试管苗 [J].天津农林科技 (1)：3-5.

钱丽萍，赵荣良，盛位能.1998.梨的根接育苗技术 [J].中国南方果树 (1)：35.

王国平，洪霓，张尊平.1993.梨树病毒病及其类似病害概述 [J].果树科学，10 (增刊)：48-53.

王乔春.1995.植物生长调节剂对梨试管苗培育及移栽的影响 [J].果树科学，12 (1)：15-20.

薛光荣，杨振英，史永忠，等.1996.锦丰梨花粉植株的诱导 [J].园艺学报，23 (2)：123-127.

杨健，李秀根，阎志红.2000.梨树砧木种子的处理及播种技术 [J].种子 (1)：70-71.

张玉娇，蔺经，丛郁.2009.黄冠梨组织培养与快繁技术研究 [J].江苏农业科学 (3)：35-36.

中国农业科学院果树研究所，等.1988.中国果树栽培学 [M].2版.北京：农业出版社.

Frank Maas. 2006. Evaluation of Pyrus and Quince rootstock for high density pear orchards [J]. Sodininkystě Ir Darþininkystě (3)：13-26.

Kiyoshi Banno，ShinJi Hayashi，KenJi Tanabe. 1988. In vitro propagation of Japanese rootstock [J]. Plant Tissue Culture Letters，2：87-89.

Kosina J. 2003. Evaluation of pear rootstocks in an orchard [J]. Hort Sci (2)：56-58.

Necas T.，Kosina J. 2008. Vegetative propagation of pear and Quince rootstocks using hardwood cuttings [J]. Acta Hort.，800：701-706.

Predieris，Malavasi FFF，Passey A J，et al. 1989. Regeneration from invitro Leaves of conference and other pear cultivars (*Pyrus communis* L.) [J]. J. Hort. Sci.，64 (5)：553-559.

# 第十章　梨生态区划与建园

## 第一节　梨生长发育与生态条件关系

### 一、气候条件

#### （一）光照

光是光合作用的能量来源，是形成叶绿素的必要条件。此外，光还调节着碳同化过程中酶的活性和叶片气孔开度，是影响光合作用的重要因素。与其他果树一样，梨树80%以上的干物质是通过叶片光合作用获得的。因此研究梨树光合特性及其机理，对于实施丰产、稳产、优质栽培具有重要意义。

**1. 光照与梨树生长发育**　梨是喜光果树，光照对改善梨树体营养、提高梨果内在和外观品质具有显著作用。梨树栽培多采用疏散通透的树体结构，生产上主要通过对幼树的早期整形和成年树的合理修剪来提高和改善光照条件，达到通风透光的目的。

（1）光照对树体营养的影响　光是叶片进行光合作用的主要能源，叶片通过叶绿素吸收光能产生碳水化合物，供应其他器官生长发育。光照不足，叶小而薄，产生的营养物质少，影响树体健壮生长。理论研究和生产实践均证明，光照过强或不足都会影响光合作用效能，从而影响植株正常生长。

（2）光照对花芽分化的影响　在一定范围内，花芽形成的数量随着光照强度的降低而减少，花芽质量也随着光照强度的减弱而降低。一般来说，树冠外围枝叶接受较充足的光照，因此这些部位的枝上花芽较树冠内枝条的花芽多而充实。

（3）光照对果实品质的影响　光照为果实生长发育提供了物质基础，同时还可促进果皮固有颜色和光泽的形成。因此，光照条件好的部位的果实，果个较大，色泽鲜亮，果皮光滑，含糖量高，风味浓郁。而光照条件差的部位的果实，果皮发青，含糖量低，风味淡。

在梨果实发育过程中，过氧化物酶（POD）、苯丙氨酸裂解酶（PAL）、多酚氧化酶（PPO）是梨石细胞木质素合成的关键酶（陶书田等，2004）。刘小阳等（2008）以砀山酥梨为材料，研究发现光照强度对果实发育过程中POD、PAL、PPO 3种酶活性具有明显的影响，从而对果实的石细胞含量产生影响。研究结果为生产上改善光照条件、减少石细胞含量提供了理论依据。

**2. 梨树光合作用**　影响梨树光合作用的因素很多，但可大体分为内部因素和外部因素。内部因素包括品种、叶龄、叶位、叶质、叶片矿质养分含量、库源关系、渗透调节等；外部因素包括光、温度、水分、$CO_2$等。

（1）影响光合作用的内部因素

品种　绝大多数果树为$C_3$植物，净光合速率不仅比$C_4$植物低，而且还低于草本的$C_3$

植物（Dejong，1983）。落叶的阔叶果树比常绿的阔叶果树的净光合速率（Pn）高，部分果树的 Pn 的大小顺序为：李＞油桃＞酸樱桃＞梨＞扁桃＞甜樱桃＞苹果＞美洲山核桃＞桃＞葡萄＞杏。在饱和光照强度下，梨不同品种的光合速率差异较大，明月 Pn 较低，太平梨 Pn 较高，约为明月的 3.4 倍（王白坡等，1987；赵宗方等，1993；俞开锦，2002）。

叶龄 梨树展叶所需的养分主要靠树体贮藏的营养提供，展叶开始后即可进行光合作用，在叶片达到最终大小的 70％左右时叶片的光合作用达到季节的最大值（Teng et al.，2002）。展叶后 11d 就有少量光合产物输出（夏仁学等，1989）。幼叶中叶绿素含量少，叶肉组织中海绵组织尚未分化完成，气孔不成熟，$CO_2$ 扩散阻力大，向叶绿体供应 $CO_2$ 的水平低，因此 Pn 很低。随着叶片逐渐成熟，Pn 迅速升高，叶片成熟后的一定时期内保持较高的 Pn，之后随着叶片的衰老，叶片气孔 $CO_2$ 通量和胞间 $CO_2$ 浓度下降，Pn 下降。金水 2 号 26d 叶龄的叶片 Pn 达最大，黄花梨 20d 叶龄的叶片 Pn 最大。菊水和黄花 30～35d 叶龄的叶片光合作用已达高峰，在田间管理良好的状态下，Pn 高峰可维持 60～70d 以上（王白坡等，1987）。

叶位 不同叶位的叶片因其所处的位置和叶片发育程度不同，光合作用也存在差异。梨树枝条顶部到基部的叶片有一个发育梯度，叶片栅栏组织逐渐加厚，气孔密度逐渐增加，也逐渐上升。黄花、金水 2 号分别在第 7 和第 11 片叶出现 Pn 最大值（谢深喜等，1996）。丰水一年生长枝从基部向上 7～11 叶 Pn 最高，枝条基部与顶部叶 Pn 均较低（俞开锦，2002）。

果实 梨果实作为光合产物的"库"可加速叶片中的光合产物向外运输，减小同化物对二磷酸核酮糖（RuBP）羧化酶等的反馈抑制，有助于 Pn 提高；梨果实的存在降低了果树叶片的气孔阻力和叶肉阻力，减弱呼吸消耗，加快同化物转运。此外，幼果也具有一定的光合能力，对果实的生长发育具有重要作用（Han et al，2012）。

（2）影响光合作用的环境因素

光照 自然光由不同波长的光构成，不同波长的光对植物的生理作用有所不同，其中被果树色素吸收、具有生理活性的波段在 400～700nm，这也是梨树利用光能进行光合作用的主要光谱区段，又称为光合有效辐射（PAR）。光是光合作用的重要因素，也是最易变化的因素，果园中约有 30％的太阳总辐射被叶吸收，合成碳水化合物的约有 10％，除去呼吸消耗，可形成高能化合物贮藏在树体的约占 5.4％（郁荣庭，1999）。

梨树在低光照条件下，Pn 随光照强度的增加而急剧增加，以后随光照强度增加 Pn 增加缓慢，光照强度增加到一定程度后，光照强度增加而 Pn 不再增加，即达光饱和状态，这时的光照强度为光饱和点（LSP），Pn 为 0 时的光照强度为光补偿点（LCP）。梨树在光照强度 0～300$\mu$mol/（$m^2$·s）范围内 Pn 与潜在光合作用量子转化效率（$PF_d$）呈显著的直线相关（俞开锦，2002）。盛宝龙（2004）在对翠冠和西子绿 2 个梨品种研究中发现，遮阴后翠冠和西子绿梨叶片 LSP 均大幅下降，只有翠冠梨叶片的 LCP 略有上升，而西子绿梨叶片光补偿点略有下降。

梨树树冠内部和外围的叶片是在不同光照强度下发育形成，在形态解剖和生理特性上有一定差异。外围叶片属阳性叶，叶片较厚，栅栏组织发达，叶绿素含量相对少，叶绿素 a/b 比值低，有利于叶片对长波光的吸收，叶片与枝条夹角小，有利于光线穿透到树冠内膛。树冠内部叶片具有阴性叶特点，特性与外部叶片相反，且光补偿点和光饱和点低，在低光照下也能保持较高 Pn（Lakso and Seeley，1978）。过强的光照对梨树 Pn 有抑制作用，低温下尤甚，温度升高可以使 Pn 的光抑制得到恢复。

温度　梨光合作用与环境温度的关系主要表现在两个方面。一方面，光合作用要求一定的温度范围；另一方面，光合机构对环境有一定的适应能力。当然，不同梨品种光合作用的适宜温度也不同。在一定的范围内，梨叶片净光合速率随着温度的升高而增大，达到一定程度后又逐渐下降，即梨光合作用存在对温度感应的"三基点"（赵宗方等，1993）。在其他条件适宜的情况下，砀山酥梨、黄金梨、丰水等品种叶片光合作用的最适温度为 $22\sim23℃$（张玉星，2012）。

水分　水分是光合作用的原料之一，没有水分的供给，光合作用就不能进行。水分对梨光合作用的影响，主要集中在水分胁迫上。水分胁迫使梨的 Pn 下降。辛贺明等（2002）对鸭梨的研究发现，水分充足时，鸭梨光合作用日变化曲线为双峰型，第一峰值出现在上午 11 时，光合速率为 $10.2\mu mol$（$CO_2$）/（$m^2 \cdot s$），中午 13 时有一低谷，光合速率为 $7.6\mu mol$（$CO_2$）/（$m^2 \cdot s$）；第二峰值出现在下午 17 时，光合速率为 $9.0\mu mol$（$CO_2$）/（$m^2 \cdot s$）。轻度水分胁迫对鸭梨叶片的光合速率及其日变化没有显著影响，但"午休"现象较严重，中午 13 时低谷的光合速率为 $5.8\mu mol$（$CO_2$）/（$m^2 \cdot s$）。中度水分胁迫显著降低光合速率，可改变光合速率日变化规律，第一峰值出现在上午 9 时，第二峰值不明显；严重胁迫条件下光合作用的日变化呈单峰型，峰值出现在上午 9 时。及时恢复灌水，光合作用基本能恢复到正常状态。

$CO_2$　$CO_2$ 是光合作用的底物，$CO_2$ 浓度影响果树的光合作用。果树在低 $CO_2$ 条件下，Pn 随 $CO_2$ 浓度的增加而急剧增加，$CO_2$ 继续增加，随 $CO_2$ 浓度的增加 Pn 增加缓慢，$CO_2$ 浓度增加到一定程度后，$CO_2$ 浓度增加而 Pn 并不再增加，即达 $CO_2$ 饱和状态，这时环境中的 $CO_2$ 浓度为 $CO_2$ 饱和点（CSP），Pn 为 0 时的 $CO_2$ 浓度为 $CO_2$ 补偿点（CCP）。各种果树的 $CO_2$ 补偿点不同，苹果为 20mg/kg（Watson 等，1979），柠檬为 $32\sim51$mg/kg，酸樱桃为 $60\sim90$mg/kg，菠萝为 $0\sim50$mg/kg。梨树在 $CO_2$ 浓度 $0\sim890\mu mol$（$CO_2$）/mol 范围内，Pn 与 $CO_2$ 浓度呈显著的线性相关（俞开锦，2002）。

在田间条件下 $CO_2$ 不是光合作用的限制因子，但在高光照下则成为限制因子。在梨树保护地栽培中，棚室内的 $CO_2$ 浓度往往较低。研究梨树的 $CO_2$ 补偿点，有利于指导梨树的设施栽培。

## （二）温度

温度是梨树生存的重要条件之一，它直接影响梨树的生长和分布，制约着梨树生长发育的过程和进程。梨树的一切生理、生化活动都必须在一定的温度条件下才能进行。

**1. 温度与梨树生长发育**　梨树喜温，生育期需较高温度，休眠期则需一定低温。梨树适宜的年平均温度秋子梨为 $4\sim12℃$，白梨及西洋梨为 $7\sim15℃$，砂梨为 $13\sim21℃$。当土温达 $0.5℃$ 以上时，根系开始活动，$6\sim7℃$ 时生长新根；超过 $30℃$ 或低于 $0℃$ 时即受到抑制并逐渐停止生长。当气温达 $5℃$ 以上，芽开始萌动；气温达 $10℃$ 以上即能开花，$14℃$ 以上开花加速。梨不同品种对温度的适应能力也不同，原产中国东北部的秋子梨极耐寒，野生种可耐 $-52℃$ 低温，栽培种可耐 $-30\sim-35℃$ 低温；白梨类可耐 $-23\sim-25℃$ 低温；

砂梨类及西洋梨类可耐－20℃左右的低温；而原产安徽省砀山县的砀山酥梨，能忍受的最高温度可达50℃（徐义流，2009）。

梨每个物候阶段都受到有效积温的影响，尤其在春季，这种影响更大。徐义流（2009）根据多年的观测调查，得出砀山地区砀山酥梨花蕾期的有效积温为52.7℃，完成这一积温的时间约需12d。花蕾期出现高温天气，蕾期缩短，性细胞发育受到影响。如1969年花蕾期9d，2005年花蕾期8d，这两年的花序坐果率都不高。2000年黄河故道地区出现连续干旱，完成有效积温时间缩短，与正常年份相比，砀山酥梨的采收期提前了10d；2003年秋季连续阴雨81d，完成有效积温时间延长，采收期延迟了15d。

当环境温度超出梨的适应范围，就对梨树组织形成胁迫。温度胁迫持续一段时间，就可能对植株造成不同程度的冷害、冻害或高温伤害。

**2. 冷害** 冷害（chilling injury）一般是指0℃以上低温对植物造成的危害。梨树通常在花期会遇到冷害，对坐果造成不良影响。提高梨树冷害的途径有：

（1）树干涂白 树干涂白可以减少梨树枝干由太阳辐射造成的温度剧变，保持平稳的低温状态。涂白剂配方：生石灰5kg、硫黄粉1～5kg、食盐2～3kg、植物油1～1.5kg、面粉2～3kg、水15kg。配制时先将石灰、食盐分别用热水化开，搅拌成糊，然后再加入硫黄粉、植物油和面粉，最后加入水搅匀。

（2）浇封冻水 浇封冻水可使土壤冻结晚，冻土层浅，解冻早。同时，根系吸收足够的水分，可增强对低温的抵御能力，有利于梨树安全越冬。

（3）覆地膜 浇完封冻水后，再覆上薄膜，给土壤营造一个稳定的小气候。这样可提高地温，保持土壤湿度使冻土层浅，土壤始冻期晚而解冻期早；根系提早活动，吸收水分及时补充蒸腾失水，消除或减轻冷害的不良影响。

（4）合理施肥 在低温到来之前，合理调整施肥种类，适当增施磷、钾肥，少施或不施速效氮肥，有助于提高梨树的抗冷性。

**3. 冻害** 冻害（freezing injury）是指在0℃以下的环境里，植物根、根颈、树干、枝、叶、花、果等部位因低温、凝冻、积雪等所造成的伤害。梨树对寒冷天气的忍受是有一定限度的，超过一定低温界限和冷冻时间，树体内部就会结冰，造成冻害发生。轻的冻害使枝叶冻伤，小枝枯死，减少产量；严重的冻害将导致枝干皮裂或整株树死亡。立春后气温逐渐回升，梨的休眠期逐渐解除，其抗冻性也迅速减弱，尤其是在开花结实期，梨树对低温极为敏感，多数品种抗冻性弱，如遇－2℃以下低温且持续时间在半小时以上，即可发生冻害。另外，树势弱、树体有机械损伤等，也易造成树体越冬发生冻害伤亡。

**4. 高温伤害** 当环境温度达到梨树体生长的最高温度或以上时，即对梨树形成高温胁迫（high temperature stress）。高温胁迫可以引起梨树的树干日烧、非正常开花和异常结实。在自然界，高温往往与其他环境因素，特别是强光照和低湿度相伴对梨树产生胁迫作用。高温与强光胁迫往往造成光系统Ⅱ反应中心D1蛋白的受损，从而造成光合作用的下降（计玮玮等，2012）。幼龄梨树因土面温度过高，近地面的幼茎组织被灼伤而表现立枯症状，这种病害在温度变化大的黑土、沙质土和干旱情况下发生较重。高温危害梨树的机制主要是促进某些酶的活性，钝化另外一些酶的活性，从而导致梨树异常的生化反应和细胞的死亡。高温还可引起蛋白质聚合和变性，细胞质膜的破坏、窒息和毒性物质的释放。

## 二、立地条件

### (一) 土壤

土壤是梨树所需矿质营养的主要供给源。保持梨园土壤的营养平衡，是促进根、枝、叶、花、果实的分化和生长的前提。如果土壤的营养、水分和温度等条件不适宜，极易造成根系生长不良，进而影响梨树的正常发育。明确土壤状况与梨树生长发育之间的关系，并采取适当的调控措施，是果园科学管理的前提。

**1. 梨树根系的分布和生长**

(1) 根系的分布　梨树是深根性果树，通常大冠、中冠树体的根系深度为2～3m，其分布广度约为冠径的2倍，少数情况可达4～5倍。根系分布受土壤、地下水位和栽培管理等因素的影响。据观察，生长在排水良好、土层深厚的沙质壤土中，以杜梨为砧木结果盛期的鸭梨，须根集中分布在地表以下0.2～1.4m，根深3.4m，水平分布达4.5m。

(2) 根的生长　在土壤温度、养分、水分、通气等环境条件适宜时，梨树根系可正常生长。据北京市林业果树研究所观察，杜梨砧鸭梨根系生长的最适温度为15～22℃。日本学者土井利用根窖法，观察到二十世纪梨根系开始生长的温度为7℃。树体贮藏养分不足，土壤过于干旱、通气不良，都会削弱根的生长。

不同的梨园和生长的不同时期，梨树根系生长的动态不完全相同。通常情况下，周年根系生长有2个旺盛期，第一次在新梢停止生长、叶面积基本形成之后，第二次在果实采收至落叶前后。山东莱阳盛果期茌梨的根系，自3月下旬开始生长，6月中旬至7月上旬生长最快，11月上旬出现根系生长较快的短暂期。河北赵县杜梨砧雪花梨的根系，在3月下旬、5月中旬前后和10月上旬各有1个生长高峰，以第二个高峰生长量最大（刘秀田等，1989）。

**2. 土壤条件与梨树生长**

(1) 土层厚度与梨树生长　一般情况下，梨树适宜生长的土层厚度为60～120cm。土层厚度与地下水位高低及土层中有无板结层有关。地下水位高时，下层根系易浸水，常常因根系缺氧而削弱生长，进而影响梨树生长与结果。板结的硬土层影响根系的活动和生理代谢，阻碍根系向下生长。另外，河流故道或冲积土下层常有砾石层分布，养分含量及保水保肥能力不足，根系处于贫瘠和干旱状态，影响梨树正常生长。

(2) 土壤质地与梨树生长　梨树对土壤要求不严，沙土、壤土、黏土均能生长。北方的森林土、冲积土、黄土、灰化土，南方的红壤、黄壤、紫色土都可栽植。沙质壤土具有通透性好、肥力水平较高等优点，是梨树适宜栽培的土壤；梨树在黏重土层中生长较弱、产量和品质下降。砀山酥梨在黄河故道及附近的沙土、两合土土质中栽植，树势中庸，果实品质优良，表现为果面光亮，可溶性固形物含量较高，石细胞含量较低，酥脆多汁等优点；在黏淤土壤中栽植，营养生长良好，果实品质下降，表现为果实较小、果面发青、果皮增厚、石细胞团颗粒较多、核大、酥脆程度下降（徐义流，2009）。另外，土壤的坚实度对梨树根系的生长影响较大，据测定，当果园土壤硬度为18～20kg/cm$^2$时，细根发育良好；大于25kg/cm$^2$时，根系生长受限，坚硬的土壤质地影响土壤通气性，导致果树根系呼吸困难而生长发育不良。

（3）土壤肥力与梨树生长　肥料是根系正常生长、形成产量、提高品质不可缺少的重要物质。梨树对土壤肥力的要求是营养全面而且均衡，应富含有机质和氮、磷、钾、钙、镁、铁、锌等元素。梨树根系在不同肥力的土层中，常进行比较明显的选择性分布，在施肥层或保肥保水较好的土层中，根系分布密集且分支多，树体抗性增强；而在贫瘠的沙土层中，根系分支少且部分死亡。

（4）土壤水分与梨树生长　土壤水分既是梨树生长所需水分的最主要来源，又是土壤和树体中许多物理化学过程的必需条件，对梨生长发育和果实品质的形成起着重要作用。一般认为，保持梨园田间持水量的 60%～80% 时，根系可良好生长。园土缺水时，直接影响树体原生质膜透性和代谢，首先使根细胞伸长减弱，新根木栓化加快，生长减慢，直至停止生长；缺水严重时，根体积收缩，不能直接与土粒接触，根生长点死亡。园土水分过多，会使土壤氧含量降低，细胞膜选择透性降低，根系生理代谢活动受阻，发生叶片变黄等症状。

水分的多少是影响果树代谢的重要因素，缺水常会导致各种生理过程的紊乱，以至严重影响生长发育和果实产量。我国西北、华北优质高产区，年降水量 500～800mm，在年降水量不足 500mm 地区需要建设灌溉条件。

（5）土壤通气性与梨树生长　土壤通气性是指土壤空气与大气间的交换以及土壤气体的扩散与流通的性能。梨树的根系生长以呼吸提供能量。袁卫明（2009）认为，新生根要求土壤含 $O_2$ 量在 8% 以上，当土壤含 $O_2$ 量降至 2%～3% 时，根生长完全停止。土壤的通透性，直接影响土壤空气的更新和梨树根的代谢和生长。另外，土壤容重低，孔隙度大，通气性好，根系生长好。果园土壤孔隙度一般应在 20% 左右，在 5%～8% 时，根系生长受抑制，在 1%～2% 时，气体交换困难，供氧量不足，根系会受到损害（束怀瑞等，1996）。

（6）土壤温度与梨树生长　土壤温度是影响果树生长发育最重要的环境条件之一。在较高土壤温度下，根的膜透性和物质运输加强，水黏滞性减少，土壤元素的移动增强；低温条件下，则相反。在早春深层的土温较高，根系活动较早；在温度较高的 7～8 月间，各土层的根系均进入缓慢生长，生长衰弱的树几乎停止生长；晚秋深层的土温下降慢，其深层根系停长较晚。徐义流（2009）认为，砀山酥梨根系在 7～8℃ 时开始加快生长，生长适宜的温度为 13～27℃，随着土壤温度的升高，根系生长由强到弱，达到 30℃ 时根系生长不良；到 35℃ 时根系生长则完全停止。据鲁韧强等（2008）测定，鸭梨幼树根系地温在 7℃ 左右根系活动明显，在 15～22℃ 时生长旺盛，23℃ 以上时生长缓慢，25℃ 以上即停止生长。

（7）土壤 pH 与梨树生长　土壤的酸碱度可直接影响土壤养分的有效性、植物生长状况和土壤元素的化学反应。在酸性土壤中，锰、铁的有效性能正常发挥，锌、铜有效性降低，硼变得无效；在碱性土壤中，锌、硼、铜和磷的溶解度降低，常伴有缺铁、锰等症状（Sorrenti 等，2011）。例如，土壤 pH 升高，易使土壤中 $Fe^{2+}$ 变为 $Fe^{3+}$ 而发生沉淀，降低有效铁的含量，果树易发生缺铁黄化。Linday（1982）认为，土壤 pH 每增加 1 个单位，铁的可溶性下降1 000倍。

依据 pH 的不同，可将土壤的酸碱度分为若干等级（表 10-1）（何天富，1996）。梨树对土壤 pH 的适应范围较广，在 pH5.5～8.5 的土壤中均能生长。优质丰产的梨园，以

pH6.0～7.5为宜，此范围有利于土壤微生物的活动和根系对多种矿质元素的吸收。但品种间有差异，如砀山县正常生长砀山酥梨的土壤 pH 为 7.5 左右，但在陕西省部分产区砀山酥梨生长在 pH8.0 的土壤中，在云贵高原的部分产区砀山酥梨在 pH5.0 的土壤中也能良好生长。

（8）盐碱性与梨树生长　土壤盐渍化是限制园艺植物生产的一个重要环境因素，并且规模大，并处于继续增长的趋势（Musacchi 等，2006）。一般沙质土壤，因其颗粒粗，粒间孔隙大，渗透性强，排水良好，故脱盐快，盐渍化程度轻；黏质土颗粒细，孔径小，透水性差，不易脱盐。

表 10-1　土壤酸碱度等级

| pH | 反应强度 | pH | 反应强度 |
|---|---|---|---|
| <4.5 | 极强酸性 | 7.5～8.5 | 碱性 |
| 4.5～5.5 | 强酸性 | 8.5～9.5 | 强碱性 |
| 5.5～6.5 | 酸性 | >9.5 | 极强碱性 |
| 6.5～7.5 | 中性 | | |

土壤中对梨树生长的有害盐类主要是碳酸钠、碳酸氢钠、氯化钠和硫酸钠等，富集过多会毒害树体的组织和细胞结构。土壤中某金属离子过多，树体吸收后，将引起离子吸收的失衡，如树体吸收钠离子过多，便抑制了钙和钾的吸收，减少了对硝酸盐、磷酸盐和铁盐的吸收能力；锌对铁的吸收呈拮抗作用，增加锌的供应可明显抑制根部对铁的吸收和运转（张朝红，2000）。

在盐碱条件下，土壤的高渗透压影响根系吸水，植株体内的矿质营养平衡被破坏，使生长衰退。傅玉瑚等（1998）认为，通常情况下，梨树根系分布层中总盐量控制在0.14%～0.25%时，根系和地上部生长较正常，含盐量超过 0.3%时，根系生长就受到严重抑制甚至死亡。

**3. 梨园土壤环境污染对梨树生长的影响**　园土污染是指人类活动产生的污染物进入土壤，并积累到一定程度，引起土壤质地恶化的现象。园土污染常因农药、化肥、地膜、生活垃圾、动物排泄物和大气沉降物（如 $SO_2$、$NO_x$）引起的污染。当土壤中的污染物在树体内残留，其含量超过树体的忍耐限度时，常常引起吸收和代谢的失调，影响生长发育，甚至会导致遗传变异。另外，被污染土壤的重金属和病原体等有害物质，通过根部被梨树吸收进入果实，食用后会引起人体消化道疾病或中毒情况的发生。

## （二）水分

水是梨树生命物质的重要组成部分，直接参与梨树的生长发育、生理生化过程、代谢活动和产量的形成，对梨树生命活动起着决定性作用。水分供应不足或过多，都会严重影响梨树的营养生长和生殖生长。为此，了解梨树生长与土壤中诸因素的关系，采取合理的调控措施，是梨园优质丰产的前提。

**1. 水分与梨树根系生长发育的关系**

（1）土壤水分对根系生长的影响　土壤水分被植物根系吸收后，在植物体内进行连续不断地流动，进而影响到植物生长代谢，因此土壤水分的变化对果树的生长起到重要的影响（郗荣庭，1999）。由于水的比热大且能增强土壤的导热性，当根系分布层含水量过高时，会迫使根系进行无氧呼吸，促使蛋白质凝固，根系生长将受到阻遏；当根系分布层含水量过低时，土壤温度变化较大，根系常常会出现木栓化。为此，土壤水分过高或过低，都会造成根系生长不良。

（2）土壤水分与根系吸水特征的关系　根系吸收水分是靠根压和蒸腾拉力，一般情况下两种吸水机制同时存在。当蒸腾作用较小时，水分主要依靠渗透进入根系；当蒸腾作用产生的压力势增大时，水分运行依靠蒸腾拉力。当土壤水充分时，随着根系的加深及上层土壤逐渐失水，吸水的最大速率随之下降，而总的吸水量几乎不变。当土壤水分亏缺时，因根系吸水主要集中在根尖段，根冠外层及外皮层细胞壁木栓化，即产生 1 层不透水的木栓细胞，防止自身水分向土壤中渗出（傅友，1993）。

（3）土壤水分与根系分布特征的关系　果树根系的分布由遗传决定，同时也受环境条件的制约。根的吸收效能首先取决于根系的分布范围和密度。根密度越大、分布范围越广，可利用的水就越多；反之，可利用的水就少。根系生长具有一定内补偿性，在水分胁迫初期，0～10cm 上层根系活力降低，10～30cm 下层根的活力逐渐增强，并且在一定时期内（10d 左右），上层根系的水分亏缺可使下层根系活力增加，从而补偿上层根系的吸水能力（杨文衡和陈景新，1986）。因此，在干旱和半干旱地区，对幼树应采取适当的土壤干旱，促进根系向下伸长，或者使用垂直根较发达的砧木，以确保根系能吸收足够的水分供应地上部的生长。

（4）土壤水分对产量和品质的影响　梨树花期，适当灌水，可延迟花期，有效预防花期冻害，提高坐果率；生理落果期，水分供给正常，能减少生理落果，促进果实细胞分裂和细胞膨大，增加产量；果实近成熟期，适度控水，可有效提高果实品质，水分严重不足，会引起果实失水。另外，在干旱情况下，供水过急会造成裂果。因此，合理供水是梨实现优质、高产必要的条件。

**2. 水涝对梨树生长的影响**　水涝是指土壤水分含量超过了田间持水量。水涝会导致土壤通气障碍，正常的有氧代谢过程受到抑制。随着水涝时间的延长，对梨树吸收养分、光合作用、蒸腾及生理代谢过程产生影响，能使根系产生乙醇、乙醛、氰化物糖苷、乙烯等物质，加重树体的危害。

梨树较耐涝，但并不喜涝。调查数据表明，砀山酥梨在水中浸泡 2 个月，仍能恢复生长。杜梨砧的鸭梨可耐浸水 10～14d，但水涝 7～10d 便开始出现新梢停止生长、果实变色、叶片枯萎等涝害现象发生。梨树耐涝程度还与水环境有直接的关系，如砂梨在含氧低的水中，连续 9d 便出现叶片凋萎，而在含氧高的水中可达 11d，在流动的水中可达 20d 不会出现萎蔫（傅玉瑚等，1998）。

**3. 干旱对梨树生长的影响**　生长季节干旱时，叶片夺取根部水分，根系生长和呼吸减慢，树体内水势下降，导致膨压降低，直接影响气孔的开闭和叶呼吸（Lee，2006）。土壤干旱还能使果树地上部与地下部的生长同时减弱（杨朝选等，2002），随着干旱胁迫程度的增加，植物体做出保护性反应，部分叶片脱落，叶面积指数变小，蒸发量减少（孙继亮，2008）。

在过去的果树研究中，有报告表明了轻度水分亏缺有利于果实产量的提高（Lampinen，1995）。花芽分化临界期前适度干旱，抑制了新梢生长，有利于光合产物的累积和花芽分化；但过于干旱使新梢停长过早，叶片脱落，光合产物减少，常使花芽的数量减少；在果实细胞分裂期干旱，果实细胞膨大的速率明显减小，甚至会影响果实产量；果实迅速生长期干旱，可使果实的汁液含量减少、硬度增加、果皮增厚；果实生长后期适度干旱，可提高采收时果实可溶性固形物的含量。

### （三）地形

地形即为地理形态，其轮廓和组合形式，是形成自然区域特征的主要因素。地形的不同，常伴随土壤结构、理化性质、生物活性、营养水平的差异，进而影响梨树的生产性能。地形还能影响大气环流和气候的变化，成为划分气候分界线的标志，直接影响或决定着梨的生态地理分布。因此，在地理形态状况与梨树生长发育密切相关。

**1. 平原类型与梨树栽培**

（1）冲积平原　地面平整，土层深厚肥沃。土壤黏重者，不宜栽种，但适宜栽植梨树的区域一般树势偏旺，成花晚、结果稍推迟。

（2）黄土平原　指风积型黄土平原，其质地一般为沙壤至轻壤，多呈微碱性，通气良好，土体深厚，具有保水性，同时排水通畅，比较适宜梨树栽培。

（3）黄泛平原　土质偏沙性，通气性好，梨树能正常发育。

**2. 地形与梨树栽培**

（1）平原　冲积平原，土层深厚肥沃，树势偏旺，成花晚、结果迟，土壤黏重地段不宜种植；洪积平原，地面稍倾斜，有利于排水，但地下多有分布不均匀的胶泥层和沙道，种植梨树应选择适宜区域；黄泛平原，土质偏沙性，通气性好，梨树发育尚好，成花结果较早；风积平原，土体深厚保水，排水通畅，质地一般为沙壤至轻壤，通气良好，适宜栽种梨树。

（2）山地　地形、气候、土壤变化复杂，植被的垂直分布特征明显。山麓地带、低山山坡是栽植梨的适宜地段，梨果外观和内质均较好。但30°以上坡度的陡坡以及土层瘠薄又多风的山顶，一般不宜建园。

（3）丘陵地　丘陵地立地坡度较小，低丘缓坡地段光照充裕、通风、排水，并常以花岗变质岩为成土母质的土壤，多呈微酸性，通气性好，土层厚度在60～80 cm以上的地段，适宜多种梨树的栽培，并能生产出优质果品。

**3. 地形对梨树的生态作用**

（1）坡地方向对梨树的生态作用　不同的坡地方位和谷向，会引起太阳照射条件和光能利用的巨大差异，造成不同的热、水状况，形成不同的小气候特点和生态因子变化，从而对梨树生长、结果、产量和品质，产生重要的生态作用。据张光伦（1994）对中国山地果树的研究，其综合效应规律，一般表现为高山峡谷地的南阳坡、南北沟向相阳坡，太阳辐射强，气温和土温高，温度日差大、降水少、湿度小、蒸发强，树健壮，营养生长健旺，花芽分化及成花结果良好，果面光洁、色泽艳丽、香甜味浓、品质优良，冻害较轻，但日灼现象明显。相反，北阴坡果树所处生境与生态反应不良。

（2）河谷与梨树的生态作用　河谷常受气流变形、太阳辐射强度的作用，风盛行、降水少、日照强，一般呈现暖热、干燥、日较差大等生态效应，进而对温度、湿度、云雾等小气候环境因子产生不同的影响。这对梨树的生长发育和果实品质等产生重要作用。

（3）海拔高度对梨树的生态作用　最适宜梨树生长发育和产量品质形成的地带，称为生态最适带。从低海拔向高海拔过渡，由于温度渐降，光强和短波光增加，蒸发和蒸腾增大，在一定梯度范围内，向提高光合性能、提高抗逆性和适应性的方向发展。例如金川雪梨在大渡河流域海拔1 900～2 500m范围内产量高、品质好，最能表现雪梨的风味；海拔高于2 500m表现果小，肉粗，低于1 900m，风味变淡。

# 第二节　梨生态区划与优势产区

## 一、生态区划的指标

### （一）梨的生态适应性分析

中国是白梨、砂梨和秋子梨的原产地。其种类品种繁多，环境适应性强，分布甚广，遍布全国各地。白梨栽培主要分布在黄河流域；砂梨主要分布在长江流域及以南地区；秋子梨主要在燕山、东北和西北。影响梨的生态适应性的因素主要有温度、水分、空气相对湿度、光照、土壤等。

### （二）梨的生态适宜指标

梨生态适宜性的确定，首先，要根据梨原产中心和现代世界优质高产区的自然生态条件，前者是其长期生存和生长发育的适宜自然条件；后者是不同栽培品种优质高产的最佳生态条件。其次，是梨自身生长发育和产量品质形成直接的生态反应和要求，进行综合比较分析，加以验证和论断。

综合光、温、水、地形、土壤和植被等各主要生态因子对梨的生态作用与效应，以品质产量形成为中心，按照各主要生态因子对其作用的关系、程度和人为可调控性，将梨生态适宜性的主要因素，大体分为3类。

**1. 主要决定因素**　是对梨产量品质形成起直接作用的、影响大而又难以大范围调控的主导性因子。如年平均气温、1月均温、积温、生长季（4～10月）均温、极端低温、日照时数、光强、光质、无霜期等。其中，尤以夏季6～8月（晚熟品种应到9月以后）为关键时期。这一时期正值新梢停长、花芽分化、果实发育成熟的关键生育期，各主要生态因子的适宜度，对当年至翌年品质产量的形成起决定性影响。特别是气温高低、空气相对湿度大小和光强、光质，是这一关键时期的关键因子，是影响梨质量、评价生态适宜度、划分生态适宜区域的主导性因素。国内外的优质高产区，在这关键时期都是在气温不过高、不过低，日温差较大，空气湿度较小，光照强而紫外光较多的生境下。

**2. 主要影响因素**　指对产量品质的作用大，但在一定程度上可以人为加以调控的因子。如降水量、土体厚度和结构、质地、养分、pH及光量等，都可通过排灌水、深翻、改土、施肥、栽植密度、栽植方式和整形修剪等措施，在一定程度上加以调控适应。如在生态适宜性主要决定因素良好的干旱少雨、日照强烈、空气干燥地区，加以人工灌溉，就常易成为梨优质区。

**3. 间接作用因素**　指通过影响各种直接作用因素而产生间接的、综合性作用的重要

**表 10-2 梨生态适宜指标与世界主要梨产区生态条件比较**

| 梨系统 | 主要指标 | | | | | 辅助指标 | | | 符合指标项数 | | | |
| --- | --- | --- | --- | --- | --- | --- | --- | --- | --- | --- | --- | --- |
| | 年平均温度（℃） | 1月均温（℃） | 年降水量（mm） | 全年＜10℃天数 | 生长季4~10月均温（℃） | 极端低温（℃） | 年日照时数（h） | 无霜期（d） | 白梨 | 砂梨 | 秋子梨 | 西洋梨 |
| 白梨 | 8.5~14 | -9~3 | 450~900 | 150~210 | 18.1~22.2 | -23~-25 | 2 700 | 200以上 | 8 | — | — | — |
| 砂梨 | 15~23 | 0~6 | 800~1 900 | 80~140 | 15.8~26.9 | -23以上 | 2 400 | 250~300 | — | 8 | — | — |
| 秋子梨 | 8.6~13 | -4~-11 | 500~750 | 160~210 | 14.7~18 | -30 | 2 700 | 150以上 | — | — | 8 | — |
| 西洋梨 | 10~14 | -2~3 | 450~950 | 130~200 | 18.1~22.2 | -20 | 2 600 | 200以上 | — | — | 8 | 8 |
| 地区（1月最低温） | | | | | | | | | | | | |
| 中国 辽宁 | 6~11 | -15~5 | 500~1 000 | 160~180 | 12.1~24.3 | -18 | 2 300~2 900 | 150~170 | 7 | 4 | 8 | 5 |
| 胶东（烟台） | 11.8 | 3.8 | 650 | 136~147 | 11.9~25.6 | -13 | 2 700 | 210 | 6 | 5 | 6 | 8 |
| 华北地区（冀、鲁） | 10.0~14.0 | -16.0~3.0 | 450~950 | 155~215 | 17.0~26.3 | -22 | 2 400~3 100 | 120~220 | 8 | 3 | 7 | 6 |
| 长江中下游 | 15~20 | 2.0~9.0 | 800~1 500 | 90~155 | 16.3~28.1 | -3.9 | 2 200~3 100 | 200~300 | 5 | 8 | 3 | 6 |
| 西北黄土高原 | 7~16 | -10~2 | 490~660 | 145~265 | 14.4~23.2 | -18 | 1 700~3 300 | 150~270 | 8 | 3 | 7 | 7 |
| 日本砂梨产区 | 15.0 | 4.9 | 1 249 | 88 | 16.4~26.3 | 0.7 | 1 806 | 300 | — | 7 | — | — |
| 美国西洋梨产区 | 11.1 | 5 | 945 | 158 | 11.4~19.3 | -6.8 | 2 168 | 300 | — | — | — | 7 |
| 法国西洋梨产区 | 13.3 | 5.5 | 655 | 142 | 10.9~22.2 | -4.1 | 2 047 | 330 | — | — | — | 7 |
| 阿根廷西洋梨产区 | 14.5 | 0.6 | 273.8 | 105 | 16.7~26.6 | 0（7月） | 2 686 | 330 | — | — | — | 7 |

生态因素。包括地理纬度、海拔高度、地貌、山体大小、坡度、坡向、坡型、坡位、沟向和开阔度等。

梨因品种不同，对生态环境的要求和适应性存在较大差异，影响梨生长和品质形成的关键因素是温度、水分和光照。据此提出了不同种类的梨栽培优势区域的气候条件指标。白梨适宜南温带落叶、阔叶林地带，要求年平均气温 8.5~14℃，可耐－23~－25℃低温，喜光，喜温暖半湿润气候。西洋梨适应常绿林地带，要求生长季干旱少雨，年平均气温10~13℃，可耐－20℃低温（张光伦，2009）。砂梨耐高温潮湿，适应亚热带常绿阔叶林区域，要求年平均气温 15~23℃，可耐－20℃低温。秋子梨适应暖温带北部落叶栎林亚地带，耐寒性强，适宜年平均气温 8.6~13℃，可耐－30~－35℃低温，最耐寒的野生类型可耐－52℃（表 10-2）。

## 二、生态区划的方法

### （一）梨生态区划的含义

梨的生态区划是根据不同种类、品种的生态要求，评价不同地区对梨的生态适宜度，反映其生态适宜性的地区差异，按其地区分布规模，划分区域或类型，为生产规划和栽培技术提供直接依据。

### （二）梨生态区划的划分原则

**1. 区内相似性和区间差异性原则**　即将现有分布或发展的生态条件相对一致的区域，划为同一带或区；相似与差异的根源在于地域差异因子。因此，区划时必须全面分析区域整体特征和各自然因子的差异性。

**2. 主导与辅助因子相结合原则**　生态指标一般以温度、水分（湿度）为主导因子，结合地形、土壤等其他生态因子进行划带或分区，制定划分的指标体系。但有时也以海拔高度、地形等为主导因子，特别是在高原地区，如西南高原、青藏高原等。

**3. 分区连片性原则**　即在地域上同区一般应连成一片，以便生产规划发展和管理。但因中国地形气候复杂多变，因此，有不能保持连片的情况。

**4. 高效协调与生态平衡原则**　园艺生态系统是人为强烈干预下的人工生态系统，是"自然—经济—社会"复合生态系统,其内部的物质循环、能量流动和信息传递形成网络。因此，区划作为生产规划发展的基础，必须注意果园、菜园和园林绿地人工复合园艺生态系统建立之后，其系统内的结构和功能，相互协调与适应；能量输入与输出相对平衡；物质和能量得到多级、多层次利用，损失最小，利用率和经济效益最佳。其系统与外界地形、河湖水系等自然环境相互协调共生，最终达到构建顶级稳定状态的人工复合生态系统。

### （三）梨生态区划的依据

梨的生产是在自然条件下的植物再生产过程。要通过生产过程，实现生产目的，达到优质、高产、高效。

以起源中心和现代世界主产区、优质高产区的自然生态条件为基础。前者是其长期生存、生长发育和生物学特征形成适宜的基础自然生态条件；后者是现代不同栽培品种优质高产的最佳生态条件。

依据自身生长发育和产量品质形成直接、具体的生态要求与反应。在定量标出各有关生态因子指标，了解其对生态条件的要求和反应的基础上，根据环境条件中的最小因子和梨的耐性范围，进行综合比较，科学生态分析，加以论证和论断。

进一步把梨的生态适宜性与当地生态资源的特点、优势和有限性科学地结合起来；与当地的社会经济条件和市场需求结合起来，进行综合分析论断；确定应该或适宜发展的具体区域和种类、品种，进行生产区划布局；做到适地、适种、适栽、适养，达到最佳的经济、生态和社会效益，保持生态平衡和可持续发展。

### （四）生态区划的具体方法

按照前述的原则、依据与要求，进行梨生态区划的具体方法是：

**1. 确定生态适宜度** 按照区划的种类、品种的生态适宜度，一般划分为4级：生态最适宜区、生态适宜区、生态次适宜区、生态可适或不适区。

**2. 确定空间范围** 按照区划的空间范围，一般划分为4级：国家级、省（自治区、直辖市）级、县级、生产单位级。

**3. 确定指标体系** 在分区、分级划分时，采用的具体方法和指标体系，常用以下5种：

（1）单因子法 根据主导生态因子的相似性进行划分。

（2）主、辅因子结合法 根据影响该园艺作物种类、品种生育和品质产量的主导生态因子与辅助生态因子相结合的方法，制定出区划的生态指标体系。

（3）多因子综合评分法 将影响该种类、品种园艺作物生育和品质产量的主要生态因子分别进行评分，确定其适宜程度，再确定每个因子的权重，最后根据所得总分的多少进行划分。

（4）多因子叠置法 先将影响该种类、品种生育和产量品质形成的主要生态因子绘制成空间分布图，再将每张图叠置在一起，分析其相对一致的程度。

（5）模糊分析法 应用模糊数学方法，对区划区域的各生态因子进行聚类分析，再根据分离程度进行划分。

以上方法各有优点，可根据分区、分带的区域大小和研究深入程度加以选用。目前各地以主、辅因子结合的划分应用较多。

## 三、中国梨生态区划

中国农业科学院果树研究所对中国梨的种植区划研究，将全国梨栽培区划分成不同梨栽培种和种的适宜区、次适宜区和不适宜区。

### （一）白梨栽培种 (*Pyrus bretschneideri* Rehd)

**1. 适宜区** 渤海湾、华北平原温暖半湿区。包括辽宁南部、辽西锦州、朝阳南部、燕山地区，山东省，河北省大部。

黄土高原冷凉半湿区。包括山西忻州、吕梁部分地区、晋南、晋东南，陕西榆林南端、延安大部、关中平原，陇东北，天山。

川西、滇东北冷凉半湿区。包括川西北小金、马尔康和川西南的昭觉、盐源，滇东北昭通的局部，黔西北威宁等。

南疆、甘宁灌区冷凉干燥区。包括塔里木盆地、库尔勒、喀什，甘肃兰州附近，宁夏灵武以南灌区，青海循化、民和灌区。

上述白梨栽培种适宜区年平均气温 8.5~14℃，1 月平均气温−3~−9℃，6~8 月平均气温 13.1~23℃。年降水量 450~900mm。土壤以棕壤、黄绵土、黑垆土、褐土为主。本区代表栽培品种有鸭梨、茌梨、雪花梨、秋白梨、黄县长把、砀山酥梨、栖霞大香水、金川雪梨。

**2. 次适宜区**  西北及长城沿线冷凉干燥区。包括新疆伊犁谷底，甘肃河西走廊、陇中、陇南、庆阳北部，青海贵德，宁夏固原地区，内蒙古西南部，陕西延安、榆林北部，山西忻州、吕梁西北部、雁北，河北张家口坝下地区、承德西部，辽宁朝阳西南部、锦州西北部、鞍山、丹东地区。

淮北汉水暖温半湿润区。包括苏北、皖北、豫中和豫南、鄂西北、陕南、甘肃武都、川北平武和万源。

西南高原冷凉湿润区。包括川西南，滇中和滇北，黔西北。

白梨栽培种次适宜区年平均气温 8.5~15.4℃，1 月平均气温−9~9℃，6~8 月平均气温 13~23℃，年降水量 700~1 200mm。土壤以黄潮土，黄棕壤、砂浆黑土、钙土、棕钙土为主。这些区中，有干旱缺水、花期霜冻、幼树抽条或排水不良等问题。

**3. 不适宜区**  经济栽培北界区为 1 月份平均气温−12℃等值线以北地区；经济栽培南界区为年平均气温 15℃等值线以南地区。

### (二)秋子梨栽培种 (*Pyrus ussuriensis* Maxim.)

**1. 适宜区**  燕山、辽西暖温半湿区。包括燕山地区，太行山区北段，辽南和辽西。

黄土高原及西北灌区冷凉半湿区。包括晋中、晋东南临汾部分，陕西、渭北部分，陇东北、天山和兰州附近灌区，宁夏灌区。

适宜区年平均气温 8.6~13℃，1 月平均气温−4~11℃，年低于 10℃的日数 160~210d，年降水量 500~750mm。土壤以棕壤、褐土、黄绵土、黑垆土等为适宜土类。本区栽培代表品种有京白梨、南果梨、安梨、花盖、面酸梨、大香水、小香水、软儿梨等。

**2. 次适宜区**  东北、华北北部寒冷半湿区，西北北部冷凉干燥区，冀中南、山东暖温半湿区，川西、滇黔高原冷凉湿润区。

秋子梨栽培种次适宜区，年平均气温 7~8℃，降水量 300~500mm，土壤为棕壤、褐土和黄潮土、栗钙土、漠钙土等。

**3. 不适宜区**  经济栽培北界区为年最低气温低于−40℃地区，南界区为年平均气温在 13℃以上地区。

### (三)砂梨栽培种 (*Pyrus pyrifolia* Nakai)

**1. 适宜区**  江南高温湿润区，包括淮河以南、长江流域的南方各地。平均气温 15~

23℃，1月平均气温1～15℃，年低于10℃的日数80～140d，年降水量800～1 900mm。土壤以黄壤、红壤、黄棕壤、紫色土、赤红壤等。本区栽培代表品种有二十世纪、苍溪梨、明月、二宫白、新世纪、菊水、幸水、晚三吉、黄花等。

**2. 次适宜区**　黄淮海、辽宁温暖半湿区；西北黄土高原冷凉半湿区；川西北、滇东北高原冷凉半湿区。砂梨次适宜区年平均气温8.6～14.5℃，年降水量450～800mm。土壤以棕壤、黄绵土、褐土为主。一些地区有春霜冻和抽条现象。

**3. 不适宜区**　经济栽培北界区为1月平均气温低于−10℃的地区。

## （四）西洋梨栽培种（*Pyrus communis* L.）

**1. 适宜区**　胶东、辽南、燕山暖温半湿区，晋中、秦岭北麓冷凉半湿区。

西洋梨适宜区年平均气温10～14℃，1月平均气温−3～−5.5℃，6～8月平均气温13～21℃。年降水量450～950mm。土壤以棕壤、黄绵土、黑垆土、褐土为主。气候温暖，雨水充足。

**2. 次适宜区**　包括华北平原，故道暖温区；黄土高原冷凉半湿区；南疆干燥暖湿干燥区。

**3. 不适宜区**　经济栽培北界区为1月平均气温−9℃以北地区，南界区为与白梨南界区相同，以淮北、鄂北、秦岭为南界。

# 四、中国梨优势产区及其特点

## （一）中国梨的种植区域分布

中国是世界栽培梨的三大起源中心（中国中心、中亚中心和近东中心）之一，已有3 000多年的栽培历史，是世界第一产梨大国。梨是我国仅次于苹果、柑橘的第三大水果。我国梨种植范围较广，除海南省、港澳地区外其余各省（自治区、直辖市）均有种植，河北省是我国产梨第一大省，2010年梨树面积18.9万 hm²，产量达到376万 t，面积和产量均居全国第一位，其次为陕西、山东、安徽、四川、辽宁、河南、江苏、湖北、新疆等省（自治区）。我国梨产量约占世界总产量的2/3，出口量约占世界总出口量的1/6，中国梨在世界梨产业发展中有举足轻重的地位。

我国由南到北，从东到西均有梨的栽培，主要栽培种有秋子梨、白梨、砂梨和西洋梨。不同栽培种分布地区不同，秋子梨主要分布在辽宁、吉林和河北北部长城一线，甘肃的陇中、河西走廊亦有分布。白梨大多分布在黄河以北至长城一带。黄河秦岭以南，长江淮河以北是砂梨和白梨的混交带。长江以南则为砂梨的分布区域。而西洋梨则主要栽培在山东的胶东半岛和辽宁的旅大地区，河南、安徽、江苏等省也有少量栽培。中国农业科学院果树研究所主编的《中国果树志·梨》（1963）把梨的自然地理分布区，划分为8个区。贾敬贤等（2006）则根据生态气候型，划分成5个梨树分布区。

**1. 寒地梨树分布区**　本区由高寒梨树分布区和干寒梨树分布区组成。高寒梨树分布区包括辽宁北部、吉林、黑龙江。气候寒冷，无霜期短，绝对最低气温−33～−45℃，无霜期在125～150d。主要梨区有辽北梨区、吉林延边梨区及黑龙江的哈尔滨梨区。主要栽培品种是秋子梨抗寒品种香水梨、甜秋子、尖把梨、花盖等。

干寒梨树分布区位于中国的内蒙古、新疆和宁夏的大部、河北北部、青海少数地区。该地区气候寒冷，干旱，绝对最低气温为 $-22\sim-31℃$，降水量 $250\sim400mm$，栽培品种多属秋子梨和新疆梨。

**2. 温带梨树分布区**　本区分布面积很大，自高寒、干寒分布区以南，淮河、秦岭以北广大地区，包括辽宁南部及西部，河北和甘肃大部，山东和山西全省，江苏长江以北，安徽和河南淮北以北，陕西秦岭以北。气候温和，年平均气温 $10\sim15℃$，无霜期 200d 左右。主要梨产区有辽南的千山梨区、旅大梨区和辽西的闾山梨区、松岭梨区，河北的燕山梨区和平原梨区，山东的胶东梨区及鲁中南梨区，山西的原平梨区、榆次梨区、高平梨区和稷山梨区，河南的宁陵梨区、孟津梨区，陕西的渭北梨区。栽培品种多属白梨，少数西洋梨。著名的品种有昌黎蜜梨、黄县长把、茌梨、鸭梨、雪花梨、砀山酥梨、巴梨等。

**3. 暖温带梨树分布区**　本区包括浙江、江西、湖南、湖北和四川苍溪、茂县地区。是中国落叶果树和常绿果树的过渡地带，气候较热，雨量较多，年平均气温在 $15\sim18℃$，年降水量为 $700\sim1\,300mm$，无霜期 300d 左右。主要梨区有江苏梨区，安徽的砀山酥梨、歙县梨区，湖南的保靖梨区、城步梨区、宜章梨区，四川的苍溪梨区。栽培品种以砂梨为主，少量的白梨。主要栽培品种有黄梨、砀山酥梨、三花梨、政和大雪梨、半斤酥、蒲梨、真阳冬梨、黄花、苍溪梨等。

**4. 热带亚热带梨树分布区**　本区地处亚热带、热带地区，包括中国的广东、广西、福建和台湾、海南。年平均气温 $17\sim23℃$，绝对最低温度 $-1\sim-3℃$，无霜期 $300\sim365d$，年降水量 $1\,500\sim2\,100mm$。本区梨产区有广东的潮汕梨区、惠阳梨区，广西的灌阳梨区、岭溪梨区、桂北的柳城梨区等。主要栽培品种有香水梨、淡水沙梨、灌阳雪梨、鹅梨和一年 2 次开花 2 次结果的四季梨。福建、海南、台湾亦有梨树栽培，多呈零星栽培。

**5. 高原梨树分布区**　本区包括云南、贵州、西藏全部和青海大部，地势高，海拔 $1\,500\sim4\,000mm$。梨产区有云南的昭通梨区、呈贡梨区、丽江梨区，贵州的威宁梨区、兴义梨区、遵义梨区。西藏地区有少量栽培。该区的栽培品种多属砂梨，少数为白梨。栽培品种有云南的大黄梨、宝珠梨，贵州的威宁大黄梨、兴义的海子梨、遵义雪梨等。

### （二）重点发展区域布局及发展规划

我国梨树的栽培，在长期的自然选择和生产发展过程中，逐渐形成了四大产区：即环渤海（辽、冀、京、津、鲁）秋子梨、白梨产区，西部地区（新、甘、陕、滇）白梨产区，黄河故道（豫、皖、苏）白梨、砂梨产区，长江流域（川、渝、鄂、浙）砂梨产区。

2009 年，农业部根据市场需求、生态条件和产业基础三大原则条件，将我国梨重点区域划分为华北白梨区、西北白梨区、长江中下游砂梨区和特色梨区。

**1. 华北白梨区**

（1）基本情况　该区域主要包括冀中平原、黄河故道及鲁西北平原，属温带季风气候，介于南方温湿气候和北方干冷气候之间，光照条件好，热量充足，降水适度，昼夜温差较大，是晚熟梨的优势产区。该区是我国梨传统主产区，栽培技术和管理水平整体较高，区域内科研、推广力量雄厚，有较多出口和加工企业，产业发展基础较好。目前，该区梨产量和出口量分别占全国的37%和54%。

（2）主要问题　品种单一，品种结构不合理，鸭梨、砀山酥梨、雪花梨比例过大，市场需求量较大的早中熟品种较少，新品种更新换代慢，老梨树抗病能力差，施肥不合理，产品质量退化严重、果品风味差。

（3）主攻方向　以提高果品质量为重点，调整梨的品种结构，加快品种改良和新品种推广步伐，发展中梨1号、黄金梨、红宵梨、京白梨等特色品种，适当压缩鸭梨、砀山酥梨和雪花梨比例，实现早、中、晚熟品种合理搭配，推进标准化生产，合理施肥、改善品质，提高优质高档果率，建设优质梨出口基地。

（4）发展目标　到2015年，面积稳定在36万 hm² 左右，产量达到730万 t；平均单产由目前的每667m² 1 145kg提高到1 360kg；优质果率达到总产量的40%～50%，出口量占全国的50%；贮藏能力达到总产量的35%，产后商品化处理能力达到商品果的30%，加工率达到10%左右。

**2. 西北白梨区**

（1）基本情况　该区主要包括山西晋东南地区、陕西黄土高原、甘肃陇东和甘肃中部。该区域海拔较高，光热资源丰富，气候干燥，昼夜温差大，病虫害少，土壤深厚、疏松，易出产优质果品。该区梨面积和产量分别占全国的15%和9%，是我国最具有发展潜力的白梨生产区。

（2）存在问题　主栽品种比较单一，老品种多，新品种更新换代慢；标准化生产水平不高，单产水平不高；水资源不足；采后商品化处理和加工能力不强。

（3）主攻方向　加快新品种更新换代，确定合理的品种结构；建立外向型精品梨生产基地，大力推进标准化生产，不断提高梨质量水平；积极发展优质出口果品和果汁加工产品，努力扩大出口；采用多种手段，提高水资源利用率；提高采后商品化处理水平，全面提升产业化水平。

（4）发展目标　到2015年，梨园面积达到23万 hm²，平均每667m² 单产达到800kg，优质果率达到40%以上。贮藏能力达到总产量的60%左右，产后商品化处理能力达到商品果的30%左右。

**3. 长江中下游砂梨区**

（1）基本情况　该区域主要包括长江中下游及其支流的四川盆地、湖北汉江流域、江西北部、浙江中北部等地区，气候温暖湿润、有效积温高、雨水充沛、土层深厚肥沃，是我国南方砂梨的集中产区。该区同一品种的成熟期较北方产区提前20～40d，季节差价优势明显，具有较好的市场需求和发展潜力。目前，其面积和产量均占全国的20%左右。

（2）存在问题　品种结构不合理，成熟期过于集中；生产管理粗放，标准化生产水平较低，单产不高，优质果率低；采后商品化处理落后，货架期较短，贮藏设施不足。

（3）主攻方向　压缩、改造老劣中熟品种，积极发展早、中熟品种，增加早熟梨的比例。加快梨园基础建设，强化生产管理，推进标准化生产，提高果品质量。大力发展冷链运输和专用贮藏库，努力开拓东南亚出口市场。

（4）发展目标　到2015年，梨园面积基本稳定在23万 hm² 左右，平均每667m² 单产提高到1 000kg，早熟品种产量占总产量70%，优质果率达到40%左右，出口量和产品产后处理及运输水平有显著提高。

**4. 特色梨区**

（1）基本情况　该区包括辽宁南部鞍山和辽阳的南果梨重点区域、新疆库尔勒和阿克苏的库尔勒香梨重点区域、云南泸西和安宁的红皮梨重点区域和胶东半岛西洋梨重点区域。辽南的南果梨为秋子梨的著名品种，以其风味独特、品质优良、适宜加工，在国际上享有较高的声誉；新疆香梨为我国独特的优质梨品种，栽培历史悠久，国内外知名度较高，为我国主要出口产品；云南红皮梨颜色鲜艳、成熟期较早、风味独特、货架期长，出口潜力大；山东西洋梨肉质细腻、柔软、多汁、香甜可口，有较强的市场竞争优势。

（2）存在问题　南果梨产品质量整体不高，单产偏低（每 667m² 产量 500kg），果品的商品量少。新疆库尔勒香梨有盲目扩大面积和品质不稳定的现象，部分果园采收过早导致品质下降。云南红皮梨种植规模不大，管理水平粗放，产量低，产后保鲜、加工、贮藏等环节严重滞后。胶东半岛西洋梨面积小、产量低、病害严重。

（3）主攻方向　辽南南果梨主抓标准化生产，提高总产和果品质量，突出特色、规模发展；新疆库尔勒香梨要稳定面积，提高生产管理水平，防止品质退化，积极扩大出口。云南红梨应适当扩大面积，推广先进技术，提高品质，突出特色，主攻淡季，大力发展满天红、红酥脆和美人酥等优良红梨品种。胶东半岛发展传统的莱阳梨，同时适度发展以巴梨、康佛伦斯和红茄梨为主的西洋梨品种，加强病害防治，延长结果年限，提高产量，扩大出口。

（4）发展目标　2015 年南果梨重点区域的面积达到 2 万 hm²，单产水平（每 667m²）提高到 800kg，优质果率达到 50% 以上，贮藏能力达到总产量的 70% 左右，产后商品化处理能力达到商品果的 30% 左右。新疆香梨重点区域的总面积稳定在 7 万 hm²，单产水平提高到 800kg，优质果率提高到 60%。云南红梨重点区域的面积达到 7 000hm²，单产水平提高到 900kg，优质果率由目前的 30% 提高到 50%；胶东半岛西洋梨重点区域的总面积达到 6 000hm²，单产水平提高到 900kg，优质果率由目前的 40% 提高到 50% 左右。

# 第三节　园地选择

梨树为多年生经济植物，经济寿命可达 100 年以上，因此在成方连片大规模发展梨树时，科学选址、全面规划、精心设计对今后的优质安全生产具有十分重要的意义。园地选择要求在气候条件、土壤肥力、交通状况及地下水位（水利资源）等方面满足梨树生长发育的基本需求。在此基础上，尽量选择远离工业污染的地点建园，以达发展无公害梨果生产、满足消费者需求及增加我国梨果在国际市场的占有份额、促进梨产业健康持续发展之目的。

## 一、园地选择的原则

梨树的适应性广，于丘陵、山地、河滩地均可栽培。其中，山地和丘陵地的土壤质地、土壤肥力等差别较大，不宜于统一规划、集中管理，且不利于机械作业；但具有昼夜温差大、日照充足、小气候独特等特点，尤其是土壤污染相对较轻，利于发展无公害梨果生产。沙滩地土质相对瘠薄，持肥保水能力较差，风沙较大会影响树体的正常生长及果实外观品质；但由于耕作较少，污染较轻，所结果实较平原地区含糖量高、风味浓郁，在进行土壤改良、具备灌溉条件的地区同样利于无公害或绿色果品生产。相比较，平原地便于统一设计、统一管理及机械化作业等，最适梨园的建立。尤其我国加入世界贸易组织后，梨果生产这一劳力密集型产业已逐渐为广大农民所认识，栽培梨树积极性十分高涨。总体来讲，以年均温 7～14℃、最冷月份平均温度不低于－10℃、极端最低温度不低于－20℃、≥10℃的有效积温不少于4 200℃、海拔 300m 左右、日照时数1 600～1 700h、年降水量 400～800mm、无霜期 140d 以上的地区最为适宜梨树的生长，土质以疏松、肥沃、排灌良好的沙壤土为宜。

## （一）满足梨树对环境条件的基本需求

环境条件对梨树的生长、结果及产量、品质等有着重要影响。安徽的砀山酥梨在原产地表现肉质较粗、石细胞较多、风味较淡，而在西北黄土高原则表现可溶性固形物含量高、风味浓郁，且石细胞较少，果面覆盖一层厚厚的蜡质，综合品质明显优于原产地；但在内蒙古自治区的呼和浩特等地则表现果实个小、品质差，且经常受到冻害的困扰。原产于河北省的鸭梨在冀中南栽培，产量高、品质优，而在南方梨产区及苏北地区则表现长势弱、结果晚、品质差、病虫为害严重。又如近年于我国有所发展的黄金、丰水、幸水、二十世纪等日韩梨品种，由于土壤肥力及气候条件的差异，出现了果个变小、风味变淡等不良表现。再如中国农业科学院果树研究所培育的晚熟耐贮品种锦丰，于北方梨区栽培生长结果良好、风味酸甜适口、食用品质十分优良，而在南方梨区栽培，由于降水多、空气湿度大而表现枝条旺长、结果不良，且果面出现锈斑乃至全锈。因此充分了解梨对环境条件的要求，做到有的放矢、适地适栽是优质高效生产不可或缺的保障。

**1. 梨树对温度的基本要求**　世界梨属植物约有 35 个种，分为东方梨和西方梨两大梨系。就品种而言，仅我国即有包含野生品种在内的3 000余个，其中栽培较多的品种约100多个，分属白梨、秋子梨、砂梨三大种类（西洋梨亦有少量栽培）。不同种类的梨对温度的要求以原产我国东北地区的秋子梨为最低，抗寒力亦最强；西洋梨品种居中，但抗寒性差；砂梨（包括日本砂梨）较高（表 10-3）。

表 10-3　不同梨种对温度的要求及抗寒性（℃）

| 主要栽培种 | 年均温 | 生长季气温（4～10 月） | 休眠期气温（11 月至翌年 3 月） | 耐寒性 |
|---|---|---|---|---|
| 白梨 | 8.5～14.0 | 18.7～22.2 | －2～－3.5 | －23～－25 |
| 砂梨 | 15.0～23.0 | 15.8～26.9 | 5.0～－17.0 | －20 |
| 秋子梨 | 8.6～13.0 | 14.7～18.0 | －4.9～－13.3 | －30～－35 |
| 西洋梨 | 8.0～13.0 | 18.7～22.2 | －2～－3.5 | －20 |

温度条件中，冬季低温是限制梨树向北引种的最主要因子。多年生产实践表明，同一种的不同品种对低温的耐受能力亦存在很大差别，如苹果梨虽属白梨栽培种，但在吉林省延边地区（年均温 4.5℃、绝对最低温－30.3℃）及甘肃省张掖地区（年均温 7.7℃、绝对最低温－28.7℃）等地均表现生长结果良好。抗寒性较差的砂梨品种明月在辽宁省兴城地区（年均温 7.4℃、绝对最低温－25℃）表现良好。

另外，不同地理环境所形成的小气候对树体亦有不同影响。在黑龙江省近中俄边境整体来看冬季气温较低，不适于白梨、砂梨生长，但鸡东县浅山区所形成的小环境，许多白梨、砂梨品种均可正常生长结果，且风味浓郁，其中早酥梨果实阳面带有红晕，品质优良。

**2. 梨树对光照的基本需求**　梨树属于喜光树种。光照不良可造成新梢徒长，且表现冗细而直立，进而影响花芽形成及果实品质；另外，因光照不良、可造成地上部同化物减少，进而对根系的生长及吸收功能造成负面影响，导致叶片黄化、枝梢生长不良及严重落果等，同时还会大幅降低树体的抗寒和耐旱能力。但光照过强，除可削弱顶端优势、抑制新梢生长、影响树冠形成外，还可对叶片、新梢、幼果等器官造成日灼。通常年日照量在1 600～1 700h即可满足梨树正常生长结果的需求。目前我国梨产区一般年份均可达到此标准。

梨树的种（品种）间光饱和点与光补偿点存在一定差异。鸭梨、茌梨、明月的光饱和点为40klx，雪花梨、砀山酥梨、丰水、巴梨等品种的光饱和点在50～55klx，苹果梨相对较高、约为80klx。梨大部分品种的光补偿点一般在1～3klx。实际生产中树体结构、枝量大小对光照的影响较大，据蔺经等（2008）对梨三主枝开心树形的研究，树冠内不同区位光照强度呈现自下而上逐渐增强的规律，且上层和下层外围无显著差别，而膛内有效光照显著降低；净光合速率（Pn）上层显著高于下层，下层外围高于内膛；单果重方面，中部果实高于外围果实，下层低于上层；可溶性固形物含量方面，上层果实高于下层果实，且以下层内膛最低。山东农业大学与北京市农林科学院林业果树研究所以棚架结构黄金梨为试验材料，应用树冠分格法对树冠不同部位相对光照强度与果实品质和枝梢的关系进行了研究，结果表明，树冠不同层次相对光照强度由上到下逐渐降低，相对光照强度小于30%的区域主要分布在树冠下部；各品质元素的最适相对光照强度分别为：单果重的最佳相对光强为42.17%、可溶性固形物的为78.98%、可滴定酸的为59.97%。张琦等（2001）研究认为，库尔勒香梨的单果重和品质随光照强度增加而得以改善，其可溶性固形物含量与光照分布呈显著正相关，在一定范围内有效光照强度大的区域叶片光合作用增强，果实中有机物的积累增多，从而提高果实总糖的含量。另据龚云池等研究，鸭梨在相对光照强度30%～40%区域的果实还原糖含量与70%以上区域的果实无显著差异。所以建园时除选择光照充分的地区外，还应采取各种技术措施，以使主要结果部位的相对光照强度保持在30%以上。

**3. 梨树对水分的基本需求**　水是梨树赖以生存与生长发育不可或缺的因子。树体内营养物质的运输、合成及转化等一系列生理代谢活动都离不开水分，在炎热的夏季树体需靠蒸腾向外散发水分以保证正常的"体温"，并以此维持其生理代谢活动。而且，水还是梨树各器官的主要组成部分，枝、叶、根的含水量达50%，果实中的水分含量高达85%，并与树体的光合作用等密切相关。据胡春霞研究，水分胁迫条件下南果梨叶片相对叶绿素含量呈下降趋势，且随胁迫程度的加重而显著降低，胁迫25d后复水叶绿素含量急剧下降，并由此证实水分胁迫下叶绿体受到损伤，光合作用受到抑制，而且重度胁迫很难得到恢复。

已有的研究结果表明，梨树每生产1kg干物质需消耗水分300～500kg，每公顷生产30t果实即需3 600～6 000t的水分，亦即相当于360～600mm的降水量。而且在梨树的生长年周期当中，冬季由于叶片脱落树体进入休眠、代谢活动低，需水量小，进入生长期后需水量明显增加，且不同发育阶段的需水量也不尽相同，据冉启钦在河北省晋州市对沙地盛果期梨园的研究，鸭梨在萌芽期、开花期和幼果生长初期（3月10日至5月10日）的两个月间，日耗水量2～3mm；新梢迅速生长和幼果生长期（5月中旬至6月底）由于叶幕已形成、气温较高而导致蒸腾量增加，其日耗水量提高至3～4mm；果实膨大期的气温是全年最高时节，因蒸腾作用加强、加之果实迅速膨大致使日耗水量增至4～5mm。另据马永顺等对主要果树滴灌需水量的研究结果，梨树在4～10月的需水变化规律是从小到大、又从大到小其最大值是在7月前后，一般变化量在1.5～4.0mm/d。4月开始萌芽，随叶片的展开、气温的升高，需水强度与日俱增，至7月前后达到峰值，之后随气温下降和果实成熟，需水量又逐渐降低；自10月后叶片枯萎、失去光合作用，随之凋谢、休眠，需水量复又变得极小。以此推算，梨树全年耗水量相当于550～720mm的降水量。秋子梨、白梨、砂梨、西洋梨栽培种，由于产地不同等原因对水分的需求亦存在很大差异，据已有的研究结果及生产实践经验，秋子梨耐旱能力最强，白梨和西洋梨次之，而砂梨对水分的需求较高。但即使是秋子梨长期干旱也会造成部分根系枯死、叶片萎蔫，甚至造成早期落叶而影响当年的经济收益。

从全国梨产区的降水条件分析，即使在干旱冷凉的北方梨区，大部分地区均可满足梨树对年降水量600mm左右的要求。但北方梨区的降水多集中于7～8月，冬春和早夏降水极少，因此建园时必须考虑灌溉条件，以在春季、早夏时对树体进行必要的水分补给。另一方面，梨树虽为耐涝树种，但长时间浸水亦会出现新梢停长、叶片枯萎及落果等涝害症状。生产实践表明，以杜梨为砧木的盛果期鸭梨可忍耐7～14d的浸水，而在涝水情况下7～10d即会出现不同程度的涝害；砂梨在含氧量低的水中9d叶片即开始凋萎，在含氧量高的水中可坚持11d，而在流动的水中20d亦不会出现叶片凋萎现象。因此，不宜选择低洼、易集水地带建园，应配备雨季排水设施，尤其是北方梨区降水集中的7～8月恰逢夏季高温，如梨园积水则会造成更大的损失乃至影响来年产量，故更应做好雨季排涝工作。

**4. 梨树对土壤的基本需求** 梨树适应性广泛，对土壤的要求不严，沙土、壤土、黏土均可正常生长结果；平原、丘陵、山地及滩涂地皆可栽培。就我国的主要土壤类型而言，北方的森林土、冲积土、黑钙土、灰化土、黄土，南方的红壤土、黄壤土及紫色土亦都能栽培。为达安全、优质、高效之目的，选择最为适宜的土壤建园是确保果品质量、扩大出口份额、促进我国梨产业健康持续发展的先决条件。而且土壤质地、酸碱度、土层厚度及有机质含量等土壤诸要素对树体生长发育有着十分重要的影响。

（1）土壤质地 虽然梨树对土质的要求不严格，但生产实践表明在重黏土地新梢生长量小、树体发育缓慢，且产量较低、品质较差；而沙壤土具有肥力较高、通透性较好并有一定的肥水保持能力，是优质、高效栽培的首选土壤。据河北省农林科学院昌黎果树研究所的研究结果，鸭梨在沙壤土生长，果面光洁、皮薄肉细、果心小、松脆可口、食用品质上等，可溶性固形物含量可达12%以上；而在偏黏的土壤栽培，综合品质有所下降，可溶性固形物含量为11.4%；而在黏质土壤栽培则表现为色泽发绿、果皮变厚、果心变大、可溶性固形物含量降至不足11%，综合品质大幅下降。另据傅玉瑚等研究，优质鸭梨园的土壤应以土粒含量占40%～55%、水分含量占20%～

40%、空气含量占 15%～37%为宜。

（2）土层厚度 梨是深根性树种。如土质疏松并有蚯蚓等，梨树垂直根深可达数米乃至十数米，但集中分布区域一般在 150cm 以内。张瑞芳等对黄河故道地区梨树的根系分布特征进行了研究，结果表明，根系垂直分布集中在 50～100cm 土层，水平方向在 100～150cm 土层。其中吸收根根量垂直分布集中在 50～100cm，水平方向在 150～200cm 土层内。另据晏清洪等（2011）对库尔勒香梨成龄树根系分布特点的研究结果，在漫灌条件下，垂直方向，在距树体 100～150cm 土层内，吸收根的数量随土层深度呈递增趋势。根系分布的深度直接影响树体的生长结果能力，已有研究结果及生产实践表明，适宜梨树生长的土层厚度以不小于 120cm 为宜，山区、丘陵地最低不宜小于 80cm。而且，土层厚度与地下水位高低及土层内有无板结层或岩盘有关，如地下水位高，可供根系生存、活动的土层则相对变小、吸收矿质营养的能力亦随之降低，同时由于下层根处于缺氧状态，吸收能力下降，严重时可造成死亡，进而影响地上部的生长与结果，为此宜选择地下水位相对较低的区域建园，一般要求夏季地下水位不高于 100～120cm。土层中板结的硬土层或岩盘阻碍根系向下生长，同时不利土壤多余水分的下渗，如遇大雨即会造成根系土层的积水而影响根系正常的代谢活动。需做好土壤改良工作。

（3）土壤有机质含量 土壤有机质是指以腐殖酸为主要形式存在于土壤中的有机物，是梨树生长、果实发育营养物质的源泉，可供给树体生长所必需的 N、P、K、Ca、Mg、Zn、Cu、Mn、B 等元素的土壤微生物能源，同时可促使土壤形成团粒结构，提高土壤保肥持水能力。生产中一般将土壤有机质含量作为梨园土壤肥力的衡量标准，有机质含量高，则土壤通透性良好，既有较高的肥力又有良好的肥水保持能力，对促进植株生长、提高果实品质具有十分积极的意义。生产调研发现，优质梨园的土壤有机质含量宜在 1%以上，日本等国优质丰产梨园的土壤有机质含量常达 2%～3%乃至更高，而我国绝大多数梨园的土壤有机质含量不足 1%，有的甚至在 0.5%以下，如砀山地区只有 0.53%。日韩梨是在日本、韩国土壤有机质含量高的立地条件下选育的，这也是二十世纪（水晶梨）、黄金等日韩品种于我国栽培多表现果个变小、风味偏淡、可溶性固形物含量降低的原因之一。赵庆庭等（2009）研究了梨园土壤肥力对砀山酥梨品质的影响，结果表明，有机质含量与可溶性固形物、维生素 C 含量关系显著，增施有机肥对于提高梨果品质尤为重要。为此，于新建梨园及现有梨园实施增施有机肥、生草栽培及作物秸秆覆盖等系列措施，提高土壤有机质含量对保证果实品质、提升国产梨果在国际市场的信誉是十分必要的。

（4）土壤酸碱度（pH） 梨树对土壤 pH 的适应范围较为广泛，一般在 pH5.5～8.5的土壤均可生长结果，但多年的生产实践表明，优质高产的梨园 pH 应以 6.0～7.5 为宜。在此范围内，土壤根际微生物活动旺盛、根系的生长和吸收能力加强，进而有利于地上部的生长与结果。土壤中酸碱度对树体生长发育和果实品质的影响主要是通过影响根系对 N、P、K、Fe、Mn、B、Zn、Cu 等土壤营养元素的吸收来实现的。一方面，土壤酸碱度改变盐类的溶解度。当土壤溶液碱性增高时，Fe、Ca、Mg、Cu、Zn 的溶解度降低，从而吸收减少；当土壤溶液酸性高时，K、Ca、Mg 等离子的溶解度增大，有利于根系吸收，但易被雨水淋失，所以酸性土壤中往往缺乏钾、钙、镁、磷等元素。另一方面，土壤酸碱度能影响细胞膜电荷性质，改变质膜对矿质元素的透性。组成细胞质的蛋白质是两性电解质，在弱酸性环境中，氨基酸带阳电荷，易吸附外部溶液中的阴离子；在弱碱性环境中氨基酸带阴电荷，易吸附外部溶液中的阳离子。过低或者过高的土壤 pH 均会引起矿质元素有效性下降，还会影响产量，在极端条件下，甚至造成树体死亡。赵静等（2009）通过对黄金梨的研究发现，土壤 pH 与果实大小呈显著正相关，与果实中的可溶性糖和可溶性固形物含量呈极显著正相关性，而与糖酸比呈极显著负相关；土壤 pH 较低的梨园果实石细胞少，但是果实芳香物质种类也相对减少，而且酯类香气成分的种类和含量相对也较少。

另外，土壤中对梨树生长有害的盐类以碳酸钠、碳酸氢钠为主，其次为氧化钠、硫酸钠。多年生产实践表明，一般情况下，梨树根系集中分布土层中总盐量 0.14%～0.25% 时根系的活动及吸收能力正常；而当总盐量超过 0.3% 时，根系的生长即会受到抑制，进而影响地上部正常的生长发育，严重时还会造成植株枯死。为此，于盐碱地建园时，应进行必要的治理措施，以使土壤总盐量降到允许范围。

## （二）无公害果品生产的环境要求

随着社会文明的发展，食品安全问题日益受到各国民众的关注。早在 20 世纪 70 年代，果品无公害问题在日本、美国等发达国家就已受到重视，并相继计划、实施。就梨果生产而言，我国开展无公害生产相对较晚，为适应国际市场对无公害梨果的需求及提高我国鲜梨出口创汇能力，更应予以足够的重视。

目前梨果实的污染除化学农药使用、不合理施肥等人为因素外，主要来自三个方面，即大气、土壤和水质。其中，大气污染主要是大气中的有害气体和粉尘。在梨园选址时一定注意，要选择远离大气污染排放源、环境质量符合无公害标准要求的地区建园，以避免有害气体和粉尘对果实形成的污染。水质、土壤对果实的污染主要是有害工业废水、生活污水形成的灌溉水源污染和土壤污染；其次是由于受具体地理、地貌的影响，造成的土壤中有害金属元素，如铅、铬、汞等的含量超标。国家对无公害果品（含梨）生产地的空气质量、灌溉水质量及土壤环境质量都有具体的标准和要求（表 10-4、表 10-5、表 10-6）。在选择园地时需根据无公害果品生产对土壤环境的具体要求标准、于符合要求的地块建园。而对已造成污染的土壤，可以通过增加有机肥施用量、土壤改良、平衡施肥及种植绿肥、果园覆盖等提高土壤有机质的措施予以缓解和控制。并且也只有如此，才有可能使我们的梨果顺利走出国门。

表 10-4　无公害林果类产品（含梨）产地环境空气质量要求（NY 5013—2006）

| 项　　目 | | 浓度限值 | |
| --- | --- | --- | --- |
| | | 日平均 | 1h 平均 |
| 总悬浮颗粒物（标准状态）（mg/m³） | ≤ | 0.30 | — |
| 二氧化硫（标准状态）（mg/m³） | ≤ | 0.15 | 0.50 |
| 二氧化氮（标准状态）（mg/m³） | ≤ | 0.12 | 0.24 |
| 氟化物（标准状态）（μg/m³） | ≤ | 7 | 20 |

注：日平均指任何一日的平均浓度；1h 平均指任何一小时的平均浓度。

表 10-5 无公害林果类产品（含梨）产地灌溉水质量要求（NY 5013—2006）

| 项 目 | | 限值 |
|---|---|---|
| pH | | 5.5～8.5 |
| 总汞（mg/L） | ≤ | 0.001 |
| 总镉（mg/L） | ≤ | 0.005 |
| 总砷（mg/L） | ≤ | 0.10 |
| 总铅（mg/L） | ≤ | 0.10 |
| 铬（六价）（mg/L） | ≤ | 0.10 |
| 氟化物（mg/L） | ≤ | 3.0 |
| 氰化物（mg/L） | ≤ | 0.50 |
| 石油类（mg/L） | ≤ | 10 |

表 10-6 无公害林果类产品（含梨）产地土壤环境质量要求（NY 5013—2006）

| 项 目 | | 含量限值 | | |
|---|---|---|---|---|
| | | pH<6.5 | pH6.5～7.5 | pH>7.5 |
| 镉（mg/kg） | ≤ | 0.30 | 0.30 | 0.60 |
| 汞（mg/kg） | ≤ | 0.30 | 0.50 | 1.0 |
| 砷（mg/kg） | ≤ | 40 | 30 | 25 |
| 铅（mg/kg） | ≤ | 250 | 300 | 350 |
| 铬（mg/kg） | ≤ | 150 | 200 | 250 |

注：本表所列含量限值适用于阳离子交换量>5cmol/kg 的土壤，若≤5cmol/kg，含量限值为表内数值的半数。

## 二、不同地势条件的评价

不同地理位置、地势均会因土质、温湿度等条件的变化而对梨树的生长、结果造成影响。首先由于高度、坡度、坡向的不同，影响地面对辐射能量的吸收，进而影响土温和气候的热力差异；其次对风的机械作用又会迫使气流上升或下沉，影响云、雾、降水的分布，高耸庞大的地形，往往是气流运行的障壁，因而一山之隔，气候悬殊，形成了气候区域的分界。因此了解在不同地势建园的优缺点，并有针对性地采取相应改良措施是十分必要的。

### （一）山地类型的评价

一般而言，山地存在土层较弱、土壤瘠薄、水土流失较严重等问题。由于山区地形地貌复杂、自然条件特殊，且降雨集中，土壤生态本来比较脆弱，如不采取合理开发、综合治理等必要的水土保持措施，势必导致水土流失严重、生态环境恶化、耕层变浅、地力下降等一系列问题。据调查，河北省梨产区邢台市果园水土流失面积 16.5 万 hm²，其中，中度以上侵蚀区 10.8 万 hm²，占总流失面积的 60%，土壤侵蚀模数 531t/（km²·年），年均流失土量 44.5 万 t；全市低产果园占 40%以上，对梨果产量与品质的提高造成了严重威胁。周涛等通过山地土壤氮素养分垂直变异特征研究，发现土壤碱解氮含量受淋溶损失影响严重，并且由于山体坡度的原因，易出现上部损失大于下部的现象。此外，碱解氮的含量还受到微生物活性的影响，而微生物活性又受到上覆植被、温度、湿度等的影响。

因此，山坡地梨园建设，应以水土保持为核心，并做好建园规划、梯田建立、防护林营造、梯壁植草、建排水系统等项工作。

山地对辐射的影响是随海拔高度、坡向方位、坡度、地形等因素而异。就直接辐射与总辐射而言，随着海拔高度的增加，有增强的现象。这是因为高度增加，太阳辐射通过大气层的距离缩短，且因空气密度小、水汽微尘少，受到大气的吸收、散射等作用而损耗的光热少所致。一般，在中纬度地区对流层下部，高度每升高100m，太阳直接辐射要增加5%～15%，建园时需选择不易产生日灼的品种。并且由于太阳直射辐射强度随高度而增加，致使形成山地气候的一个主要特点——土温高于气温，这在向阳坡和白昼表现得最突出。就气温的垂直递减率而言，在对流层自由大气中，海拔愈高，空气中水汽、微尘、二氧化碳等吸热物质越少，空气也越稀薄，气温越低。一般，高度每上升100m，气温降低0.6℃。实地监测表明，同为山坡，一般干燥山坡气温直减率大，潮湿山坡直减率小；同为山地，南坡向阳，气候温暖，北坡背阳气候较寒。

地势对降水分布的影响主要是随坡向和高度而异，一般在迎风的山地，往往由于山地的机械阻碍作用，引起气流的抬升运动，空气达到凝结高度后，能加速上升运动的继续发展及当低气压系统或锋面移到山地时，因地形的阻碍作用，使低压系统或锋面移动滞缓而对降水形成促进作用。另外，在山地还可因地形等条件的不同引发山谷风、焚风、布拉风、峡谷风等，其中我国不少地方都有焚风，例如偏西气流越过太行山下降时，位于太行山东麓的石家庄就会出现焚风，据统计，出现焚风时，石家庄的日平均气温比无焚风时可增加10℃左右。如夏季发生则会对梨树造成不良影响，因此在有焚风出现的地区建设梨园，需选择耐热能力较强的品种。

### （二）丘陵地类型的评价

丘陵地的土壤肥力条件略优于山地，但同样存在土壤较瘠薄、水土易流失等问题。林明添等（1999）通过对丘陵山地生态果园建设研究，发现福建省三明市果园缺乏水土保持防护、耕作措施，目前已造成水土流失面积4 175万 hm²，果园土壤侵蚀模数1 100～2 350 t/（km²·年），平均1 560t/（km²·年），平均流失土量74 万 t，长期的水土流失不仅表土和台面被冲刷、根系裸露、土层变薄，而且随水土流失带走土壤中有机质和 N、P、K等养分，而造成土壤沙化、肥力衰退。因此，在建园时需因地制宜、科学规划，一般不宜在25°以上的沟塌地、沟间地或沟坡地栽植梨树。同时，根据梨园规模及立地条件配置防护林带，完善排蓄水系统。新建园应按水土保持技术标准修建等高水平梯台、排蓄水系统以及机耕路等基础设施建设。土壤管理方面，需采取种植绿肥等技术措施，以达到有效地防止水土流失、改良土壤、培肥地力、改善园地小气候之目的；新植幼树需进行扩穴改土、增施有机肥。

### （三）平原地类型的评价

**1. 平原耕地**　与山地、丘陵相比，平原地具有土层厚度大、土壤肥力充足、便于统一设计、统一管理等特点。由于我国地域辽阔、自然条件复杂，加之农业历史悠久，故土壤种类繁多，如红壤、棕壤、栗钙土等。其中，红壤土土层深厚，地质黏重，铝富集，呈酸性至强酸性，磷的有效性低，在植被未破坏的情况下，有机质含量并不低，常高于

5％，但植被破坏后，水土流失严重，有机质含量迅速降低，而成低产土地；建园时，需采取生草种绿肥、深翻熟化及施用石灰、磷肥等技术措施，以适于梨树生长发育需要。黄棕土主要分布在中国亚热带北缘夏绿阔叶林地区，北起秦岭、淮河，南到大巴山和长江，一般为酸性（pH4.6～5.8），土壤肥力较高，可以满足梨树生长需求，如能辅以生草、增施有机肥等手段，则可达优质、丰产目的。棕壤是暖温带夏绿阔叶林和针阔混交林下形成的土壤，主要分布于山东半岛、辽东半岛以及河北省。质地为中壤或重壤土，常有砾石，土壤肥力较好，一般微酸至中性，适宜梨树生长，同时也是我国优质梨果生产集中区域。褐土，主要分布在暖温带中生和旱生森林灌木地区，亦为华北主要土类。一般在山地丘陵、山前平原及河谷阶地平原。其母质为黄土和石灰岩，呈中性至微酸性，也是我国梨树主要产区。潮土，主要分布在黄河中下游平原，长江中下游平原、山地河谷平原也有分布。它是河流沉积物，受地下水活动影响，经旱耕熟化而成，土层深厚，有机质少，一般低于1％。沙质潮土适于梨树栽培，建园及管理过程中要注意防洪防涝，并采取生草种绿肥、增加有机质等技术措施。紫色土，主要分布于中国亚热带地区，以四川盆地最集中，其次为云贵高原（湘中和赣中丘陵，在鄂、皖、浙、闽、粤、桂等省份也有零星分布）。土层较浅，一般50cm左右，其下即为半风化母岩，有机质少，一般低于1％，酸性至微酸性。紫色深的肥沃，富含磷钾，分别在4％（$P_2O_3$）和3％（$K_2O$）左右，但氮素缺乏，其质地结构较好，从沙壤土到轻黏土，一般为壤土，适宜梨树栽植。但由于紫色土分布区水土流失严重，土壤浅薄，有机质和氮素含量低，抗旱力弱。因此，建设园时需要注意水土保持工作，生产管理中需多施有机肥和N肥，或以生草、覆盖、深翻等方法进行土壤改良。

**2. 滩涂地（包括沙荒地、盐碱地）** 盐碱地是陆地分布广泛的一种土壤类型，是与人类活动相伴而生并呈随着人类文明的发展与进步而在不断加重与扩大的趋势。其最主要的特点是地势平坦开阔，自然落差较小，土层深厚，土壤中含有较多的盐碱成分，有机质含量低，物理化学性质不良，致使大多数植物的生长发育受到不同程度的抑制，有的甚至不能存活。我国可耕地资源匮乏，但盐碱土的分布几乎遍布全国，且各地差异显著、面积有别，盐分组成与形成原因亦不尽相同，梨产区的东北、华北、西北内陆地区以及长江以北沿海地均有分布。由于受海潮和海水型地下水的双重影响，滩涂地地下水位及含盐量高，且土壤通透性差，严重影响树体正常生长发育，如果根系向下伸长到地下水位处即会造成树体盐害；干旱季节地下水因地面蒸发量大，上升至表土而引起土壤返盐，亦会对树体造成不良影响。建园应选择地势较高、有淡水源、交通便利、灌排水条件良好的地方，以有利于开沟、排水、洗盐等诸项改良工作的开展。我国经多年盐碱地治理，已得出了"盐随水来、盐随水去"的经验，开沟具有排水、排盐、防涝、防渍及调控地下水位等多种功能作用，是改良盐碱土和防止土壤盐渍化的有效措施。李恭学等（2010）对围垦滩涂防护林树种选择及造林关键技术进行研究，结果表明，开沟时要做到小沟通大沟、大沟通河流、排水流畅，对改变盐分聚集而形成盐渍、盐霜现象、根治土壤返盐、加速土壤洗盐具有十分重要的意义；同时，筑垄栽培有利于排水、降低地下水位、防止土壤返盐及改善树体的根际环境，进而起到提高成活率、促进梨树发育之目的。王资生（2001）对江苏省滩涂围垦区的水土流失进行了研究，结果表明，滩涂围垦区的水土流失大多是由于雨点溅蚀表土、径流挟带流失所造成，将稻田秸草或绿肥用旋耕机翻入土，半埋半掩，可收到下雨土壤不板结、不流失、干旱不易返盐、促进淋盐的作用。丁宁宁等（2011）研究了不同改良措施对滩涂土壤的改良效应，结果表明，采用翻耕、开沟等措施，可有效降低土壤含盐量。另外，建园时宜选择围垦时间较长，种植先锋作物多年的老滩涂建园。

沙荒地多地形平坦，常处于山前冲积扇边缘。沙荒地土层较浅、土量很低，多卵石、石块及砂砾、沙粒，土壤有机质和营养含量极少——通常有机质含量为 0.1%～0.2%，N、P、K、Zn、Mn、Cu、Fe 等元素含量低于壤土，通透性强，漏肥漏水，固、液、气三相比例失调。土壤 pH7.8～9.5，土壤严重瘠薄，生物活性极其微弱，植被稀少。如有浇灌条件，梨树定植后可以保证成活，但由于持水能力等原因，树体生长缓慢，易形成"小老树"。所以，建园前应进行必要的灌溉设施建设，以确保新植幼树成活率；并于定植前或建园后进行以提高土壤肥力及水土保持能力为核心的系列土壤改良，以达优质、高效之目的。于强等（2010）对沙荒地栽培库尔勒香梨的关键技术进行了研究，结果表明，客土施肥是改良沙荒地的主要手段，幼树连续 3 年春季全园施入老熟园土（梨园或菜园土），每 667m² 施土 33m³，厚度约 5cm，行间用旋耕犁旋翻；春季采用环状、半环状坑施腐熟的牛粪或羊粪，幼树 30kg/株、结果树 50kg/株，同时每株施入磷酸二铵 0.5kg、尿素 0.2kg、钾肥 0.3kg，能够有效提高土壤有机质含量，并能起到提高库尔勒香梨产量和品质的作用。另外，于树盘覆盖稻草、行间种植大叶紫花苜蓿可收到减少水分蒸发、增加土壤有机质、改善土壤环境的效果。

# 第四节　梨园规划设计

## 一、园地的初步勘测

### （一）地形勘测

地形对与梨树生长密切相关的气候因子有着深远影响。建园时充分了解园址的基本地形，对合理规划、科学管理是十分必要的。如于山地建园需考虑焚风等不良因素的影响，可采取选择耐热能力较强的品种并辅以喷灌等技术措施等。

### （二）土壤勘测

我国幅员辽阔，土地类型丰富，如东北的黑土、黑钙土、白浆土、草甸土，河流冲积平原的潮土，辽东半岛的棕壤土，山西、河北、辽宁三省的丘陵低山地区及陕西关中平原的褐土，黄土高原的黄绵土，长江以南及四川盆地的红壤土、黄壤土及沼泽土。虽然梨树适应性广泛、对土壤要求不太严格，为达优质高效目的，建园初期即对园区土壤进行以土层厚度、土壤类别、质地、肥力、酸碱度、地下水位变化动态等为主要内容的调查是十分必要的，同时可为今后的土壤管理提供科学依据。

### （三）植被勘测

因植被与温度、降水等主要气候因子有着复杂的关系，进而对梨树的生长与发育造成影响。随着全球气候的变化，世界各国将植被对气候的影响作为重要的内容加以研究。李欣等（2011）对宁夏近25年植被指数变化及其与气候的关系进行了研究，结果表明，宁夏25年来全区年降水量略有减少，全区年平均植被指数与年降水量明显相关。黄雨等（2011）对云南省干旱成灾因素进行了研究，结果表明，土壤植被状况对影响云南省干旱灾害的影响主要是由森林覆盖率所致，森林能涵养水源、调节气候状况、进而降低干旱灾害的发生。同时植被植物与土壤微生物有着复杂频繁的互作，植物通过其根际分泌物影响着土壤微生物的群落结构和代谢活性，而土壤有益微生物则通过其代谢活动提高土壤中营养元素的有效性，改变了植物根系生理状态进而促进了植物的生长和发育；另外，植被植物的根系、植株均可起到改善土壤性状、提高土壤肥力的作用。王库（2001）研究了植物根系对土壤抗侵蚀能力的影响，结果表明，植物根系对土壤的抗冲性、渗透性及剪切强度方面都有明显的作用，植物根系对土壤水力学性质的影响主要是通过根系的穿插、缠绕及网络的固持作用，进而影响土壤的物理性质，使土壤的抗冲性、渗透性、剪切强度等水力学性质得以改善。因此选择植被丰富地区建园将收到事半功倍的效果。如园区植被条件恶劣，有必要进行人工植被的营造。王晗生（2011）通过研究旱区经营人工植被对土壤干化过程的调控，认为对土壤干化过程的有效调控方法应是经营人工植被，且需选择耗水量少的抗旱节水植物以保证人工植被的稳定性。

### （四）气象勘测

因温度、无霜期、降水量等气候因子对梨树生长发育有重要影响，因此，建园前有必要对园地及其周边地区的诸多气候因子进行详细勘测。

**1. 年均温、生长季均温、有效积温、无霜期及降水量等**　梨树对年均温、生长季均温、有效积温、无霜期及降水量等的要求依栽培种类不同而异，如鸭梨（白梨品种）适宜的年均温为 8.5～14.0℃，4～10 月生长季气温 18.7～22.2℃，休眠期气温 -2～-3.5℃，降水量 500～600mm 等。建园时充分了解上述气候因子，除为选择适宜的品种提供依据外，还可作为日后进行针对性管理的措施依据。

**2. 极端最低温度、生长季最高温**　极端最低温度是限制梨树良种北移的决定性因素，一些优良品种于冷凉地区栽培出现抽条、枝干病害的主要原因即在于此。现有的栽培品种以秋子梨系品种抗寒能力较强，一般可耐 -30～-35℃的低温，以砂梨、西洋梨抗寒能力较差，一般只能抗 -20℃低温，选择品种时应给予足够重视。生长季最高温往往引发树体器官尤其是果实、叶片的烧伤，而造成巨大的经济损失。而且随全球气候变暖，最高温度出现及持续的时间有增强趋势，为确保新植幼树的成活及达到优质高效的栽培目的，需对近年的极端最高温度予以充分考察，以为生产决策提供参考。

**3. 灾害性天气**　晚霜、雪害、风害等灾害性天气对生长结果影响巨大。其中晚霜是指从梨树花蕾露出至幼果形成期间受到的霜冻危害，已有的研究结果及生产实践表明，从梨树整个花器的各部分器官看，以雌蕊最不耐寒，所以如花期遇晚霜，首先受害的是果实的来源——雌蕊，将直接影响产量；霜冻严重时，会因雌蕊、雄蕊和花托全部枯死脱落而造成绝收。鸭梨休眠期能耐 -20℃的低温，但随着萌动、开花，耐低温能力逐渐降低；花期受冻临界值分别为现蕾期 -4.5℃、花序分离期 -3℃、开花前 1～2d 为 -1.1～-1.6℃，开花当天 -1.1℃；而开花后经 1d 以上，其抗低温能力又有所提高为 -1.5～-2℃。即使在幼果形成后出现霜冻亦会造成果实畸形，影响外观品质和商品价值。雪害主要是积雪的重量对棚架造成的损坏，所以在积雪较深地区应引起足够重视。风害在梨树整个生长期均可发生，其中于花期和近成熟期遭遇强风会影响坐果及造成大量落果而为生产带来巨大经济损失，为此，沿海地区宜采用棚架式栽培，以最大程度减轻风害。

### （五）水利勘测

水是梨树各部分器官的重要组成部分，并与树体的光合作用等密切相关。建园时必须对园区周围的水利条件进行充分调查，如有无浇灌机井或贮水池、地下水位高低、有无灌溉管道（渠、沟）及排水管道（渠、沟）及水体质量等，为今后所采取的技术措施提供依据。

## 二、品种选择与配置

### （一）品种选择的必要性

良种是提升梨产业水平、壮大农村经济的重要基础。我国梨栽培历史悠久，梨种质资源丰富，栽培品种繁多，据统计，目前生产上广为栽培的优良品种约有 100 个。随梨树科研水平的提高，一批优良新品种不断推向生产，一些传统品种逐渐被更新、淘汰。确定一个品种是否良种，除品种本身的优良性状外，首先应综合考虑其是否适应当地的自然和气候条件，如西洋梨代表品种巴梨，在我国山东省胶东地区（烟台、牟平、威海、青岛）、辽宁省大连地区和黄河故道部分地区生长结果良好、品质优良，可称为良种；但由于不抗寒、抗病性较差等原因，在除上述地区以外的我国北方大部分地区，其生长结果不理想，不能获得其应有的经济效益，严重时甚至整个树体死亡，故在这些地区不能称之为良种。再如，脆肉型晚熟耐贮白梨品种锦丰，在我国北方冷凉干燥地区栽培，生长结果表现良好、风味酸甜适口、食用品质优异；而在南方高温多湿气候条件下种植，生长偏旺、结果不佳，且果点增大、锈斑严重（多雨年份果面全锈）、外观品质大幅降低，也就称不上是一个良种。其次，选择品种还应根据不同的地域、不同的消费习惯等综合因素来进行综合考虑。如由于东、西方消费习惯的不同，欧美各国消费者喜欢风味偏酸的软肉型梨果，而在我国和东南亚各国，人们普遍喜欢风味偏甜的脆肉型梨果。

目前我国的梨果主要以鲜食为主，而且随着社会的逐渐进步、经济的持续发展与人们生活水平的不断提高，消费者对鲜食梨果品质的要求也越来越高，果实品质已经成为衡量某一品种是否为适宜当地发展良种的一个最重要指标。欧洲品质控制组织（EOQE）给品质所下的定义为：产品能满足一定需要的特征特性的总和，即产品客观属性符合人们主观需要的程度。一般来说，梨果品质包括果实外观（大小、形状、色泽、果皮、果点、蜡质等）和内质（果肉肉质、石细胞、硬度、汁液、风味、香气、果心等）两大部分。对品质优劣的评价常受到人们传统习惯和个人喜好的影响，主观成分较多，这在外观品质的评价中表现得尤为明显。如我国消费者多喜欢外观红色艳丽或金黄、果面光洁、果形漂亮的梨果；对果实大小的要求，已由过去的越大越好，转变到如今的果个适中（250g 左右）；对果实风味的要求，以往消费者喜欢味甜的品种而不太喜欢味酸品种，如今随着肉类、蛋类、奶类等食物摄入量的不断增加，稍有酸味的梨果品种正受到越来越多消费者的青睐。中国农业科学院果树研究所依据对主要栽培品种品质鉴定及市场调研结果，对鲜食梨的综合品质进行界定：果个不要太大或太小——大果型品种，单果重应在 250g 左右，中果型品种，单果重应在 150g 左右，小果型品种，单果重应在 80～90g；外观品质要求果皮平滑，有光泽，主色泽绿、黄、褐、红均可，颜色鲜亮，无果锈或微有果锈（$2.0cm^2$）；果点小而疏；内在品质要求果心小（果实横切面的果心直径应≤果实直径的 1/3），肉质细腻，石细胞少，果肉松（酥）脆（白梨、砂梨等脆肉型梨）或柔软易溶于口（秋子梨、西洋梨等软肉型梨）、汁液丰富，风味甜或酸甜可口；早、中、晚熟品种可溶性固形物含量应分别≥11％、≥12.5％和≥14％，可滴定酸含量为 0.2％～0.25％，糖酸比或固酸比应≥50，并具香气。

总之，梨果生产是以产出优质果品满足社会消费需求，并取得高效益为根本目标。建园时选择适宜梨树品种是实现果园目标的一项重要决策。

### （二）品种选择的原则

**1. 良种优势区域化**　梨树在我国的分布极为广泛，北至寒地黑龙江、南到云南边陲均有梨树的栽培，且各梨产区具地域特色的优良品种比较丰富，如新疆的库尔勒香梨、辽宁的南果梨、安徽的砀山酥梨及河北省的鸭梨等。

各优势区内亦应根据各品种的适宜栽培区域及现有面积、产量等具体情况，科学规划、合理布局。如白梨产区应对砀山酥梨、黄花梨、雪花梨等品种适度限制发展，并可采用对适龄盛果期树采取高接换头的方法进行品种改良。我国自行育出的优良新品种，由于适合国情，应加大宣传力度、尽快推广；并研究其于各适栽地区的生长结果习性，总结、完善其主要配套栽培技术，以便真正做到"良种良法"。对引进的国外品种，在充分研究其相关特征特性、探索其配套栽培技术、掌握其市场需求的基础上，可适度发展。

**2. 适应性广、抗逆性强**　优良品种具有生长健壮，抗逆性强、丰产、优质等较好的综合性状。然而，所谓的优良品种是有其适用范围的，超出这个范围就可能不再表现优良性状。因此，在选择梨树品种时必须综合考虑当地气候和土壤条件，选择适宜本地区的优良品种。前已述及，梨因栽培"种"的不同而对环境的要求各异，一般于各"种"的适生范围内相互引种，成功的概率较高。而对新育出的品种亦可以其亲本的适生区域作为参考，因为果树的亲缘关系与其适应能力有着密切的联系，如日本品种新世纪具较强的抗黑星病能力，以其为亲本育成的黄冠即对黑星病具较高抗性，而且引种试验表明黄冠于长江流域梨区均生长结果正常、表现良好。

**3. 品质优良**　果实的品质包括外观品质和内在品质。外观品质的优劣直接决定了消费者第一印象的判断，对于果形不正、果面不光滑、果色差的果实只能作为等外品，廉价处理。果实的内在品质包括香气、味道、肉质、功能性成分等。对于口感差又没有保健功效的果实是很难被市场接受的。因此，必须选择综合品质优良，受当地消费者欢迎的梨树品种建园。

**4. 因地制宜、符合当地经济发展需求**　梨园的经济效益是通过果品在市场上销售来实现的。某个品种质量优劣的评价必须经过市场和消费者的检验，因此，根据市场的需求选择品种应成为商品梨果生产的出发点和归宿。以大、中城市及工矿区为目标市场的梨园，应以周年供应鲜果为主要目标，距城市较远或运输条件较差的地区，则应以实际出发选择耐贮运的品种。外向型梨园，应选择与国外市场的消费习惯和水准接轨的品种进行栽培。生产加工原料的果园，则宜选择适宜加工的优良品种。

**5. 不同熟期及不同用途品种搭配**　规模较大的梨园应选用早、中、晚熟多个品种进行建园。不同成熟期的品种可以延长果实采收期，并解决成熟期集中、劳动力短缺问题，如果建成观光采摘梨园，可以保证在较长一段时间内让消费者能采摘到梨果。不同成熟期的品种还可增强果园抵御自然灾害的能力，从而降低了梨园的运营风险。另外，随着人民生活水平的提高，梨汁、梨干、梨罐头等加工品已经陆续走上了广大消费者的餐桌，故建园时除选择栽培鲜食品种外，也可栽植部分加工品种或观赏梨品种（垂枝鸭梨等）。梨园不同用途品种的搭配可拓宽销路、增加收益。

### （三）授粉树配置

梨属于配子体型自交不亲和性果树，目前除我国的金坠、早冠、绿宝石及日本长二十世纪、秋荣等极少数品种具有自花结实特性外（西洋梨有一定的孤雌生殖能力），其他绝大多数品种自花授粉不能结实，并存在异花授粉不亲和现象。为提高坐果率、确保梨园经济产量，建园时需配置适宜的授粉树。

**1. 配置原则**

（1）花粉量大、与主栽品种亲和力良好　授粉品种花粉数量的多少及与主栽品种亲和力的好坏直接影响着主栽品种的坐果率和产量，授粉树选择应建立在授粉试验的基础上确定。梨集中产区的果农通过长期的生产实践，积累了丰富的经验，如河北省地方优良品种安梨，以鸭梨、雪花梨作授粉树效果较好，花朵坐果率达50％以上；鸭梨用地方良种脆梨作授粉树，坐果率高、综合品质优良等。张绍铃等（2002）对142个梨品种花粉量及花粉萌发率的测定结果表明梨不同品种间在花粉量和花粉萌发率上存在很大的差异，选择授粉品种时应当加以考虑（表10-7）。

同时，必须考虑主栽品种及授粉品种的$S$基因型，$S$基因型相同的品种间授粉不能正常结果，如丰水与翠冠、幸水与爱甘水、新水与八幸、黄金梨与新世纪、二十世纪与菊水等均表现为相互授粉不结果；只有不同$S$基因型的品种间授粉才能结实。南京农业大学梨工程技术研究中心已鉴定出100多个梨品种的$S$基因型，建园时可作为授粉树选择的参考（详见第八章梨结实生理部分）。

表 10-7　梨主栽品种的参考授粉品种

（张绍铃等）

| 主栽品种 | 授粉品种 |
| --- | --- |
| 砀山酥梨 | 茌梨、鸭梨、中梨1号、黄冠 |
| 雪花梨 | 黄冠、早酥、冀蜜 |
| 鸭梨 | 黄冠、京白梨、金花梨、翠冠、早美酥 |
| 库尔勒香梨 | 鸭梨、翠冠、中梨1号、丰水、砀山酥梨 |
| 黄花 | 杭青、新世纪、翠冠、雪青、新雅 |
| 黄冠 | 冀蜜、鸭梨、中梨1号 |
| 翠冠 | 黄花、若光、新雅 |
| 丰水 | 幸水、新兴、二十世纪、新水 |
| 雪青 | 新世纪、鸭梨、中梨1号 |
| 圆黄 | 鲜黄、早生黄金、长十郎、华山 |

（续）

| 主栽品种 | 授　粉　品　种 |
|---|---|
| 中梨 1 号 | 早酥、新世纪、雪花梨 |
| 玉露香 | 砀山酥梨、黄冠、雪花梨 |
| 西子绿 | 黄冠、中梨 1 号 |
| 翠玉 | 翠冠、清香、玉冠 |
| 黄金梨 | 丰水、黄冠、早酥、华山 |
| 玉绿 | 翠冠、鄂梨 2 号 |
| 新高 | 鸭梨、京白梨、砀山酥梨、金花梨 |
| 早白蜜 | 中梨 1 号、黄冠、翠冠、满天红、红酥脆 |
| 早酥 | 苹果梨、锦丰、鸭梨、雪花梨 |
| 早金酥 | 华酥、鸭梨、雪花梨 |
| 南果梨 | 苹果梨、巴梨、茌梨 |
| 冀蜜 | 鸭梨、雪花梨、中梨 1 号 |
| 冀玉 | 鸭梨、早冠 |
| 寒红 | 苹果梨、金香水 |
| 秋黄 | 晚香梨、脆香梨 |
| 红香酥 | 砀山酥梨、雪花梨、鸭梨 |
| 华酥 | 早酥、锦丰、鸭梨 |

　　（2）与主栽品种的花期相遇　因为梨属伞房花序，边花先开，而边花的发育较好，所结果实外观端正、品质较好，能够代表本品种的基本特性。为保证边壮花授粉良好，以授粉品种花期提前主栽品种 1～2d，亦即授粉品种的盛花期恰逢主栽品种的初花期为宜。如河北省晋州市、辛集市等地的一些梨园多以雪花梨作鸭梨的授粉树，但雪花梨花期晚鸭梨 2d 左右，不利于鸭梨先开的边壮花的授粉坐果；导致鸭梨高序位花朵坐果，引起果形不标准、"鸭突"不明显，直接影响了收益。

　　（3）与主栽品种进入结果期的年限相同　授粉品种需与主栽品种进入结果期的年限相同或略早，否则主栽品种已大量成花，而授粉品种尚未形成花芽或花量很小，即会影响整个梨园的产量。

　　（4）综合性质优良且成熟期一致　授粉品种应尽量选择具有较高的商品价值品种，以最大限度提高梨园效益。另需成熟期基本与主栽品种一致，以利整个梨园的统一喷药、看护、采收等。如山西省晋中地区的主栽品种砀山酥梨以原产河北省的白梨优良代表品种'雪花梨'为授粉树，由于成熟期相近，生产中同期采收，有效降低了管理成本。

　　（5）充分考虑花粉直感问题　梨的大部分品种存在花粉直感现象，授粉树的果实性状会直接影响主栽品种的果实性状，在授粉品种的选择上需充分考虑到主栽品种的花粉直感问题。据河北省石家庄果树研究所对黄冠授粉特性试验结果（表 10-8），以雪花梨和早魁等品种授粉，其果实萼端猪嘴明显、果形变长，而以鸭梨、冀蜜、早冠等品种作授粉树则可基本保持黄冠所固有外观特性，适宜作黄冠的授粉品种，其中用鸭梨授粉虽然于梗洼处略有一向内的肉突，但不影响基本果形，反倒更具特色。傅玉瑚等（1998 年）通过调查不同授粉品种对鸭梨果实品质影响，发现魏县砧子梨可明显降低果实可溶性固形物含量，且果点有增大的趋势，而以雪花梨、银白梨等品种授粉的果实可溶性固形物含量较高（表 10-9）。

表 10-8　不同授粉品种对黄冠梨外观品质的影响

| 授粉品种 | 果实形状 | 果面颜色 | 果点 | 外观总评 |
|---|---|---|---|---|
| 雪花梨 | 椭圆、猪嘴明显 | 绿黄 | 小、稀 | 较差 |
| 鸭梨 | 椭圆、端正 | 绿黄 | 小、稀 | 优 |
| 二十世纪 | 椭圆、端正 | 绿黄 | 小、稀 | 优 |
| 早魁 | 椭圆、猪嘴明显 | 绿黄 | 小、稀 | 较差 |
| 苤梨 | 椭圆、端正 | 绿黄 | 较大、稀 | 较差 |
| 冀蜜 | 椭圆、端正 | 绿黄 | 小、稀 | 优 |
| 早冠 | 椭圆、端正 | 绿黄 | 小、稀 | 优 |

表 10-9　授粉品种对鸭梨果实品质的影响

(傅玉瑚等)

| 授粉品种 | 授粉花朵数（个） | 观察果数（个） | 可溶性固形物（%） | 果肉硬度（kg/cm²） | 锈斑面积（cm²/果） | 果点数目（个） | 果点平均直径（mm） |
|---|---|---|---|---|---|---|---|
| 砘子梨 | 50 | 30 | 12.5b | 6.21a | 6.41a | 80a | 0.46a |
| 雪花梨 | 50 | 30 | 13.1a | 6.13a | 7.78a | 89a | 0.38a |
| 银白梨 | 50 | 30 | 13.0ab | 6.42a | 7.05a | 95a | 0.43a |

**2. 配置方法**

（1）不等行配置　一般建园多采用此种配置方式，主栽品种所占比例较大，授粉品种比例较小。以 3m×4～5m 株行距定植的梨园，栽植比例以 4～6 行主栽品种、1 行授粉树为宜。

（2）等行配置　或称等比配置，适用于栽植的两个品种都是品质优良、商品价值高的品种，二者相互授粉，没有主栽品种和授粉品种之分。定植时每品种 2～4 行交替栽植即可。

（3）中心式配置　适用于授粉品种商品价值较低或地块不整，不宜成行栽植授粉树的梨园：以授粉树为中心，其周围定植 4～12 株乃至更多主栽品种，使授粉树如棋子一样均匀地分布于整个梨园，如同棋盘一般，故又可称为棋盘式。在以家庭为生产单位的农村，因每户面积较小、地块零散，一般多采用这种配置方式。

# 三、作业区的划分

梨园作业区（小区）作为梨的基本生产单位，是为方便操作、管理而设置的。作业区划分的合理与否，将直接影响果园的生产成本和经营效益，是果园土地规划的一项重要内容。

## （一）作业区划分的原则

果园作业区是根据果园的实际情况而设置的。如果园面积较小，也可不用设置作业区。作业区的面积、形状、方位都应与当地的地形、土壤条件及气候特点相适应，并要与梨园的道路系统、排灌系统以及水土保持工程的规划设计相互配合。同一作业区内气候、土壤条件、光照条件基本一致，以保证作业区内农业技术的一致性。在山地和丘陵地区，作业区的设置应有利于防止果园水土流失，有利于使水土保持工程发挥更大的效果。作业区设置还应注意减少或防止梨园的风害，便于运输和机械化管理，提高劳动效率。

### （二）作业区面积

生产实践证明小区面积应因地制宜，大小适当。面积过大管理不便，面积过小不利于实行机械化作业，还会增加非生产用地面积的比例。一般平原地区或机械化水平较高的果园——清耕、除草、打药、运输均为机械化的大型农场，可以 $6.7\sim10.0hm^2$ 为 1 个作业小区；山区丘陵地区，地形复杂，气候、土壤差异较大的地区，小区面积要因地势、梯田形状等灵活划分。一家一户的小生产，只要邻居协商，能够正常操作即可。

### （三）作业区形状与位置

作业区形状以长方形为好，有利于机械作业，其长边与短边的比为（2∶1）～（5∶1），平原地区作业区的长边最好与主风向垂直——可减轻风害，使梨树的行向与小区的长边一致。丘陵、山地梨园的作业区长边与等高线平行，这样可以减少土壤耕作和排灌等工作的困难，从而提高劳动生产率，还可以减少坡地的水土流失，使作业区与周围环境融为一体。具体操作时，不能刻意追求规模，为小区连片而大兴土木，造成水土流失。山区、丘陵宜按等高线横向划分，平地可按机械作业的要求确定小区形状。例如，用滴灌方式供水的梨园，小区可按管道的长短和间距划分；用机动喷雾器喷药的梨园，小区可按管道的长度而划分。原有的建筑物或水利设施均可作为栽植小区的边界。

## 四、道路系统

为管理和运输方便，梨园中应建设完善的道路系统，且各级道路的设置应与小区、防护林、排灌系统等统筹规划。一般大、中型果园要由主路、干路和支路三级道路组成。主干道是园区主要干线，需贯穿各个作业区，各区以主干道为分界线。同时良好而合理的道路规划也是梨园的重要设施，是现代化梨园的标志之一。

### （一）主路

园区道路主要组成部分，是贯穿全园最宽的道路，是全园生产物资及果品运输的主要途径，一般要求 8～12m，可容大型货车通过。山区果园的主路可以环山而上或呈"之"字形，路面坡度不宜过大，以车辆能安全上下行驶为宜。

### （二）干路

干路是主路的分枝，亦是小区的分界线，一般宽度要求 3～6m，可通过拖拉机、药车及小型汽车。

### （三）支路

支路主要供人作业通过，较窄，路面宽 1～3m，在分户管理的农村和山区，为节省土地可以畦埂、边界代替，而不再另行设置。

## 五、防护林带

### (一) 营造防护林的必要性

**1. 梨园防护林可降低风速、减少风害** 微风对梨树的生长是有益的，它可以补充树冠周围的 $CO_2$ 浓度，促进光合作用，适度促进叶面蒸腾和根系吸收。大风会导致树枝断裂、撕叶落果的严重后果，而防护林保护下的园内风速可降低 $30\%\sim40\%$，有效地降低大风的危害。

**2. 防护林带能调节梨园温度、提高湿度** 已有的研究结果和生产实践表明，梨园防护林对改善梨园的小气候环境，调节温度，提高湿度方面有明显的作用。

**3. 防护林能保持水土、防风固沙，保护果园** 丘陵、山地梨园营造防护林可涵养水源，保持水土，防止冲刷。同时，防护林落下的树叶可以增加果园有机质，保护地面免遭雨水的冲刷及地面径流的侵蚀。在风沙严重地区营造防护林可起到防风固沙及减少风害的作用。

**4. 防护林有利于昆虫传粉，提高授粉效果** 昆虫是重要的传粉媒介，其数量和活动能力与风速大小关系密切。风速大于 $3m/s$ 时，园内基本上无蜜蜂活动，而在有防护林保护的梨园，由于园内风速降低，蜜蜂的活动明显增加，对促进坐果、保证经济产量具积极意义。

### (二) 防护林的主要种类

防护林带可分为稀疏透风林带和紧密不透风林带两种类型。

**1. 稀疏透风林带** 由乔木组成，或在乔木两侧栽植少量灌木，使得乔、灌木之间留有一定空隙。大风遇到防护林后大部分沿林带向上超越林带而过，只有小部分气流从中、下部通过。稀疏透风林带对来自正面的气流阻力较小，且部分气流从林带穿过，使上下部分的气压差较小。

**2. 紧密不透风林带** 由乔木、中等乔木及灌木混合组成，中部为 $4\sim8$ 行乔木，两侧或乔木的一侧配栽 $2\sim4$ 行灌木。林带长成后，枝叶茂密，形成高大而紧密的树墙。气流遇到林带后较难从林带通过，使风向面形成高压，迫使气流上升，越过林带顶部后气流迅速下降，很快恢复原来风速。这种林带防风范围较小，但其防护范围内效益较好，调节空气温、湿度的效果明显。在山谷及坡地的上部宜设置紧密不透风林带，以阻止冷空气的下沉；而在下部则宜设置稀疏透风林带，以利于冷空气的排除，防止冻害。

### (三) 营造防护林的适宜树种

防护林树种的选择应遵循如下条件：

1. 树种有较强的适应性，尽量选当地树种。

2. 生长迅速，枝繁叶茂。乔木要求高大，树冠紧密直立。灌木要求枝多叶密。

3. 抗逆性强，根蘖少，不与或少与梨树争肥、对树体影响小。

4. 与梨树没有共同的病虫害，且不是梨树病虫害的中间寄主。

5. 寿命长，经济价值高或有一定的经济价值。

北方常用的乔木树种：速生杨、刺槐、白榆、苦楝、白桦、核桃楸、山丁子、杜梨等；灌木树种：紫穗槐、荆条、玫瑰、花椒、酸枣等。

南方常用的乔木树种：水杉、刺槐、华山松、桉树、银合欢、冬青等；灌木树种：紫穗槐、胡秃子、木槿、油茶等。

### （四）防护林营造方法

防护林应按山、水、林、田、路综合治理的原则进行规划、综合治理，从当地实际出发，因地制宜，适地适栽。防护林的营造一般在梨树栽培前2～3年进行，最晚与梨树定植同期建园。如林带地土壤不良，需深挖熟化、施用基肥，并搞好抚育管护和病虫害防治，以促进防护林迅速健康生长，尽快发挥防护效益。大型梨园应设主林带和副林带，主林带走向应与主要害风的风向垂直，可有25°～35°的偏角，角度过大防护效果明显下降；主林带的间距为300～400m，风沙较大的地区为200～250m；且主林带的行数与当地有害主风风速、林木冠径、地势走向均有关，一般按5～8行即可，风沙较大的地区可按8～10行栽植。副林带与主林带垂直，间距为500～1 000m，宽度为3～5m。小型梨园只设环园林带或仅在迎风面设一道4～6m的林带即可。

## 六、排灌系统

梨是需水较高的树种，已有的研究结果表明，土壤中水分含量达到持水量（土壤所能保持的最大水量）的60%～80%时，最适宜树体生长。为确保树体正常发育，建园时需配有合理的浇灌系统。而在周年降水不均衡地区，如河北省中南部等梨主产区，500～600mm的年降水多集中在7～8月，梨园积水及涝灾时有发生，为此建园时亦需搞好排水系统的建设。

### （一）灌溉系统设计

灌溉系统是梨园的重要工程设施，是保证树体正常生长和高产稳产的重要条件。目前，梨园的灌水方法有地面灌溉、地下灌溉、喷灌和滴灌等。

**1. 地面灌溉** 地面灌溉因具体的方式不同，又可分为分区灌水、树盘灌水、沟灌、穴灌等。地面灌溉简单易行，投资少，因而仍然是目前最广泛、最主要的一种灌水方法。其缺点是灌溉用水量大，灌水后土壤易板结，占用劳动力多，不便于机械化操作。

地面灌溉所用水源因地而异。平地梨园以河水、井水、水库、渠水为主；山区、丘陵梨园以水库、蓄水池、泉水、扬水上山等为主；西北干旱地区则以雪水为主要水源。

地面灌溉渠道系统，包括干渠、支渠和毛渠三级。干渠的作用是将水从水源引至梨园中，贯穿全园。支渠将水从干渠引至果园小区。毛渠则将支渠的水引致果树行间。有条件地区可进行穴灌，以达到节约用水的目的。

各级灌溉渠道的规划设计，应考虑梨园的地形条件和水源的布置等情况，并注意与道路、防护林和排水系统相结合。在满足灌溉要求的前提下，各级渠道应相互垂直，尽量缩短渠道的长度，以减少土石方工程量，节约用地，减少因渗漏和蒸发造成的水资源损失。干渠应尽可能布置在果园的最高地带，以便控制最大的自流灌溉面积。在缓坡地可布置在分水岭处或坡面上方；平坦沙地则宜布置在栽培大区之间主路的一侧。支渠多分布在栽培小区的道路一侧。

**2. 地下灌溉** 地下灌溉是利用埋设在地下的渗水管道，将灌溉水直接送入根系的分布层，利用毛细管作用自下而上湿润土壤供树体吸收利用的一种灌水方法。这种灌水方法的优点是灌溉效果好、产量高，且具蒸发损失小、节约用水、少占耕地、便于田间耕作管理等优点。还可以利用灌溉系统施用液体肥料；干旱地区可以有效利用雨水，多雨地区亦可利用灌溉系统排水。其缺点是地表湿润差，地下管道造价高，容易淤塞，检修困难。

地下灌溉系统由输水和渗水两个主要部分组成。输水部分的作用是连接水源，并将灌溉水输送到梨园的渗水管道。输水部分可以是明渠，也可以做成暗渠。渗水部分是由埋设在田间的管道组成，灌溉水通过这些管道渗入土壤、供树体吸收利用。

地下灌溉的技术要素主要包括透水管道的埋设深度、管道间距、管道长度和坡度等。在缺乏资料的情况下设计地下灌溉系统时，需对上述各要素进行必要的试验，或借用类似地区的资料。例如，目前我国各地采用的管道埋设深度一般为 40～60cm，有压管道间距 5～8m，无压透水管 2～3m，管道长度一般 20～50m。

**3. 喷灌** 喷灌是将具有一定压力的水通过管道输送到田间，再由喷头将水喷射到空中，形成细小的水滴，像下雨一样，均匀地喷洒于园内。实践证明，喷灌具有增产、省水省工、保土保水、适应性强等优良特性，并可有效调节梨园小气候，便于实现梨园水利机械化、自动化，是一种先进的灌水方法。其缺点是基建投资大，受风的影响较大。

## （二）排水系统设计

梨园地势低洼、土壤黏重、透性不良或在山地建园，需建立排水系统。梨园排水系统的布置必须在调查研究、规划排水出路、结合现有排水设施的基础上进行。排水系统一般分为排水明渠（图 10-1）和暗渠两种。

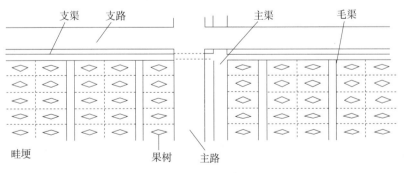

图 10-1 平地梨园明渠排灌示意图

山地或丘陵地的果园排水系统多为明渠排水。主要包括梯田内侧的竹节沟，栽植小区之间的排水沟，及拦截山洪的环山沟、蓄水池、水塘或水库等。环山沟是修筑在梯田上方，沿等高线开挖的环山截流沟，其截面尺寸应根据截面径流量的大小而定。环山沟上应设溢洪口，使溢出的水流流入附近的沟谷中，以保证环山沟的安全。

明渠排水虽然具有成本低、简单易行、便于推广等优点，但亦存在占地多、不便于机械操作、容易淤堵、易生杂草等缺点。因此，我国不少地区采用了地下暗渠排水。暗渠排水是地下埋设管道形成地下排水系统，将地下水降低到要求的深度。暗渠排水可以消除明渠排水的缺点，如不占用果树行间土地，不影响机械管理和操作等。但暗渠的装置需要较多的物资投入，对技术的要求较高。设置暗渠的梨园不需要再设置明渠。建园时要根据预算和当地的地理条件选择合适的排水系统。

## 七、气象哨设置

气象哨设置对每一个成规模梨园都是十分必要和重要的。因为市县级气象站的气象资料很难囊括域内所有梨园气候，尤其在山区县，阳坡与阴坡的气象条件迥异、小气候复杂，县城的气象资料根本不能作为具体梨园的参考。气象哨的设置位置要选择在整个梨园最具代表性的地方，且地势略高、四面空旷，按国家相关规定进行配置，并设专人管理，以保证记录的正确性与完整性。有条件的梨园可安装电子计算机和自动观察设备。目前，简易温、湿度记录仪已在浙江等地开始应用，与计算机连接后置于梨园，即可自动记录园内温、湿度变化，观测结束后可将气象数据下载分析。

## 八、采后处理厂房设置

规模较大的梨园需要规划和建造必要的管理用房与生产用房。一般梨园辅助建筑物包括办公室、车辆库、工具室、肥料农药库、包装场、贮藏库及职工休息室等。其中办公室、包装场、贮藏库等，均应设在交通方便和有利作业的地方。在 2～3 个作业区之间，靠近干路和支路的位置设立休息室及工具库。

### （一）选果厂房

选果厂房建立在场部附近，以进行去袋、监测、选果、分级等项工作。厂房的规模可依实际情况而定，一般以能够容纳园区主栽品种 20% 产量于当日完成选果为宜，并需远离农药、化肥存放处及配药池（配制波尔多液、石硫合剂），以免对果实造成污染。另外，随选果、分级技术的提升，各类选果机械已得到广泛应用，建厂时需充分考虑预留机械的安置空间。

### （二）包装厂房

包装是营销和贮运环节的开始，直接影响到梨园的收益，为尽早进入市场往往直接从产地装车，这就要求大型梨园需建设有自己的包装设备及厂房。包装厂房应与选果、分级厂房相邻，以减少搬运成本，面积可视生产规模等具体情况而定。

### （三）临时贮藏库房

生产中由于天气、人员、市场等原因，时常出现采下的果实不能及时处理、包装或已包装好的成品不能及时运出等问题。故有必要设置临时贮藏库房，有条件者还可配置降温等相关设备，以最大程度保证梨果品质。

## （四）必要农机具厂房

随农业现代化进程的加快及劳务用工成本的增加，大型梨园、出口基地应主要依靠机械化作业。为此有必要配备拖拉机、弥雾机、旋耕机、割草机、开沟机等梨园专用机械的农机具厂房。目前我国自行研制的系列梨园专用机械因具有操作简单、省工等优良特点而陆续应用于生产，如北京市农林科学院研制的单人操作弥雾机、江苏省农业科学院研制的开沟机、枝条粉碎机等。

## 九、水土保持工程

对于山地梨园，为了防止山坡地土壤的冲刷，避免土壤流失以增强地力的水土保持工程，主要有梯田、撩壕、鱼鳞坑等。

### （一）梯田

主要由梯壁、梯面两部分组成，边埂及背沟都系附属部分。梯壁可为土壁或石壁。梯田面的宽度、梯田壁的高度与坡度及土质有关。在垄的外坡栽植梨树。

### （二）撩壕

事先在坡地按等高开浅沟，将土在沟的外沿筑壕，使沟的断面和壕的断面成正反相连的弧形，梨树植于壕的外坡。壕的土层较厚，沟旁水分条件较好，有利新植幼树的生长发育。辽宁锦西喂牛厂果农对撩壕的主要经验是"找好水平，随弯就势，平高垫低，通壕顺水"。又主张"小树壕小，大树壕大，先栽树后撩壕或先撩壕后栽树皆可"。

### （三）鱼鳞坑

是仅在栽植梨树的地点修筑的，其结构似一般的微型梯田。鱼鳞坑适于坡度较陡、地形复杂，不易修筑梯田或撩壕的山坡。鱼鳞坑是以株距为间隔，沿等高线测定栽植点，并以此为中心，由上坡取土垫于下坡，修成外高内低的半圆形土台，台面外缘用石块或土块堆砌。在筑鱼鳞坑的同时，可以栽植点为中心挖穴，填入表土并混入适量的有机肥料，而后栽植梨树。

无论采用哪种形式，其最终目标是做到水不下山，把所有的水截在山上循环应用。

# 第五节 梨树栽植

## 一、栽植密度与方式

### （一）栽植密度的确定

随新型实用栽培技术的研发与应用，传统的稀植大冠栽培方式已为小冠（或中冠）密植所取代。因为栽植密度增加可提高梨园覆盖率及叶面积指数，从而提高单位面积的生物产量和经济产量；同时具有操作方便、节省劳力等优点。但栽植密度超过一定限度，将导致树冠及果园郁闭，光照状况恶化，削弱光能利用率，反而降低生物产量和经济产量。栽植密度要根据品种特点、立地条件、整形方式和当地管理水平来确定。对乔砧建园而言，一般长势旺盛、分枝多、树冠大的品种，如白梨中的鸭梨等品种，密度要稍小一些，株距×行距为 4m×5m；长势偏弱、树冠较小的品种要适当密植，株距×行距为 3m×4m；幸水、丰水等日本梨品种，树冠较小，可以更密一些，株距×行距为 2m×3m。为争取早期丰产，亦可采用 2m×2.5m 株行距密植，待 5～6 年树冠郁闭时再采取隔株隔行间伐成 4m×5m 的株行距。近年来，密植栽培被认为是增加梨园前期产量、提高土地利用率的一项高效栽培模式，逐步被越来越多的梨农所采用。

## （二）主要栽植方式

栽植方式决定梨树群体及叶幕层在园中的配置形式，对经济利用土地和田间管理有重要影响。在确定了栽植密度的前提下，可结合当地自然条件和所选梨树品种的生物学特性决定。主要栽植方式有：

**1. 长方形栽植** 是生产上最广泛采用的栽植方式。其特点是行距大于株距，通风透光好，适于密植，便于操作管理。

**2. 正方形栽植** 株行距相等，通风透光好、管理方便，但不适于密植，土地利用不经济，现应用较少。

**3. 等高栽植** 适于山地、丘陵地栽植，利于水土保持，将梨树栽在等高线上。但在估产时，需要注意加行与减行问题。

**4. 带状栽植（宽窄行栽植）** 一般以两行为一带，带距为行距的 3～4 倍，具体宽度视通过机械的幅度及带间土地利用需要而定。带内采用株行距较小的长方形栽植。由于带内较密，群体效益增强，而带间距离大，通风透光好，便于管理。

**5. 计划密植** 为早期获得丰产，实现早期盈利，在栽植时按原定的株行距加倍，对临时株严加控制，使其早结果，待树冠相交时，及时缩剪临时株，直至隔株间伐或间移。待临时株间伐后，栽培管理要保证留下的永久株优质丰产。采用计划密植必须视品种、砧木和立地条件而定，果园的肥水条件及技术力量要跟得上，否则易造成尚未进入盛果期，即已郁闭现象。

## 二、栽植时期与挖定植穴

### （一）适宜栽植时期

梨树从落叶后至第二年发芽前均可以定植，具体时期要根据当地的气候条件来确定。冬季不太寒冷的地区，适宜采用秋季定植，落叶后尽早栽植。秋栽有利于根系伤口愈合、提高成活率，且来年萌发后能迅速生长、缩短缓苗期。如华北地区秋栽时间在 10 月下旬至 11 月上旬。在冬季寒冷、干旱或风沙较大的地区，最好在春季栽植，一般在土壤解冻后至发芽前进行。

### （二）挖定植穴

栽植前要按照规划的株行距测定好栽植点，挖好定植穴或定植沟。在平原地区以挖定植穴为主，其长、宽、深均要达到 1m，最低不小于 80cm。挖穴时将表土和心土分别堆放于两侧。而且为促使心土风化、改善土壤结构，应于定植前半年左右将定植穴挖好。石头较多的沙滩地、土壤黏重及山地土层较浅的地区，可采用"客土回填"的方法，将砂石土换成肥沃的田土后再行栽植。

## 三、定植方法

### (一) 苗木准备与选择

首先要选择符合质量要求的苗木，如根系小或伤根太多、苗干细弱或擦伤的苗木不宜定植。其次是尽量保护根系的生命力，如进行秋栽，挖苗后应立即定植。如远程运输苗木，必须用塑料布（袋）覆盖，以保持苗木根系湿润。要求苗木整齐、质量高，最好选用大苗，以集中培育的 2~3 年生大苗更好。

不论自育或购入的苗木，在栽前应进行品种核对、登记、挂牌。对苗木进行质量分级，选用根系完整（粗根细根均多）、枝条粗壮、皮色有光泽、芽大而饱满、苗高 1m 左右、无检疫对象的优质苗木栽植，这种苗木栽后只要条件好、缓苗快、成活率高、生长健壮，从而为早结果与早丰产打下良好的基础。对剔出的畸形苗、弱苗、伤口过多的苗木另行处理——暂作假植、培壮后备补株之用。外地购入的苗木，因不同程度存在失水问题，立即解包浸根一昼夜，待充分吸水后再行栽植，若不立即栽植则应假植。

### (二) 肥料准备与回填

优质有机肥可供给、补充树体正常生长、发育所需的各种营养元素，并可熟化土壤、改良土壤理化性状、促进根系吸收，为树体的发育奠定物质基础。梨幼树对土壤营养的反应十分敏感，当肥料不足时叶色发黄、树体衰弱、新梢发育迟缓，不利树冠成形及提高早期产量。建园初期应按每 667m² 梨园 5~8t 的数量提前准备有机肥料——厩肥、堆肥、烘干农畜粪等，栽植时以每株 100~150kg 施入。先将混好肥料的表土填一半进坑，然后回填至距地面 30cm 左右——以利幼苗根系的吸收。回填完毕后浇水一次，以使土壤辙实。

为提高成活率，春季定植时要在灌水后立即覆盖地膜，以提高地温，保持土壤墒情，促进根系活动。秋季栽植后要于苗木基部埋土堆防寒，苗干可套塑料袋保持水分，到春季去除防寒土后再浇水覆盖地膜。

### (三) 苗木定植

取出树苗，剪掉枯桩，并对根系进行修剪——将挖苗时造成的劈裂和创伤面积较大的主、侧根剪齐整，以利愈合、促发新根。定植时将苗木植于穴中，使植株的株行对齐，根系舒展地分向四周，再回填表土，同时向上提动苗木，边提边踏实，栽植的深度以根颈略高于地面、在浇水下沉后根颈与地平齐为宜。避免下陷，否则会因根系吸收能力下降而造成植株发育迟缓，严重时还会因生理干旱而造成抽条乃至枯死。使用矮化砧建园时，栽植深度亦以灌水沉实后苗木根颈部位与地面持平为宜；但为防止接穗生根，接口应高出地面 10cm 左右。树苗栽好后，顺行的方向在苗木两侧围土、筑成直径 1m 左右的树盘，并立即灌透水，待水渗下后覆土，缺水地区以覆盖地膜等方法保墒。3~4d 后对定植质量不好者进行扶正、培土等项工作，然后再浇水一次，以确保成活。

梨园定植后，应视情况及时追肥，肥料种类以尿素等速效 N 肥为主，并注意施肥后适时浇水。如幼树长势过弱，也可辅以叶面喷施的方法，可选用 0.3％尿素等。

## 四、定植后管理

为了提高栽植的成活率、促进幼树生长，加强栽植后的管理十分重要。

### (一) 常规管理

**1. 定干** 定干高度一般为 80～100cm，风速较高地区可降至 60～80cm。如是春天定植，成活后需马上定干；如是秋天定植，栽后亦需定干，只是截留高度可略高些，以免上部芽体风干、抽条，待春季萌芽前再短截至预定高度。整形带内要求 8～10 个饱满芽，以确保发出足够数量的新梢，供选择主枝之用。对成枝力较弱的品种应对着生位置适当的芽进行"目伤"，以促使其萌发；对于直立生长的品种，需在新梢停止生长后，进行拉枝固定，使其与中心干呈 60°～70°即可。

**2. 防寒** 冬季严寒和易发生冻害的北方梨区及南方亚热带梨树种植区有周期性冻害威胁的地区，应注意防寒。可采用树盘埋土堆或主干包草等防冻措施，但早春及早去除覆盖物，换成地膜，以利土壤尽早解冻，促进根系恢复吸水能力，避免发生抽条。

**3. 树体保护** 对梨幼树而言，主要病害是黑星病及褐斑病等斑点落叶病，其防治方法可参阅第十四章"梨病害"部分。主要虫害有金龟子、梨茎蜂、大青叶蝉等枝干害虫，其中，金龟子以为害幼叶为主，防治不及时，可将全树嫩叶吃光，导致二次发芽，削弱树势，甚至造成死亡；梨茎蜂以成虫产卵于新梢刚形成的木质部内，产卵点上 3～10mm 新梢折断，卵孵化后幼虫在新梢内向下取食，造成受害部位枯死；大青叶蝉秋季于当年生新梢上产卵，致使一年生枝伤痕累累。生产经验表明，落花后 5～10d 内于树盘内撒辛硫磷粉，每株 3g 左右，撒后浅锄，隔 15～20d 再撒一次，可有效防治金龟子为害；为减少大青叶蝉为害，可采取秋季对新植幼树套塑料袋的方法。其他可参照第十五章"梨害虫"部分。

**4. 补栽** 春季发芽展叶后，检查成活情况，发现未成活植株，应及时补栽。为保证成活率，补栽需于发芽前进行。如补栽时期较晚，最好采用带土移栽，且应将叶片全部剪掉，以保持地下与地上部的水分平衡，有利于提高成活率。栽植完毕应灌足水，设立支柱，以减轻风害。

### (二) 半成苗管理要点

大规模建园，有时会存在等级苗木不够问题，需栽植半成苗。实践表明，使用半成苗建园比使用长势弱的冗细苗效果好。为保证苗木成活及生长整齐，需做好剪砧、解缚（去绑）、除萌蘖、立支棍等项工作。

**1. 剪砧** 半成苗的定植方法同成苗。需注意的是定植时不将多余的砧木剪下，以为操作方便；风大地区还需将芽体置于迎风方向，以防劈裂。苗木定植后，要经常检查成活情况，对已成活的半成苗需在接口上方将砧木剪除，一般于芽体上约 0.5cm 处剪除为宜。

剪砧后由于养分集中，砧木基部会萌发大量的萌蘖，应及时除去，并反复进行，以免影响苗木正常生长。

**2. 解缚**　在接穗萌发后要及时将嫁接用的塑料薄膜等绑缚物去除，一般用薄刀片在接芽的反方向轻划、将绑缚物割断，亦可将绑缚物依次解开。但解缚时间不能过晚以免其嵌入皮层、对幼苗造成"环缢"而影响苗木的正常生长及降低今后的载重能力。

**3. 立支棍**　接芽长出后，于每株半成苗的迎风面立高度为1m左右的支棍，适时绑缚在支柱上，以免被风吹折。如土壤肥力好，当苗高80～90cm时进行摘心，争取当年选出第一层主枝，加快树冠成形速度。

# 参 考 文 献

丁宁宁，王保松，梁珍海，等.2011.江苏大丰麋鹿保护区不同改良措施对滩涂土壤的改良效应研究［J］.土壤（3）：487-492.

傅友.1993.果树根剪控冠技术研究［J］.园艺学报，20（1）：346-352.

傅玉瑚，申连长.1998.梨高效优质生产新技术［M］.北京：中国农业出版社.

何天富.1999.柑橘学［M］.北京：中国农业大学出版社.

黄雨，张德亮.2011.云南省干旱成灾因素分析及减灾对策初探［J］.云南农业大学学报（2）：37-40.

计玮玮，邱翠花，焦云，等.2012.高温强光胁迫对砂梨叶片光合作用、D1蛋白和Deg1蛋白酶的影响［J］.果树学报，29（5）：794-799.

贾敬贤，贾定贤，任庆棉.2006.中国作物及其野生近缘植物（果树卷）［M］.北京：中国农业出版社.

李恭学，李俊，陈益泰，等.2010.新围垦滩涂防护林树种选择及造林关键技术研究［J］.防护林科技（1）：14-16，50.

李欣，王连喜，李琪，等.2011.宁夏近25年植被指数变化及其与气候的关系［J］.干旱区资源与环境（9）：161-166.

林明添，郑淳，程建炎，等.1999.丘陵山地生态果园建设初探［J］.福建果树（2）：25-26.

蔺经，杨青松，李晓刚，等.2008.梨三主枝开心形对光合及果实品质的影响［J］.江西农业大学学报（1）：20-24.

刘小阳，李玲，高贵珍，等.2008.光照对砀山酥梨果实发育过程中POD、PAL、PPO酶活性的影响研究［J］.激光生物学报，17（3）：295-298.

刘秀田，刘振魁，郑云棣，等.1989.雪花梨栽培技术［M］.石家庄：河北科学技术出版社.

鲁韧强，刘军，王小伟，等.2008.梨树实用栽培新技术［M］.上海：科学技术文献出版社.

盛宝龙.2004.不同梨品种光合特性及影响因素研究［D］.南京：南京农业大学.

束怀瑞.1999.苹果学［M］.北京：中国农业出版社.

孙继亮.2008.土壤水分对梨树叶片光合生理特性及果实品质的影响［D］.南京：南京农业大学.

陶书田，张绍铃，乔勇进，等.2004.梨果实发育过程中石细胞团及几种相关酶活性变化的研究［J］.果树学报，21（6）：516-520.

王白坡，丁兴萃，戴文圣，等.1987.田间条件下砂梨光合作用的研究［J］.园艺学报，14（2）：97-102.

王晗生.2011.旱区经营人工植被对土壤干化过程的调控［J］.自然资源学报（4）：562-577.

王库.2001.植物根系对土壤抗侵蚀能力的影响［J］.土壤与环境（3）：250-252.

王资生.2001.滩涂围垦区的水土流失及其治理［J］.水土保持学报（S1）：50-52.

郗荣庭.1999.果树栽培学总论［M］.北京：中国农业出版社.

夏仁学，史学鹏．1989. 叶龄及树冠不同部位光强对黄花梨光合速率的影响 [J]．武汉植物学研究，7 (2)：163-166.

谢深喜，罗先实，吴月嫦，等．1996. 梨树叶片光合特性研究 [J]．湖南农业大学学报，22 (2)：134-138.

辛贺明，张喜焕，樊慧敏．2002. 水分胁迫对鸭梨光合作用及保护酶活性的影响 [C]//中国园艺学会第九届学术年会论文集：157-159.

徐义流．2009. 砀山酥梨 [M]．北京：中国农业出版社．

晏清洪，王伟，任德新，等．2011. 滴灌湿润比对成龄库尔勒香梨生长及耗水规律的影响 [J]．干旱地区农业研究 (1)：7-13.

杨朝选，焦国利，郑先波．2002. 重干旱胁迫下苹果树茎、叶水势的变化 [J]．果树学报，19 (2)：71-74.

杨文衡，陈景新．1986. 果树生长与结实 [M]．上海：上海科学技术出版社．

于强，何天明，田永平，等．2010. 沙荒地栽培库尔勒香梨的关键技术 [J]．落叶果树 (5)：41-42.

俞开锦．2002. 影响梨光合作用的环境和树体因素分析 [D]．南京：南京农业大学．

袁卫明．2009. 果树生产技术 [M]．苏州：苏州大学出版社．

张朝红．2000. 酥梨缺铁黄化症及矫治技术的研究 [D]．西安：西北农林科技大学．

张光伦．1994. 生态因子对果实品质的影响 [J]．果树科学，11 (2)：120-124.

张光伦．2009. 园艺生态学 [M]．北京：中国农业出版社．

张琦，何天明，冯建菊，等．2001. 香梨树冠内的光照分布及其对果实品质的影响 [J]．落叶果树 (3)：1-3.

张绍铃，徐义流，陈迪新，等．2002. 梨树授粉不结实的原因及授粉品种的选择 [J]．中国南方果树，31 (6)：52-54.

张玉星．2012. 果树栽培学各论北方本 [M]．3 版．北京：中国农业出版社．

赵静，李欣，张鲜鲜，等．2009. 土壤 pH 对黄金梨果实品质的影响 [J]．安徽农业科学 (27)：13037-13040.

赵庆庭，朱立武，贾兵，等．2009. 黄河故道地区果园土壤肥力与砀山酥梨品质初步研究 [J]．安徽农业科学，37 (29)：14121-14123.

赵宗方，凌裕平，吴建华，等．1993. 梨树的光合特性 [J]．果树科学，10 (3)：154-156.

中国农业科学院果树研究所．1963. 中国果树志（第三卷）·梨 [M]．上海：上海科学技术出版社．

Dejong T M. 1983. $CO_2$ assimilation charaeteristies of five *Pyrus* tree fruit speeies [J]. Journal of the American Society for Horticultural Science, 108 (2)：303-307.

Han J H, Cho J G, Son I C, et al. 2012. Effects of elevated carbon dioxide and temperature on photosynthesis and fruit characteristics of 'Niitaka' pear (*Pyrus pyrifolia* Nakai) [J]. Horticulture Environment and Biotechnology, 53 (5)：357-361.

Lakso A N, Seeley E J. 1978. Environmentally induced responses of pear tree photosynthesis [J]. HortScience, 13 (6)：646-650.

Lampinen B D, Shackel K A, Southwick S M, et al. 1995. Sensitivity of yield and fruit quality of French prune to water deprivation at different fruit growth stages [J]. Journal of the American Society for Horticultural Science, 120：139-147.

Lee S H, Choi J H, Kim W S. 2006. Effect of soil water stress on the development of stone cells in pear (*Pyrus pyrifolia cv.* 'Niitaka') flesh [J]. Scientia Horticulturae, 110：247-253.

Linday W L, Schwab A P. 1982. The chemistry of iron in soils and its awailability to Plants [J]. Journal of plant Nutrition, 5：821-840.

Musacchi S，Quartieri M，Tagliavini M. 2006. Pear（*Pyrus communis*）and quince（*Cydonia oblonga*） roots exhibit different ability to prevent sodium and chloride uptake when irrigated with saline water［J］. European Journal of Agronomy，24：268-275.

Sorrenti G，Toselli M，Marangoni B. 2011. Use of compost to manage Fe nutrition of pear trees grown in calcareous soil［J］. Scientia Horticulture，136：87-94.

Teng Y，Tanabe K，Tamura F，et al. 2002. Partitioning patterns of photosynthates from different shoot types in 'Nijisseiki' pear（*Pyrus pyrifolia*）［J］. Journal of Horticultural Science & Biotechnology，77：758-765.

# 第十一章　梨树营养与土肥水管理

## 第一节　梨树营养元素

梨树生长发育需要多种化学元素作为营养物质，碳（C）、氢（H）、氧（O）元素主要来源于空气中的 $CO_2$ 和根系吸收的水分；矿质元素氮（N）、磷（P）、钾（K）、钙（Ca）、镁（Mg）、硫（S）、铁（Fe）、铜（Cu）、锌（Zn）、硼（B）、钼（Mo）、锰（Mn）、氯（Cl）等主要来源于土壤。梨树对 N、P、K、Ca 元素需求量较大，对 Mg、S 需求量较小，对 Fe、Cu、Zn、B、Mo、Mn、Cl 7 种微量元素的需要量更少。虽然梨树对各种营养元素需要量差别很大，但是对植株的生长发育都起着重要的作用，它们既不可缺少，也不能相互代替。

在梨树生长所需的营养元素中，一部分是细胞结构的组成成分；另一部分则以离子状态存在，其功能是对植物的生命活动起调节作用。有的元素兼有两种状态，例如镁元素，既是叶绿素的组成物质，又是酶的活化剂。这些营养元素的功能不是孤立的，彼此之间有着相互影响、相互制约的关系。说明每个元素的生理作用，不能脱离环境条件以及与其他营养元素间的相互作用；而某单一营养元素盈亏的评定，又常与树体中激素的水平、酶的活性相关联。因此，评价每种元素的作用时，应予以全面考虑。

土壤 pH 对土壤营养元素的有效性影响很大（图 11-1），温度、水分等土壤环境条件也影响梨树对营养元素的吸收。

元素间的相互作用是多方面的。例如，在植物体内锰和铁、钾和钙都有拮抗作用，施

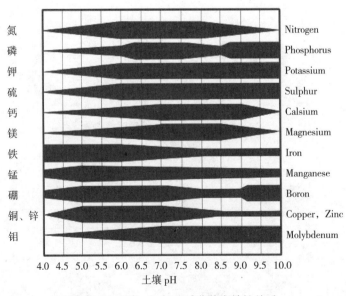

图 11-1　土壤 pH 与矿质营养有效性关系

用钾肥能减少钙的吸收；而施用磷肥又可增加铜的吸收，尿素与锌盐混合喷施增能加锌的吸收等。现将梨树主要营养元素的生理作用、营养特点、缺素或过量症状、失衡条件以及矫正方法分别概述如下。

# 一、氮

## （一）氮素的生理作用

氮是树体内蛋白质、核酸、叶绿素、酶和多种维生素的组成部分。氮能促进营养生长，提高光合性能，延迟树体衰老，提高果实产量。氮被根系吸收后立即与叶片运送下来的光合产物化合，形成天门冬酰胺，再进一步转化为天门冬氨酸、谷氨酸或精氨酸，然后以氨基酸的形式向叶片运输，到达叶片后再合成叶绿素、蛋白质和核酸等高分子化合物。氮素与光合产物起着相互促进的作用。

## （二）氮素营养特点

植物的根系直接从土壤中吸收的氮素以硝态氮和铵态氮为主。在根内，硝态氮通过硝酸还原酶的作用转化为亚硝态氮，以后，通过亚硝酸还原酶进一步转化为铵态氮。在正常情况下，铵态氮不能在根中累积，必须立即与从地上部输送至根的碳水化合物结合，形成氨基酸（如谷氨酸）。氮对梨树生长的作用，除取决于树体中氮素水平外，也受环境因子和树体内部因子所影响。

（1）氮素代谢与土壤水分的关系　当土壤水分供应较充足时，叶片气孔开张，能制造较多的光合产物，从而能合成较多的蛋白质，有利于生长。而在土壤水分供应减少时，水分的吸收减少，氮的吸收亦随之减少，在极端干旱的情况下，甚至不能吸收氮素。同时，梨树为了减少蒸腾作用，叶片气孔关闭，使得光合作用受阻，不能制造出足够的碳水化合物，与吸入根系中的铵态氮进行氨基酸的合成，使得铵态氮在树体内积累。

（2）氮素吸收与硝酸还原酶作用　铵态氮的积累，能够抑制硝酸还原酶的作用，树体中硝态氮到亚硝态氮的转化停止，此时，即使土壤中有较多的硝酸盐，树体也不能吸收利用；硝态氮的转化需要钼，当钼不足时，硝态氮在植物体内积累并表现缺氮症状。

（3）氮素与激素的关系　施用氮肥有利于梨树生长，可使树上长出较多的幼嫩枝叶，这些嫩枝叶能合成较多的赤霉素，赤霉素抑制树体内源乙烯的生成，因而起到抑制花芽形成的作用。同时，赤霉素可以抑制脱落酸的作用，使气孔不关闭。因此，适量氮肥可制造更多的光合产物，有利于根的生长以及更好地吸收土壤中的水分和养分。

## （三）缺素或过量的症状

一般氮素营养诊断，取当年生春梢成熟叶片进行分析。叶片含氮量低于1.8%为缺乏，含氮量2.3%～2.7%为适量，大于3.5%为过剩。

在大多数植物中，氮素不足表现特征为叶片均匀一致变黄。初期表现生长速率显著减退、新梢延长受阻，结果量减少；叶绿素合成降低、类胡萝卜素出现，叶片呈现不同程度的黄色。由于氮可从老叶转移到幼叶，缺氮症状首先表现在老叶上（图11-2）。

梨树缺氮，早期表现为下部老叶褪色，新叶变小，新梢长势弱。缺氮严重时，全树叶片不同程度均匀褪色，多数呈淡绿至黄色，老叶发红，提前落叶；枝条老化，花芽形成减少且不充实；果实变小，果肉中石细胞增多，产量低，成熟提早。落叶早，花芽、花及果均少，果亦小。但果实着色较好。

缺氮新叶变小　　　　　　　　　　　缺氮新梢长势弱

多数呈淡绿至黄色　　　　　　　　整株叶片不同程度均匀褪色

老叶呈灰绿或黄色　　　　　　　　后期变为橙、红或紫色

图 11-2　梨树氮素缺乏症

梨树氮素过剩，营养生长和生殖生长失调，树体营养生长旺盛，新梢狂长，叶呈暗绿色，幼树不易越冬，结果树落花落果严重，同时不利于花芽形成，结果少，果实品质降低。果实膨大及着色减缓，成熟推迟。树体内纤维素、木质素形成减少，细胞质丰富而壁薄，易发生轮纹病、黑斑病等病害。氮素过量可能导致铜与锌的缺乏。

### （四）营养失衡条件

高降水量条件下的沙质土，氮素容易渗漏流失；有机质含量少、熟化程度低、淋溶强烈的土壤，含氮量较低；土壤结构较差，多雨季节内部积水，根系吸收能力差等条件下，梨树植株均易出现缺氮现象。

梨树开花、抽梢、结果均需要大量氮素营养，上年贮藏营养不足，生长季节施肥数量少或不及时，容易在新梢、果实旺盛生长期缺氮。如果大量使用尚未腐熟的有机肥，常因微生物竞争氮元素而出现缺氮现象。

梨园偏施氮肥、一次性施氮肥过多、或氮肥使用时期过晚，均容易出现氮素过剩症状。

### （五）氮素失调的矫治

缺氮最易矫治，只要采取不同形式的氮肥施用则可见成效。施肥方法可采用土壤施肥或根外追肥，尿素作为氮素的补给源，普遍应用于叶面喷施，但应当注意选用缩二脲含量低的尿素，以免产生药害。具体方法：一是幼树按每株每年 $0.05 \sim 0.06kg$ 纯氮，或按每 $100kg$ 果 $0.7 \sim 1.0kg$ 纯氮的指标要求，于早春至花芽分化前，将尿素、碳铵等氮肥开沟施入地下 $30 \sim 60cm$ 处；二是在梨树生长季的 $5 \sim 10$ 月可用 $0.3\% \sim 0.5\%$ 的尿素溶液结合喷药进行根外追肥，一般 $3 \sim 5$ 次即可。

氮素是否过量一般较难准确判断。若出现氮素过量，通过减少或暂停施用氮肥的方法，可消除过量症状。

## 二、磷

### （一）磷素的生理作用

磷主要是以 $H_2PO_4^-$ 和 $HPO_4^{2-}$ 的形式被植物吸收。进入根系后，以高度氧化态和有机物络合，形成糖磷酸、核苷酸、核酸、磷酯和一些辅酶，主要存在于细胞原生质和细胞核中。

磷对碳水化合物的形成、运转、相互转化，以及对脂肪、蛋白质的形成都起着重要作用。磷酸直接参与呼吸作用的糖酵解过程。磷酸存在于糖异化过程中起能量传递作用的三磷酸腺苷（ATP）、二磷酸腺苷（ADP）及辅酶 A 等之中；也存在于呼吸作用中起着氢的传递作用的辅酶 I（NAD）和辅酶 II（NADP）之中。磷酸也直接参加光合作用的生化过程。如果没有磷，植物的全部代谢活动都不能正常地进行。

### （二）磷素营养特点

磷素被树体吸收后，主要分布在生命活动最旺盛的器官，多在新叶及新梢中，并迅速参与新陈代谢作用，转变为有机化合物；这种化合物在树体中可以上下、老幼叶之间相互流动。当土壤开始缺磷，叶片中磷含量下降至 $0.01\% \sim 0.03\%$ 时，根系和果实已开始受害，而树体由于有贮藏营养，地上部此时尚无明显症状，所以要引起足够的重视。磷在树体内容易移动，当缺磷时老组织内的磷向幼嫩组织转移，所以老叶先出现缺磷症。

与许多一年生作物相比，梨树更能容忍低磷状况。在不施磷肥的土壤上，当草莓、蔬菜均已表现缺磷症状时，梨树仍能正常生长和结果。梨树缺磷时，营养器官中糖分积累，有利于花青素的形成；同时，硝态氮积累和蛋白质合成受阻。适量施用磷肥，可以使梨树迅速地通过营养生长阶段，提早开花结果与成熟，提高果实品质，改善树体营养和增强梨树抗性。

## （三）缺素或过量的症状

叶分析结果以有效磷含量0.05％～0.55％为适宜范围，含量0.14％为最佳值。

梨树早期缺磷无明显症状表现。中、后期缺磷，植株生长发育受阻、生长缓慢，抗性减弱，叶片变小、叶片稀疏、叶色呈暗黄褐至紫色、无光泽、早期落叶，新梢短。严重缺磷时，叶片边缘和叶尖焦枯，花、果和种子减少，开花期和成熟期延迟，果实产量低（图11-3）。

叶小厚、呈暗黄褐至紫色

叶缘和叶尖焦枯

缺磷叶片生长季节呈紫红色

整株叶片表现缺磷

图 11-3 梨树缺磷症状

磷在树体内的分布是不均匀的，根、茎的生长点中较多，幼叶比老叶多，果实和种子中含磷最多。当磷缺乏时，老叶中的磷可迅速转移到幼嫩的组织中，甚至嫩叶中的磷也可输送到果实中。

过量施用磷肥，会引起树体缺铁和缺锌。这是由于磷肥施用量增加，提高了树体对锌的需要量。喷施锌肥，也有利于树体对磷的吸收。磷素过量，会降低梨树对铜的吸收。

## （四）营养失衡条件

常见缺磷的土壤有：高度风化、有机质缺乏的土壤；碱性土或钙质土、磷与钙结合，磷有效性降低；酸性过强、磷与铁和铝生成难溶性化合物等。

土壤干旱缺水、长期低温，影响磷的扩散与吸收；氮肥使用过多、而施磷不足，营养元素不平衡，容易出现缺磷症状。

梨树磷元素过剩一般很少见，主要是盲目增施磷肥或一次性施磷过多造成。

### （五）磷素失调的矫治

磷素缺乏矫治的方法有地面撒施与叶面喷施磷肥。磷肥类型的选择，取决于若干因子：对中性土、碱性土，常采用水溶性成分高的磷肥；酸性土壤适用的磷肥类型较广泛；厩肥中含有持久性较长的有效磷，可在各种季节施用。叶面喷施常用的磷肥类型有 $0.1\%\sim0.3\%$ 的磷酸二氢钾、磷酸一铵或过磷酸钙浸出液。

磷素过量时，造成锌的缺乏和影响氮、钾的吸收，使叶片黄化，产量降低，出现缺铁症状。一般情况下，梨树不必增施磷肥，如果增施磷肥，则需要进行土壤分析与叶分析，以了解土壤具体营养状况。

# 三、钾

### （一）钾素的生理作用

钾在树体内不形成有机化合物，主要是以无机盐的形式存在。钾在光合作用中占重要地位，对碳水化合物的运转、储存，特别对淀粉的形成是必要条件，对蛋白质的合成，也有一定促进作用。钾还可作为硝酸还原酶的诱导，并可作为某些酶或辅酶的活化剂。它能保持原生质胶体的物理化学性质。保持胶体一定的分散度与水化度、黏滞性与弹性，使细胞胶体保持一定程度的膨压。因此，梨树生长或形成新器官时，都需要钾的存在。

钾离子可以保持叶片气孔的开张，这是由于钾可在保卫细胞中积累，使渗透压降低，迫使气孔开张。

树体中有充足的钾，可加强蛋白质与碳水化合物的合成与运输过程，并能提高梨树抗寒与抗病力。钾在梨树年周期中，不断从老叶向生长活跃的部位运转。生长活跃的组织积累钾的能力也最强。缺钾时，钾的代谢作用紊乱；树体内蛋白质解体，氨基酸含量增加；碳水化合物代谢也受到干扰，光合作用受抑制，叶绿素被破坏。

### （二）钾素营养特点

钾在植物体内移动容易，主要集中在生长活动旺盛的部分，所以缺钾也在衰老部位先出现。梨树缺钾会妨碍硝酸盐的利用，使新陈代谢水平降低，叶片中糖类不能顺利外运而限制光合作用继续进行，梨树产量、品质、抗逆性均降低。

根据何忠俊等连续 4 年钾肥试验表明，黄土区砀山酥梨施钾平均增产 $19.7\%$。产投比在 3.0 以上。钾对砀山酥梨内质及外观有明显的改善。施钾能增加砀山酥梨一级果率，提高可溶性固形物、可溶性糖、维生素 C 含量，及糖酸比及果实硬度。钾能降低新梢生长量，增加百叶重及叶绿素含量，增大果实，协调果树营养生长和生殖生长的关系。此外，氯化钾有显著降低病虫果率的作用。从产量、品质、梨树生长状况及经济效益综合考虑，氯化钾＋硫酸钙处理最佳。

### （三）缺素或过量的症状

梨树植株当年春梢营养枝成熟叶，全钾含量低于 $0.7\%$ 为缺乏，$1.2\%\sim2.0\%$ 为适量。梨树缺钾初期，老叶叶尖、边缘褪绿，形成层活动受阻，新梢纤细，枝条生长很差，抗性减弱。缺钾中期，下部成熟叶片由叶尖、叶缘逐渐向内焦枯、呈深棕色或黑色灼伤状，整片叶子形成杯状卷曲或皱缩，果实常不能正常成熟。缺钾严重时，所有成熟叶片叶缘焦枯，整个叶片干枯后不脱落、残留在枝条上；此时，枝条顶端仍能生长出部分新叶，发出的新叶边缘继续枯焦，直至整个植株死亡。

缺钾症状最先在成熟叶片上表现，幼龄叶片不表现症状。随着植株的生长，症状扩展到更多的成熟叶片。幼龄叶片发育成熟，也依次表现出缺钾症状。完全衰退的老叶，则表现出最明显的缺钾症状（图 11-4）。

缺钾首先老叶叶缘表现褪色变黄

基部部分老叶叶缘开始枯焦

缺钾中期叶尖边缘逐渐枯死

老叶枯焦后仍能发出新叶

发出的新叶边缘继续枯焦

严重缺钾整株死亡

图 11-4 梨树缺钾症状

钾肥过多时，呼吸作用加强，可使果实增大而组织松绵，早熟而贮性下降，果皮粗糙而厚，石细胞多，着色迟，糖度低，品质差，并可造成生理落果、落叶；同时钾素过剩可以影响钙离子的吸收，引起缺钙，果实耐贮性降低，枝条含水量高，不充实，耐寒性降低，还可以抑制氮和镁的吸收。土壤中钾素过量，可能阻碍植株对镁、锌、铁的吸收。

#### （四）营养失衡条件

通常发生缺钾的土壤种类有：江河冲积物、浅海沉积物发育的轻沙土、丘陵山地新垦的红黄壤、酸性石砾土、泥炭土、腐殖质土等。

土壤干旱，钾的移动性差；土壤渍水，根系活力低，钾吸收受阻；树体连续负载过大，土壤钾素营养亏缺；土壤施入钙、镁元素过多，造成与钾拮抗等，均容易发生植株缺钾现象。

钾素过剩很少见，一般为施钾过量所致。

#### （五）钾素缺乏的矫治

矫治土壤缺钾，通常可采用土壤施用钾肥的方法，氯化钾、硫酸钾是最为普遍应用的钾肥，有机厩肥也是钾素很好的来源。根外喷布充足的含钾的盐溶液，也可达到较好的矫治效果。土壤施用钾肥，主要是在植株根系范围内提供足够钾素，使之对植株直接有效。注意防止钾在黏重的土壤中被固定，或砂质土壤中淋失所遭受的无谓损失。

缺钾具体补救措施：在果实膨大及花芽分化期，沟施硫酸钾、氯化钾、草木灰等钾肥；生长季的5～9月，用0.2%～0.3%的磷酸二氢钾或0.3%～0.5%的硫酸钾溶液结合喷药作根外追肥，一般3～5次即可。

梨园行间覆盖作物秸秆、枝条粉碎还田，可有效促进钾素循环利用，缓解钾素的供需矛盾。控制氮肥的过量施用，保持养分平衡；完善梨园排灌设施，南方多雨季节注意排涝、干旱地区及时灌水等；对防止梨园缺钾症状出现具有重要意义。

## 四、硫

#### （一）硫素的生理作用

硫是蛋白质的重要组成元素之一，也是许多辅酶的辅基的结构成分。在作物体内含硫的有机化合物还参与氧化还原过程，对作物的呼吸作用，硫有特殊的功能。硫是构成蛋白质和酶不可缺少的成分，在植物体内许多蛋白质都含有硫。在蛋白质合成中，硫和氮有密切关系。缺硫时，蛋白质形成受阻，而非蛋白态氮会累积，从而影响作物的产量和产品中蛋白质含量。硫有助于酶和维生素的形成。硫能促进豆科植物根瘤的形成，并有助于籽粒生产。缺少硫也会使叶绿素含量降低，叶色变浅为淡绿色，并缩短叶片寿命，降低光合作用。

#### （二）硫素的营养特点

硫（S）是植物生长和完成生理功能的必须营养元素，也是农业生产中继N、P、K之后的第四个重要营养元素。S在改善植物对主要营养元素的吸收方面也发挥着重要的作用。S在营养作用方面的限制作用不如N和P，但它与其他元素的许多反应远超过它的营养作用。

硫元素对豆科作物的根瘤形成有促进作用。硫元素也是洋葱、大蒜及十字花科芥子油等具有挥发性、特殊气味的含硫化合物的重要成分之一。

S 与 N 或 Ca、K、Zn 之间交互作用对养分吸收和利用是协同的，而 S 与 Mg、Mo、Cu、Se、Fe、Sb、Cd、B、Br 之间交互作用对养分吸收和利用是拮抗的。然而，S 与 P 或 Se 之间的交互作用对养分吸收和利用是协同还是拮抗取决于作物种类、生长阶段和养分的浓度。N、S 配施可以促进蛋白质的合成，提高作物产量和品质。

由于硫在植物体内的移动性不大，很少从衰老组织向幼嫩器官运转，所以植物缺硫症状多从上位叶开始，首先表现在幼嫩叶片和生长点上，并逐步向老叶扩展，最后延及全株。

### （三）缺素或过量的症状

梨树植株成熟叶片全硫（S）含量低于 0.1％ 为缺乏，0.17％～0.26％ 为适量范围。

梨树缺硫时，幼嫩叶片首先褪绿和变黄，失绿黄化色泽均匀、不易枯干，成熟叶片叶脉发黄，有时叶片呈淡紫红色；茎秆细弱、僵直；根细长而不分枝；开花结果时间延长，果实减少。缺硫严重时，叶细小，叶片向上卷曲、变硬、易碎、提早脱落（图 11-5）。

幼叶褪绿黄化、不易枯干

成熟叶片黄化均匀、新梢细弱

成熟叶片叶脉发黄

有时成熟叶片呈淡紫红色

图 11-5　梨树缺硫症状

缺硫症状极易与缺氮症状混淆，二者开始失绿部位表现不同。缺氮首先表现在老叶，则老叶症状比新叶重，叶片容易干枯。而硫在植株中较难移动，因此缺硫在幼嫩部位先出现症状。

土壤硫素过量极其少见。石油和煤炭的燃烧、含硫金属矿石的焙烧、硫酸及其制品的生产，会释放大量的二氧化硫，是引起植物二氧化硫中毒的主要原因。具体症状表现为先是叶尖、叶缘或叶脉间褪绿，逐渐变成褐色，两三天后出现黑褐色斑点。

### （四）营养失衡条件

缺硫常见于质地粗糙的沙质土壤和有机质含量低的酸性土壤。降水量大、淋溶强烈的梨园，有效硫含量低，容易表现硫素缺乏。

此外，远离城市、工矿区的边远地区，雨水中含硫量少；天气寒冷、潮湿，土壤中硫的有效性会降低；长期不用或少用有机肥、含硫肥料和农药，均可能出现缺硫症状。

### （五）硫素失调的矫治

缺少硫则蛋白质形成受阻，而非蛋白质态氮却有所积累，因而影响到体内蛋白质的含量，最终影响作物的产量。当作物缺S时，即使其他养分都供给充足，增产的潜能也不能充分发挥。

当梨树发生缺硫时，每公顷可使用 $30\sim60kg$ 硫酸铵、硫酸钾或硫黄粉进行矫治。叶面喷肥可用 $0.3\%$ 的硫酸锌、硫酸锰或硫酸铜进行喷施，$5\sim7d$ 喷一次、连续喷 $2\sim3$ 次即可。

当空气中二氧化硫浓度达到 $0.5\mu l/L$ 以上时，大多数梨树就会受到毒害。对受到二氧化硫毒害的梨树，喷施 $3\%$ 的石灰水可以缓解其危害程度。

## 五、钙

### （一）钙素的生理作用

钙离子由根系进入体内，一部分呈离子状态存在，另一部分以难溶的钙盐（如草酸钙、柠檬酸钙等）形态存在，这部分钙的生理作用是调节树体的酸度，以防止过酸的毒害作用。果胶钙中的钙是细胞壁和细胞间层的组成成分。它能使原生质水化性降低，和钾、镁配合，能保持原生质的正常状态，并调节原生质的活力。因为细胞膜和液胞膜均由脂肪和蛋白质构成，钙在脂肪和蛋白质间起到把这两部分结合起来的作用，以防止细胞或液泡中物质外渗。若果实中有充足的钙，可保持膜不分解，延缓衰老过程，保持果实优良品质；当果实中钙的含量低，则在成熟后，膜迅速分解（氧化）失去作用，此时，细胞中所有的活动，如呼吸作用和某些酶的活性均加强，导致果实衰老，发生缺钙病害。

在果实采收后，用钙盐溶液浸果，亦可恢复膜的正常功能，防止许多贮藏病害的发生。钙是一些酶和辅酶的活化剂，如三磷酸腺苷的水解酶、淀粉酶都需要钙离子。

### （二）钙素营养特点

钙在树体中是一个不易流动的元素，因此，老叶中的钙比幼叶多，而且，叶片不缺钙时，果实仍可能表现缺钙。

有些营养元素会影响钙的营养水平。例如，铵盐能减少钙的吸收；高氮和高钾要求更多的钙；镁可影响钙的运输等。

缺钙会削弱氮素的代谢和营养物质的运输，不利于对氨态氮的吸收，细胞分裂受阻，由于钙只能在开花和花后 $4\sim5$ 周内运往果实，因此梨树果实缺钙症状比较多见。

试验结果表明，施用钙肥可提高砀山酥梨叶片和果实抗黑星病的能力，以美林钙效果最好，病叶率比对照下降了 $37\%$，病果率下降了 $17\%$，其次是 CA2000 钙宝和 $CaCl_2$。不

同钙肥喷后，病果率分别比对照下降 8%～17%，以美林钙效果最佳。喷用钙肥可提高优
果率，其中美林钙比对照提高 49%，CA2000 钙宝提高 45%，$CaCl_2$ 提高 28%。

此外，砀山酥梨树喷钙后的果实去皮硬度和带皮硬度都有不同程度的增加，以美林钙
效果最好；可溶性固形物含量喷 CA2000 钙宝的比对照提高 1.19%，喷 $CaCl_2$ 的比对照提
高 1.37%。但喷美林钙后果实可溶性固形物含量略有降低。

### （三）缺素或过量的症状

梨树当年生枝条中部完整叶片的全钙含量低于 0.8% 为缺乏，全钙含量 1.5%～2.2%
为适宜范围。

梨树缺钙早期，叶片或其他器官不表现外部症状，根系生长差，随后常出现根腐，根
系受害表现在地上部之前。缺钙初期症状，幼嫩部位先表现生长停滞、新叶难抽出，嫩叶
叶尖、叶缘粘连扭曲、产生畸形。严重缺钙时，顶芽枯萎、叶片出现斑点或坏死斑块，枝
条生长受阻，幼果表皮木栓化，成熟果实表面出现枯斑（图 11-6）。

多数情况下，叶片并不显示出缺钙症状，而果实则表现缺钙，出现多种生理失调症。例
如苦痘病、裂果、软木栓病、痘斑病、果肉坏死、心腐病、水心病等，特别是在高氮低钙的条件
下发病情况更多。缺钙会降低果实贮藏性能，如梨果贮藏期的虎皮病、鸡爪病(图 11-6)。

钙素过量的症状报道极少。通常钙素过量是与钙元素相联系的阴离子伴随产生的，如
施用氯化钙、硫酸钙，其中的阴离子被植株过量吸收会产生有害影响，而不是钙离子本
身；在有碳酸钙的情况下，由于其碱性及其缓冲效应，降低了磷、硼、锌、铁、锰、铜等
元素的有效性，可能会导致上述元素的缺素症状，并不是钙离子过剩本身的影响。

幼叶扭曲变形叶缘出现坏死斑块

新梢顶芽枯死

幼果果皮木栓化

砀山酥梨缺钙果实开裂

美人酥缺钙果实表面出现痘斑病

早酥缺钙呈果肉坏死

黄冠缺钙采前鸡爪病

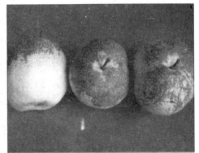

砀山酥梨缺钙贮藏期虎皮病

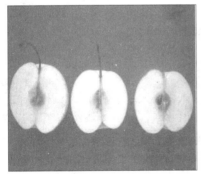

黄冠缺钙贮藏期水心病

黄冠缺钙贮藏期虎皮病

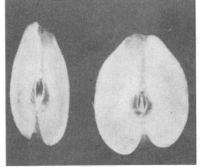

苍溪雪梨缺钙贮藏后果肉褐化坏死

库尔勒香梨贮藏期萼端褐变

红茄梨缺钙贮藏期顶腐病（王文辉 提供）　阿巴特缺钙采前顶腐病（王文辉 提供）

图 11-6　梨树缺钙症状

### （四）营养失衡条件

容易出现缺钙现象的土壤是：酸性火成岩、硅质砂岩发育的土壤；高雨量区的沙质土，强酸性泥炭土；由蒙脱石风化的黏土；交换性钠、pH 高的盐碱土等。

过多使用生理酸性肥料，如氯化铵、氯化钾、硫酸铵、硫酸钾等，或在病虫防治中，经常使用硫黄粉，均会造成土壤酸化，促使土壤中可溶性钙流失；有机肥施用量少，或沙质土壤有机质缺乏，土壤吸附保存钙素能力弱；上述情况下，梨树很容易发生缺钙现象。

另外，干旱年份土壤水分不足，土壤盐分浓度大，根系对钙的吸收困难，也容易出现缺钙症状。

土壤钙素过量主要有两种可能：一是出现碳酸盐过量，二是出现可溶性钙盐过量。

### （五）钙素失调的矫治

矫治酸性土壤缺钙，通常可施用石灰（氢氧化钙）。施用石灰不仅能矫正酸性土壤缺钙，而且可增加磷、钼的有效性，增进硝化作用效率，改良土壤结构。倘若主要问题仅是缺钙，则施用石膏、硝酸钙、氯化钙均可获得成功的效果。

梨树缺钙具体矫治方法，可在落花后 4～6 周至采果前 3 周，于树冠喷布 0.3%～0.5% 的硝酸钙液，15d 喷 1 次，连喷 3～4 次；果实采收后用 2%～4% 的硝酸钙浸果，可预防贮藏期果肉变褐等生理性病害，增强耐贮性。

在碳酸盐过量的情况下，可连续施用硫酸铵等酸性肥料，会在一定的时间内将多余的碳酸钙溶解掉。当可溶性钙盐（氯化钙、硫酸钙）过量时，可采用根际土层淋洗的方法把过量的钙洗掉。

## 六、镁

### （一）镁素的生理作用

镁是叶绿素的组成成分，主要分布在含叶绿素的器官内，镁也是细胞壁中胶层的组成成分。镁能促进磷酸酶和葡萄糖转化酶的活化，在碳水化合物代谢过程上起着重要作用，可以影响光合作用、呼吸作用和氮的代谢。

镁在维持核糖、核蛋白的结构和决定原生质的物理化学性状方面，都是不可缺少的。

## （二）镁素营养特点

镁在树体内可以迅速流入新生器官，幼叶中镁含量比老叶含量高，缺镁症状首先表现在老叶。在果实成熟时，果肉中镁又流入种子中。严重缺镁时，幼叶也表现出症状，果实不能正常成熟或早期脱落。

镁和钙都是二价阳离子，镁的离子半径较小（0.065nm），但其水化离子半径大；钙的离子半径较大（0.099nm），而其水化离子半径小。镁和钙的化学性质相似，但在生理上不同。镁在液泡膜上可以代替钙，但其活性不同，钙却不能代替镁。镁的移动性强，在树体内可迅速流入新生器官，主要分布在梨树的幼嫩部分，幼叶比老叶镁含量高。适量镁素，可促进果实增大，增进品质。

## （三）缺素或过量的症状

枝条中部叶片全镁含量低于0.20%为缺乏，0.30%～0.80%适宜，高于1.10%为过量。

梨树缺镁初期，成熟叶片中脉两侧脉间失绿，且界限明显，失绿部分会由淡绿变为黄绿直至紫红色斑块，但叶脉、叶缘仍保持绿色。缺镁中、后期，失绿部分会出现不连续的串珠状，顶端新梢的叶片上也出现失绿斑点。严重缺镁时，叶片中部脉间发生区域坏死，坏死区域比在苹果叶上的表现稍窄，但界限清楚。新梢基部叶片枯萎、脱落后，再向上部叶片扩展，最后只剩下顶端少量薄而淡绿的叶片。由于镁在树体内能够循环再利用，缺镁严重而落叶的植株，仍能继续生长（图11-7）。

初期叶片脉间失绿

叶片出现串珠状坏死斑点

中脉两边有暗紫色斑块

基部叶片枯死、先端叶片继续生长

图11-7　梨树缺镁症状

有关镁元素过量症状报道很少。植株体内镁元素过量，会导致营养元素间的不平衡，镁元素过剩常引起钙与钾的缺乏。

### （四）营养失衡条件

镁元素缺乏，常常发生在温暖湿润、高淋溶的沙质酸性土壤，质地粗的河流冲积土、花岗岩、片麻岩、红色黏土发育的红黄壤，含钠量高的盐碱土及草甸碱土。

偏施铵态氮肥、过量施用钾肥、大量使用石灰等，均容易出现缺镁现象。

### （五）镁素失调的矫治

缺镁的矫治，通常采用土壤施用或叶面喷施氯化镁、硫酸镁、硝酸镁的方法。土施每株 $0.5 \sim 1.0 kg$；叶面喷布 $0.3\%$ 的氯化镁、硫酸镁或硝酸镁，每年 $3 \sim 5$ 次。

可以通过增加植株体内一个或多个其他元素的水平，或对镁素供应作必要调整，来解决镁素过量问题。

# 七、铁

### （一）铁素的生理作用

铁虽不是叶绿素的组成成分，但对维持叶绿体的功能是必须的。铁是许多重要的酶辅基的成分，在这些酶分子中，铁可以发生三价铁离子和二价铁离子两种状态的可逆转变，如细胞色素氧化酶、铁氧还蛋白、细胞色素等。铁在呼吸作用中起到电子传递的作用。

### （二）铁素营养特点

铁在植物体内不易转移，所以缺铁早期，幼叶表现症状更为明显，而此时老叶还可保持绿色。土壤含有较多金属离子（锰、铜、锌、钾、钙、镁）、pH高、高重碳酸盐和高磷含量等都可以影响铁的吸收，从而引起缺铁。铁是合成叶绿素时某些酶或某些酶的辅基的活化剂，缺铁叶绿素即不能合成，叶片表现黄化。

张朝红等对渭北地区砀山酥梨缺铁黄化症年周期发生规律和自流式树干注射防治缺铁黄化症技术进行了研究。结果表明，新梢速生期为黄化症迅速发生期，新梢完全停长期为缺铁黄化症的发病高峰期；在年周期内，防治时间越早，防治效果越好；在试验注射量下，$FeSO_4$ 以 $5g/L$ 的浓度为好，既能复绿又可避免药害；在不同含铁化合物中，有机螯合铁、$Fe^{2+}$ 和 $Fe^{3+}$ 都有一定的防治效果，以 $Fe^{2+}$ 最为理想；不同 pH 的注射液，其防治效果差异不明显。另外，还对不同缺铁黄化程度酥梨叶片的矿质营养元素含量、光合色素和光合特性进行了研究，结果表明，随着缺铁黄化程度的加大，叶片的 P、K、Cu、Zn、B 含量显著增加，N、Mg、Fe 变化不明显，Ca、Mn、活性 Fe 明显减少，全 Fe 含量与缺铁黄化程度关系不明显，活性 Fe 是叶内铁营养水平的指标。叶绿体各色素含量随黄化明显下降，叶绿素 a/b 增大，叶绿素/类胡萝卜素减小，其比值可作为缺铁的诊断指标。缺铁黄化还使 Pn（叶片净光合速率）下降，Ci（叶片胞间 $CO_2$ 浓度）增大，E（叶片的蒸腾速率）、GS（叶片气孔导度）变化不明显。

## （三）缺素的症状

在梨树植株成熟叶片中，铁含量低于20mg/kg为缺乏，含量60～200mg/kg为适宜范围。

梨的缺铁症状和苹果相似，最先是嫩叶的整个叶脉间开始失绿，而主脉和侧脉仍保持绿色。缺铁严重时，叶片变成柠檬黄色，再逐渐变白，而且有褐色不规则的坏死斑点，最后叶片从边缘开始枯死。在树上普遍表现缺铁症状时，枝条细，发育不良，并可能出现梢枯。梨比苹果更易因石灰过多而导致缺铁失绿。

植株缺铁初期，叶片轻度褪绿，此时很难与其他缺素褪绿区分开来；中期表现为叶脉间褪绿、叶脉仍为绿色，两者之间界限分明，这是诊断植株缺铁的典型症状；褪绿发展严重时，叶肉组织常因失去叶绿素而坏死，坏死范围大的叶片会脱落，有时会出现较多枝条全部落叶的情况。落叶后裸露的枝条可保持绿色达几周时间，如铁素供应增加，还会发出新叶，否则枝条就会枯死。枝条枯死一直可发展到一个主枝甚至整个植株（图11-8）。

砀山酥梨正常叶片

缺铁初期嫩叶轻度失绿，叶脉网状

中期表现为叶脉间褪绿

叶脉保持绿色叶肉黄化间界限分明

缺铁严重叶片白花并出现褐色坏死斑

后期叶片从边缘开始枯死

图11-8 梨树缺铁症状

### (四) 营养失衡条件

经常发生缺铁的土壤类型是碱性土壤，尤其是石灰质土壤和滨海盐土；土壤有效锰、锌、铜含量过高，对铁的吸收有拮抗作用。重金属含量高的酸性土壤。

土壤排水不良、湿度过大、温度过高或过低、存在真菌或线虫为害等，使石灰性土壤中游离碳酸钙溶解产生大量 $HCO_3^-$，或根系与微生物呼吸作用加强产生过多 $CO_2$ 引起 $HCO_3^-$ 积累，均可造成或加重梨树表现缺铁现象。

磷肥使用过量会诱发缺铁症状。主要有两方面原因：首先，土壤中存在大量的磷酸根离子可与铁结合形成难溶性磷酸铁盐，不利植株根系吸收；再者，梨树吸收了过量的磷酸根离子后，与树体内的铁结合形成难溶性化合物，既阻碍了铁在体内的运输，又影响铁参与正常的生理代谢。

### (五) 铁素缺乏的矫治

在梨树生产中，通常采用改良土壤、挖根埋瓶、土施硫酸亚铁或叶面喷施螯合铁等方法防治缺铁黄化症，但多因效果不明显或成本过高，未能大面积推广。一些自流输液装置，常因输入速度较慢、二价铁易被氧化，矫治效果不明显，且操作不太方便，应用尚未普及。

在石灰质土壤中施用酸性肥料来矫治缺铁，肥料需要量太多、开支很大，不易推广。

叶面喷施铁素进入叶片后被固定

置入胶囊（左、右）及对照（中）植株
（王东升提供）

强力注射酸化硫酸亚铁溶液（王东升提供）

强力注射（右）及对照（左）植株
（王东升提供）

图 11-9　梨树缺铁的矫治

土壤施用无机铁盐虽有一定的作用，但在碱性土壤施入单一的铁盐，绝大多数很快会变成非常难溶性的，不能被植株吸收。土施螯合铁的成本很高，不同铁的螯合物在高 pH 的土壤中稳定性不同，Fe-EDTA（乙二胺四乙酸铁）适合在微酸性土壤上施用，石灰质土壤应当施用 Fe-EDDHA（羟基苯乙酸铁）。挖根入埋装有铁元素的营养液瓶，不仅费工，而且作用效果缓慢。叶面喷施铁素，铁进入叶片后只留在喷到溶液的点上，并很快被固定而不能移动，对喷布后生长的叶片无作用效果（图 11-9）。

对砀山酥梨的试验表明，休眠期树干注射是防治缺铁黄化症的有效方法。先用电钻在梨树主干上钻 1～3 个小孔，用强力树干注射器按缺铁程度注入 0.05%～0.1% 的酸化硫酸亚铁溶液（pH5.0～6.0）。注射完后把树干表面的残液擦拭干净，再用塑料条包裹住钻孔。一般 6～7 年生树每株注入浓度为 0.1% 硫酸亚铁 15kg，树龄 30 年以上的大树注入 50kg。注射之前应先作剂量试验，以防发生药害。

20 世纪 90 年代，安徽砀山酥梨树缺铁失绿是生产上一个老大难问题，每年都有梨树因此病死。经引进利用强力树干注射铁肥矫治梨树黄化病技术后，防治有效率达 100%，效果显著，达到了一年复绿，二年恢复产量的效果。该防治技术先进，与传统防治方法相比，不仅省工、省时、见效快，而且实用性强，在果农中反应极好。

# 八、锰

## （一）锰素的生理作用

锰在植物的光合作用中起着重要作用，直接参与光系统 II 的电子传递反应。锰又是叶绿体的组成成分，它在叶绿素合成中起催化作用。缺锰后，叶绿体中锰的含量显著下降，其结构也发生变化，使叶片呈花叶状失绿。

锰是许多酶的活化剂。例如，它是脱氧核糖核酸（DNA）和核糖核酸（RNA）合成中所涉及的酶的活化剂；锰也是吲哚乙酸氧化酶的辅基的成分，因此锰可以影响激素的水平。大部分与酶结合的锰和镁有同样作用，所以，有些镁的作用可以由锰代替。

## （二）锰素营养特点

锰与梨树光合、呼吸及硝酸还原作用都有密切关系，还参与叶绿素的合成。适量锰可提高维生素 C 的含量，使梨树各生理过程正常进行。

锰元素过多能抑制三价铁的还原，常会引起缺铁，出现缺铁症状。在树体中，锰多则铁少，铁多则又会导致缺锰。然而，在较高 pH 的土壤条件下，缺锰与缺铁最有可能同时出现。因此，在新叶出现失绿症状初期，喷布 0.2%～0.3% 硫酸锰溶液 3～7d 后，叶片出现复绿，可以确诊为缺锰症。

## （三）缺素或过量的症状

梨树植株叶片锰含量低于 20mg/kg 为缺锰，60～120mg/kg 为适量，含量大于 220mg/kg 为过剩。

梨树缺锰初期，新叶首先表现失绿，叶缘、脉间出现界限不明显的黄色斑点，但叶脉仍为绿色，且多为暗绿，失绿往往由叶缘开始发生。缺锰后期，树冠叶片症状表现普遍，新梢生长量减小，影响植株生长和结果。严重缺锰时，根尖坏死，叶片失绿部位常出现杂色斑点、变为灰色，甚至苍白色，叶片变薄脱落，枝梢光秃、枯死，甚至整株死亡（图11-10）。

由叶缘、脉间开始发生失绿　　　　　　叶片褪色斑的界限不明显

新叶失绿老叶仍为绿色　　　　　　叶片变薄且出现杂色斑点

叶片变薄脱落、枝梢光秃　　　　　　整株树冠叶片表现症状

图11-10　梨树缺锰症状

锰元素过剩时，叶尖会出现褐色或紫色小斑点，通常易发生于老叶；有的研究者认为，锰过剩能导致梨树异常落叶。

### （四）营养失衡条件

耕作层浅、质地较粗的山地石砾土，淋溶强烈，有效锰供应不足，容易发生缺锰；石灰性土壤，由于pH高，降低了锰元素的有效性，常出现缺锰症。

大量使用铵态氮肥、酸性或生理酸性肥料，引起土壤酸化，使土壤水溶性锰含量剧烈增加，发生锰过剩症；一般锰元素过剩发生在土壤pH在5.0～5.5。如果土壤渍水，还原性锰增加，也容易促发锰过剩症。

### （五）锰素失调的矫治

梨树出现缺锰症状时，可在树冠喷布 0.2%～0.3% 硫酸锰液，15d 喷一次，共喷 3 次左右。进行土壤施锰，应在土壤内含锰量极少的情况下才施用，可将硫酸锰混合在有机肥中撒施。

土壤施石灰或施氨态氮，都会减少锰的吸收量，可以以此来矫正锰元素过剩症状。

## 九、硼

### （一）硼素的生理作用

硼不构成植物体内的结构成分，在植物体内没有含硼的化合物。硼在土壤和树体中都呈硼酸盐的形态（$BO_3^{3-}$）。硼与生殖生长有关，硼能促进花粉发芽和花粉管伸长，从而提高坐果率。硼影响碳水化合物的运输，有利于糖和维生素的合成，能提高蛋白质胶体的黏滞性，增强抗逆性，如抗寒、抗旱能力；还能改善根的吸收能力，促进根系发育；硼能影响分生组织的细胞分化过程，树体内适量的硼，可以提高坐果率，增强树体适应能力。缺硼会使根、茎生长受到伤害。

还有人认为硼可促进激素的运转。

### （二）硼素营养特点

梨树缺硼时，树体内碳水化合物发生紊乱，糖的运转受到抑制，由于碳水化合物不能运到根中，根尖细胞木质化（表现在咖啡酸、绿原酸积累），导致钙的吸收受到抑制。

硼参与分生组织的细胞分化过程，植株缺硼，最先受害的是生长点，由于缺硼而产生的酸类物质，能使枝条或根的顶端分生组织细胞严重受害甚至死亡。

缺硼也常形成不正常的生殖器官，并使花器官萎缩，这是因为在花粉管生长活动中，硼对细胞壁果胶物质的合成有影响。因此，在人工授粉时，常常加入含硼和糖的混合溶液以提高坐果率。

### （三）缺素或过量的症状

梨树植株成熟叶片硼含量 <10mg/kg 为缺乏，20～40mg/kg 为适量，>40mg/kg 为过剩。

梨树缺硼时，首先表现在幼嫩组织上，叶变厚而脆、叶脉变红、叶缘微上卷，出现簇叶现象。严重缺硼时，叶尖出现干枯皱缩，春天萌芽不正常，发出纤细枝后就随即干枯，顶芽附近呈簇叶多枝状；根尖坏死，根系伸展受阻；花粉发育不良，坐果率降低，幼果果皮木栓化，出现坏死斑并造成裂果；秋季新梢叶片未经霜冻，即呈现紫红色。

缺硼植株果实出现软心或干斑，形成缩果病，有时果实有疙瘩并表现裂果，果肉干而硬、失水严重，石细胞增加，风味差，品质下降。经常在萼洼端石细胞增多，有时果面出现绿色凹陷，凹陷的皮下果肉有木栓化组织。果实经常是未成熟即变黄，转色程度参差不齐。缺硼植株严重时出现树皮溃烂现象（图 11-11）。

叶变厚而脆叶脉变红叶缘微上卷

叶片丛生出现簇叶现象

春季萌芽不正常

顶芽附近呈簇叶多枝状

花器发育不良

秋季叶片未经霜冻呈紫红

幼果表面凹凸不平

西洋梨果肉维管组织木栓化

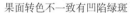

果面转色不一致有凹陷绿斑　　　　　　凹陷斑皮下果肉及果心木栓化

图 11-11　梨树缺硼症状

硼素过量早期症状通常表现为叶尖变黄，随后叶尖与叶缘出现烧伤状，严重时引起落叶，整个叶片出现烧伤状。

### （四）营养失衡条件

石灰质碱性土，强淋溶的沙质土，耕作层浅、质地粗的酸性土，是最常发生缺硼的土壤种类。

天气干旱时，土壤水分亏缺，硼的移动性差、吸收受到限制，容易出现缺硼症状；氮肥过量施用，引起氮素和硼素比例失调，梨树缺硼加重。

一般硼过剩症状多出现于硼砂、硼酸生产厂附近。干旱与半干旱地区，土壤和灌溉水中硼素含量比较高，如果灌溉水中硼含量达到 1mg/L 时，即可发生硼过剩现象。

### （五）硼素失调的矫治

矫治土壤缺硼常用土施硼砂、硼酸的方法，因硼砂在冷水中溶解速度很慢，不宜供喷布使用。梨树缺硼，可用 0.1%～0.5% 的硼酸溶液喷布，通常能获得较满意的效果。

矫正硼素过量的方法，取决于硼素过量的原因和程度。若为灌溉水含硼量高，则另找灌溉水源；如果土壤硼过量并引起中度毒害，应用足量水淋洗根系分布区域；适量施用硝酸钙、石灰等，有助于矫正土壤硼素过量。

# 十、锌

### （一）锌素的生理作用

锌影响植物氮素代谢，缺锌的梨树色氨酸减少，酰胺化合物增加，因而氨基酸总含量增加。色氨酸是梨树合成吲哚乙酸（IAA）的原料，缺锌时，吲哚乙酸减少，梨树生长即受到抑制。

锌还是某些酶的组成成分，如谷氨酸脱氢酶、碳酸酐酶等。碳酸酐酶是近年来唯一被公认的锌金属酶。缺锌时，这种酶含量即减少。这个酶与植物光合作用的关系还不清楚，但已经确认，成熟叶片进行光合作用与合成叶绿素，都要有一定数量的锌。否则，叶绿素合成受到抑制。

## （二）锌素营养特点

锌与光照的关系还不太清楚。但试验证明，梨树向阳的一面容易出现缺锌，说明强光促使树体对锌有较多的需求。

灌水过多、伤根多、重茬地、重修剪，易出现缺锌症状。相同的立地条件下，当苹果出现缺锌症状时，梨也出现缺锌症状。

## （三）缺素或过量的症状

当梨树植株成熟叶片全锌量低于 10mg/kg 时为缺乏，全锌含量 20～50mg/kg 为适宜。

梨树缺锌表现为发芽晚，新梢节间变短，叶片变小变窄，叶质脆硬，呈浓淡不匀的黄绿色，并呈莲座状畸形。新梢节间极短，顶端簇生小叶，俗称"小叶病"（图 11-12）。病枝发芽后很快停止生长，花果小而少，畸形。由于锌对叶绿素合成具有一定作用，因此树体缺锌时，有时叶片也发生黄化。严重缺锌时，枝条枯死，产量下降。

黄金梨缺锌枝条出现小叶

砀山酥梨杂种正常植株（左）与缺锌单株（右）

清香新梢节间短，顶端叶变小变窄

巴梨缺锌出现莲座状小叶

图 11-12　梨树缺锌症状

梨树植株锌素过量，叶片常表现出类似缺铁的褪绿症状。

## （四）营养失衡条件

发生缺锌的土壤种类主要是有机质含量低的贫瘠土和中性或偏碱性钙质土，前者有效锌含量低、供给不足，后者锌的有效性低。

长期重施磷酸盐肥料的土壤，导致锌被固定而有效性降低；过量施用磷肥造成梨树体内磷锌比失调、降低了锌在植株体内的活性，表现出缺锌；施用石灰的酸性土壤，易出现缺锌症状；氮肥易加剧缺锌现象。

### （五）锌素缺乏的矫治

缺锌的矫治可采用叶面喷布锌盐、土壤施用锌肥、树干注射含锌溶液及主枝或树干钉入镀锌铁钉等方法，均能取得不同程度的效果；梨园种植苜蓿，有减少或防止缺锌的趋势。

根外喷布硫酸锌，是矫正梨树缺锌最为常用且行之有效的方法。生长季节叶面喷布0.5%的硫酸锌，休眠季节喷施2.5%硫酸锌。土壤施用锌螯合物，成年梨树每株0.5kg，对矫治缺锌最为理想。

## 十一、铜

铜素过量时，树体生长量明显下降，植株矮化，分枝减少，叶片中铁的含量下降而表现出缺铁黄化症状（图11-13）。

新叶失绿、卷曲，叶缘黄白色

叶片出现坏死斑点，呈凋萎干枯状

顶梢及生长点附近叶片凋萎死亡

形成刷子一样的扫帚枝

图11-13 梨树缺铜症状

### （一）营养失衡条件

由于有机质对铜有强烈的吸附能力，并明显降低铜的有效性，所以有机质含量高的土壤往往容易缺铜，如泥炭土、沼泽土、腐殖土、碱性和石灰质土，淋溶沙质土、淋溶酸性土、重施氮肥的土壤等常发生缺铜现象。

此外，土壤温度、pH、氧化还原电位及气候条件等，也是影响其有效性的因素。土壤pH为7.0～8.0时，土壤吸附的铜非常稳定，土壤pH越低，铜稳定性越小。

长期使用波尔多液防治病害的梨园，容易导致铜素过量。

## （二）铜素缺乏的矫治

缺铜的土壤对铜肥的反应很灵敏。矿质化土壤每 667m² 施用胆矾（$CuSO_4 \cdot 5H_2O$）4～20kg，有机质土壤每 667m² 施用胆矾 40～160kg，即可消除症状；5月份，以0.1%～0.3%的 $CuSO_4$ 溶液叶面喷布，也可矫正梨树缺铜症。

# 十二、钼

### （一）钼素的生理作用

钼有多方面的生理作用。钼是作物体内硝酸还原酶的成分，参与硝酸态氮的还原过程，促进氮素代谢。钼是钼黄素蛋白酶的成分之一，固氮菌固定空气中的游离氮素，需要钼黄素蛋白酶参加，因此，钼能够促进生物固氮。钼有利于提高叶绿素的含量与稳定性，有利于光合作用的正常进行。

### （二）钼素的营养特点

植物将硝态氮吸入体内后，必须首先在硝酸还原酶等的作用下，转化成铵态氮之后，才能参与蛋白质的合成。在缺钼情况下，硝酸的还原反应将受到阻碍，植株叶片内的硝酸盐便会大量累积，给蛋白质的合成带来困难。反之，施用钼肥可以促进作物对氮素，特别是硝态氮素的吸收利用，有利于蛋白质的合成。

钼提高叶绿素的含量与稳定性，有利于光合作用的正常进行。钼能改善碳水化合物，尤其是蔗糖从叶部向茎秆和生殖器官流动的能力，对于促进植株的生长发育很有意义。施钼可增强植株抗旱、抗寒、抗病能力，其原因有二：一是钼可使作物中的抗坏血酸含量增高；二是钼能提高组织的含糖量，使细胞质的浓度增大，组织抗性增强。

### （三）钼素缺乏症状

缺钼首先从老叶或茎的中部叶片开始，幼叶及生长点出现症状较迟，最后可导致整株死亡。一般表现叶片出现黄色或橙黄色大小不一的斑点，叶缘向上卷曲呈杯状，叶肉脱落残缺或发育不全（图11-14）。

叶片出现黄色或橙色斑点　　　　　　　　边缘发生焦枯并向内卷曲

图11-14　梨树缺钼症状

缺钼与缺氮相似，但缺钼叶片易出现斑点，边缘发生焦枯，并向内卷曲，组织失水而萎蔫。

### （四）营养失衡条件

一般缺钼发生在酸性土壤上，淋溶强烈的酸性土，锰浓度高，易引起缺钼。此外，过量施用生理酸性肥料，降低钼的有效性；磷不足、氮量过高、钙量低，也易引起缺钼。

### （五）钼素缺乏的矫治

缺钼矫治有效方法是喷施 $0.01\%\sim0.05\%$ 的钼酸铵溶液，为防止新叶受药害，一般在幼果期喷施。对缺钼严重的植株，可加大药的浓度和次数，可在 5 月、7 月、10 月各月喷施一次浓度 $0.1\%\sim0.2\%$ 的钼酸溶液，叶色可望恢复正常；对强酸性土壤梨园，可采用土施石灰矫治缺钼；通常每 $667m^2$ 施用钼酸铵 $22\sim40g$，与磷肥结合施用效果更好。

# 十三、氯

### （一）氯素的生理作用

20 世纪 50 年代，氯被确定为植物必须元素。氯的生理作用一般可归纳为以下几点。

（1）参与光合作用　在光合作用中，氯作为锰的辅助因子参与水的光解反应。水光解反应是光合作用最初的一个光化学反应。

（2）调节叶片气孔运动　氯对叶片气孔的开张和关闭有调节作用，从而能增强植物的抗旱能力。此外，氯具有束缚水的能力，有助于作物从土壤中吸取更多的水分。

（3）提高植株的抗病性　施用含氯化肥能抑制多种病害的发生。据目前研究报道，有多种作物通过增施含氯肥料，能使其病害程度明显减轻。

（4）促进养分吸收　氯的活性很强，非常容易进入植物体，并能促进植株对铵离子和钾离子的吸收。

### （二）氯素营养特点

氯是植物必需营养元素之一，它在植物体内有多种生理作用。只有少部分氯参与生化反应，而大部分氯以离子状态维持各种生理平衡。当梨园氯素缺乏时，会影响植株生长；但常年施用含氯化肥，土壤中氯离子过多时，对植株也有毒害作用。在许多情况下，氯素失调虽出现可见症状，但轻则抑制植物生长，重则减产。这也是滨海盐土上梨树常常发生盐害的原因之一。

各种作物对氯的敏感程度不同，梨树、烟草、菜豆、马铃薯、柑橘、葡萄、西瓜、莴苣和一些豆科作物属于对氯敏感的作物，所以易遭受氯的毒害；糖用甜菜、水稻、小麦、玉米、菠菜和番茄等，属于对氯不敏感的作物。对氯敏感的作物，施用氯化铵和氯化钾含氯化肥时，常会影响产品的质量。例如氯过多会降低烟草的燃烧性，气味不好；氯过多使薯类作物的淀粉含量下降，品质差；氯过多会降低果品的糖分，而酸度较高，使果品风味欠佳等。应当指出，含氯化肥却能提高纤维作物如棉花、亚麻等的品质。

### （三）缺素或过量的症状

梨树植株成熟叶片中全氯含量低于0.05%为适宜，大于1.0%为过剩。

目前，对梨树氯素失调的症状研究报道不多。缺氯的一般症状为植株萎缩，叶片失绿，叶形变小。但是，不同作物的缺氯症状不完全相同。例如：春小麦缺氯表现为植株叶片发黄，并有许多斑点；莴苣、甘蓝和苜蓿缺氯表现为叶片萎蔫，根粗短、呈棒状，幼叶叶缘上卷呈杯状；棉花缺氯时，叶片凋萎，叶色暗绿，严重时，叶缘干枯，卷曲。

氯过剩时，梨树老叶先端发黄，黄色向叶柄部延伸，随后叶先端黄化部位枯焦，提前脱落。氯过剩危害，往往在干旱秋季大量落叶，部分枝梢枯死，果实脱落，氯中毒严重时整株枯死（图11-15）。

氯过剩叶片干枯呈灼烧状　　　　　　　　氯中毒造成整株死亡

图11-15　梨树氯中毒症状

### （四）营养失衡条件

目前，梨树缺氯症状极其罕见。多数氯素营养失衡，均表现为氯素过剩中毒。大量使用氯化钾、氯化铵和含氯复合肥，是引起梨树氯害的主要原因。海涂盐渍土梨园，发生氯过剩危害现象较普遍。

### （五）氯素失调的矫治

由于氯的来源广泛，仅大气、雨水中所带的氯，就远超过作物每年的需要量，因此在大田生产条件下，极少发生缺氯症。一旦发生缺氯症，施用含氯化肥，如氯化铵、氯化钾均可使症状消除。

对易发生氯危害的海涂盐渍土梨园，应采取以下措施进行治理：①采用淡土筑墩、深沟高畦栽培，开深沟排水，引淡水洗盐。②加强地面覆盖，减少土壤水分蒸发。

# 第二节　梨树营养诊断

梨树营养诊断是通过分析叶片或果实、梨园土壤矿质营养元素盈亏状况，并结合树体外观症状，对梨树营养进行判断，用以科学指导梨园施肥的一种综合技术，分为"诊"、"断"与"处方"三个步骤。其中，"诊"即叶片或果实、土壤中的矿质营养元素含量的分析测定；"断"即根据所测得的数据，结合梨园生态环境和栽培管理特点等各方面因素，对数据形成的原因和所显示的问题做出解释与判断；"处方"即结合已有的施肥或其他试验结果以及实际经验，提出恰当的矫治措施（韩振海，1999）。由于梨树是多年生木本植物，树体内存有大量的贮存营养，树体营养的实际状况除与当年自土壤吸收的养分有关外，在很大程度上依赖于树体贮存营养水平，因此，梨树的营养诊断首先是树体营养诊断，然后才是土壤诊断。只有先对梨树进行营养诊断，准确地反映树体的现实营养状况，再根据土壤诊断的结果，才能制定出合理的土壤管理和施肥措施，因地、因树制宜地指导施肥，使果品产量和品质得到提高。因此，梨树营养诊断是保证梨树高产、稳产、优质的重要措施之一。

# 一、树体营养诊断

树体营养诊断包括树势诊断和植株诊断。

## （一）树势诊断

树势诊断是一种从外观上初步判断梨树营养、生长状况的手段，主要包括树相诊断、果实外观和叶片外观诊断等。树相诊断主要是根据树龄、中长枝及短枝的比例、春梢和秋梢的比例、花芽分化和坐果率等，初步判断梨树的营养状况，从而采取不同的施肥方法或改变肥料种类和施肥量，并结合其他栽培技术措施对树体营养生长加以控制或促进。果实和叶片的外观诊断即通过观察梨果实或叶片的外观来确定树体的营养状况。果实的外观诊断通常是果实特有的缺素症状，如鸡爪病、脐腐病、缩果病等。而叶片的外观诊断则主要是叶片的形态、叶色及特有的缺素症等，如叶柄长、叶片下垂表明氮素营养较为充足，叶柄粗短、叶片直立则表明氮素缺乏；叶厚、叶色浓绿有光泽，说明氮素营养充足，叶片暗浓绿色而无光泽，说明氮素过量。

## （二）植株诊断

植株诊断包括化学诊断和无损营养诊断两大类，其中化学诊断是目前营养诊断中应用最多的方法，包括叶分析和果实分析，是一种较为成熟、可靠的梨树营养诊断方法。钟泽利用养分流动原理（同一新梢，两个时期对比判定）对苹果叶片进行营养诊断，判断养分是否有转移现象发生来诊断树体的营养状况，打破了标准值法受采样时间的限制，可以在梨树生长的任何时期进行营养状况的监测。通过分析养分是否流动，能在生产中实现直观的判断，快速的指导田间施肥。但这种方法同样有它的缺陷，不能指导定量施肥并且采样方法还需进一步规范。

## （三）叶分析法

矿质营养元素是梨树生长发育、产量形成和品质提高的基础。叶片不仅是光合作用器官，也是地下运输来的矿质营养的贮存库和果实生长发育所需矿质营养的供给源。叶片是整个树体上对土壤矿质营养反应最敏感的器官，它的矿质营养状况可以代表树体对土壤矿质营养的利用状况。

　　李港丽等(1987)指出,同一树种、种或品种植物叶内的矿质元素含量在正常条件下是基本稳定的。若将需诊断植株叶片的矿质元素含量与正常生长发育树的叶片内的标准含量相比较,就可判断该植株体内元素含量水平的高低,并能在肉眼可见的失调症状出现之前诊断出应用不平衡的问题,从而通过施肥或其他措施来调节树体内的营养平衡关系。叶分析技术曾与梨树修剪技术、生长调节剂的应用并列被称为美国梨树生产发展史上的三大里程碑,它对提高肥料利用率、节省能源、提高产量和改善品质起了很大作用。从 20 世纪 80年代开始,我国开始了梨树叶分析方面的工作,并在指导施肥方面起了举足轻重的作用。

　　**1. 采样方法**　叶分析的结果能否用于梨树营养诊断,在很大程度上受采样时期、部位、数量以及样品处理方法等影响。用于营养诊断的叶片采样依据是:必须在树体营养基本稳定的时期进行,也就是新梢停止生长的时期。由于南北方气候和梨树品种的差异,这个时期从 7 月初延伸到 8 月上旬。南北方由于气候差异导致梨树生长的差异,对梨树树体营养诊断的主要叶片采集部位也有不同的意见。南方梨区多以当年生短梢的倒 3 叶,北方则以当年生短梢的中部叶片。

　　**2. 诊断方法**　根据前人的研究结果,叶分析法测定出叶片中的营养元素含量后,可以采用标准值参比法、适宜值偏差百分数法、营养诊断与施肥建议综合法（diagnosis and recommendation integrated system,简称 DRIS）进行树体营养诊断。

　　①标准值参比法　同一树种或品种正常发育的植株,其叶片内各种元素的含量在不同国家、地区生长,其含量范围基本一致,这种遗传稳定性是建立统一标准的基础。因此,通过广泛收集各地同一树种或品种结果的植株叶片进行化学分析,可以得到该树种或品种的正常值、缺乏值或中毒值的范围（表 11-1）。20 多年来,这种标准值法一直是梨树叶分析诊断的重要依据（李港丽等,1987）。但是,梨标准值的统计数据多取自西洋梨,少数为砂梨,根据我国当时主栽品种属白梨的特点,参考苹果的相关数据,把氮含量适宜范围定得比苹果略低而钙镁含量则比苹果高。不同品种、不同地区、栽培管理水平、砧木、接穗均会影响梨树叶分析值。例如,20 世纪 40 年代氮肥施用量较低时,叶标准值也较低;50 年代氮肥施用量较高时,叶片中氮素含量也较高;60 年代降低施氮量时,叶片氮素含量又随之下降。这些既表明了叶片中矿质营养元素含量与栽培环境、管理水平有较密切的关系,又表明了叶分析标准值法的不确定性。

**表 11-1　梨叶片中矿质元素含量标准值**

| | 氮<br>(%) | 磷<br>(%) | 钾<br>(%) | 钙<br>(%) | 镁<br>(%) | 铁<br>(mg/kg) | 硼<br>(mg/kg) | 锰<br>(mg/kg) | 锌<br>(mg/kg) | 铜<br>(mg/kg) |
|---|---|---|---|---|---|---|---|---|---|---|
| 李港丽<br>等(1987) | 2.0~<br>2.4 | 0.12~<br>0.25 | 1.0~<br>2.0 | 1.0~<br>2.5 | 0.25~<br>0.80 | 100 | 20~50 | 30~60 | 20~60 | 6~50 |
| 姜远茂<br>等(2002) | 2.0~<br>2.6 | 0.15~<br>0.40 | 1.2~<br>2.0 | 0.8~<br>1.5 | 0.25~<br>0.40 | 25~200 | 20~60 | 20~200 | 15~100 | — |
| 张玉星<br>等(2009)* | 1.75~<br>1.92 | 0.10~<br>0.12 | 1.07~<br>1.49 | 1.65~<br>1.99 | 0.30~<br>0.39 | 107~148 | 17~26 | 64~82 | 17~27 | 15~64 |

* 内部交流资料。品种为鸭梨。

　　②适宜值偏差百分数法　姜远茂等（1995）指出,标准值参比法是把叶分析结果与世界、国家或省级的正常值范围进行比较,低于正常值范围的需要及时补充,高于正常值范围的不需要补充,在正常值范围内的只需要补充生长消耗的那部分。标准值参比法可以比

较直观地反映某元素的盈亏状况，但不能指示需肥程度的顺序。适宜值偏差百分数法就是被诊断样品中某营养元素的浓度高于或低于该元素的适宜含量平均值的百分数，根据计算出来的各元素的适宜值偏差百分数高低，诊断养分亏缺程度，排出需肥顺序。

③DRIS法　进行梨树营养诊断时，还必须注意树体中各种营养元素间要有一定的适当的比例，如果比例失调，某种营养元素打破或失去了生理平衡，将表现出盈亏的外部症状并影响生长量和产量。因此，营养诊断不仅要看叶片中营养元素的含量，而且要看元素间的比例，这就是DRIS诊断法。DRIS法是20世纪70年代提出的植株诊断施肥综合法，可对多种营养元素的需肥顺序进行判定，并且判定结果不受植株树龄、品种和采样部位的影响，因此在多种作物上得到应用。DRIS法的核心是DRIS诊断参数的确定和DRIS诊断指数的计算和分析。

耿增超等（2003）指出，60个果园叶片中N、P、K、Ca、Mg、Fe含量与产量和品质的相关性分析表明，N与果实的硬度、K与果面色泽、Mg与可溶性固形物浓度显著相关，其余均未达显著水平，表明大多数单项养分与产量和品质间的关系并不密切。因此不能简单用单养分含量评价养分与产量和品质的关系，但可对产量的需肥顺序和影响果实主要品质指标的优先营养元素进行判定。应用DRIS方法对低产果园叶养分的测定和分析能够确定哪些梨园对哪种营养元素需求较为迫切，需要首先补充。用制定的DRIS指数法分级标准可指导定量施肥，通过确定临界值指标，进一步设计出梨树营养综合诊断程序，以科学快速地指导施肥实践。

魏雪梅和廖明安（2008）在金花梨上的研究结果表明，高产园与低产园在叶片营养元素的含量上差异性并不十分明显，并且和标准值相比，除了P、K稍偏低外，其余元素均在适量范围内，但在实际生产中却表现出产量与品质方面的明显差异，由此可以判断，低产园各营养元素间的比例失衡是造成低产园产量低下的主要原因。高产园DRIS诊断参数N/P、N/Mg、N/B、K/N、K/P、K/Ca、Ca/P、Ca/Fe、Mg/P、Mg/Zn、Mg/Fe、Fe/P、Fe/B、B/Mg与低产园相比表现出显著差异性，这些参数是影响金花梨产量的重要因素。用DRIS法分析结果也表明，高产园叶片各营养元素之间比例与低产园之间表现出显著差异性。由此可见，树体内各营养元素间的比例及其浓度是影响梨树产量的关键因子。他们用DRIS法诊断的结果指出，高产园对营养元素的需肥顺序为：K＞Mg＞N＞Fe＞Ca＞B＞P＞Zn，低产园的需肥顺序为：B＞P＞K＞Zn＞N＞Fe＞Mg＞Ca，为金花梨的施肥提供了指导。

**3. 叶分析法的优缺点**

①叶分析法的缺点是需要化学分析测试，且容易受采样时间的限制，元素标准值的制定本身就由于实验人员的操作水平和实验室的条件不同而有差异。同时，从待测液的制备到各种元素的测定过程均比较繁琐，测定和计算的工作量均很大。但优点是能在梨树尚未表现明显缺素症状时就可以通过化学分析了解树体养分潜在的缺乏状况，比外观诊断更为灵敏、更有时效性。梨树生产上很少见到严重缺素情况，多数情况下都是潜在缺乏，常常容易为人们所忽视。因此在营养诊断中，要特别注意区分各种元素的潜在缺乏，以便通过适当的施肥措施来加以纠正。

②叶分析法的另一个缺点是其元素含量必须与土壤测试结果（土壤诊断）相结合，在双重诊断下，为梨树养分资源综合管理和合理施肥提出建议。但有的时候植株养分盈亏状

况并非与土壤测定的养分含量相一致，此时，就给梨树营养诊断带来挑战。

③叶分析标准范围参比法是认为同一树种或品种正常发育的植株，由于其具有遗传稳定性而使得叶片中养分元素的含量范围不受其生长的土壤条件、温度、降水等外界环境的影响。但魏雪梅和廖明安（2008）指出，虽然梨树叶片内营养元素含量具有种间相似性，但由于各地栽培管理、环境条件以及树体生育状况等因素有差异，因而叶分析值应该是基因型与生态条件、人工管理相互作用的结果。因此，在确定一个梨树品种叶片营养标准时，需要综合考虑这些因素。目前，全国梨树品种多样，新品种的推广及高接换头等技术的应用，叶分析标准值还有待进一步确定。

### （四）植株无损营养诊断法

植株化学分析诊断测定较准但过程过于繁琐，工作量大，实时性差，而且必须破坏植物组织。无损营养诊断刚好能弥补这一缺陷，在不损害植株的情况下，实时分析植株营养状况。无损营养诊断包括肥料窗口法、叶色诊断法、叶绿素仪法、遥感技术和冠层反射光谱法等（焦雯珺等，2006）。其中，肥料窗口法可以在土壤变异不显著的区域对下一次追肥做出判断，但是不能量化追肥量，如果要量化追肥量还需要进行常规测试；叶色诊断法简单、方便、营养诊断半定量化，但是不能区分作物失绿是由于缺氮引起的还是由于其他因素引起；叶绿素仪法、遥感技术和近红外反射光谱法对氮素诊断效果比较好。

### （五）诊断对象

绿色植物光合作用过程中起吸收光能作用的色素有叶绿素 a、叶绿素 b 与类胡萝卜素（胡萝卜素和叶黄素），其中叶绿素是吸收光能的物质，与植物的光能利用有直接关系。叶片的光合作用需要大量的氮素，而氮素主要存在于光反应的色素蛋白质以及光合作用碳消耗循环关的蛋白质中。由于叶片含氮量和叶绿素之间的变化趋势相似，所以可以通过测定叶绿素来监测植株氮营养。同为植物生长的必需元素，植物磷钾营养的高光谱监测研究却很少见诸于报道，结果也不一致（任红艳等，2005）。因此，目前无损营养诊断法对植株营养的诊断，多限于对氮素营养的分析。

**1. 叶绿素仪法**　目前应用较多的叶绿素计是日本产的便携式手持叶绿素仪 SPAD-502，其读数是基于测定叶绿素对特定光谱波段的吸收而获得的。SPAD 值与叶片中氮素含量相关性较好，能快速、简单、较精确、非破坏性地检测植物氮素营养水平并及时提供追肥所需信息。目前，在一年生农作物以及柑橘、茶树、林木等多年生植物上均有应用，而在梨树和苹果上的应用则未见报道。对宜兴某梨园中 SPAD 值与叶片含氮量进行了相关性分析结果表明，叶片含氮量与 SPAD 值有显著相关性，因此，可以将 SPAD 值与叶片含氮量进行拟合，求出回归方程，预测梨树叶片中氮素含量（图 11-16）。

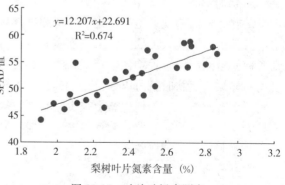

图 11-16　叶片叶绿素测定

**2. 遥感技术法**　一般指狭义的卫

星遥感技术，主要应用于大面积的作物生长营养状况监测。其原理是植物氮素含量和氮素缺乏与绿、红、红外 3 个波段光谱反射率关系密切，导数光谱反射率在绿波段、红波段与叶片含氮量显著相关，导数光谱反射率以及 NIR/R 也可以监测植物氮素的亏缺。因此，高光谱遥感技术也可用于氮素营养诊断（李俊华等，2003；乔欣等，2005）。

**3. 便携式光谱仪法** 也称冠层反射光谱法和可见/近红外反射光谱法。属于广义遥感技术的范畴，是基于地面遥感技术的基础之上开发而来的。冠层光谱是一种综合信息，是众多地物的混合光谱，为了准确提取目标物的特征信息，可以通过构造植被指数和使用微分光谱技术，以消除大气和背景的影响。因此，通过对冠层高光谱信息的提取和分析，可以对作物长势进行有效监测与营养诊断。便携式光谱仪法又有主动和被动之分。便携式主动遥感高光谱仪法，即 GreenSeeker 法，采用自带光源，不受太阳高度角及云层等外界条件影响，因此能在包括从白天到黑夜的几乎所有光照条件下保持所测数据的一致性。美国约有 20 个州使用该仪器研究氮素利用效率和精准农业管理。2001 年开始在俄克拉荷马州等地的农作物上应用，取得了很好的效果。利用安装有 GreenSeeker 传感器的施肥机实现了纳米级超高分辨率的变量施肥，并可监测作物长势，预测产量，得出变量处方图，用于精准农业管理（宋文冲等，2006）。但我国利用不多。

便携式被动遥感光谱仪法，如美国 Analytical Spectral Device（ASD）公司生产的 FieldSpec ProFR2500 型背挂式野外高光谱辐射仪，体积小巧，操作方便，光谱分辨率高，但必须依赖于外界光源。目前，国内外对这种方法的应用在农作物上的报道很多。其原理是叶绿体对可见光吸收强烈，对绿光、近红外光反射强烈。

近年来，国内也有人开始研究可见/近红外光谱在木本植物上的应用，易时来等（2010）在对柑橘重要品种锦橙的叶片氮含量研究时，利用可见近红外光谱估测鲜叶叶片氮素营养状况，发现在可见光区域，随着氮肥用量的增加，叶片光谱反射率呈下降趋势；而在近红外区域，叶片光谱反射率随着氮肥用量增加而增加。这些结果为柑橘氮素水平的快速、实时诊断及氮肥科学管理提供了理论依据。

**4. 中红外光声光谱法** 光声光谱的原理是用一束强度可调制的单色光照射到密封于光声池中的样品上，样品吸收光能，并以释放热能的方式退激，释放的热能使样品和周围介质按光的调制频率产生周期性加热，从而导致介质产生周期性压力波动，这种压力波动可用灵敏的微音器或压电陶瓷传声器检测，并通过放大得到光声信号，这就是光声效应。若入射单色光波长可变，则可测到随波长而变的光声信号图谱，这就是光声光谱。由于光声光谱测量的是样品吸收光能的大小，因而反射光、散射光等对测量干扰很小，故光声光谱适于测量高散射样品、不透光样品、吸收光强与入射光强比值很小的弱吸收样品和低浓度样品等，而且样品无论是晶体、粉末、胶体等均可测量，这是普通光谱做不到的（邓晶等，2008）。对梨树烘干磨碎的叶片样品进行的中红外光声光谱法分析结果（图 11-17、图 11-18）可见，不同品种、不同地区的梨叶片具有明显不同的红外光谱特征，为梨树营养诊断提供了基础。通过与叶片中氮素含量的相关分析表明，红外光声光谱完全可以用于梨树氮素含量的预测，因此也将可以用于梨树叶片的氮素营养诊断。

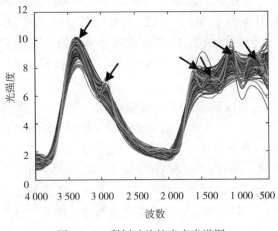

图 11-17　梨树叶片的光声光谱图

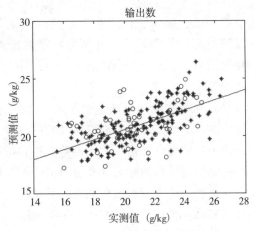

图 11-18　利用光声光谱分析技术对
梨树叶片氮素含量的预测

## 二、梨园土壤营养诊断

　　梨园土壤诊断是进行梨树营养诊断和提出施肥建议的重要依据。梨树是多年生作物，从开始栽培到死亡，在同一块地上要生长十几年甚至几十年，由于其个体容积较其他作物都大得多，经济产量也相当高，因此，对土壤养分的供应强度和容量要求都很大。梨树自定植后，根系不断地从土壤中长期地有选择性地吸收营养元素，加上我国梨树的立地条件差，梨树营养失衡现象普遍存在，影响树体正常生长发育，严重时甚至造成树体死亡。因此，培肥土壤、改良土壤结构，合理施肥，使土壤中的养分元素浓度保持在适宜梨树生长的水平。

　　国家梨产业技术体系 2009 年将采自环渤海湾地区的辽宁省海城市、鞍山市、辽阳县、沈阳市、黑山县、锦州市，河北省昌黎市、滦南县、泊头市、辛集市、晋州市，山东省阳信县、济南市、蒙阴县、费县、滕州、冠县和蓬莱市、龙口市、栖霞县、莱州市、牟平县、乳山市、文登市共 204 个梨园土壤 pH、有机质含量、速效氮、有效磷、有效钾等指标进行了测定，部分结果如下。

### （一）土壤 pH

　　从梨园土壤 pH 测定结果可以看出（表 11-2），有一半左右梨园发生土壤酸化，土壤 pH 小于 6。其中营口试验站代表性梨园土壤 pH 低于 6 的占调查总数的 75%，昌黎试验站占 27%，泰安试验站占 20%、烟台试验站占 84%。

表 11-2　各试验站代表性梨园土壤 pH 比率

| 试验站 | <4 | 4～5 | 5～6 | 6～7 | 7～8 |
|---|---|---|---|---|---|
| 营口 | | 19% | 56% | 19% | 6% |
| 泰安 | | 18% | 2% | 14% | 66% |
| 烟台 | 14% | 44% | 26% | 12% | 4% |
| 昌黎 | | 8% | 19% | 15% | 58% |

### （二）土壤有机质

有机质是土壤中来源于生命的物质，是土壤肥力的重要物质基础。它能提供作物及微生物需要的氮源和碳源及各种矿质营养元素；有机质主要带负电荷，能吸附阳离子并把土壤颗粒像胶一样黏合在一起，促进土壤团粒结构形成，改善土壤结构；腐殖质具有胶体的性质，包被于矿质土粒的外表，松软、絮状、多孔（建立一种疏松柔软的土壤结构），能吸收约为它自身重量5倍的水分，为植物提供长期的水分供应，能防止土壤酸化，促进肥料养分的吸收和转化。有机质的这些作用尤其在沙质土和黏质土上效果显著。在酸性、高度风化的土壤中，有机质有助于提高土壤养分的交换能力，营养物质可以与腐殖质相结合，并通过植物根系和微生物的活动不断释放，从而减少由于淋溶作用而造成的养分流失，增强土壤的保肥性能。梨园土壤有机质的主要来源是施用有机肥、生草和种植绿肥等。

从环渤海湾地区主要梨园土壤有机质含量的测定结果可以发现，经过十几年来的增加有机肥投入、生草等措施，梨园土壤有机质含量有较大程度提高。但不同地区梨园有机质含量有较大差异。如山东的两个试验站中，烟台试验站主要梨园土壤有机质含量变动范围为5～18g/kg，平均为15.13g/kg，其中86％的梨园土壤有机质含量处于10～20g/kg，根据第二次土壤普查结果表明其属于低水平，仅有10％的梨园土壤有机质含量为中等水平（20～30g/kg）。泰安试验站主要梨园土壤有机质含量变动范围较大，为4～43g/kg，平均为16.68g/kg，80％梨园土壤有机质含量低于20g/kg，其中有16％低于10g/kg，属于极低水平；12％的梨园土壤有机质含量在20～30g/kg，高于30g/kg的梨园占8％。昌黎试验站所辖梨园有机质含量平均为13.6g/kg，变动范围为5～28g/kg，92％梨园土壤有机质含量低于20g/kg，其中，19％梨园土壤有机质含量在10g/kg以下。营口试验站的50个梨园有机质含量总体上较高，平均含量为23g/kg，其含量变动范围为9～49g/kg，其中有42％梨园土壤有机质含量低于20g/kg，土壤有机质在大于20g/kg以上的梨园占46％，高于30g/kg的梨园占19％。因此，各地梨园土壤有机质含量差异较大，应针对各个梨园的实际情况提出增加有机质的方法。

### （三）土壤速效氮、磷、钾含量

对4个试验站主要梨园土壤有效磷含量的分析结果表明，梨园土壤有效磷含量变动幅度比较大，整体上看，各地梨园有效磷含量普遍偏高，90％的梨园土壤中有效磷有积累现象。由于前几年提出的口号是控氮、增磷钾，氮肥的施用相对减少，而磷、钾肥用量大增。刘成先发现，由于减少氮肥的投入，南果梨在生长期间出现由于缺氮而导致的红叶病，而土壤中磷含量大大超标。营口试验站代表性梨园有效磷含量在5～10mg/kg的占调查总数的8％，在10～15mg/kg的占17％，高于15mg/kg的梨园占75％，其中50～100mg/kg的占51％。昌黎试验站代表性梨园土壤有效磷含量在5～10mg/kg的占调查总数的4％，高于15mg/kg的梨园有96％，其中有13％的梨园土壤有效磷高于·100mg/kg。泰安站代表性梨园中，96％的梨园在20mg/kg以上，其中超过20％的梨园有效磷含量超过了100mg/kg。烟台试验站代表性梨园土壤中有效磷含量变幅较大，2％的低于5mg/kg，4％处于5～10mg/kg，其余的94％均在15mg/kg以上，其中大于100mg/kg的梨园占 24%。梨园土壤有效磷大幅积累的现象，可能与高浓度三元素复合肥的施用有关。

# 第三节　梨园土壤管理

## 一、土壤改良

### (一)酸性土壤改良

梨园酸性土壤 pH4.5～5.5，强酸性土壤 pH<4.5，微酸性土壤 pH5.5～6.5。酸性土壤易造成土壤板结，通透性差，氧气含量低，还原性强，多种阳离子、阴离子易被还原吸附在根表，形成一层作物吸收营养的障碍物，有机质、矿质元素易被淋溶流失。

**1. 施用石灰**　在确定石灰的施用量时，通常以将土壤 pH 调到 6.5 左右为标准，切忌过量施用。因为过量施用石灰也会降低土壤磷的有效性，引起土壤微生物和根系活动失调。通常强酸性土壤约需施石灰 1 500kg/hm²，酸性或微酸性土壤约需施 1 025kg/hm²。同时，可增施草木灰、火烧土等碱性肥，中和土壤酸性。

**2. 施用酸性土壤改良剂**　能迅速调节酸性土壤的中性机能，活化土壤结构，同时还能调节磷、钾，大幅度提高土壤中速效磷、钾的含量；抑制病虫害的发生，分解残留农药，为农作物的生长营造一个最佳的土壤环境，从而提高肥料的使用效率，达到增产、增效，提高品质的目的。

### (二)碱性土壤改良

梨园碱性土壤 pH7.5～8.5，强碱性土壤 pH>8.5。碱性土壤虽然矿质元素含量丰富，但矿质元素中磷、铁、硼、锰、锌等易被固定，常呈缺乏状态，造成生理病害。

**1. 增施有机肥**　有机肥不仅含有梨树生长所需的矿质营养元素，还富含有机酸，可中和土壤碱性。有机质能促进土壤团粒结构的形成、减少水分蒸发，有效控制返碱，既能降低土壤碱性，又增加了土壤肥力。

**2. 改善梨园排水条件**　建园时，可每隔 30～40m 顺地势纵横开挖深 1.0m、宽 0.5～0.7m 的排水沟，使之与排水支渠、干渠相连，随雨水、灌溉水淋洗可将盐碱排出园外。

**3. 梨园覆盖**　可通过作物秸秆覆盖、地膜覆盖，降低梨园空气湿度、减少水分蒸发，有效防止土壤盐渍化。

## 二、清　耕

### (一)深翻

**1. 深翻作用**　梨为深根性果树，在土层深厚、地下水位低的土壤中，根系深度可达 2.5m 以上。深翻能增加活土层厚度，改善土壤结构和理性性状，加速土壤熟化，增加土壤孔隙度和保水能力，促进土壤微生物活动和矿质元素的释放；改善深层根系生长环境，增加根系吸收根的数量，以提高根系吸收养分和水分的能力。

**2. 深翻时期**　全年均可深翻，通常 9 月底至 10 月初进行深翻为好，因为此时梨果成熟采收已经结束，养分开始回流根系，又正值根系第二次生长高峰期，此时深翻断根愈合快，当年还能促发部分新根，对翌年生长影响小。由于成年梨树根系已布满全园，无论何时用何种方法深翻，都难免伤及根系，影响养分水分的吸收，没有特殊需要，一般不进行全园深翻，只在结合秋施基肥时适当挖深施肥穴，达到深翻的目的。冬季深翻，根系伤口愈合慢，当年不能长出新根，有时还会导致根系受冻，春季深翻效果最差，深翻会截断部分根系，影响开花坐果及新梢生长，还会引起树势衰弱。

**3. 深翻方法**　挖定植沟的梨园，定植第二年顺沟外挖条状沟，深度 60～80cm，并逐年外扩，3～4 年完成；挖定植穴栽植的梨园，采用扩穴法，每年在穴四周挖沟深翻 60～80cm，直至株间接通为止。盛果期梨园深翻，一般隔行进行，挖沟应距树干 2m 以外，沟深、宽各 60～80cm，第二年再深翻另一行，以免伤根太多，削弱树势。结合深翻，沟底部可填入秸秆、杂草、树枝等，并拌入少量氮肥，以增强土壤微生物活力，提高土壤肥力，改善土壤保水性和透气性。

深翻应随时填土，表土放下层，底土放上层。填土后及时灌水，使根系与土壤充分接触，防止根系悬空，无法吸收水分和养分。沙土地如下层无黏土或砾石层，一般不深翻，以免增加沙蚀程度，不利于水土保持。

## （二）中耕

**1. 中耕作用**　中耕可以改良土壤的结构和理化性质，改善通气条件，熟化土壤，减少杂草，增强保水、保肥能力。

**2. 中耕时期**　春季 3 月底 4 月初，杂草萌生，土壤水分不足，地温低，中耕对促进开花结果、新梢生长有利。夏季阴雨连绵，杂草生长茂盛，中耕对减少土壤水分、抑制杂草生长和节约养分有利。中耕时间及次数根据土壤湿度、温度、杂草生长情况而定。

**3. 中耕方法**　可以犁耕或人工铲翻，深度不少于 20cm。通过中耕，

图 11-19　梨园中耕

消灭了杂草，做到土松草死。每次浇水后或大雨过后都要进行中耕松土（图 11-19）。南方多雨区宜采用，旱区果园不宜采用。

## （三）除草

对于清耕梨园，夏季若遇连日阴雨，无法中耕除草，果园会发生草荒，影响果实膨大和花芽形成；还因通风透光条件恶化，加重果实轮纹病、煤污病的发生，降低果实品质。为避免草荒，可采取化学方法进行除草。使用除草剂时应注意人、畜、树安全，选择无风天气喷药，以免药液触及人体和果树。为提高除草效率，可将内吸与触杀、长效与短效型除草剂混合使用。但大面积、长时间使用化学除草剂，会严重污染地下水和周围的生态环境。因此，应尽量实行人工除草（图 11-20）。

人工除草

化学除草

图 11-20 梨园除草

## 三、覆盖与生草

### (一) 地面覆盖技术

**1. 有机物覆盖** 全园覆盖 10～15cm 厚度的作物秸秆等，能起到保护根系冬季免受冻害；促进早春根系活动；降低夏季表层地温，防止沙地梨园根系灼伤；延长秋季根系生长时间，提高根系吸收能力的作用。同时，覆盖物腐烂或翻入土壤后，增加了土壤有机质含量，促进土壤团粒结构的形成，增强土壤保水性和通气性；促进微生物生长和活动，有利于有机养分的分解和利用；抑制杂草生长，防止水土流失，减少水分蒸发（图 11-21）。

梨园覆盖稻草

梨园覆盖玉米秸秆

图 11-21 梨园有机物覆盖

**2. 地膜覆盖** 幼树定植用薄膜覆盖定植穴，一是可保持根际周围水分、减少蒸发；二是提高地温，促使新根萌发；三是提高定植成活率，覆膜可使成活率提高 15％～20％。在大树树冠下铺设地膜，可改善树体内膛光照条件，特别是树冠下部的光照条件，地面铺膜除了能够提高果实含糖量和外观品质，缩小树冠内外、上下果实品质差异；还能抑制杂草滋生和盐分上升（图 11-22）。

薄膜覆盖

无纺布覆盖

图 11-22　梨园地膜覆盖

**3. 其他覆盖物**　沙性土壤覆盖黏土可防止风沙侵蚀、水土流失，也可缩小地温变幅，改善土壤理化特性。黏土地覆盖沙土、炭渣，除了有利于增加土壤昼夜温差，提高果实含糖量，还可改善黏重土壤的通透性，从而有利于梨树根系生长。

### （二）梨园生草技术

梨园生草可采用全园生草和行间生草等模式，应根据梨园立地条件、种植管理水平等因素而定。土层深厚、土壤肥沃、根系分布深、株行距较大、光照条件好的梨园，可全园生草；反之，土层浅而瘠薄、光照条件较差的梨园，可采用行间生草方式。在年降水量少于 500mm、无滴灌条件和高度密植的梨园不宜生草。

**1. 鼠茅草**　鼠茅草的根系一般深达 30cm，最深达 60cm。由于土壤中根生密集，在生长期及根系枯死腐烂后，既保持了土壤渗透性，防止了地面积水；也保持了通气性，增强果树的抗涝能力。鼠茅草地上部呈丛生的线状针叶生长，自然倒伏匍匐生长，针叶长达 60～70cm。在生长旺季，匍匐生长的针叶类似马鬃马尾，在地面编织成 20～30cm 厚，波浪式的葱绿色"云海"，覆盖地面，既防止土壤水分蒸发，又避免地面太阳暴晒，增强梨树的抗旱能力（图 11-23）。

图 11-23　梨园种植鼠茅草

鼠茅草是一种耐严寒而不耐高温的草本植物。6、7月播种因高温而不萌发。8月播种能够发芽出土，但因高温而死亡。国庆节前后播种比较适宜。幼苗像麦苗一样，越过寒冬，翌年 3～5 月为旺长期，6 月中、下旬连同根系一并枯死（散落的种子秋后萌芽出土），枯草厚度达 7cm 左右，此后即进入雨季，经雨水的侵蚀和人们的踩踏，厚度逐渐分解变薄，地面形成如同针叶编织的草毯，不易点燃，无须担心着火。秋施基肥或整刨果园翻入土中，可增加土壤有机质，激活土壤微生物活性。

梨园种植鼠茅草，能够抑制各种杂草的生长，并保持土壤通气性良好，一年内可减少5～6次锄草、松土用工费用。

播种应注意播种时间，以9月下旬至10月中旬最为适宜，10月下旬播种还能够出苗，但草苗小越冬困难。翌年3月播种温度比较适宜，但缩短了生长期，需加大肥水供应。播种前要清除杂草，整平整细地面后，每667$m^2$撒种量1.5～2.0kg；覆土要薄，镇压要轻（铁耙拉一遍即可）；3～4月果树浇水前，每667$m^2$撒尿素30kg左右。

**2. 高羊茅** 禾本科羊茅属，多年生草本植物，又名苇状羊茅，苇状狐茅。该草丛生型，分蘖增殖，根系发达，叶片宽阔粗糙，色泽浓绿，适应性强，耐阴耐热耐旱，耐践踏，是羊茅属中抗热、耐旱性最强的一种（图11-24）。

高羊茅草坪的建植通常采用种子直播和草坪块移植的方法。直接播种：整地要地平泥细，时间以春秋二季为好，播种量20～40g/$m^2$。播后镇压，保持土壤湿度，一周齐苗。一般2～3个月可成坪。草坪块移植：因高羊茅草无匍匐茎，

图11-24 梨园种植高羊茅

草坪块土层易散碎，必须随铲随运随铺，及时喷水，镇压，一般3～5d后即可返青成活。高羊茅草坪的管理重点是定期修剪和越夏管理。

**3. 白三叶草** 白三叶草适宜在沙壤土、沙土和壤土等多种土壤上种植，土壤pH在4.5～8.5都适于生长。白三叶草具有较好的耐阴性，能在30%透光率的环境下正常生长（图11-25）。

幼苗期需肥量大，生长较缓慢，易受其他杂草覆盖而影响成坪。条播种子集中，肥水管理简便，受其他杂草抑制少，容易成坪，且成坪速度快，而撒播则对白三叶草生长不利，一般难以成坪，因此，应采

图11-25 梨园行间种植白三叶

用条播。播种前全园中耕除草整地，整地要细致。地整好后，于每行梨树的两边各开两条播沟，沟深视施肥而定，一般5～10cm，并在沟中施底肥，并尽量施足底肥。底肥667$m^2$用15kg尿素加50kg钙镁磷肥，混合施于条播沟底，然后盖上细表土。每667$m^2$用250g白三叶草籽与2～4kg细沙或细土拌匀条播，播后盖上细表土1～2cm。条播行距30～40cm，9～10月旱季播种应浇水。苗期管理苗期应注意清除杂草，清沟排水，在下雨前后苗较黄时可撒施少量尿素或草木灰或喷施0.5%尿素加0.3%磷酸二氢钾液。成坪后草高

达30cm时，留茬10cm左右刈割，干旱时留15cm刈割或不割。刈割后鲜草覆盖树盘或作家畜鱼饲料。白三叶草花后即可生长支蔓，生根、发蔓能力强，伸展速度快，覆盖能力好，耐践踏。冬季不会枯死，一般种后5～8年不必再播种，5～8年后可全园翻耕，清耕1年，然后重新播种。

**4. 黑麦草**　黑麦草喜湿润温和气候，不耐严寒和炎热，夏季发育缓慢，生长不良，易死亡。15～25℃的气温条件最为适宜。多年生黑麦草在适宜条件下，可生长2年以上。轻盐碱土、石灰性土壤、微酸性土壤以及年雨量在500～1 500mm的地方均可生长，肥沃、湿润、排水良好的壤土或黏壤土尤宜。淮河以南宜秋播，北方宜春播（图11-26）。施肥有利于提高产量和改进品质。

图11-26　梨园行间种植黑麦草

春播在2～3月，秋播一般在9月中、下旬至11月上旬，主要看前茬作物。每667m² 播种量1.0～1.5kg最适宜。春播黑麦草当年可刈割1～2次，每公顷产鲜草15～30t；秋播的翌年可刈割3～4次，每公顷产鲜草60～75t。种子成熟后易落粒，故当麦穗呈黄绿色时即应收割，也可利用第一次刈割后的再生草留种。麦草单株稀植时，一般有分蘖100个以上，最高可达数百个，且耐放牧、刈割，是禾本科中产量较高的一种牧草，常与三叶草混播作牲畜饲草。在盐碱地与豆科越年生绿肥混播，可培肥地力。多花黑麦草还可用作鱼饲料。

**5. 紫花苜蓿**　紫花苜蓿适宜于温暖半干燥气候，抗寒抗旱能力都很强。一般在−20～−30℃的低温条件下都能安全越冬，适合于在年降水量500～800mm的地区种植，年降水量超过1 000mm对苜蓿生长不利。对土壤要求不严，除黏重的土壤或瘠薄的沙土和强酸、强碱土壤外，均能生长，喜中性或微碱性土壤。紫花苜蓿根瘤固氮菌固氮能力强，其年固氮能力相当于施入尿素522kg/hm²。能大大提高梨园土壤肥力。

紫花苜蓿种子小，苗期生长特别缓慢，容易受杂草危害，所以种前要将地整精细，铲除杂草。播种前施入有机肥料，在有机肥不足的情况下，可以施一定量的化肥。苜蓿的播种时间春、夏、秋皆可。寒冷的地区宜春播，温暖的地区宜秋播，无灌溉春季风沙大的干旱地区则以夏播最为理想（图11-27）。

播种方法可用条播、撒播、点播。条播，有利于田间管理，而寒冷地区为了安全越冬可用沟播，可开深10～15cm的沟，撒

图11-27　梨园行间种植紫花苜蓿

籽后稍覆土，秋后将垄背磨平。行距一般为20~40cm。一般春季3~4月和秋季9月最为适宜，每667m²用种量1~1.5kg。一般1年刈割2~4次，灌溉条件好的可多割1次。刈割要掌握好留茬高度。生草3~5年后休闲1~2年，再重新播种。

# 四、间 作

## （一）间作物种类及其栽培技术

**1. 马铃薯** 梨园行间可套种马铃薯4~6行（图11-28）。行株距为40cm×30cm，每公顷播种75 000粒左右。播种时，可施碳铵600kg/hm²，磷酸二铵600kg/hm²，12月至翌年1月中旬播种，覆盖地膜，出苗50%时破膜放苗，5月中旬至6月上旬收获，产量15 000~22 500kg/hm²。

**2. 毛豆** 梨园套种毛豆（图11-29），3月下旬至4月上旬播种。一般采用穴播、条播，播深3~5cm，过深影响子叶出土，过浅影响发芽出苗。株行距一般在30cm×50cm，每穴2~3粒种子。播后如果土壤干旱，可灌1次透水，利于种子发芽，土壤过湿，种子会因缺氧而不能发芽，甚至于烂种。6~7月收获，产量3 000~4 500kg/hm²。

图11-28 行间套种马铃薯　　　　　图11-29 梨园套种毛豆

**3. 莴苣** 梨园间作莴苣，秋莴苣7月下旬至8月下旬播种，夏秋高温期莴苣种子休眠，不易发芽，用5mg/kg赤霉素浸种6~7h，或将浸湿种子放于5℃左右地方或冰箱冷藏室内催芽，可打破休眠，促进萌芽。苗期须设棚遮阴防雨，苗龄25~30d。栽植密度为30 cm×35cm（图11-30）。

**4. 花生** 幼树梨园间作花生，于4月上旬播种，行株距为33cm×20cm，每公顷播15万棵左右，施磷酸二铵225~300kg/hm²，8月下旬收获，花生产量3 750~4 500kg/hm²（图11-31）。

**5. 丹参** 选取生长健壮、无病虫害的幼根，切成5~7cm长的小段作种根，按行距30cm、株距25cm、穴深5~7cm，每穴栽种根1~2节，每公顷需种根750kg。秋栽10月下旬进行，春栽2月进行，施农家肥2 000kg/hm²，普钙375kg/hm²，饼肥750kg/hm²。一般收干品3 000~4 500kg/hm²（图11-32）。

**6. 板蓝根** 幼树梨园间作板蓝根，4月上旬进行播种，施农家肥30 000kg/hm²，普钙750kg/hm²，做成13m的高畦，按20~25cm开沟，沟深2~3cm，将种子均匀播入沟

图 11-30　梨园间作莴苣

图 11-31　幼树间作花生

内，当苗高 7～10cm 时，按株距 8～10cm 定苗，加强田间管理，并适时追肥，10 月中下旬采收，干品产量 3 000～4 500 kg/hm²（图 11-33）。

**7. 太子参**　一般 10 月上旬至 10 月下旬栽植，可用块根和种子繁殖。株行距 5cm×20cm。7 月下旬至 8 月上旬收刨，在场院、平房上晒干，半干时搓去须根后再晒至全干即成商品，以身干、无细根、大小均匀、色微黄者为佳。产量 3 000～4 500 kg/hm²。折干率 30%（图 11-34）。

图 11-32　幼树梨园种植丹参

图 11-33　幼树梨园间作板蓝根

图 11-34　梨园间作太子参

## （二）间作效应

幼年梨树的树冠和根系小，可在株行间空隙套种间作物。合理间作，不但可增加果农收入，还可抑制杂草生长、减少水土流失、降低夏季土壤温度、保持土壤湿度、增加土壤有机质含量。

梨园间作以不影响梨树生长发育为前提，选择间作物应注意以下几点：①能提高土壤肥力、产量高、质量好、耗肥少；②植株矮小或匍匐生长、无攀缘性，不影响果树光照；③生育期短，需肥、需水高峰期与梨树错开；④与梨树无同样的病虫害；⑤有一定的经济价值。

# 第四节　梨园施肥

## 一、施肥的基本原理

### （一）养分归还学说

19 世纪中叶，德国化学家李比希（J. V. Liebig）在提出矿质营养时指出，腐殖质是在有了植物以后才出现在地球上的，而不是在植物出现之前，因此植物的原始养分只能是矿物质。在此基础上，进一步提出了养分归还学说，即随着作物的种植与收获，必然要从土壤中带走大量养分，使土壤养分逐渐减少，连续种植会使土壤贫瘠。要维持地力就必须将植物带走的养分归还于土壤（表 11-3），即施用矿质肥料，使土壤的养分损耗和营养物质的归还之间保持一定的平衡。养分归还学说的要点是为恢复地力和提高植物单产，通过施肥把植物从土壤中摄取并随收获物而移走的那些养分归还给土壤。虽然养分归还学说有一定的局限性，如重视无机养分的作用而忽视有机肥的作用，但至今仍是指导施肥的基本原理之一。

表 11-3　不同植物的营养元素归还比例*

| 归还程度 | 归还比例（%） | 需要归还的营养元素 | 补充要求 |
|---|---|---|---|
| 低度归还 | <10 | 氮、磷、钾 | 重点补充 |
| 中度归还 | 10～30 | 钙、镁、硫、硅 | 依土壤和植物而定 |
| 高度归还 | >30 | 铁、铝、锰 | 不必要归还 |

* 归还比例是指以根茬方式残留于土壤的养分量占养分吸收总量的百分数。

### （二）最小养分律

李比希提出"养分归还学说"之后，引发了化学肥料工业的巨大发展。为了有效地施用化学肥料，李比希在试验的基础上，于 1843 年又提出了最小养分律（图 11-35）。其大意是植物生长发育需要吸收各种养分，然而决定作物产量高低的是土壤中有效养分含量相对最小的那种养分。在一定范围内，产量随着这种养分的增减而升降。忽略这种最小养分，继续增加其他任何养分，都难以提高作物产量。最小养分律是科学施肥的重要理论之一，现代的平衡施肥理论就是以李比希的最小养分律为依据发展建立的。在应用最小养分方面应注意以下三点：

第一，最小养分是指土壤中有效性养分含量相对最少的养分，而不是绝对含量最少的养分。一般微量元素的含量远远低于大量元素，因此，在判断最小养分时不要受养分的绝对含量高低的影响。

第二，最小养分是可变的，它是随植物产量水平和土壤养分元素的平衡而变化。当土壤中原有的最小养分因施肥而得到了补充，它就不再是最小养分，而其他的养分，则可能因作物需求增加而变成了最小养分。

第三，最小养分是梨果增产和品质提高的限制因素，只有补充了最小养分，才可能提高作物产量或改善品质。若忽视最小养分而继续增加其他养分，不但产量不能提高，反而造成梨树体内养分不平衡，增加了肥料的投入和降低肥料的经济效益。因此，梨树施肥要首先抓住主要矛盾，把最缺乏的养分补足；其次是平衡施肥，最小养分和次要养分同时补，产量才会上新台阶。

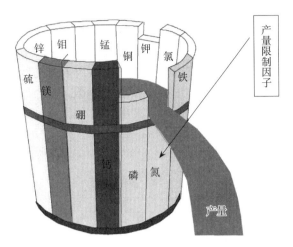

图 11-35 最小养分律原理

## 二、肥料的种类与施用方法

### （一）有机肥料

农业生产离不开有机肥料，因为有机肥料不仅是不断维持与提高土壤肥力从而达到农业可持续发展的关键措施，也是农业生态系统中各种养分资源得以循环、再利用和净化环境的关键，同时，有机肥还能持续、平衡地给作物提供养分从而显著改善作物的品质。

**1. 有机肥的种类** 有机肥有传统意义上的有机肥和商品有机肥之分。传统意义上的有机肥料是农村中利用各种有机物质、就地取材、就地积制的自然肥料的总称，又称农家肥料。有机肥料资源极为丰富，品种繁多，几乎一切含有有机物质、并能提供多种养分的材料，都可用来制作有机肥料。农村中常见的有机肥料是堆肥和沤肥。它们是利用秸秆残渣、人畜粪尿、城乡生活废物与垃圾、山青湖草等为原料混合后按一定方式进行堆沤而成的。有机肥料堆制或沤制的过程称为腐熟过程。一般北方以堆肥为主，而南方地区以沤肥为主。有机肥料的类型主要有粪尿肥（猪、牛、羊、鸡、鸭、马、鹅等牲畜粪尿和人粪尿）、秸秆类肥、绿肥、沼肥等。

商品有机肥是以畜禽粪便、动植物残体等富含有机质的副产品资源为主要原料，经发酵腐熟后制成的商品肥料。

**2. 我国梨园有机肥投入情况** 全国 18 个梨综合试验站的梨园施肥现状调查结果指出，施用有机肥的比例基本上为 50%～80%，商品有机肥的施用比例极低。全国范围内，梨树有机肥的施用基本上与当地畜牧业的发展有关，如有的地区用鸡粪，有的用马、牛、羊、猪等粪。由于各地梨树栽培密度差异较大，因此，单株梨树有机肥施用量更容易说明问题。烟台、福州、杨凌、成都、昆明站梨区有一半以上单株梨树有机肥施用量在 20kg 以下，徐州、郑州、昌黎、兰州、老河口、哈尔滨、武汉站有一半以上梨树单株有机肥施用量在 20～50kg。

**3. 不同种类有机肥的肥效比较** 随着梨树有机化栽培的开展,生产者越来越重视通过施用生物有机肥来改善梨园土壤状况,进而提高果品产量与质量。高晓燕等(2007)比较了鸭粪和秸秆混合腐熟发酵而成的堆肥、天寿有机肥(畜禽粪便和多种产业废弃物等与锯末、稻壳、米糠、麦麸子及各种秸秆等农副产物,添加矿质营养,经过高温发酵而成)、堆肥+南国春生物微肥(含动植物氨基酸,氮、磷、钾等大量元素及铜、铁、锌、锰、硼等多种微量元素)在黄金梨上的肥效。结果发现,施用天寿有机肥、堆肥加南国春生物微肥的黄金梨新梢生长量、叶片叶绿素含量、枝条储藏淀粉含量等显著高于施用堆肥的处理;施用堆肥加南国春生物微肥的黄金梨果实单果重最高。土壤施用堆肥+南国春生物微肥后对树体长势尤其是土壤改良有明显的效果,可提高土壤有机质含量、碳氮比及土壤菌落总数。

**4. 有机肥使用存在的问题** 从梨园的现场调研发现,施用的有机肥大部分是未经(完全)腐熟的鸡粪或牛羊粪等。未腐熟的鸡粪、牛羊粪不仅其速效养分含量低,而且易携带病原菌,同时它在土壤中腐熟的时候又会与梨树发生"争氮"现象,不利于梨树的生长。因此,宜加强腐熟有机肥的施用。商品有机肥在生产过程中消灭了病原菌,并将大部分迟效态养分转化为速效养分,是腐熟的有机肥,施用起来方便、干净、效果好。此外,由于养殖业饲料添加剂中重金属元素、激素、兽药的施用,使得畜禽粪便类有机肥也不是"洁净"的有机肥,因此,应大力提倡生草、秸秆还田和种植绿肥,以增加土壤的有机质含量。

### (二)有机肥与化肥的配合施用

化肥的特点恰好与有机肥相反,具有养分含量高、肥效快、使用方便等优点,但也存在养分单一、肥效短、制造成本高、污染环境等不足。有人将有机肥比作医药上的"中药",意思是其肥效缓慢,但有机肥医治和改善土壤环境的意义远比"中药"来得更重要,而化肥养分释放速度快,肥效短,能被作物直接吸收。有机肥料与化学肥料配合施用,可以取长补短,缓急相济,充分发挥其效益。且使有机肥料本身具有的改良土壤、培肥地力、增加产量和改善品质等作用得到进一步提高。一般,有机肥与化肥配合施用有两种方式:一种是施用基肥时,把农家肥和氮、磷肥等拌匀施入土壤中;另一种是施用商品有机-无机复混肥作为基肥。

### (三)缓释/控释肥

所谓"释放"是指养分由化学物质转变成植物可直接吸收利用的有效形态的过程。"缓释"是指化学物质养分释放速率远小于速溶性肥料施入土壤后转变为植物有效态养分的释放速率。"控释"是指以各种调控机制使养分释放按照设定的释放模式(释放率和释放时间)与作物吸收养分的规律相一致。施用缓释和控释肥可以减少施肥的次数,节省劳力、时间和能耗,施肥更为方便。在梨树上可以一年只施肥一次,在秋季基肥时施用,不需要追肥。梨园施用缓释肥可有效解决当前梨树上化肥施用量大、肥效短、利用率低、对环境污染重、影响果品质量等诸多问题,具有省工省时、肥效长、吸收率高、增产效果显著和提高果品质量明显等特点。据王作琳等(2006)的结果,施用缓释肥的果园,采果时的可溶性固形物比施用普通化肥的果园,提高1~2个百分点,特别是连年使用缓释肥的果园效果更加明显。其次果实对钙的集中吸收期在谢花后的 4 周，追施缓释肥的果园果实前期吸收氮肥量少，钙的吸收数量相对增加。再者，果实中含氮量降低，磷、钾含量却相对增加，利于提高果实风味。

### （四）梨树专用肥

梨树专用肥是配方施肥技术在梨树上的应用。但相较于平衡配方施肥技术来说，梨树专用肥不及配方施肥的针对性强。梨树专用肥是根据某一地区多种梨树或某种梨树的营养状况所配制的多元素肥料，它虽然比单一化学肥料具有较好的肥效，但仍具很大的盲目性。因为梨树专用肥在不同地区、不同梨园的配方基本一样，而这些地区和梨园的需肥情况可能完全不同，因而很难根据具体梨园的营养状况做到缺什么补什么，缺多少补多少。而平衡配方施肥，则具有很强的针对性，可通过叶片和土壤营养诊断，对某一梨园甚至某一棵树的营养状况做出客观的判断，做到一个梨园一个或几个配方，真正做到缺什么补什么、缺多少补多少（丁平海等，1998）。但梨树专用肥的研制仍是我国现阶段梨树肥料的研制方向。

### （五）绿肥的施用及其效益

利用植物生长过程中所产生的全部或部分绿色体，直接翻耕到土壤中作肥料，这类绿色植物体称之为绿肥。豆科绿肥不仅可以固定空气中的游离氮素，还可以将土壤中的难溶性磷和缓效钾通过机体的吸收转化为有效性养分。单位面积绿肥（豆科绿肥）可以从空气中固定氮素 $75 \sim 150kg/hm^2$，相当于尿素 $225kg/hm^2$、钙镁磷肥 $105kg/hm^2$、氯化钾 $150kg/hm^2$ 和有机质 $2\,400kg/hm^2$。按现行化肥市场价格计算，即相当于节约化肥投资 $1\,320$ 元 $/hm^2$（刘忠宽等，2009）。田峰等（2007）指出，辽西北半干旱地区梨园套种紫花苜蓿，每公顷产绿肥 $1\,420kg$，其 N、P、K 分别是 $694kg/hm^2$、$127kg/hm^2$、$599kg/hm^2$，夏秋季节翻压后，相当于施入尿素、磷酸二铵和硫酸钾分别为 $1\,509\,kg/hm^2$、$220kg/hm^2$、$1\,439kg/hm^2$。

**1. 梨园套种绿肥的效果**　增加土壤有机质和速效养分含量。梨园套种绿肥，在适宜的时期将地上部刈割覆盖树盘，能显著增加土壤孔隙度，降低土壤容重，增加土壤团聚体结构，提高土壤有机质含量和速效养分的含量，对培肥土壤有重要作用。刘芬红等（2005）指出，丰水梨和水晶梨园套种三叶草 3 年后，可以使土壤有机质提高 37.5%，土壤速效氮、磷、钾含量提高 25%～35% 增幅显著。梨园套种绿肥，增加土壤有机质含量，提高土壤肥力，对沙壤土、粉沙壤土、红壤等的改良尤为重要。

改善土壤物理性质。张兵等（2009）报告指出，在梨园套种优质绿肥作物如苜蓿，既能提高土壤团聚体结构的稳定性，提高土壤入渗能力，减少径流损失。蒋光毅等在重庆涪陵地区梨园的研究发现，梨园间作紫花苜蓿时，土壤径流量最少，各养分流失量与传统种植模式相比减少了 4～7 倍不等。

改善梨园小气候。梨园种植绿肥，还能够调节土壤水分和温度。由于绿肥的覆盖作用，高温季节绿肥可减少强烈阳光的直接辐射，使果实免遭灼伤，冬季严寒时绿肥覆盖又降低了土壤表面蒸发，提高地温。

改善树体营养，提高果实产量和品质。梨园套种绿肥，有利于梨树新梢生长，干周增长快（田峰等，2007）；增加叶片叶绿素含量，促进光合作用，改善树体营养，有利于花芽分化和果实发育，提高单果重和果实含糖量，从而提高果品的产量和品质（刘芬红等，2005；卢立华等，2009）。

增加虫害天敌种群数量，提高优质果率。梨园套种绿肥，还能增加草蛉、食蚜蝇、瓢虫、赤眼蜂等虫害的天敌种群和数量，降低虫果率，提高优质果率。

刘艳等（2008）采用植物源有机肥对沙质土壤干湿交替灌溉条件下黄金梨幼树的营养效应综合分析认为，以黄豆为材料植物源有机肥对沙质土壤保水，提高株高及叶片净光合速率的效果最佳；以沙打旺为材料的植物源有机肥对保持沙质土壤养分平衡，提高叶面积及单位叶面积干物质质量效果最佳；以白三叶和紫花苜蓿为材料的植物源有机肥对沙质土壤养分含量及树体养分含量提高综合效果最佳。综上所述，全国各地梨园种植三叶草等绿肥植物的实践证明，梨园套种绿肥是一项"有百利而无一害"的土壤管理方法，是一项有效提升梨园土壤有机质含量、改善土壤结构、促进果业可持续发展的重要举措，也是生产绿色果品和无公害果品的重要技术措施。

**2. 绿肥品种** 常见的适于梨园间作的豆科绿肥有红、白三叶草、百脉根、紫花苜蓿、黑麦草等。绿肥的播期没有严格限制，但根据其出苗率、成坪期、休闲管理期等综合看来，4月左右播种白三叶，其成坪期在6月，相比较于6月、8月、10月播种的白三叶综合效益较高。各地采用的品种也依据当地的气候、土壤条件和畜牧业发展而定。三叶草、苜蓿较不耐干旱，黑麦耐旱性好且产草量高，对半干旱地区土壤的改良效果较好。张玉星指出，梨园种植黑麦草，可使原来含0.5%～0.6%的有机质的梨园土壤5年后增加到1.8%，是河北省梨园常用的绿肥品种。在30cm厚的土层有机质含量为0.5%～0.7%的梨园，连续5年种植鸭茅和白三叶草，土壤有机质含量可以提高到1.6%～2.0%以上。梨园种植绿肥有全园绿肥和梨树行间绿肥两种模式，一般幼龄梨园多采用全园种植绿肥，成龄梨园多采用行间种植绿肥。

**3. 绿肥的经济效益分析** 梨园套种绿肥的经济效益，除了增加土壤有机质、提高土壤肥力带来的肥料投入方面的节省，还包括改善梨园小气候带来的促进坐果率、提高单果重和产量，增加优质果率带来的耐贮性高、价格高等方面（表11-4）。

表11-4 生草覆草园年均效益（元/hm²）

| 处理 | 新增费用 | 新增产值 | 节约覆草投资 | 节约有机肥 | 节水效益 | 年增收入 | 产投比 |
|---|---|---|---|---|---|---|---|
| 清耕（对照） | — | — | — | — | — | — | — |
| 紫花苜蓿 | 4 500 | 17 998 | 4 570 | 1 950 | 526 | 25 044 | 5.56 |
| 黑麦草 | 4 500 | 15 028 | 4 570 | 1 410 | 508 | 21 517 | 4.78 |
| 高羊茅 | 3 600 | 11 998 | 4 570 | 1 120 | 451 | 17 730 | 4.92 |
| 白三叶 | 4 950 | 14 181 | 4 570 | 1 005 | 421 | 10 177 | 2.05 |

引自徐胜利等（2005）。

值得注意的是，有的地区虽然采用梨园套种绿肥作物，但是这些绿肥作物多是花生等经济作物或饲草作物，还田的方式不合理，比例较小等，也都是限制绿肥作物改善梨园土壤理化性质的重要方面。因此，各地在选择梨园套种绿肥品种和方式上还应加大宣传和研究力度。

## 三、根外追肥

### (一) 根外追肥的意义

植物通过地上部分器官吸收养分和进行代谢的过程，称为根外营养。根外营养是植物营养的一种方式，但只是一种辅助方式。生产上把肥料配成一定浓度的溶液，喷洒在植物叶、茎等地上器官，称根外追肥，也称叶面施肥。用于叶面施肥的肥料和用于根部土壤施肥的肥料并没有严格的界线，原则上，凡是无毒、无害并含有营养成分、可制成营养溶液按一定剂量和浓度喷施到作物叶片上，起到直接或间接地供给作物养分的作用的有机无机肥料，均可作为叶面肥使用（李燕婷等，2009）。

丁平海和郗荣庭（1998）指出，就梨树的平衡配方施肥所用肥料而言，应包括有机肥、土施配方肥料和叶面喷肥三个方面。叶面喷肥，具有简单易行，用肥量小，发挥作用快，不受养分分配中心影响，可及时满足梨树需要且不会被土壤固定等优点。因此，在土壤施有机肥和配方肥料的基础上，结合叶面喷肥，可以有效地提高果实品质。

### (二) 根外追肥的方法及其应用

**1. 化肥种类** 通常适于叶面喷施的化肥应符合下列条件：能溶于水；没有挥发性；不含过量氯离子及有害成分。适合于叶面施肥的化肥有：尿素、硫酸铵、硝酸铵、硫酸钾、磷酸二氢铵和硝酸钾以及各种水溶性微量元素肥料等；此外，还有过磷酸钙，虽然它不能全部溶解于水，但其主要成分磷酸一钙是水溶性的，可溶于水，只要滤去残渣，即可用于叶面喷施；各种氨基酸、米醋、蔗糖、稀土微肥以及草木灰浸出液等也可用作叶面喷施，这些肥料物质具有性质稳定、在一定浓度下不损伤叶片等特点，是叶面施肥常用的肥料种类。

**2. 施用时期** 叶面施肥一般在生长季进行，自梨树展叶后每隔 20d 左右喷一次，也可结合喷施农药同时进行。叶面喷肥应在无风的阴天、晴天晨露干后至上午 10 时前或下午 4 时后喷施，效果较好。禁止晴日中午喷施以防高温引起药害。为延长肥效，喷肥时可加入展着剂；喷肥部位以叶背面为好，因叶背面气孔多、吸收好。

在梨树初花至盛花期，可使用 0.1%～0.2%尿素、0.1%～0.5%磷酸二氢钾、1%～2%过磷酸钙浸出液进行叶面施肥，对增强叶片光合效能、提高坐果率等有显著的效果。硼是梨花需要较多的微量元素，在始花期和谢花后叶面各喷一次浓度为 0.1%左右的硼砂或硼酸钠（钾）溶液，能促进花粉吸收糖分，活化代谢过程，刺激花粉发芽、受精胚胎发育成果实，提高坐果率，提高果实的维生素 C 和糖分含量。梨树在落花后，叶片开始革质化，且呈现亮光时，可叶面喷施 0.3%尿素溶液，对提高坐果、促进新梢生长、促进叶色加深和叶片增厚都有一定的作用。花后果实膨大期（6月下旬至7月中旬），正是果实长大、花芽进入大量分化期，两者都需要消耗树体大量的养分，必须增施肥料。每隔15～20d 叶面喷施 1 次 0.1%～0.5%磷酸二氢钾液，连用 3 次，既可减少病虫害发生，还能促进果实迅速生长；期间可喷施 2～3 次钙肥，对减少绿头果、粗皮果和贮藏期病害有明显效果；有条件的梨园可实行树体营养诊断、配方平衡施肥等新技术，增强施肥针对性，提高施肥效果。梨果膨大成熟期（7～9月），用0.2%磷酸二氢钾与0.3%尿素混合肥液喷树冠，每10～15d喷施一次，连续4～5次，可防止早期落叶和恢复树势。梨果实采收后（9～10月），根系进入新的生长高峰，叶面施肥能快速补充体内养分，增强叶片光合能力，延长其功能期，能起到增加树体贮藏营养的作用，为下年萌芽、开花、结果贮积营养物质。此期间可叶面喷施高浓度的氮肥，以增进秋叶的光合作用，增加贮藏养分积累；喷施磷、钾肥对提高果实品质效果良好，采果后可立即进行叶面喷施0.5%尿素和0.3%磷酸二氢钾1～2次（间隔10～15d）。

**3. 缺素症的矫正**　对于发生缺素症的梨园，可进行针对性的叶面喷肥，尤其是缺少微量元素，采用叶面喷肥的方法进行纠正具有速效、节省、实用的特点。以下是梨树几种缺素症状及其叶面施肥矫正方法。

（1）缺氮　症状为叶呈黄绿色，老叶转为橙红色或紫色，落叶早，芽、花、果实都偏小。可对树冠进行叶面喷施0.3%～0.5%尿素溶液加以矫正。

（2）缺磷　症状为叶色呈紫红色，春季或夏季生长较快的枝叶几乎都呈紫红色。出现病症时，叶面喷施1%～3%过磷酸钙浸出液或0.1%～0.5%磷酸二氢钾溶液。

（3）缺钾　症状为中下部叶片边缘先产生枯黄色，后呈枯焦状，叶片皱缩或卷曲，严重时叶枯焦。于症状出现后，可叶面喷施0.1%～0.5%磷酸二氢钾溶液2～3次。

（4）缺铁　症状往往从新梢顶部嫩叶开始，叶色由淡绿变成黄色，仅叶脉保持绿色，叶片呈绿网纹状，较正常叶小，严重发生的整个叶片是黄白色，在叶缘形成焦枯坏死斑，顶芽枯死。发病新梢枝条细弱，节间延长，腋芽不充实。梨树缺铁从幼苗到成龄的各个阶段都可发生。症状发生后可用0.3%～0.5%硫酸亚铁进行叶面喷施，根据黄化程度，每间隔7～10d喷1次，连喷2～3次可使黄叶复绿；也可根据历年黄化发生的程度，对重病株于芽前喷施0.8%～1%硫酸亚铁溶液，使用螯合铁喷施效果更好。

（5）缺钙　症状为新梢嫩叶形成褪绿斑，叶尖及叶缘向下卷曲，严重时褪绿部分变成暗褐色，并形成枯斑；西洋梨和库尔勒香梨会出现由于果实缺钙而形成的顶端黑腐。可在幼果至采收叶面喷施0.5%氯化钙溶液或螯合态钙肥液进行防治。

（6）缺镁　症状为叶片失绿，上部叶显深棕色。可叶面喷施2%～3%硫酸镁予以矫正。

（7）缺硼　症状为果肉变褐、木栓化，组织坏死，果实表面凹凸不平（褐色凹斑），味苦。对于潜在缺硼和轻度缺硼的梨树，可于萌芽前喷施浓度为1%、盛花期喷施浓度为0.1%～0.2%硼砂溶液或硼酸钠（钾）溶液，可有效防止缺硼症状的发生，并提高坐果率，于盛花期和落花后20d各喷一次硼砂或硼酸钠（钾）水溶液，效果也较好。

（8）缺锌　症状为叶片狭小，叶绿向上或不伸展，叶呈淡黄色，明显减少，不易坐果，或果小发育不良。可在发芽前喷1%～2%的硫酸锌液，发芽后喷0.1%～0.2%的硫酸锌溶液，或于落花后15d，用0.1%硫酸锌加0.3%～0.5%尿素和0.1%石灰混喷，效果良好，也可选用氧化锌进行叶面施肥，效果也不错。

（9）缺锰　症状为叶脉间失绿，叶脉绿色。可叶面喷施0.1%硫酸锰加等量石灰溶液，效果明显，喷施螯合态锰肥效果更佳。

**4. 其他叶面肥**　常见的有多功能新型梨树叶面肥，如含有各种促生作用的单种或多种激素与营养元素配合而成的、或由激素与生长调节物质等配合合成的叶面肥，例如某种叶面肥（PBO）主要成分有细胞分裂素（BA）、生长衍生物（ORE）、延缓剂等。李含坤等（2007）于新西兰红梨上的试验表明，该叶面肥对梨果的脱萼、果实的增糖着色等都有较明显的效果。其他如酵素菌叶面肥、微生物菌肥、氨基酸叶面肥等在分别在早酥梨、库尔勒香梨上的施用也都有较好的促进作用。

**5. 新型植物源营养液叶面肥** 目前我国有机果品生产发展迅速，有些梨园已经通过了有机认证，同时很多梨园正朝着有机果品生产的方向转变。常规叶面施肥所用化学合成的尿素、磷酸二氢钾、硫酸钾及人工合成的植物生长调节剂等物质在有机果品生产中禁止使用。天然植物汁液类的叶面肥，如富含植物必需的各种营养元素和天然植物激素的植物叶片、花、幼果的提取液引起了人们的兴趣（代明亮等，2008）。研究发现，梨花营养液稀释后对雪青梨生长和品质有较好的促进作用，不仅改善了果实品质，而且使得果实硬度有所降低，促进果实成熟，使果实的收获期提前，具有"使作物生长强壮、抗逆、抗病、抗旱、促早熟"的作用。梨花营养液具有显著效果的可能原因在于具有相对较高的钙、镁质量分数和较高的细胞分裂素含量以及激素间比例协调。

## 四、平衡施肥专家系统

### （一）平衡配方施肥

梨园平衡配方施肥是综合运用现代农业科技成果，根据梨树的营养诊断结果、梨树生长发育的基本规律和需肥规律、土壤供肥特性及肥料效应而采取的一种综合的科学施肥方法。具体来说，就是通过分析树体和土壤的营养状况，根据梨树产量和品质的要求，在以有机肥为基础的条件下，提出 N、P、K 等元素适宜的比例和用量，采用合理的施肥技术，按比例适量施用肥料。通俗地说，就是土壤中缺什么补什么，缺多少补多少。平衡配方施肥不同于一般的配方肥料，它具有先进的技术路线，通过专门的营养诊断软件，依据"盈亏指数"和"综合诊断法"等先进的诊断方法，排列出需肥次序，提出配方，配制肥料和采用合理的施肥技术。目前，限制梨产业发展的问题不是梨的总产，而是品质。因此，如何根据梨的目标产量和品质、树体营养和土壤的供肥特性以达到平衡配方施肥，是目前迫切需要解决的。

测土配方施肥（soil testing and formulated fertilization）是以肥料田间试验、土壤测试为基础，根据作物需肥规律、土壤供肥性能和肥料效应，在合理施用有机肥料的基础上，提出氮、磷、钾及中、微量元素等肥料的施用品种、数量、施肥时期和施用方法。配方肥料（formula fertilizer）则是以土壤测试、肥料田间试验为基础，根据作物需肥规律、土壤供肥性能和肥料效应，用各种单质肥料和（或）复混肥料为原料，配制成的适合于特定区域、特定作物品种的肥料。因此，配方施肥技术的关键是提出肥料配方和估算施肥量。丁平海与郗荣庭（1998）通过多年的研究表明，平衡配方施肥不仅可以减少盲目施肥造成的肥料浪费，而且能及时矫治树体营养失调，提高肥效，增加产量和质量。

有关梨树营养诊断矫治与平衡施肥的专家系统研究较少。李绍稳和熊范纶（2001）、朱立武等（2001）、刘后胜等（2002）在砀山酥梨营养诊治的大量试验研究成果与生产管理经验的基础上，结合果树营养生理理论与砀山酥梨营养及立地特点，对砀山酥梨营养诊断矫治与平衡施肥专家系统，分别进行了研究开发。

砀山酥梨原产于安徽砀山，主产区黄河故道地区的土壤质地多为故黄河冲积沙土或沙壤土，土层厚、碱性重、有机质含量低，营养成分的比例容易失调，极易出现缺素症。如缺 Fe"黄化病"、缺 Zn"小叶病"等现象时有发生，尤其在地下水位高、盐碱重的低洼地带，砀山酥梨植株营养失衡现象普遍存在。

### （二）施肥专家系统开发原理

随着果树营养诊断技术的研究与发展，各种诊断方法被相继提出来。为了对砀山酥梨进行全面系统的营养诊断，我们将多种诊断方法结合考虑，利用优势互补，研制开发了基于 DRIS、PLI 与 Fuzzy 诊断法的砀山酥梨营养综合诊断系统，以指导砀山酥梨合理施肥与营养矫治。

**1. 盈亏指数法** Macy（1936 年）提出了营养元素临界值百分数的理论，使叶分析诊断成为了可能。他认为一种作物的每一种营养元素都有一个固定的"临界百分数"，如果植物体中该元素浓度超过了这个百分数，表示为奢侈吸收，如果低于这个百分数则表示营养缺乏。利用临界值理论，以盈亏指数表示样品的营养状况。根据"标准值"中元素适宜浓度范围的上下限，求出适宜范围的平均值（$\bar{x}$），即：

$$\bar{x} = (x_1 + x_2) / 2$$

样品中该元素浓度（$x'$）占该平均值的百分率称为盈亏指数（profit and loss index，简称 PLI），即：

$$PLI = x' / \bar{x} \times 100\%。$$

盈亏指数等于 100% 表示既不缺肥也不过剩；盈亏指数低于 100% 表示缺素，数值越小，缺素越严重；盈亏指数大于 100% 表示该元素过剩，数值越大过剩越严重。

**2. 营养综合诊断理论** Beaufils（1973）提出的"综合诊断法"（diagnosis and recommendation integrated system，简称 DRIS），利用营养元素浓度比值来解释分析结果，不受采样时期和部位限制，诊断的正确性比"临界值"法高，而且能获得更多的信息。DRIS 诊断法在指导施肥中的最大作用在于它能对需肥次序作出诊断。其诊断原理与方法如下：

根据产量和品质将砀山酥梨分为高产组和低产组，通过大量的样品分析测定，以 N、P、K、…，N/P、N/K、…，P/K、…方式，分别计算每个参数的平均值（$\bar{x}$）、标准差（S. D）、变异系数（CV）、方差（S2）、方差比（SA2/SB2）及两组方差值的差异显著性。由差异显著性选择重要参数。根据高产组的这些重要参数确定适宜的"标准值"范围，作为以"临界值"为依据的诊断标准，并将这些重要参数比值的平均值、标准差或变异系数作为 DRIS 诊断的标准。DRIS 诊断的通式如下：

$$DRIS\,(X) = \frac{f\,(X/A) + f\,(X/B) + \cdots - f\,(F/X) - f\,(G/X) \cdots}{n-1}$$

式中 $X$ 表示某一营养元素，$A$，$B$，…，$F$，$G$，…表示与 $X$ 组成比例的其他营养元素。当 $X$ 为分子时，函数为正号；当 $X$ 为分母时，函数为负号。$n$ 为被诊断元素的个数。其中：

$$f(X/A) = \begin{cases} 100(\dfrac{X/A}{x/a}-1)\times\dfrac{10}{cv} & (X/A > x/a) \\[2mm] 100(1-\dfrac{x/a}{X/A})\times\dfrac{10}{cv} & (X/A < x/a) \end{cases}。$$

式中 $X/A$ 为样品中两元素之比，$x/a$ 为诊断标准中两元素之比。$cv$ 为变异系数。显然，当 $X/A > x/a$ 时，函数为正值；当 $X/A < x/a$，函数为负值。

同理，可定义 $f(X/B)$，$f(F/X)$，$f(G/X)$ 等。

基于以上原理和方法，推导应用于砀山酥梨比较广泛的 N，P，K，Ca，Mg，Fe，Mn，Cu，Zn，B 十种元素的 DRIS 指数公式如下：

$$DRIS(N) = \frac{f(N/P)+f(N/K)+\cdots+f(N/B)}{10-1}$$

$$DRIS(P) = \frac{f(P/K)+\cdots+f(P/B)-f(N/P)}{10-1}$$

$$DRIS(K) = \frac{f(K/Ca)+\cdots+f(K/B)-f(N/K)-f(P/K)}{10-1}$$

$$DRIS(Ca) = \frac{f(Ca/Mg)+\cdots+f(Ca/B)-f(N/Ca)-\cdots-f(K/Ca)}{10-1}$$

$$DRIS(Mg) = \frac{f(Mg/Fe)+\cdots+f(Mg/B)-f(N/Mg)-\cdots-f(Ca/Mg)}{10-1}$$

$$DRIS(Fe) = \frac{f(Fe/Mn)+\cdots+f(Fe/B)-f(N/Fe)-\cdots-f(Mg/Fe)}{10-1}$$

$$DRIS(Mn) = \frac{f(Mn/Cu)+\cdots+f(Mn/B)-f(N/Mn)-\cdots-f(Fe/Mn)}{10-1}$$

$$DRIS(Cu) = \frac{f(Cu/Zn)+f(Cu/B)-f(N/Cu)-\cdots-f(Mn/Cu)}{10-1}$$

$$DRIS(Zn) = \frac{f(Zn/B)-f(N/Zn)-\cdots-f(Cu/Zn)}{10-1}$$

$$DRIS(B) = \frac{-f(N/B)-f(P/B)-\cdots-f(Zn/B)}{10-1}$$

**3. 模糊诊断法**　确定临界值标准是营养诊断的关键技术。很多学者按照各自的划分标准将果树矿质营养元素含量分为不同的级别，在应用这些标准进行诊断时，往往存在不同级别间的浓度交叉重叠，当某一元素的叶分析值处于不同级别的交叉重叠浓度范围的情况下，这时就很难做出正确的诊断。

营养元素不同级别间的浓度交叉重叠，中间存在一个从量变到质变的连续过渡过程，因而造成诊断的不确定性，对此模糊诊断（Fuzzy diagnosis）给出了定量处理方法。具体诊断的原理如下：

设论域 $U$ 为砀山酥梨的叶片中 N、P、K、Ca、Mg、Fe、Mn、Cu、Zn、B 营养元素缺乏至中毒的含量范围，即：$U =$｛缺乏，中毒｝。在给定的论域上，将叶片元素含量范围划分为"缺乏 A1（$x$）"、"低值 A2（$x$）"、"正常值 A3（$x$）"、"高值 A4（$x$）"、"中毒 A5（$x$）"五个 Fuzzy 子集。

令：AX（D）△A1（x）∩A2（x）
AX（N）△A3（x）

AX（E）$\triangle$ A4（x）$\bigcap$ A5（x）

AX（D）、AX（N）、AX（E）Fuzzy 子集分别表示"低量"、"适量"、"过量"三个 Fuzzy 子集，x 表示不同营养元素。

AX（D）、AX（N）、AX（E）Fuzzy 子集，分别以降半梯形分布、对称梯形分布、升半梯形分布建立隶属函数。表达式分别为：

$$\mu_X(D) = \begin{cases} 1 & x \leqslant a_1 \\ b_1 - x/b_1 - a_1 & a_1 < x < b_1 \\ 0 & x \geqslant b_1 \end{cases}$$

$$\mu_x(N) = \begin{cases} 0 & x \leqslant b_2, x \geqslant b_3 \\ x - b_2/a_2 - b_2 & b_2 < x < a_2 \\ b_3 - x/b_3 - a_3 & a_3 < x < b_3 \\ 1 & a_2 \leqslant x \leqslant a_3 \end{cases}$$

$$\mu_x(E) = \begin{cases} 0 & x \leqslant b_4 \\ x - b/a - b & b_4 < x < a_4 \\ 1 & x \geqslant a_4 \end{cases}$$

为说明 AX（D）、AX（N）、AX（E）Fuzzy 子集的交叉重叠，设：

$A_x(D \bigcap N) = A_x(D) \bigcap A_x(N), A_x(N \bigcap E) = A_x(N) \bigcap A_x(E)$

且：$\mu_x(D \bigcap N) = \mu_x(D) \bigcap \mu_x(N) = \mu_x(D) \wedge \mu_x(N)$

$\mu_x(N \bigcap E) = \mu_x(N) \bigcap \mu_x(E) = \mu_x(N) \wedge \mu_x(E)$

其中 $\mu_x(D \bigcap N), \mu_x(N \bigcap E)$ 分别表示低适量重叠和适过量重叠。对重叠的程度，引入散漫化语气算子"略"予以说明。即：使 $\mu_x(D \bigcap N)$ 和 $\mu_x(N \bigcap E)$ 分别变为 $\mu_x^a(D \bigcap N)$、$\mu_x^a(N \bigcap E)$，其中 $a = 1/5$。即：

低适量略重叠 $\triangle \mu_x^{\frac{1}{5}}(D \bigcap N)$

适过量略重叠 $\triangle \mu_x^{\frac{1}{5}}(N \bigcap E)$

在诊断结果的说明上，引入判定化算子"偏"$P\lambda$、$P'\lambda$，其中取 $\lambda = 1/2$；以及最大隶属度原则：设 $A_i \in F(U)$，$(I = 1, 2, \cdots, n)$，$u \in U$，若存在 $i0$，使 $Ai0 = \max \{A1(u), A2(u), \cdots, An(u)\}$，则判定 $u$ 属于 $Ai0$。

### （三）施肥专家系统的集成与实现

系统集成包括多媒体知识在知识库中的表示方法，以及在知识库中一个知识对象（KO）如何请求其他对象为其提供服务的知识的表示方法。系统的集成可利用雄风 4.1 系统开发平台（XF4.1），开发出的营养诊断矫治系统软件，适合单机安装后运行。也可以运用 asp. net 技术进行集成，asp. net 是一个已编译的、基于 . NET 环境，将基于通用语言的程序在服务器上运行。程序在服务器端首次运行时进行编译，比 ASP 即时解释程序速度上要快很多，而且可以用任何与 . NET 兼容的语言（包括 Visual Basic . NET、C♯ 和 JScript . NET.）创作应用程序。目前已经研制开发出"平衡施肥系统"，可以通过计算机网络共享。

**1. 多媒体知识集成** 多媒体以其直观、形象、生动、易于理解接受的特点而得到广

泛的应用。多媒体知识包括：声音（＊.wav）、图像（＊.bmp，＊jpg，＊.gif）、影像
（＊.avi）、动画（＊.gif，＊.app）等［＊.app 指用 AuthorWare 开发的多媒体文件］。在
知识库中进行多媒体知识集成的实例：

KO 多媒体集成测试

｛

ADVICE"（声音＝test. wav)";

ADVICE"（图像＝test. bmp)";

ADVICE"（影像＝test. avi)";

ADVICE　说明性知识;｝

**2. 外部构件集成**　XF4.1 支持对外部应用对象的集成。通过这种方式可以利用现有
的软件资源，进行多对象协作式问题求解。可以通过这种方式实现与具有自动化服务功能
的外部对象（如模糊推理、神经计算、地理信息系统、作物生长模拟模型等）的集成。系
统支持以下类型的外部对象的集成：应用程序对象（＊.EXE）、动态链接库（＊.DLL）、
ActiveX 对象（＊.OCX）等。

### (四) 营养诊断矫治 XF4.1 系统实现

**1. 系统实现**　利用雄风 4.1 系统开发平台（XF4.1），开发出营养诊断矫治系统软
件。具体集成实现如下：
IF X＝" Fe" THEN ｛

／＊ADVICE " ④ 请单击：(动画＝Fe. app)，以显示该缺素症的特征! "; ＊／

ADVICE " ④ 请单击：(图像＝Fe. bmp)，以显示该缺素症的特征! ";

TEXT " ";

PRINT " ⑤ 缺 Fe 量：按照您输入的数据推算，每亩土壤里至少缺 Fe",
DOT（缺素量，2)," 千克。";

TEXT " ";

TEXT " ⑥ 矫治措施：缺 Fe 易出现酥梨树 "黄化病"，在黄河故道的萧砀一
带尤为明显，一般采用如下矫治方法："；

TEXT " ";

TEXT " 1) 在梨树干上强力注射 1％的硫酸亚铁（含 Fe 量 19％）溶液";

TEXT " ";

TEXT " 2) 增施有机肥，种植绿肥；灌水洗盐，并及时排除盐水。";｝;

**2. 系统的运行**

(1) 在雄风 4.1 的工具下，加载知识库，点击运行菜单，出现图 11-36 的系统界
面：

(2) 然后根据用户的需要，任意选择其中一种方法，点击确定进行诊断。

(3) 选择 "树体营养诊断与矫治"，单击 "确定"，进行智能引导诊断。

(4) 选择 "综合营养诊断与矫治"，单击 "确定"，出现综合营养诊断界面；单击菜单
"数据"，选择下拉菜单 "数据输入"，要求用户输入相应的实测数据以进行诊断。还可选
择 "数据库"，进行标准数据库的浏览。

（5）选择"Fuzzy 诊断与矫治"，单击"确定"，进入模糊营养诊断界面。同样单击"模糊诊断"，再单击"数据"，要求用户输入相应的实测数据进行诊断（图 11-37）。

图 11-36　系统选择界面

图 11-37　综合营养诊断与矫治

### 3. 运行结果与分析

（1）树体营养诊断与矫治　在上述的系统界面下，点击树体营养诊断与矫治，进入智能引导决策。具体结果图 11-38 至图 11-47 所示。

图 11-38　显示发生叶龄

图 11-39　模糊营养诊断

（2）综合诊断与矫治　某次测得砀山酥梨树体叶片样品各元素含量为：N＝2.18％，P＝0.18％，K＝1.31％，Ca＝1.03％，Mg＝0.23％，Fe＝88.4mg/kg，Mn＝42mg/kg，Cu＝12.8mg/kg，Zn＝23mg/kg，B＝37mg/kg。现由系统加以诊断。

①输入数据。启动系统，在主窗口界面下，选择菜单"数据"，单击下拉菜单"数据输入"，在弹出的对话框中输入用户实测的数据。

②系统诊断。单击"确定"，系统主控程序调用数据库管理模块实现数据初始化，进

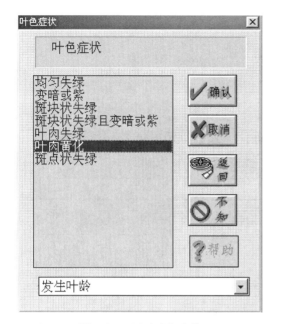

图 11-40　显示叶色症状

图 11-41　显示叶形症状

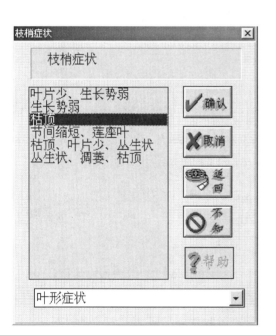

图 11-42　枝梢症状显示

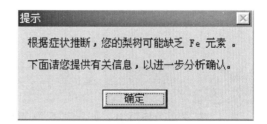

图 11-43　诊断缺素提示

而转到模型管理模块进行推理计算，紧接着结果就在窗口中显示出来。

③诊断结果。如图 11-48 所示。具体的结果有：DRIS 指数及排序、盈亏指数、施肥建议。用户可对获得结果进行编辑保存打印等操作。

从图 11-48 中的结果可以看出，该类树体对 Fe、Mg 肥需求极为迫切，Zn、Mn、Ca、N 次之，Cu 在标准范围内，B、K、P 三种营养元素已经过量，所以在需肥次序之中位居最后。

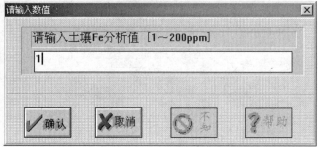

图 11-44　询问土壤类型　　　　　　　　　　图 11-45　土壤分析值的输入

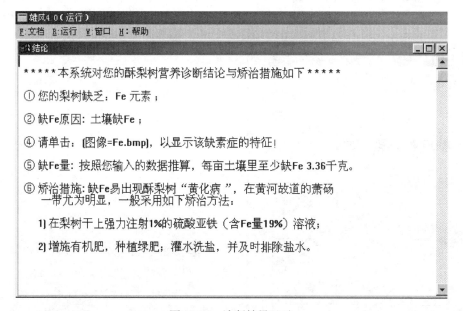

图 11-46　诊断结果显示

**4. 模糊诊断与矫治**　假设某次测得砀山酥梨树体叶片样品各元素含量为：N＝2％，P＝0.18％，K＝2.91％，Ca＝1.92％，Mg＝0.51％，Fe＝94.4mg/kg，Mn＝62mg/kg，Cu＝19.7mg/kg，Zn＝22mg/kg，B＝52mg/kg。现由系统加以诊断。

（1）输入数据　启动系统，在主窗口界面下，选择菜单"模糊诊断"，单击下拉菜单"数据"，在弹出的对话框中输入用户实测的数据。

（2）系统诊断　单击"确定"，系统主控程序调用数据库管理模块实现数据初始化，进而转到模型管理模块进行推理计算，紧接着结果就在窗口中显示出来。

（3）诊断结果　如图 11-49 所示。

图 11-47　多媒体显示

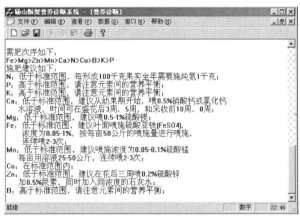

图 11-48　砀山酥梨营养综合诊断结果显示

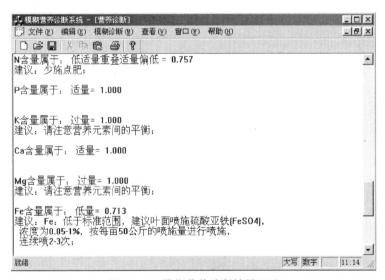

图 11-49　模糊营养诊断结果显示

## （五）基于 asp.net 技术的"平衡施肥系统"

**1. 系统实现**　国家梨产业技术体系"耕作与抗逆栽培岗位"团队与中国科学院合肥智能研究所"仿生感知与控制研究中心"团队合作，以"养分归还学说"为理论基础，结合全国各综合试验站示范县梨园土壤、梨树叶片营养分析结果，建立"梨园营养循环模型"，运用 asp.net 技术，开发出梨优质丰产"平衡施肥系统"模块。

2012 年，在以砀山酥梨为例进行"平衡施肥系统"试运行的同时，由全国各综合试验站鼎力协助，收集梨样品果实 119 份、枝条 112 份、灌溉用水 78 份，测定获得各类样品矿质元素数据 4 700 个。结合各地优质丰产园果实产量、品质分析指标，实现了丰水、黄冠、巴梨、鸭梨 4 个主栽品种优质丰产梨园平衡施肥在线专家系统决策。

研究结果已经通过"梨树生产管理专家系统"（http：//pear. ahau. edu. cn/new/）的"平衡施肥系统"（http：//202.127.200.3/sc/temp/nd/index. aspx）发布共享。2012 年 6 月，"梨营养诊断与矫治专家系统 V1.0"，中华人民共和国国家版权局计算机软件著作权登记，登记号 2011SRQ71262。

**2. 系统的运行**　系统运行的具体操作流程如图 11-50：

图 11-50　系统运行操作流程

**3. 运行结果及分析**　用户通过下拉式菜单，开始进行"品种"、"树龄"、"土壤类型"选择（图 11-51），每完成一项选择后点击"下一步"按钮；填入土壤元素分析值（图 11-52）、年灌溉量（图 11-53），得出梨园土壤肥力状况（图 11-54）；再输入果实收获产量，可得到"应补充矿质元素种类与数量"（图 11-55）；最后根据土壤有机质、pH 分类选择，系统会给出一套"建议施肥方案"（图 11-56）。

图 11-51　"品种选择"界面

图 11-52　填入"土壤分析"数据

图 11-53　"灌溉量"选择

图 11-54　"土壤肥力状况"界面

图 11-55　"应补充矿质元素"

图 11-56　"建议施肥方案"界面

# 第五节　梨园灌溉与排水

水对梨树的整个生命活动起着重要的作用。一个 200g 重的梨果，水分占 90%，即 180g，而其干物质仅占 20g。梨果虽为固体形态，却比液态的牛奶含水还多。梨树一旦缺水，轻则叶黄，生长不良，果小质劣；重则落花、落果、枯衰，乃至死树。可见水是梨树生命的血液，缺水如断命。

最佳的供水是梨树丰产优质的基本保证。在北方干旱地区，梨树的产量高低直接取决于水分供应状况；在南方，季节性的雨季及不合理的用水也常常造成涝害。明确梨树的需水特性，掌握最佳的灌溉时期和灌溉方法以及发展节水灌溉技术是梨园科学管理的前提。

# 一、梨园干旱

## (一) 干旱对梨树营养生长的影响

梨树营养生长对水分需求量较大。在土壤空气有保证的前提下，水分如供应充足（为田间持水量的 60%～80%），梨树的根系发育正常，活性强，能有效地利用土壤水分和养分。在沙壤土中当土壤水分含量在 15%～20% 较适于根系生长，降至 12% 则根系生长受抑制。

早春过度干旱抑制萌芽、展叶和树体叶面积的扩大，降低树体光合效能，造成树体内各种运输过程缓慢，影响树冠的扩大。

## (二) 干旱对梨树生殖生长的影响

梨花芽形成期，所要求的土壤水分含量要比营养生长时低。适度干旱可使梨果细胞液浓度提高，有利于花芽分化，同时可增加梨树体内氨基酸，特别是精氨酸水平，从而有利于成花。水分过多，新梢持续生长，不利于花芽分化。在细胞增大阶段，需要充足的水分，水分供应不足影响果实的大小和产量。

## (三) 干旱对梨果实品质的影响

适度干旱利于梨果着色，增加果实的含糖量。但过度干旱会导致梨果实变小，果形不正，皮粗糙，汁少渣多，容易裂果、落果，果实产量低，品质差。

## (四) 防止梨园干旱

**1. 整地蓄水** 陕北黄土丘陵沟壑区春季干旱少雨，秋季暴雨频繁，水土流失严重。其 7～9 月的降水量占年降水量的 61.4%，此时正值酥梨需水较多的果实膨大期，蓄水保墒对酥梨生产尤为重要。即在 7 月下旬至 8 月上旬雨季来临前整修好水保工程设施，并耕翻疏松树盘，以拦蓄降水就地入渗，增加土壤蓄水量，雨后及时除草松土，减少水分蒸发。实践证明，搞好秋季蓄水，防止水分蒸发是陡坡地梨树获取高产的有效措施。

**2. 生草与覆盖** 干旱地区开展梨树生产，水分不足是其限制因子。采取梨园生草与割草覆盖结合，可通过减少土壤水分蒸发，提高土壤的蓄水、保水和供水能力，进而调节梨树对水分的利用率（赵政阳和李会科，2006）。秸秆覆盖作为一种重要的节水措施，能有效抑制土壤水分蒸发，提高土壤含水率，这种节水效应在多种果树栽培中已起到显著的增产作用（赵长增等，2002），但因各地气候、土壤条件的差异及覆盖时期不同等多种因素的影响，覆秸秆的效果不完全一致。含水率提高幅度的最大时期，正值荒漠地区的干旱季节，同时也是梨树大量需水时期，可使干旱地区有限的土壤水分供应于果树需水最迫切的时期，提高了梨树的水分利用率。可见，越是干旱缺水的地区，覆盖秸秆的节水效应越明显。

**3. 土内深松爆破技术** 在干旱半干旱地区的山地果园，立地条件较差，但由于受地形限制，难以进行机械化深翻改土，而人工深翻又费工，往往难以实施，极大地影响了树体生长和经济效益的提高。通过采用土内深松爆破技术，改变原有的土壤物理性质，有效地调节了土壤的通气状况和水分条件，促进了微生物的活动，增加了土壤中的有效养分，促进了果树生长发育，使经济效益显著提高。在干旱半干旱地区的成年梨园采用土内深松爆破技术，对土壤环境改善作用十分明显，可大幅度促进梨树生长，提高产量，增进果实品质，既节省了投资，又提高了经济效益，在山区果树生产中有一定的推广价值。

## 二、梨园涝害

### （一）水涝对梨树生长的影响

有些梨园，只重视灌水而忽视排水，一旦发生水涝，有造成全园毁灭的危险。尤其在7~9月的多雨年份，在低洼地或地下水位高的平地，甚至在山脚下的"尿炕地"，在栽植穴不透水的连山石山地梨园，常常因雨水过大而集中，不能及时排水，造成局部或全园渍涝。

尽管梨树较为耐涝，尤其杜梨砧梨树抗涝性更强些，但积水时间过长，土壤中水多气少，会造成根系窒息。观测得知，当土中氧气含量低于5%时，根系生长减退，低于2%~3%时，根系停止生长，呼吸微弱，吸肥吸水受阻，首先是白嫩的吸收根死亡。而地上部叶片、果实照常蒸腾，呼吸消耗，有求无供，因而出现所谓"生理干旱"、"生理饥饿"。同时，由于积水日久，在土壤缺氧的情况下，产生硫化氢、甲烷类有毒气体，毒害根系而烂根，造成与旱象相似的落叶、烂果、死树症状。

### （二）防止梨园涝害

对于易涝地形，从建园开始就应设排水系统。排水系统不完善的，应在雨季来临前补救配齐，防患于未然。排水系统，应因势设施。如低洼盐碱地，顺地势水势，挖成纵横阡陌的干支通沟，排水于园外。山坡地梨园，在修好梯田的基础上，于梨园上部（高处），挖环山截水壕，防止雨水流冲坏梯田；并在梯田内侧顺行挖竹节式浅沟，做到水小能蓄，水大能排。有隔水石层、胶泥层的梨园，山脚下的"尿炕地段"，应打破死隔子，挖暗沟或明沟，顺水出园，或下渗。地下水位高的梨园，每4行树挖一道排水沟，在台田面上栽果树。

## 三、合理灌溉的理论基础

### （一）需水量的确定

准确地估算需水量是梨园用水管理和实时灌溉制度的一项重要工作。需水量的大小与气象条件（辐射、温度、日照、湿度、风速）、土壤水分状况、梨树生长发育阶段、农业技术措施等有密切关系。

梨树最适宜的灌水量，应在一次灌溉中，使梨树根系分布范围内的土壤湿度达到最有利于果树生长发育的程度。只浸润土壤表层或上层根系分布的土壤，不能达到灌溉的目的，且由于多次补充灌溉，容易引起土壤板结，土温降低。因此，必须一次灌透，深厚的土壤需一次浸润土层 1m 以上，浅薄的土壤，经过改良后，亦应浸润 0.8～1m。据试验测算，每形成 1g 光合产物大约需水 150～400ml。为了达到合理灌溉的目的，将每形成 1g 干物质所需的蒸腾水量称为需水量。据测算，在 4～9 月，二十世纪梨的需水量为 401ml。梨树的合理灌溉量可参考以下方法：

方法一：根据不同土壤的田间持水量、土壤湿度、土壤容重、浸润深度等计算灌水量（表 11-5）。

灌水量＝灌溉面积×土壤浸润深度×土壤容重×（田间持水量－灌前土壤湿度）

方法二：根据需水量和蒸腾量确定每公顷灌水量。

每公顷灌水量＝（果实重量×干物质％＋枝、叶、茎、根生长量×干物质％）×需水量。

**表 11-5 不同土壤容重及田间最大持水量**

| 地壤类别 | 土壤容重（g/cm³） | 田间最大持水量（％） |
|---|---|---|
| 黏土 | 1.3 | 25～30 |
| 黏壤土 | 1.3 | 23～27 |
| 壤土 | 1.4 | 23～25 |
| 沙壤土 | 1.4 | 20～22 |
| 沙土 | 1.5 | 7～14 |

例如，要计算一个 $1hm^2$ 梨园一次灌水用量，测得灌前土壤湿度为 15％；要求灌水渗入深度达 1m；土质为壤土，查表土壤容重为 $1.4g/cm^3$，其最大持水量为 25％，根据上面的方法一，代入公式，

灌水量＝$10\,000m^2$×$1m$×$1.4g/cm^3$×（25％－15％）

＝$1\,400\,000kg$＝$1\,400t/hm^2$

若全年需灌水 5 次，则每公顷梨园全年应灌水 1 400×5＝7 000t。当然，这只是理论推算值，实际灌水量还要看天、看地、看树、看灌水方式和树龄等加以调整。比如在需水临界期，久旱不雨，干热风多，土壤明显缺水时，应灌足灌透。反之，可灌小水，保持土壤水分平稳供给即可。

### （二）灌溉时期和方法

为了达到丰产、稳产的目的，根据梨树本身的生理需求确定合理的灌溉时期，梨树需水一般有几个关键时期。把握住这几个关键时期，才能在合理灌溉的基础上，达到优质丰产的目的。

**1. 灌水时期** 土壤中水分含量达到田间最大持水量的 60％～80％时，最适宜梨树生长。准确地确定梨园的灌水时期应建立在科学地仪器测定的基础上，如土壤水分张力计等。但目前中国许多地方根本达不到这样的要求，实践中，只能凭观察来确定，由于植物的外观表现干旱比生理干旱出现的时期滞后，如果植物外观已经表现出干旱的症状了，其根系的吸收、碳水化合物的形成、花芽分化等已经受到很大的影响。所以灌水应在树体尚未缺水之前，根据梨树物候期确定灌水的时期。

（1）树体萌动期 此期灌水有利促进芽萌动、新梢生长和叶片增大，有利于提高坐果率。一般于花前追肥后灌水，时间在 3 月下旬。

（2）落花后　此期为幼果形成、膨大和新梢迅速伸长期。新梢、叶片、幼果等生长点多，是需水量最大时期，也是对水分和养分最敏感的时期。此期如水分不足，会影响枝梢和幼果生长。一般于花后追肥后浇水，时间在 4 月下旬或 5 月上、中旬。

（3）果实膨大期和花芽分化期　此时新梢停长或生长缓慢，果实体积增大速度较快，同时也是花芽分化的开始期。此时期为梨树的需水临界期，最为重要。如水分供应不足，会造成果实生长与花芽分化的水分竞争，既不利果实的增大，影响当年产量，又会影响花芽分化，不利来年的产量。因此，需要及时浇水以便为连年丰产、稳产奠定良好的基础。此次浇水可结合追肥进行，在追肥后，如土壤干旱立即灌水，既补充了水分又有利于肥效的发挥。可以达到促进新梢和叶片的生长，扩大同化面积，增强光合作用，提高坐果率和增大果实的作用。时间在 6～7 月。

（4）采后水　采收前不宜浇水，以确保果实的品质。而采收后浇水能起到保护叶片、提高光合效率的作用，对恢复树势、增加树体营养和促进根系发育具有重要作用，以利于第二年春天梨树的发芽、开花和坐果。一般于秋季施基肥后进行，时间在 9 月下旬或 10 月上旬。

（5）封冻水　封冻前浇透水一次，可使土壤贮备充足的水分，有利于肥料的分解和根系的吸收，从而起到促进树体的营养积累，提高树体抗寒能力的作用，为下一年的生长结果奠定良好的基础。

**2. 灌溉方法**　灌水的方法有多种。应本着方便、实用、省水、便于其他管理和机械作业的原则。综合国内外的浇水方法主要有地下管道灌溉和地面灌溉两种。其中，地下管道灌溉是借鉴了传统的沟灌技术而改进的，既有沟灌的优点，又减少每次开沟引水的工作量。将塑料或合金管埋入地下，或用石块垒成管道，管道直径 30～50cm，管外按植株的株距开喷水孔。石砌管道每次每 667m$^2$ 用水 20m$^3$。虽节约用水、操作简便，但造价较高。

目前，我国多数梨园采用地面灌水法。主要分为行灌、沟灌、盘灌、穴灌数种。一般平地水源充足的，多用行灌法。即在树行两侧先做好水埂，全行作为一个灌水面，或几棵树再打一横隔，通行灌水。灌后要浅锄保墒。平地，但水源不太充足的，可用沟灌法。即顺树行两侧，开临时性浅沟，通沟灌水，向树根润扩，灌后封沟保水。山坡梯田地或小幼树，多在一株或几株树作一树盘，从输水沟引入盘内，逐盘渗透。灌后松土，以防干裂。水源极缺的干旱地区，可用穴灌法。即每株树下挖十几个孔穴，深度 50cm 左右，或直接穴灌，或埋入草把，灌水后封埋，或放入塑料水袋，袋下有针刺小孔，灌足水封口，慢慢滴渗，无水后再添水。

总的来说，地面灌水方式，简单易行，投资很少，但耗水量大，易板结土壤。适于小面积，属于低水平方式。地面灌溉较先进的方法有喷灌、滴灌、穴灌等。一般规模栽植的梨园可采用喷灌、滴灌等方法，以利统一管理。

## 四、节水灌溉与灌溉施肥

中国是世界上 13 个贫水国之一，年平均淡水资源总量 2.81 万亿 m$^3$，居世界第六位，人均水资源占有量 2 500m$^3$，仅为世界人均占有量的 1/4，居世界第 109 位。预计到 21 世纪 30 年代，我国人口达到 16 亿高峰时，在降水总量不减少的情况下，人均水资源量将下降到1 760m³，逼近国际公认的1 700m³的严重缺水警戒线。水资源亏缺已成为制约我国农业和经济社会发展的重要因素。

果树业是我国目前农业种植结构调整中的重要组成成分，年产值可达1 000多亿元，其效益在种植业中居第三位。据统计，2003年我国果树栽培面积已达9 436.7hm²，占世界果树面积的18.0%；总产量7 551.5万t，约占世界总产量的15.7%，栽培面积和产量均居世界首位。面对严峻的水资源危机和干旱化形势，传统的果树灌溉栽培必须转向节水栽培，缓解农业用水供需矛盾，实现水资源可持续利用和农业可持续发展。节水灌溉是指用尽可能少的水投入，取得尽可能多的农作物产量的一种灌溉模式。它是技术进步的产物，也是现代化农业的重要内涵。其核心是在有限的水资源条件下，通过采用先进的水利工程技术、适宜的农作物技术和用水管理等综合技术措施，充分提高灌溉水的利用率。

梨树是多年生、根系深而发达的植物，与草本植物相比，梨树单位面积土壤的根密度低，根系分布深，可充分利用土壤深层水分，故能维持适宜的水势及蒸腾能力，为梨树实施节水灌溉栽培提供了基础。目前喷灌、滴灌、微型喷灌是梨园节水灌溉的三种主要工程节水方法，除此以外，还发展了很多农艺节水技术，如深松、积流、覆盖地膜等。

## （一）节水灌溉理论体系

早在20世纪五六十年代我国就对果树节水灌溉技术进行了研究。研究主要集中在减少输水渠道的渗漏损失上，如进行渠道衬砌、改进沟畦灌溉技术等工作，提高渠系水的利用率。70年代至80年代初期，国内外学者开始对果树需水规律进行研究，探讨各个生育期不同水分处理对生长发育和产量的影响，取得了显著成果。该阶段的研究主要是不同果树在非充分灌水条件下的生理生化反应。90年代以后，随着世界性水资源危机的日益突出，传统的高产丰水灌溉逐渐转向节水优产灌溉，重点研究非充分灌溉。其中调亏灌溉和控制性分根交替灌溉对果树节水灌溉理论研究影响最大。

**1. 控制性交替灌溉**　传统的丰水灌溉（full irrigation）理论认为，为了不影响作物的正常生长发育并使其最终产量达到最高，作物在各个生育阶段所需的水分都必须得到满足，并自始至终使作物保持一种最佳的水分环境。但是最近科学研究表明：水分亏缺并不总是降低产量，有限的适度水分亏缺反而有利于某些作物经济产量的增加。据此提出非充分灌溉（no-full irrigation）概念。非充分灌溉在梨树上已得到了应用。

控制性交替灌溉（controlled alterative irrigation，CAI）是在灌溉过程中，使土壤垂直剖面或水平面的某个区域保持干燥，而仅让一部分区域灌水湿润，交替使不同区域的根系经受一定程度的水分胁迫锻炼，刺激根系吸收补偿功能，以利于作物部分根系处于水分胁迫时产生的根源信号脱落酸（ABA），传输至地上部叶片，调节气孔开度，达到以不牺牲性作物光合产物积累而大量减少其奢侈的蒸腾耗水，同时还可减少两次灌水间隙棵间土壤湿润面积，减少棵间蒸发损失（杜太生等，2005）。交替湿润局部根区可减小棵间土壤蒸发和根区深层渗漏，提高贮存在根区的水分有效性。由于局部区域干燥和局部区域湿润，存在局部湿润区域向干燥区域的侧向水分运动，加之总灌水量的减小，使灌水入渗深度减小，因而有更多的水分被保持在根区范围内，减少了深层渗漏。提高了灌水—根系土壤贮水—作物根系吸水之间的转化效率和水的有效性，有利于提高水分利用效率。康绍忠等（2001）在澳大利亚维多利亚州进行梨树根系分区交替灌水试验，研究表明，进行根系分区交替灌水的梨树虽然其平均单个水果的重量有所降低，但每树的水果个数明显增加，其水分利用率或灌溉水利用率均明显增加。

**2. 调亏灌溉**　调亏灌溉（regulated defit irrigation，RDI）是由澳大利亚持续灌溉农业研究所 Tatura 中心在 20 世纪 70 年代中期提出的。是在传统的灌溉原理与方法的基础上，提出的一种新的灌溉方式，调亏灌溉其主要理论依据是：植物的生理生化特性受遗传特性或生长激素的影响，在植物生长发育的某些时期人为地施加一定程度的水分胁迫，通过调节光合产物向不同组织器官的分配来提高产量而减少营养器官的生长量和有机合成物质的总量，以达到节水的目的。其不同于传统的丰水高产灌溉，也有别于非充分灌溉或限额灌溉（limited irrigation）。非充分灌溉放弃单产最高，追求一个地区总体增产，即在水分限制的条件下，舍弃部分单产，追求总产量；调亏灌溉是舍弃生物产量总量，追求经济产量（籽粒或果实）最高。因而可以说，调亏灌溉开辟了一条最佳调控水—土—植物—环境关系的有效途径，不失为一种更科学、更有效的新灌水策略，是目前国际灌溉及其有关领域研究的一个热点（何华等，1999）。

调亏灌溉的早期研究主要在果树上进行。RDI 理论在 20 世纪 70 年代中期提出以后，国外学者对桃树、梨树、苹果等在调亏灌溉下作物的生理生化反应、需水规律和调亏时期、调亏程度等做了大量研究，发现调亏灌溉能明显抑制果树的营养生长，大幅度减少作物需水量和剪枝量，而对于果实的产量则影响甚小（程福厚等，2003）。该阶段的研究主要集中在不同果树对调亏的生理和生化反应及其适宜调亏时期和调亏程度上（李绍华，1993）。80 年代后重点研究 RDI 节水增产的机理。RDI 是通过土壤水的管理来控制植株根系的生长从而操纵地上部分的营养生长及其叶水势；叶水势可以调节气孔开度，而气孔开度则对光合作用和水分利用起着重要作用。在这一系列的生理过程中，根系起着决定性的作用。研究同时表明，同一植株不同的组织和器官对水分亏缺的敏感性不同，细胞膨大（依靠膨压维持）对水分亏缺最敏感而光合作用和有机物由叶片向果实的运输过程敏感性次之。因而在营养生长受抑制时，果实可以累积有机物以维持自身的膨大，使其在调亏期的生长不会产生明显的降低；在果实的快速膨大期，即调亏结束重新复水期，细胞的扩张因在调亏期受到抑制而产生累积的代谢产物，在复水后可用于细胞壁的合成及其他与果实生长有关的过程，使生长得以补偿，以致不会因适度胁迫而引起产量的下降；而如果胁迫程度过大或历时过长，细胞壁可能变得太坚固以致即使复水也不能恢复扩张，引起产量下降。90 年代至今，RDI 研究重点由产量的提高转向对品质的改善方面，并开始向调亏灌溉下肥料的利用效率、咸水灌溉等方面扩展，研究的范围也越来越广。

我国对调亏灌溉的研究起步较晚，从 20 世纪 80 年代后期才有学者研究作物水分胁迫后复水出现的生长和光合作用的补偿效应，并开始在果树上进行研究。主要从幼龄和成龄果树、乔化稀植和矮化密植果树、Y 形或中心主干形框架以及果树根系的长势、土壤养分淋溶和盐分的淋洗等方面进行了调亏功效的研究，而且还结合我国国情，把调亏灌溉这一理论与技术运用于大田常采用的畦灌、波涌灌，在节水增产方面取得了显著的效果。调亏灌溉只考虑在时间上的调亏和水量的优化分配，没有从空间上考虑植物根系的功能对提高水分利用效率的作用。而在生产实践中，尤其在干旱、半干旱地区因土壤的空间变异性和降水在时间上的分配不均使作物的部分或整个根系在生长发育过程中经常处于阵发性的短暂或长期的水分亏缺情况，即作物的根系不可能总是处于均匀湿润或均匀干燥的状态。

### （二）工程节水灌溉技术

**1. 渗（滴）灌** 滴灌技术于 20 世纪 50 年代末产生于以色列。它是将具有一定压力的水，逐滴滴入植物根部附近的土壤，对土壤结构保持较好，水分状况稳定，是一种值得推广的最新式的节水灌溉方法。滴灌系统由水泵、过滤器、压力调节阀、流量调节器、输水道和滴头等部分组成。埋设干、支、毛输供水管道，行行株株相通连。毛管埋地下的叫渗灌，毛管缚树干上的叫滴灌。滴灌仅局部湿润作物根部土壤，滴水速度小于土壤渗吸速度，不破坏土壤的结构，灌溉后土壤不板结，能保持疏松状态，从而提高了土壤保水能力，也减少了无效的株间蒸发。

滴灌的次数和水量因土壤水分和梨树需水状况而定。春旱时，可天天滴灌，一般 2～3d 灌一次。每次滴水 3～6h，每个滴头每小时滴水 2kg。首次滴灌必须使土壤水分达到饱和，以后可使土壤湿度经常保持在田间最大持水量的 70% 左右。

滴灌的好处：一是省水，不流失，不蒸发。比明渠大灌省水 75%，比喷灌省水 50%，水源缺的地方很适用；二是最能满足梨树需水规律供水，供水平稳，土壤中水、气、热三项协调；三是节省占地，省劳力，防止土壤次生盐渍化。对干旱或沙丘地很适用。利用滴灌技术灌溉梨树，能把灌溉水在输送过程中和田间灌溉时的径流、渗漏和蒸发等损失降到最低限度，还能把肥料注入灌溉水中，使整个滴灌系统做到肥水同步，达到省水、省工、省肥的目的。但该技术对于山丘梨园并不适用。虽然滴灌最省水，几乎没有浪费，但是滴灌对于水的要求很高，尤其是水分在垂直方向渗透速度过快的松散型土壤，它的水平方向湿润速度很慢、扩散很少，根本无法满足此类土壤的灌溉要求。

**2. 喷灌** 我国从 20 世纪 70 年代开始发展喷灌技术，至 2001 年底喷灌面积已发展到 236 万 $hm^2$，取得了显著的节水、增产效益。喷灌是一种先进的灌水方法，是把经过水泵加压（或水库自压）的水通过管道送到田间，由喷头（水枪）射到空中，变成雨点洒落到地面进行灌溉。喷灌分固定式和移动式两种，喷头高度有在树冠上面、树冠中央、树干周围等几种。即高喷和低喷或高低配合式。它可以按农作物品种、土壤、气候状况适时适量喷洒，因每次喷洒水量少，一般不产生地面径流和深层渗漏，可避免因灌溉抬高地下水位而引起土壤盐碱化。国内外大量试验资料证明，喷灌与地面灌溉相比较，一般可节水 20%～30%，可使大田作物增产 20%～30%，蔬菜增产 50%～100%，从而提高了灌溉水的利用率。喷灌工程对地形的适应性强，不要求平整土地，适于山地，坡地，园地不整齐的生草梨园。但喷灌也有一定的局限性，如作业受风影响，高温、大风天气不易喷洒均匀，喷灌过程中的蒸发损失较大等。此外，喷灌工程需要较多的投资、动力、各种专用材料和设备，运行成本较高，因而发展受到一定的限制。

**3. 微喷灌** 微喷灌简称微喷，它是通过低压管路系统与安装在末级管道上的特制灌水器，将具有一定压力的水喷到距离地面不高的空中，散布成微小的水滴，均匀地喷洒到农作物上和农作物根区的地面上，实现节水灌溉的一种新技术。微喷灌是介于喷灌和滴灌的一种局部灌溉技术，利用微灌技术灌溉梨树，能把灌溉水在输送过程中和田间灌溉时的径流、渗漏和蒸发等损失降到最低限度，灌溉水仅洒到植物根系活动最活跃部分的地面上，减少无效灌溉和棵间水分的蒸发，从而达到更为节水的目的。还能把肥料注入灌溉水中，使整个微灌系统做到肥水同步，达到省水、省工、省肥的目的。

这种方法是山丘梨园较为合适的灌溉方式。它的性能优点在于喷灌强度小，水滴细似粗雾，土壤湿润良好，水在纵横方向渗透慢，均匀，地面不产生径流。喷水范围可局限在果树根系面积内喷洒，节水幅度很大，能满足山区梨园灌溉且只需漫灌用水的 1/5 左右。微喷灌系统还可调节小气候，霜冻来临时，若果园里的微喷灌系统连续工作，则可在一定程度上起到防霜冻保护作用。但采用微喷灌技术，水会受到大气条件的影响，如果风速超过 2m/s，就会使微喷灌的小水滴产生飘移。温度较高和空气干燥还会增加微喷灌时水的蒸发损失，这些使得有效实施微喷灌的时间受到限制。与滴灌一样，微喷灌也易发生堵塞，因此需对水进行过滤，但比滴灌要求低。

**4. 小管出流**  小管出流也叫涌泉灌，它是中国农业大学水利与土木工程学院研究开发成功的一种微灌技术。通过采用超大流道，以直径 4mm 的塑料小管代替微灌滴头，并辅以田间渗水沟，解决了国产微灌系统中灌水器易被堵塞的难题，形成一套以小管出流灌溉为主体、符合实际要求的果树微灌系统。小管出流采用了稳流器，适应压力变化的范围宽，能保证 5～25m 的水头变化，出流量稳定在允许范围内，可在高原、丘陵山地等地形较复杂的地区应用。小管出流微灌由稳流器来完成调压，稳流器的额定流量分每小时 20L、30L、40L、50L、60L、100L 和 200L，可根据不同条件选用。

**5. 其他节水灌溉技术**  膜上灌是我国首创的一种新兴灌溉技术，它是在地膜覆盖的基础上将膜侧水流改为膜上水流，利用地膜进行输水，通过放苗孔和附加孔对果树进行灌溉。其特点是供水缓慢，大大减少了水分蒸发和淋失，提高水分利用效率，可结合进行追肥。可通过调整膜上孔的数量和大小来控制灌水量，以满足不同种类果树和果树不同时期的不同需水要求。膜上灌投资小，操作简便，便于控制水量，可节水 40%～60%，有明显的增产效果。在干旱地区可将滴灌放在膜下，或利用毛管通过膜上小孔进行灌溉，称为膜下灌。

### （三）农艺节水技术

**1. 合理密植，深耕、深松相结合**  在少雨缺水的立地条件下，合理密植可减少水分蒸发量，提高降雨或灌溉水的利用率。深耕、深松可以加深耕作层，增强土壤蓄水、保水能力，改善土壤物理性状和作物生长环境，更好地利用降水。

**2. 集流技术**  在降雨集中且强度大的地区，降雨时往往形成坡面径流，导致水土流失；而到降水量少的季节，地面蒸发量大，土壤水分以无效蒸发的形式散失，使梨园常处于缺水状态。在这种情况下，利用雨水集流技术，将梨园修成"回"字形的集水面，就地拦蓄径流，增加土壤水分有效供给，提高雨水的利用率，是有效缓解梨园干旱、促进梨树生长的重要技术途径。集流的同时要进行树穴覆盖，以减少水分的无效蒸发，延长雨水在土壤中的集蓄时间。

任杨俊等（2002）研究结果表明，在 6～9 月，梨园集流面使土壤含水量提高 1%～7.5%，地膜覆盖可使土壤含水量提高 1%～3.6%，秸秆覆盖可使土壤含水量提高 3.4%～5.0%，绿色覆盖土壤含水量可提高 2.1%～2.5%；梨树新生枝生长提高 19～38cm，花芽数量提高 3.99～7.77 个。

通过集流面，把多个地块上的雨水径流叠加在一个地块上，既减少了径流对土壤的侵蚀，同时又可为果树生长提供更多的水分。该技术简单，成本低，实用性强，适宜在生产中大力推广应用。

**3. 地膜与秸秆覆盖** 地膜覆盖是利用厚度为 0.002～0.02mm 的聚乙烯塑料薄膜覆盖在地表的一种增温保墒措施。薄膜凝集从土壤蒸发的水量回补土壤水分，形成耕层与地膜的水循环体系，减少土壤无效蒸发。对山地板栗产区实行地膜覆盖，试验结果表明：经过覆膜处理的土壤含水量最高，保证了板栗生长中所需水分的供应，具有良好的增产效果。此外，覆膜还对提高土层贮水量具有显著效果，覆膜区比对照区的土层贮水量平均提高31.7%。秸秆覆盖是利用秸秆等作物性物质覆盖土壤表面的一种增温保墒措施。可避免因雨滴的直接冲击在土壤表面形成不易透水透气的土壤板结硬壳，减少径流，增加降雨直接入渗量。覆盖还割断了蒸发层与下层土壤的毛管联系，减少土壤空气与大气的乱流交换，有效抑制蒸发。但秸秆覆盖需考虑覆盖量和覆盖时间及覆盖可能引起的病虫害滋生。覆盖量应根据当地气候条件、土壤类型而定。如较湿季节或较湿土壤带，覆盖量过多造成土壤过冷或过湿，植株生长不利。干旱季节和地区，加大覆盖量，有利于覆盖保墒。

**4. 化学抗旱剂** 目前应用较多的主要是保水剂。保水剂主要成分为高吸水性树脂，其主要功能是施入保水剂的土壤在降水或灌溉后，保水剂可吸收相当于自身重量数百倍或上千倍的水分，土壤在水分缺乏时所含水分慢慢释放，供作物吸收利用，遇降水或灌溉后再吸水膨胀，在土壤中形成一个具有水分调节能力的"分子水库"，对土壤中的水分含量起到一定的缓冲作用。保水剂的这种吸水保水功能可增加土壤田间持水量，减少地表地下径流，同时一定程度上减缓地面蒸发。目前广泛应用的抗旱剂是黄腐酸制剂 FA 旱地龙。旱地龙用于叶面喷施，其主要作用是缩小叶片气孔开度，减缓植株蒸腾，改善植株体内水分状况，增加叶片叶绿素含量，有利于光合作用和干物质积累，增强根系活力，防止早衰。夏阳等对盆栽苹果叶面喷施抗蒸剂，结果表明抗旱剂 1 号能明显降低树体蒸腾，提高气孔阻力和叶片水势，有效作用期达 15d 以上。

**5. 增施有机肥** 旱地土壤一般营养缺乏，施肥后解除了植株生长受到的营养制约，群体郁闭度增大，棵间蒸发变少，群体水分利用效率增大。施肥促进根系扩展，植株吸收更多水分，无机营养对干物质的促进作用大于同时增加的耗水作用，水分利用效率提高。增施有机肥，可改善土壤物理性状，增加土壤中的团粒结构，增大孔隙度，增加降水入渗量及毛管水持水量，实现以肥调水，以水促根，以根抗旱的目的。

### （四）灌溉施肥

**1. 灌溉施肥的意义** 灌溉施肥又称为水肥一体化技术，它是借助压力灌溉系统，将肥料配对成肥液通过精确地控制灌水量、施肥量和灌溉及施肥时间，在灌溉的同时将肥料输送到作物根部土壤，适时、适量地满足作物对水分和养分的需求的一种现代化农业新技术。

我国是世界上最大的肥料生产和消费国，2008 年化肥表观消费量达到 5 506 万 t。然而根据中国农业大学资源与环境学院测算，目前，我国的化肥利用率很低，只有 25% 左右，化肥流失不仅造成资源的极大浪费，而且严重污染了环境。同时，中国也是一个水资源紧缺的国家，正常年份农业缺水约 300 亿 $m^3$。专家认为，当今世界上公认的提高水肥资源利用率的最佳技术就是灌溉施肥技术。

**2. 灌溉施肥的要求** 灌溉施肥需要满足几个条件：第一，肥料能够迅速地溶于灌溉水中；第二，不会堵塞过滤器和滴头；第三，能与其他肥料混合；第四，与灌溉水的相互作用小，不会引起灌溉水的 pH 的剧烈变化；第五，对控制中心和灌溉系统的腐蚀性小。

适合灌溉施肥的肥料有：尿素、硝酸钾、硝酸铵、碳酸氢铵、磷酸一铵、磷酸二铵、液体磷铵、硫酸钾、硝酸钾、磷酸二氢钾、硫酸镁、硝酸钙、沤腐后的有机液肥。

灌溉施肥需要坚持几个原则：第一，氮肥、钾肥、镁肥可全部通过灌溉系统施用；第二，磷肥主要用作基肥，亦可直接撒施在滴灌带或喷灌头能喷到水的地方，不用覆土；第三，微量元素可通过喷叶面肥解决；第四，应坚持"数量减半、少量多次、养分平衡"三大原则。

**3. 灌溉施肥效果** 目前用在梨园中的灌溉施肥技术的方式主要有微喷灌施肥和滴灌施肥。其中微喷灌施肥主要用于干旱期的补充灌溉和关键生育期的施肥控制。滴灌施肥是梨园中主要的灌溉施肥技术，梨树滴灌施肥可以提高抗旱能力，调整树势，提高果品的商品率。北方梨树上成功应用了滴灌施肥技术，果实产量提高了15%以上。

# 参 考 文 献

程福厚，李绍华，孟昭清.2003.调亏灌溉条件下鸭梨营养生长、产量和果实品质反应的研究 [J].果树学报，20（1）：22-26.

代明亮，李松涛，韩振海，等.2008.植物源营养液对雪青梨生长及果实品质的影响 [J].中国农业大学学报，13（5）：19-23.

邓晶，杜昌文，周健民，等.2008.红外光谱在土壤学中的应用 [J].土壤，40（6）：872-877.

丁平海，郗荣庭.1998.果树施肥新观念——平衡配方施肥 [J].河北果树，S1：18-22.

杜太生，康绍忠，胡笑涛，等.2005.果树根系分区交替灌溉研究进展 [J].农业工程学报，21（2）：172-178.

高晓燕，李天忠，李松涛，等.2007.有机肥对梨果实品质及土壤理化性状的效应 [J].中国果树（5）：26-28.

耿增超，张立新，赵二龙，等.2003.陕西红富士苹果矿质营养 DRIS 标准研究 [J].西北植物学报，23（8）：1422-1428.

韩振海.1999.果树营养诊断与施肥 [M].北京：北京农业大学出版社.

何华，耿增超，康绍忠.1999.调亏灌溉及其在果树栽培上的应用 [J].西北林学院学报，14（2）：83-87.

姜远茂，顾曼如，束怀瑞.1995.红星苹果的营养诊断 [J].园艺学报，22（3）：215-220.

姜远茂，彭福田，巨晓棠，2002.果树施肥新技术 [M].北京：中国农业出版社.

焦雯珺，闵庆文，林焜，等.植物氮素营养诊断的进展与展望 [J].中国农学通报，2006，22（12）：351-355.

康绍忠，潘英华，石培泽，等.2001.控制性作物根系分区交替灌溉的理论与试验 [J].水利学报，（11）：80-83.

李港丽，苏润宇，沈隽.1987.几种落叶果树叶内矿质元素含量标准值的研究 [J].园艺学报，14（2）：81-89.

李俊华，董志新，朱继正.2003.氮素营养诊断方法的应用现状及展望 [J].石河子大学学报：自然科学版，7（1）：80-83.

李绍华 . 1993. 果树生长发育、产量和果实品质对水分胁迫的反应的敏感期及节水灌溉 [J] . 植物生理
　学通讯, 29 (1)：10-16.

李绍稳, 熊范纶 . 2001. 砀山酥梨营养诊断与矫治模糊专家系统 [J] . 中国科学技术大学学报, 31 (5)：
　558-563.

李燕婷, 肖艳, 李秀英, 等 . 2009. 叶面施肥技术在果树上的应用 [J] . 中国农业信息, 101 (2)：28-
　30.

刘芬红, 季瑞荣, 张丽静 . 2005. 梨园种植三叶草及对日本梨的影响 [J] . 山东林业科技 (4)：26.

刘后胜, 李绍稳, 刘莉 . 2002. 基于 DRIS 与 PLI 结合的砀山酥梨营养诊断系统 [J] . 计算机与农业
　(11)：15-18.

刘艳, 高遐虹, 姚允聪 . 2008. 不同植物源有机肥对沙质土壤黄金梨幼树营养效应的研究 [J] . 中国农
　业科学, 41 (8)：2546-2553.

刘忠宽, 曹卫东, 秦文利, 等 . 2009. 玉米-紫花苜蓿间作模式与效应研究 [J] . 草业科学, 18 (6)：
　158-163.

卢立华, 韩颖, 宋海森 . 2009. 山地梨园紫花苜蓿生草栽培试验 [J] . 中国果树 (5)：26-28.

乔欣, 马旭, 梁留锁 . 2005. 高光谱技术在农作物营养信息诊断中的应用 [J] . 农机化研究 (6)：195-
　197.

任红艳, 潘剑君, 张佳宝 . 2005. 高光谱遥感技术的铅污染监测应用研究 [J] . 遥感信息 (3)：34-38.

任杨俊, 李建牢, 赵俊侠, 等 . 2002. 黄土丘陵沟壑区山地果园集流高效利用技术研究 [J] . 中国水土
　保持 (8)：34-35.

宋文冲, 胡春胜, 程一松, 等 . 2006. 作物氮素营养诊断方法研究进展 [J] . 土壤通报, 37 (2)：369-
　372.

田峰, 任宝君, 崔明学 . 2007. 辽西北半干旱地区沙壤土质南果梨园间作绿肥试验研究 [J] . 现代园艺
　(8)：43-44.

王作琳, 叶全, 迟金强, 等 . 2006. 果树专用缓释肥在果树上的应用效果 [J] . 烟台果树 (1)：27-28.

魏雪梅, 廖明安 . 2008. 金花梨叶片营养诊断分析 [J] . 安徽农业科学, 36 (20)：8549-8551.

徐胜利, 陈青云, 陈小青 . 2005. 南疆香梨园生草覆草效应研究 [J] . 山西果树 (1)：3-5.

易时来, 邓烈, 何绍兰, 等 . 2010. 锦橙叶片氮含量可见近红外光谱模型研究 [J] . 果树学报, 27 (1)：
　13-17.

张兵, 史东梅, 谢均强, 等 . 2009. 紫色土丘陵区不同种植模式下团聚体分形特征 [J] . 西南大学学报：
　自然科学版, 31 (3)：119-125.

赵长增, 陆璐, 陈佰鸿 . 2002. 荒漠旱区梨园秸秆覆盖的节水效应及对梨树生长结果的影响 [J] . 农业
　工程学报, 18 (4)：32-36.

赵政阳, 李会科 . 2006. 黄土高原旱地苹果园生草对土壤水分的影响 [J] . 园艺学报, 33 (3)：481-484.

朱立武, 李绍稳, 刘厚胜, 等 . 2001. 砀山梨栽培专家系统的设计与实现 [J] . 安徽农业大学学报, 28
　(3)：259-262.

Beaufils E R. 1973. Diagnosis and recommendation integrated system (DRIS)：a general scheme for experi-
　ment and calibration based on principles developed from research in plant nutrition [J] . South African
　Soil Sci Bul，1：23-25.

Macy P. 1936. The theory of critical threshold for nutrition Diagnosis [J] . Plant Physiol，11：740.

# 第十二章　梨树整形修剪

## 第一节　整形修剪的生物学基础

### 一、整形修剪的作用与原则

整形修剪是梨树生产上一项重要的管理技术之一，整形修剪能调节枝梢生长量和结果部位，构建合理的树冠结构，改善树冠通风透光条件，有效利用光能，提高果实商品品质，提高梨树栽培的经济效益。

合理的整形修剪技术体现在以下几个方面：

#### （一）树形与栽培方式相适应

生产上常根据栽培方式的不同，确定合理的树形，如梨树矮化密植栽培，常采用细长纺锤形整枝，我国梨主要产区普遍应用的乔砧栽培，大多采用疏散分层形或延迟开心形整枝，而近年来在江苏、山东和浙江等省推广面积较大的梨树棚架栽培，则需应用棚架形整枝。

#### （二）调节树体营养分配

根据树体营养利用的来源不同，梨树全年的营养供应分为两个时期：前期（5月上旬前）主要利用树体上年的贮藏营养，维持萌芽、展叶和开花坐果等生命活动；后期（5月下旬后）主要利用当年叶片同化产物，满足树体的新梢生长、果实发育和花芽分化，两个时期之间通常称为营养转换期。利用修剪技术，可以调节营养转换期出现和结束的时间，促进两个时期营养的合理分配，保证生长、开花和结果的正常进行。

#### （三）提高梨果商品性和生产稳定性

梨树不同品种间，结果习性存在较大差异，根据品种特点，合理应用整形修剪技术，能够减轻或控制"大小年"的出现，调节果形大小，增加果形的一致性。

#### （四）不同梨品种的差异

不同的梨品种，在生长结果习性等方面既有共性，也存在其特性，因为有共性，梨树整形修剪的基本原则和技术能适用于不同的品种，又因为其特性，不同的品种，对整型修剪的要求，以及剪后的反应也不会完全相同（傅玉瑚等1998）。因此，梨树的整形修剪不仅要充分利用这些基本原则和技术，而且要根据不同品种的特性进行整形修剪，才能达到良好的效果。

### 二、合理修剪量的评价

修剪通常具有"整体抑制和局部刺激"的双重作用，所谓"整体抑制"应理解为只要剪掉树上的枝条，对这一单株的整体生长就起到了抑制作用，修剪量越大，减少整体生长的作用越强；"局部刺激"是指修剪对剪口附近的枝芽生长具有刺激作用。在一定程度上修剪量越大，刺激作用越强。单株合理修剪量要根据树势确定，通常所形容的轻剪或重剪，只是表示对各类枝组采用不同程度的修剪，只关注单枝或枝组的修剪量，忽略整体的修剪量，必然影响到单枝的修剪反应，因此，合理修剪量的评估要注意树体整体与局部之间相辅相成的关系。

不同栽培种的品种对修剪的反应也是评价合理修剪量的重要因素，梨树品种按照成花难易的差异可分为难、较易、易三个类；当年萌发枝条的芽能形成腋花芽者为易成花品种；当年萌发枝条只有顶芽能形成花芽者为较易成花品种；当年萌发枝条顶芽只能形成叶芽，翌年才能成花者为难成花品种。从梨树优质丰产的角度出发，易成花品种的合理修剪量应大于难成花品种。由于每个品种均有其优质丰产的适宜生长量，如鸭梨优质丰产的适宜的顶梢生长量为 50cm 左右、雪花梨为 30cm 左右，因此，合理的修剪量应该是树冠中大多数骨干枝的顶梢都接近这一指标。

### 三、枝梢生长特性与修剪的关系

梨树枝梢生长特性对合理整形修剪有重要影响，由于梨树的顶端优势强，上强下弱，至使枝组下部极易光秃，尤其角度直立的枝组更易秃裸，因此，枝组的及时更新是梨树修剪的重要措施；梨树木质硬脆，发枝角度小，多年生枝加粗慢，负载能力差，枝组易从基部劈折，为提高单株负载能力，对基角小于 45° 的骨干枝，要及时开张角度；梨树隐芽寿命长，强刺激后均可萌发，多数品种只要皮层尚未粗皮或粗皮层刮皮后，经修剪刺激可促其萌发，利于枝组更新。

梨树品种一般萌芽力较强，对一年生枝无论是否剪截，除隐芽外大多可萌发，但生成发育枝的能力较弱。品种不同成枝力也有差异，为在修剪中便于掌握，可分为成枝力强、中、弱三个类型。

### 四、影响修剪效果的因素

我国梨树主要产区气候条件各异，南方、北方、山区平原、高原滨海等不同的气候条件，直接影响着梨树的生长、成花和坐果，修剪时要按修剪后的综合反应，因树制宜采用相适应的剪法和剪量。地力及水肥条件也直接影响着生长、成花及坐果，在修剪时要按地力及水肥条件调节剪量和剪法。

## 第二节  梨主要树形及培养方法

根据树体形状及树体结构，果树的树形可分为有中心干形、无中心干形、扁形、平面形和无主干形。有中心干的树形有疏散分层形、十字形、变则主干形、延迟开心形、纺锤形和圆柱形等；无中心干的有杯状形、自然开心形；扁形树冠有树篱形和扇形。平面形有棚架形、匍匐形；无主干的有丛状形。我国梨区成年大树多采用疏散分层形，虽然产量较高，但树体高大，疏果、修剪、喷药及采收等操作管理十分不便。近年来为适应密植栽培和优质生产，树形发生了较大的变化，目前生产上采用的梨树形有小冠疏层形、倒伞形、自由纺锤形、Y 形、开心形、棚网架树形等。随着我国农村劳动人口的老龄化，劳动力价格的提高和果园机械化的实现，梨树树形的发展也必须与之相适应。围绕高光效、高品质、轻劳化（省工、省力、操作简便）这三个要求，树体高度由高到矮，改多层为两层或单层，树冠形状由圆到扁，骨干枝分级数由多到少，树形结构进一步简化应该是我国梨树形的发展趋势。

## 一、主要树形及其特点

### （一）疏散分层形

疏散分层形又叫主干分层形，利用梨树枝条生长及分枝的特点，经人工改造而成。其树冠中央有中心干，称中心领导干，干上着生 8～10 个主枝，分层排列，一般最下层（第一层）为 3～4 个主枝，第二层为 2～3 个主枝，第三层为 2～4 个主枝，也可根据树冠大小和中心领导干长度再分有第四层、第五层等。这种树形的优点是成形快，树冠高大，可充分利用空间，骨架牢固，结果年限比较长，缺点是易形成上强下弱、外强内弱、内膛郁闭光秃、结果部位外移。

### （二）小冠疏层形

小冠疏层形又称简化疏散分层形，树形类似于疏散分层形，中心领导干较矮，主干高 50cm，树高 2.5m 左右，全树共有主枝 5～6 个，第一层主枝 3～4 个，第二层主枝 2～3 个（或叫大枝组），第一层与第二层的层间距为 100cm 左右，每层主枝均匀分布在中心干上互不重叠，主枝基角 50°～60°，腰角 60°～70°。该树形优点通风透光，丰产、稳产，也可用于计划密植的临时株的树形。

### （三）Y 形

Y 形又称倒人字形，是一种设施栽培常用树形，通过人工整形把梨树整形成 Y 形，其树冠有一个主干，干高 40cm，主干上着生伸向行间的两大主枝，每一个主枝培养 4 个副主枝，根据栽培的密度，每个副主枝再培养 3～5 个大枝组，如果栽植密度大，可以使副主枝继续向前延伸，枝组也相应地向前培养，直至占领网面。优点是树冠通风透光，骨架牢固，树体衰老较慢，结果年限较长，有利于管理和提高果品质量。该种树形在韩国应用较多（李仁芳等，2004）。

### （四）开心形

与 Y 形相似，但多一个主枝；也类似于没有中心干、只有第一层主枝的小冠疏层形。没有中心干，主干高 60cm，主枝与主干夹角 45°，三大主枝呈 120°方位角，三主枝保持 15～20cm 的间距，各主枝配置 2～3 个侧枝，主枝和侧枝上均匀配置枝组。该树形树势均衡，通风良好，但要防止主枝角度过大，并控制基部徒长枝。

### （五）"3＋1"树形

该树形树高 2.5～3m，主干高 0.6～0.7m，仅保留第一层主枝 3 个和中心干 1 个，因此称之为"3＋1"新树形，中心干上螺旋状配置大中小型结果枝组。该树形树冠矮小，成形容易，骨干枝上直接着生枝组，管理方便，是梨树栽培的理想树形，具有简便易行的特点。

### （六）倒"个"形

该树形树高 2.4～2.5m，主干高 0.6～0.7m，仅保留 2 个主枝和 1 个中心干，因此称之为倒"个"形。中心干上均匀配备中、小型结果枝组，其中中型枝组的分布方向伸向株间，与两主枝延伸方向垂直，每个主枝配备 4～6 个。该树形结构简单，便于培养，也可提早结果，容易被果农掌握，田间管理方便，易于辐射推广，是一种新型高效、省力化梨栽培树形。

## 二、树形培养的一般方法

### （一）疏散分层形

一年生苗木定植后，离地面 60cm 左右短截定干，剪口芽留饱满芽，去掉剪口以下的第二芽，剪口顶端枝条保持直立生长，其下方抽生枝条中，选留 3～4 个生长充实、着生方位分布合理的枝条作为主枝预备枝，基角开至 45°～55°角，其余枝条基角开成 90°（水平）或拉成下垂，削弱其生长势，以不影响培养第一层主枝预备枝的生长。

第二年，以主干第一芽抽生的直立枝条作为中心干的延长枝进行培养，主枝预备枝留 60～70cm 短截，去掉第二芽，为达到各主枝的生长势平衡，需根据各枝条生长的强弱决定枝条剪留的长度，对粗壮枝条要适当重剪，细弱枝条要适当轻剪，剪口芽一般用侧芽，或里芽外蹬，抽生枝条达不到主枝的长度可不剪，对形成花芽的短果枝要破芽剪，如果选择不到三个主枝，应对中心干枝条适当重剪，一般剪留长度 20～30cm。

第三年，选留直立、长势相对中庸的枝条继续作为中心干的延长枝，剪留长度 50～60cm，其他枝条培养成枝组和辅养枝，并拉平轻剪或长放，在中心干延伸至 1.2m 左右时，培养第二层主枝 2～3 个，其主枝角度要开张 45°左右，方位与第一层主枝错开，如果主枝角度过小，可通过拉枝或回缩换头的方法来开张角度。主枝延长枝一般在枝条中部饱满芽上短截，剪留长度 40～60cm，枝条生长量不足剪留长度时可以不剪，以后由顶芽抽枝延长，主枝延长枝下的第二或第三根枝条可作为副主枝培养，成枝力弱的品种可用第二根枝条培养副主枝，成枝力强的品种用第三根枝条培养副主枝，对影响主枝、副主枝生长的枝条要疏除，其他枝条应尽量留用，适量短截培养成结果枝组，对背上直立枝剪截到基部瘪芽处，萌发枝条后，在 40～50cm 处摘心，也可连续摘心，到冬季修剪时，去强留弱再短截。主枝上的辅养枝条一般不用轻剪长放，否则会影响主枝，副主枝的生长。主枝、副主枝开张角度要与前两年一致，不能低于 45°角或高于 55°角，开张角度低于 45°，树冠不易培养，高于 55°，树冠直立向上，田间土地利用率降低，产量也低。

第四年，在主枝上培养第二副主枝，方法是距第一副主枝 40cm 的对侧培养第二副主枝，如果主枝延伸长度较快，也可距第二副主枝 40cm 对侧培养第三副主枝，在副主枝上有空间的地方可培养 3~4 个中小枝组，当二层主枝延伸到 40~50cm 时，选留第一副主枝或大枝组，其余枝条如果影响主枝或副主枝生长的枝条要疏除。其余枝条按空间大小培养成辅养枝或枝组。

第五年，一方面要继续控制第一层、二层主枝及副主枝延长枝的生长角度和调节辅养枝和枝组的生长势，使生长与结果得以平衡，另一方面要继续培养第三层或第四层主枝，培养方法同上年，要防止辅养枝增粗过快和旺长，以免影响主枝、副主枝及枝组生长，通过疏枝回缩的方法控制辅养枝过长过大，对已结果的枝条及结果枝组要及时回缩，防止结果枝条及结果枝组衰老和枯死，控制中心干的高度，有计划地落头，对主枝、副主枝要理顺从属关系，防止树形紊乱，在生产上要做到边整形边结果，做到果树常截常新，仔细调节，使树体强壮、丰产、稳产。

### (二)小冠疏层形

小冠疏层形的整形过程与疏散分层形相似。

一年生苗木定植以后，离地面 60cm 左右剪截定干，剪口下第二芽抹去，第三至第五芽要刻伤，促进萌发抽枝，培养第一层主枝，为平衡枝条长势，对生长势强的枝条要结合夏季拉枝或用竹签开角使培养主枝的枝条基角达到 45°~55°，弱枝到冬季修剪时把枝条基角撑至 45°~55°。

第一年冬季修剪时，对剪口第一芽抽生的枝条培养中心干，在 3 芽以下抽生的枝条选 3~4 根枝条培养第一层主枝，留 40~60cm 短截，剪口选择外向或侧向，其次是用里芽外蹬方法剪截，剪截的长短根据枝条的长短粗细而定，在剪口下的第二芽或第三芽如果是背上芽，要及时抹掉，如果主枝预备枝条的数量不够，可对中心干重剪截或对主干进行刻伤，促进发枝。

第二年冬剪时，对主枝延长枝继续按第一年冬剪方法剪截，只是对竞争枝或背上直立旺长枝条要疏除，可用第二芽抽生的枝条培养副主枝，枝条要适当短截，对抽生的长中果枝的枝条也要适当短截，特别是形成串花枝，只能留 2~3 花芽短截，防止大量结果，影响树势。

第三年修剪方法与上年一样，只是在第一层主枝上同一侧培养副主枝，如果有第一副主枝的要在另一侧距 40~50cm 位置培养第二副主枝，中心干上应考虑培养辅养枝和枝组，如果层间距达到 100cm，可培养第二层主枝，培养的方向要错开，其次是防止主枝生长角度过小，生长直立，影响树势平衡，主枝上抽生的枝条要按位置和空间合理培养辅养枝和结果枝组。

第四年冬剪时，应根据树冠骨架培养情况进行合理修剪，一层主枝的副主枝和二层主枝的要继续培养，对空间有较好的位置的，要继续培养辅养枝和结果枝。

第五年冬剪时，由于树体结构已基本形成，也进入初果期，此时的冬剪主要是调整骨干枝的生长角度和生长方向及生长势，平衡一层与二层主枝、副主枝及主枝和副主枝上的辅养枝、结果枝组长势，防止局部旺长，影响树冠其他部位枝条正常生长和结果。其次，对结果枝组和辅养枝要合理修剪，运用回缩、短截、长放、疏枝技术，使枝组常截常新，增强长势，延长枝组的结果年限。

### （三）Y形

一年生苗定植后，离地面60cm处短截定干，剪口1～2芽要去掉，第3～4芽留两侧，在枝条抽生45～55cm长时，用竹签把新梢基角开成55°～65°的角，其余的枝条拉成90°角，削弱其生长势。

第一年，将主干两侧第3～4芽抽生的枝条绑扎到架面第一层铁丝上，留40～50cm剪截培养主枝，剪口芽留背后或两侧，背上芽全部抹除，防止形成竞争枝。

第二年，在主枝上选留一根直立生长的枝条作为主枝延长枝绑扎到架面的第二层铁丝上，留40～50cm剪截，抹去背上芽，然后从主枝上选留一根中庸枝条，基角30°～40°，绑扎到网面第一层铁丝上，留40～50cm剪截培养第一层副主枝，剪口芽留背后或两侧，抹去背上芽。在另一主枝上也同样选留一根枝条按反方向绑扎到网面第一层铁丝上，基角30°～40°，留40～50cm剪截，培养第一层副主枝，剪口芽留背后或两侧，抹去背上芽。其余着生在主枝上的枝条按粗细选留，粗壮枝条可直接从基部疏除，中庸偏弱的枝条，在不影响主枝、副主枝生长的情况下，可绑扎到架面上按枝留花芽剪截。

第三年，继续从主枝上选留一根直立生长的枝条作为主枝延长枝绑扎架面的第三层铁丝上，留40～50cm剪截，抹去背上芽，在主枝延长枝下，选留一根中庸枝条，基角留30°～40°，与第一层副主枝相对侧，绑扎在架面第二层铁丝上，留40～50cm剪截，抹去背上芽，培养第二副主枝，另一主枝也培养第二副主枝，方法同上。此时应在第一副主枝上，选留一根中庸偏强的枝条，按照基角生长的方向绑扎在网面上，留30～40cm剪截，作为第一副主枝的延长枝继续培养，剪口芽留背后或两侧，抹去背上芽，在副主枝上两侧选留一根枝条培养枝组，对其他过粗过密枝条可直接从基部疏除，对中庸偏弱的有空间、有位置的枝条绑扎在网面上，按枝留花芽剪截。

第四年，从上年主枝延长枝上选留一根直立生长，生长势较强的枝条作为主枝延长枝绑扎在架面第四层铁丝上，留40～50cm剪截，剪口芽留背后两侧，抹去背上芽。在主枝延长枝下，选留一根中庸偏弱的枝条，基角留30°～40°绑扎在网面第三层铁丝上，留40～50cm剪截，培养第三副主枝，抹去背上芽。另一主枝也同样培养第三副主枝，方法同上。在第二副主枝上选留一根中庸偏强的枝条，按照基角生长的方向留30～40cm剪截，作为第二副主枝延长枝，剪口芽留背后或两侧，抹去背上芽，同时，在该副主枝两侧选留一至二根枝条培养枝组。对第一副主枝，继续选择较强壮枝条按基角生长方向绑扎到网面上，留30～40cm剪截，培养和延伸第一副主枝，剪口芽留背后或两侧，抹去背上芽，根据副主枝上空间和枝条着生多少，可再选择1～2根枝条培养枝组，对上一年培养的枝组，要继续培养，占领空间，提高架面的利用率。对过密过粗枝条可直接从基部疏除，对中庸偏弱，有空间、有位置的枝条可绑扎在架面上，按枝留花芽剪截。

第五年，主枝不再延伸培养，只是培养第四副主枝，方法是从上年主枝延长枝上选留中庸偏强，并与第二副主枝同侧位置的枝条作为第四副主枝，以基角30°～40°的方向绑扎在架面的第四层铁丝上，留40～50cm剪截，另一主枝也用同样方法培养第四副主枝。在第三副主枝上选留中庸偏强的枝条，按照基角生长的方向留30～40cm剪截，剪口芽留背后或两侧，抹去背上芽，作为副主枝延长枝。第二副主枝上应继续选择较强壮枝条，按基角生长的方向绑扎到架面上，留30～40cm剪截，培养和延伸第二副主枝，剪口芽留背后或两侧，抹去背上芽。第二副主枝按上年的方法继续培养和延伸，两侧可选留一至两根枝条培养枝组。第一副主枝是否需继续培养延伸，需根据树冠生长情况决定，如果树冠已交接搭头，第一副主枝可控制不再延伸，如果有空间，可根据枝条生长方向再继续培养延伸，若有空间有位置，在第一副主枝两侧选择1～2个枝条培养枝组，对已培养的枝组要不断更新复壮，防止衰老枯死。过粗过密枝条可直接从基部疏除，对中庸偏弱、有空间位置的枝条，可绑扎在网面上，按枝留花剪截。

第六年，一是对第四、第三主枝，继续培养和延伸，方法同上，对于第二、第一副主枝，只对着生在副主枝上的枝组进行调控和稳定长势，做到枝组常截常新。

经过5～6年整形修剪，树形已基本形成，也进入初果期，这时要边整形边结果，培养牢固的树体骨架和结果枝组，向盛果期过渡，平衡枝组之间生长势，运用回缩、短截、长放、疏枝等修剪技术，防止局部徒长，影响树体正常生长与结果。

### （四）开心形

定植当年主要培养树体骨架，配备生长均衡的枝组，促使枝叶增长和扩大树冠。定植后在梨树距地面60～70cm处定干，待顶端2个新梢长到20cm时扭梢，促使下部芽生长。8、9月按水平方向夹角120°选择3个主枝，基角开张到约50°，强枝开张角较大，弱枝较小。冬季剪除顶端扭梢枝，中度短截（剪除1/3～1/2）3个主枝，强枝略重，弱枝略轻。如当年3个主枝难以形成，各枝可适当重剪，第二年再培养。

第二年春季对背生直立强枝扭梢。8、9月对主枝延长梢拉枝，开张角度45°左右，将主枝两侧生长较强的新梢与主枝的夹角调整到近90°，用拉、撑的方法开张角度60°左右，作侧枝培养。冬季修剪继续中度短截主枝延长枝，轻截侧枝，同侧侧枝间隔距离30cm左右。

第三年后生长期修剪同上。冬季继续重短截主枝延长枝。五年生树树冠基本形成，为避免主枝延长枝相互交叉，可采取重截或换头的方法避开两枝重叠，冬季修剪后树高保持在2.5m左右。疏除距主干分枝点50cm以内的侧枝及过密枝，将同侧三年生侧枝的间隔距离调整到70cm。

### （五）"3+1"树形

第一年，苗木定植后选饱满芽定干，定干高度80cm；定干时可刻芽促萌，以利新梢抽发。由于该树形产量主要集中在基部三主枝，定干不宜过矮，以免枝条结果下垂影响树冠下的通风透光和田间作业。生长季节采用木棍撑枝或用竹竿进行拉枝，拉开主枝基角。在基部3个方向选出3个主枝，主枝间水平夹角120°。定植当年冬季在中心干延长枝基部瘪芽处（距上一年剪口20cm）重剪，待第二年重新培养，这是梨树"3+1"整形的关键技术之一。冬季修剪时，主枝选旺芽进行短截，对于主枝延长枝的竞争枝可疏除或拉平。

第二年，生长季节调整主枝角度及方位。冬剪时对中心干延长枝的弱枝、弱芽带头修剪，对中心干旺枝从基部去除，其余枝条一律缓放，成花后让其结果，并改造成中、小型结果枝组。生长季节对主枝进行诱引，要求主枝基角与中心干呈60°～70°，主枝梢角利用直径2cm的竹竿对主枝先端进行垂直诱引，这是梨树"3+1"整形的第二项关键技术。

第三年，主枝和中心干上的枝条尽可能利用其结果，夏季采用牙签开角技术，这是梨树"3＋1"树形整形的第三项关键技术。冬季修剪时中心干延长采用"弱芽带头"、主枝延长头采用"壮芽带头"短截，其余枝条不要短截，以疏枝和缓放为主。主枝延长头角度过小的，冬剪时也可选健壮的背后枝换头开张角度。由于中心干的生长滞后一年，中心干要立支撑杆加强保护，以防风和增加中心干的果实负载量，从而提高产量，这是梨树"3＋1"整形的第四项关键技术。

第四年，中心干选斜生的弱枝或结果枝落头，中心干延长枝的修剪程度依其长势而定，长势过旺的利用弱枝转主换头，长势偏弱的选健壮营养枝适当重截。到第四年，树体整形基本完成。

### （六）倒"个"形

第一年，苗木定植后选饱满芽定干，定干高度 70～80cm；生长季节，在基部 2 个方向选出 2 个主枝，采用木棍、竹竿等撑枝或用麻绳进行拉枝，主枝与中心干角度 60°～70°度；两主枝左右伸向行间；定植当年冬季在中心干轻截，剪口第二芽方向伸向株间；冬季修剪时，主枝选旺芽进行短截，对于主枝延长枝的竞争枝疏除或拉平。

第二年，生长季节对主枝进行诱引，保持主枝与中心干呈 60°～70°；冬剪时对中心干延长枝"弱枝、弱芽带头"修剪，对中心干旺枝从基部去除，其余枝条一律缓放，成花后让其结果，并改造成中、小型结果枝组。冬季修剪后立支柱，绑缚中心干保护。

第三年，夏季采用牙签开角技术将嫩梢角度支开，一般在梨树谢花后 25～30d 开始利用牙签，分别放置于枝条分枝处上方 4～5cm 处；主枝中心干上的枝条尽可能利用其结果；冬季修剪时中心干延长采用"弱枝、弱芽"带头、主枝延长头采用"壮枝、壮芽"带头短截。距主枝分枝点 50～60cm 开始采用"连截—缓放结合法"培养大中型结果枝组，枝组延长枝的方向伸向株间，其余枝条一般采用缓放处理，让其成花。主枝延长头角度过小的，冬剪时选健壮的背后枝换头开张角度；角度过大的采用背上枝换头抬高角度。至第 3 年冬季，梨树倒"个"树形整形完成。

# 第三节　梨树修剪技术

## 一、修剪时期

梨树修剪时期一般可分为休眠期修剪（冬季修剪）和生长期修剪（夏季修剪）。冬季修剪在冬季树体正常落叶后至春季萌芽前进行，此时果树贮藏养分充足，伤口易愈合，地上部修剪后，枝芽减少，集中利用贮藏营养，有利于加强来年新梢生长，修剪过晚，例如春季萌芽后，贮藏营养已部分被萌动枝芽消耗，一旦已萌动的芽被剪去，下部芽再重新萌动，生长推迟，长势明显削弱。

夏季修剪在梨树生长期进行，正确进行夏季修剪有利于控制徒长枝的发生，调整枝量和花量，节约树体贮藏养分，提高坐果率，维持生长与结果的平衡，改善树冠通风透光条件，提早形成树形和减少冬季修剪工作量，但是，当树体生长势较弱时，应谨慎进行夏季修剪（杉浦明等，1991）。

## 二、冬季修剪

### （一）修剪方案的制订

修剪方案通常是指针对当年树体的生长势、单株产量、果实品质、花芽数量和枝类组成等的实地调查而制定的冬季整形修剪的主要指导原则。修剪方案的主要内容应包括修剪量和单株花芽数量的控制，骨干枝的培养和疏除标准，结果枝组的培养和更新方法，以及不同类型辅养枝的处理技术。

制定修剪方案时一般需遵循的主要依据是：

**1. 梨树品种的生长结果习性**　对易形成花芽的品种，如丰水和翠冠等可适当增加修剪量，加大结果枝组的更新和回缩的力度；对成枝力较低的品种如鸭梨等品种，应多短截，少疏枝，增加枝量，特别应注意预备枝的培养及大、中型结果枝组的培养与维持；对大果形品种如新高等应严格控制花芽数量，维持合适的枝果比。

**2. 梨树的年龄时期**　幼龄期梨树冬季修剪的重点应该是树冠结构的培养，控制单株挂果量，在此基础上应以轻剪为主，尽量促进发枝，多留辅养枝，这是早期丰产的基础，延长枝的短截强度需达到新梢长度的 1/3 以上，剪口下应是春梢或夏梢的饱满芽，短截延长枝时，还需处理好各个主枝之间生长势不平衡的问题，做到强枝短留，减少枝叶，加大开张角度，弱枝长留，多留枝叶，减小开张角度，逐年使各个主枝之间的生长势达到平衡（杉浦明等，1991）；对盛果期梨树，应注重结果枝组的配置和更新，梨树进入盛果期后，树冠内易发生光照不良，新梢瘦弱，花芽分化不良，无效空间增大，此时，对外围枝条过密的树，要轻剪一部分外围枝，适当疏除一部分外围枝，打开光路。对骨干枝和辅养枝过密的树，要通过修剪，逐年减小、变弱后疏除，对于因栽植密度过大引起树与树之间交叉碰头的，可以用回缩换头的方法解决；对老龄期梨树需注重对骨干枝的回缩和更新，促进营养生长，控制生殖生长，改善树冠的通风透光条件，修剪上应以短截为主，增加枝量，多留预备枝，原因是梨树进入衰老期后，外围枝对短截已无明显反应，枯枝迅速增加，产量下降，向心生长开始，此时应对衰老的骨干枝及时回缩更新，恢复树势，充实树冠，延长结果能力，骨干枝的回缩部位应根据衰老程度而定，回缩部位需有较壮的分枝，如有可利用的徒长枝或背上直立旺枝应充分利用，同时，对骨干枝上的其余多年生枝组也需相应回缩，减少挂果量，或不挂果，加速树冠复壮更新。当骨干枝严重衰老，或无法找到有较壮分枝的回缩部位时，应多留枝叶，不使挂果，养树 1～2 年后，再进行回缩，如需维持一定产量，也可对骨干枝分年分批进行回缩。

**3. 梨树生长势**　对生长势偏弱的梨树，应控制花芽数量，加强结果枝组的回缩和更新，以短截为主，疏枝为辅，不断增加中、长枝数量，恢复树势；对树势偏强的梨树，可适当增加花芽数量，一年生枝以轻剪长放为主，控制长枝数量，改善树冠通风透光条件，逐渐缓和树势。

### （二）修剪方法

**1. 短截**　剪去新梢或一年生枝的一部分，作用是调节新梢生长和数量，改变骨干枝生长方向，根据剪去枝条长度的不同，短截又可分为轻短截、中短截和重短截等，短截程度不同，修剪后的反应也不相同（图 12-1）。

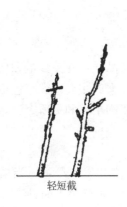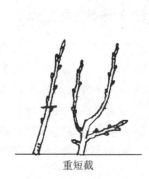

轻短截　　　　　　　　中短截　　　　　　　　重短截

图 12-1　短　截

**2. 疏剪**　又称疏枝，即将枝梢从基部疏除，其作用是减少分枝，改善树冠内膛光照，控制旺长，调节树体或枝组生长势。

**3. 缩剪**　又称回缩，即在多年生枝上短截，一般修剪量大，刺激较重，缩剪主要以调整空间、更新枝组、恢复树势及改变枝的发展方向和平衡生长势为目的（图 12-2），有更新复壮的作用。

**4. 长放**　指对营养枝不剪或轻剪，得以缓和枝条长势，促进形成花芽。

图 12-2　缩　剪

**5. 撑枝**　利用枝条或其他工具开张枝梢分枝角度，改变生长势（图 12-3）。

**6. 坠枝**　利用石块或其他重物改变枝梢生长方向，调节生长势（图 12-4）。

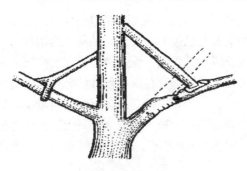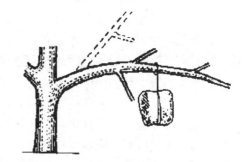

图 12-3　撑　枝　　　　　　　　　　　　图 12-4　坠　枝

**7. 定干**　一年生梨苗春季栽植后，离地面 60～80cm 处短截定干，剪口下应留 4～5 个饱满芽。

**8. 侧枝培养**　第一层主枝上，每个主枝可培养 2～3 个侧枝，第二和第三层主枝上，每个主枝一般培养 1～2 个侧枝，侧枝延长枝留 25～35cm 短截，第一侧枝距中心干 40～50cm，第一侧枝的对面培养第二侧枝，相距 40～50cm，第三侧枝培养方向与第一侧枝相同，距离第二侧枝 40～70cm（吴学龙，2004）（图 12-5）。

**9. 中心干落头**　梨树进入结果盛期后，为了改善树冠内膛通风透光条件，控制树冠

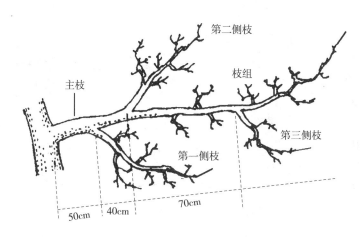

图 12-5 侧枝培养

高度，方便栽培管理，生产上常常在此期开始去除中心干先端，又称之"落头"，一般在落头的前年冬季修剪时，选择来年落头部位下部1~2根枝条或枝组，在修剪上应采用多短截、少疏枝和去弱枝留强枝等方法增强其生长势；对落头部位上部的枝条和枝组，采用多疏枝、少短截和去强枝留弱枝等方法削弱其生长势，一般当落头部位下部第一根枝条或枝组的粗度达到中心干落头部位粗度的1/3以上时，中心干落头的效果较好（图 12-6）。

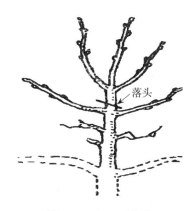

图 12-6 中心干落头

### （三）结果枝组培养

梨树枝条萌芽率高，成枝力弱，易形成大量中短果枝，故小型结果枝组培养快、更新快，但梨树小型结果枝组一般寿命较短，结果不稳定，随着树龄的增加，这类小型枝组极易失去生长结果能力。梨树大型结果枝组具有寿命长、产量稳定、不易衰老、本身调节能力强的特点，根据对进入盛果期后的梨树树冠结构与单株产量的调查，发现单株产量越高，对大中型结果枝组的依存度越大。但由于梨树枝条的顶端优势强，多单轴延伸，难以培养成分枝多而开张的大中型枝组。所以，梨树大型结果枝组的培养应及早进行，能培养的尽可能培养，无须过早决定去留，一般情况下，梨树总是小枝组多，不必担心大枝组过多，即使将来大枝组过多时，也容易通过疏枝和回缩改成中、小型枝组，而且这种以大改小的枝组也具有寿命长、易更新、结果可靠的特点。枝组在主枝上的配备应掌握"多而不挤，疏密适度，上下左右，枝枝见光"的原则，主枝前部以配置中小型枝组为主，密度要小，主枝中后部以大中型枝组为主，密度可适当增大，主枝背上以中小型枝组为主，主枝背下及两侧以大中型枝组为主。目前，我国梨树生产上结果枝组的培养和修剪主要采用以下方法：

**1. 先放后截** 对一年生营养枝轻剪或缓放，第二年形成短果枝后，对上部营养枝适当短截，维持枝组生长势，该方法主要用于小型和中型结果枝组的培养（图 12-7）。

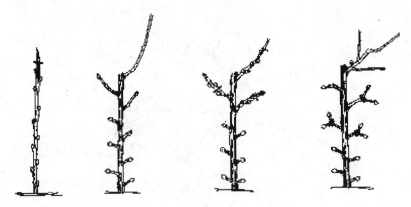

图 12-7 先放后截法培养结果枝组

**2. 中截后放** 对一年生营养枝中短截，第二年对发生的枝条挖心处理，去强留弱，加大分枝角度，该方法主要用于中型和小型结果枝组的培养（图 12-8）。

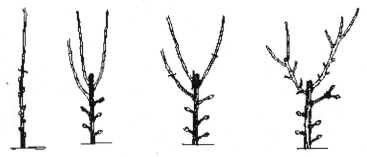

图 12-8 中截后放法培养结果枝组

**3. 重截后放** 一般用于对梨树大型结果枝组的培养，一年生营养枝留枝条基部 2～4 个瘪芽重截，第二年对发生的枝条挖心处理，去直留平，对留下的枝条再短截，使之再分枝，直至达到应有枝量后，再长放结果（图 12-9），在培养过程中应控制挂果量，以促进发枝生长为主，否则难以达到培养目标。

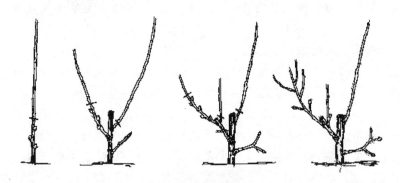

图 12-9 重截后放法培养结果枝组

**4. 短果枝群修剪** 梨树在生产上一般以短果枝结果为主，大部分梨品种的短果枝都具有较强的连续结果能力，树体进入盛果期后，易形成短果枝群，为了调节枝叶生长和果实生长的平衡，维持短果枝群的连续结果能力，冬季修剪时需对短果枝群适当回缩更新，疏除衰弱和无花芽短枝，通过破芽控制花芽数量，一般是 2 去 1 或 3 去 2（图 12-10），以免形成鸡爪状短果枝。

**5. 结果枝组的回缩和更新**　梨树树势衰弱后，明显的特点是枝量减少，中心干、主枝下部出现光秃，结果部位外移，生长势变弱，结果枝组衰弱（老）、细弱，花芽变小变少，挂果减少，品质、产量下降。因此，常在衰弱结果枝组上选择 2～5 年生枝段，并且在较好的枝、芽处进行回缩更新，增加结果枝组上新的生长点，增强树冠长势。对于衰弱较为严重的大型结果枝组，不要急于回缩到位，一般可先回缩到 2～3 年生枝段上，减少花芽数量，枝叶量逐渐增加后，逐年回缩到位，恢复枝组的结果能力（图 12-11）。

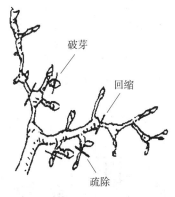

图 12-10　短果枝群修剪

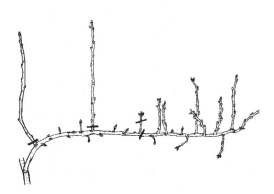

图 12-11　结果枝组回缩更新

## 三、生长季节修剪

### （一）修剪时期

梨树在生长季节的修剪称为夏季修剪，生产上梨树夏季修剪通常在 4 个时期进行，萌芽期至开花期（3 月中旬至 4 月中旬）一般进行抹芽和疏蕾，即去除伤口附近的多余不定芽和枝条背上芽，以及过多的花蕾；新梢生长期（5 月上旬至 6 月上旬）主要去除由隐芽或潜伏芽抽生的过密新梢，以及将来有可能形成徒长枝的新梢；新梢生长末期（6 月下旬至 7 月下旬）主要进行拉枝作业，通过调整枝条开张角度，达到改善光照、促进果实生长和花芽分化，以及骨干枝的培养；树体养分贮藏期（9 月中旬至 10 月中旬）主要疏除部分骨干枝背上较旺的徒长枝条和多年生辅养枝，改善树冠结构和内膛光照，抑制第二年伤口处徒长枝的重新发生。

### （二）修剪方法

**1. 除萌（抹芽）**　在梨树萌芽前后进行，主要去除骨干枝背上已萌动或未萌动的叶芽，对冬季修剪伤口处发出的大量不定芽，除保留背下或侧生的 1～2 个不定芽外，其余需全部去除。及时除萌对抑制徒长枝发生，增加和提高发育枝数量和质量，促进花芽分化，调节骨干枝生长，延长结果枝组寿命有重要作用，是梨园精细管理的关键技术之一。

**2. 花前复剪**　花前复剪是冬季修剪的重要补充，通常在梨树花芽易于识别的花芽膨大期进行，通过对串花枝（有较多腋花芽的一年生结果母枝或有较多短果枝的枝组）的回缩,以及对短果枝群中过多短果枝的疏除,达到控制花芽数量,更新复壮结果枝组,减少养分浪费,增强树势的作用。

**3. 摘心** 新梢迅速生长季进行,摘心的效果与摘心时间和新梢种类有密切关系,春季对果台枝摘心有利于提高梨坐果率,促进果实早期生长,夏季摘心则有利于新梢停止生长,促进花芽分化。

**4. 扭梢** 将旺梢向下扭曲或将其基部旋转,扭伤木质部和皮层,改变新梢生长方向(图 12-12),有利于抑制新梢生长,提高新梢光合产物积累水平,能够促进花芽分化。梨树扭梢适宜在 6 月进行,扭梢时间过早则新梢幼嫩,易折断,时间过迟则木质坚硬,新梢难以扭曲。

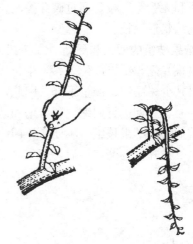

图 12-12 扭 梢

**5. 拉枝** 抑制新梢旺长,提高枝条光合积累水平,促进花芽分化,适宜的拉枝时间与梨品种花芽分化开始分化的时期有密切关系,拉枝过早,易发生二次枝,不利于形成花芽,拉枝过迟,花芽分化盛期已过,对花芽形成的促进作用较小,在长江流域地区,一般在 6～8 月进行,例如幸水可在 6～7 月进行,丰水则应在 7～8 月进行,拉枝后枝条与水平面的角度应控制在 30°～45°(图 12-13)。

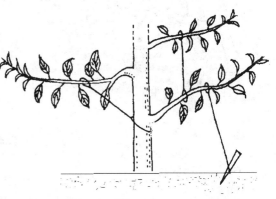

图 12-13 生长季拉枝

**6. 拿枝** 用手对旺梢自基部到顶部捋一捋(图 12～14),伤及木质部响而不折,达到阻碍养分运输,缓和生长,提高萌芽率的目的。

**7. 徒长枝处理** 梨树徒长枝处理一般在秋季进行,又称"秋拿大",主要是疏除骨干枝背上较旺的徒长枝条和多年生辅养枝(图 12-15),目的是改善树冠结构和内膛光照,抑制第二年伤口处徒长枝的重新发生,但该处理枝叶量损失较大,不利于树体贮藏养分的积累,对树体生长的抑制作用较大,故徒长枝处理的数量应合理控制,可分年分批进行,对成年大树,每年每主枝可处理1～2 个大枝。

图 12-14 拿 枝

### （三）夏季修剪注意事项

夏季修剪的效果与修剪时期和修剪方法有密切关系，除萌宜在萌芽期进行，如果萌芽后开始除萌，树体易消耗大量贮藏营养，降低贮藏营养的利用效率，拉枝宜在新梢迅速生长结束、进入缓慢生长阶段（6 月下旬至 7 月下旬）进行，此时正是梨树花芽进入分化期，果实开始迅速生长，拉枝既有利于抑制新梢生长，诱导腋花芽分化，也有利于改善树冠通风透光条件，促进果实膨大生长，拉枝时间提早，新梢极易脱落，拉枝过迟，树冠郁闭时期延长，不利于果实生长及花芽分化，如果此时期采用短截的方法

图 12-15　生长季摘心与徒长枝疏除

处理新梢，则导致新梢不能及时停止生长，加重树冠郁闭程度，采用疏除的方法处理新梢，易严重影响光合积累，不利于果实生长（町田裕，1997）。

夏季修剪由于减少了枝叶量，抑制了营养生长，总体上降低了树体光合积累，对树体生长具有一定抑制作用，可导致强旺树缓和生长势，故生产上夏季修剪常用于树势过强或幼龄树，修剪量不宜过重，对弱树或老龄树应慎用。

# 第四节　梨不同树龄及特殊时期的整形修剪

## 一、幼 龄 树

梨树幼龄期管理工作的主要任务是整形，即按照树形要求，培养强壮的骨干枝，配置主、侧枝，调节各类枝的开张角度和方位角，迅速扩大树冠，培养好辅养枝。后期注意培养结果枝组，为适期结果、早期丰产做准备。

梨幼树整形，一要"随树作形"；二要轻剪，即全树的修剪量要轻，也就是除按整形要求的修剪外，尽量多留枝条。至于树形不够理想，待全树枝叶丰满以后，再逐渐调整。整形时首先要确定采用什么树形，然后根据该树形的基本要求，灵活运用修剪综合技术。

对梨树幼苗，首先要根据树形要求进行定干。树冠大、主枝开张的品种定干可高些，树冠小、主枝角度小的品种可低些。定干时剪口下要留10余个饱满芽，使将来发出来的枝条粗壮，以便选留主枝。定干后发出的枝条，选长势健壮、方位和角度好的长枝作主枝。若当年萌发的长枝不能选出满意的主枝，可在第二年发枝后继续选留。侧枝宜选背斜枝，且生长势不能强于主枝。

无论采用哪种树形，在幼树期都需对主、侧枝或中心干延长枝进行适当短截，以促进

分枝，保持适度的营养生长量和生长势。梨幼树枝量增长慢，应运用各种修剪方法尽量增加枝叶量。除骨干枝的延长枝、大型枝组领头枝进行适度短截外，冠内多留枝、多长放，使留用的枝条尽快转化结果。

　　辅养枝选留的数量、大小和年限以不影响骨干枝生长为原则。幼树期间骨干枝尚未长大成熟，空间较大，辅养枝应多留轻剪，有利于结果，促使树姿开张，以达到早结果和早丰产。如辅养枝妨碍骨干枝生长或生长势已缓和，并形成大量短果枝时，可适当回缩，用以结果，或从基部疏除。当骨干枝衰弱或被损坏时，可把辅养枝培养成新的骨干枝。

　　对幼树期竞争枝的修剪，主要根据主枝与竞争枝的生长情况而定，如竞争枝的生长势、着生方向、角度都比较合适，可用竞争枝代替原领导枝；无法利用的竞争枝应及早疏除。如竞争枝与领导枝粗度近似，可分 2～3 年疏除，以防一次疏除伤口过大，影响留下枝的生长势（张志华等，1994）。

　　骨干枝背上的徒长枝，有生长空间时，可通过连续摘心的方法培养成背上枝组。没空间时及时疏除。

　　角度小、极性强是梨树的特性之一。"丰产不丰产，开角是关键"，这是多年来梨树生产上总结出来的一条重要经验。树冠中很多矛盾是由于角度小引起的。角度小，枝条直立，生长过旺，难形成花芽，只长树不结果；角度小，树冠抱合生长，树冠狭窄，内膛枝拥挤，通风透光不良，内部及下部的小枝易枯死，常常内部空虚，外围结果；角度小易上强下弱，树体只长高，不向宽扩，截获的光能少，树势难控制。所以，开张角度，是梨幼树整形修剪中的重要措施。梨枝条脆硬易折断，开角必须从小树做起，最好在生长季进行。

　　开角方法有很多，如拉枝、拿枝、留不同方向的剪口芽等，如对主、侧枝延长枝修剪时，要注意利用剪口芽调节主、侧枝的延伸方向。当主、侧枝伸展的方向和角度均比较适宜时，一般剪口芽留外芽即可；当主、侧枝伸展方向不适当时，可利用侧芽进行调整；当主、侧枝延长枝角度偏高时，可利用"里芽外蹬"开张角度。

　　梨树体易出现主从关系不明的现象，就是主枝多头延伸、形成"弹弓叉"、"三叉枝"等现象，在幼树期尤为常见。其形成的原因，主要是对主枝前部的枝条，包括竞争枝，不加分析地进行等同的剪截。因此，对主枝前部的枝条，特别是长势相近的枝条，应有疏、有放、有截、有控，以突出延长枝的生长优势。

　　梨树由于具有极性和顶端优势生长现象，因而从幼树期就会出现树体长势不平衡的现象，最常见的是中心干生长过旺（上强下弱）和主枝之间长势不均等（杨青松等，2007）。幼树期就应注意平衡树势的问题。当中心干生长过旺时，要抑上促下。其处理办法有以下三种：第一，疏去原中心干延长枝，利用长势较弱的竞争枝甚至剪口下第三枝作中心干，使中心干弯曲上升；第二，疏去中心干上长势较旺的大枝，减少上部枝量，同时还要注意主枝开张角度不要太大，否则更易加重上强现象的发生；第三，基部适当多留枝。当主枝之间长势不平衡时，对生长较旺的主枝进行拉枝处理，加大开张角度，对长势较弱的主枝应通过抬枝，适当减小开张角度，增加短截强度。

## 二、初果期树

　　此期是由以旺盛生长为主向以大量结果为主的转化时期，初果期梨树枝量迅速增加，并形成花芽结果，此时主要修剪任务是继续完成整形，培养骨干枝，保持树势平衡和长势，管理好辅养枝，大力培养结果枝组和促进成花，继续处理好竞争枝，为进入盛果期后丰产打下基础。

初果期树的修剪原则是：以疏剪和缓放修剪为主，以果压冠控制冠形。初果期树成枝率较高，为选择和培养各种枝组提供了良好的机会。因此，要采用"分批、分期短截，逐年调整"的方法，根据骨干枝的配备，逐步选留大、中枝组，小枝组随大、中枝组的配置随机留用。这一时期树体内也易形成密挤交叉枝和背上直立枝，应及时疏除，否则会影响光照，破坏树形。

进入初果期后，对主、侧枝延伸角度和方位不理想的，可继续进行调整，对主枝位置过高或过低的，可采取用背后枝或背上枝换头的方法解决。对于有中心干的树形，这一时期也可能出现中心干过强的现象（即中心干粗度明显大于基部主枝，上部发育枝多且旺，成花少），可采用中心干小换头的方法加以控制。

对幼树期中心干和主枝上保留的辅养枝，进入结果期后，应充分利用它们来结果；同时，又要防止其影响骨干枝的生长。对辅养枝轻剪缓放，促进成花；结果后，有发展空间的可保留，使其成为永久性辅养枝，并疏去其上的旺枝，使其继续成花结果；对多年生的辅养枝，延伸过长的要注意回缩更新复壮，以防结果部位外移；对影响骨干枝生长和树形结构的辅养枝，应疏除。

梨树成花容易，一般枝条长放后都能成花，所以在初结果期还需适当控制结果量、增加枝叶量，保证树冠扩展，使树冠内部形成丰满的枝组（傅玉瑚等，1980）。进入结果期后，对树冠内长枝要区别对待，有长放、有短截，使每年在冠内形成一定量的长枝，长枝应占全树总枝量的1/15左右，如发生的长枝少，说明修剪量轻，需增加短截数量；如发生的长枝量大，说明修剪过重，需减少短截量、多留枝长放，目的是保证树体健壮，为盛果期丰产打下良好基础。

## 三、盛果期树

盛果期树指大量结果的树，此时，树体骨架已经形成，树体生长势仍较强，枝量仍在增加，此期修剪的任务是维持中庸树势及良好的平衡关系和主从关系，调节结果和生长的关系，及时更新复壮，保持适宜枝量和枝果比例，使结果部位年轻，结果能力强，改善冠内光照条件，确保梨果高质量。这一时期修剪应该掌握"适当轻剪，轻重结合"的原则，适当轻剪有利于健壮果枝的增多，提高产量，但连年轻剪，就会影响生长，减弱树势，坐果率降低。因此，轻剪1～2年或2～3年后，当植株生长有转弱趋势时，就应及时加重修剪，促使树势复壮，树势恢复后，再适度轻剪，树势再转弱时，再行重剪复壮。如果全树上只是个别大枝过弱或过强，可按具体情况决定进行重剪还是轻剪。

对于盛果期梨树的骨干枝，由于树形早已经固定，一般不需要疏除。骨干枝的延长枝一般剪留全长的1/2，以维持树势，并防止树冠扩大过快。如果剪留过长则骨架软，同时会使骨干枝开张角度过大。开张角度较大的骨干枝，尤其是先端已下垂的大枝，一般较弱，可行较重的回缩，根据其衰弱的程度，可从3～5年生部分缩剪，剪口下应选留一个生长较壮并向上斜生的分枝代替骨干枝的先端领导枝，以抬高角度，继续延长生长。对于交叉枝及重叠的大枝要适当疏间或回缩。修剪时要注意枝条的从属关系，疏去过密的枝条，保留生长方向适宜的枝条。对于生长细弱、冗长而下垂的多年生侧枝，也应从生长较壮或者有向上斜生的分枝处回缩，以促其复壮生长。

在盛果期，树冠内枝条数量多，徒长枝一般应疏除，到盛果后期，内膛枝逐渐衰亡，使骨干枝下部光秃，这时骨干枝上萌发的徒长枝应适当保留利用其培养成结果枝组充实内膛。

结果枝组内结果枝数和挂果量要适当并留足预备枝，中、大型结果枝组应壮枝壮芽当头，每年发出新枝。枝组间应有缩有放，错落有致。内膛枝组多截，外围枝组多疏枝少截，以确保内膛枝组能得到充足光照，维持较强的生长和结果能力。内膛发生的强壮新梢可先放后截或先截再放，培养成新结果枝组代替老枝组。利用回缩法及时更新细弱枝组。

以短果枝群结果为主的品种，盛果期应进行精细修剪。每个短果枝群中不超过 5 个短果枝为宜，其中留 2 个结果，2～3 个作预备枝，破顶芽。修剪方法掌握去弱留强，去平留斜，去远留近。

骨干枝背上发出的徒长枝，有空间时利用夏剪摘心或长放、压平等方法培养成枝组，无空间则疏除。

## 四、衰老期树

衰老期梨树离心生长很弱，向心生长明显，每年只发少量新梢，骨干枝光秃，结果枝不充实，结果不良，产量下降，枯衰枝迅速增多，短截短枝无明显的修剪反应，但梨树的潜伏芽寿命很长，骨干枝或枝组重回缩后易发生新枝。此期应在加强肥水管理的基础上，进行更新修剪，增强树势，萌发新枝，充实树冠，维持结果能力。

对已光秃的骨干枝应重回缩更新，回缩量的大小，视衰弱程度而定，一般要回缩到生长健壮的、向上的分枝上。回缩后要控制多年生分枝的结果量，同时进行适当的回缩重剪，刺激萌发新枝。大枝更新应从上层开始，然后下层，因为先缩剪下层枝反应差，有时抽不出新枝，甚至把枝条堵死；也可全树一次更新，大枝更新前应停止刮树皮 2～3 年，以防将潜伏芽刮掉，影响发新枝。如有可利用的徒长枝或背上枝可加以利用，尽快形成新的树冠。

衰老树的结果枝组延长头多因结果过量而下垂，或先端衰弱无力，此时，需要对一定数量下垂的多年生枝重回缩，并回缩到有良好分枝处，才能起到复壮作用。

对于过分弱的树或枝，不可急于回缩，否则效果差，反而更新慢，应先减少其挂果量，多培养枝叶，缓 1～2 年，生长势好转时再回缩，效果较好。在具体修剪方法上要重疏弱枝，减少花量，大骨干枝不可疏除，以免造成大伤口，反而削弱树势。

## 五、强旺树的整形修剪

梨旺树一般出现在幼树和初果期树，高温多湿或灌溉条件好、土壤肥沃的果园常见，但在修剪量大、留花果少、骨干枝角度不开张的情况下，也易引起梨树的旺长，旺长树表现为树形高大紊乱，通风透光不良，长枝数量多，枝细叶薄，组织不充实，内膛枝条及枝组枯死，花芽极少。

整形修剪上，一是开张主、侧枝生长角度，运用拉枝、撑枝、转主换头、轻剪长放和疏枝等技术，缓和主枝、侧枝的生长势。二是培养中心领导干时，尽量弯曲延伸，缓和上强下弱，促进上下生长势平衡，如果中心领导干已培养好，要对中心领导干上的主枝和辅养枝枝组数量进行控制，尤其是一层主枝与中心领导干的交接处，不能有大型辅养枝或大枝组，如果有一定要疏除；要加大伤口、限制营养向上输送，控制树冠旺长。对二层主枝的留数量不能过多，一般留2～3个，生长点要与一层主枝错开，不能留大的辅养枝，少留营养枝，多留结果枝，生长势要控制在中庸偏弱的水平。三是适当回缩辅养枝和结果枝组，轻剪长放枝条，促进花芽形成，多留结果枝。四是将修剪时间推至晚春进行，削弱树势，增加中短枝量，促进花芽形成。五是适当疏除旺长的直立枝和过密的营养枝，抑制顶端优势，有效解决树冠内的光照问题。

## 六、衰老树的整形修剪

梨树经过多年生长与结果，树势逐渐减弱，生长量明显减少，树冠外围抽生的枝条较短（30cm以下），抽出的长枝数量减少，短果枝明显增多，内膛大枝组大量死亡，果实变小，品质较差，产量下降，大小年结果现象越来越严重。

在整形修剪中，一是开始从二层主枝、侧枝的前端回缩，然后是一层主枝、侧枝回缩到生长较粗壮的分枝上，新抽生枝条重短截，恢复树势；二是对下垂衰弱细长的枝组及时回缩更新，留壮枝、壮芽短截，延长枝组的寿命和结果年限；三是对背上直立枝和徒长枝要再利用，培养枝组或培养新的主枝、侧枝，增强树势。四是对内膛大面积光秃部位进行皮下腹接，弥补光秃部位的枝叶量，从而逐步恢复产量。五是在回缩更新的修剪中，一定要加强肥水管理，否则衰老树结果枝量越来越少，直至失去栽培意义。

## 七、大小年树的整形修剪

梨树从苗木栽植以后，经过初果期、盛果期，每年的产量总有一定的波动，如果这种波动超过一定范围内，就形成了大小年（张志华等，1994）。大小年结果一般是指某一年的产量占正常产量的80%即为轻度大小年，占50%～80%为中度大小年，如果只占30%以下为严重大小年。在生产上，通过适当修剪，花果管理，土肥水管理，病虫管理等技术，可调整和控制大小年结果现象，达到高产，稳产的目的。

**1. 大年树修剪** 树冠表现为短果枝结果为主，对短果枝的修剪方法是3去2或5去4，拉开短果枝着生距离，短截中长果枝更新，疏除衰弱的果枝，回缩连续长放的细弱枝组，少长放，适当疏除一年生枝条，外围延长枝在饱满芽剪截，春季可花前复剪，短截串花枝，回缩弱枝组，疏除弱花芽。通过修剪使大年树结果适中，树势保持中庸偏强，当年能够形成足够下一年结果的果枝。

**2. 小年树修剪** 树冠表现为中长果枝结果较多，短果枝很少，修剪方法一是疏除长枝或徒长枝，留中庸偏弱的枝条。二是长中结果枝要轻剪长放，对果台果枝要尽量利用，增加结果部位。三是对无花芽枝组要根据枝组大小和位置，适当重回缩更新，无花芽果台枝要截一留一或一截一轻剪，如果果台枝有三枝要疏除一枝。四是对密生、重叠、交叉的枝条要适当回缩、疏除，如果有花芽的要堵花芽剪。

## 八、高接树的整形修剪

梨树高接换种是用新品种替代品质差、生产效益低的老品种的常用方法，也是老果园调整品种结构，实现良种和高效栽培的有效措施。

梨高接换种的效果与树龄、生长势及改换品种的特性有直接关系，高接幼树修剪要以培养树形为主，盛果期树一般以平衡树势为主，尽快恢复产量，衰老树要维持长势，适当结果，延长结果年限。当改换品种的生长势强时，夏季修剪应结合拉枝，缓和生长势，促进花芽分化，冬季修剪时应去直立旺枝，留斜生、水平、下垂枝，多留花芽，通过结果削弱其生长势；当改换品种的生长势较弱时，修剪时可对枝条多短截，少留花芽，增强长势。

### （一）根据母树树龄合理确定高接部位和嫁接枝头数

幼树高接部位一般在一二年生枝条上，盛果期树的高接部位一般可控制在外围枝回缩到二年生枝，内膛老枝组、过高的大枝组应回缩到3～5年生或更长的年龄段进行高接，如果是盛果后期、衰老树或弱树进行高接换种，高接时一般是回缩的枝组的3～5年或更长的年龄段的枝组上，对内膛的老枝组、弱枝组要回缩到着生主枝基部留5cm左右高度进行嫁接。大树高接后一般能够增强树体生长势，但与高接枝量、嫁接时间、接穗长短及肥水管理等因素有一定关系，母树的树龄相同，株行距不同，高接后的投产时间及产量有很大差别，密植园较稀植园投产早，产量高，原因是树冠大小对土地的利用率和有效的嫁接枝头数相关。生产上确定全树高接枝头数的常用标准是树冠冠幅4m×5m，一般高接枝头80～120个；5m×6m，高接枝头150～200个；6m×7m，高接枝头数220～250个；7m×7m，高接枝头数应达到250～300个。幼树和初果期树按照上述标准进行高接换种，第二年就能恢复到原有树冠，生长势也相应增强，产量也相应恢复到原有的产量30%～50%，盛果期树高接后3～4年可恢复原有产量。如果急于恢复产量，第一年修剪长放，把所有的花芽留下来，第二年就能恢复产量，但树的生长势迅速变弱，主要原因是负载量过大，超过了高接树的负载量。从长远效益看，只有当高接树的新梢生长量平均达到80～100cm以上，单果重平均达到250g以上，才能稳定树势，稳定产量，如果低于上述两项指标，高接树过早投产后会导致树势急剧下降，且难以恢复、持续大量结果，极易导致高接树大量死亡。

母树树龄大小和高接换种接穗留芽数有密切关系，一般是盛果期树高接时，留芽数为1～2芽，过密的枝组要选择性留3～4芽或5芽；在空间较大的大枝组上，留芽2～3芽；幼树、初果期树高接留芽数一般是2～3芽，如果过密的枝组高接可留3～5芽，也可选用长枝嫁接，衰老树高接留芽数是1～2芽。

母树树势强弱不同，高接换种的接穗留芽数也不同，一般生长势强的树，高接接穗可留3～4芽，生长势中庸的树，接穗留2～3芽，生长势弱的高接树，留1～2芽。一般外围培养主枝与侧枝的接穗留1～2芽，继续培养结果枝组的接穗留2～3芽或3～4芽，有利于树冠枝条丰满，不光秃，提高产量，也有利于高接树提前恢复产量。过密枝组和临时结果的单轴枝组高接可留 3～5 芽，也可长枝嫁接，使高接树提前结果。

### （二）母树品种与接穗品种的高接组合与接口愈合率的关系

高接换种树的第一年，虽然接穗能够成活并正常发芽抽梢，但接口都有凸起的小瘤球，植物组织切片观察结果表明，这些瘤球是由母树与接穗结合部的形成层细胞在生长与分裂过程中逐渐形成。接口在第二年可与接穗同时增粗，有的接口能完全愈合，有的接口则不能完全愈合，但从伤口外围向内形成比较厚的愈伤组织或形成瘤圈，观察结果表明，成年大树如果高接换种，接口一般都有瘤圈，特别是母树品种是巴梨的情况下，每个接口都形成瘤圈，但母树品种为砀山酥梨高接后的伤口愈合效果与接穗品种有密切关系，当接穗品种为秋荣、喜水、筑水时，高接伤口有 100％的瘤圈，而且瘤圈表现很明显，但接穗品种是金坠梨和金水 1 号梨时，高接伤口接口几乎不形成瘤圈，而且很光滑，母树品种是小窝梨和小香水时，接口形成的瘤圈一般为 50％左右，但用砂梨品种爱甘水高接白梨品种茌梨时，接口形成的瘤圈只有 5％左右，砂梨品种秋荣高接茌梨时，形成瘤圈的高接伤口可达 63.2％，在杜梨、豆梨大树上高接品种时，高接伤口也不形成瘤圈，接口也很光滑。

高接伤口的愈合情况不仅母树品种与接穗品种的组合有密切关系，也与树龄和树势有关，从调查结果看，高接品种组合相同的条件下，母株树龄越小，接口愈合率愈高，母株生长势越强，接口愈合率也越高。

### （三）高接树修剪的原则

**1. 依据高接品种的生长势进行合理修剪** 根据高接品种生长势，形成花芽的多少（强弱）进行合理修剪。高接后第一年的树势都有增强，也都能形成花芽（腋花芽），特别留 3～5 芽的枝条，顶芽抽一根长枝，其他芽抽成中长果枝，也有的芽形成短果枝，如果是强树，依部位不同，有的也能抽生徒长枝，如果是长枝或徒长枝过多，形成的花芽量就少。在整形修剪过程中，一般是对形成串花枝的枝条，每根枝条留 1～2 个腋花芽短截，如果没有花芽的枝条要留 3～5 芽短截，也有一长一中的枝条，大部分中长枝顶芽形成花芽，也有枝条形成腋花芽，如果抽生两根长枝，第一根长枝可重短截至枝条基部瘪芽处，另一根枝条留 1～2 个腋花芽或留 3 个叶芽的短截，最多留芽不能超过 5 个；接穗留 3 芽情况下，一般能抽生 3 根长枝、2 根长枝 1 根中枝，或 1 长 2 中，也有的抽成 1 长 1 中 1短，大部分长、中、短枝条都能形成顶花芽和腋花芽，修剪时对第一根长枝可重短截至枝条基部瘪芽处，第二根枝条疏除，第三根枝条留 1～2 个花芽或留 3 个叶芽短截，最多不能超过 5 个；接穗留 4～5 芽情况下，大部分可抽 2 根长枝、1～2 根中枝和 1～2 根短枝，或抽生 1 根长枝、2 根中枝和 2 根短枝，此时要按枝条的作用分为永久性和临时性枝条，如果培养枝组，要适当重截，中枝留 2～3 芽短截，对于临时性枝条，可疏除部分过密枝条，保留短果枝花芽结果。

高接后树势变弱的原因可能有两个，一是高接前母株树势较弱，二是嫁接时间过迟，当落花期至坐果期进行高接时，生长量明显减少，抽生的枝条短而细，对于这一类型高接树，修剪时每根枝留 3～5 芽短截，对短枝顶花芽要破芽剪，使花芽在春天开不出花，对于腋花芽要在春季萌芽至开花前把所有花蕾全部去除，去花养树，经过2～3年调整，可逐渐恢复树势，再留花芽结果。

高接树修剪时，切忌长放长枝或中短截长枝，易导致提前结果，造成树势下降，变成衰老树，同时，枝条长放或中短截长枝也容易形成背上单轴大枝组，加快结果部位外移，内膛容易光秃，加之长放和中短截长枝容易形成大量短果枝和部分中果枝，造成树势下降，影响品质和产量。

**2. 根据高接品种的成花习性进行合理修剪** 爱甘水、筑水和新高等极易形成花芽的品种，一般每根枝条留1～2个花芽，其余花芽全部剪除，如果是弱树，在萌芽至开花时，疏除花蕾，第二年根据树冠大小、树势强弱，枝量的多少、花芽量来适度修剪；对黄冠和翠冠等难形成花芽的品种，需在5～6月进行拿枝，拉枝和别枝，7～8月进行拉枝，促进成花，修剪时一般应根据枝条的粗度、强弱，适当留长，一般留3～7芽，枝条如果有腋花芽，修剪时只能留1～3个。

### （四）高接树第一年接穗的合理修剪方法

**1. 接穗留1芽高接树的修剪** 对衰老树的高接换种，接穗一般留1芽进行高接，冬季修剪时，如果该接穗是用于延伸扩大树冠，接穗上抽生出的新梢可留30cm左右剪截，如果培养枝组，一般留2～3芽剪截。

**2. 接穗留2芽高接树的修剪** 盛果期树高接换种时，接穗多留2芽进行高接，冬季修剪时，如果该接穗是用于主枝、侧枝或中心干延伸扩大，接穗上第一芽发出的新梢留30～50cm剪截，第二芽发出的枝条如果是直立强枝，可从基部疏除，如果是中长枝，可留2～3个芽剪截，从两侧长出的枝条，可留30cm左右剪截，用于培养侧枝或辅养枝；如果该接穗用于培养枝组，在抽生两根直立强枝的情况下，第一芽抽生的枝条可从基部剪截，留一个营养桩，第二芽发出的枝条留3芽剪截，如果有空间的部位，可留4～6个芽剪截；在接穗上2个芽均抽生斜生枝条情况下，水平并形成腋花芽的枝留2～3个腋花芽剪截，如接穗抽生1长1中或2根中枝的情况下，两根枝条都要留2～3芽剪截；如果抽生1中1短果枝，中枝留2～3芽剪截，短果要破芽剪，如果抽两个短果枝，两个短果枝都要破芽剪。

**3. 接穗留3芽高接树的修剪** 幼树高接换种时，接穗多留3芽进行高接，如果该接穗是用于主枝、侧枝和中心干延伸扩大树冠，接穗上第一芽发出的新梢留40～60cm剪截，第二芽、第三芽发出的如是背上直立强枝，可从基部疏除，如果在两侧发出枝条，选择同侧的枝条留30～40cm剪截，培养侧枝，另一侧枝条留一个营养桩剪截。如果该接穗用于培养更新结果枝组，在抽生2根直立强旺枝条，1根斜生、水平或下垂枝情况下，可将第一、第二根直立枝疏除，或留一个营养桩剪截，第三芽发出的斜生枝留3～5芽剪截；如果培养枝组的接穗抽生1长2中枝条，第一根长枝疏除或留一个营养桩剪截，两根中枝可留3芽剪截，形成腋花芽的可留2个腋花芽剪截；如果是1长1中1短的果枝，第一根长枝从基部疏除或留一个营养桩剪截，第二根中枝留3芽剪截，短果枝保留；如果抽生2中1短果枝，第一根中枝疏除，第二根枝留3芽剪截，短果枝保留；如果抽生1中2短果枝，中枝留3芽剪截，其中1个短果枝破芽剪，在接穗上抽生3个短果枝情况下，3个短果枝都要破芽剪。

**4. 接穗长留高接树的修剪** 长穗高接换种在生产上主要应用于枝组过密的树冠的枝组更新，同时，长穗高接也有利于减少高接树的伤口和尽快恢复树冠产量，多数情况下第一、第二芽能抽生中长果枝，下面芽都能形成短果枝，一般可留2~3个短果枝剪截。冬剪时应根据枝组斜生、水平、下垂情况，以及位置、强弱、粗细类型，按照前述高接树修剪剪原则进行合理修剪。

### （五）高接树第二年冬季修剪

高接树在第一年冬剪后，经过一年的生长，抽生大量枝条，枝组及树冠已经初步形成，树势也得到恢复，产量也可恢复30%~50%，冬季修剪时，一是继续对主枝、侧枝延长枝进行培养，特别是主枝、侧枝生长势强的树，要转主换头，改变生长点的长势；二是继续对枝组带头枝进行培养与扩展，把枝头向有空间的位置引诱，疏除直立或背上直立的大枝条，对已形成花芽或腋花芽的枝条要按枝留花芽剪截，切忌长放留大量花芽，否则，树势会急剧下降，而难以恢复；三是对幼树中心干要继续向前延伸，培养二层主枝或辅养枝，盛果期中心干要稳定高度，控制生长势，否则会形成上强下弱，影响树形结构的平衡；四是衰老树所抽生枝条要留2~3芽剪截，增强枝条和枝组的长势，恢复树势。

### （六）高接树第三年冬季修剪

高接树经过三年的生长，树体结构已完全形成，生长势与产量也完全恢复，有的树势已超过高接前的树势。冬季修剪时，一是继续对主枝、侧枝延长头进行培养与延伸，生长势弱的树要重剪，以短截为主，少轻剪长放枝条，生长势强的树要转主换头，适当轻剪，多疏枝，少长放；二是继续对枝组的带头枝进行培养和扩展，把枝头向有空间的位置引诱，疏除背上直立强旺枝条，对已形成花芽或腋花芽的枝条，按照枝条粗细留花芽剪截，切忌长放，留大量花芽结果，要稳定枝组生长势，调节枝组间的生长平衡。

## 九、遭受气象灾害后的梨树修剪

### （一）雪害和冻雨灾害梨树的修剪

雪害和冻雨是我国长江以北地区梨树生产上常见的气象灾害，近20年来，由于全球气候温暖化对大气环流的影响，我国南方地区雪灾或冻雨等灾害性天气也出现频发的趋势，特别是随着我国梨树棚架栽培推广面积的不断扩大，需在整形修剪上采取下列措施，应对雪灾或冻雨对梨树生产的稳定发展造成的威胁。

1. 大雪和冻雨极易导致枝条或骨干枝的折断，以及大型骨干枝的劈裂。灾害发生后，应及时清理伤口，适当回缩修剪，涂抹伤口保护剂，或绑缚塑料薄膜，减少水分蒸发，促进伤口愈合，对发生劈裂的大型骨干枝可采用绳索和支撑等方法扶正，为了加快劈裂处输导组织的恢复，伤口处需防止水分渗入。

2. 雪害对梨树树冠结构的损害与地面积雪厚度有密切关系，积雪的比重会随着时间的变化逐渐增大，而出现沉降，此时易造成埋入雪中的枝条发生折断或劈裂，因此，雪后需尽快降低梨园积雪厚度，将埋入雪中的枝条通过拉枝或撑枝等修剪方法清理出积雪，如积雪深度过大，至少要将骨干枝分枝处从积雪中清理出来（佐藤公一等，1986）。

3. 对遭受大雪或冻雨危害的梨园调查结果表明，开张角度较大的大型骨干枝发生折断或劈裂的比率显著小于开张角度较小的大型骨干枝，因此，在易于发生雪害或冻雨的立地条件建园，幼树整形修剪时的定干高度应适当增加，不宜采用低定干方式整形，并增大主枝等大型骨干枝的开张角度。

4. 当梨树采用棚架栽培方式时，雪害和冻雨不仅危害树冠结构，其棚架结构也易遭受破坏，在许多情况下，棚架结构的损害还可能对树冠结构造成二次危害，因此，在频繁发生雪害或冻雨的地区建设棚架梨园，每年冬季修剪时不仅要注意棚架结构的维护和加固，其幼树整形时的定干高度最好需增加至 150cm 以上。

5. 梨树受到雪害和冻雨灾害后，由于大型骨干枝或结果枝组发生劈裂或折断导致枝量大幅度减少，来年的生长势必然受到较大削弱，在灾后需尽快组织进行整形修剪，其修剪目标应是促进树势的恢复，在具体修剪原则上应以轻剪为主，尽量多留枝条，降低来年生长季日灼对骨干枝的危害，同时还需严格控制花芽数量，保证树体的营养生长量，促进伤口的愈合。

### （二）台风灾害梨树的修剪

在我国梨树生产上，中、晚熟品种陆续开始采收的时期也恰逢台风多发季节，由于梨果的抗风能力较弱，台风对我国南方，特别是沿海地区的梨树生产威胁极大。2006 年夏季台风导致江苏和浙江等沿海市、县梨园大量落果，产量损失达 60% 以上。台风对梨园的危害不仅是当年产量的损失，也同时导致梨树骨干枝劈裂、新梢折断、大量落叶和病害流行等，严重影响来年梨树生长势、果实产量和品质。因此，台风到来前后，在修剪上常采取适当措施，能够有效降低台风对梨园的危害。

1. 幼树根系浅，抗风力弱，台风来前对幼树增设或加固支柱，避免幼树根系受伤。

2. 梨棚架栽培具有良好的抗风性能，台风来前需及时将枝条绑缚在架面上，否则难以发挥棚架的抗风作用。

3. 对因台风导致大枝折断树应及时清理伤口，也可通过适当回缩，涂抹伤口保护剂，或绑缚塑料薄膜，减少水分蒸发，促进伤口愈合，对倒伏树需及时培土扶正。

4. 台风危害后，易导致大量落叶，需及时疏果，调整挂果量，维持适当叶果比，还应通过拉枝和摘心等夏季修剪方法，诱导新梢及时停止生长，促进花芽分化，保证来年产量。

5. 受台风危害树在冬季修剪时应以轻剪，控制花芽数量，保证枝叶量为主，同时针对骨干枝和结果枝组的受损情况进行培养，逐步恢复树冠结构。

## 第五节　梨主要栽培种的整形修剪特点

### 一、砂　梨

砂梨树冠大，生长势较旺，进入结果期后，以短果枝及短果枝群结果为主，树势易衰弱，结果早、易丰产，果形大、品质好，抗黑星病。

在整形修剪上，多以疏散分层形和开心形及小冠疏层形为主，幼树萌发的枝条比较少，修剪应多留枝，多短截，有利于整形和扩大树冠，便于培养结果枝组占领空间，盛果期树内膛枝组易枯死，形成光秃，所以，应对结果枝组中长、中、短果枝和短果枝群要精细修剪，调节生长势，做到常截常新。对不易形成短果枝和短果枝群的品种，对枝组进行缩放结合，利用果台枝短截来复壮枝组的生长势。原产我国的砂梨品种长势较强，发枝比较少，幼树以培养疏散分层形，等树冠形成以后，摘除中心干，变为开心形，而日本、韩国砂梨品种，长势中等，幼树以培养疏散分层形为宜，树冠形成后，对中心干进行落头，变为小冠疏层形。

## 二、白　梨

白梨树势强健，枝条较开张，分枝能力较弱，进入盛果期以短果枝结果为主，易形成短果枝群，结果较早，果实大，丰产，果肉细嫩，易感黑星病。

树形多采用疏散分层形和延迟开心形，幼树萌发的枝条比较少，整形修剪时，宜少疏枝，延长枝长留，辅养枝轻剪长放，骨干枝每年要开张角度。部分品种主枝角度不宜过大，以免中心干过强，影响主枝及枝组的生长。当树体出现内膛光秃、枝组枯死现象时，需及时降低中心干高度，主枝、侧枝进行转主换头，辅养枝和结果枝组要适当回缩，改善通风透光条件，短果枝群及时更新复壮，对难以形成短果枝群或短果枝群寿命短的品种，要及时对结果枝组回缩更新，促发新枝，复壮枝组，延长结果年限。根据栽植密度，树冠封行后，要立即摘除中心干，提高结果枝组的利用率。

## 三、秋子梨

秋子梨树冠高大，抗寒性和生长势强，果实石细胞多，果实采摘后需后熟方能食用，不耐贮藏，抗黑星病。

在整形修剪上，可采用疏散分层形，但层间距要适当加大，改善树冠光照，一年生枝应少截多放，适当疏除，树冠内培养的大中小枝组间距要适当加大，当多年长放或轻剪的枝条出现生长势减弱，结果能力下降的现象时，要及时回缩，抬高角度，保持主枝头、侧枝头的长势。

## 四、西洋梨

西洋梨树冠中大，生长势极强，枝条柔软，枝干易感火疫病，树形难培养，产量中等，果实中大，果肉乳白色，果实需后熟才能食用。

树形多采用疏散分层形，树体衰老后，可锯除领导干，变为开心形，主枝宜多留，第一层与第二层主枝间距可减小，主枝等骨干枝延长枝不易长留，剪留长度应控制在45～50cm，以免主枝、侧枝过软下垂，树冠难以形成，防止主枝、侧枝后部光秃。该栽培种品种对光照条件要求不高，修剪上可多留枝，少疏枝，多长放，过密的地方可疏枝不短截，一般是结果后回缩，侧枝生长弱的品种，可以主代侧，在培养树冠时可采用多主枝少侧枝的结构，防止树冠不圆满，幼树要多留长果枝，盛果期要注重长、中、短果枝结合，尽可能不要短截枝,只能长放,过密的可疏枝,结果后再回缩更新;老弱树要对枝组适度回缩,对结果枝要多短截,不宜回缩大枝,否则大树易枯死,缩短生命年限。

# 第六节　梨棚架栽培的整形修剪

## 一、棚架梨整形的意义

我国梨树栽培的常见树形有疏散分层形和延迟开心形等,利用上述有中心干树形的栽培方式称之为立木式栽培,梨树棚架栽培就是将梨树枝条均匀,水平分布在棚架架面上进行栽培管理的方式,该种栽培方式广泛应用于日本和韩国的梨树生产,与我国传统的立木式栽培方式相比,棚架栽培方式具有如下特点:①梨树枝条呈水平生长状态下,抑制了枝条顶端优势和新梢旺长,有利于梨树的花芽分化,幼树的早果性和丰产性均取得显著提高;②由于梨树枝条呈水平分布,枝条内养分分配比较均匀,果形和果重的整齐度得到显著改善,产量也有所上升(表12-1);③立木式栽培方式下,梨树的抗风力较弱,尤其在果实接近成熟时极易受到台风危害,导致大量落果,而棚架式栽培具有较强的抗风能力;④梨树在立木式栽培条件下,树冠通常比较高大,这给梨树的人工授粉、疏花疏果、果实套袋、病虫防治、修剪等日常管理操作带来很大不便,由于棚架架面离地高度一般为180cm左右,可方便地完成上述梨园管理工作,这不仅可大大提高工作效率,节省劳动力成本,对以老人和妇女劳动力为主的梨园,也可以通过采用棚架栽培方式,显著提高梨园管理水平。

表 12-1　棚架栽培与普通立式栽培产量构成的差异(日本)

| 构成因素 | 棚架栽培(T) | 普通立式栽培(N) | T/N |
| --- | --- | --- | --- |
| 每棵树产量(kg) | 159.4 | 138.9 | 1.15 |
| 收获果数(个) | 663 | 681 | 0.97 |
| 平均单果重(g) | 241 | 204 | 1.18 |

我国开展梨树棚架整形技术推广已近20年,但是推广应用进展缓慢,主要原因是棚架整形修剪与我国传统梨树整形修剪思路和方法上相差较大,果农未经充分培训,难以掌握技术要点,导致国内相当部分棚架栽培梨园未能发挥棚架对梨树生长和结果的调控作用,挫伤了果农发展棚架栽培方式的积极性。因此,积极开展适应不同立地条件和管理水平的棚架整形配套技术研发和推广应用已成为该栽培方式能否在我国产业化应用的关键之一。

## 二、棚架的构造

建造梨园棚架的田块应为长方形,棚架结构主要由支撑柱和网面两部分结构组合而成(图12-16)。支撑柱材料一般用钢管或水泥柱,国内多用方形或长方形水泥柱,根据埋设位置和支撑作用的不同,支撑柱可分为角柱、边柱和支柱3种,角柱埋设为长方形田块的4个角,水泥柱截面积应达到12cm×12cm以上,边柱埋设于长方形田块的4条边上,间距5m,边柱截面积应达到10cm×12cm,支柱埋设于长方形田块内,支柱柱截面积应达到8cm×10cm,支柱埋设时要求与边柱在南北和东西两个方向垂直,间距10m,所有3

种支撑柱长度 2.3m，如果考虑到今后架设防鸟网，可加长到 2.8m 以上，垂直埋设于地面，深度应达到 50～60cm。

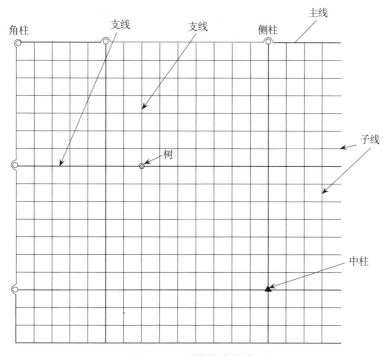

图 12-16 梨树棚架结构

网面架设在棚架的支撑柱上，且平行于地面，距地面高度 170～180cm。网面由主线、支线和子线拉设而成，主线用于连接棚架的 4 条边，即连接 4 条边上角柱和边柱，材料一般用镀锌钢绞线（φ12 mm），支线分别在南北和东西方向上连接边柱和支柱，材料一般用镀锌钢绞线（φ10mm），子线则分别从南北和东西两个方向上连接主线和支线用于形成网面的网格，网格形状多为 50cm×50cm 的正方形，子线材料多用 8 号镀锌铁丝。

考虑到兼顾棚架结构的牢固性和降低建造费用，每个单位棚架面积应控制在 0.37hm² 左右（此面积为日本目前常用规范），每个单位棚架的 4 根角柱需设斜撑柱或埋设地锚。

### 三、棚架栽培的树形和树冠结构

#### （一）主要树形

与传统立木式整形方式在地上部空间的利用范围受限较小这一优势不同，梨树在棚架整形方式下，由于其主枝和亚主枝等骨干枝均为水平配置，树形的空间结构变化受到较大限制，一般仅限于距地面 1.8m 左右的棚架网面上，因此，能够利用整形方法调控树形及结果性能的空间利用范围主要是地面至棚架架面之间，即主干高度的控制成为影响树形和结果性能的主要整形手段（町田裕，1997）。所以，在梨树棚架生产上，通常根据主干高度的不同，将梨树棚架树形大致分为高干式、低干式和中间式 3 种树形（图 12-17）。

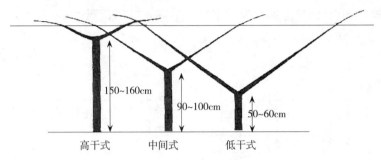

图 12-17 梨树棚架主要树形

（志村勳等，2000）

**1. 高干式** 又称关东式，主干和主枝的结合部邻近架面，主枝的开张角度 80°～90°，主枝延长枝生长势弱，主枝、亚主枝培养较为困难，树冠不易扩大，主枝基部易发生大量徒长枝，树冠外围枝条结果性能较好，而树冠中心部结果枝组不易维持。该种树形对风害、霜害和雪害抗性较好，有利于机械化作业，如能结合精细的夏季修剪技术，适合于土壤肥水条件较好的梨园应用，或在计划密植栽培中，应用于计划间伐树的整形修剪。

**2. 低干式** 又称漏斗形或关西式，树形主干低，主枝开张角度 40°～50°，导致主枝生长强旺，树势不易衰弱，树冠易扩大，徒长枝发生少，适宜于土壤肥水条件较差的梨园应用，该树形抗风、霜和雪害能力较差，对树冠中心部分的棚架架面利用率低，且不适合机械化作业。

**3. 中间式** 主干高度控制在高干式和低干式之间，又称折中式棚架形，主枝开张角度 55°～65°，该树形能够较好的改善高干式和低干式两种树形的缺点，而且在一定程度上结合了高干式和低干式两种树形的优点，成为近年来国内外在梨树棚架栽培上推广速度最快，应用面积最大的棚架树形。

### （二）主要树冠结构

梨树在棚架架面上的枝条根据功能可分为主枝、亚主枝、侧枝（长轴枝组）、结果枝和营养枝五类，适宜的棚架树冠整形修剪目标是：主枝和亚主枝生长健壮，不同主枝和亚主枝之间的间隔合理；树冠透风透光良好，果实品质和产量稳定；主枝、亚主枝和侧枝 3 种骨干枝主次或从属关系分明；保证每个着生在主枝和亚主枝上的侧枝生长势均匀；整形修剪技术简单易行。因此，主枝数的合理确定和亚主枝的配置及培养就成为影响棚架梨树整形修剪效果的关键。目前，国内棚架梨树生产上常采用两主枝和三主枝两种树冠结构。

**1. 两主枝树冠结构** 两主枝东西向配置，方位角 180°，每主枝培养 3～4 个亚主枝，全树 6～8 个亚主枝，南北向配置，亚主枝与主枝的夹角 90°，第一亚主枝基部距主枝基部 70～80cm，同一主枝上第二亚主枝应在第一亚主枝的另一侧培养，距第一亚主枝基部 30cm 以上，同侧亚主枝的间距应保持在 170～180cm，在亚主枝两侧和主枝线、亚主枝前端有空间处培养侧枝，该种树冠结构整形修剪较为简单，为国内最具推广价值的棚架梨树冠结构（图 12-18）。

**2. 三主枝树冠结构** 三个主枝方位角度呈 120°在架面上水平分布，每个主枝培养 2～3 个亚主枝，主枝上第一亚主枝基部距主枝基部 100～120cm，同一主枝上同侧亚主枝间隔应达到150~200cm，同一主枝上异侧相邻两个亚主枝基部间隔40~50cm，3个主枝上第一亚主枝与其他主枝上第二亚主枝的间隔也需达到150~200cm，全树亚主枝数一般为6~9个，亚主枝与主枝的夹角控制在70°~80°，在亚主枝两侧和主枝、亚主枝前端有空间处培养侧枝，该种树冠结构前

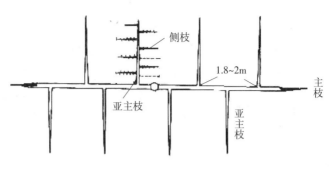

图12-18　两主枝树冠结构

期生产效益高于两主枝树冠结构，但整形修剪技术要求较高（图12-19）。

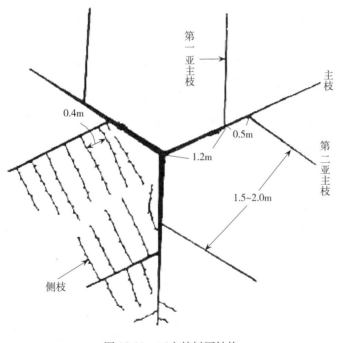

图12-19　三主枝树冠结构

## 四、棚架梨的整形修剪方法

### （一）梨棚架形整形技术

**1. 三主枝棚架树形的整形**

（1）定干　苗木定植后于萌芽前定干，定干高度1.2m。为确保剪口下抽发的枝条生长势均衡，一般剪口下的1~2芽作为牺牲芽，在枝条萌发后抹去，以削弱顶端优势，促进下部芽抽发长势均衡的主枝。

（2）定植后第一年的整形修剪　从定植苗发出的枝中，根据枝条的发生位置、角度、伸展方向及其长势，选择主枝后备枝。在3个主枝的树形中，要求选择互成120°角的3个

健壮枝作主枝，当枝条生长的方向及其与主干的夹角达不到要求时，要想办法诱引进行校正。主枝之间不能太靠近，至少要有 7～8cm 的间距。但主枝间距也不能太大，第一主枝与最上面的主枝距离过大时，第一主枝长势强旺，而最上面的主枝长势容易衰弱。新梢伸长到 50～60cm 时，与主干成 45°角设立竹竿支架，将新梢诱引开张。及时整理妨碍主枝生长的枝，其他枝条任其生长以增加枝叶数量。冬季修剪时，在充实的枝芽处短截，主枝以外的辅养枝除了疏除特别影响树形的枝条外，尽可能保留。

（3）定植后第二年的整形修剪　在各主枝下分别再立 1 根竹竿，将主枝新梢引缚其上使其直立上长，在主枝后部发生的旺枝要尽早除去，其他枝梢任其生长，以增加枝叶数量。冬季修剪跟第一年冬剪一样，在枝芽充实处短截。除了疏掉对主枝有较大影响的枝条处，其他枝条应尽量保留，并将其向主枝的两侧诱引，枝位不要高出主枝。

（4）定植后第三年的整形修剪　在春天架设棚架，将主枝诱引到棚架上，使各主枝在棚上生长，这时全树枝叶较多，主干及主枝牢固，冬季与前两年一样在主枝延长枝充实的地方短截，剪除特别强势的枝和扰乱树形的枝条，其他枝条保留不动，已有腋花芽的枝作结果枝利用。

（5）定植后第四年的整形修剪　调整主枝在棚架上的方位，并将其绑缚到架面上，为了防止主枝上棚时主枝在分杈处劈裂，可以在主枝的分杈处用绳子紧紧捆住主干。主枝上棚后会发出许多徒长枝，尤其是主枝背上发生的枝条，最好在春季就抹除，适当保留主枝上的侧生枝，以保证有足够的营养面积。冬天修剪时，接着上一年的进行，继续饱满芽短截促进主枝延长。上架后的主枝生长势会逐渐变弱，短截的程度可以稍重些。同时要重视侧枝的培养。第一侧枝的选留位置应在距主枝分杈处 1m 的地方，且应位于主枝的侧面，与主枝的生长势之比在 7∶3 为好。

（6）定植后第五年至第七年的整形修剪　此期 3 个主枝、3 个侧枝的树形基本完成，第二侧枝的配备使树冠更加扩大，主枝延长枝先端逐渐与邻树相接交叉，要及时控制或间伐。

**2. 两主枝棚架树形的整形**

（1）定干　距地面 90～100cm 处剪截，剪口下留 3～5 个饱满芽，生长季可采用牺牲芽或牙签开角的方式，调整新梢的开张角度，选择方位及生长势健壮的两根新梢作为主枝候补枝，利用竹竿或拉枝的方法，诱导主枝向架面延伸，候补枝开张角度应控制在 55°～65°。

（2）定植后第一年至第二年的整形修剪　短截主枝延长枝，调整两个主枝间的生长势平衡，强枝轻剪，弱枝重剪，主枝短截时应注意剪除新梢上二次伸长部分，剪口下留饱满芽，不要留背上芽，疏除主枝的竞争枝，保留弱枝和短果枝充实主干生长。

（3）定植后第三年至第四年的整形修剪　主枝延长枝继续短截，扩大树冠，疏除主枝上强旺发育枝，在主枝上 3 年生枝段选择发枝部位适宜，有利于空间的生长健壮一年生枝，适当短截，培养侧枝，主枝 3 年生以下枝段不宜培养侧枝，此时可在主枝上保留短果枝用于结果，单株挂果量应控制 15～20 个果。

（4）定植后第五年至第六年的整形修剪　继续培养和扩大树冠，并在 3 年生枝段继续培养侧枝，此期最重要的修剪任务是从以前培养的侧枝中，选择发生部位合理，生长健壮的侧枝，逐步开始培养亚主枝，每个主枝每年可确定并培养两个亚主枝。

（5）定植后第七年及以后的整形修剪　树冠扩大和亚主枝的确定已基本结束，此期应开始在亚主枝 3 年生枝段上培养侧枝，通过回缩和换头等修剪方法维持主枝和亚主枝的生长势及侧枝间的平衡，有计划地对衰老的侧枝及时疏除并培养新的侧枝。如果根据短果枝结果和腋花芽结果的比例来评价合理的修剪量，对丰水品种而言，短果枝结果和腋花芽结果的比率达（6~7）：（3~4）较为合适（佐藤公一等，1986）。

### （二）梨棚架修剪技术

**1. 侧枝（长轴结果枝组）修剪**

（1）侧枝预备枝的选留方法　在主枝或亚主枝三年生枝段上合理选择侧枝的预备枝是棚架梨整形修剪中保证不同骨干枝从属关系，维持树冠生长与结果平衡的关键，因此，适合的侧枝预备枝不仅要求生长健壮，更重要的是枝条的着生部位应该是主枝或亚主枝的侧面或下侧面（图 12-20）。

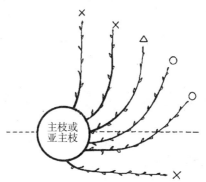

图 12-20　侧枝预备枝选留位置
（杉浦明等，1991）
×. 不适合　○. 适合　△. 较适合

（2）侧枝培养方法　侧枝通常采用腋花芽利用和预备枝利用两种方式，前者对生长健壮，有较多腋花芽的当年生枝条冬季轻短截处理，水平绑缚于架面后形成，第二年可利用腋花芽结果，此后利用短果枝结果；后者则是对着生部位合理，无或少腋花芽，或新梢生长势较弱的当年生枝条中短截，保留剪口下第 1~2 个叶芽，抹去枝条上其余叶芽，第二年冬季修剪时选择 1 根生长健壮，具有腋花芽的枝条轻短截，水平绑缚于架面而成，第三年利用腋花芽结果，此后该侧枝以短果枝结果为主（图 12-21、图 12-22）。

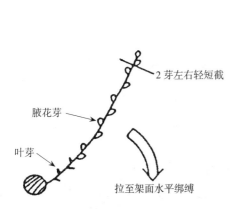

图 12-21　腋花芽利用培养方式
（町田裕，1997）

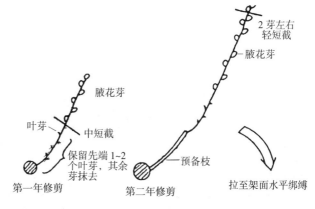

图 12-22　预备枝利用培养方式
（町田裕，1997）

采用腋花芽利用方式培养的侧枝具有投产早，培养方法简单的特点，但侧枝基部增粗较快，导致侧枝使用寿命较短，而采用预备枝利用方式培养的侧枝虽然结果时间晚 1

年，但有利于增强树势，侧枝基部增粗慢，枝组使用寿命长。

**2. 骨干枝延长枝的修剪**　棚架梨树在幼树和初果期生长势强旺，主枝、亚主枝和侧枝等骨干枝的延长枝一般采用轻剪长放，但如果多年连续采用轻剪的方法，骨干枝先端形成大量短果枝，延长头迅速衰弱，骨干枝基部开始发生徒长枝，树体生长与结果失去平衡，畸形果大量发生，尤其是树体进入盛果期后，主枝或亚主枝延长枝极易衰弱，侧枝使用寿命缩短。因此，在梨树棚架整形中应特别注意主枝和亚主枝等骨干枝的延长枝的修剪，合理的指标是每年延长枝的短截强度应保证剪口下抽生两根长梢，每根新梢的叶片数达到25～30张叶片，当生长势过度衰弱，无法达到上述生长指标时，冬季修剪时可将原延长枝重短截至枝条基部，或利用竹竿调整延长枝梢角，增加剪口芽顶端优势和垂直优势，促进新梢旺盛生长（町田裕，1997）。

# 参 考 文 献

傅玉瑚，等 . 1980. 鸭梨花芽分化物候期观察 [J] . 山西果树 （2）：30-32.

傅玉瑚，等 . 1998. 梨高效优质生产新技术 [M] . 北京：中国农业出版社 .

李仁芳，刘文兰，张艳春，等 . 2004. 日韩梨的架式与树形初探 [J] . 烟台果树，87 （3）：23-24.

吴学龙 . 2004. 南方梨树整形修剪图解 [M] . 北京：金盾出版社 .

郗荣庭 . 1999. 中国鸭梨 [M] . 北京：中国林业出版社 .

杨青松，蔺经，李晓刚，等 . 2007. 4 种棚架树形对梨生长结果和果实品质的影响 [J] . 江苏农业科学 （6）：150-152.

张鹏 . 2000. 梨树整形修剪图解 [M] . 北京：金盾出版社 .

张志华，徐继忠，周大迈 . 1994. 梨树丰产栽培图说 [M] . 北京：中国林业出版社 .

杉浦明，等 . 1991. 新编果树园艺 [M] . 东京：养贤堂出版株式会社 .

町田裕 . 1997. 日本梨整形修剪 [M] . 东京：农山渔村文化协会 .

志村勳，等 . 2000. 果树园艺 [M] . 东京：文永堂出版株式会社 .

佐藤公一，等 . 1986. 果树园艺大事典 [M] . 东京：养贤堂出版株式会社 .

# 第十三章　梨病害及防控

目前，在欧美及大洋洲等国家，梨火疫病、梨黑星病和梨白粉病是梨树最重要的病害。梨火疫病菌是一种检疫性有害生物，几乎所有的国家都禁止其传入。梨火疫病菌寄主范围很广，能为害梨、苹果、山楂、枸子、花楸等40多个属220多种植物，大部分是蔷薇科仁果类植物。目前尚未寻求到既可根除病原细菌而又不损伤植物组织的药剂和其他处理方法，唯一能防止或推迟其向无病区传播的可靠方法是加强对进口寄主植物繁殖材料的严格检疫，为了降低国际贸易对病害传播的风险性，欧洲和地中海区域植物保护组织（EPPO）建议包括梨火疫病发生的国家在内的所有国家建立无病区或实施生长期间的检疫。PCR技术已经在美国、新西兰、德国用于梨火疫病菌的实际检测和鉴定，目前已经发表了许多特异性引物用于对梨火疫病菌进行检测，主要检测梨火疫病菌的pEA29质粒上0.9kb的 $pst$ I 片段和 $ams$ 基因。梨黑星病发生在叶部和果实，在多雨年份常造成果品的减产。防治该病害，则是通过调查监测病害的发生动态建立病害流行模型，根据气温、孢子数量、降水量变化、不同时期感病程度预测病害发生，适期喷药防治。Faize 等研究了亚洲梨和欧洲梨对梨黑星病菌侵染潜在防御能力的表达，水杨酸的积累与致病相关蛋白的表达呈正相关。抗性品种中超氧化歧化酶（SOD）、过氧化氢酶（CAT）、抗坏血酸过氧化物酶（APX）、谷胱甘肽过氧化物酶（GPX）的含量高于非抗性品种。Terakami 等利用 SSR 标记测定出日本品种 Kinchaku 的 Vnk 位于连锁群 1 的中间区域，并且鉴定出几个与 Vnk 紧密连锁的 SSR 和 STS 标记。在 Terakami 的试验中发现 Kinchaku 对梨黑星病的抗性、亚洲梨对梨黑星病的抗性，以及欧洲梨对梨黑星病的抗性由分布于基因组的不同区域控制。美国近期研究表明，两种芽孢杆菌（*Bacillus subtilis* strain QST 713 和 *Bacillus pumilis* strain QST 2808）产生的细菌素或毒素对梨白粉病菌有很好的拮抗或毒害作用。

我国梨树病害约有40余种，但为害严重的常有10种左右。梨黑星病发生普遍而又为害严重，在梨树病害中居首位。在种植高度感病品种的梨区，病害流行频繁，造成重大损失。我国20世纪50～60年代，辽宁、河北等省的鸭梨产区，梨黑星病常常流行成灾，一些梨区甚至绝收。目前仍然是北方梨区的重点防治对象。在长江流域及云、贵、川等多雨、潮湿地区，感病品种也发病严重。腐烂病、干枯病在北方梨区发生严重，西洋梨受害最重，常造成枯枝死树。轮纹病不仅为害枝干，也为害果实，引起贮藏期大量烂果。梨轮纹病感病品种在病害发生严重年份，枝干发病率达100%，采收时病果率可达30%～50%，贮藏1个月后基本没有好果，几乎全部烂掉。黑斑病、褐斑病是梨树两种主要叶部病害，在国内发生普遍，以南方梨区发生较重。梨黑斑病主要为害砂梨中的品种群和少数西洋梨品种。以往我国砂梨品种，主要栽培在长江流域及其以南地区和吉林省的延吉市苹果梨产地。近些年山东、河北、北京地区日韩梨品种（砂梨）也有较大面积种植，因此梨黑斑病也成为这些地区梨树生产的重要地区防治对象。缺铁黄叶病在盐碱地和含钙质较多的土壤上发生较多，严重时叶片黄化，枝梢枯死。白粉病时有发生，为害较轻，但近年来有加重趋势，已成为梨的主要病害。梨炭疽病和白纹羽病原为梨的次要病害，目前已上升为一些梨产区的主要病害。2008年，安徽省砀山县梨园炭疽病暴发，部分发病严重的梨园，采前病果率为100%，烂果率高达70%以上，当地梨经济损失惨重，直接损失7亿～8亿元。梨白纹羽病近年在老梨树和立地条件差、管理粗放的梨园发生严重。梨叶肿病是由梨叶肿瘿螨为害所致，在生产上常被当作病害，在个别年份和管理粗放的梨园发生较重。锈水病是一种细菌病害，仅知在江苏徐淮地区发生。火疫病是一种毁灭性病害，虽然早在30年代广东有过报道，但在以后未有发现，应严防传入国内。梨青霉病、霉心病及果柄基腐病是贮藏期的主要病害。近年来我国梨病毒病也越来越严重，当砧木和接穗都耐病毒时，病树无明显症状，但能引起生长衰退，产量下降，品质变劣等慢性危害。当砧木接穗组合发生变化，特别是改换不耐病的砧木时，嫁接不成活，或嫁接成活的树生长不良，根系逐渐腐烂，病树枯死。导致急性危害。

# 第一节　梨真菌病害

真菌侵染部位在潮湿的条件下都有菌丝和孢子产生，产生出白色棉絮状物、丝状物，不同颜色的粉状物，雾状物或颗粒状物。这是判断真菌性病害的主要依据。真菌病害造成的症状主要有以下三种：①坏死。这是一种常见的症状，它表现为局部细胞和组织的死亡。如梨黑星病、黑斑病都造成叶片坏死而导致早期落叶。②腐烂。是在细胞或组织坏死的同时伴随着组织结构的破坏，如梨腐烂病、轮纹病、干腐病等，其症状都是腐烂。③萎蔫。梨树由于受到病原体的侵染造成根部坏死或造成植株维管束堵塞而阻止水分的向上运输，使梨树缺水而引起植株萎蔫，这种萎蔫往往经过几次反复而使植株死亡，而有的症状轻微的则可缓和。如梨白纹羽病、根朽病等。真菌病害发生之后，除了以上这些症状之外，通常还出现其特定的病症，也即病原物在病部组织上的特殊表现。如黑色小颗粒、轮纹状霉层、絮状物等。如梨腐烂病、干腐病在枝干上出现黑色小颗粒，即病原菌的分生孢子盘。梨黑星病、黑斑病在梨叶片和果实上出现黑色的霉层，这是病菌的分生孢子梗和分生孢子。梨白纹羽病则是在梨根表面出现棉絮状的丝状物，这是病原菌的菌丝体。防治真菌性病害的措施主要有清洁梨园及时将病叶、病果清出园外，深埋或烧毁，增施有机肥和磷钾肥，利用代森锰锌、多菌灵、百菌清等防治，有一定的防治效果。

## 一、梨黑星病（Pear scab）

梨黑星病是梨树的主要病害，由 *Venturia nashicola* 和 *Venturia pirina* 两种致病菌所引起。前者只侵染东方梨，而 *V. pirina* 只侵染西方梨。抗病育种是减少病害最经济有效的途径。董星光等（2010）将荧光扩增片段长度多态性（Amplified Fragment Length Polymorphism，AFLP）技术与分离群体混合分析法（Bulked Segregrant Analysis，BSA）相结合，通过筛选64对AFLP引物，获取了一个与抗黑星病基因位点相连锁的AFLP标记，并进一步采用选择性基因型分析法进行标记与抗黑星病基因的连锁分析。张树军等（2010）以鸭梨×雪青 $F_1$ 代群体（97 株）为试材，采用 AFLP 技术和 BSA 法筛选与梨抗黑星病基因连锁的分子标记。通过 64 对 AFLP 标记引物在亲本和分离群体中的筛选和验证，获得与梨抗黑星病基因紧密连锁标记两个，即 ACA/CAA-179 和 AAC/CAG-198。它们与抗黑星病基因的遗传距离分别为 5.2 和 8.3cM。对 AFLP 标记片段的克隆和测序结果显示其长度分别为 179 和 198bp。根据序列信息设计特异引物，在杂交后代群体上的 PCR 分析表明 $AFLP_{ACA/CAA-179}$ 标记被成功转换成 SCAR 标记，命名为 SCAR-117。

### （一）为害与分布

梨黑星病又称疮痂病、雾病、黑霉病，是梨树重要病害之一，在世界各梨果产地均有发生，尤在种植鸭梨等高度感病品种的梨区，病害流行频繁，造成重大损失。

梨黑星病主要为害梨树叶片和果实，常造成大量叶片提早脱落，严重削弱树势，不仅影响当年产量，而且影响翌年产量。果面布满黑色病斑，幼果脱落或畸形，影响果品质量。

我国 20 世纪五六十年代，因为许多梨区缺乏药剂防治技术，辽宁、河北等省的鸭白梨产区，常常黑星病成灾，一些梨区甚至绝收。目前梨黑星病仍然是河北、辽宁、山东、陕西等北方梨区的重点防治对象。在长江流域及云、贵、川等多雨、潮湿地区，感病品种发病严重，需重点防治。南方砂梨品种栽植区和近些年北方局部地区发展的日韩砂梨品种，一般黑星病发生不重，但也要注意防治，以免造成较大经济损失。

### （二）症状诊断

梨黑星病能为害梨树的各种绿色幼嫩组织。从落花后到果实成熟前，均可为害。

**1. 梨芽被害**　芽的鳞片茸毛较多，后期表面产生霉层。严重时，芽鳞开裂，芽枯死。

**2. 新梢被害**　翌年春天病芽长出的新梢，基部出现淡黄色不规则形病斑，不久表面布满黑色霉层，称之为"雾梢"或"雾芽梢"，后期病部凹陷、开裂，变成溃疡斑。生长期新梢受害，多在徒长枝或秋梢幼嫩组织上，形成淡黄色椭圆形或近圆形病斑，微隆起，表面有黑色霉层，后期凹陷、龟裂，呈疮痂状。

**3. 叶片被害**　多在叶背主脉和支脉之间产生圆形或不规则形淡黄色小斑点，界限不明显。不久，病斑上长出黑色至黑褐色霉状物，即病原菌的分生孢子梗和分生孢子。其后在霉状物相对应的叶片正面出现黄褐色病斑。为害严重时，多个病斑蔓延，相互融合成片，使叶背布满黑色霉层，造成提早落叶。

**4. 叶柄被害**　叶柄上形成黑色椭圆形凹陷病斑，上面很快产生黑色霉层，影响叶片水分、养分运输，造成叶片早落。叶脉受害，症状与叶柄上相似。

**5. 果实被害**　生长前期和中期发病的果面，产生淡黄褐色圆形小病斑，扩大到5～10mm后，条件合适时，病斑上长满黑色霉层（病菌的分生孢子梗和分生孢子），条件不适合时，病斑上不长霉层，病斑绿色，称为"青疔"，病部生长停止。随着果实增大，病部渐凹陷、木栓化、龟裂。严重时，果实畸形，果面凸凹不平，病部果肉变硬，具苦味，果实易提早脱落。生长后期发病，果面出现大小不等的圆形或近圆形淡黄绿色或淡褐色病斑，边缘不整齐，多呈芒状，稍凹陷，上面不生或略生稀疏黑色霉层。

**6. 花序被害** 在我国中南部冬季温暖潮湿梨区，花序也常有发病。在花序基部或花梗上形成病斑，上面产生黑色霉层，常引起花序枯萎和脱落。

### （三）病原菌鉴定

**1. 病原菌形态** 病菌的分生孢子梗暗褐色，单生或丛生，从寄主表皮的角质层下伸出，呈倒棍棒状，直立或弯曲，多不分枝，孢痕多而明显。分生孢子单胞，淡褐色，卵形或纺锤形，两端略尖，大小为（7.5～22.5）$\mu$m×（5～7.5）$\mu$m，发芽前少数生有一横隔。鉴定为半知菌亚门梨黑星孢菌真菌（*Venturia pirinum* Aderh），为梨黑星病病菌的无性世代。

病菌的有性世代，在北方梨区尚没有发现。以往仅在陕西关中地区和江苏徐淮地区有形成的报道。在冬季温暖多雪，早春温暖潮湿，在树盘浅层的病落叶上，能形成子囊壳。病落叶的正面、背面均有，以叶背面居多，常聚生成堆。子囊壳扁球形或近球形，黑色，颈部较肥短，有孔口，周围无刚毛，壳壁黑色、革质，由2～3层细胞组成。大小为（52.5～138.7）$\mu$m×（50.5～150）$\mu$m，平均为91～111.2$\mu$m。子囊棍棒状，无色透明，聚生在子囊壳底部，长35～60$\mu$m，内含8个子囊孢子。子囊孢子鞋底形，淡黄褐色，双胞，上胞较大，下胞较小，大小为（10～15）$\mu$m×（3.8～6.3）$\mu$m。经鉴定，病菌的有性世代为子囊菌亚门梨黑星病菌真菌（*Venturia nashicola* Tanakaet Yamamoto）。

**2. 病原菌的种类** 东方梨和西方梨黑星病病菌是两个不同的种：对梨黑星病的早期研究源于欧洲的西洋梨上，最初以分生孢子世代命名为 *Fusicladium pirina*（Lib.）Fuckel，1896年培养出子囊孢子世代，命名为 *Venturia pirina*（Cooke）Aderhola。这种发生在西洋梨上的黑星病病菌，也在中国梨和日本梨的品种上长期被采用。

日本的植病学者田中彰一和山本省二对侵染日本梨和部分中国梨的黑星病病菌与侵染西洋梨的黑星病病菌，在形态特征、致病性和为害症状方面进行了系统的比较研究，看出两者有明显差别：①东方梨黑星病在枝条上的越冬病斑与周围好皮组织的交界处产生龟裂，表面光滑，而西洋梨黑星病在病斑表皮下生有子座，故隆起。②东方梨黑星病病菌的分生孢子梗多丛生，所以病斑色浓；分子孢子比西洋梨的略短。③西洋梨黑星病病菌的子囊壳正球形，而东方梨黑星病病菌的子囊壳圆锥形或宝珠形，高度较低。④子囊孢子的大小，西洋梨的大，东方梨的小，特别是短胞更短。⑤接种试验结果表明，东方梨的黑星病病菌只对东方梨品种有致病性，而对西洋梨品种不造成致病，西洋梨黑星病病菌则对东方梨品种没有致病性。上述差别远远超过 *V. pirina* 种的变异范围，认为东方梨的黑星病病菌是一个独立的种（*Venturia nashicola* Tanaka et Yamamoto）（表13-1）。

表13-1 两种梨黑星病菌的比较

| 东方梨黑星病（*Venturia nashicola*） | 西洋梨黑星病（*V. pirina*） |
| --- | --- |
| 在枝条上的越冬病斑与周围好皮组织的交界处产生龟裂，表面光滑 | 在病斑表皮下生有子座，故隆起 |
| 病菌的分生孢子梗多丛生，病斑色浓，分子孢子短 | 病斑色淡，分子孢子略长 |
| 子囊壳圆锥形或宝珠形，高度较低 | 囊壳正球形 |
| 子囊孢子小，特别是短胞更短 | 子囊孢子大 |
| 病菌对西洋梨品种不造成致病 | 对东方梨品种没有致病性 |

罗文华（1988）的研究也认为我国发生的梨黑星病病菌为 *V. nashicola* 种。明确东方梨和西洋梨黑星病是不同的种，对于制定检疫措施、抗病育种和防治方法，提供了理论上的依据。

**3. 病原菌生理分化**　据张海娥等（2007）报道，我国梨黑星病菌致病性分化类型与地理分布有关。汤浩茹等将中国梨黑星病菌划分为 5～6 个分化类型：上海菊水梨黑星菌分化类型、河北鸭梨黑星菌分化类型、四川乐山幸水梨黑星菌分化类型等。沈言章等（1993）将梨黑星病菌划分为 5 个分化类型：致病Ⅰ型（上海菊水、上海八云、杭州菊水、八云 A、八云 B）、致病Ⅱ型（河北鸭梨）、致病Ⅲ型（台湾水梨）、致病Ⅳ型（四川丰水、幸水、鸭梨）、致病Ⅴ型（雅安鸭梨）。范燕萍等（1989）利用菌体酯酶同工酶测定方法对梨黑星病菌生理分化类型进行测定，将其分为 4 个类型：类型Ⅰ（浙江八云梨、万县苍溪梨）、类型Ⅱ（雅安鸭梨、辽宁兴城鸭梨）、类型Ⅲ（安徽早酥梨）、类型Ⅳ（河北鸭梨）。张海娥等（2007）认为前 2 种类型的地理分布表现出一定的规律性，各生理小种按地域分布，一般长江以北的梨黑星病菌为 1 个生理小种；长江以南的东部和西部地区各分布有 1 个生理小种；台湾自有 1 个生理小种。认为同工酶分类方法得到的各生理小种基本上是按地域分布的，其中雅安鸭梨和辽宁兴城鸭梨属于同一生理小种可能是由于引种等原因造成的。根据这些研究，将金川梨放在河北和台湾、苍溪雪梨和八云放在台湾、菊水放在河北等表现抗黑星病，而将这些品种置于其他地方时则不抗病，由此认为，这种抗性是属于垂直抗性，栽植 2～3 代或更多代之后会出现不抗的现象，原因可能是梨黑星病分化类型发生了变化。日本 Ishii 等（2002）采集 *V. nashicola* 的分离物接种测验，将梨黑星病菌分为 3 个生理小种，试验证明生理小种专化性抗性确实存在于一些梨品种中。Chevalier 等（2004）证明了 *V. pirina* 中生理小种的存在。

张海娥等（2007）从鸭梨×京白梨 699 株杂交后代中得到了 2 株对黑星病免疫的株系，从京白梨×鸭梨 6 902 株杂交后代中得到了 1 株对黑星病免疫的株系，因为鸭梨和京白梨都是梨黑星病高感品种，而在他们的杂交后代当中出现了对梨黑星病免疫的类型，因此这种性状可能属于特殊的阈性状，这种性状不完全等同于数量性状或质量性状，表型呈非连续性变异，与质量性状类似，但是又不服从孟德尔遗传规律。一般这类性状具有一个潜在的连续型变量分布，其遗传基础是多基因控制的，与数量性状类似。与单胎动物的产仔数量表现为单胎、双胎和稀有的多胎等类似，对梨黑星病高感品种杂交后代表现为高感和稀有的免疫类型。这与 Abe（1998）的理论是一致的，根据他的理论，易感（鸭梨）和易感（京白梨）品种的杂交后代如果出现高抗型后代，则这种高抗材料含控制非抗性的多基因含量低。相较于单基因控制的抗性，多基因控制的抗性不容易被新的生理小种克服，因此，理论上张海娥等（2007）获得的 3 株免疫材料应属于水平抗性。

**4. 病原菌的培养性状及生理特点**　病菌生长的最适培养基为 PDA（马铃薯洋菜麦芽糖）和麦芽汁培养基，菌丝生长较快且致密而均匀，菌落生长规则。一般可作为杀菌剂室内毒力测定之用。在燕麦培养基上虽然生长速度较快，但菌丝疏松，菌落生得不规则。在PDA 培养基上，菌落的颜色呈黑紫色至青黑色，边缘整齐，发育较缓慢。病菌在液体培养基上较固体培养基生长得快，特别是在麦芽浸汁上病菌发育更好。在组合培养基中，氮源以铵态氮，特别是 $(NH_4)_2HPO_4$、$NH_4NO_3$ 能促进菌丝发育，磷、钾源以 $K_2HPO_4$ 为适。病菌发育适温为 20℃，最高 30℃，最低 7℃。培养基的 pH6～7 时病菌发育良好，

pH3 以下，病菌不能发育。病菌产孢的培养基以改良查彼（CZAPEK）培养液为好，在12～20℃都能产孢，其中以 16℃最适。如果先在 20℃培养，以后移到 16℃条件下效果更好。与西洋梨黑星病病菌相比，东方梨黑星病病菌的菌落发育和产孢较差，发育适温和要求的 pH 稍高。

病菌的分生孢子在水滴中萌发良好，萌发的温度范围为 2～30℃，以 15～20℃为最适温度，高于 25℃萌发率急剧下降。冬季落叶上形成子囊孢子，需要有一定降水和地面湿度，同时需要较暖的温度。

### （四）发病规律

**1. 病菌的越冬及初侵染源**　我国各地梨黑星病病菌主要在芽鳞或芽基部的病斑上以菌丝形态越冬，越冬后，一种情况是芽基部病斑上直接产生分生孢子，侵染新长出的幼嫩绿色组织，另一种情况是芽鳞病斑中的菌丝侵染长出的新梢基部幼嫩组织，在新梢基部白色部位长出黑色霉层，形成雾芽梢，产生分生孢子，再侵染新长出的叶片和果实。部分地区越冬后形成的子囊壳所产生的子囊孢子从地面飞散的距离非常近，产孢量也少，在病害的发生中不起主要作用。

据王然和李保华报道，在烟台地区，梨黑星病菌主要以两种形式越冬。一是以未成熟的假囊壳在落地的病叶上越冬，翌年产生子囊孢子，进行初侵染。假囊壳的形成不需要特殊的条件，冬春季的降雪、降雨能刺激病菌假囊壳产生。在山东烟台地区，落地的病叶在一般果园环境下都能形成子囊孢子。但是，当地面湿度大时，加快了病叶的腐烂，不利于子囊孢子的形成。子囊孢子自 4 月梨树萌芽时开始释放，5 月达高峰，直到 7 月初田间仍能捕捉到子囊孢子。子囊孢子的释放需要雨水或饱和的相对湿度。二是以菌丝在越冬的病芽内越冬。翌年梨树萌芽，病斑显症，并随新梢的生长迅速扩展，3～5d 后病斑开始产生大量分生孢子，产孢期可维持 2 个月。分生孢子主要随雨水传播。在烟台地区，子囊孢子在初侵染中占更重要的位置，一般年份由子囊孢子引起的初侵染占总初侵染量的 80% 以上。因此，冬季清除果园内及其周围的病残叶，晚秋控制树上的病叶是防治梨黑星病的重要措施。

**2. 病菌的传播与再侵染**　梨黑星病是梨树生长期再侵染次数较多的流行性病害。病菌的分生孢子在有 5mm 以上的降雨时，即能传播、侵染。落到叶、果等幼嫩组织上的分生孢子在水膜中发芽，从气孔或表皮直接侵入。侵入温度最低为 8℃，最适为 20℃，最高为 25℃。在适宜的温度、湿度条件下，病菌在 48h 之内可完成侵入过程，潜伏期多为15～16d。叶龄短，潜伏期也短；叶龄长，潜伏期也长，其中以展叶后 5～6d 的叶片侵入病菌的潜伏期最短，为 10d 左右，展叶后 1 个月的老叶片不再发病。病菌由表皮或气孔侵入后，侵入的菌丝在表皮下发育成葡萄丝状，叶片外表皮形成淡黄色多角形小病斑。葡萄菌丝在叶片气孔附近形成岛状，成为发达的子座，由此伸出分生孢子梗，其顶端着生分生孢子，由叶背面气孔伸出。因此，病斑外表呈黑色煤烟状。其他部位的病变过程与叶片发病基本相同。病部形成的分生孢子，在生长期不断形成、不断发病。

**3. 发病时期**　由于我国地域广阔，各地气候条件不同，梨黑星病发生时期也有很大差异。

在辽宁省大部分梨区，从 5 月中旬左右开始出现病芽梢，5 月下旬至 6 月上旬为大量出现期。叶、果多在 6 月上旬开始发病，7 月中旬至 8 月为发病盛期。据邓贵义、李美华等报道，在辽宁省丹东冬季潮湿多雪地区，经多年观察，尖把梨上没发现病芽梢，初侵染源可能是落地越冬的病叶。翌年 5 月中旬开始发病，5 月下旬至 6 月上旬为发病盛期，7 月上旬受害叶片开始脱落。

在河北省石家庄梨区，4 月中旬开始出现病芽梢，经 27～52d 后出现病叶，37～97d 后出现病果。7～8 月雨季为发病盛期。6～8 月为病菌侵染梨芽时期，以 8 月侵染最多。

在陕西关中梨区，4 月中下旬首先在花序、新梢、叶簇上开始发病，6～7 月为病害流行盛期。

江苏、浙江梨区，一般在 4 月上中旬开始发病，5～6 月梅雨期进入发病盛期。

云南、贵州一些梨区，3 月下旬至 4 月上旬开始发病，6～7 月为发病盛期，8 月中旬以后病势逐渐下降。

另据王然、李保华报道，在山东省烟台地区，4～5 月病原菌以初侵染为主，发病早的年份 5 月上旬可见初侵染病斑，6 月以再侵染为主。若春季降雨次数多，每次降雨持续时间长，6 月下旬至 7 月上中旬出现第一个发病高峰，为害重的果园可造成早期大量落叶。7～8 月由于寄主的抗病性增强，病菌侵染后多进入潜伏状态，梨黑星病发病趋于缓和。9～11 月，叶片和果实开始大量发病，果实在采收前达发病高峰，叶片在果实采收后继续发病。

**4. 发病条件** 梨黑星病的发病轻重，取决于越冬病菌的多少，当年降雨的早晚、雨日的多少和果园内的空气湿度，以及品种的抗性。

（1）越冬病菌 梨园内病菌越冬基数大，冬季气候适宜病菌越冬，芽内的越冬菌丝或芽基病斑上菌丝存活率高，翌年落花后则能出现较多雾芽梢，或雨水适宜能产生大量分生孢子侵染幼嫩组织。病菌在病叶上越冬的梨区，上一年病叶量大，冬季温湿度适宜，翌年春天形成子囊孢子量大，春季气候适宜，将会有较多花器、嫩叶发病，形成较多初侵染。而越冬病菌的多少，在北方梨区又与上一年秋季梨芽被感染的多少有关。春天梨园内病菌基数大，当年的夏秋季降雨较频繁，园内湿度较大，气温偏低，则往往成为病害的流行年。如果上一年病菌量少，越冬基数低，或者四五月较干旱，当年春发病很轻，夏秋季相对湿度较低或气温较高，则成为黑星病轻发生年。

（2）降水和湿度 在北方梨区黑星病流行的各环节中，通常 5 月的降水和湿度尤为重要，降水多，降雨频繁，园内湿度高，当年春季发病就重，当年前期会形成较多病源。

（3）树势 病害发生轻重还与树势、果园地形及果园栽植密度、留枝量多少有关。树势弱，梨园地势低洼、窝风或栽植密度过大，留枝量多，通风透光差，造成树冠内湿度大，叶、果表面形成水膜时间长，有利于病菌的形成、侵染与发病。

（4）品种 在病害的发生条件中，品种的抗病性也是发病的重要因素，在我国栽培的梨中，西洋梨最抗病，日本砂梨次之，中国梨的白梨易感病。发病重的品种有鸭梨、京白梨、秋白梨、南果梨、苹果梨、尖把梨、花盖、宝珠梨、古安梨、大青梨、八里香、满园香、甜大梨，其次为砀山酥梨、早酥、茌梨、明月、丰水、幸水、八幸、君塚早生、石井早生、长十郎、晚三吉、早生赤等。抗病品种有香水梨、蜜梨、锦丰、雪花、胎黄梨、玉溪黄梨、丽江刺满梨、富元黄、金花 4 号、库尔勒香梨、锦香、今村秋、菊水、八云、黄金梨等。

（5）施肥 梨黑星病的发生与施肥也有一定关系，试验结果表明，随着氮肥（硫酸铵）施用量的增加，可导致叶片中的钙含量相对减少，诱使梨树更易感染黑星病，病叶率、发病程度和分生孢子量增加。

### （五）防治方法

**1. 清除病源**

（1）清除越冬病源 梨树落叶后，认真清扫，落叶、落果集中烧毁；冬季修剪时注意剪除带有病芽的枝梢；在北方以病芽梢为初侵染源的梨区，在梨树落花后 20～45d 之内，多次认真检查抽生的新梢基部，发现病芽梢时及时从基部剪除，带到果园外销毁；在以芽鳞上病斑或子囊孢子越冬的梨区，开花前后发现病花丛、病叶丛时应及时剪除销毁。

（2）摘除病果、病梢 梨树生长期及时检查，摘除病果及发病的秋梢。

（3）药剂杀灭树上越冬病菌 在花期开始发病地区，应在梨树发芽前对树体喷洒 1～3 波美度石硫合剂，或 45％晶体石硫合剂 80～100 倍液，或 50％代森铵水剂 1 000 倍液，或在梨树发芽后开花前，树上喷洒 12.5％烯唑醇可湿性粉剂 2 000～3 000 倍液，以杀灭病部越冬后产生的分生孢子。

**2. 生长期药剂防治**

（1）喷药时间 在北方以病芽梢为初次侵染源的广大梨区，应在梨树落花后反复检查清除病芽梢的基础上，进行树上喷药，每隔 10～15d 喷 1 次，连续喷洒 3～4 次。夏天气温高，病势暂时停止时可暂不喷药，秋季天气渐凉后再喷 3～4 次。在以芽鳞上病斑和分生孢子越冬或以落叶上子囊孢子越冬梨区，应重点在开花前和落花后喷药，连喷 3～4 次，秋季再喷 3～4 次。在南方和西南冬季比较温暖的云、贵、川梨区，可在幼叶、幼果开始发病时进行第一次喷药，连喷 3～4 次，秋季多雨年份再喷 2～3 次。各地喷药次数多少，应视病情而定，发病重年份应适当多喷，发病轻年份少喷。

（2）喷药种类 防治梨黑星病的药剂品种较多，经常使用的保护性杀菌剂有 80％代森锰锌可湿性粉剂（如大生、喷克等）800 倍液，50％克菌丹可湿性粉剂 400～600 倍液，1：（2～2.5）：240 波尔多液。常用的内吸性杀菌剂有 50％多菌灵可湿性粉剂 600～700 倍液，70％甲基硫菌灵可湿性粉剂 800～1 000 倍液，12.5％特谱唑（烯唑醇）可湿性粉剂 2 000～2 500 倍液，25％腈菌唑乳油 4 000～5 000 倍液，40％福星（氟硅唑）乳油 8 000 倍液，10％世高（噁醚唑）水分散颗粒剂 6 000～7 000 倍液，6％乐必耕（氯苯嘧啶醇）可湿性粉剂 1 000～1 500 倍液。常用的预防性治疗剂有 62.25％仙生（腈菌唑·锰锌）600 倍液等。在使用中应注意内吸性杀菌剂与保护性杀菌剂交替使用。波尔多液在梨的幼果期和多雨、阴湿梨园慎用，以防产生药害。

（3）注意喷药质量 喷药需均匀、周到，叶片的正反面、新梢及果面都应均匀着药，才能充分发挥每次喷药的药剂防治效果。

**3. 加强栽培管理**

（1）科学使用化肥 春天梨树开花前或落花后至少追一次化肥，生理落果后再追一次，均以氮肥为主或施复合肥，梨果生长后期再追施一次磷钾肥或以磷钾肥为主的多元复合肥。追肥采用浅沟施覆土方法，不要将化肥直接撒于地表，不覆土，以免失效或流失。追肥最好选在雨后进行，以便化肥很快溶化，发挥肥效。施肥量应视树冠大小和挂果多少来决定。一般情况下，每结 100kg 果，追施纯氮 1kg、纯磷 0.5kg、纯钾 1kg。

（2）增施有机肥　梨果采收后或春季梨树发芽前，在梨树树冠外围投影处挖 60cm 深、40cm 宽的环状沟，或以树干为中心挖里浅外深的 6～8 条放射状沟，施入腐熟的有机肥，按每产 1kg 果施肥 1～2kg，施后覆土，有灌溉条件的施后尽可能灌透水。

（3）种草和覆草　梨园行间较宽有空地时，尽可能种草，品种可选多年生毛苕子、三叶草、紫花苜蓿等多年生草种。各地雨季不同，可选在雨后撒播或条播，草幼苗期注意拔除杂草，适当撒施氮肥和灌水，草长高后，进行刈割放在树盘下，上面适当压层土。管理好的草，每年可割 3～5 次，果园可不再施用有机肥。梨树多栽植在地势较差的山区，往山上运有机肥很困难，但山区相对土地较多，草源丰富，果园种草和覆草较容易做到。

（4）改善土壤通透性　在南方红壤或北方丘陵山地果园，多数果园土壤板结严重或土层很浅，应有计划地逐年开展活化根系附近土层工作，改善根系附近土壤的通透性，增加保水保肥和熟化土壤矿质营养的能力。

（5）保持树冠内通风透光良好　对栽植过密的梨园，在延长枝生长互相交叉后应适当间伐。树冠内留枝量多的应逐年改形去大枝。对中小枝条和结果枝组过密的应适当疏除。

## 二、梨黑斑病（Pear black spot）

梨黑斑病是梨树的重要病害之一。Meng 等（2010）发现壳聚糖（350ku）和壳寡糖（6ku）都能强烈抑制梨黑斑病菌的孢子萌发和菌丝体生长。壳聚糖和寡聚糖抑制菌丝体生长的效果比抑制孢子萌发的效果更明显，壳聚糖对 25℃ 贮藏的梨果实病害控制有较好的效果。当用寡聚糖处理梨果时，会增加几丁质酶（CHI）和 β-1,3-葡聚糖酶活性。不同的是，用壳聚糖处理时，能显著地增加梨果实过氧化物酶（POD）的活性，表明壳聚糖和寡聚糖引发了致病性抑制和病害防治的不同机制。Hyon 等为了确定活性氧在病原微生物致病性中的作用，研究了抗氧化剂抗坏血酸和 NADPH 氧化酶抑制剂二亚苯基碘（diphenylene iodonium）对病原物侵染的抑制效果。结果发现当在孢子接种的寄主叶片上接种抗坏血酸或二亚苯基碘与产生侵入钉的孢子混合物时，可抑制过氧化氢的产生。侵入钉产生的减少导致了侵染的失败，表明过氧化氢可能有助于该真菌的侵入，也可能被 NADPH 氧化酶降解。

### （一）为害与分布

梨黑斑病是梨种植区广泛发生的一种世界性病害。早在 1937 年有报道 *Alternaria alternata*（Fries）Keiseler 能够引起梨的黑斑病，亚洲的韩国、日本及我国梨黑斑病发生非常严重。近年，法国也发现有梨黑斑病的发生与为害。

该病主要侵染果实、叶片和新梢。幼叶最早发病，严重时病叶上病斑连片，叶片皱缩畸形并枯焦脱落。果实受害，病斑处产生龟裂，易引起早期落果。感病果实无商品价值。新梢上病斑椭圆形，稍凹陷，边缘产生细小裂缝。梨芽受害后，多变黑枯死，造成严重的经济损失。导致梨树秋季提前落叶，出现二次开花，造成梨树第二年的产量下降，果农经济效益明显降低。

我国栽培的秋子梨、白梨、砂梨、新疆梨、西洋梨五大栽培种中，梨黑斑病主要为害砂梨中的品种群和少数西洋梨品种。以往我国砂梨品种主要栽培在长江流域及其以南地区和吉林省的延吉市苹果梨产地。其中南京梨区的病叶率常达40%以上。近些年山东省、河北省、北京市周围日韩砂梨品种有较大面积种植，因此梨黑斑病也成为这些地区梨树生产的重要防治对象。梨树黑斑病主要为害梨果和叶片、新梢，造成大量病果和提早落果。

## (二) 症状诊断

**1. 叶片被害** 最先在嫩叶上产生圆形针尖大小黑色斑点，以后斑点逐渐扩大成近圆形或不规则形病斑，中间灰白色，周缘黑褐色，病斑上有时稍显轮纹。潮湿时病斑表面密生黑色霉层（病菌的分生孢子梗和分生孢子）。叶片上病斑较多时，常互相融合成不规则形大病斑，叶片畸形，容易早落。

**2. 果实被害**

（1）幼果发病 在果面上产生一至数个圆形针尖大小黑色斑点，逐渐扩大后呈近圆形或椭圆形，病斑略凹陷，表面密生黑霉。由于病健部位发育不均，果实长大后出现畸形，果面发生龟裂，严重时裂缝可深达果心，在缝隙内也会产生很多黑霉，病果往往早落。

（2）长成的果实感病 前期症状与幼果时发病相似，病斑较大，黑褐色，后期果实软化、腐败而落果，重病果常数个病斑融合成大斑，使大部分果面呈深黑色，表面密生黑色至黑绿色霉状物。西洋梨多在果实基部发病。

（3）果梗染病 产生黑色不规则形斑点，易落果。

**3. 嫩枝被害** 绿色嫩枝发病，形成圆形黑色病斑，病斑扩大后，表面粗糙，疮痂化，与健部交界处产生裂缝。

## (三) 病原菌鉴定

**1. 病原菌形态** 病菌的分生孢子梗为褐色或黄褐色，数根至十余根成束丛生，少数有分枝。分生孢子梗基部较粗，先端略细，有隔膜3~10个，大小为（40~70）$\mu m \times$（4.2~5.6）$\mu m$，其上端有孢痕。分生孢子形状不一，多数近纺锤形，基部膨大，顶端细小，往往有较长嘴胞，有横隔膜4~11个，纵隔膜0~9个，隔膜处微缢缩，大小为（10~70）$\mu m \times$（6~22）$\mu m$。老熟的分生孢子壁较厚，暗褐色，幼嫩的分生孢子壁较薄，呈黄褐色至暗黄色。根据病菌形态特点，鉴定为半知菌亚门真菌，细链格孢菌［*Alternaria alternata* (Fr.) Keissler.］。

**2. 病原菌培养性状** 病菌在PDA培养基上生长良好，菌丝生长茂盛，开始时乳白色，不久呈灰绿色，有黑色色素沉积。生长最适温度为25~30℃，最高36℃，最低10~12℃。最适pH5.9。在5℃左右病菌也能缓慢地生长，所以梨果在贮藏期病斑也能缓慢发展。病菌孢子形成的最适温度与菌丝发育最适温度基本相同，荧光灯照射可促进产孢。病菌孢子发芽最适温度为28~32℃，5℃经5~10min病菌失去发芽能力。

王宏等（2006）对梨黑斑病病原菌链格孢菌生物学特性的研究结果表明：不同菌株在PSA平板上培养，平均日生长速率、产孢量、菌落颜色以及菌落厚度有显著不同。病原菌生长适宜温度为20~30℃，最适温度为28℃，孢子萌发的最适温度为28℃；病原菌适宜生长相对湿度为50%~100%，最适生长相对湿度为98%~100%，孢子萌发必须具备相对湿度98%以上的高湿条件，在水滴中萌发率最高；病原菌菌丝适宜生长的 pH 为 4～12，最适生长 pH 为 7～8，孢子萌发最适 pH 为 7～8，病原菌培养一段时间后培养基的 pH 会发生改变。该病原菌对多种单糖、双糖和多糖等碳源及有机氮、无机氮均可利用，最适碳源为蔗糖，最适氮源为蛋白胨，硫酸铵和氯化铵会抑制病原菌菌丝生长。

**3. 病原菌的致病机制** 病菌在致病过程中能产生寄主特异性毒素 AK 和寄主非特异性毒素。其中前者仅对感病性品种起作用，后者对各种品种均起作用。AK 毒素在孢子发芽的芽管内形成。其中又分为 AK 特异性毒素Ⅰ和Ⅱ。寄主特异性毒素对寄主细胞起作用，可使细胞膜透性增加，原生质膜凹陷、崩溃，电解质消失，原生质流动停止，使寄主细胞失去对病菌侵入的抵抗能力。不同的菌株其病原性、产生毒素能力及生理特性略有不同，但寄主特异性毒素的作用和病原性基本一致。

### (四) 发病规律

**1. 病菌越冬、侵染和传播** 梨黑斑病病菌以分生孢子及菌丝体在病枝梢、病芽及芽鳞、病叶、病果上越冬。翌年春天产生分生孢子，借风雨传播。分生孢子在水膜中或空气湿度大时萌发，芽管穿破寄主表皮，或经过气孔、皮孔侵入寄主组织内，造成初次侵染发病，以后新老病斑上不断产生分生孢子，而造成多次再侵染、发病。

**2. 发病时期** 一般年份在 4 月下旬至 5 月初，平均温度 13～15℃时，田间叶片开始出现病斑，5 月中旬开始增加，6 月多雨季节病斑急剧增加。5 月上旬果实开始出现病斑，6 月上旬病斑渐多，6 月中旬后果实开始龟裂，6 月下旬病果开始脱落，7 月下旬至 8 月上旬病果脱落最多。

**3. 发病条件**

（1）气候 温度和降水量与病害的发生、发展关系极为密切。一般情况下，气温24～28℃，同时连续阴雨，有利于黑斑病的发生与蔓延；气温 30℃以上，并连续晴天，病害则停止蔓延。

（2）树势 树势强弱、树龄和叶龄大小与发病关系也很密切。树势弱、树龄大发病重。叶龄小，易感病；叶龄大，潜伏期长；叶龄超过 1 个月，基本不再感病。叶片背面比正面易发病。病菌孢子在叶面的水滴中比在蒸馏水中芽管伸展得长，发芽快，这与叶片上的渗出物，特别是糖分高有密切关系。5 月下旬至 6 月上旬疏果后，在田间 20℃条件下，往果实上接种 4h 后，即可出现小黑点症状，经 48h 后即可形成分生孢子。果实套袋前如果果面上有很小病斑时，套袋后病斑扩大缓慢，到 6 月中旬之后，病斑逐渐开裂，形成裂果和畸形果。此外，果园地势低洼、通风不良、缺肥及偏施氮肥发病重。

（3）品种 品种间黑斑病发病程度有明显差别。在日本梨的品种中，以二十世纪发病最重，博多青、明月次之，八云、太白、菊水、黄金梨发病较轻，晚三吉、今村秋抗病性较强。不同品种的感病性是由一对异质性显性基因所控制。在杂交组合的第一代实生苗中，抗病品种×抗病品种，其杂种后代抗病与感病苗之比为 3∶1；抗病品种×感病品种，杂交后代抗病与感病苗之比为 1∶1；感病品种×感病品种，杂交后代 100% 为感病苗。

据刘仁道研究，引进的 17 个梨品种中对黑斑病抗性较强的早熟品种是早蜜和翠冠，中熟品种是新竹水，晚熟品种是爱宕；对黑斑病抗性中等的早熟品种是脆绿、早美酥、爱甘水和华酥，中熟品种是圆黄、西子绿和黄金梨，晚熟品种是红香酥和金水晶。长期以来，砂梨是我国梨树的主要栽培种之一，其不同生长周期的各种品种在全国适宜地区得到广泛栽培和应用。从初步的田间抗性比较结果看，砂梨中早熟品种多为抗或中抗品种，对黑斑病的抗性相对强于中熟和晚熟品种。与砂梨相比，白梨品种的抗性与熟期的关系相反，即早熟白梨对黑斑病抗性弱，而晚熟白梨对黑斑病的抗性相对较强。说明梨树的生长周期（熟期）与黑斑病的抗性有一定的相关性，因此，在进行梨黑斑病品种选育时，可以将梨树的生育期作为一个初步的选择指标，果农在选择优良梨品种时，也应该将果实熟期作为参考指标之一，以便更好地选择和利用高产、优质、抗病的优良品种。

### （五）防治方法

梨黑斑病防治，应采取综合防治措施，在加强栽培管理，提高树体抗病能力的基础上，结合清园消灭越冬菌源，生长期结合病情及时喷药，防止病害蔓延成灾。

**1. 农业防治**

（1）做好清园工作　在梨树萌芽前，剪除树上有病枝梢，清除果园内落叶、落果，集中深埋或烧毁，消灭越冬菌源。

（2）加强栽培管理　各地根据具体情况，在果园内间作绿肥，或进行树盘内覆草。增施有机肥，促进根系和树体健壮，增强树体抗病能力。合理使用化肥，果树生长前期以追施氮素和复合肥为主，中后期控制氮肥施入量，以磷钾肥和全元复合肥为主。对于地势低洼果园，应做好开沟排水工作。对历年黑斑病发生严重的果园，冬季修剪时应适当疏枝，增强树冠内通风透光能力，结合夏季修剪做好清除病枝、病叶、病果工作。

（3）果实套袋　套袋可以保护果实免受病菌的侵害，减少黑斑病的病果率。但黑斑病菌的芽管能穿透一般纸袋，所用纸袋应该混药或用石蜡、桐油浸渍后晾干再用。

（4）栽培抗病品种　在发病重的地区，应避免栽培二十世纪等感病品种，可栽培丰水、菊水、幸水、黄冠、黄金梨、晚三吉、今村秋等较抗病品种。

**2. 药剂防治**

（1）铲除越冬病菌　春季梨树发芽前，枝干上喷洒 10％甲硫酮（果优宝）100～150倍液，或 3～5 波美度石硫合剂，杀灭树上的越冬病菌。

（2）喷药时期　在长江流域发病较重果园，在梨树落花后至梅雨季节结束前，每隔10～15d 喷药 1 次，共喷 7～8 次。在河北省、山东省、北京市日韩梨栽培较多的地区，结合防治其他叶果病害，在梨树落花后和梨果套袋前喷洒杀菌剂 2～3 次。之后，在 6 月中下旬及 7～9 月降雨较多时，再喷药 3～4 次，防治叶部病害。

（3）常用药剂　有 10％宝丽安（多抗霉素）可湿性粉剂、50％扑海因（异菌脲）可湿性粉剂 1 000～1 500 倍液，80％代森锰锌可湿性粉剂 800～1 000 倍液，65％代森锌可湿性粉剂 500 倍液，3％多抗霉素 400～500 倍液，50％腐霉利（速克灵）可湿性粉剂1 000～1 200 倍液。

## 三、梨轮纹病（Pear ring rot）

### （一）为害与分布

梨轮纹病主要为害梨树枝干和果实。为害枝干的轮纹病也叫梨树粗皮病、瘤皮病；为害果实的，也叫梨果实轮纹病或梨轮纹烂果病。

梨轮纹病是我国梨树的重要病害之一。该病在各梨区均有发生，其中以山东、江苏、浙江、上海、安徽、江西、云南、四川、河北、辽宁等地发生较重，近年来各地发病有加重的趋势，日本梨品种发病尤为严重。河北省鸭梨及雪花梨产区，曾几度严重发生，损失惨重。此病除为害梨树外，还可为害苹果、桃、杏、花红、山楂、枣、核桃等多种果树。

枝干发病后，造成树皮皮孔增生，形成病瘤，病瘤和周围树皮坏死，极为粗糙，有的深达木质部，影响树体的养分和水分运输和贮藏功能，明显削弱树势，重者死枝死树。为害果实时，造成梨果腐烂，不能食用。感病品种在病害发生严重年份，枝干发病率达100%，采收时病果率可达30%～50%，贮藏1个月后基本没有好果，几乎全部烂掉。

### （二）症状诊断

梨轮纹病主要为害枝干和果实，有时也可为害叶片。

**1. 枝干被害** 开始时多在一、二年生枝条的皮孔上出现症状，皮孔表现为微膨大、隆起。翌春，皮孔继续增大，形成小瘤状，同时周围树皮变成红褐色坏死，微有水渍状，并稍深入到表皮下的白色树皮。夏季高温期，病皮失水，凹陷，颜色变深，质地变硬，停止扩展。秋季后病斑继续向周围和深层活树皮上扩展、蔓延，并在春季发病坏死的树皮上，出现稀疏的小黑点（病菌的分生孢子器）。第三年的春天，气温回升后，坏死树皮上的病菌又继续扩展，病斑范围进一步扩大加深，病瘤进一步变大、增厚，一些病斑互相融合，形成粗皮，降雨或空气湿度大时，病瘤周围病皮上的小黑点出现裂缝，从中涌出白色的分生孢子团。病皮底层出现黄褐色木栓化愈伤组织，病健树皮交界处出现裂缝，边缘开始翘起。之后，病皮周围愈伤组织形成不好的部位，继续扩展，发病范围继续扩大，并继续相互融合，树皮更为粗糙，明显削弱树势。病皮上的小黑点不断增多。发病七八年后，树体生长明显受阻，严重时枝条枯死。

**2. 果实被害** 多在果实近成熟时或贮藏期表现出症状。果实皮孔稍许增大，皮孔周围形成黄褐色或褐色小斑点，有的周围有红色晕圈，微凹陷。病斑扩大后，表皮外观形成颜色深浅相间的同心轮纹，并渗出红褐色黏稠状汁液，皮下果肉腐烂成褐色果酱状。在室内常温下，腐烂非常快，几天内果实全部烂掉，流出茶褐色黏液，发出酸腐气味，最后干缩成僵果，表面密生黑色小粒点，为病菌的分生孢子器。

**3. 叶片被害** 在叶片上形成近圆形或不规则形褐色病斑，微具同心轮纹，后逐渐变为灰白色，并长出黑色小粒点（病菌分生孢子器），一片叶发生许多病斑时，常使叶片焦枯、脱落。

### （三）病原菌鉴定

**1. 病原菌形态** 病菌的分生孢子器暗黑色，球形或扁球形，直径为283～425μm，器壁黑色、炭质，有乳突状孔口，内壁色浅，上面密生分生孢子梗。分生孢子梗无色，单胞，丝状，顶生分生孢子。分生孢子无色，单胞，纺锤形至长椭圆形，大小为（24～30）μm×（6～8）μm。为半知菌亚门大茎点属真菌（*Macrophoma kawatsukai* Haru）。

病菌的有性世代在田间不多见。子囊壳在病皮组织中与分生孢子器混生，包藏在不发达的子座中，呈黑褐色，球形或扁球形，有孔口，大小为（180～325）μm×（250～338） μm。子囊着生在子囊壳底部，长棍棒状，侧壁薄，顶部肥厚，大小为（122～150）μm×（18.9～24）μm，内含 8 个子囊孢子，偶有 4 个，呈 2 列排列。子囊孢子椭圆形，单胞，无色或淡黄色，大小为（24～28）μm×（12～14）μm。子囊间有侧丝，侧丝无色，由多个细胞组成。为子囊菌亚门真菌，贝伦格葡萄座腔菌梨生专化型［*Botryosphaeria berengeriana* de Not. f. sp. piricola (Nose) Koganezawa et Sakuma］。

**2. 病原菌培养性状** 病原菌在马铃薯、蔗糖、洋菜（PSA）培养基上生长良好，生长温度为 15～32℃，最适温度 27℃左右。菌丝白色至青灰色，后变成黑灰色，菌丝茂盛。在培养基上形成分生孢子器最适温度 27～28℃，用 360～400nm 短光波的荧光灯连续照射15d 左右，可大量产生孢子器和分生孢子，而在无光照条件下，很难形成分生孢子器。

**3. 分生孢子的发芽条件** 病菌的分生孢子在清水中可发芽。发芽率与温度有关，25～30℃时，2h 后发芽率为 17%～20%，28℃发芽最快，其次为 30℃和 25℃，25℃以下时，发芽率逐渐降低，15～20℃时，2h 不发芽。分生孢子在 1%葡萄糖液中可促进发芽。分生孢子液一旦干燥，发芽率则明显降低，6h 后可降低 1/2，经 1h 日光照射后约降低1/3。分生孢子发芽过程，一般在孢子的一端或两端各长出 1 支芽管，有时在孢子的腹部还能长出 1 支芽管。

### （四）病原学研究进展

轮纹病和干腐病是梨树上发生普遍的两种病害，主要为害梨树枝干和果实，对梨树生长势和产量造成严重影响。两种病害在枝干上的症状表现存在明显差异，前者产生轮纹状病斑，后者在枝干上产生溃疡病斑，但二者引起的果实腐烂症状相似。已有研究表明，引起这两种病害的病原菌在形态学和生物学上相似，因此有关这两种病害的病原菌的分类特点仍存在异议。

梨干腐病菌和轮纹病菌，国内和日本学者长期认为二者形态相似，应为同一个种，但致病性有差异，分别命名为 *B. berengeriana* de Not. 和 *B. berengeriana* f. sp. piricola。近年来的研究结果表明，引起我国梨轮纹病的是 *B. dothidea*，部分学者甚是认为干腐病和轮纹病是同一种病原菌在不同环境条件下引起两种症状，当枝条正常生长时引起轮纹症状，当枝条受水分胁迫时引起干腐症状。

吕刚（2011）采用 RAPD 分析和 SCAR 标记方法，从分子水平上对梨轮纹病菌和干腐病菌的关系进行研究，结果表明我国梨树轮纹病菌和干腐病菌具有高度遗传相似性，亲缘关系很近；而且分离菌株表现出丰富的遗传多样性，并与菌株的来源地和品种无明显的相关性；所获 SCAR 标记引物既可用于轮纹病菌和干腐病菌的检测，也可作为这类病菌的多态性标记。

### （五）发病规律

**1. 病菌越冬及病菌孢子释放** 病菌以菌丝体和分生孢子器在病部越冬，为翌年的初侵染源。在上海梨区，一般在 3 月下旬左右，田间开始散发分生孢子，4 月中下旬散发量增多，5～7 月散发量最多。在山东莱阳梨区，4 月下旬至 5 月上旬降雨后，就开始散发分生孢子，6 月中旬至 8 月中旬为散发盛期。

（1）分生孢子在田间的散发时间与降雨有密切关系 病菌一般存在于树皮上，当树皮表层充分湿润后，即可放出分生孢子。天气干旱时，田间很少能收集到分生孢子。在田间，枝干上的新病皮和旧病皮上的分生孢子器，开始散放分生孢子的时间也不同，旧病皮上的分生孢子器开始散发分生孢子早，新病皮上的分生孢子器开始散发分生孢子时间晚。

（2）分生孢子散发数量与枝条的感病年龄有关 发病 2～3 年的病枝孢子器产孢量最多，发病 5 年枝的产孢量其次，9 年生病枝还能产孢，13 年以上旧病枝上的分生孢子器不再能产生分生孢子。

（3）分生孢子的释放量与降雨量的关系 降雨量在 2～3mm 时，孢子释放量与降雨时间无关，分生孢子都很少，而一次性降雨 7mm 以上时，降雨时间越长，散发的分生孢子越多。降大雨时，雨水中的孢子数量反而减少，当一次性降雨达 100mm 以上时，雨水中反而没有分生孢子。因此，每次的降雨量和雨日数是影响孢子释放量的两个决定性因素。小雨、连阴雨的天数多，病菌的释放总量也多。

**2. 病菌传播与侵入** 田间散发的分生孢子随风雨传播，传播距离多为 5～10m 范围，10m 以上明显减少，在风雨较大时，也可传播到 20m 以上。因此，在病重梨园下风向新建梨园，离病株越近的树发病越重。随风雨传播的分生孢子，着落在有水膜的幼嫩枝条和果实上，在合适的温度下经过一定时间后发芽，从枝条或果实的气孔及未木栓化的皮孔侵入。

（1）果实的侵染时间 采用果实套袋分期暴露方法试验结果表明，轮纹病病菌侵入果实的时间，多从落花后 2 周左右开始，至 7 月中旬为侵染率较高时期，7 月下旬至 8 月中旬渐少，8 月中旬后很少再有侵染。病菌侵入后在皮孔的周皮中以菌丝形态潜伏下来，待果实近成熟时才开始扩展发病。

（2）新梢的侵染时间 从 5 月开始至 8 月结束，以腋芽附近为多。侵入后经 90～120d 的潜伏，自 9 月上旬左右侵入部位开始出现膨大，10 月下旬膨大停止。膨大部分树皮组织细胞增生，细胞间充满菌丝，以后增生组织死亡。

（3）叶片的侵染时间 多从 5 月开始发病，以 7～9 月为多。以往叶片发病很少，受害较轻，近些年叶片发病有明显增多趋势。

**3. 发病与品种、树势的关系**

（1）发病程度与品种关系 西洋梨最感病，砂梨品种居中，中国梨品种较抗病。在中国梨中，京白梨、鸭梨、砀山酥梨、南果梨等品种发病较重，严州雪梨、茌梨、苹果梨、三花梨等发病较轻，花盖及库尔勒香梨、金花 4 号等很少发病。在日本梨中果实发病重的品种有八云、幸水、云井、君壕早生、石井早生、新世纪、长十郎、二十世纪、晚三吉、博多青发病较轻，今村秋较抗病。西洋梨的许多品种及杂交后代，发病相当严重。

（2）枝干发病与树势关系 树势强发病轻，树势弱发病重。果园土壤瘠薄、黏重、板结、有机质少，根系发育不良，负载量过多，偏施氮肥等，均可导致枝干轮纹病严重发生。

## （六）防治方法

对于梨树轮纹病的防治，应采取综合配套措施，才能取得明显防治效果。

**1. 清除病源**

（1）清园 春季梨树萌芽前结合清园扫除落叶、落果，剪除病梢、枯梢，集中烧毁。

（2）刮除病瘤　梨树萌芽前后至春梢旺盛生长期，刮除大枝干上的轮纹病病瘤及周围干死病皮，如刮得较干净可以不用涂药，以防发生药害。如嫌费工，可直接对病皮范围涂抹 10%果康宝（福美胂）悬浮剂 20 倍液，或 2.2% 843 康复剂原液（腐殖酸铜），使病部消毒和促进长出新的愈伤组织。

（3）剔除带病苗木　病菌孢子自然传播距离有限，应在远离病株的地方育苗，减少苗木带菌概率。在栽树前，应对苗木严格检查，剔除带病苗木。

**2. 加强管理和果实套袋**　轮纹病病菌是一种弱寄生菌，在树体生活力旺盛时，枝干病害很轻，因此要加强梨园的土、肥、水管理，科学使用化肥，适当结果，保持树体健壮，提高抗病能力。

在生产优质果的梨园，梨树生理落果后，可对果实进行套袋，对减少梨果轮纹烂果病效果明显，同时能减少梨果的农药残留。

**3. 药剂防治**　春季果树发芽前，全树喷洒 10%果康宝悬浮剂 100～150 倍液，或 3～5 波美度石硫合剂，铲除枝条上小病斑中的轮纹病菌，减少树长大后大病斑发生的数量。同时兼治枝干上的黑斑病病菌、黑星病病菌、腐烂病病菌等。

防治果实轮纹病，对感病品种应结合降雨情况，在落花后 10～15d 喷洒 1 次杀菌剂。在病菌大量传播、侵染梨果的 5～8 月，结合防治其他梨果病害，根据降雨情况每隔 15d 左右喷洒 1 次杀菌剂。常用杀菌剂有 50%多菌灵可湿性粉剂 600～800 倍液，70%甲基硫菌灵可湿粉性粉剂 800～1 000 倍液，80%进口代森锰锌可湿性粉剂 800 倍液，70%国产代森锰锌可湿性粉剂 500～600 倍液（某些品种幼果期使用有药害，使用前应做药害试验），10%世高水分散颗粒剂 2 000～2 500 倍液，7.2%甲硫酮 300～400 倍液。在果实生长中后期，还可使用 1：（2.5～3）：240 波尔多液。

## 四、梨炭疽病（Pear anthracnose）

### （一）为害与分布

梨炭疽病主要是为害果实，造成梨果腐烂。在吉林、辽宁、河北、河南、山东、山西、陕西、江西、安徽、江苏、浙江等梨区均有发生。除梨之外，还为害苹果、葡萄等许多种果树。

近年来，在黄河故道地区砀山酥梨、黄冠和马蹄黄等品种上，发生了一种严重的病害，具体表现在梨成熟前先是果实表面出现一至多个黑点，3～5d 后病果出现圆形或不规则形的轮纹状或凹陷状病斑，蔓延很快，难以控制，当地俗称"黑点病"。这种病害不仅造成采前果实腐烂，还引起树体大量落叶。2008 年，安徽省砀山县梨园炭疽病暴发，部分发病严重的梨园，采前病果率为 100%，烂果率高达 70%以上，全县直接经济损失 7 亿～8 亿元。

植物的炭疽病（Anthracnose）是由炭疽菌引起的斑点性植物病害。在我国已报道过的植物炭疽病的病原菌种有胶孢炭疽（*Colletotrichum gloeosporioides*）、平头炭疽（*C. truncatum*）、豆炭疽（*C. lindemuthianum*）、梭孢炭疽（*C. acutatum*）和壳皮炭疽（*C. crassipies*）。其中胶孢炭疽是许多重要植物炭疽病的病原。

## （二）症状诊断

**1. 果实发病** 多在生长后期发病。发病初期，果面上出现淡褐色水渍状小圆点，后逐渐扩大，色泽加深，软腐凹陷。病斑表面颜色深浅相同，具明显同心轮纹。病皮下形成无数小粒点，略隆起，初褐色，后变黑色，排成同心轮纹状，为病菌的分生孢子盘。在温暖潮湿条件下，分生孢子盘突破表皮，涌出粉红色黏质物，为病菌的分生孢子。病斑不断扩大，从果肉烂到果心，烂果肉呈圆锥形腐烂。烂果肉褐色，有苦味。烂果常落果，或大半个果烂掉，在树上干缩成病僵果。一个病果上面病斑数量不等，少则一两个，多则十来个，但只有少数病斑能扩展。

**2. 枝干发病** 病菌在梨树枝条上营腐生生活。多发生在枯枝或病虫枝与长势衰弱枝条上，形成深褐色、圆形小斑，后发展成椭圆形或长条形，病斑中间干缩凹陷，病部皮层与木质部易分离，变黑枯死。

**3. 叶片发病** 梨炭疽病偶尔也为害叶片，在叶片正面产生褐色圆形病斑，后变成黑色，常具同心轮纹，严重时互相融合，成为不规则形褐色斑块，上生黑色小粒点，天气潮湿时，产生红色黏液。

## （三）病原菌鉴定

吴良庆等（2010）对为害砀山酥梨的炭疽病病原菌种类进行了鉴定，研究常用杀菌剂对致病菌菌丝生长、分生孢子萌发的抑制作用。对6个取自不同梨品种上的病果、病叶样本分别进行发病组织培养、单孢分离纯化，根据病原菌的形态特征和致病性，并结合其rDNA-ITS序列分析，进行病原菌种类鉴定。采用常用杀菌剂分别对病原菌菌丝和分生孢子进行处理，观测其化学抑制效果。从不同病斑上分离出了6个纯化菌株，其形态特征相同，且与已报道的炭疽病菌（*Colletotrichum* spp.）形态特征相似；用上述纯培养菌株接种于健康果实和叶片上，又引起与田间原标本相同的病害症状；通过病原菌rDNA-ITS克隆测序、BLASTn比对分析，6个菌株为同一致病菌，且该致病菌与台湾枣（Taiwan jujube）炭疽菌株（*Colletotrichum* sp. EXMQ-1；登录号FJ233185）、日本超市水果（Japanese fruit）炭疽菌株（*Glomerella cingulata*；登录号AB219012）和凤梨草莓（Fragariaananassa）炭疽菌株（*C. gloeosporioides*；登录号EU200455）的rDNA-ITS序列一致；430g/L戊唑醇水悬浮剂等7种杀菌剂对病原菌菌丝生长抑制率达100%；70%代森锰锌可湿性粉剂等8种药剂处理，病原菌分生孢子萌发率为0。为害砀山酥梨的炭疽病病原菌为半知菌亚门刺盘孢属的胶胞炭疽菌（*Colletotrichum gloeosporioides*），其有性阶段为围小丛壳（*Glomerella cingulata*）。常用药剂对该菌菌丝和分生孢子的抑制作用存在着显著的差异。

**1. 病原菌形态特征** 病菌分生孢子梗密集，结成直径约80μm的分生孢子盘。分生孢子盘上有刚毛，褐色，直立，具1~2个横隔膜，大小为135~160μm。分生孢子梗无色，单胞，纺锤形，略弯曲，大小为（9~24）μm×（3~4.5）μm。病菌无性世代属半知菌亚门真菌，炭疽菌属胶孢炭疽菌［*Colletotricum gloeosporioides*（Penz.）Sacc］。病菌的有性世代，在我国尚未发现，属子囊菌亚门真菌，围小丛壳菌［*Glomerella cigulata*（Stonem）Spaula et Schrenk］。病菌的生长温度为9~33℃，最适温度25~28℃。

**2. 培养特性** 据吴良庆等（2010）观察，在 PDA 培养基上培养 3～4d 菌落四周呈灰白色，中央逐渐转为灰褐色。100×10 倍的显微镜下观察，菌丝粗度为 2.4～9.8μm，无色，具有隔膜和分支。培养 5～6d 后可见菌落中开始出现粉红色的分生孢子。40×10 倍显微条件下观察分生孢子的形态为长圆形，单胞、无色，大小均匀；100×10 倍显微条件下测得分生孢子长 15～21μm，宽 5～7μm。

分生孢子在 2％的葡萄糖培养液中，经 25℃恒温培养 8h 即开始萌发，分生孢子萌发时中间形成一隔膜，一般一端先长出芽管并形成附着胞后，另一端再长出芽管形成附着胞，附着胞上形成侵染丝；有的芽管可以形成分支并着生附着胞；部分分生孢子一端能够同时长出两个芽管。

**3. 药剂对菌丝生长的影响** 据吴良庆等（2010）研究，利用 24 种杀菌剂进行菌丝生长抑制对比试验，并筛选出适宜药剂种类及其最佳使用浓度。初步研究结果表明，与清水对照相比，戊唑醇 430g/L 悬浮剂 4 000 倍液、丙环唑 250g/L 浮油 1 000 倍液、喹啉铜33.5％悬浮剂 2 000 倍液、溴菌腈 25％浮油 3 000 倍液、苯醚甲环唑 10％散粒剂 7 000 倍液、咪鲜胺锰盐 50％粉剂 1 200 倍液、代森锰锌 70％粉剂 1 200 倍液等抑菌效果较强；二氰蒽醌、1.5％噻霉酮水乳剂、络合态硫酸铜钙、多菌灵等抑菌效果较差。

**4. 药剂对分生孢子萌发的影响** 据吴良庆等（2010）研究，代森锰锌 70％粉剂、丙环唑 250g/L 浮油、33.5％喹啉铜悬浮剂、溴菌腈 25％浮油、代森联 70％水分散粒剂、氯溴异氰尿酸 50％水溶性粉剂、福美双、甲基硫菌灵 50％粉剂等 8 个处理的孢子萌发率均为 0，说明药剂对梨炭疽病孢子的萌发具有很强的抑制作用；多抗霉素 1.5％粉剂、络合态硫酸铜钙 77％粉剂、烯唑醇 12.5％粉剂、戊唑醇 430g/L 悬浮剂等对炭疽病孢子的萌发有一定的抑制效果；而三乙磷酸铝 95％粉剂、己唑醇 250g/L 悬浮剂、二氰蒽醌 22.7％悬浮剂等对梨炭疽病孢子萌发的抑制效果最差。

**5. 病原菌致病性** 据吴良庆等（2010）研究，以菌丝和分生孢子接种的果实，经恒温培养 5～10d，新高、砀山酥梨、库尔勒香梨接种部位呈现出褐色圆斑、边缘清晰，病部果肉褐色软腐、病斑下陷分生孢子接种病斑较小，菌丝接种病斑较大。后期病斑处果肉呈现黑褐色软腐、带苦味，病斑腐烂深入果肉呈圆锥状，在病斑处表皮下，形成无数小粒点，略隆起，初为棕褐色、后变为黑色的分生孢子盘，与田间果实发病症状相同。从接种发病果实上，重新分离得到病原菌，其培养性状与前期接种菌株培养的性状相同，依照柯赫氏法则，说明接种的致病菌即为最初由田间发病的砀山酥梨病果中分离纯化的病原菌。它不仅能够引起不同种类梨（*Pyrus pyrifolia*，*P. bretschneideri*，*P. sinkiangensis*）的品种发病，也能够侵染红富士苹果。

（四）发病规律

病菌以菌丝体和分生孢子器在病僵果、枯枝或病叶上越冬。翌年温度适当时，产生大量分生孢子，借风雨或昆虫传播。从果、叶表皮直接侵入，引起初侵染，再以病果为中心，呈伞状向下和周围蔓延，以后发病的果都能形成新的侵染中心，不断蔓延，直至采收。

病害的发生和流行与降雨有密切关系，4～5 月多阴雨发病早，6～7 月阴雨连绵，则发病重。地势低洼、果园积水、树冠郁闭通风透光不良及树势弱、病虫防治不力造成落叶等，则梨园发病重。

### （五）防治方法

**1. 加强栽培管理**　改良土壤，增施有机肥，合理修剪，及时防治病虫，注意果园积水及时排除，防止果园草荒。

**2. 清除病源**　冬季结合修剪，剪除干枯枝、病虫为害的破伤枝，清扫病僵果、病落叶，集中烧毁。梨树发芽前结合防治其他病害喷布10％果康宝悬浮剂100倍液，或3～5波美度石硫合剂。

**3. 果实套袋**　果实套袋是防治梨果炭疽病最有效的方法，套袋前应注意对果面喷洒1～2次内吸性杀菌剂。

**4. 药剂防治**　从5月下旬或6月上旬开始，结合防治果实轮纹病、黑星病，进行药剂兼治。往年果实炭疽病重的梨园，采用侧重防治炭疽病专用药剂25％溴菌清（炭特灵）可湿性粉剂300～500倍液，或50％退菌特可湿性粉剂600～800倍液。

**5. 低温贮藏**　采收后在0～15℃低温贮藏可抑制病害发生。入库前剔除病果、注意控制库内温度，特别是贮藏后期温度升高时，应加强检查，及时剔除病果。

## 五、梨腐烂病（Pear valsa canker）

### （一）为害与分布

梨树腐烂病俗称烂皮病，为害梨树枝干，造成树皮腐烂、削弱树势，是一种毁灭性病害。在我国梨各主产区均有发生，新疆、西北、华北等地发生较重。据目前调查，新疆库尔勒香梨病株率已达50％～80％，西北地区砀山酥梨病株率达30％～50％；华北地区鸭梨、雪花梨发病也很普遍，病株率达30％以上。梨树腐烂病具有发病率高、发生区域广、难以控制的特点，发病严重的梨园，树体病疤累累、枝干残缺不全，甚至造成大量死树或毁园。

### （二）症状诊断

梨树腐烂病为害梨树主干、主枝、侧枝及小枝的树皮，使树皮腐烂。为害症状有溃疡型和枝枯型两种症状类型。

**1. 溃疡型**　开始发病时，多发生在主干、大枝及侧枝分杈处的落皮层部位，但与树皮的落皮层有明显区别。病皮外观初期红褐色，水渍状，稍隆起，用手按压有松软感，多呈椭圆形或不规则形，常渗出红褐色汁液，有酒糟气味。用刀削掉病皮表层，可见病皮内呈黄褐色，湿润、松软、糟烂。在抗病品种上能使落皮层下或边缘的局部白色树皮腐烂、变褐，呈水渍状，但很少烂到木质部，而在感病品种上常斑斑点点或大面积烂到木质部。没有腐烂病的正常落皮层仅限于黄褐色油纸状周皮以上，表层树皮呈黑褐色，质地较硬、较脆不糟烂，黄色油纸状周皮以下的白色树皮生长正常，上面无褐色病斑。溃疡型病斑发病后期，表面密生小粒点，为病菌的子座。与苹果树腐烂病相比，梨树腐烂病的小粒点较小，较稀疏。雨后或空气湿度大时，从中涌出病菌淡黄色的分生孢子角。在生长季节，病部扩展一些时间后，周围逐渐长出愈伤组织，病皮失水、干缩凹陷，色泽变暗、变黑，病健树皮交界处出现裂缝。抗病品种或抗病力强的树，病皮逐渐自然翘起、脱落，下面又长出新树皮，病部自然愈合。

**2. 枝枯型** 衰弱大枝或小枝上发病，常表现枝枯型症状。病部边缘界限不明显，蔓延迅速，无明显水渍状，很快将枝条树皮腐烂一圈，造成上部枝条死亡，树叶变黄。病皮表面密生黑色小粒点（病菌子座），天气潮湿时，从中涌出淡黄色分生孢子角或灰白色分生孢子堆。

### （三）病原菌鉴定

**1. 病原菌形态** 病菌的子座暗褐色，锥形，先埋生，后突破表皮。子座内有1个分生孢子器。分生孢子器多腔室，形状不规则，有一共同孔口，器壁暗褐色，孔口处黑色，通到表皮外。分生孢子器内壁光滑，密生分生孢子梗。

分生孢子梗无色，分枝或不分枝，具隔膜。内壁芽生瓶体式产孢。分生孢子无色，单胞，香蕉形，两端钝圆，微弯曲，大小为（4.5～5.5）$\mu m$×（1～1.2）$\mu m$，为半知菌亚门真菌，梨壳囊孢菌（*Cytospora carphosperma* Fr.）。

病菌的有性世代，为苹果黑腐皮壳梨变种（*Valsa mali* Miyabe et Yamada var. *pyri*），属子囊菌亚门真菌，在自然条件下不容易产生。子座直径为0.25～3mm，内生子囊壳3～14个。子囊壳烧瓶状，直径为270～400$\mu m$，壁厚19～25$\mu m$，颈长350～625$\mu m$，底部长满子囊。子囊棍棒状，顶端圆或平截，大小为（36～53）$\mu m$×（7.6～10.5）$\mu m$，内含8个子囊孢子。子囊孢子单胞，无色，腊肠状，大小为（6.9×11.6）$\mu m$×（1.5～2.4）$\mu m$。

**2. 病原菌生物学特性** 病菌的生长温度5～40℃，最适温度25～30℃。病菌生长需要营养，病菌在清水中不能发芽，在没有营养的水琼脂培养基上不能生长，在PDA、PMA培养基上生长最好。病菌生长的pH范围为1.5～6，pH以4最适宜，与分生孢子萌发需要的酸碱度范围基本一致。病菌生长能利用多种氮源，其中蛋白胨最好，其次为酵母液、牛肉膏、硝酸钠、谷氨酸、天门冬酰胺、硫酸铵、硝酸铵、尿素，对有机氮的利用比无机氮好。病菌能利用多种碳源，其中对葡萄糖、蔗糖、淀粉、麦芽糖的利用较好，对果糖、水解乳糖、甘露糖、阿拉伯糖的利用水平较低，对乳糖、木糖的利用最差。光照对病菌的菌丝生长影响不大。

**3. 病原菌种类归属及其分布** 目前，国际上对梨腐烂病病原菌种类及其归属依然很不明确。已有报道表明*Valsa ambiens*、*Valsa mali* var. pyri、*Valsa ceratosperma*均可引起梨树腐烂病。日本学者认为，梨树腐烂病病菌与苹果树腐烂病病菌为同一个种，将病菌定名为苹果黑腐皮壳［*Valsa ceratosperma*（Tode et Fr.）Maire］。黄丽丽等对采自中国4个省份的9个梨腐烂病菌分离株和7个苹果树腐烂病菌分离株的ITS序列进行了测定和分析，并结合GenBank的有性型*Valsa ceratosperma*、*V. ambiens*和*V. mali*的ITS序列构建了系统发育树，认为梨树腐烂病菌应为*V. ceratosperma*，不是*V. ambiens*和*V. mali*。之后进一步研究认为*V. mali*是引起我国苹果和梨腐烂病的主要病原菌，其中*V. mali* var. *mali*仅侵染苹果，*V. mali* var. *pyri*可侵染梨和苹果，苹果腐烂病的病原还发现有*V. malicola*。周玉霞等（2013）从我国梨产区采集病样，共分离得到梨腐烂病188个和苹果腐烂病12个菌株，对单孢分离获得纯化菌株的研究表明我国梨腐烂病菌存在Ⅰ型和Ⅱ型两种菌落类型，rDNA-ITS基因核苷酸序列分析均归属*V. mali* var. *pyri*，与苹果腐烂病菌（*V. mali* var. *mali*）为同一组的两个分支。研究结果证实，梨腐烂病菌不仅在 PDA 上菌落形态与苹果腐烂病菌的差异很大，而且其致病性与菌落类型之间的关系也和苹果腐烂病菌不同。梨腐烂病菌的菌落类型与其致病强弱无显著的相关性，而苹果腐烂病菌则可根据菌落颜色、生物学特性和致病性可划分为 3 个类群：Ⅰ型黄褐色强致病类群、Ⅱ型乳白色不产孢弱致病类群和Ⅲ型灰褐色易产孢弱致病类群。

意大利发现 *V. ceratosperma* 可引起梨树腐烂病，且 2003 年为害严重。目前国际上已初步明确 *Valsa ceratosperma* 种分布概况，在欧洲、北美洲、南美洲，尤其是亚洲等国家或地区均分布。

王金友（2005）在研究苹果树腐烂病病菌与梨树腐烂病病菌的交互关系时发现，两者在形态和致病性上具有明显的差别。在病害流行方面报道很少，很多问题尚不清楚，主要参照苹果腐烂病的发生趋势。

### （四）发病规律

**1. 腐烂病发生与梨品种之间的关系** 不同梨树品种间对腐烂病的抗性存在显著差异。根据中国农业科学院果树研究所（1984）调查表明，秋子梨基本不发生腐烂病，白梨、砂梨发病较轻，西洋梨发病最重。

**2. 腐烂病发生与环境因子的关系** 冬季低温，造成梨树冻伤，皮层组织受损，树势明显衰弱，为腐烂病的发生蔓延创造了条件，也是造成腐烂病发生的主要原因（李学春等，2007）。冬季气温持续下降，梨树主干、主枝受冻造成组织坏死，潜伏病菌容易蔓延扩展，引起腐烂病大流行。根据张士勇等调查表明，金花、秦酥发生冻害严重，导致腐烂病菌侵入和为害严重。

土壤滞水，或多次的大水浇灌，离地面较近的部位经常与水分接触，造成了韧皮部及木质部组织细胞的不断软化、腐烂、坏死，有利于腐烂病菌的侵入。

**3. 腐烂病发生与栽培措施的关系** 麦麦提亚生通过对库尔勒香梨栽培条件的研究结果表明，90 年代以后，由于片面追求种植效益，生产中以化肥施用为主，而有机肥施用减少，果树生长速度过快，树体木质化程度大大降低，为蛀食性害虫的钻蛀创造了条件，发病程度不断加重；另一方面，果农将未充分腐熟的农家肥埋施在果树根部，未腐熟农家肥所形成的毒气对根系造成较大伤害，树势严重减弱，造成腐烂病的大面积发生。目前，新疆库尔勒香梨植株发病率为 50％～80％。

**4. 腐烂病发生与过量负载的关系** 梨园产量过高，树体负载过重，部分果园采收期延长至 10 月底，造成树体越冬营养积累少，树势衰弱，树体抗逆性下降，从而引起腐烂病大发生。据调查，库尔勒市产量每 $667m^2$ 在 3 000kg 以上的梨园第二年腐烂病发生都比较严重。

### （五）防治方法

长期以来，防控梨树和苹果腐烂病主要使用有机砷杀菌剂，其中福美胂是最成功的药剂，但福美胂的长期使用，也是目前造成苹果和梨果砷含量超标的重要因素。据研究报道，果树喷施或主干涂抹福美胂，均不同程度提高了果实、叶片、枝干皮部和根系中砷的含量。尽管农业部早在 2002 年就明令禁止在无公害水果生产中使用福美胂，但生产上仍在泛用。2009年对全国299个梨果样品检测分析，有222个样品检出无机砷，检出率74.2%，有19个样品无机砷超标，超标率6.35%。据国家苹果产业技术体系2008年的调查，产区防治苹果腐烂病的药剂有26种，但用量排在第一位的仍是福美胂。尽快研究并筛选出防控苹果和梨树腐烂病的高效、低毒、低残留的药剂，取代有机砷杀菌剂，是实现苹果和梨品种更新与结构调整、保证食品安全生产的当务之急。

针对目前腐烂病防治上存在的重治疗轻预防、重药剂轻树势、重春季刮治轻周年预防与治疗的问题，提出以培养树势为中心，以及时保护伤口、减少树体带菌为主要预防措施，以病斑刮除药剂涂抹为辅助手段的综合防控思路。

**1. 病斑刮治** 通过对库尔勒香梨的研究表明，及时刮治，涂药保护，刮治做到"刮早、刮小、刮了"，"冬春突击、常年坚持、经常检查"。刮治的最好时期是春季。刮治方法是：用快刀将病变组织及带菌组织彻底刮除，深约2cm。不但要刮净变色组织，而且要刮去0.5cm健康组织。刮成梭形，表面光滑，不留毛茬，刮后涂药保护。实践表明，涂抹9281增产强壮素，效果十分显著，配比为1：（3～5）。

张学芬利用刮斑治疗法治疗梨树腐烂病，取得了较好的效果。并涂抹843康复剂、甲基托布津、腐必清、甲霜铜等治疗效果较好，治愈率高。

**2. 提高树体营养水平** 可通过合理修剪，提高光合效率；合理负载，避免大小年现象；加强土、肥、水管理，增加土壤的通气性和有机质含量；合理间作，避免间作一些后期需肥水多的晚熟作物，以保证树体正常进入休眠期，安全越冬；积极防控各种病虫害，提高树体营养水平，增强树体抗性。

**3. 药剂防控** 王秀琴通过不同药剂防控库尔勒香梨的效果表明，金力士、鸽哈配柔水通和斯德考普3种药剂，可防控库尔勒香梨腐烂病。李学春等的研究结果表明，可用9281增产强壮素500倍液，均匀喷洒于树干、枝条或全树喷洒。每年春天3～4月和秋季8～10月是腐烂病高发期，也是药剂防控的最佳时期。库尔勒香梨收获后用300倍药液，喷洒一次果园。春季3～4月，开花之前再喷一次，可使花芽饱满，坐果率高，同时起到枝条消毒的作用。

张润菊通过对砀山酥梨的研究结果表明，在晚秋初冬和萌芽前对全树连续喷两次4～5波美度石硫合剂，4～6月，每隔10d喷一次杀菌药，6下旬至11上旬用药剂涂树干两次。涂药前先刮除病斑。福美胂、退菌特、石硫合剂、843月康复剂、月腐必清等可有效防控梨树腐烂病。

## 六、梨干腐病（Pear botryosphaeria canker）

### （一）为害与分布

梨树干腐病是梨树的常见枝干病害，在各梨区均有发生，尤其在北方旱区及土质瘠薄、山坡沙石地发生严重。

### （二）症状诊断

在苗木、幼树、土层薄的沙石山地等根系发育不良梨园，枝干树皮上出现黑褐色、长条形病斑。初期表面略湿润，病皮质地较硬，暗褐色，扩展很快，多烂到木质部。

后期病部失水凹陷，周围龟裂，病皮表面密生小黑点（为病菌子座）。当病斑超过枝干茎粗一半时，上面的枝叶萎蔫、枯死。该病也为害果实，造成果实腐烂，症状同果实轮纹病。

### （三）病原菌鉴定

梨树干腐病病菌的有性世代为子囊菌亚门真菌的贝伦格葡萄座腔菌（*Botryosphaeria berengeriana* de Not）。子囊壳埋生于树皮内的子座中，子囊孢子单胞，无色，椭圆形，大小为（15~28）$\mu$m×（6~12）$\mu$m。无性世代为半知菌亚门真菌的大茎点菌（*Macrophorna* sp.），分生孢子形状与子囊孢子相似，大小为（12~30）$\mu$m×（4~8）$\mu$m。

梨树干腐病病菌发育适温为25~30℃，最低温度8℃，最高温度37℃。

### （四）发病规律

病菌以菌丝体、子囊壳、分生孢子器在病部越冬，子囊孢子和分生孢子借风雨传播，由伤口和树皮的自然孔口、皮孔等部位侵入。具有明显的潜伏侵染特点，在田间生长正常的梨树上，很少能见到树皮发病，但在根系生长不良加之严重干旱时，半死不活的枝干上，诱使潜伏的病菌大量发生，形成分生孢子器，且多与腐烂病混合发生，造成枝、干大量枯死。

在北方梨区春季和秋季干旱时，常大量发病，降透雨后发病停止。苗木和幼树新根没发育好时干旱，常造成大量死苗。土壤黏重和土壤瘠薄果园发病重。

### （五）防治方法

**1. 梨园干旱时浇水** 没有浇水条件的果园，应加强土壤保水保肥能力，深翻树盘，活化根系层土壤，增加有机质含量，多施有机肥，翻压绿肥。

**2. 病皮部位涂抹药液** 由于梨树抗病能力较强，干腐病多限于树皮表层，可采取不刮皮，直接对病皮部位涂抹10%果康宝悬浮剂20倍液，使病皮自然脱皮、翘离，下面自动长出好皮的方法进行防治。

## 七、梨锈病（Pear rust）

### （一）为害与分布

梨锈病又名赤星病、羊胡子，是梨树和桧柏树的重要病害，在全国各梨区均有发生。特别是近10多年来，随着城市、公路绿化和梨园面积的发展，桧柏树及梨树栽植范围和数量逐年扩大，梨锈病的为害范围和程度明显加重。1987年和1989年北京地区梨锈病大发生，十三陵地区梨园全部受害，病果率高达40%以上，病叶早落，损失严重。2003年3~4月，武汉市东、西湖区持续阴雨，降水与历年同比偏多3~7成，以致部分梨园锈病大发生。引起叶片早枯，幼果被害，造成畸形、早落，严重影响产量。

梨锈病除为害梨树外，还能为害山楂、棠梨、贴梗海棠、木瓜等，但不能为害苹果，为害苹果的锈病是另一种锈菌。梨锈病病菌的转主寄主除松柏科的桧柏（*Juniperus chinensis*）外，还有欧洲刺柏（*J. communis*）、南欧柏（*J. axycedrus*）、高塔柏（*J.*

*excelsa*）、圆柏（*Sabina chinensis*）、龙柏（*S. chinensis* var. Kaizusa）、柱柏（*S. chinensis*）、翠柏（*S. chinensis* f. variegata）、金羽柏（*S. chinensis* f. aureo-plume）、球柏（*S. chinensis* f. globosa）等。其中以桧柏、欧洲刺柏、龙柏最感病。

## （二）症状诊断

梨锈病主要为害梨树叶片和新梢，严重时也为害果实。

**1. 叶片被害**　开始在叶正面产生橙黄色、有光泽的小斑点，以后逐渐扩大为圆形病斑，病斑中部橙黄色，边缘淡黄色，最外层有一圈黄绿色晕圈，病斑直径为 4～5mm，大的可达 7～8mm。1 个叶片病斑数量不等，从一两个到十几个。病斑出现后 1 个月左右，表面密生针尖大小橙黄色小粒点，即病菌的性孢子器，天气潮湿时，其上溢出淡黄色黏液，内含病菌的无数性孢子。黏液干燥后，小粒点变为黑色。之后叶片上病组织逐渐肥厚，叶背面隆起，正面略凹陷，并在隆起部位长出黄褐色毛状物，为病菌的锈孢子器。1 个病斑上可产生 10 余条毛状物。锈孢子器成熟后，先端破裂，散发出黄色粉末，为病菌的锈孢子。之后，病斑逐渐变黑。叶片上病斑较多时，叶片往往提早脱落。

**2. 幼果被害**　早期病斑与叶片上的相似，病部稍凹陷，病斑上密生橙黄色小粒点，后变成黑色。发病后期，表面出现黄褐色毛状锈孢子器。病果生长停滞，往往畸形早落。

**3. 新梢、果梗和叶柄被害**　症状与果实上的大体相同。病部稍肿起，初期病斑上密生性孢子器，以后长出毛状锈孢子器，最后发生龟裂。叶柄、果梗发病，常造成落叶落果。新梢发病，常造成病部以上枝条枯死，易被风折断。

**4. 转主寄主桧柏被害**　起初在针叶、叶腋和嫩枝上形成淡黄色斑点，以后稍隆起。翌年春季的 3～4 月病部表皮逐渐破裂，长出咖啡色或红褐色圆锥形的角状物，单生或数个聚生，为病菌的冬孢子角。小枝上出现的冬孢子角较多，老枝上有时也出现冬孢子角。春天降雨后，冬孢子角吸水膨胀，变为橙黄色舌状的胶状物，内含大量冬孢子，此现象称为冬孢子角胶化。胶化的冬孢子角干燥后，缩成表面有皱纹的污胶物。感病桧柏的针叶、小枝逐渐变黄、枯死、脱落。

## （三）病原菌鉴定

梨锈病是由担子菌亚门真菌，梨胶锈菌［*Gymnosporangium haracannum* Syd.（*Gymnosporangium asiaticum* Miyabe ex Yanmada）］为害所致。

**1. 病原菌形态**　病菌的性孢子器为葫芦形或扁烧瓶形，大小为（120～170）μm×（90～120）μm，埋生于病叶正面表皮下的栅栏组织中，孔口外露，内有许多性孢子。性孢子无色，单胞，纺锤形或椭圆形，大小为（8～12）μm×（3～3.5）μm。

病菌的锈孢子器丛生于梨叶病斑背面，或幼果、果梗、叶柄、嫩梢肿大的发病部位，呈细长筒形，长 5～6mm，直径为 0.2～0.5mm。锈孢子器器壁的护膜细胞长圆形或梭形，外壁有长刺状突起，大小为（42～87）μm×（32～42）μm。锈孢子器内有很多链生的锈孢子，锈孢子球形至近球形，单胞，大小为（18～20）μm×（19～24）μm，膜厚 2～3μm，橙黄色，表面有疣状细点。锈孢子器早期顶端封闭，成熟后开裂，散出锈孢子。

病菌的冬孢子角初扁圆形，后渐伸长呈楔形或圆锥形，一般长 2～5mm，顶部宽 0.5～2mm，基部宽 1～3mm，干燥时栗褐色，吸水后湿润，变成带柄的橙黄色胶状。冬孢子纺锤形或长椭圆形，具长柄，双胞，偶有单胞或3胞，黄褐色，大小为 $(33\sim62)\mu m \times (14\sim28)\mu m$，外表具胶质。在每个细胞的分隔处有2个发芽孔，冬孢子柄无色。冬孢子萌发时从发芽孔长出由4个细胞组成的担子（先菌丝）。担子上的每个细胞生有一小梗，各顶生1个担孢子。担孢子卵形，淡黄褐色，单胞，大小为 $(10\sim15)\mu m \times (8\sim9)\mu m$。病菌的菌丝在寄主病组织的细胞间隙中蔓延，无色，多分枝，以吸器插入寄主细胞内吸收水分、养分。

**2. 病原菌生物学特性**　病菌的冬孢子角胶化需要有水膜湿润 $12\sim30h$，最适胶化温度为 $12.5\sim20℃$。冬孢子发芽温度为 $8\sim28℃$，最适 $20℃$，1h后开始发芽，$3\sim4h$ 后形成担孢子。担孢子在干燥条件下，$36℃$经6h后有的还有发芽能力；在湿热条件下，$36℃$经6h或 $40℃$经4h，则全部失去发芽能力。从桧柏树上采集的冬孢子角在室内存放 $81\sim83d$，或从冬孢子堆上采集的冬孢子在室内经 $60\sim70d$ 后仍保持发芽能力。

病菌的担孢子发芽温度为 $15\sim22℃$，1h后开始发芽，5h发芽 $80\%$，6h后形成附着器，24h完成侵入。担孢子抗干旱能力很差，生存能力很弱。

成熟的锈孢子发芽良好，发芽温度为 $10\sim27℃$，芽管伸长的适温 $27℃$ 左右。

梨锈菌为专性寄生菌，在人工培养基上不能培养。可用梨树病叶上的菌丝丛往梨叶片上接种，形成性孢子器及锈孢子。

### （四）发病规律

**1. 发病特点**　病菌只有性孢子、锈孢子、冬孢子、担孢子阶段，而缺少夏孢子阶段，所以梨锈病不会再侵染，1年只能发病1次。而且需要在两类寄主上为害才能完成全部生活史，继续生存下来。

病菌以多年生菌丝体在常见的桧柏等树上病组织中越冬。春天 $3\sim4$ 月气温适宜时开始形成冬孢子角，降雨时冬孢子角吸水膨胀，成为舌状胶质块。冬孢子萌发后产生有隔膜的担子，上面产生担孢子。担孢子随风雨传播，在梨树展叶、开花至幼果期间，担孢子落在嫩叶、新梢、幼果上，在适宜温度和湿度条件下，发芽产生侵入丝，直接侵入表皮组织内。经过 $6\sim10d$，叶正面出现黄色病斑，潜育期为7d左右。此后形成性孢子器，内生性孢子。性孢子随性孢子器内分泌的蜜汁由孔口溢出，经昆虫传带到相对交配型的性孢子器的受精丝上进行受精。然后在病斑背面或附近形成锈孢子器，内生锈孢子。锈孢子不能继续为害梨树，而是随风传播，侵害一定距离的转主寄主桧柏等松柏科的一些林木上，为害其嫩梢和新梢，并在桧柏等林木上以菌丝形态越冬。翌年春天，越冬菌丝上又形成冬孢子角，在桧柏树上形成冬孢子和担孢子，开始又一轮的为害。

**2. 发病与温湿度的关系**　春天当温度上升到 $17\sim20℃$，桧柏树上出现的冬孢子角吸水后膨胀胶化，产生冬孢子，冬孢子发芽产生担孢子，担孢子落到有水膜的梨树幼嫩组织上，发芽、侵入。而且此期必须是梨树长出幼嫩组织时期才能侵入。所以，在梨树发芽展叶期，温度适宜、多雨或高湿多雾使梨树幼嫩组织表面结层水膜，发病才能严重。

据马淑娥观察，在北京市昌平区，当3月上旬平均温度上升到 $5℃$ 以上，桧柏新梢开始生长时，菌瘿开始破裂，露出棕色的冬孢子角，4月中下旬平均气温上升到 $15℃$ 以上时，遇到连阴雨天，降雨量5mm左右、相对湿度 $80\%$ 以上时，冬孢子角吸水形成杏黄色胶状物（冬孢子角开花）。此时大量产生担孢子（小孢子），如遇 $2d$ 以上的连阴雨天，雨量达到21mm以上时，担孢子可一次全部产生。所以，连阴雨是担孢子产生的先决条件。

6月下旬开始形成锈孢子器，7月下旬开始散发锈孢子，12月中下旬桧柏叶腋及小枝上出现淡黄色病斑。翌年3月中下旬形成小米粒大小的棕色瘤，并逐渐膨大，破裂，露出冬孢子角。在南京地区，感病时期主要在3月中旬至4月下旬，大量发病在4月中旬至5月上旬，春季温暖多雨，有利于病害流行。

**3. 发病与叶龄的关系** 对不同叶龄和果龄的叶、果接种病菌结果表明，长出3～12d的叶片发病率最高，叶龄超过17d以上不再侵染；坐果11d以内的幼果均可被病菌侵染发病，果龄12d以上不再被侵染发病。

**4. 发病与梨树品种的关系** 梨的不同种和品种对锈病的抗性有明显差异，总体来讲，西洋梨的品种最抗锈病，新疆梨品种次之，秋子梨和砂梨的品种第三，白梨品种最不抗病。

**5. 发病与桧柏树的关系** 病菌在梨树上为害，完成其生活史中的性孢子和锈孢子阶段，在桧柏树上完成其冬孢子和担孢子阶段。因此，转主寄主桧柏树的存在是造成梨锈病的根本原因。此外，锈孢子从梨树上飞到桧柏树上，或担孢子从桧柏树上飞散到梨树上，只能通过风力传播。梨树、桧柏树相互距离越近，发病机会越多，距离越远发病机会越少。田间发病调查结果表明，其传播距离一般可达到2.5km，最远可达到5km。所以，桧柏树距离梨园的远近，也是梨树发病轻重的重要因素。

### （五）防治方法

**1. 杀灭桧柏树上病菌** 在桧柏树距梨园较近时（2.5km之内），早春降雨前后，注意检查和剪除桧柏树上的冬孢子角和胶化成棕黄色鸡冠状的冬孢子堆，以防形成担孢子，向梨树上传播。在梨树开始展叶时，如有降雨特别是连阴雨天前后，应对桧柏树喷2～3波美度石硫合剂，或20%粉锈宁（三唑酮）乳油1 500倍液，铲除胶化的冬孢子角及产生的担孢子。10d左右喷1次，连喷2次。但是，在喷洒石硫合剂时，使用浓度不宜过高，否则对桧柏嫩叶有药害。

**2. 梨树生长期药剂防治** 春天在梨树开始展叶至梨树落花后20d，阴雨天时，应对梨树喷药防治。常用药剂有20%粉锈宁乳油1 500～2 000倍液，12.5%烯唑醇可湿性粉剂2 000～3 000倍液，40%腈菌唑4 000～5 000倍液，65%代森锌可湿性粉剂500倍液，80%代森锰锌可湿性粉剂800～1 000倍液，15d喷洒一次，共喷2～3次。波尔多液也有一定效果，但对梨幼果易产生药害，造成果面粗糙。

**3. 砍除桧柏** 在梨锈病的转主寄主中，桧柏树最容易感染锈病，是病菌的主要转主寄主。所以，在重要的梨产区仅有零星桧柏栽种时，应砍掉桧柏树。在重要风景区桧柏树栽种较多时，发展梨园应注意选用抗病品种和较抗病品种。

## 八、梨褐斑病 （Pear brown spot）

### （一）为害与分布

梨褐斑病又称斑枯病、白星病，为害梨树叶片，发生严重时可造成大量落叶。是梨树的常见病害，主要分布在辽宁、河北、山东、河南、四川、安徽、江苏、浙江、湖南等省。浙江省义乌市的早三花梨，曾发病严重，大量落叶，影响当年和翌年产量。

## （二）症状诊断

在叶片上产生圆形或近圆形褐色小斑点，以后逐渐扩大，边缘明显，病斑中间变成灰白色，周围褐色，外围为黑色，病斑上密生小黑点，为病菌的分生孢子器。一片叶上的病斑少则几个，多者达一二十个，后期常扩大互相融合，成为不规则形褐色干枯大斑，易穿孔并引起早期落叶。

## （三）病原菌鉴定

将病斑正面的小黑点，做徒手切片，在显微镜下观察，分生孢子器埋生，球形或扁球形，直径为 80~150μm，暗褐色，有孔口，无分生孢子梗，产孢细胞无色，全壁芽生式产孢。分生孢子线形，弯曲，无色，多胞，大小为 (50~83) μm×(4~5) μm，有 3~5 个隔膜。为病菌的无性世代，属半知菌亚门真菌，梨生壳针孢（*Septoria piricola* Desm.）。

有性世代春季在落叶背面形成。子囊壳球形或扁球形，黑色，有孔口，直径为50~100μm。子囊棍棒状，无色透明，大小为(45~60)μm×(15~17)μm，内含8个子囊孢子。子囊孢子纺锤形或圆筒形，稍弯曲，无色，大小为(27~34)μm×(4~6)μm，有一隔膜，成为2个大小相等的细胞，分隔处略缢缩。为子囊菌亚门真菌，梨球腔菌[*Mycospherella sentina*(Fr.)Schrot.]。

## （四）发病规律

病菌以分生孢子器及子囊壳在落叶的病斑上越冬。翌春分生孢子和子囊孢子经风雨传播，附在新叶上，环境适宜时发芽侵入，引起初侵染。在梨树生长期，病斑上形成分生孢子器，产生分生孢子，通过风雨传播再次侵染叶片。在整个生长季节，病菌进行多次再侵染，造成叶片不断发病。5~7月多雨、潮湿，发病重。树势衰弱、排水不良的果园发病重。浙江梨区，一般在4月中旬开始发病，5月中下旬进入发病盛期，重病园5月下旬开始落叶，7月中下旬落叶最多。

## （五）防治方法

梨褐斑病病菌在梨残叶以及果园草本植物上越冬，子囊就在这些残体上形成，并产生子囊孢子。Llorente 等（2010）在 Girona（西班牙）和 Ferrara（意大利）的 9 个实验田里利用 4 年时间评估环境卫生对控制梨褐斑病的效果，即在 12 月到翌年 2 月清理果园落叶，2 月到 5 月在果园地面施用生物防治药剂（商业化的木霉菌）。在试验中不同的方法被单独或者联合使用有效减少了果实病害的发生率，清理落叶能减少 30%~60% 的发病，而综合应用清理落叶与生物防治则能减少超过 60% 的发病。Alberoni 等研究了梨褐斑病菌对意大利梨园常用的几种甲氧基丙烯酸酯杀菌剂（醚菌酯、肟菌酯和唑菌胺酯）抗药性进行了评估，采用体外测验和分子分析首次证实了梨球腔菌对所检测的几种甲氧基丙烯酸酯杀菌剂产生了抗性。

**1. 清除病源**　冬季清扫病落叶，集中烧毁，或就地深埋，消灭病源。

**2. 加强栽培管理**　梨树进入丰产期后，增施有机肥，使树势继续保持健壮，提高抗病能力。果园积水时注意排水，降低园内湿度，控制病害发展蔓延。

**3. 药剂防治**　早春发芽前,结合梨锈病防治,喷布150倍石灰倍量式波尔多液（硫酸铜1

份，生石灰2份，水150份）。落花后，病害初发期，在雨水多有利于病害发生时，再喷药1次，喷布硫酸锌∶硫酸铜∶生石灰∶水为0.5∶0.5∶2∶200锌铜波尔多液，也可喷70%甲基硫菌灵可湿性粉剂800～1 000倍液，或50%多菌灵可湿性粉剂600～800倍液，或65%代森锌可湿性粉剂600倍液。其中重点为落花后的一次喷药，以后结合防治其他病害进行兼治。

## 九、梨白粉病（Pear powdery mildew）

### （一）为害与分布

梨白粉病多为害秋天的老叶，在辽宁、河北、陕西、甘肃、山西、山东、河南和南方各梨区均有发生，近年来有加重趋势，已成为梨的主要病害。

### （二）症状诊断

秋季，在梨树的基部叶片背面产生大小不一、数目不等的近圆形褐色病斑，常扩展到全叶，病斑上形成灰白色粉层（为病菌的分生孢子梗和分生孢子）。后期在病斑上产生小粒点（为病菌的闭囊壳）。闭囊壳起初黄色，后变为褐色至黑褐色。病害严重时可造成早期落叶。发病严重时也能为害嫩梢，病梢表面覆盖白粉。

### （三）病原菌鉴定

刮取病叶的白粉，在显微镜下观察，病菌的外生菌丝多为永久性存在，很少消失。菌丝有隔膜，并形成瘤状附着器。内生菌丝通过叶片气孔侵入叶肉的细胞间隙。近先端有数个疣状突起，突起生有吸器穿入叶肉的海绵细胞摄取营养。分生孢子梗由外生菌丝垂直向上生出，稍弯曲，单条，无色，内有0～3个隔膜，顶端着生分生孢子。分生孢子瓜子形或棍棒形，单胞，无色，表面粗糙，中部稍缢缩，大小为63～104$\mu m$。为半知菌亚门真菌，拟小卵孢属（*Ovulariopsis*）。分生孢子在25～30℃发芽良好，潜伏期为12～14d。

秋季取梨白粉病病叶，用解剖针蘸水挑取或用刀片刮取病叶上的小黑点，置于载玻片的水滴中，盖上盖玻片，用手指尖轻轻将病菌的小黑点（闭囊壳）压破，在光学显微镜下观察，病菌的闭囊壳呈扁圆球形，直径为224～273$\mu m$，黑褐色，无孔口，具针状附属丝。附属丝基部膨大，内有长椭圆形子囊15～21个，每个子囊内有子囊孢子2个。子囊孢子长椭圆形，单胞，无色或淡黄色，大小为（34～38）$\mu m \times$（17～22）$\mu m$。为子囊菌亚门真菌，球针壳属梨球针壳 [*Phyllactinia pyri* (Cast) Homma.]。

### （四）发病规律

病菌以闭囊壳在病叶上越冬。翌年条件适宜时，闭囊壳破裂，散发出子囊孢子。子囊孢子随风雨传播，落到梨树叶片上进行初侵染。当年老熟的菌丝体产生分生孢子，进行再侵染。病菌的芽管从气孔侵入到叶肉细胞内，形成吸器，吸收营养，发育繁殖。匍匐在叶面的菌丝，形成分生孢子，使病害不断蔓延，秋季再形成闭囊壳越冬。

在黄河故道地区，越冬子囊壳6～7月成熟，7月开始发病，秋季为发病盛期。密植和树冠郁闭的梨园易发病，排水不良和偏施氮肥的梨园发病重。茌梨、秋白梨、康德梨、雪梨、花盖梨等发病较重，其他品种受害较轻。

（五）防治方法

1. 秋季彻底清扫落叶，消灭初侵染源。

2. 多施有机肥，少施氮素化肥。合理修剪，改善树冠内通风透光条件。

3. 夏秋季结合防治其他病害，始见发病后喷洒25％三唑酮可湿性粉剂1 500倍液，或70％甲基硫菌灵可湿性粉剂800～1 000倍液。

## 十、梨褐腐病（Pear brown rot）

### （一）为害与分布

梨褐腐病又称梨菌核病，在梨果近成熟期和贮藏期造成腐烂，是一种常见病害，在西北、西南和东北、华北梨区均有发生。秋雨多的年份，烂果率可达10％以上。

### （二）症状诊断

梨褐腐病在梨果近成熟期发病，果面上产生褐色圆形水渍状小斑点，扩大后中央长出灰白色至灰褐色绒球状霉层，排列成同心轮纹状，下面果肉疏松，微具弹性，条件适宜时7d左右可使全果烂掉，表面布满灰褐色绒球，以后变成黑色僵果。果实在贮藏期互相接触可传染发病。

### （三）病原菌鉴定

落地的病僵果，在潮湿条件下形成菌核，长出子囊盘。菌核黑色，形状不规整。子囊盘漏斗形，外部平滑，灰褐色，具盘梗，直径为3～5mm。子囊盘梗长5～30mm，色较浅。子囊圆筒形，无色，内含8个子囊孢子，子囊间有侧丝。子囊孢子无色，卵圆形，大小为（10～15）$\mu$m×（5～8）$\mu$m。该病菌的有性阶段属子囊菌亚门真菌，链核盘菌属，果生链核盘菌［*Monilinia fructigena*（Aderh. etruhl）Honey］。无性阶段为半知菌亚门真菌，丛梗孢属，仁果褐腐丛梗孢（*Monilia fructzgena* Pers.）。分生孢子梗直立、分枝。分生孢子椭圆形，单胞，无色，大小为（12～34）$\mu$m×（9～15）$\mu$m。

### （四）发病规律

病菌主要以菌丝团在病果上越冬。翌年产生分生孢子，由风雨传播，经伤口或果实皮孔侵入，潜伏期5～10d。在果实贮藏期病菌通过接触传播，由碰压伤口侵入，迅速蔓延。发病温度为0～25℃，高温高湿有利于病菌繁殖和发育。

果园管理粗放，果实近成熟时，多雨、湿度大、采摘后果面碰压伤多，有利于发病。不同品种发病有所差别，黄皮梨、麻梨较抗病，锦丰、明月、金川雪梨等较感病。

### （五）防治方法

**1. 加强栽培管理** 采收后清除地面病果和树上病僵果，集中深埋或烧毁。秋后耕翻土壤。果实近成熟期随时摘除病果。

**2. 加强贮运管理** 采收时和运输中减少果实碰撞和挤压，防止出现大量伤口，果实入库前挑出病、伤果。贮藏时控制库温,保持在1~2℃。

**3. 药剂防治** 落花后和果实近成熟期喷药防治,常用药剂有50％多菌灵可湿性粉剂600倍液,50％甲基硫菌灵胶悬剂800~1 000倍液,80％进口代森锰锌可湿性粉剂800倍液。

## 十一、梨煤污病 (Pear sooty blotch)

### (一) 为害与分布

梨煤污病污染果实、枝条和叶片,影响梨外观等级,在近成熟时,我国东部和中部湿度大的梨区较常见。

### (二) 症状诊断

果实发病,在快成熟时开始发生。果面上覆盖一层灰黑色霉层,似煤烟状,用湿布蘸小苏打可以轻轻擦掉。霉层上散生黑色圆形小亮点,为病菌的分生孢子器。新梢上和叶片上也产生黑灰色煤状物。

### (三) 病原菌鉴定

用解剖针挑取煤污病果面上的小黑点,放到载玻片上的水滴中,用盖玻片压碎,显微镜下观察。病菌的分生孢子器半球形,黑色,大小为66~175$\mu$m。分生孢子无色,圆筒形至椭圆形,双胞,两端尖,壁厚,大小为 (3~9.2) $\mu$m× (1.2~1.4) $\mu$m。为半知菌亚门真菌,仁果黏壳孢 (*Gloeodes pomzgeena* Colby)。病菌发芽和菌丝生长温度15~30℃,最适温度20~25℃。

### (四) 发病规律

病菌以分生孢子器在梨树和其他多种阔叶树上越冬,翌年气温上升时,分生孢子传播到有养分的果面、枝、叶面、芽,产生霉层,形成煤污病。若果园低洼、湿度大、通风透光不良,则发病多。

### (五) 防治方法

1. 剪除煤污病枝,并烧毁。
2. 合理修剪,保持树冠内通风透光,降低树冠内湿度。
3. 对往年易发病地块或品种在发病初期喷1∶3∶240波尔多液,或100倍石灰乳。

## 十二、梨疫腐病 (Pear blight rot)

### (一) 为害与分布

梨树疫腐病又叫梨疫病、梨树黑胫病、干基湿腐病。造成梨树树干基部树皮腐烂,有的年份还大量烂果。主要发生在甘肃、内蒙古、青海、宁夏等灌区梨树及云南省呈贡县、会泽县梨区。其中甘肃发生较重,一些梨园发病率达10％~30％,重病园病株率高达70％以上。

### （二）症状诊断

主要为害树干基部和果实。

**1. 树干受害** 在幼树和大树的地表树干基部，树皮出现黑褐色、水渍状、形状不规则病斑，病斑边缘不太明显。病皮内部也呈暗褐色，前期较湿润，病组织较硬，有些能烂到木质部。后期失水，质硬干缩凹陷，病健交界处龟裂。新栽苗木和3～4年生的幼树发病，主要发生在嫁接口附近，长势弱，叶片小，呈紫红色，花期延迟，结果小，易提早落叶、落果，病斑绕树干一圈后，造成死树。大树发病，削弱树势，叶发黄，果小，树易受冻。

**2. 果实受害** 多在膨大期至近成熟期发病。果面出现暗褐色病斑，表层扩展快，边缘界限不明显，病斑形状不规则。深层果肉烂得较慢，微有酒气味。后期果实呈黑褐色湿腐状。落地病果在地面潮湿时，果面常长出白色菌丝丛。

### （三）病原菌鉴定

菌丝粗细均匀，无色，无隔膜，直径为5.1～7.2μm。孢囊梗为简单合轴分枝。孢子囊顶生，近球形或洋梨形，色淡，乳突明显，大小为（28.9～36.7）μm×（22.7～29.9）μm，长宽比为1.25∶1。孢子囊在水中能释放大量游动孢子。将病果或病树皮表面消毒，在PDA培养基上分离培养，菌丝上产生大量膨大体，但厚垣孢子极少。单株培养能产生大量卵孢子。藏卵器球形，平均为34.8μm×33.8μm，壁光滑，基部柱形，雄器侧生，平均为9.9μm×9.2μm，同宗配合。卵孢子球形，壁光滑，浅黄色至深褐色，直径27～30μm。淀粉水解指数大于0.9，在孔雀石浓度为1mg/L条件下都能生长。为鞭毛菌亚门恶疫霉真菌［*Phytophthora cactorum*（Leb. et Chon）Schrot.］。

病菌在番茄汁培养基、PDA培养基上生长快，菌丝较厚，结构紧密。菌丝生长对温度要求较严格，最适温度为20～25℃，最低温度10℃。菌丝生长对酸碱度要求较宽，pH3～10都能生长，其中以pH5～6最适。不同碳源、氮源对病菌影响较大，在碳源中以果糖、麦芽糖和蔗糖最好，氮源以酵母膏、天门冬酰胺和牛肉膏为好。

### （四）发病规律

**1. 越冬和发病时间** 病菌以卵孢子、厚垣孢子和菌丝体在病组织或土壤中越冬，靠雨水或灌溉水传播，从伤口侵入。在甘肃省兰州梨区，梨树生长季节均可发病，6～9月平均温度20.5～33.4℃，田间灌水较多，地面潮湿，发病较多，为害较重。病害发生和田间土壤湿度关系密切。如5～20cm深土层水分饱和24h以上，地表下5cm湿度再持续饱和7～8h以上，则3d后在嫁接口处可见到初发的病斑。地势低洼、土质黏重、灌水后易积水的园区发病重。

**2. 影响发病因素**

（1）梨树栽植深度和灌水方式 嫁接口埋入土中的发病重，接口在地表以上发病轻，接口距地面越高，发病越轻。田间灌水时，大水漫灌、泡灌、树之间串灌，发病重。

（2）间作和伤口 树干周围杂草丛生，或间作物离树干太近，易发病。四年生以上的大树，树皮较健壮，发病很少。树干基部冻伤、机械伤、日烧伤，易引起发病。草莓的疫腐病病菌，可侵害梨树，所以梨园内栽草莓往往造成疫腐病大发生。

（3）砧木抗病性 杜梨、木梨作砧木的抗病较强。

（4）品种抗病性 不同栽培种梨，枝干上的疫腐病发病轻重差别明显，其抗病性由强到弱依次顺序为西洋梨、秋子梨、砂梨、新疆梨、白梨。在梨的优良品种中，苹果梨、锦丰、早酥、砀山酥梨易感病。

### （五）防治方法

**1. 农业防治**

（1）选用杜梨、木梨、酸梨作砧木 采用高位嫁接，接口高出地面 20cm 以上。低位苗浅栽，使砧木露出地面，防止病菌从接口侵入，已深栽的梨树应扒土，晒接口，提高抗病力。灌水时树干基部用土围一小圈，防止灌水直接浸泡根颈部。

（2）梨园内及其附近不种草莓，减少病菌来源。

（3）灌水要均匀，勿积水 改漫灌为从水渠分别引水灌溉。苗圃最好高畦栽培，减少灌水或雨水直接浸泡苗木根颈部。

（4）及时除草，果园内不种高秆作物，防止遮阴。

**2. 药剂防治** 树干基部发病时，对病斑上下划道，间隔 5mm 左右，深达木质部，边缘超过病斑范围，充分涂抹 843 康复剂原液，或 10％果康宝悬浮剂 30 倍液。果实膨大期至近成熟期发病，见到病果后，立即喷 80％三乙膦酸铝可湿性粉剂 800 倍液，或 25％甲霜灵可湿性粉剂 700～1 000 倍液。

## 十三、梨干枯病（Pear stem blight）

### （一）为害与分布

梨干枯病又名胴枯病，主要为害中国梨和日本梨，分布于东北、西北、华北、西南及浙江等地。洋梨干枯病主要为害西洋梨品种，分布于吉林、辽宁、河北、山东、河南、山西、陕西、甘肃、江苏等梨区。干枯病造成梨树树皮坏死、枝干死亡。是梨树的常见病害。

### （二）症状诊断

**1. 东方梨干枯病** 为害中国梨和日本梨品种的幼树和大树枝干树皮。幼树发病，在茎干树皮表面出现污褐色圆形斑点，微具水渍状，后扩大为椭圆形或不规则形，外观暗褐色，多深达木质部。病皮内部略湿润，质地较硬，暗褐色。失水后，逐渐干缩，凹陷，病健交界处龟裂，表面长出许多黑色细小粒点，为病菌的分生孢子器。当凹陷的病斑超过茎干粗度 1/2 以上时，病部以上逐渐死亡。病菌也侵害病斑下面的木质部，木质部呈灰褐色至暗褐色，木质发朽，大风易从病斑部将茎干折断。

大树发病时，大枝树皮上产生凹陷褐色小病斑，后逐渐扩大为红褐色，椭圆形或不规则形，稍凹陷，病健交界处形成裂缝。病皮下形成黑色子座，顶部露出表皮，降雨时从中涌出白色丝状分生孢子角。

本病与干腐病在发病的早、中期不易区分，最好进行病原菌分离培养加以鉴定，进行区别。症状上的大体区别是：干枯病的病斑扩展得较慢，病斑多呈椭圆形或方形；干腐病向上、下方向扩展较快，病斑多呈梭形或长条形，色泽也较深，略带黑色。如果用刀片削去病皮表层，用放大镜观察，干枯病菌的 1 个子座内仅有 1 个黄白色小点，而干腐病常有 2 个以上的白点。

**2. 西洋梨干枯病** 大树结果枝组受害，在结果枝组基部树皮上出现红褐色病斑，向上扩展，往往造成短果枝的花簇、叶簇变黑、枯死，故称黑病。常使结果枝组基部树皮烂死一圈，造成上部枝叶枯死。二、三年生枝发病，产生溃疡型病斑，呈条状变黑、枯死。发病严重时，一棵树有许多黑色枯死枝条。新梢发病，秋季枝条表皮出现黑色或紫黑色小斑，大小 1mm 左右，稍隆起，翌年春季继续扩大，使枝条枯死。四年生以上枝条则很少发病，旧病斑一般也不再扩展，病斑底层木栓化，表面多开裂，翘离脱落。病皮表面产生稀疏小黑点，雨后从中涌出白色或乳白色分生孢子角。

### （三）病原菌鉴定

**1. 东方梨干枯病病菌** 切取病皮上的小黑点，做徒手切片，在光学显微镜下观察，可见病菌的分生孢子器埋生在暗褐色子座内，呈扁球形，单生，器壁黑色，有孔口，高约 190μm，直径 330～370μm。内有 2 种分生孢子，一种为纺锤形，单胞，无色，两端各有 1 个油球，大小为（8.7～10）μm×（2～3）μm；另一种为丝状，一端弯曲，单胞，无色，大小为（17～35）μm×（1.25～2.5）μm。在田间自然条件下，前者居多，后者较少。经鉴定为半知菌亚门真菌，福士拟茎点霉（*Phomopsis fuknshii* Tanaka et Endo）。病菌的发育温度为 9～33℃，最适温度 27℃。

**2. 西洋梨干枯病病菌** 将病皮上的小黑点（分生孢子器）做徒手切片，在光学显微镜下观察，分生孢子器扁球形，棕色至淡褐色，大小为 640～1 700μm。分生孢子器内有 2 种类型孢子，一种为纺锤形或卵形，单胞，无色，内有 2 个油球，大小为（7.2～12.5）μm×（2～3.5）μm；另一种为丝状，一端弯曲，单胞，无色，两端尖细，大小为（12～21.6）μm×（1～1.5）μm。为半知菌亚门拟茎点属真菌（*Phomopsis* sp.）。有性世代的子囊壳埋生在子座内，单生或群生，褐色或黑褐色，烧瓶状。子囊圆筒形或棍棒状，大小为（60～90）μm×（7.2～14.4）μm，内有 8 个子囊孢子，呈单列或双列排列。子囊孢子椭圆形或纺锤形，双胞，分隔处稍缢缩，大小为（14.4～21.6）μm×（3.4～3.5）μm。为子囊菌亚门真菌，含糊坚座壳菌（*Diaporthe ambigua* Nisch）。子囊孢子发芽温度为 10～33℃，最适温度 26℃。分生孢子发芽温度 20～30℃，最适温度 26℃。

### （四）发病规律

梨干枯病病菌以菌丝体和分生孢子器在被害病皮内越冬。春天气温适合时，在病皮中越冬的菌丝恢复活动，继续扩展发病。病皮上分生孢子器内的病菌在降雨时涌出，借风雨传播，进行侵染，条件适宜时扩展发病。病斑春秋两季扩展较快，发病明显，夏季温度高时，树体伤口愈合能力较强，发病较慢。

西洋梨干枯病以菌丝在枝条溃疡病斑及芽鳞内越冬，也能以分生孢子器和子囊壳在病部越冬。越冬后的旧病斑于翌年 4～5 月气温上升到 15～20℃时开始活动，盛夏季节扩展暂停，秋季又继续扩展。在黄河故道地区，分生孢子器和子囊壳内的孢子多在 7～8 月成熟，借风雨传播，经伤口和芽基伤口侵入，当年形成小病斑。在山东烟台地区，4月下旬至6月上旬和8月中旬前后有2次发病高峰。

梨干枯病病菌有潜伏侵染现象，病害发生与树势强弱有密切关系，树势强，发病轻，树势弱，发病重。土质瘠薄、肥水不足、结果过多发病重。地势低洼，排水不良，修剪过重，伤口过多树及遭受冻害后的梨树，发病也重。

梨树品种与发病也有一定关系。在日本梨中，幸水易感病，丰水、新水次之，长十郎、二十世纪梨等较抗病。在西洋梨中，巴梨受害最重，茄梨次之，磅梨较抗病。中国梨较抗病。

### （五）防治方法

1. 在新建梨园时，要严格挑选无病苗木栽植，谨防病害通过苗木传播。

2. 对长势弱的树应加强肥水管理，增强树势，提高抗病能力。

3. 结合冬剪，剪除病枯枝，集中烧毁。

4. 对病斑采取划道办法处理，然后涂10％果康宝悬浮剂20～30倍液，或843康复剂原液，或30％腐烂敌50倍液。

5. 对发病重的小树茎干部位或大树短枝结果枝组部位，春天发芽前喷洒10％果康宝悬浮剂或30％腐烂敌100倍液，或3～5波美度石硫合剂。

## 十四、梨褐色膏药病（Pear brown plaster）

### （一）为害与分布

梨褐色膏药病在枝干上形成菌膜，削弱树势，仅分布于浙江省等局部梨区。

### （二）症状诊断

在梨树枝干上着生圆形或不规整形菌膜，如贴膏药状。菌膜栗褐色或褐色，表面呈天鹅绒状，边缘有一圈较窄的灰白色薄膜，以后变紫褐色或暗褐色。

### （三）病原菌鉴定

病菌属担子菌亚门卷担子菌真菌（*Heli-cobasidium tanakae* Miyabe）。担子果平伏，松软，子实体平滑；担子圆柱形，卷曲，有横隔，小梗单面侧生；担孢子无色，卵形，光滑。

### （四）发病规律

病菌以菌膜在被害枝干上越冬，通过风雨和昆虫传播。生长期病菌以介壳虫分泌物为养料，故介壳虫发生重的果园，该病也重。

### （五）防治方法

1. 及时防治介壳虫。

2. 刮除菌膜，再涂抹20％石灰水，或3～5波美度石硫合剂，或对菌膜直接涂抹3～5

波美度石硫合剂与0.5%五氯酚钠混合液。

## 十五、梨灰色膏药病 （Pear gray plaster）

### （一）为害与分布

为害方式与褐色膏药病相似，也以菌膜盖在梨树枝干上，造成枝干慢性消耗，削弱树势。仅发生于浙江省等局部梨区。

### （二）症状诊断

梨树枝干上着生圆形或不规则形菌膜，像贴膏药状，呈灰白色或暗灰色，表面较光滑，后变为紫褐色或黑色。

### （三）病原菌鉴定

病菌为担子菌亚门真菌，茂物隔担耳（*Septobasidium bogoriense* Pat.）。担子果平伏，革质，质地疏松，海绵状，厚650～1 200μm，其上直立褐色菌丝柱；担孢子腊肠形，有梗，无色，大小为（14～18）μm×（3～4）μm。

### （四）发病规律

病菌以菌丝在被害枝干上越冬，通过风雨或昆虫传播。

### （五）防治方法

同褐色膏药病。

## 十六、梨叶枯病 （Pear leaf blight）

### （一）为害与分布

梨叶枯病为害梨树叶片，引起早期落叶和树势早衰，是近几年发生的一种新病害。已知主要分布在甘肃省的临夏、兰州、定西、天水等梨区，发病园病叶率多为60%～100%，病情指数达40%～90%，叶片布满病斑，严重影响梨树生长、梨果产量和品质。

### （二）症状诊断

发病初期，叶片正面产生直径0.5～1mm紫褐色小病斑，病斑后扩大为2～4mm，近圆形，边缘有宽窄不等的紫色边缘。病斑中间初为黑色，后变成灰褐色，微凹陷，并生有大量黑色小粒点，为病菌子座。病斑背面呈不规则形灰褐色斑，表面着生白色霉层，为病菌的分生孢子梗和分生孢子。严重时一片叶上有病斑300多个，并相互融合，造成叶片焦枯早落。

### （三）病原菌鉴定

病菌为半知菌亚门真菌的丝孢纲绒孢属的一个新种，即梨生菌绒孢（*Mycovellosiella*

pyricola Guo，Chen& Zhang）。

病菌在 30 多种培养基上培养，仅在 V6-PDA 培养基上长出少量灰白色菌丝，不产生孢子。

### （四）发病规律

病菌以病斑上的子座越冬，翌年春天子座萌发产生分生孢子，侵染梨树叶片，造成发病。病菌靠气流传播，潜伏期 4～5d。田间的新病叶产生的分生孢子可进行再侵染。田间多从 5 月末开始发病，7～8 月为盛发期，不同年份发病早晚、发病快慢和严重程度有明显不同。

发病因素主要与降水量、树龄、果园立地条件、管理水平及栽植密度有关。

**1. 降水量** 经多年多地调查，7～8 月的降水量（$x$）与本年的病情指数（$y$）的相关关系为 $y=-42.5550+0.4547x$，呈显著正相关，相关系数 $r=0.874$。

**2. 树龄** 幼苗发病重于大树，树冠下部重于上部。这实质上与空气相对湿度有关，因为幼树园和大树中下部湿度大于大树园和树体的中上部。

**3. 果园立地条件** 梨园立地条件差，如土壤瘠薄、低洼积水、连年在园内育苗、施肥不足、草荒等，果园发病重。

**4. 栽植密度** 梨园密度越大，湿度越大，发病越重。

**5. 品种** 梨品种中，早酥梨最易发病，二十世纪、佳宝、冬果梨感病中等，阳面红、皮胎果等品种较抗病。

### （五）防治方法

冬春清扫落叶，消灭越冬病源。加强栽培管理，深翻树盘，及时中耕除草，排除果园积水。6～7 月结合药剂防治其他病害时兼治。

## 十七、梨顶腐病（Pear calyx-end rot）

### （一）为害与分布

梨顶腐病又名梨蒂腐病，主要为害西洋梨果实，造成腐烂，在各西洋梨产地时有发生。

### （二）症状诊断

发病初期，在西洋梨的萼洼周围出现淡褐色，浸润状晕圈，扩展后变成黑褐色，肉质较硬，常大量落果。后熟以后，易被其他杂菌腐生。病重时可造成多半个果坏掉。

### （三）病原菌鉴定

对该病的病因目前的看法尚不一致，有人认为是病原真菌引起的。其有性阶段为子囊菌亚门真菌囊孢壳属，柑橘蒂腐囊孢壳［*Physalospora rhodina*（Berk. et Curt.）Cooke.］。子囊壳丛生，黑褐色，近球形，后期突破表皮露出孔口。子囊棍棒形，无色，长 90～120μm，子囊间有侧丝。子囊孢子单胞，无色，椭圆形或纺锤形，大小为（24～

42) $\mu m \times$ （7～17）$\mu m$。无性阶段为半知菌亚门真菌，色二孢属，蒂腐色二孢（*Diplodia natalensis* Evans）。分生孢子器暗褐色至黑色，埋生，器壁外层细胞色深，内层色浅。分生孢子梗无色，有隔。分生孢子初无色，成熟后变成深褐色，双胞，顶端钝圆。也有人认为是生理因素引起的，是砧木嫁接西洋梨后，两者亲和力不良所造成的。

### （四）发病规律

对本病的发生规律尚不太清楚。6～7月发病较多，病斑扩展快，近成熟时发病很少。砧木种类与发病有关，秋子梨作砧木易发病，杜梨作砧木发病少，这与砧木的亲和性及根系发育有关。土壤干燥后突然降雨，则发病增多。酸性土发病多。

### （五）防治方法

选用杜梨作砧木，加强果园肥水管理，可提高抗病能力。

## 十八、套袋梨黑点病 （Black spot of bagging pear）

### （一）为害与分布

套袋是梨区近十年来广泛应用的一项栽培措施，鸭梨套袋后果面光洁、色泽嫩黄，外观质优，售价高。但套袋后，果面易发生黑点病，成为等外果，发病重时反而减少收入。该病主要发生在河北、辽宁、山东等省的鸭梨产区。

### （二）症状诊断

从鸭梨套袋不久开始，主要在萼洼周围，严重时在梗洼和果面上，产生 2～3mm 小圆斑，略凹陷，一般不深入果肉，后期病斑不再扩大。

### （三）病原菌鉴定

据徐劼等研究（1999），造成套袋鸭梨黑点病的病菌有两种。

**1. 细链格孢菌**（*Alternaria tenuis* Nees.）　病菌菌落青绿色，分生孢子梗暗灰色，单枝或数枝丛生，顶端单生或串生分生孢子。分生孢子暗灰色，有喙或无喙，大小为 $35.1\mu m \times 6.75\mu m$，具 4～6 个横隔，0～3 个纵隔。

**2. 粉红单端孢**（*Trichotheciurn roseurn* Link）　病菌菌落粉红色，分生孢子梗无色，直立，单生或略成束，不分隔，初无色，老熟略带浅黄色。分生孢子淡粉红色，双细胞，分隔处略缢缩，长圆形至卵圆形，基部小，具突起，大小为 （13.1～12）$\mu m \times$ （6.3～8.6）$\mu m$。

### （四）发病规律

两种病原菌均为弱寄生菌，在田间分布广泛。以往鸭梨在不套袋时，很少发病。套袋后袋内高温高湿，有利于弱寄生菌的繁殖和致病。据河北省辛集市 1996 年调查，全市平均套袋鸭梨黑点病病果率为 12.3%，其中套塑膜袋的最重，黑点病病果率达 55.7%，加胶纸袋为 34.6%，涂蜡纸袋为 12.7%，单层不浸蜡纸袋为 9%，双层不浸蜡报纸袋为

7%。另外，若果园郁闭、湿度大，则发病重。

### （五）防治方法

合理修剪，改善果园通风透光条件，降低园内湿度。套透气性好的纸袋。

## 十九、梨叶灰霉病 （Pear leaf gray mold）

### （一）为害与分布

梨叶灰霉病是梨树上的新病害，为害梨树叶片。已知发生在浙江省云和县梨区。2002年调查，发病株率达65%～100%，严重影响光合作用，削弱树势，降低产量。

### （二）症状诊断

发病初期，嫩叶上出现水渍状小圆点，后迅速扩大成水渍状褐色斑块。雨天扩展快，叶边缘呈半圆形病斑，晴天干燥时，病部往往皱缩，病叶扭曲。夏秋季扩展慢，病斑边缘界限明显，潮湿时病叶上产生大量灰色霉层。

### （三）病原菌鉴定

病菌的有性阶段为子囊菌亚门真菌富氏葡萄孢盘菌 ［*Botryotinia fuckeliana* （de Bary） Whetzel.］，无性阶段为半知菌亚门真菌，葡萄孢属灰葡萄孢 （*Botrytis cinerea* Pers. ex Fr.）。

病菌菌丝灰白色至灰褐色，较粗壮，直径为 $8.5\sim10.5\mu m$。分生孢子梗发达，大小为 $(200\sim300)\ \mu m\times(12\sim16)\ \mu m$。分生孢子顶端集生，椭圆形或卵圆形，无色，单胞，大小为 $(10.8\sim14.3)\ \mu m\times(6.5\sim8.5)\ \mu m$。$20℃$培养 4d 可产生疏松不规则形黑色菌核，大小多为 $(4\sim10)\ mm\times(0.5\sim5)\ mm$。子囊盘 $2\sim3$ 枝束生于菌核上，直径为 $1\sim5mm$，淡褐色。子囊圆筒形或棍棒形，大小为 $(100\sim130)\ \mu m\times(9\sim13)\ \mu m$。子囊孢子卵形或椭圆形，无色，大小为 $(8.5\sim11)\ \mu m\times(3.5\sim6)\ \mu m$。分生孢子梗粗大，顶部分枝，末端粗，常有小突起，突起上产生分生孢子，外观呈葡萄穗状。分生孢子梗大小为 $(280\sim550)\ \mu m\times(12\sim24)\ \mu m$，灰色，后变成褐色。分生孢子球形或卵形，单胞，无色，大小为 $(9\sim15)\ \mu m\times(6.5\sim10)\ \mu m$。病菌菌丝生长温度 $15\sim30℃$，以 $20\sim25℃$最适。

### （四）发病规律

病菌以菌丝、菌核、分生孢子附在病残体上越冬，为翌年初侵染源。病菌抗逆性较强，寄主较广，可寄生在多种水果、蔬菜及花卉上。病菌靠风雨、气流、灌溉水及农事操作传播。春季气温升至$15℃$以上、遇雨或湿度大时，可产生新分生孢子，经气孔或伤口侵入梨嫩叶，从侵入到发病需 7d 左右。条件适宜时可进行多次再侵染。病害发生与温湿度关系密切。开花展叶期，天气晴朗，发病轻，湿度大，发病重。

黏重、酸性大的红黄壤，发病重。管理粗放，如杂草丛生、树冠郁闭、偏施氮肥，发病重。在浙江省云和县 $3\sim4$ 月发病重，$9\sim10$ 月次之，高温季节不发病。

## （五）防治方法

1. 加强栽培管理，改善树体通风透光条件，增强树体抗病能力。
2. 早春喷洒70％甲基硫菌灵可湿性粉剂1 000倍液，或40％福星乳油8 000倍液，或50％退菌特可湿性粉剂600倍液，或50％扑海因可湿性粉剂800倍液。

## 二十、梨霉心病（Heart rot of Pear）

### （一）症状诊断

在梨的心室壁上形成褐色、黑褐色小斑点，扩大后心室变成黑褐色，病部长出青灰色、白色、粉红色菌丝，少数菌丝穿透心室壁向果肉扩展，造成果实从里向外腐烂，达到果面，果实呈湿腐状烂果。

### （二）病原菌鉴定

由多种真菌复合侵染所致，常见的病原菌有链格孢菌（*Alternaria* spp.）、粉红聚端孢菌［*Trichothecium soseum*（Pers）Link］、棒盘孢菌（*Corynem* sp.）和镰刀菌（*Fusarium* spp.）等真菌。

### （三）发病规律

这些病菌在梨园中广泛存在。梨树开花期和生长期分别从柱头和花器残体经萼心间组织侵入，从果实成熟到果实衰老后陆续在心室内扩展发病。

### （四）防治方法

梨树开花前，树上喷45％硫悬浮剂200～300倍液，落花后结合防治其他病害进行兼治。喷药时注意喷洒萼洼部位。

## 二十一、梨青霉病（Pear green mildew）

### （一）症状诊断

发病初期在果面伤口处，产生淡黄褐色小病斑，扩大后病组织水渍状，淡褐色软腐，呈圆锥形，向心室腐烂，具刺鼻的发霉气味。病部长出青色、绿色霉状物。温度适宜时，全果很快烂成泥状。

### （二）病原菌鉴定

由扩展青霉［*Penicillium expansum*（Link.）Thom.］和意大利青霉（*P. italicum* Wehmer）等侵染所致。前者分生孢子梗长$500\mu m$以上，扫帚状分枝1～2次，间枝3～6个，小梗5～8个。分生孢子呈链状着生在小梗上，椭圆形或近圆形，光滑，直径为3～$3.5\mu m$。后者分生孢子梗分枝3次，间枝1～4个，分生孢子初为圆筒形或近圆形，后变椭圆形，早期大小为（15～20）$\mu m$×（3.5～4）$\mu m$。

### (三）发病规律

孢子萌发需饱和湿度。病菌在自然界广泛存在，经伤口侵入。果实衰老、贮藏温度较高时发病重。

### (四）防治方法

采收至贮藏各环节减少伤口；入库前剔除伤病果；贮藏前果窖消毒；贮藏时适当保持果窖低温和二氧化碳气体成分。

## 二十二、梨果柄基腐病 (Pear fruit end rot)

### (一）症状诊断

始发病时果柄基部周围变黑、腐烂，多为表面烂得慢，面里烂得快，呈漏斗状烂向心室。烂果肉湿腐。温度较高时，烂得很快，十多天烂掉全果，失水干燥后成病僵果。

### (二）病原菌鉴定

由链格孢菌 (*Alternaria* sp.)、小穴壳菌、束梗孢菌等弱寄生性真菌侵染所致，随后一些腐生性较强的霉菌，如根霉菌 (*Rhizopus*) 等进一步腐生，使果实腐烂。

### (三）发病规律

采收及采后摇动果柄造成内伤，是诱使发病的主要原因。贮藏期果柄失水干枯，往往加重发病。

### (四）防治方法

采收和采后尽量不摇动果柄，防止内伤。贮藏时湿度保持在 90%～95%，防止果柄干枯。采后用 50% 多菌灵可湿性粉剂溶液洗果，有一定防治效果。

## 二十三、梨树根部常见真菌性病害 (Pear root diseases caused by fungi )

### (一）为害与分布

为害梨树根部的真菌性病害主要有根朽病、紫纹羽病、白纹羽病和白绢病。在老梨树和立地条件差、管理粗放的梨园较常见。一般影响树体生长发育，发生严重时造成死树。

### (二）症状诊断

**1. 根朽病** 局部枝条上叶片变小，发黄，果个小，果味变劣。小根、大根及根颈部发病，树皮紫褐色，水渍状，有时渗出褐色汁液。病皮分层呈薄片状，之间充满白色菌丝，皮层和木质部之间也易分离，中间充满淡黄色扇状菌丝层，夜间能发出淡绿色荧光。病组织有浓重蘑菇气味。在高温多雨季节，根颈部常丛生蘑菇状子实体。

**2. 紫纹羽病** 枝条上叶片变小，色发黄，叶脉和中脉发红，枝条节间短，生长势弱。根部发病，初期出现不规则形病斑，皮层组织变褐色，后期表面长出浓密暗紫色、茸毛状菌丝层，皮层腐烂，易脱落，木质部也易腐烂。后期病皮表面长出紫红色半球形菌核。病情多发展缓慢。

**3. 白纹羽病** 树上发芽晚，长势弱，新梢短，叶片小而色淡。病根外面覆盖一层白色茸毛状菌丝，根皮变黑枯死，外面干枯病皮如鞘状套于木质部，木质部也变黑。后期病根白色菌丝层表面生有黑色小点，为病菌的子囊壳。

**4. 白绢病** 主要为害梨树根颈部和主根基部。受害部位树皮表面布满白色绢状菌丝。病部初期褐色，水渍状，有时渗出茶褐色汁液。后期皮层腐烂，木质部不腐烂。病皮具酒糟气味。

### （三）病原菌鉴定

**1. 根朽病**

（1）病原菌种类 担子菌亚门，发光假密环菌 [*Amillariella tabescens* (Scop. et Fr.) Singer]。

（2）病原菌特征 子实体由病皮菌丝层直接形成，丛生，一般6～7个一丛，多者达20个以上。菌盖浅蜜黄色至黄褐色，直径为2.6～8cm，初为扁球形，逐渐展开，后期中部凹陷，覆有密集小鳞片。菌肉白色，菌褶延生，浅蜜黄色。菌柄浅杏黄色，长4～9cm，表面有毛状鳞片，无菌环。担孢子椭圆形，无色，单胞。大小为（7.3～11.8）$\mu$m×（3.6～5.8）$\mu$m。

**2. 紫纹羽病**

（1）病原菌种类 担子菌亚门，桑卷担菌（*Helicobasiclium mompa* Tanak）。

（2）病原菌特征 病菌的菌丝在病根外表形成菌丝层，紫黑色至紫褐色，呈厚羽绒状，外层为子实层，上面并列担子。担子无色，圆柱形，由4个细胞组成，大小为（25～40）$\mu$m×（6～7）$\mu$m，向一侧弯曲，每个细胞上长一小梗。小梗无色，圆锥形。小梗上着生担孢子，大小为（16～19）$\mu$m×（6～6.4）$\mu$m，无色，单胞，卵圆形。菌核半球形，外层紫红色，内层白色，大小为（1.1～1.4）mm×（0.7～1.0）mm。

**3. 白纹羽病**

（1）病原菌种类 有性世代为子囊菌亚门，褐座坚壳菌 [*Rosellinia necatrzy* (Hart.) Berl.]，在自然界不常见。无性世代为半知菌亚门，白纹羽束丝菌（*Dematophora necatrix*）。

（2）病原菌特征 分生孢子单胞，无色，卵圆形，大小为2～3$\mu$m。菌核在腐朽木质部上形成，黑色，近球形，直径为1mm左右，最大可达5mm。老熟菌丝在分节的一端膨大，后分离，形成圆形的厚垣孢子。

**4. 白绢病**

（1）病原菌种类 担子菌亚门，薄膜革菌 [*Pelliclaria roltsis* (Sacc.) West.]。无性世代为半知菌亚门，齐整小菌核（*Sclerotium roctsii* Sacc.）。

（2）病原菌特征 菌核球形，白色，后变成黄色、棕色至茶褐色，表面平滑，内部组织紧密，表层细胞小而色深，内部细胞大而色浅或无色，肉质，大小为0.8～2.3mm，似油菜籽。担子棍棒状，无色，单胞，大小为1.6～6.6$\mu$m，上面对生4个小梗，顶生担孢子。担孢子倒卵圆形，无色，单胞，大小为 $7\mu m \times 4.6\mu m$。

### （四）发病规律

**1. 根朽病** 病菌的菌丝和菌索在土壤中可长期腐生，靠菌索蔓延侵染。当菌索与健树根接触后，菌索分泌胶质黏液，黏附在树根上，侵入根皮内，使根皮死亡、剥离，并可侵入木质部，在木质部中形成许多菌线（抗毒素保卫反应）。根朽病在旧林地上栽的果树或果园内补栽的果树上发病重。果园土壤长期干旱，病菌易死亡。富含树根和腐朽木质土壤有利于病菌蔓延。沙土地比黏土地发病重。

**2. 紫纹羽病** 病菌以菌丝层或菌丝块在病根上或土壤中越冬，可存活多年。遇到健树根后侵入。5～7月病菌产生担孢子，但寿命短，在侵染中不起作用。干旱或排水不良，及在其他林木地上建园的发病重。果树栽得过深，根系生长不良发病重。

**3. 白纹羽病** 以菌丝层和菌核在病根上和土壤中越冬。条件适宜时，菌核上长出营养菌丝，侵入健根，病根接触到健根，健根易发病。管理粗放、杂草丛生、高温多雨和长势衰弱的树发病重。远距离传播主要靠苗木调运。

**4. 白绢病** 以菌核在土壤中越冬，或以菌丝体在根颈病部越冬。菌核在土壤中可存活5～6年。菌核越冬后翌年长出菌丝，侵染果树。病部越冬的菌丝体翌年继续蔓延发病。菌核或菌丝近距离传播主要靠雨水或灌溉水流移动，远距离传播主要靠苗木调运。高温、高湿是发病重要条件，菌核在30～38℃时经2～3d即可萌发，7～8月是白绢病盛发期，菌核萌发到形成新菌核只需7～8d。果树根颈部被日晒烧伤后易发病。

### （五）防治方法

1. 发现树上枝叶生长不正常后，应扒开根颈部和大根土壤检查病部，并剪除病根，用100倍波尔多液，或5波美度石硫合剂进行消毒。如病部分散，可用0.5%～1%硫酸铜水溶液灌根消毒。

2. 加强栽培管理，疏松土壤，增施有机肥，及时排除积水，促进根系发育，提高抗病能力。

3. 尽早刨除已枯死或黄萎的梨树（苗），集中烧毁病残根，并对发病的树（苗）穴，用50%代森锌水剂250倍液或硫酸铜100倍液灌药杀菌或另换无病新土。

4. 苗木出圃时，严格淘汰病苗。对疑病苗木用2%的石灰水，或70%甲基托布津可湿性粉剂或50%多菌灵可湿性粉剂800～1000倍液，或50%代森铵水剂1000倍液浸泡苗木10～15min，水洗后再行栽植。

5. 不要在砍伐的林地和新毁的果树地育苗和栽植，如要用作果树用地，应深翻、晒土，种3～4年其他农作物后再栽梨树。

# 第二节 梨细菌病害

细菌性病害是由细菌侵染梨树所致的病害，如梨火疫病和根癌病。侵害植物的细菌都是杆状菌，大小为 $(0.5～0.8)$ $\mu m \times$ $(1～5)$ $\mu m$，少数是球状。大多数具有一至数根鞭毛，可通过自然孔口（气孔、皮孔、水孔等）和伤口侵入，借流水、雨水、昆虫等传播，在病残体、种子、土壤中越冬，在高温、高湿条件下容易发病。细菌性病害症状表现为萎蔫、腐烂、穿孔等，发病后期遇潮湿天气，在病害部位溢出细菌黏液，是细菌病害的特征。植物病原细菌都不产生芽孢。芽孢抗逆性较强。细菌都是非专性寄生物，均可在人工培养基上生长。寄生性强的可以侵染绿色叶片，寄生性弱的只能侵染植物的贮藏器官和果实等抗病性较弱部位。一般植物病原细菌的致死温度是 48～53℃10min，而要杀死细菌的芽孢则需要 120℃左右的高压蒸汽 10～20min。因此高压灭菌的指标是 120℃ 30min。细菌都是以裂殖方式繁殖，即一分为二。在适宜条件下最快 20min 繁殖一次。一般植物病原细菌的最适温度为 26～30℃，24～48h 可以在培养基上长出细菌菌落。细菌经常发生变异。人工培养的细菌致病力容易减弱，通过人工接种的方法可以恢复其致病力。

## 一、梨火疫病 (Pear fire blight)

### (一) 历史、分布及为害

梨火疫病在我国梨区尚未发生，是北美、欧洲、日本梨的毁灭性病害。为杜绝该病传入我国，必须严加检疫。

**1. 历史** 梨火疫病最早于 1780 年在美国纽约州附近的一个果园发现，以后随美国移民西进，于 1902 年到达加利福尼亚州，1904 年在加拿大发现，1919 年进入新西兰，1957 年首次在英国发现，20 世纪 60 年代在欧洲大陆扎根并传入埃及，80 年代传入亚洲。

**2. 分布** 火疫病菌主要分布在北美和欧洲。①欧洲。奥地利、比利时、波黑、保加利亚、克罗地亚、捷克、丹麦、法国、德国、希腊、匈牙利、爱尔兰、意大利、卢森堡、马其顿、荷兰、挪威、波兰、罗马尼亚、斯洛伐克、西班牙、瑞典、瑞士、英国、乌克兰、塞尔维亚。②亚洲。亚美尼亚、塞浦路斯、以色列、日本、约旦、黎巴嫩、韩国（未经证实）、沙特阿拉伯（未经证实）、越南（未经证实）、土耳其、印度。③非洲：埃及。④美洲。百慕大群岛、加拿大、墨西哥、美国、危地马拉、海地、哥伦比亚（未经证实）。⑤大洋洲。新西兰。

**3. 危害** 此菌引起的火疫病在世界范围内引起重大损失，例如荷兰 1966 年发现此病，1966—1967 年约有 8 000hm² 果园、21km 山楂防风篱被毁，到 1975 年仅 10 年时间即在全国范围内造成严重损害。1971 年德国北部西海岸有 1.8 万株梨树被毁，价值 35 万马克，在第二年德国政府为根除此病又花费约 42 万马克，却未能阻止病区的扩大。美国加利福尼亚州在一年内因此病的发生，梨树由 12.5 万株减少到 1 500 株，在其南部的 Joachimstal，4 年内约损失 94% 的梨树，以至于不得不放弃梨树种植。

### (二) 病害症状

典型症状为叶片、花和果实变黑褐色并枯萎，但不脱落，远看似火烧状，故名火疫病。潮湿的天气里，病部渗出许多黏稠的菌脓，初为乳白色，后变红褐色。火疫病菌在病树上可形成气生丝状物，能粘连成蛛网状，将这种丝状物置于显微镜下检查，可发现大量细菌，这是诊断火疫病的一个重要依据。

**1. 花器受害** 往往从花簇中个别花朵开始，然后经花梗扩展到同一花簇中的其他花朵及周围的叶，受害的花和叶不久枯萎变黑褐色。

**2. 叶片受害** 多自叶缘开始发病，再沿叶脉扩展到全叶，先呈水渍状，后变黑褐色。嫩梢受害初期呈水渍状，随后变黑褐色至黑色，常弯曲向下，呈鱼钩状。

**3. 枝梢受害** 感病后，其上的叶片全部凋萎，幼果僵化。

**4. 果实受害** 幼果直接受害时，受害处变褐凹陷，后扩展到整个果实。

**5. 枝干受害** 初期亦呈水渍状，后皮层干陷，形成溃疡疤，病健交界处有许多龟裂纹，削去树皮可见内部呈红褐色，感病梨树的溃疡斑上下蔓延每天可达3cm，6周后死亡。梨树主干在地表处可发生颈腐症状，病部环绕一周后整棵树死亡，苗木受害矮化甚至死亡，幼树受害则叶片和小枝死亡，树势削弱，花腐，果实畸形。

### (三) 病原特征

梨火疫病菌（*Erminia amylovora*）菌体短杆状端圆、革兰氏染色阴性、好氧，大小 $(1.1\sim1.6)$ μm× $(0.6\sim0.9)$ μm，成对或呈短链状。通常有荚膜，$1\sim8$ 根周生鞭毛，在含蔗糖5%的营养培养基上菌落半球形，黏质，奶油色，3d 的菌落直径 $3\sim4$mm。

烟酸为其生长所必需，在含烟酸的培养基上能利用铵盐作为主要氮源。在有氧条件下很快自葡萄糖产酸，但不产气，无氧时则缓慢。自阿拉伯糖、果糖、半乳糖、葡萄糖、甘露糖、蔗糖、海藻糖、甘露醇及山梨醇很快产酸，但自纤维二糖、Miller-Schroth 培养基、柳醇及肌醇产酸较慢，山梨糖、乳糖、棉子糖、肝糖、菊糖、糊精、淀粉、α-甲基右旋葡糖苷或卫矛醇不产酸，木糖、鼠李糖及麦芽糖产酸不一致。产 3-羟基丁酮弱，不产吲哚，不水解淀粉、酪素、吐温 80、卵磷脂、三丁酸甘油酯、果胶、尿素及精氨酸等，不能将硝酸盐还原为亚硝酸盐，触酶阳性，细胞色素氧化酶阴性，明胶液化慢，不产硫化氢，不利用丙二酸盐，氯化钠浓度高于 2%时生长受抑，6%～7%时完全抑制生长，抗青霉素，但对氯霉素、土霉素、链霉素敏感。

Mohammadi 分析了 3 个分别来源于伊朗、埃及和西班牙的无质粒梨火疫病菌株的特性。质粒缺陷性的菌株在梨横切面和苹果幼苗上的致病力较弱，接种后不向周围细胞扩散，相反，野生型菌株向木质部导管移动并在临近的薄壁细胞定殖。当转入转座子标记的非结合型质粒 pEA29 时，梨横切面的渗出和组织坏死程度显著增加，同时果聚糖和果聚糖蔗糖酶的水平下降。只有来源于伊朗和埃及的菌株在转入 pEA29 后，获得了在苹果新叶侵染和定殖的能力。结论是普遍存在的非结合型质粒的获得未必能增强所有细菌菌株的致病力。梨火疫病菌（*Erwinia amylovora*）和亚洲梨火疫病菌（*E. pyrifoliae*）分别在欧洲引起梨火疫病和亚洲引起梨的细菌性枝枯病。两种欧氏杆菌（*E. tasmaniensis* 和 *E. billingiae*）是附生细菌，可能是梨火疫病菌的拮抗微生物。Kube 等分析了具有致病性的亚洲梨火疫病菌菌株 Ep1/96 的全基因组序列，大小为 4.1Mb，以及非致病性的 *E. billingiae* 菌株 Eb661 的全基因组序列，大小为 5.4Mb。基因组比较表明多数的倒置是由同源重组引起的。此外，对毒力基因和推导编码的蛋白质比较表明 *E. billingiae* 菌株 Eb661 与 *E. tasmaniensis* 菌株 Et1/99 的亲缘关系较近，与亚洲梨火疫病菌较远。亚洲梨火疫病菌的致病性应该是由潜在的毒力因子积累而演变来的。亚洲梨火疫病菌携带的毒力因子负责类型Ⅲ分泌物和细胞侵染。梨火疫病菌的其他毒力因子的基因参与胞外多糖的产生和植物代谢物如山梨醇和蔗糖的利用。致病种的一些与毒力相关的基因存在于 *E. tasmaniensis*，但大部分不存在于 *E. billingiae*。本研究的基因组分析与亚洲梨火疫病菌的致病生活方式相对应，*E. tasmaniensis* 和 *E. billingiae* 作为腐生菌进行附生定位。Evrenosoğlu 等（2010）为了提高对梨火疫病菌的抗性，用具有抗性的分类学来源不同的植物和具有好品质的西洋梨栽培品种之间进行不同的杂交，得到了一些抗性比较好的杂交种。

Mizuno 等在日本山形县发现，在欧洲梨树枝条上有局部的黑斑，可能是由细菌引起的。该细菌属于欧氏杆菌属但不是梨火疫病菌或亚洲梨火疫病菌。用该细菌的悬浮液（109cfu/ml、108cfu/ml、107cfu/ml 和 106cfu/ml）注射于梨嫩梢，109cfu/ml 和 108cfu/ml 的悬浮液可引起病斑，108cfu/ml 悬浮液的发病率低于梨火疫病菌和亚洲梨火疫病菌，推测该细菌的毒力比较弱。根据这些研究结果，认为这是欧洲梨上的一种新的枝干病害。在 2007 年果实收获后，所有感病的梨树都被拔掉，自此后在田间没有观察到此症状。

Martínez-Alonso 等基于 PCR 扩增 rRNA 部分小亚基的不依赖于纯培养的分子技术方法来研究梨园土壤表面的细菌群体结构。该梨园是由不同的梨栽培品种组成。西洋梨（*Pyrus communis* L.）的 3 个品种（Blanquilla，Conference 和 Williams）在欧洲和西班牙东北部被广泛种植。为了评估菌群结构多样性反应环境变化和树木物候，采用 PCR 变性梯度凝胶电泳（PCR-DGGE）检测细菌群体，并用非加权配对算术平均法（unweighted pair group method using arithmetic average，UPGMA）对 16S 核糖体 DNA 基因图进行聚类分析。带型的相似性分析未能鉴定出与梨品种相关的特征指纹。有关环境和生物学上的主要组分分析表明，细菌群体在一年中主要是随温度变化，很少随树木物候和降水量变化。主要的 DGGE 带被分离和测序以研究主要细菌群体的一致性。绝大部分 DGGE 带的序列与细菌类群有关，如拟杆菌（*Bacteroidetes*）、蓝细菌（*Cyanobacteria*）、酸杆菌（*Acidobacteria*）、变性细菌（*Proteobacteria*）、消化螺旋菌（*Nitrospirae*）和芽单胞菌（*Gemmatimonadetes*）。

### （四）适生性

**1. 侵染循环**　梨火疫菌在病树上越冬，翌春经花器、自然孔口（气孔、皮孔、水孔）或伤口侵入。在果园中由昆虫和风雨传播引起再侵染。

**2. 寄主范围**　此菌寄主范围较广，约有 32 属 140 多种，但主要为害蔷薇科的仁果类植物，如梨、苹果、山楂、木瓜、枇杷等，以及核果类的李、杏、樱桃和梅等。非蔷薇科的柿子、黑枣、胡桃等亦可受害。这些寄主植物在我国广泛存在。

**3. 对环境的适应性**　梨火疫病发生区的纬度与我国梨、苹果、山楂主产区的纬度一致。18～24℃，70％以上相对湿度特别有利于病害侵染。病菌增殖最适温度为 25～27℃，最适 pH 为 6。

此菌在 3～5℃不生长，45～50℃ 10min 致死，气生丝状物中的细菌在 5℃贮藏 1 年后仍有侵染力，在蜜蜂的消化道中可生存越冬，在苗圃土中存活 8 个月左右，在干燥菌脓中可存活达 27 个月，在鸟足上可存活 3d。

**4. 传播能力**　火疫病菌可借风雨、昆虫、鸟类和修剪工具等在梨树生长期传播。蜜蜂的传病距离为 200～400m。知更鸟带菌从英国飞到丹麦只需 2d。病部含大量细菌的气生丝状物粘连成蛛网状后，可通过气流和昆虫传到数千米以外。

远距离传播主要靠接穗、苗木等种质材料。

### （五）检疫检验方法

**1. 分离病菌** 分离病菌通常从新发病处取病健交界的组织，亦可直接取病部菌脓。分离用的培养基常用选择性培养基。

（1）Miller-Schroth 培养基 是 Miller 和 Schroth 专为分离火疫菌设计的选择性很强的特殊培养基，缺点是成分和配制都较复杂，配制方法如下：①琼脂15g 在800ml 水中加热融化。②依次加入甘露醇（或山梨醇）10g、烟酸0.5g、无水天门冬酰胺3g、磷酸氢二钾2g、硫酸镁0.2g、牛胆酸钠2.5g。注意加药时要等前一药剂完全溶解后再加下一药剂。③在一个烧杯中放入硫酸十七烷基钠0.1ml、次氮基三乙酸（20g 溶于 KOH14.6g/L 溶液中）10ml、溴麝香草酚蓝（0.5%水溶液）9ml、KOH（1mol 溶液，无沉淀）5ml、硝酸铊（1%水溶液）1.75ml、氯化钴（14m mol/L 溶液）50 ml、放线菌酮（1%水溶液，并非必需）5 ml。混匀后加到培养基中。④将水加足到 1L，调 pH 至 7.3。此培养基不能久贮，否则将对火疫病菌的生长有抑制作用。火疫病菌在这种培养基上生长时，菌落橙黄色，背景蓝绿色，但草生欧氏杆菌（*Erwinia herbicoIa*）的菌落形态和色泽与火疫菌相似，很难区分。

（2）Cross-Goodman 高糖培养基 该培养基组成为蔗糖160g、营养琼脂12g、结晶紫0.1%乙醇溶液 0.8ml、0.1%放线菌酮20ml、水 980ml。火疫病菌在这种培养基上 28℃培养 6h 后，在 15～30 倍放大镜下，用斜射光观察，可见菌落表面有火山口状下陷。

（3）Zeller 改良高糖培养基 牛肉浸膏 8g、蔗糖50g、琼脂 8～20g、放线菌酮50mg、0.5%溴百里香酚蓝丁醇溶液 9ml、0.5%中性红 2.5ml、水加至 1L。火疫病菌在此培养基上 27℃培养 2～3d 后在墨绿色背景上呈 3～7mm 直径的橙红色、半球形菌落，高度凸起，中心色深，有蛋黄样中心环，表面光滑，边缘整齐。

（4）红四氮唑—福美双培养基 营养琼脂 37g、蔗糖 100g、酵母粉 5g、葡萄糖 15g、水加至 1L，pH6.8～7.2。灭菌后冷却到 60℃时，加 0.5%红四氮唑（TTC）10ml，福美双 250mg。病菌在此培养基上 27℃生长 2～3d 后，菌落呈红色肉疣状。

（5）结晶紫肉汁胨琼脂 在肉汁胨琼脂培养基中不加糖而是加 $2\mu g/ml$ 结晶紫，24～27℃培养。如加入 5%蔗糖则可产生果聚糖菌落，更易识别，但缺点是草生欧氏杆菌等其他杂菌也易生长。

（6）YPA 培养基 酵母膏 3g、蛋白胨 5g、琼脂 12～15g、蒸馏水 1L，pH6.8～7.2，30℃培养，火疫病菌在此培养基上能形成有特殊方形花纹的菌落。

（7）保存用培养基 火疫菌在肉汁胨琼脂加 2%甘油的培养基上生长后，在 4℃保存，每年移植一次，可长期保持致病力不变。

**2. 致病性测定** 分离到的菌株应该用感病品种进行致病性测定，方法是将未成熟的梨洗净后表面消毒，用无菌解剖刀将梨果横切成片状，厚约 1cm，然后置于放有湿润滤纸的培养皿内，用接种针蘸取菌液，在梨组织上进行穿刺接种，在 27℃保持 1～3d，如果是梨火疫病菌则在梨片接种处出现乳白色黏稠状细菌分泌物，如果是梨梢枯病菌只在接种点处形成干燥的褐色斑疤。

也可以不经分离直接检测，但要求待测样品要新鲜，检测时将寄主组织高速捣碎，差速离心后，将浓缩的组织提取物直接接种在梨片上。

**3. 噬菌体检测法** 英国曾利用火疫病菌噬菌体辅助鉴定。在采用噬菌体检测时，一一般要求所用噬菌体（1个或1组株系）对火疫菌所有菌系有溶菌作用而对其他菌无溶菌作用。

**4. 血清学检测法**　常用的方法有玻片凝集反应、沉淀反应，近年来多用免疫荧光法。美国应用单克隆抗体免疫荧光染色法检测枝干和果实中的火疫病菌，并用来定量，检测限为 $5×10^3$ 个细菌。单克隆抗体法有时不能检测一种细菌的全部菌系。

**5. 核酸检测技术**　国外有人根据此菌一个质粒 pEA29 上 0.9 kb 片段测序并借以设计引物做 PCR 检测，灵敏度可达到 50 个菌体。

### （六）检疫处理

**1. 口岸检疫**　由于火疫病传播途径多，蔓延迅速，危害严重，防除困难，所以世界上许多国家和地区，包括发生了火疫病的国家，都对它采取严格的检疫措施。但因带病植物有时不显示任何症状，而且对于大批量的苗木不可能每株都进行检验，所以最可靠的办法是禁止从病区引进苗木和种质材料。

**2. 除害处理**　感病植物除种子以外的所有器官都有可能成为此菌的传播源，但一般认为果实的实际传病作用不大。化学措施和其他措施都不能根除植物组织中的细菌，除非销毁植物组织。因此除害处理是不可行的。

**3. 疫区控制**　火疫菌在果园或野生寄主上立足后很难根除，因此，一旦发现病株，或发现有来自疫区的非法入境繁殖材料已经种植（不论是否发病），都应立即销毁病园及周围几千米梨园植株，并几年内不得种植寄主植物。

## 二、梨树根癌病（Pear root cancer）

### （一）为害与分布

梨树根癌病主要发生在河北、山西、陕西、辽宁、江苏、安徽、浙江等梨区。

梨树根癌病主要为害梨树根颈和侧根，病部形成瘤状癌肿，消耗树体营养，影响梨树的生长和结果。

### （二）症状诊断

多在苗木和幼树上发生，偶见大树也有发病。在梨树的根颈部或侧根、支根上，形成灰白色瘤状物，表面粗糙，内部松软，后不断增大，变成大小不一的褐色肿瘤。外黑褐色、粗糙，内部木质化呈褐色，小者如豆粒，大者直径为 5～6cm，多年生大树的最大肿瘤直径可达 60cm。病树生长势弱，叶片小，色淡，枝条生长量小，果小味劣。

### （三）病原菌鉴定

梨树根癌病是一种细菌病害，是由根癌土壤杆菌 [*Agrobacterium tumelacines* (Riker.) Conn.] 所致。病菌革兰氏阴性，杆状，单生或链生，大小为 (1.2～5) $\mu m × (0.62～1)$ $\mu m$，具 1～3 根极生鞭毛，有荚膜，无芽孢。在琼脂培养基上，略呈云状浑浊，表面有层薄膜。病菌生育温度为 10～34℃，最适温度 22℃，致死温度 51℃（10min）。

### (四) 发病规律

梨树根癌病菌在根瘤组织皮层内和土壤中越冬，借雨水和灌溉水传播，土壤耕翻和地下害虫、线虫也能传播，由各种伤口侵入，从侵入到表现出症状，一般需 2～3 个月。病菌侵入后，不断刺激根部细胞增生、膨大，形成肿瘤。土壤偏碱和疏松有利于发病。

### (五) 防治方法

1. 育苗地要倒茬，不要在旧苗圃地和有病梨园育苗。
2. 苗木栽植前要挑选，淘汰有病苗。
3. 发现新栽幼树发病，及时拔除病苗。大树发病时，扒开根颈部和大根，剪除癌瘤，涂 100 倍波尔多液，或用 10％果康宝悬浮剂 100 倍液灌病根部。

## 三、梨锈水病（Pear rusty water）

### (一) 为害与分布

梨锈水病主要发生在江苏和浙江少数梨区。主要为害梨树骨干枝，造成骨干枝枯死。

### (二) 症状诊断

**1. 骨干枝被害**  发病初期症状隐蔽，外表无病斑，皮不变色，后期在病树上可看到从皮孔、叶痕或伤口渗出铁锈色小水珠，或水渍状，但枝干外表仍无病斑出现。此时如削掉表皮检查，可见病皮已呈淡红色，并有红褐色小斑或血丝状条纹，病皮松软充水，有酒糟气味，内含大量细菌。此时病皮内积水增多，大量从皮孔、叶痕或伤口部位渗出。汁液初为白色透明，2～3h 后转为乳白色、红褐色，最后变成铁锈色。锈水具黏性，风干后凝成角状物，内含大量细菌。部分病皮深达形成层，造成大枝枯死。病枝树叶提前变红，脱落，病皮干缩纵裂。

**2. 果实被害**  发病早期症状不明显，后出现水渍状病斑，发展迅速，果皮呈青褐色至褐色。果肉腐烂呈浆糊状，有酒糟气味，病果汁液经太阳晒后很快变成铁锈色。

**3. 叶片被害**  出现青褐色水渍状病斑，后变褐色或黑褐色，形状和大小不一，病叶组织内含有细菌。

### (三) 病原菌鉴定

梨锈水病是由细菌引起的。据报道，经对病部多次分离培养，均获得一种白色、黏稠的细菌菌落，细菌杆状，较大，将其接种到果实、叶片和离体枝条上，均能产生锈水病症状。

### (四) 发病规律

病原细菌在梨树枝干的形成层与木质部间的病组织内越冬，翌年4～5月气温适宜时开始繁殖，从病部流出含有细菌的锈水，经雨水和蝇类等昆虫传播，通过伤口侵入果实和枝干。

叶片感病主要由枝干和病果滴下的锈水及昆虫、雨滴传播,经气孔、水孔和伤口侵入。

高温、高湿是发病的主要条件。在江苏淮阴梨区,病害从 8 月中旬至 10 月中旬大发生。树势弱和初结果树发病重。不同品种发病差别明显,黄梨、鸭梨、砀山酥梨及京白梨、雪花梨、茌梨易感病,日本梨、西洋梨较抗病。

### (五) 防治方法

**1. 刮治** 冬季、早春和生长季节刮除树皮,刮治后涂抹100倍波尔多液或石硫合剂沉渣。

**2. 铲除侵染源** 及时摘除病果,消灭侵染源。

**3. 加强管理** 增施有机肥,合理修剪,梨园积水及时排除,加强病虫害防治,特别要注意防治梨小食心虫,以免造成伤口。

# 第三节 梨病毒及嫁接传染性病害

病毒 (virus) 是一类个体极其微小的专性寄生生物,其结构简单,无细胞结构,主要由内部的核酸和外壳蛋白组成。每种病毒只有一种核酸,即 RNA 或 DNA,外壳蛋白亚基按一定的方式排列在核酸外,二者构成病毒粒子 (virion)。由病毒引起的植物病害称为植物病毒病 (plant virus disease)。

引起植物病害的病毒种类很多,是仅次于真菌的重要病原类群。病毒病不仅影响作物的产量和品质,有的病毒可造成毁灭性损失。所有的植物病毒都可随种苗或其他无性繁殖材料传播,有的病毒还可通过种子传播给下一代,据估计约有 1/5 的病毒可经种传,如马铃薯 Y 病毒属、线虫传病毒属、等轴环斑不稳病毒属等多种病毒可经种传,种传病毒的寄主植物以豆科、葫芦科和菊科植物为多。许多病毒可由介体传播,引起病毒病在田间寄主植物间不断扩展蔓延,造成病毒病的流行。

## 一、梨病毒病的发生为害特点与防治对策

### (一) 侵染特性

与真菌和细菌病害不同,病毒多为系统性侵染 (systemic infection),即病毒侵染后很快扩展至植物的全身,因此,从带有病毒的植株上取接穗或插条繁育的苗木,也带有病毒。此外,病毒复合侵染或混合侵染现象也很普遍,同一植株往往有两种或多种病毒混合侵染。有的复合侵染病毒互不影响其症状表现,有的则可加重或制约症状的扩展。对于多年生的果树等植物而言,由于这些植物以无性繁殖为主,在长期的发育过程中,感染病毒的概率较大,因此复合侵染现象更加普遍。有的病毒侵染植株后,在植物体内正常增殖和扩散,但并不表现出明显的症状,这种现象称为潜伏侵染 (latent infection),这类病毒称为潜隐病毒 (latent virus)。潜伏侵染现象在果树病毒的侵染中较普遍,如柑橘速衰病毒侵染柑橘类植物,由于我国所用的砧木大多抗病而不表现明显症状;许多苹果和梨病毒病在田间也不表现可见症状,但造成慢性危害,一旦改用对病毒敏感的砧木,可以很快引起树体衰退,甚至死亡。此外,由于病毒的潜伏侵染特性,容易使人们忽视,而造成病毒的扩散加快,加重病毒病的危害。

### （二）发生及为害特点

与其他植物病害相比，果树病毒病和类病毒病害的发生和为害有其自身的特点。其一，果树为多年生植物，一旦感染病毒，则植株终生带毒，造成持久为害；其二，果树多为嫁接或扦插无性繁殖，当母株带病毒时，即可通过接穗、插条、苗木等传播扩散，且无性繁殖系数愈大，病毒传播的速度也愈快；其三，病毒侵染果树后，破坏植株的正常生理代谢，导致树体生长衰退，而影响产量和果实品质，严重时植株死亡。

在自然条件下病毒病的发生常表现出一定的症状特征，如花叶、坏死和各种畸形等。不同的症状经常同时发生，不同阶段侵染及不同条件会对症状表现产生影响，所以在观察记载症状表现时应注意连续性及其变化。病毒病对园艺植物的为害主要表现在以下几个方面：①削弱树势，降低产量；②影响产品的质量，如导致果实畸形而使果实丧失食用价值或影响其销售；③导致树体的急剧衰退，甚至死亡。冷怀琼等（1995）研究了病毒病对梨树生长及内源激素的影响，结果显示一年生早酥脱毒苗与带毒苗之间在生长及 CTK、GA$_3$ 等内源激素含量方面均有明显差异。龚国淑等（1996）的研究表明，梨树感染茎痘病毒后，内部生理代谢受到干扰和破坏，病株 DNA、Fe、Cu 等含量增加，叶绿素、P、K、Ca、Mg、Mn、Zn、Co、B 等含量降低。

### （三）病毒及类似病原

除病毒可引起植物的系统性发病表现特有症状外，其他病原引起的病害，也表现相似的发病特点，通常将病毒及这类病原引起病害统称为病毒类病害。引起病毒类病害的病原包括病毒、类病毒（viroid）、植原体（phytoplasma）、螺原体（spiroplasma）和韧皮部及木质部限制性细菌等。这类病原引起的病害发病规律相似，均可通过嫁接传染，大多数还可经由介体昆虫传播，在防治策略上也有相同之处。

园艺植物种类繁多，每种植物感染的病毒种类和数量各不相同。不同国家和地区因其自然条件、植物品种以及研究发达程度不同，所报道发生的病毒类病害种类有较大的差异。目前世界各国报道的梨病毒及类似病原有 20 余种，我国研究报道的仅有苹果茎痘病毒（*Apple stem pitting virus*，ASPV）、苹果褪绿叶斑病毒（*Apple chlorotic leaf spot virus*，ACLSV）和苹果茎沟病毒（*Apple stem grooving virus*，ASGV）。而且随着研究的深入，还会不断有新的病毒发现。

### （四）防治对策

目前尚无防治病毒病的有效药剂，在园艺植物病毒病防治中常采用的策略包括以下几个方面：①栽培无病毒苗木。对于主要通过嫁接途径传染，无自然传播介体或介体传播效率较低的病毒病，可通过培育和栽培无病毒的种苗达到控制病毒病的发生或延缓植株衰退的目的。这项措施已在果树、花卉和许多采用无性方式繁育的蔬菜病毒病防治中得到广泛应用。②加强检疫。是防止病毒病通过人为调运种苗传播的重要措施。在植物病毒中许多为检疫性有害生物，在对外引种和国内地区间苗木及繁殖材料调运过程中，很容易使新的病毒传入和扩散，必须加强检疫检验和无病毒母本材料的管理。③防治传毒虫媒。许多病毒在田间主要通过介体虫媒传播扩散，这类病毒病的发生和流行程度与虫媒的活动关系密切。使用化学药剂及时防治蚜虫等虫媒，可以起到减轻病毒病发生危害的作用。④抗病毒基因工程。选用抗病品种是防治植物病害的一个重要途径，但许多植物缺乏对一些重要病毒病的抗病基因，不能通过常规的育种方法获得理想的抗病品种。通过基因工程技术可将外源基因导入植物，使植物获得抗病性。在抗病毒基因工程中，一个重要的策略就是利用来源于病毒本身的基因，这种通过将病原物基因导入植物获得的抗病性称为病原获得抗病性（pathogen aqueried resistance）。其他生物来源和人工合成基因也可用于植物抗病毒基因工程。目前，已有多种转基因抗病毒园艺植物被批准商业化栽培。

此外，在植物病害防治中常采用的提高植物抗病力的农业措施对病毒病的防治也有一定的效果。在这些措施中，操作简便和最有效的是培育和种植无病毒苗木。

## 二、主要的梨树病毒及类似病原

### （一）苹果茎痘病毒（*Apple stem pitting virus*，ASPV）

苹果茎痘病毒是梨树和苹果上普遍发生的一种潜隐病毒，分布广泛。还可为害李、桃、樱桃等核果类果树。

**1. 所致病害**

（1）梨石痘病（Pear stony pit）　梨石痘病由 Kienholz 在美国首次报道，欧洲、澳大利亚、智利、新西兰、南非、美国等地发生普遍。我国新疆的库尔勒香梨上也发现此病。该病是梨树上危害性最大的病毒病害。带病植株抗寒性差，易受冻害；西洋梨品种果实畸形，完全丧失商品价值，病果率可达 94%。在东方梨品种上多呈潜伏侵染，但病树长势衰退，一般减产 30%～40%。梨石痘病在许多东方梨品种上不表现症状。在西洋梨品种中，宝斯克、考密斯等品种症状明显，哈代（Berre Hardy）、康佛伦斯、巴梨等品种症状较轻。梨树对该病的症状反应包括，新梢、枝条和茎干树皮开裂，裂皮下组织坏死；有时早春抽发的叶片出现小的褪绿斑；谢花后 10～20d，幼果表皮下出现深绿色组织，病区停止生长、凹陷，果实畸形，成熟果实病区石细胞变为褐色，丧失食用价值，有些病果虽不变形，仅果面轻微凹凸，但果肉中仍有褐色石细胞。

（2）梨脉黄病（Pear vein yellows）　Christoff 在保加利亚首次报道此病，此后 30 余个国家陆续报道了该病的发生。梨脉黄病发病率很高，美国华盛顿 86% 的安久梨和 66% 的巴梨受脉黄病的侵染（1973）；日本二十世纪梨脉黄病和苹果茎沟病的混合侵染率高达 75% 以上（1987）。我国河北、山东、辽宁等地梨主栽品种，50% 左右的梨树潜带脉黄病。嫁接在榅桲上的五年生巴梨和康佛伦斯，生长量减少了 50%；嫁接在实生砧上的二年生哈代，枝条生长量减少了 30%，干周增长量减少了 40%。产量降低、果实品质下降，五年生三季梨平均减产 19.5%，果实体积减少 27%。此外，该病还可导致树体抗性减弱，易受冻害。梨脉黄病在多数梨品种上无明显症状。在感病品种或指示植物上，5 月末至 6 月初，沿叶脉产生褪绿带状条斑；夏季，细叶脉两侧出现红色条带，有些品种出现红色斑驳。梨脉黄病在梨幼树上的典型症状是：叶上沿叶脉产生浅黄色条带。大多数成龄树不表现症状。在多数梨品种上症状较轻，有些品种上沿网脉两侧产生红色斑驳或坏死斑，红色斑驳的出现，往往受气候条件的影响。杂种榅桲（*Pyronia veitchii*）被害，于 5 月上旬叶片上产生褪绿斑驳，叶片反卷，植株矮化。6 月中下旬，苗干中下部皮层产生红褐色近梭形坏死斑，剥开树皮，见木质部上有凹陷茎痘斑。对该病毒敏感的梨品种有哈代、考密斯等，均被用作指示植物。但后来发现 Nouveau Poiteau 品种效果更好。梨脉黄病毒的多数分离株在指示植物叶上产生坏死斑，但有些分离株导致叶脉黄化而不产生坏死斑。

(3) 梨坏死斑点病（Pear necrotic spot） 梨坏死斑点病的典型症状是，在染病树叶上产生大小为 2～3mm 的坏死斑、褐色至黑色病斑。病斑仅发生在枝条和枝干基部的成熟叶片上，病叶间症状严重程度有异，严重时叶上产生很多病斑，且相互愈合形成斑块。秋天病叶变黄和脱落。梨坏死斑点病仅在日本发生严重，因为该病的敏感植物绝大多数为日本梨，病树减产 20%～30%。

**2. 研究历史及其与其他病毒的关系** ASPV 的分布范围十分广泛，美国、德国、意大利、日本及中国等都有报道，梨树上的 ASPV 最先在美国报道。由该病毒引起的梨树上的病害有梨栓痘病（Pear corky pit）、梨坏死斑点病（Pear necrotic spot）、梨红色斑驳病（Pear red mottle）、梨茎痘病（Pear stem pitting）、梨脉黄病（Pear vein yellow）、梨黄化病（Pear yellow）等。早期推测以上几种病害由不同的病毒种引起，后经研究认为它们都是由同一种病毒 ASPV 引起的。Van der Meer 分别把苹果茎痘病毒、梨石痘病毒、梨脉黄病毒转接到苹果茎痘病毒的草本鉴别寄主西方烟（Nicotiana occidentalis '37B'）上，产生相同的症状。Yanase 和 koganezawa 等研究发现梨坏死斑点病毒能在梨脉黄病毒木本指示植物上产生症状，反过来梨脉黄病毒也能在梨坏死斑点病毒木本指示植物上产生症状。Jelkmann 研究 ASPV 和 PVYV 的关系时发现：ASPV 和 PVYV 之间血清学紧密相关，其基因组的差异性很小，含编码 CP 的 3′端 RNA 反转录扩增产物序列仅有 8 个核苷酸不同，具有高度的同源性，因此 PVYV 归于 ASPV 的不同株系。Hadidi 等采用葡萄病毒 A（Grapevine virus A，GVA）核苷酸序列设计的引物和 GVA 的多克隆抗体对从梨树中提取的病毒核酸进行 IC-RT-PCR，扩增产物与 GVA 的 cDNA 探针产生杂交信号，但用 ASPV 的多克隆抗体则不能成功地检测该过程，因此，他认为 GVA 可能与 ASPV 的某个分离株或梨的其他潜隐病毒相关。

由于形态上的相似，最先 ASPV 被归为长线型病毒组（Closterovirus）A 亚组，后因植物病毒分类系统的修订，建立了长线型病毒属，原来的 A 亚组也分为纤毛病毒属（Trichovirus）、葡萄病毒属（Vitivirus）两个属，ASPV 被分离出来，1998 年在美国加利福尼亚召开的国际病毒分类委员会的中期会议上，ASPV 被确立为新建的凹陷病毒属（Foveavirus）的代表种。ASPV 在基因组结构和组成上（如基因的个数和顺序）和马铃薯 X 病毒属（Potexvirus）、麝香石竹潜隐病毒属（Carlavirus）、青葱 X 病毒属（Allexivirus）的病毒成员十分相似，但它的 ORF1 和 ORF5 编码的蛋白是远远大于上面 3 个属的病毒的相应蛋白（Martelli 和 Jelkmann）。

**3. 生物学特性** ASPV 主要侵染苹果和梨，自然寄主是野苹果、三叶海棠、西洋梨等。ASPV 是一种潜隐病毒，只在敏感型的砧木上表现症状，常见症状为死顶、内茎皮死、嫁接时衰退、叶偏上性生长等。草本寄主有西方烟、西方烟亚种、胡麻、番杏、墙生黎、千日红等，可用西方烟作鉴别寄主，在西方烟的接种叶片上产生坏死斑，系统叶片上产生脉黄。弗吉尼亚小苹果（Virginia Crab）、君袖（SPY227）和光辉（Radient）品种是通用的木本指示植物，病叶向背面反卷，皮层坏死，木质部散生凹陷的痘状斑。在杂种楸梓上于 5 月上旬叶片产生褪绿斑驳，叶片向背面卷曲，植物长势减弱，6 月中下旬苗干中下部皮层上产生红褐色坏死斑，8 月下旬或 9 月上旬，剥开树皮，木质部有纵向条沟（吴雅琴，1997）。

ASPV 尚未发现有昆虫传播介体，主要是通过嫁接传播，也可通过汁液接种传播。

**4. 粒体形态、体外生物学活性及细胞病理学**　ASPV 为线状弯曲病毒，没有明显的交叉带，粒体长 700～800nm，直径为 12～15nm。具有末端聚集现象，因此测量其长度时有 800nm、1 600nm、2 400nm、3 200nm 等多个峰。它在汁液中的失活温度为 50～55℃，体外保毒期在 25℃下 19～24h，稀释限点 $10^{-2}$～$10^{-3}$。

ASPV 可引起感病细胞机能严重紊乱，但没有特殊的细胞病变结构和内含体，线状病毒粒子积累在细胞质中，有的成束分布，叶绿体被破坏而瓦解。

**5. 基因组结构和组成**　ASPV 病毒粒体线状，大小（800～3 200）nm×15nm，容易形成头尾相连的聚集体。ASPV 单分子线形＋ssRNA，核酸分子量约 $3.6×10^6$u，衣壳蛋白分子量约 44ku。该病毒基因组由 9 306 个核苷酸组成，有 5 个 ORF，5′端有一段 33 个核苷酸非编码序列，最大的 ORF1 编码 247ku 的复制相关蛋白（如解旋酶、甲酰基转移酶、复制酶）；ORF2、ORF3、ORF4 分别编码 25ku、13ku 和 17ku 蛋白，组成一个三基因盒，可能参与细胞间的运动；ORF5 编码 44ku 的外壳蛋白，仅接着是一段 135 个核苷酸的非编码序列，3′末端具有 polyA 尾巴（Jeklmann，1996）。

## （二）苹果褪绿叶斑病毒（*Apple chlorotic leaf spot virus*，ACLSV）

苹果褪绿叶斑病毒是发现最早的苹果潜隐病毒，曾被称为苹果潜隐病毒 1 号。自 1970 年以来，许多国家对苹果褪绿叶斑病毒的理化特性进行了深入研究，根据生物学和血清学关系，确认褪绿叶斑病毒有许多株系，不同株系在致病性、抗原性和症状方面有相当差异。苹果褪绿叶斑病是梨和苹果上发生十分普遍、分布极为广泛的一种病毒病害。许多国家均有报道，几乎所有栽培梨和苹果的地区都有此病发生。

**1. 所致病害**　苹果褪绿叶斑病毒在仁果（pome fruits）和核果类果树（stone fruits）上引起多种重要的病害。严重影响果树的生长，导致果实产量降低和品质变劣，病树生长量减少40%～80%，产量下降 20%～40%。

（1）梨环纹花叶病　保加利亚 Christoff 于 1955 年首次报道了梨环纹花叶病的发生。该病在保加利亚、捷克斯洛伐克、丹麦、德国、英国、匈牙利、南斯拉夫、挪威、荷兰、瑞士、日本等 30 余个国家均有分布。我国辽宁、山东、河北等地也有该病发生，带毒株率达 69.4%。苗木生长量减少 25%～60%，幼树干周增长量减少 30%；带病毒梨树的干周生长量减少 10%，新梢和叶面积减少 20%。树势衰弱，对霜冻和冻害敏感，有时木质部冻害率可达 80%。叶面出现不规则环纹、斑点或线纹，始为浅绿色，后变为黄绿色。梨敏感品种叶片上出现灰色以至黑色坏死斑点；主脉弯曲，叶片畸形，叶缘波状。高温干旱时，症状加重，叶片破碎，叶缘开裂。哈代梨果面出现浅绿色或褐色细环纹。

（2）在其他果树上的为害　包括楹梓叶斑病、苹果高接病、李裂皮病、李假痘病、大果海棠线纹斑病、桃深绿斑驳病和杏斑驳病。

**2. 病毒粒子形态及生物学特性**　ACLSV 是线形病毒科（*Flexiviridae*）发状病毒属（*Trichovirus*）的代表成员，粒子为螺旋对称结构的柔软长线状，大小为（640～760）nm×

12nm，螺距约 3.8nm，每转约有 10 个蛋白亚基。在接种的昆诺藜叶片上，病毒粒子聚集分布在叶肉细胞和维管束薄壁细胞的细胞质中，无内含体。

ACLSV 能侵染苹果、梨和核果类果树（包括桃、扁桃、李、杏和樱桃）。ACLSV 在寄主植物上的症状轻重取决于寄主植物的品种和病毒株系。ACLSV 在大部分梨和苹果的栽培品种上通常呈潜伏侵染，一般不引起明显的症状，但在一些敏感的品种上可引起明显的症状，如梨环纹花叶病（Pear ring pattern mosaic）（王国平等，1994），苹果的高接病和嫁接不亲和等；在核果类果树上可引起严重的病害，如桃暗斑果病（Peach dark green sunken mottle），李假痘（Plum pseudopox）（Jelkmann 和 Kunze，1995），李、樱桃和杏的裂皮病（Bark split），杏嫁接不亲和等。

常用来鉴别 ACLSV 的木本指示植物有 A20 和苏俄苹果（Malus sylvestris cv. R12740-7A）。在 A20 上产生黄色环纹、黄色斑驳和黄色线纹斑；在苏俄苹果上产生褪绿斑，叶片变小，有的叶片向一侧弯曲呈舟形叶，植株矮化或生长衰弱（王国平等，1992；王国平等，1994）。ACLSV 在草本指示植物昆诺藜（Chenopodium quinoa）、苋色藜（Chenopodium amaranticolor）和西方烟（Nicotiana occidentalis）上均产生系统的侵染症状。在昆诺藜的接种叶上产生水渍状凹陷病斑，后变为灰白色坏死斑，新生叶出现系统褪绿斑、不规则形的褪绿斑驳或条纹斑或环斑。在苋色藜接种叶上产生褪绿斑点，后变为灰白色坏死斑点，新生叶出现褪绿斑、脉明和斑驳，并伴有叶脉突起和叶片轻微畸形。在西方烟上引起新生叶的系统褪绿斑点（洪霓和王国平，1999；Babovic 和 Delibasic，1986）。昆诺藜和西方烟常用来增殖病毒。

ACLSV 可通过嫁接、汁液摩擦接种和无性繁殖材料传播扩散，目前未发现自然传播介体。

**3. 株系分化**　ACLSV 因寄主和地理分布不同有株系分化现象，病毒分离物间的生物学表现和血清学表现存在差异，具有多种血清型。

（1）生物学表现差异　不同的 ACLSV 分离物之间在指示植物上的症状表现存在差异。Paunović发现 ACLSV 苹果分离物 ACLSV-LL 和李分离物 ACLSV-SC 在指示植物上的症状表现差异很大，ACLSV-LL 在苏俄苹果上产生褪绿斑点、叶片畸形、植株矮化，而 ACLSV-SC 不引起症状；ACLSV-LL 在毛樱桃（Prunus tomentosa）上产生环纹斑，而 ACLSV-SC 引起植株矮化和叶片枯死等比较严重的症状；两个分离物在昆诺藜上均能引起严重的系统症状，但 ACLSV-SC 能引起褪绿斑中心部位坏死和环纹斑等更严重的症状。洪霓和王国平从我国栽培的苹果和意大利栽培的扁桃上获得了 ACLSV 分离物 ACLSV-C 和 ACLSV-B，比较了两者的主要生物学特性，发现两者均能侵染昆诺藜、苋色藜和西方烟，产生局部侵染斑和系统褪绿斑，但症状反应存在差异，ACLSV-B 在昆诺藜和苋色藜上还可引起叶片沿主脉反卷、皱缩，在西方烟上导致叶脉褐色坏死、叶片反卷、植株生长停滞，还可潜伏侵染笋瓜（Cucurbita maxima cv. Buttercup Burgess），而 ACLSV-C 无此潜伏侵染。

（2）血清学反应差异　来源不同的 ACLSV 分离物的血清学特性具有差异，外壳蛋白在 SDS-PAGE 中的电泳迁移率也存在差异。Barba 和 Clark（1986）发现苹果分离物 ACLSV-M 的抗体不与来源于杏的分离物 viruela 反应，但与李分离物 ACLSV-C8 强烈反应，而李分离物 ACLSV-C8 的抗体均与分离物 ACLSV-M 和 viruela 强烈反应，用这两个抗体均不能检测到梨树上的 ACLSV。Paunović 对生物学表现不同的两个分离物 ACLSV-LL（来源于苹果）和 ACLSV-SC（来源于李）进行研究分析，发现来源于苹果的 ACLSV 分离物与 ACLSV-LL 的抗体反应较强，而与 ACLSV-SC 的抗体反应较弱；两个分离物的提纯病毒粒子的 A260/A280 比值也存在差异，即外壳蛋白（coat protein，CP）中芳香族氨基酸的含量存在差异；ACLSV-SC CP 在 SDS-PAGE 上的电泳迁移率比 ACLSC-LL 的快，由此推测这两个分离物生物学表现的差异与它们的物理特性的差异有关，在一定程度上也与其血清学特性有关。Cieslińska 等也发现了相同的问题，来源于波兰的 ACLSV 李分离物 SX/2 与苹果和樱桃分离物的抗体反应较弱，其 CP 的电泳迁移率比来源于苹果、樱桃和梨的分离物的迁移率快。Malinowski 等克隆了分离物 SX/2 的外壳蛋白基因（cp 基因），将 CP 氨基酸序列与分离物 P863、Ball 和 P-205 进行比对，发现 SX/2 有 3 个氨基酸位点（V32、I80 和 M83）与其他 3 个分离物不同（A32、V80 和 L83），推测这 3 个氨基酸位点可能决定了 SX/2 分离物的血清学特性。Pasquini 等对来源于意大利的桃、李、樱桃和苹果的 ACLSV 进行 Western blot 分析，发现 CP 有 3 种类型的电泳迁移率：22.7ku（Cis 型）、21.5ku（Bit 型）和 19.7ku（Cen 型），这 3 种类型的分离物在昆诺藜上症状也有差异，Cis 型和 Bit 型的分离物表现为轻微的系统症状，Cen 型则表现为局部坏死斑、褪绿、顶芽坏死、衰退等系统症状，而且所有表现为粗皮病的李分离物的电泳迁移率大小均为 22.7ku。来源于苹果和扁桃的分离物 ACLSV-C 和 ACLSV-B 的电泳迁移率也存在差异，ACLSV-C 比 ACLSV-B 的迁移率慢，CP 的分子量分别为 22ku 和 21ku（洪霓和王国平，1999）。Krizbai 等对来源于匈牙利苹果、桃和樱桃的 ACLSV 分离物进行研究，发现所有的分离物在指示植物苏俄苹果和大果海棠（Malus platycarpa）的症状相同，但 CP 却有不同的电泳迁移率。Al Rwahnih 等对来源于不同寄主和地区的 ACLSV 分离物进行 Western blot 分析，发现 CP 有 3 种类型的电泳迁移率，与 Pasquini 等报道的一致。邓晓芸等（2004）用来源于苹果的 ACLSV 分离物制备的抗体，采用 PAS-ELISA 检不出砂梨上的 ACLSV，而试管免疫捕捉 RT-PCR（Immunocapture RT-PCR，IC-RT-PCR）和试管捕捉 RT-PCR（Tube capture RT-PCR，TC-RT-PCR）能获得 358 bp 的特异片段。

**4. 分子生物学特性**

（1）基因组结构　目前，已报道了 8 个 ACLSV 分离物的基因组全长序列，分别为来源于李的 P863（German 等，1990）和 PBM1（Jelkmann，1996），苹果的 P-205、A4、B6 和 MO-5（Yaegashi 等，2007a），樱桃的 Ball（German-Retana）和桃的 TaTao5（GenBank 登录号分别为 NC_001409、AJ243438、D14996、AB326223、AB326224、AB326225、X99752 和 EU223295）。ACLSV 基因组是一条单链的正义 RNA，大小为 7 474～7 561 nt，3′端有 poly（A），5′端有帽子结构，含有 3 个部分重叠的开放阅读框（Open reading frame，ORF1、2 和 3），5′端和 3′端均有非翻译区（un-translated region，UTR），大小分别为 148～159 nt 和 143～216 nt。

在 ACLSV 侵染的昆诺藜组织中均含有 6 种病毒双链 RNA（Double-stranded RNA，dsRNA），大小分别为 7.5kb、6.4kb、5.4kb、2.2kb、1.1kb 和 1.0kb。7.5kb 的 dsRNA 为基因组的双链形式，直接表达 216ku 蛋白，与两种较丰富、大小为 6.5kb 和 5.4kb 的 dsRNA 共 5′末端。2.2kb 和 1.1kb 的 dsRNA 为亚基因组的双链形式，分别表达 50ku 的 MP 和 22ku 的 CP。

(2) 分子变异 已报道 ACLSV 不同分离物基因组间存在高度的分子变异 （German-Retana 等，1997）。对已报道的 8 个分离物的基因组全长进行比较，基因组全长有一定的差异，大小从 7 474nt 到 7 561nt，同源性为 67.0%～81.5%，其中分离物 TaTao5 与其他 7 个分离物之间的同源性最低，为 67.0%～68.7%，其他 7 个分离物之间的同源性相对较高，为 73.9%～81.5%。ORF1、ORF2、ORF3 的大小也有差异，大小分别为 5 634～5 664nt、1 341～1 383nt、750～765nt（分离物 P-205 除外）。7 个分离物（除分离物 TaTao5 外）的 ORF1 的核苷酸同源性为 72.9%～80.7%，编码的 216ku 蛋白的同源性为 81.6%～89.8%；ORF2 的核苷酸序列和编码的 MP 变异较大，同源性分别为 78.0%～84.1% 和 77.2%～88.4%；CP 相对较保守，其核苷酸序列和氨基酸序列同源性分别为 80.9%～88.8% 和 87.0%～95.9%。5′-UTR 和 3′-UTR 核苷酸序列变化比较大，分别为 60.5%～94.7% 和 68.2%～91.8%。对分离物 Ba11、P-205、P863 和 PBM1 3 个 ORF 的核苷酸序列进行多重比对，发现 ACLSV 基因组有 3 个高度变异区，即甲基转移酶下游（同源性低于 20%）、MP 的 C 端和 CP 的 N 端（German-Retana 等，1997）。

CP 是 ACLSV 唯一的结构蛋白，它的变异能够反应该病毒的生物学现象，因此，*cp* 基因常用来研究分子变异。Candresse 等对来源于法国和波兰的 ACLSV 分离物进行了研究，采用 IC-RT-PCR 方法用引物 A52/A53 扩增了移动蛋白基因（mp 基因）与 *cp* 基因重叠的大小为 358 bp 的片段，核苷酸同源性为 80%～90%，变异率达到了 10%～20%，编码的 MP 部分多肽高度变异，而编码的 CP 部分多肽相对保守。Cieślińska 等用引物 A52/A53 从分离物 SX/2 上扩增不到 358 bp 片段，Malinowski 等克隆了分离物 SX/2 的 *cp* 基因，发现与引物 A52 和 A53 有几个碱基发生错配，*cp* 基因与分离物 P863 和 P-205 进行比对，其核苷酸同源性均为 84%，编码的氨基酸同源性分别为 93% 和 91%。对来源于意大利和匈牙利的 ACLSV 分离物进行分子变异研究发现，358 bp 片段的核苷酸同源性为 81%～94%。Al Rwahnih 等对来源于不同寄主和地区的 35 个 ACLSV 分离物的 *cp* 基因 3′ 端（500 nt，占 *cp* 基因的 85%）进行了遗传多样性分析，发现在氨基酸水平上 CP 的 N 端是高度变异区，而 C 端相对保守，在系统进化树上这 35 个分离物分为 A 和 B 两个大组群，A 组包括大部分分离物（来源于仁果类和核果类），B 组包括 4 个来源于不同国家和寄主的核果类分离物，两组之间的变异率高达 30%。

郑银英（2005）将来源于我国的桃分离物 HBP 和苹果分离物 ACLSV-C 的 *cp* 基因核苷酸序列和氨基酸序列与 GenBank 中登陆的不同来源的 Kuerle、P-205、P863、PBM1、Ba11 和 SX/2 6 个 ACLSV 分离物进行序列同源性比较及系统进化分析，结果表明，来源于我国的 HBP、Kuerle 和 ACLSV-C 3 个分离物分别位于 3 个不同的进化分支，但都位于一个组群，HBP 分离物与来源于李的 SX/2 分离物的核苷酸序列和氨基酸序列同源性都很高（94.0% 和 96.4%）、亲缘关系很近，在进化树中归为一组。其他分离物间的核苷酸序列同源性为 79.9%～88.8%，氨基酸序列同源性为 85.0%～95.9%。氨基酸序列多重匹配分析发现其变异主要发生在 CP 的 N 端 23～98 aa 这个区域，C 端 99～193 aa 区域高度保守，CP 的 N 端（1～12 aa）未发生任何变异（郑银英等，2007）。

Yansu 等（2011）收集砂梨样品 65 份，经生物学及 RT-PCR 检测，其中 52 份样品的 ACLSV 检测结果为阳性，病毒侵染率为 80%。随机选取 22 份阳性样品，对 ACLSV 的 *cp* 基因进行了克隆和测序，序列分析的结果表明，来源于我国砂梨的 ACLSV 存在高度的分子变异，其核苷酸序列同源性为 87.3%～100%，编码的氨基酸序列同源性为 92.7%～100%。其中分离物 PYRUS6、PYRUS36、PYRUS43 和 PYRUS58 间的同源性最高为 99.8%～100%（nt）和 100%（aa）。分离物 PYRUS39、PYRUS54 和 PYRUS56 之间具有较高的同源性（核苷酸 99.1%～99.5%，编码的氨基酸为 98.4%～99%），而与其他 19 个砂梨分离物的同源性较低，核苷酸同源性为 87.3%～91.8%，编码的氨基酸同源性为 92.7%～97.9%。

将得到的 22 个来源于砂梨的 ACLSV 分离物与已报道的 12 个 ACLSV 分离物进行 CP 氨基酸序列的系统发育树分析，结果表明这 37 个分离物可分为 Ⅰ 和 Ⅱ 2 个组，22 个砂梨分离物均位于 Ⅰ 组，而来源于库尔勒香梨的分离物 Kuerle 位于 Ⅱ 组。Ⅰ 组又可以分为 A 和 B 2 个亚组，A 亚组包括大部分的砂梨分离物和核果类分离物（HBP、PEACH1、PLUM1、PLUM2、PBM1 和 SX/2），B 亚组包括 3 个砂梨分离物（PYRUS39、PYRUS54 和 PYRUS56）以及来源于我国苹果的分离物 ACLSV-C、日本苹果的分离物 B6、印度梨的分离物 Pear 和苹果分离物 Kalpa 和 Salooni。

ACLSV 分离物 CP 氨基酸序列多重比对的结果表明，我国 ACLSV 砂梨分离物的 N 端变异较高，C 端相对保守。位于系统发育树 B 亚组的 3 个砂梨分离物（PYRUS39、PYRUS54 和 PYRUS56）和苹果分离物 ACLSV-C 有 6 个保守的氨基酸位点 $A^{20}$-$T^{37}$-$V^{60}$-$E^{70}$-$V^{80}$-$T^{188}$。与日本的 2 个代表性分离物 P-205 和 B6 CP 编码的氨基酸进行比对，发现我国的砂梨分离物、苹果分离物和核果类分离物均属于 B6 型（P-205 型为 $A^{40}$-$V^{59}$-$F^{75}$-$S^{130}$-$M^{184}$，B6 型为 $S^{40}$-$L^{59}$-$Y^{75}$-$T^{130}$-$L^{184}$）。

### （三）苹果茎沟病毒（Apple stem grooving virus，ASGV）

苹果茎沟病毒是苹果和梨上发生普遍的潜隐病毒之一，已报道该病毒的自然寄主除苹果和梨外，还可为害柑橘（柑橘碎叶病）、樱桃、杏等果树和百合，对果树的生长、产量、果品质量等造成严重的影响。

#### 1. 所致病害

（1）在梨和苹果上混合侵染　在梨和苹果上，苹果茎沟病毒常与苹果褪绿叶斑病毒、苹果茎痘病毒同时混合侵染，加重对果树生长和结果的影响。据日本研究，苹果茎沟病毒单独侵染，病树生长量减少 10%～15%，产量降低 5%～10%；当经与苹果褪绿叶斑病毒混合侵染时，病树生长量减少 20%～30%，产量下降 10%～15%。

（2）梨叶黑斑病（Pear black necrotic leaf spot，PBNLS）　1976 年和 1979 年日本和韩国相继报道了梨树上的 PBNLS，该病已由零星发生至向田间栽培品种蔓延的趋势。据报道该病使梨产量减少 50%，造成严重的经济损失。5 月下旬 PBNLS 在砂梨树叶片上产生红褐色（初期）或黑色（后期）圆形或不规则状斑，其直径为 1～4mm，但后期多个病斑合并成黑斑，造成更严重的危害。

Shim 等通过观察梨分离物 South Korea 病毒粒子形态和对病毒基因组结构、生物学和血清学表现的研究，证实 ASGV 为引起梨叶黑斑病（Pear black necrotic leaf spot，PBNLS）的病原。

#### 2. ASGV 地理分布与寄主范围　美国学者 Waterworth 1965 年首次报道了苹果树上的 ASGV，该病毒为害苹果、梨、柑橘、樱桃、杏等果树和百合，分布于法国、意大利、美

国、加拿大、中国、日本、韩国、南非、澳大利亚等国家。ASGV 是苹果和梨树上发生普遍的潜隐病毒之一，我国于 1989 年和 1993 年初次报道了苹果和梨树上的 ASGV，分布于我国的辽宁、山东、河北、河南、山东、山西、内蒙古、甘肃、湖北、湖南、浙江、广东、广西、福建、四川、新疆、台湾和北京 18 个省（自治区、直辖市），几乎从南至北均有分布。刘福昌等报道我国的渤海湾、黄河故道和西北高原区域主栽苹果品种和营养系矮生砧木潜带 ASGV 的带毒株率为 33.4%～100%。王国平等（1994）报道我国北方梨产区 15 个主栽品种和辽宁兴城国家梨种质资源圃 5 个梨栽培种的 23 个主要品种带病毒株率，分别为 32.8% 和 38.0%。

ASGV 还能侵染昆诺藜、苋色藜、灰藜、菊叶香藜、西方烟、心叶烟、克利夫兰烟、西方烟、豇豆、菜豆、四季豆、鸡冠花、笋瓜等 5 个科 13 种草本植物。

**3. 症状表现** ASGV 在木本指示植物维琴尼上表现的症状为，田间病株较健株生长矮小并衰弱。有的病株嫁接口肿大、接合部内有深褐色坏死环纹，木质部表面产生深褐色凹陷条沟，发病严重时，木质部沟槽从外部即可辨认，病株遇强风往往从嫁接口处折断。在温室里 ASGV 在弗吉尼亚小苹果（Virginia crab）叶片上产生黄斑或黄色环纹斑，黄斑常分布在叶片的一侧，且多数在叶边缘。有病斑的一侧叶片变小，形成舟形叶，这一症状与 ACLSV 在苏俄苹果上的表现相似。病叶多在黄斑处发生皱缩，病株木质部表面产生褐色凹陷条沟。

从苹果分离获得的 ASGV 分离物在草本指示植物昆诺藜上，表现为接种叶产生针尖大小灰白色坏死斑，顶部新叶皱缩反卷、褪绿斑驳。在心叶烟上产生系统轻斑驳，偶见坏死，2～3 周后症状消失。在四季豆接种叶上产生少量紫色斑或环斑，顶部花叶及坏死。另外，在草本指示植物苋色藜、灰藜、菊叶香藜、西方烟、心叶烟、克利夫兰烟、西方烟、笋瓜、四季豆、菜豆上也表现症状。来源于柑橘的 ASGV 分离物（原 CTLV）在指示植物昆诺藜和苋色藜上接种 3～5d 后开始表现症状，在接种叶上表现为黄斑，在非接种叶上表现为系统黄斑和坏死。在克利夫兰烟上接种 3～5d 后开始表现症状，出现系统轻斑驳和花叶症状。在豇豆和鸡冠花上接种 3～7d 后开始表现症状，出现局部枯斑症状。来源于梨的 South Korea 分离物，在昆诺藜上表现褪绿斑驳、反卷等症状。

**4. 病毒特性与细胞病理学** ASGV 是发形病毒属（*Capillovirus*）的代表种。ASGV 粒子为弯曲线状，长 600～700nm，直径 12nm，螺旋对称结构，螺距 3.4nm，每转有 9～10 个蛋白亚基。用醋酸铀负染色后粒子表面具明显的交错横纹。体外钝化温度为 60～63℃，体外存活期 25℃ 以下 3d 左右，4℃ 以下超过 27d，-20℃ 以下达 180d 以上，稀释限点为 $10^{-4}$，沉降系数约 112S，具中等抗原性。单分子线形正义 ssRNA，长约 6.5kb，核酸约占病毒粒子重量的 5%。外壳蛋白由一种多肽组成，分子量为 27ku。

病毒侵染对寄主细胞没有明显的危害，病毒粒子成束分布于叶肉细胞和维管束薄壁细胞内，但不在表皮细胞和筛管中。人工接种 ASGV 的昆诺藜叶片细胞中，线状病毒粒子散布在细胞质中。

**5. 血清学及株系** ASGV 根据其生物学特性和血清学关系可分为 3 个株系：即苹果潜隐病毒 II 株系（C-431）、E-36 株系和深绿反卷株系（GE）。在琼脂双扩散水平上，对 CTLV 敏感的寄主植物汁液均与 ASGV 抗血清呈阳性反应，说明这两个病毒之间有血清学关系。经过 ASGV 免疫吸附和修饰能够捕获到典型的 CTLV 病毒粒子并表现强的修饰，用免疫电镜检测感染 CTLV 的柑橘、枳橙、克利夫兰烟、昆诺藜、苋色藜、豇豆和鸡冠花上均能观察到 CTLV 病毒粒子，因此借助 ASGV 的抗血清来检测植物材料中的 CTLV 是可能的。此外，研究发现柑橘碎叶病毒 2 个百合分离物（L 和 Li-23）的全长 cDNA 序列与 ASGV（P-209）序列非常相似，其基因组大小和结构与 ASGV（P-209）完全相同，因此，认为 CTLV 为 ASGV 的分离物之一。

ASGV（P-209）和 CTLV（Li-23）的 ORF1 和 ORF2 的编码蛋白氨基酸序列同源性，分别为 88.2% 和 94.7%，且 ORF1 编码蛋白中聚合酶与 CP 间的含 284 个氨基酸区域为高度可变区（V-区），序列同源性仅为 58.5%。

1976 年日本学者 Kishi 首次报道了梨树上的 PBNLS，1979 年韩国学者也报道了梨树上的 PBNLS，分布于韩国的所有梨产区，对果树的生产和产量造成严重的影响。从发现该病害至 1993 年，韩国学者们一直认为在梨树上引起 PBNLS 的病原为细菌或真菌，直至 Nam 等通过木本和草本指示植物鉴定、血清学和 RT-PCR 检测，才初步验证 PBNLS 可能是由 ASGV 引起的。Shim 等通过观察梨分离物 South Korea 的病毒粒子形态和对病毒基因组结构、生物学和血清学特性的研究，证实 ASGV 为引起 PBNLS 的病原，同时 Western-blot 分析证实 PBNLS 与 ASGV 和 CTLV 在血清学上存在相关性。另外，ASGV 与马铃薯病毒 T（Potato virus T，PVT）在血清学上也存在一定的相关性（James，2002）。

**6. 基因组**　目前已分别测定了来自苹果的 P-209、百合的 L 和 Li-23、梨的 South Korea 4 个 ASGV 分离物的完整基因组核苷酸序列。P-209、L、Li-23 和 South Korea 全基因组大小分别为 6 496、6 496、6 495 和 6 497nt（PolyA 除外）（Yoshikawa，2002）。

通过对上述 4 个分离物的完整基因组核苷酸序列分析比较发现，4 个分离物中除来源于百合的 L 和 Li-23，2 个分离物间的同源性高达 98.4% 外，其他分离物间的同源性为 79.2%～83.4%；CP 和 ORF2 编码 MP 氨基酸序列高度保守，同源性分别为 95.3%～100.0% 和 92.8%～98.8%；ORF1 编码 241ku 蛋白在 4 个分离物之中除来源于百合的 L 和 Li-23 2 个分离物间的同源性高达 98.1% 外，其他分离物间的同源性相对较低，为 84.1%～88.5%；5′非翻译区序列变化很大，P-209、L 和 Li-23 3 个分离物间的同源性为 80.0%～97.1%，而 South Korea 与这 3 个分离物间的同源性很低，仅为 34.3%～51.4%；3′非翻译区序列变化也较大，P-209、L 和 Li-23 3 个分离物间的同源性很高，为 97.2%～100.0%，而 South Korea 与这 3 个分离物间的同源性相对较低，为 80.4%～81.0%。

ASGV 为单链正义 RNA，5′端具帽子结构，有 36nt 的非翻译区，3′端 Poly（A）尾的上游是一个 142nt 的非翻译区，含 ORF1（6.3kb）和 ORF2（1.0kb）2 个开放阅读框，同一病毒不同寄主分离物 ORF1 编码蛋白中聚合酶与外壳蛋白间 284 个氨基酸区域变异极大。ORF1，编码一个分子量为 241ku 的多聚蛋白。241ku 多肽包含几个非结构蛋白功能域，如甲基转移酶（Mt）、NTP-结合解旋酶（Hel）、类木瓜蛋白酶（P-Pro）、聚合酶（Pol）和外壳蛋白（CP）等功能蛋白。CP 位于其 C 端，大小为 27ku，ORF2 位于 ORF1 之内，靠近基因组 RNA 的 3′端，编码 36ku 的运动蛋白（MP）。

ASGV 的 ORF1 编码蛋白具有解旋酶和 RNA 依赖的 RNA 聚合酶的特征序列。与解旋酶有关的保守序列 GxxGxGKS/T 位于该蛋白的 781～788aa。位于该蛋白的 1 451 与

1 453间的保守区 GDD 序列与 RNA 病毒复制有关，为依赖于 RNA 的 RNA 聚合酶（RdRp）的活性和识别位点。ORF2 编码蛋白具有丝氨酸蛋白酶活性有关的特征序列 GDSG，位于该蛋白的 197～200aa。

**7. 分子变异** Magome 等对 6 个来源于苹果、日本梨和欧洲梨的 ASGV 分离物以及两个来源于柑橘的 CTLV 分离物的 V-区、CP 和 ORF2 编码蛋白氨基酸序列进行研究，结果表明不同来源的 ASGV 分离物包含 2～4 个分子变种（sequence variants species），ASGV（P-209）和 CTLV（L 和 Li-23）分离物或分子变种的 ORF1 和 ORF2 编码蛋白的氨基酸序列比较分析表明：ORF2 和 CP 编码氨基酸序列高度保守。ORF2 编码蛋白氨基酸序列在上述 3 个分离物和 12 个分子变种间的同源性为 92.8%～100%；3 个分离物和 18 个分子变种间的 CP 氨基酸序列的同源性为 92.4%～100%。然而，由 ORFI 编码的变异区（V-区）氨基酸序列变异很大，同源性为 53.2%～99.3%，其中在有些分离物或分子变种间的同源性却很低，只有 20.4%。在变异区（V-区）、CP 和 ORF2 编码蛋白的氨基酸序列构建的系统发育树中，这些分离物和分子变种可分为几个组群，与寄主来源（苹果、日本梨、欧洲梨、柑橘和百合）无关。

胡国君等从河北、河南、湖北、山东、陕西等地共收集 43 个品种的梨样品 65 份。根据报道的 ASGV 序列合成了 2 对特异性引物，其中引物 ASGV-U/ASGV-2 扩增片段的大小为 499bp，包括部分 cp 基因（482bp，约占 cp 全长的 67.5%）和 3′端非翻译区的 17bp；引物 CTLV-2（＋）/ SGOP2（－）扩增片段大小 335bp，为该病毒高度可变区（variable region，VB）的一部分。采用 CTAB 法从采集的梨样品叶片提取总 RNA，经采用 2 对引物进行 RT-PCR 扩增，有 45 份样品获得预期大小的目标扩增片段，检出率为 73.7%。其中来自河北唐山和云南的样品检出率最高，达 100%（11/11、4/4），来自河南的样品检出率相对较低，为 66.7%（2/3），其他各地梨样品的 ASGV 检出率为 66.7%～78.6%。

对扩增产物进行了回收、克隆和测序，序列比对的结果显示，这些分离物的 *cp* 基因及 VB 区具有高度的变异，分离物间在 CP 和 VB 区核苷酸序列的最大差异率分别达 13.3% 和 17.9%，且各分离物间的扩增片段序列均存在一定的差异，其 *cp* 基因部分的核苷酸序列同源性为 86.7%～99.4%，推测编码氨基酸序列同源性为 94.3%～100%；可变区核苷酸同源性为 80.3%～99.7%，推测编码氨基酸序列同源性为 89.5%～100%。根据所获 *cp* 基因的核苷酸序列采用 MEGA4.0 构建其系统发育树，结果显示，所分析的 45 个分离物明显聚为两组，各组内进一步分为两个亚分支。根据其 VB 核苷酸序列构建系统发育树形成两个明显的分支，但大部分分离物均聚在第一个分支（37 个），8 个分离物聚为另一分支。这些结果表明我国梨树上的 ASGV 存在较大的分子变异，但各分离物间的亲缘关系与其寄主及地域来源无关。

## （四）梨泡症溃疡类病毒（*Pear blister canker viroid*，PBCVd）

**1. 分布为害** 梨疱症溃疡病也称梨疱斑病（Pear blister canker disease）、梨粗皮病（Pear rough bark disease）、梨裂皮病（Pear bark split disease）、梨树皮坏死病（Pear bark necrosis disease）、梨斑疹病（Pear bark measles disease）。

目前欧洲的法国、西班牙、意大利有梨疱症溃疡病的发生报道。

**2. 症状特征** 梨疱症溃疡病能潜伏侵染很多梨栽培品种，如威廉姆斯、考密斯、哈代等。在法国，大约 10% 的梨树栽培品种被无症侵染。在所有的品种中，仅 A20 能作为指示植物。A20 被侵染后能形成典型的疱斑症状，通常在被侵染的第二年，树皮上出现脓疱或表皮裂纹，进而形成零散的溃疡、鳞状树皮或是深的树皮裂缝，叶片和果实不表现病理症状，梨树得病后 5～8 年死亡。

**3. 病原类病毒特性** Flores 等证实梨疱症溃疡病是由梨疱症溃疡类病毒（*Pear blister canker viroid*，PBCVd）引起的，属于马铃薯纺锤块茎类病毒科（*Pospiviroid*），苹果锈皮类病毒属（*Apscaviroid*）。

（1）寄主植物 梨（*P. communis*）和榅桲（*Cydonia oblonga*）是仅知的 PBCVd 的自然寄主。在欧洲，榅桲的压条经常作为梨树的砧木，这可能是该病害的侵染源。PB-CVd 能通过机械传播到黄瓜（*Cucumis sativus*）植株上，并引起温和的皱缩、卷叶症状，或没有症状。另外，PBCVd 还可潜伏侵染梨属（*Pyrus*）、木瓜属（*Chaenomeles*）、榅桲属（*Cydonia*）、花楸属（*Sorbus*）植物，但不能侵染苹果属（*Malus*）、唐棣属（*Amelanchier*）、腺肋花楸属（*Aronia*）、栒子属（*Cotoneaster*）植物。梨树是唯一提纯到该类病毒的寄主。

（2）形态特征 病原为一共价闭合的单链 RNA 分子，分离物 P2098T 长 315 个核苷酸残基，能形成半杆状的二级结构，碱基组成为 G∶C∶A∶U = 31.4∶29.2∶17.1∶22.2。分离物 P1914T、P47A 和一意大利分离物有 315～316 个核苷酸，与 P2098T 分离物的序列有微小的差异（Loreti 等，1997）。PBCVd 含有苹果锈皮类病毒属（*Apscaviroid*）成员均保守的中央保守区和左端保守区。

（3）鉴别寄主反应 梨 A20 可作为鉴别寄主。梨树苗或榅桲的压条用梨 A20 及待测材料双重嫁接，若该材料带毒，在田间两年后，A20 树皮上出现该病害典型症状。近来发现的另外两个指示植物品种 Fieud 37 和 Fieud 110，在温室条件下接种后 3～4 个月能在叶片和幼茎上形成溃疡，并很快死去。PBCVd 在指示植物 A20 和 Fieud 37 上引起的症状相似，其严重程度取决于侵染的分离物。在已被克隆的 3 个分离物中，P47T 引起的症状最为严重，其次为 P2098T，P1914T 最弱。症状的差异可能是由于 3 个分离物微小的核苷酸差异引起的。

（4）聚丙烯酰胺凝胶电泳（PAGE） PBCVd 能通过聚丙烯酰胺电泳，其方法与其他类病毒相似（Flores 等，1991）。先用提取缓冲液（2 倍体积 0.1mol/L pH8.5 的 Tris-HCl，1mol/L NaCl，1% 的 SDS，0.5% 的 DIECA，1g/10g 植物组织 PVP）酚氯仿抽提释放核酸，后用 methoxyethanol 抽取以除去植物组织中的多糖，核酸用 CTAB 沉淀，经 CF-11 纤维素柱纯化即得到类病毒核酸粗提液。100g 得病的梨树叶活树皮鲜组织能提纯到 0.5～1μg PBCVd。

粗提液经聚丙烯酰胺凝胶双向电泳后，环状的类病毒 RNA 条带与植物组织的 RNA 分开，环状的 RNA 具有侵染性，切下特异的类病毒条带，洗脱凝胶，得到高度纯化的类病毒核酸。纯化的核酸通过机械接种至梨无性系 A20 幼苗上，观察其出现的症状，以进一步确认类病毒的存在。

（5）核酸杂交和 RT-PCR 由于鉴别寄主症状形成较慢，用放射性或非放射性探针标记的互补 DNA 作探针进行核酸杂交能较容易地鉴定 PBCVd，其灵敏度较 PAGE 法高得多。根据报道的序列合成专化性的 PCR 引物进行反转录 PCR 检测，其灵敏度高，快速简易，能同时处理多个样品，但易产生假阳性。

**4. 发病规律** 梨疱症溃疡类病毒能通过嫁接、芽接传播，在实验条件下也能通过刀具传播，但没有介体及种子传毒报道。

**5. 防治对策**

（1）禁止从疫区进口鳄梨及其相关的繁殖材料，如有特殊需要进口时应限制进口数量，并有出口国的检疫证书。

（2）热处理不能灭活带毒材料中的 PBCVd，可通过使用无毒繁殖材料来控制该病害。

## （五）梨衰退植原体（Pear decline phytoplasma）

**1. 分布为害** 梨衰退病（Pear decline）是一种重要的昆虫传播的植原体病害，已被列入我国新修订的入进境植物检疫性有害生物名录。

梨衰退病最早于 1948 年报道于英国，随后扩散到美洲。目前主要分布在欧洲、美国、加拿大、原苏联。欧洲：广泛分布于德国、意大利。在奥地利、原捷克和斯洛伐克、法国、西班牙、瑞士、原苏联和原南斯拉夫局部分布。比利时、英国和希腊可能发生。北美洲：美国于 1946 年在太平洋沿岸的几个州首先发现梨衰退病，现在病害存在于东北部的部分州，有可能遍及加利福尼亚的商品性果园。

1994 年，台湾中部地区的砂梨（*Pyrus pyrifolia*）出现疑似衰退病症状。最初发生在秋季，被侵染梨树的叶片未成熟而变红，提前脱落；翌年春季，病树生长不良，幼叶小而发白，幼芽极小，在随之而来的干热气候下，几周内就迅速衰退而死亡。台湾的最新研究表明，基于假设性限制位点和植原体的 rDNA 序列分析，台湾发现的 PDTW 可能是一种新的苹果丛生植原体亚组。PDTW 的传播介体为两种梨木虱：黔梨木虱（*Cacopsylla qianli*）和中国梨木虱（*C. chinensis*）。

梨树易感病品种被梨衰退植原体侵染后，几年内即可死亡，或在很长时间内树体慢慢衰退。与健康梨树相比，受害树结果小而少。该病害主要为害梨树，砂梨和秋子梨均高度感病。西洋梨、杜梨和豆梨亦感病，还可以为害榅桲。

**2. 症状特征** 梨衰退病在梨树上因不同季节可引起不同症状，在夏秋季高温季节常发生急性衰退，病树迅速枯死；在春季发生多为慢性衰退。

（1）急性衰退 特征为病树叶片突然萎蔫并干枯，随后变黑。树体在几天至几周内死亡。急性衰退主要发生于夏季或秋季，并且通常在干旱、高温胁迫下，发生在嫁接于特定砧木上的梨树。

（2）慢性衰退 缓慢削弱树势，在数周至数月内病情加重。症状通常在春季或夏末出现。如果长出新枝则非常短。花芽、叶片和营养枝死亡。病树在来年春季前死亡。

（3）卷叶 通常在耐病品种上发生，叶片由叶尖沿中脉向下反卷。伴随慢性衰退，叶片变红，在晚夏脱落。受害梨树的果实变小，叶片小，革质，具轻微上卷的边缘。

**3. 病原菌特性** 目前，植原体的检测主要基于 PCR 技术进行 rDNA 的扩增。根据 rDNA 序列的不同，目前将植原体分为 20 个主要的组。欧洲和北美的梨衰退植原体暂时划归为苹果丛生植原体亚组（Apple proliferation subgroup）。

（1）形态特征 梨衰退病植原体主要呈丝状，通常具有 3 层膜的分枝体，但缺少坚硬的细胞壁。病原植原体在体外至今还未培养成功。在生长季节，衰退植原体在筛管中增殖很快，一些梨树可能在几个月之内死亡，但大多数可存活数年，但根据不同的气候条件，生长缓慢，结果减少，对于极端环境条件，病树失去抵抗力。

（2）检验方法

①DAPI 染色　将冰冻的茎或根的切片，用黏合 DNA 荧光染料 DAPI 染色，然后在荧光显微镜下观察，即可看到在筛管中有一些明亮的荧光小颗粒（单个或几个）。从根部切片中常常可以看到最好的结果，因为根部的植原体数量受季节的影响较小。

②传染试验　用嫁接法将根或茎部接穗嫁接到适当的植物上，如西洋梨新品种 Precocious。在栽培品种 Percocius 上，初期叶片轻微褪色，出现变宽和隆起的叶脉，并沿着叶脉症状的出现，叶片变厚成皮革状，变脆。

③典型症状的显微镜观察　在病株嫁接处树皮的横切片在韧皮部结构中很多筛管坏死，在生长期，这个现象更为明显，在嫁接连接处，衰老前筛管变硬是病害诊断的典型症状。淀粉试验表明在嫁接连接处有淀粉积累，而在根部淀粉很少甚至没有。这种方法简单易行，但在耐病品种中的病原植原体不产生这种症状。

④分子生物学方法　已发展了用于检测梨衰退植原体的直接 PCR 和槽式 PCR 方法。

**4. 发病规律**

（1）寄主范围　病原植原体的主要寄主是梨属 *Pyrus* spp. 植物。采用砂梨（*P. pyrifolia*）和秋子梨（*P. ussuriensis*）作砧木的梨树发病时，容易出现快速衰退，尤其是采用下列品种作接穗时更为明显：Williams, Beurre Hardy, Max Barlett。但品种 Mentecosa, Precoz, Morettini 较少被感染。而对抗病品种作砧木时，发病时容易出现叶片卷缩（慢性衰退），如西洋梨（*P. communis*）、杜梨（*P. betulifola*）和豆梨（*P. alleryana*）。病害也能在楒柏属植物上发生，偶尔在这些树种作砧木的嫁接树上发生。梨衰退病可以通过昆虫介体传染到草本寄主植物长春花（*Catharanthus roseus*）上。

（2）传播途径　已经明确，引起梨树衰退的植原体有两种，分别由梨木虱（*Cacopsylla pyricola*）和叶蝉近距离传播。远距离主要由苗木调运传播。大约在 1832 年，梨木虱从欧洲传入美国，导致美国梨树大面积发生衰退病。梨木虱在海拔较高的地区较普遍。在瑞士，海拔 600～1 000m 的地方也存在这种介体，其从梨树迁移，而且以成虫在树皮裂缝中越冬。介体几小时就能获得植原体，但是要成为持久性传毒介体需要 3 周时间。昆虫介体一般是短距离传播，如植株间传播、果园间传播或从野生感病寄主上传播病原植原体。在国际贸易中，病原随着带病的梨树植株、砧木和接穗传播，也可能由昆虫介体传播。此外，病害可以通过嫁接传染，但成功率较低，只有 33%，实验条件下用昆虫介体接种传染，在介体取食后 2 个月，植株便出现症状，接穗种类和树龄似乎不影响梨衰退病的发生。

**5. 防治对策**

（1）产地检验　引种前必须实施产地检疫，不得从疫区调运苗木；入境苗木必须经严格的隔离试种，确认健康后才可在国内种植。

（2）室内检测　梨衰退植原体是我国禁止入境的危险性有害生物，由于该菌不能培养，ELISA 和 PCR 检测是目前检测该病害的主要手段。

## 三、病毒鉴定及检测技术

病原鉴定是植物病害防治的重要基础前提，病毒为分子生物，在常规条件下不能识别，多需借助特殊的技术手段进行鉴定，使病毒研究难度加大。在果树病毒研究中，世界许多国家开展了较广泛的病毒种类分析工作，目前世界各国已明确报道的苹果和梨树病毒及类病毒有 20 多种，其中发生和为害较为严重的病毒有近 10 种，我国鉴定明确的有 5 种；已报道葡萄病毒及类病毒种类超过 60 种，而我国鉴定出的仅 11 种；已报道的柑橘病毒及类病毒种类有 30 多种，我国鉴定出的约 10 种；已报道核果类果树病毒有 40 多种，我国鉴定出的有 6 种。我国种质资源丰富，种植地域极广，新的类似病毒病害的病原研究还有待深入。欧美各国对果树病毒的研究工作开展较早，具备较完善的病毒检测技术体系，尤其是对保存的种质资源的病毒鉴定与监测制订了严格的规程。在目前所采用的检测技术中，针对这些用于繁殖的材料，多采用生物学、血清学与分子生物学相结合的方法，分子生物学技术虽然具有检测灵敏度高和快速等优点，但对病毒株系的鉴定还需结合生物学特性分析进行区分，因此，许多国家筛选和保存有全套用于病毒鉴定的指示植物。在血清学检测技术中，欧美及日本广泛开展了病毒特异性检测抗体的制备，部分发生及为害较普遍的病毒已有商品化制剂生产，尤其是意大利，凭借其在葡萄病毒研究中的领先地位，已研究开发了 10 多种葡萄病毒的血清学检测试剂盒，并广泛用于葡萄脱病毒繁殖材料的病毒检测，极大地促进了本国及欧洲多个国家的葡萄无病毒栽培业的发展；欧洲诸国亦高度重视核果类果树病毒的研究，尤其是近些年由于李痘病毒、李属坏死环斑病毒、李矮缩病毒、花叶病毒、茎痘相关病毒及植原体和类病毒病的发生造成严重危害，多个国家成立了研究协助组，重点开展了病毒特性、发病规律及检测技术的研究，除血清学检测试剂盒的研发外，建立了适合于多种病毒同时检测的多重 PCR 技术。美国在 20 世纪 60 年代即开展了苹果、梨等果树的无病毒种质收集和保存计划（IR-2），对果树病毒进行了较广泛的研究；日本及韩国曾因高接换种导致苹果及梨树的大面积衰退，从而对其病原病毒的研究引起高度的重视，率先开展了苹果及梨树病毒的生物学及分子生物学特性研究，在80~90 年代即制备了苹果和梨树上 4 种病毒的多克隆抗体。在柑橘病毒研究中，世界主要柑橘生产国均开展了柑橘衰退病毒的研究，通过株系的鉴别，利用弱毒株系的交叉保护作用，对该病毒病的控制起到良好的效果；在柑橘病毒的检测上，制备了柑橘衰退病毒的多克隆和单克隆抗体，筛选到可用于弱毒株系区分的多克隆抗体，建立了可同时检测多种病毒及类病毒的多重 PCR 技术。目前，在美国、加拿大、德国、英国、意大利、波兰等国均列出多种果树应检病毒及类似病原物名单，建有各级无病毒种质资源保存圃，为果树种植业的健康和可持续发展奠定了良好的基础。

随着人们生活水平的提高，对果品的需求亦日益增加，尤其是对果品质量的要求更高，大量的研究证明，病毒危害除直接影响果品产量外，也严重影响果品质量。因此，果树的无病毒化栽培是当今果树发展的趋势，病毒检测技术是其重要的技术支撑。在病毒检测技术上，各国都在开展深入的研究，其发展趋势具有两个明显的特点：一是向高通量、高灵敏度的检测技术发展，以适应大批量材料的分析需要；二是向高特异性检测技术发展，通过对具有地域及寄主特异性病毒株系的分析，建立可用于株系区分的病毒检测技术，为病毒致病性变异的监测及相关防治技术的研究提供技术支撑。

可用于病毒及类病毒检测的方法很多，主要是依据其生物学特性和其分子组成而开发的，不同病毒表现出不同的生物学特性，因此可用生物学方法加以鉴别。病毒是由外部的外壳蛋白和内部核酸组成的，这样就可以针对外壳蛋白和核酸的特异序列设计不同方法进行检测，血清学检测技术所针对的就是病毒的外壳蛋白，而双向电泳和分子生物学检测法针对的是病毒和类病毒的基因组核酸组成。

### （一）生物学鉴定

其原理是大多数植物病毒有一定的寄主范围，通过接种这些病毒可在某些寄主植物上表现特定的症状，这种能鉴别某种病毒的植物通常称为指示植物或鉴别寄主。有些鉴别寄主对病毒的侵染易产生枯斑，因此将产生枯斑的寄主也称为枯斑寄主。

鉴别寄主可以是草本和木本植物。常用的接种方法包括汁液摩擦接种和嫁接传染。

**1. 草本指示植物鉴定**　可用作病毒鉴定的草本指示植物种类很多，常用的有藜科、茄科、豆科、葫芦科等植物。

通常情况下采用汁液摩擦接种法，从待检植株上取一定的组织，包括叶片、花瓣、根，或枝皮，加入 $2 \sim 5$ 倍（V/W）的提取缓冲液，在低温条件下研磨，然后蘸取汁液在撒有金刚砂的供试指示植物叶片上轻轻摩擦，接种完毕立即用蒸馏水冲洗净叶片上残留的汁液。然后将指示植物放在 $22 \sim 28℃$、半遮阴的条件下生长，定期观察并记录指示植物的症状反应。

常用的接种样品提取缓冲液为 0.02mol/L、pH7.2~7.8 的磷酸缓冲液或 Tris-HCl 缓冲液。当待测样品为木本植物时，用前加入一定浓度的抗氧化剂，以降低寄主植物中多酚及丹宁类物质氧化对病毒的钝化作用。如苹果、梨和葡萄病毒接种提取缓冲液常为含 0.02mol/L 巯基乙醇和 2.5% 烟碱的 0.02mol/L、pH7.2~7.8 的磷酸缓冲液（PB）。一般情况下，接种前将草本指示植物在遮阴条件下放置 24h 有利于接种成功。

**2. 木本指示植物鉴定**　所有的果树及林木植物病毒都可通过嫁接传染，当病毒侵染其自然寄主不表现明显症状时，可通过嫁接接种到对病毒敏感的木本指示植物上进行鉴定。

（1）常用木本指示植物　目前，已筛选出多种果树的成套病毒鉴定木本指示植物。各国或地区发生的主要病毒种类不同，所采用的木本指示植物亦有差异。一般在进行病毒种类调查时，常采用成套的指示植物，一旦明确本国或本地区发生的主要病毒种类，就可根据具体情况选择所采用的指示植物种类。

（2）常用嫁接接种方法　在园艺上常用的嫁接方法均可用于病毒的嫁接传染。通常使用较多的有以下 3 种。

①双重芽接法　由于多数果树及林木病毒不能通过种子传毒，因此可以用其实生苗作为嫁接基础。双重芽接法鉴定，即在砧木基部嫁接 1~2 个待检样本的芽片，然后在其上方嫁接一指示植物芽片，两芽相距 1~2cm。嫁接后 15~30d 解开包扎的塑料带，检查接芽成活情况，如果指示植物的芽片未成活，再进行补接。嫁接一般在 8 月中下旬进行，翌年春苗木发芽前，在指示植物接芽的上方约 1cm 处剪除砧干，苗木发芽后摘除待检芽的生长点，促进指示植物生长。

②双重切接法  此法多在春季进行，在休眠期剪取指示植物及待检树的接穗，砧木萌动后将带有2个芽的指示植物和待检树接穗同时劈切接在砧木上，指示植物接穗嫁接在待检接穗上部。为促进伤口愈合提高成活率，可在嫁接后套上塑料袋保温保湿。此种方法的缺点是嫁接技术要求高，成活率低，嫁接速度慢。

③指示植物直接嫁接法  这种方法要求先培育指示植物，然后在指示植物上嫁接待检样品的芽片。指示植物的繁育可通过在实生砧木上嫁接，也可扦插（葡萄病毒指示植物）或直接播种（桃病毒指示植物）。嫁接接种时，在指示植物基部嫁接1个待检芽片，接芽成活后剪除指示植物的苗木，留2～3个饱满芽，使其重新发出旺盛的枝叶。本法的缺点是要求繁育数量多的指示植物，所需时间长。

上述3种嫁接方法中，用得最多的是双重芽接法。指示植物发病情况调查，一般从5月中旬开始，定期观察指示植物的症状反应，做好观察记录，根据指示植物的症状反应，确定待检树是否带有某种病毒。由于病毒在树体中分布不均匀，即同一树体上有些芽片不带病毒，加之气候等因素对症状表现的影响，可能会出现漏检现象，故对第一次鉴定未表现症状的待检树，需重复鉴定1～2次。

生物学鉴定是病毒鉴定的传统方法，由于其结果观察的直观性、鉴定结果的可靠性能准确地反映病毒的生物学特性，目前仍有广泛应用。

### （二）血清学检测

血清学方法是检测植物病毒最为常用和有效的手段之一。它具有快速、灵敏和操作简便等特点。大多数的植物病毒都可采用血清学技术进行检测，采用该项技术的前提条件是要获得待检病毒的特异抗体。病毒与许多大分子物质（如蛋白质）一样是良好的抗原，其抗原性与外壳蛋白的氨基酸组成及二级结构有关，当注射到动物机体后，可刺激动物的免疫系统，产生特异性抗体。应用血清学方法检测植物病毒的基本原理，主要是根据抗原能与其对应的抗体发生特异性结合，形成抗原-抗体复合物，通过对复合物沉淀现象的观察或对结合抗体的进一步检验而对病毒进行鉴定。

**1. ACLSV *cp* 基因的克隆、原核表达及多克隆抗体的制备**  Yausu（2011）根据ACLSV 砂梨分离物序列分析结果，选择了9个ACLSV分离物（ACLSV-BD、PYRUS13、PYRUS15-2、PYRUS24、PYRUS43、PYRUS54、PYRUS56、PEACH1 和 ACLSV-C）进行 *cp* 基因原核表达载体构建，诱导表达产物的SDS-PAGE分析结果表明，各分离物 *cp* 基因的均成功进行原核表达，表达蛋白大小约26 ku。同时发现，当适当延长电泳时间时，这些表达蛋白表现出迁移率的差异，位于系统发育树A亚组的分离物较位于B亚组的表达蛋白迁移速度快。

以来源于砂梨的ACLSV-BD分离物的重组CP为抗原，经纯化后免疫大耳白兔制备了多克隆抗体。Western blot 分析显示制备的抗体对表达蛋白产生了较强的免疫反应，且通过膜吸附纯化后，可明显提高其与CP反应D的特异性。采用间接ELISA法用所制备的抗血清对回收的重组外壳蛋白进行检测，当抗血清稀释128 000倍时，检测结果仍为阳性。Western blot 分析和组织免疫印迹检测（Tissue blotting immunoassay，TBIA）结果表明，纯化的抗体具有较强的特异性，可有效检测梨样品中的ACLSV。

分别用来源于苹果分离物ACLSV-C（B亚组）的多克隆抗体和所制备的砂梨分离物

ACLSV-BD（A 亚组）重组外壳蛋白的多克隆抗体对 9 个 ACLSV 代表性分离物 *cp* 基因的原核表达蛋白进行 Western blot 分析，结果表明这些分离物均可与这 2 个亚组的抗体发生免疫反应，表明来源于我国砂梨的 ACLSV 分离物以及与来源于仁果类苹果和核果类桃的分离物之间没有明显血清学差异。

**2. ASGV *cp* 基因的克隆、原核表达及多克隆抗体的制备**  宋艳苏等（2010）构建了来源于梨的 ASGV 分离物 P-4-1-69 和 P-L2 *cp* 基因的原核表达载体 pET-P-4-1-69 和 pET-P-L2，转化大肠杆菌 BL21（DE3），在 1 mmol/L IPTG 下诱导表达。SDS-PAGE 和用商业化 ASGV 抗体对诱导表达产物进行 Western blot 分析结果表明，2 个分离物的 *cp* 基因在大肠杆菌中成功地进行了高效表达，重组外壳蛋白的大小约为 31 ku，并具有抗原性。分别用含分离物 P-4-1-69 和 P-L2 的重组外壳蛋白的胶条免疫大耳白兔，制备了抗 ASGV 重组外壳蛋白的抗血清。采用间接 ELISA 法用所制备的抗血清对回收的重组外壳蛋白进行检测，当抗分离物 P-4-1-69 和 P-L2 的重组外壳蛋白的抗血清分别稀释512 000倍和64 000倍时，检测结果仍为阳性。Western blot 分析和 TBIA 检测结果表明，纯化的抗体具有较强的特异性，可有效检测梨样品中的 ASGV。

**3. 对砂梨样品的检测效果**  用纯化的 ACLSV 和 ASGV 的抗重组外壳蛋白的抗体对金水 1 号等 7 个砂梨样品进行 TBIA 检测。结果表明，ACLSV 的抗重组外壳蛋白的抗体与这 7 个砂梨样品的免疫反应均呈阳性，在 PVDF 膜的印迹部位产生特异的紫色反应，而与健康的昆诺藜和杜梨均呈阴性反应，在印迹部位呈现植物汁液的黄绿色印迹。所制备的 2 个 ASGV 分离物的抗重组外壳蛋白的抗体与金水 1 号、金水 2 号、巴东桐子梨、丰水和三花梨 5 个样品的免疫反应均呈阳性；与华梨 1 号均呈较弱的阳性反应，在印迹部位产生少量的紫色反应；与早生长十郎以及健康的昆诺藜和杜梨的免疫反应均呈阴性，在印迹部位呈现植物汁液的黄绿色印迹。用 ACLSV 和 ASGV 血清学检测试剂盒对这些样品进行检测，结果显示这 7 个样品均呈阳性反应，即这些砂梨样品均带有 ACLSV 和 AS-GV。这些结果表明所制备的 ACLSV 和 ASGV 的抗重组外壳蛋白的抗血清能有效检测植物中的 ACLSV 和 ASGV。

#### （三）核酸分析

核酸分析包括直接对病毒及类病毒基因组核酸电泳分析和根据已知的基因组核酸序列设计引物对病毒及类病毒基因组的特异性片段进行 PCR 扩增，通过观察特异性条带而对这些病原进行鉴定。

**1. 电泳分析**  这种方法在类病毒的检测中应用广泛，各种类病毒均可采用该方法进行分析。如前所述，类病毒为环状单链 RNA 分子，大小为 246～375 个核苷酸（nt），内部碱基高度互补。在自然情况下形成棒状或三叶草状的二级结构，在常规电泳条件下迁移较快；在变性条件下，由于二级结构破坏而成环状，在电泳介质中迁移减缓，而与其他小分子物质分开，表现类病毒的特有电泳条带。因此双向电泳也是鉴别一种病原是否为类病毒的常用技术。

类病毒的电泳检测主要包括两个环节，即核酸提取和电泳分析。

（1）核酸提取  一般用待检样品总核酸粗提液即可，常用提取缓冲液为 pH8.0 的 Tris-HCl，附加十二烷基磺酸钠（SDS）和 PVP 等。提取步骤为：取一定量的待检样品，加入 2～5 倍体积的提取缓冲液和等体积的苯酚/氯仿，捣碎、离心后，取上清，加 3 倍体积的乙醇沉淀核酸，沉淀物经 75％乙醇洗涤一次后，适当干燥，然后溶于少量蒸馏水中。

（2）电泳 常用的电泳方法有单向电泳和双向电泳两种，单向电泳一般采用 5％聚丙烯酰胺凝胶电泳（PAGE），当溴酚蓝到达胶的底部时，用硝酸银或溴化乙啶染色，设已知类病毒作对照，观察类病毒条带。双向电泳包括垂直双向电泳和往复式电泳。第一向采用常规的 5％聚丙烯酰胺凝胶电泳（PAGE），当指示剂二甲苯青到达凝胶中部时，停止电泳，切下近二甲苯青的 1～2cm 宽的凝胶，平行（往复式电泳）或旋转 90°（垂直双向电泳）后放在玻板的底部，安装玻板后重新灌胶，第二向电泳凝胶为含 8mol/L 尿素的 5％变性 PAGE，电泳时先将电泳缓冲液加热至 80℃左右，倒入槽中保温约 10min 使类病毒充分变性，然后改变电极方向，电泳一定时间后，切断电源，取出凝胶，硝酸银染色，观察有无类病毒条带。

**2. PCR 技术** PCR（polymerase chain reaction）也称聚合酶链反应，是在寡核苷酸引物的引导和 DNA 聚合酶作用下模拟自然 DNA 复制过程的一种体外核酸扩增技术。是由美国科学家 Kary Mullis 等于 1985 年发明的，被誉为近代分子生物学领域的重大突破。利用该技术可以在短时间内将目的 DNA 片段扩增上万倍，从而极大地提高了 DNA 检测灵敏度。由于该项技术具有灵敏度高、快速、特异性强等特点，在许多生物学科领域得到广泛的应用。

病毒根据其基因组核酸类型的不同可以分为两大类，即 DNA 病毒和 RNA 病毒，引起重要植物病害的病毒大部分为 RNA 病毒，类病毒为环状的 RNA 分子。目前绝大多数植物病毒和类病毒的全基因组或部分基因组核酸序列已经明确，因此可以根据已知基因组核苷酸序列设计特异性引物进行 PCR 检测，引物的特异性是决定检测效果的一个重要因素。常规的病毒 PCR 检测技术包括病毒基因组核酸的提取、PCR 扩增和电泳分析。病毒基因组核酸的提取一般采取提取植物总核酸（TNA）或总 RNA 的方法，提取方案有多种，较常用的是苯酚/氯仿提取法。对于 DNA 病毒，获得 TNA 后即可按常规的方法进行PCR 扩增。由于在 PCR 中所使用的酶为依赖于 DNA 的 DNA 聚合酶，常用的为耐高温的Taq DNA 聚合酶，该酶以 DNA 为模板介导互补 DNA（cDNA）的合成，对于基因组为 RNA 的病毒和类病毒，必须在反转录酶的作用下反转录合成互补 DNA（cDNA），才能进行 PCR，因此常规的 RNA 病毒的 PCR 检测也称反转录 PCR 检测技术（RT-PCR）。PCR 扩增包括高温变性、退火和延伸。退火温度取决于引物的长度和碱基组成，延伸温度一般为 72℃。经 30～45 次循环后，可使目的片段的拷贝数增加数万倍。扩增产物可通过琼脂糖或聚丙烯酰胺凝胶电泳分析。

RT-PCR 技术自开创以来，在许多植物病毒，尤其是含量较低的园艺植物病毒检测中发挥了重要作用。该项技术的关键是获得病毒基因组核酸，按照常规的方法提取核酸，不仅操作繁琐，有时因寄主植物成分的氧化和对酶的抑制作用严重影响检测效果，特别是 RNA 病毒基因组核酸很易被 RNA 酶（RNase）降解，对操作要求十分严格。因此，许多植物病毒工作者在不断探索更加简便、灵敏、快速的 PCR 检测技术，其中一个重要的改进就是目前开发的用于植物病毒检测的 PCR 技术有多种 IC-RT-PCR 的操作方法与常规RT-PCR 类似，所不同的是先在 PCR 管中加入一定稀释度的病毒抗体，孵育一定时间使抗体吸附至管壁，然后加入待检样品粗提液，使病毒与抗体特异性结合，再经洗涤除去未结合的物质，加入裂解液释放病毒核酸后，即可取少量裂解液进行反转录。因此，这项技术不仅可避免常规核酸提取过程中酚类物质对人体的不良影响，同时检测的特异性更强。

目前开发的用于植物病毒检测的 PCR 技术有多种，除以上两种方法外，还有可同时检测多种病毒的多重 PCR（Multiple PCR）、灵敏度更高的巢式 PCR（Nested PCR）和可以定量分析的实时 PCR（Real time PCR）等，随着研究的深入还会开发出更多方法，其总的趋势是向着更加灵敏、简便、高效和定量化的方向发展。

**3. 核酸杂交技术**　其基本原理是两条互补核酸链的碱基可以相互配对而形成双链。两种不同来源的核酸链通过碱基配对形成双链的过程称为核酸杂交（nucleotide hybridization）。采用特定的方法对一已知核酸片段进行标记，就可利用已知的核酸片段检测待检样品中是否有与该片段互补的核酸，这种带有特定标记的核酸片段称为核酸探针（Probe）。核酸杂交技术在病毒尤其是基因组较小的类病毒，如马铃薯纺锤块茎类病毒（PSTVd）、柑橘裂皮类病毒（CEVd）等检测中有广泛的应用，采用该项技术的前提条件是制备相应核酸探针。

（1）核酸探针的制备　制备核酸探针的第一步是获得目标核酸或其片段，这可以通过 PCR 特异扩增、克隆目标片段或直接提取病毒及类病毒基因组核酸获得。标记的方法也有多种，选择哪种方法取决于工作者的爱好和实验条件，常用的标记物有放射性标记（如 $^{32}P$）、非放射性的地高辛（Dig）和光敏生物素（biotin）等。依据标记的核酸不同，核酸探针可以是 DNA 或 RNA 探针，植物病毒及类病毒基因组多为 RNA，所用探针多为互补 DNA（cDNA）或 RNA（cRNA）探针。

（2）核酸杂交　一般在固相杂交膜上进行，常用的膜有硝酸纤维素膜和尼龙膜。杂交的方式有斑点杂交和核酸转移杂交。斑点杂交是将待检样品粗提液或核酸直接点于膜上，而核酸转移杂交是先将待检样品的核酸用限制性内切酶切为不同大小的片段，经琼脂糖凝胶糖电泳分离后，转移至膜上。加样的膜经紫外交联仪固定后，即可进行杂交。杂交的过程包括预杂交和杂交，预杂交的目的是封闭杂交膜上未与样品结合的活性位点，降低探针与膜的非特异性结合。杂交通常在变性条件下进行，先使核酸完全解链为单链，再与探针分子充分杂交。

杂交结果的检测可采用 X 光片自动放射显影或化学显色的方式，根据杂交信号的有无判断检测结果。

以砂梨离体植株粗提液为样品，用所制备的生物素标记的 cDNA 探针，采用斑点杂交检测砂梨离体植株中的病毒，均获得较好的检测效果，其杂交信号强，且无非特异反应。

## 四、梨病毒的脱除技术

在当今技术条件下，尚无防治病毒病的有效药剂，在自然条件下，病毒一旦侵入植物体内，很难根除。有的病毒可随植物种子传播给下一代，而对于主要通过无性繁殖的园艺植物，病毒可随无性繁殖材料的调运远距离传播，或通过嫁接传染给新繁殖的苗木，使病毒病不断扩散蔓延，为害逐年加重。在园艺植物病毒病防治中，常用的技术措施是选用抗病品种和栽培无病毒苗木，但目前筛选出的抗病毒种质极其有限，有些品种抗病但品质欠佳，不能满足生产需要，因此最有效的措施是使用无病毒繁殖材料。这里所说的无病毒，是指无经济重要性的、按要求应脱除的病毒，而非不带任何病毒。获得无病毒材料的方法包括从已有的栽培种质中筛选无病毒的单株和采用一定措施脱除植株体内的病毒，培育无病毒原种材料。目前，我国栽培的园艺植物在长期的无性繁殖过程中，大多积累和感染有多种病毒，获得这些优良品种的无病毒种质的唯一有效途径是进行脱病毒处理。

### （一）热处理脱病毒

热处理也称温热疗法（Thermotherapy），是园艺植物病毒脱除处理中应用最早和最普遍的方法之一。这种方法是利用病毒类病原与植物的耐热性不同，将植物材料在高于正常温度的环境条件下处理一定的时间，使植物体内的病原失去活性或钝化病毒，使病毒在植物体内的增殖和扩散速度减缓，而植物的生长受到较小的影响或在高温生长加快，这样植物的新生部分不带病毒，取该无病毒组织培育即可获得无病毒植株。

热处理对于病毒及类似病原（如植原体等）的脱除效果较好，而不能用于耐高温的类病毒脱除。热处理的方法主要有温汤浸渍处理和高温空气处理。温汤浸渍处理（或热水处理）即是将带病毒的植物材料置一定温度的热水中浸泡一定时间（通常不少于 30min），其作用可能是直接杀死病原菌，适合于休眠器官及接穗等处理，种子处理多采用这种方法，如柑橘种子可用 54℃热水处理一定时间脱除黄龙病病原。这种方法简便易行，但有时容易使植物受到伤害。高温空气处理即是将待脱病毒的材料在热空气中暴露一定时间，达到脱除病毒的目的，这种方法在马铃薯、多种花卉及果树病毒的脱除获得成功，是病毒脱除中最常用的方法。这两种方法均是在室内进行，不能用于田间生长植株的治疗。每种植物都有其临界的高温处理范围，超过此温度范围或处理时间过长，易使植物的组织受到伤害，甚至导致植株的死亡。

高温空气热处理脱病毒包括材料的准备、热处理和嫁接繁殖。为保证在处理过程中，植株能正常生长，要求热处理的苗木根系发达、生长健壮。果树病毒脱除多用一年生盆栽苗木，一般将待处理品种嫁接在较耐高温的砧木上，为获得较多的新梢，通常采用切接法，嫁接结合部完全愈合后即可处理。

**1. 高温空气处理装置** 目前还没有苗木热处理的专用设备，一般是根据处理对象的生长要求进行改造或设计制造。基本要求是能保障盆栽苗有足够的生长空间和生长所需的光照强度及湿度，能达到所需温度并进行控制。因此，热处理箱的四周和顶部一般镶双层玻璃，既能透光亦能保温，底部安装电阻丝和风机作为热源和有利散热，在电阻丝上放一隔板，供盆栽苗木的放置，用控温仪控制恒温。

**2. 热处理条件** 热处理温度及时间因病毒种类而异，有些病毒在 34℃左右即可脱除，而另一些病毒需要在 39～42℃下才能脱除，在植物耐热性允许的范围内，热处理的温度越高，脱病毒效果越好，用得较多的是 37℃左右。处理的温度和时间也受待处理材料的限制，有些植物或品种不耐高温，为了减少高温对植物的损伤，采用白天 40℃处理 16h，夜间 30℃处理 8h 交替进行，这种高低温交替处理的方法称为变温热处理。在高温下连续处理一定时间的方法，称为恒温热处理。处理的时间，因病毒的不同差异较大，可以是28～90d。有研究表明变温热处理的脱毒效果较恒温热处理好，如柑橘速病毒（CTV）幼苗黄化株系，在 38℃处理 8 周不能脱除，而在变温条件下处理 8 周即可脱除。果树病毒病用热处理法脱毒，并取得成功的实病例见表 13-2。

**表 13-2 已用热处理脱除的果树病毒**

| 果 树 | 病毒种类 | 热处理 | | 脱毒难易 |
|---|---|---|---|---|
| | | 温度（℃） | 时间 | |
| 柑橘 | 柑橘速衰病毒 | 39 | 28d | 容易 |
| | 柑橘裂皮类病毒 | 38 | 33 周 | 很困难 |
| 苹果 | 苹果褪绿叶斑病毒 | 37 | 20d | 容易 |
| | 苹果茎痘病毒 | 37 | 20d | 容易 |
| | 苹果花叶病毒 | 37 | 2～3 周 | 容易 |
| | 苹果茎沟病毒 | 37 | 28～30d | 困难 |
| 核果类 | 李属坏死环斑病毒 | 38 | 17d | 容易 |
| | 李痘病毒 | 37 | 12～21d | 容易 |
| | 李矮缩病毒 | 38 | 17d | 容易 |
| | 樱桃绿环斑病毒 | 38 | 14d | 容易 |
| | 桃 X 病 | 37.5 | 3 周 | 容易 |
| | 桃黄化病 | 35 | 14d | 容易 |
| | 樱桃绿环斑驳病毒 | 38 | 6 周 | 困难 |
| | 李线纹斑病毒 | 37 | 21～28d | 容易 |
| 梨 | 梨环纹花叶病 | 37 | 20d | 容易 |
| | 梨脉黄病 | 36 | 3 周 | 容易 |
| 葡萄 | 葡萄扇叶病毒 | 35 | 21d | 容易 |
| | 葡萄卷叶病毒 | 38 | 8 周 | 困难 |
| | 葡萄栓皮病毒 | 38 | 14d | 容易 |

**3. 嫩梢嫁接** 高温空气处理使病毒增殖和扩散减缓，而植株生长加快，处理的植株新梢顶端不带病毒，但是这种处理不能使病毒完全失活，停止处理一段时间，病毒即可扩散至整个植株。因此，处理后应立即取新梢嫁接才可获得脱病毒植株。嫁接嫩梢越小，获得脱病毒植株的概率越大，但嫁接成活率会相应降低，一般取 1～1.5cm 的嫩梢嫁接。在嫁接时一般选用不带病毒的实生苗作为基砧，嫁接方法可采用皮下嫁接或绿枝嫁接法，嫁接后套塑料袋保湿 1～2 周可提高成活率。

**4. 热处理对病毒在梨离体植株分布的影响** 采用组织免疫印迹技术对 ASGV 和 ACLSV 在黄花梨离体植株茎干各部位分布特点进行分析，通过改进病毒抗体吸附方法和延长洗涤时间有效降低了非特异反应。采用该方法对梨离体植株纵切面印迹分析的结果表明，ASGV 和 ACLSV 在黄花梨离体植株茎干的顶端和基部含量均很高，茎干中部也有病毒分布，但反应颜色相对较浅。合成这两种病毒的特异性生物素标记探针，建立了病毒斑点杂交和组织印迹原位杂交技术。采用组织印迹原位杂交技术对黄花梨离体植株茎干纵切面和各部位的横切面印迹进行病毒检测，其结果与组织免疫印迹相似，但特异性更强，杂交后免疫检测产生的紫色反应更明显。采用恒温（37℃）和变温（32℃/39℃，8h /16h 交替）热处理技术对黄花梨离体植株进行了脱病毒处理，采用以上建立的免疫印迹和组织印迹原位杂交技术对处理不同时间进程中植株茎干病毒浓度变化进行分析，结果显示，在热处理过程中植株茎干病毒含量随处理时间的延长而逐渐降低，且茎干顶端病毒浓度的变化较基部更大，恒温处理至 35d 或变温处理至 50d 后，茎尖基本无病毒产生的特异性紫色反应，而这种紫色反应在基部仍清晰可见。在处理不同时期，取 1～5mm 茎尖（37℃）或 0.5～5mm（32℃/39℃）茎尖进行再培养，采用 ELISA 对再生植株病毒检测的结果显示，所取茎尖越小或处理时间越长，ELISA 检测吸光值越低，表明随着处理时间的延长，病毒含量自茎尖向基部逐渐降低，这种变化趋势与组织印迹观察到的现象一致。ELISA 和斑点杂交的结果表明，恒温处理 35d 后取 1mm 茎尖或变温处理 45d 后取 0.5mm 茎尖可以脱除 ASGV 和 ACLSV（图 13-1）。

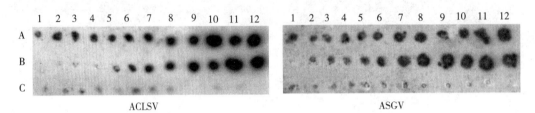

图 13-1　34℃/40℃变温热处理 50d 后梨离体植株中 ACLSV 和 ASGV 的组织印迹杂交检测结果

A. 黄花阳性对照　　B. 热处理 50d 黄花离体植株　　C. 阴性对照

1～12. 带病毒植株自茎尖至基部每间隔约 1mm 横截后在膜上印迹

**5. 热处理脱除病毒效果研究**　Wang 等（2010）比较分析了 3 种不同热处理方法对丰水梨离体植株生长的影响及其脱除病毒的效果。结果表明，37℃恒温热处理对植株的生长影响最大，导致大部分植株死亡及繁殖系数明显降低，并且对丰水离体植株的生长产生明显的抑制作用；32℃/38℃变温处理对植株生长的影响较小，处理中后期的繁殖系数和株高与未处理植株接近或高于未处理植株；34℃/42℃处理对植株生长的影响介于前两种方法之间。采用 PAS-ELISA 和斑点杂交技术对脱病毒处理后获得的梨再生植株带病毒状况进行评价，结果显示，3 种热处理方法对梨离体植株病毒含量的影响呈相同的趋势，即在处理时间相同时，所取茎尖越小，再生植株病毒含量越低；所取茎尖大小相同时，处理时间越长，再生植株病毒含量越低。不同热处理方法的脱病毒效果存在一定的差异，37℃恒温热处理至 35d 后取 1mm 茎尖基本可以脱除 ACLSV、ASGV 和 ASPV；32℃/38℃变温处理至 50d 后取 1mm 茎尖仍不能脱除这 3 种病毒；通过提高变温处理温度至 34℃/42℃和切取较小的茎尖（0.5mm 和 1mm），可以显著提高脱病毒效率，处理 50d 后取 0.5mm 茎尖即可完全脱除 3 种病毒。此外，发现在砂梨中 ACLSV 相对较易脱除，在同样条件下所需热处理周期较 ASPV 和 ASGV 可缩短 5d 左右。采用所建立的 34℃/42℃变温处理方法，对另 3 个砂梨品种进行处理，发现不同品种的热敏感性存在差异，但所有这些品种在该条件下处理 50～60d 后，从存活植株上取 0.5mm 茎尖再培养获得了 100%脱病毒率的效果（图 13-2）。

**6. 热处理诱导差异表达基因的筛选**　王利平（2009）以 37℃恒温热处理和正常培养的带有 ASGV 和 ACLSV 的黄花梨离体培养植株为研究体系，利用抑制差减杂交技术（SSH）构建了热处理诱导寄主差异病毒基因 EST 文库。通过反向 Southern 斑点杂交技术对两个差减文库进行筛选，经过 DNA 测序及序列比对分析，鉴定出 149 个差异表达基因 EST，其中热处理诱导寄主上调表达的基因 63 个，下调表达的基因 86 个。在 149 个

EST 片段中，50％尚不能推断其功能，其余 50％涉及抗病防御、转录、信号转导、能量、代谢、蛋白质合成等信号途径，揭示了病毒与寄主互作是一个复杂的多基因参与的过程。

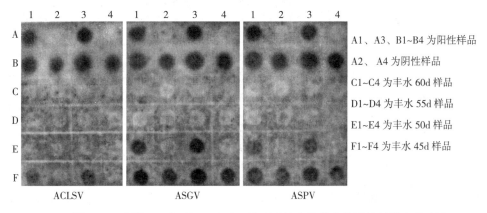

A1、A3、B1~B4 为阳性样品

A2、A4 为阴性样品

C1~C4 为丰水 60d 样品

D1~D4 为丰水 55d 样品

E1~E4 为丰水 50d 样品

F1~F4 为丰水 45d 样品

图 13-2　变温（34/42℃，8/16h）处理后继代培养离体植株的脱病毒效果

## （二）茎尖培养脱病毒

茎尖培养，也叫分生组织培养或生长点培养。茎尖培养脱病毒的原理是病毒在植物体内分布不均匀，在顶端生长点的分生组织病毒浓度低，大部分细胞不带病毒，取顶端生长点培养可获得无病毒植株。但在生长点部位，不含病毒的部分是极小的，一般不超过 0.1~0.5mm，这样小的无病毒组织无法通过常规的方法繁殖利用。自组织培养技术发展以来，可以切取这种微小的无病毒组织进行培养而发育出完整的植株。

有关茎尖不带病毒的现象，即存在一个特殊的病毒免疫区，已通过电子显微镜观察和荧光抗体技术得到证实。有关这种现象的早期解释是，在植物的茎尖存在胞间连丝不发达的区域，病毒不能通过胞间连丝到达顶端分生组织。近期的分子生物学研究证据表面，这种现象可能与 RNA 干扰有关。

早在 1943 年，White 采用离体培养的方法成功地培养了感染烟草花叶病毒（TMV）的番茄根，发现根尖部分不存在病毒。Morel 等从感染花叶病毒和斑萎病毒的大丽花植株上切取茎尖培养，获得了去病毒植株，从而为拯救优良品种开辟了一条新的有效途径。近几年来，采用茎尖培养法除去园艺植物病毒，获得无病毒种苗，已经在很多国家被广泛采用，取得了良好的效果。

**1. 茎尖培养脱病毒的基本程序**　采用茎尖培养技术脱病毒一般包括以下几个步骤：培养基的选择与制备、待脱病毒材料的消毒处理、茎尖的剥离与培养、诱导分化和小植株的增殖、诱导生根和移栽。

茎尖培养成败的关键在于寻找合适的培养基，与一般组培用培养基一致，这些培养基包括大量元素、微量元素及无机成分，由这三类成分构成的培养基称为基础培养基。此外，还须加入必要的生长调节物质，如赤霉素（GA）、吲哚乙酸（IAA）、萘乙酸（NAA）、激动素（KT）、2,4-D 和 6-BA 等。有些植物的茎尖培养还需加入天然复合物，如椰乳、酵母或麦芽精提取液等。诱导分化、增殖和生根所需培养基因植物种类不同而有差异，最常用的是 MS 培养基，所添加的生长调节剂种类、浓度等因植物种类或品种的不同可进行适当调整。

**2. 茎尖大小与脱病毒的关系** 在以脱病毒为目的的茎尖培养中，对材料的选择要求更为严格，一般应选取外表生长健康的优良品种旺盛生长的新梢或植株的茎尖进行培养。茎尖即是指茎端分生组织以及由数个叶原基组成的部分。分生组织的形态大小，依植物品种、生长期以及外部环境的影响而有变化，因此剥离茎尖的难易程度也不同（表13-3）。

表 13-3 不同李属植物茎尖培养脱毒效果

| 病毒种类 | 植物种类 | 脱毒效果 |
| --- | --- | --- |
| 褪绿坏死环斑病毒 | 李属 | 16/20 |
| 欧洲锈斑驳病毒 | 李属 | 14/14 |
| | 山樱花 | 4/5 |
| | 樱花 | 6/6 |
| Krikon 坏死 | 日本樱 | 0/3 |
| | 山樱花 | 2/5 |
| 坏死环斑病毒 | 欧洲酸樱桃 | 0/37 |
| | 欧洲酸樱桃 | 0/2 |
| | Prune dauyckensis | 0/1 |
| 线虫传多面体病毒 | 欧洲甜樱桃 | 2/6 |
| 李矮缩病毒 | Prune accolade | 18/22 |
| | Prune dawyckensis | 5/8 |
| | Prune dawyckensis | 0/1 |
| | 豆樱 | 9/11 |
| | Prune Pandora | 6/7 |
| | 樱花 | 6/6 |

注：脱毒效果：无病毒株数/检测株数。

剥离的茎尖大小与脱病毒的成败直接相关，一方面它关系到茎尖培养能否成活，另一方面，决定着成活的茎尖苗是否带有病毒。一般而言，茎尖培养时切取的茎尖越小，脱病毒的效率越高。如：有人实验发现草莓切取茎尖大小为 0.2～0.3mm 时，脱病毒率可达100%，而茎尖为 1.0mm 时，脱病毒率仅为 50% 左右。但茎尖过小时培养成活率会大大降低，而且操作难度也很大。因此，脱病毒时要兼顾脱毒率和成活率两个方面，一般切取长度为 0.2～0.5mm 用带有 1～2 个叶原基的茎尖比较合适，这样大小的茎尖既可保证一定的成活率，又能使一定数量的茎尖苗不带有病毒。

茎尖培养不仅用于获得无病毒植株，而且适合于保存和繁殖无病毒材料。无病毒材料的离体保存是一种最为安全和经济有效的方法，在有限的空间内可长期保存大量的种质材料。

**（三）热处理与茎尖培养相结合脱病毒**

如前所述，热处理可以钝化病毒而扩大茎尖的无病毒区，茎尖培养具有取较小的顶端分生组织即可培养出完整植株的优点。因此，将待脱病毒的植株先经热处理，然后从热处理植株上取茎尖进行培养，切取较大的茎尖即可获得脱病毒的植株。这样，既克服了单纯热处理后嫩梢嫁接技术要求高的限制,也解决了常规茎尖培养因需取较小茎尖而带来的操作困难和成活率低的问题。对于一些用单纯的茎尖培养或热处理难以脱除的病毒,采取茎尖培养与热处理相结合的方法可明显提高脱毒效果,采用该策略成功脱除病毒的事例很多。

热处理与茎尖培养结合脱病毒的途径主要有两种。一种是用盆栽苗,按如前所述的方法进行热处理,处理结束后立即从经处理的植株上取嫩梢的茎尖进行培养,获得脱病毒植株;另一种方法是,用离体培养植株进行热处理,即先取较大的茎尖进行培养,然后对培养成活的离体培养植株进行热处理,在一定温度下处理一定时间后,取茎尖进行再培养。具体选用哪种方法因条件而定,第一种方法中先热处理后茎尖培养获得再生植株需要较长的时间;采用后种方法的前提是需获得待脱病毒品种的离体培养植株,但热处理后可较快得到脱毒的再生植株。

用离体培养植株进行热处理一般可在光照培养箱中进行,处理前选用生长健壮一致的单株转接到新制备的培养基中,以便使植株在处理过程中可获得足够的营养快速生长。处理时间和温度与常规热处理相同,处理完毕立即取茎尖再培养,所取茎尖大小因植物种类和待脱病毒种类而异,一般为 0.5～2mm。

### (四) 化学处理脱病毒

虽然目前尚未开发出对植物病毒有完全抑制或杀灭作用的化学药剂,随着人类和动物医学的发展,已研制出大量的能有效控制病毒病的化合物,其中有些化学物质对植物病毒的复制和扩散有一定的抑制作用。抗病毒醚(Ribavirin)即是一种对 DNA 或 RNA 病毒具有广谱抑制作用的人工合成核苷类物质,商品名称为"Virazole",化学名称为 1-β-D-呋喃核糖-1,2,4-三氮唑。此外,DHT(2,4-dioxohexa-hydro-1,3,5-triazine)对病毒也有类似的作用。通过化学物质处理植物材料,由于病毒的复制和移动被抑制,植株的新生部分可能不带病毒,取无病毒部分繁殖可获得无病毒植株。

在植物脱病毒研究中,化学处理往往与组织培养结合进行,即先获得待脱病毒样品的茎尖培养植株,然后在进行离体植株培养的培养基中加入化学抑制物质,继代培养一定时间后,再取新梢在无化学抑制剂的培养基上培养,经病毒检测,保留无病毒的单株。有研究者在茎尖培养和原生质体培养过程中,在培养基内加入抗病毒醚,发现该物质能抑制病毒复制。Cassells 等采用该方法从感染病毒的分生组织获得了无病毒马铃薯种苗。在木本植物上也进行了一些成功的试验,化学处理脱除的果树病毒有葡萄扇叶病毒、苹果褪绿叶斑病毒和苹果茎沟病毒。为了探讨抗病毒醚对苹果茎沟病毒的脱除效果,用加有抗病毒醚的培养基,对感染苹果茎沟病毒的试管苗进行培养。在标准培养基中分别加入浓度为 12.5μg/ml、25.0μg/ml 的抗病毒醚,处理时间为 40d、80d 和 120d,从这些处理的植株上取 1.5cm 长的新梢,在无抗病毒醚的培养基上继代培养,病毒检测结果表明,处理时间为 80d 和 120d 均完全脱除了苹果茎沟病毒。苹果茎沟病毒是一种用热处理和茎尖培养很难脱除的病毒,化学抑制剂的应用,无疑为这些热稳定病毒的脱除开辟了一条新的途径。

抗病毒醚的应用效果,因病毒种类不同而有差异。目前,抗病毒醚对植物病毒的作用效果研究仅限于少数植物,筛选出的抑制剂种类也有限,用此法不可能脱除所有病毒,但在不久的将来,有可能开发出更多更有效的抗病毒制剂。

Rongrong 等（2010）比较分析了病毒醚不同工作浓度、处理时间及不同处理方法对丰水梨离体植株生长和病毒脱除效果的影响。结果表明，在 MS 培养基中病毒醚含量低于 $25\mu g/ml$ 时，或梨离体植株用含 $25\mu g/ml$ 病毒醚的溶液浸泡 $1\sim3d$ 后继续在含病毒醚的 MS 培养基中生长时，仅出现轻微的药害，药害的程度随处理时间的延长而加重。对病毒醚处理后取 1cm 茎尖培养再生植株的病毒检测结果表明，在病毒醚浓度为 $50\mu g/ml$ 时，可脱除以上 3 种病毒。在含 $25\mu g/ml$ 病毒醚 MS 培养基中培养 $40\sim50d$ 后，取 1mm 茎尖可脱除 3 种病毒。在含病毒醚的 MS 培养基中培养前用病毒醚浸泡处理可以提高脱病毒效果，培养 30d 后取 1mm 茎尖的再培养植株有 1/3（预处理 2d）和完全脱除（预处理 3d）3 种病毒。病毒醚对不同病毒作用无明显差异。

采用 $25\mu g/ml$ 和 $35\mu g/ml$ 两种浓度的栎皮黄酮水溶液处理分别预处理 3d 和 4d 后，转入含有相应浓度栎皮黄酮的 MS 培养基中继续处理 45d、50d、55d 和 60d，分别切取 2mm、1mm 和 0.5mm 大小的茎尖接种到 MS 培养基中继代培养。采用斑点杂交检测各处理的脱病毒效果，检测的病毒包括 ACLSV 和 ASPV，结果显示，用 $25\mu g/ml$ 和 $35\mu g/ml$ 栎皮黄酮处理 50d 和 55d 后取 0.5mm 茎尖再培养所获离体植株，无论预处理 3d 或 4d，ACLSV、ASPV 杂交信号均有明显的降低。用 $25\mu g/ml$ 栎皮黄酮处理 60d 后取 0.5mm 茎尖及 $35\mu g/ml$ 栎皮黄酮预处理 4d 后在含相同浓度的栎皮黄酮培养 55d 取 0.5mm 获得的再生植株基本均无杂交信号。从检测结果还可看出，用浓度为 $35\mu g/ml$ 栎皮黄酮处理较浓度为 $25\mu g/ml$ 栎皮黄酮处理可降低杂交信号，但不能缩短脱毒所需时间；延长预处理时间至 4d 时，可缩短含栎皮黄酮培

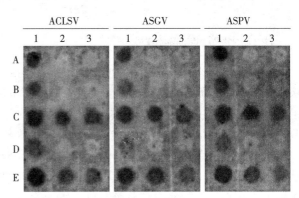

图 13-3 不同化学试剂处理丰水再生植株斑点杂交结果
A. 对照 A1. 阳性对照 A2、A3. 阴性对照
B. MS-R+R C. MS-R D. MS-Q+Q E. MS-Q
（各处理中 1. 浸泡 1d 2. 浸泡 2d 3. 浸泡 3d）

养基处理时间；所取茎尖大小对栎皮黄酮处理后的脱毒效果影响很明显，当所取茎尖为 1mm 时，处理 60d 后的再生植株中这两种病毒仍有较强的杂交信号（图 13-3）。

# 第四节 梨生理病害

植物的生理性病害大多是由于缺素所致。科学研究表明，植物的正常生长发育需从土壤中吸收 30 多种矿质营养元素，遵照"养分归还学说"的理论和农作物连续收获带走所需营养元素的生产实际，生产中应经常向土壤补充这些营养成分。但生产上常仅单一大量施用氮、磷化肥，使土壤中的中微量和稀土元素得不到应有的补充，导致土壤中氮磷钾比例失调，大量元素和中微量元素之间的比例严重失调。致使在近年的生产中常出现梨黄叶病和小叶病等，这些病害均是由于缺少多种微量营养元素引起的，它直接制约着梨产量，品质和经济效益的提高，严重时甚至出现毁园，给梨生产造成严重的损失。

# 一、梨黄叶病 (Pear rellow leaf)

**1. 为害**　梨树黄叶病，造成叶片黄化，影响光合功能，降低产量和削弱树势，抗病能力下降。在各梨区均有发生，其中以土壤盐碱性较重的梨区发病较重。

**2. 症状诊断**　多从新梢顶部嫩叶开始发病，先是叶肉失绿变黄，叶脉两侧仍保持绿色，叶片呈绿网纹状，较正常叶小。随着病情加重，黄化程度愈加发展，使全叶呈黄白色，叶片边缘开始产生褐色焦枯斑，严重时全叶焦枯脱落，顶芽枯死。

**3. 发病规律**　梨树黄叶病是因果树缺铁所造成的。土壤中铁的含量一般比较丰富，但在盐碱性重的土壤中，大量可溶性二价铁被转化为不溶性三价铁，而被土壤固定，变成不能被吸收利用状态，造成果树树体缺铁。果园春秋季干旱时，由于土壤中水分大量蒸发，土壤中盐分随着水分上升，表层土壤含盐量增加，此时又正值春秋梢旺盛生长期，需铁量较多，所以黄叶病发生较重。在进入雨季时，土壤中盐分随着水分下渗，地表层土壤中盐碱相对减少，可溶性铁相对增加，所以黄叶病明显减轻，甚至消失。地势低洼、地下水位高、土壤黏重、排水不良及经常灌水的梨园，发病较重。梨树砧木种类和黄叶病发生程度也有一定关系。

**4. 防治方法**

（1）春季灌水洗盐，及时排除盐水，控制盐分上升。果园增施有机肥和绿肥，提高有机质含量，改良土壤。

（2）梨树发芽前，每株大树用硫酸亚铁或螯合铁 0.5～1kg 掺 5 倍有机肥，混合施入土壤中，施后灌水。

（3）春天梨树发芽后，喷硫酸亚铁水溶液 200 倍液，或试用强力树干注射器对树干注射硫酸亚铁酸化溶液 100 倍液，每株用硫酸亚铁 20～30g。成功后再大面积采用，以防造成较大损失。

# 二、梨缩果病 (Pear fruit shrink)

**1. 为害**　梨缩果病在辽宁、山东、河北、陕西和吉林延边及四川越西等梨区较常见。

梨缩果病为害果实，造成皮下果肉木栓化，影响食用和贮藏，同时为害枝条和树根，影响树体生长。

**2. 症状诊断**

（1）果实受害　在梨果近成熟期症状明显，果肉维管束系统变褐，重者皮下果肉木栓化，果肉呈灰褐色、海绵状。花期授粉差，坐果率低，种子发育不好，易落花落果，果实畸形，裂果。

（2）枝条受害　2～3 年生枝条阴面出现疱状突起，皮孔向外突起，用刀片削除表皮可见零星褐色小斑点及纵向褐纹线。严重时芽鳞松散，呈半开张状态。叶小，不舒展，有红叶现象。中下部叶片主脉两侧略显凸凹不平，有皱纹，色浅。发病严重时，花芽从萌发到绽开期陆续干枯，死亡，新梢仅有少数芽萌发，形成秃枝。根系表现发黏，似榆树皮，须根易烂掉，只剩骨干根。

**3. 发病规律** 梨缩果病是因缺硼所引起的。土壤瘠薄的山地、河滩地果园发病重，开花前后干旱发病重，土壤中石灰质多，硼易被钙固定，或钾、氮过多，均易发生缺硼症。在梨树品种中，苹果梨、长十郎、二十世纪、新世纪、石井早生、秋白梨、金花梨等品种缺硼症较常见。

**4. 防治方法**

（1）果园深翻改土，增施有机肥。开花前后充分灌水。

（2）开花时喷布 0.3%～0.5% 硼砂水溶液。

（3）结合施有机肥每株大树混施 0.1～0.2kg 硼砂，施后灌水。

（4）花期、幼果期、果实膨大期，喷 0.2%～0.3% 硼砂水溶液。

## 三、梨小叶病（Pear little leaf）

**1. 为害** 梨树小叶病为害梨树叶片，造成叶片狭小，影响树体生长发育。在各梨区偶有发生，一般情况下危害不重。

**2. 症状诊断** 梨树春季发芽晚，叶片狭小，色淡，枝条节间短，上面着生许多细小簇生叶片，病枝生长停滞，下部又长新枝，长出的新枝仍节间短，叶小，色淡。病树花芽少，花小，色淡，坐果率低，明显影响产量和品质。

**3. 发病规律** 梨树小叶病是因树体缺锌所造成的。果树缺锌时合成生长素吲哚乙酸（IAA）的原料减少，因而影响枝叶生长，出现小叶病现象。缺锌还造成多种酶活性降低。锌又存在于叶绿素中，催化二氧化碳和水生成碳酸根和氢氧根离子，所以缺锌也影响果树光合作用。土壤中含锌量很少，土壤呈碱性或含磷量较高，大量施用氮肥，土壤有机质和水分过少，其他微量元素不平衡，均易引起缺锌症。叶片含锌量低于 10～15mg/kg，即表现缺锌症状。

**4. 防治方法**

（1）沙地、瘠薄山地和盐碱地梨园，应改良土壤，增施有机肥。这是防治小叶病的基本工作。

（2）结合春秋季施有机肥，每株大树混施硫酸锌 0.5～1kg。

（3）果树开花前对枝条喷布 0.3% 硫酸锌加入 0.3% 尿素混合液，半个月后再喷 1 次。

## 四、梨树冻害（Pear freeze injury）

**1. 为害** 梨树冻害类型很多，受冻部位、时间明显不同，轻者减少产量，重者绝收，甚至死树，是梨树生产中发生面广、危害性较大的自然灾害。在辽宁、河北、山东、山西、陕西、甘肃等梨区时有发生。

**2. 症状诊断**

（1）嫁接苗冻害　苗圃地没出圃的嫁接苗，接口以上树皮变成黑褐色呈条状死亡，深达木质部。剪断树皮变褐部位，贴近变黑树皮部位的木质部也变成黑褐色，同时形成层也变褐死亡。严重时，干基树皮变黑一圈。翌春发芽后，受冻轻的苗发芽迟，生长慢，重者冻死部位以上干茎枯死，不能发芽长叶。

（2）幼树冻害　幼树干靠近地面的树皮呈不规则形变黑，死亡，重者深达木质部，形成层也变黑死亡。变黑部位往往有一定方向性，有的树干南面多，有的西北面多。春天梨树发芽后，树皮变黑一侧上面枝条发芽迟，长叶慢，树皮变黑一圈的树则明显死亡，不能发芽、长叶。

（3）晚霜型冻害　早春梨树花芽膨大期至开花前受冻，花锥体变为褐色并死亡，失去开花能力。开花时受冻，萼片上出现水渍状斑点，雄蕊花粉变黑褐色，无发芽能力，重者花蕊中柱头也变成黑褐色，不能授粉坐果，造成大面积减产或绝产。

（4）幼果霜环病　梨树落花后遇到低温，幼果萼洼周围出现环状凹陷伤疤，或果实胴部出现环状锈斑，锈斑部生长慢，常引起落果。

（5）大树枝干冻害　常发生在树干根颈部和枝干桠杈部，树皮呈条状或不规则形变黑，坏死，重者形成层和木质部浅层也变黑死亡，翌春死亡树皮边缘凹陷、开裂，上部枝条发芽晚，生长慢。有的年份和地区，树上1～3年生枝条常受冻，髓部和木质部变褐，重者皮层也变褐，后干缩死亡。

**3. 发病规律**　梨苗秋季雨水过多，氮肥足，生长不充实，休眠晚，易受冻害。抗寒性差的品种，在北方育苗时，有的年份冻害严重。梨幼树，后期雨水多或地势低洼，或栽植在河边的阴湿地上，造成生长后期停止休眠晚，抗冻性能差，易受冻。我国北方大部分梨区，春天梨花芽萌动期至花期，常遭受来自北方寒冷气流的侵袭，气温从10℃以上，突然降至−5℃左右，使已经萌动、抗寒力差的花器受冻。有的年份寒流来得晚些，形成晚霜型冻害，使落花后的幼果受冻，形成幼果的霜环病。果实的霜环病与果园立地条件和方向、树龄也有关系。一般坡地果园坡中上部树受害轻，坡下和山谷地受害重；朝北、朝西的果园比朝南、朝东的果园受害重；幼树比大树受害重。枝干上冻害多发生在初冬或早春，因为气温较高，树体抗冻性低，天气突然剧烈降温，造成大枝干冻害。有的年份，冬季温度过低，超过树体的耐受能力，而使大枝干树皮和形成层受冻，同时细枝条木质部和髓部大量冻死。在梨树不同栽培种中，西洋梨抗冻性差，秋子梨最抗冻。

**4. 防治方法**

（1）在梨树育苗时，选用抗冻品种和砧木。对嫁接苗要控制后期肥水，防止贪青徒长，促其早落叶早休眠。

（2）对新栽幼树，施足肥水，促进根系发育。冬季来临前树干涂白或绑草、绑塑料布。

（3）对晚霜型冻害，根据天气预报，提前一两天灌水，降低地温，推迟花芽萌动期和开花期，同时能增加地面的热容量，使果园地面温度不要降得过多。在花期冻害和幼果期冻害发生前，根据天气预报，在冷空气来临时，在果园内熏烟。熏烟多在凌晨2～3时进行，预防开花前冻害。也可在冻害来临的前一两天对小枝喷10％果康宝悬浮剂80～100倍液。

（4）加强栽培管理，提高树势，增加树体贮藏营养和抗冻能力。控制生长后期肥水，积水时注意排除。后期一般不宜再施氮素化肥，增施磷钾肥，促使枝条生长壮实，早落叶，早休眠，提高抗寒能力。

## 五、梨叶焦枯病（Pear leaf scorch）

**1. 为害**　梨叶焦枯病是梨树生长季节常见的异常生理现象。表现为大量叶片边缘或前端突然出现焦枯，进一步扩大到半个多叶片，常造成大量落叶，影响产量和树势。在我国各梨产区均有发生。

**2. 症状诊断与发病规律**

（1）肥害造成的梨叶焦枯病 春季，梨叶旺盛生长，降雨后树苗或幼树的叶尖或前部叶缘，2～3d之内突然大量变黄、焦枯，界限明显，并很快扩展到多半个叶片，造成大量落叶，有时过几天后焦枯范围停止扩展。检查焦枯叶上无明显孤立病斑和病原物。用刀片斜削叶柄或新梢，在断面用放大镜观察，可见到输导组织有变褐环纹。挖开焦枯叶较多一侧枝相对应的根部，可见到大量白色吸收根变褐，干枯死亡，有时可看到在死亡的吸收根周围有大量没腐熟的羊粪、鸡粪或鹿粪，有时可见到尚未完全溶化的化肥，并有氨气臭味。此类焦枯病为肥害所致。由于肥料遇水溶化，土壤溶液浓度增加，造成叶片水分回流和死根。

（2）水分失调造成的梨叶焦枯病 夏季干旱，暴雨过后暴晴，部分品种梨树外围延长枝、徒长枝前端叶片边缘或叶尖骤然变黄、焦枯，界限明显，发展很快，多半或全叶黄褐色、焦枯、变脆，严重时中短果枝前部叶片也变黄，叶上无病原物和孤立性病斑。用刀片斜削叶柄或新梢断面，木质部发白、变干。扒开表土，大量上层吸收根死亡。一般过10多天后症状缓解，长出的新叶不再发生焦枯现象。出现此类焦枯病的原因比较复杂，与叶片水分蒸腾量骤然增大、根系衰弱、缺氧窒息、土壤溶液浓度过大致使水分回流及砧木接穗亲和性差等有关。

（3）水涝型梨叶焦枯病 夏秋季，雨水较多，梨园内地势低洼地块积水时间较久，梨树枝条上部叶片逐渐发黄、焦枯、落叶，树下吸收根腐烂，有酸腐气味，侧根皮孔增大发青。此类焦枯为水涝烂根所致。

**3. 防治方法**

（1）肥害造成的梨叶焦枯病 使用有机肥时一定要腐熟，与土拌匀后施入。追施化肥时应沟施，并与土拌匀，不要在根系较集中位置穴施。施肥后应灌水。出现此类焦枯后，应马上大量灌水，稀释土壤溶液浓度。

（2）水分失调造成的梨叶焦枯病 土壤干旱时应及时灌水，大雨天晴后应及时松土，增加土壤中空气含量和水分蒸发量。改良土壤，增施有机肥，促进根系发育。对历年常发生此病害的地块和梨树品种，可采用树盘覆草方法试验解决。

（3）水涝型梨叶焦枯病 果园积水时及时排涝，松土。可用双氧水（过氧化氢）200～300倍液开沟浇灌，水渗后覆土，以增加土壤中氧气含量。

## 六、梨果花斑病（Pear fruit piebald）

**1. 为害** 套袋黄冠梨花斑病是自20世纪90年代开始发生于套袋黄冠梨上的一种新病害。褐斑形成仅局限在皮层，不向果肉扩展，因此不影响果实的食用价值，但因其外观品质下降而导致商品价值大大降低。河北、北京、山东、江苏等黄冠梨产区每年都会有不同程度发病现象，严重者优果率不足20%，该病害已成为黄冠梨产业的"瓶颈"。

2011年国家梨产业技术体系专家在山西省中部地区的（文水、平遥、祁县、太谷等）砀山酥梨、雪花梨和四川成都雪青上也发现了类似病害。

**2. 症状诊断与发病规律**　套袋黄冠梨花斑病表现为果实表皮形成大小不同、数量不等、微凹陷的褐色病斑（如同鸡踩踏过一般，故果农形象地称之为"鸡爪病"）。砀山酥梨上的病斑多靠近果顶，为环状、点状和线状，且大的果实发病率高，发病程度重。雪花和雪青上的症状与黄冠相同。

河北省农林科学院石家庄果树研究所经多年研究（王迎涛，2009），发现套袋黄冠梨花斑病的发病机理为：套袋引起钙素营养缺失加之果袋内微环境变化，致使果皮龟裂纹较大并缺少角质层的保护而引发酶促褐变。

套袋果发病，非套袋果不发病；近成熟期开始发生，并一直延续到贮藏期；往往越接近成熟和上市时期，病害越重；单果重越大发病率越高；近成熟期若遇降雨、降温则病害加重；施有机肥者病害轻，偏施氮肥者病害重；且雪青、大果水晶等绿皮梨品种亦有不同程度发病。

**3. 防治方法**　河北省农林科学院石家庄果树研究所经多年试验，形成一套以肥水管理及套袋技术为核心内容的套袋黄冠梨花斑病综合防控技术：

（1）肥水管理　重视有机肥施用并注意平衡施肥。秋季每 $667m^2$ 施入 $3\sim5m^3$ 牛粪等有机肥，一般采用沟施的方法即可，沟深 $40\sim60cm$；亦可于行间撒施后深翻。发育前期可以 N、P 复合肥为追肥（盛果期单株用量不可超过 3kg），发育后期不再使用 N 肥；发病严重的园片可于花前施用少量硼肥——四硼酸钠每株 $100\sim200g$。浇足花前水和封冻水，生长季节避免大水漫灌；地势低洼的梨园，雨季须做好排水防涝工作。

（2）整形修剪　首先培养级次分明、通风透光良好的树体结构，盛果期树冬剪时须做到"疏上养下，疏外养内"，并注意枝组的合理分布，连续结果及单轴延伸过长枝组要进行必要的回缩，以保证内膛光照充足。生长季节须对剪（锯）口下萌发的新梢及背上新梢予以抹芽处理；缺少发展空间的发育枝亦应及早进行抹芽。

（3）合理负载：盛花后 20d 即可进行疏果，疏果时以幼果间距 $25\sim30cm$ 为留果标准。一般肥水条件下，每 $667m^2$ 留果量不超过15 000个，产量控制在3 500～4 000kg。

（4）幼果期喷钙　幼果套袋前（盛花后 15d 开始）喷施瑞恩钙、硝酸钙及氯化钙等钙盐。因幼果表皮细嫩，为减少对果面的刺激，最好选用瑞恩钙（EDTA 钙）等有机钙盐1 000～1 200倍液，间隔 7～10d 喷药一次，连续喷施 2～3 次。此外，多年生产经验证明，瑞恩钙不宜与杀虫剂、杀菌剂混合使用，否则易发生药害，影响果实外观品质。

（5）套袋　纸袋种类应以透气性和透光性较好（透光率在 10% 左右）者为宜，如单层黄白条纹蜡纸袋、黄油封白蜡纸袋或单层复合纸袋；生产"白皮梨"所用的纸袋内层黑纸质量不宜超过 $40g/m^2$。套袋时间不亦过早，北方梨产区一般于 5 月下旬至 6 月上旬（麦收前）完成即可。

# 参 考 文 献

董星光，方成泉，王斐，等 . 2010. 梨抗黑星病 AFLP 标记筛选 [J] . 植物病理学报（5）：552-555.

范燕萍，冷怀琼 . 1989. 梨黑星菌（*Venturia nashicola*）生理分化的初步研究 [J] . 云南农业大学学报（4）：231-236.

洪霓，王国平 . 1999. 苹果褪绿叶斑病毒生物学及生化特性研究 [J] . 植物病理学报，29（1）：77-81.

罗文华.1988. 梨黑星病病原及生物学特性的研究 [J]. 四川农业大学学报, 6 (1): 59-64.

沈言章, 张飒.1993. 中国梨黑星菌 (*Venturia nashicola*) 致病性分化类型的研究 [J]. 四川农业大学学报, 11 (2): 282-286.

宋艳苏, 郑银英, 李丽娜, 等.2010. 苹果茎沟病毒外壳蛋白基因的原核表达及抗血清的制备 [J]. 果树学报, 27 (5): 752-756.

王国平, 洪霓, 张尊平.1994. 我国北方梨产区主栽品种病毒种类的鉴定研究 [J]. 中国果树 (2): 1-4.

王国平.2002. 果树无病毒苗木繁育与栽培 [M]. 北京: 金盾出版社.

王国平.2005. 果树的脱毒与组织培养 [M]. 北京: 化学工业出版社.

王宏, 常有宏, 陈志谊.2006. 梨黑斑病病原菌生物学特性研究 [J]. 果树学报, 23 (2): 247-251.

王金友, 冯明祥.2005. 新编梨树病虫害防治技术 [M]. 北京: 金盾出版社.

王利平.2009. 两种线状病毒分子变异的研究及热处理对梨基因表达的影响 [D]. 武汉: 华中农业大学.

吴良庆, 朱立武, 衡伟, 等.2010. 砀山梨炭疽病病原鉴定及其抑菌药剂筛选 [J]. 中国农业科学, 43 (18): 3750-3758.

张海娥, 乐文全, 张新忠, 等.2007. 梨黑星病抗性机理的研究进展 [J]. 华北农学报, 22 (增刊): 239-242.

张树军, 张绍铃, 吴俊, 等.2010. 与梨黑星病抗性基因连锁的 AFLP 标记筛选及 SCAR 标记转化 [J]. 园艺学报 (7): 1147-1154.

郑银英, 王国平, 洪霓, 等.2007. 来源于桃和苹果的苹果褪绿叶斑病毒的部分分子生物学特性和 *cp* 基因的原核表达 [J]. 植物病理学报, 37 (4): 356-361.

郑银英, 王国平, 洪霓.2005. 苹果茎沟病毒部分分离物的生物学特性与分子鉴定 [J]. 植物保护学报, 32 (3): 266-270.

周玉霞, 程栎菁, 张美鑫, 等.2013. 我国梨腐烂病病原菌的初步鉴定及序列分析 [J]. 果树学报, 30 (1): 140-146.

Abe K, Kotobuki K. 1998. Polygenicinheritance of necrotic reaction to pear scab (*Venturia nashicola* Tanaket Yamamoto) in Chinese pear (*Pyrus pyrifolia* Nakai ) and Chinese pear (*P. ussuriensis* Maxim) [J]. J. Japan Soc. Hort. Sci. , 67 (6): 839-842.

Chevalier M, Bernard C, Tellier M, et al. 2004. Variabilityin the reaction of several pear (*Pyrus communis*) cultivars to differcentin oculation of Venturia pirina [J]. Acta Hort. , 663: 177-181.

German S, Candresse T, Lanneau M, et al. 1990. Nucleotide sequence and genomic organization of Apple chlorotic leaf spot closterovirus [J]. Virology, 179: 104-112.

German-Retana S, Bergey B, Delbos R P, et al. 1997. Complete nucleotide sequence of the genome of a severe cherry isolate of Apple chlorotic leaf spot trichovirus (ACLSV) [J]. Arch. Virol. , 142: 833-841.

Ishii H, Watanabe H, Tanabe K. 2002. Venturia nashicola: Pathoclogical specific ation on pears and control trial with resistance inducers [J]. Acta Hort. , 587: 613-621.

James D. 2002. Long term assessment of the effects of in vitro chemotherapy as a tool for Apple stem grooving virus elimination [J]. Acta Hort. , 550: 459-461.

Llorente I, Vilardell A, Vilardell P, et al. 2010. Control of brown spot of pear by reducing the overwintering inoculum through sanitation [J]. European Journal of Plant Pathology, 128 (1): 127-141.

Tan R R, Wang L P, Hory N. et al. 2010. Enhanced efficiency of virus eradication following thermotherapy of shoot-tip cultures of pear [J]. Plant Ccell Tissue and Organ Culture, 101 (2): 229-235.

Wang L P, Hong N, Wang G P, et al. 2010. Distribution of apple stem grooving virus and apple chlorotic leaf spot virus in infected in vitro pear shoots [J] . Crop protection，29（12）：1447-1451.

Yaegashi H，Yamatsuta T，Takahashi T，et al. 2007. Characterization of virus-induced gene silencing in tobacco plants infected with Apple latent spherical virus [J] . Arch. Virol. ，152：1839-1849.

Yoshikawa N，Gotoh S，Umezawa M，et al. 2000. Transgenic nicotiana occidentalis plants expressing the 50-kda protein of Apple chlorotic leaf spot virus display increased susceptibility to homologous virus，but strong resistance to Grapevine berry inner necrosis virus [J] . Phytopathology，90：311-316.

# 第十四章　梨虫害及防控

目前，在欧美及大洋洲等国家，苹果蠹蛾、梨木虱、螨类、葡萄粉蚧是梨上最重要的虫害。对于苹果蠹蛾、梨小食心虫等害虫主要推广利用性信息素迷向防治，利用塑料胶条缓释技术，一次释放性信息素可以控制整个生长期为害。使用性信息干扰剂后大幅度减少了杀虫剂的使用。而且针对近年来对许多果树危害严重的甲虫类，合成了复合型性信息干扰素，使用方法在进一步研究。天敌的利用方面，美国、韩国、日本、欧洲各国均大力发展天敌饲养技术。常见的捕食性天敌类群有花蝽、蓟马、草蛉、瓢虫、食蚜蝇、隐翅虫和捕食螨等。应用比较成功的是释放松毛虫赤眼蜂防治卷叶蛾类，梨小食心虫、刺蛾类、天幕毛虫和其他鳞翅目害虫。农药的开发重点侧重于环境友好性农药发展，如昆虫生长调节剂、仿生农药等。物理方法也很受重视，如黄色荧光灯防治吸果类害虫对果实的为害。

我国目前记载的梨树害虫有 380 余种，但发生普遍而为害较重的有 20 多种。为害果实的有梨小食心虫、梨大食心虫、桃小食心虫、梨象甲及梨蝽等。局部地区梨实蜂时有发生；梨花象甲主要为害花蕾。一般管理粗放、施药较少的地区，食叶性的天幕毛虫、梨星毛虫、梨卷叶斑螟蛾、刺蛾类等毛虫和金龟子类发生较普遍，常为害猖獗。管理较好、施药较多的地区，为害果实和食叶性害虫则少见，但螨类、蚜类、蚧类、木虱类、蝽类等常为害较重，故应采取综合防治，控制害虫，保护天敌。枝干害虫类的梨潜皮蛾、金缘吉丁虫等发生普遍，专食性的梨茎蜂、梨梢华蛾在局部地区常发生，不可忽视。近年套袋栽培的梨园，康氏粉蚧为害也较为严重。

目前我国对梨病虫害的生物防治技术研究和应用取得了新的进展。利用青虫菌、Bt乳剂、昆虫病原线虫、白僵菌等防治桃小食心虫的技术日臻完善。开发出昆虫生长调节剂类等特异性农药，其防治食心虫类的效果与常用化学农药相当。研究出在压低梨小食心虫密度条件下，于发蛾低谷期利用性诱剂诱杀器诱杀成虫的防治技术，进行小面积防治示范，可减少化学农药使用次数。对重要梨病虫害抗药性进行监测，开发出一批新的农药品种和剂型。监测明确山楂叶螨等对噻螨酮、甲氰菊酯、联苯菊酯、螨完锡等的抗性指数，提出延缓抗药性产生的措施。开发出螺螨酯、哒螨酮、阿维菌素、双甲脒、螺虫乙酯、氯虫苯甲酰胺等一批新的品种和剂型，使果区使用剧毒、高残留、广谱性农药和农药品种贫乏的局面得到明显改观，对保证果品高产、优质作出了重要贡献，受到了果农的欢迎。

## 第一节　食心虫类

为害梨果实的食心虫类害虫是指钻蛀性的鳞翅目害虫，主要有梨小食心虫，在世界范围内发生，梨小食心虫除了为害梨外，还是桃、苹果、杏等多种果树害虫。其次为梨大食心虫，梨大食心虫主要为害梨果，食性专一。此外，有些梨树品种桃蛀螟为害也很严重，桃小食心虫在一些地区也对梨果造成严重为害，随着环境的改变，一些农作物鳞翅目害虫偶尔也会为害梨果，如棉铃虫、玉米螟等，在果园发现蛀果性害虫，必须仔细鉴别种类，有针对性地进行防治，才会取得良好的防治效果。为害果实的害虫除了食心虫外，还有一些钻蛀性害虫，如梨实蜂、橘小实蝇、梨果象甲等，但为害症状和虫体形态与食心虫有很大差别，容易区别。

# 一、梨小食心虫

梨小食心虫（*Grapholitha molesta* Busck）属鳞翅目，小卷蛾科。又叫桃折心虫，东方蛀果蛾，简称梨小。

## （一）分布与为害

国内分布遍及南、北各果区，是果树重要蛀果害虫之一。梨小食心虫以幼虫蛀食梨、桃、苹果的果实和桃树的新梢。在梨和苹果树上，主要为害果实，此外，还为害海棠、沙果、山楂、枇杷等果实及枇杷幼苗的主干；在桃、李、杏和樱桃上，主要为害新梢，有时也为害果实。

梨果被害，在早期蛀果孔较大并有虫粪排出，蛀果孔周围变黑腐烂，并逐渐扩大，俗称"黑膏药"。后期为害梨果时，蛀果孔很小，幼虫入果后直向果心蛀食，有时果面有虫粪排出，有时幼虫从果实萼凹处蛀入，向外排出虫粪。被害果易脱落。幼虫老熟后由果肉脱出留一大圆孔，虫果常因腐烂不堪食用，严重影响果实的品质和产量。

## （二）形态特征

成虫　体长 4.6～6mm，翅展 10.6～15mm，全体灰褐色，无光泽。前翅灰褐色，无紫色光泽（苹小食心虫前翅有紫色光泽）。前翅前缘有 10 组白色短斜纹（但不及苹小食心虫显著），翅上密布白色鳞片，翅外缘有一明显白色斑点；两翅合拢后，双翅外缘形成的夹角为钝角（苹小食心虫为锐角）。

卵　椭圆形，扁平，中央隆起，半透明。初产时乳白色，后渐变为淡黄白色。

幼虫　共 5 龄。低龄幼虫头和前胸背板黑色，体白色。老熟幼虫体长 10～13mm，头部黄褐色，前胸背板浅黄褐色，体淡黄白色或粉红色，臀板上有深褐色斑点。足趾钩单序环状，腹足趾钩 30～40 个，臀足趾钩 20～30 个。腹部末端有臀栉 4～7 根。

蛹　体长 6～7mm，黄褐色。茧白色，扁圆形。

## （三）发生规律

梨小食心虫在东北一年发生 2～3 代，华北大部分地区一年发生 3～4 代，黄河故道地区一年发生 4～5 代，长江流域及以南地区一年发生 5～6 代。以老熟幼虫在树体翘皮裂缝中结茧越冬，少数幼虫在树干基部接近土面处以及果实仓库和果品包装器材中越冬。

在华北，核果类和仁果类混栽园中，越冬成虫 4 月中旬至 6 月中旬出现，第一代幼虫于 5 月发生，主要为害桃梢。第二代幼虫于 6 月下旬至 7 月上旬发生，继续为害桃梢、梨幼果及晚熟品种的桃、李果实，但数量不多。第三代幼虫盛发于 7 月下旬至 8 月上旬，第四代幼虫盛发于 8 月中、下旬，第三代、第四代幼虫主要为害中晚熟品种的梨果实。从桃及梨上卵量消长情况看，第一代幼虫全部为害新梢，第二代幼虫基本也是为害新梢，第三、四代幼虫只少部分害梢，而以为害桃及梨的果实为主。第三代为害梨果的幼虫，一部分在果实采收前脱果，一部分在采收后才脱果，脱果较早的可继续化蛹而发生第四代，脱果晚的则进入越冬状态。在安徽砀山梨区，在 3 月下旬桃初花期出现越冬成虫，4 月上旬为越冬代成虫高峰期，一般第一代历期约 45d，第二代历期约 35d，以后各代历期为 30d 左右。

成虫多在傍晚活动，有趋光性和趋糖醋液习性，对人工合成的性外激素趋性很强。

成虫产卵前期 1～3d，成虫在傍晚时分开始产卵，散产，在桃树上以产在桃梢上部嫩梢第三至第七片的叶背为多，一般老叶和新发出的叶上很少产卵，每梢产卵 1 粒。在梨果上卵多产在果面，尤以两果靠拢处最多。在梨的品种间产卵差异很大，以中晚熟品种上最喜产卵。李梢、杏梢和苹果梢上也能产卵，但卵数很少。成虫寿命一般 3～6d，我国中部地区第一代卵期 7～10d，幼虫期 15～20d，蛹期 7～12d，夏季卵期 3～5d，幼虫期 13～15d，蛹期 7～10d。

桃梢上的卵孵化后，幼虫从梢端第二至第三片叶子的基部蛀入梢中，不久由蛀孔流出树胶，并有粒状虫粪排出，被害梢先端凋萎，最后干枯下垂。一般幼虫蛀入梢后，向下蛀食，当蛀到硬化部分，又从梢中爬出，转移他梢为害，1 头幼虫可为害 2～3 个新梢。幼虫老熟后在桃树枝干翘皮裂缝等处作茧化蛹。梨果因前期较硬，幼虫难以蛀入，7 月以后果实松脆时才能为害。梨果上的卵孵化后，幼虫先在果面爬行，然后蛀入果内，多从萼洼或梗洼处蛀入，蛀孔很小，以后蛀孔周围变黑腐烂，形成一块黑疤，幼虫逐渐蛀入果心，虫粪也排在果内，一般一果只有一头幼虫。幼虫老熟后，向果外咬一个脱果孔，爬至树干基部翘皮缝隙间作茧化蛹，也有幼虫老熟后不出果，就在果内化蛹。幼虫脱果孔大，有虫粪。后期，梨小一般在梨果浅处为害。果实若采收早，梨小多随果品运出或在果库内脱果越冬，采收晚的在果园内越冬。

梨小发生轻重与果园树种配置有很大关系，在单植的桃、梨或苹果园，发生轻。在没有桃树时，梨小前期可为害苹果梢和幼果，但对苹果梢远不如对桃梢适应，因此前期梨小的发生量就受到限制。混栽园发生重，因此，根据梨小为害特性，在建园时尽量避免桃、梨果树混栽或邻栽，以减轻为害。

梨小食心虫要求高湿条件，凡雨水多，湿度大的年份发生重。梨小对梨树品种有一定选择性，以味甜、皮薄、肉质细的鸭梨、杜梨、砀山酥梨、明月等受害重，质粗、石细胞多的品种受害轻；苹果则以金帅、富士、国光、红玉等受害重。

梨小食心虫的天敌主要有白茧蜂、黑青金小蜂、中国齿腿姬蜂、松毛虫赤眼蜂、白僵菌等。

## (四) 测报方法

**1. 成虫发生期预测** 于各代成虫出现前，果园内设置性诱剂诱捕器，每 2hm² 挂 4 个诱捕器，间隔 100m 挂 1 个，诱捕器挂在树冠北侧 1.8m 高的树枝上，可用黏胶诱捕器，或水盆诱捕器，水盆诱捕器直径 20cm，盆内加满水，并放 0.1% 洗衣粉或洗洁精，降低水表面张力，防止蛾子逃脱。当成虫数量连续几天突然增加，表明已进入发蛾高峰，由于受气候因素中湿度、风力等因素影响，目前监测诱捕器的诱蛾量与着卵量没有密切的相关性，一般早春诱蛾多，着卵率低，到后期诱蛾少着卵多，可结合查卵果率，及时进行喷药防治。

**2. 卵发生期调查** 梨小卵在越冬代和第一代中，成虫主要产在桃的新梢、叶片以及杏果上，第2～3代成虫产卵多在梨果的肩部和桃、李果侧沟处。调查时于各代成虫发生初盛期开始，每园定5～10株，每树定中上部的叶和果50～100个，标记好，每两天查一次，查后将卵挑死。当前期卵果率达1%～3%时，开始施药，重点防治桃梢，后期卵果率达0.5%～1%时，开始施药，重点防治梨果。

### （五）防治方法

**1. 科学建园** 建立新果园时，应尽量避免桃、梨、苹果混栽或栽植过近，以减轻为害。

**2. 人工防治** 在果实采收前，在树干上绑草绳，诱集越冬幼虫，冬季集中处理。早春刮除树干上的翘皮，集中销毁，消灭越冬幼虫。

**3. 剪除被害桃梢或药剂喷洒桃梢** 春夏季及时剪除桃树被蛀枝梢或在桃梢上喷洒50%杀螟硫磷乳油1 500倍液，50%马拉硫磷乳油1 000倍液、2.5%溴氰菊酯乳油2 500倍液等，可以控制梨小从桃树向梨树转移，降低为害程度。

**4. 性诱剂防治** 可以使用性诱剂诱杀法或者迷向法防治，诱杀法可在成虫发生期，用性诱剂加糖醋液制成水碗诱捕器，每天或隔日清除虫尸，并加足糖醋液。糖醋液的配制方法是：红糖1份，醋2份，水20份。根据虫口密度，每667m$^2$地挂5～15个。也可用迷向法防治，即在果园释放大量的性诱剂，致使雄蛾找不到雌蛾，释放方法包括竞争释放和弥漫释放，竞争释放要在果园每棵树上都释放多个散发器，和田间雌蛾形成竞争，弥漫释放就是高剂量释放，淹没田间雌蛾释放的性激素，可以少点高剂量释放。国外成熟技术使用每公顷释放500个含量为240mg/根迷向丝散发器，在越冬代成虫发生前处理，一般在梨树开花初期进行悬挂，要悬挂在树冠上部，在虫口密度不是很高的情况下，可以控制整个季节的为害（Kovanci等，2005）。

**5. 生物防治** 6月下旬至7月下旬，成虫在梨果上产卵期间，释放赤眼蜂，每公顷释放37.5万头，寄生率可达90%，保果效果好。

**6. 药剂防治** 应在测报的基础上，进行化学防治，掌握成虫高峰期到卵孵化初盛期喷药。在华北地区梨园，防治的关键时期在7月中下旬，这时用性外激素诱捕器进行成虫发生期预测，可准确掌握喷药时期。当监测诱捕器诱到大量成虫后，开始喷药。

如果在田间调查卵果率，当平均卵果率达0.5%时开始喷药。在8月，继续用此法进行预测，达到指标时即喷药，一般喷药2～3次。常用药剂有50%杀螟硫磷乳油1 000倍液、40%毒死蜱乳油1 500倍液、20%氰戊菊酯乳油2 000倍液、2.5%溴氰菊酯乳油2 500倍液等。防治次数一般为2～3次，间隔期15d左右。

## 二、梨大食心虫

梨大食心虫（*Myelois perivorella* Matsumura）又叫梨云翅斑螟，简称梨大，属鳞翅目、螟蛾科。

## （一）分布与为害

国内各梨区均有分布，其中以吉林、辽宁、河北、山西、云南等省受害较重，安徽、河南受害较轻。

梨大食心虫主要为害梨，偶尔为害苹果和桃，前期以幼虫为害梨芽，主要是花芽，生长季为害梨果，秋季幼虫多数为害花芽，从芽的基部蛀入，直达花轴髓部，虫孔外有细小虫粪，有丝缀连，被害芽瘦小干缩，越冬后大部分枯死。

春季，幼虫从越冬的虫芽中转移到健康芽上，先于芽鳞内吐丝缠缀鳞片，逐渐向髓部食害，芽外部有虫粪，被害花序凋萎枯死。幼果被害后，蛀孔处有虫粪，幼虫在果柄基部吐丝，将果柄缠在果台上，果实不脱落，干后变黑，果吊在枝条上，俗称"吊死鬼"。膨大的果实被害后，蛀孔周围变黑腐烂。

## （二）形态特征

成虫　体长 10～12mm，翅展 24～26mm。全体暗灰褐色，前翅具紫色光泽，距翅基部 1/3 和 2/3 处，各具灰白色横线 1 条；翅中央靠近前缘处有一黑色肾状纹，翅外缘有一列小黑点。后翅灰褐色，外缘毛灰褐色。

卵　稍扁，椭圆形，初产时黄白色，以后渐变为红色。

幼虫　老熟幼虫体长 17～20mm，头部和前胸盾片为褐色，身体背面为暗红褐色至暗绿色，腹面色稍浅。臀板为深褐色，腹足趾钩为双序环，无臀栉。小幼虫污白色，和梨小食心虫可从臀栉上区分。

蛹　长约 10～13mm，初化蛹时翠绿色，后渐变为黄褐色，第 10 节末端有小钩刺 6 根。

## （三）发生规律

梨大食心虫在吉林一年发生 1 代，山东、河北一年发生 1～2 代，河南一年发生 2～3 代，各地均以幼龄幼虫在被害芽（主要是花芽）内结茧越冬。被害芽比较瘦弱，外部有一个很小的虫孔，容易识别。

在河北越冬幼虫于 3 月下旬梨芽萌动时开始出蛰转害新芽（主要是花芽），花序分离时为出蛰终止期，转芽主要为害附近的芽，从芽基部蛀食，幼虫转入新芽后，即在芽的鳞片内咬食为害，蛀孔外常堆积有少量缠有虫丝的碎屑堵塞蛀孔，一般幼虫暂不深入芽心。待花序抽出后，幼虫即在花序基部为害，并吐丝缠缀鳞片，使不脱落。将要开花时，幼虫蛀孔果台，导致花序萎蔫，有个别幼虫蛀入芽心，食害生长点，使芽枯死，引起第二次转芽为害。幼虫转芽及在花芽内为害时期前后 1 个月，4 月下旬，当梨幼果生长发育到拇指大小时，幼虫从枯死的花芽里爬出，转移为害幼果，被害果实上留有较大的蛀果孔，孔口堆积虫粪，转果盛期在 5 月下旬，华北地区 5 月中下旬，幼果受害最为严重。大多数越冬幼虫出蛰后，先为害一个花芽再转果，少数为害两个花芽后再为害果实，也有部分幼虫出蛰后直接蛀果。幼虫在果内为害约 20d，即行化蛹，一般一头幼虫可为害 2～3 个幼果。一般幼虫化蛹前 5～15d，在果柄基部吐丝，将虫果牢固缠绕在果台枝上，在被害果里化蛹。越冬代成虫发生期在 6 月上中旬至 7 月上中旬，盛期在 6 月下旬。第一代卵多散产于萼洼、芽旁及枝的粗皮处，每处产卵 1～3 粒。每头雌虫足最多可产卵 200 余粒。卵期 5～7d，第一代幼虫可为害芽和果，为害芽的幼虫多蛀入花芽内，一头幼虫可为害 3 个芽，发生一代的幼虫即在最后受害芽内越冬。发生 2 代的幼虫，为害一个芽后，转果为害，或孵化后的幼虫直接蛀果为害，害果期自 6 月中旬至 8 月上旬，在果内老熟后化蛹。梨采收前后大都已羽化完毕。第一代成虫的羽化期为 7 月下旬至 8 月中下旬，这一代成虫的卵大部分产在芽上或芽的附近，幼虫孵化后，经短期为害后，即蛀入新芽内越冬。

梨大食心虫一头幼虫一般全年可为害花芽 3 个、花序 1 个、梨果 2～3 个，对梨树产量影响较大。在 2 代区均以越冬代幼虫为害幼果最为严重，第一代幼虫为害果实较轻。

越冬幼虫出蛰害芽、害果盛期，可用梨物候期指示。不同地区的幼虫出蛰始期，均为梨花芽萌动期，出蛰害芽盛期各地稍有不同，1 代区是花芽萌动至开绽期，1～2 代区是花芽开绽至花序伸出期。害果始期都是梨幼果脱萼期。转果时期为 5 月初至 6 月上中旬，盛期在 5 月下旬。根据梨物候期可以准确指示防治适期。

### （四）测报方法

1～2 代区于 4 月上旬至 6 月上旬出蛰害芽，5 月上旬至 6 月中旬害果。这两个时期为害芽及幼果最为严重，盛发期又很集中，所以这两个时期是药剂防治的有利时期，药剂防治重点应放在越冬代幼虫转芽为害期，转果期的防治是转芽期防治的补充。2～3 代区越冬幼虫于 3 月上旬至 5 月中旬出蛰，由于出蛰期较长，而害果盛期较集中，因此，在 2～3 代区，害果集中期是药剂防治有利时期。

**1. 越冬虫芽率调查**　早春越冬幼虫出蛰前，每个果园调查 5～10 株梨树，每株按不同方位随机调查 50～100 个花芽，计算虫芽率，当虫芽率超过 3％时，应定为防治园区。

**2. 越冬幼虫转芽期预测**　确定了防治地块后，可按上述调查虫芽率的方法，每天调查 50～100 个虫芽，计算越冬幼虫转出数量（如果虫芽内有虫粪，并有新鲜的白灰色空茧，为幼虫转出；虫芽内无虫粪，空茧为陈旧的，应不予计算），当越冬幼虫转芽率达 5％以上，气温又明显上升，应立即进行药剂防治。

### （五）防治方法

**1. 人工防治**　冬春季剪枝时，注意剪除虫芽；花期和幼果期及时摘除被害花序、虫果，并将虫芽、被害花序和虫果集中深埋或烧毁。

**2. 药剂防治**　梨大食心虫从出蛰到下一代卵孵化，长达 4 个月的时间，在这期间，只有出蛰到转芽、由芽到转果和幼虫孵化 3 个时期在外暴露，在防治上，应抓住这 3 个关键时期进行防治，即越冬幼虫转芽期和转果期、第一、二代卵孵化盛期。在一年发生 1～2 代区，防治关键时期在幼虫转芽期，即梨花芽开绽期。在一年发生 3 代的地区，防治重点时期是幼虫转果期，即梨幼果脱萼期。常用药剂有：2.5％溴氰菊酯乳油 2 000 倍液，90％敌百虫晶体 500 倍液，50％敌敌畏乳油 1 000 倍液。重点喷洒芽部，喷药要均匀周到。在虫口密度较大的果园，连续喷药 2 次，间隔期 10d。第一、二代卵孵化盛期，要掌握在幼虫蛀入果、芽之前用药。

**3. 保护天敌**　梨大食心虫的天敌较多，主要有黄足绒茧蜂、黄眶离缘姬蜂、具瘤姬蜂、长尾聚瘤姬蜂、离缝姬蜂、卷叶蛾赛寄蝇等，应尽可能保护好这些天敌。

# 三、桃小食心虫

桃小食心虫（*Carposina niponensis* Walsingham）属鳞翅目、蛀果蛾科，又名桃蛀果蛾，简称桃小。

## （一）分布与为害

在国内分布于东北、华北、西北、华中、华东等果产区。寄主有苹果、海棠、沙果、梨、山楂、桃、杏、李、枣等。以苹果和枣受害最重。

桃小食心虫主要为害苹果、枣等果实，局部地区梨受害严重，初孵幼虫从果实胴部蛀入，蛀孔流出泪珠状汁液，不久干成一片白色蜡质粉末，中间蛀孔成一针尖大小黑点，随着果实膨大，蛀孔处略凹陷，前期受害的果实多畸形为"猴头果"。幼虫在果肉中串食一段时间后，集中在果心为害，并排虫粪于虫道内，形成"豆沙馅"，使果实失去商品价值。

## （二）形态特征

成虫　体长 7～8mm，翅展 16～18mm，灰褐色，复眼红色，雌蛾下唇须长且前伸，雄蛾下唇须短而上翘。前翅近前缘中央有一个黑褐色三角形斑，并有 9 个突起的蓝褐色毛丛。

卵　椭圆形，初产淡黄色，后变橙红色，顶端有 2～3 圈 Y 形刺。

幼虫　老熟幼虫体长 13～16mm，桃红色，小幼虫黄白色。前胸背板褐色，无臀刺。

蛹　体长 6～8mm，淡黄色渐变黄褐色，接近羽化时变为灰黑色。体壁光滑无刺。茧有两种：一种为扁圆形的越冬茧，（也称冬茧），丝质紧密，直径 6mm。一种为纺锤形的化蛹茧（也称夏茧），质地松软，长 8～13mm。

## （三）发生规律

桃小每年发生世代因地区不同而异，每年可发生 1～3 代，山西北部、宁夏、甘肃等寒冷地区每年 1 代，辽宁、河北、山东等大部地区 1～2 代，黄河故道地区 1～3 代，以 2 代为主。各地均以老熟幼虫在土中结冬茧越冬，一般存于表土 3～10cm。

越冬幼虫出土期因地区、年份和寄主不同而差异较大。黄河故道地区越冬幼虫 5 月陆续出土，盛期在 5 月下旬至 6 月上旬，一直延续到 6 月下旬，出土期长达 60d，致使后期世代重叠。

越冬幼虫出土始期与土壤温、湿度关系较大，出土前一旬的平均气温在 17℃，地温 20℃时即可出土，此期间如降雨或灌溉即可连续出土。出土盛期与降雨关系很大，在降雨后大量出土，一般年份在麦收前 25d 左右开始出土，麦收时进入出土初盛期。如长期干旱缺雨则出土时期延迟。越冬幼虫从冬茧爬出后在土块、草丛下结化蛹茧，蛹期 14d 左右，羽化为成虫后交尾产卵，卵期 6～10d，平均 8d 左右。黄河故道地区第一代卵盛期一般在 6 月中旬，第二代在 7 月下旬，第三代在 8 月底至 9 月上旬。6 月上中旬田间可见被害果。幼虫蛀果后发育期 14～32d，平均 24.7d，6 月下旬田间可见幼虫脱果。一般 7 月下旬以前脱果的幼虫均结夏茧发生下一代，7 月末以后开始有幼虫入土结冬茧，以后越冬数量逐渐增多，8 月中旬可达 80%，8 月末以后全部入土越冬。

桃小幼虫有背光的习性，幼虫老熟脱果后的越冬场所根据果园的地形、土壤管理情况等不同而有差异。一般平地果园树盘土壤平整、无杂草及间作物，脱果幼虫多集中于距树干 1m 的范围内越冬。山地梯田果园除树下外梯田壁缝隙内也有较多的越冬茧。此外，堆果场、果窖内均有老熟幼虫脱果越冬。

成虫白天多静伏于枝干阴暗处，夜晚活动，午夜交尾产卵，雌虫寿命 21~27℃平均 4~6d。18℃平均 9.6 天，羽化后 1~3d 开始产卵，最多可产 100 多粒，高温、低湿（30℃以上，相对湿度 75% 以下）不利成虫产卵，故干旱炎热的夏季对其发生有抑制作用，而气温正常、潮湿年份则有利于大发生。卵 90% 以上产于果实萼凹处，少量产于梗洼处，卵散产。成虫产卵对品种有选择性，中熟品种金冠、红星等为嗜好品种，中熟品种采收后晚熟品种国光、富士等卵量才增多。

幼虫孵化后在果面爬行数十分钟至数小时，寻找适当部位啃咬果皮并不吞食，然后从果实胴部蛀入果内纵横串食，大多数食入果心，为害金冠果实的幼虫发育快，为害国光的发育慢。幼虫老熟后咬一圆孔脱出果外，直接落入地入土作冬茧或在地表作夏茧。

桃小有几种寄生蜂，其中一种甲腹茧蜂将卵产于桃小卵内，桃小幼虫孵化长大后，蜂幼虫在其体内取食，然后羽化出蜂。在用药少的地方寄生率可达 20%~30%。

### （四）测报方法

**1. 幼虫出土期测报** 用埋茧法观察幼虫出土期，可在花盆内埋越冬茧 500 个，深度 5~10cm，然后把花盆埋在树冠下，用细纱网罩严盆口，出土期每天检查出土量，当出土率达 20% 时，即可地面施药。

**2. 以性诱剂诱捕器测报** 在幼虫出土期（麦收前），可用性诱剂测报，每个果园挂 4 个诱捕器，间隔 100m，挂在树冠北侧 1.8m 高处，每天检查诱蛾量，上年桃小发生严重时，当诱到第一头成虫时即可地面施药，间隔 20d 进行第二次处理。树上防治也可使用性诱剂监测，一般在越冬代成虫发生期，当平均每天每碗诱到 10 头蛾子时，树上开始每两天调查 1 次卵果率，后期各代在成虫发生高峰期每天诱到 5 头蛾子就要调查卵果率。

**3. 卵果率调查** 用棋盘式调查方法，在果园不同方位选 10 株有代表性的梨树，每株树在中上部调查 100 个果，当卵果率达 1% 左右时，及时喷药防治。

### （五）防治方法

**1. 果实套袋** 在发生桃小的果园，采用套袋可以有效控制为害，注意套袋时间不能过晚，要在桃小产卵前套上袋，一般要在 5 月底以前套完，6 月套袋的果园要根据当地桃小发生情况，桃小产卵期没能套袋的果树，要先及时喷药预防，然后套袋。

**2. 地面防治** 当上年虫口密度高时，可在翌年越冬幼虫出土期地面施药防治，施药时期见测报方法。每 667m² 可用 40% 毒死蜱乳油或 50% 辛硫磷乳油 0.5kg，加水 200kg 喷雾，主要喷在树冠下，喷药前先把地面杂草清除，使用辛硫磷时，喷药后一定要把药搅入土中，防止光解，喷药后间隔 20d 再喷一次。处理时注意堆果场、包装场等地点同时进行。

**3. 树上防治** 在 6 月麦收后，及时挂桃小食心虫性诱剂诱捕器，监测成虫发生量，当平均每天每碗诱到 10 头蛾以上时，树上调查卵果率，一般树上部较易查到卵，可用 2.5％溴氰菊酯乳油 2 500 倍液、4.5％高效氯氰菊酯乳油 1 500 倍液，或者 40％毒死蜱乳油 2 000 倍液喷雾。当同时需要防治红蜘蛛时，可使用 20％甲氰菊酯乳油 2 500 倍液或 2.5％氯氟氰菊酯乳油 4 000 倍液喷雾，发生严重的果园，间隔 10～15d 再喷一次。当第一代幼虫大量脱果后 10d 左右，应及时用诱捕器监测下一代成虫发生期，并检查卵果率，达防治指标后及时喷药防治。

**4. 人工防治** 在堆果场和果窖，可先铺上沙土，桃小脱果入土后，进行筛茧处理。从 6 月开始，每半个月摘除虫果 1 次，并拣拾落果加以处理。

**5. 生物防治** 桃小出土期，地面喷施白僵菌，每 667m² 使用 2kg，加水 200kg 喷于树盘下，或者使用昆虫寄生性线虫——芜菁夜蛾线虫，在越冬幼虫出土始期，每平方米施入线虫 60 万～80 万条，线虫寄生桃小后会大量繁殖，进行重复侵染，使用时应先灌水，再使用线虫。使用性诱剂诱杀或迷向防治将是未来有希望的防治方法。

# 四、苹小食心虫

苹小食心虫（*Grapholitha inopinata* Heinrich）属鳞翅目，小卷叶蛾科。又叫苹果小食心虫。

## （一）分布与为害

主要分布于我国东北、华北地区，寄主主要有苹果、梨、山楂等果树，近年发生数量较少。

幼虫蛀食果实，初孵幼虫在果皮下蛀食，蛀果孔周围呈现红色小圈，随着幼虫长大，被害处形成褐色虫疤，虫疤上有数个小虫孔，并有少许虫粪堆积在虫疤上。幼虫为害一般不深入果心。

## （二）形态特征

成虫 体长 4.5～4.8mm，翅展 10～11mm，全体暗褐色，带紫色光泽。前翅前缘具有 7～9 组大小不等的白色斜纹。翅上散生许多白斑点，近外缘处白点排列整齐。后翅灰褐色。

卵 淡黄白色，半透明，有光泽，扁椭圆形。

幼虫 老熟幼虫体长 6.5～9mm，淡黄色或粉红色，头部黄褐色，臀板浅褐色，腹部末端具深褐色臀栉，臀栉 4～6 刺。

蛹 长 4.5～5.6mm，黄褐色，第一腹节背面无刺，第二至第七节前后缘均有小刺，第八至第十节背面只有 1 列较大的刺，腹部末端有 8 根钩状毛。

## （三）发生规律

苹小食心虫每年发生 2 代，以老熟幼虫在树枝、树干粗皮下越冬。在辽宁和河北产区，越冬幼虫于 5 月中旬开始化蛹，蛹期十多天，越冬成虫发生期在 5 月下旬至 7 月上旬，6 月中旬为高峰期。成虫白天静伏于叶或枝上，傍晚时交尾和产卵。田间第一代卵高峰期在 6 月中下旬，卵散产于果实胴部，萼洼和梗洼较少。成虫在气温 25～29℃，相对湿度 95％时产卵最多，成虫对糖醋液有一定趋性。第一代卵期 6d 左右，幼虫孵化后在果面爬行不久蛀入果内，在果实表皮下蛀食，一般不深入果心，形成的虫疤变褐，疤上出现几个排粪孔。幼虫期 20d 左右。老熟幼虫脱果后沿枝干爬行到粗皮缝处结茧化蛹。第一代蛹期 10d 左右，第一代成虫发生在 7 月下旬至 8 月中旬，第二代卵盛期在 8 月上旬，卵期 5d 左右，幼虫孵化后继续蛀果为害，第二代幼虫为害果实 20d 左右，脱果爬行到越冬部位结茧越冬。由于高温干旱对苹小食心虫繁殖不利，在中部果区很少发生。

### （四）测报方法

从成虫发生初盛期开始，每隔 3d 调查 1 次卵果率，利用棋盘式调查方法，在果园四周和中部调查 10 株树，每株调查 100 个果，当卵果率达到 1％时，开始喷药防治。

### （五）防治方法

**1. 消灭越冬幼虫** 早春刮除枝干粗裂翘皮，集中烧毁。

**2. 药剂防治** 根据查卵测报，在成虫产卵期及时喷药，可以使用 20％氰戊菊酯乳油或 2.5％溴氰菊酯乳油 2 500 倍液、4.5％高效氯氰菊酯乳油 1 500 倍液喷雾，当同时需要防治红蜘蛛时，可使用 20％甲氰菊酯菊酯乳油 2 500 倍液或 2.5％氯氟氰菊酯乳油 4 000 倍液喷雾，发生严重的果园，间隔 10～15d 再喷一次。

**3. 清除虫果** 及时摘除树上虫果，拾净树下落果，阻止继续繁殖为害。

**4. 诱杀成虫** 利用成虫的趋化性，在越冬代成虫发生期果园挂糖醋液诱捕器，诱杀成虫（成卓敏，2008）。

## 五、桃 蛀 螟

桃蛀螟（*Dichocrocis punctiferalis* Guenee）属鳞翅目，螟蛾科。又名桃蛀野螟、桃斑螟。

### （一）分布与为害

桃蛀螟分布较广，北起辽宁，南至华南均有分布。以我国中部地区为害比较重。

桃蛀螟食性很杂，以幼虫为害桃、向日葵最为严重，其次也可为害李、杏、梅、核桃、梨、苹果、柿、葡萄、板栗、山楂、石榴、无花果、枇杷、柑橘、荔枝、龙眼、芒果等果树。近年成为玉米的主要害虫，还可为害高粱、棉花、蓖麻等农作物和松、杉、桧等树木的果实或种子。

为害梨果时，对品种有较强的选择性。表现为果内外堆积大量虫粪，并有黄褐色黏液，常在两果相内贴处为害，果实被害后常腐烂脱落，对产量影响很大。

### （二）形态特征

成虫 体长约 12mm，翅展 22～25mm，身体橙黄色，前后翅及胸腹背面有黑色鳞片组成的许多小黑斑，前翅有 27～28 个，后翅有 10 余个，腹部背面与侧面有成排的黑斑。

腹部第八节末端黑色,雄蛾明显,雌蛾不明显。个体不同斑点数量有差异。

卵 椭圆形,长约0.6mm,初呈乳白色,后变为红褐色。

幼虫 老熟幼虫体长约22mm,体色变化大,有淡褐、暗红等色,背面带紫红色,腹面淡绿色,前胸背板褐色,身体各节有粗大的灰褐色毛片8个。

蛹 长约13mm,长椭圆形。

### (三)发生规律

辽宁、河北年发生2～3代,河南、山东3～4代,长江流域4～5代。均以老熟幼虫在树皮缝、向日葵花盘、板栗堆栗场、玉米秸秆、蓖麻残株内越冬。在河南4月初开始化蛹,5月中下旬为成虫羽化高峰,5月下旬至6月下旬是第一代幼虫为害期,6月中旬开始化蛹,下旬出现成虫,7月上旬是盛期。9月上中旬第三代成虫盛期,9月中下旬是第四代幼虫为害期,10月中下旬幼虫开始越冬。

成虫多在夜晚羽化,白天在树叶背面静止不动,傍晚活动产卵,对黑光灯、糖醋液趋性较强。卵喜产在枝叶茂密的桃果上及两果相贴处,卵散产,一个果上常产卵1～3粒,多时可达20余粒。在一个果上以胴部最多,果肩次之。近成熟的果实着卵多。卵期5～7d,幼虫孵化后先啃食果皮,然后多从果梗基部和两果相贴处蛀入果心为害,一般一个桃果常有数条幼虫。幼虫可转果为害,幼虫期15～20d,老熟后有的在果内或两果间结茧化蛹。

天敌:桃蛀螟主要有黄眶离缘姬蜂寄生幼虫。

### (四)预测预报

利用桃蛀螟性诱剂测报成虫发生期,从麦收前2周开始,将性诱剂诱捕器挂在果园,方法同桃小,当虫量上升时,检查果实上的卵和初孵幼虫,当卵果率达1%左右时,即可进行药剂防治。

黑光灯诱蛾:果园放置频振式黑光灯,根据诱蛾数量来预测成虫发生期。

### (五)防治方法

**1. 清除越冬虫源** 春季越冬幼虫化蛹前,处理向日葵、花盘、玉米秸秆等,及时刮除树干老粗皮、烧毁、消灭其中越冬幼虫。

**2. 果实套袋** 在桃蛀螟发生以前,将梨树疏果套袋。

**3. 诱杀成虫** 用黑光灯、糖醋液诱杀成虫。

**4. 清理落果** 及时摘除虫果、清理落果,集中处理。

**5. 药剂防治** 根据性诱剂测报,在成虫产卵和幼虫孵化初期喷药防治,重点控制越冬代成虫产卵期,压低虫口基数,可用20%氰戊菊酯乳油、2.5%溴氰菊酯乳油2 500倍液、4.5%高效氯氰菊酯乳油1 500倍液,或者50%杀螟硫磷乳油1 500倍液、40%毒死蜱乳油2 000倍液喷雾。当同时需要防治红蜘蛛时,可使用20%甲氰菊酯乳油2 500倍液或2.5%氯氟氰菊酯乳油4 000倍液喷雾,发生严重的果园,间隔10～15d再喷一次。当第一代幼虫大量脱果后10d左右,应及时用诱捕器监测下一代成虫发生期,并检查卵果率,达防治指标后及时喷药防治。

## 六、苹果蠹蛾

苹果蠹蛾〔*Laspeyresia pomonella*（L.）〕属鳞翅目，小卷叶蛾科，俗称食心虫。

### （一）分布与为害

苹果蠹蛾在我国仅分布于新疆，对国内其他地区是检疫对象。据报道国外除日本外，苹果蠹蛾是世界各果产区最主要的蛀果害虫之一。苹果蠹蛾可为害苹果、梨、杏、桃、樱桃、果梅等果树。

苹果蠹蛾幼虫蛀食果实，不仅降低果品质量，而且引起大量落果。该虫 1 头幼虫可以蛀食多个果实，在新疆防治差的果园，蛀果率常达 50％以上。由于幼虫可以在果实内化蛹，加强检疫是防止苹果蠹蛾扩散的重要措施。

### （二）形态特征

**成虫** 体长 8mm，翅展 19～20mm，全体灰褐色，并带有紫色光泽，前翅臀角处有深褐色大圆斑，内有 3 条青铜色条纹，其间显出 4～5 条褐色横纹。翅基部分浅褐色，翅中部色浅，其中也杂有褐色斜行的波状纹。

**卵** 椭圆形，极扁平，长径 1.1～1.2mm。

**幼虫** 老熟幼虫体背面淡红色至红色，体长 14～18mm，前胸气门具 3 毛，腹部末端无臀栉。

**蛹** 长 7～10mm，第二至第七腹节背面各节前后均有一排整齐的刺，前排粗大而后排细小，第八至第十腹节背面则仅有 1 排刺。

### （三）发生规律

在新疆一年发生 2～3 代，以老熟幼虫在树皮下做茧越冬。第一代为害期在 5 月下旬至 7 月下旬，第二代为害期在 7 月中旬至 9 月上旬。在伊犁完成一代需要 50d 左右。成虫产卵于果实或者叶片上，卵散产，前期果实较硬时，初孵幼虫多从萼洼或梗洼蛀入，后期果实肉质松软时，从果面蛀入，幼虫蛀果后有偏食种子的习性，并向外排出虫粪。几头幼虫能同时蛀食一个果实，一头幼虫也可转移两个以上果实为害。老熟幼虫脱果后由枝干爬向树皮下做茧化蛹。

### （四）防治方法

**1. 检疫防治** 苹果蠹蛾是世界性蛀果害虫，为了防止幼虫或蛹随蛀果运出疫区传播，应加强产地检疫。杜绝有虫果外运。

**2. 清除虫源** 利用老熟幼虫爬行找树皮下结茧的习性，可以在主干、大枝上绑诱集带，诱集老熟幼虫集中消灭。并利用幼虫为害后果面堆有虫粪，易于识别的特点，可摘除虫果、清理地面落果，早春刮树皮消灭越冬幼虫。

**3. 化学防治** 加强虫情测报，在成虫产卵期喷药，对果品外运的基地，更应加强防治，科学用药，使用药剂参看桃小食心虫。

**4. 生物防治** 在成虫产卵初期开始释放赤眼蜂，每 $667m^2$ 释放 2 万～3 万头松毛虫赤眼蜂，间隔几天再释放一次，共释放 12 万头左右。另外，国外利用性信息素迷向法防治已经大量推广，每公顷释放 1 000 个含量为 160mg/根迷向丝散发器，挂在树冠上部，在越冬代成虫羽化前处理，一次处理可以基本控制为害，可减少用药 80％以上（Knight 等，2005）。

# 第二节 叶螨、木虱类

为害梨树的叶螨类和木虱类是生产上重要的防治对象，两类均属于典型的 R 型对策有害生物。叶螨个体小，繁殖速度快，容易产生抗药性，而木虱会分泌黏液，若虫将身体浸入黏液中，有时将叶片粘连在一起，药剂不容易接触到虫体。为害梨树的叶螨主要有山楂叶螨，二斑叶螨和苹果全爪螨，其中山楂叶螨发生普遍，为害严重，二斑叶螨在局部发生，但为害十分严重，苹果全爪螨近年有上升趋势。此外，还有梨锈叶瘿螨。为害梨树的木虱主要有中国梨木虱、辽梨木虱和梨木虱。中国梨木虱发生普遍，辽梨木虱在辽宁、山西发生严重。

## 一、梨锈叶瘿螨

梨锈叶瘿螨（*Epitremerus pyri* Nalepa）属蜱螨目，瘿螨科。

### （一）分布与为害

国内分布于河北、山西等地，欧洲、北美也有分布。梨锈叶瘿螨在梨树上可为害叶片和果实，叶片受害后叶背表现为灰褐色，严重时叶片向正面纵卷。果实受害后，果面呈锈褐色，严重降低商品价值。

### （二）形态特征

夏雌成螨体长 0.14～0.16mm，黄白色，足两对，体扁平，具中背脊，前背板具有 1 对从后缘瘤上向背板中线伸的短刚毛。前背板有典型的前叶突。体表被有微突。冬雌成螨小于夏雌成螨，体表未被微突。

### （三）发生规律

该螨可产两性单雌生殖，越冬雌成螨在芽鳞下越冬，特别是在主枝上萌生的永久休眠芽上，有些在叶芽或花芽松动的鳞片间藏匿，春天开始活动，并在花蕾基部的鳞痕处产卵。梨锈叶瘿螨可以为害花，然后转到叶片、或者果实上为害。在果实上喜欢在残留的花萼下为害。根据温度变化，每 1～2 周可以发生 1 代。

### （四）防治方法

发芽前喷洒 5 波美度石硫合剂有一定的防治作用，落花后可以使用 40％硫悬浮剂 400 倍液防治。生长季结合防治红蜘蛛喷洒杀螨剂也有兼治效果，一般不用专门喷药。

## 二、梨肿叶瘿螨

梨肿叶瘿螨（*Phytoptus pyri* Pagenstecher）也叫梨叶疹螨，属蜱螨目，瘿螨科。

### （一）分布与为害

国内分布于辽宁、河北、甘肃、陕西、河南、安徽等地，欧洲、北美也有分布，主要为害梨树，偶尔苹果上也有发现。梨肿叶瘿螨为害叶片形成疱疹，初期浅绿色，继而转为黄、红、褐色，严重时导致叶片脱落；幼果受害导致畸形，果面红或者锈褐色，成熟前提早脱落。

### （二）形态特征

雌成螨体长 0.2～0.24mm，身体细长，灰白色。前背板具有 1 对从后缘伸向前方的长刚毛。

### （三）发生规律

雌雄成螨均可在外芽鳞下越冬，花芽膨大期开始活动，钻入内部取食并在内鳞基部产卵，随后为害幼叶和花芽，由于表面组织死亡，在嫩叶上形成疱疹，袋状疱疹中间形成小孔，瘿螨进入疱疹内继续为害，展叶后在主脉两侧形成条状疱疹。叶片老化后转到新叶上继续为害，也有为害果实的现象。秋季转入芽鳞越冬。

### （四）防治方法

花芽膨大期喷洒 5 波美度石硫合剂，展叶后结合防治红蜘蛛喷洒杀螨剂可以兼治。

## 三、山楂叶螨

山楂叶螨（*Tetranychus viennensis* Zacher）属蛛形纲，蜱螨目，叶螨科。也叫山楂红蜘蛛。

### （一）分布与为害

目前果园发生的叶螨有多种，以山楂叶螨为主，山楂叶螨在北方各果区均有分布，发生严重。苹果全爪螨分布也比较广，而二斑叶螨近年在不少地方蔓延发展；果台螨原来分布普遍，目前仅在少数地区发生。山楂叶螨主要为害苹果、梨、桃、李子、杏、山楂，其中苹果、梨、桃受害最重。山楂叶螨主要在叶背面为害，叶片受害后，从叶正面可见失绿的小斑点，严重时失绿黄点连成片，呈黄烟色，最终全叶变为焦黄色，可引起大量落叶，可以造成二次开花，不但影响当年产量，而且对以后两年的树势、产量产生不良影响。

### （二）形态特征

几种叶螨的形态特征区别见表 14-1。

表 14-1 3 种叶螨的形态

| 虫 | 态 | 山楂叶螨 | 苹果全爪螨 | 二斑叶螨 |
|---|---|---|---|---|
| 成螨 | 体长（mm） | 0.7 | 0.5 | 0.6 |
| | 体形 | 椭圆，背前端隆起 | 半卵圆形，整个背隆起 | 椭圆 |
| | 体色 | 越冬雌螨鲜红色，夏季深红色 | 深红色，卵越冬 | 越冬型橘红色，夏型污白色，背有 2 个深褐色斑 |
| | 刚毛 | 细长，基部无瘤 | 粗长，毛基有黄白色瘤 | 毛细，中等长 |
| 幼螨 | | 足 3 对，黄白色 | 足 3 对，淡红色 | 足 3 对，黄白色 |
| 若螨 | | 足 4 对，淡绿色 | 足 4 对，暗红色 | 足 4 对，灰绿色，具 2 斑 |
| 卵 | | 圆球形，黄白色 | 葱头状，顶端有 1 毛，夏型橘红色，冬型暗红色 | 圆球形，黄白色 |

### （三）发生规律

山楂叶螨一般年份发生 5～10 代，东北地区 3～6 代，黄河故道发生 8～10 代。各地均以受精雌成螨越冬，越冬部位多在枝干树皮缝内、树干基部 3cm 的土块缝隙里。越冬雌螨在春天苹果花芽膨大期开始出蛰，苹果中熟品种盛花期出蛰基本结束，并开始产卵。落花后为第一代卵盛期，第一代卵经 8～10d 孵化，随气温升高，以后卵期逐渐缩短。山楂叶螨一般在叶片背面群集为害，数量多时吐丝结网，卵产于叶背绒毛或丝网上，山楂叶螨先集中在近大枝附近的叶簇上为害，麦收前气温升高，繁殖加快，麦收期间数量多时大量向上、向外扩散，6 月为害最烈，7、8 月根据树体营养状况进入越夏、越冬早晚不一，到 11 月仍可在田间见到夏型个体。

叶螨类天敌种类很多，自然发生的种类包括食螨瓢虫、六点蓟马、捕食螨、草蛉、小花蝽等，在管理粗放的果园，食螨瓢虫和捕食螨较多，目前生产上以六点蓟马为优势种。果园天敌的种类和数量受管理中喷药的种类和次数影响很大。

### （四）测报方法

在苹果落花展叶后，在每个果园近 4 个角及中心部位各选一株有代表性的树，每株树在东、西、南、北、中 5 个方位靠近大枝附近，各随机取叶 5 片，统计活动螨数，当平均每叶活动螨达到 2 头以上时，开始喷药，到麦收后可在树上随机取叶调查，防治指标为平均每叶活动螨 5 头，或者成螨 2 头。前期每周调查 1 次，叶螨暴发期每 3d 调查 1 次。

### （五）防治方法

**1. 保护利用天敌** 在果园行间种植绿肥，通过绿肥上发生的害虫培育果树叶螨的天敌，以种植毛叶苕子为好。果园尽量不喷广谱性杀虫剂，另外，可以引进释放抗药性捕食螨，如西方钝绥螨、伪钝绥螨、智利小植绥螨等。

**2. 铲除越冬虫源** 发芽前刮除枝干上粗皮，在发芽前喷 5 波美度石硫合剂，结合喷其他杀菌铲除剂，加入 98.8% 机油乳剂 50 倍液也可防治。

**3. 化学防治** 当越冬基数大时，在苹果落花后，可使用 5% 噻螨酮乳油或 20% 四螨嗪可湿性粉剂 2 000 倍液喷雾，此两种药剂对成螨没有直接杀伤作用，可杀卵和初孵幼螨，且使成螨产的卵不会孵化，生长季每周调查一次树上发生量，当达到防治指标时可用24％螺螨酯悬浮剂5 000倍液、5％唑螨酯乳油2 500倍液、15％哒螨灵乳油2 500倍液、34％柴·哒乳油2 500倍液、73％炔螨特乳油2 000倍液、25％三唑锡可湿性粉剂1 000倍液、50％丁脒脲悬浮剂1 500倍液、50％硫悬浮剂400倍喷雾，也可用1.8％阿维菌素乳油5 000倍液、10％浏阳霉素乳油1 500倍液喷雾。注意不同类型杀螨剂要交替使用，延缓叶螨抗药性的产生，并且在喷药防治叶螨时，一定要注意喷药均匀周到，特别是树冠上部和内膛，往往由于喷药不均匀，使红蜘蛛在局部繁殖暴发起来。

## 四、苹果全爪螨

苹果全爪螨 ［*Panonychus ulmi*（Koch）］属蛛形纲，蜱螨目，叶螨科。也叫苹果红蜘蛛。

### （一）分布与为害

苹果全爪螨主要分布在东北、西北和胶东半岛，为害较重，在河北、河南、陕西均有局部发生，但为害一般不很严重。苹果全爪螨主要为害苹果，也可为害梨、沙果等果树。该螨常和山楂叶螨混合发生。苹果全爪螨为害叶片不易识别，叶片受害后颜色变灰暗色，仔细观察正面出现许多失绿小斑点，整体叶貌类似苹果银叶病为害，一般不出现提早落叶。

### （二）形态特征

见表14-1。

### （三）发生规律

苹果全爪螨在辽宁可发生6～7代，山东、河南7～9代。以卵在短果枝、二年生以上枝条上越冬，在苹果花序分离期开始孵化，越冬卵孵化高峰期在红星品种花蕾变色期。个体发育经过卵期、幼虫期、第一静止期、前若虫期、第二静止期、后若虫期、第三静止期和成虫期。苹果全爪螨的幼虫、若虫和雄成虫多在叶片背面活动，而雌成虫多在叶正面活动。一般麦收前后是全年为害高峰期，夏季叶面数量较少，秋季数量回升又出现小高峰。

### （四）防治方法

铲除越冬螨卵在发芽前可喷洒95％机油乳剂50倍液，消灭越冬卵。其他措施同山楂叶螨。

## 五、二斑叶螨

二斑叶螨（*Tetranychus urticae* Koch）属蛛形纲，蜱螨目，叶螨科。俗称白蜘蛛。

### （一）分布与为害

二斑叶螨是近年传入我国的一种新害螨，和过去记载的棉二点叶螨非同一物种。目前已经蔓延到不少果区。据报道，在辽宁、山东、河南、陕西均有发生，但目前仍是局部发生，一般发生果园为害严重程度高于山楂叶螨。二斑叶螨为害作物种类繁多，可为害100多科植物，常见的果树均可受害，对苹果、梨、桃、杏、樱桃等均可严重为害，地面间作的草莓、蔬菜、花生、大豆等也可严重受害。叶片受害后症状和山楂叶螨相似，叶正面出现黄褐色斑点，严重时造成落叶。

### （二）形态特征

见表14-1。

### （三）发生规律

在黄河故道地区每年可发生10多代，该螨以受精的越冬型雌成螨主要在地面土缝中越冬，少数在树皮下越冬。翌年春天平均气温上升到10℃左右时，越冬雌成螨开始出蛰。一般在地面越冬的个体首先在树下阔叶杂草及果树根蘖上取食和产卵繁殖。即使是在树上越冬的个体，大多也先转移到树下繁殖，近麦收时才开始上树为害。上树后先集中在内膛，6月下旬开始扩散，7月为害最烈。在高温季节，二斑叶螨8~10d即可完成一个世代。与山楂叶螨相比，其繁殖力更高，在二者混合发生的果园，二斑叶螨具有更强的竞争能力，很快会取代山楂叶螨成为果园的优势种。果园出现越冬型成螨时期和果树营养关系密切，一般在10月上旬开始出现越冬型成螨。

### （四）防治方法

**1. 植物检疫** 由于二斑叶螨目前仅在部分果园发生为害，对那些尚未发现二斑叶螨的果园，一定要时刻警惕二斑叶螨的人为因素传入。如从已发生为害的果园引进苗木、接穗时要谨慎，有意识地防止疫区人员衣物、头发等携带传入。

**2. 地面防治** 由于前期主要在地面为害，因此，麦收前要注意清除地面杂草和根蘖，发现间作物有二斑叶螨为害时，及时喷药，可用1.8%阿维菌素乳油5 000倍液喷雾。

**3. 化学防治** 由于二斑叶螨抗药性强，一些常用的杀螨剂对其效果很差。在6月发现树上有二斑叶螨时，喷药要特别注意内膛叶背，在数量较少时，可用20%四螨嗪可湿性粉剂2 000倍液或5%噻螨酮乳油1 600倍液，当成螨数量较多时，可用1.8%阿维菌素乳油5 000倍液、57%炔螨特乳油1 500倍液喷雾，间隔半月后再喷一次。

**4. 保护天敌** 果园喷药时要注意保护天敌，在不用广谱性杀虫剂时，六点蓟马、食螨小黑瓢及捕食螨可发挥明显的控制害螨作用（王源民等，1999）。

## 六、中国梨木虱

中国梨木虱（*Psylla chinensis* Yang et Li）又叫梨木虱，属同翅目、木虱科。

### （一）分布与为害

我国分布普遍，以北方梨区受害重。梨木虱食性专一，主要为害梨树，常造成叶片干枯和脱落。以鸭梨、蜜梨和茌梨等叶片蜡质较薄的品种受害重，而蜡质较厚的京白梨、八里香等品种受害轻。

梨木虱成、若虫均可为害，春季多集中于新梢、叶柄为害，夏、秋多在叶背取食。成虫及若虫吸食芽、叶及嫩梢汁液，若虫在叶片上分泌大量蜜汁黏液，常将相邻叶片黏合在一起，诱发煤烟病，污染叶片和果实，受害叶片出现褐色枯斑，严重时引起早期落叶，影响产量和果实品质。新梢受害，则发育不良，易发生萎缩。梨木虱取食时分泌毒素，能传播衰退病毒。

### （二）形态特征

**成虫** 分冬型和夏型两种，冬型雄虫体长 2.8~3.2mm，雌虫体长 3.0~3.1mm，体褐色，有黑色斑纹，前翅臀区有明显褐斑；夏型体较小，长 2.3~2.9mm，黄绿色，翅上无斑纹；胸背部均有 4 条红黄色或黄色纵条纹。静止时，翅呈屋脊状叠于体上。

**卵** 长椭圆形，长约 0.5mm，一端钝圆，其下有一刺状突起，固定于植物组织上，另一端尖细，延长成一根长丝。越冬代成虫产的卵，初为黄白色，后变黄色。夏季均为乳白色。

**若虫** 共 5 龄。扁椭圆形，第一代初孵若虫淡黄色，复眼红色，夏季各代若虫初孵时乳白色，后变绿色。翅芽长圆形，突出于身体两侧。晚秋末代老若虫褐色。

### （三）发生规律

辽宁一年发生 3~4 代，河北、山东 4~5 代，河南 5~6 代，各地均以冬型成虫在树皮裂缝内越冬，少数在落叶、杂草及土缝中越冬。

安徽、河北 4~6 代区，越冬代成虫在 2 月下旬梨树花芽萌动时开始出蛰，3 月上、中旬为出蛰盛期。出蛰后先集中到一年生新梢上取食，交尾产卵。越冬代成虫于 3 月中、下旬梨树发芽前进入产卵盛期，平均每头雌虫产卵 290 粒之多。卵产在短果枝叶痕及芽基部褶缝内，卵散产或 2~3 粒产在一起；以后各代成虫将卵产在叶柄、叶脉及叶缘锯齿间；若虫多群集为害，有分泌黏液的习性，居黏液内为害；黏液将相邻叶片黏合在一起，若虫居内取食。成虫活泼善跳。

在河北各代成虫发生期大体为：第一代成虫出现在 5 月上旬，第二代在 6 月上旬，第三代 7 月上旬，第四代 8 月中旬。第四代成虫多为越冬型，但发生较早时仍可产卵，并于 9 月中旬出现第五代，全部为越冬型。

卵期、若虫期和世代发育的起点温度和有效积温分别为 −0.03℃、3.84℃、2.33℃和 516.58℃、449.62℃、846.88℃。

第一代若虫孵化后，为害初萌发的芽，常钻入已裂开的芽内、嫩叶及新梢为害，不分泌或分泌较少的黏液，且第一代和第二代若虫发生期比较整齐，以后各代世代重叠严重，若虫多集中在叶片背面、两叶重叠处为害，且若虫常淹没于其分泌的黏液内，或潜入蚜虫为害的卷叶内为害，不易接触药剂，因此，越冬成虫出蛰期和第一代若虫孵化盛期是药剂防治的最有利时机。

梨木虱的发生与湿度关系极大，在干旱季节发生严重，降雨多的季节发生则轻。全年均可为害，以 6~8 月为害最重。

中国梨木虱的主要天敌有花蝽、瓢虫、草蛉、蓟马、寄生蜂等。

### (四) 防治方法

**1. 人工防治** 休眠期彻底刮除老树皮，清除树上、树下残枝落叶，集中烧毁，以消灭越冬成虫，降低虫口密度。

**2. 药剂防治** 防治的关键是加强早期防治，消灭大部分成虫于产卵之前。①越冬代成虫出蛰期，正是第一代卵出现的初期，因该期大部分成虫完全暴露，连续集中用药可达彻底防治的目的。一是按物候期，花芽膨大期正是越冬成虫出蛰盛期，或鸭梨花芽露白期；二是查卵，当发现短果枝叶痕处黄色卵时，立即喷药防治。可选用10%吡虫啉可湿性粉剂2 500倍液、20%双甲脒乳油1 500倍液、5%卡死克乳油500倍液、1.8%阿维菌素乳油5 000倍液等。出蛰末期再喷一次。如大面积彻底防治，可以控制全年为害。②落花后第一代若虫集中发生期防治，为防治抗药性的产生，应混合或交替用药，如1.8%阿维菌素乳油5 000倍液、20%双甲脒乳油1 500倍液等。③麦收前第二代及以后若虫期的防治，除常规化学防治法外，可混加500～1 000倍液的洗衣粉喷雾，去除若虫上的黏液进行防治，效果较好。试验证明不合理喷药会导致梨木虱暴发，如频繁喷洒菊酯类农药会大量杀伤天敌，导致梨木虱为害期延长。

### (五) 防治技术新进展

Jenser等建立了两种梨木虱（*Cacopsylla pyri* Linnaeus 和 *C. pyricola* Föster）的种群密度的评估方法，即用含有1%去污剂的水将梨的根或花上木虱的幼虫洗脱下来，然后把洗涤后的液体用滤纸过滤并将幼虫集中，在解剖镜下对木虱数目进行计数。通过这种方法，可以确定梨的花或根内的各虫龄的木虱幼虫总数，有可能获取完整种群密度的确切数据及其他的变化以及各梨品种对梨木虱的易感性或抗性。Civolani等评估了意大利艾米利亚-罗马涅区西洋梨（*Pyrus communis*）上的梨木虱在一年中的不同时段对杀虫剂阿维菌素的敏感性，结果表明卵期喷洒是对野外田间数据（杀虫剂抗性）进行检验的最可靠生物测定手段，在该地区还未在西洋梨上发现有木虱具有对阿维菌素的抗性。Cooper等研究了位于美国的大西洋中部地区的西洋梨上随着物候季节的变化木虱对黑色、蓝色、褐色、无色、绿色、红色、白色和黄色诱虫陷阱的选择。结果表明，当梨树叶片还是绿色时，梨木虱对黄色和橙色具有强的偏好；在春季梨萌芽之前，不同颜色的诱虫陷阱之间没有明显的差异；陷阱捕捉到的更多的是雌性的木虱，但是并不是基于性交的颜色偏好；每个颜色陷阱对木虱都具有一定的吸引作用。Saour等评价了高岭土颗粒、螺螨酯杀螨剂、过敏致病性蛋白和一种有机生物刺激素对田间西洋梨上木虱的影响，结果表明高岭土颗粒、螺螨酯杀螨剂和过敏致病性蛋白可以抑制梨木虱的为害，而有机生物刺激素几乎没有什么保护作用。

## 第三节 食叶蛾类

食叶蛾类是一大类害虫，有很多种类，多数暴露在树叶上为害，容易被发现，也容易被天敌寄生。此外，容易接触农药被消灭，一般在正常生产的果园，食叶害虫均不是重点防治对象，只有一些啃食果皮的卷叶蛾种类在有些果园作为重点防治对象，如苹小卷叶蛾。梨园常见的食叶蛾种类有梨叶斑蛾、苹掌舟蛾、黑星麦蛾、黄刺蛾等。生产中以保护天敌为重点，利用生态控制措施治理这些次要害虫。

# 一、苹果小卷蛾

苹小卷叶蛾（*Laspeyresia pomonella* Linnaeus）属鳞翅目，卷叶蛾科。幼虫俗称舐皮虫。

## （一）分布与为害

苹小卷叶蛾分布很广，北方果区均有分布，食性很杂，是苹果、桃等重要害虫，还可为害梨、山楂、李、杏、柑橘等果树，在榆、刺槐、丁香、大叶黄杨等林木上也可为害。

幼虫吐丝缀叶，越冬幼虫卷食新梢，后期新梢、老叶均可受害，并常将叶片缀贴在果面上，幼虫啃食果面，形成连片的小坑。严重时造成落果。

## （二）形态特征

与苹小卷叶蛾近似的种类还有苹果卷叶蛾和褐带卷叶蛾，为了方便区分，现将苹小卷叶蛾与其他两种在形态上的区别列于表14-2。

表 14-2 3 种卷叶蛾的形态区别

| 虫态 | 苹小卷叶蛾 | 苹大卷叶蛾 | 褐带卷叶蛾 |
|---|---|---|---|
| 成虫 | 成虫体长 6～8mm，翅展 16～20mm，黄褐色，前翅中部有一条深褐色 h 形横带 | 成虫体长 10～13mm，翅展 19～25mm，前翅黄褐色，前翅有许多波状纹，前翅顶角向上翘 | 成虫体长 8～11mm，翅展 16～25mm，前翅褐色，中央有一条斜向的浓褐色宽带 |
| 卵 | 椭圆形，长径 0.7mm，淡黄色，半透明，数十粒鱼鳞状排列 | 椭圆形，长径 0.9mm，淡绿色，排列同苹小卷叶蛾 | 同苹大卷叶蛾 |
| 幼虫 | 体长 13～18mm，体色浅绿至翠绿色，身体细长，头较小，头及前胸背板淡黄白色。臀栉 6～8 刺 | 体长 23～25mm，黄绿色，头褐色，前胸背板褐色，身体刚毛较长 | 体长 18～22mm，体绿色，前胸背板淡绿色，多数前胸背板后缘两侧各有一黑斑，臀栉 4～5 刺 |
| 蛹 | 长 9～11mm，黄褐色，腹部背面每节有刺突两排，下面一排小而密 | 长 13～14mm，深褐色，尾端有 8 个钩状刺 | 长 11～12mm，深褐色，胸部腹面绿色，腹部背面每节有两排刺突，均很明显 |

## （三）发生规律

苹小卷叶蛾一年发生 3～4 代，以小幼虫在树皮缝、剪锯口断面缝隙内结白色薄茧越冬。翌年春季，苹果花芽开绽时，越冬幼虫开始出蛰，出蛰盛期和金冠品种盛花期基本一致。出蛰幼虫顺枝干爬到幼芽、嫩叶、花蕾上为害，展叶后开始缀叶为害。在黄河故道地区，一般 4 月上旬为出蛰盛期，5 月初越冬代成虫开始羽化，各代卵的发生期大致如下：第一代 5 月上旬至 5 月底，第二代 6 月中旬至 7 月上旬，第三代 7 月下旬至 8 月上旬。第四代 8 月下旬至 9 月中旬。卵期一般 6～8d。10 月以第四代（越冬代）二龄幼虫潜伏越冬。

成虫有趋光性，对糖醋液也有很强趋性。白天多在叶背、草丛处静伏，早晨 5～6 时交尾，晚间活动产卵。卵多产于叶背和果面，每头雌虫可产卵 1～3 块，成虫产卵受湿度影响较大，高湿条件下产卵量大。幼虫孵化后先在叶片背面主脉两侧或两叶相贴处吐丝为害，随虫体增大，可单独卷叶或在两叶相贴处为害。6 月后幼虫为害果实增多，在叶片与果实相接处啃食果皮，在梗洼附近为害常造成落果。幼虫极活泼，受惊后吐丝下垂，老熟幼虫在卷叶内化蛹。

### (四) 测报方法

**1. 越冬幼虫出蛰期调查** 在果园的向阳和背阴处，各选卷叶蛾越冬虫口密度较大的苹果树 2 株，每株树各选 2 个侧枝，上下部涂上不干胶，固定调查范围，每隔 2～3d 调查 1 次越冬幼虫出现数量，然后去除幼虫，当越冬幼虫大量出现而尚未卷叶时，为喷药防治适期。

**2. 利用性诱剂诱捕器测报** 在成虫发生期，每间隔 100m 挂 1 个诱捕器，每个果园挂 4 个诱捕器，每天记载诱到的成虫数，当连续出现数量激增时，便是成虫发生高峰期，向后推迟 1 周左右为幼虫孵化盛期，为喷药防治适期。

### (五) 防治方法

**1. 越冬幼虫防治** 苹小卷叶蛾上年为害严重的果园，在越冬出蛰前，刮除老翘皮和潜皮蛾为害的爆皮，集中烧毁，再用 80% 敌敌畏乳油 100 倍液封闭老剪锯口，消灭越冬幼虫。

**2. 摘除虫苞** 于 4 月中下旬越冬代幼虫和 5～6 月第一代幼虫卷叶为害时，人工摘除虫苞。

**3. 诱杀防治** 利用成虫趋化性，在越冬代和第一代成虫发生期，可用性诱剂加糖醋液诱杀成虫，苹小卷叶蛾性信息素有两种成分，A. 顺-9-十四烯-1 醇乙酸酯，B. 顺-11-十四烯-1 醇乙酸酯，A：B＝7：3。糖醋液配制方法：糖 1：酒 1：醋 4：水 20。

**4. 生物防治** 成虫产卵期释放赤眼蜂，每次每株释放 1 000 头左右，间隔 5d 释放一次，连放 4 次可取得良好效果。

**5. 喷药防治** 在越冬幼虫出蛰初盛期，以及各代卵孵化盛期，可以喷洒昆虫生长调节剂类药剂，如 20% 虫酰肼乳油 2 000 倍液、25% 灭幼脲悬浮剂 1 500 倍液，最好不要喷洒广谱性的菊酯类药剂，防效不高，杀伤天敌严重。

## 二、褐带卷叶蛾

褐带卷叶蛾（*Pandemia heparana* Denis & Schiffermüller）属鳞翅目，卷叶蛾科。又名苹褐卷蛾。

### (一) 分布与为害

分布与东北、西北、华北、华东等地，其中东北、华北发生普遍，食性很杂，可为害苹果、梨、桃等多种果树，也为害部分林木。幼虫为害习性同苹小卷叶蛾。

### （二）形态特征

见表 14-2。

### （三）发生规律

在辽宁一年发生 2 代，河北、山东一年 3 代，各地均以幼龄幼虫在枝干粗皮下、剪锯口内结白茧越冬，在辽宁兴城 5 月上旬苹果树萌芽时，越冬小幼虫开始出蛰，在郑州 4 月上旬开始出蛰，食害萌芽、花蕾，将刚展叶的嫩梢吐丝缀叶，使叶丛或花蕾不能正常伸展。老熟幼虫在卷叶内化蛹，蛹期 8~10d，卵期 7~8d，第一代幼虫除卷叶为害外，常将叶片和果实粘连啃食果皮。成虫对糖醋液有趋化性，并有较弱的趋光性。成虫白天隐蔽在叶背或草丛中，夜间进行交尾产卵。卵多产在叶面上，也有产在果面上。每雌可产卵 140 粒左右。

### （四）防治方法

见苹小卷叶蛾防治方法。

## 三、苹大卷叶蛾

苹大卷叶蛾（*Choristoneura longicellana* Walsingham）属鳞翅目，卷叶蛾科。又名黄色卷蛾。

### （一）分布与为害

广泛分布与东北、西北、华北、河南、安徽、江苏、湖北，可为害苹果、梨、桃、李、杏、山楂等果树。幼龄幼虫啃食新芽、嫩叶和花蕾，稍大后卷叶啃食叶肉，也可将叶贴在果面上，啃食果皮。严重时影响果树正常生长，造成果品损失。

### （二）形态特征

见表 14-2。

### （三）发生规律

在辽宁、河北、陕西每年发生 2 代，以幼龄幼虫结白色茧在树皮下、剪锯口等处越冬。来年春季苹果萌芽期开始出蛰。幼虫爬至嫩芽、叶丛内取食，展叶期幼虫开始卷叶。幼虫非常活泼，受惊后吐丝下垂。幼虫老熟后在卷叶内化蛹。成虫对糖醋液有很强的趋性，也有一定的趋光性，白天潜伏，夜晚活动。

### （四）防治方法

见苹小卷叶蛾防治方法。

## 四、黄斑长翅卷蛾

黄斑长翅卷叶蛾(*Acleris fimbriana* Thunberg)属鳞翅目,卷叶蛾科。又叫黄斑卷叶蛾。

### (一)分布与为害

分布广泛。东北、西北、华北均有分布。寄主植物有苹果、梨、桃等果树,在苹果、桃混栽果园发生较多。初孵幼虫首先为害花芽,钻入芽内为害。果树展叶后食害新叶,幼虫吐丝卷叶,一、二龄幼虫仅食叶肉,残留表皮。三龄以后蚕食叶片。生长季幼虫卷梢,或将叶片贴在果面上啃食果皮。

### (二)形态特征

成虫　体长7~9mm,翅展15~20mm,夏型体色为橘黄色,前翅金黄色,散有银白色鳞片;冬型为深褐色,微带浅红色,散生黑色鳞片。

卵　扁平椭圆形。

幼虫　老熟幼虫体长22mm,初龄幼虫体乳白色,头、前胸背板黑色,二至三龄幼虫黄绿色,头、前胸背板仍为黑色,到四至五龄幼虫前胸背板变为淡绿褐色。蛹体长9~11mm,深褐色。头顶有一角状突起向北面弯曲。

### (三)发生规律

此虫在辽宁、河北、山西、山东一年发生3~4代,以冬型成虫在果园杂草、落叶中越冬,在山西于翌年3月上旬越冬成虫开始活动,4月上旬开始产卵,4月中旬出现幼虫,5月下旬出现化蛹,6月上旬出现第一代成虫,第二代、第三代成虫期约分别在8月上旬和9月上旬,10月中旬出现越冬代成虫。成虫白天羽化,趋光、趋化性弱。

### (四)防治方法

**1. 清除虫源**　果园内清除落叶、杂草,消灭越冬虫源。

**2. 生物防治**　成虫产卵期释放赤眼蜂,每次每株释放1 000头左右,间隔5d释放一次,连放4次可取得良好效果。

**3. 喷药防治**　在越冬代成虫出蛰初盛期,以及各代成虫产卵期,可以喷洒昆虫生长调节剂类药剂,如20%虫酰肼乳油2 000倍液、25%灭幼脲悬浮剂1 500倍液,最好不要喷洒广谱性的菊酯类药剂,防效不高,杀伤天敌严重(吕佩珂等,1993)。

## 五、梨食芽蛾

梨食芽蛾(*Spilonota* sp.)属鳞翅目,小卷叶蛾科。俗称翻花虫。

### (一)分布与为害

在辽宁、河北、河南、安徽、山东、山西均有发生,该虫主要为害梨树,也为害山楂，以幼虫蛀食花芽，由于为害时期不同，为害症状有差异，早春为害芽时，在芽基部为害，蛀孔外有淡褐色茸毛状物，在发生多的年份，梨树花芽受害较重。被害芽越冬后枯死，有虫芽不开裂，芽基部蛀孔处堆积黄褐色茸毛状物。膨大花芽被蛀，幼虫啃食花台表层，被害花台上幼果果柄短。

### (二) 形态特征

成虫　体长 6～8mm，体灰白色，触角丝状。前翅基部、外缘以及翅的中间有 3 条黑灰色斑纹。

卵　扁圆形，初产为乳白色，后渐变成黄白色。

幼虫　越冬幼虫体长 3～5mm，红褐色；老熟幼虫长约 10mm，全体肉红色，头褐色。

蛹　长约 8mm，黄褐色。

### (三) 发生规律

在辽宁、河北每年发生 1 代，在安徽、河南发生 2 代，以低龄幼虫在被害芽内做茧越冬，春季花芽露绿至开绽期，幼虫自越冬芽钻出，转入已膨大的花芽中为害，并以碎屑和吐丝封闭入孔。不钻入果髓中为害，受害芽能继续生长，开花结果，化蛹时间为 5 月中旬至 6 月下旬，5 月中、下旬为化蛹盛期，6 月上旬成虫大量羽化。卵散产于叶上，6 月下旬前后为幼虫孵化盛期。9 月在最后一个被害芽中做茧越冬。

### (四) 防治方法

**1. 人工防治**　剪除越冬虫芽，开花期摘除被害花丛和叶丛。

**2. 化学防治**　越冬幼虫转芽期（梨花芽露绿至开绽期）各喷 1 次 2.5% 高效氯氟氰菊酯乳油 2 500 倍液，或 50% 敌敌畏乳油 1 500 倍液，两期用药都可以和防治梨大食心虫相结合（刘兵等，1994）。

## 六、梨叶斑蛾

梨叶斑蛾（*Illiberis pruni* Dyar）属鳞翅目，斑蛾科。又叫梨星毛虫，俗称饺子虫。

### (一) 分布与为害

此虫分布于辽宁、河北、山西、河南、安徽、江苏等地，主要为害梨，也可为害苹果、海棠、山荆子等。为害叶片时常将叶片纵向沿叶缘粘合成饺子状，幼虫藏于其中吃叶上表皮和叶肉，仅剩网状下表皮。除这种典型的害状外，幼龄幼虫还蛀入刚刚萌发的芽中为害，使芽不能正常绽开；蛀入花苞内为害，被害花苞流出褐色黏液；幼虫还能在幼果的表面钻蛀成小洞。该虫常见于管理比较粗放的梨园，在管理较好、经常喷药的梨园已少见。

### (二) 形态特征

成虫　体长 9～12mm，翅展 23～30mm，触角及全体黑褐色，复眼浓黑色。翅半透明，翅脉清晰可见。

卵 扁椭圆形，长 0.7mm，初产黄白色，渐变至淡紫色，卵粒密集成块，单层排列，每块 20～30 粒，多至百粒。

幼虫 幼龄幼虫淡紫褐色，老龄时乳白色，体背中缝两侧有 10 对圆形黑色的星状斑，各节背面有横列毛瘤 6 个。

蛹 蛹外被有两层丝茧，体长 11～14mm，蛹初期为黄白色，近羽化时为黑褐色。

### (三) 发生规律

该虫在东北、华北一年发生 1 代，而在河南西部及陕西一年 2 代，均以二、三龄幼虫在树干及主枝的粗皮裂缝下结茧越冬，在幼龄果树树皮光滑的情况下，幼虫多在树干附近土块下结茧越冬。翌年果树发芽时，越冬幼虫即开始出蛰，向树干转移，如此时花芽尚未开放，先从芽旁已吐白的部位蛀入食害，如花芽已开绽则由顶部蛀入食害。虫口密度大的树，一个开放的花芽内常有多头幼虫同时蛀食，花芽被吃空、变黑、枯死，继而为害花蕾及叶芽。果树展叶以后幼虫即转移到叶上为害，被害叶变黑枯干，6～7 月果树即呈枯黄凋零状态，严重影响果树的枝条发育和花芽分化。幼虫一般喜食嫩叶，依次转苞为害，1 头幼虫可为害 7～8 片叶，在最后一个苞叶内结茧化蛹，蛹期约 10d。河北省中部梨区 6 月上旬出现越冬代成虫，盛发期在 6 月中旬。河南西部及陕西关中等地，越冬代成虫发生于 5 月下旬至 6 月上中旬，第一代成虫发生于 8 月上中旬。成虫飞翔力不强，无趋光性，白天潜伏在叶背不活动，多在傍晚或夜间交尾产卵。卵多产在叶片背面，卵期 7～10d。初孵幼虫群集叶背，经 1～2d 取食后，再分散为害。一代区 7 月下旬大部分幼虫已三龄，部分幼虫仍为二龄，即进入越冬场所结茧越冬。河南、陕西在 8 月上中旬出现第一代成虫，产卵孵化后，幼虫为害一段时间后越冬。

### (四) 防治方法

面积不大的果园，尤其是未结果的幼树，在劳力许可的情况下，春季及时摘除虫苞，可以避免喷药杀伤天敌，只要坚持进行，可以显著减轻第二代甚至来年的为害。

虫量大、为害严重的梨园应在越冬幼虫出蛰初期，亦即梨树花芽膨大期进行 1 次药剂防治，可选用 20%氰戊菊酯乳油 2 500 倍液对树冠、主干、主枝进行均匀喷雾。收麦以后第一代幼虫为害初期，如果虫量较多还应及时喷一次药，可选用对天敌安全的特异性杀虫剂 24%虫酰肼悬浮剂 1 500 倍液。

## 七、黄 刺 蛾

黄刺蛾 (*Cnidocampa flavescens* Walker) 属鳞翅目，刺蛾科。幼虫俗称洋辣子。

### (一) 分布与为害

该虫分布很广，全国各省（自治区、直辖市）都有发生。可为害多种果树和林木，果树中以枣、梨、柿、李、苹果、核桃、山楂等受害最普遍，林木中受害最重的是枫、杨、榆、法国梧桐等。低龄幼虫只取食叶肉，残留叶脉，将叶片吃成网状，幼虫长大后，将叶片咬成缺刻，仅留叶柄和叶脉。

## （二）形态特征

成虫　体长 13～16mm，翅展 30～35mm。虫体肥胖，短粗，鳞片较厚；头部和胸部黄色，腹背黄褐色；前翅内半部黄色，外半部褐色，有 2 条暗褐色斜线在翅尖汇合，呈倒 V 形，外面斜线稍外曲，伸达臀角前方，内面斜线伸达中室下角，成为翅面黄色与褐色的分界线。

卵　扁平，椭圆形，表面具线纹，初产时黄白色，后转黄绿色。

幼虫　老熟幼虫体长 25mm 左右，头小，黄褐色。胸、腹部肥大，黄绿色。体背上延背中线有一哑铃形紫褐色大斑纹，边缘常带蓝色；每个体节有 4 个肉质枝刺，上生刺毛和毒毛，胸足极小，腹足退化，1～7 腹节腹面中部各有 1 个扁圆形吸盘。

蛹　椭圆形，黄褐色，体长 12mm。

茧　椭圆形，石灰质，坚硬，灰白色，上有 6～7 条褐色纵条纹。

## （三）发生规律

在辽宁、河北每年发生 1 代，在河南、山东一年发生 2 代，以老熟幼虫在小枝杈处、主侧枝以及树干的粗皮上结茧越冬。1 代区 6 月上中旬越冬幼虫化蛹，6 月下旬出现成虫，2 代区越冬代成虫于翌年 5 月下旬至 6 月下旬开始出现，产卵于叶背，常 10 多粒或几十粒集中成块。卵期 7～10d，第一代幼虫于 6 月中旬孵化，一、二龄幼虫群集叶背取食叶肉，以后分散蚕食，为害盛期为 7 月上旬。第二代幼虫于 7 月底开始为害，为害盛期为 8 月上中旬。至 8 月下旬，幼虫老熟，则在树体上结茧越冬。

## （四）防治方法

**1. 人工除虫**　修剪时搜集树上的虫茧销毁。

**2. 生物防治**　采剪黄刺蛾茧放入孔径 3～5mm 的纱网中，使青蜂、黑小蜂和茧蜂等多种寄生蜂羽化后，刺蛾成虫则死在笼中。被寄生茧顶部有一褐色小洼坑。

**3. 化学防治**　幼虫发生为害期，树上喷布 90％敌百虫 800～1 000 倍液，或 25％灭幼脲悬浮剂 1 500 倍液。

# 八、褐边绿刺蛾

褐边绿刺蛾（*Parasa consocia* Walk）属鳞翅目，刺蛾科。又名绿刺蛾，幼虫俗称洋辣子。

## （一）分布与为害

分布于东北、华北、华东，以及陕西等地。可为害梨、苹果、桃、柑橘等果树，也可为害多种林木，是杂食性害虫。幼虫孵化后先群集为害，叶片被啮食成网状，稍后分散为害，严重时将叶片吃光，仅剩叶柄。当不小心碰到皮肤时，刺伤皮肤使之红肿。

## （二）形态特征

成虫　体长 16mm，翅展 38～40mm，触角褐色，雄虫栉齿状，雌虫丝状，头顶及胸背绿色，胸背中央有 1 条红褐色纵带，腹部灰黄色，前翅绿色，基部有暗褐色大斑，外缘灰黄色，散有暗褐色小点。后翅灰黄色，前后翅缘毛浅棕色。

卵　扁平椭圆形，长径约 1.5mm，黄白色。

幼虫　老熟幼虫体长 25～26mm，头小，体短粗，初龄时黄色，稍大转为黄绿色，从中胸到第八腹节各有 4 个瘤状突起。腹部末端有 4 丛球状蓝黑色刺毛，背线绿色，两侧有浓蓝色点线。

蛹　体长 13mm，椭圆形，蛹外包被丝茧，茧长 15mm，暗褐色。

## （三）发生规律

在华北地区每年发生 1 代，河南及长江以南发生 2 代，均以老熟幼虫结茧越冬，结茧场所多在树冠下草丛浅土层，或树干近地面的树皮上。1 代区的越冬幼虫在 5 月中下旬开始化蛹，6 月中下旬出现成虫，6 月下旬幼虫孵化，7～8 月幼虫为害严重。9 月老熟幼虫进入越冬。2 代区在 4 月下旬开始化蛹，5 月下旬出现成虫，第一代幼虫在 6～7 月为害，第二代幼虫在 8～9 月为害，10 月老熟幼虫进入越冬。成虫具有趋光性，夜间交尾产卵，卵产于叶背面，数十粒集聚成块，每头雌蛾产卵 150 粒卵左右。初龄幼虫聚集为害，二至三龄后分散。

## （四）防治措施

于冬春季节人工清除地面落叶、树干上的越冬茧。化学防治参照黄刺蛾防治。

# 九、扁　刺　蛾

扁刺蛾（*Thosea sinensis* Walker）属鳞翅目，刺蛾科。又名黑点刺蛾。

## （一）分布与为害

分布普遍，从东北、华北、华东，到中南部都有分布，南部发生较多，可以为害苹果、梨、桃、柑橘等多种果树，也可为害多种林木，食性很杂。以幼虫取食叶片，幼龄时仅取食叶面，残留下表皮，大龄幼虫蚕食叶片，严重时仅留叶柄。

## （二）形态特征

成虫　雌成虫体长 13～18mm，翅展 28～35mm，体暗灰褐色，腹面及足色较深，触角丝状，前翅灰褐色，中室的前方有一明显的暗褐色斜纹，自前缘近顶角处向后缘斜伸。雄蛾触角基部栉齿状。后翅暗灰褐色。

卵　扁平椭圆形。长 1.1mm，初为淡黄绿色，孵化前呈灰褐色。

幼虫　老熟幼虫体长 21～26mm，宽 16mm，体扁，椭圆形，背部隆起，全体绿色或黄绿色，背线白色，体边缘每侧有 10 个瘤状突起，每一体节背面有 2 个小丛刺毛，第四节背面两侧各有 1 个红点。

　　蛹　茧长 12～16mm，椭圆形，暗褐色，似鸟蛋。

### （三）发生规律

　　在华北每年发生 1 代，在长江下游每年 2～3 代，各地均以老熟幼虫在寄主树下周围土中结茧越冬。在江西，越冬幼虫 4 月中旬化蛹，成虫 5 月中旬至 6 月初羽化。第一代成虫发生期为 5 月中旬至 8 月底，第二代发生期为 7 月中旬至 9 月底。少数的第三代始于 9 月初止于 10 月底。第一代幼虫发生期为 5 月下旬至 7 月中旬，盛期为 6 月初至 7 月初；第二代幼虫发生期为 7 月下旬至 9 月底，盛期为 7 月底至 8 月底。

　　成虫羽化多集中在黄昏时分，尤以 18～20 时羽化最多。成虫羽化后即行交尾产卵，卵多散产于叶面，初孵化的幼虫停息在卵壳附近，并不取食，蜕第一次皮后，先取食卵壳，再啃食叶肉，仅留 1 层表皮。幼虫取食不分昼夜。自六龄起，取食全叶，虫量多时，常从一枝的下部叶片吃至上部，每枝仅存顶端几片嫩叶。幼虫期共 8 龄，老熟后即下树入土结茧，下树时间多在晚 8 时至翌日清晨 6 时，而以后半夜 2～4 时下树的数量最多。结茧部位的深度和距树干的远近与树干周围的土质有关：黏土地结茧位置浅，距离树干远，比较分散；腐殖质多的土壤及沙壤土地，结茧位置较深，距离树干较近，而且比较集中。

### （四）防治方法

　　**1. 冬耕灭虫**　结合冬耕施肥，将根际落叶及表土埋入施肥沟底，或结合培土防冻，在根际 30cm 内培土 6～9cm，并稍压实，以扼杀越冬虫茧。

　　**2. 生物防治**　可喷施每毫升 0.5 亿个孢子的青虫菌菌液。

　　**3. 化学防治**　可喷施 90％晶体敌百虫 1 000 倍液、50％杀螟松乳油 1 200 倍液，或 80％敌敌畏乳油 1 500 倍液。发生严重的年份，在卵孵化盛期和幼虫低龄期喷洒 25％灭幼脲悬浮剂 1 500 倍液或 20％虫酰肼悬浮剂 1 500 倍液，或 2.5％高效氯氟氰菊酯乳油 2 500 倍液。

## 十、双齿绿刺蛾

　　双齿绿刺蛾（*Latoia hilarata* Staudinger）属鳞翅目，刺蛾科。又名棕边绿刺蛾。

### （一）分布与为害

　　分布普遍，从东北、华北、华东，到中南部都有分布，可以为害苹果、梨、桃、柑橘等多种果树，也可为害多种林木，食性很杂。以幼虫取食叶片，幼龄时仅取食叶面，残留下表皮，大龄幼虫蚕食叶片，严重时仅留叶柄。

### （二）形态特征

　　成虫　体长 10mm，翅展约 25mm，头顶和胸背绿色，腹部灰黄色，前翅绿色，基斑棕褐色，前翅外缘为棕褐色带，在前翅臀角褐色带向内有 2 个齿形突，后翅黄白色。

　　幼虫　老熟幼虫体长 17mm，黄绿色，前胸盾上有 1 对黑斑，背线天蓝色，亚背线为杏黄色，每个腹节上有 4 个瘤状刺丛，后胸、第一、第七腹节上刺瘤大、呈黑色。

蛹　长10mm左右，椭圆形肥大，初乳白至淡黄色，渐变淡褐色，复眼黑色，羽化前胸背淡绿，前翅芽暗绿，外缘暗褐，触角、足和腹部黄褐色。

茧　扁椭圆形，长11～13mm，宽6.3～6.7mm，钙质较硬，色多同寄主树皮色，一般为灰褐色至暗褐色。

### （三）发生规律

在东北每年发生1代，在陕西、河南每年发生2代，以前蛹在树体上茧内越冬。山西太谷地区4月下旬开始化蛹，蛹期25d左右，5月中旬开始羽化，越冬代成虫发生期5月中旬至6月下旬。成虫昼伏夜出，有趋光性，对糖醋液无明显趋性。卵多产于叶背中部、主脉附近，块生，形状不规则，多为长圆形，每块有卵数十粒，单雌卵量百余粒。成虫寿命10d左右。卵期7～10d。第一代幼虫发生期8月上旬至9月上旬，第二代幼虫发生期8月中旬至10月下旬，10月上旬陆续老熟，爬到枝干上结茧越冬，以树干基部和粗大枝杈处较多，常数头至数十头群集在一起。

### （四）防治方法

**1. 清除虫源**　防治应掌握好时机，秋冬季人工挖虫茧烧毁。幼虫群集时，摘除虫叶，人工捕杀幼虫。

**2. 生物、物理防治**　成虫发生期，利用黑光灯诱杀成虫。幼虫三龄前可选用生物农药，如可施用含量为16 000IU/mg的Bt可湿性粉剂500～700倍液。保护天敌，如刺蛾广肩小蜂、绒茧蜂、螳螂、蝽等。

**3. 化学防治**　幼虫大面积发生时，可喷施20%除虫脲悬浮剂1 500～2 000倍液、20%氰戊菊酯乳油2 500倍液、20%甲氰菊酯乳油2 500倍液。

## 十一、梨娜刺蛾

梨娜刺蛾（*Narosoideus flavidorsalis* Staudinger）属鳞翅目，刺蛾科。又名梨刺蛾。

### （一）分布与为害

国内分布在东北、华北、华东、广东等地。主要寄主有梨、苹果、杏、栗等。以幼虫食害叶片，低龄啃食叶肉，稍大食成缺刻和孔洞。

### （二）形态特征

成虫　体长13～16mm，翅展29～36mm。雌触角丝状，雄双栉齿状。头、胸背黄色，腹部黄色具黄褐色横纹。前翅黄褐色，外线明显，深褐色，与外缘近平行。线内侧具黄色边带铅色光泽，翅基至后缘橙黄色。后翅浅褐色或棕褐色，缘毛黄褐色。

幼虫　老熟幼虫体长24mm，绿色，背线、亚背线紫褐色。各体节具横列毛瘤4个，其中中后胸、腹部第六、第七节背面具1对长枝刺状瘤，上生暗褐色刺。

蛹　蛹长12mm，黄褐色。

茧　长12～14mm，椭圆形，暗褐色，外黏附土粒。

## （三）发生规律

每年发生1代。以老熟幼虫结茧在树干基部越冬，7～8月发生，卵多产在叶背，数十粒聚产成块，8～9月进入幼虫为害期，初孵幼虫有群栖性，二、三龄后开始分散为害，9月下旬幼虫老熟后下树，寻找结茧越冬场地。

## （四）防治方法

**1. 清除虫源** 防治应掌握好时机，秋冬季人工挖虫茧烧毁。幼虫群集时，摘除虫叶，人工捕杀幼虫。

**2. 生物、物理防治** 成虫发生期，利用频振式黑光灯诱杀成虫。幼虫三龄前可选用生物农药，如可施用含量为16 000IU/mg的Bt可湿性粉剂500～700倍液。保护天敌，如刺蛾广肩小蜂等。

**3. 化学防治** 幼虫大面积发生时，可喷施20%除虫脲悬浮剂1 500～2 000倍液、20%氰戊菊酯乳油2 500倍液、20%甲氰菊酯乳油2 500倍液进行防治。

# 十二、苹掌舟蛾

苹掌舟蛾（*Phalera flavescens* Bremer et Grey）属鳞翅目，舟蛾科。又名苹果天社蛾、苹果舟蛾，俗称舟形毛虫。

## （一）分布与为害

分布比较广泛。主要寄主有苹果、梨、桃、海棠、杏、樱桃、山楂、枇杷、核桃、板栗等果树。是梨生长后期的食叶性害虫，幼虫四龄以前集中为害，由同一卵块孵出的数十头幼虫头向外整齐地排列在叶面上，由叶缘向内啃食，稍受惊动则纷纷吐丝下垂；四龄以后分散为害。幼虫停息时头尾翘起，形似小船，故称舟形毛虫。发生严重而又防治不及时的树，整株树的叶片会被吃光，导致树体二次发芽，损失甚为严重。

## （二）形态特征

**成虫** 体长22～25mm，体淡黄白色，前翅有不明显的浅褐色波浪纹，近基部有银灰白色和紫褐色各半的椭圆形斑纹，靠翅外缘有同色斑纹6个。

**卵** 圆球形，直径约1mm，初产淡绿色，孵化前为灰褐色，数十粒至百余粒密集成排于叶背上。

**幼虫** 老熟幼虫体长50mm左右，体紫黑色。初孵幼虫体色黄褐色，体长3.8mm；二龄幼虫体长9.5mm，体淡红褐色；三龄幼虫体长18mm，体红褐色；四龄幼虫体长28.5mm，体暗红褐色；各龄幼虫头部黑褐色，有光泽。全身生有黄白色长软毛。

**蛹** 紫黑色，体长约23mm，腹部末端具有短刺6根。

## （三）发生规律

苹果舟蛾在各地一年发生1代。以蛹在树下根部附近约7cm深的土层中越冬。郑州地区7～8月越冬蛹羽化为成虫。成虫夜间活动，趋光性强，产卵于中下部枝条的叶片背面，密集成块，卵期7d左右。8月至9月中旬为幼虫为害期。幼虫孵出后，先群集在产卵叶上啃食叶肉，仅剩网状叶脉，后转移到同一枝条相邻的叶片为害，头向外整齐排列呈半环状，蚕食叶片边缘，仅剩主脉和叶柄，尔后再转移至下一张叶片。幼虫多于四龄末五龄初开始分散为害，进入暴食期。幼虫老熟后沿树干向下爬行下地，择地入土化蛹越冬。

### (四) 防治方法

**1. 人工防治** 低龄幼虫群居叶片正面，啃食叶片边缘，容易发现，可进行人工摘除，就地踏死。于幼虫发生期在果园中加强巡回检查，随时将其消灭在分散暴食期之前。

**2. 药剂挑治** 用触杀性强的菊酯类杀虫剂如20％杀灭菊酯乳油2 000倍液或4.5％高效氯氰菊酯乳油2 000倍液等喷洒有虫枝，不需全树喷药。隔10d后再进行1次。

## 十三、盗毒蛾

盗毒蛾 (*Porthesia similis* Fueszly) 属鳞翅目，毒蛾科。又叫黄尾白毒蛾、桑毒蛾，俗称金毛虫。

### (一) 分布与为害

主要分布在黑龙江、辽宁、河北、内蒙古、山东、山西、陕西、河南、四川、江苏、浙江、湖南等地。是一种杂食性害虫，可为害苹果、梨、桃、杏、樱桃等果树，还为害紫藤、梅花、桂花、蔷薇、月季、樱花、海棠、石榴、忍冬等花卉，以及桑、栎、榆树等林木。主要由幼虫为害嫩芽、嫩梢、叶等部位。初孵幼虫群集在叶背面取食叶肉，受害嫩芽多由外层向内剥食，被害叶面形成透明斑，三龄后开始分散为害，造成叶片仅剩叶脉。人体接触毒毛常引发皮炎，有的造成淋巴发炎。

### (二) 形态特征

**成虫** 雌成虫体长18～20mm，翅展35～45mm；雄虫体长14～16mm，翅展30～40mm；体翅均为白色，头、胸、足及腹部基半部白色带微黄；前翅后缘近臀角处和近基部各有1个黑褐色斑；雌体腹部肥大，末端有金黄色毛丛；雄腹部较瘦，第三节开始以后各节有稀疏黄色短毛。

**卵** 扁圆，中央稍凹，灰黄色，常数十粒排成长袋形卵块，表面覆有雌蛾腹末端脱落的黄毛。

**幼虫** 老熟幼虫体长25～40mm，头暗褐色，体黑褐色至黑色；前胸盾黄色，上有2条黑色纵线；背线红色，亚背线白色，气门下线黄色；前胸背板两侧各有1个向前突出的红色大瘤，上生黑色长毛和白色松枝状毛；中、后胸和腹部第一至第八节各有8个毛瘤，其上亦生长毛和松枝状毛；腹部第一、第二、第八节背面中央1对毛瘤各愈合成1个大瘤，上生黑色绒状毛簇和黑褐长毛，并有白色松枝状毛；第九腹节毛瘤全为橙红色；第六至第七腹节背中央各具1个红色盘状翻缩腺。

蛹　长 12～16mm，长圆筒形，棕褐色，胸腹各节有幼虫毛瘤痕迹，上生黄色短毛。

茧　长椭圆形，较薄，上附幼虫体毛。

### （三）发生规律

东北、华北每年发生 2 代，华东 3～4 代，华南 5～6 代，均以三至四龄幼虫结茧在树干裂缝、翘皮缝或枯叶间越冬。第二年春天 4 月果树发芽时越冬幼虫破茧而出，为害嫩芽和叶片，5 月中旬开始老熟结茧化，6 月上旬陆续羽化为成虫。成虫昼伏夜出，有趋光性，卵成块产于叶背或枝干上。初孵幼虫先聚集叶背取食叶肉，三龄后分散为害，蚕食叶片，老熟结茧化蛹。4 代发生区各代幼虫发生盛期依次为 6 月中旬、8 月上旬、9 月中旬和 10 月上旬。

### （四）防治方法

**1. 农业防治**　秋季越冬前，在树干上束草，诱集越冬幼虫，冬后出蛰前取下草束，同时采除枝干上虫茧，放入寄生蜂保护器中，待天敌羽化后，再把草束烧毁；及时摘除卵块，摘除群集幼虫的叶片。

**2. 药剂防治**　幼虫发生期喷药防治，常用药剂有 90％晶体敌百虫 1 000 倍液、25％亚胺硫磷乳油 1 000 倍液、10％多来宝乳油 2 000 倍液、10％天王星乳油 4 000 倍液、35％赛丹乳油 2 500 倍液、50％杀螟松乳油 1 000 倍液。

## 十四、美国白蛾

美国白蛾（*Hyphantria cunea* Drury）属鳞翅目，灯蛾科。又名秋幕毛虫、秋幕蛾、美国白灯蛾。

### （一）分布与为害

属检疫性害虫，原产北美洲，1979 年传入我国辽宁丹东一带，1981 年由渔民自辽宁捎带木材传入山东荣成县，并在山东相继蔓延，1995 年在天津发现，1985 年在陕西武功县发现并造成危害，主要通过木材、木包装等进行传播。中国现分布于辽宁、河北、山东、北京、天津、陕西等地。寄主植物达到 300 多种，苹果、梨、桃等果树均可受害，多种林木也可受害。

### （二）形态特征

成虫　体长 9～12 mm，翅展 23～34mm，体白色，雄虫触角双栉齿状，前翅上有几个褐色斑点，雌虫触角锯齿状，前翅纯白色。

卵　球形，直径 0.4～0.5mm，初产时淡绿色，孵化前变为灰褐色。

幼虫　老熟幼虫体长 25～34mm，体色变化很大，根据头部色泽分为红头型和黑头型两类，我国发生的为黑头型，幼虫体细长，多毛，沿背中央有一暗褐色纵行毛带，毛带上方两侧各有一排黑色毛瘤，虫体两侧淡黄色，着生橘红色毛瘤。

蛹　长 8～15mm，长纺锤形，暗红褐色，茧褐色或暗红色，由稀疏的丝混杂幼虫体毛组成。

## （三）发生规律

美国白蛾在辽宁等地一年发生 2 代，在山东省一年能发生 3 代。美国白蛾以蛹在树皮下或地面枯枝落叶处越冬，春季气温上升到日均温 15℃ 以上时，越冬代成虫开始羽化。成虫喜夜间活动和交尾，交尾后即产卵于叶背，卵单层排列呈块状，一块卵有数百粒，多者可达千粒，卵期 15d 左右。幼虫孵出几个小时后即吐丝结网，开始吐丝缀叶 1～3 片，随着幼虫生长，食量增加，更多的新叶被包进网幕内，网幕也随之增大，最后犹如一层白纱包缚整个树冠。幼虫共 7 龄，五龄以后进入暴食期，把树叶蚕食一光后，转移为害。大龄幼虫可耐饥饿 15d。幼虫蚕食叶片，只留叶脉，使树木生长不良，甚至全株死亡。成虫可通过飞翔进一步扩散，其繁殖力强，扩散快，每年可向外扩散 35～50km，在果园密集的地方以及游览区、林荫道，发生严重时可将全株树叶食光，造成部分枝条甚至整株死亡，严重威胁林果业和城市绿化。此外，被害树长势衰弱，易遭其他病虫害的侵袭。

## （四）防治方法

**1. 加强检疫**　严禁疫区苗木不经检疫或处理外运，疫区内积极进行防治，有效地控制疫情的扩散。

**2. 人工防治**　在幼虫三龄前发现网幕后人工剪除网幕，并集中处理。如幼虫已分散，则在幼虫下树化蛹前采取树干绑草的方法诱集下树化蛹的幼虫。

**3. 利用灯光、性诱剂诱杀成虫**　在成虫发生期，悬挂频振式黑光灯，每 3hm² 挂 1 个，或利用性诱剂诱捕器诱杀成虫，将诱捕器挂设在果园及林间，直接诱杀雄成虫，阻断害虫交尾，降低繁殖率，达到消灭害虫的目的。

**4. 生物防治**　周氏啮小蜂寄生美国白蛾蛹，防治效果好坏决定于放蜂时间是否与美国白蛾蛹的发育期吻合。研究表明，周氏啮小蜂雌蜂在美国白蛾的老熟幼虫期即可爬附于寄主体上刺螫寄主，进行补充营养，促使其提早化蛹，待化蛹后再将卵产在寄主蛹中；雌蜂也可在寄主蛹期直接咬破化蛹后的寄主薄茧到达蛹体产卵寄生。因此，放蜂的最佳时期是美国白蛾老熟幼虫期和化蛹初期。但由于美国白蛾的发育常常很不整齐，化蛹时间持续很长，故一个世代需放两次蜂才能达到较好的防治效果。第一次放蜂在美国白蛾老熟幼虫始见期，第二次在上次放蜂后 7～10d。放蜂应在 25℃ 以上晴朗天气，10～16 时之间进行。此时光线充足，湿度小，利于雌蜂飞行寻找寄主产卵寄生。放蜂量可按蜂虫 3∶1 的比例确定。

**5. 喷药防治**　在幼虫为害期做到早发现、早防治。如果发现有幼虫为害，要对所辖区域检查一遍，及时防治。药剂选用 Bt 乳剂 400 倍液、2.5% 溴氰菊酯乳油 2 500 倍液、5% 高效氯氟氰菊酯乳油 3 000 倍液、80% 敌敌畏乳油 1 000 倍液喷药防治。

## 十五、桃剑纹夜蛾

桃剑纹夜蛾（*Acronycta incretata* Hampson）属鳞翅目，夜蛾科。又名苹果剑纹夜蛾。

## （一）分布与为害

分布于黑龙江、辽宁、河北、河南、江苏等地，寄主包括苹果、梨、桃、杏、李、梅、樱桃、山楂、核桃、杨等多种林果。幼虫食叶，低龄多于叶背啃食叶肉呈纱网状，稍大食成缺刻和孔洞，大发生时常啃食果皮。

## （二）形态特征

**成虫** 体长 17～22mm，翅展 40～48mm，灰色微褐。复眼球形黑色；触角丝状暗褐色；胸部被密而长的鳞毛，腹面灰白色。前翅灰色微褐，环纹灰白色、黑褐边；肾纹淡褐色、黑褐边；肾、环纹几乎相接，其间有 1 条向外斜的黑色短线；内线双条黑色锯齿形，内条色深；外线双条黑色锯齿形，外条色深。外线至外缘灰黑色；外缘脉间各有一个三角形黑斑；剑纹黑色，基剑纹树枝形，端剑纹 2 个，分别于外线中、后部达到翅外缘；前缘有 7～8 条黑色外斜短线。后翅灰白色微褐，外缘较深，翅脉淡褐色。各足跗节为浓淡相间的环纹。腹部背面灰色微褐，腹面灰白色。雄腹末分叉，雌较尖。

**卵** 半球形，直径 1.2mm，白至污白色。

**幼虫** 老熟幼虫体长 38～40mm，灰色微带粉红，疏生黑色细长毛、毛端黄白稍弯。头红棕色布黑色斑纹，傍额片（额）和蜕裂线黄白色，化蛹前头部几乎成黑色。背线很宽淡黄至橙黄色；气门下线灰白色。前胸盾中央为黄白色细纵线、两侧为黑纵线。胸节背线两侧各有一黑毛瘤。腹节背线两侧各有一中间白色、周围黑色的毛瘤，第二至第六腹节者最明显；第一至第六节毛瘤下侧各有一白点，其前后各一棕色斑，第七、第八节毛瘤下仅有两个棕色斑、无白点，第九节毛瘤下为一棕色大斑。第一腹节背面中央有一黑色柱状突起，上密生黑色短毛和稀疏长毛，基部两侧各一黑点，突起后有黄白色短毛丛；第八腹节背面较隆起，有 4 个黑毛瘤呈倒梯形，后两个较大；臀板上有 8 字形灰黑色纹。各节气门线处有 1 粉红色毛瘤。胸足黑色，腹足俱全暗灰褐色。气门椭圆形褐色。

**蛹** 长 20mm，初黄褐后棕褐色有光泽。腹末有 8 根刺，背面 2 根较大。

## （三）发生规律

东北、华北每年发生 2 代，以茧蛹于土中和皮缝中越冬。5～6 月羽化，发生期不整齐。成虫昼伏夜出，有趋光性。羽化后不久即可交配、产卵，卵产于叶面。5 月上旬始见第一代卵，卵期 6～8d。成虫寿命 10～15d。幼虫 5 月中下旬开始发生，为害至 6 月下旬老熟幼虫吐丝缀叶，并在其内结白色薄茧化蛹。7 月中旬至 8 月中旬均可见第一代成虫。7 月下旬开始出现第二代幼虫，9 月开始陆续老熟寻找适当场所结茧化蛹，以蛹越冬。天敌有桥夜蛾、绒茧蜂。

## （四）防治方法

秋后深翻树盘和刮粗翘皮，消灭越冬蛹有一定效果。一般零星发生，不需喷药防治，严重时，可悬挂频振式黑光灯诱杀，幼虫发生期药剂防治参考苹果小卷蛾。

## 十六、梨剑纹夜蛾

梨剑纹夜蛾（*Acronycta rumicis* Linnaeus）属鳞翅目，夜蛾科。又名梨叶夜蛾。

### （一）分布与为害

普遍分布，多零星发生。为害梨、苹果、桃、山楂等果树，以及多种林木、蔬菜等，主要为害植物叶。初孵幼虫啮食叶肉残留表皮，稍大后蚕食叶片，幼虫食害叶片呈缺刻或孔洞状，有的仅剩叶柄。

### （二）形态特征

成虫　体长约 14～17mm，翅展 32～46mm，头胸部暗褐色，触角丝状，复眼茶褐色，前翅暗棕色有白色斑纹，基横线呈一黑短粗纹，内横线黑色弯曲，环纹有黑边，翅外缘有一列三角形黑点。

卵　半球形，初产卵乳白色，渐变为赤褐色。

幼虫　老熟幼虫体长约33mm，体粗壮，灰褐色，背面有一列黑斑，中央有橘红色点。气门下线黄色，各节中央稍红，各体节上生较大毛瘤，簇生褐色长毛，第八腹节背面微隆起。

蛹　长约 16mm，黑褐色。

### （三）发生规律

北方一年发生 2 代，以蛹在土中越冬。翌年 5 月羽化，6～7 月为第一代幼虫为害期，幼虫常 1～2 头分散在叶背面食害。第一代成虫 8 月中、下旬出现，继而产卵，孵化的幼虫继续为害，至 9 月下旬开始老熟，入土作茧化蛹越冬。成虫昼伏夜出，有趋光性。

### （四）防治方法

秋后深翻树盘和刮粗翘皮对消灭越冬蛹有一定效果。一般零星发生，不需喷药防治，严重时，可悬挂频振式黑光灯诱杀，幼虫发生期药剂防治参考苹果小卷蛾。

## 十七、黑星麦蛾

黑星麦蛾（*Telphusa chloroderces* Meyrick）属鳞翅目，麦蛾科。又叫黑星卷叶芽蛾。

### （一）分布与为害

国内分布于东北、华北及陕西、江苏、四川等地，常以幼虫群集卷叶为害苹果、桃、梨、李等果树。一般在管理比较粗放的果园以及仁果与核果类混栽的果园发生较多，为害严重。严重时全树叶片的叶肉被吃光，仅剩叶脉和表皮，整个枝梢枯黄。

### （二）形态特征

成虫　体长 5～6mm，翅展 16mm，胸背及翅黑褐色，有光泽。前翅端部 1/4 处有一条横贯后缘的横带，翅中央有 2 个不十分明显的黑色斑点。

卵　椭圆形，长径 0.5mm，淡黄色，发亮。

幼虫　老熟幼虫体长 11mm，头、前胸背板黑褐色，全身有 6 条淡紫褐色纵条纹，条纹之间为白色。

蛹　体长约 6mm，红褐色，第七腹节后缘有暗黄色并列的刺突。茧长椭圆形灰白色。

### (三) 发生规律

黑星麦蛾在河南一年发生 4 代，以蛹在杂草、落叶中越冬，在翌年 2 月间草丛中发现成虫，推测也可成虫越冬。陕西翌年 4 月成虫羽化，产卵与新梢顶端尚未展叶的叶柄基部，单粒散产或几粒成堆。4～5 月发生第一代幼虫，盛期在 5 月中旬。小幼虫潜伏在未展开的嫩叶中为害，稍长大后则卷叶为害，食叶肉留下表皮。幼虫很活泼，受惊即吐丝下垂，老熟后在苞叶中化蛹，蛹期 10d 左右。6 月中旬为第一代成虫羽化期，7 月下旬为第二代成虫羽化期，继续繁殖为害至 10 月，陆续以第四代蛹越冬。

### (四) 防治方法

**1. 越冬防治**　在黑星麦蛾发生较重的果园，在果树落叶后，将杂草、枯枝落叶等杂物集中清理，烧毁或掩埋，消灭越冬蛹。

**2. 药剂防治**　在幼虫发生初期，喷 Bt 乳剂 600 倍液，或结合金纹细蛾的防治，在第一代成虫羽化末期（6 月中下旬）喷洒 25% 灭幼脲 3 号悬浮剂 2 000 倍液、5% 杀铃脲乳油 2 000 倍液等对天敌安全的药剂，均会取得较好的效果。

## 十八、黄褐天幕毛虫

黄褐天幕毛虫（*Malacosoma neustria testacea* Motschulsky）属鳞翅目，枯叶蛾科。又名天幕枯叶蛾，俗称顶针虫。

### (一) 分布与为害

该虫分布广泛，在我国除新疆和西藏外均有分布。寄主植物繁多，为害果树包括苹果、梨、桃、山楂、李、杏等，也为害多种林木。

### (二) 形态特征

成虫　雄成虫体长约 15mm，翅展长为 24～32mm，全体淡黄色，前翅中央有两条深褐色的细横线，两线间的部分色较深，呈褐色宽带，缘毛褐灰色相间；雌成虫体长约 20mm，翅展长 29～39mm，体翅褐黄色，腹部色较深，前翅中央有一条镶有米黄色细边的赤褐色宽横带。

卵　椭圆形，灰白色，高约 1.3mm，顶部中央凹下，卵壳非常坚硬，常数百粒卵围绕枝条排成圆桶状，非常整齐，形似顶针状或指环状。

幼虫　老熟幼虫体长 50～55mm，头部灰蓝色，顶部有两个黑色的圆斑。体侧有鲜艳的蓝灰色、黄色和黑色的横带，体背线为白色，亚背线橙黄色，气门黑色。体背黑色的长毛,侧面生淡褐色长毛,幼虫共 5 龄。

蛹 体长 13~25mm,黄褐色或黑褐色,体表有金黄色细毛。茧黄白色,呈棱形,双层,一般结于阔叶树的叶片正面、草叶正面或落叶松的叶簇中。

### (三)发生规律

黄褐天幕毛虫在全国各地每年发生一代,以卵越冬,卵内已经是没有出壳的小幼虫。第二年 4 月中上旬当树木发芽的时候便开始钻出卵壳,为害嫩叶,以后又转移到枝权处吐丝张网。一至四龄幼虫白天群集在网幕中,晚间出来取食叶片。幼虫近老熟时分散活动,此时幼虫食量大增,容易暴发成灾,幼虫期大约 40d,幼虫老熟后开始陆续寻找重叠叶片间,或于杂草丛中结茧化蛹。即在 5 月下旬 6 月上旬是成虫羽化,6 月中旬为成虫盛发期,羽化成虫晚间活动,成虫羽化后即可交尾产卵,产卵于当年生果树小枝上。每一雌蛾一般产一个卵块,每个卵块卵粒数量可达数百,也有部分雌蛾产 2 个卵块。幼虫胚胎发育完成后不出卵壳即越冬。

### (四)预测预报

**1. 卵块调查预测法** 由于黄褐天幕毛虫产卵为 1~2 个卵块,多数情况下为一个卵块,且位置相对较固定,易于发现,同时卵期长达 10 个月左右,所以一般将卵和卵块作为调查的重点。可调查 20m² 范围内的所有物体上的卵块数(灌木、草丛),如果卵粒数多达 500 粒/m² 以上,将会给林果造成危害。

**2. 成虫期调查预测法** 在成虫期,利用成虫具有趋光性的特点,用黑光灯或频振灯进行灯光诱集,统计每灯诱蛾量,并统计雌雄性比,解剖雌成虫统计怀卵量。

### (五)防治方法

**1. 灯光诱杀法** 在 6 月上旬开始悬挂频振式黑光灯进行诱杀黄褐天幕毛虫成虫。

**2. 人工采卵法** 在卵期可以发动人员进行采集黄褐天幕毛虫的卵,因为黄褐天幕毛虫是一种喜阳的昆虫,在果园边缘、树枝的枝头上非常明显,采集起来也较容易。

**3. 喷药防治** 在 5 月中旬至 6 月上旬黄褐天幕毛虫幼虫期,可以喷 Bt 乳剂 600 倍液,或结合金纹细蛾的防治,在第一代成虫羽化末期(6 月中下旬)喷洒 25％灭幼脲 3 号悬浮剂 2 000 倍液、5％杀铃脲乳油 2 000 倍液等对天敌安全的药剂,均会取得较好的效果。

## 第四节 蚜虫类

蚜虫是一类个体小、繁殖快、个体形态变化多端的害虫,多数种类在生长季以无翅孤雌生殖,种群数量增长得异常快,到了营养条件变差的时候,无翅个体产下后代变为有翅个体,可以转移到营养条件好的环境继续为害,到了越冬前,为了抵御冬季恶劣环境,又会产生有性的个体,交尾产下越冬卵,这种适应环境的能力,使得蚜虫成为各种果树的重要害虫,其中为害梨树的蚜虫包括梨二叉蚜、绣线菊蚜、梨大蚜、苹果瘤蚜、梨黄粉蚜等,其中梨二叉蚜和梨黄粉蚜是梨园重要的防治对象。梨二叉蚜将叶卷成筒状,对叶片光合作用影响很大,而药剂又很难接触虫体;梨黄粉蚜在果实套袋以后,成为重要的害虫,该虫喜欢在隐蔽处为害，果实套袋后为梨黄粉蚜创造了适生环境，药剂也不易杀死害虫。而有些蚜虫在不为害果实的情况下，对树体营养损害很小，如绣线菊蚜低密度情况下是很多天敌的食物，对维持果园生物多样性起到了重要作用，因此，在控制这类蚜虫时，要选择对天敌安全的药剂，将害虫控制在经济允许水平以下即可，对整个果园害虫的生态控制有促进作用。

# 一、梨二叉蚜

梨二叉蚜（*Toxoptera piricola* Matsumura）属同翅目，蚜虫科。又叫梨蚜。

## （一）分布与为害

国内各梨区均有发生。以成、若虫群集梨树芽、叶、嫩梢和茎上吸食汁液，以春季为害梨树新梢叶片为重，被害叶由两侧向正面纵卷呈筒状，以后渐皱缩、变脆，严重时引起早期脱落，影响产量与花芽分化，削弱树势。梨二叉蚜除为害梨树外，尚可为害狗尾草、茅草等杂草。

## （二）形态特征

成虫　无翅胎生雌蚜体长约 2mm，绿色、黄褐色，常疏被白色蜡粉。头部额瘤不明显，复眼红褐色，触角丝状 6 节，端部黑色，第五节末端有一个感觉孔。口器端部伸达中足基部，各足腿节、胫节端部及跗节均呈黑褐色。腹背各节两侧具 1 对白粉状斑，构成两纵行。腹管长大，黑色，末端收缩。尾片圆锥形，侧毛 3 对。有翅胎生雌蚜体略小，长约 1.5mm，灰绿色，复眼暗红色，触角 6 节，口器达后足基部，额瘤微突出，触角、胸部、腹管、足的腿节、胫节端部和跗节均呈黑色，前翅中脉分两叉，故称二叉蚜。

卵　椭圆形，长约 0.7mm，黑色有光泽。

若虫　无翅，绿色，体较小，形态与无翅胎生雌蚜相似。

## （三）发生规律

每年可发生 20 代左右，属侨迁式生活类型。以卵在梨树芽附近和果台、枝杈等缝隙内越冬。华北地区，翌年一般在 3 月，梨芽萌动时越冬卵孵化，初孵若虫群集于露绿的芽上为害。花芽现蕾后钻入花序中为害花蕾和嫩叶，展叶期又集中到嫩梢叶面为害，被害叶片向正面纵卷呈筒状，蚜虫为害叶背面稍有增生不平。以新梢顶端叶片受害最重。新梢期大量繁殖，是全年重点为害期。一般落花后大量出现卷叶，为害繁殖至落花后 10~15d 开始出现有翅蚜，5~6 月大量飞离梨园，转移到狗尾草和茅草上，6 月中旬以后梨树上蚜虫基本绝迹；9~10 月又产生有翅蚜迁飞回梨树上为害繁殖，10 月末至 11 月初产生性蚜，雌雄交尾后产卵越冬。

华北一年春秋两季于梨树上繁殖为害，春季为害较重，尤以 4 月下旬至 5 月为害最烈，造成大量卷叶，影响枝梢生长，引起早期落叶；秋季为害较轻。干旱年份为害较重。卵散产于枝条、果台等各种缝隙处，以芽腋处最多，严重时常数十粒密集在一起。

主要天敌种类有草蛉、瓢虫、食蚜蝇、蚜茧蜂等。

### （四）防治方法

**1. 人工防治** 在发生数量不大的情况下，早期剪除被害卷叶，集中处理。

**2. 药剂防治** 在梨树花芽开绽前，越冬卵大部分孵化、梨树展叶但未造成卷叶时，进行防治，一般喷1次药即可控制为害；在上年发生严重的情况下，连续喷药2次效果更好。可选用50%抗蚜威2 000倍液、20%杀灭菊酯3 000倍液等。另外，春季梨芽萌动后，越冬卵大部分已孵化时，可喷含油量1%的柴油乳剂。

**3. 保护和利用天敌** 蚜虫天敌种类很多，当虫口密度很低时，保护利用天敌的作用则很明显。

## 二、梨 大 蚜

梨大蚜（*Pyrodachnus pyri* Buckton）属同翅目，蚜科。

### （一）分布与为害

分布于辽宁、河北、山东、江苏、浙江、四川等地。寄主主要有梨、苹果、枇杷等。

### （二）形态特征

**成虫** 有翅型体长椭圆形，黑褐色被灰白色蜡粉，长6.34mm，宽3.14mm，翅展19.62mm；复眼黑色，眼瘤一对，触角6节，上着生许多刚毛，第一、二节粗短，第三节细长，第四、五、六节约等长；第三节具圆形感觉圈16～18个，排成一行，第四节2个，第五节1个位于端部，第六节4～6个，其中一个较大；口吻3节，伸达第二腹节。前后胸小、中胸膨大，基部向后扩展，盖住后胸背板，背板端部和基部中央各有1个三角形隆斑。翅初羽化时呈粉白绿色，渐变成无色半透明，翅脉淡褐色。足3对，基节、转节、腿节淡褐色，胫节、跗节、爪黑褐色。腹部膨大，背部隆起，节间膜黑色。腹管短，端部呈盘状，黑色。尾片半圆形，上着生很多刚毛。无翅型成蚜，体稍小，其他特征同有翅型。

**卵** 椭圆形，黑褐色，有光泽，长1.5mm。

**若虫** 5龄。一龄若虫披针形，黄绿色，触角5节，口吻3节，伸达腹部4～5节；二、三龄若虫，体扁椭圆形，淡褐色；四龄若虫，体长5.0mm，黑褐色，被灰白色蜡粉，触角6节，五龄若虫形态似成虫。

### （三）发生规律

梨大蚜在四川金川地区一年发生6代。以卵在梨树枝干背风向阳处越冬。翌年3月下旬至4月中旬孵化，若蚜群集在卵壳附近为害，4月下旬开始产有翅蚜，至5月中旬始迁飞到海拔2 800～3 200m的高山杨、山毛柳上为害，下旬迁飞结束，在其寄主上孤雌胎生繁殖2～3代，于8月底至9月中下旬又产生有翅蚜迁回梨树上，产生有性雌蚜和雄蚜，经交配后产卵越冬。卵产在主干、主枝背风向阳面，呈单层密集状排列，每处一般为260～300粒，多的达400粒以上。卵的耐寒力较强，在1～4.8℃的低温下经过60d以上，孵化率仍达 98%～100%。若蚜 5 龄。成虫：一至五代营孤雌胎生繁殖，第六代进行有性繁殖。

### （四）防治方法

**1. 人工防治**　冬春刮除越冬卵。

**2. 药剂防治**　4 月中旬越冬卵孵化后及 10 月上旬性蚜发生期各喷一次 10% 吡虫啉可湿性粉剂 4 000 倍液，或者 3% 啶虫脒乳油 2 500 倍液（毛启才等，1986）。

## 三、梨黄粉蚜

梨黄粉蚜（*Aphanostigma jakusuiense* Kishida）属同翅目，蚜科。又叫梨黄粉虫。

### （一）分布与为害

我国各主要梨区辽宁、河北、河南、安徽、山东等均有分布。食性单一，只为害梨。成虫和若虫主要以刺吸式口器吸食果实的汁液，也可刺吸枝叶嫩皮汁液。常群集在果实的萼洼部位为害。梨果受害处初产生黄斑并稍有下陷，黄斑周缘产生褐色晕圈，最后变为褐色斑，被害部表皮硬化龟裂形成大黑疤，俗称"膏药顶"，降低梨的品质。受害重的果实，果肉组织逐渐腐烂，最终导致落果。梨各品种均有发生，但为害程度以目前栽植的鸭梨、雪花梨、香水梨和巴梨受害较重。

### （二）形态特征

成虫　梨黄粉蚜为多型性蚜虫，分为干母、普通型、性母型和有性型 4 种。干母、普通型及性母型的成虫均为雌性，行孤雌卵生，形态相似，体呈倒卵圆形，长约 0.7mm，鲜黄色，触角 3 节，触角、足短小，无翅，无腹管及尾片。有性型雌虫体长约 0.5mm，雄虫 0.3～0.4mm，长椭圆形，鲜黄色，触角、足淡黄黑色，口器退化，无翅及腹管。

卵　越冬卵（孵化为干母的卵），长约 0.33mm，淡黄色；产生普通型和性母的卵，长 0.26～0.30mm，初淡黄绿色，渐变为黄绿色；产生有性型的卵，夏卵长雌 0.41mm，雄 0.36mm，黄绿色。

若虫　共 4 龄，与成虫相似，仅虫体较小，淡黄色。

### （三）发生规律

每年发生 8～10 代，以受精卵在树皮裂缝、果台、树体残附物内越冬。

在河北，翌年 4 月上旬梨树开花期卵孵化，卵孵化为干母若虫，若虫先在梨树翘皮下、嫩枝上刺吸汁液，羽化为成虫后产卵繁殖。翘皮下全年均有虫体为害。6 月上中旬向果实上转移，6 月下旬至 7 月上旬，多群集于果实萼洼处为害、繁殖，继而蔓延到果面上。此时在果面上似有一堆堆黄粉，即成虫及其产下的卵堆和初孵化的小若虫，若把虫堆擦去，果面上留有黄色稍凹的小斑，此即被害的斑痕。8 月中旬果实接近成熟时，为害尤为严重。8～9 月出现有性蚜，雌雄交配后转移到树皮裂缝、果台等处产卵越冬。

以一龄若虫进行转移扩散，二龄若虫以后则固定为害。成虫活动力较差，多喜在背阴处栖息吸食，而套袋处理的梨果更易遭受为害。带有虫体的梨果，在窖藏期间仍继续为害，此时萼洼被害部逐渐变黑而腐烂，损失严重。远距离传播主要靠苗木、枝条和穗条的调运。

普通型成虫每天最多产卵 10 粒，一生平均产卵约 150 粒。生育期内各代卵期 5～6d，若虫期 7～8d。成虫寿命除有性型较短外，其他各型均 30 余天，干母可达 100d 以上。

一般无萼片的梨品种受害轻，有萼片受害重。老树受害重，地势高处受害轻。梨黄粉蚜发生轻重也与 5～7 月的降雨有关，雨量大或持续降雨不利其发生，温暖干燥的环境对发生有利。

### （四）防治方法

**1. 冬季防治** 彻底刮除树干老翘皮，清除树体残存物集中烧毁，消灭越冬卵。

**2. 果实套袋** 有条件的果园可对果实进行套袋，并注意在套袋前对该虫进行防治。

**3. 药剂防治** 在梨树发芽前喷洒 5％柴油乳剂或 3～5 波美度石硫合剂，杀灭越冬卵。在转果为害期防治，应抓住 7～8 月果实上发现为害但未形成褐斑时喷药，喷洒 50％抗蚜威可湿性粉剂 3 000 倍液或溴氰菊酯、速灭杀丁、溴氰菊酯等 2 000 倍液。重点喷果实，尤其注意喷头向上喷到萼洼处。

**4. 保护利用天敌** 梨黄粉蚜的主要天敌有草蛉、花蝽、瓢虫等，要注意保护利用。

## 四、绣线菊蚜

绣线菊蚜（*Aphis citricola* Van der Goot）属同翅目，蚜虫科。又叫苹果黄蚜，俗称腻虫。

### （一）分布与为害

分布于黑龙江、吉林、辽宁、河北、河南、陕西、湖北、云南等果产区，寄主植物有苹果、梨、海棠、沙果、山楂、桃、李、杏等果树，是目前梨园重要害虫，主要为害果树的嫩叶和嫩梢，在大量发生期，新梢上常蚜群密布，大量的无翅雌蚜、若蚜及有翅蚜混生。蚜群的为害使新梢生长量受到一定抑制，幼叶叶尖向背面横卷，对于幼树的生长势有一定的影响。蚜群量特大时，从肛门排出的蜜露，常盖满叶表面及果面，不但影响叶的光合作用，更重要的是果面易受霉污菌的侵染，影响果面的外观，降低果品的等级。

### （二）形态特征

**成虫** 无翅孤雌蚜体长 1.7mm，有黄色、黄绿色、绿色 3 种色型。腹管与尾片黑色。有翅孤雌蚜体长 1.7mm，头、胸部黑色，腹部黄色，有黑色斑纹。腹管与尾片黑色。

**若虫** 若蚜淡黄绿色，腹管短，体小。

**卵** 椭圆形，漆黑色，长 0.5mm。

### （三）发生规律

每年发生 10 余代，以卵在当年生枝条的芽腋间越冬。在芽萌动时越冬卵开始孵化，初孵若蚜群集在芽和嫩叶上为害，经 10d 左右产生无翅胎生雌蚜，也有少量有翅胎生雌蚜。整个生长季节均以孤雌胎生方式繁殖。有翅胎生雌蚜是植株间转移扩散的主要方式。早春繁殖速度较慢。5 月是一年中发生量最大的时期，6 月以后因捕食性天敌增多，加之多数嫩梢逐渐老熟，食物条件变化，发生量减少。秋梢生长期，发生量出现年中次高峰，但发生持续时间较短。10 月以后开始产生有性蚜，交尾后产卵越冬。

蚜虫的天敌种类很多，主要有草蛉、各种瓢虫、食蚜蝇以及寄生蜂等，在不用广谱性杀虫剂的情况下，对蚜虫有显著的控制作用。

### （四）防治方法

**1. 保护天敌** 通过果园种植绿肥，或者自然生草，在早春地面繁殖天敌，当树上蚜虫、叶螨发生时，转移到树上控制其为害。由于绣线菊蚜是果园中虫口密度上升快且较早的种类，是果园中异色瓢虫、龟纹瓢虫、七星瓢虫、小花蝽、大草蛉、中华草蛉、蜘蛛等多种天敌类群越冬出蛰后赖以繁衍种群的食物，在低密度下是果园害虫生物防治不可多得的中间寄主，所以对绣线菊蚜的防治，要尽量放宽防治指标，在一般发生的年份，要充分发挥自然天敌控制蚜虫的能力，不需专门化学防治。改变果园早春锄草的农事操作习惯，保留地面生长较果树更早的荠菜等易滋生蚜虫的杂草，梨树繁殖产生出第一代瓢虫等天敌后，再锄草驱赶其上树，可以大大提高果树上的益害比。保护和利用天敌控制绣线菊蚜是防止其长时间维持高密度状态的治本措施，一旦形成良性循环，绣线菊蚜就真正成为果园生物群落中的中性昆虫，危害程度可忽略不计。

**2. 化学防治** 对常年多次喷洒广谱杀虫剂的果园，自然天敌数量较少，在大发生的年份，当虫口密度过高时，要及时适量喷洒对天敌相对安全的 10% 吡虫啉可湿性粉剂 4 000 倍液、3% 啶虫脒乳油 2 500 倍液，或者灭蚜菌等农药，暂时压制虫口密度；在麦收前后，果园周围麦田中的瓢虫、草蛉等天敌会大举向果园转移，保护和利用这些自然天敌对控制绣线菊蚜及其他害虫有着非常显著的效果。

# 第五节 介壳虫类

介壳虫属于同翅目下的一类害虫，多数种类初孵化幼虫可以爬行扩散，当寻找到合适寄生部位后，在寄主上为害部位固定，腿部退化，头、胸、腹部愈合，有些种类将分泌物覆盖在体表，难以辨认。介壳虫的体型也差别很大，雌虫均无翅，而雄虫有翅，有些种类没有发现雄虫，介壳虫一般发育较慢，多数种类每年一代，但产卵量大，一头雌虫可以产卵上千粒。由于多数个体在发育期不再移动，一般体上都覆盖有保护物，抵御天敌和不良环境。为害梨树的介壳虫以为害枝干和果实为主，主要种类有梨圆蚧、康氏粉蚧、草履蚧、苹果球蚧等，其中梨圆蚧和康氏粉蚧可以为害枝干和果实，草履蚧和苹果球蚧局部发生。

## 一、梨 圆 蚧

梨圆蚧（*Diaspidiotus perniciosus* Comstock）属同翅目，蚧科。又叫梨枝圆盾蚧，是国际检疫对象之一。

## （一）分布与为害

分布广，我国东北、华北、华东地区均有发生，为害区偏于北方。食性极杂，已知寄主植物有 150 种以上，主要为害果树和林木。果树中主要为害梨、苹果、枣、核桃、桃、杏、李、梅、樱桃、葡萄、猕猴桃、柿和山楂等。

梨圆蚧能为害果树的所有地上部分，包括枝干、叶片和果实，但以枝干为主。若虫和雌成虫刺吸枝干汁液，引起皮层爆裂，枝梢干枯甚至整株死亡。果实受害，多在萼洼和梗洼处，围绕介壳形成紫红色的斑点，降低果品价值。叶片被害呈灰黄色，逐渐干枯脱落。

枝条上一旦发生，则是一大片介壳相连，使枝条表皮由光亮的红褐色变为灰色，有很多小突起，很容易识别。

## （二）形态特征

**成虫** 雌成虫扁椭圆形，橙黄色。口器丝状，位于腹面中央，眼及足退化。身体背覆灰白色介壳，稍隆起，介壳直径 1.8mm 左右。介壳有同心轮纹，中央的突起称为壳点，脐状，黄色或赤褐色。雄成虫体长 0.6mm，翅展 1.65mm，橙黄色。眼暗紫红色，口器退化，触角念珠状，11 节。前翅 1 对，交尾器剑状。雄介壳长椭圆形，壳点偏于一方。

**若虫** 初孵若虫体长 0.2mm，椭圆形，淡黄色，触角及口器发达，足 3 对，尾端有 2 根长毛。二龄若虫触角、足和复眼消失，二龄以后，雌、雄在形态上开始分化。雌若虫蜕皮 3 次，介壳圆形。雄若虫蜕皮 2 次，介壳长椭圆形，化蛹在介壳下。

**蛹** 长约 0.6mm，圆锥形，淡黄色，仅雄虫有蛹。

## （三）发生规律

在辽宁、山东每年发生 2～3 代，福建每年发生 4～5 代，以二龄若虫和少量受精雌虫在枝上越冬。在北方果区，翌年春树液流动时开始为害，4 月上旬，雌、雄介壳分化，可分辨雌雄，4 月中旬雄虫化蛹，5 月上中旬羽化，交尾后即死亡。雌虫继续取食约 1 个月，越冬代雌虫产仔期为 6 月上旬至 7 月上旬，即第一代若虫的发生期，第一代主要为害寄主枝、叶，晚发生的可为害果实。第一代雌虫产仔期为 8 月上旬至 9 月上旬，即第二代若虫的发生期，此代大量为害果实。第二代雌虫产仔期自 9 月至 11 月上旬，除继续为害果实外，另有大量若虫转回寄主枝条、粗枝及树干的嫩皮等处固着为害，发育至二龄逐渐进入越冬。世代很不整齐。

梨园蚧雄虫有翅会飞。雌虫无翅，形成介壳，发育成熟时雌雄交尾。而后雌虫产仔胎生繁殖，各代产仔数 54～108 头。产出的若虫很快钻出母介壳在树上爬行，转移扩散，并向嫩枝、果实、叶片上转移为害，从此固定位置，不再移动，1～2d 后开始分泌蜡质形成介壳。在枝条上为害，以二至五年生枝干上较多，主要集中在枝干阳面为害。

果实受害以晚熟品种为重，早熟品种受害轻。梨圆蚧远距离传播主要靠苗木、接穗和果品调运。

梨圆蚧的天敌种类很多，主要有梨圆蚧小蜂、红点唇瓢虫和肾斑唇瓢虫等。

### （四）防治方法

**1. 加强检疫，防止传播** 调运苗木、接穗和砧木时要严格检疫，防止传播蔓延。

**2. 加强梨树休眠期的防治** 在梨树落叶后，喷布 5 波美度石硫合剂或 40%～60% 的煤焦油乳剂，结合冬剪，及时剪去严重受害枝梢。3 月中下旬，梨花芽萌动期喷布 3～5 波美度石硫合剂或 5% 柴油乳剂，虫口密度大的枝干喷药前先刷擦虫体，以利药液渗入而提高防效。

**3. 药剂防治** 雄虫羽化和雌虫产仔期，若虫分散转移期至分泌蜡质形成介壳之前，是药剂防治的关键时期，若加入 0.1%～0.2% 洗衣粉，效果更好。常用的农药有 50% 马拉硫磷或杀螟松 1 000 倍液、15% 噻嗪酮可湿性粉剂 1 500～2 000 倍液、40% 毒死蜱乳油 1 000 倍液。若在上述农药中加入含油量 0.3%～0.5% 的柴油乳剂，对已开始分泌蜡质介壳的若虫也有良好的杀伤作用。

## 二、草 履 蚧

草履蚧（*Drosicha corpulenta* Kuwana）属同翅目，硕蚧科。又叫草履硕蚧、草履介壳虫。

### （一）分布与为害

在河南、河北、山东、山西、陕西、江苏、江西、福建等地均有分布。此虫寄主较杂，可以为害多种果树和林木。在核桃、樱桃、柿子、梨、苹果上为害严重，此外，近年杨树、法桐上发生严重。若虫和雌成虫将刺吸口器插入嫩芽和嫩枝吸食汁液，致使树势衰弱，发芽迟，叶片瘦黄，枝梢枯死。严重时造成早期落叶、落果，甚至整株死亡。

### （二）形态特征

**成虫** 雌成虫体长 10mm 左右，扁椭圆形似草鞋，赤褐色，被白色蜡粉。雄成虫体长约 5mm，紫红色，有 1 对翅淡黑色，触角念珠状、黑色，腹部背面可见 8 节，末端有 4 个较长的突起。

**卵** 椭圆形，初产时黄白色，渐呈赤褐色。

**若虫** 似雌成虫，赤褐色，触角棕灰色，唯第三节色淡。

**蛹** 雄蛹长约 5mm，圆筒形，褐色，外被白色绵状物。

### （三）发生规律

该虫一年发生 1 代，以卵在寄主植物根部周围的土中越夏、越冬。翌年 1 月中下旬越冬卵开始孵化，若虫孵出后暂时停居在卵囊内，随着温度上升，陆续出土上树，2 月中旬至 3 月中旬出土盛期。若虫多在中午前后沿树干爬到嫩枝顶部的顶芽、叶腋和芽腋间，待新叶初展时群集顶芽上刺吸为害，稍大后喜在直径 5cm 左右粗细的枝上取食，并以阴面为多。3 月下旬至 4 月下旬第二次蜕皮后陆续转移到树皮裂缝、树干基部、杂草落叶中、土块下，分泌白色蜡质薄茧化蛹，5 月上旬羽化。雄成虫飞翔力弱，略有趋光性。雌若虫第三次蜕皮后变为雌成虫，交配后沿树干下爬到根部周围的土层中产卵，卵产于白色绵囊中进行越夏、越冬，雌虫产卵后即干缩死去。田间为害期为3～5月，6月以后树上虫量减少。

### （四）防治方法

**1. 树干绑杀虫带**　当早春日最高气温连续出现8～10℃时，草履蚧若虫开始上树，此时在树干光滑处绑5cm宽塑料带，下缘内折，或者直接缠胶带，当树皮粗糙时，先刮去一圈老粗皮，然后在塑料带上涂药膏，药膏涂在塑料带上的下半部，不要涂在树皮上，每米长涂药膏5g，若虫接触药膏即被杀死。也可在树干上涂粘虫胶，涂抹1圈10～20cm宽的粘虫胶，若虫上树时，即被胶黏着而死。在整个若虫上树时期，应绝对保持胶的黏度，注意检查，如发现黏度不够，要刷除死虫添补新虫胶。

**2. 清除虫源**　秋、冬季结合梨树栽培管理，翻树盘、施基肥等措施，挖除土缝中、杂草下及地堰等处的卵块烧毁。

**3. 药剂防治**　若虫上树初期，在梨树发芽前喷3～5波美度石硫合剂，发芽后喷40%西维因胶悬剂800倍液、80%敌敌畏乳油或48%毒死蜱乳油或50%马拉硫磷或辛硫磷乳油1 000倍液。

**4. 保护天敌**　红环瓢虫和暗红瓢虫发生时，注意保护。

## 三、康氏粉蚧

康氏粉蚧（*Pseudococcus comstocki* Kuwana）属同翅目，粉蚧科。又名梨粉蚧、李粉蚧、桑粉蚧。

### （一）分布及为害

全国大部分地区均有分布，以北方水果产区发生普遍。食性很杂，除为害梨外，还可为害苹果、桃、李、杏、杨、柳等多种果树和林木。以成虫和若虫刺吸寄主的幼芽、嫩枝、叶片、果实和根部的汁液，尤其对套袋果实受害最重。果实被害，出现许多褐色圆形凹陷斑点，斑点木质化，其上附有白色蜡粉。套袋果被害，成虫和若虫常群集于果实萼洼处为害。嫩枝和根部被害，常肿胀，树皮纵裂，枯死。

### （二）形态特征

**成虫**　雌成虫体长3～5mm，扁平，椭圆形，体粉红色，表面被有白色蜡质物，体缘具有17对白色蜡丝，腹部末端1对特长，几乎与体长相等。触角8节。雄成虫体紫褐色。体长约1mm。翅1对，透明。

**卵**　椭圆形，长约0.3mm。淡黄色。数十粒排列呈块状，表面覆盖一薄层白色蜡粉。

**若虫**　若虫初孵时，淡黄色，椭圆形，体扁平。形似雌成虫。

**蛹**　仅雄虫有蛹期。蛹浅紫色，体长约1.2mm。

### （三）发生规律

在河南、河北一年发生3代，在吉林一年发生2代。以卵在树干翘皮下、树皮缝隙、土石缝等处越冬。在河北，翌春梨树发芽时，越冬卵孵化为若虫，食害寄主植物幼嫩部分。第一代若虫发生盛期在 5 月中、下旬。第二代为 7 月中、下旬。第三代在 8 月下旬。雌若虫发育期为 35～50d，蜕皮 3 次即为雌成虫。雄若虫为 25～37d，蜕皮 2 次后化蛹，羽化为成虫。雌雄交尾后，雌成虫将卵产在枝干粗皮裂缝内或果实萼洼、梗洼等处，产卵时，雌成虫分泌大量棉絮状蜡质物，卵即产在其中。套袋果受害，主要是把虫或卵套入袋内，或扎口不严，卵产在套袋里，由于虫体不易接触药剂，可使果实受害。成虫产卵后皱缩死亡，以卵越冬。

### （四）防治措施

**1. 人工防治**　冬、春季刮除树干翘皮，消灭越冬卵。在秋季雌成虫产卵前，进行束草，诱集成虫前来产卵，冬季消灭越冬虫卵。

**2. 药剂防治**　早春喷洒 95％机油乳剂 50～100 倍液，或 3～5 波美度石硫合剂；在 5 月中下旬第一代若虫发生期及以后各代若虫发生期（未分泌蜡质前）集中进行药剂防治。在果实套袋前，进行药剂防治。常用的药剂有 48％毒死蜱1 500倍液等。

# 第六节　蝽类、象鼻虫类

蝽类害虫属于半翅目害虫，多为杂食性，为害多种果树和林木，分布非常广，但仅在局部地区造成严重危害，在梨树上发生的种类有黄斑椿象、茶翅椿象、梨蝽、梨网蝽等。象鼻虫属于鞘翅目害虫，主要为害叶片和果实，在梨树上发生的种类有梨果象甲、梨花象甲、梨卷叶象甲、梨铁象等，其中梨果象甲在局部造成危害。这两类害虫由于多数种类个体较大，繁殖速度较慢，一般田间数量不会很大。

## 一、茶 翅 蝽

茶翅蝽（*Halyomorpha picus* Fabricius）属半翅目，蝽科。别名臭木椿象、臭木蝽、茶色蝽。

### （一）分布与为害

分布于东北、华北、河南、山东、安徽、湖北、四川、云南等地，主要为害梨、苹果、桃、李、杏、山楂、樱桃、海棠、梅、柑橘、柿、石榴等果树，并可为害榆树、桑树以及大豆等植物。以成、若虫吸食果实、嫩梢及叶片汁液，梨果被害，常形成疙瘩梨，果面凹凸不平，受害处变硬、果肉木栓化。桃、李受害，常有胶滴溢出。

### （二）形态特征

**成虫**　体长 12～16mm，宽 6.5～9.0mm，扁椭圆形，淡黄褐色或茶褐色，略带紫红色，前胸背板、小盾片和前翅革质部有黑褐色刻点，前胸背板前缘横列 4 个黄褐色小点，小盾征基部有 5 个小黄点，两侧斑点明显。腹部两侧各节间均有 1 个黑斑。

**卵**　短圆筒形，直径 0.7mm 左右，初产灰白色，孵化前黑褐色。

若虫 初孵体长 1.5mm 左右,近圆形。腹部淡橙黄色,各腹节两侧节间各有一个长方形黑斑,共 8 对。腹部第三、第五、第七节背面中部各有 1 个较大的长方形黑斑。老熟若虫与成虫相似,无翅。

### (三) 发生规律

每年发生 1 代,以成虫在向阳背风的房屋窗户缝隙、屋角、檐下、树洞、土缝、石缝及草堆等处越冬。各地成虫出蛰时期因温度变化各异,在郑州一般 4 月上旬开始出蛰活动,4 月下旬出蛰增多,5 月下旬开始产卵,6 月上旬进入产卵高峰期,最晚产卵可延续到 7 月中旬。卵多产于叶背,块产,通常每块 28 粒左右。卵期 10~15d。6 月中、下旬为卵孵化盛期,初孵的一龄若虫群居于卵壳周围,直到二龄末期才分散。8 月中旬为成虫盛期,9 月下旬成虫陆续越冬。成虫和若虫受到惊扰或触动时,即分泌臭液,并逃逸。

### (四) 防治方法

**1. 果实套袋** 受害严重的果园,在产卵和为害前进行果实套袋。

**2. 越冬期诱杀成虫** 在果实采收后,成虫越冬前,利用秸秆在果园周围搭建草棚,诱集成虫前往越冬,草棚口朝向南面,冬季集中烧毁。

**3. 药剂防治** 于越冬成虫出蛰高峰期和低龄若虫期喷农药,特别是若虫孵化期,对药剂比较敏感,可用 50% 马拉硫磷乳油 1 000~1 200 倍液、40% 毒死蜱乳油 1 500 倍液、50% 敌敌畏乳油或 90% 敌百虫 800~1 000 倍液(幼果期不能使用,以免引起落果)、2.5% 溴氰菊酯乳油、2.5% 高效氯氟氰菊酯乳油或 20% 甲氰菊酯乳油 2 500 倍液等菊酯类药剂。

## 二、麻皮蝽

麻皮蝽(*Erthesina fulla* Thunberg)属半翅目,蝽科。麻皮蝽又叫黄斑椿象,俗称臭大姐。

### (一) 分布与为害

麻皮蝽在我国大部分地区均有分布。食性很杂,主要寄主有梨、苹果、桃、柿子、杏、樱桃、枣等果树和泡桐、杨树、桑、丁香等树木,以梨、桃、柿子受害较重。以成、若虫吸食叶片、嫩梢及果实汁液,梨果被害,常呈凹凸不平的畸形果,俗称疙瘩梨,受害部位变硬下陷,不堪食用;近成熟的果实被害后,果肉变松,木栓化。桃、李受害,被刺处流胶,果肉下陷成僵斑硬化。幼果受害严重时常脱落;新梢受害,中午出现萎蔫,对产量与品质影响很大。

### (二) 形态特征

成虫 体长 18~24.5mm,宽 8~11mm,体较茶翅蝽为大,略呈棕黑色。头较长,先端渐细,单眼与复眼之间有黄白色小点,复眼黑色。触角丝状 5 节。前胸背板前侧缘前半部略呈锯齿状。前翅上有黄白色小斑点。

卵 初产时绿白色，后变灰白色、鼓形，高2mm，顶部有盖，周缘有刺，通常排成块状。

若虫 共5龄。初孵若虫近圆形，有红、白、黑三色相间花纹，腹部背面有3条较粗黑纹。老熟若虫红褐色或黑褐色，头端至小盾片具1条黄色或黄红色纵线，触角4节，黑色，前胸背板中部具4个横排淡红色斑点，内侧2个较大，腹部背面中央具纵列暗色大斑3个，每个斑上有横排淡红色臭腺孔2个。

### （三）发生规律

黄斑蝽在东北、华北地区一年发生1代，在安徽、江西一年发生2代，以成虫在屋檐下、墙缝、石壁缝、草丛和落叶等处越冬。离村庄较近的果园受害重。在北方果区，翌年4月下旬越冬成虫开始出蛰活动，出蛰时间很长，可达2个多月。越冬成虫出蛰后，先在附近刺槐、桑树等树木上栖息，5月中旬以后迁到梨、桃树上为害。越冬成虫于6月上旬开始交尾产卵，至8月中旬产卵结束。卵产于叶背，块状，通常每块有卵12粒左右，卵期9～15d。6月上中旬卵开始孵化，初孵若虫先静伏于卵壳周围，二龄后开始分散为害，7月中旬羽化为成虫，至9月下旬以后，成虫陆续飞向越冬场所。北方梨区主要为害期在6月上旬至8月中旬。梨品种中，以蜜梨、锦丰受害重，麻梨次之，砀山酥梨受害较轻。

### （四）防治方法

**1. 人工防治** 由于茶翅蝽和黄斑蝽发生期长而不整齐，药剂防治比较困难，人工捕捉成虫和收集卵块可收到较好的防治效果。在春季越冬成虫出蛰期及冬前成虫越冬时，在房屋门窗缝隙、屋檐下收集成虫；结合管理随时摘除卵块及捕杀初孵群集若虫。

**2. 药剂防治** 在5月下旬至6月上旬，成虫大量迁到梨园，尚未产卵时进行防治。也可在茶翅蝽和黄斑蝽为害最重的6月中旬至8月上旬，进行防治。可喷洒40.7%毒死蜱乳油1 500倍液，或50%马拉硫磷乳油1 000～1 200倍液等药剂。

## 三、梨 网 蝽

梨网蝽（*Stephanitis nashi* Esaki et Takeya）属半翅目，网蝽科。又叫梨军配虫。

### （一）分布与为害

分布很广，在辽宁、河北、河南、湖南、江苏、广东、广西、四川等地均有发生，特别是管理粗放的果园受害较重。主要寄主有梨、苹果、海棠、桃、樱桃、山楂等，以梨和苹果受害最为普遍。以成、若虫群集在叶背吸食汁液，使叶片正面形成苍白色斑点，叶片背面为锈黄色，并散布黑色排泄物，极易识别。受害严重时，使叶片早期脱落，严重影响树势和产量。

### （二）形态特征

成虫 体长约3.5mm，宽约1.7mm，扁平，暗褐色。触角4节，浅黄色，第三节最长。前胸背板有纵隆起，前胸两侧向外突出呈翼片状，前翅略呈长方形，前翅背板与前翅均为半透明，具褐色网纹，静止时两翅叠起，黑褐色斑纹接合呈 X 形纹。

卵　长约 0.6mm，长椭圆形，一端稍弯曲。

若虫　共 5 龄。初孵时乳白色，近透明，数小时后变为淡绿色，最后变成深褐色。三龄时出现翅芽，头、胸、腹两侧各生有刺状突起。

### （三）发生规律

北方果区每年发生 3～4 代，黄河故道每年发生 4～5 代，各地均以成虫在杂草、落叶、土石逢、枝干翘皮裂缝等处越冬。在河南，翌年 4 月上中旬开始出蛰，4 月下旬为出蛰高峰。山西太谷在 5 月初为出蛰盛期，成虫出蛰后，飞到寄主植物上取食为害。在郑州一年发生 4 代，1～4 代若虫发生期大体为：5 月下旬、7 月中旬、8 月上旬、9 月中旬。由于成虫出蛰期不整齐，因此发生期也不整齐，一般以第一代若虫发生期比较集中，是药剂防治的关键时期，第二代若虫以后世代重叠严重，防治效果较差。为害至 10 月中、下旬以后，成虫寻找适当处所越冬。

成虫产卵于叶背主脉两侧的叶肉组织内，并有黄褐色黏液覆盖。卵单产，但常数粒至数十粒相邻产于一处，每雌可产 15～60 粒。生长季卵期约 9～15d。初孵若虫活动力弱，有群集性，先群集于叶背取食，二龄后逐渐分散，扩大为害范围。越冬代成虫善于飞翔，其他各代成虫以爬行为主。成、若虫喜群集叶背主脉附近为害，被害处叶面呈现黄白色斑点，随着为害的加重而全叶苍白，早期脱落。叶背和下边叶面上常落有黑褐色带黏性的分泌物和粪便，并诱致煤污病发生，影响树势和来年结果。

一般情况下前期为害轻，7～8 月为害重。一般干旱条件下发生重，管理粗放的果园发生重。

### （四）防治方法

**1. 越冬期防治**　清除果园内落叶、杂草，刮除老翘皮，消灭越冬成虫。在成虫越冬前树干束草，诱集成虫越冬。

**2. 药剂防治**　关键时期应掌握在 4 月中旬越冬成虫出蛰至 5 月下旬第一代若虫孵化末期进行；以压低春季虫口密度。也可在夏季大发生前进行，以控制 7～8 月的为害。可用 50% 马拉硫磷 1 500 倍液、40% 毒死蜱乳油 1 500 倍液等进行防治。

## 四、花壮异蝽

花壮异蝽（*Urochela luteovaria* Distant）属半翅目，异蝽科。又叫梨椿象，俗称臭大姐、臭板虫。

### （一）分布与为害

分布于辽宁、河北、河南、山东、山西、陕西、甘肃、青海、安徽、江苏、江西、云南等地。但仅在局部地区为害较重。寄主有梨、苹果、樱桃、杏、李、桃等。一度在山东五莲为害樱桃严重。花壮异蝽以成虫和若虫刺吸枝梢和果实。枝条被害后，生长缓慢，影响树势，严重时枯萎死亡。果实受害后生长畸形，硬化，不堪食用，失去商品价值。

## （二）形态特征

成虫　体长10～13mm，宽5mm，椭圆形，扁平，褐色至黄绿色。头淡黄色，中央有2条褐色纵纹。触角丝状，5节，黑褐色，第四、第五节基部淡黄色，端半部黑色。前胸背板、小盾片、前翅革质部分，均有黑色细小刻点，前胸前缘有一黑色"八"字形纹。腹部两侧有黑白相间的斑纹，常露于翅缘外面，腹面黑斑内侧有3个小黑点。

若虫　形似成虫，无翅，初孵化时黑色。二龄若虫头、胸部暗褐色，腹部黄色。四龄前触角4节，五龄后触角5节。前胸背板两侧有黑色斑纹。腹部棕黄色，各节均有黑色斑纹和小红点，背面中央有3条长方形黑色斑纹。

卵　椭圆形，直径0.8mm，淡黄绿色，常20～30粒排列在一起，上面覆有一层黄白色或微带紫红色的透明分泌物。

## （三）发生规律

每年发生1代，以二龄若虫在枝干皮缝中越冬，春季梨树发芽时出蛰，逐渐分散到附近嫩梢上取食，坐果后也可为害果实，6月上旬若虫陆续老熟羽化为成虫，7月中旬前后为羽化盛期，成虫寿命长达4～5个月，成虫羽化后经过补充营养，到8～9月开始交尾、产卵，9月上中旬为产卵盛期，卵多产于树皮缝隙中，也有产于叶片和果实上。卵期大约10d左右，9月上旬若虫孵化，经过一段取食后，到10月陆续以二龄若虫在枝干粗皮缝中越冬。

## （四）防治方法

**1. 人工防治**　早春发芽以前进行刮树皮，刮下的树皮要集中深埋或烧毁，消灭其中越冬幼虫。8月中旬以后在枝干上绑草把诱集成虫产卵，并每周检查1次，消灭所产卵块。

**2. 药剂防治**　在早春越冬若虫活动期，或者夏季若虫群集枝干时，进行喷药可以获得较好效果，常用药剂为50％马拉硫磷乳油1 000～1 200倍液、40％毒死蜱乳油1 500倍液，夏季也可使用50％敌敌畏乳油1 000倍液、90％敌百虫晶体1 000倍液。

# 五、梨果象甲

梨果象甲（*Rhynchites foveipennis* Fairmaire）属鞘翅目，象甲科。又名梨实象虫、朝鲜梨象甲、梨虎。

## （一）分布与为害

该虫分布很广，吉林、辽宁、河北、山东、山西、河南、湖北、江苏、四川、浙江等地均有发生。主要为害梨，也可为害苹果、花红、山楂、桃、李等果树。成虫啃食果皮、果肉，也可取食嫩芽，成虫取食果实常造成果面数个小坑相连，并且成虫在产卵前，先将果柄咬伤,造成落果。幼虫在果内蛀食,造成果面凸凹不平,为害严重时对梨树的产量和品质影响很大。

### (二) 形态特征

成虫  体长12～14mm,暗紫铜色,有金绿色亮光,头管较长,头部全长与鞘翅纵长相似,雄虫头管先端向下弯曲,触角着生在头管端部1/3处;雌虫头部较直,触角着生在头管中部。触角膝状11节,端部3节显著宽扁,前胸略呈球状,密布刻点和短毛。

卵  椭圆形,长1.5mm左右,表面光滑,初乳白色,渐变乳黄色。

幼虫  老熟幼虫体长12mm左右,乳白色,体表多横皱,略向腹面弯曲,头部小,大部分缩入前胸内。

蛹  体长9mm左右,初乳白色,渐变黄褐至暗褐色,外形与成虫相似,体表被细毛。

### (三) 发生规律

每年发生1代,个别两年发生1代,发生1代的以成虫潜伏在蛹室内越冬,越冬成虫在梨树开花时开始出土,梨果拇指大时出土最多,以5月下旬至6月中旬为盛期。两年发生1代个体以幼虫越冬,翌年夏、秋羽化为成虫,第三年春季出土。6月中下旬至7月上中旬为产卵盛期,此期落果较为严重。成虫出土后飞到树上,主要在白天活动,以中午前后气温较高时最为活跃,成虫补充营养1～2周后,开始交尾产卵。产卵时先把果柄基部咬伤,然后在果面咬口,在孔内产卵1～2粒。产卵处呈黑褐色斑点,一般每果产1～2粒卵。6月中下旬为产卵盛期,成虫寿命很长,产卵期可达2个月左右。每雌产卵最高可达150粒,卵期6～8d,初孵幼虫向果心蛀食,受害果落地后,幼虫仍在果内蛀食,老熟后脱果入土,老熟幼虫一般在5～7cm土壤深度做土室化蛹。梨品种之间受害程度不同,香水梨受害最重,鸭梨稍轻。

### (四) 防治方法

**1. 人工防治**  在成虫发生期,清晨振树,树下铺塑料膜收集落地成虫,要在产卵之前和雨后成虫出土比较集中时进行。另在产卵为害期,人工捡拾落地虫果。细致操作,可以显著减轻为害。

**2. 药剂防治**  在常年虫害发生严重的梨园,越冬成虫出土始期,尤其雨后,树上防治可用80%敌敌畏乳油1 000倍液喷雾,间隔10～15d再喷1次。

## 六、梨卷叶象甲

梨卷叶象甲(*Byctiscus betulae* Linnaeus)属鞘翅目,象甲科。又名榛绿卷象、白杨卷叶象鼻虫。

### (一) 分布与为害

分布于辽宁、河北、河南、江西等地。主要为害梨树、苹果、山楂等果树,此外,也是杨树重要害虫。早春成虫为害梨树的新芽、嫩叶,展叶后成虫将嫩枝或叶柄咬伤,然后开始卷叶，并在卷叶内产卵为害，幼虫孵化后在卷叶内取食，使叶片干枯脱落。影响梨树的正常生长发育，严重时影响产量。

## （二）形态特征

成虫　体长 6mm（除头管外），头向前延伸成象鼻状，全体青蓝色。或豆绿色，有金属光泽。头长方形，复眼略圆形，微凸出。喙粗短，较头部长，短于前胸。先端稍宽，触角前端微弯曲，黑色，由 11 节组成，先端 3 节密生黄棕色绒毛。前胸长短于宽。鞘翅长方形，表面具不规整的点刻列。雄虫在前胸两侧各具一伸向前方的刺突。

卵　长约 1.1mm，宽约 0.6mm，椭圆形，乳白色。

幼虫　老熟幼虫体长 7～8mm，头棕褐色，胴部白色，微弯曲。

蛹　裸蛹略呈椭圆形。

## （三）发生规律

每年发生 1 代，以成虫在地表土层中做土室越冬，梨树发芽时成虫开始出蛰，成虫出现后先为害嫩芽和嫩叶补充营养，梨树展叶后，成虫进行卷叶产卵为害，成虫产卵前先选择叶片密集的叶丛，将叶柄或嫩枝咬伤，叶片萎蔫后，将叶片卷成筒状，在卷叶上产卵，卷叶的接合处用分泌的黏液黏合，每一卷叶中平均有卵 3～4 粒，每个卷筒由 3～5 个叶子组成。卵经过 6～7d 孵化，幼虫在卷叶内取食叶片，使叶片干枯脱落，幼虫期大约 22d，幼虫老熟后从卷叶中脱出，钻入土壤营造土室化蛹，8 月下旬成虫开始羽化，部分钻出地面在杂草中越冬，部分在土中越冬。成虫不善飞翔，有假死性。

## （四）防治方法

**1. 人工防治**　在清晨地面铺塑料膜，振落成虫集中消灭，成虫产卵期，摘除树上卷叶，并捡拾地面卷叶，集中深埋或烧毁。

**2. 化学防治**　在成虫出蛰后产卵以前，树上喷洒农药防治，可用 50% 辛硫磷乳油 1 200 倍液、40% 毒死蜱乳油 1 500 倍液。

# 七、梨花象甲

梨花象甲（*Anthonomus pomorum* Linnaeus）属鞘翅目，象甲科。又名梨花象鼻虫。

## （一）分布与为害

分布于辽宁、河北、河南、山东、陕西等地，主要为害梨树，也可为害苹果、桃、山荆子等果树。成虫在花蕾上咬孔产卵，幼虫为害花蕾，咬食花蕊和子房，使花不能正常开放，被害花苞易脱落。直接影响产量。

## （二）形态特征

成虫　体长 3～4mm，全体灰褐色或灰黑色、密生灰白或淡灰色绒毛，喙稍粗，长约 1.5mm，复眼黑色。触角淡褐色或暗褐色，膝状，有 11 节，其中末端 3 节膨大呈棒状。

胸部色较淡，灰白色，前胸背板中央有一灰白色纵线，小盾片呈半圆形。鞘翅上有纵刻点10条，中部和末端各有一条黑褐色斜带，两带间颜色较淡。足红褐色，密生灰白色短毛。雌虫腹部5节，雄虫腹部6节。

卵　长0.8mm，宽0.5mm，椭圆形，初产白色或淡黄色，后变为灰白略带紫红色。

幼虫　老熟幼虫体长5～7.5mm，长纺锤形，稍弯曲，头部黑褐色，单眼黑褐色。胸足退化呈肉质小突，前胸背板、臀板略骨化，淡褐色。

蛹　长3～4.5mm，长椭圆形，尾端略尖。茧长5～6mm，长椭圆形，由粪便和被害组织构成。

### (三) 发生规律

每年发生1代，以成虫在树皮裂缝下越冬，翌年花蕾膨大时出蛰，先取食花蕾和嫩叶，并陆续交尾产卵，雌虫产卵前先在花蕾上咬一小孔，然后在其中产1粒卵。卵多产在花瓣内侧与雄蕊之间，每头可产卵18～50粒，卵期5～8d。幼虫孵化后在花蕾内为害，并将残渣、粪便和花瓣黏在一起，被害花苞易脱落。幼虫历期18～22d，老熟幼虫在花苞内化蛹。蛹期9～14d，成虫羽化后在树上取食嫩叶，到8月中旬后寻找越冬场所越冬。成虫不活泼，有假死习性。

### (四) 防治方法

早春刮树皮，清扫落叶，集中烧毁。成虫出蛰期，在清晨振树，收集成虫消灭。成虫发生期喷洒50％辛硫磷乳油1 500倍液、40％毒死蜱乳油2 000倍液、50％杀螟硫磷乳油1 500倍液。

# 第七节　枝干害虫

为害梨树枝干的害虫种类分属于多个类群，包括梨圆蚧、康氏粉蚧，此外有梨茎蜂、梨眼天牛、金缘吉丁虫、梨瘿华蛾、梨潜皮蛾等，其中梨圆蚧和康氏粉蚧可为害枝干和果实，梨茎蜂和梨瘿华蛾仅为害新梢，梨眼天牛和金缘吉丁虫蛀食枝干，梨潜皮蛾为害一至三年生枝条，需要防治的种类主要是梨茎蜂，金缘吉丁虫在局部为害严重。

## 一、梨 茎 蜂

梨茎蜂（*Janus piri* Okamoto et Muramatsu）属膜翅目，茎蜂科。又名梨梢茎蜂，俗称折梢虫、剪头虫。

### (一) 分布与为害

河北、北京、河南，安徽、江西、浙江、四川均有分布，是梨树春梢的重要害虫。以成虫产卵为害春梢和幼虫为害当年生枝。当新梢长至6～7cm时，成虫用锯状产卵器将嫩梢4～5片叶处锯伤，再将伤口下方3～4片叶柄锯断，仅留基柄，然后将卵产于近伤口处的嫩梢组织内，新梢被锯后萎蔫下垂，干枯脱落。幼虫在残留的小枝橛内向下蛀食为害，造成受害部枯死。梨茎蜂主要为害梨，也可为害苹果、海棠和沙果。该虫对幼树为害严重。

## （二）形态特征

成虫 雌成虫体长 7～9mm，黑色，前胸后缘两侧、中胸侧板、后胸背板的后端均为黄色，翅透明，足黄色；雌虫产卵器锯状。口器的上颚中部不缢缩；雌虫腹部全黑色，无红褐色环带部分，雌虫腹端产卵鞘长而直，产卵器较弯。雄成虫体长 6.3～7.5mm，雄虫腹部腹面黑色，仅背板折过的两侧及腹端黄色；雄后足腿节膝部黑色口器上颚的下缘凹而上下齿约等，雄虫的外生殖器抱瓣基部较粗短。

卵 长椭圆形，乳白色半透明。

幼虫 老熟幼虫体长 10～11mm，共 8 龄。头淡褐色，胸、腹部黄白色，体稍扁平多横皱纹。头胸部向下弯曲，尾端向上翘起，呈"～"形。胸足极小，无腹足。

蛹 为裸蛹，长 7～10mm，初为乳白色，羽化前黑色。茧棕黑色。

## （三）发生规律

河北、北京地区两年发生 1 代，以老熟幼虫或蛹在被害枝内做茧越冬。在北京，翌年 4 月上旬梨树开花时成虫羽化，落花时成虫开始产卵，发生期整齐。当梨树新梢长出 10～15cm 时，用产卵器将梢锯断，在断口下 1.5～2mm 处产卵，产卵处有一针状小黑点。每雌可产卵 10～50 粒，卵期 10d 左右，5 月初幼虫孵化，直接在嫩枝内向下蛀食，一直蛀食到二年生或多年生枝内，并将粪便排泄于蛀道内。8 月上旬停止为害，做茧越冬，第二年继续休眠，到 9～10 月化蛹，并以蛹越冬，幼虫期长达 13 个月，蛹期达 7 个月。在黄河故道地区一年发生 1 代，以幼虫越冬，翌年 3 月中下旬化蛹，4 月上旬梨树开花时出现成虫，成虫在晴天 10 时至 14 时最为活跃，飞翔交尾，成虫产卵时先将嫩梢用产卵器锯断，仅留一侧表皮相连，然后将锯口下 3～4 片叶的叶柄再锯断，完成后将产卵器插入嫩梢锯口下约 2mm 处产卵，每梢产 1 粒卵，在产卵处留有针刺状产卵孔。

## （四）防治方法

**1. 物理防治** 在梨树开花前，在果园悬挂黄色粘板，一般每 667m² 悬挂 10 块 20cm×24cm 黄色粘板，挂在树冠中上部背阴面空旷处，在梨树坐果后去除，防止误杀天敌。

**2. 人工防治** 春季成虫产卵结束后，剪除产卵枝梢，一般从断口处以下 2cm 处剪除即可。结合冬剪，在成虫羽化前彻底剪除被害枝梢，集中烧毁。利用成虫喜停息在树冠下部和叶背的习性，于早晚和阴天捕杀成虫。

**3. 药剂防治** 成虫发生盛期喷洒 40%毒死蜱乳油 1 500 倍液、50%敌敌畏 1 000 倍液等，连喷两次效果更好，注意药剂浓度不能过高，防止发生药害（郭铁群和周娜丽，2002）。

# 二、梨眼天牛

梨眼天牛（*Bacchisa fortunei* Thomson）属鞘翅目，天牛科。又名梨绿天牛、琉璃天牛。

## （一）分布与为害

在河南、河北、陕西、山东、四川等地均有分布。可为害梨、苹果、桃、杏、山楂等。梨眼天牛幼虫蛀食二至五年生枝干，被害处树皮破裂，蛀孔处排出烟丝状虫粪，贴在被害枝树皮上，被害枝条生长势弱，为害严重的枝条枯死，对树势和产量有显著影响。

## （二）形态特征

成虫　体长 8~11mm，略呈圆筒形，体橙黄色，全体密被短毛，鞘翅金蓝色略带紫色光泽，头部密布粗细不等的点刻，复眼上下叶完全分开成两对。触角丝状，雌虫触角短于体长，雄虫触角与体基本等长。前胸背板宽大于长，前后缘各有一浅黄色沟，两沟之间向两侧拱出呈大瘤突，其两侧也各有一小瘤突，后胸腹板两侧各有一紫色大斑。雌虫末腹节较长，中央有一纵纹。

卵　长约 2mm，初产乳白色，后变至黄白色。

幼虫　老熟幼虫体长 18~21mm，乳白至黄白色，无足。体略扁，前端大，向后渐细，前胸上有黄褐色斑纹，两侧各有一凹纹。

蛹　长 8~11mm，初为白色，渐变为黄色。

## （三）发生规律

梨眼天牛两年发生 1 代，以幼虫在被害枝条内越冬，翌年树液开始流动时，以小幼虫越冬的继续为害，而以老熟幼虫越冬的开始化蛹，一般 4 月下旬至 5 月中旬为化蛹高峰期，蛹期 20d 左右。成虫羽化后先在枝内停留 3~8d，然后出枝。成虫始见于 5 月上旬，盛期为 5 月中、下旬，可持续到 6 月中旬，成虫取食叶柄、主脉、侧脉及嫩枝的表皮，补充营养。多选直径 15~25mm 的二、三年生枝条产卵，产卵前先将皮层咬成伤痕，在伤痕中间皮下产 1 粒卵。每雌可产 10~30 粒卵。卵多产在外围枝条背光面，卵期 10~15d。初孵幼虫取食韧皮部 1 个月左右，进入二龄后开始蛀入木质部向上为害，由蛀孔向外排出烟丝状粪便。10 月下旬停止取食，用粪屑堵塞排粪孔后越冬。

## （四）防治方法

**1. 人工捕杀幼虫**　在梨树春季开始生长时，幼虫取食强烈，多在夜间至日出前出洞啃食韧皮部。应于每天日出前后，在有新木屑处捕杀幼虫。

**2. 防治虫卵**　于 5 月中旬至 6 月中旬，在枝条产卵伤痕处，用毛笔涂抹 80％敌敌畏乳油 10~20 倍液，效果很好。

**3. 兼治成虫**　5 月中、下旬结合防治其他害虫，喷洒 50％杀螟硫磷 1 500 倍液，或 10％氯氰菊酯乳油 2 000 倍液，或 20％氰戊菊酯乳油 2 500 倍液，兼治梨眼天牛成虫。

# 三、金缘吉丁虫

金缘吉丁虫（*Lampra limbata* Gebler）属于鞘翅目，吉丁虫科。又叫翡翠吉丁虫，俗称串皮虫。

## （一）分布与为害

分布于全国各梨产区，在长江流域、黄河故道和山西、陕西、甘肃等地发生较重。主要为害梨，也可为害苹果、杏、沙果等果树。幼虫在梨树枝干皮层纵横串食，后蛀入木质部，破坏输导组织，造成树势衰弱，严重时导致枝干枯死，甚至全树死亡。

## （二）形态特征

成虫 体长 13～18mm，体宽 5～6mm，全体金绿略带蓝色，有金属光泽，头顶中央有黑蓝色纵斑。触角锯齿状，11 节，复眼肾形，褐色。前胸背板与翅鞘两侧上有金黄、微红色纵纹，形似金边。前胸背板上有 5 条蓝黑色纵纹，中间一条明显，鞘翅上有几条蓝黑色断续的纵纹。

卵 椭圆形，长约 2mm，初产时乳白色，以后逐渐变为黄褐色。

幼虫 老熟幼虫体长 30～36mm，扁平，乳白色。前胸显著宽大，中部有 1 个"人"字形凹纹，腹部细长。

蛹 为裸蛹，初为乳白色，后变深褐色。

## （三）发生规律

在南方地区一年发生 1 代，在北方地区两年完成 1 代，均以幼虫在被害皮层或木质部内越冬。北方果区，翌年春天越冬幼虫继续为害。3 月下旬开始化蛹，4 月下旬开始羽化，5 月中旬为羽化盛期。成虫从枝干出来后，食害树叶，有假死性。5 月中、下旬为产卵盛期，卵多产在主干、主枝的皮缝和伤口处，每处产 2～3 粒，1 雌虫可产卵 20～40 粒，6 月初为孵化盛期。幼虫孵化后蛀入皮层为害。三龄后蛀入形成层，并出现弯曲的隧道，虫粪不外排，充塞于隧道内。待围绕枝干一周后，即造成整株枯死。9 月以后长大的幼虫逐渐蛀入木质部，在隧道内越冬。弱树受害重，树势健壮受害轻。

## （四）防治方法

**1. 人工防治** 加强栽培管理，增强树势。冬季刮除在树皮浅层为害的幼虫。利用成虫的假死习性，在成虫发生期于早晨振树捕杀成虫。在幼虫发生期，幼树被害处凹陷、变黑，容易识别，用刀将皮层下的幼虫挖除。

**2. 药剂防治** 在成虫发生期，用高浓度药剂在成虫容易产卵的主干、大枝分权部位喷洒，触杀羽化产卵的成虫，可用药剂如 20％氰戊菊酯乳油、2.5％溴氰菊酯乳油、2.5％高效氯氟氰菊酯乳油1 000倍液，混加 95％机油乳剂 100 倍液，增加持效期。在 7～8 月幼虫刚蛀入树干时，结合剜除幼虫，涂药封闭树干虫斑。

# 四、梨瘿华蛾

梨瘿华蛾（*Simitinea pyrigolla* Yang）属鳞翅目，华蛾科。又名梨瘤蛾。

## （一）分布与为害

分布东北、西北、华北，以及南方各梨区，一般在管理粗放的梨园发生较重。梨瘿华蛾食性专化，只为害梨树。以幼虫蛀入当年生梢内为害，被害枝逐渐形成瘤状虫瘿。虫口密度大时，一个枝条上有几个虫瘿连成一串，形似糖葫芦，影响新梢发育和树冠形成。在虫瘿形成之前，被害处有一枯黄的叶片，易识别。

## （二）形态特征

成虫　体长 5～8mm，翅展 12～17mm，全身灰褐色。前翅自近基部伸出 2 条黑色条纹，至中部汇合，并折向顶角，在翅面形成一个狭三角形灰白色大斑，中室端部及臀角处各有 1 块竖鳞组成的黑斑；前后翅缘毛很长，灰色。

卵　圆柱形，长约 0.5mm，初产橙黄色，孵前棕黑色，表面有纵脊纹。幼虫共 5 龄，老熟幼虫体长 7～8mm，头及前胸背板黑色，头小，胸腹部肥大，乳白色，全身有黄白色细毛。

蛹　长 5～6mm，褐色，触角和翅芽伸达腹部末端，腹末有两个向前弯曲的钩状刺突。

## （三）发生规律

一年发生 1 代，以蛹在被害瘤内越冬。梨芽萌动时成虫开始羽化，花芽开绽前为羽化盛期。成虫将卵散产于花芽、叶芽缝隙、小枝的粗皮等处。每雌产卵 80～90 粒，卵期约 18d，在河北，4 月上旬梨新梢长出后卵开始孵化，初孵幼虫活泼，寻找新抽出的幼嫩枝梢蛀入为害，先蛀入皮层后蛀入木质部。5 月下旬，被害部逐渐膨大形成瘤瘿，每瘤内有幼虫 1～4 头，幼虫在瘤内为害至 9 月中下旬老熟后，向外咬一羽化孔，在瘤内化蛹越冬。梨瘿华蛾卵的孵化与梨树新梢生长物候期关系非常密切，梨新梢抽生期正是幼虫蛀入为害期，故对新梢的生长影响较大。

梨瘿华蛾的寄生性天敌主要是广齿腿姬蜂，活体寄生，寄生率高。

## （四）防治方法

**1. 人工防治**　结合梨树冬剪，彻底剪除并烧毁虫瘿是防治该虫的有效方法。主要剪除一年生枝条上的虫瘿，连续几年，可控制其为害。也可将剪下的虫瘿收集起来放在铁笼内，使寄生蜂羽化后飞出再寄生，而梨瘿华蛾留在笼内。

**2. 药剂防治**　防治关键时期应掌握在成虫发生盛期和幼虫孵化盛期，可选用 50%敌敌畏1000倍液等进行树上防治。

# 五、梨潜皮蛾

梨潜皮蛾（*Acrocercops astaurota* Meyrick）属鳞翅目，细蛾科。又名梨潜皮细蛾、串皮虫。

### （一）分布与为害

分布于辽宁、河北、河南、山东、安徽、陕西等地，主要为害苹果、梨、海棠等。幼虫在果树枝条的表皮下蛀食，表皮显出黄褐色不规则的虫道，使受害枝条大量爆皮，不仅影响树体生长，并为其他病虫提供潜藏的场所。

### （二）形态特征

成虫　体长 3～5mm，翅展 8～11mm。头部白色，复眼红褐色。胸部背面白色，布有褐色鳞片。腹部背面灰黄色，腹面白色。前翅狭长白色，上有 7 条黄褐色横带；后翅狭长灰褐色；前后翅均有极长的缘毛。

卵　椭圆形，长径 0.8mm，半透明，初产乳白，后变黄白色。背面稍隆起具网状花纹，腹面扁平。

幼虫　老熟幼虫体长约 8mm，黄白色，体节节痕很深。蛹长约 5mm，淡黄褐色，外被黄褐色薄茧。

### （三）发生规律

发生代数因地区而异，辽宁、河北一年 1 代，河南、陕西一年 2 代，以三至四龄幼虫在枝条皮下虫道内越冬。果树发芽时幼虫在枝、干的表皮下不规则地上下串食，后形成表皮剥离。5 月中旬老熟幼虫开始在剥离的表皮下作茧化蛹，5 月底至 6 月初为化蛹盛期，6 月中、下旬是越冬代成虫羽化、产卵盛期。成虫夜间羽化、交尾、产卵，寿命 5～7d，喜在表皮光滑少毛柔嫩的一至三年生枝条上产卵，每雌平均产卵 11 粒。幼虫孵化后直接由卵壳下蛀入，卵壳可长久黏附在表皮上。8 月中旬至 9 月初发生第一代成虫，8 月下旬第二代幼虫开始继续为害。11 月上旬幼虫停止取食进入越冬。

### （四）防治方法

**1. 保护天敌**　由于梨潜皮蛾的幼虫和蛹都有寄生率较高的寄生蜂，只要注意保护利用天敌，充分发挥天敌的抑制作用，梨潜皮蛾一般不会造成多大危害，不用专门喷药防治。

**2. 化学防治**　在为害特别严重的果园，田间防治应抓住越冬代成虫发生初盛期（6 月中旬），喷布 25%灭幼脲 3 号悬浮剂 1 500 倍液、1.8%阿维菌素乳油 4 000 倍液，同时兼治金纹细蛾等其他害虫。

# 第八节　其他害虫

梨实蜂、梨瘿蚊、金龟子类、梨尺蠖、大青叶蝉等发生不普遍，但在局部地区为害严重，如梨实蜂在不注意防治的果园，可能会造成绝产，梨瘿蚊在不少果园为害上升，金龟子类在一些果园为害也很严重，大青叶蝉在间作蔬菜的新栽植果园会为害很严重。

# 一、梨实蜂

梨实蜂（*Hoplocampa pyricola* Rohwer）属膜翅目，叶蜂科。又名梨实叶蜂，俗名花钻子。

## （一）分布与为害

国内分布较广，在辽宁、河北、河南、山东、山西、湖北、四川、浙江均有发生。该虫只为害梨，是梨树开花、坐果时的主要害虫，在忽视防治的果园可造成严重为害。成虫产卵于花萼上，被害花萼出现一稍鼓起的小黑点，似蝇粪，剖开黑点，可见长椭圆形白色的卵；幼虫串食花的萼片，以后转迁蛀食 2～4 个小果，小果受害，果面有一黑色较大的虫孔，最后全果变黑，早期脱落。

## （二）形态特征

成虫　体长 4～4.5mm，黑色有光泽；触角丝状，第一、第二节黑色，其余各节雌虫为褐色，雄虫为黄色；足细长，腿节以上黑色，其余为黄色；翅淡黄色，半透明；雌虫腹面后端中央呈沟状，雄虫腹面后端则为腹板所盖。

卵　长椭圆形，0.8～1mm，初产时乳白色，后变淡黄色。

幼虫　老熟幼虫体长约 8～9mm，淡黄白色，胸足 3 对，腹足 7 对，尾端背面有一黄褐色斑纹。

蛹　裸蛹，长约 4.5mm，全体白色，复眼黑色，藏于黑褐色茧内。

## （三）发生规律

梨实蜂在全国各梨区每年均发生 1 代，以老熟幼虫在树冠下 3～10cm 土中结茧越冬。北方果区，翌年 3 月化蛹，蛹期 7d 左右，到 3 月下旬、4 月上旬梨树花序分离期成虫开始羽化，成虫羽化期比较整齐。成虫羽化后，群集杏花、李花吸食花蜜，但不产卵，待梨花开放时再转移到梨花上产卵、为害。成虫羽化出土日期与杏、梨开花物候期相一致，可用于指导药剂防治。5 月上、中旬为幼虫为害期，为害时间 2 周左右，5 月下旬幼虫老熟，由原蛀孔脱出，入土越冬。越冬期长达 11 个月之久。

成虫有锯状产卵器，产卵于花托组织中，产卵处形成蝇粪状小黑点，内有 1 粒卵。一头雌虫可产卵 30～70 粒，卵期 7～10d。幼虫孵化后，先在花托基部串食，被害萼筒颜色变黑，易识别。稍大即蛀入幼果为害，有转果为害习性，一头幼虫可为害幼果 2～4 个，被害果易脱落。幼虫为害期约 15d。成虫有假死性。

## （四）防治方法

**1. 药剂防治**　①地面施药防治出土成虫。成虫羽化前地面撒 25％辛硫磷微胶囊剂 300 倍液，撒后浅锄，触杀出土成虫。②利用成虫发生期集中的特点，在梨开花前，成虫羽化盛期，树上喷药防治；在花后卵及初龄幼虫期，树上施药防治初孵幼虫。常用药剂有 50％辛硫磷 1 000 倍液等。

**2. 人工防治**　梨花谢败时，在卵及初龄幼虫期，人工摘除花萼及被害幼果，可减少幼虫转移为害的机会；利用成虫的假死性，在成虫发生期早晚振落捕杀。

## 二、梨 瘿 蚊

梨瘿蚊（*Dasinenra pyri* Bouche）属双翅目，瘿蚊科。又名梨卷叶瘿蚊、梨蚜蛆。

### （一）分布与为害

分布于河南、湖北、安徽、浙江、福建、四川、贵州等地。主要为害梨树嫩梢嫩叶，在被害卷叶内均能剥出瘿蚊幼虫（蛆）。被害叶卷曲呈筒状，叶面凹凸不平，叶片变褐、干枯、脱落，留下秃枝，严重影响树体的生长发育和产量。春梢、夏梢、秋梢均可被害，以夏梢被害最重。

### （二）形态特征

**成虫**　雌成虫体长 1.8～2.2mm，翅展 3.2～4.3mm，体暗红色，触角丝状，15 节。前翅具蓝紫色闪光，翅面生微毛，足细长，腹末有管状的产卵器。雄虫略小，触角念珠状。

**卵**　长椭圆形，初产时淡橘黄色，孵化前为橘红色。

**幼虫**　老熟幼虫体长 1.8～2.4mm，幼虫共 4 龄，长纺锤形，无足。幼龄幼虫无色透明，老熟后为橘红色，有 13 个体节，前胸腹面具 Y 形黄色剑骨片。

**蛹**　橘红色，长约 1.6～2.0mm，外有白色胶质茧。

### （三）发生规律

梨瘿蚊在安徽一年发生 2～3 代，在武汉、浙江一年发生 3～4 代，以老熟幼虫（蛆）在树冠下 2～3cm 土壤中越冬，少数在树干翘皮裂缝中越冬。在武汉，越冬代成虫盛发期为 4 月上旬，成虫羽化后即交尾、产卵，卵产在尚未展开的叶缝隙中，少数产在芽叶表面。幼虫孵化后，钻入叶芽内，每片叶内有幼虫数头至十余头，2～3d 后被害芽叶开始出现黄色斑点，叶片变褐、凹凸不平，叶片正面自两边边缘纵卷呈双筒状。各代成虫的发生期为：第一代 5 月上旬，第二代 6 月上旬，第三代 9 月上旬。第一、第二代发生期正值梨新梢抽发盛期，为害较大，第三、第四代发生少，为害轻。大部分第三代幼虫老熟后，入土越冬。

梨瘿蚊的发生和为害与降雨和土壤湿度关系密切。幼虫老熟后，必须遇降雨、高湿天气才能爬出卷叶，有些爬枝干皮缝中化蛹，有些弹落地面，入土结茧化蛹。如果没有降雨，幼虫不脱叶，也不能结茧化蛹，降雨是影响该虫发生数量和为害程度的重要因素。

黄金梨、丰水等日本、韩国梨受害最重，中国梨和西洋梨受害较轻；4、5 月降雨多，则为害重。

### （四）防治方法

**1. 树下防治**　在越冬代成虫出土前 1 周左右（即 3 月底至 4 月初）和第一、第二代老熟幼虫脱叶高峰期（5 月中下旬至 6 月上中旬），特别是降雨后将有大量幼虫脱叶入土，在树盘地面喷洒40％毒死蜱乳油或50％辛硫磷乳油300倍液，每667m² 用50％辛硫磷乳油500ml，喷药后用耙将药混入表土中。

**2. 树冠防治**　在越冬成虫（4月上中旬）和第一、第二代（5～6月）成虫产卵盛期，进行树冠喷药，如40％毒死蜱乳油1 000～1 500倍液、1.8％阿维菌素乳油5 000倍液、50％敌敌畏乳油1 200倍液等。

## 三、铜绿金龟子

铜绿金龟子（*Anomala corpulenta* Motschulsky）属鞘翅目，丽金龟科。又名铜绿丽金龟。

### （一）分布与为害

分布于吉林、辽宁、河北、河南、山东、山西、陕西、湖南、湖北、江西、安徽、江苏、浙江等地，以黄河故道果区受害较重。寄主有苹果、梨、核桃、葡萄、桃、李、杏、梅、樱桃、柿、山楂、海棠、草莓、醋栗、枫杨、杨、柳、榆、栎等多种植物，成虫常聚集在叶片上取食为害，导致叶片残缺不全，甚至仅留叶柄，以幼树受害严重。幼虫为害植物的根部。

### （二）形态特征

**成虫**　体长约19mm，宽9～10mm。椭圆形，身体背面为铜绿色，有金属光泽，额及前胸背板两侧边缘黄色。复眼红黑色，触角鳃叶状，浅黄褐色，鞘翅铜绿色，上有不明显的3条隆起线。虫体的腹面及足均为黄褐色。足的胫节和跗节红褐色。

**卵**　椭圆形，长约2mm。初为乳白色，后渐变淡黄色，表面光滑。

**幼虫**　老熟幼虫体长约40mm，头黄褐色，胸、腹部乳白色。腹部末节腹面除钩状毛外，尚有排成2纵列的刺状毛14～15对。

**蛹**　为裸蛹，初期白色，后逐渐变为淡褐色。

### （三）发生规律

一年发生1代，以三龄幼虫在土壤内越冬。翌年春，土壤解冻后，越冬幼虫在土中开始向上移动，5月中旬前后为害一段时间，取食农作物及杂草的根部，然后幼虫老熟，作土室化蛹，在黄河故道5月底成虫开始出土为害，6～7月上旬为成虫出土为害盛期，7月中旬后逐渐减少，8月下旬终止。成虫具有较强的假死性和趋光性，多在18～19时飞出，交尾产卵，20时以后进行为害，凌晨3～4时又重新到土中潜伏。成虫喜栖息在疏松、潮湿的土壤里，潜入深度7cm左右。成虫于6月中旬开始产卵。卵多散产于树下的土壤内或大豆、花生地里，卵期约10d。7月上旬出现第一代幼虫（蛴螬），取食寄主植物的根部，到10月上、中旬幼虫开始向土壤深处转移。越冬。

### （四）防治方法

**1. 人工捕杀**　成虫发生期，利用其假死性，于清晨或傍晚敲树振虫，树下用塑料布接虫，集中消灭。

**2. 药剂防治** 成虫发生量大的年份，在树冠上均匀喷洒50%辛硫磷乳油1 000倍液，或40%毒死蜱乳油1 500倍液。

**3. 灯光诱杀** 利用成虫的趋光性，用频振式黑光灯诱杀成虫。

**4. 土壤处理** 用50%辛硫磷乳油300倍液喷洒树盘下，每667m² 喷施剂药500ml，或将制成的5%毒土撒在树盘下。

## 四、白星金龟子

白星金龟（*Potosia brevitarsis* Lewis）属鞘翅目，花金龟科。又叫白纹铜花金龟、白星花潜。

### （一）分布与为害

分布于辽宁、河北、山东、山西、河南、陕西、四川等地。成虫为害苹果、梨、桃、杏、李、葡萄、樱桃等果实。每当果实成熟时，常数头乃至几十头，群集于果实的伤口处，食害果肉，形成大窟窿，引起腐烂脱落，甚至将果实整个吃光，对梨树的产量和质量均有很大影响。

### （二）形态特征

成虫 体长17～24mm，宽9～14mm，椭圆形，背面扁平，黑紫铜色或青铜色，体表光亮，其上散布不规则白色斑十多个，并具小刻点列，头方形，前缘微凹，稍向上翘。触角短粗，暗赤褐色。前胸背板梯形，小盾片近长三角形。鞘翅宽大，近长方形。

卵 长1.7～2mm，椭圆形，乳白色。

幼虫 老熟幼虫体长24～39mm，体柔软肥胖多皱纹，弯曲呈C形，头部褐色，胴部乳白色，肛腹片上的刺毛列呈∩形2纵行排列，每行刺毛19～22根。

蛹 裸蛹，黄白色，长20～23mm，蛹外包被土室。

### （三）发生规律

一年发生1代，以幼虫潜伏土内越冬。成虫5月上、中旬开始出现，6～7月发生较多，前期在成熟的桃园为害，梨、苹果膨大后选择接近成熟的果实为害。成虫白天多在10时至16时活动，稍受惊扰即迅速飞起，有假死性，对糖醋或苹果、桃的酒醋味有较强的趋性。卵产于土中、堆肥、柴草垛、陈旧秸秆堆或鸡窝鸡粪中，卵单粒散产，产卵量20粒，有隔日产卵现象。幼虫孵化后在其内生活，多以腐败物为食。幼虫老熟后，即吐黏液混合土或沙粒结成土室，并在其中化蛹。羽化后仍在土室内经过7～10d，再用头顶和前足将土室冲破出土。

### （四）防治方法

**1. 人工捕杀** 在成虫为害期，果园内经常巡视，发现成虫群集为害果实时，用塑料袋连同受害果一同套下，消灭其中成虫。

**2. 诱杀成虫** 在成虫发生期，用糖醋液装入啤酒瓶，当诱集到 1 头成虫后，由于成虫聚集习性，可诱集大量成虫，或用腐烂果制成毒浆诱杀。

**3. 翻摊粪堆** 根据幼虫多集中于腐熟的粪堆内的特点，可在 5 月之前，成虫尚未羽化时，将粪堆用 40％毒死蜱或者 50％辛硫磷乳油 300 倍液泼浇，然后加以翻倒，再封堆 24h 可集中消灭幼虫。

## 五、梨 尺 蠖

梨尺蠖（*Apocheima cinerarius pyri* Yang）属鳞翅目，尺蛾科。又名梨步曲、弓腰虫等。

### （一）分布与为害

分布于河北、河南、山东、山西等地。主要为害梨、杜梨、苹果、山楂、海棠、杏等果树，也可为害杨、榆等林木。早春以幼虫食害梨花、嫩叶成缺刻或孔洞，严重时叶片吃光，不及时防治可以造成很大损失。

### （二）形态特征

**成虫** 存在雌雄二型现象。雄成虫具翅，体长 9～15mm，翅展 24～26mm，体灰至灰褐色；喙退化，头、胸部密被绒毛，腹部除绒毛外并具刺和齿，齿黑色，生于 1～8 节；刺黄褐色，生于 4～7 节上；前翅具 3 条黑色横线，后翅具 1～2 条但不明显；触角双栉状。雌虫翅退化呈微小瓣状，体长 7～12mm，体灰色至灰褐色，头、胸部密布粗鳞且无长柔毛，胸部宽短，腹部被鳞毛，触角丝状。

**卵** 长约 1mm，椭圆形。

**幼虫** 老熟幼虫体长 28～36mm，头部黑褐色，全身黑灰色或黑褐色，具线状黑灰色条纹，幼虫体色因虫龄及食物不同而变异。

**蛹** 长 12～15mm，红褐色。

### （三）发生规律

每年发生 1 代，以蛹在土中越冬，翌年早春 2 月下旬成虫开始羽化，从土中爬出后，在傍晚时分雌蛾顺树干爬行上树，雄蛾寻找雌蛾交尾，雌蛾寻找树干向阳面的粗皮缝产卵，也有少数将卵产在地表土缝中。如遇低温或大风，成虫在地表停留，待升温后上树。雌蛾白天潜伏在杂草间或枝干上。每雌产卵 300 余粒。卵期 10～15d，幼虫孵化后分散为害幼芽、幼果及叶片，幼虫期 36～43d，5 月上旬幼虫老熟下树入土化蛹后越冬。在河北老熟幼虫于 5 月上旬开始下树，多在树干四周入土 9～12cm，个别深达 21cm，先作土茧化蛹，以蛹越夏和越冬，蛹期 9 个多月，第二年早春 2、3 月越冬蛹羽化为成虫后沿幼虫入土穴道爬出土面。

### （四）防治方法

**1. 绑杀虫带防治** 在成虫羽化以前，及时在树干光滑处绑宽 6cm 的塑料膜，下缘内折，要保证塑料膜与树皮间没有缝隙。然后在塑膜带上的下缘涂抹药膏，每米长涂药 3g，能有效阻止雌成虫上树。也可防治在地面孵化上树的小幼虫。

**2. 树上喷药** 最省工的方法是用杀虫带防治，如错过防治时期，成虫已经上树产卵，在幼虫发生期掌握在三龄前药剂防治，可用药剂种类及浓度为：25％灭幼脲 3 号悬浮剂 1 500倍液、20％除虫脲悬浮剂2 000～3 000倍液、2.5％溴氰菊酯乳油2 000～3 000倍液、20％氰戊菊酯乳油2 000～2 500倍液、1.8％阿维菌素乳油2 000～3 000倍液、80％敌敌畏乳油1 000～1 500倍液、35％赛丹2 000～3 000倍液等。

# 六、大青叶蝉

大青叶蝉（*Tettigella viridis* Linnaeus）属同翅目，叶蝉科。又叫大绿浮尘子。

## （一）分布与为害

在全国各地均有发生。寄主范围很广，包括果树、蔬菜、林木和农作物，果树中包括梨、苹果、桃、樱桃、葡萄等。对果树的为害除了成虫、若虫刺吸叶片、嫩枝汁液外，更严重的是成虫用产卵器划破树皮把卵产在枝干表皮下，造成半月形伤口，为害严重时使枝条失水干枯。幼树和苗木受害后容易被风吹干，冬季容易受冻害，是造成幼树抽条的诱因之一。

## （二）形态特征

成虫 雌成虫体长 9～10mm，雄成虫 7～8mm，体绿色，头部黄色，头顶有两个黑点，前翅蓝绿色，端部灰白色，半透明，腹部两侧，腹面及胸足均为橙黄色。

卵 长圆形，中部稍弯曲，长约 1.6mm，初产乳白色，近孵化时黄白色，7～8 粒排列成 1 个月牙形卵块。

若虫 灰白色至黄绿色，三龄以后长出翅芽，胸、腹背面出现褐色纵列条纹，形似成虫。

## （三）发生规律

在黑龙江一年发生 2 代，在华北每年发生 3 代，在江西每年可发生 5～6 代，各地均以卵在果树或苗木的枝干表皮下越冬。翌年果树发芽后卵开始孵化，若虫迁移到附近的杂草和蔬菜上为害，以后转移到玉米、高粱等农作物上为害。晚秋后大部分转移到白菜、萝卜等菜田为害。10 月中、下旬成虫飞回果树上产卵越冬。每雌产卵 30～70 粒。若虫 5 龄，历期 1 个月左右。夏季卵期 9～15d，冬卵历期 5 个月左右。成虫具有很强的趋光性。

## （四）防治方法

**1. 合理间作** 注意不要在幼龄果园内间作白菜、萝卜等晚秋菜，以减少发生。

**2. 清除杂草** 清除果园杂草，减少果园越冬成虫栖息场所。

**3. 涂刷白涂剂** 幼龄树干涂刷白涂剂，防止成虫产卵，10 月上旬成虫飞来果园之前，阻止雌虫产卵。白涂剂配方是：生石灰 10kg、硫黄粉 0.5kg、食盐 0.2kg，再加少量的动物油，用水调成糊状。

**4. 药剂防治** 秋季虫量大的果园,特别对于一至三年生幼树,在发现成虫飞来产卵时喷布 10%吡虫啉可湿性粉剂 3 000 倍液,或 4.5%高效氯氰菊酯乳油 2 000 倍液、20%氰戊菊酯乳油 2 000 倍液。

# 七、橘小实蝇

橘小实蝇(*Dacus dorsalis* Hendel)属双翅目,实蝇科。又叫东方果实蝇。

## (一)分布与为害

据记载柑橘小实蝇可以为害柑橘类、桃、梨、李等多种水果,为害植物达 250 多种,为害果实导致腐烂,每个果实可有多头幼虫,造成果实提前脱落。橘小实蝇以为害南方水果为主,但近年来逐渐向北方扩散,对北方落叶果树造成威胁。该虫在一个果实中可有多条到几十条幼虫,枣、李子、苹果中幼虫数量较少,据观察橘小实蝇喜欢为害接近成熟的果实,但也可为害坚实的青果。

## (二)形态特征

**成虫** 体长 7～8mm,全体深黑色和黄色相间。胸部共有鬃 11 对,多为黄褐色,包括肩板鬃 2 对,背侧鬃 2 对,前翅鬃 1 对,后翅鬃 2 对,中侧板鬃 1 对,翅侧片鬃 1 对,小盾前鬃 1 对,小盾端鬃 1 对。胸部背面大部分黑色,但黄色的 u 形斑纹十分明显。腹部黄色,第一、第二节背面各有一条黑色横带,从第三节开始中央有一条黑色的纵带直抵腹端,构成明显的 t 形斑纹。雌虫产卵管发达,由 3 节组成。

**卵** 梭形,长约 1mm,宽约 0.1mm,乳白色,尾端较钝圆。

**幼虫** 蛆形,一龄幼虫体长 1.2～1.3mm,二龄 2.5～5.8mm,三龄 7～11mm。

## (三)发生规律

南方每年发生 7～8 代,偏北地区 3～6 代,由于食料丰富及气温偏暖,一年的代数在不同地域有不同,冬季低温对橘小实蝇的分布有明显的限制作用。主要以蛹越冬,在南方无明显越冬期,只在气温下降时成虫较少,气温上升时成虫数量较多。第一代成虫普遍发生期,南方为 4 月中旬,偏北地区在 5 月中旬。其发生盛期,南方为 5 月中、下旬,偏北地区在 7 月上旬。在南方田间盛发以 5 月上旬至 11 月中旬,以后气温下降而减少。成虫以上午前羽化,以 8 时前后最盛。成虫羽化后经一段时间性成熟后方能交尾产卵,产卵时以产卵器刺破果皮,把卵产于果皮下 1cm 果肉中,一年产卵 200～400 粒。卵期夏季 1d左右,春秋 2d,冬季 3～6d;幼虫期夏季 7～9d,春秋季 10～12d,冬季 13～20d。卵孵化后幼虫钻入果肉内为害。致使果实腐烂脱落。幼虫蜕皮 2 次,老熟幼虫穿孔而出脱果入土化蛹,以 2～3cm 的土中为多。

## (四)防治方法

**1. 加强检疫** 在销售季节,加强产地检疫,在北方注意当地果品批发市场检疫,发现疫情应立即组织销毁。在梨产区应注意不要堆放腐烂果品,特别是柑橘,要挖 1m 以上深坑掩埋，杜绝传染源。

**2. 摘除果实** 将发生实蝇的果园，果实要全部摘除，彻底清理果园腐烂果。用开水煮 15min 以上，然后深埋，不能遗漏，散落。

**3. 地面处理** 在幼虫脱果期，或者成虫羽化出土期，在梨园地面全面喷洒 40% 毒死蜱乳油或 50% 辛硫磷乳油 400 倍液，杀灭脱果幼虫或出土成虫，间隔 20d 1 次，每代 2 次。

**4. 诱杀成虫** 树上可以喷洒 90% 敌百虫晶体 1 000 倍液，并加入 3% 红糖、0.1% 白酒，喷洒时可以条带喷洒，即隔 5 行喷 5 行，间隔 7d 喷洒 1 次，高峰期连续喷洒 3 次，诱杀成虫。也可用糖∶酒∶醋∶水＝10∶3∶5∶50 配成诱杀液，装入盆中挂在树上，一般每 30 株挂 4 个即可，半月换一次诱杀液，也可采用性诱剂甲基丁香酚诱杀雄虫防治。

**5. 冬季深耕杀灭虫蛹**

**6. 采用全套袋防虫**

# 参 考 文 献

北京农业大学 . 1992. 果树昆虫学 [M] . 北京：农业出版社 .

成卓敏 . 2008. 新编植物医生手册 [M] . 北京：化学工业出版社 .

郭铁群，周娜丽 . 2002. 我国 3 种梨茎蜂的生物学特性及形态比较 [J] . 植物保护，28 (2)：31-32.

刘兵，王洪平，赵文珊 . 1994. 桃白小卷蛾和梨食芽蛾辨正 [J] . 昆虫知识，31 (6)：347-350.

吕佩珂，庞震，刘文珍，等 . 1993. 中国果树病虫原色图谱 [M] . 北京：华夏出版社 .

毛启才，邓大林，廖素均 . 1986. 梨大蚜的生物学初步观察 [J] . 农业科学导报，1 (1)：13-16.

王源民，赵魁杰，徐筠，等 . 1999. 中国落叶果树害虫 [M] . 北京：知识出版社 .

中国农业百科全书昆虫卷编辑委员会 . 1990. 中国农业百科全书·昆虫卷 [M] . 北京：农业出版社 .

中国农业科学院果树研究所 . 1994. 中国果树病虫志 [M] . 北京：农业出版社 .

中国农业科学院郑州果树研究所 . 1977. 果树病虫害防治 [M] . 郑州：河南人民出版社 .

Knight A L，Light D M. 2005. Dose-response of codling moth (Lepidoptera：Tortricidae) to ethyl (E, Z) -2，4-decadienoate in apple orchards treated with sex pheromone dispensers [J] . Environmental Entomology，34 (3)：604-609.

Kovanci O B，Schal C，Walgenbach J F. 2005. Comparison of mating disruption with pesticides for management of oriental fruit moth (Lepidoptera：Tortricidae) in North Carolina apple orchards [J] . Journal of Economic Entomology，98 (4)：1248-1258.

# 第十五章　梨设施栽培

## 第一节　梨设施栽培概况

果树设施栽培是指利用温室、塑料大棚或其他设施，改变或控制果树生长发育的环境因子（包括光照、温度、水分、二氧化碳等），达到特定果树生产目标（促早、延后、防病、改善品质等）的特殊栽培技术。果树促成栽培作为果树设施栽培的主要形式，是相对于露地栽培而言的，作为果树栽培的一种特殊形式，得益于玻璃工业与塑料工业的发展，尤其是 1952 年低压聚乙烯合成实现工业化后，设施农业得到了快速发展。果树保护地栽培作为设施农业的主要内容，同样也发展迅猛，已成为果树栽培学的一个重要分支。

### 一、设施栽培历史与现状

#### （一）设施栽培的历史

目前无法考证人类何时开始设施栽培植物，刘恩璞和白金友（1996）在《保护地果树栽培》一书中引用《古文奇字》记载的"秦始皇密令种瓜于骊山"，而且"瓜冬有实"，得出远在两千多年以前，秦始皇就提倡利用人工暖室，在严寒的冬季进行瓜类的生产，是世界历史上最早的温室。这种温室非常原始，多在住房基础上稍加改装，因当时尚未发明玻璃、纸张，更无塑料，所以只能将暖室向南，利用泉水增温，再加覆盖保温。虽然当时暖室较低，面积较小，却是农业生产上的一大创举，从此奠定了园艺作物保护地生产的基础。到了汉朝，纸的发明促进了温室进一步发展。17 世纪末以后，随着国外玻璃温室的兴起，并逐渐传到我国，以玻璃温室取代了纸窗温室进行设施园艺生产（刘恩璞和白金友，1996）。到了 19 世纪末 20 世纪初，在比利时、荷兰等国家利用玻璃温室栽培葡萄已有充分的发展。1940 年，荷兰大约有 5 000 个葡萄温室，占地面积 860hm$^2$；比利时大约有 3 500 个葡萄温室，占地面积 525hm$^2$。到 1960 年，比利时大约有 33 000 个温室，专门生产优质鲜食葡萄、早熟草莓和桃。西欧的果树保护地栽培发展到 19 世纪时，不仅有葡萄的保护地栽培，而且还发展了草莓、桃、柑橘、石榴、无花果、凤梨等保护地果树栽培（王晨等，2009）。在亚洲，以日本保护地果树生产最发达，其保护地葡萄栽培开始更早，面积最大。日本于 1882 年就开始了保护地果树的研究，到第二次世界大战前，保护地果树栽培面积已达 31hm$^2$。1931 年德国法本公司在比特费尔德用乳液法生产聚氯乙烯，1941 年，美国又开发了悬浮法生产聚氯乙烯技术，塑料的发明与塑料工业的发展为塑料温室的发展提供了保障。塑料在农业上的应用始于 1943 年，日本在北海道用聚乙烯薄膜进行水稻试验并获得成功，以后逐渐在设施果树上应用。20 世纪 50 年代，随着塑料工业兴起，塑料工业及塑料棚室园艺生产技术传入我国，为我国塑料棚室园艺生产奠定了基础。1958 年山西农学院开始利用塑料薄膜覆盖西葫芦、黄瓜、豆角等蔬菜生产收到良好效果。1978

年黑龙江省齐齐哈尔园艺研究所开始了塑料薄膜日光温室葡萄栽培试验，获得成功后又在塑料大棚内试验成功，是我国现代果树保护地栽培的开始。有学者将我国果树设施栽培发展历程分为三个阶段：①起步阶段（20 世纪 50 年代初期至 80 年代初期）。20 世纪 50 年代初期，辽宁、北京、天津、黑龙江等地先开始进行果树设施栽培的生产与理论研究，标志性事件是利用日光温室进行葡萄栽培试验并获得成功，同时又在塑料大棚内试栽成功。②快速发展、逐步完善阶段（20 世纪 80 年代中期至 21 世纪初）。20 世纪 80 年代中期开始迅速发展，出现大规模连片生产，栽培技术不断改进，栽培体系逐步完善，90 年代中期进入果树设施栽培的黄金发展时期。③稳步发展阶段（21 世纪初至今）。果树设施栽培技术体系已经较为完善，进入稳步发展阶段，主要特点是草莓、葡萄和桃等树种基本达到或超过露地栽培技术水平（王海波等，2009；张英杰等，2010）。

梨保护地栽培源于何时，没有准确的资料。据 1997 年的《果实日本》资料，日本梨设施栽培始于 20 世纪 70 年代，并在北自茨城县南至宫崎县的 20 多个都县得到了普及。但广田隆一郎（1983，1988）认为日本梨的薄膜温室栽培始于 1962 年，1963 年日本已有梨设施栽培的研究报告。日本实用性的梨保护地栽培始于 1975 年，据日本农林水产省果树试验场 1981 年的调查，截至 1981 年，日本果树设施栽培面积已发展到 4 061.4hm²，其中梨 32.9hm²，占总面积的 0.8%；到 1989 年，梨设施栽培面积（含避雨，下同）255.7hm²，产量 6 114.9t；1993 年为 453.8hm²，产量 12 266.8t；1995 年为 594.6hm²，产量 15 763.3t。梨设施栽培主要有加温温室和不加温温室两种类型，所采用的品种主要有幸水，占设施栽培总面积的 70% 左右。此外，还有新水、丰水、二十世纪、长寿等（Kamota，1988）。我国梨保护地栽培起步很晚，2000 年浙江省温岭市开展了以提早成熟期、避开台风期为主要目的的梨塑料大棚栽培，并且取得了成功，主要的栽培品种为翠冠。2007 年，辽宁农业职业技术学院引进早熟砂梨品种，在辽宁营口进行日光温室栽培试验，日光温室栽培翠冠的果实成熟期提前到 5 月初，栽培获得成功。

## （二）设施栽培的现状

玻璃工业和塑料工业的快速发展，促进了设施果树生产的大发展。20 世纪 80 年代起设施果树在日本、澳大利亚、新西兰等国家受到重视，其中以日本发展最快，自动化控制与栽培技术最先进。其果树设施栽培的面积达 13 000hm²，占果树生产总面积的 6%。用于设施果树栽培的种类，已由初期的草莓、葡萄为主（鸭田福也和施泽彬，1992），发展为梨、桃、樱桃、李、杏、枇杷、香蕉、柑橘、无花果等 35 个树种，其中常绿果树 23 种，落叶果树 12 种。我国果树设施栽培开始于 20 世纪 50 年代，发展于 80 年代。据不完全统计，全国设施果树栽培面积达 10 万 hm²，占全国果树总面积的 0.19%，主要分布在山东、辽宁、河北、北京、河南、吉林、黑龙江、江苏、浙江等地。其中山东省果树设施栽培涉及的树种、品种较多，技术起点较高，已成为全国果树设施栽培的中心。我国目前果树设施栽培取得成功的植物种类有草莓、葡萄、桃、杏、樱桃、李、柑橘、梨、火龙果等，其中以草莓面积最大，占设施栽培总面积 85% 左右，葡萄、桃次之，其他树种如无花果、猕猴桃、石榴、杨梅等也有少量栽培。国内果树设施栽培呈现出如下特点：果树设施栽培相对集中，形成规模发展；设施栽培技术日趋成熟；设施栽培植物种类与设施栽培模式多样化。果树设施栽培同露地相比其经济效益十分突出。如设施栽培草莓，经济效益可比露地高 7.5～16.7 倍，葡萄高 1～5 倍，桃高 2～3 倍，温州柑橘高 5～10 倍。

依据果树设施栽培的不同目的，目前果树设施栽培模式主要有促成栽培、延迟栽培、避雨栽培、简易保护栽培 4 种。延迟栽培在柑橘、葡萄等果树上应用较多，在梨设施栽培中主要有促成栽培和避雨栽培。梨的促成栽培是以提早成熟、提前上市为主要目的的栽培模式，是梨设施栽培的主流，浙江温岭地区大棚设施栽培翠冠果实成熟可比露地提早近 1 个月，其他早中熟品种，如秋荣、幸水、雪青、圆黄等成熟期也明显提前。辽宁农业职业技术学院引进早熟砂梨翠冠、初夏绿、翠玉等品种，在辽宁营口采用日光温室栽培，果实成熟期提前到 5 月初，取得了良好的促成效果。促成栽培模式，一般是在梨树满足了需冷量之后再采用大棚、温室等设施进行升温，促其早开花、早结果。浙江省农业科学院园艺研究所试验表明，在杭州地区 1～2 月覆膜的情况下，一般提早覆膜 1 周，花期也可相应提早 1～2d。梨的避雨栽培，是将聚乙烯薄膜等材料覆盖在大棚顶部，起到避雨、防病作用。在南方雨水多的地区，可以显著减少翠冠、初夏绿、翠玉等易裂果品种的裂果率，也可改善易产生果锈品种的外观。

## 二、设施栽培利与弊

### （一）梨设施栽培的优点

**1. 果实成熟期提前，调整果品供应期** 露地生产情况下，福建、四川等南方梨产区早熟梨果实成熟期在 6 月底至 7 月初，浙江早熟梨果实成熟期在 7 月中下旬，北方的河北、辽宁等产区早熟梨果实成熟期在 8 月初，由于栽培面积大，品种比较单一，果实成熟期集中，鲜果供销矛盾日益突出。梨保护地栽培，无论是加温栽培还是无加温栽培，其主要目的是使果实成熟期提前，通过提早上市，实现高价销售。一般情况下，浙江地区梨通过无加温保护地栽培，果实成熟期可以较露地提早半个月左右成熟，鲜果上市时间可显著提前，缓解集中上市的矛盾。浙江省温岭市种植的大棚翠冠，可在 6 月下旬成熟采摘，而当地露地栽培的翠冠要在 7 月中下旬采摘。浙江省农业科学院园艺研究所在杭州的试验表明，大棚栽培的特早熟梨品种翠玉，杭州地区 6 月底成熟，而在露地栽培条件下 7 月 15 日左右才开始采摘。同样条件下，翠冠成熟期提早 20d 左右。

**2. 可延长同一品种的销售期，梨生长发育的生态条件可人工调控** 梨果实成熟时的采摘期与柑橘相比是比较短的，但品种之间存在较大差异。日本梨中的老品种长十郎、二十世纪等采摘期较长，无袋栽培的长十郎采摘期可达 1 个月以上。在日本由于高品质品种幸水、丰水等推广应用后，不仅总产量下降，而且果实采摘期缩短到了半个月以内。目前南方砂梨的主栽品种翠冠在同一果园同一种栽培模式下，采摘期不超过 10d，同一产地同一时期需要大量的劳动力，销售压力也大，且分级设备等使用时间也很短，利用率低。通过保护地促成栽培，可以延长同一品种的采收期，分散鲜果集中上市的压力。

**3. 分散劳动力** 梨树栽培中疏花疏果、人工授粉、套袋等花工量大，大面积栽培时常常出现劳动力紧张的问题，尤其是在南方茶产区，采茶季节与疏花疏果时间重叠，不仅用工紧张，而且工资成本显著增加。通过促成栽培，可以较好地分散劳动力，达到平稳生产目的。

**4. 扩大梨栽培范围，减轻自然灾害** 设施栽培条件下由于人工控制各种生态因子，尤其是可以调控对梨树敏感的温度，南梨北栽成为可能，如辽宁农业职业技术学院引种早熟砂梨品种在辽宁营口日光温室中栽培成功。

长江流域梨树一般在3月中下旬开花，此时南方的天气不稳定，时常有倒春寒发生或是连续阴雨天气，甚至有雨雪天气，影响到梨树的授粉受精，导致坐果率不高或结果不均匀，影响产量。梨树采用设施栽培可以防止花期晚霜、大风、冰雹的为害，也显著减少翠玉等易裂果品种的裂果发生。此外，沿海地区在7～9月是台风多发期，恰逢梨果实成熟期，台风登陆会造成登陆点及周边广大区域大范围落果。浙江省温岭市采用设施促成栽培后，把成熟期提前到6月下旬，从而避免了因台风造成的产量损失。大棚内梨锈病发生明显减少，主要是由于生育期提前近1个月，当露地桧柏上的锈病冬孢子角萌发，担孢子散发传播时，棚（室）内的枝叶成熟度较高，不易被病菌感染。由于有棚的支撑，方便防鸟网建设，鸟害问题可彻底解决。

**5. 提高果实品质，增加经济效益**　通过设施对影响梨树生长的因素调控，可提早果实成熟期，改善果实外观与品质，并可进行无袋栽培，一般鲜果价格可比露地高1倍以上，成熟特别早的情况下可比露地高3倍。如2011年、2012年，杭州滨江果业有限公司生产的大棚栽培翠冠售价均达到10元/只，取得了良好的经济效益。

### （二）梨设施栽培的缺点

**1. 设施成本增加，棚内光照强度下降**　目前梨设施栽培类型主要是塑料大棚与日光温室，建造设施需要大量投入，此外，每年还需更换塑料薄膜，生产成本高。连栋塑料大棚往往采用高质量的塑料薄膜，一般3年更换一次，但由于空气中灰尘多，第二年后薄膜透光率明显下降，影响梨树生长。

**2. 管理成本增加**　塑料大棚与日光温室的日常管理，尤其是在促成期，为控制棚（室）内温、湿度，需每天进行掀膜与放膜，不仅费工，而且还需要管理人员有良好的责任心，否则有可能因棚（室）内温度过高，导致热害的发生。

**3. 设施内土壤管理出现问题**　设施建成后不易移动，尤其是日光温室，长期覆盖薄膜，引起土壤返盐板结，导致土壤质量下降。

## 三、存在问题与发展前景

### （一）设施栽培存在的问题

近年来，梨保护地设施栽培与我国其他果树设施栽培一样，得到了快速发展，取得了令人可喜的成果，但与日本等梨设施栽培起步早的国家相比，依然有诸多问题急需解决，主要表现为以下几个方面

**1. 品种单一，尚未有设施专用品种**　目前，我国梨保护地栽培品种主要采用原来生产上应用的品种，现以翠冠为主。虽然进行了一些品种比较试验，如王涛（2008）认为秋荣、幸水、雪青、圆黄等可作为设施栽培的补充品种。但设施专用品种选育方面工作尚未开展，适宜设施栽培的品种还比较少，缺乏配套系列品种。目前生产上的品种某些与设施栽培密切相关的生物学习性，如休眠期、需冷量、适宜授粉组合等尚未有系统的研究，因此，生产中扣棚升温时间具有很大的盲目性，不能进行标准化管理与栽培。花期不整齐、

坐果率低、优质果率低等问题较突出。

**2. 没有设施栽培的专业技术**　目前，我国梨保护地栽培上常常由于管理技术不到位，生产中常出现扣棚升温时间过早，易发生花期霜冻。棚室内温、光、气、水、肥等生态因子难以协调，事实上也无法协调，因为，没有做相应的研究，或者说相应的研究积累太少。还存在着果实采收后放松管理等问题，导致果树产量不稳、品质下降。果实品质差主要表现为含糖量降低、果实畸形率高等。

**3. 设施结构、材料缺乏**　设施结构、材料方面生产中存在的问题主要有：缺乏透光率高、保温性好、抗老化性的果树设施专用棚膜和具有良好保温性能的建筑材料。日光温室用的保温材料保温性能差、沉重，容易造成棚膜破损；设施规模程度较小，土地利用率相对较低，棚室内环境不稳定，不便于机械化和自动化操作，不适于规模化生产。

**4. 生理生态基础研究薄弱**　目前，我国的果树设施栽培技术，多是沿用、借鉴露地栽培技术。葡萄、桃等由于起步较早，经济效益明显，且投入了较多的研究力量并进行了长期的实践，已基本掌握了设施栽培的配套技术，但梨保护地栽培起步晚，研究力量少，对设施条件下果树生长发育规律，环境因子与果树生长发育、果品产量和质量之间的相关性，低温需求量及破眠技术等尚缺乏研究。加上目前梨设施栽培范围窄，生产规模小，尚未形成完整的设施栽培技术体系。

### （二）设施栽培的发展前景

我国的果树设施栽培已得到了快速发展，并取得了一些成就。梨的设施栽培虽然起步较晚，但在南方梨产区有良好的发展势头。由于早熟梨的价格高，通过促成栽培，成熟期可明显提前，在早熟梨尤其是特早熟梨一天一个价的市场背景下，可以取得更好的效益。现阶段，浙江省主要梨产区已开始试探性发展梨保护地栽培，并取得了良好的效果。通过对设施栽培专用品种的筛选、设施条件下生长发育的规律、品质形成机理、病虫害发生规律及防治措施以及适用的设施结构等研究，促进配套栽培技术的完善梨保护地栽培产业发展前景是十分广阔的。

# 第二节　梨设施栽培类型与结构

以采光覆盖材料作为全部或部分围护结构材料，可供冬季或其他不适宜露地植物生长的季节栽培植物的建筑统称为温室。温室是利用温室效应，在作物不适于露地生长的寒冷季节通过提高室内温度创造作物生长的适宜环境来达到作物反季节生产和提高作物产量或质量的目的。果树设施栽培已不仅仅限于利用温室效应，还有利用不同的覆盖材料实现避雨、降温、防病、防鸟、防止水土流失等目的。随着科学技术的进步，果树保护地栽培类型从简单表面覆盖设施、防雨棚等避雨栽培，向可自动化控制温室、日光温室、塑料连栋大棚的方向发展。

## 一、设施栽培类型

温室设施由于在使用功能、建筑造型与平面布局、覆盖材料等方面的不同，有各种各样的结构形式和命名方式。农业部规划设计研究院提出了按使用功能、建筑造型和布局、温室主体结构材料、覆盖材料种类、加温方式和覆盖材料热阻等将温室设施分成 5 类。还有学者按建造设施的材料及建成设施自动化程度分为简易设施和高级设施两种。若按对作物生产环境控制能力及效果可分为加温栽培、无加温栽培、简易覆盖栽培 3 种。以下主要介绍梨设施栽培上常用的类型。

### （一）按设施的自动化程度划分

**1. 简易设施**　顾名思义是材料及配套设施比较简易，防雨棚（用于避雨栽培）和浮面覆盖属于简易设施，防雨棚主要以聚乙烯薄膜为覆盖物；结合覆盖遮阴网或防鸟网，可起到避雨、降温、防病、防鸟、防止水土流失等作用。在日本，简易设施（含避雨栽培）是梨设施栽培的主要形式，占全部梨设施栽培面积的 70% 左右。我国南方多雨地区采用简易设施，以达到防病、防裂果的目的。浮面覆盖是用通气透光、质量轻巧的材料直接覆盖在果树上，其主要目的是防寒、防霜、防风、防鸟。近年来，南方梨花期晚霜危害较重，浮面覆盖可以显著减轻晚霜危害。

**2. 高级设施**　是相对于简易设施而言的，由于建造材料及建设质量比较好，棚室具有良好的密闭性，具有很强的环境调节功能。主要有塑料大棚、塑料薄膜日光温室、玻璃温室和传统玻璃日光温室，日本以塑料大棚和玻璃温室为主，有加温和不加温两种模式，其中早熟梨幸水加温和不加温栽培各占一半，二十世纪以不加温设施为主。目前我国梨设施栽培中均为不加温促成栽培模式。

### （二）按环境控制能力及效果划分

**1. 加温栽培**　梨的加温栽培是采用棚室内加温，通过提高棚室内温度的方法，使梨整个生育期提前，达到提早果品上市的一种栽培模式。梨树的休眠与冬季积雪是梨加温栽培的主要限制因子。在比较温暖的南方地区，冬季没有积雪问题，但梨树的冬季休眠限制了开始加温的时期。沿海地区风大，要求设施材料及建造规格高。同时为提高棚室的保温效果，减少燃料的浪费，棚内要加上 1～2 层薄膜垂帘。若在北方较寒冷地区，最好选在主雪期过后盖薄膜，防止雪灾的发生。这种模式采用的设施主要有塑料大棚、塑料薄膜日光温室、传统玻璃日光温室和玻璃温室。日本梨栽培基本上都采用架式栽培，在此基础上的棚室高度容易确定，一般棚室越高越有利于管理，且枝梢生长充实，果实颜色一致性好。所以，近些年来新建的棚室有增高的趋势，目前常见的棚高为连栋棚的最低处（侧高）高出梨棚架 1～1.5m。设施内换气主要采用卷起拱形连接处的薄膜与安装换气扇来实现，加温设备要根据棚的大小、室外温度高低、内部是否配置帘式薄膜来确定，一般说来，加温设备功率稍大一点，内部温度容易控制，梨的生长比较整齐，果实成熟也比较一致。

**2. 无加温栽培**　该类型介于加温栽培与简易覆盖栽培之间，主要采用的设施有塑料大棚、塑料薄膜日光温室和传统玻璃日光温室等，没有加温设备。为提高保温效果，可在棚的四周配置帘式薄膜。这种模式薄膜覆盖时间短，棚高可以适当降低，棚室肩高只需高出梨棚架 0.5m 即可。设施内换气通过卷起拱形连接处的薄膜或侧膜实现，一般不配置换气扇。这种类型的设施为了防风或防雪，可在内部增加支撑柱来提高其强度。与加温栽培相比一般规模小，内部温、湿度变化大，在晴天必须特别关注棚内的气温变化，及时揭膜降温，防止叶片灼伤。

**3. 简易覆盖栽培** 简易覆盖栽培是相对于塑料大棚等设施而言的，与前面简易设施相似，没有一个完全密闭的空间，防雨棚栽培形式是仅在大棚的顶端覆盖薄膜，主要目的是避雨、防病等。近年来，鸟害严重，利用简易覆盖或浮面覆盖防鸟网，取得了较好的效果。

## 二、设施的主要结构

目前梨保护地促成栽培主要采用塑料大棚、连拱形钢管大棚、塑料薄膜日光温室 3 种，均为以塑料薄膜为覆盖材料的温室类型，是塑料工业发展的产物。塑料膜诞生后出现了塑料大棚，相比玻璃温室，起步较晚。我国从 20 世纪 60 年代初引进和生产塑料膜，先应用于地膜覆盖及小拱棚覆盖，1965 年在长春郊区建起了我国第一栋竹木结构塑料大棚。塑料大棚是一种简易的保护地栽培设施，具有建造容易、使用方便、投资较少等特点，并随着塑料工业快速发展而被世界各国普遍采用。

### （一）塑料大棚结构

以塑料薄膜为覆盖材料的单拱结构温室称为塑料大棚。根据所用骨架材料的不同可分为竹木结构大棚、镀锌钢管竹木混合大棚、镀锌钢管骨架大棚、钢筋大棚、钢筋混凝土大棚。

**1. 竹木结构塑料大棚** 是在中小拱棚的基础上发展而来。早期的塑料大棚主要以竹木结构为主，拱杆用竹竿或毛竹片，室内用竹竿或圆木柱支撑，跨度多为 6m，跨度大会增加成本，建造难度加大。长度以 30m 为标准，长者也可达 100m，高度 1.8～2.5m，梨促成栽培情况下，高度增加到 3～5m。这种大棚投资低，建造简单，但由于室内多柱，空间低矮，操作不便，现在经济比较发达地区已基本淘汰。

**2. 镀锌钢管大棚** 以镀锌钢管代替竹木，用直径 22～35mm，壁厚 1.5～2mm 的薄壁镀锌钢管装配而成，主要部件有拱杆、立杆、纵拉杆、卡槽及各种联接件等。所有杆件和卡具均采用热镀锌防腐处理，是工厂化生产的工业产品，已形成标准，各地区间产品可以相互替换使用，十分方便。跨度增加到 6～8m，长度以 30m 为标准，长者也可达 100m，高度在 2.5m 以上。其主要特点是棚架各部分之间均用专用卡件联接，装拆方便，且耐腐蚀性强，整体棚架使用寿命可达 15 年以上，是目前国内推广较多的一种类型。

**3. 镀锌钢管竹木混合大棚** 材料介于竹木结构塑料大棚与镀锌钢管大棚之间，为节约镀锌钢管材料，以镀锌钢管大棚为基础，拱杆由镀锌钢管与竹片混合组成，根据需要可按 2 根钢管拱杆间搭配进 1～3 根竹片拱杆以降低成本，竹片拱杆一般 3 年需换一次。其他特点与镀锌钢管大棚相同。

### （二）连拱形钢管大棚结构

连拱形钢管大棚又称连栋大棚，由两个以上拱管连接起来的大型塑料大棚。主要材料是钢管，但生产上为了节约成本，有以竹代替钢管或部分代替钢管的模式，浙江省温岭市梨保护地栽培普遍采用竹代替钢管或部分代替钢管的模式。该模式的棚两侧和棚顶一般比单拱形大棚要高，顶高为 3.5m 以上，棚两侧高为 2m 以上，由于空间高，适合梨树生长。此外，连栋大棚的保温性能好，温、湿度变化小，且操作方便，是今后平原地区梨促成栽培发展方向。

### （三）塑料薄膜日光温室结构

日光温室主要由围护墙体、后屋面和前屋面三部分组成。后屋面主要起保温作用，围护墙体则既是承力构件，又是保温材料。前屋面是温室的全部采光面，温室所有自然能量的获得都要依靠前屋面。

日光温室按墙体材料不同主要有干打垒土温室、砖石结构温室、复合结构温室，按温室受力结构的用材又可分为竹木结构温室、钢木结构温室、钢筋混凝土结构温室、钢结构温室等。

**1. 竹木结构** 透光前屋面用竹片或竹竿作受力骨架，间距 60～80cm，后屋面梁和室内柱用圆木。常配套干打垒、土坯等墙体材料，一般寿命 3 年以下。

**2. 钢木结构** 透光前屋面用钢筋或钢管焊成桁架结构作为承力骨架，后屋面与竹木结构相同。

**3. 钢筋混凝土结构** 透明前屋面用钢筋桁架，用一根钢筋混凝土弯柱承载后屋面荷载，后屋面钢筋混凝土骨架承重段成直线，室内不设立柱。

**4. 全钢结构** 前屋面和后屋面承重骨架做成整体式钢筋桁架结构或用热浸镀锌钢管通过连接纵梁和卡具形成受力整体，室内无柱。

# 第三节　设施栽培下的梨树生育特性

果树生长发育受设施及环境条件的影响较大，梨通过促成栽培，即梨园在覆盖了塑料薄膜后，其生育期就与露地栽培不同。一般说来，梨的整个生育期都相应提前，只有落叶期没有太大变化。在以提早鲜果上市为主要目的情况下，经过保护地促成栽培，收获期可大大提前。在我国南方无加温保护地促成栽培条件下，早熟梨可提早 20d 成熟，而在北方，由于光照条件好，温室效应更明显，成熟期可提早 2 个月以上。

## 一、梨树休眠与薄膜覆盖时间

### （一）梨树的休眠

休眠是所有落叶果树的共性，是正常进行下一个生长发育循环所必须经历的重要阶段。梨如果需冷量不足就不能完成正常自然休眠，导致不能适期萌芽或萌发不整齐等障碍。设施栽培中，由于缺乏对需冷量的认识，在品种选择上存在盲目性。需冷量是落叶果树打破自然休眠所需的有效低温时数，目前还没有适合各个树种、品种的统一且有效判断方法。常用的方法主要有两种：一种是冷温小时数（chilling hours，CH 或 h），又称低温模型，是指经历 7.2℃ 以下低温的小时数；另一种是冷温单位（chilling unit，C.U），对于打破休眠效率最高的最适冷温，一个小时为一个冷温单位，而偏离这一适温的打破休眠效率下降甚至具有副作用的温度规定其冷温单位小于1或为负值。近20多年来，"Utah模型"在不同树种、品种及统计方法上得到更广泛的支持和发展，其结果更接近实测值。高东升等（2001）采用"Utah模型"先后对5个树种、65个常见设施栽培果树品种需冷量及相关特性进行了研究，认为葡萄、西洋樱桃的需冷量最高，桃最低，李、杏居中。姜卫兵等（2005）对苏南地区主要落叶果树的需冷量进行研究认为梨的需冷量最低，低温模型和Utah模型计算的需冷量分别为530～830h和340～500 C.U。其中黄花、黄金、翠冠、金二十世纪等品种的需冷量要求最低，低温模型和Utah模型计算的需冷量分别为494～554h和336～344 C.U。有些品种年际间差异很大，如美人酥和黄冠年际间相差211h（低温模型）、127.5 C.U（Utah模型）。杉浦俊彦等（2010）以盆栽幸水为材料，分别用0、3、6℃恒温处理，认为750h后可完成休眠，9℃条件下需1 160h，12℃处理则不能通过休眠。田村文男等（1993）利用低温模型研究了低温对二十世纪芽打破休眠效果，结果显示在低温处理达到1 200 C.U前，8℃以下气温对打破休眠最有效，此后－4.0℃以下气温对打破休眠无效，并认为二十世纪的低温需求量为1 400 C.U。田村文男等（1993）用二十世纪的枝条进行45℃高温及20％石灰氮处理，4h高温处理对打破休眠效果最好，但在自发休眠打破后高温处理，则会阻碍萌芽；20％石灰氮处理没有明显的打破休眠效果。

## （二）薄膜覆盖时间

梨树完成自然休眠后才能正常进行下一个生长发育循环，满足需冷量要求是进行薄膜覆盖保温或进行棚室内加温的前提条件。由于大多数果树的低温需求量及低温反应尚不清楚，促成栽培的具体薄膜覆盖时间很难准确界定。根据前人对梨的需冷量研究结果及已有的实践经验，南方梨完成自然休眠的时间应在1月，此后覆盖薄膜，进行保温促早栽培，萌芽比较整齐。但由于有些地区有雪害，在实际操作中一般推迟到2月中旬覆盖薄膜，促成效果相近。广田隆一郎等（1983）通过不同的覆盖薄膜时间来研究保护地促成效果，发现随着覆盖薄膜时期的提早，果实成熟期也相应提前（表15-1）。但试验最早的覆盖薄膜时期是在3月5日，还没有达到极值。若覆盖薄膜时期再提前，可能还会有更好的效果。但日本冬末春初雪多，可能考虑到其他因素的影响，才设置了以上试验处理。

表 15-1　不同的薄膜覆盖时间对梨生育期的影响

| 薄膜覆盖时间 | 授粉日 | 授粉提前天数（d） | 果实横径（mm） | | | | 果实采收期 |
| --- | --- | --- | --- | --- | --- | --- | --- |
| | | | 5月14日 | 6月3日 | 7月3日 | 8月12日 | |
| 3月5日 | 4月1日 | 10 | 22.4 | 33.2 | 53.2 | 80.1 | 8月7日（128d） |
| 3月11日 | 4月5日 | 6 | 21.3 | 37.7 | 49.3 | 75.6 | 8月11日（128d） |
| 3月15日 | 4月7日 | 4 | 20.8 | 30.4 | 45.6 | 70.3 | 8月16日（131d） |
| 3月26日 | 4与8日 | 3 | 19.8 | 28.4 | 42.0 | 68.5 | 8月16日（130d） |
| 对照 | 4月11日 | | 19.1 | 28 | 41.0 | 68.3 | 8月20日（131d） |

注：引自广田隆一郎等（1983）。

## 二、设施内环境因子特征及其调节

塑料大棚等设施由于塑料薄膜的覆盖，形成了一个相对密闭的空间。相对外界大气而言，形成了特殊的光照、温度、湿度等综合环境，即棚内小气候条件，称为大棚环境。这种小气候条件是在许多因子综合作用下形成的复杂的人工小气候，尤其在保温增温为目的的温室里，由于自然光照形成了温室效应，光能的多少决定了棚内温、湿度的变化。棚内的环境直接影响着植物生长发育。了解棚内环境因子变化并对其进行合理调节，是保证梨树正常生长发育的关键。

### （一）光照

**1. 光照强度与时间**　太阳光是作物光合作用的主要能源，同时也是冬季设施栽培的主要热源。在塑料大棚等设施内进行梨树栽培，自然光照强度、光照时间和光质等发生变化，一般表现为光照强度弱、光质差，影响梨果实产量与质量，并且容易出现生理障碍病害。

影响棚内光照强度的因素很多，主要有棚室的方位、棚体类型、薄膜特性和老化程度等。塑料大棚棚内光强度始终低于自然界的光强，一般棚内 1m 高处的光照强度为棚外自然界的 60%。骨架结构越简单则骨架遮阴越少，光照强度就大。就覆盖材料来说无滴膜优于普通膜，新膜优于老化膜，厚度均匀的膜优于厚度不匀的。棚内光照强度分布不均，光照存在着垂直变化和水平变化，接近棚面处光照度最强，越接近地面，光照度越弱。伊藤纯树等（1992）测得初春棚室内的光照强度，无论是晴天还是阴天，均低于露地的70%。王涛等（2007）在浙江省温岭市大棚内外树体上（离地 1.5m 处）安置 ZDR-20 型数据记录仪，结果显示大棚内平均光照强度是露地的 70.2%，晴天时大棚薄膜透光率最高（78.9%），雨天最低（61%）。盛宝龙等（2011）测得晴天 10～14 时露地光照强度为 $1\,325\sim1\,427\mu mol/$（$m^2\cdot s$），大棚光照强度为 $1\,054\sim1\,157\mu mol/$（$m^2\cdot s$）。垂直分布还受棚内湿度、梨树高度、密度、树形的影响。梨树的保护地栽培一般不应用不透明的覆盖材料，所以棚内光照时间的长短及其变化与露地相同。

**2. 大棚内光照的调节**　在梨树促成栽培中重点是增加光照度，大棚内光照调节的主要思路是减少自然光照的损失和人工增加光强两方面的措施，主要有如下几方面：

（1）塑料薄膜的选择与处理　选用透光率高的薄膜是增加大棚内光照强度的关键。现在生产中使用的主要是聚乙烯、聚氯乙烯薄膜和醋酸乙烯薄膜，它们都具有较好的透光性，但聚氯乙烯薄膜易产生静电，吸尘性强，易污染，透光率衰减速度快，而聚乙烯膜表面光滑度高，静电吸附差，不易污染，即使膜已老化也能保持一定的透性，但保温和扩张力不如聚氯乙烯薄膜。使用普通聚乙烯薄膜表面常凝聚大量密集而细小的水滴，有时还会形成水膜，严重时使棚内光照下降 10%～20%。无滴膜透光率比普通膜高 10% 以上。棚膜污染严重时，薄膜透光率降低 10%～20%，若设施栽培梨园离尘源（如公路沿线，工厂附近）较近的情况下，不宜采用可连续多年使用的高强度薄膜类型，因为在规模化的保护地栽培过程中对棚膜进行冲洗清洁是很困难的。此外，薄膜老化会降低透光率，有条件的情况下可选用抗老化膜。

(2) 确定合理的大棚走向　一般将棚室搭建成南北走向，全天平均受光均匀，梨树生长整齐。

(3) 棚架结构与支撑材料　在保证棚室稳固的前提下，选用刚性强的材料，减少增加棚架强度的内部支架材料，或降低支架材料的粗度，减少因棚架对树体的遮阴。

(4) 种植密度与整形修剪　合理密植，减少株间遮阴，通过合理的整形修剪，控制树形，如采用开心形整形修剪或日本式的棚架整形修剪模式，避免树冠密闭、遮阴。

(5) 铺设反光膜　果园铺反光膜可改善树体冠层的微环境，目前反光膜已在柑橘、苹果、桃、葡萄、枇杷等果树上广泛应用，已成为提高果实品质与商品性的有效措施之一。在棚室内铺设反光膜可以显著提高树冠内部的光照强度，解决树冠中、下部光照不足问题。已有的试验表明在温室果树栽培上通过反光膜补光增温，可使温室中的桃、葡萄、草莓、樱桃等果实提前 7～10d 成熟。

(6) 减少薄膜覆盖时间　采用保温幕帘的大棚，要及时将幕帘拉开；促成栽培过程中，达到促成效果后尽量减少薄膜覆盖量与覆盖时间，在南方处于避雨状态即可，在雨水极少的地区可除去覆盖薄膜，以达到增加光照的目的。

## (二) 温度

大棚内温度条件是影响果树生长发育的重要因素。虽然梨促成栽培成败与综合条件有关，然而温度条件最为突出。可以通过人为控制温度，来提高果树的适应性，也可以通过温度的变换，改善其他条件的不良影响，因此维持适温是大棚栽培管理中的一项重要措施。棚内温度的变化受薄膜特性的影响很大，其变化是随着外界气温的升高而增温，随着外界气温降低而降温。因此，棚室内与露地一样存在着明显的季节温差，昼夜温差和阴晴天温度变化。

**1. 气温**　大棚内气温及其变化对梨树影响极为明显，大棚热环境的形成主要受温室效应和密封效应制约，其增温效应首先表现在最高气温上。大棚内气温的日变化趋势与露地基本相似，一般最低气温出现在凌晨，日出后随太阳高度增加棚温上升。王涛等（2007）调查结果（浙江温岭）整个试验期大棚平均气温 18.8℃，比露地气温高 1.5℃。大棚内外的温度变化具有良好的同步性，表现出逐渐上升的趋势。大棚内最高温度出现在 2 月上旬，达 41.1℃，最低温度出现在 1 月下旬和 3 月上旬，仅 0.1℃。露地最高温度出现在 7 月上旬，达 38.1℃，最低温度出现在 3 月上旬，为 -1.6℃。每个时期大棚最高温度均高于露地最高温度，前期相差极大，以 2 月上旬相差最大，达 21.8℃，4 月后随着裙膜通气幅度的增大而接近于露地。除 1 月下旬外，大棚内最低温度均高于露地，5 月 1 日卸裙膜前大棚平均日最低温度比露地高 1.5℃，卸裙膜后差异减少，至顶膜卸除止平均日最低温度大棚只比露地高 0.2℃。棚内不同部位的温度也稍有差别，棚内上下温度，白天棚顶一般高于底部和地面 3～4℃，而夜间正好相反。日本根据幸水的试验结果提出生产比露地栽培早上市一个半月的幸水温室栽培管理指标，在幸水休眠结束后的生育温度（日平均气温减去 4.9℃）积累到 320～350℃时就可开花，故从覆盖开始进行温度调节，大约 40d 就可使其开花。若休眠结束前加温，会导致花器发育不全，所以，覆盖要在休眠结束后（在日本为 12 月下旬至 1 月中旬）开始。为防止生长初期养分损耗，应及时进行疏花疏果，尽早决定留果数并授粉。平田等以幸水为试材研究了从盛花开始之后的 30d，变化昼温与夜温对幼果发育的影响，认为夜间高温比昼间高温更有利于幼果生长。远藤融郎的研究也表明夜间高温可以促进二十世纪果实膨大。

**2. 地温** 塑料大棚覆盖面积大，棚内空间大，地温上升以后比较稳定。大棚浅层地温的日变化与气温变化基本一致，但最高、最低地温出现时间偏晚 2h 左右。地温晴天日变化大，阴天日变化小。地面温度日较差可达 30℃ 以上，5～20cm 的日较差小于气温日较差，但位相落后，深度越大，位相越迟，日较差越小。这对深根系果树生长是极为有利的。在土壤温度较低时，地面温度的日较差大于气温日较差，位相稍早于气温。棚内浅层土温水平分布也不均匀，中央部位的地温比周边部位高。

**3. 温度环境的调节** 棚室内有明显的增温效果。这主要靠太阳的长波辐射使棚内气温、地温上升，并在土壤中储蓄热量。夜间再使土壤中辐射热量，这种长波辐射，使棚内保持一定的温度，塑料大棚热环境的形成是温室效应、密封效应和土壤贮热共同作用的结果。为保持对梨生长所需的合适温度，必须对变化剧烈的棚室内温度进行调节，主要措施是：

（1）选择优质薄膜，增加进入棚内的太阳辐射量。选择透光率高的薄膜类型，增加温室效能。

（2）在生长发育前期延迟揭膜，提前放膜，保持棚室内温度。

（3）棚室内覆盖地膜，提高地温。一般棚内覆地膜可提高地温 2℃。

（4）棚室内挂保温幕帘。在棚内距棚膜一定距离处挂一层薄膜，白天拉开透光，夜间合拢保温。

（5）利用自动温控系统进行调节。配备有自动温控系统的设施，可按梨生长的需求直接进行调节，日本的梨智能温室采用这一措施。

### （三）湿度管理

**1. 空气湿度** 大棚内空气湿度主要来自土壤水分蒸发和梨叶蒸腾。由于棚膜密封性好，水汽不易扩散，在密闭的情况下，塑料大棚内空气相对湿度一般随着棚温升高，相对湿度降低；棚温降低，相对湿度升高；晴天、风天时相对湿度降低，阴天、雨（雪）天时相对湿度增大。早春覆盖后，棚内相对湿度可达 70%～100%。尤其是夜间，一般棚内相对湿度一直维护在 100%，形成浓雾。由于梨树对棚内空气湿度要求相对较低，只要通过控制棚膜的开闭，即可达到与露地基本一致的湿度环境。

**2. 土壤湿度** 大棚内土壤湿度取决于灌水量、灌水次数、灌水方式。由于处在避雨的环境中，土壤湿度基本可以通过人工灌水进行有效调节。土壤中的含水量直接影响果实的糖积累和品质。梨树不仅树体大，而且根系发达，自然条件下土壤中水分难以准确控制，至今尚未了解土壤含水量对果实的品质究竟有多少影响。日本栃木县农业试验场开发出的"梨盛土式限根栽培法"为研究土壤含水量对梨果实品质影响提供了可能。该场科研人员以幸水为试材，研究灌水量与果实品质的关系。一般情况下，幸水从成熟前的一个月（盛花后 91d）开始，果实迅速膨大，在这一时期控制灌水量可以提高果实的糖度（表 15-2）。但果实却因水分不足而变小（表 15-3）。为防止果实变小，从盛花后 91～105d 的 15d 时间内控制灌水量，之后提高适量的水分，可以达到提高糖度并保持大果型。

表 15-2 采前控制灌水对果实品质的影响（滴灌）

| 处理区 | 灌水量（L）（盛花后天数） | | | | 采收期 (月/日) | 采收时果实品质 | | |
|---|---|---|---|---|---|---|---|---|
| | 催芽～60d | 61～90d | 91～105d | 105d～收获期 | | 果重 (g) | 糖度 (°Brix) | 硬度 (kg/cm²) |
| 控制区 1 | 10 | 30 | 10 | 30 | 8/17 | 339 | 12.8 | 2.0 |
| 控制区 1 | 10 | 30 | 10 | 10 | 8/14 | 271 | 13.2 | 2.1 |
| 对照区 | 10 | 30 | 30 | 30 | 8/17 | 347 | 12.2 | 2.0 |

注：引自日本栃木县农业试验场资料。

表 15-3 采前控制灌水对果实品质的影响（地表下 8cm 处供水）

| 处理区 | 供水量［L/（树·日）］ | | 采收期 (月/日) | 采收时果实品质 | | | 1 000m² 产量（t） |
|---|---|---|---|---|---|---|---|
| | 盛花后 | | | | | | |
| | 91～105d | 106～125d | | 果重 (g) | 糖度 (°Brix) | 硬度 (kg/cm²) | |
| 控制区 1 | 9.3 | 24.7 | 8/14 | 381 | 13.5 | 2.3 | 6.1 |
| 控制区 1 | 9.0 | 8.7 | 8/10 | 334 | 13.7 | 2.3 | 5.3 |
| 对照区 | 24.6 | 23.7 | 8/11 | 369 | 12.7 | 2.3 | 6.0 |

注：引自日本栃木县农业试验场资料。

该试验场还进行了梨根域部分干燥试验，在树的半侧灌水，另半侧干燥处理，从萌芽期开始部分干燥处理（常时 PRD）能使果实糖度增加，但果形变小。从盛花后 91d 开始部分干燥处理（收获前 PRD），果实糖度没有变化，但果实略变小（表 15-4）。

表 15-4 根域部分干燥法（PRD）对果实品质的影响（地表供水）

| 处理区 | 土壤 pF | | 收获期（月/日） | 收获时果实品质 | | |
|---|---|---|---|---|---|---|
| | 干燥侧 | 灌水侧 | | 果重（g） | 糖度（°Brix） | 硬度（kg/cm²） |
| 常时 PRD | 2.7 | 1.6 | 8/7 | 386 | 13.5 | 2.3 |
| 收获前 PRD | 2.8 | 1.5 | 8/9 | 392 | 12.8 | 2.3 |
| 对照区 | 1.5 | 1.5 | 8/10 | 412 | 12.9 | 2.3 |

注：引自日本栃木县农业试验场资料。

**3. 湿度环境的调节** 梨花期及花后 2 周内是棚室内湿度调节的关键期，高温高湿容易使梨树徒长。梨花开放后，花药裂开，此时要降低棚内湿度，切不可达到 100%，否则花药壳与花粉共同吸水后，花粉就无法散开，即使棚内有昆虫也无法进行传粉。降低棚内湿度的主要方法是：

（1）及时揭膜、放膜。根据梨树生长季节，通过人工调整揭膜、放膜时间来调节棚内湿度。

（2）棚室内覆盖地膜或地布，降低棚室内温度。

（3）土壤湿度（含水量）需利用相应的设备及灌溉设施来控制，相对干燥的土壤有利用于果实品质的提高，但过低的土壤含水量会引起产量减少和果实变小。

## （四）二氧化碳

二氧化碳（$CO_2$）是植物光合作用的原料之一，空气中 $CO_2$ 平均浓度为 $320\mu l/L$。而植物进行光合作用的最适浓度为 $1\,000\mu l/L$。所以，环境中 $CO_2$ 浓度高低，对于植物的光合作用影响很大。在光照较强、温度较高、水分供应充足的情况下，光合作用强度主要受空气中 $CO_2$ 浓度的限制，增加 $CO_2$ 浓度就能提高光合作用强度，直接增加作物产量。王涛等（2010）以翠冠为试材，研究了大棚促成栽培梨的光合特性，认为净光合效率（Pn）与蒸腾速率（Tr）的日变化均呈单峰曲线，Pn 与叶温呈正相关，与空气相对湿度呈负相关。但没有提及 $CO_2$ 对大棚促成栽培梨的光合特性的影响。李晓刚等（2011）研究了 $CO_2$ 加富处理对设施大棚梨华酥叶片生长及光合作用的影响，认为 $CO_2$ 加富处理对梨叶片具有增厚和面积增大的作用，叶绿素 a 含量比对照显著减少。在短期内增施 $CO_2$ 能迅速提高梨叶片的光合速率，减少蒸腾作用，抑制植物的呼吸作用，提高植物的水分利用效率，但随着增施 $CO_2$ 时间的延长，促进作用逐渐减弱。伊藤纯树等（1992）测定温室内 $CO_2$ 日变化发现，在早上日出前（5时）$CO_2$ 浓度最高，达到 $1\,900\,\mu l/L$，7 时 30 分为 $1\,600\,\mu l/L$ 以上，揭膜通风后迅速下降至与露地相近的 $350\,\mu l/L$，16 时过后放膜封闭温室后，$CO_2$ 浓度再次回升，19 时达到 $561\,\mu l/L$。总体来说与露地相比，保护设施栽培不会引起 $CO_2$ 不足的现象（图 15-1）。

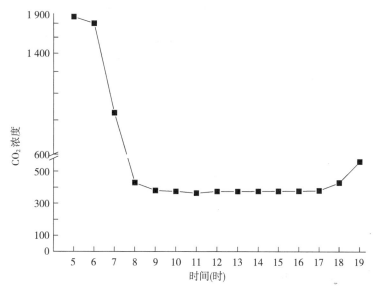

图 15-1 温室内 $CO_2$ 浓度日变化（8 时揭膜通风，16 时过后放膜封闭温室）
（伊藤纯树等，1992）

### 三、梨树生长发育特征

梨通过塑料薄膜的覆盖，与露地相比整个物候期变化是显而易见的。伊藤纯树等（1992）的试验结果是温室内的幸水花期与果实成熟期均提早，但花期延长，不同年份之间存在差异，如 1989 年温室内花期与果实成熟期较露地分别提早 48d 和 45d，而 1990 年则分别提早 35d 和 39d，花期则长达 10～15d。但温室内果实采收期长短与露地之间没有太大差异，均在 13～15d（表 15-5）。广田隆一郎（1983）以二十世纪为试材，通过不同的覆膜时间研究了促成效果，从 3 月 5 日起盖膜，以后再间隔 5d 后盖膜，直到 3 月 26 日，与对照比均有促成效果，以最早盖膜的效果最明显，其中花期最多提前 10d，成熟期提早 13d（图 15-2）。2007 年辽宁农业职业技术学院在辽宁营口进行日光温室栽培试验，日光温室栽培翠冠果实成熟期提前到 5 月初（杜玉虎等，2010）。

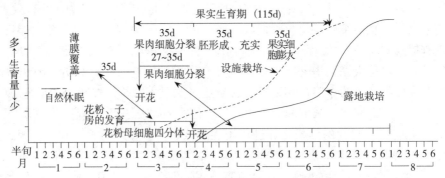

图 15-2 设施栽培与露地栽培的生育期差异
（引自果树园芸大百科第四卷ナシ，略有改动）

表 15-5 加温温室对梨物候期的影响

| | | 覆膜时间 | | 加温（月/日） | | 开花（月/日） | | | | 收获（月/日） | | | |
|---|---|---|---|---|---|---|---|---|---|---|---|---|---|
| | | 开始 | 结束 | 开始 | 结束 | 初花 | 盛期 | 终花 | 花期（d） | 初采 | 大量采收 | 采收结束 | 采收期间（d） |
| 1989 年 | 温室 | 2/15 | 7/25 | 2/15 | 6/24 | 2/28 | 3/03 | 3/13 | 14 | (6/25) | (7/10) | (7/18) | (23) |
| | | | | | | | | | | 7/04 | 7/15 | 7/18 | 15 |
| | 露地 | | | | | 4/18 | 4/20 | 4/27 | 10 | (8/20) | (8/29) | (9/07) | (18) |
| | | | | | | | | | | 8/20 | 8/29 | 9/02 | 13 |
| 1990 年 | 温室 | 2/22 | 7/25 | 3/03 | 6/25 | 3/08 | 3/14 | 3/18 | 10 | (7/05) | (7/10) | (7/20) | (15) |
| | | | | | | | | | | 7/08 | 7/10 | 7/13 | 5 |
| | 露地 | | | | | 4/13 | 4/20 | 4/26 | 15 | (8/15) | (8/23) | (8/30) | (15) |
| | | | | | | | | | | 8/16 | 8/18 | 8/21 | 5 |

注：引自伊藤纯树等（1992）。

## （一）开花与受精

梨大棚促成栽培保温或温室栽培的加温都是在打破自然休眠之后开始的，在日本九州一般薄膜覆盖时期为 1 月中旬，加温的栽培模式最早在 1 月下旬开始加温，这样，花芽、花蕾发育正常。随着气温的升高，花芽鳞片脱落，花蕾长出并分离，接着正常开花。在这一过程中，覆盖、加温时期选择很重要，因为这与棚室内梨的花期直接相关。

**1. 花粉与子房的发育**　在露地栽培的条件下，在花前 35～40d 是花粉母细胞期，经过二分体母细胞期、四分体母细胞期，在开花前发育成具有发芽能力的花粉。在这一过程中，子房也同步发育，由此可以推断，确定开花期后，保温栽培或加温栽培最少需要在开花期 35d 前进行。

**2. 开花需要的时间**　日本加温的促成栽培研究表明，从加温开始到开花所需的天数明显比露地少，一般在 28d 左右。以幸水为例，当平均气温的积温达到 460～480℃时即会开花。关于加温后开花所需要天数，福冈园艺研究所利用钵栽苗木温室培养、三重农业技术中心利用修剪下的枝条进行插水培养、佐贺果树试验场利用加温设施场地试验均得到相同的试验结果。

**3. 受精与人工授粉**　梨是异花授粉品种，开花后需要配以不同 S 基因型的品种进行相互授粉才能完成受精过程。花粉的萌发、花粉管在花柱中的生长、双受精的过程等与露地完全相同。值得注意的是，在温室尤其是无加温设施内的高湿度，是影响授粉受精的主要限制因子，一旦花药绽开后接触到棚内雾气，花粉就无法散开，即使有蜜蜂等昆虫也无法授粉，只能通过人工授粉进行辅助授粉。

### （二）新梢与叶片生长

在温室效应的作用下，新梢与叶片生长均明显早于露地，新梢长度及叶片大小、厚度等均发生了变化。盛宝龙等（2011）以华酥为试材研究了大棚设施栽培华酥叶片生理生化与结构变化，大棚设施栽培条件下，华酥叶片变大，叶片面积为 87.82cm$^2$，比露地栽培梨叶片多 39.86%，差异达显著水平；大棚设施栽培梨叶片厚度变薄，为 32.21$\mu$m，显著低于露地栽培梨叶片厚度；大棚设施栽培梨叶片颜色变淡，叶绿素 a 含量为 1.99mg/g，显著低于露地栽培叶片的含量；大棚设施栽培梨叶片可溶性糖含量为 7.34mg/g，露地栽培为 9.15mg/g，差异达显著水平；大棚设施栽培梨叶片含水量为 85.84%，露地栽培为 81.36%，没有显著差异。伊藤纯树等（1992）研究了温室内的幸水生长，1990 年长枝与结果枝的叶片平均面积分别为 100.0cm$^2$、83.3cm$^2$，分别是露地的 1.93 倍和 1.72 倍，1989 年长枝叶片平均面积为 88.7cm$^2$，是露地的 1.40 倍。新梢生长研究表明，温室内外幸水新梢生长时间不同，棚内新梢在盛花后 54d 停梢，新梢平均长度为 57.2cm，而露地栽培在盛花后 75d 停梢，新梢平均长度为 58.3cm，新梢长度几乎相等（图 15-3）。另外值得注意的是尽管新梢平均长度相同，但每根新梢上的叶数却有差异，1989 年温室内外新梢长叶片分别为 15.7 枚和 19.2 枚，1990 年试验结果呈相同趋势（图 15-4）。广田隆一郎等（1983）对二十世纪的研究也得到相似的结果，大棚内短果枝的叶片增大，新梢数量增加，新梢停梢时期比对照早 8d 左右。池田隆政等

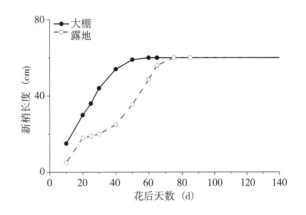

图 15-3　温室与露地的幸水梨新梢的生长动态
（引自伊藤纯树等）

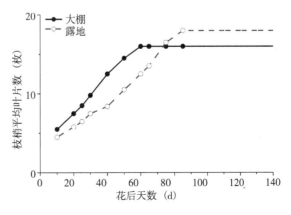

图 15-4　温室与露地的幸水新梢上的叶片数量差异
（引自伊藤纯树等）

（2009）认为，在棚室内白天最高温达 30℃的无加温条件下，全部新梢总长度显著大于控温（白天最高温 25℃，夜间最低温 10℃）栽培条件下的长度。

棚内外生长的华酥梨叶片光合能存在较大差异。大棚设施栽培梨叶片 Pn、Gs、Ci 和 Tr 均较露地栽培有所降低，除 Ci 差异不显著外，其余均达显著水平。从 8：00～18：00，大棚设施栽培梨叶片的 Pn 为 $10.78\mu mol/$（$m^2 \cdot s$），露地栽培为 $15.00\mu mol/$（$m^2 \cdot s$），差异达显著水平；大棚设施栽培梨叶片 Gs 和 Tr 均显著低于露地栽培，而叶片 Vpdl 显著高于露地栽培。说明大棚设施栽培梨叶片光合能力大幅降低。

大棚设施栽培下梨叶片叶绿体内淀粉粒更大，有的则充满整个叶绿体，表明大棚设施栽培叶绿体内淀粉未能有效运转，且基粒数、基粒中的片层数及基粒厚度均较露地栽培下减少，说明大棚设施栽培梨叶绿体类囊体垛叠程度降低。此外，大棚设施栽培梨叶片细胞中线粒体数量明显比露地栽培减少，而细胞中线粒体的具体数目取决于细胞的代谢水平，代谢活动越旺盛，线粒体越多，可见大棚设施栽培梨叶片的代谢活动不及露地栽培的旺盛。

### （三）果实生长发育

在温室效应的作用下，果实发育期因花期提前而提前，发育特点也有所变化。伊藤纯树等（1992）在温室内的幸水试验结果表明，在盛花后 20d，温室内果实横径已比露地的大，以后果实也一直保持着这种优势发育。在温室内果实膨大速度在盛花后 0～40d 和50～65d 略快速，以后与露地基本一致，年份之间呈相同的趋势。果实发育期的长短年份之间有差异，但温室内外没有太大差异，如 1989 年温室内外幸水果实发育期分别是 134d 和 131d，1990 年则分别是 118d 和 120d，几乎相等。同时研究还发现，温室内果实细胞直径在果实发育前期较大，且在细胞分裂停止的盛花后 40d，果实皮层的平均细胞层数也多于露地果，分别为 153 层和 140 层。研究还发现温室内果实平均单果重增加，比露地增加 6%～18%。

王涛等（2007）对塑料大棚栽培翠冠研究认为谢花后 54d 内为缓慢增长期，日平均增长量为 0.36g，重量达到 15.7g，只占总生长量的 4.7%，谢花后 54～68d 为幼果迅速生长期，日平均增长量为 1.63g，而后稍作停顿，于谢花后 75d 进入果实膨大期，直至果实成熟前 1 周，日平均增长量为 7.15g，谢花后 110～117d 为果实成熟期，生长速率下降。露地栽培果实生长变化规律与大棚基本一致，进入幼果迅速生长期和果实膨大期的时间均比大棚栽培提早 1 周，果实膨大期的生长速率明显低于大棚栽培。

### （四）果实形状与皮色

**1. 果实形状** 在日本梨的设施栽培研究及应用中发现，保护地促成栽培梨果实与露地栽培相比，易发生果形过度纵向生长，果萼部发育不充分形成似西洋梨的果实，或产生萼片宿存的变形果，从而导致果实等级下降。山本正幸等已探明棚室内气温与授粉的关系，认为开花时高温会降低坐果率，果实内种子数减少，容易产生萼片宿存的变形果。同时还发现，花期高温，果梗容易拉长，建议保持花期温度为 25℃较为理想。但山本正幸等没有找到棚内温度与畸形果之间的关系。据渡边浩树等（2003）调查，温室栽培的幸水与露地栽培相比，变形果（畸形果）发生率增加 20%～30%，畸形果主要可分为似西洋梨的果实、萼片宿存果、有棱沟果、倾斜果和偏圆果 5 种。其中似西洋梨的果实、萼片宿存果发生较多，有棱沟果和偏圆与露地相比略有增加，但没有太大的差异。并认为似西洋梨的果、萼片宿存果是促成栽培的主要畸形果类型。渡边浩树等（2003）以幸水为试材研究果实生育期内气温与畸形果的关系认为，从始花到盛花后 10d 间的棚内最高气温越高，畸形果发生率也越高，其中似西洋梨的果发生率呈显著正相关（$r=0.681^*$）。此外，棚内气温 26℃以上的累计时间相关性更高，从始花到盛花后 30d 间的棚内 26℃以上的累计时间越长，畸形果发生率也越高，畸形果发生率呈显著正相关（$r=0.790^*$），似西洋梨的果发生率呈极显著正相关（$r=0.813^{**}$）。说明 5 类畸形果发生率与气温具有相关性（表 15-6）。从时间节点来看，从始花到盛花后 10d 间的棚内高气温对畸形果发生影响大，而在盛花后 11～30d 间的棚内高气温畸形果发生影响小。不同的昼夜温差会对畸形果发生产生影响，其中昼高/夜高温区、昼高/夜低温区均会增加畸形果发生。

表 15-6　不同昼夜温差对畸形果发生的影响

| 处理区 | 畸形果率（%） | 畸形果的种类与发生率 | | | | |
|---|---|---|---|---|---|---|
| | | 似西洋梨果 | 萼片宿存果 | 有棱沟果 | 倾斜果 | 偏圆果 |
| 昼低/夜高温区 | 52.5 | 5.0 | 12.5 | 17.5 | 27.5 | 5.0 |
| 昼低/夜低温区 | 50.0 | 7.5 | 0.0 | 12.5 | 27.5 | 5.0 |
| 昼高/夜高温区 | 85.0 | 27.5 | 60.0 | 17.5 | 20.0 | 0.0 |
| 昼高/夜低温区 | 90.0 | 35.0 | 70.0 | 15.0 | 30.0 | 7.5 |
| 露地栽培 | 32.5 | 7.5 | 0.0 | 7.5 | 20.0 | 10.0 |

注：引自渡边浩树等（2003）。

**2. 果皮颜色**　果实色泽主要由叶绿素、类胡萝卜素和酚类色素三大类植物色素的含量和比例所决定（Lancaster 等，1994）。此外，果实表面的果锈是影响果实外观的重要因素。一般干燥气候地带的梨属植物，果面没有木栓层，最外层以角质层覆盖。菊池秋雄就日本梨的品种试验结果认为在气候干燥地区栽培，木栓层生成的机能衰弱，反之在湿润气候则木栓层生成机能强。例如木栓层容易发生的长十郎在开花后 2 个月放入温室内干燥条件下，则木栓层发生较少而成为中间色。在梨果实生长发育过程中，尤其是夏季高温时受到雨水淋湿会明显增加果面锈斑面积。目前关于梨促成栽培、避雨栽培对果实外观影响的报道很少。主要有在辽宁营口地区，日光温室栽培的翠冠梨表现良好，套袋后果实黄色，果点小，外观十分漂亮，但在湿度过大情况下果面也容易生锈（杜玉虎等，2010）。与露地栽培相比，大棚栽培条件下果皮叶绿素、类胡萝卜素含量均有明显的下降，其中叶绿素含量减少 26.7%，类胡萝卜素含量减少 12.6%，表明大棚栽培的果实果皮偏黄，这与肉眼观察的结果相吻合（王涛等，2010）。王晓庆等（2008）以褐皮梨早生新水和绿皮梨翠冠为试材，从色空间 $L^*a^*b^*$ 表色系统分析研究了大棚栽培梨果实色泽的变化，发现果实成熟前，$L^*$ 值和 $b^*$ 值基本呈增加趋势，$a^*$ 值变化幅度不大，大棚 $L^*a^*b^*$ 表色系统与露地存在差异。大棚早生新水和翠冠成熟前果实外观光洁度 $L^*$ 值比露地的大，成熟时同品种的 $L^*$ 值大棚的比露地大，早生新水差异不显著，翠冠差异显著，大棚果实比露地的光洁度高，翠冠尤其明显。$a^*$ 值大棚的比露地小，早生新水差异不显著，翠冠差异极显著，这表明大棚早生新水比露地的偏红色值变小，颜色浅，大棚翠冠比露地的偏绿色值变大，颜色深，翠冠这一点尤其突出，与其露地果实的果锈有关。$b^*$ 值大棚早生新水比露地的大，成熟时尤其明显，差异极显著，说明大棚早生新水比露地的偏黄色值变大更明显；大棚翠冠 b* 值比露地的增加快，增加幅度大，但由于初始值低，成熟时 b* 值为 41.45，比露地的（41.99）仍然偏小，差异不显著。可见，大棚栽培有助于提高果面的光洁度，且早生新水大棚比露地的偏红色值变小，偏黄色值变大；翠冠大棚比露地的偏绿色值变大，偏黄色值两者相近。从直观上看，大棚栽培的果实色泽度好。

### （五）糖酸变化

**1. 糖积累变化** 翠冠果实中可溶性糖的组分主要是山梨醇、葡萄糖、蔗糖和果糖 4 种。陈露露等（2011）试验表明：大棚和露地翠冠果实在整个发育阶段 4 种可溶性糖的积累模式大致相同，可溶性糖的总量随着果实的生长发育呈上升趋势。果实发育早期可溶性糖的总量上升比较平缓，从盛花后 50d 开始总糖含量迅速增加。盛花后 100d 左右至果实采收是整个生长过程中糖含量积累的高峰期。在果实生长发育早期，大棚和露地可溶性糖含量基本无差异，虽然从盛花后 90d 左右开始露地总糖含量一直略高于大棚，但包括成熟期在内的大部分时间二者的差异不显著。随着果实生长发育 4 种糖的比例发生了明显变化，而且在 2 种不同栽培条件下表现也有差异。在幼果期，大棚和露地处理含量最多的都是山梨醇，约占总糖的 80%，其次为果糖，葡萄糖和蔗糖的含量很低，几乎检测不到。随着果实的膨大，4 种糖的含量均呈现逐步上升的趋势。果实发育中期（盛花后 70～110d）大棚梨果实山梨醇的含量显著高于露地。果实采收时，山梨醇分别占大棚和露地总糖的 35.7% 和 33.2%，差异不显著。随着果实的生长发育，果糖的含量逐渐超过山梨醇成为含量最多的糖分，从盛花后 90～110d 大棚果实中果糖含量显著低于露地。成熟时大棚梨果实中果糖占总糖的比例由最初的 8.30% 上升到最终的 44.70%，露地的由 13.8% 变为 36.5%。果实发育前期，蔗糖是两种栽培条件下含量最少的糖分，但盛花后 100d 开始直线上升，至采收时大棚梨果实中含量为 12.07mg/g，而露地高达 29.99mg/g，为大棚的 2.5 倍，是两种栽培条件下差异最显著的糖分。王晓庆等（2008）认为，大棚栽培品种不同其糖积累方式也不同。果实成熟时，早生新水含糖量大棚比露地的高，差异不显著，可溶性固形物比露地的高。翠冠含糖量大棚比露地的低，差异显著，可溶性固形物也比露地的低。并提出大棚栽培不仅使早生新水成熟提早，品质也有所提高，与翠冠相比，更适合大棚栽培的观点。

**2. 酸积累变化** 果实中游离态的有机酸与糖共同影响甜味，形成糖酸比，是决定果实风味的重要因素之一。通常认为成熟梨果实以苹果酸为主，其次是柠檬酸。然而有些梨品种果实柠檬酸含量等于或大于苹果酸。关于促成栽培的梨果实酸积累变化研究比较少，没有对不同酸种类积累规律进行研究，只是对可滴定酸进行了一些探讨。王涛等（2007）对大棚翠冠果实发育过程中总酸含量进行了研究：无论大棚还是露地栽培，翠冠果实前期可滴定酸的含量均较高，并随着果实长大逐渐降低。谢花 75d 后大棚栽培可滴定酸含量趋于稳定，而露地栽培则有一个明显上升过程，并于 96d 后迅速下降，直到果实成熟。王晓庆等（2008）认为大棚内果实有机酸含量变化总体上呈"升—降—平稳"趋势，果实成熟时大棚早生新水和翠冠的有机酸含量分别为 3.27mg/g 和 1.96mg/g，露地的分别为 3.61mg/g 和 2.71mg/g，大棚果实果肉有机酸含量比露地的低，其中翠冠棚内外差异显著。

# 第四节　梨设施栽培的关键技术

## 一、品种选择

品种选择正确与否对栽培生产经济效益高低有着决定性的作用。梨是多年生果树，栽植后 3～4 年进入盛产期，一经种植就不宜进行移栽或品种更换，因此，栽植前选择适合的品种就成为发展梨生产时必须慎重考虑的问题。大棚栽培是高投入高产出的一种栽培模式，品种选择就显得更为重要。梨品种很多，有各自的特点，有的品种在露地栽培的条件下，品种特性不能充分发挥（如容易裂果、易发生果锈），而通过设施栽培雨水的隔断，解决了品种缺陷，可使其品种优良特性（如优质、早熟）得到充分发挥。选择适宜大棚栽培的品种时不仅要考虑到在露地栽培条件下有良好品种特性，通过大棚栽培后还可更好地发挥该品种的特点。现有梨大棚栽培有两种情况，一是在原有的梨园基础上建设棚室，进行保护地栽培。另一种是在明确进行设施栽培的情况下新建梨园。第一种情况下，品种选择的空间比较小。后一种情况可以充分利用已有的研究成果与实践经验选择品种。

王涛等（2008）对国内外的翠冠、清香、珍珠梨、早生新水、黄冠、雪青、黄花、爱甘水、喜水、新水、秋荣、圆黄、幸水、丰水、金二十世纪 15 个品种进行了大棚栽培试验，通过采用果实成熟期、果实外观性状、主要品质和营养指标等评价，认为翠冠通过大棚栽培后成熟期比露地提早了近 1 个月，除保留原有的内质优点外，外观性状得以明显改善，可以作为主栽品种在大棚栽培中应用；大棚中早生新水、新水、喜水与翠冠熟期相近，大棚内金二十世纪、黄花与露地翠冠熟期相近，综合性状均不如翠冠，难以在生产上推广应用；珍珠梨虽熟期最早，但果形小、品质较差，不具商品性；大棚中爱甘水成熟期比翠冠早 9d 左右，外观漂亮，品质较好，可作为早熟品种适当应用；幸水、秋荣、圆黄、清香、黄冠和雪青 6 个品种在大棚栽培熟期相近，且都介于大棚翠冠和露地翠冠之间，有一定的市场空间。浙江省杭州滨江果业有限公司在连栋大棚中种植圆黄梨，成熟期比露地提早 10d 左右，果实外观也有改善，但采收期与露地翠冠相遇，市场销售没有优势。浙江省农业科学院试验表明，早熟品种翠玉在大棚内表现出成熟早、外观美，适合无袋栽培，是南方促成栽培的适宜品种。

日本是最早开展梨保护地栽培的国家，其品种选择也是建立在原有的生产品种之上。日本兴起保护地栽培时，露地栽培的主栽品种是幸水、丰水、金二十世纪，由于没有太多的品种可供选择，所以，日本的设施栽培选用的品种主要也是幸水、丰水、金二十世纪。由于幸水成熟早，促成效果好，日本开展设施栽培研究及生产主要选用的品种是幸水。

综合上述分析，适宜设施栽培的品种应该具备低温需求量低、早熟、果实较大、品质优、外观好等特点，以获得更高的栽培效益。由于尚没有开展促成栽培梨专用品种选育工作，目前在大棚中应用的品种比较多，产生的效益也相差较大，栽培者应根据各自的栽培目标选择适宜的品种。以下介绍目前最适宜促成栽培的新品种翠玉。

翠玉是浙江省农业科学院园艺研究所 1995 年以西子绿为母本，翠冠为父本杂交选育的优良特早熟梨新品种，2011 年通过浙江省品种审定。树姿较开张，叶色浓绿有亮泽，花芽极易形成。花期比初夏绿晚 1～2d。果皮淡绿色，果点极小，果面具蜡质，无锈斑且非常光滑，外观美。果实成熟期比翠冠早 7d 左右，杭州地区大棚栽培 6 月底成熟，果型大，品质优，平均果重达 257g，果肉细嫩，多汁，可溶性固形物含量 10%～11%，经设施栽培后果实外观更佳，并可采用无袋栽培，不仅外观好，而且克服了裂果现象。耐贮性好，克服了翠冠不耐贮运的弱点，在常温下与低温下的耐贮性均明显优于翠冠。

## 二、种植方式与密度

因保护地促成栽培的梨园设施投入大，为了方便管理、提高梨园早期土地利用率，实现早丰产、早收益，新种园宜采用计划密植。根据预先设计好的树形，采用不同的栽种密度。如采用 Y 形整形的，密度选用 3m（行距）×1m（株距）或 3m（行距）×1.5m（株距）或 3m（行距）×2m（株距），这样每 667m² 栽植 111～222 株；若采用开心形整形的，密度可采用 3m（行距）×3m（株距）或 3m（行距）×4m（株距），相当于每 667m² 栽植 55～74 株。在棚室比较宽大的情况下，可将行距扩大至 4m，有利于田间管理。密度比较高的情况下两行树不要对齐种植，可采用梅花形种植方式，扩大相对的行间距。浙江农业大学园艺系试验结果表明，黄花每 667m² 栽植 111 株的开心形栽培，第二年开始结果，至第三年，1 株黄花梨树结果最多达 186 个，株产 45kg 以上，比稀植梨园提前 3～4 年进入丰产期。计划密植的情况下，在种植时就要明确永久株与间伐株，以确保梨树长成相互遮阴时分批进行间伐或疏移，以改善棚室内梨树光照条件，达到稳产目的。若采用棚架栽培，密度可进一步降低，应保持在 4m（行距）×4m（株距）以上。

另一种情况是在原有的梨园基础上搭设大棚或连栋大棚（温室），这样设施利用效率高，搭设当年即可进行促成栽培生产。此时的种植密度不能直接调整，根据实际操作情况可通过修剪措施，逐步调整。

关于配置授粉树的问题，需要重新考虑。梨多数品种自花不育，生产上必须配置授粉树。但由于大棚内梨树的花期较露地提早 1 个月左右，而此时露地气温较低，蜜蜂等昆虫活动数量较少，从而影响大棚内梨树的授粉受精。无加温类型的保护地栽培，可种植同一品种，建议通过人工授粉来解决问题。因为即使配置了比例较高的授粉树，也会因棚室内湿度过高，影响花散粉，坐果率很低。若是加温栽培的，在控制棚室内温、湿度的情况下，可以通过配置比露地稍高的授粉品种比例来解决授粉问题。

## 三、盖膜与揭膜

### （一）薄膜覆盖时间

在前面的章节中已述：由于大多数梨品种的低温需求量及低温反应尚不清楚，促成栽培薄膜覆盖的具体时间很难准确界定。伊藤纯树等（1992）温室内的幸水果实发育的试验结果表明，2 月 15 日覆盖薄膜并开始加温，出现花瓣发育不全或不易脱落、子房欠缺的发育不全的花器及萼部凸起的缩萼果。说明在日本广岛县这一时期没有完成低温的积累，或者说低温需求量不足。近年的实践经验认为，我国南方梨完成自然休眠的时间应在 1 月前后，此后进行覆盖薄膜促早栽培，萌芽比较整齐，畸形果少。但由于有的地区有雪害，有倒春寒现象，在实际操作中往往推迟覆盖薄膜。在浙江省 1 月中下旬至 2 月中旬覆盖薄膜，年份间虽有差异，但促成效果相近。在日本，九州的露地栽培幸水果实 8 月上旬成熟。为了将成熟期提早 1 个月，必须是在 3 月下旬开花。为此，薄膜覆盖从盛花期倒推计算应在 2 月中旬。覆膜的时间也会因品种成熟期、生产目标不同而异，早熟品种早覆，晚熟品种迟覆。覆膜宜选择无风的天气进行，否则薄膜会随风飘动，给操作带来很大困难，且薄膜容易被刺破。"一棚三膜"的方法，即棚架顶部盖一张顶膜，棚的两侧边各盖一张边膜，便于通风、降温降湿操作。

### （二）揭膜时间

揭膜时间较薄膜覆盖时间容易把握，进入 5 月后，当露地最低温度达到 12～13℃，并参考往年的气象预报，先除去通风部分的薄膜，然后再除去边上薄膜，让树体适应一下外部的气温，再经仔细地喷药后除去顶膜。如果采用先促成后避雨的栽培模式，应在果实采收后揭除顶膜。如果在果实生长后期不采用避雨栽培模式的，则在 5 月中下旬揭膜，这样有利于保持良好的土壤特性，防止土壤返盐。连栋大棚或温室除膜困难，在生长期的晴天，要尽最大限度打开通风窗；使用一年的薄膜也在果实采收后全部除去。

## 四、日常管理

**1. 温度管理** 覆盖后进行近 1 个月保温，促进开花。温度管理必须注意的是气温不能超过 30℃，温度过高，在枝叶展开之前，主干部背上易产生日烧，新梢长出后易发育成柔软的徒长枝，为了使枝梢生长充实，防止引起高温障碍，必须注意通风换气。在温室内，最好挂保温帘，若没有保温帘升温效果差，发芽前可以不加温，到开花前最低温度维持在 3℃以上，开花期维持在 5℃以上，受精结束前维持在 7℃以上；其后，最低温度维持在 5℃以上。梨的不同器官耐寒能力也有显著的差异，特别在花期棚室内的温度要求更严。花期最适温度为 18～26℃，开花期以 20～25℃最适宜。花粉发芽的温度需 10～16℃，果实发育期温度应在 20℃以上，但不能超过 35℃，夜间温度要在 7℃以上。但无加温设施的保护地栽培无法进行有效的温度调节，最重要的管理是防止晴天过高的气温，在寒潮来临时防止花器及幼果受冻，夜间温度应在 1℃以上，0℃时花会受冻。防冻措施不同设施及不同地区要灵活掌握。

日本梨保护地栽培的灌水经验是在覆盖之后到发芽、幼果期，为尽可能保证发育整齐一致，每隔 7～8d 灌水 20mm 左右，开花期要稍微干燥些，但极端干燥会引起花粉发芽力及柱头授粉能力下降，应进行适当洒水。

**2. 湿度管理** 调控好大棚内的湿度是种植大棚梨的重要环节之一。虽然梨对空气相对湿度的适应范围很广，但不同生长阶段对空气相对湿度的要求有所不同。在萌芽期，棚内高湿有利于保温，也有利于萌芽，湿度应在 70%～80%，超过 85%时就要揭膜换气。发芽后到开花前，此时相对湿度维持在 75%左右，如湿度过高会引起梢尖腐烂、新梢徒长。这一时期通过通风换气、适当灌水来控制湿度。初花期，湿度要求在 80%左右。盛花期，湿度要求在 60%～70%。果实膨大期，因坐果后枝、叶、果都处于旺盛生长期，需水量显著增多，这阶段湿度应保持 75%左右。果实成熟期，湿度保持在 60%～65%，高温高湿除会造成裂果、烂果外，果柄还会长得细长。在实际操作中，无加温设施情况下，主要是防止湿度过高，可通过揭膜换气来降低棚室内的湿度。在花期，要提早进行揭膜通风降湿，条件许可的情况下，可让大棚适当通风过夜，或地面铺地膜、干稻草，防止过高的空气湿度将已开放的花药浸湿成块，导致无法散粉。

**3. 疏花蕾** 疏蕾可以减少养分的消耗，对促进新梢生长与展叶具有良好的效果。特别是幸水的花序叶片少，需要尽量多地保留叶片，疏蕾具有较好的效果。疏蕾是促进花期整齐的重要技术措施，可以提高人工授粉的效果。疏花蕾的时间自花蕾分离至开花前均可进行，但以花蕾露出时为宜。只要在花蕾上方用手指轻轻敲击，花梗即可折断，而且折断的花蕾均为 2~4 位花以外的部分，效果非常好。疏花蕾的标准可参考 20cm 左右保留一个花序。弱枝少留或不留，疏小留大。在花序位置方面可考虑多留斜生的，枝背部与背下不留。长枝或中长枝顶芽不留花，全部疏除。

**4. 人工授粉** 在促成栽培的情况下，由于棚膜的隔断，蜜蜂等昆虫活动受限，且棚室内梨开花时室外温度还很低，蜜蜂等昆虫数量少且不活跃，从而影响梨树的授粉受精。所以，保护地栽培棚内湿度控制不理想或没有足够的授粉树的情况下，需进行人工辅助授粉，以提高坐果率，达到丰产稳产的目的。人工授粉所需的花粉可取自温室内混植的品种，沈根华等以早生新水、翠冠和黄花为试材对其花粉量、花粉萌发率及花粉管长度进行了研究，认为大棚栽培对早生新水和翠冠花粉量影响大，引起花粉量减少，分别为露地的 37.78% 和 38.74%，大棚中黄花、翠冠花粉萌发率约是露地的 50%，早生新水花粉萌发率最低，仅为露地的 19%，认为不宜在生产上作授粉用。授粉用花粉也可购自市场的贮存花粉，但使用之前必须对花粉发芽率进行检查确认。由于棚室内花期较长，一般都在 1 周以上，可以分几次进行。授粉应选择在大棚通风后，花上无小水珠的情况下进行，这样可以防止授粉器受潮，提高人工授粉效果。若采用液体授粉技术，9 时以后即可进行。短果枝的花在花开后马上进行授粉，长果枝在开花后花药开裂，见到黄色花粉后进行授粉。此外，花期放蜂是人工辅助授粉的常用方法，花期放蜂有利于授粉受精，可明显提高着果率。一般每 667m² 梨园放置强旺蜂群 1~2 箱，直至花期结束。

**5. 落花期管理** 这一时期的管理是保护地促成栽培独有的，因露地栽培中，通风条件好，花瓣能自然落下。南方塑料大棚栽培条件下，花期一般比露地栽培要长 5d 以上，棚内空气湿度大、风力弱，且花瓣不易脱落，此外脱落花瓣也容易黏附在子房和幼叶上，极易造成幼果畸形和叶片腐烂（图 15-5 上），花丝、花瓣的残留还会引发果锈（图 15-5 下）。因此，在谢花末期要及时摇动树枝，将幼果上的花瓣及落

图 15-5 棚室内花瓣处理不善引起的叶片腐烂（上）与果锈（下）

在树叶上的花瓣摇落，减少灰霉病的发生，防止因花瓣长时间落在幼叶上而引起的叶片局部坏死。幼果上不易脱落的花瓣用人工摘除，保持果面清洁。棚内因高湿度，新梢易徒长，及时进行抹芽与摘心，保证枝叶光照充足。

**6. 疏果**　果实的大小是由细胞数量与细胞大小决定的。细胞数量在盛花后 1 个月左右确定。这一段时间，是开花、受精及果实膨大的时期，也是让新梢旺盛生长的时期。这些营养几乎都来自上年贮藏的养分，为了充分有效地利用这些养分，尽早将无效的花与果实摘除是比较理想的。

疏果可以分为预备疏果、正式疏果与修正疏果 3 个阶段。预备疏果在盛花后 20d 内，正式疏果在盛花后 30d 内完成，修正疏果在果实第二次迅速膨大期前完成，成熟期不同的品种在修正疏果的时间上有很大差异，这次疏果的目的是将形状不好的、膨大不良的果疏掉。对棚架整形修剪的梨园来说，最终着果数定在 1 000m² 留 8 000（大果型品种）～10 000（中果型品种）个。此外，棚内果实果梗较长，疏果时应疏除果梗细长的果实。

**7. 土壤管理与施肥**　梨整个生长期需要消耗大量的养分和水分，应及时补充。设施栽培覆盖薄膜后隔绝了雨水，土壤逐渐变得干燥。在梨花芽萌动期到花序分离期应经常保持土壤湿润。作为花前肥，可以通过滴灌的方式，结合灌水每 667m² 施入复合肥 30～40kg。花期根外追肥能起到补充养分和提高坐果率的作用。生长期前期结合喷施农药加入 0.3% 尿素，果实开始膨大后，结合喷施农药加入磷酸二氢钾，提高果实糖度。由于晴天棚内气温高，不论是防治病虫还是根外追肥，均需避开中午高温期。基肥的施入时期和数量与露地栽培相同。

**8. 果实采收**　适时采收是保护地栽培的重要措施，适当提早采收有利于更好地发挥设施的作用。在无袋栽培的情况下，可根据果实底色的变化分批采摘。若是进行套袋栽培，必须遵循果实由大到小、位置则由外到内、由高到低进行分批采摘。此外，根据销售情况确定不同的采摘成熟度。外销果实八成熟时即可采收，若在本地销售，可等到果实呈现出该品种固有的外观特征和内在品质时采收。采收时要轻拿轻放，以免碰伤。经剔除病果、虫果、伤果后尽快分级入库。

## 五、整形修剪

设施内梨树的整形修剪目的与露地栽培相同，在增加有效叶面积的前提下，改善叶片受光条件，提高叶片的光合效率，并最大限度地转化为经济产量。在基本完成树冠扩大的基础上，迅速从营养生长转化成生殖生长，是梨幼年树整形修剪的主要目标。棚室内的特点是温、湿度高，光照弱，所有的整形修剪措施应该围绕这一特点展开，树形选用 Y 形、开心形或棚架栽培。日本棚架栽培模式的修剪选择了适合在非专业人员均能掌握且操作方便的方法，先是选择单纯一致的树形，主要是通过预备枝培养侧枝，培养徒长枝发生少的树势中庸的树体。目标树形是明确区分主枝、副主枝、侧枝、结果枝等，各级枝的形态单纯，容易区分，相互间保持足够的间距。为了达到这些目标，需保持足够的株间距，树形为二主枝整形方式。利用预备枝培养长果枝，副主枝间距为 1.8～2m，在温室栽培中，维持短果枝及培养长果枝是丰产稳产的重要措施。培养预备枝的枝条采用基部直径 1mm 的较粗枝条，从其上充实的芽处缩回，拉成 45° 角。这样从预备枝先端长出的新梢容易形成良好的腋花芽。在侧枝配置时，为了防止夏季枝梢过密，枝间距要比露地稍微宽一点，达到 40cm 为好。

浙江温岭的整形修剪方法则是在较高的种植密度下，在大棚内行株距 3.5m×2m 或 3.5m×1.5m 的密植树条件下，采用矮冠开心形。幼树主要以拉枝为主，开张枝角，促发二次枝发育，使树冠尽快扩大。定植当年，在主干 30～40cm 的饱满芽处短截，当年可萌发 3～4 条长枝，选择位置适合、生长健壮的 3 条枝拉枝开张角度至 40°左右，以后把三大枝培养成梨树的骨架枝即可。修剪要点是多留长放，促控结合，以促为主；抑强促弱，缩放结合，以放为主；先截后放，通过疏、截、缩、放等修剪方法平衡枝组间的生长势。同时为了增强抗风能力，结果枝组紧靠骨干枝，主要结果部位均集中在主要骨干枝附近，形成了抗台风矮冠的一种整形修剪模式。

夏季护理是促成栽培的重要措施之一。由于棚室内光照弱、湿度高，枝梢易徒长。在花期及疏果期的疏花疏果同时进行抹芽。在枝梢停梢前进行摘心，防止枝梢过长引起弯曲，使枝梢生长充实健壮。

## 六、病虫害防治

大棚或温室内梨树不会直接淋到雨水，通过雨水传播的病害得到有效控制，病害种类减少，发病的程度也显著降低，大大减少了喷药次数。但也要本着"预防为主，防治结合"的方针加强冬季清园消毒和预防工作。

大棚或温室栽培情况下，因棚室内温度较高，较干燥，病害发生较轻，尤其是南方梨区最常见的梨锈病，发生非常轻。黄雪燕等（2012）以翠冠为试材，以避雨期卸掉顶膜作露地栽培为对照，研究避雨栽培对大棚梨病虫害发生的影响，结果表明，避雨栽培明显减少大棚梨叶片病害尤其是黑斑病的发生，避雨栽培与避雨期卸掉顶膜两种栽培模式的前期（6 月 29 日）病害发生率均很低，发病种类以斑纹病为主。9 月 19 日，避雨栽培的叶片病斑总数比对照减少 96.6%，黑斑病叶片病斑总数比对照减少 99.2%。相反，棚内的高温与干燥环境，螨类、蚜虫等虫害发生较多，特别是螨类会在短期内大面积发生，为提高防治效果应着重在初期防治。另外，螨类容易产生抗药性，避免同一药剂的连续使用，需要不同成分的 4～5 种药剂轮流使用。

## 参 考 文 献

陈露露. 2011. 大棚栽培对翠冠梨生长及果实品质的影响 [D]. 杭州：浙江大学.

杜玉虎，蒋锦标，曹玉芬，等. 2010. 翠冠梨在辽宁营口的日光温室栽培技术 [J]. 中国果树（6）：49-51，82.

高东升，束怀瑞，李宪利. 2001. 几种适宜设施栽培果树需冷量的研究 [J]. 园艺学报（28）：283-289.

黄雪燕，杨倩倩，王涛，等. 2012. 避雨栽培对大棚梨病虫害发生及果实品质的影响 [J]. 中国南方果树（41）：46-49.

姜卫兵，韩浩章，戴美松，等. 2005. 苏南地区主要落叶果树的需冷量 [J]. 果树学报（22）：75-77.

李晓刚，杨青松，蔺经，等. 2011. $CO_2$ 施肥对大棚梨树生长及光合特性的影响 [J]. 江苏农业科学，39（5）：188-190.

刘恩璞，白金友. 1996. 保护地果树栽培［M］. 沈阳：辽宁人民出版社，辽宁科学技术出版社.

盛宝龙，李晓刚，蔺经，等. 2011. 大棚设施栽培华酥梨叶片生理生化与结构变化研究［J］. 南方农业学报：1049-1053.

王晨，王涛，房经贵，等. 2009. 果树设施栽培研究进展［J］. 江苏农业科学（4）：197-200.

王海波，王孝娣，王宝亮，等. 2009. 中国果树设施栽培的现状、问题及发展对策［J］. 农业工程技术（温室园艺）（8）：39-42.

王涛，陈伟立，陈丹霞，等. 2007. 翠冠梨大棚栽培光温变化及生长发育规律研究［J］. 安徽农学通报，13（10）：78-80.

王涛，陈伟立，黄雪燕，等. 2008. 适宜浙江温岭塑料大棚栽培的梨品种筛选［J］. 中国南方果树，37（3）：69-70.

王涛，胡美君，郑洁，等. 2010. 大棚栽培对翠冠梨光合特性的影响［J］. 浙江农业学报，22（1）：40-44.

王晓庆，骆军，张学英，等 .2008. 大棚栽培梨发育中果实主要营养成分的变化［J］. 上海农业学报（24）：65-69.

张英杰，焦雪辉，王舒藜，等. 2010. 中国设施果树区域发展［J］. 农业工程技术（温室园艺）（8）：94-100.

池田隆政，田村文男，吉田亮. 2009. ニホンナシ‘ゴールド二十世紀’の新梢生長初期における昼夜温度差が新梢伸長ならびに果実生育に及ぼす影響［J］. 園学研 8（1）：73-79.

渡邊浩樹，金原啓一，小島耕一. 2003. ニホンナシ‘幸水’のハウス内の気温が変形果の発生に及ぼす影響［J］. 栃木農試研報（52）：47-54.

広田隆一郎，高田弘生，坂本英則. 1983. 日本ナシのビニールトンネル被覆栽培に関する研究（第1報）［J］. 佐賀県果樹試験場研究報告（8）43-52.

広田隆一郎，田久保義和，稲富和弘. 1988. 日本ナシのビニールトンネル被覆栽培に関する研究（第2報）［J］. 佐賀県果樹試験場研究報告（8）：53-62.

杉浦俊彦，本條均. 2010. ニホンナシの自発休眠覚醒と温度の関係解明およびそのモデル化［J］. 農業気象（53）：285-290.

田村文男，田辺賢二，伴野潔，等. 1993. ニホンナシ二十世紀の芽の休眠打破に及ぼす高温処理の影響［J］. 園芸學會雜誌，62：41-47.

鴨田福也，施泽彬. 1992. 日本落叶果树设施栽培的技术动向［J］. 国外农学（果树）（1）：15-17.

伊藤純樹，三善正道，今井俊治，等. 1992. 加温ハウス栽培における‘幸水’の果実発育と樹体生育［J］. 広島農技せ研報（55）：53-64.

Lancaster J E, Grant J E, Lister C E, et, al. 1994. Skin color in apples—influence of copigmentation and plastid pigments on shade and darkness of reel color in five genotyres［J］. Journal of the American society for Horticultural science，199：63-69.

Kamota F. 1988. Protected cultivation of fruit trees in Japan［J］. Japan agricultural research quarterly，22：107-113.

# 第十六章 梨优质安全生产

## 第一节 梨优质安全生产概况

### 一、优质安全生产的意义

#### (一) 梨优质安全生产定义

梨优质安全生产是指在梨生产过程中严格按照相关的生产技术要求和卫生标准进行操作，梨果营养品质和食用安全性等方面优质、安全的一种生产体系，涉及园地选址与规划、砧木品种选择、幼树栽植与管理、成年树管理、植物生长调节剂的使用、病虫害防治及其采收、分级、包装、贮藏等各个环节。

我国的梨优质安全生产主要分为三个等级，即无公害梨生产、绿色梨生产和有机梨生产。其中无公害梨生产是强制性的，也就是说所有梨种植者的果园必须通过无公害认证，才能进行梨的上市销售。而绿色梨生产及有机梨生产则是进一步的安全要求，这些需要根据种植者的具体情况进行自愿申请认证。

无公害梨是指果园采用无公害生产技术进行生产、果品经规定检测论证部门检测符合相关标准的果品。除了品质好以外，还要求农药、重金属等对人身体有害的物质含量低、对人体健康的不利影响小。近年来，无公害生产的概念其实还有新的延伸，它已不再单指果实的卫生安全有保障，还要求在生产过程中能保护或改善环境，不能对土壤、水资源、空气构成新的污染和破坏。农业部于 2002 年发布了无公害梨的行业标准《无公害食品 梨》(NY5100—2002)，对梨的卫生指标和安全指标进行了规范，并配套了无公害梨产地环境条件 (NY5101—2002) 和生产技术规程 (NY/T5102—2002)，对无公害的生产操作规程进行了规范。

绿色梨是指严格按照绿色食品生产技术要求生产，经专门机构认定，许可使用绿色食品标志的，无污染，安全、优质的梨果。绿色食品分为 AA 级和 A 级两个级别，其产地环境质量标准要求相同，不同点是，AA 级生产过程中不使用化学合成肥料、农药和其他有害环境和身体健康的物质。A 级生产过程中严格按照绿色食品生产资料使用准则和生产操作过程要求，限量使用限定的化学合成生产资料。

有机梨是严格按照国际有机食品生产要求生产，并通过独立的认证机构认证的环保安全食品。有机梨生产的原料要求来自无污染的环境，在其生产加工过程中，不允许使用农药、化肥、生长激素、化学色素等化学合成物质，在可行范围内尽量依靠牲畜粪肥、绿肥、园外有机肥料、含有矿物养分的矿石等保障养分平衡，利用农业耕作制度优化及生物、物理措施防治病虫害，又称"生态食品"和"生物食品"。

## （二）优质安全生产的特点

**1. 对生产基地及周边的环境有严格要求**　基地必须远离城市和交通要道，周围无工业或矿山的直接污染源（"三废"的排放）和间接污染源（上风口和上游水域的污染），基地要距离公路 50m 以外，以避免有害物质的污染。该地域的大气、土壤、灌溉水经检测必须符合国家标准。

**2. 对生产技术及卫生要求有严格规定**　生产种植过程必须严格遵守无公害、绿色或有机食品生产技术规程，品种要选择优良品种，栽培管理过程中灌溉用水、土壤等必须达标，所施肥料和农药及植物生长调节剂必须是相关生产技术规程中允许使用的，病虫害防治应当采取预防为主，防治过程中以农业防治为基础，提倡物理防治和生物防治，科学、合理进行化学防治或尽量不采用化学防治，有效控制病虫为害。根据用途确定采收适期。成熟期不一致的品种，应分期分批采收。采收时，注意轻采、轻拿、轻放，避免机械伤。农药、重金属等有害物质要控制在残留限量以下或不得检出。

**3. 突出以果品优质安全为种植的首要目标**　梨优质安全生产不同于单纯追求产量的普通生产方式，它更加注重的是果品质量，是以果品的营养丰富和食用安全卫生为目标。

**4. 梨优质安全生产具有良好的生态性**　优质安全生产过程中不仅要求果品优质安全，其生产过程还需要有利于保护和改善产地环境，使梨的生产具有可持续性。

## （三）优质安全的应用价值和意义

随着生活水平的提高，人们对果品的消费逐渐由数量型向质量型转变，优质安全的果品越来越受到人们的青睐，无公害梨、绿色梨及有机梨在发达国家及国内高档市场的消费需求越来越旺盛。近年来，发达国家对我国农产品出口的限制措施将越来越强化，其中最重要的就是抬高对中国农产品的卫生安全要求，使其成为阻挡我国产品进入的"绿色壁垒"。不解决这个问题，我国梨果的出口就不能再有大幅度增加。面向高档果品市场或国外市场的产区应充分认识到无公害生产的重要性。

因此，在我国梨种植过程中实行优质安全生产已迫在眉睫，这对提高梨果质量安全，打破国际市场对我国的绿色壁垒，增强我国梨果产品的国际市场竞争力具有十分重要的意义。

**1. 满足人们对安全、优质果品的需求**　近年来，食品安全引起了社会的广泛关注。因此，梨优质安全生产要求在实行"从土地到餐桌"全程质量控制，生产出安全、优质、营养丰富的无污染果品，是广大消费者的要求。

**2. 建设精品果业和发展效益果业的有效途径**　发展绿色果品是生态效益、社会效益和经济效益的统一，是提升产业层次，加快传统果业向现代化果业和精品果业转变的有效途径，也是实现果业增效、果农增收的有效手段。

**3. 促进果业对外出口的现实选择**　国际贸易中对果品质量的要求越来越高，"绿色壁垒"已成为贸易保护主义的主要手段。污染严重、质量差的农产品在国际市场上不断受到限制。我国已加入世界贸易组织，农产品市场竞争非常激烈，生产绿色果品有助于增强果品及其加工品在国际市场的竞争力，增加出口创汇，为我国果品进入国际市场开辟一条广阔的绿色通道。

**4. 提升绿色果品的产业化水平** 目前，绿色果品生产中存在许多问题：果品生产的生态环境污染比较严重，生产规模小；宣传力度不大，社会对绿色果品的认识度不高；技术标准很不完善；检测手段落后，具体表现是精度低，速度慢，费用高；申报者权益得不到有效保护，绿色果品的市场拉动机制尚未形成等。因此，加强绿色果品产业化建设应做到以下几点：

（1）广泛开展宣传，提高社会认知度 充分利用报纸、电视等新闻媒体和互联网以及会议、展销等活动，做好宣传、推广和普及工作，介绍绿色果品开发的重要性和相关知识，提高全社会的认识，扩大绿色果品的影响，激发企业申报绿色果品开发的积极性。

（2）建立并逐步完善绿色果品的产业发展体系 该体系主要包括质量标准体系、认证管理体系、质量监控体系、组织管理体系、产品开发体系、市场流通体系、技术服务体系和人才培训体系。

（3）建立和不断扩大绿色果品的生产基地 利用当地先天的自然条件和生态环境等，逐步建立起绿色梨商品生产基地。

（4）大力推广绿色果品的生产技术 按照绿色果品产地环境标准选择生产基地，实行科学管理，进行规范化生产；加强良种良苗体系建设，培育、引进高抗性绿色果品专用型品种；加速新技术推广，严格限制使用高毒高残留农药，减少农药用量，农药残留量必须低于允许的标准限量；深入实施"沃土工程"，大力推广平衡施肥，鼓励果农多使用有机肥和生物肥；积极推广果园生草、秸秆覆盖技术；加强对生产者的培训，把绿色果品系列标准和生产技术列入各级培训计划，提高广大果农的绿色果品生产意识。

（5）加强绿色果品的质量管理和市场开拓 在生产基地中心区域，建立绿色食品检测机构（或依托区域内的大专院校和科研院所），并配备相应的技术人员和仪器设备，实施果品、农药残留等检测。在绿色果品的开发过程中，产前对产地环境质量进行监测和评价，保证生产区域达到环境质量要求；产中严格检查生产者是否按照绿色果品的生产技术标准进行生产，检查生产资料（如农药、化肥）的使用情况，保证投入的生产资料符合绿色果品的生产要求；产后对果品进行检测，确保果品质量。加强市场管理，严厉打击假冒绿色果品行为，维护绿色果品的市场形象，保护生产者和消费者权益。实行绿色果品标志管理，制定统一标志，未经许可不得擅自使用。搞好商品注册，大力宣传，打响品牌，争创名牌。加强绿色果品国内外市场的开拓，注重市场培育，积极推行定点销售制度，逐步建立绿色果品的销售服务网络。

### （四）优质安全生产的发展趋势与前景

优质安全生产包括优质和安全两大内涵，是一个统一的整体。在梨果优质生产方面，未来的发展趋势除强调果品在传统意义上的优质，更强调梨果具有更为鲜明的个性特点。一方面，对新品种的选育提出了更高的要求，例如品种要具有高糖、石细胞少、外观美，果形正或具有特色，果皮颜色红色的梨品种为特色品种更受市场青睐。另一方面，在栽培上，围绕梨果实品质提高的配套技术将得到更广泛应用，如疏花疏果、果实套袋等花果管理技术，新型树形的选择及简化修剪等。随着我国从事农业人口的老龄化，省力化优质生产技术将在未来梨产业发展中越来越受到重视。除梨果安全生产方面，除推广应用我国无公害、绿色食品及有机食品标准外，还可采用国际果品安全生产认证，如 HACCP、GAP、GMP 体系认证。在具体安全生产技术上除减少农药和化学肥料的施用外，新型的病虫害防治方法如物理防治、生物防治的应用将会越来越普及。

进入 21 世纪，水果的优质和安全引起消费者的重视。梨果的优质安全生产不仅是市场竞争的需要，而且关系我国整个水果产业乃至农产品的安全和农业生态环境的安全，因此，梨果的优质安全生产技术具有广阔的应用前景。

## 二、优质安全生产现状及存在问题

### （一）优质安全生产现状

自 20 世纪七八十年代以来，农药、生长调节剂、化肥等的使用，为果品产量的提高发挥了积极作用，基本上解决了人们对果品的市场需求量问题；同时，也给果品质量安全带来了隐患，加之环境污染等其他方面的原因，我国果品污染问题日渐突出。果品农药残留和其他有毒有害物质超标时有发生，也直接影响了农民增收。因此，果品质量安全问题已成为果业发展的一个主要矛盾。果品安全问题的存在，不仅是我国农业和农村经济结构调整的严重障碍，也直接影响到我国果品的出口和国际市场竞争力。安全果品生产就是要解决果品质量安全问题，同时，也是保护资源环境，促进农民增收，协调经济、社会和生态效益的必然选择。

当前梨树病虫害发生种类多，防治药剂类型多、用量大，有些种类病虫害，如蚜虫、红蜘蛛、梨木虱等虫害以及梨黑星病等病害，不仅生产上防治困难，而且抗药性逐渐增强，需要不断研究科学有效的治理对策。梨树属于多年生木本作物，不同的栽培区域、不同年份以及同一年份的不同物候期的病虫害发生均不同。现在，发达国家对梨果农药污染极为重视，很多国家开始限制农药的使用范围和使用期限，同时采取各种举措，大力推进无公害梨生产。生产无公害梨并不能排除使用化学农药，而是要注意农药的正确选择和交替使用，严禁使用高毒、高残留农药，限制使用中毒性农药，尽量选用波尔多液、甲基托布津、石硫合剂等高效、低毒、低残留杀菌剂。另外，农药使用中不能随意增加浓度和剂量，并要严格按照农药安全间隔期施药，同时，改进施药方法也可以有效减少农药的使用量及使用次数，如用静电喷雾技术喷施农药能够达到喷雾均匀，药液附着力强，杀死病虫害效果明显。

目前，果品食用安全性已成为梨果国际贸易的制约因素，因为消费者不仅关心果品外观和内在品质，而且越来越关注果品的食用安全性。果品安全生产是各国生产者追求的目标，果品农药残留污染来源的研究和农药残留检测的研究备受关注（张国印等，2007）。目前，我国梨农药残留检测技术与国际先进水平的差距主要表现为农残检测技术落后，梨农残检测体系还不健全，检测项目少，分析质量保证体系比较薄弱。另外，主要监测力量针对"产后"梨的安全性检测，且检测数量和范围都十分有限，普遍忽视了"产前—产中"过程中的质量控制检测，特别是对无公害梨生产基地缺乏严格的管理，农药等投入品的使用监督和检查不够，对梨的污染形成规律缺乏研究，梨采后贮藏保鲜过程的污染监测工作尚未展开，还未能建立起有效的无公害梨全过程质量"危害分析与关键控制点"系统。因此,必须根据目前的实际情况,借鉴发达国家的管理经验,建立梨安全质量法律法规体系、标准化生产技术体系、投入品管理体系和残留检测体系(丛佩华,2004)。

### (二)优质安全生产存在的问题

**1. 品种结构不合理,优质主栽品种发展缓慢** 我国梨树栽培品种结构不太合理,其主要表现为:加工品种栽培面积小,产量少。据统计,梨树鲜食品种面积和产量均占全国梨树总面积、总产量的95%以上,加工品种栽培面积和产量不足5%。晚熟品种所占的比例大,约占全国梨树总面积、总产量占70%以上;早、中熟品种所占的比例小。品种单一,鸭梨、雪花梨、砀山酥梨3个品种的栽培面积和产量占70%;在长江流域,中熟品种黄花栽培面积太大,其面积和产量约占全国梨总面积和总产量的13%,单一品种存在着产量过剩的问题。在部分梨产区,一些老、劣品种仍占相当的比例,产品效益比较低下。而市场需求较大的优质品种,特别是早熟优质品种栽培面积很小,市场极为紧俏,因此,早熟品种比例小,主栽品种不突出,中晚熟品种的比例较大,急需调整品种结构。

**2. 梨园管理粗放,栽培技术水平偏低** 目前,我国梨果生产仍然是以小规模分散经营为主,果农专业化生产不强,对诸如选栽良种、高接换种、授粉树配置、整形修剪、疏花疏果、配方施肥、果实套袋等专业技术研究不够,出现了梨园重种轻管、投入较低、粗放经营的现象和问题,因而使产量长期低而不稳,质量难以提高。不少果农,特别是新梨农十分缺少科学种梨技术。有梨园栽培单一品种,没有配置授粉树,使梨树受精不良;有的不及时开张角度、拉枝缓放促花,使梨树迟迟不结果;有的放任生长,树冠内枝多,光照差,使果面光洁度差;还有的不疏果、不套袋,使梨一级果比例低,外观品质差,经济效益不理想;也有的病虫害防治盲目性大,不了解梨病虫害发生和消长规律,防病治虫打药带有很大的盲目性和随意性,不仅增加了生产成本,而且也大大增加了梨果食用的不安全性。我国梨面积和产量均占世界总面积和总产量的一半以上,单位面积产量仅有世界平均的75%左右,为美国的1/5,为日本和智利的1/3左右。

**3. 梨安全、优质生产认识不足,科技推广工作较为薄弱** 在梨生产过程中,果农过多地使用化肥、农药,而且使用方法也不尽合理,生产重点放在提高梨果产量上,忽视了梨果质量的改善,消费者对无公害等优质梨果的安全性与优越性也缺乏足够的了解。同时,我国对有关安全、优质梨果生产技术的研究才刚刚起步,缺乏应用于实际的新技术成果,如高效生物农药、生物肥料的研制,有害物质的快速准确鉴定检测分析。现有的安全、优质梨果生产基地面积很小,距离规模化的商品生产尚有一定差距。

**4. 梨农组织化程度低,采后商品处理及产业化发展滞后** 梨农组织化程度和产业化水平低是目前我国梨果生产中的突出问题,随着产量的不断提高,小生产、大市场的矛盾日益突出。梨农小规模的分散经营难以适应社会化生产的需要,大多数果实混级贮运,自产自销,果实品质差异较大,只有样品,缺乏商品,难以适应市场果品竞争之需要。加之受经济条件的限制,缺乏现代化的果品自动分级、检测、包装等采后商品化处理设备,商品化处理落后,果品的竞争力难以提高。产品质量差,贮藏设施落后,商品化程度低,梨采收后大多未经商品化处理就直接上市销售。优质果率约为总产量的30%,能达到礼品果标准的仅占总产量的 5%，多数为中下等果，主要是外观差，近年来内在质量也有所下降。另外贮藏和分级包装也是制约中国梨果和国外水果抗衡的因素。商业气调贮藏几乎为零，贮藏质量难以保证。出口量仅占我国梨产量的 1.7%，与世界平均水平的 10.4% 差距较大。出口价格明显低于发达国家和世界平均水平，出口价格严重偏低，说明了出口梨质量在国际市场缺乏竞争力。

**5. 质量检测标准制定进程慢，执行力度不大**　我国虽已开始制定梨质量检测标准，但进程慢。各级梨果质量监督检验测试机构陆续在建，但真正发挥作用的还不多。

### （三）优质安全生产的主要技术环节

梨树优质安全生产的主要技术环节包括：建园条件的选择、品种的选择、生产条件的控制以及无公害的农药、化肥投入品的选择与标准化。建园条件的选择是优质安全生产的前提，新建基地要远离公路、厂矿等污染源；品种的选择是实现梨果优质、提高市场竞争力的基础，而选择抗病虫的品种对于减少农药的使用也具有重要意义；生产条件的控制与标准化生产是实现梨果从田间到餐桌过程中确保食品安全的关键，通过标准化生产认证以及对生产过程的控制，可以把每个优质安全生产环节落到实处。

## 三、优质安全生产的标准内涵与全程质量控制

### （一）优质安全生产的标准内涵

**1. 感官品质**　感官品质是指通过人体的感觉器官能够感受到的品质指标的总和，它主要包括色、香、味、形和质地等能够通过人的感觉器官（视觉、嗅觉、味觉和触觉等）辨别优劣，如大小、颜色、汁液、硬度、缺陷等；营养品质主要包括糖、有机酸、维生素C、无机元素等。感官要求：具有梨品种固有的特征，果实发育正常，成熟度达到贮藏或鲜销要求，新鲜洁净，无异味；果形端正，果梗完整；果皮具有品种成熟时应有的颜色；特大型果≥300g，大型果≥200g，中型果≥100g，小型果≥50g；果面基本上无缺陷，仅允许存在下列 4 项影响外观和品质中的两项：①碰压伤：允许轻微碰压伤 1 处，其面积不超过 0.5cm²，不得变褐；②磨伤（枝、叶磨）：允许轻微磨伤，面积不超过果面的 1/12；③水锈、药斑：允许轻微薄层，总面积不超过果面的 1/12；④不允许刺伤、破皮划伤、日灼、雹伤、虫伤、病果和虫害。

评价梨果实感官品质的主要指标：①果实的硬度。果实采后贮藏期间的硬度变化是判断果肉质地、衡量果实衰老及耐贮性的一个重要指标（吴彩娥等，2001）。②果实色泽。色泽在果实成熟过程中变化最明显，是人们从外观上判断果实是否成熟的主要依据之一。③果实香气成分。不同水果具有自身独特香气，这些香气成分通常指那些可以通过味觉和嗅觉感觉到的物质，主要包括酯类、醇类、酸类、酮类、醛类、酚类、杂环族和萜类等挥发性物质，约有 2 000 种各不相同的化合物（陈计峦等，2005），这些化合物在果实内以不同的成分和比例存在，构成了其特有的典型性香味和滋味。④果肉石细胞。石细胞是梨果实组织中一类常见的细胞，是影响梨果实内在品质的重要因素之一。梨果肉质地好坏与石细胞团的大小直接相关。根据对鸭梨的测定，石细胞团直径小于 100μm 时，食用时不易感觉出来，而有些梨的石细胞团直径常常超过 300μm。不同品种梨果实中石细胞含量存

在一定的差异，但是不同品种梨又有一定的共同特征，即梨果肉中石细胞含量由近果心部果肉至近果皮部逐渐减少，梨果肉的品质是近果皮部果肉品质最好，果中部次之，近果心最差（许方，1992）。⑤果实味感。固酸比或糖酸比与果实的风味密切相关，是决定果实食用品质及商品价值的重要指标。一般认为 20～60 的糖酸比是优质果实所要求的（沙广利等，1997）。可溶性固形物包括可溶性糖、有机酸、果胶、维生素、单宁、部分含氮物、水溶性色素及溶于水的矿物质等。水果的甜味物质主要是葡萄糖、果糖和蔗糖等；酸味物质则主要是有机酸，梨上以苹果酸为主，不同的水果其糖酸比差别很大。

**2. 营养品质** 梨果实中最主要的营养成分是糖，含量大都在 10% 以上，主要由果糖、蔗糖、葡萄糖等可溶性糖组成。果糖含量为 6%～9.7%，葡萄糖 1%～3.7%，蔗糖 0.4%～2.6%。其中，果糖最甜，果糖的甜度是葡萄糖的 2 倍，是蔗糖的 1.8 倍，山梨醇的甜度约为蔗糖的 60% 左右。梨果中酸含量比较少，以苹果酸、柠檬酸居多，总酸多以苹果酸计，含量一般为 1.14～3.09g/L。膳食纤维是一种可食用的植物性成分，主要包括纤维素、半纤维素、果胶和亲水胶体物质。按照糖积累的类型和特点，陈俊伟等（2004）认为梨属于中间类型，这类果实在发育早中期将输入的光合产物转化为淀粉而积累起来，至果实发育后期淀粉含量下降、含糖量上升。而当淀粉降解完毕后，呼吸作用使得梨果实体内还原糖处于净消耗状态，致使含糖量降低。而酸类一般在果实早期生长即生成，随着果实的发育成熟，酸含量随之减少，在贮藏过程中也作为呼吸底物而被消耗。因此，梨果实在采后贮藏过程中表现出前期总糖含量上升，糖酸比上升、中后期总糖和总酸含量下降，糖酸比下降，果实品质下降。

**3. 贮藏与加工品质** 果实的贮藏品质是指果实在贮藏过程中及贮藏后的品质表现。果实贮藏品质好，则表明其耐贮性强。我国梨加工业起步较晚，滞后于其栽培业。梨加工水平偏低，加工产品较少，梨浓缩汁和梨罐头是最重要的梨加工产品。由于受经济和技术多方面原因的影响，产业发展不均衡现象十分突出，这种产业特点决定了我国梨 90% 以上是鲜食品种，缺少加工品种，而先进国家加工品种一般在 50% 以上。

**4. 安全品质** 梨果实安全品质是指农药、化学调节物质、重金属残留量限度。例如，多菌灵和砷（以 As 计）小于或等于 0.5mg/kg，毒死蜱小于或等于 1mg/kg，辛硫磷小于或等于 0.05mg/kg，氯氟氰菊酯和铅（以 Pb 计）小于或等于 0.2mg/kg，溴氰菊酯小于或等于 0.1mg/kg，氯氰菊酯小于或等于 2mg/kg，镉（以 Cd 计）小于或等于 0.03mg/kg，汞（以 Hg 计）小于或等于 0.01mg/kg。

## （二）梨果安全的全程质量控制

**1. 我国梨安全生产标准** 我国已发布的国家标准《鲜梨》（GB/T10650—2008）对鲜梨质量等级作了详细规定，农业部农业行业标准《绿色食品 鲜梨》（NY/T423—2000）、《梨外观等级标准》（NY/T440—2001）和《无公害食品 梨》（NY 5100—2002）等也对梨果质量等级作了规定。其中除《无公害食品 梨》为强制性标准外，其余均为推荐性标准。《无公害食品 梨》果实卫生标准作了规定，主要包括了农药和金属的残留标准。

**2. 国外梨安全生产标准** 欧盟的《苹果和梨标准》 （*Standard for Apples and Pears*）定位于鲜食苹果和梨，规定了鲜梨的质量（包括最低要求和分级）、大小、容许度（包括质量容许度和大小容许度）、摆放（包括一致性、包装和摆放）、标识（包括检验、产品特性、产地、商品规格和官方控制标识）；经济合作与发展组织的《水果和蔬菜国际标准 苹果和梨》将梨分为特等、一等和二等，并对最低要求及各等级梨的果形、发育、着色、果柄、缺陷、果锈、果径作了比较详细的规定，通过附加的定义、描述、图片和彩色照片，能够更准确地评定梨的色泽、成熟度、机械伤、虫蚀和病害程度；美国的《美国夏梨及秋梨分级标准》适用于巴梨、哈代及其他类似品种的分级（美国一级、美国混级、美国二级和未分级），同时规定了容许度、容许度的应用、计算百分比的依据、贮运后的状态、标准包装（个头大小、包装、标准包装的容许度）和定义；《美国冬梨分级标准》适用于安久、宝斯克、冬香梨、考密斯及其他类似品种的分级（美国优质一级、美国一级、美国混级、美国二级和未分级），同时规定了容许度、容许度的应用、计算百分比的依据、贮运后的状态、标准包装（个头大小、包装、标准包装的容许度）和定义。卫生方面，制定专门的食品卫生标准即可，产品标准中不再涉及具体内容（丛佩华，2004）。

**3. 国内外市场发展与安全需求** 梨是我国的第三大水果，随着我国人们消费水平的提高，水果市场向优质化方面发展已是必然趋势。近年来，食品安全问题引起消费者的重视，无公害食品成为我国梨果生产的一个基本标准，绿色食品梨和有机梨也会越来越受到市场的青睐。这对于我国安全生产的配套技术提出了更高的要求，如何减少农药和化学肥料的使用次数而能保持果实较高的产量和生产效益是梨果安全生产的技术需求。为此，加快物理防治、生物防治以及农业防治等配套技术研究与推广十分迫切。

随着我国梨果出口量的增加，梨果安全标准与国际接轨已是我国梨发展的当务之急。国际市场除对梨果优质方面有其较高的要求外，对梨果生产的产地、农业投入品尤其是农药残留量要求越来越严格，我国梨果生产只有适应这一趋势，才能在国际梨果市场的竞争中立于不败之地。

**4. 安全产品的认证、标识与特点** 我国梨果生产的安全认证主要包括无公害食品、绿色食品和有机食品。到 20 世纪中叶，随着食品生产传统方式的变革和国际贸易的日益发展，食品安全风险增加，许多国家引入"农田到餐桌"的过程管理理念，把农产品认证作为确保农产品质量安全和同时能降低政府管理成本的有效政策措施。于是，出现了HACCP（食品安全管理体系）、GMP（良好生产规范）、欧洲 EurepGAP、澳大利亚SQF、加拿大 On-Farm 等体系认证以及日本的 JAS 认证、韩国亲环境农产品认证、法国农产品标识制度、英国的小红拖拉机标志认证等多种农产品认证形式。

我国农产品认证始于 20 世纪 90 年代初农业部实施的绿色食品认证。2001 年农业部提出了无公害农产品的概念，并组织实施"无公害食品行动计划"，各地自行制定标准开展了当地的无公害农产品认证。在此基础上，2003 年实现了"统一标准、统一标志、统一程序、统一管理、统一监督"的全国统一的无公害农产品认证。20 世纪 90 年代后期，国内一些机构引入国外有机食品标准，实施了有机食品认证。有机食品认证是农产品质量安全认证的一个组成部分。另外，我国还在种植业产品生产推行 GAP（良好农业操作规范）和在畜牧业产品、水产品生产加工中实施 HACCP 食品安全管理体系认证。目前，我国基本上形成了以产品认证为重点、体系认证为补充的农产品认证体系。

农产品认证除具有认证的基本特征外，还具备其自身的特点，这些特点是由农业生产的特点所决定的。具有农产品生产周期长、认证的时令性强、过程长、环节多，农产品认证的个案差异性大，风险评价因素复杂，地域性特点突出等特点。无公害农产品认证执行的是无公害食品标准，无公害农产品认证的目的是保障基本安全，满足大众消费，是政府推动的公益性认证。无公害农产品认证采取产地认定与产品认证相结合的模式，运用了从"农田到餐桌"全过程管理的指导思想，强调以生产过程控制为重点，以产品管理为主线，以市场准入为切入点，以保证最终产品消费安全为基本目标。产地认定主要解决生产环节的质量安全控制问题；产品认证主要解决产品安全和市场准入问题。无公害农产品认证的过程是一个自上而下的农产品质量安全监督管理行为；产地认定是对农业生产过程的检查监督行为，产品认证是对管理成效的确认，包括监督产地环境、投入品使用、生产过程的检查及产品的准入检测等方面。无公害农产品认证推行"标准化生产、投入品监管、关键点控制、安全性保障"的技术制度。从产地环境、生产过程和产品质量三个重点环节控制危害因素含量，保障农产品的质量安全。

# 第二节 梨优质安全生产环境与建园要求

## 一、产地环境条件

### （一）土壤

沙土、壤土和黏土都可栽培，以土层深厚、土质疏松肥沃、透水和保水性能较好的沙质壤土最为适宜，土壤 pH5～8.5，以 5.8～7 为最适，地下水位 1m 以下。具体指标参考 NY 5101—2002《无公害食品 梨产地环境条件》。

### （二）空气

空气中总悬浮颗粒物（TSP）、二氧化硫（$SO_2$）、氟化物的含量符合 NY 5101—2002《无公害食品 梨产地环境条件》的要求。

### （三）水

灌溉用水的 pH 及氯化物、氰化物、氟化物、汞、砷、铅、镉、六价铬、石油类等污染物的含量应符合 NY 5101—2002《无公害食品 梨产地环境条件》的要求。

## 二、农药与肥料的使用

### （一）农药

我国对无公害果品生产中的化学农药使用已有明确的规定，禁止使用剧毒、高毒、高残留农药，提倡使用生物源农药（如烟碱、Bt 乳油）和矿物源农药（如石硫合剂、波尔多液），允许使用的农药也要控制使用次数和用量，以避免或减少梨果实中的农药残留；尽量避免在天敌高峰期使用广谱性药剂等。

## （二）肥料

所施用的肥料不应对果园环境和果实品质产生不良影响，应是经过农业行政主管部门登记或免于登记的肥料。提倡施有机肥，合理施用无机肥。提倡根据土壤和叶片的营养分析进行配方施肥和平衡施肥。

施肥标准可根据梨树的特点、肥料性质，并参考中国绿色食品发展中心制定的《生产绿色食品的肥料使用准则》，因地制宜地进行操作。

允许使用的肥料种类：①有机肥料如堆肥、厩肥、沤肥、沼气肥、饼肥、绿肥、作物秸秆等有机肥；②腐殖酸类肥料如泥炭、褐煤、风化煤等；③微生物肥料如根瘤菌、固氮菌、磷细菌、硅酸盐细菌、复合菌等；④有机复合肥；⑤无机质肥料如矿物钾肥、硫酸钾、矿物磷肥（磷矿粉）、钙镁磷肥、石灰石（酸性土壤使用）、粉状磷肥（碱性土壤使用）；⑥叶面肥料如微量元素肥料，植物生长辅助物质肥料；⑦其他有机肥料。凡是堆肥，均需经 50℃ 以上发酵 5～7d，以杀灭病菌、虫卵和杂草种子，去除有害气体和有机酸，并充分腐熟后方可施用。

限制使用化学肥料：氮肥施用过多会使果实中的亚硝酸盐积累并转化为强致癌物质亚硝酸铵，同时还会使果肉松散，易患水心病，果实中含氮量过高还会促进果实腐烂。生产安全不是绝对不用化学肥料（硝态氮肥要禁用），而是在大量施用有机肥料的基础上，根据梨树的需肥规律，科学合理地使用化肥，并要限量使用。原则上化学肥料要与有机肥料、微生物肥料配合使用，可作基肥或追肥，有机氮与无机氮之比以 1∶1 为宜（大约掌握厩肥 1 000kg 加尿素 20kg 的比例），用化肥追肥应在采果前 30d 停用。

慎用城市垃圾肥料：城市垃圾成分极为复杂，必须清除金属、橡胶、塑料及砖石块等杂物，并不得含重金属和有害毒物，经无害化处理达到国家标准后方可使用。禁止施用未经无害化处理的城市垃圾或含有重金属、橡胶和有害物质的垃圾，处理后应达到 G8172《城镇垃圾农用控制标准》。使用污泥应符合 GB4282《农用污泥中污染物控制标准》。商品肥料和新型肥料必须是经国家有关部门批准登记和生产的品种才能使用（NY/T496—2002 肥料合理使用准则）。

## （三）化学调节剂

无公害梨果实生产过程采用生长调节剂对生长与结果进行调控，以达到优质、丰产、高效的目的。梨树上常用的生长调节剂有赤霉素（GA）制剂、多效唑（$PP_{333}$）等，如采用 $GA_{4+7}$ 制成的梨果涂布剂可以使果实提早成熟 7～17d（董朝霞和李三玉，1999；吴桂发等，2006）；采用多效唑对梨树进行树冠控制（徐永江等，1998）。

# 第三节　梨优质安全生产技术

## 一、品种选择

### （一）选择标准

品种的选择应以区域化和良种化为基础，遵照梨区划，结合自然条件，选择优良品种，实行适地适栽。此外，应根据运输条件及市场需要，早、中、晚熟品种合理搭配。品种选择还应考虑生产上的要求，以加工制罐为目的，宜选择适宜加工制罐的品种。若供外贸需要为目的，最好选择耐贮运的优良品种。丰产园宜选树冠矮小、紧凑、成花易、丰产性能好的品种，如黄冠、翠冠等。在日本，梨树良种总体上有 4 项指标：①风味好，外观美；②收获期适宜，贮藏性好；③产量高，易管理；④市场价格高。这 4 个方面也可以作为我们选择品种的参考依据。另外，单从果实形状上来说，果实圆球形是亚洲市场上的标准果形，而瓢形、纺锤形、圆锥形、倒卵形的果实品种则稍逊。就我国的实际，品种选择上应考虑：果实重量上要求单果重以 200～250g 为上；果实色泽方面，绿色品种要求色泽均匀，果点小、无锈斑，套袋后颜色浅而一致；褐色品种同样受市场欢迎，但要求颜色比较均匀，无锈斑，如套袋后颜色略浅，更能增加美观。因此，品种选择要因地制宜。

### （二）选择趋向

**1. 提高早中熟梨比例，大力发展优新品种**　　《全国梨重点区域发展规划（2009—2015 年)》明确长江中下游砂梨区的主攻方向为"压缩、改造老劣中熟品种，积极发展早、中熟品种，增加早熟梨的比例"。目前，全国梨果市场基本饱和，随着今后近 30% 的幼龄果园进入结果盛期和单位面积产量的提高，总产量还将继续提高，因此全国梨面积不宜再扩大。在我国梨品种资源中，中、晚熟资源较为丰富，占 91.5%，多集中在长江以北，存在着地区性和季节性的过剩，而早熟品种资源相对匮乏，极早熟品种资源更显稀有珍贵。近年来早熟梨市场一直看好，因此发展早熟梨是提高我国梨果业效益的主要途径之一。在西北、华北白梨区，鸭梨、砀山酥梨、雪花梨比例过大，引进发展适应当地环境条件，产销对路的新品种。可解决因品种单一造成的梨熟期太集中，产量相对过剩，售价低、效益差等问题，满足人们多样化消费需求。在部分梨树老产区淘汰老、劣品种，采用新建梨园或高接换种的方法发展优质梨新品种。在调整品种结构中应做到适地适栽、栽植优质苗木。

**2. 选择品质好、果型较大、圆整、外观美的品种**　　我国传统的库尔勒香梨、茌梨、河北鸭梨风味浓郁、口感好，但是由于其外观不美，所以在国际市场上竞争力不强，而日本和韩国相继培育出的优良砂梨品种，风味虽不如我国的传统梨品种，但由于其外观美，在市场上的竞争力反而较强且售价高。目前我国也大量引入日本和韩国的一些优良梨品种，有的表现比在原产地更好，我国科研工作者也根据中国的特点，利用日本、韩国的梨作为亲本之一进行杂交育种，并获得了大量的品质更优、外观更美、适应性更强的优良品种，如翠冠、黄冠等，为优质、安全梨果生产提供了更大的选择空间。

**3. 选择抗性强、适应性广的品种**　　总的来说，梨抗逆性较强、适应性很广，但就某一品种来说其抗逆性和适应性则是有限的，因此选择抗逆性和适应性强的梨品种具有重要意义。抗逆性好的品种可以减少用药量，使果品生产走向无公害化，提高果实品质、降低生产成本，增强果品在国际、国内市场上的竞争力。抗逆性和适应性主要是指梨的抗寒、抗旱以及抗病虫害的能力，原产我国北方的秋子梨品种以及苹果梨、早酥、库尔勒香梨等具有较强的抗寒性。抗病性主要是针对梨的黑星病、黑斑病和轮纹病等，西洋梨较抗黑星病，而白梨则较抗轮纹病。

**4. 选择耐贮性的品种**　　我国由于贮、运、销技术水平有限，部分梨产后不能直接进入冷链（冷处理、冷贮、冷运、冷销）系统，存在着贮运损失巨大的隐患。目前，国内生产上趋向选择耐贮的优质梨新品种。

**5. 增加加工品种的栽培面积** 要缩减梨鲜食品种的栽培面积，适当增加加工品种的栽培面积，在最适宜或适宜栽培梨加工品种的地区建立加工品种生产基地。加工品种发展以巴梨、红巴梨、锦香、五九香、南果梨等鲜食加工兼用的软肉品种和适于加工的脆肉品种为主，振兴我国糖水梨罐头和梨汁的加工业，提升果业增值空间，拉长产业链条。

### （三）关键指标

早熟梨：果实发育期为 105d 左右；单果重以 200～300g 为宜；果实形状要求整齐一致，以标准的圆形或者扁圆形为最佳，便于机械选择；果肉可溶性固形物含量要求在 11% 以上。

中晚熟梨：单果重以 250～350g 为宜；果实形状要求整齐一致，以标准的圆形或者扁圆形为最佳；果肉可溶性固形物含量要求在 12.5% 以上。

## 二、合理群体结构培养

### （一）合理树形及其培养

**1. 小冠疏层形** 干高 40～50cm，具明显的主干。第一层 3 个主枝，第二层 2 个主枝，第三层 1～2 个主枝，各层主枝在主干上分布错落有致，主枝避免正南方向，主枝分枝角在 50°～70°；每个主枝配置 2～3 个侧枝，呈顺向排列，侧枝开张角度 70°左右。

幼树生长旺盛，应重视夏季修剪。主要以整形为主，尽快扩大树冠，培养牢固的骨架；对骨干枝、延长枝适度短截，对非骨干枝轻剪长放，提早结果，逐渐培养各类结果枝组。盛果期修剪的主要任务是前期保持树势平衡，培养各种类型的结果枝组。中后期要抑前促后，回缩更新，培养新的枝组，防止早衰和结果部位外移。

**2. 双层开心形** 该树形为疏散分层形的改良形。树高 2.0～2.5m，冠径 3.0～3.5m，具中心领导干，干高 40～50cm。主枝分两层，第一层 3～4 个主枝，主枝间距 10～15cm，层内距 30～40cm；第二层 1～2 个亚主枝，间距约 10cm，层内距 20cm。第一层与第二层的层间距为 100～120cm，其上主干着生小枝组，第二层以上中心干落头。株间 10%～20% 交接，树冠覆盖率为 70%～80%。

**3. "3+1" 树形** 属于疏散分层形的改良形。干高 60～70cm，中心干明显。在中心干距地面 60～120cm 的范围内，错落着生 3～4 个小主枝，每个小主枝与中心干的夹角 70°～80°，其上着生大型枝组 2 个（其余为中小枝组）。中心干的上部不再培养主枝，而是每隔 20～30cm 配置一个较大的结果枝组，一般为 6～7 个。待大量结果、树势缓和后，落头开心。该树形具有整形容易、便于管理等特点，而且成形后树冠内光照充足，有利于果实品质的提高。

**4. 倒 "个" 形** 该树形树形树高 2.4～2.5m，主干高 0.6～0.7m，仅保留第一层主枝 2 个和中心干，因此，称之为倒 "个" 形树形。其树形扁平，"上小下大"，上部枝条对下部的影响小；主枝数量少，主枝间枝梢不交叉不重叠，通风透光条件好。中心干上均匀配置中、小型结果枝组，其中中型枝组的方向伸向株间，与两主枝延伸方向垂直；主枝上同侧间隔50～60cm配备一个大、中型结果枝组，每个主枝配备4～6个。梨树倒"个"形树形是在"3＋1"树形基础上的一次创新，树形结构更简单，管理方便，易加容易于推广应用，是一种梨树新型优质、省力化栽培树形。

**5. 纺锤形**　干高50～70cm，树高3m左右，在中心干不配备主枝，而是直接培养10～14个小主枝（或称结果枝轴），且不分层。每结果枝轴之间的距离以20～30cm（同侧枝相距以60cm）为宜，与中心干的着生角度为70°～80°，其上不再配备侧枝，而是直接培养结果枝组，大量结果树势缓和后落头。该树形与疏散分层形的区别在于主枝或结果枝轴数量多、不分层、无侧枝，具有易操作、成形快、结果早、丰产早等特点；而且因结果枝轴上没有侧枝，树体通透、膛内光照良好，有利于提高果实品质，并对延长结果枝组寿命具有积极意义。但对成枝弱的品种，需做好目伤工作，以促发分枝，否则极易因枝轴的数量不够而出现偏冠等问题。同时，对枝梢直立生长较强的品种，需做好"拉枝造形"工作。

**6. 棚架树形**　棚架树形具有果实品质优、整齐度高、防风等优点（伍涛等，2008；张绍铃等，2010）。棚架式种类很多，一般分为水平棚架、倾斜棚架和漏斗形棚架。水平棚架，架面呈水平状，枝蔓水平配置架面上；倾斜棚架的架面呈一定倾斜度，植株栽于棚架的低侧，枝蔓沿倾斜面由低向高延伸；漏斗形棚架植株于漏斗形架面的中心栽植，枝条经绑缚沿架面向四周伸展。对七年生丰水梨的水平形、漏斗形、折中形和杯状形4种棚架树形进行了栽培试验，4种棚架早期树冠形成与定干高度和主枝选留数量有密切关系（杨青松，2007）。

近年来，湖北省农业科学院果树茶叶研究所在传统棚架栽培的基础上，创制出"双臂顺行式"棚架栽培模式，其树形技术简单、操作简便、适于机械操作，实现了棚架梨园枝梢的立体管理，克服了我国现有平棚架上架难（树架分离）、上架后枝梢生长弱、产量低的问题，是我国棚架架式的一项重要的省力化创新。该树形的整形修剪采用"三线一面"（或"两线一面"）新型改良式棚架架式。平棚架面高1.8m，拉50cm×50cm网格，其结构与我国常规平棚架结构相似。不同点在于：园内支柱分为边支柱、抬高线柱（垂直距地面高2.3m）和防鸟网柱（垂直距地面高3.4m，在三线一面架式时使用）3种类型。平棚架下30cm处穿过拉主枝定位线，用于固定主枝基角（主枝定位线的应用可省上架时的大量竹竿投入及绑缚用工，主枝上架后移除，不影响后期田间操作）；平棚架面上50cm处穿过支柱拉抬高诱引线，用于主枝延长枝和结果枝组培养时的抬高诱引，主枝定位线、抬高诱引线与平棚架面形成两线一面架式，主要用于套袋栽培梨园或鸟害较轻的果园。鸟害严重、实行无袋栽培的梨园要增设防鸟网柱，架设防鸟网。防鸟网柱隔行隔株定植（替代部分抬高诱引柱的位置），架面上1.6m（即防鸟网柱顶部）拉"防鸟网线"，形成6m×8m的网，这样在传统平面棚架的基础上增加了主枝定位线、抬高诱引线和防鸟网线，形成三线一面架式。

"双臂顺行式"棚架梨树按宽株窄行定植，株行距4m×3m，主干高1.2～1.3m，两个主枝，无中心干，顺行向左右延伸，因此称之为"双臂顺行式"棚架树形。其两主枝从主干分枝后呈45°角向架面延伸，分枝点距平棚的垂直距离为50cm，距架面的上架点距离约为70cm。上架后主枝上直接均匀着生结果枝组，垂直伸向行间填补架面空间。每个主枝共着生结果枝组9～10个，单侧间距35～40cm，长度120～150cm（主枝基部稍长，先端部稍短）。主枝和结果枝组的先端延长枝角度抬高诱引，保持近直立生长状。

**7. Y形架式**　Y形架式栽培，就是进行开心形架式绑枝，将枝条呈 60°～70°角分别伸向行间，绑缚于架面，不受风吹摇摆，增大受光面积，增加结果枝群。

### （二）枝梢管理及培养

**1. 拉枝**　在 6 月上中旬至 7 月中下旬进行。应使用麻绳或棕绳，将一二年生壮实的枝条，按树形和树冠结构的合理方向、角度插空拉开。绑绳使用活扣，不能过紧。拉枝要从基部张开角度，切忌基角不变，在枝条腰部拉成大弯弓，呈水平状。

**2. 抹芽**　春季萌芽初期及时除萌。主要是锯口、剪口附近的丛生芽、过密的背上芽及过多的顶部芽。

**3. 疏梢**　生长季节对过密的直立枝、"骑马枝"及徒长枝、竞争枝疏除。疏枝不是把背上枝一律除去，在有空间的缺枝部位，或要求培养预备枝更新的部位，有计划地保留 1～2 个，培养成结果枝。夏剪疏梢时切忌将营养枝全部抹除，原则上实行"三三"制，即抹除三分之一、长放三分之一、拉枝及短截三分之一。

### （三）枝组培养与更新

**1. 枝组培养**

（1）先截后放　一般用于大中型结果枝组的培养。对发育枝进行短截后促发分枝，长放促花，并对强壮直立枝辅以摘心、拉枝等技术手段，待成花结果、生长势缓和后再进行回缩，以培养成永久性结果枝组。如疏散分层形侧枝上大中型枝组的培养大都采用"先截后放"的方法。

（2）先放后缩　适用于各类枝组的培养。将有扩展空间的发育枝进行长放，待其结果后，再回缩，一般常用于幼旺树的枝组培养。

（3）连续回缩　主要用于处理辅养枝。随着树体各主枝或永久性结果枝组的不断发育，辅养枝的发展空间越来越小，可连续回缩，最后培养成结果枝组。

**2. 枝组的修剪与更新**　采用先轻剪长放再回缩的方法培养结果枝组，无过大枝组时，尤其是矮化密植园，宜少进行重短截。对盛果前期和进入盛果期树的结果枝组，应精细修剪，同一枝组内应实行"三套枝"制度，保留预备枝，轮换更新，控制结果部位外移。交替使用轻剪、长放和短截、回缩修剪，促使结果枝组既能保持旺盛的结果能力，又具有适当的营养生长量，防止早衰。

对长放过长、长势衰弱的大、中型结果枝组要及时回缩至壮枝处，如进行短截需以壮芽带头，以增强其长势、维持良好的结果能力。在大中型枝组稳固、健壮的基础上，修剪的重点应放在小型结果枝组上，因为小枝组是大中型枝组的组成成员，是最基本的结果单元，对其修剪、维护的质量直接影响着整个植株的结果能力及树势的均衡，是连年高产、优质的重中之重，所以应予以足够的重视。

枝组更新的总体修剪原则是留壮枝、壮芽，以确保良好的生长势，并利于提高果实品质；对短果枝群抽生的果台副梢，应去弱留强，并遵循"逢三去一"原则，以免造成重叠、交叉；结果过多、长势衰弱（叶片数少于 4 个）、不能形成发育良好的花芽者，必须及时回缩，下垂枝亦要上芽带头、回缩复壮。一般每个短果枝群留 4～6 个壮枝即可，并结合疏花疏果使之半数结果、半数长放，用于翌年结果。如此交替结果，即可达到连年丰产稳产的目的。对单轴延伸的枝组可采用"齐花剪"，防止过度伸长，以保持健壮的生长势。不能形成花芽或花芽质量不佳时，要回缩至壮芽，如无壮芽可于基部瘪芽处疏除，以促发新梢，然后用"先放后缩"的方法，培养新的结果枝组。

## 三、土肥水管理与调控

### (一) 土壤管理

生产安全优质的梨果，必须保证梨园土壤无污染，达到一定的环境质量要求。土壤管理主要包括翻耕、覆盖、种绿肥、除草、土壤改良等措施，以疏松土壤，增强土壤的通透性，调整果树从土壤中吸收的养分和水分，维持园地肥力，改善土壤微环境，促进根系伸长和生长，满足梨树生长需要。

**1. 土壤翻耕** 梨园土壤翻耕主要有中耕和深耕。中耕宜在梨树生育期间结合除草进行，主要目的是松土、除草，能改善土壤的理化性质，促进根系生长发育，并防止水分蒸发散失；在生育期中耕要浅，减少根系损伤。深耕主要在秋冬季梨树休眠期进行，底层土上翻熟化，表层土下埋改善底层土壤结构，覆埋土中越冬害虫和病菌。据湖北省农业科学院果树茶叶研究所开展的砂梨无公害高效栽培技术研究结果表明，梨园行带经多年翻土，梨实蜂为害梨花、果率降低 25.3%，梨虎为害幼果率降低 9.3%，梨瘿蚊为害枝梢率降低 7.8%。深翻在霜冻前进行，翻耕深度为 30cm 为宜。

**2. 梨园覆盖** 在树盘上覆盖麦秸、稻秆、玉米秆等材料能调节土壤温度与湿度，且可减少土壤冲刷与养分流失，阻止杂草发生；覆草腐烂分解后，又能供给土壤有机质与钾肥，长期覆盖既能改善土壤微环境，又能提高梨树新梢生长量和果实品质。作物秸秆需经过切断或者粉碎后覆盖，厚度在 10~15cm，并用土压住，防止风吹，在雨后撒施尿素利于秸秆分解，避免与根系竞争氮肥。

树盘除覆盖秸秆外，还可以覆盖薄膜，在春季保水保温保墒，可以促进根系提早生长。种类主要有白色透明地膜、黑膜、光降解膜、反光膜等，其中透明聚乙烯薄膜起到增温保湿作用，可提高地温 2~10℃，节省灌溉水 30%；田间 70% 左右杂草种子都需要光诱导发芽，利用黑色地膜可以抑制杂草发芽，与化学除草相比较效率高、无毒，适应性广，可保持土壤湿度，能提高地温提高 0.5~4℃。树盘铺设银色反光膜，可以增加树体中下部叶片光照，提高光能利用率。

**3. 树行间作及生草** 梨园间作及生草既可以充分利用土地、光、热等资源，又可以土壤培肥，增加有机质，调节土壤温湿度，维持土壤良好小生态环境，抑制杂草生长，提高果实品质，是梨园优质、安全、高效种植模式。根据侯起昌在黄河故道地区梨园种植三叶草、苜蓿研究表明，与清耕相比，生草可提高梨园 0~20cm 深土壤有机质及氮的含量，但 20~80cm 土层中有机质含量降低；改善梨园微环境，增加天敌的数量，减轻梨树病虫害发生。梨园生草初期要注意灌水和施肥，避免与梨树过多竞争水分和养分。梨树幼年期树行间空隙多，常进行间作，但近树干处不可间作，只适宜中耕或覆草。在树冠扩大后，行间逐渐减少间作面积，除秋冬落叶期间可种植绿肥外，生长季节不再进行间作。

梨园间作及生草作物主要有三叶草、印度豇豆、苜蓿、花生、小冠花、绿豆、毛豆等，大多为豆科草本植物。

**4. 除草剂的应用**　20世纪60年代以来除草剂发展十分迅速，已成为农药产品中最活跃的领域，我国从70年代开始果园除草剂试验。使用化学除草能及时除草，省时省工，成本低、效果好。

不同除草剂的结构不同，其杀草机理也有所不同。许多除草剂通过抑制杂草光合作用，而使其"饥饿死亡"，如西玛津、阿特拉津、绿麦隆、敌草隆等；有的则是干扰蛋白质合成，抑制能量代谢，如茅草枯、五氯酚钠等；2,4-D、拉索、毒草胺等主要是破坏杂草植物体内激素的合成和运输，导致生长失调而死；禾草灵、枯草多、氟乐灵等主要是抑制杂草分生组织和根尖细胞正常分裂，致使植株死亡。

梨园使用的除草剂主要有水剂10%或40%草甘膦、20%百草枯水剂等。草甘膦必须在杂草出苗后对茎叶喷雾，对未出土的杂草无效，喷施后8h下雨要补喷，对茅草、香附子等多年生恶性杂草第一次喷药后，隔一个月再喷一次，才能彻底根除。

为了保证梨果品安全优质生产，要及时排除除草剂对梨树产生的药害。对激素型除草剂药害喷洒赤霉素或撒石灰、草木灰、活性炭等；对触杀型除草剂的药害，可施化肥迅速恢复生长；对土施除草剂药害，可翻耕泡田反复灌水冲洗土壤。

梨园除了采用中耕除草、喷除草剂、地面覆盖等方法清除杂草外，还可通过刈割、喷多效唑等手段抑制或者延缓杂草生长，控制杂草高度，一定程度上可以减少地面水分蒸发，改善土壤物理结构。多效唑是一种合成的新型植物生长延缓剂，通过抑制植物体内赤霉素的生物合成，从而延缓植物生长。林秀茹在梨园地面喷施多效唑研究表明，多效唑可以抑制禾本科杂草的高度，大幅度增加了杂草分蘖数量，显著降低了土壤容重，改善了土壤通气状况，降低土温，提高了土壤含水量；而且还可以有效防止梨树新梢过旺伸长，对果实品质提高有促进作用。

**5. 土壤改良**　主要是利用一定的措施，改变土壤结构和理化性质，达到满足梨树优质安全生产的要求。需要改良的主要是红壤、盐碱地、沙土、黏土等。

黏土与沙土改良：主要是通过利用客土改土。土质黏重的可以掺入含沙质较多的疏松肥土，含沙质多的可掺入塘泥、河泥等较黏重的肥土。但每次改土不宜太多，培土不能太厚（一般在5～10cm），以免影响根系扩展。在北方寒冷地区一般在晚秋初冬进行，可起到保温防冻、积雪保墒的作用。连续多年压土，土层过厚会抑制果树根系呼吸，应扒土露出根颈。

红壤改良：我国长江以南地区梨园多建在红壤上。该类型土壤中有机质在南方高温多雨气候条件下，分解快、易淋洗、流失也快，富铁铝，酸性强，缺磷。土壤结构不良，水分过多时，土粒吸水成糊状；干旱时土块紧实坚硬。对于红壤改良，首先要作好水土保持工作，采用修梯田、撩沟等措施减弱雨水对土壤冲刷；再增施有机肥，提高土壤有机质含量，改善土壤结构；施用磷肥和石灰，提高土壤pH，增加有效磷含量。

盐碱地土壤改良：梨树适宜生长土壤pH在5.8～7.0，对于盐碱地种植梨树需进行土壤改良：①引淡洗盐。在果园顺行间挖一道排水沟，沟深1m、宽1m。排水沟与较大较深的排水支渠及排水干渠相连，使盐碱能排出园外。园内能定期引淡水进行灌溉洗盐，含盐量达到0.1%后，应注意生长期灌水压碱，中耕、覆盖、排水，防止盐碱上升。②深耕施有机肥，提高有机质含量，改良土壤结构和理化性质，提高土壤肥力，减少蒸发，防止返碱。而且有机肥含有机酸，对碱起中和作用。③地面覆盖和种植绿肥。地面可铺 10～15cm 厚的沙、草或其他物质，起到保墒，可防止盐碱上升；种植绿肥，增加土壤有机质，同时减少土壤水分蒸发，抑制盐碱上升。④营造防护林可以降低风速，减少地面蒸发，防止土壤返碱。⑤施用石膏。利用钙离子交换钠离子，消除土壤中过多的钠造成的碱性。配合施有机肥料和氮、钾肥效果更好。

### （二）水分管理

**1. 梨园灌溉水质量要求**　梨树的优质安全生产不仅需要水的数量充足，更需要水的质量高，水中污染物的含量，符合 GB/T 18407.2—2001 规定。

**2. 梨的需水规律**　梨树在不同生长时期对土壤水分的需求是不同的，萌芽至果实膨大期，需水量大用以满足梨树生长与结果；而采果前要注意控制水分，利于提高果实品质，让新梢及时停止生长，梨树适时休眠；在梨园土壤结冻之前灌一次封冻水，利于梨树越冬。河北农业大学王国英对鸭梨采用不同土壤水分调控研究，结果表明，新梢停止生长后梨园每隔 15d 定期浇水，果实的平均单果重较梨园覆膜、自然降水处理的高，但是果实可溶性固形物、糖酸比较后两者低，说明梨园管理后期土壤要控水。

梨树不同生长地区气候条件不同，土壤水分也不同。我国西北、华北地区为梨主产区，春季至初夏干旱少雨，正是梨新梢生长期，应及时灌水。长江以南一带，6、7 月为梅雨期，降水量大，梅雨过后气温高易干旱，梨园要保湿，及时灌水。

**3. 灌溉标准**　当土壤含水量达到持水量的 60%～80% 时，利于根系吸收土壤水分和养分。当梨园含水量低于持水量的 60% 时要注意灌水。土壤含水量可以通过仪器进行精确测量，张力计（土壤水分张力计）是使用比较多的仪器，使用简便、数据可靠。确定梨园是否需要灌水还可以通过直接测定梨树果实的生长率、气孔的开张度、叶片的色泽和萎蔫度等生物学指标的方法。在生产上也可凭经验用手测和目测法确定是否灌水，如壤土和沙壤土，用手紧握形成土团，再挤压时，土团不易碎裂，土壤水分含量大约在最大持水量的 50% 以上，可不必进行灌溉，若手松开后不能形成团，说明土壤含水量低，必须灌水；黏壤土捏时能成团，但轻轻挤压后有裂痕，说明含水量少，需灌水。

梨园灌水后，要使梨树根系分布范围内的土壤湿度达到最有利梨树生长发育的程度。最好一次灌透，避免多次补充灌溉引起土壤板结。

**4. 灌水量的计算**　灌水量可以根据不同类型土壤的持水量、灌溉前的土壤含水量、土壤容重、要求土壤浸湿的深度及灌溉面积计算，公式为：

灌水量＝灌溉面积×土壤浸湿深度×土壤容重×（田间持水量－灌溉前土壤湿度）

一般土层深厚的梨园，一次灌水需浸湿土层 1m 以上，每次每 667m² 灌水量约 2.5～5t，每隔 10d 左右灌溉 1 次，高温干旱期多灌水 2～3 次。

传统灌水方法主要有沟灌、盘灌、穴灌等，灌溉耗水量大，容易造成水资源的浪费。现代灌水方法有喷灌、滴灌等，喷灌基本上不产生深层渗漏和地表径流，可节约水源，特别是对渗透性强、保水性差的沙土，可节水 60% 以上。可以保持土壤疏松，农药、肥料、除草剂等可以通过喷灌设备喷施。滴灌，是以水滴或者细小水流缓慢地施于植物根域的灌水方法。水只用在根系附近，减少水分蒸发，节水显著，约为普通用水量的 25%～40%。滴灌能经常对根域土壤供水，保持土壤持水量，促进果树根系及枝、叶生长，利于梨树产量和品质提高。但是，喷灌和滴灌设备投入较高，增加果园的投资，特别是滴灌由于滴头较小，受水质影响，容易出现堵塞。

虽然梨树对水分的需求量较大，但是梨树耐涝力比葡萄、柿等弱。据试验，在缺氧的死水中浸9d后枝叶就表现凋萎。一般土壤达到最大持水量时，特别是降水量大时，要做好排水工作。排水不良使梨树的根呼吸作用受到抑制，影响养分和水分运输，根系生长受阻甚至出现死亡；土壤通气不良，妨碍土中微生物特别是好气细菌活动，对土壤微环境和理化性质产生不良影响。

当梨园地下水位升至距地面40~50cm处时，水面以下的根系长期被浸没而腐烂，以致阻碍地上部的生长。应采取开园时起高垄，留明沟或设暗沟，能及时排水，不积水。

**5. 微喷灌溉的安装及使用**　梨园实施微喷灌溉，显著提高单果重、果肉松脆口感好，品质明显改善。微喷灌溉省工节水、灌溉及时和操作方便；与其他灌溉方法比较，设施安装成本较低，一般4年除收回梨园其他管理成本外，可收回微喷安装投资。另外，微喷灌溉不仅具有增产提质效果，还有促进生长、增强树势的作用，可为下年的丰产优质奠定基础。

微喷灌溉水源为附近水库。用水泵从水库提水到位于山顶的贮水池，通过贮水池自压向微喷管路供水。供水管路由主管路、支管路和微喷头三部分组成。两个梨园的主管路各4条，由梨园顶部水池自上而下沿梨园主干道根据主管供水量和地形安装，管材为PVC管，每隔约100m留1个伸缩节，各主管上安装控制阀门，并在适当点留有取水口，以备喷药或其他取水用。支管路按等高线布置，即每行梨树安装一条支管，铺设在梯田中间，埋入土中10cm，防耕作损坏；支管长度依据水压和地形而定。在支管上安装露出地面以上的铜制微喷头，喷头位于相邻两株梨树间。工作时由喷头向四周喷水。根据两梨园不同的种植密度，采用大小不同的喷头，使喷出水的直径达到3~4m（梨株距）。喷头在不用的季节可取下保管，延长使用寿命。

### （三）肥料施用

**1. 梨对肥料的需求特点**　梨树施肥必须依据不同生长时期的需肥特点及树体营养状况，充分了解土壤和肥料的特性，合理科学地配方施肥，达到生产优质安全果品，提高肥效利用率。

在不同生长时期，梨树体内养分变化不同，而且对养分种类和数量的需求也不同。春季萌芽，是各器官开始构建时期，需要养分较多，主要消耗树体内贮藏养分。但若供应不足，影响开花、坐果及新梢生长，应该在地温开始回升梨树萌芽前施入，主要以氮肥为主，施后浇水，利于养分被根系吸收。春末夏初为叶片、枝条等营养生长旺盛时期，需求养分主要以氮素为主，养分供应不及时，容易导致营养生长滞缓，对树体生长不利。6月为新梢停止生长期，以生殖生长为主，果实迅速膨大、花芽开始分化，磷、钾肥需求量增大，氮肥的需求量相对降低，利于果实品质提高与花芽分化。成熟期在8月的中晚熟品种，在采摘前一个月可以再追施钾肥，对果实糖分提高、着色、花芽分化有促进作用。果实采摘后追施还阳肥或落叶前施基肥，利于树体养分贮存。根据菊池秋雄对长十郎所需矿物养分研究，梨的叶需氮最多，钾、磷次之，果实和枝梢需钾最多，氮、磷次之；总体以氮需量最大，钾次之，磷最小。

采集梨树叶片，分析测试其营养成分可诊断树体营养状况。通过对黄金梨、鸭梨、苹果梨叶片矿质元素年周期变化研究显示，随叶龄增大，各品种叶片内 N、P、K 含量总体降低，Ca、Mn、Zn 含量呈增加趋势，Mg 含量在生长前期增加后期减少，总体趋势上升；而 Cu 在各品种表现有所不同，林敏娟等在黄金梨上研究发现叶片 Cu 含量在生长前期下降迅速，在后期缓慢减少，田真在成龄鸭梨树研究结果为叶片中 Cu 在生长前期变化平稳，果实采收后期波动较大，但整体上含量变化不显著，李雄等研究苹果梨表明叶片中 Cu 波动变化不大。随着梨树生长发育，树体内 N、P、K 含量下降，为了满足梨树生长需求，应根据需求时期和需要量及时补充。

掌握肥料的性质及在土壤中分配特性对施肥具有重要指导意义。性质不稳定、易挥发的速效肥如碳酸氢铵须早施深施；尿素作为速效肥能很快溶解在土壤中，但是其水解速度与土壤含水量、pH 和温度有密切关系，在含水量适宜的中性土壤中随温度升高水解速度加快，$>30℃$ 时 $2\sim3d$ 可以完全水解，在 $20℃$ 时需 $4\sim5d$，$10℃$ 时需 $7\sim10d$，所以尿素可作基肥也可作追肥；在土壤 $pH>7.5$ 的石灰性旱地土壤中，容易引起氨的挥发，氮损失量达 $30\%\sim60\%$，所以尿素也应该深施盖土，减少养分损失；硝态氮肥易硝化脱氮损失，不宜作基肥施用和在多雨地区施用，在我国北方少雨干旱地区分配硝态氮肥吸收效果好，而在我国南方高温多雨地区施用铵态氮肥，$NH4^+$ 不易淋失。过磷酸钙易被土壤固定，移动性很弱、有效性低，施用时尽量减少与土壤接触，集中施在根群附近，或者与有机肥混合使用效果更好。由于沙质土壤缺乏吸附钾离子的有机、无机胶体，造成钾容易流失，特别是在南方酸性、沙质土壤应重点施钾，钾肥最好与有机肥料和石灰肥料配合施用，少量多次，提高钾肥利用率。

要注意各种矿质元素间的相助或拮抗作用，如氮和镁有相助作用，即当树体内含氮量高时，对镁肥吸收就多，含氮量低时，对镁的吸收也少。当树体出现缺镁症状时，对土壤和叶片中的氮和镁同时分析，诊断是缺镁，还是氮和镁都缺。氮与钾、硼、铜、锌及磷等元素间有拮抗作用，若过量施入氮肥，就会造成梨树吸收的钾、硼、铜、锌、磷的量减少；反之，少施氮肥，叶片中钾素含量就增多；土壤溶液中氮素含量越少，根系对钾的吸收越多。

由于各元素间的复杂关系，常引起连锁反应。如钾、镁有拮抗作用，钾过多易导致缺镁，镁缺乏又引起锌、锰的不足；镁在树体内是磷的运输载体，当土壤缺镁时，磷含量再高也难被梨树吸收，而磷含量升高会诱发缺铁和缺铜症。

生产优质、安全果品，要限制使用含氯化肥和含氯复合（混）肥，推荐使用堆肥、沤肥、厩肥、沼气肥、绿肥、作物秸秆肥、泥炭肥、饼肥、腐殖酸类肥、人畜废弃物加工而成的肥料等有机肥。单一元素或者多元复合肥可以作为基肥或追肥使用，推广应用新型肥料如生物肥、生物复混肥、氨基酸类、植物提取剂等。

**2. 施肥量的确定依据** 梨树施肥量与品种、土壤、肥料等多方面相关，而且也要考虑树龄、结果量及环境条件变化等因素。施肥量的确定可以根据：

（1）当地梨园的施肥量 调查土壤、气候、品种等条件相似的当地梨园所施用肥料种类和数量，对比分析不同梨园树势、产量和品质等存在差别的主要原因，总结施肥经验，制定初步施肥量，在以后生产中不断总结，确定更切实际的施肥方案。

（2）田间肥料试验 按照不同梨园土壤及不同品种进行田间施肥试验，根据梨树产量、品质及生长量确定施肥量。

（3）叶片营养诊断　采集梨园叶片，通过测试叶片养分状况，诊断树体营养状况，并确定施入肥料种类和数量。要求采集叶片方法科学合理，测试方法要规范标准。一般选取园内 15～25 株树，盛花后 8～12 周采集树冠外围中部新梢的中位叶 200 片，避免农药、肥料等污染。

（4）目标产量配方法　梨树的产量是依靠土壤及肥料的供应，根据生产制定梨树目标产量及需要吸收的养分量，在土壤能提供养分的基础上确定施入的肥料量。计算公式为：

$$理论施肥量＝\frac{梨树吸收肥料元素量－土壤供肥量}{肥料利用率}$$

注：①梨园目标产量根据国内外研究，要每生产 100kg 梨果，梨树需要从土壤中吸收氮 0.30～0.45kg、磷 0.15～0.3kg、钾 0.30～0.45kg，其中氮和钾的需求量是基本相当的。②通过调查梨根系垂直分布，70%～80%根系集中分布于 0～40cm 深土层中，耕作、施肥及养分供应也集中发生在此厚度的土层。计算出每 667m² 梨园 40cm 厚的土壤重量约为 20 万 kg。根据测试的土壤各元素的含量，可以计算出土壤供肥量。③一般氮肥当年利用率为 50%、磷为 30%、钾为 40%，但随着施肥技术和高效肥料使用，肥料利用率会提高。

**3. 梨树的主要施肥时期及用量**　施肥时期根据梨树物候期及生长发育规律分阶段进行。

（1）基肥　此次施肥发挥肥效平稳而缓慢，能为梨树整个生长期提供养分，主要以迟效有机肥为主，混施过磷酸钙，还可以施入适量钾肥及少量的速效肥。秋季施肥利于肥料分解，而且树体处于活动期，切断的根系易恢复。基肥施肥量约占全年施肥总量的 70%左右，有机肥施入量一般按每生产 1kg 梨果施 1.5～2.0kg，盛果期梨园每 667m² 施有机肥 3 000～5 000kg、过磷酸钙 100～200kg、硫酸钾 10～15kg、速效氮肥尿素 5～10kg。

（2）追肥　梨树在芽萌发、枝条生长及果实生长时需肥急迫，通过追肥可及时补充养分供应。追肥的次数和时期与气候、土质、树龄等有关。一般高温多雨或沙质土，肥料易流失，追肥宜少量多次；反之，追肥次数可适当减少。幼树追肥次数较少，随树龄增长，结果量增多，长势缓慢，追肥次数也要增多，以调节生长和结果的矛盾。

①花期追肥（萌芽肥）　果树萌芽开花需消耗大量营养物质，但早春土温较低，吸收根发生较少，吸收能力也较差，主要消耗贮存养分。若树体营养水平较低，此时氮肥供应不足，则导致大量落花落果，还影响营养生长，对树体不利。

北方多数地区早春干旱少雨，追肥必须结合灌水，才能充分发挥肥效。

②花后追肥（稳果肥）　这次肥是在落花后坐果期施用，也是果树需肥较多时期。幼果迅速生长、新梢生长加速都需要氮素营养。追肥可促进新梢生长，扩大叶面积，提高光合效能，有利碳水化合物和蛋白质的形成，减少生理落果。一般花前肥和花后肥可互相补充，如花前追肥量大，花后也可不施。必须根据树种、品种的生物学特性酌情施用，才能提高氮肥利用率和坐果率。

③果实膨大和花芽分化期追肥（壮果肥）　此时期部分新梢停止生长，花芽开始分化。追肥可提高光合效能，促进养分积累，提高细胞液浓度，有利于果实肥大和花芽分化。对结果不多的大树或新梢尚未停止生长的初结果树，要注意氮肥适量施用。否则易引起二次生长，影响花芽分化。在湖北武汉地区，梨新梢在 6 月中下旬生长缓慢或者停止生

长，果实在 5 月下旬进入迅速膨大期，根据树体营养和生殖器官生长规律，科学合理施肥，注意氮、磷、钾适当配合。

④果实生长后期追肥（采果肥）　解决大量结果造成树体营养物质亏缺和花芽分化的矛盾。尤以晚熟品种后期追肥更为必要。

**4. 施肥方法**　梨树有主根，根系在土中分布深且广，垂直分布约为树高的 0.2～0.4 倍，水平分布约为冠幅的 2 倍，故施肥要深，施在树冠外围处根系分布层，便于根系吸收。幼树期肥料要浅施、范围小，成龄树施肥要加深、范围外扩。特别在沙地、坡地以及高温多雨地区，土壤养分易淋洗流失，需薄肥勤施。氮肥在土壤中降解快、移动性强，易被吸收，可浅施；磷钾肥移动性差，一般要深施，集中在根系分布层。迟效性有机肥或肥效缓慢的复合肥料应适当早施深施。主要施肥方法有：

（1）环状施肥　在树冠外围稍远处挖环状沟施肥。

（2）放射沟施肥　较环状沟施肥伤根较少，但挖根时要避开大根。

（3）条沟施肥　在树冠外围滴水线处，果园行间、株间或隔行开沟施肥，也可结合深翻进行。

（4）灌溉式施肥　与喷灌或滴灌结合，配好肥料浓度，以液体形式施入土壤，利于肥料的及时吸收和利用。

（5）叶面喷肥　叶片对液体肥料吸收快，利用率高，结合梨园喷药一起进行，省时省力。在梨树开花期主要喷施硼，促进授粉受精，提高坐果率，浓度控制在 0.2%～0.5%，在梨树叶片和新梢生长期，主要喷施氮素，如 0.3%～0.5%尿素，果实膨大期主要喷施钾，如 0.3%～0.5%磷酸二氢钾。针对梨树常见的生理病害，如小叶病、黄化等现象，可以喷施锌、铁肥。目前市场上流通的铁肥主要有硫酸亚铁、螯合铁等。硫酸亚铁溶于水和在空气中非常容易氧化，二价铁离子很快变成三价铁离子，从而造成施用硫酸亚铁没有效果或者效果很差，浪费人力、物力、财力。新型螯合铁不能被氧化，溶于水后放在空气中 1 个月、半年甚至一年都不会被氧化。并且容易被作物吸收，在植物体内可以直接进入三羧酸循环提供植物生长所需要的能量。

### （四）生物与化学调控

利用化学试剂或生物技术调节果树生长发育，已越来越多应用于生产优质安全果品，提高果树种植效益，增加经济收入。在梨树上应用较多是一些生长调节剂，如 $PP_{333}$（多效唑）、赤霉素、乙烯利等，来调控花、枝梢及果实生长发育。

黄卫东等（1987）对沙培条件下的杜梨实生苗土施和叶面喷施 $PP_{333}$，结果发现梨苗节间缩短，地上部鲜重和干重减少，而根冠鲜重和干重比增加，土施方法还抑制了主根生长，增加了吸收根粗度及在根总鲜重中的比例，而且有效期的长短与施入量有关，量多则有效期长。研究还发现，在田间条件下，对七年生鸭梨春季叶面喷施 $PP_{333}$ 125mg/kg 3 次，则当年春梢生长明显减少，节间缩短；秋季或者早春土施，对当年春梢影响较小，但对当年二次梢和翌年春梢、二次梢有强烈抑制作用，两个处理方法都明显增加了翌年的开花数量和产量。

山东莱阳农学院王东昌等（2000）在茌梨上研究结果表明，在梨树花芽分化期使用 950mg/kg $PP_{333}$ 和 20mg/L 苄基腺嘌呤对促进花芽分化效果显著，而在盛花期效果不明显；在盛花期后 3 周喷 450mg/kg PP$_{333}$ 可抑制新梢旺长和促进花芽形成。

使用植物生长调节剂可以采用为土施、叶面喷施、树干钻孔灌药等方法施用。但是生长调节剂不能作为单一的技术措施应用于生产，必须与高水平栽培管理技术相结合，才能获得良好的效果。

## 四、合理负载和疏花疏果

### (一) 合理负载的定义与内涵

梨树体合理负载量确定标准：一是保证树势健壮，二是下年花芽饱满和数量足够，三是果实大小整齐，风味品质达到该品种的商品标准。负载量对梨产量、品质影响较大，与树势的强弱也有明显的相关性。枝果比过大，含糖量、糖酸比等品质指标明显提高，但因总产量降低，经济效益不高；枝果比过小，虽能提高当季单产，但因梨果品质下降，树势衰弱而不能达到优质、高效的目的。

### (二) 合理负载量的确定与计算方法

**1. 叶果比法** 小果型品种初果期树 20 片叶留一个果，大果型品种盛果期树 30～35 片叶留一个果，其留果公式为：单株留果量（个）＝（总枝量/株×枝叶比）/（叶/果）。

**2. 枝果比法** 枝果比法是由叶果比法衍生而来的。大体枝/果比参数为：3～4 个枝/果，鸭梨类为 3，七月酥、早酥梨、雪花梨、红香酥梨类为 4～5，锦丰梨类为 6。

计算公式是：单株果量（个）＝（总枝数/株）/（枝/果）。

**3. 干截面积法** 即每平方厘米干截面积留几个果。这种方法对长势整齐一致、树体充实的青壮年树较为实用。干截面积法公式是：单株留果量（kg）＝（干周长）$^2$/4π×留果量（kg/cm$^2$）。当主干横断面积一定时，树体负载量的大小与产量高低呈直线正相关（$r＝0.997^{**}$），在负载量一定时，主干横断面积的大小与产量高低也呈直线正相关（$r＝0.998^{**}$）。因此，在一定的栽培条件和适宜负载量前提下，主干横断面积的大小，对产量高低起着重要作用。

**4. 综合评判法** 根据树龄、树相和不同的品种确定留果量和产量，把上述几种方法试验总结出的留果指标，综合起来应用，对生产有重要的参考价值。单项指标在实际生产中不容易操作，比如：在正常管理条件下的四年生密植梨树，大体上干周约为 20cm，单株总枝量 500 个左右，新梢长度 60cm 左右，叶面积系数为 2，只要达到这个树相水平，单株负载能力，可定为 10kg 左右，每 667m$^2$ 产量可定为 700kg 左右。壮树多留，弱树少留。

5～7 年生树，干周达 25～30cm，单株枝量达 600～1 000 个，新梢长度 50cm 左右，叶面积系数在 3 左右时，单株留果量在 40～50kg，每 667m$^2$ 产量可达 2 000～2 500kg。以后树龄增加，进入盛果期，也不主张追求高指标，每 667m$^2$ 产量控制在 2 500～3 000kg 即可。

另外，生产上根据留果间距来确定负载量。棚架栽培的黄金梨留果间距小，株产量高，但单果重小，果实品质差。留果间距为 15cm 和 20cm 两个处理的产量比留果间距 30cm 的处理高，而其花芽率均比留果间距 10cm 处理高，比留果间距 30cm 的处理稍低；

两个处理的可溶性固形物、总糖含量比留果间距 10cm 的处理明显高；留果间距 30cm 处理的单果重虽大，可溶性固形物与总糖含量较高，但产量低。综合各项指标，留果间距以 15cm 较为理想（蔡忠民，2007）。

### （三）花果管理技术

**1. 疏花疏果** 疏花疏果是在花芽修剪的基础上，对花量仍多或坐果仍超量的树进行花果调控的一种手段。主要作用是克服大小年，保证果实大小整齐。不疏果或留果超量的树，很易出现大小年。稳产留果时要因树势、枝势和不同的品种而异。壮树壮枝可多留果；小果型品种果实可多留，大果品种少留；花量大时要少留，花量少时要多留；树冠中、后部多留，枝梢先端少留；侧生，背下果多留，背上枝少留；还要根据果台副梢情况留果，2 个以上健壮副梢的留双果，弱副梢留 1 个果，无副梢时尽量不留果。通过疏花疏果，就可以调节果实与花芽，果与果之间的营养矛盾。做到适量结果，达到稳产趋势，优质增值的栽培效果。

梨树一般花序基部的第一、第二序位果，果梗粗短，果形扁、偏，疏果时果个虽大，但将来难以膨大；而花序先端的第七、第八序位果，果形较长而果梗亦细，其后发育也差。锦丰梨第三、第四序位果及第五序位果，果形较正，果实较大，果实可溶性固形物含量也较高，因此，疏果时保留花序基部第三序位果、第四序位果最佳，第五序位果也可保留。黄金梨疏果时保留第三、第四序位果效果较好（康国栋等，2006）。

**2. 疏花疏果的原则** 迟疏不如早疏，疏果不如疏花，疏花不如疏芽。通过整形修剪、疏花疏果等措施调节产量，一般每 $667m^2$ 产量为 $2\,000\sim2\,500kg$。

**3. 疏花疏果的时期** 疏芽结合冬季修剪进行，以短截、回缩、疏芽为主；进行花前复剪，强枝多留花，弱枝少留或不留。疏花在大蕾期进行。疏果分两次进行，第一次粗疏，于谢花后 10d 进行；第二次定果，于 5 月上中旬进行。

**4. 疏花疏果的方法** 具体方法先里后外、先上后下；疏果首先疏除小果、畸形果、病虫果、叶磨果、锈果、朝天果。每果台原则上留单果，最好留第三至第四序位果。

**5. 化学疏果** 化学疏果的效果虽受多因素影响，给生产者带来很多困难，但因其具有成本低、费时少等一些难以被其他措施取代的优点，所以世界各国化学疏除药剂的筛选一直受到重视。日本学者 Miki 最近报道了一种有效的梨疏花剂，名为 Bendroquinone，这种药剂在盛花前后使用 10mg/L 能取得疏除效果，中熟品种比早熟品种应用效果好，处理后对果实大小、种子数、可溶性固性物含量和有机酸含量无不良影响。用该药的 1% 羊毛脂软膏涂于花梗或果梗上，也能促进脱落，所以认为 Bendroquinone 是通过伤害柱头起作用，它的疏果机制尚不清楚。另有报道 0.4% 的卵磷脂（Lecithin）在授粉前后应用也具有良好的疏果效果，但对时间要求严格，授粉 12h 之后应用效果会降低，因为该药剂的作用是抑制受精，由于是生物制剂，受到广泛关注。Yamazaki 等从 12 种食品添加剂和化妆品添加剂中筛选出了在日本梨上具有疏除作用的 SLAE（sucrose lauric acid ester）和 PCA（prrodone crboxylic acid）两种药剂，分别用 0.01% 和 0.2% 以上的浓度，在即将开花时喷，收到了较好效果。

植物生长延缓剂 $PP_{333}$，作为疏果剂在梨上也有研究。结果表明，获得最大疏除效果的应用时间是在盛花期和花瓣脱落期，使用浓度在 $100\sim3\,000mg/L$，也有研究表明，直到花后 21d 应用还有疏除作用，PP$_{333}$ 能减少坐果，又能增加坐果，其减少坐果是在应用的当年，而增加坐果是在应用后的第二年，属 PP$_{333}$ 持续效应，所以，大年时用 PP$_{333}$ 疏果，可能会获得更好的效果。在盛花期喷洒 500～1 500mg/L 西维因，疏花疏果也很好，果实等级、单果重、可溶性固形均高于对照，对树体也有良好的影响。盛花期喷布 400mg/L 的乙烯或 20mg/L 萘乙酸，分别比对照降低花序坐果率 13%～25%。盛花期喷布 300mg/L 乙烯利，或 1 波美度石硫合剂，幼果期喷布 2 000mg/L 敌百虫，或 20mg/L 萘乙酸铵＋100mg/L 乙烯利，分别对晚三吉和身不知等砂梨品种的疏花疏果作用，达显著或极显著水平（吴应荣等，1994）。

## 五、果实套袋

### （一）套袋的效用与应用

**1. 套袋对提高梨果实外观品质的效果**　套袋后可抑制酚类物质合成的关键酶 PAL（苯丙氨酸解氨酶）的活性，木质素合成减少，木栓形成层的发生及活动受到抑制，延缓和抑制了果点和锈斑的形成，果点覆盖值减小，果点变浅、变小，但不改变果点密度，锈斑面积明显减少，色泽变浅（陈敬宜等，2000）。套袋丰水梨、黄金梨果点直径为 0.50mm 和 0.36mm，而对照分别为 1.10mm 和 0.84mm（张琳等，2004）。鸭梨套袋果实锈斑面积与果点面积分别为 110mm$^2$ 和 120mm$^2$，未套袋果分别为 320mm$^2$ 和 390mm$^2$，套袋显著减少了梨果面锈斑和果点（申连长等，1996）。

梨果实套袋后叶绿素形成显著减少，降低了叶绿素对花青苷形成的屏蔽效应，或者说提高了果皮对光（尤其是紫外光）的反应敏感度，所以套袋黄化了的果实与绿色果实相比需要较少的光辐射就能大量形成（陈敬宜，2000）。青皮梨套袋后果面呈淡黄白色至浅黄绿色，贮藏后呈鲜黄色，色泽淡雅。褐皮梨套袋后果面色泽由黑褐色转变为浅褐色或红褐色。

套袋过早，果实正值细胞旺盛分裂期，套袋后环境的改变会对果实生长产生不利影响，幼果膨大期推迟，果实变小。梨果套袋后果实有变小的趋势，而且套袋越早，纸袋遮光性越强，袋期时间越长，则果实变小越明显，这也与品种有关，如西洋梨品种红巴梨套袋后果实明显变小（王少敏等，2002）。套袋黄金梨、丰水梨平均单果重分别为 192.4g、220g，而对照不套袋为 230.8g、280.6g，均存在显著差异（张琳等，2004）。以鄂梨 2 号为试材表明纸袋透光率与果实大小之间呈正相关，它们之间的关系呈明显直线回归关系（李先明，2012）。

莱阳茌梨、鸭梨等品种果实在低温贮藏过程中，果心和果肉的组织易发生褐变，大量研究表明这与果实中的简单酚类物质含量有关，在 PPO 的催化下酚类物质氧化为醌，醌又通过聚合作用转化为有色物质从而引起组织褐变。套袋后果实简单酚类物质及 PPO 含量均下降，从而减轻了贮藏过程中的组织褐变现象。套袋鸭梨在贮藏期间具有较强的抗急冷能力（申连长等，1996）。套袋果实果肉硬度增大，用 6 种不同果袋套袋的水晶梨果实硬度较对照提高 0.36～1.02kg/cm$^2$（李岩等，2002）。翠冠梨套双层袋平均硬度为 8.26kg/cm$^2$，而对照为 7.34kg/cm$^2$（吴友根，2004）。研究表明，套袋果实硬度增加，贮藏期延长。但是，亦有报道指出，新高梨套袋果与未套袋的硬度在采收时无差异，但贮藏期间对照果实硬度稳定，而套袋果实硬度逐渐下降；果肉电解质渗透率在采后 1 个月内套袋果与对照间无差异，但贮藏 3 个月后，套袋果的电解质渗透率明显高于对照，表明套袋果贮藏品质不及对照（Hong 等，1997）。

**2. 套袋对梨果内在品质的影响**　梨果套袋虽然显著改善外在品质和贮藏性能，但果实中可溶性固形物、可溶性糖、维生素 C 和酯类物质的含量下降，高密度、遮光性强的纸袋其下降幅度大，不同品种套袋果均表现以上内质变化趋势（张振铭等，2007；王少敏等，2001；李先明，2010）。雪花梨、大南果、红巴梨等 6 个梨品种套袋果实较对照单果重下降 10～30g，可溶性固形物含量下降 0.9%～1.3%，含糖量下降 0.228%～0.56%，总酸含量提高 0.03%～0.126%，造成套袋果实风味淡化和酸化（王家珍等，2000）。丰水梨套用 7 种果袋，其中深色袋可溶性固形物含量最低，较对照低 2.74%（王少敏等，2000）。套袋通过提高果实发育转化酶、蔗糖磷酸合成酶、蔗糖合成酶的活性来影响糖分积累，从而影响梨果品质（柯凡君，2011）。未套袋鸭梨含有 23 种挥发性物质，其中以丁酸乙酯和己酸戊酯为主；鸭梨套袋后，酯类种类减少，含量降低，果实香味变淡，但烷类和醇类物质含量增加。梨果实套袋后，可滴定酸含量也有增加的趋势，翠冠梨套 10 种果袋后，果实可滴定酸含量均较对照增加，其中套佳田双层袋果实可滴定酸含量为 1.7%，对照仅为 0.9%（吴友根，2004）。套袋降低梨果中内含物的含量，其原因是多方面的，可以推测，套袋后形成的"温室效应"降低了果实的自我保护机能，糖分等有机物质积累减少。另外，套袋后降低了果皮叶绿素的含量，而果皮叶绿素光合作用制造的光合产物可直接贮存在果实中。套袋鸭梨果实温度增高，诱导了 POD 酶活性的提高，导致果实呼吸强度升高，果实中光合产物作为呼吸底物被消耗，同时套袋降低了己糖己酶活性，抑制了套袋梨果早期淀粉的积累，这可能是套袋梨果实碳水化合物含量降低的原因之一（辛贺明等，2003）。

鄂梨 2 号套袋结果表明，套袋处理果实中毒死蜱、氯氰菊酯、溴氰菊酯、多菌灵 4 种农药残留量分别为 0.084mg/kg、0.044mg/kg、0.042mg/kg、0.174mg/kg，均低于对照，氯氰菊酯与对照（0.154mg/kg）存在显著差异，多菌灵与对照（0.282mg/kg）存在极显著差异。（李先明等，2010）。

**3. 套袋对病虫害发生的影响**　套袋一方面使得一般性果实病虫害如梨轮纹病、梨黑星病、梨黑斑病、梨炭疽病以及梨小食心虫、桃小食心虫、吸果夜蛾、梨虎、椿象、金龟子、蜂、鸟害等的发生和危害明显减少，防虫果实袋还具有防治梨黄粉虫、康氏粉蚧等入袋害虫为害的作用。另一方面，纸袋提供的微域环境加重具有喜温、趋湿、喜阴习性害虫及某些病害的发生，容易发生的虫害主要有黄粉虫、康氏粉蚧、梨木虱及象甲类害虫等。酥梨使用普通纸袋后黄粉蚜虫果率最高达 20.48%，而套双层药物防虫袋基本上没有黄粉蚜为害（陈昭存等，2001）。

套袋梨果实容易发生的病害中，生理性病害（缺钙、缺硼症）发病率比不套袋果高出 1 倍多。物理性病害（日烧、蜡害、水锈、虎皮等）发生程度取决于果袋质量和天气状况。真菌性病害（果面黑点、黑斑）增加。梨黑点病多由病原菌侵染引起，高温高湿是主要的致病因素，套用透气性好的纸袋发病轻。病理学鉴定结果，鸭梨黑点病主要由粉红单端孢菌（*Trichotheciurm roseurm* Link）和细交链孢菌（*Alternaria tenuis* Nees）侵染引起的病害。这两种病菌属弱寄生菌，一般不侵染果实。在高温高湿条件下，它们才侵染果实表面。梨套袋后袋内湿度大，透气差，尤其果柄和萼洼部易积水，导致两种病菌侵染发病。近年来发现套袋后黄冠梨果实在不同地区均表现出鸡爪状花斑，严重影响果实外观品质。花斑病的发生可能与果实发育期间湿度过大，施肥不合理有关，但套袋与花斑病的发生密切相关。套袋黄冠梨果实表面组织与对照相比发生明显的变化（王迎涛等，2011）。

套袋后，纸袋内温度高于外界，高温加上干旱导致日烧和蜡害，通透性不良的纸袋袋内高温、高湿，果皮蜡质层和角质层被破坏，皮层裸露并木栓化，形成浅褐色至深褐色的水锈和虎皮病。套袋"疙瘩果"是由于缺硼或椿象为害形成的。

套袋显著预防或减少梨裂果发生，在南方地区套袋早酥梨裂果率 7.50%，而对照（不套袋）裂果率高达 63.41%，且套袋裂果出现的时间比对照延迟，裂口较短且深度浅，裂果指数小（刘建福等，2001）。分析认为，套袋防止梨发生裂果的主要原因是袋内相对稳定的微域环境防止或减轻袋外不良环境对果皮的刺激，同时套袋果实内钾元素含量显著增加，也有助于调节果实内细胞中的水分，从而防止裂果。

## （二）适宜纸袋特点及选择

不同类型果袋原料（原木浆纸、牛皮纸、报纸、薄膜）、颜色、规格（单层、双层、三层、涂蜡、遮光、药剂处理等）、制作工艺等不同，其透光率、透气性、吸水性、耐磨性等物理特性亦不相同。袋体材料过薄，缺乏一定的坚挺性，易附着在果面上；通透性差，易产生果实湿害；韧性差，果袋易破裂。果袋的这些特性影响套袋果实内的"小气候"，如光照、温度、气体交换等，同时决定了果袋对各种损害果实的生物、非生物因子防护性能。

果袋颜色、层数、透明程度、遮光处理等影响果袋的透光率，从而对梨果皮色泽产生很大的影响。套袋果处于低光强甚至黑暗中，叶绿素合成被抑制，幼果期果皮叶绿素含量显著减少，使果面呈黄白色（鸭梨）、色泽均匀、光洁。对红色梨及红色苹果而言，果皮叶绿素减少使果面底色变淡，摘袋后花青素含量迅速上升，着色面积大而艳丽。颜色深的双层袋果实色泽好，透明薄膜袋对着色无影响。袋内的光谱波长和光强度对梨的外观品质有重要影响，采收时梨果颜色与光质关系较大，透过自然光的白色袋或无色塑膜袋以及透过蓝光的淡蓝塑膜袋，不利于果皮中叶绿素的分解，采收时呈青绿色；而不透光的黑纸袋，叶绿素分解较快，类胡萝卜素形成很少，采收时多呈乳白色。为保持梨果的黄色，果实袋以透过黄光的纸袋为宜（申连长等，1996）。黄色纸袋较报纸袋透光率低，其套袋果的成熟期较使用报纸袋的套袋果晚 3～8d，酸含量提高。各种果袋均会引起套袋梨果实温度升高。用 7 种果袋套袋的梨果实温度在套袋期间较无袋果高 0.13～0.44℃，最高 0.44～1.1℃（陈敬宜等，2000）。套袋鸭梨果实温度在 1d 中有 12～24h 高于对照果，在高温天气时，袋内温度可达 50℃，甚至 60℃。套袋果温度升高，一方面引起果实呼吸酶（POD）活性与呼吸强度的增加；另一方面淀粉合成的重要酶类活性下降，套袋果淀粉含量降低，加上果实叶绿素含量少、黑暗等使光合作用下降，糖的合成少而消耗多，致使果实含糖量下降（李振乾等，1999）。套袋梨可溶性固形物含量、果糖、葡萄糖含量低于对照，套袋增温甚至引起果实水分倒流，果实萎缩（Hong JiHeun 等，1997）。果袋内温度升高又是梨果实发生日烧病的主要原因，春季异常高温，套袋果大面积（30%）烧伤，薄膜袋透气性差，增温作用强，其套袋果日灼尤为严重（苏新会等，2001）。

果点是一团凸出果面的木栓化细胞，是气孔保卫细胞破损后形成的空洞内产生的次生保护组织。梨落花后1个月气孔开始变形，出现凹点，不久凹点被木栓组织堵塞而形成果点。果实失水快慢与果点覆盖值呈正相关，套袋使果实水分蒸腾缓慢，是果点面积减少的主要原因（张华云等，1996）。双层袋和涂蜡袋套袋梨果的果点比单层袋少而色淡，早套袋果点少，均证明了这一结论。

果实表面角质层和表皮细胞破损后露出下面木栓化细胞产生了锈斑，和果点产生一样，梨果锈产生与果实失水蒸腾快慢密切相关。因而锈斑产生也与果皮结构（角质层、皮孔大小、木栓含量等）相关。套袋使果实水分蒸腾缓慢，降低梨果实木栓含量、木栓层厚度以及皮孔大小，因而套袋使梨锈斑面积减少，果面光洁度提高。

### （三）套袋时期与方法

**1. 套袋时期** 套袋时期越早，果皮越厚，果面亮度值越高；同时果点覆盖值越小，单位面积果点数越少，果面越光洁，外观越漂亮。但是，套袋时期越早，果实平均单果重有降低的趋势，果实可溶性固形物（TSS）、可滴定酸（TA）、可溶性糖含量降低，风味变淡。同时，套袋越早，果实 TSS/TA、SS/TA 有增加的趋势。青皮品种进行2次套袋，一般在谢花后15～20d套小蜡袋，30～40d后直接在小蜡袋外面加套不同类型的纸袋。套袋过早，幼果授粉受精尚未完成，发育程度低，同时，幼果果柄承受力低，易受损伤，造成落果增多。褐皮品种一般进行1次套袋，于谢花后30～40d完成。

**2. 套袋方法** 纸袋使用前2d进行湿口处理，将袋口朝下浸水约4cm，持续30s，然后袋口朝上放置于纸箱中，上面覆盖几层湿报纸，纸箱外被塑料薄膜，捂实包严。套袋时撑开纸袋如灯笼状，张开底角的出水气口，幼果悬空纸袋中，以免纸袋摩擦幼果果面。纸袋直接捆扎在靠近果台的果柄上，不要将枝叶套入。扎口时宜松紧适度，以纸袋不在果柄上下滑动为度，铁丝呈 V 形。树体套袋顺序为先上后下，先里后外。套小蜡袋时注意清除幼果尚未脱落干净的雄蕊和柱头。

### （四）套袋后管理

果实套袋后，全园喷施1次杀菌剂和杀虫剂。6月上中旬注意防治梨木虱、黄粉蚜等入袋害虫。防治梨木虱使用10%吡虫啉3 000倍液，可加入0.3%的洗衣粉或0.3%的碳铵，以提高防治效果。

梨果套袋以后，因改变了果实周围的小气候，为黄粉虫的生长繁育提供了较为适宜的环境条件，尤其是连年套袋的梨园，黄粉虫的为害呈现了不断加重的趋势；并且经过套袋后，又为喷洒农药设置了障碍，给防治工作造成了困难。黄粉虫大多由袋口进入，主要在果肩部为害，被害处初期呈黄色稍凹陷的小斑，以后渐变黑色，斑点逐渐扩大并腐烂，严重时造成落果。冬季喷5波美度石硫合剂，是全年控制梨黄粉蚜虫口密度的重要措施，套袋时要将袋口扎紧，防止梨黄粉蚜入袋为害。另外，5月下旬至7月中旬，每隔10d随机解袋检查一次，若发现梨黄粉蚜为害，应及时喷布敌敌畏等具熏蒸作用的杀虫剂，重点为果袋扎口处。

套袋梨果实采摘前不需解袋，应连袋采下，装箱时除袋后包好果实。

## 六、病虫害安全防控

### （一）病虫害的预警

梨病虫害的发生种类复杂，同期发生和难防治的种群多，密度大，成灾频率高。且易受各种因素引起突发性、暴发性的现象突出，如梨轮纹病，梨黑斑病、梨木虱、梨网蝽、梨实蜂、梨瘿蚊、梨小食心虫等，均可造成严重减产和失收。开展病虫害的预警，避免和减轻病虫的为害及产量损失具有十分重要的意义。

梨病虫害预警，首先应建立预警的平台和机制。目前，我国梨病虫害的预测预警缺乏相应机构。应充分利用各级农作物病虫测报站，网络机构等平台，增设固定专职人员开展预测预警工作。预警工作要立足预防，对有可能暴发、突发的重点病虫害提早进行观察和预测，根据观察结果作出预警，提出防范措施。预警以监测为基础，根据监测结果进行发布。砂梨病虫害监测预警的对象有梨轮纹病、锈病、黑斑病、梨木虱、梨网蝽、梨实蜂、梨瘿蚊、梨小食心虫和检疫性病虫等。监测预警内容有外来有害生物和本地发生病虫的种类、发生时间、地点、范围、发生基数、为害程度、消长蔓延、害虫虫口密度、迁移及其相关的发生发展态势等信息，监测预警时间为3～8月。

### （二）农业防治

**1. 培育健壮的树体**　采用合理的耕作措施，创造有利于梨树生长，不利于病虫发生为害的生态环境条件，及时松土，适时翻耕，增强土壤透气性，利于梨树生长；树行间种植三叶草和豇豆，不仅能改善田间小气候，而且有固氮蓄肥的作用；合理修剪，培育通风透光型树形，有利减轻梨蚜，梨介壳虫的发生和为害。利用多种人为调节措施，培育健壮树体树势，抵抗和降低病虫的为害。

**2. 清洁梨园**　多数病虫害附着在田间残株、落叶、杂草或土壤中越冬、越夏或栖息。梨树生长期及时摘除病虫枝叶和病果，如梨介壳虫枝、梨黑斑病病果病叶、梨瘿蚊新梢等，采果后清理枯枝落叶和僵果、残留果，铲除田间及四周杂草，刮除粗皮裂缝，将残留物深埋或烧毁，能有效减少为害基数。

**3. 合理施肥**　合理施肥能改善梨树的营养条件，提高植物的抗病虫能力。冬季开沟施基肥，基肥以腐熟的农家肥、复合肥为主体，加施磷钾肥，对梨果实果肉褐变的梨园，应增施磷肥和硼肥。适时追施，根据生长发育状况，适量增施复合肥、氮肥。对梨新梢上出现新叶黄化和小叶的梨园，结合叶面喷雾，分别喷施铁元素和锌元素进行矫正，浓度一般为0.3%，合理施肥，改善树体营养状况，满足树体生长发育需要。

**4. 及时排灌水**　渍水和干旱都易影响梨树根系呼吸和生长，导致树势衰弱，落叶落果，形成第二次开花，春、夏雨季及时排渍水，夏、秋干旱及时灌水，使树体根系发达，树势健壮旺盛。

### （三）生物防治

生物防治是利用生态系统中各种生物物种间相互依存、相互制约的生物学关系，以一种生物抑制另一种生物，达到控制病虫害，减轻危害的目的。其内容包括利用微生物防治，寄生天敌防治和捕食性天敌防治。生物防治在果树、经济林中有很多成功应用的例子。利用白僵菌防治马尾松毛虫，苏云金杆菌防治苹小卷叶蛾、落叶松叶蜂、舞毒蛾、云杉芽卷叶蛾等；病毒提取液防治松毛虫、泡桐大袋蛾；利用寄生性天敌赤眼蜂、寄生蝇防治松毛虫，肿腿蜂防治天牛，花角蚜小蜂防治松突圆蚧，上海小蜂防治刺蛾等；利用捕食性天敌草蛉、瓢虫、步行虫、蚂蚁、钝绥螨、蜘蛛、青蛙以及食虫鸟，捕食多种害虫的不同虫态，利用大红瓢虫防治柑橘吹绵蚧等均取得了世人瞩目的治虫效果。生物防治具有维持生态平衡，不污染环境，产品无残留、对人和其他生物安全、防治作用持久，易于其他保护措施协调配合等优点。

**1. 保护和利用田间自然天敌资源** 通过调查显示，梨园自然天敌资源丰富，种群多，砂梨园仅捕食性天敌有 7 目 18 科 36 种，是调节梨园生态平衡，控制害虫的有生力量。大草蛉、中华草蛉、龟纹瓢虫、异色瓢虫、塔六点蓟马、黑色大马蚁、黑带食蚜蝇、青翅隐翅虫、小花蝽、灰姬猎蝽、草间小黑蛛、三突花蛛、T-纹豹蛛等发生早，数量多，捕食力强，在无外来影响因素环境中，对梨园害虫有较好的抑制作用。研究表明，在不喷药的梨园，除梨网蝽为害较重外，其他害虫如梨木虱、梨瘿蚊、梨蚜、梨小食心虫、梨瘿螨等，对梨树的为害程度与常规打药梨园无明显差别。

生产中要着力保护这些有益天敌昆虫，提供天敌生存空间，让有益昆虫控制害虫。梨园天敌种群及种群量的消长，农药是影响天敌的主要因子，天敌常因施药而消失，因此，生产中应避开天敌活动期用药，以减少对天敌的伤害。施药时，选用对天敌较安全的农药，如内吸性、作用专一的农药，同时还应注意把握农药的使用方法和用量，最大限度保护有益昆虫免受伤害。其次实行套种间作，间作黄豆、芝麻、花生及十字花科作物，豆科的矮秆作物，合理间作既增加生物多样性，调节有益昆虫的食物链，又可改善梨园生态环境，改善天敌的繁殖和栖息场所，提高天敌种群数量，实现梨园生态平衡。另外，对部分病虫适时挑治，梨园适于挑治的害虫有梨蚜、梨介壳虫等，梨蚜和梨介壳虫在发生前期，呈明显的核心型分布，在未大发生或分散前，用药点治或挑治，既能减少施药，又能保护天敌，达到防治病虫害的目的。

**2. 选用生物制剂** 生物制剂包括微生物制剂、植物源制剂、昆虫性引诱剂等。

微生物制剂：苏云金杆菌（Bt）制剂对多种鳞翅目幼虫如梨小食心虫、刺蛾类、蓑蛾、梨星毛虫、卷叶蛾等有效。阿维菌素防治梨树蚜虫、梨瘿螨、梨木虱有很好的防治效果。多氧霉素防治梨黑斑病效果达 95% 以上，而且比一般杀菌剂药效期长。

植物源制剂：烟碱防治蚜虫、蓟马、卷叶蛾、食心虫；苦参碱防治桃小食心虫、梨木虱和尺蠖等；鱼藤酮可防治蚜虫、刺蛾、卷叶蛾和尺蠖等多种害虫；苦蒿素防治各种蚜虫、食心虫、黄粉蚜、梨木虱、尺蠖、菜青虫、天牛幼虫；香茅油忌避吸果夜蛾成虫，傍晚在梨园周围喷香茅油，有阻止吸果夜蛾成虫入园为害的效果。

昆虫性引诱剂：梨小食心虫性引诱剂，防治梨小食心虫好果率达 92% 以上，效果十分明显。

### （四）物理方法与人工防治

利用物理方法与人工防治病虫害可保护生态，对环境和果品无污染，低成本，防病治虫效果明显，是生产品无公害安全果品重要措施。梨树病虫害防治，可采用以下物理措施：

**1. 刮树皮**　常言道"要吃梨，刮树皮"。梨园病虫害中，有许多病虫害附着在梨树的枝干上，特别是主干病虫较多，如梨轮纹病病瘤、梨小食心虫、蚜虫的卵粒、椿象成虫等。刮除梨树粗皮裂缝，将轮纹病瘤、椿象成虫及其他虫态刮除掉，带出园外集中焚烧，可有效减少病虫基数。

**2. 果实套袋**　梨果实套袋，是一种病虫防治阻隔措施，可减少病虫为害，减轻农药污染，改善果实外观内在质量。特别对梨树难防难治的病虫害，如梨轮纹病、梨小食心虫、吸果夜蛾等效果显著。选择遮光度好，经风雨后不变形、不破损、易干燥的纸袋，套袋前根据病虫发生状况有选择性地喷药一次，以防病虫套入袋内为害。

**3. 人工捕杀**　梨园常见天牛种群为褐天牛、云斑天牛、星天牛等，5～6月是天牛成虫发生高峰期，此时捕捉灭杀成虫，可减少成虫产卵。对已蛀入树干内的幼虫，沿着蛀道掏杀幼虫，这些措施既简捷安全，又经济有效。

**4. 灯光诱杀**　利用害虫对光的趋性，用黑光灯、频振式杀虫灯等进行诱杀。在害虫发生高峰期对梨园的食叶性害虫金龟子、斜纹夜蛾和吸果汁害虫肖金夜蛾、采肖金夜蛾和嘴壶夜蛾等能起到良好的诱集诱杀作用。

**5. 黄板诱杀**　蚜虫有较强的趋黄性，梨园蚜虫，3月中下旬至6月上旬在害虫中占有重要位置，是病虫防治中的重要对象。在有翅蚜发生期，利用其趋黄性，把黄色诱板挂在梨树间，能诱集到大量的有翅蚜。同时还能诱杀到梨木虱、梨瘿蚊和蝇类成虫等。

### （五）化学防治

化学防治仍是目前控制梨园病虫猖獗为害的重要而有效的手段，省工、便捷、见效快。但必须严格遵守国家有关农药安全、合理使用准则，明确梨园禁止使用、限量使用和推广使用的农药品种，杜绝滥用，掌握适时的防治时期，对症用药，最大限度地减少用药次数和用药量，达到经济、安全、高效防治病虫害的目的。

**1. 国家明令禁止使用的农药品种**　六六六、滴滴涕、毒杀芬、二溴氯丙烷、二溴乙烷、杀虫脒、除草醚、艾氏剂、狄氏剂、汞制剂、甘氟、毒鼠强、氟乙酸钠、毒鼠硅、砷类、铅类等18种农药。

**2. 在果树上不能使用的农药品种**　甲胺磷、甲基对硫磷、对硫磷、久效磷、磷铵、甲拌磷、甲基异柳磷、特丁柳磷、甲基硫环磷、治螟磷、内吸磷、克百威、涕灭威、灭线磷、蝇毒磷、地虫硫磷、氯唑磷、苯线磷等19种农药。

**3. 限量使用的农药品种**　敌敌畏、敌百虫、乐果、辛硫磷、杀螟硫磷、喹硫磷、二嗪磷、毒死蜱、杀扑磷、马拉硫磷、抗蚜威、氯菊酯、氰戊菊酯、氯氰菊酯、溴氰菊酯、氯氟氰菊酯、除虫脲、双甲脒、百菌清、多菌灵、甲基异菌灵、克菌丹、三唑酮、三唑锡等。

**4. 推广使用的农药品种**

（1）微生物农药　苏云金杆菌（Bt）、阿维菌素、农抗120和多氧霉素。

（2）植物源农药　烟碱、鱼藤酮、苦参碱、茶皂素、苦楝素、松脂合剂、大蒜素等。

（3）性引诱剂　梨小食心虫性诱剂、葡萄透翅蛾性诱剂、甜菜夜蛾性诱剂等。性引诱剂是利用同种昆虫异性个体间产生行为反应的物质，用来诱集同种害虫。

（4）昆虫生长调节剂　常见品种灭幼脲、除虫脲、抑太保、氟虫脲、扑虱灵、氟虫晴等。该类药剂不直接杀死害虫，而是通过干扰昆虫的生长发育和新陈代谢作用，使害虫的生育繁殖、生长发育、行为等受到阻碍和抑制，从而达到控制害虫的目的。但药效较慢，一般 3～7d 后见效。昆虫生长调节剂一般对有机磷、拟除虫菊酯类、氨基甲酸酯类农药产生抗性的害虫有较好的防效。对鳞翅目、鞘翅目、双翅目、半翅目、蜱螨亚纲等多种害虫有效。如灭幼脲 3 号、除虫脲对梨小食心虫，抑太保对苹果桃小食心虫，扑虱灵对蚜虫、蚧类，氟虫晴对梨木虱均有显著的防治效果。

（5）矿物源农药　石硫合剂、可湿性硫、硫悬浮剂、硫酸铜、氢氧化铜、波尔多液等。石硫合剂在生长季节用 0.6～0.8 波美度防治红蜘蛛、梨瘿螨，冬季用 4～5 波美度树体消毒杀虫杀菌。波尔多液防治梨轮纹病、梨褐斑病、梨黑斑病等。

**5. 掌握准确的用药时期、防治对象和用药品种**

（1）最佳的用药时期　最佳的用药时期来源于田间观察。化学药剂防治前，必须对防治对象进行监测，了解防治对象的发生基数，为害范围和为害程度，根据调查的结果确定防治时间。一般地，防治害虫宜选择在发生的始发期，防治病害在始发期前期用药，这样可起着压前控后的作用。同时要注意选择若虫期、幼虫期用药，此期的害虫一是着生在叶片上取食，便于虫受药；二是为害集中，虫口密度大；三是对药剂敏感；四是不会因喷药时的风力和操作触及而飞，梨园重要害虫梨木虱、梨网蝽、蚜虫等，在若虫期用药比在成虫期效果好。

（2）准确的防治对象　在梨树生长期中的某一阶段，常以一种病害或是害虫为害突出，同时伴有其他病虫的为害。在明确防治对象的同时，还应了解其他病虫的发生态势，以利在准确控制当前病虫的同时，兼顾抑制将要出现的其他病虫害。

（3）对症的药剂品种　选择对症的药剂品种，才能最快最好地控制病虫的为害。梨树生长季节中，特别是在 5～6 月，由于有多种病虫害同时为害，因此在选择药剂品种时，宜选取多功能的药剂。一般地内吸式口器的害虫宜用内吸具传导兼触杀作用的药剂，咀嚼式口器的害虫用具有胃毒、触杀作用的药剂。病害在侵染期宜用保护性杀菌剂，发病期用治疗作用的药剂。

（4）准确的农药用量　根据农药的有效成分含量，按规定的单位面积用药量和浓度使用农药，不得随意增加用药量。否则，不仅浪费农药，增加成本，还会使农作物产生药害，造成人、畜中毒等严重后果。

（5）正确的施药方式　掌握正确的施药方式，不同的农药剂型，有不同的施用方式。如粉剂不能用于喷雾、可湿性粉剂不宜用于喷粉、颗粒剂适于拌填充物撒施等，正确的施药方式，才能充分发挥农药的作用。叶面喷雾，雾滴要均匀周到，喷药时应根据病虫的生活及为害特点有针对性重点喷药，使害虫充分受药，达到防治效果。

（6）科学混配农药　在病虫害防治过程中，常将 2 种或 2 种以上的具有不同作用机制的农药混合使用，辛硫磷与菊酯类农药混配防治多种害虫，阿维菌素、吡虫啉分别与杀螨剂混配防治苹果黄蚜、红蜘蛛等，不仅提高了防治效果，兼治几种害虫，扩大了防治范围，降低防治成本，同时延缓害虫产生抗药性，延长农药品种使用年限。在农药的混配中，应注意以下事项：①保持农药性质稳定。有的农药混用后对植物易产生药害或失效，石硫合剂与波尔多液混用，二硫代氨基甲酸盐类杀菌剂与铜制剂混用，代森环类杀菌剂和碱性药物混用，会生成对作物产生严重药害的物质。有机磷类、氨基甲酸酯类、菊酯类杀虫剂不能与碱性农药混用，如常用药剂品种代森锌、代森锰锌在碱性条件下会分解降低药效或失效。双效灵（即氨基酸铜）遇酸就会分解析出铜离子，很容易产生药害。②注意现配现用。生产中为防治同期发生的病虫害或是提高防效，应在了解农药性质和成分的前提下进行混配，混配的农药要现配现用，不能搁置。

（7）合理交替用药　对某种害虫或病害防治，长期使用一种农药，不但会使病虫对该种药剂产生抗性，降低农药防治效果，还会改变梨园害虫种群结构。例如拟除虫菊酯类农药对梨树的多种害虫有很高的防治效果，对树体安全无药害，由于长期单一使用，导致梨害螨种群及种群量增加，过去无害螨的梨园，现在有了红蜘蛛、梨瘿螨为害猖獗，给防治带来了难度。生产中交替用药有利防止病虫产生抗性，同时也是提高防治效果的一种手段和措施。

（8）农药安全施用间隔期　农药安全施用间隔期是指在最后一次向作物施用农药到作物收获时的间隔时间。根据农药的特性，限制最后一次施药时期，使农药残留量控制在国家规定的范围内，是确保食用安全的重要措施。安全间隔期的长短，取决于农药的品种、施药方法、施药量、作物品种等。限量使用的农药品种中每种每年最多使用 1 次，最后一次施药时间距采收期 30d 以上。

## 七、果实采收与贮藏

### （一）采收期的确定

果实采收期的早晚将直接影响果实的成熟度与品质，并关系到果实的抗病能力。如果过早采收，果实的保护组织尚未发育完善，内含物积累不足，呼吸代谢强度往往较高，因而耐藏性差；如采收过晚，错过最佳贮藏采收期，已经从生长发育转向衰老阶段，抗病力也逐渐下降，使果实遭受病原物的侵染，并易发生贮藏病害。

梨果实品质的好坏不仅取决于品种因素、环境因素和栽培管理措施等方面，而且与采收期的正确与否有着密切的关系。采收过早，果实达不到其应有的品质，产量低、品质差，且不耐贮藏，在贮藏期容易失水，有时还会增加某些生理病害的发病率；采收过晚，同样会因过度后熟导致质地松软、脆度下降而影响果实品质，还容易在采摘、搬运过程中损伤败坏，同时果实衰老快，会缩短贮藏期，更不耐贮运。

确定梨果的最佳采收成熟度应该根据梨果采后的用途，采后运输距离的远近、贮藏和销售时间的长短以及产品的生理特点来确定其最佳采收期。梨果的成熟度分为三种：一是可采成熟度。果实的物质积累过程基本完成，大小已定型，绿色减退，开始呈现本品种固有的色泽和风味，但果肉硬度较大，此时采收的果实适于远途运输和长期贮藏；二是食用成熟度。种子变褐，果梗易和果台脱离，果实表现出该品种固有的色、香、味，食用品质最好。此期采收适于就地销售鲜食、短距离运输和短期冷库贮藏；三是生理成熟期。种子充分成熟，果肉硬度下降开始软绵，食用品质开始下降。一般采种的果实在此期采收。

### （二）采收技术

#### 1. 梨果采收的标准

梨果采收的标准：果实体积、重量的增长已基本完成，并部分呈现出品种特有的色泽、肉质和风味，果实中可溶性固形物含量较高，淀粉开始水解为可溶性糖，果柄和果台间形成离层，同时果实仍保持一定的硬度。

**2. 确定最佳采收期的方法**　在梨果实成熟前，果实硬度、可滴定酸含量、可溶性固形物含量、果实大小、果皮、果肉和种子颜色等方面，都要发生一系列变化，这些变化指标可以被用来确定梨果的最佳采收期。

（1）果实硬度。将果实硬度作为确定最佳采收期的依据，是因为随着果实的成熟，果实细胞间的果胶类物质逐渐溶解，细胞间隙变大，从而使果肉变得松软，果实硬度降低。这种变软的过程可以用硬度计来测定。

（2）果实可滴定酸度。在果实成熟和贮藏过程中，果实中可滴定酸含量会逐渐降低，而且果实风味和受消费者欢迎程度都与果实含酸量有关，因而可将果实可滴定酸度作为确定最佳采收期的指标之一。可滴定酸度可以用酸碱滴定法测定。

（3）果实可溶性固形物。随着果实的成熟，果实内的淀粉转化为糖，使果实的可溶性固形物浓度增加、甜度提高、口感变好，因此，可将可溶性固形物作为确定成熟期的指标。可溶性固形物可用折光仪或糖量仪来进行简单地测定。

（4）种子颜色。研究发现果实种子颜色的变化与梨果实的成熟度有关，当种子的颜色变为褐色时，表明果实完全成熟。对于那些在采收期前后种子颜色变化明显的梨，可以将种子的颜色作为成熟度的一个参考指标。

种子色泽分为 6 级：1 级，种子白色；2 级，种子 1/3 左右褐色；3 级，种子 1/2 左右褐色；4 级，种子 2/3 左右褐色；5 级，种子全部褐色；6 级，种子黑褐色。种子色泽指数计算公式如下：

种子色泽指数＝〔∑（种子色泽级数×种子个数）/（总种子数×6）〕×100

（5）果皮和果肉的颜色。在幼果期，随着果实的生长发育，果实内叶绿素不断合成，从而使梨果一直保持着绿色。进入果实成熟期，果实内叶绿素的合成速率减慢而分解速度加快，表现为随着不断成熟，果皮和果肉绿色变浅，黄色在表皮中显现出来。因此，可以用果皮和果肉的颜色来确定果实的采收期。当果实的底色由绿变黄时，表明果实已经成熟。果皮和果肉的颜色可以用色差仪测定。

（6）农历日期和盛花后天数。总体来说，对于同一个地区，不同年份之间的气候因子相对变化较小。因此，农历日期可以作为确定最佳采收期的指标。这特别适合于整个生长季温度波动较小的地区。在温度波动较大的年份，会因开花和坐果时间的变化影响农历日期预测准确性。而用盛花后天数来确定最佳采收期比农历日期更为准确有效。但对于花期较长而盛花期较难确定的地区，就会导致较大的预测误差。

（7）果实的附着力。随着梨果实的成熟，果实在果枝上的附着力逐渐降低，最终因离层的形成而脱落。从树上摘下果实所需拉力的大小，表明了果实成熟的程度。但由于果实采摘的难易受温度等多种因素的制约，因此在实际应用中常作为确定采收期的辅助指标。

用于直接销售的果实，可通过 2～3 个指标来确定采收期，这些指标主要是果肉硬度、可溶性固形物含量和可滴定酸含量；用于贮藏的果实与用于直接消费的果实相比，不仅应具有较高的淀粉含量和较低的乙烯释放量，而且应具有较低的可溶性固形物含量和较高的可滴定酸含量及较高的果实硬度，以满足贮藏期间的变化。

由于果实的发育期、颜色、硬度、可溶性固形物、淀粉含量等指标常常受环境条件和栽培技术的影响而发生变化，所以生产上在确定采收期时，往往需要根据本地区的具体情况，选定一些指标进行综合分析，做出判断。

正确、合理的采果期，不能单纯根据成熟度来确定，还要从调节市场供应，贮藏、运输和加工的需要，劳力的安排，栽培管理水平，品种特性及气候条件等来确定。梨采后生理失调和病害都与采前的环境因素有着直接或间接的关系，特别是气象条件的影响最大，也最难以控制。例如采前 4～5 周不正常的冷凉气候可以造成巴梨的果实在采摘前即开始后熟，严重时引起采前落果，在不严重的情况下，果实后熟的症状并不表现，也不落果。但受到影响的果实容易果心溃烂、贮藏寿命短。采前 6 周的气温对安久的贮藏品质和后熟能力也起着重要作用，日均温 17.2℃和 13.9℃条件下生长的梨后熟后糖酸含量高，而日均温 20.0℃和 11.7℃条件下生长的梨后熟不一致，长期贮藏后的果实品质低。

**3. 采收方法**　采收是梨果生产上的最后一个环节，也是贮藏开始的第一个环节。采收的原则是适时、低损伤。选择晴朗天气采收。梨果实不耐机械损伤，因此要靠人工采摘，以保证产品质量。梨果皮一旦被碰伤、擦伤，就会产生"花脸"。"花脸"又叫锈皮，是指梨的果皮外表发黑，呈一片片不规则形状。"花脸"是梨中的单宁氧化变褐造成的。因此，要求采收和装卸梨时要轻拿轻放，尽量避免机械损伤。

（1）分批采摘。不同的梨果品种，采收时期均不同，在不同年份往往因气候影响使采收期提前或推迟。此外，不同部位，树与树之间树龄、生长势的不同，导致果实成熟期也不尽一致，一般树冠上部及外围开花早，果实成熟早，树冠下部及内膛开花迟，果实成熟晚。因此，在采收时要分期分批采收，一般早晚可差 1 周。优先采收树冠外围和上层着色好大果，后采内膛果、树冠下部果和小果。分期采收可使晚采的小果增大，色泽变佳，增加产量，提高果实品质。分期采收应掌握好成熟度和采收时间，以防果实成熟度不够或过熟，同时先采果时要避免碰落留下的果实。

（2）精细采摘。梨果肉质脆嫩，果皮薄，不抗挤压和摩擦，因此采收应人工精细采摘。采收前要准备好采收使用的工具，采果篮底及四周用软布及麻袋片铺好。盛果的筐篓，要铺垫薄草等软物。采果人员要剪短指甲或带线手套。

摘果的顺序，应是先里后外，由下而上，既要避免碰掉果实，又要防止折断果枝。摘果时用手握住果实底部，拇指和食指按在果柄上部，向上一抬，果柄即与果枝分离，要注意保护果柄，不要生拉硬拽，以免损伤果柄、果台和花芽。摘双果时，一手托住所有果实，另一手先摘一果，再摘另一果，以防果实掉落。摘下的果实要轻放、轻装，篮、筐、篓内装果不宜太满，以免挤压或掉落。采果篮、采果篓和盛果筐的底部和四周，应铺垫好蒲包或麻袋片、包装纸等。采收过程应仔细操作，轻拿轻放，尽量避免擦伤等硬伤，保持果实完好。对果柄硬脆的梨品种，采摘后要及时将果柄剪短（与果肩相平或略低），以免果实相互扎伤。

套袋梨果要连袋采，分级包装时再除袋，以避免多次翻动造成损伤。

采收以晨露已干、天气晴朗的午前和 16 时以后为宜，可减少果实携带的田间热，降低其呼吸强度，而且晴天采收时，果实表面干燥，气温一般也较高，有利于伤口愈合；雨天、有雾或露水未干时不宜采收，因为此时采收极易受病菌侵染引起腐烂、降低品质，不利于贮藏和运输；必须在雨天摘果时，需将果实放在通风良好的场所，尽快晾干。另外还要注意采下的果实不要暴晒；采收后应立即放到阴凉处散热，不能立即包装。

### （三）设施配套与管理

梨果实采收前，须进行准备采收设施进行配套。采收时应准备好采收梯、采收筐、纸箱等，在规模化生产的产地，可以修建冷藏库进行销售前的中转，错开销售高峰。加工品种应选择适宜的采收期，与加工要求相适应。

### （四）采后处理技术与应用

**1. 果实初选** 将采摘的果实去除果袋，初步挑选外观完好的果实，将机械伤果、病虫果、落地果、残次果、腐烂果剔除。

**2. 果实的清洁与打蜡** 将梨果皮上的灰尘、泥土、煤烟用清水冲洗干净，再用软布揩擦，使表面呈现品种原有的颜色。为提高果实商品性，可进行打蜡处理，使果实既美观又不易失水。目前市场上有果实清洗机和打蜡机等，可以果实采后处理。

**3. 分级、包装** 采收的果实不要露天堆放，要尽快运到阴凉通风的室内或遮阴空旷地，让其散热"预冷"，并迅速进行分级，剔除不适宜贮藏的果实。果实应达到 NY/T440 的要求，果面新鲜光洁、饱满，果肉无异味，果实呈本品种固有色泽。果实硬度、可溶性固形物和总酸度参考 NY/T423。卫生指标应满足 NY/T423 的规定。杀菌处理及分级、包装、贮运过程中，尽量防止损伤果实，发现伤烂果、病果要及时剔出。

梨果采收后要在 24h 内统一运到选果场，进行拆袋、分级、包装，然后入库或装车。果实贮藏或外销前要严格按标准分级，分级后的果实要用透气性良好的瓦楞或钙塑纸箱。包装材料必须新而洁净，无异味，不会对果品造成伤害和污染。同一包装件内单果重几乎无差异，层装梨果重差不得超过 50g，其他方式包装的梨不得超过 100g。同一包装件中果实的横径差异，层装梨不得超过 5mm，其他方式包装的梨不得超过 10mm。各包装件的表层梨在大小、果皮色泽等方面均应代表整个包装件的质量。箱体两侧留 4～6 个气孔，气孔直径 15mm 左右，箱体应注明商标、品种、产地、重量。

梨果分级方法分为人工分级法和机械分级法。人工分级法分级不太精确，分级效率不高，在梨果批量不大，对梨果品质要求不高时采用，主要利用果实分级板及操作者的经验进行，简便易行，可结合装箱进行。机械选果的选果分级效率高，可在梨主产区的推广应用。

# 参 考 文 献

蔡忠民，李俊才，刘成，等 . 2007. 黄金梨棚架栽培整形及合理负载量研究 [J] . 中国果树 (2)：15-18.

陈计峦 . 2005. 梨香气成分分析、变化及理化特征指标的研究 [D] . 北京：中国农业大学 .

陈敬宜，辛贺明，王彦敏 . 2000. 梨果实袋光温特性及鸭梨套袋研究 [J] . 中国果树 (3)：6-12.

陈俊伟，张上隆，张良诚 . 2004. 果实中糖的运输、代谢与积累及其调控 [J] . 植物生理与分子生物学学报，30 (1)：1-10.

陈昭存，王素侠 . 2001. 套袋砀山酥梨黄粉蚜的发生与防治 [J] . 中国果树 (3)：34-36.

丛佩华 . 2004. 我国梨标准的比对分析 [J] . 果农之友 (4)：39-41.

董朝霞，李三玉 . 1999. "梨果灵"促进黄花梨果实发育和成熟的生理效应 [J] . 浙江农业大学学报，25 (1)：91-93.

黄卫东，沈隽 . 1987. PP$_{333}$ 对杜梨和鸭梨生长结果的影响 [J] . 园艺学报，14 (4)：223-231.

康国栋，程存刚，李敏，等 . 2006. 黄金梨花序不同留果部位对果实品质的影响 [J] . 河北果树 (4)：6-7.

柯凡君，张虎平，陶书田，等 . 2011. 套袋对梨果实发育过程中糖组合及其相关酶活性的影响 [J] . 西北植物学报，31 (7)：1422-1427.

李先明，秦仲麒，刘先琴，等 . 2010. 套袋对梨果农药残留量和重金属含量的影响 [J] . 天津农业科学，16 (5)：97-99.

李先明，秦仲麒，涂俊凡，等 . 2012. 不同类型纸袋套袋处理对梨果实品质的影响 [J] . 浙江农业学报，24 (6)：998-1003.

李岩 . 2002. 套不同果袋对水晶梨的影响 [J] . 北方果树 (3)：16.

李振乾 . 1999. 酥梨果实套袋中存在的问题与对策 [J] . 西北园艺 (1)：22-23.

刘建福，蒋建国，张勇，等 . 2001. 套袋对李果实裂果的影响 [J] . 果树学报，18 (4)：241-242.

沙广利，郭长城，李光玉 . 1997. 梨果实糖酸含量及比值对其综合品质的影响（简报）[J] . 植物生理学通讯，33 (4)：264-266.

申连长，傅玉瑚，王彦敏，等 . 1996. 几种果实袋对鸭梨的套袋效果 [J] . 河北果树 (2)：5-7.

苏新会，韩红军，周小艳，等 . 2001. 近两年套袋梨日灼发生原因调查 [J] . 西北园艺 (6)：40-41.

王东昌，赵长星 . 2000. 化学调控对梨优质高产的作用 [J] . 北京农业科学，18 (6)：26-27.

王家珍，李俊才 . 2000. 梨套袋效应试验 [J] . 北方果树 (1)：11.

王少敏，高华君，王永志，等 . 2001. 不同纸袋对丰水梨套袋效果比较试验 [J] . 中国果树 (2)：15-17.

王少敏，高华君，张骁兵，等 . 2002. 梨果实套袋研究进展 [J] . 中国果树 (6)：49-52.

王迎涛，李晓，李勇，等 . 2011. 套袋黄冠梨果实花斑病发生与其组织结构变化的关系 [J] . 西北植物学报，31 (6)：1180-1187.

吴彩娥，王文生，寇晓虹 . 2001. 果实成熟软化机理研究进展 [J] . 果树学报 (6)：365-369.

吴桂发，何爱华，韦军 . 2006. 梨果早优宝对喜水、丰水梨果实发育和成熟的影响 [J] . 果农之友 (7)：12-13.

吴应荣，杨玉华，陈宇晖，等 . 1994. 化学疏花疏果对砂梨座果率的影响 [J] . 湖北农学院学报，14 (4)：18-22.

吴友根，陈金印 . 2004. 套袋对翠冠梨果实货架寿命及生理生化变化的影响 [J] . 西北植物学报，24 (9)：1630-1634.

伍涛，张绍铃，吴俊，等 . 2008. 丰水梨棚架与疏散分层冠层结构特点及产量品质的比较 [J] . 园艺学报，35 (10)：1411-1418.

辛贺明，张喜焕 . 2003. 套袋对鸭梨果实内含物变化及内源激素水平的影响 [J] . 果树学报，20 (3)：233-235.

徐永江，徐绍清，钱百飞 . 1998. 黄花梨叶面喷布多效唑的效应 [J] . 中国南方果树 (2)：55-56.

许方 . 1992. 梨树生物学 [M] . 北京：科学出版社 .

杨青松，蔺经，李晓刚，等 . 2007. 4 种棚架树形对梨生长结果和果实品质的影响 [J] . 江苏农业科学 (6) 150-152.

张国印，陆启玉 . 2007. 农药残留与食品安全 [J] . 粮油食品科技，15 (1)：55-57.

张华云，王善广，牟其芸，等 . 1996. 套袋对莱阳茌梨果皮结构和 PPO、POD 活性的影响 [J] . 园艺学报，23 (1)：23-26.

张琳，赵思东，石明旺，等 . 2004. 套袋对黄金、丰水梨果实品质的影响 [J] . 北方果树 （1）：10-11.

张绍铃，伍涛 . 2010. 我国棚架梨生产现状与栽培技术探讨 [J] . 中国南方果树 （5）：82-84.

张振铭，张绍铃，乔勇进，等 . 2007. 不同果袋套袋对幸水梨品质的影响 [J] . 上海农业学报，23 （1）：30-33.

Hong J H，Lee S K. 1997. Post harvest changes in quality of 'Niitaka' pear fruit produced with or Without Bagging [J] . Journal of the Korean Society for Horticultural Science，38 （4）：396-401.

# 第四篇

梨果采后质量控制、
产品开发与市场流通

# 第十七章　梨果采后生理与贮运

## 第一节　梨果采后生理基础

### 一、果实成熟衰老过程

果实的成熟衰老包括成熟（ripening）与衰老（senescence）两个阶段。成熟过程即果实所特有的最终导致成熟的事件的综合，包括硬度下降、色泽改变和糖度增加等，常与酸度和涩味下降及香气增减相联系，还包括呼吸速率上升、乙烯大量生成、叶绿素消失等。一般可分为三个阶段：①采收后跃变前阶段；②成熟起始阶段；③果实达到可食状态阶段。一般亚洲梨在成熟期采后即可达到食用阶段，而西洋梨类果实需经后熟软化才能达到最佳食用状态。这是因为西洋梨果实属于软肉类型，采收时果实质地较硬，不能直接食用，通常需要后熟。经后熟的西洋梨果实柔软多汁，石细胞少，溶质性好，香气浓郁，品质上等，深受消费者青睐。但是经后熟的果实变软，不耐贮运，货架期也较短。

衰老则是果实在充分成熟之后，继续发生一系列的质变，如呼吸跃变后果实迅速软化、组织褐变和风味劣变等，直至最后死亡。因此，成熟是衰老的开始阶段，衰老是成熟的继续。

### 二、果实的结构与生理

梨果实表皮主要包括角质层、表皮细胞、亚表皮细胞和皮层。角质层及其表面的蜡质对于保护果实内部组织和减少水分散失来说至关重要。分布在表皮的皮孔除了调节水分以外，还能调节气体通透性。不同梨品种的皮孔特性不同，水分散失也不同，具有封闭型皮孔的果皮不利于水分散失，而具开放型皮孔的品种皮孔覆盖值越大，水分散失越严重（张华云和王善广，1991）。

研究表明，较耐贮藏的梨果实果皮角质层较厚，且深入表皮细胞间隙，表皮下 4～5 层细胞含有大量易被染色的单宁类物质；而不耐贮藏的梨果实的角质层较薄，表皮下细胞单宁类物质较少或不含单宁类物质（陶世蓉，2000）。不过，具有较厚的角质层和较小的细胞间隙的品种易产生果心褐变（张华云和王善广，1991）；相反，患黑心病的鸭梨表皮蜡质较薄且稀少（霍君生和李新强，1992）。

果实表皮下果肉薄壁细胞之间的细胞间隙影响气体通透和细胞强度，影响果实的软化。梨果实采收后果皮表皮蜡质和片层结构局部脱落，严重时会形成大面积的表皮破损，破损处胞间连接破坏时，会出现空洞，易导致果实病菌侵染，加剧腐烂（刘剑锋等，2007）。

## 三、蒸腾与呼吸作用

### (一) 蒸腾作用

梨果实采后，由于脱离树体，中断了水分供应，成为孤立的水分散发体。这种散发不仅造成自然损耗，而且造成新鲜度下降，出现皱皮、光泽消失等现象，外观品质下降，甚至失去商品价值。一般来说，随着贮藏温度降低，梨果实蒸发量减少，同时，贮藏环境中湿度越低，空气流动越剧烈，贮藏时间越长，蒸发损耗就越多。而且在通常情况下，套袋果实在贮藏期间水分散失比不套袋的果实多。因此，在采后处理过程中，采取涂膜处理如壳聚糖、果蜡等措施，以及在贮藏过程中采用洒水增加湿度和采用保鲜纸、薄膜包装保鲜的方法，可以减少果实水分散失。

果实中的水分散失是以蒸汽的状态移动，并遵循从密度高处向密度低处移动的规律。梨果实内部的空气湿度一般高于99%，因此，当新鲜梨贮藏在相对湿度低于99%的空气环境中时，水分就会从果实组织扩散至周边空气。这种运动的强度主要是果实表面水汽压力之差所决定的，压力差越大，水分蒸发就越厉害。此外，贮藏环境温度越高，水分蒸发损失就越大；贮藏环境中的空气流动速度也会影响水分损失，尽量降低贮藏环境中的空气流速，是减少水分损失的手段之一。因此，在贮藏过程中应控制适当的通风次数。

### (二) 呼吸作用

呼吸作用是生物生存的基本代谢过程。采后果实的呼吸作用消耗果实中的碳水化合物，最终导致品质下降。因此，果实呼吸量的多少决定果实贮藏寿命。

大多数梨果实属于呼吸跃变型果实，即随着果实成熟，呼吸速率出现明显的高峰。不同梨品种之间出现的跃变时间和峰值有明显的差异。也有个别品种不出现明显的呼吸跃变，如红霄梨、黄金梨、金二十世纪等。

影响果实呼吸作用的因素很多，除品种本身外，外围的影响因素有温度、气体成分和机械伤害等。

**1. 温度** 温度是影响果实呼吸速率的主要因素。在0~30℃范围内，果实的呼吸强度随着温度的上升而呈指数式增长。因此，生产上常采用低温贮藏来延长果实的贮藏时间。温度过高，对呼吸有不利的影响。如巴梨超过35℃以上，果实乙烯生成受阻，果实对乙烯的敏感性被抑制，呼吸速率由最初的高水平急剧下降为低水平（吕忠恕，1982）。

近些年研究表明，近冰点温度贮藏（一般为果实冰点以下温度）能最大限度抑制果实的呼吸作用，有效延长果实的贮藏时间。-1~0℃贮藏的黄金梨呼吸强度低，能保持较好的果实新鲜度和营养品质（申春苗等，2010）。

**2. 气体成分** 贮藏环境中的气体组成成分及其含量对果实的呼吸产生显著的影响。适当降低 $O_2$ 水平，增加 $CO_2$ 水平，能抑制果实的呼吸，延缓衰老。因此，生产上可以调节贮藏环境中的 $O_2$ 和 $CO_2$ 浓度至适当水平，即合理的气调状态，达到保鲜的目的。

低 $O_2$ 和高 $CO_2$ 在调节果实生理生化上既有相同点，又有不同点，并且往往二者一起发挥作用。

一般说来，低 $O_2$ 的生理作用为：①降低呼吸和乙烯生成；②抑制叶绿素降解；③减少营养物质（如糖、维生素 C）损失；④延缓软化和衰老。一些超低氧（ULO）（$O_2$ 含量降低到 2%以下）贮藏的结果表明，当环境中 $O_2$ 低于一定浓度时，梨果实会积累较多的乙醇、乙醛，并产生异味，出现不能正常后熟等新问题（Ke 等，1991）。

高 $CO_2$ 的生理作用为：①抑制呼吸和乙烯生成；②抑制叶绿素降解；③减少挥发性物质生成；④延缓软化和衰老。但由于梨果实对 $CO_2$ 较为敏感，贮藏环境中的 $CO_2$ 积累过多时，常导致细胞膜伤害，细胞内酚类物质积累增多，多酚氧化酶活性上升，组织褐变，产生异味。

$O_2$ 和 $CO_2$ 的综合影响：在气调贮藏中，低 $O_2$ 与高 $CO_2$ 的综合作用结果比 $O_2$ 与 $CO_2$ 单独作用显著，但 $O_2$ 与 $CO_2$ 的作用之间存在着拮抗作用，即高 $O_2$ 的影响与高 $CO_2$ 相互抵消。$O_2$ 的阈值随 $CO_2$ 浓度上升而上升，而提高 $O_2$ 浓度，果实对 $CO_2$ 毒害的耐受能力显著提高，减少毒害。但是，较高的低 $O_2$ 和高 $CO_2$ 浓度会提高梨果实丙酮酸脱羧酶和乙醇脱氢酶活性，促进果实乙醇、乙醛和乙酸乙酯的生成，产生细胞伤害（Ke 等，1994）。

梨气调贮藏中适宜的 $O_2$ 和 $CO_2$ 浓度范围见表 17-1。

**表 17-1　不同梨栽培种气调贮藏时适宜 $O_2$ 和 $CO_2$ 浓度范围**

| 梨栽培种 | $O_2$（%） | $CO_2$（%） |
|---|---|---|
| 白梨 | 10～12 | <1 |
| | 2～4 | 1～2 |
| 秋子梨 | 3～8 | 1～5 |
| 西洋梨 | 2～5 | 1～3 |

注：参考应铁进（2001）《果蔬贮运学》。

不过，上述气体配比仅供参考，采用何种气体配比，需根据当地具体条件以及品种要求，提出适宜气体组分，确定气调库内氧气和二氧化碳比例。

**3. 机械伤害**　机械伤害常刺激梨果实呼吸代谢酶活性，加速果实的呼吸速率，伤害程度加重，呼吸速率升高，且呼吸跃变高峰提前。此外，机械伤害还刺激果实细胞壁水解酶活性升高，促进果实软化与果皮褐变。因此，在果实贮运过程中，应注意减少果实的机械伤害。

**4. 生化物质**　影响果实呼吸作用的生化物质众多，如矿质元素钙、植物激素和生长调节剂等，这些物质会影响果实的成熟衰老。果实缺钙时，往往导致果实呼吸作用旺盛，采前喷钙或者采后补钙可有效降低果实呼吸作用，起到延缓衰老的作用。延缓衰老的生长调节剂常抑制果实呼吸作用，而促进衰老的激素，如乙烯和脱落酸（ABA）常促进果实的呼吸作用。水杨酸具有抑制乙烯生成的作用，也抑制呼吸作用。

## 四、激素与生长调节物质

在植物激素中，乙烯和脱落酸（ABA）常具有促进果实成熟衰老的作用，而促进生长的赤霉素（GA）和细胞分裂素（CTK）具有延缓衰老的作用。生长素（IAA）的作用与处理浓度有关，一般认为高浓度 IAA 促进成熟衰老，而低浓度 IAA 的作用相反。这些激素在调控果实的成熟衰老时，取决于不同类型激素水平的含量及相互之间的比例关系。当延缓成熟衰老的激素比例高时，果实成熟衰老表现迟缓；反之，促进衰老的激素比例高时，果实的成熟衰老表现迅速。目前为止，人们对乙烯的代谢及其作用研究较为深入，但对其他激素的研究不足。

### （一）乙烯

乙烯是参与果实成熟衰老的重要激素。梨不同品种产生乙烯的差别很大，大多数品种的果实在采后成熟时出现明显的乙烯生成（即跃变）现象，如西洋梨果实乙烯生成率高。相比之下，新水（Shinsui）、幸水（Kosui）、长十郎（Chojuro）等日本梨品种，乙烯生成率较高，不耐贮藏；一些品种乙烯生成率中等，耐贮藏性中等；一些品种，采后乙烯产生量很低，较耐贮藏。果实的乙烯生成与1-氨基羧基-1-羧酸生成酶（ACS）活性有关。梨不同品种果实乙烯生成中高、中等水平分别与 $PpASC1$、$PpACS2$ 的基因表达有关（Itai 等，1999）。

乙烯促进果实软化。在梨果实采后的不同阶段，进行乙烯作用抑制剂1-甲基乙丙烯1-MCP处理，结果发现，1-MCP能抑制果实软化，并减少多聚半乳糖醛酸酶（PG）基因 mRNA 积累。这说明，乙烯参与果实软化与 $PG$ 基因的表达有关（Hiwasa 等，2003a）。

**1. ACC 合成酶**（ACS）　随着乙烯信号途径研究的不断深入，乙烯合成途径已逐渐成为研究乙烯功能的切入点，其中 $ACS$ 基因功能的研究较为深入。目前，已在多个西洋梨品种中克隆得到了7个 $ACS$ 基因，同源分析表明 $ACS1a$、$ACS1b$ 为一个亚型，两个基因在氨基酸序列上高度一致，一致性达到96%，仅有13个氨基酸不同，但在5′和3′非翻译区两个基因序列相似度较低；$ACS2a$、$ACS2b$ 为一个亚型，$ACS2a$、$ACS2b$ 两个基因与 $ACS1a$、$ACS1b$ 相似，在氨基酸序列上一致性同样达到96%，在5′和3′非翻译区相似度较低。基因表达分析表明：在冷处理才能后熟的西洋梨品种中，随着冷藏时间的延续，乙烯释放速率缓慢增加，同时 $ACS1a$、$ACS2a$ 两个基因的 mRNA 含量持续积累。在冷藏后常温贮藏时，随着成熟软化，$ACS1a$ 基因表达逐渐下降；$ACS2a$ 基因 mRNA 含量先增加后降低，并且其峰值早于乙烯释放速率峰值的出现；$ACS4$、$ACS5$ 基因表达量与果实乙烯释放速率呈显著正相关性；$ACS3$ 基因表达量在整个贮藏过程中表达量几乎不变。相反，$ACS1b$、$ACS2b$ 两个基因在后熟过程不依赖冷处理的品种中表达。$ACS1b$、$ACS2b$、$ACS4$、$ACS5$ 四个基因表达量与果实乙烯释放速率呈显著的正相关性。因此，不同 $ACS$ 基因在乙烯调控的梨果实成熟软化过程中可能发挥着不同的功能（Itai 等，1999）。

**2. ACC 氧化酶**（ACO）　ACC 氧化酶（ACO）是植物乙烯合成途径中的限速酶之一，$ACO$ 基因的表达调控与果实的成熟密切相关。目前，已在多个品种中克隆到 $ACO$ 基因。在中国梨中克隆到 $PbACO1$ 和 $PbACO2$，在日本梨中克隆到 $PpACO1$ 和 $PpACO2$。$PbACO1$ 与 $PpACO1$ 之间、$PbACO2$ 与 $PpACO2$ 之间的氨基酸序列一致性均达到了99%以上。在跃变型和非跃变型果实中，$PbACO1$ 的基因表达水平均受到丙烯处理的诱导，中断丙烯处理后，跃变型品种的果实 $PbACO1$ 基因仍然处于高表达水平，而非跃变型品种的果实 $PbACO1$ 不再表达。在果实软化过程中，没有检测到 $PbACO2$ 基因的诱导表达，而在果实受到伤害后，*PbACO2* 基因受到诱导表达。由此可见，*PbACO1* 和 *PbACO2* 分别在果实成熟和伤害诱导的乙烯生成中发挥作用（Yamane 等，2007）。在西洋梨（Passe Crassane）中克隆到的 *PcACO* 基因，低温贮藏时其 mRNA 持续积累，而 1-MCP 处理会抑制 mRNA 积累（Lelievre 等，1997）。

## （二）脱落酸

一般认为，ABA 促进果实的软化，提高与果实软化有关的酶如 PG、果胶甲酯（PME）、纤维素酶（Cx）的活性。

随着库尔勒香梨果实成熟衰老，ABA 含量迅速增加，其高峰出现在乙烯释放高峰之后（阮晓等，2000）。类似地，金二十世纪随着果实成熟，果皮中 ABA 含量持续增加，果肉和种子中 ABA 含量于采收前 10d 达到峰值后下降。这些组织 ABA 含量的变化受 ABA 合成酶（9-顺式-环氧类胡萝卜素双加氧酶，NCED）和降解酶（8'-羟化酶，CYP）基因的共同调控（李平等，2012）。

## （三）其他激素

**1. 生长素和赤霉素** 香梨果实成熟前出现少量 IAA，采后 48d 时，IAA 突然激增到最高峰，此时果实开始衰老；同时，$GA_3$ 含量下降（阮晓等，2000）。

**2. 多胺** 随着梨果实的成熟衰老，低乙烯释放的果实中多胺含量较高，且部分品种呈增加趋势，而高乙烯释放的品种中，多胺含量较低，甚至下降。相对于精胺（Spm）和亚精胺（Spd）来说，腐胺（Put）与乙烯的负相关关系更为明显，这是因为多胺与乙烯竞争共同前体物质 S-腺苷蛋氨酸（SAM）的结果（Franco-Mora 等，2005）。

## （四）生长调节剂

**1. 水杨酸**（SA） 水杨酸可以降低果实呼吸速率和细胞壁水解酶 PG 和 PME 活性（田志喜等，2002），并能保护细胞膜结构，降低丙二醛（MDA）含量和超氧阴离子产生速率，维持较高的活性氧清除酶如超氧化物歧化酶（SOD）、过氧化物酶（POD）、过氧化氢酶（CAT）和抗坏血酸过氧化物酶（APX）的活性（赵喜亭等，2009）。水杨酸（SA)还可减少梨果实黑斑病和腐烂发生，抑制果皮黄化，保持较好的质地和营养品质。

**2. 1-甲基环丙烯**（1-MCP） 近年来，新型乙烯受体抑制剂——1-MCP，在水果贮藏保鲜中得到了广泛应用。其机理在于 1-MCP 明显抑制乙烯合成，减少贮藏环境中的乙烯浓度，延缓果实成熟与衰老。在梨生产中，一般采取采后迅速处理的方式，处理浓度为 $0.5\sim1.0\mu l/L$，处理时间为 $12\sim24h$。处理后果实迅速进入常规贮藏。

1-MCP 对梨果实品质和生理的影响主要表现在：

（1）抑制果实软化 1-MCP 明显降低果实的细胞壁水解酶——β-半乳糖苷酶、多聚半乳糖醛酸酶、果胶脂酶及纤维素酶的活性，抑制细胞壁物质的降解，保持较高的果实硬度。这一效应尤其在软肉型梨采后贮藏中表现明显。

（2）延缓果实营养品质下降 1-MCP 在多数情况下，能抑制果实可溶性固形物升高以及淀粉的转化和分解，延缓可滴定酸、可溶性糖、维生素 C、类黄酮及蛋白质含量下降。

（3）保持果实固有色泽 1-MCP 抑制果皮叶绿素降解，延缓果肉颜色变化，且对防止贮藏期果柄干枯褐变也有明显作用；还可以有效地防止贮藏后期和货架期果皮褐变或虎皮病的发生，这与其降低酚含量、PPO 活性和抑制 α-法尼烯的产生及其氧化物共轭三烯的积累有密切关系。

（4）保持风味物质 1-MCP 促进梨挥发性物质异丁酸乙酯和丁醇的积累，维持果实的香气。但也有降低果实香气的报道，可通过果实后熟改善风味。

（5）控制果实贮藏期间生理病害 1-MCP 明显减少梨果实褐变现象，但也有报道会增加梨腐烂的现象。

## 五、成熟衰老过程相关酶及其基因表达

梨果实采后成熟衰老过程有多种酶的参与，目前研究较多的有细胞壁水解酶、氧化还原酶、次生物质代谢相关酶等，这些酶的活性及其基因表达调节了果实软化和衰老进程。

### （一）细胞壁水解酶

**1. 多聚半乳糖醛酸酶**（PG） PG 可以催化果胶分子中 α-（1，4）-聚半乳糖醛酸的裂解，从而参与果胶的降解，促进果实软化。PG 有内切（endo）和外切（exo）两种类型。Exo-PG 使多聚半乳糖醛酸链的非还原末端逐个水解，Endo-PG 则可从分子中间随机裂解多聚半乳糖醛酸。与果实成熟相关的特异性 PG 酶一般指内切作用类型，但内切和外切 PG 均在果实中存在。PG 在细胞壁上的底物主要是位于细胞壁上并高度甲酯化的同型半乳糖醛酸，它们必须先脱去甲醇基后才能被 PG 所作用。虽然随着梨果实软化，PG 活性升高，但是，在易软化的京白梨和黄花梨中，PG 只参与了果实后期软化。因此，PG 似乎不是启动梨果肉软化的关键酶（魏建梅等，2009）。

近年来研究表明：*PG* 基因表达与梨果实软化关系密切。Hiwasa 等研究发现，在乙烯调控的果实软化过程中，两个 *PG* 基因的 mRNA 伴随着果实的软化而逐渐增加；其后在对果实软化进程不相同的 3 个品种进行比较分析发现，*PG1* 基因仅在软化较快的西洋梨 La France 中表达，且表达量较高；*PG2* 在西洋梨和日本砂梨新世纪（Nijisseiki）中均有表达，而 *PG1*、*PG2* 两个基因在果实软化进程十分缓慢的中国白梨鸭梨中均不表达（Hiwasa 等，2004）。李慧等（2012）从翠冠中同样克隆到了两个 *PG* 基因，进一步研究表明这两个基因属于不同的 *PG* 基因家族成员，乙烯拮抗剂 1-MCP 可抑制 *PG* 基因表达，推迟 *PG2* 表达峰值，进一步研究表明两个基因均参与了货架期果实软化过程。魏建梅等（2012）在京白梨中研究发现，*PG* 基因在果实软化中期表达量较高，说明着 *PG* 基因可能在果实软化中期起着关键作用。

**2. 果胶甲酯酶**（PME） PME 的作用是水解果胶分子中甲酯化的 C6 羧基，使之生成多聚半乳糖醛酸和甲醇，果胶去甲酯化后，其上 3 个羧基基团改变了细胞壁 pH 和电位，以钙桥连接的果胶胶体结构容易被 PG 降解。因此，PME 的作用机制主要是通过去甲基化作用，催化果胶酯酸转化为果胶酸，与 PG 相互协同来完成细胞壁降解过程。西洋梨 Barlett 和 La France 的 PME 活性的快速升高与果肉的迅速软化一致，而鸭梨和二十世纪梨中的 PME 活性低，软化速度较慢（Ning 等，1997）。魏建梅等（2009）研究发现，

PME 活性提高可加速京白梨果实后期软化进程，表明其参与了梨采后软化过程。

Sekine 等（2006）在西洋梨中克隆了 4 个 *PME* 基因。基因表达分析结果表明，*PME1*、*PME2* 和 *PME3* 基因的表达仅在不耐贮藏的品种中随着果实成熟软化而不断增加，这说明 *PME* 基因可能参与了梨果实采后软化过程。

**3. β-半乳糖苷酶**（GAL） GAL 作用于鼠李半乳聚糖骨架的支链残基，降解果胶聚合体，破坏细胞壁结构，从而使果实软化。在京白梨果实采后成熟软化过程中，GAL 活性随着果实软化而逐渐升高，参与果实的早期软化（魏建梅等，2012）。

*GAL* 为多基因家族，目前已在西洋梨中克隆到了 8 个基因，这 8 个基因在氨基酸序列上高度一致，一致性达到 50%～60%。系统进化分析表明，它们隶属于 GH35（glycoside hydrolases family 35）家族，可分为 4 个亚型。其中 *GAL1*、*GAL4* 同属于一个亚型，*GAL5*、*GAL7*、*GAL8* 同属于一个亚型，*GAL2*、*GAL6* 同属于一个亚型，*GAL3* 单独为一个亚型。基因表达分析表明：*GAL1*、*GAL4* 仅在成熟果实中表达；*GAL2*、*GAL3* 在果实膨大期和成熟期表达，并且在成熟期表达量达到最高；*GAL5*、*GAL6*、*GAL7* 在果实膨大期高度表达，之后随着果实的逐渐成熟其表达量逐渐下降；*GAL8* 仅在幼果期表达，而在果实膨大期和成熟期则不能被检测到（Tateishi 等，2005）。乙烯类似物丙烯可加速梨果实软化并诱导 *GAL1*、*GAL4* 基因表达，抑制 *GAL6*、*GAL7* 基因表达；1-MCP 则减缓果实软化进程，抑制 *GAL1*、*GAL4* 基因表达；这表明 *GAL1* 和 *GAL4* 两个基因在梨果实软化过程中扮演着重要的角色（Mwaniki 等，2005）。

**4. α-L-阿拉伯呋喃糖苷酶**（ARF） ARF 是一种能够水解非还原呋喃阿拉伯糖残基的糖苷酶类，降解阿拉伯糖。Tateishi 等（2005）对日本梨的研究结果表明，ARF 属于糖苷酶家族Ⅲ，离体条件下具有一定的 β-木糖酶活性，能降解 β-D-木聚糖。但该酶在果实成熟软化过程中，只具有降解阿拉伯糖的功能，而不能降解木糖。在京白梨果实软化时，ARF 活性逐渐升高。因此，ARF 参与了京白梨果实的早期软化（魏建梅等，2009）。

目前，在日本砂梨（*Pyrus pyrifolia*）中有两个 *ARF* 基因被克隆（*PpARF1*、*PpARF2*），它们分别编码 674 和 774 个氨基酸。研究发现 *ARF2* 在果实成熟软化过程中高度表达，暗示着 *ARF2* 在果实成熟软化过程中扮演着重要的角色（Tateishi 等，2005）。在西洋梨品种拉法兰西中有一个 *ARF* 被克隆，进一步研究表明：*ARF* 果实成熟软化过程中表达量并无明显变化（Sekine 等，2006），暗示着 *AFR* 在不同梨品种中参与软化的机制可能不同。

**5. 木葡聚糖内糖基转移酶**（XET） XET 能引起细胞壁膨胀松软，具有内切和链接的双重效应，在切开木聚糖链之后，可将断裂链转移到另一个受体链上去，即把切口新形成的还原末端与另一个木聚糖（受体）分子的非还原末端连接起来。

Hiwasa 等（2002）在西洋梨拉法兰西上克隆了两个 *XET* 基因，它们在氨基酸序列水平上具有 45% 的一致性。基因表达分析结果表明：*XET1* 在果实成熟软化过程中 mRNA 高度积累，并且乙烯类似物丙烯可诱导其表达，而 1-MCP 则抑制其表达；*XET2* 基因在果实成熟软化过程中表达量同样能够明显增加，并且受丙烯诱导表达，但不受 1-MCP 抑制。这些表明两个 *XET* 基因在参与果实成熟软化过程中可能受到不同调控。

**6. 内切 β-1,4 葡聚糖酶**（EG） EG 酶属于纤维素酶的一种，可以催化水解具有

1,4-β-糖苷键的多聚糖，如纤维素和木葡聚糖分子。目前在梨中已克隆到两个基因（*EG1*、*EG2*），两个基因在氨基酸序列上拥有38％的一致性。系统进化分析表明 *EG1* 与番茄的 *CEL3* 高度同源，而后者可能在纤维素合成过程中发挥着重要作用。*EG2* 与草莓 *EG3*（*FaEG3*）高度同源。Hiwasa 等（2003a）研究发现：*EG1* 表达量在整个成熟衰老过程逐渐累积，其表达量不受 1-MCP 抑制；*EG2* 基因仅在果实软化后期表达量升高，并且其表达量也不受 1-MCP 抑制。类似规律还在翠冠上表现，并且 *EG2* 似乎与果实软化的关系较为密切（丛郁等，2010）。

**7. 膨胀素**（EXP）　EXP 是一种引起植物细胞壁松弛的蛋白质，在植物细胞伸展以及一系列涉及细胞壁修饰的生命活动中起着关键作用。

*EXP* 为多基因家族，可被分为 α、β、γ 和 δ 四个亚家族。目前，已在西洋梨中克隆到 7 个基因，这 7 个基因均属于 α 亚型，但在果实成熟衰老过程中表达模式不同，*EXP1* 在果实膨大后期及成熟早期表达量显著升高；*EXP4* 在整个果实生长及成熟过程中表达量几乎恒定；*EXP7* 在幼果期高度表达，但在成熟期几乎不表达；*EXP2*、*EXP3*、*EXP5*、*EXP6* 在果实软化过程中表达量迅速升高，在过熟阶段表达量下降，且受丙烯诱导和 1-MCP 抑制。这表明在乙烯介导的果实成熟软化过程中，*EXP2*、*EXP3*、*EXP5*、*EXP6* 基因可能发挥着重要的功能（Hiwasa 等，2003b）。

### （二）氧化还原酶

果实的成熟衰老与活性氧的产生有着密切关系，而细胞内的活性氧水平与氧化还原酶水平又有密切关系。衰老过程是活性氧代谢失调的过程，细胞内清除活性氧自由基的氧化还原酶和抗氧化物质减少时，活性氧大量产生，加速衰老；衰老过程中产生的活性氧则会进一步破坏膜结构，加剧了代谢失调。因此，活性氧伤害可加速果实的衰老，形成恶性循环。与梨果实成熟衰老密切的氧化酶类有过氧化物酶、多酚氧化酶和脂氧合酶等。

**1. 过氧化物酶**（POD）　POD 在果实采后贮藏过程中的作用之一是清除细胞产生的自由基，减少膜脂过氧化，从而抑制衰老。随着梨果实的成熟衰老，POD 活性逐渐上升；但也有报道表明，梨果实中的 POD 随着果实的衰老呈下降趋势，并参与组织褐变。因此，POD 在果实衰老过程中的作用机制尚需进一步研究。

**2. 多酚氧化酶**（PPO）　PPO 主要参与果实的褐变过程。PPO 在有氧条件下将酚类物质氧化为醌。组织中 PPO 活性越高，越容易发生酶促褐变。然而，果实组织褐变与酚及 PPO 的区域化分布关系更为密切。当梨果实衰老、遇到低温、高 $CO_2$ 逆境时，常造成果实细胞膜破裂，导致细胞内的区域化分布破坏，在 PPO 的催化下，酚类物质迅速发生氧化反应，产生褐变。

鸭梨果心褐变的主要原因就是酚类物质发生酶促褐变，在 PPO 的参与下将酚类物质氧化为醌，醌类物质进一步的氧化即成黑色素。贮藏时，急速降温、高 $CO_2$ 处理均明显提高 PPO 活性，从而促进鸭梨果心褐变。

**3. 脂氧合酶**（LOX）　LOX，属于亚油酸氧化还原酶，是一种含非血红素铁蛋白质，专一催化含有顺,顺-1,4-戊二烯结构的多元不饱和脂肪酸加氧反应，生成具有共轭双键的过氧化氢物，促进衰老。随着京白梨果实软化，果实 LOX 活性及其基因表达量增加（魏建梅等，2012）。1-MCP 和 NO 处理在延缓黄金梨果实衰老时，降低 LOX 活性（田长平等，2010）。这说明，LOX 参与了梨果实的衰老。

LOX 调节果实成熟衰老的可能机理为：①启动了膜脂过氧化作用，导致细胞膜透性增加，促进胞内钙的积累，激活磷酸酯酶活性，加速游离脂肪酸进一步从膜脂释放，加剧细胞膜破裂；②膜脂过氧化产物和膜脂过氧化过程产生的游离基进而毒害细胞膜系统、蛋白质和 DNA，导致了细胞膜的降解和细胞功能的丧失；③LOX 的膜脂过氧化作用产物可进一步生成茉莉酸（JA）和 ABA 等衰老调节因子，并参与乙烯的生物合成，促使组织衰老。

### （三）α-法尼烯合成相关酶

梨黑皮或虎皮病是梨果实在低温贮藏期间常见的生理性病害，不仅影响产品的外观和食用品质，而且降低商品价值。越来越多的证据表明，α-法尼烯代谢与虎皮病的发生密切相关。α-法尼烯生成的关键酶是 3-羟基-3-甲基戊二酸单酰辅酶 A 还原酶（HMGR）、法尼基焦磷酸合成酶和 α-法尼烯合成酶（AFS）。目前，编码这些酶的基因已经得到克隆，其基因表达与梨黑皮病的发生密切相关。

**1. HMGR** HMGR 是 α-法尼烯的生成途径中第一个限速酶，从砂梨虎皮病易感品种翠冠中克隆到的 *Pphmgr1* 和 *Pphmgr2*，其编码的蛋白 PpHMGR1 和 PpHMGR2 与苹果的 MdHMGR1 和 MdHMGR2 蛋白的相似性分别达到了 90% 和 98%。*Pphmgr1* 在货架期呈组成性表达，而 *Pphmgr2* 表达量的升高与 α-法尼烯积累同步；1-MCP 不影响 *Pphmgr1* 的表达，却可以抑制 *Pphmgr2* 的表达。说明 *Pphmgr2* 是 α-法尼烯合成的关键限速基因（丛郁，2009）。

**2. AFS** AFS 是 α-法尼烯合成途径中的最后一个酶。在安久梨中克隆到的 *PcAFS1* 基因，其氨基酸序列与多个梨品种的 AFS 有 98% 以上的相似性，与多个苹果品种的 *AFS* 有 96% 以上的相似性。在低温贮藏期间，*PcAFS1* 基因的表达水平先上升，再下降，然后又上升；1-MCP 处理可以明显推迟其第一个上升高峰，没有检测到第二个上升高峰。这一变化和果实表皮法尼烯的含量变化相互对应（Gapper 等，2006）。从鸭梨中克隆到的α-法尼烯合成酶基因 *PbAFS*，蛋白的氨基酸序列与苹果 AFS 有 96% 的相似性，在低温贮藏期间，*PbAFS* 基因的表达量增加，而 1-MCP 和 DPA 可以抑制其表达量增加速度（张建明等，2009）。这些研究说明，*AFS* 基因参与了梨虎皮病的发生。

# 第二节 梨果采后商品化处理

## 一、商品化处理的现状与前景

梨商品化处理是梨实现从简单农产品到商品化农产品的处理技术总和，其过程主要包括采收、分级、清洗、包装、预冷、贮前处理等环节。

目前，世界梨生产的先进国家，如欧美、日韩等，梨采后商品化处理率高达 85% 以上，采后损耗率控制在 10% 以下，而我国梨采后商品化处理率还不足 30%，采后损耗率高达 20% 以上，果实贮藏寿命和货架期短。采后商品化处理中存在的主要问题表现在采后分级包装技术落后、标准不统一，人工分级和包装依然占大多数，预冷不及时，入库缓慢，冷链运输缺乏等。因此，将来应重视采后处理、冷链运输和低温贮藏（包括低温气调贮藏）集成技术的示范推广，推进采后商品化处理产业化的进程。

## 二、梨果分级

### （一）分级标准

果实的分级是根据果实的外观和内部品质，按照一定的标准进行严格的挑选，并分为不同的等级。生产上常根据果实的大小、重量、色泽、形状、机械伤害、病虫害和营养成分进行分级，剔除有病虫和机械伤害的果实。其目的在于使果实达到商品标准，实现优质优价，便于贮藏加工、销售，减少采后损失。

世界各国对水果的分级标准要求不一。欧洲经济委员会和经济合作与发展协会制定了欧洲统一标准。该标准主要以健全度、硬度、清洁度、大小、质量、色泽等指标，将产品分为特级、一级、二级。美国对园艺产品的分级标准中特级为质量最上乘的产品；一级为主要贸易级，大部分产品属于此范围；二级产品介于一级和三级之间，质量明显优于三级；三级产品在正常条件下包装，是可销售的质量最差的产品。

我国梨果实分级标准与其他水果一样，也分为四级：国家标准、行业标准、地方标准和企业标准。国家标准是由国家标准化主管机构批准发布，在全国范围内统一使用的标准；行业标准即专业标准、部标准，是在没有国家标准的情况下由主管机构或专业标准化组织批准发布，并在某个行业范围内统一使用的标准；地方标准是在没有国家标准和行业标准的情况下，由地方制定、批准发布，并在本行政区域范围内统一使用的标准；企业标准是由企业制定发布，并在本企业内统一使用的标准。

目前我国水果品质分级一般根据品质好坏、形状、色泽、损伤和病虫害的情况分为特等、一等、二等、三等。我国梨分级的国家标准，具体可依照 2008 年颁布的国家标准《鲜梨》（GB/T 10650—2008），标准规定了收购鲜梨的质量要求、检验方法、检验规则、容许度、包装、标志和标签等内容，主要适用于鸭梨、雪花梨、茌梨、苹果梨、早酥、巴梨、晚三吉、南果梨、库尔勒香梨、新世纪、黄金梨、丰水、爱宕、新高等主要鲜梨品种的商品收购。

### （二）分级方法

果实分级的方法有人工分级和机械分级。目前我国大部分梨产区采用人工分级的方法。

人工分级主要依靠人的视觉对果实大小进行分级，有时可借助分级板之类的简易分级器具，其优点是最大限度减少机械伤害，但工作效率低下，分级精确度差，尤其在果实外观大小、色泽的判定上不够精确。

机械分级可分为两大类：以机械分级判断装置为主的简单机械分级方法和以光学和机器视觉测量装置为基础的复杂分级方法。前者以机械判断装置为主，或者通过孔、间隙等方式来判断水果大小，或者是通过杠杆比较机构来判断重量，然后通过适当的机构进行水果分级；后者包括以光电式检测分析装置为基础的分级机和利用机器视觉技术进行果实品质检测的分级机。机械分级的优点是效率高，分级标准一致性好，但对于套袋梨来说，有时会造成脱袋后的果实表皮伤害。

### （三）分级设备

我国生产中常见的梨果实分级设备主要根据果实重量分级，被称为重量分级机，其原理是摆杆秤式或弹簧秤式，设备结构较为复杂，可分为机械秤式和电子秤式。机械秤式分级机主要由固定在传送带上可回转的托盘和设备在不同重量等级分口处的固定秤组成。分级时，将单个果实放入托盘，当果实重量达到固定秤设定重量时，托盘翻转，果实脱落。为防止果实跌落伤害，常在果实出口下方铺设缓冲性能好的松软垫子。电子秤式分级机克服了机械秤式分级机运行期间噪声大的缺点，可分选不同重量的果实，使用不同的滑槽，分级精度和效率大大提高。

光电式检测分析装置或者是利用果实通过光电检测器时的遮光量来测量其外径和大小，或者是测量果实表面的颜色来判断成熟度。以机器视觉技术为基础的分级机则利用摄像机拍摄果实图像，通过对果实图像的分析处理，计算出果实的面积、直径等多种参数，可一次完成果实大小、色泽、表皮光滑度、果面缺陷和损伤等多方面的品质检测，然后控制相应的分级机构，使果实分别聚集到所属的类别中。后一类分级系统在检测时无需与水果直接接触，因此，检测过程被称为无损检测。

## 三、梨果包装

### （一）包装的意义

包装是实现采后果实标准化和商品化的必要措施，也有利于安全运输与贮藏保鲜，提高采后附加值。合理的包装能抑制果实的呼吸作用、蒸腾作用和微生物活动，减少贮运过程中的机械损伤和病菌蔓延，避免果实自身发热和温度剧烈变化引起的质量损失。

果实包装材料或容器的基本要求是：具有一定的保护性，利于堆码和装运；具有良好的透气性和透气比，利于散热和气体交换；保持果实贮运适宜的相对湿度；符合食品安全和环保要求。

### （二）包装方式

目前生产上包装梨的主要容器有：塑料箱、木箱、纸箱、泡沫箱、竹筐等。在冷藏和冷链运输中，塑料周转箱和纸箱是主要的保鲜外包装方式，聚乙烯和聚氯乙烯塑料薄膜则为主要内包装方式。薄膜包装起到简易气调的效果，具有投资低、收效明显的特点，在实际生产中取得了广泛应用。

内包装主要是通过调节包装内果实周围的湿度和气体成分来达到保鲜效果，其中最具保鲜效果的是薄膜包装。适于梨薄膜包装的塑料基材主要有聚乙烯（PE）、聚丙烯（PP）和聚氯乙烯（PVC）。

薄膜包装主要有：自发气调薄膜包装、人工充气薄膜包装、活性包装或功能性包装。自发气调薄膜包装主要是利用果实自身的呼吸作用释放 $CO_2$ 和消耗 $O_2$ 的特性，使果实包装内产生高 $CO_2$ 和低 $O_2$ 的气调状态延缓果实衰老，实现保鲜。人工充气薄膜包装主要是根据果实保鲜需要使调节气体状态快速达到平衡，可根据设定的 $CO_2$、$O_2$ 比例，向包装内充入适当的气体，如 $N_2$、$O_2$ 等，从而克服自发气调包装时调节包装内气体调节有限的弊端。活性包装或功能性包装，主要是在包装材料内添加气体吸收剂、释放剂或其他材料，用于吸收乙烯、$CO_2$、$O_2$ 等，具体可分为乙烯吸收膜、防结露膜、抗菌性膜、微孔透气性膜等。由于梨果实对贮藏环境中 $CO_2$ 敏感，所以采用微孔透气性膜或者高 $CO_2$ 渗透性保鲜膜进行包装的效果较为理想。

### （三）包装方法

适合梨果实包装方法有定位、散装和捆扎后包装。定位包装要求果实在包装容器内有一定的排列方式，不仅防止滚动和碰撞，还可充分利用箱体内空间，利于通风换气。在纸箱内定位包装梨时，常采取直线式、对角线和交叉式。为减少流通过程中出现的挤压、碰撞和摩擦等机械伤害，在定位包装之前，梨果实可采用套袋、包纸、包网套等单果包装的方法，以及采用透明塑料盒式的内包装承重方法。在纸箱体积较大时，可采用分层分隔、中间 S 或 U 形隔等箱内隔板承重的方法。适合梨货架保鲜的包装方式主要有浅盘包装、单果纸包装、透明袋包装和拉伸网袋包装。不过，目前我国还没有统一的梨包装标准，但梨果实每箱包装净重多为 10～20kg。包装净重确定之后，箱内的包装数量即可反映出果实大小和重量，一般鸭梨纸箱内果实数为 60、72、80、88、96、112 个等。

### （四）包装标志

包装箱上应标明品名、产地、净重、质量等级、规格、日期、生产单位和经销商名称、地址等，对取得绿色食品、农产品质量安全、地理标志保护等证书的按有关规定执行。

### （五）包装件的贮存

贮存场地应清洁、卫生、阴凉、通风、无毒、无异味、防雨、防晒。对贮存过果蔬产品的场所，在贮存梨果前应进行通风，清除可能残留的乙烯气体。包装件分批、分品种、分等级码垛堆放；包装件堆放要整齐，留有通风道。每垛应挂牌分类，标明品种、批次、入库日期、数量、质量检查记录。

### （六）包装注意事项

包装过程中，操作人员应剪短指甲，戴上手套。每一包装件内必须选择同一品种、同一品质、同等成熟度的鲜梨，优等果还要求果径大小和色泽一致。首先将符合等级要求的梨果，齐果肩修剪果梗。然后将光面薄纸平铺，果实置于纸中央，自下而上包裹严实，套上塑料网套（也有仅包纸，或仅套网套的），再置于托盘凹槽内，每个凹槽一个果。果顶朝上放置，果实摆放端正整齐。分层包装的要先摆放第一层，用纸板分隔后再置第二层，要求表层和底层的果实质量必须一致。装箱要充实，不要有很大缝隙，产生晃动。装果时应注意勿使果梗损伤其他果实。

## 四、入库与预冷

### （一）入库

生产上，果实采摘后尽快入贮，库满后应尽快将库温降至该品种适宜贮温。一般情况下，多数软肉梨及中早熟砂梨品种采后要在 1~2d 内及早入库，以延缓果实软化和衰老。白梨品种及其他晚熟品种可采后 3d 以内入库，库满后，要求在 48h 内将库温降至适宜贮温。入库速度根据冷库制冷能力或库温变化来调整，原则上应先在预冷间预冷后再进入贮藏间。不预冷时，则应分次分批入库，每批次一般小于 20％库容量。短期冷藏的部分秋子梨品种的果实（南果梨、花盖等），采收常温下后熟 2~5d 再入库，利于果实出库后软化食用。

### （二）预冷

预冷是指将采收后的果实尽快冷却到适于贮运低温的措施，尤其对于冷敏品种来说，还可以减少冷害。预冷的方法主要有冰冷、水冷、风冷以及真空预冷等，其作用在于降低产品的生理活性，减少营养损失和水分损失，并保持其硬度、延长贮藏寿命、改善贮后品质、减少贮藏病害，从而提高经济效益。

目前适宜于梨果预冷的方法主要有 3 种：

其一是自然降温冷却：选择冷凉干燥的地方，挖一条浅沟，深度约 10cm、宽 1.2~1.5m，长度视贮果量多少和作业方便而定，四周做成 10cm 高的畦埂即成。将选好的梨果，从一头开始一层一层摆放在畦面上，让其自然降温。白天遮阴，防日光直射，夜间揭开覆盖物，通风降温。此方法简单易行，但预冷时间长，难以达到产品所需要的预冷温度。

其二是强制冷风冷却：梨果放在冷风室内，利用制冷机制造冷气，再通过鼓风机使冷空气流经果垛，将梨果表面的田间热带走，从而达到降温的目的。其特点是降温时间短，干净卫生，但需要设备价格较高。

其三是冷库冷却：将梨果放在冷库中降温，具有简单、快速冷却的特点。

对于如鸭梨等的冷敏品种，应采取逐渐降温的方式，不宜采用急降温。传统上，鸭梨贮藏过程中，采用预冷或者逐步降温的方式，可明显减少贮藏中的黑心病。一般认为鸭梨入库温度为 10~12℃，每 3d 左右降 1℃，30d 左右降至 0℃，并保持此温度至贮藏结束。也可采用两阶段降温法，即 10℃入贮，保持 10d，而后降至 3~4℃保持 10d，最后降至 0℃至贮藏结束。

## 五、其他商品化处理技术

### （一）高压静电场处理技术

高压静电场处理主要是在高压电源作用下利用两块平行电极板之间产生的高压静电场进行的。高压电源通常为电压输出范围 0~60kV、电流 0~2.5mA 的高压变压器，使用时输出负高压。其技术原理在于利用高压静电场产生的臭氧所具有的杀菌和氧化乙烯作用，以及高压静电场能降低果实呼吸速率，从而实现延缓果实后熟衰老的目的。试验表明，高压静电场处理鸭梨，能明显推迟乙烯释放高峰出现时间，并降低其峰值，保持较高的硬度和营养品质，减少果心褐变（王颉等，2003）。

### （二）臭氧处理技术

臭氧作为一种高效、安全的消毒剂，在食品保鲜中的应用效果显著，其技术原理在于利用臭氧的强氧化和杀菌特性，氧化乙烯后快速减少贮藏环境中的乙烯，杀菌后减少有害微生物的侵袭，从而达到延缓衰老和维持品质的效果。臭氧保鲜处理的最适宜贮藏温度低于10℃，贮藏环境中最佳相对湿度是90%～95%。同时，也适于高湿度冷库、半地下式通风库、未进行密封包装的梨果实保鲜。

臭氧处理的生理作用为：可显著抑制梨果实的呼吸作用和内源乙烯释放，抑制果实MDA含量的增加，维持细胞膜的完整性，降低褐变指数，延缓可溶性固形物、可滴定酸和维生素C含量的下降，从而维持较高的贮藏品质，减少腐烂（朱克花等，2009）。

# 第三节　梨果贮藏保鲜

## 一、影响梨果耐贮性的主要因素

### （一）品种自身因素

不同梨品种果实耐贮性差异较大，这是由其遗传特性决定的。此外，砧木也会对果实内在品质、化学成分和耐贮性产生直接影响。我国栽培的梨品种达2 500种以上，大部分属于秋子梨、白梨、砂梨和西洋梨。一般来讲，晚熟品种较中熟品种耐贮藏，中熟品种较早熟品种耐贮藏。梨果耐贮性与果实表皮和细胞壁结构及细胞内物质成分有关。耐贮性好的品种多聚半乳糖醛酸酶（PG）活性低。果实角质膜较厚，且后期深入表皮细胞间隙，表皮下4～5层细胞含有大量单宁类物质的品种耐贮藏；角质膜较薄，表皮下细胞不含单宁类物质的品种，一般不耐贮藏（陶世蓉，2000）。与花盖梨相比，贮藏性较差的尖把酸梨采后果实硬度下降快，乙烯释放高峰时间早且峰值高，细胞壁中纤维素含量低且下降速度快，原果胶含量低、水解速度快（刘剑锋等，2007）。

从梨的不同栽培种看，白梨的多数品种耐贮藏，砂梨的耐贮藏性不如白梨，与白梨相比，总体上砂梨品种采后果实硬度下降较快。秋子梨和西洋梨多数品种在常温下极易后熟、软化，仅能放1～2周，但采用冷藏或气调贮藏，多数品种一般可贮藏3～4个月以上。白梨中，苹果梨、秦酥、秋白梨、锦丰、蜜梨、冬果、红霄等极耐贮藏，一般可贮至翌年的4～5月；库尔勒香梨、栖霞大香水、金川雪梨、金花梨等耐贮藏，一般可贮至翌年的3～4月；鸭梨、砀山酥梨、雪花梨、茌梨等较耐贮藏，一般可贮至翌年2～3月；早酥等不耐贮。砂梨中，晚三吉、爱宕等耐贮藏，新高、苍溪雪梨、威宁大黄梨、黄金梨等较耐贮藏，黄花、丰水等耐藏性较差，二宫白、菊水等不耐贮藏。秋子梨中，花盖耐贮藏，南果梨、京白梨较耐贮藏。

### （二）采前因素

果实内在品质直接影响其耐贮性。对于贮藏果的品质而言，大体上80%取决于栽培生产过程，20%依赖于采后的处理和贮藏保鲜技术。果实贮藏保鲜期与成熟衰老的调控单纯依赖采后技术措施难以达到合理的预期，必须重视影响果实内在品质的诸多采前因素。好的采收品质是贮藏成功的关键，果实干物质含量低、组织结构发育不健全、矿质营养不平衡（尤其是钙元素缺乏）等都直接影响果实耐贮性。影响果实采收品质的因素主要有如下几个方面：

**1. 气候条件**　果实生长发育期间的温度、光照、降雨等气象条件直接影响果实品质的形成，特别是果实成熟时期的气象条件对可溶性固形物、果色、果实风味和糖酸比等都有很大影响。砀山酥梨成熟前的 10d 内，若天气晴好、雨水少，可溶性固形物含量可增加 2%，若连续阴雨则只能增加 0.5%（徐义流等，2009）。果实成熟期，气温日较差越大，糖分积累越快，日较差达 11℃ 以上有利于鸭梨果实糖分积累。

梨果实成熟期，连续阴雨易发生多种生理性病害。据调查，2011 年山西晋中砀山酥梨产区 7～9 月温度低、日照少、降雨多且持续时间长，果实可溶性固形物比正常年份偏低 2 个百分点，果面褐斑发病严重。套袋黄冠梨果面褐斑病的发生与高湿低温有密切关系，降雨是诱导发病的关键气象因子（关军锋等，2009）。果实可溶性固形物的含量及固酸比，不仅受采收时间早晚的影响，而且与采收阶段降水量及降雨持续时间有关。

**2. 栽培管理**　目前，我国梨果实可溶性固形物含量总体较低，甜梨不甜。中国农业科学院果树研究所于 2008—2009 年对我国河北、山东、辽宁、陕西、甘肃、江苏、安徽、河南、四川等 9 个省份共 31 个梨主产县市的 409 份梨果样品可溶性固形物（TSS）进行了测定和分析（王文辉等，2012），结果表明，河北、山东、辽宁、甘肃 4 省，TSS 为 10.0%～12.0% 的梨果占全部样品的 48.2%，大于 12.0% 的仅为全部样品的 28.7%，低于 10.0% 的样品仍占 23.1%。河南、安徽、陕西、江苏、四川 5 省，TSS 低于 10.0% 的样品占 51.1%，其中安徽、江苏、河南的砀山酥梨平均 TSS 仅为 9.7%。造成我国梨果可溶性固形物下降的主要技术原因有以下几个方面：①一些老产区如河北、安徽、河南、江苏等果园产量过高，树体营养供应不足；②化肥尤其是氮肥过多，矿质元素失衡，钙营养不良；③果园郁闭，光照不良；④果实生长发育后期和采前大量灌水，有些果园甚至在第一遍采收后大水大肥进行催果；⑤采收过早，果实发育不良等；⑥套袋造成糖含量下降和果实缺钙或矿质元素失衡。

果园施肥、灌溉、树体负载量、整形修剪、果实套袋等田间管理直接影响果实含糖量等内在品质，从而影响果实的耐藏性。过多施用化肥，尤其是氮肥或土壤中缺磷、钙、钾肥，将会造成果实品质下降，风味变淡，含糖量降低，贮藏中易发生多种生理病害。普通梨果如果冷库可贮藏 3～5 个月，则有机栽培生产的可以贮藏 6～8 个月（韩南容，2006）。河北省石家庄果树研究所多年研究证明，鸭梨果实黑心病的发生与树体的钙素营养水平，特别是果实含钙量及氮/钙比有关，土壤中增施钙肥或果实生长期喷钙，可明显降低黑心病发病率。套袋造成果实糖度下降、风味变淡、钙含量低已成共识，相同栽培条件下套袋果较不套袋果可溶性固形物含量降低 0.5%～0.7%。近年来套袋梨果面褐斑等生理病害发生呈现多品种、多地区、多环节的趋势，严重影响一些地区梨产业的发展，随着劳动力成本的上涨，果实套袋栽培技术措施或许应进行重新评价和认识。

土壤水分的供给对果树的生长、发育、果实的品质及耐贮性有重要影响。土壤水分不足，影响果实生长，产量下降；土壤水分过多尤其采前果园灌水，会使果实内在品质降低，耐贮性下降。鸭梨大量施用氮肥和生产后期大量灌水会使其风味变淡，贮藏中黑心率高。修剪和疏花、疏果的目的是为了调节果树各部分的平衡生长，保证叶/果的比例适当，使果实能够获得足够的营养，进而保证果实有一定的大小和品质，这些栽培措施也会间接影响到果实的贮藏性状。

**3. 结果部位**　不同部位果实由于光照、温度、空气流动以及植株生长阶段的营养状况等不同，其生长发育状况和贮藏性存在差异。库尔勒香梨 91% 的粗皮果分布于内膛枝，仅9%分布于外腔,粗皮果可溶性固形物低,可滴定酸含量高(李疆等,2008)。鸭梨内腔与外腔果相比可溶性固形物含量低1.5个百分点。梨不同品种不同序位的果实可溶性固形物含量、维生素C等内在品质不同,黄花、砀山酥梨、丰水的可溶性糖含量最高分别为2～4、1～3、3～5序位果,维生素C含量最高的分别是1～4、2～5、3～5序位果(王鑫等,2010)。鸭梨以花序基部序位果实的综合品质较好。

**4. 授粉受精** 梨花粉直感现象明显,授粉受精直接影响种子发育,进而影响果实形状、大小、果皮色泽和内含物的高低等,而内含物的多寡会影响果实的耐贮性。钙与果实生理病害的发生及品质和耐贮性密切相关。受精促进梨子房(幼果)对钙的吸收,未受精的子房(幼果)中钙含量远低于同期受精的果实,受精前后钙含量变化与其中IAA和$GA_3$含量变化相似,NAA、$GA_3$。处理促进钙的吸收(刘剑锋,2004)。果实内的种子数量和质量对果实的大小、形状等外观品质有很大影响,并通过影响果实的大小进而影响果实的内在品质。黄金梨和鸭梨果实内种子数量越多,单果重越大,可溶性固形物含量越高。不同品种的花粉对梨果实可溶性固形物含量等内在品质产生显著影响,对香梨果实脱萼率的影响存在差异,而萼片宿存具萼突的香梨(俗称"公梨")顶腐病发病率高(贾晓辉等,2010)。

**5. 果实大小** 果实大小是重要的商品性状之一,消费者一般都偏爱大个果实。但同一品种中的大果体积较大、组织疏松、果实中氮钙比值大,贮藏期间的呼吸高,品质变化快,易感染寄生性病害和发生生理性病害。如虎皮病、低温等对大个果的危害比中等果个严重,并且大果的硬度下降快。雪花梨、鸭梨、酥梨等品种中的大果易发生果肉褐变,褐变发生早且发病程度重。中等大小的鸭梨果实黑心发病程度较低,与其可溶性固形物和糖含量较高有关(李庆鹏等,2007)。

**6. 负载量** 负载量对梨产量、品质影响较大(表17-2),与树势的强弱也有明显相关性。据调查,一些鸭梨产区、酥梨老产区每667m² 产量一般3～4t,高者4～5t,甚至更高,果园长期投入不足,仅施化肥,果实可溶性固形物不到10%,当然这与种植规模小、销售品牌缺乏、质量意识和商品观念淡薄有关。负载量适当,可以保证果实营养生长与生殖生长的基本平衡,使果实有良好的营养供应而正常发育,收获后的果实含糖量高,耐贮藏。枝果比过大,含糖量、糖酸比等品质指标明显提高,但因总产量降低,经济效益不高;枝果比过小,虽能提高当季单产,但因梨果品质下降,树势衰弱而不能达到优质、高效的目的。不同负载量对茌梨和酥梨产量与品质影响显著,枝果比以2.5～3∶1中等负载量为宜。

表17-2 留果量对鸭梨产量及果实品质的影响

(傅玉瑚等)

| 叶果比 | 百枝留果数 | 梢果比 | 产量(kg) | | 平均单果重(g) | 可溶性固形物含量(%) | 全糖含量(%) | 滴定酸含量(%) | 糖酸比 |
| | | | 百枝产量 | 每667m² 3万枝折合产量 | | | | | |
| --- | --- | --- | --- | --- | --- | --- | --- | --- | --- |
| 10 | 73.0 | 2.6 | 11.33 | 3 399 | 155.2 | 11.63 | 7.656 | 0.276 1 | 27.7 |
| 20 | 45.5 | 4.2 | 8.32 | 2 496 | 182.9 | 12.49 | 8.438 | 0.198 7 | 42.5 |
| 30 | 27.4 | 6.6 | 5.24 | 1 572 | 191.4 | 13.33 | 9.159 | 0.193 2 | 47.4 |

## (三)果实成熟度

**1. 适期采收** 适期无伤采收对梨果贮藏保鲜至关重要。晚采有利于内在品质提高尤其是糖度的增加，不利于果实贮藏，但过早采收对提升果实品质和贮藏均不利。总体来说，早采易虎皮，晚采易黑心。适期采收可减少梨果黑心病（中国科学院北京植物研究所等，1974；焦新之等，1981；闫师杰，2005；王文辉等，2005），过晚采收不仅不能提高亚洲梨（白梨和砂梨）果实可溶性固形物的提高，反而容易增加果实生理病害的发生，加重生理病害发病程度，并容易造成物理损伤。对于易黑心的品种，如鸭梨、黄金梨、黄冠等品种应适当早采，而对于易虎皮的品种，如砀山酥梨等适当晚采，其贮藏效果会更好。砀山酥梨适期延迟采收能显著降低黑皮病发病率，9 月初采收的砀山酥梨与 9 月中旬采收的果实相比较，早采收果实黑皮病发病时间早，黑皮发生率和黑皮指数高（王晶等，2011）。

长期贮藏的梨只有适时采收的果实才能获得最佳的贮藏能力，过早或过晚采收的梨果均不耐贮藏。采收过早，果个小、单产低，果实含糖量低，风味淡，贮藏过程中易失水皱皮，容易出现果面虎皮等生理病害；采收过晚，果实质地松软、脆度下降，对 $CO_2$ 敏感性增强，黑心等生理病害和腐烂率明显增加（表 17-3、表 17-4）。作为多数贮藏的梨果采收及销售原则是：晚采先销（晚采短贮），早采晚销（早采长贮）。

依靠自然能源的通风库（窑、窖）贮藏，采收期可比冷库贮藏的适当延迟。梨果在树上成熟，果实乙烯合成处于受抑制状态，乙烯产生甚微（焦新之等，1981），品质变化与离体果相比相对较慢，另外，采收越晚，环境和果实温度越低，越利于通风库贮藏。通风库贮藏的鸭梨果实腐烂率和黑心率早采果均比晚采的高（裴素青等，1989）。

**表 17-3 采期对黄金梨果实品质及单果重的影响**

（王文辉等）

| 年份 | 采收时间（月—日） | 果实生长发育期（d） | 硬度（kg/cm²） | 可溶性固形物含量（%） | 种子颜色指数（%） | 可滴定酸含量（%） | 淀粉含量 | 单果重（g） |
|---|---|---|---|---|---|---|---|---|
| 2003 | 08—27 | 134 | 6.9d | 11.5a | 47.9a | — | — | 333.5 |
| | 09—05 | 143 | 6.2c | 12.4b | 64.8b | — | — | 384.4 |
| | 09—11 | 149 | 5.4b | 12.8c | 79.0c | — | — | 383.3 |
| | 09—18 | 153 | 4.8a | 13.5d | 80.0c | — | — | |
| 2004 | 08—23 | 134 | 7.1d | 11.8a | 45.1a | 0.13a | 0.15 | 326.2 |
| | 09—01 | 143 | 6.4c | 12.7c | 67.4b | 0.19b | 0.09 | 350.7 |
| | 09—08 | 150 | 5.9b | 13.6d | 75.7c | 0.16b | 0.06 | 367.4 |
| | 09—15* | 157 | 5.4a | 12.3b | 83.0d | 0.19b | 0.06 | 381.3 |
| | 09—22 | 164 | 5.0a | 14.0e | 90.0e | 0.17b | 0.05 | 371.7 |

注：2004 年为 3 个果园平均数据，淀粉含量为相对值；* 采收前一天下过雨。

**表 17-4 采收期对黄金梨果实黑心指数的影响**

（王文辉等）

| 采收时间（月—日） | 果实生长发育期（d） | 调查果数（个） | 黑心病指数（%） | | | |
|---|---|---|---|---|---|---|
| | | | 冷藏 90d | 冷藏 90d＋20℃ 7d | 冷藏 180d | 冷藏 180d＋20℃ 7d |
| 08—23 | 134 | 60 | 0.0 | 0.0 | 3.1 | 12.5 |
| 09—01 | 143 | 60 | 0.0 | 0.0 | 0.0 | 17.9 |
| 09—08 | 150 | 60 | 0.0 | 3.3 | 29.7 | 41.1 |
| 09—15 | 157 | 60 | 3.3 | 0.0 | 52.3 | 53.6 |
| 09—22 | 164 | 60 | 21.7 | 23.3 | 71.9 | 87.5 |

**2. 采收成熟度的判断**　如表 17-3 所示，随着果实的逐渐成熟，单果重、可溶性固形物逐渐增加，果实硬度、淀粉含量逐渐下降，种子逐渐由乳白色变褐，最终至深褐色。生产实践中常通过以下指标判断果实的成熟度和采收期。

（1）可溶性固形物含量和果实硬度　国家标准 GB/T 10650—2008 推荐鲜梨可溶性固形物和果实硬度见表 17-5，但建议梨果可溶性固形物含量不低于 11.5%，否则口感较淡，风味较差，贮藏过程中易失水皱皮，果心易褐变。果实硬度测定采用 FT-327 测定，砂梨和白梨品种采用大测头（直径 11.3mm），西洋梨和秋子用小测头（直径 8.0mm）。黄金梨贮藏果采收硬度为 $6.0\sim6.5kg/cm^2$，丰水为 $5.0\sim5.5kg/cm^2$。

表 17-5　鲜梨品质理化指标（GB/T 10650—2008）

| 品种 | 鸭梨 | 砀山酥梨 | 茌梨 | 雪花梨 | 香水 | 长把梨 | 秋白梨 | 新世纪 | 库尔勒香梨 | 黄金梨 | 丰水 | 爱宕 | 新高 |
|---|---|---|---|---|---|---|---|---|---|---|---|---|---|
| 果实硬度（kg/cm²） | 4.0～5.5 | 4.0～5.5 | 6.5～9.0 | 7.0～9.0 | 6.0～7.5 | 7.0～9.0 | 11.0～12.0 | 5.5～7.0 | 5.5～7.5 | 5.0～8.0 | 4.0～6.5 | 6.0～9.0 | 5.5～7.5 |
| 可溶性固形物（%）≥ | 10.0 | 11.0 | 11.0 | 11.0 | 12.0 | 10.5 | 11.2 | 11.5 | 11.5 | 12.0 | 12.0 | 11.5 | 11.5 |

（2）种子颜色　梨果成熟时，果实种子颜色由乳白逐渐加深（图 17-1），种子变为黑褐色时果实已接近完熟，冷库贮藏的中、晚熟梨品种采收时种子颜色通常为黄褐色或部分褐色，早熟品种如早红考密斯采收时种子仍为乳白色。例如，中、长期贮藏的黄金梨、丰水应在 2～4 级采收，5～6 级仅可作短期贮藏或采后上市，种子颜色达到 6 级果实已生理完熟。

（3）果实发育期　盛花至成熟的天数（days after full blossom，简称 DAFB）。可参考表 17-6。

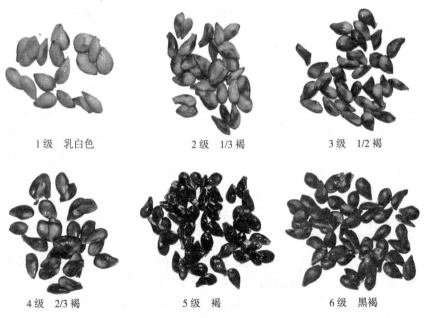

1级　乳白色　　　　2级　1/3褐　　　　3级　1/2褐

4级　2/3褐　　　　5级　褐　　　　6级　黑褐

图 17-1　种子颜色分级标准

注：采收时种子颜色差异，随着贮藏时间的延长，种子颜色逐渐变褐，最终均变为褐或黑褐

表 17-6  主要梨品种冷藏果适宜采收成熟度参考指标

| 品种 | TSS（%） | 生长发育期(d) | 品种 | TSS（%） | 生长发育期(d) |
|---|---|---|---|---|---|
| 砀山酥梨 | >11.0 | 145～150 | 早红考密斯 | ≥11.0 | 98～106 |
| 鸭梨 | >11.0 | 145～150 | 巴梨 | ≥11.4 | ≤123 |
| 雪花梨 | >11.0 | 145～150 | 阿巴特 | ≥12.0 | ≤125 |
| 库尔勒香梨 | >11.0 | 135～145 | 凯斯凯德 | ≥12.5 | 145～150 |
| 红宵 | >11.0 | 150 | 康佛伦斯 | ≥12.5 | 150～160 |
| 丰水 | 12.5 | 135～145 | 五九香 | >11.0 | 135～140 |
| 黄金梨 | 12.5 | 140～145 | 南果梨 | ≥12.5 | 125～135 |
| 圆黄 | 11.5 | 135～140 | 京白梨 | >10.5 | 135～140 |
| 翠冠 | >11.0 | 105～115 | 鸭广梨 | >11.0 | 145～150 |
| 黄冠 | >11.0 | 125～130 | | | |
| 黄花 | >11.0 | 125 | | | |

注：西洋梨成熟度指标适宜北京大兴梨产区或与其物候期相似的产区。

（4）果实色泽　梨果从迅速膨大至完熟，果皮底色经历从绿色、淡绿、黄绿、黄色到黄白色的变化过程。贮藏果果皮色泽由绿开始变浅绿或黄绿色，果面略带蜡质，出现光泽时，表明果实即将成熟，可以采收，鲜食果可在果实黄绿色至黄色时采收。套袋果和褐皮果无法通过果皮底色判别，可从果个大小结合可溶性固形物含量、生长发育期等其他指标判别。

（5）果实淀粉含量　果实淀粉含量的多少，用0.5%～1%碘－碘化钾溶液处理果肉截面，根据截面染成蓝色的大小来判断。主要针对淀粉含量较多的秋子梨和西洋梨。对于西洋梨，若60%左右剖面变成蓝色，即达到适宜采收期，但不同品种有所差别（表17-7）。

表 17-7  不同用途西洋梨采收果实横切面淀粉染色判别

（王文辉等）

| 用途 | 早红考密斯 | 巴梨 | 凯斯凯德 | 康佛伦斯 |
|---|---|---|---|---|
| 贮藏果 | 全部染色 | 全部染色～2/3染色 | 2/3左右染色 | 2/3左右染色 |
| 鲜销果 | ≥2/3染色 | 2/3左右染色 | 1/2～2/3染色 | 1/2～2/3染色 |

（6）果实密度　梨果实密度在0.956～1.032g/cm³（申春苗等，2011），随着果实的成熟，果实密度逐渐下降，小于水的密度，便可漂浮水面。鸭梨在接近成熟初期，果实便相继能漂浮水面，果实成熟度越高，比重越轻，漂浮越甚，果实的色泽、风味、可溶性固形物含量都有明显的变化，标志着鸭梨即将成熟。

（7）果实乙烯产生量　贮藏的果实必须在乙烯和呼吸跃变之前采收。

**3. 采收注意事项**

（1）分期分批采摘，提高果实品质。从大果开始隔3～5d，分2～3次采摘。先采树体下部的果实，再采树体上部的果实；先采外围果，再采内腔果。

（2）减少磕碰、刺、摩伤，提高商品果率，降低腐烂率。梨果实水分含量大，果皮薄，肉质脆，很容易造成机械损伤。机械损伤是引起梨果腐烂的最主要原因，另外，果实受伤后产生伤呼吸和伤乙烯，加速衰老，耐贮性下降。因此采摘过程中，必须十分注意并尽量避免一切人为机械损伤。为减少碰压伤，采收时要轻拿轻放，剪指甲，戴手套；包装要尽量减少周转次数，周转和包装器具符合要求。采摘容器要内衬软布或带袋采收。采收过程中要做到"四轻"，即轻摘、轻放、轻装、轻卸，避免造成"四伤"即指甲伤、碰压伤、果柄刺伤和摩擦伤，才能保证果实的品质、贮藏质量和减少腐烂。

（3）用于贮藏的梨，采前一周梨园应停止灌水，若遇雨天，最好在雨停后的 2～3d 后采摘。

（4）梨果特别是早熟品种尽可能在气温较低时采摘。

（5）梨果尤其是通风库（窖）贮藏的梨果，采前 2 周需喷一次高效、低毒的杀菌剂等。

（6）贮藏果建议带袋采收、入库、贮藏，或脱袋后套网套或包纸贮藏。

### （四）采后因素

**1. 预冷**　快速预冷降温对于早、中熟梨品种和长期贮藏尤为重要。早、中熟砂梨及西洋梨品种等采后室温下（20℃）放置 1d 相当于冷藏条件下损失 1 周左右的贮藏寿命。多数梨品种可直接在 −2～0℃ 环境预冷，如库尔勒香梨、红香酥、南果，及西洋梨品种等，个别品种如鸭梨等，认为快速降温会产生冷害，加重黑心或果面褐斑，需采用缓慢降温或两段降温模式。鸭梨传统预冷模式为 10～12℃ 入库，经 30d 左右逐渐降至 0℃，或两段式降温，8～10℃ 贮藏 1 周左右，再降至 0℃ 等。

**2. 温度**　低温是水果贮藏保鲜的基础，温度是对采后果实呼吸作用影响最大的环境因素。在一定范围内，温度越低，果实的呼吸越弱，呼吸高峰峰值越低，且出现时间越晚，果实贮藏期也越长。20℃ 下，软肉梨果实呼吸强度为 20～70mg（$CO_2$）/（kg·h），多数中晚熟脆肉梨果实呼吸强度为 15～30mg（$CO_2$）/（kg·h），0℃ 下，梨果实呼吸强度为 3～8mg（$CO_2$）/（kg·h），而 −1℃ 下果实呼吸强度比 0℃ 低 20%～40%。西洋梨安久和巴梨在 −1℃ 贮藏期限比 0℃ 延长 35%～40%。−1～0℃ 较 1.5℃ 贮藏黄金梨可以更好地保持其商品品质（申春苗等，2010）。与（0±0.5）℃ 环境条件相比，丰水、圆黄等砂梨在（−1±0.5）℃ 环境条件下（果实温度 −0.6℃）可减少贮藏期间果实乙烯释放量，减轻细胞膜损伤，保持果实硬度和风味，延缓果实衰老，延长贮藏期，贮藏效果明显好于（0±0.5）℃。

温度对呼吸作用的影响可以用温度系数（$Q_{10}$）表示，即温度每上升 10℃ 呼吸强度增加的倍数。$Q_{10}$ 越大说明降温对于抑制果实呼吸、延长贮藏寿命越有效。水果的 $Q_{10}$ 一般为 2～3，但在不同温度范围其值差异较大，通常在 0～10℃ 范围内最大。越接近 0℃，温度对果实呼吸强度影响越大。八月红梨呼吸影响较大的温度范围有两个区域，一是 20～25℃ 范围内，呼吸强度最高；二是在 0～10℃，尤其是越接近 0℃，温度对果实呼吸强度影响越大，另外温度过高，如超过 30℃，呼吸强度不升反降（表 17-8）。

**表 17-8　八月红梨不同温度范围的温度系数**

（王文辉和徐步前）

| 温度范围（℃） | 0～1 | 1～8 | 8～13 | 13～20 | 20～25 | 25～30 | 30～33 |
|---|---|---|---|---|---|---|---|
| 温度系数（$Q_{10}$） | 13.4 | 3.2 | 3.0 | 2.5 | 4.0 | 1.0 | 0.8 |

注：表中 $Q_{10}$ 计算方法为（呼吸强度增加倍数/温差值）×10，该方法不太符合 $Q_{10}$ 的定义，只是为了作一比较。

**3. 湿度**　与温度相比，湿度对果实呼吸强度影响要小得多。但是梨果皮薄、水分大，容易失水皱皮，贮藏库内空气相对湿度应保持在 85%～95%。对 $CO_2$ 不敏感的品种，如黄冠、秋白梨、南果梨、砀山酥梨等采用包纸（尤其是蜡纸）、塑料薄膜单果包装、贮藏箱内衬塑料薄膜或塑料小包装，基本可解决果实的失水问题。

**4. 气体成分**　环境中氧气和二氧化碳的浓度大小将直接影响果实的呼吸作用。一般来说，适当提高二氧化碳浓度、降低氧气浓度可以抑制果实的呼吸。白梨和砂梨的多数品种对二氧化碳比较敏感，以前认为不适宜气调贮藏，但通过近年来的研究和实践发现，气调贮藏对于延长梨果贮藏期，减少贮藏过程中的生理病害作用十分明显。如鸭梨缓慢降温结合 7%～10% $O_2$＋0% $CO_2$ 气调贮藏，可以显著降低果实晚期黑心病的发生率，维持较高的果肉硬度和可滴定酸，延长货架寿命（陈昆松，1991b）。

**5. 乙烯**　乙烯促进梨果成熟、衰老，多数梨品种果实对乙烯敏感，外源乙烯加速果实褪绿转黄、促进虎皮、黑心等生理病害的发生。梨果贮藏期间库内需经常通风换气，一方面防止二氧化碳过高，另一方面是防止乙烯等有害气体的伤害。乙烯释放量大的库尔勒香梨与产生乙烯很少的砀山酥梨同库贮藏，约 50% 的砀山酥梨果皮形成花斑或全部褐变（张维一等，1983）；较高内源乙烯的产生使急降温的鸭梨更易发生果心褐变。鸭梨后期的黑心是低温与乙烯共同作用的结果，低温伤害导致内源乙烯增加，内源乙烯浓度越高果实组织电导率越高，果实褐变的可能性越大（田梅生等，1987）。乙烯利处理提高了库尔勒香梨果实 PPO 活性及酚类物质的含量，同时果皮和果心褐变率增加、发病时间早、褐变程度加重。新高果皮褐变与环境乙烯有直接关系，脱除贮藏环境内乙烯，对于延缓果皮和果心褐变等生理病害效果良好（Yong 等，2003）。我国梨品种多，其采后生物学特性缺乏系统研究，生产发现一些梨品种果实对乙烯敏感，一些贮藏库内乙烯浓度高达 30～60μl/L，甚至更高，是否影响贮藏效果，尚难以判断，需要研究和实践。

乙烯作为果实衰老的重要信号因子，在控制采后病害中也起到至关重要的作用，降低贮藏环境中乙烯的积累，能有效延缓果实的衰老，维持果实品质及抗性。乙烯可能是病原菌生长发育所必需的"物质"，同时也可能直接参与了病原菌的致病作用（田世平等，2011）。

**6. 贮藏期**　不同的质量评价标准，水果贮藏期会有较大差异。如果仅以外观品质，如是否烂损、色泽变化等作为标准定采后贮藏相对寿命为 100，则基于果实风味与营养品质的贮藏寿命仅有 60 左右（图 17-2）。判断水果贮藏效果，不仅要好看，也要好吃，多数果蔬基于外观、硬度的采后寿命要短于基于风味与营养品质的寿命（Adel，2003）。现阶段，我国主栽梨品种采后存在的问题不尽相同，如鸭梨出口，除大小、形状等要求外，主要看是否黑心，黑心与否可作为判断

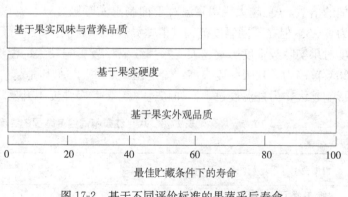

图 17-2　基于不同评价标准的果蔬采后寿命

（参照 Adel，2003）

鸭梨、黄冠、黄金梨等贮藏期的一项主要指标；限制砀山酥梨贮藏销售的主要因素是货架期虎皮病，是否虎皮可作为判断贮藏期的一项主要指标。需要贮藏企业和果农注意的是，不要过分延长贮藏时间，必须给果实留出足够的运输和货架寿命。因为，出库只是产业链的一环——贮藏的终点，流通需要时间，货架才是消费的起点。

## 二、贮藏方法与管理

**1. 通风库和土窑洞贮藏** 依靠自然冷源降温的半地下式（或全地下）通风贮藏库和土窑洞等简易场所进行短、中期贮藏是我国北方一些水果产区的主要贮藏方式，此种模式贮藏成本低。就梨的贮藏来说，其贮藏量约占梨果采收年产量的30%以上，适宜晚熟耐贮的品种有砀山酥梨、秋白梨、锦丰、苹果梨、冬果梨、安梨、花盖等。其中以皖、苏、豫等砀山酥梨产区半地下通风库，晋、陕砀山酥梨产区土窑洞及东北地区的半地下或地下通风库（窖）最为普遍。

窖温越高，病伤果越多，烂损越重。通风库（窖、窨）最佳贮藏温度为−2～5℃（在此范围越低越好），只要库（窖、窨）温能尽快控制在5℃以下病害危害就可大大减轻，0℃左右可抑制绝大多数病原微生物的生长，果实腐烂率可大大降低。半地下式通风库和土窑洞贮藏管理技术较为相似，其贮藏管理要点介绍如下：

（1）贮前准备（消毒） 梨果入库前需将果箱、果篓等置于库内进行消毒或在晴天时暴晒。药剂消毒可用硫黄、过氧乙酸、漂白粉等熏蒸或喷洒消毒。硫黄消毒按 10g/m³ 用量，加少许酒或木屑助燃，使硫黄充分燃烧产生二氧化硫，密闭24h左右，后通风1～2d后使用。

通风库（窖、窨）贮藏，果实宜适当晚采，以利于降低窖温和果温，减少腐烂。入贮的果实采收后，应在库外经一夜预冷，第二天早晨日出前入库。若窖温较高，可在窖外庇荫处存放一段时间，之后入窖。码垛时，箱（篓）之间应预留通风空间，垛与垛之间应留出 0.5～1m 的通风道1～3条（通风道留多少，视库的宽度而定）。

（2）秋季管理 果实入贮前后，应充分利用晚间（21时至翌日6时）低温和寒流天气，凡库内温度高于库外温度时打开库（窖）门和通风口（装有轴流风机的，可打开风机强制通风）通风降温。随着气温的下降，当库内温度降至−1℃时，即可停止通风降温，温度测定要用 0.1℃、0.2℃或 0.5℃分度值的玻璃棒状水银温度计，也可在库（窖）内门口处，放置一碗水，有冰有水是0℃。贮藏过程中注意经常在地面洒水以增加湿度，地面洒水除保湿外，水分蒸发，还有助于降温。应及时倒箱，剔除病、烂果，并及时带出库外。

（3）冬季管理 当库（窖）温降到−1℃时，应尽量保温，以不冻、不升温为原则，适当通风换气，使窖内土层更多地积蓄冷量，但外界冷空气进入库（窖）的最低温度（冷点）应不低于−2℃，为防止靠近库（窖）门的果实受冻，应予覆盖，并利用门上方的气孔进行小循环，继续排热。冬季窖内保持−2～0℃时间越长、窖内低温土层越厚，窖温越稳定，春季回温越慢。

（4）春季管理 管理方法与秋季相同，春季气温回升时，夜间库外温度比库内温度低1～2℃，夜间吹南风时，不要再通风降温，以防库温回升过快。当夜间气温高于库温时

（尤其在 0℃ 以上），不可再进行通风，此时应加强库的封闭保冷，严禁在白天经常开门入库，以延长保冷时间。春季窖温变化主要是受土温的影响，有条件的地方可于冬季在窖内积雪或冰蓄冷，积雪或冰对窖内低温保持有明显作用。

（5）注意事项　梨果出库后，应及时打扫库房，封闭门窗、通气孔。尽量减少外部高温对库（窖）内的影响。

通风库（窑、窖），依靠自然冷源通风降温，虽然成本较低，但受地域和气候限制，尤其是近年暖冬出现，9～11 月气温较高，管理不当或贮期过长，腐烂较高，品质下降，因此，土窑洞和通风库一般只可作为短、中期贮藏使用，限于秋末至初春（春节前后）。此种模式在黄土高原及北纬 40°以北等冷凉地区梨的短、中期贮藏尚可发挥一定作用，其他地区尤其是皖、苏、豫砀山酥梨老产区，入贮初期，可利用的自然冷源越来越少，贮藏设施亟待升级。优质果品和中长期贮藏的梨，则应采用机械冷藏库或气调库贮藏。

通风库（窑、窖）贮藏管理技术关键：一是采前合理使用农药杀菌，减少入贮果实带菌；二是尽可能减少磕、碰、压、刺、摩擦等机械伤；三是入贮初期（9～11 月）充分利用晚间低温及寒流加强库内通风降温。

**2. 冷藏库贮藏**　机械冷库贮藏是我国梨果贮藏的主要方式之一，据不完全统计，我国梨果冷藏能力在 320 万～350 万 t，占全国梨年产量的 21%～23%。梨果冷藏企业主要分布于河北（辛集、泊头、晋州、藁城、赵县、魏县、乐亭等）、新疆（库尔勒、阿克苏等）、山东（阳信、龙口、蓬莱、莱阳、莱西等）、辽宁（海城、鞍山市千山区等）、陕西（蒲城等）、山西（祁县、临猗、运城市盐湖区等）、北京大兴等梨主产区，贮藏品种主要有库尔勒香梨、鸭梨、雪花梨、黄冠、丰水、砀山酥梨，其次为南果梨、红香酥、黄金梨、茌梨、圆黄、锦丰、中梨 1 号等（贾晓辉等，2011）。与通风库（窖）不同，机械冷藏库不受外界气候和地域的限制，其贮藏管理技术关键是科学（准确）控制库温、保持库内湿度和加强通风换气。

（1）温度管理　最适贮藏温度　温度是果蔬贮藏最重要的环境因素之一，低温是一切鲜活农产品贮藏的基础条件。东方梨果实冰点一般在 −1.5℃ 左右（取决于可溶性固形物含量高低），果实适宜贮藏温度为 −1～1℃，大多数西洋梨和秋子梨适宜贮温为 −1～0℃。实践表明，北方产区的库尔勒香梨、红香酥、雪花梨、丰水等果实温度控制在 −1～0℃，贮藏期和保鲜效果明显好于 0～1℃。贮藏期间，贮藏库内温度波动应 <±1℃，相对湿度应保持在 85%～95%（长期贮藏湿度应高些）。梨果贮藏期以不影响果实的销售为限，且出库后室温下应有一定的流通时间和货架期。表 17-9 给出了一些品种适宜冷藏温度和推荐贮藏期的上限。

**表 17-9　主要梨品种适宜冷藏温度和推荐贮藏期**

| 品种 | 温度（℃） | 贮藏期（月） | 品种 | 温度（℃） | 贮藏期（月） |
|---|---|---|---|---|---|
| 砀山酥梨 | 0 | 5～7 | 爱宕 | 0～1 | 6～8 |
| 鸭梨 | 10～12→0 | 5～7 | 二十世纪 | 0～2 | 3～4 |
| 雪花梨 | −1～0 | 5～7 | 翠冠 | 0～3 | 2～3 |
| 苹果梨 | −1～0 | 7～8 | 丰水 | −1～0 | 5～6 |
| 库尔勒香梨 | −1～0 | 6～8 | 新高 | 0～1 | 5～6 |
| 锦丰 | 0 | 6～8 | 圆黄 | 0～1 | 4～5 |

（续）

| 品种 | 温度（℃） | 贮藏期（月） | 品种 | 温度（℃） | 贮藏期（月） |
|---|---|---|---|---|---|
| 茌梨 | 0 | 3～5 | 黄金梨 | 0～1 | 4～5 |
| 秋白梨 | −1～0 | 7～8 | 南果梨 | 0 | 4～5 |
| 黄冠 | 0 | 5～8 | 京白梨 | −1～0 | 4～5 |
| 早酥 | 0～1 | 1～2 | 安梨 | −1～0 | 7～8 |
| 栖霞大香水 | 0 | 6～8 | 晚香 | 0～1 | 6～7 |
| 冬果梨 | 0 | 6～8 | 花盖 | −1～0 | 5～6 |
| 金花梨 | 0 | 6～7 | 八月红 | 0 | 3～4 |
| 黄花 | 2～3 | 1～2 | 五九香 | 0 | 3～4 |
| 苍溪雪梨 | 0～3 | 3～5 | 安久 | −1～0 | 4～6 |
| 巴梨 | 0 | 2～3 | | | |

注：摘自《果品采后处理及贮运保鲜》和 NY/T 1198—2006，部分品种根据生产实际略有改动。

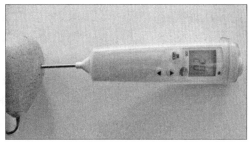

图 17-3　高精度玻璃棒状水银温度计（左）、果实温度计（右，106 食品温度计）

　　测温仪器种类及选择　精准的温度管理是梨果长期贮藏的关键。温度测定仪器宜使用精度较高的电子数显温度计或水银温度计，其测定误差不得大于 0.5℃。玻璃棒状温度计最好选用 0.1℃ 或 0.2℃ 分度值 0℃ 范围在玻璃棒中部型号的水银温度计，如−20～30℃等（图 17-3），电子数显温度计分辨率应为 0.1℃。贮藏过程中，果实温度变化幅度较小，果温可反映出温度管理水平。

　　温度计的校正：温度计至少每年校正一次以保证精确度和灵敏度。在贮藏期间检验温度计时，可用经过授权单位签发合格证的标准水银温度表来进行对比检验，也可在冷库中用冰水混合（0℃）的纯净水校正。温度校验时，要避免受人体、光源等热辐射的影响。

　　测温点的选择：温度计或传感器尽可能地放在冷库中有代表性的点上，包括冷点（库内温度最低的位置点，在蒸发器附近）、热点（远离蒸发器的位置点）以及果箱内。库内冷点温度不得低于最适贮藏温度的下限，对梨果来说此下限为果实冰点。点的多少取决于冷库的容积大小，但至少应选 2 个以上有代表性的测温点。

　　温度的记录：每一次测量时都应注明果实温度、库房空气温度和测点位置，大型库房建议采用电脑连续监测、记录，数据定期备份，以便调整贮藏参数和质量追踪。

　　靠近蒸发器和风道冷风出口处的果实应采取塑料薄膜覆盖，以防失水和发生冻害。入贮初期，冷点（库内温度的最低点）在靠近蒸发器附近上方，入库结束库温降至最适温度后，冷点在靠近蒸发器的下方。

　　（2）湿度管理　梨果贮藏期间适宜相对湿度应控制在 90%～95%。可采用地面洒水、挂湿草帘或加湿器加湿。湿度管理需注意以下几点：①测量相对湿度应在入满库后湿度变化较小时测量；②库内平均温度与制冷剂蒸发温度之差应≤5℃；③相对湿度测量仪器误差应≤5%，测点的选择与测温点一致。冷库采用塑料小包装方式贮藏，袋内湿度可满足要求，库内不必加湿。

（3）库内空气循环　为提高降温速度、保持库内温度均匀，蒸发器布局设计要合理，库体较宽时需安装2台或多台吊顶风机，吊顶风机风压要打到库内最远处，可用手背感觉或风速测定仪测定，库较长时需设送风道或两台吊顶风机对吹。垛间风速建议为0.25～0.5m/s。

（4）通风管理　鸭梨、黄金梨、八月红、锦丰、茌梨等对$CO_2$敏感，砀山酥梨、多数砂梨品种等对乙烯敏感。库内$CO_2$较高或库内有浓郁果香时，应通风换气，排除过多的$CO_2$及$C_2H_4$等有害气体。贮藏期间，特别是入库期间、贮藏前期和贮藏后期要加强库内外通风换气。通风宜选择清晨气温最低时进行，以防止引起库内温、湿度有较大的波动。除换气外也可在靠近风机的位置（回风处）放置石灰和乙烯脱除剂，消除有害气体。

（5）注意事项　①不可与苹果、桃、李等其他水果混贮，乙烯敏感品种如酥梨、多数砂梨品种等不可与库尔勒香梨、鸭梨及西洋梨、秋子梨等乙烯释放较多的品种混贮；②按品种分库、分垛、分等级堆码，为便于货垛空气环流散热降温，码垛时，垛与垛、箱与箱之间要留出足够的空间（图17-4），有效空间的贮藏密度约250kg/m³左右，箱装用托盘堆码允许增加10%～20%的贮量；③为便于检查、盘点和管理，垛位不宜过大，入满库后应及时填写货位标签和平面货位图；④采用纸箱贮藏要注意堆码高度和纸箱抗压力，以免纸箱打堆变形，果实碰压伤加重，建议使用塑料周转箱架式贮藏；⑤一些梨果冷藏库，库满温度稳定后不再开库，也不通风，因密封性较好使冷库内依靠果实自身呼吸保持较高的$CO_2$浓度和较低的$O_2$浓度，从而起到自发气调的保鲜作用，此方法仅适用于较耐$CO_2$的品种。要注意监测库内$CO_2$浓度，以免产生$CO_2$伤害；⑥中、长期贮藏，贮藏期间应每月抽检一次，检查项目包括黑心病、二氧化碳伤害、黑皮、异味、腐烂等情况，并分项记录，如发现问题及时处理。

图17-4　库尔勒香梨塑料周转箱、纸箱架式贮藏及码垛

**3. 气调库贮藏**　与冷藏相比，亚洲梨气调库贮藏可延长寿命25%左右，气调贮藏可抑制或显著减少梨果实虎皮、黑心等生理病害的发生，保持果柄新鲜，品质保持更好，出

库后货架期长。气调贮藏对延缓和减轻酥梨、五九香梨、巴梨等品种的虎皮病、鸭梨的黑心病以及香梨、红香酥的褪绿效果十分明显。据不完全统计，目前我国用于梨果贮藏的气调库库容在 20 万 t 左右，约占年产量的 1.3%，其中一部分由于经济、技术等原因仅作为冷藏库使用。商业贮藏采用气调库的除库尔勒香梨和鸭梨等品种有少量应用外，其他品种气调参数研究相对较少或仅停留在实验室阶段，商业气调贮藏应用更少。随着市场对梨果外观和内在质量要求的不断提高，气调贮藏技术和设施在我国会有较大发展潜力。与苹果气调贮藏不同，多数亚洲梨品种对 $CO_2$ 敏感，梨果二氧化碳浓度均需低于氧气浓度，且 $CO_2$ 不宜太高，多数品种气调贮藏 $CO_2$ 应<2%。表 17-10 总结了近年国内一些亚洲梨品种气调参数的研究成果。

气调库管理要点：与一些苹果品种采取降温的同时降氧不同，梨果满库后待果实温度降至适宜贮藏温度（鸭梨降至 0℃）才能封库调气，也就是所谓的延迟气调。库内温度、相对湿度、$CO_2$ 和 $O_2$ 气体浓度指标应采用自动控制，自动控制系统应能自动记录和存储记录数据，封库后，应严格按指标要求监控 $CO_2$、$O_2$ 气体浓度以防发生 $CO_2$ 伤害。保持库内 90%~95% 的相对湿度。观察窗附近放置梨果样品，便于定期取样测定。$CO_2$ 浓度过高，轻者加重果心褐变，重者果肉、果皮褐变，果实异味。

贮藏期间入库检查，须二人同行，均应戴好氧气呼吸器面具，库门外留人观察；贮藏结束时，打开库门，开动风机 1~2h，待氧气浓度达到 18% 以上时，方可入库操作。

表 17-10　一些梨品种推荐气调贮藏条件及预期贮藏寿命

| 品　　种 | 贮藏温度（℃） | 相对湿度（%） | 气体组分 | | 贮藏寿命（月） |
|---|---|---|---|---|---|
| | | | $CO_2$（%） | $O_2$（%） | |
| 库尔勒香梨 | −1~0 | 90~95 | ≤2.0 | 5~6 | 8~10 |
| 鸭梨 | 10~12→0 | 90~95 | <0.5 | 7~10 | 8 |
| 茌梨 | −0.5~1.0 | 90~95 | ≤2.0 | ≤5.0 | 5~6 |
| 丰水 | 0 | 90~95 | ≤1.0 | 3~5 | 6~7 |
| 黄金梨 | 0 | 90~95 | <0.5 | 3~5 | 6~7 |
| 圆黄 | 0 | 90~95 | ≤1.0 | 3~5 | 6 |
| 南果梨 | 0 | 90~95 | ≤3 | 5~8 | 5~6 |
| 安久 | −0.5~0 | 90~95 | 0.3 | 1.5 | 9 |
| 巴梨 | −0.5~0 | 90~95 | 0.5 | 1.5 | 4 |
| 康佛伦斯 | −0.5 | 90~95 | <1 | 2 | 5 |
| 派克汉姆 | −0.5 | 90~95 | <1 | 2 | 5 |

注：西洋梨资料来源于 Eugene Kuperman，Washington State University，Tree Fruit Research and Extension Center，WA，2001。

**4. 塑料小包装自发气调贮藏**　采用塑料薄膜袋贮藏，可以减少果实在贮藏过程中失水皱皮，保持果柄新鲜和果面亮度，一定程度上延长果实的贮期，对一些品种，如丰水、南果梨等，可比单一冷藏延长贮期 1 个月左右。为避免袋内 $CO_2$ 过高造成伤害，塑料小包装一般采取挽口（留出一定缝隙）或打孔的形式，用塑料薄膜作梨箱的内衬也能取得良好的贮藏效果。丰水、圆黄、阿巴特、砀山酥梨等对 $CO_2$ 有一定忍耐力，可采用厚度不超过 0.03mm 专用 PE 或 PVC 保鲜袋扎口贮藏，也可采用高 $CO_2$ 渗透膜袋。其方法是：

果实采后带袋或发泡网套包装直接装入内衬薄膜袋的纸箱或塑料周转箱，每袋不超过 10kg，敞开袋口入库预冷，待果实温度降至 0℃后扎口，－1～0℃环境下贮藏，贮藏过程中，袋内 $CO_2$ 浓度应＜3％，否则可能导致果心和果肉褐变。采用此种方式，库内不必加湿。黄金梨、鸭梨、八月红等对 $CO_2$ 敏感，不可采用小包装扎口贮藏。近年一些企业在黄冠、砀山酥梨上采用高 $CO_2$ 渗透膜袋挽口贮藏运输，保鲜效果良好。

**5. 1-MCP 辅助保鲜处理**　乙烯在果实成熟过程中起着重要作用，被认为是成熟激素。自 Serek 和 Sisler 报道了 1-甲基环丙烯（1-methylcyclopropene，1-MCP）抑制盆栽花卉乙烯释放，发现 1-MCP 对于延长花期、提高花卉的保鲜效果有着良好的作用以来，历经近 20 年的研究，1-MCP 处理技术已在苹果等水果商业贮藏中广泛应用。1-MCP 与乙烯竞争性结合乙烯受体，不仅能强烈抑制内源乙烯的生理效应，还能抑制外源乙烯对内源乙烯的诱导作用，且作用效果持久。中国农业科学院果树研究所自 1999 年以来开展了梨 20 余个品种 1-MCP 的应用效果研究。1-MCP 处理对于保持梨果实硬度、色泽、延缓果实衰老，尤其是在抑制梨的虎皮病、黑心病等方面效果更为显著。有专家认为，近 100 年来，采后领域有 3 项主要的发明，第一是乙烯的发现，第二是气调贮藏的发明，第三就是 1-MCP 的应用。

虽然 1-MCP 处理对梨果实保鲜效果显著，但从目前的研究看，其也有负面影响。一是抑制果实香气的形成，如康佛伦斯采用 312nl/L1-mcp 处理后，经 1～2℃贮藏 5 个月，果实没有香气产生；二是西洋梨和秋子梨品种采收过早，使用浓度不当果实不能正常后熟；三是一些对 $CO_2$ 敏感的品种在使用 1-MCP 处理时会增加 $CO_2$ 伤害的可能性，如 1-MCP 处理增加黄金梨果实对二氧化碳的敏感性，0℃条件下，$1.0\mu l/L$ 1-MCP＋1.0％ $CO_2$ 处理显著增加果心、果皮褐变指数，果实乙醇含量也极显著高于对照（Wang，2008）。

1-MCP 保鲜处理技术要点：①梨果采后要尽快处理；②使用浓度因品种而异。丰水、圆黄等二氧化碳不敏感品种可采用 $1.0\mu l/L$ 熏蒸处理；黄金梨、鸭梨、八月红等二氧化碳敏感品种，宜采用 $0.5\mu l/L$，西洋梨和秋子梨的品种，使用浓度更低些；③西洋梨和秋子梨采用 1-MCP 处理时，应注意后熟问题。

# 三、采后病害及其防控

水果贮运期间发生的病害分为侵染性病害和非侵染性病害两大类。侵染性病害是指由于病原微生物侵入而引起果实腐烂变质的病害，此类病害具有传染性，因为水果的致病微生物主要为真菌，所以侵染性病害也叫真菌病害；非侵染性病害，由非生物因素诱发的病害，如果实发育期间营养失调、采前采后环境条件不当等造成，故而也称为生理病害，此类病害不具有传染性。

## （一）非侵染性病害

梨果实采后主要生理病害有黑心病、虎皮病、褐斑病、$CO_2$ 伤害、顶腐病等。

**1. 黑心病**（Internal browning 或 Core breakdown）　黑心病是梨采后贮藏期间主要的生理病害之一，鸭梨、黄金梨、茌梨、金川雪梨、五九香、巴梨、康佛伦斯等品种容易发生黑心。我国自 20 世纪 70 年代至今，对鸭梨黑心病进行了大量研究，足见梨果黑心病的致病因素复杂和该项研究对梨贮藏保鲜的重要性。鸭梨黑心病有两种类型：一种是早期黑心病，多发生在入库后 30～50d，此时鸭梨果心发生不同程度的褐变，但果肉仍为白色；另一种是后期黑心，多始于翌年 2～3 月，症状是：外观色泽暗黄，套袋果白度下降，果心、果肉均变褐，有醇味。

除鸭梨早期黑心外，贮藏后期发生的梨果黑心病主要与延迟采收有关（中国科学院北京植物研究所等，1974；焦新之等，1981；裴素青等，1989；闫师杰，2005）。鸭梨晚采果生理代谢旺盛，果心 PPO 活性较高，果实趋向衰老，更易产生褐变（闫师杰，2005）。

关于鸭梨早期黑心，目前仍有不同观点。一般认为，急降温（采后直接在 0℃ 左右贮藏）或入库温度低于 10℃ 是鸭梨早期黑心的主要或直接外界原因。早期黑心属低温伤害（中国科学院北京植物研究所等，

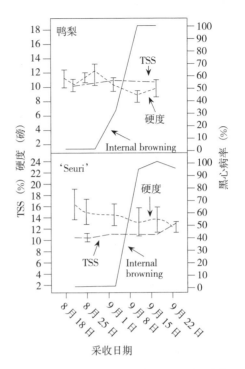

图 17-5　不同采收期鸭梨和 Seuri 0℃贮藏 1 个月后果实可溶性固形物含量、硬度及黑心率变化趋势（Crisosto 等，1994）

1974；王纯等，1981；闫师杰，2005）。低温条件下，鸭梨过氧化氢酶（CAT）活性迅速下降，导致 $H_2O_2$ 积累，引起果心褐变（鞠志国等，1994），鸭梨采后需要冷锻炼，生产实践中也多采用缓慢降温贮藏方式。但 Crisosto 等（1994）通过 6 个采期、不同的贮藏温度和降温方式，研究认为晚采是导致鸭梨和 Seuri 梨早期黑心的原因，而非急降温原因，缓降温（20℃ 7d，之后 0℃ 21d）反而会促进黑心。田梅生等（1987）认为鸭梨黑心病的出现可能是低温与乙烯两个因素相互作用的结果，果心腔内乙烯含量高于果肉中乙烯释放量。近年研究表明，急降温造成的黑心与果心自身具有较高浓度的 $CO_2$ 有关。还有研究表明鸭梨果心及种子代谢旺盛，果心部位 $CO_2$ 浓度和乙烯速率明显高于果肉。由于气体扩散阻力，$CO_2$ 在果实组织中的溶解量由内到外逐渐递减，果心 $CO_2$ 浓度最高（Christine 等，2007；闫师杰，2005），$CO_2$ 在组织中或水中的溶解量又与温度有密切关系，温度越低，$CO_2$ 溶解量越高（闫师杰，2005），组织内高浓度 $CO_2$ 降低水溶性 Ca 的含量，最终导致膜损伤和果实褐变（郝利平等，1998；闫师杰，2005；刘野等 2011）。值得注意的是，鸭梨、黄金梨等易黑心的品种同时也是对 $CO_2$ 敏感的品种，随着环境 $CO_2$ 浓度的提高、$O_2$ 浓度的降低，果实黑心程度和发生比例急剧提高（陈昆松等，1991a）。

鸭梨黑心病与其内在品质有关。鸭梨生长过程大量施用氮肥、生长后期（8 月下旬）大量灌水会使鸭梨风味变淡，贮藏期间黑心率均大大提高，鸭梨黑心病病果糖度显著低于健康果（韩东海等，2005），同期采收可溶性固形物和糖含量较高的鸭梨，黑心发病程度

较低（李庆鹏等，2007）。

梨果黑心与果实缺钙或矿质营养失调有关。果实缺钙，膜完整性受到破坏会导致呼吸速率增加和某些酶活性加强，缺钙的特征与衰老引起的变化相似。龚云池等（1986）研究认为，钙是影响鸭梨黑心的主要矿质元素，在叶片和果实中，钙素含量越高，黑心病发病程度越轻，甚至不感病，随着钙素含量的降低及氮钙比例加大，黑心显著增加。采前喷钙能减轻库尔勒香梨黑心病的发生率。随果实发育，种子中的总钙含量呈持续上升趋势，特别是在果实发育后期都有一段迅速上升的时期（刘剑锋等，2003），种子钙调素含量最高。作为长期贮藏的梨果，不能在种子全褐时采收，果实采收后，种子仍在继续发育，离体果实必然从果心周围吸收转移 Ca 等矿质营养。闫师杰（2005）研究表明鸭梨贮藏后期，种子呼吸强度、乙烯含量及相对电导率大幅度提高，且变化趋势与果心褐变的规律一致，说明种子生理代谢与果实衰老及褐变有一定关系。另外，环境中的乙烯会促使果实衰老，加重梨果黑心。

梨果心易褐变与其酚类物质和PPO在果实中的分布特性有关。作为褐变底物的酚类物质含量在梨果心部位最高，且该部位 PPO 活性亦高（中国科学院北京植物研究所，1974；鞠志国等，1988），此分布特点在其他品种上也有相似的规律。实际上，即使不易黑心的品种如库尔勒香梨、玉露香等，如果贮藏温度偏高，贮期过长，后期果心也会发生不同程度的褐变。

梨黑心发病原因可归纳如下：①贮藏前期降温过快；②果实采收过晚或采后不能及时入贮或贮温过高，贮期过长造成贮藏后期产生黑心病；③采前果园施氮肥过多，钙缺乏。采前果园灌水，也会造成贮藏后期黑心病大量发生，衰老造成的黑心，国外称为 Internal browning 或 Core breakdown；④贮藏环境中$CO_2$浓度过高（如鸭梨贮藏时，环境中的$CO_2$浓度＞1%），也会导致或加重黑心，此类黑心国外一般称为 Brown Core 或 Brown Heart。

防治措施：①鸭梨等采取分段或逐步降温预冷，之后进入0℃的贮藏环境；②果实生长期控制氮肥使用量，尤其是生长后期忌用大量氮肥并控制灌水量，采前1周果园严禁灌水。在生长期间果园连续喷施0.2%～0.3%硝酸钙或氯化钙。在采后用2%～4%$CaCl_2$浸果5～10min；③适时早采，采后及时入贮；④控制贮藏环境中$CO_2$浓度，加强贮藏库的通风换气，鸭梨贮藏环境中的$CO_2$浓度应降至0.5%以下，或采取0%$CO_2$气调贮藏（表17-11）。

**2. 虎皮病**（Superficial scald，Scald）　虎皮病是梨果贮藏后期常见的一种生理病害，西方称之为虎皮病，我国称为黑皮病（Skin browning），其发病机理与苹果浅表性虎皮病（Superficial scald）发病机理相似。该病一般发生在贮藏后期，通常在冷库中不易发现或发病较轻，出库温度升高后开始显现。该病基本特征是果皮变黑，可表现为黄褐色、褐色、黑褐色或黑色不规则斑块，重者连成大片甚至整个果面。此病只为害果皮，而不涉及果肉，虽不影响食用，但果实外观变劣，严重影响商品价值。鸭梨、砀山酥梨（套袋）、茌梨、长把梨、新高、新世纪、二十世纪、今村秋、秋黄、黄花、八月红、五九香、锦香、南果梨、安久、派克汉姆、巴梨等易生此病。

梨果虎皮病的发生与采收期有关。采收越早，虎皮病发病率越高，适当晚采能显著降低虎皮病发病率，气调贮藏可有效控制砀山酥梨和鸭梨贮藏期间的虎皮病（王纯等，1981；王晶等，2011；高经成，1993）。晚采收可提高果实角质层抗氧化能力，促进细胞壁的发育，降低果实中酚类物质含量，增加类黄酮等物质含量，从而减少了虎皮病产生的基础条件，但有些早、中熟砂梨品种如黄金梨、翠冠、爱甘水等采收过晚也会产生虎皮。

梨果虎皮病的发生与环境乙烯、温湿度及贮期过长有关。Yong 等（2003）研究发现新高果皮褐变与室温贮藏过长及环境乙烯有直接关系，脱除贮藏环境内乙烯、及时入贮对于保持果实硬度，延缓果皮和果心褐变等生理病害效果良好。乙烯释放量大的库尔勒香梨与不产生乙烯的砀山酥梨同库贮藏，约50%的砀山酥梨果皮形成花斑或全部褐变。高湿也诱发香梨果点扩大或形成褐斑（张维一等，1983）。新高、秋黄和今村秋等品种，当贮藏环境湿度过大，果面会变成黑色（韩南容，2006）。梨与苹果同库贮藏，诱发虎皮病。酥梨（套袋）、鸭梨等虎皮病发生在翌年3～4月，随着贮藏时间的延长，发病加重，冷库中不发病或发病较轻，出库后温度升高，发病迅速。另外，梨果虎皮病与果实营养品质有关，高氮、低钙加重南果和酥梨虎皮病。通过近年调查和研究发现，不同产区套袋砀山酥梨虎皮病发病时间和程度差异明显，气调贮藏（尤其是3%以下的低氧气调）能很好地控制砀山酥梨虎皮的发生。

梨果实虎皮病发病机理。在乙烯拮抗剂 1-MCP 出现以前，主要采用乙氧基喹溶液浸果或用乙氧基喹处理过的纸、油纸包果等措施来防治梨虎皮病。近年研究发现，1-MCP 处理对防治梨虎皮病效果显著。$1.0\mu l/L$1-MCP 处理能推迟和显著抑制砀山酥梨果实黑皮病发生，降低黑皮指数，显著抑制 α-法尼烯及共轭三烯含量的增加（王晶等，2011）。低温贮藏和 1-MCP 处理均能抑制翠冠梨果皮中 α-法尼烯合成酶基因（$PpAFS$）的表达，减缓 α-法尼烯合成，降低 α-法尼烯及其氧化产物共轭三烯的含量，进而推迟黑皮病的发病时间，并降低其发病率（丛郁等，2010）。

防治措施：①适期采摘，加强库内外通风换气，降低环境中乙烯浓度，维持适宜的温、湿度，并保持稳定；②采用气调贮藏；③1-MCP 处理对抑制此病有特效。目前已在一些品种上得到验证；④贮期适当；⑤采用乙氧基喹溶液浸果或用乙氧基喹处理过的包装纸包果等。

**3. 褐斑病**（Brown spot）　近年套袋黄冠梨在果实发育后期及入贮初期果面皮孔周围出现浅褐色环状斑点，之后颜色加深，多个斑点连接成片，形状不一，严重者布满果面，病部轻微凹陷，果肉不受影响，不套袋果不发病或发病很轻。因其形状不规则，形似鸡爪印迹，果农称之为"鸡爪病"，学者称之为黑点病、褐斑病或花斑病，此病外观褐色，斑点或不规则斑纹状，为便于研究和交流，建议名称统一为褐斑病（Brown spot）。除黄冠外，此病在砀山酥梨、雪花梨、雪青、中梨1号等品种的套袋果上也开始出现，有的年份，一些产区发病严重。

综合近年研究结果，套袋梨果实褐斑的发生是多种因素综合作用的结果，既有套袋或其他因素造成了果实果皮组织结构变化、钙营养不良和矿质元素失衡等内因作用，也有环境条件尤其是高湿、低温不良气候等外在条件的影响。王迎涛等（2011）研究发现套袋黄冠梨果实表面角质层和表皮细胞层变薄，容易导致表皮细胞承受不了内部细胞快速膨胀的压力而破裂，继而部分内部细胞组织外露，酚类物质氧化发生褐变。李磊（2011）发现黄冠梨褐斑病病果果皮超微结构发生了变化，发病部位角质层大面积脱落，表皮细胞组织呈蜂窝状，表皮细胞裸露、组织排列杂乱且明显木栓化增厚，果皮蜡质覆盖面积也在逐渐减小。当然套袋果皮组织结构的变化与其 Ca 等营养水平的下降有直接关系。

　　调查和研究发现，使用有机肥或喷施钙肥的果园褐斑发生较轻或不发病，而采取涂抹膨大剂或大肥（尤其是大量使用氮肥）大水提早成熟和增产措施的果园发病严重，此外，大果发病重、小果发病轻（王文辉等，2005）。套袋黄冠梨褐斑病与果实 Ca 素含量较低、N/Ca、K/Ca 比值升高密切相关，属于 Ca 等矿质营养不良或失调症（王文辉等，2005；关军锋等，2006）。从矿质营养角度，黄冠梨褐斑病与近年苹果果面发生的 Lenticel Breakdown 致病原因相似。套袋病果呼吸强度及其果皮丙二醛（MDA）含量、PPO 活性、电导率显著高于未套袋果（王文辉等，2005）。幼果套袋之前喷 Ca 结合喷 B 肥能增加果实中 Ca、B 含量，明显改善黄冠梨果实采收品质和具有较好的控制酚类物质代谢和减少果面褐斑的发生（韩彦肖等，2007）。钙处理能减轻库尔勒香梨果实贮藏期间皮孔坏死形成麻点或扩展成花斑这一生理病害的发生及程度（陈发河等，1991）。李磊（2011）研究表明，采后浸钙处理果皮表面裂纹少且短小、结构完整，增加果皮中的钙含量，提高了果皮中水溶性钙、果胶酸钙、草酸钙含量，抑制了贮藏期间黄冠梨褐斑病发病率。浸钙延缓了绿原酸等酚类物质含量的下降速度，抑制了 PPO 活性，延缓了 SOD、CAT 活性的下降速度，降低了 α-法尼烯与共轭三烯峰值，推迟了高峰出现的时间，抑制了 MDA 积累，有效防止细胞膜系统遭到破坏。

　　套袋黄冠梨果面褐斑病的发生与果实发育后期高湿、低温（降温）有密切关系，降雨是诱导发病的关键气象因子，近成熟期，连续降雨、湿度较大、昼夜温差较大的年份，果面褐斑发生严重（关军锋，2009）。高湿诱发库尔勒香梨果点扩大或形成花斑（张维一等，1983）。在采前综合防治措施中，韩彦肖等（2007）提出增施有机肥、选择套透光、透气性好的果袋、多次中耕增强土壤通透性等措施并举，辅以施用外源钙的综合防控黄冠梨褐斑病的措施。采后防控措施，果实采收后在 8～9℃贮藏 5～6d，之后转入 0℃或−1～0℃能够减轻采后黄冠梨果皮褐斑病的发生（李丽梅等，2008）。黄冠梨等褐斑病应以采前防控为主，采后防控为辅，核心是提高采前果实 Ca 等营养水平，降低 N/Ca、K/Ca 比值，增强耐贮性。

　　**4. 二氧化碳伤害**（Carbon dioxide injury）　　产生二氧化碳伤害的梨果，表现为果心和（或）果肉水渍状褐变，后期随着坏死组织失水，果肉出现空腔，果肉有发酵的味道，多数品种伤害不严重时从外观无法辨认，但一些品种如黄金梨，伤害严重时果皮变褐。由于存在遗传、质地结构和生理特性的差异，不同梨品种对环境中 $CO_2$ 和 $O_2$ 的耐受力不同，总体而言，梨果 $CO_2$ 伤害的极值较苹果低。鸭梨、黄金梨、雪花、八月红等品种果实采后对 $CO_2$ 极为敏感。5%～7% $O_2$＋0.6% $CO_2$ 也会加重鸭梨果心褐变（陈昆松等，1991a），大于 0.5% 的 $CO_2$ 即增加黄金梨果实果心褐变指数，0.2%～0.6% $CO_2$ 增加雪花梨果肉褐变的发病率（陈雨新等，1993）。砀山酥梨和库尔勒香梨等品种对 $CO_2$ 不敏感。砀山酥梨 $O_2$ 浓度在 7%～8% 条件下，可忍耐高达 6%～8% 的 $CO_2$（高经成，1993）。新水、幸水、丰水等可忍耐 2%～3% 的二氧化碳。除品种特性外，梨对 $CO_2$ 的敏感性与其成熟度关系非常密切，随着成熟度的增加，果实耐 $CO_2$ 能力下降。$O_2$ 浓度一定时，随着 $CO_2$ 浓度的升高，伤害加重；$CO_2$ 浓度一定时，当 $O_2$ 浓度降低到一定程度，会加重组织褐变。高 $CO_2$ 结合低温会加重鸭梨等品种 $CO_2$ 伤害。

　　高 $CO_2$ 引起细胞内膜系统破坏，进而导致组织褐变（鞠志国等 1988；陈昆松，1991a）。郝利平等（1998）综述前人研究认为，梨果高 $CO_2$ 伤害是由于环境中 $CO_2$ 向细胞内扩散，细胞内碳酸根离子积累过多，并与细胞膜上的有效钙离子结合，以致细胞膜上的有效钙离子减少，于是细胞膜系统紊乱和瓦解，增加了酚类物质与 PPO 的接触，最终引起果肉褐变。刘野等（2011）对鸭梨果实高压 $CO_2$ 处理，研究表明：鸭梨细胞内的水溶性钙和膜结合钙含量随处理时间的延长逐渐降低，果胶酸钙和碳酸钙总含量、草酸钙含量、磷酸钙含量逐渐升高，高压 $CO_2$ 处理改变了鸭梨细胞内钙的存在状态和部位，使细胞质膜的透性增大，加速了果实的褐变。采用浸钙处理可以明显降低雪花梨果肉褐变发病率，并能增加果实耐 $CO_2$ 伤害能力，钙含量与 $CO_2$ 伤害之间在一定的拮抗关系，小果钙含量大于大果，其耐 $CO_2$ 能力也强（陈雨新等，1993）。雪花梨果肉褐变与果肉钙含量及氮钙比有关，含钙量越低或氮钙比越高，果肉越易褐变（杨增军等，1995）。上述研究结果从另一方面也表明，果实耐 $CO_2$ 能力与其内在营养品质密切相关。

**5. 顶腐病**（Blossom-end rot，BER）　梨顶腐病又称蒂腐病、尻腐病、黑蒂病等，国外也有称之为 Pear black end 或 Hard end，番茄等蔬菜上普遍称为 Blossom-end rot，简称 BER。顶腐病是采前即发生或潜伏的一种生理病害，与砧木类型和土壤水分供应失衡有关，梨树进入结果期后，树势衰弱，顶腐病发生较多。梨顶腐病一般发生在西洋梨或具有西洋梨亲本的品种上，如红茄梨、三季梨、巴梨、阿巴特、库尔勒香梨等。西洋梨幼果期即开始发病，初在果实萼凹周围出现淡褐色晕环，逐渐扩大，颜色加深，严重时，病斑可及果顶大部，病部黑色，质地坚硬。病果易受杂菌感染，并造成腐烂。洋梨树缺钙果实顶端褐变，有时呈褐腐（马国瑞等，2001）。西洋梨品种多数病果采前即可识别，发病轻或不易识别的果实，采后后熟期间会发病并最终导致腐烂，如红色洋梨品种红茄梨萼端不着色的果实，其萼端先出现黑斑，之后腐烂。近年，库尔勒香梨也出现萼端黑斑问题，有的年份采前极少发病，贮藏中、后期开始发生，但从调查结果来看，库尔勒香梨萼端黑斑采前开始出现。

库尔勒香梨顶腐病病果初期萼端深绿，病斑边缘处果皮变褐，产生褐色晕环，发病后期病部产生轻微的塌陷，萼端杂菌感染产生黑色霉层，果肉质地坚硬，有浅褐色蜂窝状坏死，稍苦。病果中花萼宿存果（俗称"公梨"）所占比例高。病果 Ca 含量低于健果，N/Ca、K/Ca 均高于健果，库尔勒香梨果实萼端钙含量最低，氮含量以及 N/Ca、K/Ca 最高（贾晓辉等，2010）。

**6. 其他生理病害**　除了上述 5 种生理病害之外，还有低温冷害（Chilling injury）、低氧伤害（Low $O_2$ injury）、冻害（Freezing injury）、衰老导致的褐变、西洋梨不能正常后熟等。

**表 17-11　梨贮藏期间主要生理病害及防控措施**

| 病害名称 | 症状描述 | 可能病因 | 防控措施 | 易感品种 |
|---|---|---|---|---|
| 黑心病 | 果心变褐色或深褐色 | 1. 采摘过晚<br>2. 贮期过长<br>3. 未及时入贮<br>4. 氮素过高，钙素过低<br>5. 二氧化碳浓度过高 | 1. 适期采摘及时入库<br>2. 贮期适当<br>3. 生长期减少氮肥使用量，及时喷施钙肥<br>4. 防止贮藏环境中二氧化碳浓度过高<br>5. 1-MCP 处理 | 鸭梨、黄金梨、圆黄、黄冠、五九香、巴梨、康佛伦斯等 |

（续）

| 病害名称 | 症状描述 | 可能病因 | 防控措施 | 易感品种 |
|---|---|---|---|---|
| 虎皮病 | 病部果面呈黄褐色、褐色、黑褐色斑，严重时连成片 | 1. 采摘过早<br>2. 贮温过高或过低<br>3. 二氧化碳浓度过高<br>4. 贮期过长<br>5. 环境乙烯较高 | 1. 适期采收<br>2. 加强库内通风换气<br>3. 贮期适当<br>4. 1-MCP 处理 | 黄金梨、砀山酥梨、鸭梨、五九香、八月红、巴梨、阿巴特、早红考密斯等 |
| 二氧化碳伤害 | 果肉呈褐色或深褐色，后期果肉产生空洞 | 环境二氧化碳浓度过高 | 1. 普通冷库及时通风<br>2. 气调库及塑料袋贮藏时防止二氧化碳浓度过高 | 黄金梨、鸭梨、八月红、早红考密斯等 |
| 果肉衰老褐变 | 果肉变褐，组织粉化崩溃 | 1. 采收过晚<br>2. 未及时预冷、入贮<br>3. 大果<br>4. 贮期过长<br>5. 贮温过高 | 1. 适期采摘及时预冷入库<br>2. 贮期适当，大果早销<br>3. 加强温湿度及通风管理<br>4. 贮期适当 | 南果梨、五九香、红茄梨、阿巴特、巴梨等 |

**7. 非侵染性病害病因分析与判断**　对于果实生理病害的防控要根据情况分别对待。采后因贮运条件不当引起的生理病害如低温伤害、气体伤害、湿度不当等，主要是加强贮藏管理，以预防为主，果实一旦产生病状，多数不可恢复。采前因子不当造成或容易诱发的生理病害，病因较为复杂，有气象因素，也有栽培管理和营养因素，但只要栽培管理措施得当，尤其是合理负载、平衡施肥、合理灌溉、合理修剪等，人工干预栽培（套袋等），一般不会引起大范围的采后生理病害发生。生理病害都有明显的症状，如皮色变化、果肉颜色、硬度变化等，只要经常检查，一般可以避免或减轻至最低程度。检查的方法，归纳起来主要有四个字：一"看"，二"闻"，三"解剖"。

一"看"，主要是看果实的表皮形状及颜色，如表皮变暗、褐变等。产生的原因主要有以下几种：一是贮运温度低；二是气调贮藏氧气浓度过低或二氧化碳浓度过高；三是催熟时乙烯浓度控制不当，或果实衰老。根据上述情况结合自己贮藏或处理的方式不难判断出发病的原因。梨果冷藏通风不畅，或采用气调贮藏温度过低，还容易诱发二氧化碳伤害。

二"闻"，气调贮藏尤其是塑料小包装或大帐等，袋内氧气浓度过低或二氧化碳浓度过高，打开包装后有酒精气味及"碳酸气味"等。库内释放出或浓或淡的果香味，这表明贮温过高，库内外通风不畅，或果实衰老。

三"解剖"，上述症状不明显或怀疑有生理病害时，可切开果实观察果肉颜色，如果心、果肉褐变，果肉水渍状，异味、果实不能正常后熟等。产生的原因主要是贮运温度低，气调贮藏氧气浓度过低或二氧化碳浓度过高。另外，贮期过长，也会出现上述部分症状，如果肉变软、变绵、变沙，品质劣变、果肉褐变等。可根据贮藏或处理的方式，作出判断，提出解决的方法。

#### （二）侵染性病害

新鲜梨果皮薄肉脆，水分含量大，果肉中含有丰富的营养成分，贮运过程中又极易引起机械损伤，造成腐烂。梨果从采收、运输、贮藏和销售等采后各个环节都会遭受病原微生物的侵染，进而造成大量的腐烂损失。其中，来源于真菌的病害很多，主要有轮纹病、果梗基腐病、青霉病、褐腐病，生长期间常发生的黑星病、黑斑病、炭疽病、软腐病等在采收后仍然继续发生危害。

**1. 轮纹病**　轮纹病几乎可为害所有的秋子梨、西洋梨等软肉梨品种，极大地影响了软肉梨的运输和销售。我国主栽的鸭梨、雪花梨和砀山酥梨等品种也有不同程度的发生。

（1）症状　发病初期以皮孔为中心发生水渍状、褐色、近圆形的斑点，表皮外观形成颜色深浅相间的同心轮纹，病斑平整不凹陷，病健难分离。后期逐渐产生黑色小粒点，病果易腐烂，并流出茶褐色的黏液，皮下果肉腐烂成褐色果酱状，有酸腐味。

（2）病原　有性时期为贝伦格葡萄座腔菌（*Botryosphaeria berengeriana*），属子囊菌亚门核菌纲球壳目；无性阶段为轮纹大茎点菌（*Macrophoma kuwatsekai* Hara），属半知菌亚门腔孢纲壳孢目。分生孢子器扁圆形或椭圆形，有乳头状孔口，直径 $383 \sim 425 \mu m$。器壁黑褐色、炭质，内壁密生分生孢子梗。分生孢子梗丝状，单胞，无色，大小为（$18 \sim 25$）$\mu m \times$（$2 \sim 4$）$\mu m$，顶端着生分生孢子。分生孢子椭圆形或纺锤形，单胞，无色，大小为（$24 \sim 30$）$\mu m \times$（$6 \sim 8$）$\mu m$。

（3）发病规律　病菌以菌丝体和分生孢子器在病部越冬，生长期侵入幼果后在皮孔附近组织内潜伏。果实未成熟时，菌丝发育受到抑制，外表不表现症状，成熟后随着果实抗性下降逐渐表现症状；梨果出库后货架期间，随着果肉软化，发病加重。

（4）防治方法　①剔除过软过熟梨果；②低于 $5℃$ 环境条件可较好地控制轮纹病的扩展。秋子梨、西洋梨品种在 $17 \sim 26℃$ 温度条件下均可后熟，但 $17 \sim 20℃$ 比 $20 \sim 26℃$ 可明显降低轮纹病的发病率。

**2. 果梗基腐病**

（1）症状　从果梗基部开始产生浅褐色、褐色或黑色腐烂斑，多为表面烂得慢，里面烂得快，呈漏斗状心室扩展。

（2）病原　由交链孢菌、小穴壳菌、束梗孢菌等真菌复合侵染，造成果实发病。以交链孢菌为主，病原为菊池链格孢（*Alternaria kikuchiana* Tanaka），分生孢子梗褐色或黄褐色，丛生，一般不分枝，少数有分枝，基部较粗，先端略细，有隔膜，分生孢子常 $2 \sim 3$ 个链状长出，棍棒状，基部膨大，顶端细小。

（3）发病规律　一般采后表现较为突出。采收及采后摇动果梗造成内伤，是诱发致病的主要原因。不同品种发病程度不同，一般梗洼较浅、果梗粗硬的品种发病重，如红香酥、库尔勒香梨、砀山酥梨、锦丰等，冷藏期间此病造成的腐烂占较大比例。

（4）防治方法　①采收和采后尽量不摇动果梗，防止内伤；②一般梗洼较深品种可通过剪齐果梗使之与果肩等高来防止基腐病的发生，如黄冠、黄金梨、丰水、圆黄等。

**3. 青霉病**

（1）症状　该病一般在采后发生。初期在果面伤口处，产生淡黄褐色小病斑，扩大后病组织呈水渍状，淡褐色软腐，下陷，圆锥形，向心室腐烂，病健交界明显，具刺鼻的发霉气味，果肉味苦。发病部位有青色、绿色霉状物。

（2）病原　病原菌为半知菌亚门丝孢纲丝孢目的多种青霉菌，其中主要为扩展青霉 [*P. enicillium* expansum（Link.）Thom] 和意大利青霉（*P. italicum* Wehmer）两种。前者分生孢子梗长 $500\mu m$ 以上，扫帚状分枝 $1\sim2$ 次，间枝 $3\sim6$ 个，小梗 $5\sim8$ 个。分生孢子呈链状着生在小梗上，椭圆形或近圆形，光滑，直径为 $3\sim3.5\mu m$。后者分生孢子梗分枝 3 次，间枝 $1\sim4$ 个，分生孢子初为圆筒形或近圆形，后变椭圆形，早期大小为（$15\sim20$）$\mu m\times$（$3.5\sim4$）$\mu m$。孢子萌发需要较高湿度。该致病菌为较耐低温菌，在 $0℃$ 仍可发生。

（3）发病规律　伤口是该致病菌的主要侵染途径。另外，果点较大的品种如锦丰梨等也可通过皮孔侵染。脆肉梨上发生较多，轻微磕碰伤以及果梗间扎刺即可形成伤口，为病菌侵染创造侵入途径。另外，果梗松动处也极易被青霉菌感染造成果梗部腐烂。同时，健康果实可被邻近的青霉病果感染。

（4）防治方法　①减少伤口。采收、包装、运输及销售过程中防止形成伤口，并于各个环节及时剔除有伤果；②清除菌源。包装间、果筐、果箱等严格消毒。消毒剂可用硫黄、福尔马林、漂白粉等；③网套包装。套网套包装减少贮藏、运输及销售环节的磕碰伤、果梗扎刺伤等，降低青霉病的发病率；④剪齐果梗。使果梗与果面平齐可防止因果梗松动导致青霉病的发生。

**4. 褐腐病**　梨褐腐病是果实生长后期和贮运期间发生的重要病害。

（1）症状　初期为浅褐色软腐斑点，以后迅速扩大，几天可致全果腐烂。病果褐色，失水后，软而有韧性。后期围绕病斑中心逐渐形成同心轮纹状排列的灰白色到灰褐色的绒状菌丝团，大小为 $2\sim3mm$。病果有一种特殊香味。

（2）病原　病原菌为果生链核盘菌（*Monilinia fructigena*），属子囊菌亚门盘菌纲柔膜菌目；无性时期为仁果丛梗孢（*Monilia fructigena* Pens）属半知菌亚门丝孢纲丝孢目。在病果的灰白至灰褐色菌丝团上着生分生孢子梗和分生孢子。分生孢子梗丝状，单胞、无色，其上串生分生孢子。分生孢子椭圆形，单胞、无色，大小为（$11\sim31$）$\mu m\times$（$8.5\sim17$）$\mu m$。后期，病果内形成黑色菌核，菌核不规则形，大小为 $1mm$ 左右，$1\sim2$ 年后萌发出子囊盘。子囊盘漏斗状，外部平滑，灰褐色，直径 $3\sim5mm$。子囊长筒形，无色，内生 8 个子囊孢子。子囊孢子卵圆形，单胞，无色，大小为（$10\sim15$）$\mu m\times$（$5\sim8$）$\mu m$。子囊间有侧丝，棍棒状。

（3）发病规律　果实近成熟期为发病盛期。病菌可以经过皮孔侵染果实，但主要通过各种伤口侵入，潜育期为 $5\sim10d$。褐腐病对温度的适应范围较广，在 $0℃$ 条件下病菌仍可缓慢扩展，使冷库贮藏的梨继续发病。但其发育的最适温度为 $25℃$。

（4）防治方法　减少果实各种机械伤，加强贮藏场所和贮藏容器的消毒。

**5. 其他采后病害**　梨果采后病害还包括炭疽病（*Colletotrichum glorosporioides*）、黑斑病（*Alternaria alternate*）、软腐病（*Rhizopus stolonifer* 和 *Mucor piriformis*）、黑星病（*Venturia pirinum* Aderh）和灰霉病（*Botrytis cinerea*）等。

**6. 侵染性病害防控**　大部分采后病害的发生均与采前带菌有关，加强果园管理可显著降低采后病害的发生。但采后病害的控制又不同于采前，一般不建议使用化学农药等，因此，采后病害的控制可通过以下几个方面（如改善环境条件，维持果实品质，延缓果实衰老，提高果实抗性等）来实现。

（1）适时采收 保证贮藏梨果具有较好的品质，增强果实贮藏期的抗病性。

（2）严格挑选 采收时或采收后入库前，把病、虫、伤等残次果与好果分开，避免病原物通过伤口进行侵染以及交叉感染等。

（3）尽可能减少磕碰伤。

（4）消毒灭菌，清除污染源 彻底清除果园中的枯枝烂果等污染源；包装贮藏场所的病果、烂果也要妥善处理，并及时做好果园杀菌及包装贮藏场所的消毒工作。

（5）低温贮藏 温度是影响采后病害发生的重要环境因子之一，主要通过影响病原菌的萌发和侵入速度从而影响发病进程。库温低于 5℃时梨果采后病害即可大大减轻，0℃贮藏可基本抑制微生物的发展。其原因是：①温度影响寄主（果实）的生理、代谢和抗性，低温可延缓果实的后熟衰老、维持果实抗性；②对病原菌的直接抑制作用，如抑制病原菌菌丝和分生孢子的生长、繁殖。因此，机械冷库贮藏梨果病害发生率要远低于土窖库，且贮藏温度以不引起梨果产生冷害的最低温度为宜，即近冰温贮藏。

（6）气调贮藏 大部分梨果采后病害的致病菌为需氧型，在梨果耐受范围内，调节贮藏环境中的气体成分，如降低 $O_2$ 浓度、提高 $CO_2$ 浓度，即气调贮藏，可极大程度降低果实贮藏期及贮藏后货架期病害发生率。有研究认为，京白梨在 3％ $O_2$ 和 3％ $CO_2$ 的气体组分下，结合生防酵母菌于 1℃贮藏可有效控制 *B. cinerea* 和 *P. expansum* 的生长（Tian 等，2002）。气调贮藏抑制果品采后病害的发生在苹果（Sitton 等，1992）、樱桃（Tian 等，2001）、桃（Karabulut 等，2004）等树种上的报道较多，在梨上还有待于进一步深入研究。

（7）其他 紫外线、臭氧、电离辐射、热处理、盐处理、草酸处理、生物防治措施以及诱导抗病等防控方法，虽离应用于生产实践还有一定的距离，但这些技术的不断研究与完善，将会对梨采后病害的科学防治提供理论依据。

## 四、贮藏保鲜技术

**1. 采后生理特性** 一般认为，梨属呼吸跃变型水果，但近年来研究发现，部分梨品种采后呼吸、乙烯均无跃变，如二十世纪、幸水、新高、黄金梨等砂梨品种均属非呼吸跃变型，有些品种跃变类型还存有争议，需进一步研究。

果实呼吸作用的强弱与其耐贮藏性紧密相关。一般而言，软肉梨（秋子梨和西洋梨品种，如南果梨、京白梨、早红考密斯、巴梨等）呼吸强度高于脆肉梨（白梨和砂梨品种，如鸭梨、酥梨、库尔勒香梨、黄金梨、丰水、黄冠等），早熟品种高于晚熟品种。20℃下，软肉梨果实呼吸强度为 20～70mg（$CO_2$）/（kg·h），多数中晚熟脆肉梨果实呼吸强度为 15～30mg（$CO_2$）/（kg·h），这也是常温下脆肉梨耐贮藏性好于软肉梨的主要原因。随着环境温度降低，梨果实呼吸作用迅速下降，而 −1℃下果实呼吸强度比 0℃低 20％～40％，这就是采用冷藏和冰温贮藏的原理。库尔勒香梨、黄冠、雪花梨等一些贮藏企业长期贮藏的果实温度均控制在 0℃以下，贮藏至翌年 4～6 月份，果实保鲜效果良好。

不同种和品种乙烯释放速率差异较大，一般是软肉梨高于脆肉梨，早熟品种高于晚熟品种，但与呼吸强度不同，有些砂梨品种乙烯产生甚微。20℃下，二十世纪、幸水、新高、黄金梨、圆黄、丰水等砂梨乙烯生成量低于 1μl/（kg·h），菊水、湘南、黄花大约

为 $10\sim20\mu l/$ （kg·h）；白梨品种一般为 $10\sim25\mu l/$ （kg·h），砀山酥梨与一些砂梨品种相似，乙烯产生低于 $1\mu l/$ （kg·h）；西洋梨采收时乙烯生成很少，通常小于 $1\mu l/$ （kg·h），常温贮藏 $1\sim2$ 周或冷藏一段时间，随着果实后熟，乙烯会显著上升，20℃条件下最高峰可达 $20\sim80\mu l/$ （kg·h），甚至更高（取决于品种，安久相对较低，巴梨较高）；南果梨、京白梨等秋子梨乙烯生成与西洋梨相似，成峰型变化，20℃最高峰可达 $130\sim150\mu l/$ （kg·h）。低温可显著抑制果实乙烯生成，0℃下，脆肉梨果实乙烯释放速率为$1\sim3\mu l/$ （kg·h）。另外，梨果乙烯释放与采收成熟度也有密切关系，晚采的果实进入呼吸跃变期早，果实耐贮性也差。

对乙烯敏感的梨品种，环境乙烯浓度过高，就可能会加速果实褪绿转黄和促进虎皮、黑心等生理病害的发生，所以梨贮藏库应定期通风换气。不同品种对乙烯敏感程度不同，库尔勒香梨对乙烯不敏感，环境中乙烯浓度高达 $30\mu l/L$ 以上也不会产生虎皮，而黄金梨超过 $2\mu l/L$，虎皮、黑心发生率大幅上升。巴梨、安久、早红考密斯等西洋梨对乙烯也极为敏感。

丰水、圆黄、阿巴特、酥梨、茌梨、库尔勒香梨、巴梨、南果梨、京白梨、锦香、安久、秋白梨等对 $CO_2$ 有一定忍耐力，可进行气调或简易气调贮藏，但不同品种 $O_2$ 和 $CO_2$ 浓度比例会有不同。鸭梨、黄金梨、锦丰、雪花梨、苹果梨、八月红、矮香梨等品种对 $CO_2$ 敏感，贮藏环境中 $CO_2$ 浓度应控制在 $1\%$ 以下。

**2. 梨果贮藏质量安全防控技术体系** v 水果采后质量安全需要：技术作支撑，管理做保障。近年来梨果采后贮运过程中出现一些重大问题，如砀山酥梨虎皮病、鸭梨等黑心病、黄冠等品种褐斑病以及 $CO_2$ 伤害、烂损率较高（冷藏企业梨果烂损率通常在 $6\%\sim8\%$）等，有些是技术问题，有些是管理问题，但最终的结果不仅给企业、客商和果农造成严重经济损失，也给消费者的信心带来一定影响。如果上述问题能做到事先预防，过程监测，及时调整，把问题和损失减少到最低程度，则是共赢的策略。果品贮藏企业，库容大则几万吨，小则几千吨，即便是果农、协会小型库，也至少几十、上百吨，一旦出现问题，经济损失严重，贮藏企业在技术和管理上必须做到零风险或者将风险降低到最低程度，这样就必须建立有效的预防体系。

（1）HACCP 体系简介 HACCP 是 Hazard Analysis and Critical Control Point 缩写，中文名称为危害分析与关键控制点。HACCP 体系是国际上共同认可和接受的食品安全保证体系，其概念与方法源自美国，起初主要用于保障航天食品的"绝对"安全，它是一种评估危害和建立控制体系的工具，是一种控制食品安全危害的预防性体系，着重强调对危害的预防，不是主要依赖于对最终产品的检验，是将食品质量的管理重点从对终产品的检验转移到生产过程的控制管理，从而使风险降到最低程度。HACCP 的应用是针对食品安全的，但其原理也可运用于食品质量的其他方面，如水果质量的提高、贮藏品质的维持及货架期的延长等。

我国食品和水产界较早引进 HACCP 体系，果蔬方面主要在水果汁、蔬菜汁、冻蔬菜、脱水菜等果蔬加工品中得到应用推广。目前，我国制定了 GB/T 27341—2009《危害分析与关键控制点体系食品生产企业通用要求》和 GB/T 19538—2004《危害分析与关键控制点（HACCP）体系及其应用指南》。HACCP 包括 7 个原理：

原理1：进行危害分析并确定预防措施。

原理 2：确定关键控制点。关键控制点（CCP）是食品安全危害能被控制的，能预防消除或降低至可接受水平的一个点、步骤或过程

原理 3：确定各关键控制点关键限值。

原理 4：建立关键控制点的监控系统。

原理 5：建立纠正措施，以便当监控表明某个特定关键控制点失控时采用。

原理 6：建立验证程序，以确认 HACCP 体系运行的有效性（档案记录保存体系）。

原理 7：建立有关上述原理及其在应用中的所有程序和记录的文件系统。

（2）HACCP 在梨果贮运保鲜中的应用　新鲜水果贮藏管理采用 HACCP 体系有助于水果采后质量安全的监管、最大程度减少采后病害和保持果品质量以及增加消费者的信心，促进国内外贸易。在水果采后冷链运输与贮藏方面开展了黄金梨、葡萄、猕猴桃、樱桃等的 HACCP 应用研究，一些贮藏企业也开始进行 HACCP 认证，但在采后贮藏保鲜领域的应用也仅仅是开始，远没有在果蔬加工领域应用广泛，当然作为活体的新鲜水果，其品质的调控影响因素较多，影响因素及关键限值的确定尚需要科研工作者大量的研究。果品贮藏首先要防患未然，尽可能避免损失，一旦技术或管理出现问题造成损失，则必须有据可查，才能分清责任，避免重蹈覆辙。水果贮藏出现问题后，如果采收时间、产地来源以及贮藏温度、气调参数等重要技术参等没有详细记录档案，一则不能做到防微杜渐及时纠偏，二者管理和技术水平得不到提高，今后问题还可能再次发生。

有关制定梨果贮藏 HACCP 计划的过程具体可参照 GB/T 27341 和 GB/T 19538。不同梨品种影响贮藏效果和采后品质的潜在危害不尽相同，有共性问题，也有个性问题，如一些品种采后主要是如何控制黑心病的发生，有的则是虎皮问题，有的是软化和后熟，有的兼而有之等，具体品种、具体问题需要特定的 HACCP 计划，才能达到操作的层面。本文就梨果贮运保鲜工艺的关键控制点进行讨论。

**3. 梨果贮藏关键控制点**　梨果冷藏库贮藏工艺流程见图 17-6。

（1）产地选择　高品质水果是其长期贮藏保鲜的物质基础。所谓高品质，从贮藏特性看，就是果实干物质含量高，果实各组织发育完善，矿质营养平衡（不能先天发育不良），具有良好的商品性状。作为鲜活的水果，采收后脱离了植株母体，不能再从母体获得养料和水分，但还是一个具有生命的活体，必须通过呼吸作用消耗体内贮存的有机物，进行一系列的生理生化变化以产生能量维持生命的延续，同时组织逐渐趋于衰老，最后腐烂变质。要获得好的贮藏效果，水果的质量保证是前提。要获得高品质梨果，需要从生长过程的管理入手，加强生产管理，以确保原料质量。

近年来我国梨果采后贮藏期间果实黑心、虎皮、顶腐等生理病害问题日益突出，研究及调查发现梨果实生理病害的发生与果实内在品质密切相关。香梨顶腐病病果较健康果可溶性固形物和可溶性糖含量低（贾晓辉等，2010），鸭梨黑心病果可溶性固形物显著低于健康果（韩东海等，2005），中等大小的鸭梨果实黑心发病程度较低，可能与其可溶性固形物和糖含量较高有关（李庆鹏等，2007）；调查发现鸭梨大量施用氮肥和生产后期大量灌水会使鸭梨风味变淡，贮藏中黑心率高。

（2）采收成熟度　采收期是影响梨果产量、品质和贮藏性的重要因素之一。梨果采后

黑心、虎皮等生理病害的发生均与果实成熟度（采期）密切相关。采收过早，产量低个头小、品质差，过晚采收果实易软化、贮期短、黑心等生理病害重。梨果采收期可通过仪器测定果实可溶性固形物、果实硬度，观测果皮色泽（非套袋果）、种子颜色、果实生长发育期（盛花后天数 DAFB）等指标进行判断，作为贮藏的果实，建议可溶性固形物含量至少应≥11.0%，中、晚熟品种种子为花籽到黄褐色，如果达到全褐或深褐色，只能短期贮藏。

（3）预冷或预熟　除鸭梨外，梨对低温不敏感，可直接入－1～0℃库房预冷、贮藏。为减少前期黑心，鸭梨通常需 10～12℃入贮，经 30d 降至 0℃贮藏。另外，秋子梨中的南果梨等贮藏后需要后熟。由于我国南果梨在冬天露天销售时天气依然寒冷，贮藏企业不具备催熟条件，所以多采用预

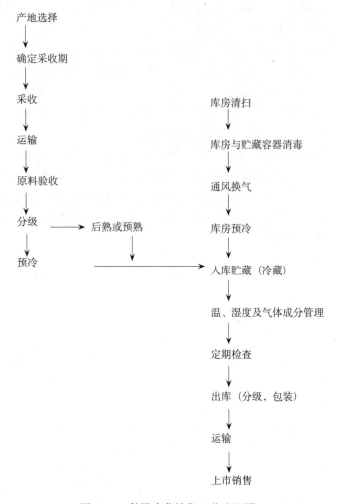

图 17-6　梨果冷藏销售工艺流程图

熟模式，9月上、中旬采收采收的南果梨贮前常温下预熟 3～5d（采收早预熟时间长，采收晚预熟时间短），再入贮冷库，出库时不必催熟直接上市。9月下旬采收的果实不需预熟直接入贮。南果梨预熟会缩短贮藏期。

（4）入库与码垛　一次入库量过多，堆码过密会影响果温下降，同时跺与箱内乙烯、$CO_2$ 气体浓度可能过高，影响贮藏效果。依靠自然冷源降温的土窑洞、通风库等贮藏时，梨果采收时窖温高于室外平均温度，一般不可直接入窖贮藏，要在窖外阴凉处进行预贮，"立冬"前后入窖。若急于入窖，果实采收后荫蔽处放置一个晚上，第二天清晨入窖，以便对消除田间热。冷库贮藏，库房温度预先降至－1℃左右。采摘后尽快入库预冷，预冷温度－1～1℃。如无预冷间，则应分次分批采收入库。

入库前，库房和包装箱应彻底清洗和消毒，及时通风换气。入库时按品种、采收先后、等级分开堆码，地面铺设托盘，果箱码垛注意层排整齐稳固，垛与垛，箱与箱之间要留出足够的空间，货垛排列方式、走向及垛间隙应与库内空气环流方向一致。有效空间的堆码密度不应超过 250kg/m³。入满库后应及时填写货位标签和平面货位图。采用纸箱贮

藏要注意堆码高度和纸箱抗压力，以免纸箱打堆变形，果实碰压伤加重。建议使用塑料周转箱架式贮藏。

（5）温度、湿度及气体成分管理　入库后，库房及果实精准的温度管理，保持库内湿度和加强通风换气持续整个贮藏时期。选择高精度温度监测仪器，及时做好温度、湿度等监测仪器的校验，做好温度、湿度、$CO_2$ 浓度（或通风）等技术参数的记录并存档。

（6）通风管理　详见"梨贮藏方式方法与管理"一节。

（7）定期检查　贮藏期间应至少每半月抽检一次，检查项目包括虎皮、黑心、二氧化碳伤害、异味、腐烂等情况，并分项记录，发现问题及时处理。

（8）后熟　西洋梨和秋子梨品种销售前或贮藏结束后需后熟，后熟适宜温度为 17～23℃。乙烯或乙烯利处理可使西洋梨和秋子梨后熟均匀一致，风味口感最佳。乙烯处理浓度为 50～100μl/L，在 20℃、相对湿度为 90% 条件下密闭熏蒸处理时间 24h 即可，乙烯辅助催熟可提前 1～2d 软化。利用乙烯释放量较多的水果如苹果、香蕉、猕猴桃、番茄等也可达到催熟效果。

西洋梨和秋子梨品种，采收后在上述温度条件下，依早中晚熟品种不同一般 7～15d 果实即可软化。当地销售的果实需要留出 3～4d 的常温货架期。后熟后若不立即食用，需要放在冷藏库或冰箱中。

（9）货架　详见本章第四节。

# 第四节　梨果运输及货架期管理

河北、新疆、山东、辽宁、陕西、山西、安徽等北方梨产区产量占到全国梨总产量的 70% 以上，又是我国梨贮藏的集散地，而东南沿海地区和南方是我国梨的主要消费区域，同时我国又是世界梨的主要出口国。所以，梨果运输、流通是其商品化流通的重要环节，一头联系着果农和贮藏库，另一头联系着水果的经销商和消费者，直接关系到梨果商品价值的最终实现。我国水果运输、流通又是果品采后链条中一个相对薄弱的环节，所处的环境条件远不如贮藏库优越和稳定。梨果运输过程中容易发生的问题包括两个方面：一是运输温度不适宜，过低造成冻伤，过高促进衰老，实践中更易出现后者情况；二是包装和装卸不当，由于磕碰摩擦，造成机械损伤和果面黑皮。

## 一、运输要求及条件

### （一）温度、湿度及气体成分

早、中熟品种长途运输，建议运输温度 0～5℃。长距离远洋运输与贮藏条件相同或相近。西洋梨和秋子梨品种，国内远距离运输应预冷后采取简易保温或冷藏车运输。鸭梨、黄金梨等对 $CO_2$ 敏感，易产生黑心，在使用气密性较好的工具（如集装箱或冷藏车等）运输时，应注意检查 $CO_2$ 浓度积累情况，减少黑心发生。

### （二）科学包装、轻装轻卸，尽可能减少碰压摩等机械伤

水果物流运输是其产业链的必需环节，因物流运输手段的不完善致使水果在采后流通

过程中损失严重，冲击和振动是水果运输过程中引起损失的主要原因。梨果皮薄肉脆、水分大、质量重，装卸运输过程中轻微的摩擦、挤压、晃动、碰撞，均会导致机械伤害，引起果皮褐变，同时，机械伤口极易受微生物感染导致腐烂，促使水果伤乙烯增加，加速梨果软化变质。梨果运输包装除了考虑商品性状外，主要考虑如何减少各种机械伤，防止失水，保持果实新鲜品质。不同包装对梨果运输期间品质变化影响显著。

振动是导致梨果运输过程中机械损伤的重要原因之一，而包装形式与缓冲衬垫性能是影响果品运输机械损伤的最关键因素。不同的包装方式对于鸭梨果实损伤的保护作用不同，瓦楞纸板衬垫与隔挡可以使梨果实损伤率减小15%~25%，瓦楞纸板衬垫、隔挡以及网套的联合包装形式可以使梨果实的损伤率减小35%~45%（卢立新等，2009）。周然（2007）研究表明：运输过程中黄花梨在2~5Hz和15~20Hz波段存在功率谱（PSD）振动峰值。振动及由于振动引起的机械损伤影响了黄花梨果胶酯酶，多聚半乳糖醛酸酶和纤维素酶的活性，使其活性增大，使果肉细胞壁主要组分果胶和纤维素加速分解，最终导致了运输结束后贮藏过程中黄花梨果肉硬度的迅速降低。运输过程中，不同内包装的黄花梨振动水平不同，网袋衬垫内包装比纸衬垫内包装能更有效地降低运输过程中黄花梨的振动强度和由于振动引起的机械损伤（$P<0.05$）。纸包装尽管也起到较好的保护作用，但由于透气性差，导致运输后市售条件下黄花梨的果胶和纤维素较快分解，使得黄花梨较易软化。

梨果运输包装，一要对果实起到保护作用，二要便于堆码搬运，三要便于市场销售。在运输保护作用方面，我国梨果运输包装已普遍采用单果包考白纸或蜡纸、发泡网套或二者同时使用，衬垫、隔板分层分格包装，还有采用根据果形及大小的专用纸质或塑料泡沫托盘结合网套或包纸等形式（图17-7，左上）。箱内层装、层间衬垫、果间隔挡，这些包装措施有效降低了运输过程中震动对梨果造成的各种机械伤害。有的品种除上述形式外，

图17-7 一些梨品种果实包装方式

为减少运输过程中果实失水皱皮，采用了纸箱内衬塑料薄膜（图17-7），从而大大减少了长距离运输过程中的损失。在包装标准化方面，根据品种和市场不同，采用规格大小一致的纸箱，以便于码垛和搬运。河北一些梨果出口企业，包装设计科学合理，既能减少磕碰、防止失水，又美观大方，便于超市销售。

装卸方面，我国机械化程度不高，大多数的水果装卸仍然依靠人力，搬运装卸要文明，不碰、不摔、不直接踩踏包装箱。

### （三）快装快运

无论是采后直接上市销售，还是贮藏后运输，都应做到快装快运，尤其是早、中熟品种。采收或出库后停留时间越长，受外界不良因素影响的时间越长，品质下降的风险越大。

### （四）防热、防晒、防雨、防冻

南方砂梨产区以及北方早、中熟品种成熟季节正值夏秋高温季节，气温高、降雨多，运输途中的高温、日晒均会导致果温的迅速上升，所以要做好防热、防晒和防雨工作。冬季运输，温度低于－3℃时，还需要保温以防冻害。

## 二、运输方式和运输工具选择

运输的方式，主要考虑经济因素和便捷性，运输工具的选择主要取决于市场。不同的运输工具，不同的堆码及产品包装方式，在运输过程中造成的震动不一样。一般来说，铁路运输的震动强度小于公路运输，水路运输的震动强度又小于铁路运输。就公路运输而言，震动依不同的路况，不同的车辆性能等也有差别。我国幅员辽阔，各地道路状况差异很大，在进行产品运输时，一定要考虑这个因素并采取相应的措施，如在对产品包装及堆码时尽可能使产品稳固，减少机械损伤。

### （一）公路运输

新鲜水果含水量大，保护组织差，易受到机械伤害和微生物侵染。铁路运输需要2次或多次倒车，2次装卸增加机械伤，也很不方便。公路运输网比铁路、水路网要大十几倍，因此，公路运输车辆可以"无时不在，无处不有"。汽车运输速度快、运输成本较低、运输灵活性大。随着高速公路和第三方物流的快速发展，公路运输逐渐成为新鲜果蔬运输的主要方式。对于苹果、梨等水果的运输，现在大小企业或商家多数选择公路运输的方式。目前水果公路运输的工具已基本做到大小齐全，高、低端市场需求配套。从果园到贮藏库或附近批发市场近距离运输，多用农用三轮车、拖拉机或小型货车；省内或几百千米的距离用载重10t左右的中型货车，国内远距离运输，如新疆库尔勒香梨、山西和陕西砀山酥梨，到沿海市场或口岸，多用二三十吨的半挂式载重货车。从果园或冷藏库运往国内各大城市，或出口东南亚、俄罗斯，陆路运输一般采用普通汽车，大型龙头企业采用冷藏车。出口冷藏货柜一般由汽车运到产地加工厂或冷藏库装货，运至天津或青岛、烟台等港口装船远洋运输。较热季节，从冷藏库或气调库运往沿海城市，一般采用棉被或草苫包裹、塑料薄膜加棉被或帆布覆盖等保温方式（图 17-8）。大型贮藏企业有时采用箱式保温货车。出口至欧美等发达国家的梨果全程采用冷链运输，冷藏集装箱库房到港口、港口到目的地，一箱到位，中间无需倒箱。

图 17-8　汽车冷藏集装箱（左）和简易保温（右）运输

　　公路运输四通八达，无处不通，无处不至，可以一次运输到位，做到门对门的运输。随着二三十吨大吨位货运汽车的大量涌现，"绿色通道"的开通，公路运输速度较快、运输成本较低。现在内地出口苹果、梨等也都是通过公路运抵口岸，从河北石家庄地区到广州仅需 26h，从陕西、山西蒲城砀山酥梨产区到沿海港口，仅需 1～2d，而铁路运输最快也需要一周左右。由于采用第三方物流，汽车都有相对固定的营运路线和客户，回程不跑空，所以运价不是很高。

　　公路运输的主要缺点是震动强度较高，但采用"箱内层装、层间衬垫、果间隔挡、单果网套"包装，加上公路等级的提升，震动造成的危害已可降至能接受的程度。汽车运输，货物在车厢内部不同堆放位置的震动强度不同，车厢后部要显著高于车厢前部，上层塑料箱内的黄花梨机械损伤程度显著高于底层塑料箱内的黄花梨（$P<0.05$）（周然，2007）。包装箱所处堆码层数对梨果实的震动损伤有重要影响，最上层梨果实的损伤最大，最下层梨果实的损伤次之，中间层梨果实的损伤最小。在同一包装箱内，最上层梨果实损伤最大，中间两层次之，下层最小（卢立新等，2009）。

　　近年来，集装箱运输已发展成为一种新的运输方式。集装箱运输是将一批批小包装货物集中装在大型的箱中，形成一个整体，便于装卸和运输。冷藏集装箱是在集装箱的基础上，增加隔热层和制冷装置及加温设施而成，确保箱内温度能满足水果贮运所需的最适温度。冷藏集装箱的规格有载重 20t 和 40t 的。利用冷藏集装箱运输水果，通常是在产地装载产品、封箱，根据不同产品对温度的不同需要，设定箱内的温度环境，再利用多种运输方式如汽车、火车和轮船等，借助于机械化的集装箱装卸设备，进行长距离运输。冷藏集装箱运输能够维持包装箱内比较稳定的温度环境，从而保证产品质量，同时还能做到门对门服务，使产品能够完好无损地运送到目的地。

### （二）铁路运输

　　铁路适合于大宗货物的长距离运输。水果铁路运输具有运量大、运价低，受季节变化影响小，但是铁路运输不能像汽车运输那样可以实行门到门的运输，需要两次倒货，车皮要提前申请、编组、运行，办理手续繁杂。铁路运输一般采用普通棚车、冰保车和机械冷藏车等进行运输。

### （三）水路运输及远洋运输

水路运输的特点是载运量大、成本低、耗能少等优点，但水路运输也存在着不可避免的缺点，如水运的连续性差、速度慢、需要中转换装等，这样不仅延缓了货物的送达速度还增加了运输的损失。水运最适于承担运量大的货物长距离运输。梨国际贸易运输主要依靠冷藏集装箱远洋货轮运输，运至欧美等国港口，一般需要 30d 左右。

### （四）航空运输

航空运输的最大特点是运行速度快，同时航空运输还可跨越各种天然障碍。但是航空运输最大的弱点是运费昂贵，运量小，同时耗能高等。商业销售采用梨果航空运输较少。

## 三、冷链运输

水果是否采用冷链运输，不完全是技术问题，更主要受经济水平影响。总体上，我国经济和消费水平还不足以支撑冷链物流这一高成本环节参与水果物流中来。目前我国梨果的冷链运输主要限于部分高端出口市场，更多的是采用普通货车或采用棉被、草苫等简易保温措施。据有关调查，运输工具并不缺乏保温车、箱式冷藏车、冷藏集装箱等冷链运输工具，采用何种运输工具完全取决于市场对水果的质量要求。国内汽运物流已市场化，只要有足够的需求和市场（盈利），资本就会在该领域投资。冷链运输，水果质量好，运输成本高，必然价格也高。高端市场、高消费群体对水果质量要求较高，冷链运输的附加成本消费者完全可以接受；低端市场、低收入群体，则希望价格越便宜越好，或许不希望承担冷链运输带来的价格上涨。

同时，鲜活农产品冷链流通是一个系统工程，不仅仅是一台冷藏车就可以做到的，还需要产地预冷、冷库加工、销地临时冷藏、超市冷藏货架等一系列的低温保鲜设备，同时还包括各环节的快速装卸机械设备和适合冷链操作的包装材料等。这样一个系统工程需要产地果园、产地经营者、运输专业单位、销地经销商等，各环节设备投资巨大。将各环节的设备投资折旧转嫁到水果身上，使大众消费者将难以接受，价格上无法与非冷链流通的水果竞争。另外，目前物流冷链的软件技术在我国还很不完善，对梨果来说，经济适用的运输温度条件缺乏科学系统研究，运输及货架期间生理病害仍然突出，不耐运输的秋子梨和西洋梨等软肉梨品种，适宜的采收时期、贮运温度、后熟等技术体系不完善或者空白，运输过程中黑皮、软化、烂损严重。

另一方面，国内销售的苹果、梨等很少采用冷链运输，人们对水果等鲜活农产品冷链运输的必要性和重要性的认知不足。短缺经济时期，人们对能够吃到水果已经很满足，对水果质量没有过多奢求，更没有条件追求国外客商要求的 CA 果（气调贮藏果）和冷链运输的水果。随着我国经济水平的高速发展、消费者消费水平的提高，人们不仅要吃得饱，还要吃得好，吃得有滋有味。无论南方水果还是北方水果，尤其是在盛夏初秋运输的果品，大多牺牲品质，通过早采来延长运输和货架寿命，降低烂损。北方消费者很少能吃到"真正的南方水果"（接近完熟），北方的一些水果，早采问题严重，有市场价格因素，也有运输条件所限的影响。如果适当延迟采收，通过低温冷链运输延缓果实品质劣变，果实风味更浓、品质更好。消费者如果吃到真正成熟、冷链运输的高品质的水果，也许会对冷链运输的必要性有个新的认识。经济在发展，人们消费观念也在转变，作为水果从业者尤其是果商应转变观念，主动走在市场的前面，培育市场，引领消费。消费者看到了进口的西洋梨、葡萄和苹果等，价格不菲，外观新鲜，品质上乘，均是采用冷链运输而至。

## 四、货架期管理

货架期是水果物流的终点，又是消费的起点，也是检验水果质量的最关键点。货架是市场需求的直接表现。货架期质量如何也是对采后科研成果最好的检验。货架期间损耗往往会将水果生产、贮藏、物流全过程的问题集中表现出来。梨果货架销售期间主要问题，一是消费者挑选时摩擦造成的片状或条状黑皮，以及挑选时摁压、磕碰、果柄刺伤等；二是商场内高温引起的生理和病理的变化，如虎皮、软化、腐烂等；三是失水皱皮。一些梨品种货架损耗率高达 10%～30%，西洋梨和秋子梨一些品种货架损失会更高。高档果采用小托盘加网套、薄膜等形式的小包装可防止失水皱缩、减少黑皮产生。网袋包装可以维持较低的多聚半乳糖醛酸酶（PG）活性，从而减少了果胶分解，更好的保持市售条件下黄花梨的果皮颜色和果肉硬度（周然等，2008）。进口西洋梨，售价高，一般采用冷藏货柜销售，货架期大大延长。大多数超市梨果采取大堆销售的方式，小包装、精品包装比例小，但一般都套网套（图17-9）。

图 17-9 超市货架梨果包装

产品在市场上销售时，应放置于阴凉通风的地方，必要时还应洒水增湿。在商场中销售的果实，可以通过特制一些产品展示台或展示柜，以展示该品种水果固有的特征，如色泽、大小、形状等，展台或展柜内的温度最好能够调节，以保持果品的新鲜度及延长展放时间。产品在展示台上放置时，应大小整齐，颜色搭配合理，满足人们的美感要求，增加吸引力。

# 参 考 文 献

陈发河，张维一，吴光斌.1991.钙渗入对香梨果实贮藏期间生理生化的影响［J］.园艺学报，18（4）：365-368.

陈昆松，于梁，周山涛.1991a.鸭梨果实气调贮藏过程 $CO_2$ 伤害机理初探［J］.中国农业科学，24（5）：83-88.

陈昆松，于梁，周山涛.1991b.鸭梨果实气调贮藏研究［J］.园艺学报，18（2）：131-137.

陈雨新，刘一和，周山涛.1993.雪花梨贮藏中红肉病的研究［J］.园艺学报，20（1）：8-12.

丛郁，李慧，颜志梅，等.2010.翠冠梨黑皮病发生规律与 AFS 基因克隆及其表达研究［J］.南京农业大学学报，33（2）：51-57.

丛郁，李慧，颜志梅，等.2009.早熟砂梨——翠冠 Hmgr 基因家族两成员的表达与货架期黑皮病关系的研究［J］.园艺学报，36（7）：959-966.

高经成.1993.鸭梨和砀山酥梨贮藏期间黑皮病的防治［J］.冷藏技术，63（2）：16-18.

龚云池，徐秀娥，张淑珍，等.1986.鸭梨黑心病与钙素营养的关系［J］.园艺学报，13（3）：145-159.

关军锋，及华，冯云霄，等.2006.黄冠梨果皮褐斑病与 Ca，Mg，K 营养的关系［J］.华北农学报，21（3）：125-128.

关军锋，马文会，周志芳.2009.套袋黄冠梨果面褐斑病发生的气象因子分析［J］.落叶果树（2）：14-15.

韩东海，涂润林，刘新鑫，等.2005.鸭梨黑心病与其果皮颜色、硬度和糖度的方差分析［J］.农业机械学报，36（3）：71-74.

韩南容.2006.梨有机栽培新技术［M］.北京：科学技术文献出版社.

韩彦肖，刘国胜，李勇，等.2007.钙、硼肥对黄冠梨花斑病及果皮钙含量的影响［J］.河北农业科学，11（1）：27-28，48.

郝利平，寇晓虹.1998.梨果实采后果心褐变与细胞膜结构变化的关系［J］.植物生理学通讯，34（6）：471-474.

霍君生，李新强.1992.鸭梨黑心病与果表蜡质相关性的扫描电镜分析［J］.河北农业大学学报，15（3）：50-53.

贾晓辉，姜云斌，王文辉，等.2011.超市梨果销售现状、存在问题与对策［M］//梨科研与生产进展.北京：中国农业出版社，33-40.

贾晓辉，王文辉，李世强，等.2010.库尔勒香梨萼端黑斑病发生的原因［J］.果树学报，27（4）：556-560.

焦新之，冯秀香，李琳，等.1981.鸭梨不同采期对采后生理生化变化和贮藏效果的影响［J］.园艺学报，8（1）：19-25.

鞠志国，原永兵，刘成连，等.1994.急降温对活性氧和梨果心褐变的影响［J］.中国农业科学，27（5）：77-81.

鞠志国，朱广廉，曹宗巽.1988.莱阳茌梨果实褐变与多酚氧化酶及酚类物质区域化分布的关系［J］.

植物生理学报，14（4）：356-361.

鞠志国，朱广廉、曹宗巽．1988. 气调贮藏条件下 $CO_2$ 对莱阳茌梨果肉褐变的影响［J］. 园艺学报，15（4）：229-232.

李慧，丛郁，常有宏，等．2012. 翠冠梨 *PG* 基因家族两成员的克隆及其表达与货架期果实软化的关系［J］. 果树学报，29（1）：23-29.

李疆，任莹莹，覃为铭，等．2008. 库尔勒香梨粗皮果的初步研究［J］. 塔里木大学学报，20（3）：8-10.

李磊．2011. 黄冠梨鸡爪病发病机理及调控技术研究［D］. 天津：天津大学.

李丽梅，陈凤敏，关军峰，等．2008. 预冷对黄冠梨贮藏品质和果皮褐变的影响［J］. 华北农学报，23（6）：156-160.

李平，陈佩，郝艳宾，等．2012. 金二十世纪梨果实 ABA 代谢酶基因克隆及其表达分析［J］. 中国农业大学学报，17（3）：57-62.

李庆鹏，林琳，曹健康，等．2007. 鸭梨果实发育程度与贮藏过程中果心褐变的关系［J］. 中国农业大学学报，12（1）：65-67.

刘剑锋，李国怀，彭抒昂，等．2007. 秋子梨的果皮结构与果实的耐贮性［J］. 园艺学报，34（4）：1007-1010.

刘剑锋，张红艳，彭抒昂．2003. 梨果实发育中果肉及种子钙和果胶含量的变化［J］. 园艺学报，30（6）：709-711.

刘剑锋．2004. 梨果实钙的吸收、运转机制及影响因素研究［D］. 武汉：华中农业大学.

刘野，胡小松，张飞．2011. 二氧化碳导致鸭梨褐变与细胞内钙的关系［J］. 食品科学，32（13）：62-65.

卢立新，黄祥飞，华岩．2009. 基于模拟运输条件的梨果实包装振动损伤研究［J］. 农业工程学报，25（6）：110-114.

吕忠恕．1982. 果树生理［M］. 上海：上海科学技术出版社.

马国瑞，石伟勇．2001. 果树营养失调症原色图谱［M］. 北京：中国农业出版社.

马晶，黄玲，李学文．2012.UV-C 结合 1-MCP 处理提高香梨采后相关抗性酶活性抑制黑斑病的发生［J］. 新疆农业科学，49（11）：2069-2074.

裴素青，张一新，何计秋，等．1989. 鸭梨采收期与贮藏场所的研究［J］. 河北农业大学学报，12（1）：46-53.

阮晓，王强，周疆明，等．2000. 香梨果实成熟衰老过程中 4 种内源激素的变化［J］. 植物生理学报，26（5）：402-406.

申春苗，汪良驹，王文辉，等．2010. 近冰温贮藏对黄金梨保鲜与货架期品质的影响［J］. 果树学报，27（5）：739-744.

申春苗，汪良驹，王文辉，等．2010. 近冰温贮藏对黄金梨保鲜与货架期品质的影响［J］. 果树学报，27（5）：739-744.

陶世蓉．2000. 梨果实结构与耐贮性及品质关系的研究［J］. 西北植物学报，20（4）：544-548.

田长平，王延玲，刘遵春，等．2010.1-MCP 和 NO 处理对黄金梨主要贮藏品质指标及脂肪酸代谢酶活性的影响［J］. 中国农业科学，43（14）：2962-2972.

田梅生，盛其潮，李钰．1987. 低温贮藏对亚里乙烯释放、膜通透性及多酚氧化酶活性的影响［J］. 植物学报，29（6）：614-619.

田世平，罗云波，王贵禧．2011. 园艺产品采后生物学基础［M］. 北京：科学出版社.

田志喜，张玉星，于艳军，等．2002. 水杨酸对鸭梨果实 PG、PME 和呼吸速率的影响［J］. 果树学报，19（6）：381-384.

王纯，朱江.1981.防止鸭梨黑心病试验报告 [J].食品科学 (10)：39-43.

王颉，李里特，丹阳，等.2003.高压静电场处理对鸭梨采后生理的影响 [J].园艺学报，30 (6)：722-724.

王金友，冯明祥.2005.新编梨树病虫害防治技术 [M].北京：金盾出版社.

王晶，惠伟，关军锋，等.2011.1-甲基环丙烯对砀山酥梨黑皮病的控制效果及机理研究 [J].西北植物学报，31 (5)：0977-0984.

王文辉，李振茹，王志华，等.2005.套袋黄冠梨黑点病与钙素营养和果实衰老的关系 [J].果树学报，22 (6)：658-661.

王文辉，徐步前.2003.果品采后处理及贮运保鲜 [M].北京：金盾出版社.

王文辉，贾晓辉，李静，等.2012.我国梨主产区部分品种果实可溶性固形物含量和硬度分析 [J].中国果树 (4)：28-31.

王鑫，伍涛，陶书田，等.2010.梨花序不同序位坐果对果实发育及品质的影响 [J].西北植物学报，30 (9)：1865-1870.

王迎涛，李晓，李勇，等.2011.套袋黄冠梨果实花斑病发生与其组织结构变化的关系 [J].西北植物学报，31 (6)：1180-1187.

王志华，王文辉，佟伟，等.2011.1-MCP 结合降温方法对鸭梨采后生理和果心褐变的影响 [J].果树学报，28 (3)：513-517.

魏建梅，马锋旺，关军锋，等.2009.京白梨果实后熟软化过程中细胞壁代谢及其调控 [J].中国农业科学，42 (8)：2987-2996.

魏建梅，齐秀东，张海娥，等.2012.京白梨果实采后 PG、糖苷酶和 LOX 活性变化及其基因表达特性 [J].园艺学报，39 (1)：31-39.

郗荣庭.1999.中国鸭梨 [M].北京：中国林业出版社.

徐义流.2009.砀山酥梨 [M].北京：中国农业出版社.

闫师杰.2005.鸭梨采后果实褐变的影响因素及发生机理的研究 [D].北京：中国农业大学.

杨增军，王成荣，冯双庆.1995.采后浸钙对雪花梨果肉褐变的影响 [J].园艺学报，22 (3)：225-229.

应铁进.2001.果蔬贮运学 [M].杭州：浙江大学出版社.

张华云，王善广.1991.梨果实贮藏性与果实组织结构关系的研究 [J].莱阳：莱阳农学院学报，8 (4)：276-279.

张建明，陈新，吕慧贞，等.2009.鸭梨中 α-法尼烯合成酶基因分离与表达分析 [J].生物技术通报，10：105-108.

张维一，张之菱，张友杰.1983.香梨、鸭梨、酥梨采后生理变化 [J].新疆八一农学院学报 (1)：35-42.

赵喜亭，赵月丽，王会珍，等.2009.水杨酸处理对幸水梨品质和生理特性的影响 [J].湖北农业科学，48 (5)：1165-1167，1184.

中国科学院北京植物研究所，北京市果品公司三结合试验组.1974.鸭梨黑心病研究 I.温度对黑心病的影响 [J].植物学报，16 (2)：140-145.

周然，李云飞.2008.包装材料对运输和市售条件下黄花梨品质影响 [J].包装工程，29 (11)：8-10.

周然.2007.黄花梨运输振动损伤与冷藏品质变化的试验研究 [D].上海：上海交通大学.

朱克花，杨震峰，陆胜民，等.2009.臭氧处理对黄花梨果实贮藏品质和生理的影响 [J].中国农业科学，42 (12)：4315-4323.

Horst Marschner.2001.高等植物的矿质营养 [M].李春俭，张福锁，曹一平，等，译.北京：科学出版社.

Adel A. Kader.2003.A perspective on Postharvest Horticulture [J].HortScience，38 (5)：1004-1008.

Franck C，Lammertyn J，Ho Q T，et al. 2007. Browning disorders in pear fruit［J］. Postharvest Biology and Technology. 43：1-13.

Crisosto C H，Day K R，Sibbett S，et al. 1994. Late harvest and delayed cooling induce internal browning of 'Ya Li' and 'Seuri' Chinese pears［J］. HortScience，29：667-670.

Curry E. 2003. Factors Associated with apple Lenticel Breakdown. post halvest wtormation Network.

Franco-Mora O，Tanabe K，Itai A，Tamura F，Itamura H. 2005. Relationship between endogenous free polyamine content and ethylene evolution during fruit growth and ripening of Japanese pear (*Pyrus pyrifolia* Nakai)［J］. Journal of the Japanese Society for Horticultural Science，74（3）：221-227.

Gapper NE，Jinhe Bai，Whitaker BD. 2006. Inhibition of ethylene-induced -farnesene synthase gene PcAFS1 expression in 'd' Anjou' pears with 1-MCP reduces synthesis and oxidation of -farnesene and delays development of superficial scald［J］. Postharvest biology and technology，41：225-233.

Hiwasa K，Nakano R，Inaba A，et al. 2002. Expression analysis of genes encoding xyloglucan endotransglycosylase during ripening in pear fruit［J］. Acta Horticulturae，628：549-553.

Hiwasa K，Kinugasa Y，Amano S，et al. 2003a. Ethylene is required for both the initiation and progression of softening in pear (*Pyrus communis* L.) fruit［J］. J. Exp. Bot.，54（383）：771-779.

Hiwasa K，Rose J K，Nakano R，et al. 2003b. Differential expression of seven alpha-expansin genes during growth and ripening of pear fruit［J］. Physiol Plant，117（4）：564-572.

Hiwasa K，Nakano R，Hashimoto A，et al. 2004. European，Chinese and Japanese pear fruits exhibit differential softening characteristics during ripening［J］. J. Exp. Bot.，55（406）：2281-2290.

Itai A，Kawata T，Tanabe K，et al. 1999. Identification of 1-aminocyclopropane-1-carboxylic acid synthase genes controlling the ethylene level of ripening fruit in Japanese pear (*Pyrus pyrifolia* Nakai )［J］. Mol. Gen. Genet.，261：42-49.

Karabulut O A，Baykal N. 2004. Integrated control of postharvest disease of peaches with a yeast antagonist，hot water and modified atmosphere packaging［J］. Crop Protection，23：431-435.

Ke D Y，Yahial E，Mateos M，et al. 1994. Ethanolic Fermentation of 'Bartlett' Pears as Influenced by Ripening Stage and Atmospheric Composition［J］. J. Amer. Soc. Hort. Sci，119（5）：976-982.

Ke D Y，Rodriguez-Sinobas L，A. Kader A. 1991. Physiology and prediction of fruit tolerance to low-oxygen atmospheres［J］. J. Amer. Soc. Hort. Sci.，116（2）：253-260.

Lelievre JM，Tichit L，Dao P，et al. 1997. Effects of chilling on the expression of ethylene biosynthetic genes in Passe-Crassane pear (*Pyrus communis* L.) fruits［J］. Plant Mol. Biol.，33：847-855.

Mwaniki M W，Mathooko F M，Matsuzaki M，et al. 2005. Expression characteristics of seven members of the β-galactosidase gene family in 'La France' pear (*Pyrus communis* L.) fruit during growth and their regulation by 1-methylcyclopropene during postharvest ripening［J］. Postharvest Biology and Technology，36（3）：253-263.

Ning B，Kubo Y，Inaba A，et al. 1997. Softening characteristics of Chinese pear Yali fruit with special relation to changes in cell-wall polysaccharides and their degrading enzymes［J］. Scientific Reports of the Faculty of Agriculture - Okayama University，86：71-78.

Sekine D，Munemura I，Gao M，et al. 2006. Cloning of cDNAs encoding cell-wall hydrolases from pear (*Pyrus communis*) fruit and their involvement in fruit softening and development of melting texture［J］. Physiologia Plantarum，126（2）：163-174.

Sitton J W，Patterson M E，Korsten L. 1992. Effect of high-carbon dioxide and low-oxygen controlled atmospheres on postharvest decays of apples［J］. Plant Disease，76：992-995.

Tateishi A，Mori H，Watari J，et al. 2005. Isolation，characterization，and cloning of ⟨alpha⟩ -L-Arabinofuranosidase expressed during fruit ripening of Japanese pear ［J］. Plant Physiol，138 （3）：1653-1664.

Tian S P，Fan Q，Xu Y，et al. 2001. Evaluation of the use of high CO$_2$ concentrations and cold storage to control *Monilinia fructicola* on sweet cherries ［J］. Postharvest Biology and Technology，22：53-60.

Tian S P，Fan Q，Xu Y，et al. 2002. Biocontrol efficacy of antagonist yeasts to grey mold and blue mold on apples and pears in controlled atmospheres ［J］. Plant Disease，86：848-853.

Wang Wenhui. 2008. Effects of Carbon Dioxide Concentration and 1-MCP Application on the incidence of Carbon Dioxide Injury of 'Whangkeumbae' Pear Fruits ［C］//The First Asian Horticultural Congress （program & abstract）：129.

Yamane M，Abe D，Yasui S，et al. 2007. Differential expression of ethylene biosynthetic genes in climacteric and non-climacteric Chinese pear fruit ［J］. Postharvest Biol Technol. ，44：220-227.

Hwang Y S，Piao Y L，Lee J C 2003. Potential factors associated with skin discoloration and core browning disorder in stored 'Niitaka' pears ［J］. J. Kor. Soc. Hort. Sci. ，44 （1）：57-61.

# 第十八章　梨果加工

## 第一节　概　述

### 一、国内外梨果加工现状

　　全球梨的加工主要集中在北半球,加工比重为世界梨总产量的10%,主要生产梨罐头,其次为梨浓缩汁、梨酱、梨酒、梨醋,还有少量的梨保健饮料、梨夹心饼、梨蜜饯及梨丁等。其中全球90%的梨浓缩汁来源于美国和阿根廷,因其能保持西洋梨原有的风味和营养,深受消费者欢迎。我国是梨果生产大国,年加工量占梨果总产量的8%左右,形成了梨浓缩汁、梨汁饮料、糖水梨罐头、梨醋饮、梨膏为主体的加工产品和市场,形成了以汇源、中鲁、海升集团等为主的规模化、专业化梨果加工企业,带动了我国梨加工业和梨产业发展。

　　与梨果生产相比,我国梨果贮藏与加工能力及水平相对滞后,很多地区的加工行业远远落后于栽培业的发展,直接影响农民种梨积极性和经济收入。梨果加工业发展滞后的主要因素首先是受传统观念的影响,较多加工企业生产的产品质量不高,最常饮用的梨汁往往是以残次果为原料,酸度低,品质差,质量不高,加上加工规模较小、技术水平与组织管理不高,市场信誉不高,出口竞争力弱,直接影响梨汁产品的收益,对产业发展的拉动作用不明显;其次我国梨加工品种相对单一,主要加工成糖水罐头和梨汁,而梨膏、梨酱、梨脯、梨醋等产品规模较小,且由于梨果原料品质不统一、加工技术水平较低、加工品种有限、综合利用率不高等原因,在国际市场上竞争力较弱;由于长期受加工能力的制约,使得适宜加工的梨品种栽培受到影响,栽培面积较小。另外,梨果产后处理能力不足,特别是商业化处理程度不够,也是影响加工产业发展的重要因素。

　　近年来,我国梨加工产业化初具规模,技术水平有较大提高,产业效益不断增长,但加工产业中仍存在着专用品种缺乏,加工产品质量不高、新产品开发不够、加工保鲜能力低、原料标准化程度低等限制梨产业效益提高的关键问题,在现有产业技术水平的基础上,立足我国梨资源特性和区域特点,围绕提高梨加工产业技术水平、产品质量、规模化和标准化程度及整体效益,进一步深入系统研究和构建梨果现代加工产业,有效带动梨产业高效可持续发展,是梨产业面临的挑战和长期任务(夏玉静等,2009)。

### 二、梨果实特性与加工的关系

　　梨果实含有多种营养物质,主要有果糖、蔗糖、葡萄糖、蛋白质、脂肪、维生素C、硫胺素、核黄素、尼克酸、胡萝卜素、苹果酸、柠檬酸等有机成分;还含有钾、钠、钙、镁、硒、铁、锰等无机成分及膳食纤维;果实细胞壁、果皮、果核中富含果胶、多酚、花色素、叶绿素、纤维素及代谢酶类。由于梨果中富含糖类物质、有机酸和水分,肉脆、汁多，酸甜可口，有的还具独特香气和风味，除鲜食外，是适于加工的优质水果之一，特别适合加工饮料类的产品。梨果的颜色、风味、质地及营养是由果内的不同化学物质决定的，这些化学物质在梨的生长、发育、成熟、运输及贮藏加工过程中会不断发生变化，直接影响到加工产品质量。梨果的理化特性决定了其特殊的加工特性，在加工中易发生褐变、取汁困难等现象，这些独特的理化特性，对梨果的加工提出了较高的要求。

梨果中糖含量一般在 7%～13%，蔗糖、葡萄糖含量相对较少。蔗糖在较高的 pH 和较高温度下会生成羟甲基糠醛、焦糖等物质；葡萄糖、果糖都具有还原性，在中性或碱性条件下受热易分解生成有色物质，能与蛋白质、氨基酸发生美拉德反应生成黑蛋白，影响产品的颜色和风味。在加工过程中加入适量的酸可防止糖还原引起的褐变。可溶性糖具有抗氧化性，有利于保护水果风味、色泽，减少维生素 C 的损失和其他物质的氧化褐变。

梨果酸含量的高低对酶褐变和非酶褐变有很大的影响；酸在加热时会促进蔗糖、果胶等物质的水解；酸还能影响花色素、叶绿素及单宁色泽的变化；与铁、锡反应腐蚀设备和容器。在加工中适当加入有机酸用以调整产品风味，也有助于提高品质和保护色泽。

梨果含有果胶，随着果实的成熟逐渐分解成溶于水的果胶，存在于细胞液中，具有黏性；随着果实进一步的成熟，果胶水解成果胶酸，细胞液失去黏性，梨呈软烂状态，失去鲜食和加工价值。在加工过程中果胶能影响产品的黏稠性和澄清状态，果胶具有较高的黏度，如果果胶含量较高会造成取汁和澄清困难，要提高取汁率需将果胶进行水解，同样因果胶的高黏度，对混浊型梨汁又具有稳定作用。

梨果的果实特性和营养成分决定了其加工的特性，不同品种的梨果理化特性和加工特性有差别，会影响制汁、酿酒和酿醋性能；不同品种梨汁的酶促褐变程度有很大差别，褐变的主要相关酶不同，梨果实中褐变相关酶类的活性、酚类物质含量和组成以及对梨汁酶促褐变的影响程度因品种而异，梨汁的酶促褐变与酶类的相关度高于与总酚含量的相关度，且与梨果实的 pH 呈显著相关（张亚伟和陈义伦，2011）。高含量的自由水和各种丰富的营养物质及适宜的酸甜度是制汁的良好指标；香味浓郁，石细胞和粗纤维少，肉质细腻，加工过程中不宜褐变，没有无色花色苷红变现象的西洋梨及部分中国梨如莱阳慈梨、河北鸭梨等表现出较好的罐藏适应性；肉质厚，组织致密，粗纤维少及良好的风味色泽，适宜于干制；优良的形态、一致的色泽及较高的糖酸含量适宜于梨蜜饯的加工，而果胶含量较高的品种适宜作为梨酱的原料。

## 三、梨果加工利用途径及产品分类

水果加工制品按加工方法一般分为水果罐头、果汁、果酒、果醋、果干、果品糖制品（果脯蜜饯类、果酱类）、速冻制品及鲜切果品。梨果肉一般多汁，既可鲜食，又可制成梨汁、梨酱、梨酒、梨醋、梨脯和罐头等加工制品，还可利用梨的医用价值结合中药加工成梨膏、梨糖浆等产品。其中梨汁、梨酒、梨醋及罐头是梨果的主要加工产品和方式，梨脯、梨酱、梨干也有一定生产和市场规模，其他的新兴加工产品也以其独特的口感、丰富的营养，渐渐深入人们的生活。

近年来，梨加工行业在对传统加工品种进行深入研究的同时，加大了对新产品开发力度。梨膏、梨醋饮、梨干酒、梨啤酒、鲜切梨、可乐饮料等各种类型的新产品相继开发或面市，特别是梨膏、梨醋饮产品得到市场和消费者的认可，提高了梨果加工利用程度。

# 第二节 梨果加工原理与技术

## 一、梨 汁

### (一) 果汁定义及分类

果汁是指以新鲜或冷藏水果为原料，经过清洗、挑选后，采用物理的方法如压榨、浸提、离心等方法得到的水果汁液。果汁是水果的汁液部分，富含矿物质、维生素、糖、酸等各种可溶性营养成分和水果的芳香成分，因此营养丰富、风味良好，无论在营养还是风味上，都是十分接近天然水果的一种制品。

根据我国软饮料分类标准 (GB10789—1996)，将果汁 (浆) 及果汁饮料分为果汁、果浆、浓缩果汁、浓缩果浆、果肉饮料、果汁饮料、果粒果汁饮料、水果饮料浓浆及水果饮料 9 种。目前世界上生产的主要果汁产品根据加工工艺的不同，可以分为五大类：①澄清汁 (clear juice)，需要澄清和过滤；②混浊汁 (cloudy juice)，需要均质和脱气；③果肉饮料 (nectar)，需要预煮与打浆，其他工序与混浊汁一样；④浓缩汁 (concentrated juice)，需要浓缩；⑤果汁粉 (juice powder)，需要脱水干燥，目前这类果汁的生产量很少，在我国的软饮料分类中属于固体饮料的范畴 (叶兴乾，2002；徐怀德和仇农学，2006)。

### (二) 梨汁的加工

#### 1. 澄清梨汁

(1) 工艺流程

(2) 主要技术

①原料选择 只有选择优质的梨果，才能得到优质的梨汁。一方面要求梨果品种具有良好的风味与香味，色泽好且稳定，糖酸比合适，营养丰富，出汁率高且取汁容易；另一方面对梨果的果形大小和形状虽然无严格要求，但对成熟度要求较高，未成熟或过熟的梨果均不适合制作梨汁，加工过程中需要剔除腐烂果、霉变果、病虫果以保证梨汁的质量。

②清洗 梨果原料必须经过充分的冲淋、洗涤以除去表面的尘土、泥沙及携带的枝叶等，根据原料的具体情况还可以添加清洗剂 (如盐酸、柠檬酸) 和消毒剂 (如漂白粉、高锰酸钾) 等以除去表面残留的农药及微生物。

③破碎 梨果的汁液都存在于梨果的组织细胞中，只有打破细胞壁，细胞中的汁液和可溶性固形物才可以释放出来。因此在取汁之前，必须对梨果进行破碎处理，以提高出汁率。梨果破碎必须适度，果块过小或过大都会导致出汁率的降低。梨果采用辊式破碎机破碎，粒度以 3~4mm 为宜。

④取汁 澄清梨汁一般采取压榨的方法取汁。压榨时间与压力对梨汁出汁率影响很

大。压榨时，加入一种由烯烃聚合而成的短纤维可有明显的效果。这种纤维的平均长度0.5~50mm，直径1~500μm，它还具有使梨汁易澄清，降低酚类物质和二价铁含量等优点。

⑤粗滤　除了打浆法之外，其他方法得到的梨汁中均含有大量的悬浮颗粒，如果肉纤维、果皮及果核等，它们的存在会影响产品的外观质量和风味，需要及时去除，粗滤可在榨汁过程中进行，也可单机操作，生产中通常使用振动筛进行粗滤。

⑥成分调整　为了使梨汁符合一定规格要求和改进风味，需进行适当的糖酸等成分的调整，但是调整的范围不宜过大，以免丧失原果的风味。

⑦澄清　梨汁为复杂的多分散相系统，它含有细小的果肉粒子，胶态或分子状态及离子状态的溶解物质，这些粒子是梨汁混浊的原因。在澄清汁的生产中，它们影响到产品的稳定性，必须加以去除。按澄清作用的机理，果蔬汁的澄清可分为五大类：酶法澄清、电荷中和澄清、吸附澄清、冷热处理澄清剂澄清和超滤澄清。目前，在梨汁的生产中主要采用酶分解和超滤结合的复合澄清法，其他的澄清方法都是一些为了提高澄清效果需要结合使用的辅助方法。

⑧过滤　为了得到澄清透明且稳定的梨汁，澄清后必须经过滤将沉淀物除去。梨汁的过滤方法主要采用压滤法，常用的压滤机有板框式过滤机、硅藻土过滤机、超滤机三种。但由于板框式过滤机和硅藻土过滤机不能连续化生产，企业往往需要两台或多台交替使用且生产能力较小；一些大型的企业基本使用超滤，但超滤剩下的最后混浊物含量较高，很容易堵塞超滤膜，过滤速度很慢，最后需要使用板框式或硅藻土过滤机配合。真空过滤法、离心分离法等也用于梨汁的过滤。

⑨杀菌　梨汁的杀菌与灌装是产品得以长期保藏的关键。在进行杀菌时，一方面需要杀死梨汁中的致病菌和钝化梨汁中的酶，同时要考虑产品的质量如风味、色泽和营养成分以及物理性质如黏度、稳定性等不能受到太大影响，因此杀菌温度和杀菌时间是两个重要的参数。不同梨汁 pH 差别较大，因此杀菌条件也会有不同。

随着杀菌技术的进步，生产中广泛采用高温短时杀菌（high temperature short time，HTST）和超高温杀菌（ultra-temperature，UHT）。对于 pH<3.7 的高酸性梨汁采用高温短时杀菌方法，一般温度为 95℃，时间为 15~20s。而对于 pH>3.7 的梨汁采用超高温杀菌方法，杀菌温度为 120~130℃，时间为 3~6s。

⑩灌装　梨汁的加工生产过程中，一般采用热灌装、冷灌装和无菌灌装三种方式。热灌装是梨汁在经过加热杀菌后，不进行冷却，而是趁热灌装，然后密封、冷却，包装容器一般采用金属罐、玻璃瓶或 PET 塑料瓶等，在灌装前包装容器需经过清洗消毒，在常温下流通销售，产品贮藏一年以上不会变质败坏；冷灌装是指梨汁经过加热杀菌后，立即冷却至 5℃以下灌装、密封，包装容器一般采用 PET 塑料瓶，在灌装前包装容器需经过清洗消毒，在低温（<10℃）下流通销售，在冷链条件下，产品可保持两周不坏；无菌灌装的三个基本条件是食品无菌、包装材料无菌和包装环境无菌。梨汁的无菌灌装是指梨汁经过加热杀菌后，立即冷却至 30℃以下，而包装材料经过过氧化氢或热蒸汽杀菌后，在无菌条件下灌装，产品在常温条件下流通销售，可贮藏 6 个月以上，包装容器主要是纸包装和塑料瓶，目前广泛使用的纸包装是利乐包和康美包。

**2. 混浊梨汁及果肉饮料**

（1）工艺流程

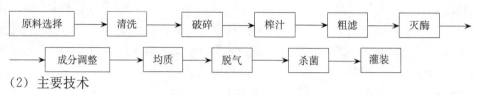

（2）主要技术

①均质 混浊梨汁需要均质处理，均质的目的是使梨汁中的悬浮果肉颗粒进一步破碎细化，大小更为均匀，同时促进果肉细胞壁上的果胶溶出，使果胶均匀分布于梨汁中，从而形成均一稳定的分散体系。如果不均质，由于梨汁中的悬浮果肉颗粒较大，产品质量不稳定，在重力作用下果肉会慢慢向容器底部下沉，放置一段时间后会出现分层的现象，上层的梨汁相对清亮，下部混浊，界限分明，严重影响产品的外观品质。

②脱气 梨果实组织中存在一定的空气，在加工过程中又经过破碎、取汁、均质和搅拌、输送等工序混入大量的空气，在生产过程中需要将这些溶解的空气脱除，这一工序称为脱气或去氧。脱气可以减少或避免梨汁的氧化；减少梨汁色泽和风味的破坏以及维生素C等营养物质的损失；除去附着于产品悬浮颗粒表面的气体，避免悬浮颗粒吸附气体上浮；防止灌装和杀菌时产生泡沫，以及防止马口铁罐的氧化腐蚀。

脱气的方法主要有真空脱气、气体置换脱气、加热脱气、化学脱气以及酶法脱气等。生产上基本使用真空脱气机真空脱气，脱气时将梨汁引入真空锅内，然后被喷射成雾状或分散成液膜，使梨汁中的气体迅速溢出而达到脱气的目的。但真空脱气会造成部分低沸点芳香物质被汽化去除，同时会有 2%～5% 的水分损失，因此，一般会安装芳香物质回收装置，将汽化的芳香物质冷凝后再加回到产品中去。气体置换脱气是将一些惰性气体（如 $N_2$、$CO_2$）充入梨汁中，将梨汁中的氧气置换出来。此法可减少挥发性芳香成分的损失，有利于防止加工过程中的氧化变色。没有脱气机的生产企业可使用加热脱气，但脱气不彻底。化学脱气法是利用一些抗氧化剂（如维生素C或异维生素C）作为脱氧剂来消耗梨汁中的氧气，常常与其他方法结合使用。酶法脱气即在梨汁中加入需氧酶类，如葡萄糖氧化酶将葡萄糖氧化成葡萄糖酸而耗氧，从而达到脱气的目的。

**3. 梨浓缩汁（浆）**

（1）工艺流程

浓缩汁：

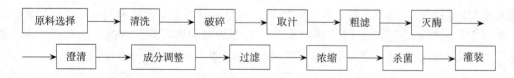

浓缩浆：

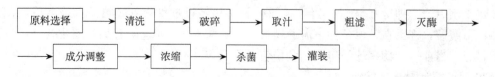

（2）主要技术 浓缩梨汁与原汁相比，具有显著的优点：梨汁经过浓缩后，可溶性固

形物从 5%～20%提高到 60%～75%，重量减小，体积大大减轻，可以显著降低产品的包装和运输费用，便于贮运；梨汁的品质更加一致；糖、酸含量有所提高，增加产品的保藏性，延长贮藏期；而且浓缩汁用途广泛，除了加水还原成梨汁或梨汁饮料外，还可以作为其他食品工业的配料，用于果酒、奶制品及甜点等的配料。

理想的浓缩梨汁，在稀释和复原后，应与梨汁的风味、色泽、浑浊度相似。生产中常用的浓缩方法主要有真空浓缩法、冷冻浓缩法及反渗透浓缩法。

①真空浓缩法 梨汁为热敏性食品，在高温下长时间的煮制浓缩，会对梨汁的色、香、味带来很大的不利影响。为了较好地维持梨汁的品质，浓缩应该在较低的温度下进行，因此多采用真空浓缩，即在减压的条件下使果蔬汁中的水分迅速蒸发，浓缩时间很短，能很好地保持梨汁的质量。浓缩温度一般为 50～80℃，不宜超过 90℃，这样的温度不能限制微生物的活动和酶的作用，因此浓缩前常进行适当的杀菌。梨汁在真空浓缩过程中会造成芳香物质的损失，一般在浓缩前或浓缩过程中要进行芳香物质的回收，回收后的芳香物质可以直接加回到浓缩梨汁中或作为梨汁饮料用香精。另外，还可以利用 Cut-back 法，即添加一些新鲜梨汁到浓缩汁中，来弥补浓缩时芳香物质的损失。

真空浓缩设备由蒸发器、真空冷凝器和附属设备组成。其中蒸发器是真空浓缩的关键组件，由加热器和分离器两部分组成，加热器是利用水蒸气为热源加热被浓缩的物料，为了强化加热过程，采用强制循环代替自然循环；分离器的作用是将产生的二次蒸汽与浓缩液分离。

②冷冻浓缩法 冷冻浓缩法是利用冰与水溶液之间的固-液相平衡原理，即当水溶液中所含溶质浓度低于共溶浓度时，溶液被冷却后，水便部分以冰晶形式析出，剩余溶液的溶质浓度则由于冰晶数量和冷冻次数的增加而大大提高。

冷冻浓缩包括冷却过程、冰晶的形成与扩大、固液分离三个过程。梨汁的冷冻浓缩就是将梨汁进行冷冻处理，当温度达到梨汁的冰点时梨汁中的部分水分呈冰晶析出，梨汁的浓度提高，梨汁的冰点下降；当继续降温达到梨汁的新冰点时形成的冰晶便扩大，如此反复，由于冰晶数量的增加和冰晶体积的增大，浓度逐渐增大；至其共晶点或低于共熔点温度时，被浓缩的溶液全部冻结。

与真空浓缩相比，冷冻浓缩法首先避免了热力和真空的作用，梨汁没有热变性，不发生加热臭，芳香物质损失极少，产品的质量远远高于真空浓缩的同类产品；其次热能消耗少，冷冻水所需要的能量为 334.9kJ/kg，而蒸发水所需要的能量为 2 260.8kJ/kg，理论上冷冻浓缩所需要的能量为蒸发浓缩需要能量的 1/7。但冷冻浓缩也有缺点，冷冻浓缩不能抑制微生物和酶活性，浓缩后产品需要冷冻贮藏或加热处理以便保藏；浓缩分离过程中会带走部分梨汁而造成损失；浓度高、黏度大的梨汁不容易分离；而且冷冻浓缩会受到溶液浓度的限制，浓缩浓度一般不超过 55 波美度。

③反渗透浓缩法 反渗透技术是一种膜分离技术，是借助压力差将溶质与溶剂分离，广泛应用于海水的淡化和纯净水的生产。在梨汁工业生产上广泛应用于梨汁的预浓缩，其优点在于不需要加热，常温下浓缩不发生相变，挥发性芳香物质损失少，浓缩在密闭管道中进行不受氧气的影响，能耗低。但反渗透技术目前还不能把梨汁浓缩到较高浓度，主要作为梨汁的预浓缩工艺，需要与超滤和真空浓缩结合起来才能达到较为理想的浓缩效果。

### （三）梨汁的质量要求

**1. 澄清梨汁、混浊梨汁的质量要求**

（1）感官指标　具有梨汁的色泽、滋味及香气。酸甜适口，无异味。清澈或混浊均匀，除清汁型外，允许有少量沉淀或轻微分层，但摇动后混浊均匀。无结块，无肉眼可见的外来杂质。

（2）理化指标　可溶性固形物含量（20℃折光法）≥8%，总酸（以柠檬酸计）≥0.1%，总汞（以 Hg 计）≤0.02mg/kg，铜（以 Cu 计）≤5.0 mg/kg，铅（以 Pb 计）≤0.05mg/kg，总砷（以 As 计）≤0.1mg/kg，山梨酸≤500mg/kg，二氧化硫≤10mg/kg，苯甲酸＜1mg/kg 或不得检出，糖精钠＜0.15mg/kg 或不得检出，环己基氨基磺酸钠＜0.2mg/kg 或不得检出。

（3）微生物学指标　细菌总数（cfu/g）≤100，大肠菌群（MPN/100g）≤3，霉菌与酵母（cfu/g）≤20，致病菌（沙门氏菌、志贺氏菌、金黄色葡萄球菌、溶血性链球菌）不得检出。

**2. 梨浓缩汁的质量要求**

（1）感官指标　梨浓缩汁具有相应的色泽，均匀一致。有梨的气味与滋味，无异味。汁液均匀混浊，静置后允许有沉淀，摇动后呈原有的均匀混浊状态。但不得有不能摇散之结块，无油圈，不允许有外来杂质。

（2）理化指标　可溶性固形物含量（20℃折光法）≥12%，总酸（以柠檬酸计）≥0.2%，铜（以 Cu 计）≤5.0 mg/kg，铅（以 Pb 计）≤0.5 mg/kg，总砷（以 As 计）≤0.5 mg/kg，展青霉素按 GB2761 执行。

（3）微生物指标　细菌总数（cfu/ml）≤1000，大肠菌群（MPN/100ml）≤30，霉菌与酵母（cfu/ml）≤20，致病菌（沙门氏菌、志贺氏菌、金黄色葡萄球菌）不得检出。

## 二、梨 罐 头

### （一）罐藏原理与罐头分类

果蔬罐藏是指将果蔬原料经预处理后装入一种包装容器中，经过排气、密封、杀菌，在维持密闭和真空的条件下，在室温下长期保存的一种保藏方法。罐藏主要是采用物理方法抑制微生物活动来保存食品，排气、密封、杀菌是其主要工艺环节。排气、密封、杀菌工艺技术参数的控制是影响罐头保藏性和质量的关键。排气的作用是使罐内达到一定的真空度，使残存的微生物芽孢在无氧状态下无法生长活动，同时真空环境可以防止氧化作用引起的化学变化。排气的方法主要有热力排气法、真空排气法和蒸汽喷射排气法。果蔬罐头常采用的热力排气方式有热装排气法和加热排气法，热装排气法是将食品加热到75℃以上后立即装罐密封，加热排气法是将覆上罐盖的罐头放入蒸汽或热水加热的排气箱进行较低温度长时间的热处理，使中心温度达60～70℃时立即封罐。真空排气法采用真空封罐机，真空室的真空度一般控制在31.98～73.33kPa。蒸汽喷射排气是在罐头密封前向罐内顶隙部位喷射蒸汽以排除空气，经密封形成部分真空。密封使罐内食品与外界环境隔绝而不被微生物再污染，一般采用封罐机密封。杀菌可以杀灭大部分有害微生物的营养细胞并使酶失活，果蔬罐头杀菌方法可分为常压杀菌和加压杀菌。梨罐头等水果罐头属于酸性食品因而常采用常压杀菌，杀菌温度为 100℃ 或以下。近年来一些新的杀菌技术开始被研究和应用于果蔬罐头杀菌工艺，如超高压杀菌、微波杀菌、辐射杀菌等（苏桂林，2003）。

用罐藏方法加工的果蔬加工品即为果蔬罐头。根据罐藏容器硬度的不同，果蔬罐头可分为硬罐头和软罐头。硬罐头即传统罐头，是使用金属或玻璃容器的包装产品；软罐头，是采用蒸煮袋的包装产品，蒸煮袋的材料常采用聚酯、铝箔、尼龙、聚烯烃等薄膜借助胶黏剂复合而成。梨果上市较为集中，且大多数梨果品种不耐贮藏，梨罐头货架期较长，运输、携带和食用方便，是较为常见的梨加工品。

### （二）糖水梨罐头的加工

#### 1. 糖水梨硬罐头

（1）工艺流程

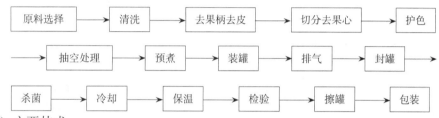

（2）主要技术

①原料选择　果实新鲜饱满，成熟适度，果肉硬度较高；果实中等大小，果形圆整或梨形，果面光滑；果心小，香味浓，风味好，肉质细嫩，石细胞与纤维少，加工过程中无明显褐变，没有无色花色苷的红变现象。罐藏梨品种以西洋梨为好，品种有巴梨、拉法兰西等；中国梨缺乏香气，石细胞也较多，可用作罐藏的有雪梨、鸭梨、秋白梨等。

②清洗　用常温软水洗净果品表面黏附的尘埃、泥沙及大量微生物。在水中加入盐酸、漂白粉、高锰酸钾等化学试剂，可除去果皮表面的农药残留及虫卵。

③去果柄去皮　先摘除果柄，再用手工或机械去皮，去皮后立即浸入 1%～2% 的盐水中可防止变色。去皮应除尽外皮不可食部分，保持去皮后外表光滑，防止去皮过度从而增加原料损耗。

④切分去果心　采用手工或机械方法将梨切分，挖去果心和花萼。

⑤护色　切好的果块立即浸入 1%～2% 的盐水或 0.5%～1.0% 的柠檬酸水溶液中护色。

⑥抽空处理及预煮　根据梨品种的易褐变程度选择糖水、盐水或护色液作为抽空液。果块与抽空液的比例一般为 1∶1.2（以完全淹没为宜），液温不超过 50℃，真空度为 87～93kPa，抽真空时间以果块呈透明状为准。采用热水或蒸汽进行预煮，热水法是在不低于 90℃ 的温度下热烫 2～5min；蒸汽法是采用温度 116℃ 的蒸汽漂烫 15～45s。

⑦装罐　按果块大小、色泽和成熟度分级，将合格的果块采用手工或机器装罐，每罐装入果块 55%、糖液 45%，糖液上方需留 3～5mm 的顶隙。一般水果罐头开罐时的糖液浓度为 14%～18%，可按以下公式计算配制糖液的浓度。

$$X = (A \times B - C \times D)/E$$

式中：$X$——配制的糖液浓度（%）；

$A$——每罐的净重（g）；

$B$——开罐时的糖液浓度（%）；

$C$——每罐中果肉含量（g）；

$D$——果片内的可溶性固形物含量（%）；

$E$——每罐注入的糖液量（g）。

⑧排气及封罐　梨块装罐和注糖液后要进行排气和封罐，常采用两种方法：

排气、封罐分别进行：排气和封罐分两道工序进行，设备比较简单。排气一般是将罐头放入排气箱内，通入蒸汽逐渐加热物料，温度保持在85～96℃，罐的中心温度在65～88℃，排气7～22min；或将罐头进行水浴排气，温度与以上相同，排气10～20min。排气后立即送至封罐机进行封口，封罐机按使用的动力可分为手动式、半手动式和全自动式等。

排气、封罐连续进行：这种方法可在一套设备上将排气、封罐连续完成。一种方法是用一台预封机将罐盖以半封口的状态压在罐体上，然后到加热设备上加热罐头进行排气，排气后进入第二台封罐机上进行全封口；另一种目前普遍使用的方法是用真空封罐机封罐，先在真空室将罐内的气体排出，真空室内的真空度在53.3kPa以上，然后再封罐。

⑨杀菌及冷却　因梨罐头为酸性食品，其pH较低，一般用沸水杀菌。方法有用夹层锅沸水杀菌或使用常压连续杀菌设备。目前常用杀菌釜杀菌，用蒸汽作为热源。杀菌时间与物料的原始温度和罐头的大小有关，如500g装量的罐头，杀菌时间为20min左右；822g装量的罐头，杀菌时间在25min左右，罐头的中心温度应达到82～85℃。

杀菌后要立即将罐头冷却，防止温度过高使内容物过软，颜色变差，糖液混浊，一般使内容物冷却至38～43℃。冷却以淋水滚动冷却为好，冷却用水质要符合国家标准。玻璃罐需要分段冷却，每次冷却所用冷却水的温度与罐头的温度之差不能大于30℃，否则会引起玻璃瓶破裂。

⑩保温及检验　将冷却的罐头送入（30±1）℃的恒温室中，保温10d，观察有无胀罐和漏罐现象，并抽样做感官检验、理化检验和微生物检验。

⑪擦罐、包装　将合格产品擦干后，用石蜡油擦拭罐身及罐盖后，随即包装打捆成件，存放在冷凉、干燥的仓库中保存待售。

**2. 糖水梨软罐头**　软罐头的加工工艺流程前面几道工序与硬罐头相同，以下介绍不同之处。

（1）装袋　把袋内的空气尽量用手工排除，然后用热封法封住袋口，也可用热装排气法，使内容物的温度在50℃以上进行排气。目前比较常用的抽真空法，真空度一般为46.6～53.3kPa。装袋和排气时应避免袋口污染，否则热封时不能将袋口封死。

（2）杀菌　在杀菌过程中，随着温度的升高，袋内的压力也升高，冷却时，外部的压力突然降低，而内部的压力依然较高，可能导致破袋。因此，杀菌时要采用合适的反压，以降低袋内、外的压力差，软罐头杀菌时，杀菌锅内一般保持0.02～0.08MPa的空气压。

### （三）糖水梨罐头的质量要求

**1. 感官指标**　果肉呈白色或黄色，色泽比较一致，糖水较透明，允许存在少量不引起混浊的果肉碎屑；具有本品种糖水梨罐头应有风味，酸甜适口，无异味；梨片组织软硬适度，食时无粗糙石细胞感，块形完整，同一罐中果块大小一致，不带机械伤和虫害斑点。

**2. 理化指标** 果肉不低于总净重的 55%（生装梨不低于净重的 53%，碎块梨不低于 65%），开罐时按折光度计为 14%～18%（碎块梨按折光计为 12%～16%），锡（以 Sn 计）≤200mg/kg，铜（以 Cu 计）≤5.0mg/kg，铅（以 Pb 计）≤1.0mg/kg，砷（以 As 计）≤0.5mg/kg，食品添加剂按 GB2760—2011 之规定。

**3. 微生物指标** 符合罐头食品商业无菌的要求。

## 三、梨 醋

梨醋是以梨果为主要原料，经破碎、榨汁、酒精发酵、醋酸发酵而制成的一种果醋。梨醋含有丰富的有机酸、氨基酸、维生素等营养物质，不仅具有梨的润肺、消痰、止咳、清心等药用功效，而且具有一般食醋的解除疲劳、消除肌肉疼痛、降低血压、增进食欲、促进消化、滋润皮肤等保健功能。20 世纪 90 年代以来，果醋的营养保健价值逐渐被人们发现和认识，在欧美、日本等发达国家，果醋产品非常流行，市场规模较大，发展很快。欧美的食醋主要是红、白葡萄醋，苹果醋，麦芽醋，酒精醋等，美国以苹果醋为主，法国推行葡萄醋，英国人则推出啤酒醋。传统上，我国主要以谷物为原料酿造食醋，近年来以果代粮生产水果醋，已成为食醋科学研究与工业开发的热点。果醋酿造对原料要求较为粗放，优质果、残次果均可利用，甚至果品加工厂的下脚料果皮、果屑、果心等也可利用，因此制造梨果醋可以充分利用梨果资源，减少浪费，以梨果粮混合醋、梨醋饮品和饮料为代表的醋酸发酵产品的开发和应用，已逐渐成为梨果深加工和综合利用的一条新途径。

### （一）果醋的酿造机理

**1. 果醋酿造过程中的生物化学变化** 果醋的酿造，若以鲜果为原料，需经过两个阶段：第一阶段为酒精发酵，即酵母菌将含糖物质发酵产生酒精；第二阶段为醋酸发酵，醋酸菌将酒精氧化为醋酸，即醋化作用。若以果酒为原料则只进行醋酸发酵。果醋酿造中的生物化学作用主要包括淀粉水解成糖的糖化作用、糖转变成酒精的酒化作用、酒精氧化成醋酸的氧化作用和使有机酸与醇类结合成芳香酯类的酯化作用四个方面。

**2. 果醋酿造的微生物**

（1）曲霉 我国老法以粮食或粮果为原料制醋所用的麦曲、药曲和酒曲中，存在着大量霉菌，其中有用的是根霉中的米根曲霉群和华根霉，毛霉中的鲁氏毛霉，曲霉中的黄曲霉群和黑曲霉群；主要利用其所分泌的酶水解淀粉及蛋白质等。老法制曲中由于霉菌来源不纯，培养后长势不均，造成食醋的质量不一，因此现在大多数选用淀粉水解力强且适用于酿醋的曲霉，其中主要是黑曲霉中的甘薯曲霉及黄曲霉中的米曲霉等。

（2）酵母菌 酵母菌是果醋酿造中酒精发酵阶段的主要菌。果醋酿造主要是利用酵母菌所分泌的酒化酶，将糖类转化为酒精和二氧化碳。酵母细胞本身含有丰富的蛋白质和维生素等营养物质，当酒精发酵完成后，酵母菌体留在醋醪中就可以作为醋酸菌的营养原料，有利于果醋的酿造。目前，果醋酿造所使用的酵母菌主要有：酒精酵母、酿酒活性干酵母、葡萄酒酵母等，实际生产要根据原料特性和发酵方法选择适宜的酵母菌。

（3）醋酸菌 醋酸菌是果醋酿造中醋酸发酵阶段的主要菌，它具有氧化酒精生产醋酸的能力。醋酸菌只能耐 1%～1.5% 食盐，生产实践中醋酸发酵完毕后添加食盐，不但能够调节食醋滋味，而且是防止醋酸过度氧化的有效措施。醋酸菌不仅能氧化酒精，对其他醇类、糖类也有氧化作用，如把丙醇氧化成丙酸，把葡萄糖氧化为葡萄糖酸，并进一步氧化成葡萄糖酮酸等，这些酸影响食醋的风味；在醋酸发酵的同时，也能产生酯类，改善食醋的香气；某些醋酸菌能从甘油产生二酮，从甘露醇产生果糖，这些成分能使醋味更加浓厚。

食醋酿造时，选择优良性能的醋酸菌种是一项很重要的工作，应选择产酸迅速，具有强氧化性，无过氧化性，在残留酒精至一定限度前，中途发酵不应停止，生成的醋有一定芳香气味的优良醋酸菌。传统食醋酿造开放发酵，所用菌种大部分依靠空气中的醋酸菌，或用发酵好的醋液或醋醅作为醋母来引发醋酸发酵，有时会产生劣变现象，影响产量和质量，只有以优良的菌种经过纯种扩大培养后用于醋酸发酵，并且控制醋酸菌繁殖与发酵条件，才能使食醋酿造达到稳产和高产。目前，果醋酿造中常用的醋酸菌有中科 1.41、沪酿 1.01、许氏醋酸菌、纹膜醋酸杆菌、恶臭醋酸杆菌等，国内厂家常用 AS1.41 和沪酿 1.01 菌种单一菌种或混合菌种生产液态食醋，混合菌种可提高发酵速度，增加产品的香味和固形物含量。

### （二）梨醋的加工

醋酸发酵生产分固体发酵和液体发酵两种方式，固态发酵存在劳动强度大、传质和传热困难、产率和收率低、培养过程检测困难等缺点；液态发酵法又分为静置表面发酵、深层发酵、酶法液体回流及固定化连续分批发酵等，具有易于操作管理、规模化标准化生产，可提高原料利用率、产酸速率和酒精转酸率的特点，是最有效和先进的醋酸发酵工艺。国外的果醋生产多采用液体深层分批、连续发酵、循环液体发酵及菌体固定化发酵，以缩短发酵时间，提高酒精转酸率。英、美、加拿大、日本等苹果醋生产多采用连续充气深层发酵法为主。我国酿造醋的工艺基本上采用固态发酵法和液体发酵法，固态酿醋工艺一般以粮食为主料，拌入大量疏松辅料，即以麸皮、谷糠、稻壳为填充料，以大曲、麸曲为发酵剂，经糖化、发酵而成食醋，固态发酵酿造的食醋香气浓郁，口味醇厚，色泽深，体态较浓，但其生产周期长，最短的一个月，最长一年以上。近些年，以自吸式液体深层发酵法酿醋工艺有较大发展，实现了制醋生产的机械化和管道化，减轻了工人的劳动强度，扩大了原料的选择范围，缩短了发酵周期，提高了生产效率，但产品的质量和风味有待提高。目前常用的生产梨醋的方法有固态法、液态深层法和表面静置液态法（包启安，1999；张宝善和王军，2000）。

### 1. 固态法生产梨醋
（1）工艺流程

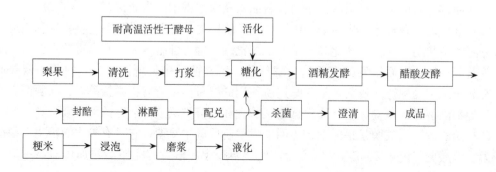

（2）主要技术

①梨果预处理　将梨摘去果柄、去掉腐烂部分、病虫害部位，用清水洗净，切分破碎后放入打浆机中打浆，以梨种子不碎为宜。

②粳米磨浆液化　将粳米浸泡至米粒膨胀无硬心，夏天需浸泡 6h 左右，冬天 10h。将沥干后的粳米带水在磨浆机中磨成米浆，加入淀粉酶后放入蒸煮锅内加气蒸煮。当粉浆温度达到 90～92℃时，保持此温度 15～20min，然后用碘液检查呈金黄色即达液化终点；再升温到 100℃保持 10min 灭酶。

③糖化　灭酶后加水降温并将果浆打入，调节温度降至 60℃加入糖化酶保温糖化 30min，再降温至 30℃入酒精发酵罐。

④酵母活化　取糖化结束的糖化液一份加两份温水，加入耐高温活化干酵母 37℃保温活化 1h；期间要进行搅拌以使其充分活化。

⑤酒精发酵　将糖化液打入发酵罐，接种已活化好的酵母，用空压机搅拌一次，以后每隔 1h 开空压机搅拌一次。控制发酵品温不超过 36℃，发酵 4d。

⑥醋酸发酵　将酒醪、麸皮等发酵料拌和均匀后，接入沪酿 1.01 醋酸菌进行醋酸发酵。醋酸发酵过程控制品温在 30～35℃，若品温过高，可将上部醅与下部醅翻动；当醋醅的酸度不再上升时压实醋醅，用食盐覆盖封醅，进行后熟陈化。

⑦淋醋、配兑、灭菌、澄清　陈酿好的醋醅置于铺有滤层的淋醋池中，经循环套淋得半成品醋。按标准配兑、灭菌后，贮存于罐中进行自然沉淀澄清。

**2. 液态深层法**

（1）工艺流程

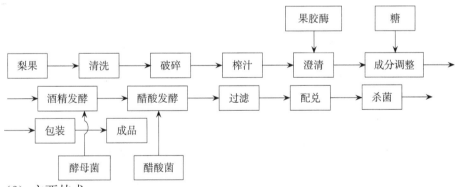

（2）主要技术

①原料处理　将梨摘去果柄，去掉腐烂部分、病虫害部位，用清水洗净，破碎后进行榨汁。梨汁中添加 1.2% 的果胶酶制剂，于 45～50℃澄清处理 1～2h 后过滤；调整糖度至 200g/L，煮沸灭菌 10min，冷却至 30℃备用。

②酒母制备　采用高活性酿酒干酵母，将干酵母以 100g/L 的浓度加入 5% 的蔗糖溶液中，混匀；控制溶液温度为 28℃左右，每隔 5～10min 搅拌 1 次，活化约 30min。

③酒精发酵　在经酶解、灭菌的梨汁中添加 0.3g/L 经活化的酵母（按酵母干重计），混匀；酒精发酵在密闭发酵罐中进行，发酵温度控制在 30℃左右，发酵时间 2～3d，残糖为 5g/L 时，发酵结束，调整酒精度至 8% 左右。

④ 醋酸菌制备　原菌种经过三级种子扩大培养，得到生产用工业发酵剂。具体步骤

如下：醋酸菌原种→500ml 三角瓶（振荡培养 24h）→1 000ml 三角瓶（振荡培养 16h）→10L 种子罐（通气培养 12h）→工业发酵剂。前二级培养时，选用葡萄糖 1%、酵母膏 1%、碳酸钙 1.5%、95%乙醇 7%作为培养基，后一级培养直接用完成酒精发酵的梨汁，并控制发酵温度 32～34℃，通气量控制在 1：0.2。

⑤醋酸发酵 将酒度为 8%左右的梨汁酒精发酵液一次性加入到发酵罐中，接入 10%醋酸菌种子液，定期向发酵罐底部通无菌空气，发酵初期控制温度为 30～35℃，空气流量为 1：0.2；旺盛期通气量控制为 1：0.4，温度为 35～40℃；发酵后期，随着醋酸菌将大部分乙醇氧化为乙酸，生长速度渐缓，同时为防止乙酸过度氧化，风量降为 1：0.2，温度为 34～35℃，发酵时间 2～3d，当测定发酵液中酸度不再上升时停止发酵。

⑥发酵后期处理 发酵好的果醋用板式过滤机过滤，调整酸度为 5%～6%（M/V），然后用片式杀菌机在 95℃下灭菌 5min，包装检验合格后即得成品。如生产醋酸饮料，则需将果醋酸度调整为 1.5%～2.0%（M/V），并调整香味和糖酸比，以改善制品风味，灌装灭菌后即为果醋饮料。

**3. 表面静置液态法**

（1）工艺流程

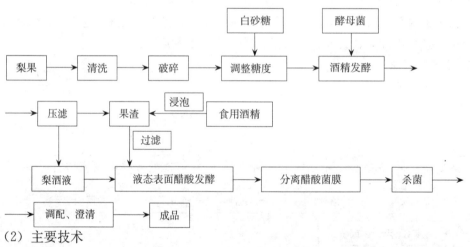

（2）主要技术

①原料处理 将梨果原料清洗后，切分、破碎成 3～4mm 果块，然后加糖调整梨浆的含糖量为 13%～14%。

②酒精发酵 按梨浆原料的 0.3g/L 加入活化酵母，于 30℃下发酵，约 7d，酒化基本完成。压滤的梨酒液经静置、澄清后，进入醋酸发酵。

③醋酸发酵 用浸泡过梨渣的酒液调整梨酒液的酒度为 7%，接入 10%驯化的醋酸菌种子液进行醋酸发酵，维持品温 30℃；静置 48h 后酒液表面上有一层淡灰色薄膜，由透明变成暗色或玫瑰色薄膜，进而出现皱纹，随之缓缓沉入发酵缸底；继而酒液表面又形成醋酸菌膜，如此反复，发酵约 28d 左右，捣碎菌膜使之下沉，酒液醋酸化结束；经过滤、杀菌、调配和澄清得成品梨醋。

**（三）梨醋的质量要求**

**1. 固态法酿制梨醋的质量要求** 固态发酵酿制的梨醋，其色泽为棕色；有浓郁的酯香和梨特有的芳香气味；酸味柔和并有甜味、无异味；澄清透亮、无悬浮物。理化和卫生指标均符合食醋的国家标准。

**2. 液态深层法酿制梨醋的质量要求**　液态法酿制的梨醋，色泽为淡棕色，醋味柔和，且酸中带甜，有淡淡的梨香味，体态澄清透明。理化和卫生指标符合食醋的国家标准。

**3. 表面静止液态法酿制梨醋的质量要求**　色泽为淡棕色，醋味柔和，体态澄清透明，表面发酵法酿制的梨醋，果香较突出，风味独特，适宜调配醋酸饮料。理化和卫生指标符合食醋的国家标准。

# 四、梨　酒

梨酒是将鲜榨梨汁接种酵母菌进行发酵酿制而成的一种饮料酒，是延长梨加工产业链，缓解粮食危机，提高产业效益的又一梨果加工方式。梨果实饱满，甜脆多汁，含糖量较高，适于酿酒。以梨果为原料酿酒符合国家以果代粮的政策，也符合世界酒类发展的潮流和趋势。采用库尔勒香梨、安梨等特色品种为原料，可酿造出绵软爽口，具有清雅的酒香和果香的特色梨酒。另外，采用生长过程中产生的落果、采摘过程中造成的等外果及不耐贮藏的品种酿酒，是梨果加工利用切实可行的方法之一。根据加工方法和产品的特点，目前研究开发生产的梨酒主要有干梨酒、梨白兰地酒、梨果啤等。

## （一）梨酒酿造原理

梨酒酿造过程中会发生一系列生物化学变化、化学变化和物理变化。酒精发酵是梨酒酿造过程中最主要的生化过程，即酵母菌在厌氧的条件下发酵梨汁中的糖形成乙醇和$CO_2$，反应式为：$C_6H_{12}O_6 \rightarrow 2C_2H_5OH + 2CO_2 + 2ATP$。酒精发酵过程较复杂，要经过30多个连续化学反应，生成许多代谢产物，例如甘油、有机酸、酯类等，这些物质有助于形成梨酒的风味和香气。不同的酵母发酵条件和代谢产物不同，选育和选择适宜的酿酒酵母是酿制风味优良高品质梨酒的基础。影响酒精发酵的因素有很多，如温度、通气、$SO_2$、糖、酸、酒精、$CO_2$等，直接影响梨酒的质量。梨酒在发酵和贮存过程中的化学变化主要有酯化反应、氧化反应。酯化反应是指在后发酵和陈酿过程中，梨酒中的有机酸和醇发生化学反应形成酯类物质，酯类是构成梨酒芳香成分的重要物质，梨酒中的各种有机酸（如醋酸、高级脂肪酸）与各种醇（如乙醇、高级醇）都能互相化合成相应的酯。发酵和贮存过程中，酚类物质、糖苷被氧化，并发生聚合，一方面可以加速沉淀，使梨酒的苦涩味降低；另一方面使梨酒褐变，颜色越来越深。发酵和贮存过程中，梨酒中的果胶、蛋白质等杂质沉淀，酒液逐渐变得澄清；酒精分子和水分子缔合，有机酸、醇、水分子之间缔合，有机酸本身的缔合，使梨酒口感柔和。自然条件下上述化学和物理变化是缓慢的，因此需要很长的陈酿期，但控制条件可以加速氧化、酯化和缔合进程，所以发酵和后期管理是酿造梨酒的重要环节。

## （二）梨酒加工技术

**1. 干梨酒**　干梨酒是以优质鲜梨为原料，经榨汁、澄清、酒精发酵等工艺酿制而成的一种全发酵的梨酒（高海生等，2006）。

(1) 工艺流程

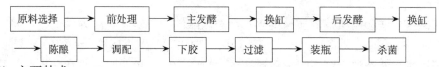

(2) 主要技术

①原料选择 选择新鲜、充分成熟、无腐烂和病虫害、含糖量高、梨汁多的品种作原料。

②原料处理 将梨果表面用清水洗干净，切分、破碎成1～2cm的果块后榨汁；梨汁中添加1.2%的果胶酶制剂，45～50℃澄清处理1～2h后过滤得澄清梨汁；将糖度调整至20%左右，用柠檬酸调pH至4.5～5.5。

③酒母制备 采用高活性酿酒干酵母，将干酵母以100g/L的浓度加入5%的蔗糖溶液中，混匀，控制温度为28℃左右，每隔5～10min搅拌一次，活化约30min。

④发酵 澄清后的梨汁中接入0.3g/L经活化的酵母（按酵母干重计）进行发酵；前发酵温度控制在18～20℃，持续15～20d，直至甜味基本消失，酒味浓厚，主发酵结束；分离所得的发酵液用脱臭食用酒精调整酒度，然后进行后发酵，温度控制在15～20℃，当残糖为5g/L以下时，发酵结束，加入二氧化硫（用偏重亚硫酸钠调整或通入二氧化硫气体），使含硫量达0.1g/L。

⑤换缸与陈酿 后发酵结束后，立即换缸除去酒脚，用食用酒精调整酒度，然后贮于密闭酒桶中陈酿1年左右，期间进行几次换桶，并过滤除去混浊物质。

⑥调配 将酒精含量调到规定酒度，一般为12%，糖调至2g/L，总酸量3g/L左右。

⑦澄清处理 调配后的梨酒加入适量的明胶，用量为0.01g/L（明胶配成10%溶液加入），于0～4℃下进行澄清处理2～3d后过滤除去沉淀物。

⑧装瓶与灭菌 经澄清过滤的梨酒装入已消毒的瓶中，立即密封；如果酒精度在16%以上，则不需灭菌，如果低于16%，必须要灭菌或过滤除菌。

**2. 梨白兰地酒**

(1) 工艺流程

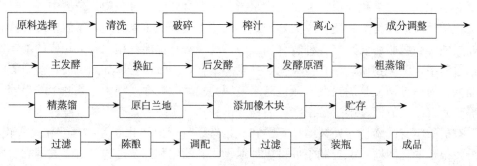

(2) 主要技术

①原料选择 选择新鲜，充分成熟，无病害，香味纯正，含糖量较低的梨果。

②原料处理 将梨果用清水洗干净，切分、破碎为1～2cm的小块后榨汁；将梨汁用离心机离心分离，除去种子及其他不溶物。

③成分调整 调整糖、酸和二氧化硫的含量。

④发酵和后发酵  前发酵温度控制在 18～20℃，持续 15～20d，然后进行后发酵，温度控制在 15～20℃，待原酒残糖为 5g/L 可以进行蒸馏。

⑤蒸馏  取预热后的原料酒（预热温度 70℃左右），蒸馏大约 10min 时，开始出酒，此时酒度为 47% 左右，随着蒸馏时间的推移，火力逐渐加大，流量逐渐增大，待蒸馏 80min 时，酒度变为 7% 左右，蒸馏 120min 时，酒度基本降为 5% 左右，此时停止第一次蒸馏。粗白兰地酒的平均酒度为 30% 左右。将第一次蒸馏的粗白兰地收集，进行第二次蒸馏，开始馏出液酒度为 75% 左右，此时开始截取中馏分，随着蒸馏时间的推移，酒精含量逐渐下降，当馏出液的酒精含量降到 50% 时，中馏分的蒸馏即告结束。得到的原白兰地平均酒精含量为 65%～70%，数量约占大锅装置的 30%，即为一级品原白兰地。酒精含量为 50%～0% 的馏出物称之为尾馏分，占粗馏原白兰地体积的 20%，一般称为二级酒，或直接将其作为酒尾。

⑥贮存  一般新蒸馏的酒辛辣暴冲，有邪杂味，必须经过一段时间的贮存，才能使酒质达到最佳。为了节约购置橡木桶的昂贵费用，可采用添加橡木块的办法。

⑦调配  添加橡木块贮存一段时间后，进行酒的勾兑，一般按不同贮存期限的白兰地比例进行混合勾兑，以求得一致特殊的风格，同时进行调香、调糖色、降酒精度等。经过调配的梨白兰地酒再经橡木桶或者橡木块贮存陈酿。

⑧冷冻过滤  为了防止在贮存或者销售过程中产生絮状沉淀，要对二次勾兑的香梨白兰地酒进行过滤处理。采用冷冻法，在 -10℃ 条件下冷冻 5～7d 后，过滤处理。

### （三）梨酒的质量要求

**1. 干梨酒的质量要求**

（1）感官指标  呈淡黄色或金黄色；酒液清亮，无明显的沉淀物、悬浮物；具有悦人的梨果香及浓郁的酒香；酸甜适口，醇厚纯净，酒体协调。

（2）理化指标  酒度 7%～18%（20℃，V/V），总酸度（以酒石酸计）4.0～9.0g/L，总糖（以葡萄糖计）≤4.0g/L，总二氧化硫≤250g/L，铁≤8.0mg/L。

（3）卫生指标  按照国标 GB2758—2005 卫生指标执行。

**2. 梨白兰地酒的质量要求**

（1）感官指标  清亮透明，无沉淀，无悬浮物；无色；具有该梨品种的香味，酒香醇和，协调；酒味适口，柔顺。

（2）理化指标  酒度≥36.0%（20℃，V/V），非酒精挥发物总量≥2.5 g/L，总酸度（以柠檬酸计）≤0.6g/L，总醛≤0.25g/L，铜≤0.5mg/L。

（3）卫生指标  按照国标 GB2758—2005 卫生指标执行。

# 五、梨糖制品

## （一）糖制的基本原理和方法

果蔬糖制是以食糖的保藏作用为基础的加工保藏法。糖制品的含糖量必须达到一定的浓度，因为高浓度糖液才能对微生物有不同程度的抑制作用。高浓度糖液的保藏作用主要表现在高渗透压作用、降低水分活性和抗氧化作用三个方面。食糖的种类、性质、浓度对产品的质量和保藏有很大的影响，应根据产品的质量要求选择合适的食糖。糖制品含糖量一般达60%～70%，但由于存在少数在高渗透压和低水分活性尚能生长的霉菌，对于长时间保存的糖制品（如果酱等），宜采用杀菌或加酸降低pH以及真空包装等有效措施来防止产品的变质。

依据加工方法和成品的状态，糖制品一般分为果脯蜜饯和果酱两大类，果脯蜜饯类包括果脯类、干态蜜饯、湿态蜜饯，果酱类包括果酱、果泥、果冻、果糕、果丹皮等。制品含糖量大多在60%～65%以上，两者的主要区别是蜜饯类经糖制后仍保持原来的果块形状，而果酱类则不保持原来的形状（倪元颖等，1999；孟宪军和乔旭光，2012）。

### （二）梨糖制品加工技术

#### 1. 梨脯

（1）工艺流程

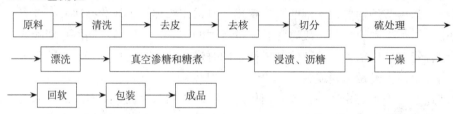

（2）主要技术

①原料选择与处理 原料肉质紧密而细，石细胞少，含水分较少，风味酸甜，可选用鸭梨、雪花梨、莱阳梨等。剔除病虫或伤烂果，按大小分级，用清水洗净。

②去皮、切分、去核 用手工或机械去皮、切分成2～4瓣，除去果核。

③浸硫 配制浓度为0.2%～0.3%的亚硫酸氢钠溶液，将果块浸泡1～2h，使果肉变洁白或浅黄白色，然后用清水漂洗数次，除去多余的硫。

④真空渗糖 在真空预抽罐内倒入浓度为50%的糖液，并加入糖液量0.05%（M/V）的亚硫酸氢钠，将糖液加热至50℃左右，把浸硫处理后的果块倒入真空渗糖罐，在80kPa以上的真空条件下抽空40～60min。注意抽空前要用不锈钢或竹制箅子压在果块上，防止果块上浮影响排气和渗糖效果。抽空结束后缓慢打开放气阀，检查渗糖效果，以果块抽透无气泡为原则。

⑤糖煮 先在锅内注入梨块重30%～50%的糖水，浓度为50%，倒入梨块煮沸后，用文火维持10～15min；然后加入梨块重10%的冷糖水，浓度为50%～55%，待糖液沸腾时再加入与前次同样浓度的冷糖液，煮沸10～15min，当梨块全部煮透呈半透明时出锅。

⑥浸渍 将糖煮后的果块放入糖浓度为65%的糖液中，在浸渍槽内渗糖10～12h。

⑦沥糖 把浸渍后的果块捞出后摊在沥糖架上沥去多余的糖液，等果块不滴糖后均匀摆在托盘上，依次放在烘车上待烘干。

⑧烘干 将沥糖后的果块随烘车一起推入烘房内，在60～65℃的通风条件下恒温烘烤约20h，待果块不粘手，含糖量达到65%以上推出烘房。

⑨分选和整形 烘烤后的果脯应根据产品标准进行分选和整形，保持果块外形完整，色泽一致。

⑩包装 经检验合格的产品，根据商品包装需求进行包装。

**2. 梨蜜饯**

（1）工艺流程

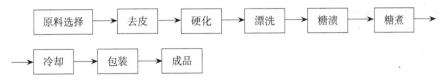

（2）主要技术

①原料选择与处理 选用无机械伤、无腐烂、不适宜加工梨干和梨脯的原料，如各种酸梨、杂梨；用清水将果实表面洗净。

②去皮 采用手工或机械去皮。

③硬化 将去皮后的果实浸泡于石灰水或氯化钙溶液中，进行硬化处理。

④漂洗 将梨胚移至清水中浸泡4～5d，每天换水两次。

⑤糖渍、糖煮 将梨胚连同糖液倒入锅中，加热煮沸，加入占梨胚30%的砂糖，用旺火煮约1h，连同糖液起锅，倒入缸内，糖渍1d；第二天将已糖渍的梨胚重新倒入锅内煮沸，再添加30%的砂糖煮沸约1h，当糖液流下能起糖丝时，糖煮即完成。

⑥冷却 捞取梨块移至板上，使其立即冷却，就得到成品。

⑦包装 根据商品包装需求进行包装。

**3. 梨酱**

（1）工艺流程

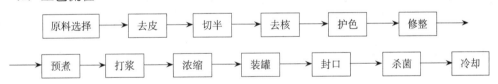

（2）主要技术

①原料选择与处理 梨果要求新鲜饱满，充分成熟，肉质紧致，果心小，石细胞少，芳香味浓。用清水洗净，手工或机械去皮、切分，挖去果核和花萼，置于1%食盐水中护色，最后除去虫眼、黑点、斑疤及严重变色部分。

②预煮 梨块加少量水预煮10～20min，以灭酶和软化果肉组织，同时便于打浆和糖的渗透。

③打浆 用筛板孔径为0.5～1mm的打浆机打浆。

④煮制和浓缩 将与原料等量的砂糖化成75%的糖液；先将糖液的一半下锅煮沸，加入原料煮开半小时，使果肉软化，再加入另一半糖液，继续浓缩，当果酱可溶性固形物达到68%（或温度达到105℃）时，即可出锅，整个过程一般需要20min。

⑤装瓶、封口 待果酱温度降至90℃左右时装瓶，瓶后立即封口。

⑥杀菌、冷却 沸水中杀菌20～26min，分段冷却至37℃。

**（三）梨糖制品的质量要求**

**1. 梨脯的质量要求** 梨脯色泽呈乳白色或浅黄色，色泽鲜亮，均匀一致；具梨果特有的风味，酸甜适口；块形完整，浸糖饱满，贮期不返糖，不流糖不干瘪；含糖量为65%~70%，含水量18%~20%。

**2. 梨蜜饯的质量要求** 外表干燥，内部湿润，味甜滑脆，含糖量达65%左右。

**3. 梨酱的质量要求** 酱红色或琥珀色；黏胶状，不流散，不流汁，无糖结晶，无果皮、籽及梗；具有果酱应有的良好风味，酸甜适宜，无焦煳和其他异味；可溶性固形物不低于65%或55%。

# 六、梨干制品

## （一）干制的基本原理和方式

果品干制的原理在于将果品中的水分减少，而将可溶性物质的浓度增大到微生物不能利用的程度，同时，果品本身所含酶的活性也受到抑制，产品能够长期保存。在干制过程中，干燥速度的快慢，对于干制品质好坏起决定性的作用，当其他条件相同时，干燥得越快，越不容易发生不良变化，成品的品质就越好。干燥的速度取决于干燥介质的温度、相对湿度和气流循环的速度，同时受到果品种类、状态的影响。

果品干制的方式分为自然干制和人工干制两大类。自然干制是利用太阳辐射能、热风等使果蔬干燥，方法有晒干、风干和阴干等。人工干制就是在常压或减压环境中以传导、对流和辐射传热方式或在高频电场内加热的人工控制工艺条件下干制，常见的方法有滚筒干燥、输送带式干燥、隧道式干燥、架式真空干燥、冷冻干燥、膨化干燥、远红外线干燥、微波干燥等（罗云波和蔡同一，2001）。

## （二）梨干加工技术

### 1. 工艺流程

### 2. 原料选择
选择充分成熟、肉质细而致密、石细胞少、肉厚、果心小、糖分高的品种作原料。适宜干制的品种有巴梨、茌梨、茄梨等。

### 3. 主要技术
将选好的梨果，去掉果梗，洗净，切成四瓣，挖去果核；然后放入沸水中煮15min，当梨瓣透明时捞出冷水浴冷却，捞出沥干水分；送入熏硫室熏蒸4~5h，每100kg梨需用200g硫黄；将熏好的梨送入烘房烘烤，烘房温度70~75℃，成品含水量为10%~15%即可；烘烤后待梨干冷却，放入木箱中封好盖，均湿回软约3~5d，再将回软的梨干，按质量分级，包装贮存。

## （三）梨干的质量要求

梨干色泽鲜明，有清香气味；片块完整、肉质厚，无霉变，不黏结且富有弹性，不焦化，不结壳；含水量10%~15%，含硫量不超过0.05%。

## 七、加工副产品的综合利用

在果品加工中，加工剩余的果、渣、皮和种子等副产品往往废弃不用，不仅造成原料的浪费，而且不同程度地污染了周围环境，因此对加工副产品进行综合利用，可以提高原料利用率和农产品的经济价值，增加社会效益。利用果品加工过程中产生的皮渣，可以提取果胶、有机酸、纤维素、香精、种子油等价值较高的物质；经过发酵和蒸馏，可以制得水果白兰地酒或果醋；还可以利用核果类的种壳制造活性炭（艾启俊和张德权，2003）。

### （一）梨渣膳食纤维提取技术

梨渣是梨果经制汁、酿酒等加工后的下脚料，主要是梨果的胞壁组织、胞间层、微管及一定量的果核、果柄等，总量约为原果质量的40%～50%，梨渣常作为一种废弃物而被处理掉。膳食纤维是一种重要的功能物质，梨渣中含有丰富的膳食纤维，其中水溶性膳食纤维占干燥滤渣的18%，水不溶性膳食纤维约占干燥滤渣的56%，总膳食纤维约为干燥滤渣的75%。从梨渣中提取的水溶性膳食纤维和水不溶性膳食纤维可分别作为强化剂或按比例配合强化，生产高膳食纤维焙烤制品、饮料等强化型功能食品（邓红等，2002；曾庆梅等，2008；张先等，2009）。

**1. 工艺流程**

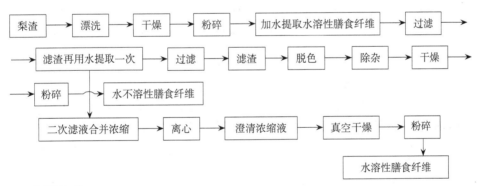

**2. 主要技术**

（1）膳食纤维的提取

①水溶性膳食纤维的提取 第一次提取加6～7倍水，用柠檬酸调pH至2.0，缓缓加热至95℃，保温1h后过滤，水溶性膳食纤维存留于滤液中；残渣加3～4倍水再提取一次，合并两次所得滤液。

②水不溶性膳食纤维的提取 提取水溶性膳食纤维过滤所得滤渣需经除杂，以得到纯度较高的水不溶性膳食纤维，除杂工艺为：先在滤渣中加入7～8倍pH为12的氢氧化钠溶液，浸泡30min，除去碱溶性杂质，然后漂至中性后用盐酸将pH调至2.0，加热至60℃保温1h以除去酸溶性杂质，过滤收集滤渣，漂洗至中性，所得滤渣即为水不溶性膳食纤维。

（2）脱色 提取所得滤渣为黄色至黄褐色，需对滤渣进行脱色处理，脱色方法为在滤渣中加入含量为6%、pH为7.0的过氧化氢溶液浸泡脱色1h。

（3）干燥 可采用常压热风干燥或真空干燥法，一般干燥至含水量5%～8%。真空干燥生产的膳食纤维含水量低，产品工艺性能好，若辅以真空或重氮包装可长期保藏。

### （二）梨皮、梨心制作梨膏技术

梨膏可直接食用，又可入药，具有止咳、润肺之功效。目前市面上生产的梨膏产品多以浓缩梨汁为主，配以蜂蜜、胖大海、川贝等中药材或枇杷等，可属于保健食品。

**1. 工艺流程**

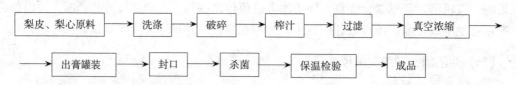

**2. 主要技术** 将收集的原料用自来水漂洗干净，用破碎机破碎为 0.5cm 左右的颗粒后用螺旋榨汁机榨汁；把滤出的汁液泵入真空浓缩锅内浓缩，浓缩时的真空度控制在 86.7kPa，温度为 45～50℃，时间为 50～60min，当浓缩至可溶性固形物达到 65% 以上时即停止浓缩，出膏罐装、封口；封口后的梨膏 100℃ 杀菌 15min。

# 参 考 文 献

艾启俊，张德权 .2003. 果品深加工新技术［M］. 北京：化学工业出版社 .

包启安 .1999. 食醋科学与技术［M］. 北京：科学普及出版社 .

邓红，宋纪蓉，史红兵 .2002. 苹果渣水不溶性膳食纤维的提取及脱色工艺研究［J］. 食品与发酵工业，28（5）：10-13.

高海生，柴菊华，张建才，等 .2006. 安梨酒的酿造工艺及营养成分分析［J］. 食品与发酵工业，32（12）：73-76.

罗云波，蔡同一 .2001. 园艺产品储藏加工学・加工篇［M］. 北京：中国农业出版社 .

孟宪军，乔旭光 .2012. 果蔬加工工艺［M］. 北京：中国轻工业出版社 .

倪元颖，张浩，葛毅强 .1999. 温带・亚热带果蔬汁原料及饮料制造［M］. 北京：中国轻工业出版社 .

苏桂林 .2003. 现代实用果品加工新技术［M］. 北京：农业出版所 .

夏玉静，王文辉，贾晓辉，等 .2009. 梨果加工制品市场调查情况分析［J］. 中国农学通报（22）：340-343.

徐怀德，仇农学 .2006. 苹果贮藏与加工［M］. 北京：化学工业出版社 .

叶兴乾 .2002. 果品蔬菜加工工艺学［M］.2 版 . 北京：中国农业出版社 .

曾庆梅，杨毅，殷允旭，等 .2008. 梨渣水不溶性膳食纤维的提取工艺研究［J］. 食品科学，29（8）：275-278.

张宝善，王军 .2000. 果品加工技术［M］. 北京：中国轻工业出版社 .

张先，闫妍，李范 .2009. 苹果梨果渣膳食纤维的物理特性［J］. 食品科学，30（3）：114-117.

张亚伟，陈义伦 .2011. 不同品种梨汁酶促褐变因子及相关性［J］. 中国农业科学，44（9）：1880-1889.

赵丽芹，谭兴和，苏平 .2002. 果蔬加工工艺学［M］. 北京：中国轻工业出版社 .

# 第十九章　梨的市场与流通

## 第一节　梨果市场供求特点及其变化趋势

### 一、梨果的供给及其影响因素

#### （一）梨的供给与特征

世界上生产梨的国家有 85 个，2011 年梨栽培面积 161.41 万 $hm^2$，总产量 2 389.66 万 t（FAOSTAT，2013）。栽培品种可分为东方梨（亚洲梨）和西洋梨（*Pyrus communis* L.，又称西方梨）两大类。东方梨主要产于中国、日本、韩国等亚洲国家，包括砂梨（*Pyrus pyrifolia* Nakai）、白梨（*Pyrus bretschneideri* Rehd.）和秋子梨（*Pyrus ussuriensis* Maxim.）等；西洋梨主要产于欧洲、美洲、非洲和大洋洲等，主产国有美国、意大利、西班牙、德国等（李秀根和张绍铃，2007）。

我国在 1985 年以前，各主要水果的收获数量相差不大。1984 年国家开放水果市场，实行多渠道流通政策，在政府的指导下，逐步发展起以苹果、柑橘、梨为主的水果产品结构，产量前五位水果是苹果、柑橘、梨、香蕉、葡萄，2011 年这些水果产量共占水果总产量的 44.22%。我国第一大水果为苹果，2011 年产量为 3 598.5 万 t，占该年我国水果总产量的 15.8%，第二大水果是柑橘，2011 年其产量占水果总产量的 12.93%。梨是我国第三大水果，2011 年其产量占全国水果总产量的 6.94%（《中国统计年鉴》，2012）。

1978 年以来，我国梨产业发展大致可以分为 1978—1996 年和 1996—2010 年两个主要阶段，后一阶段我国梨产业的发展道路以稳定面积、提高单产为主。

目前我国梨主产区有以环渤海地区为主的北方梨产区和长江流域及其以南地区的南方梨产区。其中，河北、山东、安徽、四川、辽宁和河南是我国的产梨大省。河北省为我国梨产量第一大省，约占全国梨产量的 25.76%（中国农村统计年鉴，2012）。

世界梨 2011 年单位面积产量平均为 14.81t/$hm^2$（FAOSTAT，2013），但国家间差异大。从各国梨产量变化来看，东方梨产量上升速度较快。西洋梨产量显著上升的国家主要是西班牙、南非和智利等，美国、意大利、土耳其等梨产量比较稳定，变化幅度较小（晚秋，2009）。

从品种构成看，各国栽培梨的种类、品种特色明显。巴梨是许多国家栽培较多的品种，在美国华盛顿州的栽培比例达 46% 以上，在意大利约占 17%。康佛伦斯是欧盟成员国家的主栽品种，所占比重约为 40%。中国梨的主栽品种为砀山酥梨、鸭梨、黄花、丰水、翠冠、雪花梨、库尔勒香梨等，其中砀山酥梨是世界上栽培面积最大的梨品种，具有西洋梨品种所没有的果肉酥脆的特性。

全球梨的加工主要集中在北半球，加工比重为世界梨总产量的 10%，主要生产梨罐头，其次为梨浓缩汁、梨酱、梨酒、梨醋，还有少量的梨保健饮料、梨夹心饼、蜜饯及梨丁等。

### （二）影响梨供给的主要因素

**1. 种植面积**　梨树种植面积是影响梨果产量的重要因素。长期以来，中国梨树种植面积与梨果年产量几乎同时增长。据我国农业部农作物数据库显示，2010 年的梨园种植面积与梨果总产量分别是 1978 年的 3.79 倍和 9.93 倍。1990 年以后梨单产水平稳中有升，1980 年单产水平是 4.90t/hm²，2010 年单产水平为 14.16t/hm²（农业部农作物数据库，2013）。梨果年产量与梨园种植面积存在着高度的相关性。

中国梨果总产量的增长主要得益于梨果种植面积的扩张，表明中国梨果生产还处在面积扩张性的、土地密集型的阶段；单产水平升高的趋势表明，中国梨果产量依赖科技水平的程度逐渐升高。但梨产业仍属劳动密集型产业，几千年来中国就形成了一套精耕细作的种植技术，短期内科学技术的进步无法在较大空间上提升这种技术。

**2. 生产成本**　生产成本主要包括生产的物质装备成本和劳动成本。根据梨果生物学特性，物质费用投入是梨果赖以生长的基础要素，物质费用主要包括种苗费、农药与化肥费、畜力与机械费、灌溉费以及贷款利息等。另外，我国梨产业属劳动密集型产业，培种、施肥、浇水、采集以及包装运输等一系列生产过程基本都是靠人力实现的，我国劳动力资源丰富、价格便宜，正好适合发展这一需要大量劳动力的产业，这也是我国梨产量和种植面积在世界排名第一的根本原因所在。但近年来，随着我国工业化、城镇化的快速发展，我国人工成本的上升也成了梨生产不可回避的现实问题。

生产成本的波动直接影响到梨果产量的波动，一般情况下，单位产品生产成本与产出是负相关关系，单位生产成本降低，如劳动力工资、农药化肥价格、贷款利息下降等，都会刺激产量增加；反之，生产成本上升，梨果产量增加受到抑制。

**3. 价格**　梨果是受年度影响比较大的农产品，如果仅仅考虑价格与产量的关系时，价格变动与本期产量变动负相关，与下期产量变动正相关，价格水平也成为影响梨产量波动的重要因素。在梨生产成本固定的条件下，尽可能地提高梨的销售收入是驱动梨生产者积极性的重要环节。梨果零售价格的高低一方面影响消费者购买梨的数量，另一方面也影响种植者生产梨的热情。因此，梨果产出水平必须充分考虑到价格对生产的影响（耿献辉和周应恒，2012a）。梨果生产者在进行生产活动时，在投入、产出及供给的决策中除满足自给消费也就是最低消费外，在进行商业性生产时，价格就会发挥诱导作用。

**4. 自然条件**　自然条件对水果生产的影响是明显的。如 2005 年全国各地相继经历了冻害、高温、暴雨、台风等诸多自然灾害的侵袭，对农作物的生长、运输、贮藏均造成影响，导致梨和其他水果价格上涨。2008 年冬出现雪灾，果区气候异常，尤其到了果树开花时节，出现雪冻、霜冻等恶劣气候，导致了梨园普遍受灾，使花蕾受到影响，加之授粉时又出现连续阴雨天气，致使花蕊受冻，坐果率下降，甚至绝产。气候的影响是带有周期性的，其影响效果隐含在综合因素里面很难显现出来。

世界梨各主产区基本集中在北纬 35°～45°，此区间是最佳适宜纬度，而我国梨生产跨度在北纬 23°～45°。新疆、陕西、河北、辽宁等北方梨产区由于得天独厚的自然条件，其温度、降水与欧洲、美国、南美梨产区气候大体相当，特别是西北黄土高原雨热同期、光照充足、昼夜温差大，有利于梨品质提高，比较适宜梨的大规模生产和种植。

具有良好自然条件的地区发展梨产业自然具有先天优势。其他地区想要获得同等的条件，就需要付出额外的成本，或者只能栽培适宜本地气候条件的品种。而伴随着世界梨产地由发达国家向发展中国家转移，在同等需求条件下，新疆、陕西等具有良好气候条件地区的梨生产规模自然进一步扩大，而同样气候条件优越的河北、辽宁等传统梨产区依然保持着规模优势，与此同时，这些主产区梨产业体系的上游和下游产业也蓬勃发展起来，例如育种业、仓储、加工、物流，梨产业相关从业人员数目也逐渐增多，并向优势产区聚集，产业集群的作用开始显现。

## 二、梨果的需求及其影响因素

### （一）梨的需求与特征

改革开放以来，随着苹果、柑橘和梨等种植面积的扩大，水果消费形成了以苹果、柑橘、梨为主的消费结构，在 20 世纪 80 年代，这三种水果消费量占水果总消费量的 85%。此后，我国的水果消费逐渐表现为品种的多样化特征，由于水果生产的品种结构发生了较大的改变，特别是在 90 年代中期水果供给结构与市场需求结构的矛盾突出，苹果、柑橘、梨等水果品种的供给与市场需求出现了较大的差异，由此开始了水果生产结构的调整，加上水果进口品种结构的变化，国内消费结构逐渐向品种的多样化转变。近两年水果消费量最大的分别是苹果、柑橘、梨、香蕉和葡萄。其中梨的消费量占水果消费总量的比重为 17% 左右，低于苹果的 34% 和柑橘的 23%。水果的消费形成了以苹果、柑橘、梨、香蕉、葡萄为主的消费结构，五种水果消费总量占水果消费总量的比重超过 90%。

### （二）影响梨需求的主要因素

**1. 居民收入和价格因素**　随着我国居民收入水平的不断提高，人们在满足温饱之后，开始追求有益健康的食物消费。其中水果消费是增长速度较快的食物之一。以我国城镇居民为例，1995 年全国城镇平均每人年收入为 4 200.5 元，平均每人鲜瓜果的消费数量为 35.1 千克，2011 年时分别为 23 979 元和 69 千克（《中国统计年鉴》，2012）。在收入比较低的阶段，人们会把收入增加的部分中较多的用于购买生活必需品，以改善基本的生活条件，但随收入的不断提高，人们用于购买必需品的相对量会减少。

消费者消费梨果，除考虑质量因素以外，关心最多的还是价格。梨果价格是影响消费者购买行为中最关键也是最直接的因素，价格变化对预算约束有双重影响，一是对实际收入的影响，或称收入效应，另一是对相对价格的影响，即替代效应，在较长时期内，价格是影响需求和消费的最重要因素之一。

居民收入的变动和水果消费量呈正相关关系，水果价格与消费量的变动是负相关关系。

**2. 消费偏好**　消费偏好受社会风俗和饮食习惯、城市化进程等因素的影响比较大，梨的口味也是影响居民消费的重要因素。不同国家对梨的消费需求不同，东南亚比较喜欢吃硬质梨，欧美国家消费者更加偏好质地较软的西洋梨。日本对梨果及加工品消费高而稳定，一定程度上要靠进口满足消费；法国和意大利对果酒的消费需求较高；我国居民普遍认为加工过的梨在新鲜程度、营养以及安全性方面都不如新鲜梨果，这种传统的饮食观念对我国梨果的消费造成很大影响。因此，我国居民对梨汁等加工品的消费量远远低于鲜梨果的消费量。

　　大部分中国人喜欢偏甜且水分多的梨。消费者购买梨时所看重的因素，由大到小依次为：新鲜程度＞口感＞价格＞外观。根据南京农业大学在常州市的市场调查，73.7%的人在购买梨时主要注重口感和新鲜程度。同时，在调查选择购买鲜梨还是梨的加工品时，77.1%的人选择了购买鲜梨。

　　**3. 人口和城市化水平**　　人口数量的增长会拉动梨果需求的增加，人口年龄结构和性别比例对梨果需求也有影响，不同性别消费者梨果消费存在着较大差异。根据消费者的抽样调查结果显示，女性人均水果年消费量为男性的 1.5 倍。

　　城市化水平对水果消费则产生间接影响，城市化水平的提高往往意味着人均收入水平的提高、就业结构的改变以及由此产生的居民消费习惯和消费观念的改善。在人均水果消费量达到一定水平之前，随着城市化率提高，人均梨消费量在增长；当人均梨果消费量达到一定水平之后，人均梨果消费基本稳定，与城市化相关性降低，只随收入提高缓慢增长。因此，在我国目前的发展阶段，城市化水平的不断提高必然会大大提高居民的人均消费水平，包括梨果消费量的提高。

　　**4. 加工、贮藏和贸易**　　梨果上市较为集中，大多数梨果不耐贮藏，投入市场较猛，价格较低，如对其进行适当加工，能实现周年供应。改革开放以后，尤其是进入 90 年代，我国梨果贮藏保鲜业快速发展。目前，梨果贮藏保鲜能力约占全国梨总产量的 20%左右。贮藏保鲜技术也由过去的半地下室窖藏、土窑洞贮藏逐步发展到恒温冷藏与气调贮藏。

　　在加大梨果贮藏能力的基础上，梨果加工业也得到了快速发展，加工能力迅速提高，加工品也由过去较少的梨清汁、罐头或梨糕糖产品逐步向梨汁饮料、浓缩汁、梨罐头、梨脯、梨酒等多种产品发展（汪景彦和李莹，1997）。由于梨浓缩汁在国内外市场比较受欢迎，其在国际市场上的价位较高，梨浓缩汁生产线不断增加，浓缩汁的产量也不断提高。除此之外，梨清汁、浊汁也有生产。梨罐头也是梨的主要加工产品之一。尽管我国的梨加工业发展迅速，但我国仍以鲜食梨消费为主，90%以上是鲜食品种，缺少加工专用品种。

　　我国梨果出口总量自 1980 年以来稳步上升，年均增长 22%。1998 年以前中国梨果出口量一直处于 10 万 t 以下，增长速度缓慢，1980—1997 年人均增幅仅为 7.5%。2001 年中国加入 WTO 以后，梨果出口快速增长，我国梨果出口面临的外贸环境有了进一步改善，促使中国梨果出口跨越式发展（FAO，2012）。

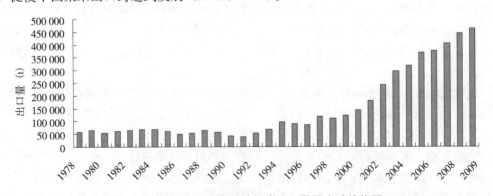

图 19-1　1978—2009 年间我国梨出口数量变动趋势图

**5. 流通体制** 目前，我国各大中城市水果批发依靠农产品交易市场。交易市场的货源来自乡、村的农产品收购站，也有个体户，他们把分散的个体农民生产的水果统一收购后运往城市的水果交易市场，在批发市场里批发商与零售商直接进行批发交易，其后零售商把批发来的各种水果运到农贸市场出售，大多数专业零售商在农贸市场里租有固定摊位，城市居民食用的水果大多数也是从农贸市场购买（耿献辉和周应恒，2012b）。

总的来讲，中国水果流通体制正处在市场经济发育的初级阶段，除进入超级市场的水果进行采后处理外，普通市场的水果大多是未进行采后处理直接运往市场销售，没有严格的分级、包装。随着广域流通和大市场的逐步完善，中国水果季节差价将会缩小，但大市场与小生产之间的矛盾仍然存在。

影响水果消费的不仅有上述因素，还有多种外部因素的影响，如供给量、国内相关政策的变化（如贸易政策、关税）、水果加工利用能力等。此外，价值观念、居民的受教育程度以及水果营养功能、内在本质特点、外形、颜色等都会影响梨果的需求量。

## 三、梨果供求的变动趋势

### （一）梨需求的未来变动趋势

我国城镇居民消费梨果的空间还有很大，随着我国人们生活水平的提高，梨果作为健康饮食不可缺少的一部分，将越来越受到人们的青睐。

如前所述，世界梨分东方梨和西洋梨两大类群。这种分类在一定水平上反映了东西方消费者的文化差异和生活习惯。西方欧美国家的消费者，习惯于食用风味浓厚、肉质柔软、香甜溶口的西洋梨；而东方亚洲国家的消费者，习惯于食用肉质细脆、香甜爽口的东方梨。

从梨的需求角度来看，对于东方的消费者来说，果实外观圆形或扁圆形，果皮绿色、黄色或红色，肉质细嫩，香甜爽口，单果重250～450g的果品最受欢迎；而欧美国家的西方消费者，仍以外观葫芦形，黄色、红色或黄红色，肉质柔软多汁，香甜溶口，单果重250～400g的梨果为主。

美国、加拿大、英国、澳大利亚等欧美国家的消费者，近年来对东方梨愈加喜爱，只要我们能够生产出高质量的、符合国际标准的梨果，其市场潜力是巨大的。东南亚诸国以进口东方梨为主，尽管存在与日本、韩国的竞争，但仍有市场机会。港、澳市场对国产梨果的需求量一直呈上升趋势（赵彩平等，2005）。

梨鲜果和加工制品的消费量都在稳步增加，但今后梨果汁消费增长会更快。梨汁的消费目前主要是发达国家，由于梨汁的营养丰富，色、香、味兼优，且消费方便，发展中国家的需求量也在不断增加。随着中国的城市化进程不断加快，对梨汁的消费也将增加。目前中国具有较强的梨汁加工能力，但产品大多用于出口，开拓国内市场将是今后的长期任务。结合旅游休闲，城市周边地区的观光采摘消费数量逐年增加。

近年来国内梨的需求增长较快，随着我国人口增长、居民收入和生活水平的提高，未来几年国内对梨的消费需求至少仍将保持4%的增长速度。据此推算，到2015年我国鲜梨消费量将达1 500万t，梨汁的消费量将增加到12万t，折合鲜梨100万t，到2015年国内梨的总需求量将达到1 600万t。未来十年，国际市场梨贸易量最低将维持近年来5%的递增速度，到 2015 年世界梨进口量将达到 300 万 t 左右。未来我国梨出口如保持 10% 的年递增率，到 2015 年我国鲜梨出口量将达到 80 万 t。从出口梨汁情况看，到 2015 年梨浓缩汁出口预计可达到 8.0 万 t，折合鲜梨 70 万 t。总体上看，我国出口梨的总需求将达到 150 万 t。因此，2015 年我国梨的需求总量将达到 1 750 万 t。

### （二）梨供给的未来发展趋势

我国梨果产量在经过高速增长后，未来十几年内我国梨果产出水平处于稳步增长阶段。20 世纪 80 年代中期，国家出台的一系列农产品宏观政策以及人们对梨果的需求空间增大，极大地刺激了梨果的生产，水果生产达到了空前的局面。但是当梨果产出达到一定的水平后，受资源限制、消费空间等的影响，现阶段粮食危机成为国家重点解决的问题，因此在未来十几年内梨果总产量不会像前些年那样迅猛增加了，梨果的平均增长率可能会保持在 0.7% 左右。

从各国梨产量变化来看，东方梨产量上升速度较快，中国梨产量增加了 3 倍；韩国梨产量也基本呈上升趋势，是十年前的 2 倍；日本梨产量则一直比较稳定，年产量在 40 万 t 左右。西洋梨产量显著上升的国家主要是西班牙、南非和智利，美国、意大利、土耳其等国梨产量比较稳定，变化幅度较小。

发达国家已经实现梨产业化生产，规模不断扩大。制约中国的梨产业化因素主要是果园生产规模小，生产单位多，原料质量低。随着土地流转政策的不断落实，相信梨园种植和加工企业规模将会不断扩大，竞争力也会不断增强。另外，世界各梨主产国都利用土地、气候、资金、技术、人力等优势发展生产（张玉萍，2004）。我国 2008 年，出台了梨的优势区域规划，其中华北白梨区、西北白梨区、长江中下游砂梨区为重点优势区，说明我国的梨生产已经走上了区域化布局之路。

根据国家梨发展规划，2015 年我国梨栽培面积稳定在 117 万 hm²，总产量达到 1 750 万 t 左右，优势重点产区的梨产量集中度达 90%，每 667m² 单产由 2006 年的 735kg 提高到 1 000kg 左右，优质果率由 25% 提高到 35%~45%。果品分级、清理、包装、贮藏等采后商品化处理率提高到 30%，产品加工率提高到 8%。鲜梨出口量提高到 80 万 t 以上，出口额达 1.5 亿美元以上。

# 第二节　梨的营销

## 一、梨营销现状及基本特点

梨营销，是个人或组织以梨产品（包括商品或服务）为载体，通过创造或与其他个人或组织交换价值，以满足其消费需求的一种社会管理过程。梨营销的核心理念是满足消费者对梨产品的需求。梨营销的终极目的是在深刻认识和了解消费者的基础上，生产出适合特定消费者需要的梨产品，促进梨产品的自我销售。当前我国梨营销的基本特点主要如下：

### （一）生产的地域性、季节性和消费的常年性

我国梨主产区有以环渤海地区为主的北方梨产区和长江流域及其以南地区的南方梨产

区；其中，河北省为我国梨产量第一大省，其 2010 年产量约占全国产量的 24.96%（农业部农作物数据库，2013）。梨的上市季节集中在秋季。随着人们生活水平提高和消费理念的改变，梨消费呈现出常年消费特点，且季节消费具有不平衡性。通常除了收获季节以外，国庆、春节甚至翌年五一节期间，均有可能迎来梨消费旺季。

## （二）梨营销以鲜果营销为主，梨产品加工程度较低

我国梨产品主要以鲜果为主，梨罐头、梨果脯、梨果汁、梨果酒、梨果酱、梨果醋等梨加工制品生产及消费较少。由于受研发能力、资金、技术和观念的制约，我国梨果加工量不及总产量的 10%，与发达国家相比差距仍然很大。目前我国具有相对优势的梨加工品是梨果汁，但产品大多用于出口。

## （三）梨果供过于求现状明显，但消费者对优质梨产品需求旺盛

梨营销中，一方面出现"卖难"现象，另一方面也出现消费者对优质梨存在较高需求，并愿意接受优质梨的溢价销售策略。以优质礼品梨为例，各大城市对礼品梨的消费比重逐渐增加，部分城市甚至接近一半。优质梨既能满足消费者需求、实现梨果迅速增值，又能给梨产业带来可观收入。

## （四）价格呈现成本推动型上涨趋势

近年来，梨果价格呈现成本推动型上涨趋势。生产资料价格和人工成本上涨是成本推动型价格上涨的主要原因。首先，生产资料价格上涨。近年来，生产资料价格持续高位运行。以 2012 年 4 月份价格为例，根据农业部信息中心数据，国产尿素与上年同期相比上涨 13.83%，地膜同比上涨 3.6%，农用柴油同比上涨 13.7%。另根据中国社会科学研究院农村发展研究所报告，2012 年我国农业生产资料价格较上年同比将增长 13% 左右。其次，人工成本上涨，农村"空心化"现象日趋明显以及农民工工资上涨带来梨生产中人工成本的间接上涨。以当前（2012 年）农忙季节为例，部分地区农业雇工价格达到每天 90 元，高于去年同期水平。

## （五）梨果营销渠道较长

目前比较典型的梨果营销渠道是"生产者—收购商—批发商—零售商—消费者"。这种模式的特点是生产者和批发商之间经过收购商环节。收购商起到了集中分散货物的作用。以河北省辛集市为例，在梨成熟季节，在村中就会出现搭建简易的临时收购站，很多收购商（包括代收购的经纪人）自带质检员（检查梨果品质、大小等）和包装箱驻地收购。通常每个村会有几个收购商同时收购，梨农可根据收购条件（例如收购价格）自由选择收购商。

## （六）梨贮藏比重逐渐提高

梨营销过程的各个环节都不同程度地承担了贮藏职能。当前梨贮藏出现如下特点：除了最普通的满足日常运营需要的贮藏外，梨季节性贮藏和投机性贮藏比重加大。梨季节性贮藏原因在于梨具有季节性生产和全年消费特点，因此通过梨季节性贮藏实现平衡供需的

作用。通常，梨农和经销商都可能参与季节性贮藏。梨的投机性贮藏则是梨贮藏户根据市场及预期进行梨投机性买卖，梨投机性买卖通常以足够的贮藏量为前提。在河北调研中，一位梨经销大户就曾透露，梨贮藏有"赌五一"的说法：即若能将梨成功贮存至翌年五一节左右，并卖出好价钱，则大赚的可能性较大。

### （七）梨营销的市场体系基本形成

随着我国梨生产供应能力的提高和农村经济的发展，梨的市场已经基本形成以批发市场、集贸市场为载体，以农民经纪人、运销商贩、中介组织、加工企业为主体，以产品集散、现货交易为基本流通模式的交易市场体系。批发市场一般设在中转集散地或者销售地的大中城市中，它是梨商品营销体系的核心。

## 二、我国梨营销存在的问题

### （一）梨产品质量档次低，没有实现优质优价

目前中国的梨生产在很多地区甚至是在主产区，都大量存在着单独追求数量而忽视质量的问题，特别是后期加工处理非常落后，市场流通的大多数产品无品牌、无包装、无分级。虽然近年来通过引进和调整梨品种结构，国内产生一些优质梨品种，如新疆库尔勒香梨，其内在质量和外观都达到或超过国际市场的要求，但由于鲜果收获期比较集中，采摘后商品化处理落后，难以满足消费者需要。多数产品都存在"一流水果，三流包装"的现状，采后的冷藏保鲜、贮藏运输等方面不能及时到位，导致产品未在市面上竞争就先掉价。

### （二）市场主体发育程度低

农民的组织化程度低。我国农业生产中以家庭为单位的小规模分散经营模式在梨生产中大量存在，大多数农户在本地区内封闭经营，他们作为梨营销中的起点，为农产品物流提供商品源，但很少会与购买方建立稳定的供销关系，签订购销契约，形成真正利益共同体的则更少。农民的组织化程度很低，分散、细小的生产经营方式限制了农民的交易方式，农民呈无组织分散状态进入市场，面对社会上各利益集团的权益侵蚀和不正当竞争，缺乏市场竞争力和自我保护力。农户的小规模经营，致使农民难以抵御自然风险和生产经营中市场风险，农民收入增长速度缓慢。现代农业营销所必需的资金、技术、信息、物资、加工、销售等社会化服务滞后，直接制约了梨果营销的进程。

### （三）缺乏足够的市场营销意识

梨营销不是在梨生产出来之后才进行的销售活动，而是在梨产品尚未生产出来之前，梨营销活动就已经开始了，它必须要从分析市场机会（消费者需求）、市场环境、市场竞争入手，进行市场调研、市场预测，研究市场营销环境、研究消费者需求、研究消费者行为，进行市场细分、目标市场选择、市场定位直至产品定位，接下来才是产品的研制生产（菲利普·科特勒等，2005）。而不是盲目地先把梨产品生产出来再去寻找销路。当前梨产品营销仍然主要停留在"以产定销"阶段，其目的只是解决如何将生产出来的产品有效地

推销出去，离真正的梨营销相去甚远。另外，我国梨产品营销中的品牌意识和品牌运作也相对较弱。

### (四) 市场信息不畅通

我国梨流通，已经形成了"买全国，卖全国"的全国统一大市场，绝大部分的农产品价格也已经完全由市场进行调节，市场调节的关键就是全面、准确、快捷的现代化流通信息网络系统。梨市场信息问题是当前制约农产品流通的核心因素。由于缺乏系统化的梨信息收集、整理和发布体系，生产与消费之间、区域之间的信息衔接主要由市场来完成，而市场自身的松散性决定了信息的收集加工能力低下，生产、流通存在很大的信息局限性和盲目性。

目前已经建立了一些网络信息系统，但是对于梨营销来说，却存在一些问题：一是信息化硬件建设落后。由于经济效益差、信息意识落后等原因，大多数市场没有配备信息设备，致使市场信息情报功能未能充分发挥。一些市场采用传统的广播、板报等方式发布少量品种、价格信息，有的市场根本没有信息服务，更谈不上为农户生产、产品流通、产品加工提供全面、持续的信息。二是信息质量低。比如中国农业信息网可以查到全国各个主要城市主要批发市场梨的价格，但是梨农还是倾向于各地设点，派熟悉的经纪人帮忙打听价格。原因在于网站价格是市场平均价，但是批发商们需要的是全国最低收购价，零售商考虑运输成本等因素，当然就近选择。三是对农民的信息服务不到位。虽然当前涉农部门建立了农业信息网络，但网络在乡、村出现断层，使农民获取信息成本很高。而且大多数农民由于自身文化素质、掌握、分析、选择信息受市场经济意识等条件的限制，不能掌握市场行情，生产决策的盲目性较大，经常出现"什么价高，大家就种什么，种什么，什么就难卖"的尴尬局面。

总之，我国农产品信息网络，组织化程度低，覆盖面小，真正有用的信息少，对调整农村产业结构，增加农民收入，不能发挥应有的作用。因此，应加强农产品信息网的整合，实现信息共享，指导全国农业结构调整和农产品的有序流通。

## 三、我国梨营销的主要对策

### (一) 着力提高梨品质，实现优质优价

提高梨品质，增强梨果差异化优势，实现梨果优质优价，是梨营销的关键，国外的水果营销特别重视优质优价，以新西兰猕猴桃为例，在生产过程中有统一规范的生产流程，严格控制商品果的颜色、个头、形状，并有严格的可追溯系统，严格控制从生产到销售的每一个环节，让消费者餐桌上的猕猴桃能追溯到其在果园中的具体生长位置。优良的产品质量是新西兰猕猴桃在全球市场畅行无阻的重要保障。又如美国等为适应市场需要，在产品质量控制和后期加工处理上做足了文章，通过保鲜和包装技术来保证水果新鲜上市，而且能在采摘后 30d 内在国际市场上销售新鲜水果。它们的果品包装普遍执行国际标准，所有果品在机械生产线上清洗、打蜡、贴标、分级后才能装箱。每个果品箱盖上都有果库号码和"CA 气调"标记，表示果品经州级政府检验合格，没有"CA 气调"标记的不能作为商品出售。美国水果的后期处理率是 100%，而

中国水果的后期处理率是1％；美国水果的深加工比例是35％，中国的比例不到10％；美国的优质果率在80％以上，而中国的优质果率为30％，高档果率则不到5％。通过在生产、贮运过程中对水果进行严格的质量管理，可以使果品销售时的硬度、脆度和口味与刚采摘时几乎相同，这也是不具有价格优势的美国等温带水果出口大国可以在东盟市场上赢得很大高端市场空间的原因（周应恒，2006）。

国际上，不同质量等级梨果品价格差别较大，优质是优价的基础。要做到梨果优质优价，一是需要开发和种植与市场对路的新、优品种，走特色梨果业道路；二是在梨果优生区建立商品梨果品生产基地，稳定生产优质高档梨产品；三是要积极治理环境污染，推广梨果树病虫害生物防治技术，发展"绿色"梨产品，提高梨果卫生质量，让消费者吃着放心；四是在生产流通过程应尽可能地向国际标准靠拢；五是积极采用包括产品、价格、渠道以及促销在内的各种营销手段将优质梨果成功推向市场，并实现优（溢）价销售。

## （二）深度加工，创造新的梨产品组合

只有设计出科学合理的梨产品组合，才能分散梨营销的风险。由于梨生产集中且易变质腐烂的特点，必须鼓励梨加工业的发展，由单一的梨鲜果产品向多元化的加工果品组合发展。梨深度加工是扩大梨流通范围、提高梨附加价值的有效途径。泰国每年约有40％的水果用于加工，除了综合性食品加工企业进行果品加工以外，泰国许多果场都有自己的加工坊，果农把水果制成各种饮料和糖制品，如椰子汁、榴莲糕等。我国可以借鉴泰国的经验，着力争取梨加工技术突破，在技术经济分析可行的基础上，将梨加工成梨罐头、梨果脯、梨汁以及梨醋等各种梨制品，既解决梨丰收卖难的困境，又使梨鲜果资源得到充分利用和增值。

## （三）提高市场主体发育程度

我国目前小规模、低层次、分散的生产、加工、出口销售模式已经成为阻碍我国梨果开拓国内外市场的重要制约因素。梨营销有必要立足于国际竞争大环境，逐步建立起适应市场经济和现代农业发展的"大生产、大流通"的市场营销模式。国际国内的实践证明，单纯依靠分散的农户很难实现与国内外大市场、大流通的对接，很难为消费者提供满意的梨产品，农民的合理利益也难以得到保证。最好的方法就是借鉴发达国家的经验，组建农民组织（包括合作社和龙头企业等），把分散、小规模的农户组织起来，提高市场主体发育程度，在获得规模经济效益、资金实力和市场谈判能力的同时，运用现代化的市场营销理念和手段实现梨的成功营销。

## （四）正确认识梨营销的基本活动程序

梨营销的中心问题是满足顾客需求，其核心理念是以消费者需求为导向，消费者或客户需要什么就生产销售什么。这是一种由外向内的思维方式，与传统的以现有产品吸引和寻找顾客的由内向外的思维方式恰恰相反。"梨营销"不等同"梨推销"或者"梨销售"。梨的营销活动程序主要包括以下内容：

**1. 市场分析**　对梨当前的市场机会、市场环境、市场竞争状况进行分析；市场调研

与预测，了解把握市场对梨及其相关产品的需求；通过对消费者心理、消费者行为等因素分析进行市场细分，并结合自身实力、资源状况和市场竞争状况，选择将要为之提供梨产品的目标市场。

**2. 市场定位与产品定位**　根据消费者需求、市场竞争和自身实力进行准确的市场定位和产品定位，如定位成礼品梨、健康梨等。

**3. 研制开发梨产品**　针对目标市场的消费者需求研制开发与生产梨产品。梨本身的生物特性使得梨产品的研制与生产具有一定难度，但日益先进的梨种植技术已使梨以销定产（如引进新品种）成为可能。例如，河北辛集很多梨农对自家鸭梨树通过嫁接方法改种黄金梨，嫁接一年后即可结果，在满足消费者对黄金梨需求的同时获得收益。

**4. 制定正确的市场营销策略**　针对特定的目标市场的消费者需求，结合市场竞争状况采取什么样的梨产品（product，包括产品本身、包装、品牌等）、制定什么样的价格（price）、利用什么样营销渠道（place，包括产品的分销路径以及渠道管理）、采用什么样的促销策略（promotion，包括人员推销、广告、短期促销以及公共关系）完成梨营销。

**5. 销售服务**　销售服务包括售前服务、售中服务和售后服务，引导和指导消费，并最终把消费者满意的梨产品送到消费者手中。

**6. 信息反馈**　收集消费者对梨产品消费后的意见，为改进梨产品、改善服务、提高市场竞争力提供决策依据，并从中发现新的需求，新的市场机会。

### （五）加强品牌建立和原产地保护

随着生活水平的提高，人们对农产品的质量、品质和安全日益重视，但对农产品是否安全往往缺乏足够的信息。事实上，农产品的信息不对称现象广泛存在于我们的现实生活中，此时品牌成为传递信息的一种信号。知名品牌的生产商更有动力保证产品质量、维护品牌声誉，因而消费者更倾向于选择知名品牌的商品。目前，在我国的梨果主产区，以出口为主导的梨果加工企业皆有自己独立的品牌，以内销为主的龙头企业也基本上建立了自己的独立品牌。如新疆库尔勒香梨已形成了"金丰利"、"艾丽曼"、"东方圣果"等品牌；在河北形成了"天华"、"长城"、"妙士"、"芙润仕"等系列品牌。但是知名品牌仍不多，享誉国内外的品牌更是凤毛麟角。

原产地标志是一种产品地理标志，只有真正出产于某个区域的产品才能以此区域之名出售，它赋予某一著名地区的产品以独特的竞争优势。我国梨果有一批极具区域特色的产品，如库尔勒香梨、砀山酥梨、河北鸭梨、赵县雪花梨等。对这些品种进行原产地标志保护有助于提高生产效益、提升我国梨果的国际竞争力。

# 第三节　梨产业的主要组织及其经营模式

我国梨种植区域分布很广，除海南、港澳地区外，其他省份均有分布，整体规模较大，主要集中在河北、辽宁、山东、河南、安徽等地，且有不断集中的趋势。总体栽培面积稳定、产量逐年有所提高。生产主体以小农户为主，数量众多、生产规模小且分散，组织程度低，生产或经营上的纵向或横向联合发展十分不完善。

# 一、梨的生产流通主体及其特点

## (一) 个体农户组织及特点

**1. 普通农户** 普通农户是指规模较小的农户，是梨的生产经营主体。普通农户生产出来的梨果一般借助龙头企业、批发商、果品经纪人等力量进入市场。国家梨产业技术体系 2010 年调查显示，河北省泊头市、晋州市、滦南县、辛集市、昌黎县有梨农种植户 20 万，99％以上的梨种植户属于种植规模较小的普通农户。

普通农户由于规模小、生产投入有限、技术水平不高，无法实现规模经济。同时由于农户分散经营、之间缺乏联合，面对变幻莫测的大市场和具有市场势力的收购商，完全不具备议价能力，在梨果产业链中的地位很低，获利有限。

**2. 生产和运销大户** 随着我国乡镇企业的发展、城市化进程的加快，越来越多的农民选择在城市（镇）发展，农村闲置耕地增加，为农村土地流转创造了很好的机会。那些精通梨种植技术、握有销售渠道资源的农村能人通过租入其他农户的土地和集体耕地，发展规模化、标准化梨园种植。与普通农户相比，梨的生产和运销大户有两个方面优势：一是这部分人多数是农村能人，他们有相对稳定的销售渠道；二是通过多年的发展，他们在生产规模、资金、技术和信息上具有明显优势。

## (二) 经营管理特征

**1. 精打细算** 清代农学和农业经营管理专家杨秀元在其《农言著实》中将精打细算、勤俭持家称作为农户经营管理的法宝，要求农户具有较高的农业生产技术、熟悉自己田地的坐落、田界、肥瘠等情况和经营管理的能力（刘吴，1995）。凡事户主必须亲自管理、直接指挥。虽然该书具有浓厚的自给自足的特点，但仍能概括当前梨种植户的经营管理特征，尤其是那些种植规模较小的普通农户。

**2. 自主经营、自负盈亏** 1978 年的十一届三中全会拉开了农村改革的序幕；1985 年的中央 1 号文件取消了粮食、棉花的统购，实行合同定购和市场收购相结合的双轨制，并逐步放开水果和农产品的收购价格；1993 年十四届三中全会明确提出"逐步全面放开农产品经营"。至此水果的生产、管理和销售完全实行了市场化，梨种植户的生产经营行为受市场调节，其经营、管理和销售的自主权得到完全释放，成为市场上自负盈亏的经营主体。

## (三) 个体农户组织的优劣势

**1. 优势** 家庭承包责任制从根本上改变了计划经济体制下"一大二公"所有制所带来的弊端，是在尊重农业生产客观规律的基础上充分调动千家万户的积极性而做出的选择，是推动农业和农村发展、促进农民增收的重要举措。我国果品流通体制改革始于 1984 年，之后果品开始随行就市并实行多渠道流通。由于农户不存在委托代理问题，彻底调动了广大梨农的生产积极性。

**2. 劣势** 个体农户组织的劣势较多，主要表现在以下几个方面。

(1) 经济实力差 除劳动力要素外，农户在土地、资本、技术、信息、管理等生产要素中均不占优势，而这些生产要素却是体现现代化水平的生产要素。由于农产品一般缺乏需求价格弹性，农户丰收后会出现增产不增收现象；而当农产品减产后，由于农民在市场中处于不利地位，收入亦不能有较大提高，这就是"格里高利现象"。农产品的这种特征决定着农户从农业生产中获取的利润非常有限，直接导致农户经济实力不强。

（2）技术劣势　在我国，由于梨农文化素质普遍偏低，导致梨生产技术含量低。在广大梨主产区，传统的种植方式仍占主导地位，梨农收入的增长严重依赖于产量的提高，而提高梨的产量又严重依赖于化肥、农药等生产资料的投入，具体表现在，目前我国梨果每$667m^2$产量只相当于发达国家的$1/3\sim1/4$，收益是发达国家的$1/7$。

（3）处于产业链低端　在我国，99％以上的梨农属于小规模种植户。虽然超市、专业供应商、大型出口企业等现代农产品采购和流通渠道已初现端倪，但小商贩和批发商仍是农户农产品交易的主体。而且，考虑到农户与现代采购渠道之间的交易费用，规模较小的农户极有可能被排斥在市场之外。在此背景下，广大梨种植户只是市场价格的被动接受者。

## 二、梨产业组织的横向联合

### （一）梨产业中的合作社组织

**1. 合作社的定义**　合作社（cooperatives）最早出现在工业革命时期，目前各国对合作社存在多种多样的解释。合作社最权威的解释来自于国际合作社联盟（ICA）成立100周年大会上所陈述的，认为"合作社是自愿联合的人们，通过其共同拥有和民主控制的企业，满足他们共同的经济、社会和文化需要及理想的自治联合体"。2002年6月，国际劳工组织（ILO）在第90届全体大会上通过《关于合作社发展的建议书》中完全接受了国际合作社联盟大会中《关于合作社特征的申明》中的全部内容，包括其中关于合作社所作的定义。

2006年10月31日第十届全国人民代表大会常务委员会第二十四次会议通过的《中华人民共和国农民专业合作社法》（简称《农民专业合作社法》）第二章第二条对农民专业合作社进行了明确的界定"农民专业合作社是在农村家庭承包经营基础上，同类农产品的生产经营者或者同类农业生产经营服务的提供者、利用者，自愿联合、民主管理的互助性经济组织。农民专业合作社以其成员为主要服务对象，提供农业生产资料的购买，农产品的销售、加工、运输、贮藏以及与农业生产经营有关的技术、信息等服务"。

《农民专业合作社法》于2007年7月1日起正式实施，该法颁布实施后，我国农民专业合作社进入快速健康发展阶段。从农民专业合作社总量看，截至2009年9月底，全国农民专业合作社21.16万家，比2008年增长90.8％，平均每3个村就有一个农民专业合作社，1 800万户农户加入农民专业合作社，农户入社率为7.1％；从区域分布看，山东、江苏、山西、浙江、河南、河北、辽宁、安徽、四川、黑龙江10省农民专业合作社数量占到全国总数的66.23％；从农民专业合作社涉及范围看，合作社涉及种植、养殖、农机、林业、植保、技术信息、手工编织、农家乐等农村各个产业，但主要分布在种植业、畜牧业，种植业大体占近一半，比例是45.2％，畜牧业占30.2％（李慧，2009）。

**2. 梨产业中的合作社组织** 梨产业中的合作社是按照《农民专业合作社法》成立的法人实体，它是连接广大梨种植户与市场的中介组织，承担着为梨种植户集中采购农业生产资料、销售、加工、运输、贮藏果品以及与农业生产经营有关的技术、信息等服务任务。

在我国梨果主产省——河北省，绝大多数梨果专业合作社是由仓储企业领办的。据国家梨技术体系 2010 年调查显示，河北省赵县 113 家梨果专业合作社除 2 家为村集体所创办外，其余均为企业领办；辛集市 74 家梨果专业合作社全部为企业领办。企业和农户之间始终存在着合作与竞争的双重关系，农户加入合作社后，为其与企业之间的营销合作创造了必要的条件（王军，2009）。

### （二）经营管理特征

**1. 自主经营、自负盈亏** 合作社是由其成员控制的自助和自治组织，即使它与其他组织（包括政府）达成协议或通过社外渠道筹措资本，社员的民主控制和合作社的自治原则不应由此受到伤害。合作社资本至少有一部分作为合作社的共同财产，社员对其缴纳的资本通常只能得到有限回报，社员盈余可用于三方面：发展合作社；按社员与合作社之间的交易额进行利润返点；支持社员同意的其他活动。同样，当合作社面临亏损时，所有社员共同承担有限责任。

**2. 混合决策** 合作社是由社员控制的民主组织，社员积极参与制定政策和做出决策，选出的代表对全体社员负责。在面临重大决定时，管理者要重视社员权益，由社员通过讨论民主决定，社员拥有平等的投票权（一人一票），共同参与合作社的经营与管理。而对于合作社决策的贯彻与实施，社员要授权合作社的领导和管理人员介入生产，对合作社社员提供果品的质量、数量和品种施加影响。

**3. 组织性** 与分散经营的农户相比，合作社是按照《农民专业合作社法》依法成立的法人组织，有其完善的组织结构和管理规章制度，具有高度的组织性。

### （三）合作社组织的优劣势

**1. 优势**

（1）准入门槛低 按照《农民专业合作社法》，5 个自然人共同出资 3 万元可以组建一个专业合作社。农民可以自由入社，同时也可选择退出，从制度上保障了合作社的高效运行。

（2）权利平等、管理民主 在合作社中，所有成员地位平等，人人都是合作社的主人，所有重大的决策都由社员共同讨论决定，社员拥有平等的投票权（一人一票），共同参与合作社的经营与管理。

（3）承担有限责任 在我国，合作社是依据公司法在工商行政管理部门依法注册的，受法律保护。合作社成员共同承担有限责任，一般以共同出资额为限，使社员免于因合作社经营不善而带来的连带风险。

（4）部分消除中间环节 按照《农民专业合作社法》，合作社一般统一采购种子、化肥与农药，统一生产管理和统一销售。在统一采购过程，可以省去农资中间零售环节，为农户节约成本投入；在果品统一销售环节，可以使农户通过合作社直接连接消费者，省去中间批零环节，增加农民的收入。

（5）获得国家援助　相对于单个的农民而言，合作社更容易获取中央以及地方政府的帮助，这种帮助可能会使合作社享受到提供贷款、利息减免、税收减免等各项补贴政策。

**2. 劣势**

（1）资本额较小　相对于梨果仓储、加工企业而言，我国梨果专业合作社普遍出资额较低，相当大一部分合作社出资额仅为法定最低资本限额。此外，由于农产品投资回报率较低，成员很难进一步投资。

（2）管理效率低　在梨果专业合作社中，经营管理层一般来自农户，他们没有足够的经验来管理合作社（大部分管理人员属于兼职），合作社的运行效率一般不高。同时，成立合作社的目的在于为农户提供服务，而没有将赚取利润作为主要动机，因此在合作社运营过程中，合作社管理人员没有足够的动力来有效的管理合作社。

## 三、梨产业组织的纵向联合

### （一）梨产业中的农业企业组织

农业企业（agricultural enterprise）是指从事农、林、牧、副、渔业等生产经营活动，具有较高的商品率，实行自主经营、独立经济核算，具有法人资格的盈利性的经济组织。在改革开放之前，我国的农业企业主要是国有企业和集体所有制企业，改革开放之后，农业企业出现了多种形式。按所有制性质分，有国有农业企业、集体所有制的合作企业、股份制合作企业、私营企业、中外合资企业等；按经营内容不同，有农作物种植企业、林业企业、畜牧业企业、渔业企业以及生产、加工、销售紧密结合的联合企业等。

改革开放之前，我国梨果的流通和贸易主要以供销合作社和外贸进出口公司为载体。1984年之后，随着水果流通体制的改革，多种形式的资本进入梨果的生产和流通领域。1990年之后，我国梨果主产区仓储企业蓬勃发展。以河北省为例，2009年石家庄市东部的辛集、赵县、晋州和藁城4县（市）拥有各类果品贮藏保鲜企业近2 000家，年贮藏能力近90万t，涌现出如裕隆、天华、龙华、长城和翠玉等大中型果品有限公司；新疆库尔勒市有各类梨果仓储企业100余家，设计贮藏能力为45万t。从目前的梨果仓储企业所有制性质看，绝大多数为私营企业，只有极少数属于国有控股企业（如新疆的冠农股份），相对于国有企业而言，私营企业经营管理体制更加灵活，对稳定和繁荣梨果市场作用更大（王太祥和周应恒，2012）。

### （二）经营管理特征

**1. 规模较小的企业占多数**　近年来，在市场和政策的引导下，我国梨果主产区仓储企业数量和贮藏能力得到了快速发展。据统计，河北省有各类贮藏保鲜库2.3万余座，贮藏能力约占梨果总产量的33%（朱向秋，2010），新疆库尔勒市库尔勒香梨可以实现100%的贮藏。在这些企业中，除少数资金实力较为雄厚外，绝大多数为农村能人或村集体创办的小型仓储企业。数量众多、规模较小的果品库在梨果主产区高度集聚，日益成为农产品传统渠道和现代采购渠道的有益补充。

**2. 管理科学化**　通过"公司＋基地＋农户"等联结方式，构成一体化联合体，采取合同契约制度、参股分红制度、全面经营核算制度，互补互利，自负盈亏，讲求效益，对全系统的营运和成本效益实行企业化管理。尤其是规范的农业企业按照现代企业模式实行公司制度，以法人身份出现，带动农业产业经营企业化（胡继连等，2003）。

在公司中，实行"一股一票"的管理决策，在各种决策中贯彻的是资本控制原则，这与合作社中实施"一人一票"的决策机制有较大差异。同时，在公司中利润分配是按出资额比例关系进行的，而在合作社中主要是按惠顾返还原则进行的。

### （三）农业企业的优劣势

**1. 优势**　与个体农户组织和合作社相比，企业具有较为雄厚的资金实力，在梨果标准化基地建设、果品加工、包装和销售等方面可以投入大量的资金；企业可以将先进的种植技术、机械设备引入梨果生产中，从而加快梨果种植的现代化进程并提高梨果种植的机械化程度；企业还可以将成熟的现代管理经营理念引入梨果产业化经营，让农户和合作社有机会学习这些先进的经营管理理念。

**2. 劣势**　由于梨果生产属于劳动密集型行业，企业的加工和销售能力一般远远超过其自己生产的能力，企业与农户之间合作营销成为必然。为稳定农产品的来源，企业与农户往往签订契约。由于契约的不完全性和信息的不对称性，当市场价格变化较大时，企业和农户双方都具有极强的动机去撕毁合约，并实施短期行为策略。为了防止毁约行为发生，企业和农户都不得不投入大量的人力、物力进行监督，这部分费用构成了产业化组织的内部交易成本。龙头企业拥有剩余控制权和剩余索取权，因而有较大动力投资于经营活动，但同时对农户的激励却显得不足（郭晓鸣等，2007）。

## 四、梨的生产流通模式及其特点

### （一）主要流通模式

**1. 直销模式**　梨种植户以面对面且非定点的方式销售果品，种植户绕过传统批发商或零售商通路，直接将果品销售给消费者或集团客户。

在直销模式中，一种新的销售模式——体验式营销正逐步兴起。随着社会经济的发展，人民生活水平的富裕，城市居民越来越倾向于回归自然而获得身心放松、精神愉悦的休闲旅游方式，农家乐、观光采摘园等现代旅游休闲方式应运而生。在一些靠近市镇的梨主产区农户，梨农充分利用自身的地缘优势和资源优势，发展梨园生态旅游项目。如安徽砀山县就有30余家"农家乐"散落在黄河故道沿岸果树林里，每年吸引来自江苏、上海、河南等地的数万游客体验"吃酥梨宴、赏梨花景、干授粉活"的农家乐过程。一些地方不断充实农家乐休闲旅游形式、丰富果园旅游内容，积极开展青少年科普教育、果树领养等活动，使游客在观光过程中能够体验田园生活的情趣，同时增加梨农的经济收入。

**2. 通过果品经纪人、批发商等进行销售**　由于小农户数量众多，但产量规模很小、能获得的市场信息有限，难以直接销售给消费者，因此往往通过果品经纪人和批发商进行销售，这是我国梨果流通中最常见的销售模式。果品经纪人或批发商起到连接农户和消费者的桥梁作用。相对而言，直销模式在非主产区和经济发达地区较为普遍，在梨的主产区和经济欠发达地区梨种植户果品销售对象仍是以商贩、果品经纪人为主。

**3. "龙头企业＋农户"的模式**　梨种植户与加工、贮藏企业和生产基地建立良好的合作关系，通过与这些企业的合作，达到梨销售的目的。梨种植户与这些企业间进行双向沟通，建立一种基于信任基础上的合作关系，梨种植户按照企业的标准和要求种植并将果品销售给企业，同时企业给农户提供必要的技术指导，甚至生产资料与资金方面的支持，从而实现合作双方共赢的局面。河北泊头亚丰果品公司，是一家集果品生产、加工、贮藏、销售、出口为一体的农业产业化龙头企业。由于销量大，单凭自己的梨园无法满足出口和内销的需要，他们与周边农户建立起一种松散的合作关系，通过指导农户的栽培过程，尤其是施肥、喷洒农药的时间和用量，控制果品质量。

## （二）梨生产流通组织中存在的问题及解决途径

**1. 生产规模小且分散，未来要提高梨的生产规模化以增强经济效益**　普通农户由于规模小、生产投入有限、技术水平不高，无法实现规模经济。高水平的梨园管理要求投入诸如滴灌、频振杀虫灯等设施、使用成本更高的有机肥、采用生草覆盖增加土壤有机质，小规模的农户往往没有实力采用或缺乏长远眼光不愿采用，这些都限制了其梨园的高产、优产。大规模种植的农户更可能实现高投入高产出。规模化的生产有利于统一科学管理、降低平均生产成本、提高优果率。省力、高产、优质的栽培模式是梨产业的发展趋势。

**2. 组织化程度低、农户市场地位弱，应鼓励农户间的联合，共同抵御市场风险、提高在产业链中的地位**　由于农户分散经营、之间缺乏联合，面对变幻莫测的大市场和具有市场势力的收购商，完全不具备议价能力，在梨果产业链中的地位很低，获利有限。因此要提高生产组织化程度，增强农户的市场地位。可以采用由龙头企业带动农户的模式。但是面对大型龙头企业，在收购价格和利润分配上，小农户仍无话语权。收购价格由几家大企业协商确定，企业间形成默契合谋，挤占了农户的获利空间。因此需要农户组织起来，借助政府的力量，增强谈判实力。

# 第四节　我国梨产业的国际竞争力分析

## 一、梨产品的国际市场变动及其结构

### （一）梨产品的国际市场结构

目前世界上有梨生产国 85 个，但生产量主要集中在少数几个国家。其中，中国是世界上生产量最大的国家，占世界总产量的 2/3。梨产量位居世界前十位的国家还有意大利、美国、阿根廷、西班牙、土耳其、南非、荷兰、印度和日本，2011 年生产量位居世界前十位的国家占世界总产量的 86.4%。从消费市场看，欧洲是最大的消费市场，其进口需求约占世界进口量的 2/3；从出口量看，2010 年梨出口量居世界第一位的是中国，阿根廷居第二位，荷兰、比利时位居第三、第四位。全球产量平稳增长，世界梨平均单位面积产量 14.81t/hm²，呈平稳增长趋势。具体来说，梨产品国际市场呈如下特点：

鲜果出口保持新高。2010 年世界鲜梨出口继续保持新高，东方梨出口量创历史纪录，占当年世界梨出口总量的 66.3%。近年来日本的水晶梨在纽约市场、我国的雪青等早熟梨在欧洲市场深受欢迎。世界梨出口价格每吨 550～760 美元。西洋梨出口价格较高的国家为意大利、德国和荷兰等，东方梨出口价格较高的是日本和韩国，其出口价远远高于世界平均水平，约为我国梨出口价格的 9～10 倍。中国、智利、南非等国家的梨出口价格均低于世界平均水平。

加工集中在北半球。全球的梨加工主要集中在北半球，加工比重为世界梨总产量的 10%，主要生产梨罐头，其次为梨浓缩汁、梨酱、梨酒和梨醋，还有少量梨保健饮料、梨夹心饼、蜜饯及梨丁等（晚秋，2009）。据国际贸易协会（ITC）2007 年调查报告，全球梨罐头出口总额为 9.3 亿美元，与 2002 年相比增长了 70% 多。全球 90% 的梨浓缩汁来自美国和阿根廷，主要是这些梨浓缩汁能保持西洋梨原有的风味和营养，深受消费者欢迎。

梨产品贸易呈现明显的区域性格局。美国出产的梨主要出口到墨西哥、加拿大、巴西市场；欧盟主产国面向欧洲市场且供不应求；南美阿根廷、智利出产的梨主要出口到欧盟和美国；我国则主要出口到俄罗斯、东南亚和港澳地区。

### （二）我国梨贸易的市场结构

长期以来，我国梨果产品以国内鲜销为主，出口比重很小，但近十多年来出口量持续增长，出口量和出口额均远远大于进口，特别是最近几年出口量增长迅速。2010 年，我国梨出口量为 43.79 万 t，居世界第一位，占当年世界梨出口量的 17.05%，但是由于我国出口梨的价格长年位于世界较低水平，这使得我国梨出口价值却排在世界十位之后。在进口方面，2010 年，我国梨进口量仅为 1.26 万 t，是世界上梨主产国进口梨较少的国家之一。据我国海关统计年鉴，近两年我国基本没有进口。进口金额排名世界前 4 位的国家依次是俄罗斯、德国、荷兰和英国，年进口金额均在 1.5 亿美元以上。我国梨出口市场以东南亚和港澳台市场为主，其次为欧美市场以及中东地区。以鸭梨与雪梨为例，据海关统计年鉴统计，2011 年我国出口鸭梨与雪梨 6.14 万 t，出口到东南亚市场 3.94 万 t，占出口量 64.2%，主要出口到印度尼西亚，占当年出口量的 50.84%；其次欧洲市场占 7.7%，主要出口到俄罗斯和荷兰，分别占出口总量的 2.9% 和 2.1%；再次是美洲和中东地区，分别占 11.7% 和 3.5%，美洲市场主要以美国和加拿大为主。

### （三）我国梨贸易的变动趋势

近 20 多年来，随着世界水果产业布局的调整，世界梨生产格局发生显著变化，同其他多数水果一样，梨的生产重心逐渐向发展中国家转移。发达国家梨的生产无论产量还是面积总体上均呈下降趋势，两类国家发展趋势呈 X 形发展，今后梨的生产将继续向发展中国家转移。与梨的生产趋势一样，梨的出口同样向发展中国家转移，梨的主要出口地区欧洲出口量占世界的比重已由 20 世纪 80 年代初的 53% 左右下降至近年的 35%，意大利、法国等主要出口国出口比重逐渐下降，与此同时中国等发展中国家出口量占世界比重逐步提高，梨生产和出口格局的变化使市场竞争变得更加激烈（王伟东等，2002）。

中国作为发展中国家的一员，梨的出口无论是出口数量来看，还是从出口金额来看均呈显著上升趋势。据联合国联农组织统计，从出口数量来看，中国在 2000 年出口量为 14.64 万 t，到 2010 年出口数量达到 43.79 万 t，大约是 2000 年的 3 倍，年均增长 19.9%（图 19-2）。

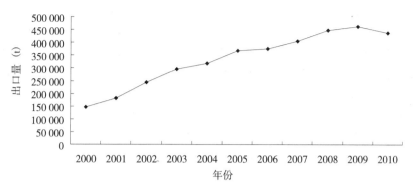

图 19-2　2000—2010 年我国梨出口数量变化

从出口金额来看，2000 年我国梨出口金额为 3 581.1万美元，到 2010 年出口金额达到 2.434 亿美元，是 2000 年的 6.80 倍，年均增长 57.97%，是出口增长较快的国家之一（图 19-3）。对比出口数量与出口金额来看，可以发现中国的出口金额增长速度要高于出口数量的增长速度，表明我国出口梨果的品质在逐步改善，平均出口单价正在不断增长。

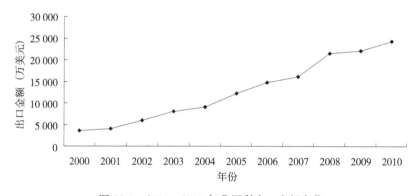

图 19-3　2000—2010 年我国梨出口金额变化

## 二、我国梨产业国际竞争力

### （一）我国梨产业的环境竞争力

**1. 梨是我国仅次于苹果、柑橘的第三大水果**　我国梨种植范围较广，除海南省、港澳地区外其余各省（自治区、直辖市）均有种植。我国梨产量约占世界总产量的 2/3，出口量约占世界总出口量的 18%，中国梨在世界梨产业发展中有举足轻重的位置。2009 年农业部发布了《全国梨优势区域发展规划》，旨在通过制定并实施梨重点区域发展规划，优化区域布局，调整品种结构，提升梨产业的市场竞争力，促进农民持续增收，实现梨产业的可持续发展。这无疑是我国梨果产业的一项重大利好政策，为提高我国梨产业竞争力提供了政策条件。

**2. 近年来国内梨消费需求快速增长**　2000—2011 年年均增速超过 4%。据有关专家预测，随着我国人口增加，居民收入和生活水平的提高，未来几年国内对梨消费需求至少仍将保持 4%~10% 的增长速度。从国际需求来看，未来十年国际市场梨贸易量最低将维持在 5％的增长速度，其中欧洲是最大的消费市场，其进口需求约占世界进口量的 2/3；俄罗斯则为最大的需求国，年进口量约 33 万 t，其次是德国、荷兰、法国等西欧国家。

**3. 国际市场鲜梨贸易量近几年迅速增加** 2010 年全球总出口量为 256.9 万 t，是 2000 年全球出口量的 1.62 倍，年均增长 6.23％。其中，当年梨出口量位居世界第一位的国家是中国，阿根廷居第二位；荷兰、比利时位居第三、四位，但以转口贸易为主；其他居前十位的国家还有美国、南非、西班牙、意大利、智利等。不难看出，全球梨贸易格局的总体趋势变化不大，仍然呈现出明显的区域属性。如南美市场的主要出口国有阿根廷、智利和美国等，亚洲市场的主要出口国有中国、日本、韩国等，而欧盟则主要供应欧洲市场。国内市场和国际市场的鲜梨需求持续增长，为我国梨产业发展提供空间，但是这种需求增长不可能长久持续下去，一旦市场需求饱和，市场竞争的程度将更加激烈，而我国梨果品质一向较低，在未来的竞争中将处于不利的地位。

### （二）我国梨产业的企业竞争力

目前，中国梨果产业化已初具规模，总体水平不高，仅河北、山西等省份的产业化总体水平还是相对较高。生产规模由过去的各家各户的个体分散生产开始逐步向规模化生产过渡，其形式呈现外商独资企业、中外合资企业、中资企业与中资企业加农户等多样化组织形式并存，还有众多的梨合作社、梨果协会和运销大户等。加之，近年来引入梨商品化处理流水线近 20 条，产后商品化处理环节得到不断加强，使中国梨果总体竞争力得到了提升，优选果率显著上升。同时，中国各产梨区结合当地梨果贮藏的特点和条件，采用各种资金来源渠道和投资形式，加大了梨果贮藏设施建设的力度，近年来梨果贮藏保鲜能力明显加强。目前，梨果贮藏保鲜能力已超过 250 万 t，占全国梨总产量的 20％左右，但恒温冷库贮藏和气调贮藏还是占少数。与发达国家相比，我国大型梨果贸易企业、产业化经营的龙头企业仍然偏少，农户自发组织能力还很弱，难以有效组织起来与国外先进的大公司进行竞争。

### （三）我国梨产业的产品竞争力

从目前梨产业的发展状况来看，我国梨产品主要是鲜梨，只有少量的梨果加工成梨罐头、梨汁和梨醋等。一般来说，产品的竞争力主要体现在产品价格和产品品质两方面。从产品价格来看，由于我国梨果生产成本较低，梨果出口的价格也较低，只相当于日本东方梨平均出口价格的 1/9，例如 2010 年我国鲜梨平均每吨出口价格为 555.84 美元，而日本平均每吨的出口价格为 5 820.51 美元。我国梨果品质很差，几乎没有办法与日本、韩国、意大利、阿根廷生产的梨果品质相比，所以大多只能出口到东南亚这些消费水平低的国家。例如我国梨的可溶性固形物含量平均在 10.2％左右，而欧洲很多国家梨的可溶性固形物 13.5％左右，低于 12.5％的梨果就不再作为商品果出售。由此可见，我国梨果品质同其他国家的差距。因此，我国梨产业的发展出路必须走优质优价的道路，必须依靠提升品质来增强我国梨产业的国际竞争力。

### （四）我国梨产业的优势分析

关于我国梨产业发展所具有的优势，在本书第三章第二节"中国梨产业现状与发展趋势"中已有详细叙述，概括起来主要体现在规模、资源、区位及价格优势上，但近年来，随着我国农业生产中的用工荒现象日趋明显，农村劳动力价格迅速上升，我国人工成本的上升成为梨生产不可回避的现实问题，梨产品的价格优势可能会越来越弱。

## 三、我国梨产业国际竞争力的提高途径

关于我国梨产业的发展策略，本书第三章第二节"中国梨产业现状与发展趋势"已在品种、生产管理层面加以叙述，本节则将在贸易流通方面阐述。

### (一)认清市场需求，选择目标市场

目前，中国梨果出口多数集中在印度尼西亚、马来西亚和越南等东南亚国家，集中程度较高，回旋余地不大，风险很高，容易受制于人。要积极开发新市场，主动细分市场，分散贸易风险，扩大市场的互补性，避免本国产品恶性竞争。特别要重视开拓欧盟、美国、俄罗斯及东欧国家市场。欧盟、美国是中国主要的贸易伙伴，也是梨果消费大国，其消费水平较高，中国梨果出口应该以欧盟、美国为高端市场。中国梨果生产还应重视俄罗斯及其他东欧国家的消费市场，如哈萨克斯坦、吉尔吉斯斯坦等国是中国的近邻，具有地缘优势，而且对梨果的需求较大，开发潜力巨大。俄罗斯的水果供应缺口较大，每年均需大量从国外进口。我国要遵循对等开放市场的原则，与贸易伙伴的市场形成对称性依赖格局，以稳定贸易关系，减少出口风险。同时应针对不同市场和竞争对手，制定不同的营销策略。主产区地方政府应设立梨果出口营销专项资金，资助梨果企业对外宣传，鼓励梨果企业参加各种国际展览会和展销会，在新兴市场举办梨产品发布会（推介会）等给予适当补贴。

要在不断提高梨果质量安全水平的基础上，支持生产经营者加强国际市场研究，开发和引进梨果新品种。一方面，要加强对世界不同民族、地区和国家的市场需求特征跟踪调研，及时创新梨果品种；另一方面，要大力开发适宜各地区独特气候条件、特色资源环境的梨果新品种，以及蕴含中国文化特色、深受国外居民喜爱的梨果，实现品种多元化。

梨果国际竞争犹如没有硝烟的战争，要取得竞争的有利地位和保护自身的利益，必须做到知己知彼。因此，要加强信息体系建设，特别是梨果国内和国际市场监测和风险预警系统的建设。注重信息资源的加工、整理和分析，研究预测梨果国际、国内市场行情与产销形势。要在主要出口贸易国家和地区使馆增派农业贸易官员，及时了解掌握贸易对象国的进出口政策、市场变化等信息，为国内出口贸易决策提供依据。

### (二)整合产业组织，提高营销能力

产业化水平较低是目前我国梨果生产中的一个突出问题。随着产量的不断提高，小生产与大市场的矛盾日益突出。现行的一家一户的生产体制，由于栽培面积小，区域内难以实行标准化的管理，加之受经济条件的限制，缺乏正规化的包装和分级设备，大多数梨果自产自销，混级贮运，导致果实品质差异较大，只有样品，缺乏商品，难以适应市场果品竞争之需要。而贮藏及加工企业与生产农户不是利益共同体，丰年果贱伤农的现象时有发生，严重挫伤了生产者种梨的积极性，进而又制约了果品企业的发展（李秀根等，2009）。

随着梨产量的提高和质量的升级，以及贸易需求量的增大，我国梨必将大批量进入国际市场。这就需要在梨主产区建立大型的梨果冷藏库，培育梨果龙头生产企业，尤其是外向型加工出口企业的发展，组建能与国际接轨的果品批发中心，逐步建立起适应市场经济和现代农业发展的"大生产、大流通"的市场流通模式。建议以公司＋农户的形式建立产业化、市场化、公司化三位一体的运作模式，或以龙头企业带动基地的组织模式。走产业化道路，实行规模发展，实现从无序生产到有序经营、从追求数量到追求产品质量、从小农分散生产到规模化集中生产的转变。通过产业化，拉长产业链，有效地解决小生产与大市场的矛盾，获得规模经济效益。

## （三）建立和完善市场信息、流通与服务体系

加强流通各环节信息化建设。建立以农业部门为主体、以信息服务体系为支撑、以信息收集发布制度为基础，覆盖龙头企业、批发市场、中介组织、经营大户的梨现代流通综合信息网络，形成手段先进、制度规范、集信息采集、分析、预测、发布、交易于一体的权威的梨流通信息体系和交易网络，并提升梨市场监测预警能力。提升各类服务主体的流通服务功能，大力发展"流通合作组织"，提升合作社的流通服务功能；通过引导、政策扶持，鼓励和支持各类社会团体或个人参与梨流通服务体系建设；创新农产品流通服务体系，结合信息化建设，推动和打造以"综合门户平台＋信息支撑系统＋信息服务体系"为核心的梨流通服务运作体系。

## （四）实现标准化生产，实施品牌战略

梨果品质量标准化是进入市场的通行证。许多先进发达国家对农产品制定了详细的质量标准。例如欧洲联盟制定有《苹果和梨标准》，规定了鲜食和加工果品的质量、大小、着色、果锈、农药残留等方面的内容（张玉萍，2004）。我国对绿色食品也有明确的规定，即绿色果品生产基地的环境条件要符合农业部果品及苗木质量监督检验测试中心关于《优质果品生产基地的基本条件》的要求，不同果品生产经营组织要严格遵照相应绿色果品的生产技术规程操作，并将绿色食品生产分为 A 级和 AA 级两级。A 级要求在绿色食品的生产过程中，农药和化肥的使用量和使用方法必须严格遵照相关规定；AA 级是绿色食品的最高级别，对绿色食品生产的整个流程以及采摘后的包装、检验等都有极为严格的要求，并且要求不得使用任何有害化学合成物质。

尽管我国部分地区已经开始按照国际标准、国家标准或行业标准进行管理，根据梨的标准化操作规程进行生产，但目前尚未形成规模，这是我国今后需要重点努力的方向。在梨果品质量达到标准后，还需要创造自主品牌来拓展市场，实施名牌战略，扩大品牌的知名度，以此来拉动梨果的生产经营效益。

## （五）加强安全意识，规避贸易壁垒

提高梨果质量安全，关键是要做到梨果农药低残化和生产过程环保化。日本的"肯定列表制度"对梨果农药残留检验标准最为苛刻，欧盟 GAP 不仅对农药残留检验标准较高，而且对梨果的微生物侵害也有很高要求，更加关注梨果生产过程的环保。针对日本的"肯定列表制度"和欧盟的 GAP，必须加强宣传和培训力度，树立梨果生产者的安全意

识，强制推行标准化生产，增强企业抗风险能力。尽快落实梨果基地备案制度，积极推行"公司＋基地＋标准化"的组织管理模式，从源头上保障出口梨果的品质。根据国际标准要求，建立梨果出口基地，提高梨果质量，是突破技术性贸易壁垒的根本途径。为此，要在有条件的梨果生产企业推广 ISO9000 质量管理体系认证和 ISO14000 环境管理系列标准认证。大力推广无公害生产技术，积极研制安全、高效的新型农药，在梨果生产、加工、贮藏、运输和销售的全过程，形成完整的质量管理体系，全面建立梨质量安全检测网络，推行生产档案管理制度，实现梨果质量可监测、追溯，增强我国梨果在国际市场的竞争能力。

尽快建立和完善技术性贸易壁垒预警机制。无论是主要发达国家或是一些发展中国家，都非常重视对本国贸易伙伴 TBT 措施的跟踪报告和研究，有的国家已建立起成熟的预警机制，从而赢得了应对 TBT 的主动权（颜伟，2007）。我国政府要依托现有的果品贸易科研机构，尽快建立国外技术壁垒预警机制，及时获取国际梨果生产、需求动态和市场信息，从而有效地指导生产经营，避免或减少不必要的损失。企业跨越技术性贸易壁垒的主要障碍是缺乏相关信息。为了有效地应对国际技术壁垒，梨果生产企业要认真研究国际技术壁垒的动态，把握其主要形式、特点以及变化趋势，只有做到"知己知彼"，才能轻松应对纷繁复杂的技术性贸易壁垒。

# 参 考 文 献

安玉发，王寒笑.2007.新农村：帮你做好产品营销［M］.北京：中国农业大学出版社.

彼得·多伊尔.2006.营销管理与战略［M］.3 版.杨艾琳，朱翊敏，王远怀，译.北京：人民邮电出版社.

曹慧，王远利.2012.黄冠梨种植成本的核算方法研究［J］.中国乡镇企业会计（6）：151-153.

邓君蓉，郭兵.2006.我国果品营销现状及应对措施［J］.果农之友（7）：10-11.

丁丽芳.2008.农产品市场营销策略［M］.北京：中国社会出版社.

菲利普·科特勒，洪瑞云，梁绍明，等.2005.营销管理［M］.梅清豪，译.亚洲版·3 版.北京：中国人民大学出版社.

耿献辉，周应恒.2012.现代销售渠道增加农民收益了吗？——来自我国梨主产区的调查［J］.农业经济问题（8）：90-97.

耿献辉，周应恒.2012.小农户与现代销售渠道选择——来自中国梨园的经验数据［J］.中国流通经济，26（6）：82-87.

郭晓鸣，廖祖君，付娆.2007.龙头企业带动型、中介组织联动型和合作社一体化三种农业产业化模式的比较——基于制度经济学视角的分析［J］.中国农村经济（4）：40-47.

胡继连，赵瑞莹，张吉国.2003.果品产业化管理理论与实践［M］.北京：中国农业出版社.

李慧.2009.农民专业合作社发展迅速［N］.光明日报，2009-12-18.

李秀根，杨健，王龙，等.2009.近 30 年来我国梨产业的发展回顾与展望［J］.果农之友，1：4-6.

李秀根，张绍铃.2007.世界梨产业现状与发展趋势分析［J］.烟台果树（1）：1-3.

刘昊.1995.《农言著实》的农户经营管理思想［J］.西北农林科技大学学报：自然科学版，23（1）：81-85.

刘兴华，陈维信.2008.果品蔬菜储藏运销学［M］.2 版.北京：中国农业出版社.

陶益清.2007.农产品市场营销基本知识［M］.北京：中国农业出版社.

晚秋.2009.国际梨产业发展趋势［J］.中国果业信息，26（5）：33.

汪景彦，李莹.1997.我国梨产销现状、发展趋势和今后对策［J］.河北果树（2）：3-5.

王军.2009.公司领办的合作社中公司与农户的关系研究［J］.中国农村观察，（4）：20-25.

王太祥，周应恒.2012."合作社＋农户"模型真的能提高农户的生产技术效率吗——来自河北、新疆两省区 387 户梨农的证据［J］.石河子大学学报：哲学社会科学版，26（1）：73-77.

王伟东，王文辉，杨振锋，等.2002.入世后中国梨产业形势及发展对策［J］.北京农业（11）：4-5.

颜伟.2007.中国水果产业国际竞争力研究［D］.青岛：中国海洋大学.

晏志谦.2008.农产品营销［M］.成都：西南交通大学出版社.

张强.2007.中国梨果出口竞争力和国际市场研究［D］.武汉：华中农业大学.

张秋林.2007.市场营销学［M］.南京：南京大学出版社.

张晓敏，严斌剑，周应恒.2012.损耗控制、农户议价能力与农产品销售价格——基于对河北、湖北两省梨果种植农户的调查［J］.南京农业大学学报（社会科学版），12（3）：54-59.

张兴旺.2005.我国梨产销现状、存在问题和解决措施［J］.柑橘与亚热带果树信息，21（2）：8-10.

张玉萍.2004.我国梨产业化模式构想［J］.生产力研究（7）：47.

赵彩平，张绍铃，徐国华.2005.世界与中国的梨生产、贸易及流通现状［J］.柑橘与亚热带果树信息，21（2）：5-7.

周发明.2009.构建新型农产品营销体系的研究［M］.北京：社会科学文献出版社.

周应恒，王二朋，耿献辉.2012.我国食品安全可追溯系统建设现状及推进路径选择［J］.农产品质量与安全（4）：52-53.

周应恒.2006.农产品运销学［M］.北京：中国农业出版社.

朱向秋，等.2010.河北省梨果保鲜生产现状，存在问题及展望［J］.河北农业科学，14（5）：73-75.